現代物理学の基礎 9

原子核論

現代物理学の基礎 9

原子核論

高木修二
丸森寿夫
河合光路

岩波書店

初版への序

原子核というものが人間に認識されてから数十年の年月が経過した．それでいてなおわれわれは「原子核のことはよくわかっている」とはいい切れない．それは，日に日に数多くの実験データが提供され知識が増し続けている，ということだけではない．それらのすべてを曲りなりにも統一的に納得が行くように説明できない，という事情だけでもない．何かまだわれわれの思い到らない新しい局面が現われてくるのではないか，という漠とした期待ともおそれともつかぬものが感じられるからである．このような段階で原子核について理論的記述を試みることは困難な作業である．もちろん，個々の現象あるいは一定の範囲の現象についてはそれぞれ説明されている．それらの現象を通じて原子核に対する有効な模型も提出され見事な成功を収めている．それらは原子核の性質のいくつかの側面を的確に捉え，その意味で「原子核とはこういうものだ」ということを示してはいるが，残念ながら，それらの模型のどれも広範な原子核現象のすべてにわたって適切であるとはいい難い．

一方では，このような状況であるからこそ，原子核現象は面白いし研究の対象として人々を惹きつけるものであるともいえる．中性子と陽子とからなる，ある意味では単純なこの力学系は，粒子数やエネルギーや中性子数陽子数の組合せに応じてさまざまな運動様式をわれわれに示してくれたし，これからもまた示すであろう．原子核現象のこの多彩さのために，原子核について記述することは実際的な困難を伴う．数多くの現象，もろもろの性質は，その相互関連が統一的に取り扱えない場合にはそれぞれについて記述しなければならない．どれかを省略することは将来の理論への有力な段階を欠落させることになりかねない．

しかし，現象をすべて述べるには1冊の本では不十分である．どれかを落さざるを得ない．本書では，原子核現象のうちで重要な部分を占めている弱い相互作用に関係した理論，すなわち主としてβ崩壊に関するものを意識的に省略した．これは，それが重要でないという意味では決してない．歴史的にも放射能現象は重要であったし，理論的にもひじょうにまとまった理論形式で見事に記述される．これによる原子核構造の解析およびその結果は，いくらその重要性を強調しても過大とはいえない．にもかかわらず，むしろこれが理論的に見事にまとまっているという理由でこれを省略したのである．中途半端に述べるより，この方面の専門書に席を譲ることにした．この方面の研究はわが国でも初期の頃から現在まで引き続き精力的に行なわれており，優れた貢献が多くなされているだけに，それが紹介できないのは残念である．

弱い相互作用に関する事項を省略してもなお現象は多岐にわたり，理論的記述も多様である．これを限られた紙数で述べるのであるから，記述は何かに偏らざるを得ない．本書では，標準的な原子核の教科書に述べられていることはそれに譲り，ある偏った観点に従って記述した．その観点は，特に核構造に関しては，一言でいえば微視的記述である．陽子中性子よりなる粒子集団がどのようにしてあの多彩な運動様式を示すかが，筆者らの主要な関心事であった．もちろん，それを完全に記述できる段階にはない．しかし，単純な現象論的記述の段階に止まらず，原子核の多体系としての運動の記述法，模型の基礎づけの方向に少しでも踏み込むよう心がけた．

第I部ではその前提として原子核の構成要素とその間の力，以下の記述に必要な運動学的性質を含めた全体的性質を述べた．いわば準備である．

第II部と第III部が本書の中心であり，核物質の運動様式を取り扱う．第II部は普通の言い方をすれば核構造論に対応している．多粒子系の運動から1体運動モードをまず抜き出し，それに相関を考慮して1体運動以外の運動様式と相関あるいは有効相互作用との関係を取り扱う．多体系の特徴的な運動形態の1つである集団運動が微視的にどのようにして記述できるか，考えている集団運動を成立させるのに機能的に必要な相互作用の形，その運動形態が良い近似として成り立ちうる条件などに関し，集団運動の中でも有名な表面振動を例として特に詳しく取り扱う．第III部は核反応論に対応している．第II部の1体運動に対応して弾性散乱のチャネルでの光学ポテンシャル内の運動に始まり，それに他粒子との相関，他の運動形態との結合を考慮して直接過程から複合核過程までを取り扱う．ここでもそれぞれの過程が存在する条件，異なる過程相互間の関連などに特に留意して議論をすすめる．

第IV部では原子核の性質のさまざまな側面をもう一度ふり返るとともに，現在問題とされていることのいくつかに触れた．第II部，第III部でもそうであるが，特に第IV部については2〜3年すれば書き改めなければならない部分が続出するであろうし，原子核の研究者としてはそれをむしろ望むものである．

本書を書くに当たって，多数の方々の御世話になった．特に，第I部については大阪市立大学の亘和太郎氏，大阪大学の大坪久夫氏，第II部については東京大学の有馬朗人氏，東京大学原子核研究所の大西直毅氏，坂田文彦氏，京都大学の玉垣良三氏，永田忍氏，大阪大学の糸永一憲氏，第III部については東京大学の寺沢徳雄氏，東京工業大学の田中靖敏氏，森昭彦氏，橋本直毅氏の諸氏には，原稿の段階で貴重な御意見をいただいたり誤りを指摘していただいたりした．ここに深く感謝の意を表わしたい．これらの方々の御指摘を免れてなお誤りが残っていればそれは筆者らの責任である．

本書を書き始めた時には，良きにつけ悪しきにつけ，筆者なりの“思想”を持っていたつもりである．書き終えて見ると，その“思想”が貫かれたかさえあやしく感じられる．また，記述の精疎，あるいは理論の評価についても必ずしも妥当であるかどうか，自信があるとはいい難いが，これは読者の評価に委ねるべきであろう．しかし，読者がこの書によりいささかなりとも原子核現象への関心を持つようになれば筆者らのよろこびはこれに過ぐるものはない．

1973年9月

高 木 修 二

第2版への序

この巻の初版の執筆に当っては，紙数の制限のため多くの重要な事項を割愛したり記述を粗にせざるを得なかった．今回の改訂に当ってもその事情は本質的には変わらない．しかし，編集部の好意で多少の余裕が得られたので，最近の研究で進展の著しいものの中から2,3の事項について加筆を行なった．特に，重イオン加速器を用いた研究によって明らかになってきた高い角運動量をもった回転状態と重イオン反応については，それぞれ1節を設けて概説を行なった．この両者とも現在さかんな研究対象であるため，数年後には様相が一変しているかもしれない．しかし，新しい研究領域の出現であるので，あえて加筆した次第である．また，終章の今後の問題にもかなりの手を加えた．日進月歩の研究成果について，どれを取り上げるかは異論のあるところであろう．ここでは初版の方針を受けついで，その自然の発展と思われるものに限った．取り上げなかった話題が重要でないというのでは決してない．

初版に見られた誤りや誤植は能うかぎり訂正するように努めたつもりであるが，なお多くの誤りや考え違いがあるであろう．大方の叱正を乞う次第である．

1978年初秋

高 木 修 二

目　　次

第II部　核物質の運動様式I—核構造

第Ⅰ部　原子核の構成要素と力

第1章　原子核の構成要素

§1.1　歴史的考察

物質の構造と存在様式を探り，物質を究極的な要素の集合として理解しようとするのは20世紀に始まった現代物理学の主要な流れの1つであり，また，現代物理学を推し進めた原動力ともなった考え方といえる．物質を分子，原子と分割し，陰極線によって原子から電子を取り出した後，歴史的な Rutherford の散乱実験(1911)によって，原子を構成するもう1つの実体，原子核が具体的な形で我々の前に現われ出た．Rutherford の実験から推測される原子核は，10^{-12} cm の程度の広がりしかなく，しかも物質の質量の大部分を荷なう，高密度の物質である．このように小さな領域に大きい質量の物質がつまっていることは，内部にひじょうに強い力が働いていることを示唆する．同じく Rutherford によって行なわれた元素の変換の実験は，原子核が更に要素的な構成物質によって組み立てられていて，その組合せの変化によって，さまざまな原子核が作られていることを示唆した．原子核の構成要素としてまず考えられるのは陽子であり，それは原子核の質量が陽子の質量の整数倍に近いことからも容易に推測される．しかし，この整数すなわち質量数 A は，原子核のもつ電荷を e 単位で測った整数すなわち原子番号 Z よりは大きい．いいかえれば，Z 個の陽子の集合ではその核の質量は説明できない．陽子以外の構成要素がどうしても必要である．現象面では，核から電子が放出される β 崩壊の現象がある．このことは電子が核の構成要素であることを意味しているのであろうか．電子を原子核の中に閉じこめようとすると，電子の運動量は $p \sim \hbar/R$ の程度になり，R は原子核の半径程度の長さである．原子核の大きさが 10^{-12} cm の程度であるとすれば，電子のエネルギーは数 MeV ないし数十 MeV になる．実際に β 崩壊で出てくる電子のエネルギーはそれほど高くない．このような量的な問題点よりももっと決定的に都合の悪い点は原子核のスピンである．原子核のスピンは分子スペクトルの強度からも推定されていたが，質量数 A が偶数の核は整数スピンを，A が奇数の核は半整数スピンをもっている．核を陽子と電子とから構成しようとすると，質量数 A，原子番号 Z の核は，陽子数が A 個，電子数が $A-Z$ 個でなければならない．陽子も電子もともにスピンは1/2であるから，全体の系は $2A-Z$ が偶数なら整数スピン，奇数なら半整数スピンとなり，観測事実と合致しない．

このようなさまざまな問題を一挙に解決したのは中性子の発見(1932)であった．(中性子の発見の経緯は科学上の発見の典型的な例の1つとして，数多くの教訓を含んでいる.) 陽子とほぼ同じ質量をもち，スピン1/2で中性であるこの粒子は，陽子と共に原子核の構成要素と考えるのに全く適当なものであった．質量数 A，原子番号 Z の核 (A, Z) は，Z 個の陽子と $A-Z$ 個の中性子とから構成されると考えると，前記の陽子と電子の場合の問題点はすべて解消する．

こうして，原子核の構成要素が明らかになると，次の問題はそれら構成要素を結びつけている力であろう．この力，いわゆる核力の研究は中性子の発見以来現在に到るまで続けられている．核力の研究は，交換力などの新しい概念をもたらしたが，何といっても，それが中間子の存在の予言とそれに始まる素粒子物理の展開につながるものであった点に極めて重要な意味をもっている．それは核力がわれわれの前に現われた強い相互作用の最初の形であったからである．

核力が強い短距離力であるということは，原子核の構造を考える上にかなりの困難をもたらした．原子核が陽子と中性子とからできていて，それらをつなぐ力の性質がある程度わかっても，どういう形でそれらが結びついて原子核ができ上がっているかの理解はすぐには生まれてこない．原子核は，力の中心がはっきりしている原子の世界とは全く異なった世界である．もちろん，構成要素がわかり，その間の力がわかれば，構造としてそれはわかった，という見解もありうる．しかし，それはあまりにも機械的な見方であろう．そのような理解は，構成要素が系の中で個々に近似的に独立なものとして扱われ，構成粒子間の作用が他の粒子が傍に存在することをあまり考慮に入れずに取り扱われて，全体としてはそれの重ね合せであるという場合に成り立つものである．原子核は本質的に多体系であって，例えば重陽子の構造についての理解は，そのままでは重い核の構造についての理解に直線的にはつながらない．原子核構造に関するモデルがいろいろの曲折を経て今日に到ったのもそれに起因する．

実際，原子核の構造に関する理論的模型は2つの極端な立場から出発した．1つは，少数個の核子から成る軽い核を一応そのままの系として，いわばまともに解くという立場であり，それをそのまま粒子数が大きい場合に延長していこうというのである．これは模型とは言い難いかも知れないが，むしろ，少数粒子系で得られるであろう性質から模型を引き出そうという立場と考えられる．当然のことながら，この方向は非常に困難であって，現在でも理論的には3粒子系さえ十分に定量的理解ができているとはいい難い．(この方向に近い考え方の半現象論的模型として，初期の**α 粒子模型**をあげることができよう．これは原子核の中で準単位として α 粒子の形で粒子がまとまっているという考え方で，C, O, Ne, Mg 等々のいわゆる α 核(α 粒子を何個か集めたものに相当する (Z, A) の核)の存在とその性質から出てきた模型である.)

もう1つの方の極端は構成粒子の個性を塗りつぶす考え方で，いわゆる**液滴模型**(liquid drop model)などがこれに入る．これは，粒子間の相互作用がひじょうに強くてしかも短距離力であるという認識に基づいている．力のこのような性質のため，粒子間の相関が強く，それぞれが近似的に独立した粒子という描像がとれない，という考え方である．したがって，出発点としては平均的な媒質という近似をとることになる．さらに，経験的にも，核の密度がどの原子核でもだいたい一定であることがわかっているので，巨視的なものとの類推をとれば，液体という描像が出てくる．平均的な量，例えば質量公式などを考えるときには理解しやすい模型であった．液滴模型は特に核分裂現象を直観的に説明したことにより，その有効性がますます信じられるようになった．

核反応の複合核の理論も，粒子間相関がひじょうに強いという考えから出発している．この考え方は力の性質から見て自然である．核反応の共鳴現象を複合核理論が見事に記述したことは，この理論を提唱した Bohr の権威と相俟って，その考え方の道筋をほとんど動かし難いものとして受け入れさせることとなった．これが1930年代から40年代の前半にかけての大勢であった．

1940年代の後半に現われた**殻模型**(shell model)はこのような‘常識’と全く相反するもののように見えた．それは明らかに原子模型の復活であり，構成粒子が互いに独立に(もちろん，全体としての平均的な力の場を作るという意味で互いに関係しているが)運動するという描像から出発している．強い相関のため粒子は核内を自由に動きまわれないという認識とは相容れない近似である．しかも，この殻模型は軽い核から重い核にわたってめざましい成功を収めた．その出発点と思われる考え方に疑問をもつ者でも，この模型が現象の記述に有力な武器であることを認めざるを得なかった．

しかし一方では，強い相互作用による強い粒子間相関を無視することはできない．この，本来ならば相関がひじょうに強いはずの系で，どうして独立運動のように見える粒子の運動形態がでてくるかは，50年代の命題の1つであった．もちろん，その間に殻模型の方も次第に精巧なものに仕上げられたことはいうまでもない．

50年代に明らかになったことの1つとして，いわゆる**集団運動**(collective motion)がある．これは簡単な殻模型では定性的にも説明できない準位構造や4重極能率の大きさを説明するために提唱された運動形態である．集団運動の理論は最初の形式においては液滴模型の流れをくむものであった．すなわち，核の性質を平均的媒質の運動として記述し，その1つの運動形態として集団運動を表わすものである．この考え方は一見殻模型で代表される粒子的な立場と対立するもののように見える．しかし，後にも述べるように，集団運動はいわゆる微視的理論によって粒子的描像で記述できる．すなわち，平均的に塗りつぶした媒質ではなくて互いに相互作用する粒子の集りを考えたときに，粒子間の特別の相関が作用して粒子が集団的に運動する運動形態であることが明らかにされた．これは相互作用のある多数粒子系で始めて現われる運動形態である．どういう状況の下でこういう運動形態が現われるか，こういう運動を引き起こす相互作用の機能や性質は何か，ということが60年代から今日にかけて研究されている命題の1つである．

§1.2 核子とその性質

原子核が陽子と中性子とから構成されていることは既に述べた．この2種類の粒子はその電荷を別にしてひじょうに似た性質をもっている．すなわち，質量についていえば，陽子および中性子の質量 $M_{\rm p}, M_{\rm n}$ はそれぞれ

$$M_{\rm p} = 1.67239\times10^{-24}\ ({\rm g}),\qquad M_{\rm n} = 1.67470\times10^{-24}\ ({\rm g}) \qquad (1.2.1)$$

であり，スピンは共に1/2である．両方とも Fermi 粒子であり，後で述べるように，その他の性質に関してもひとまとめにして扱う方が便利であることが多い．それで，陽子と中性子をひとまとめにして**核子**(nucleon)と総称する．(なお，上には質量を cgs 単位で書いたが，エネルギーの単位で表わす方が便利なことが多い．すなわち，$M_{\mathrm{p}}c^2=938.256\,\mathrm{MeV}$，$M_{\mathrm{n}}c^2=939.550\,\mathrm{MeV}$ である.)

核子は素粒子の分類でいえばハドロン族の中のバリオンに属している．すなわち，核子は他のハドロンと強い相互作用をする．核子の性質を考えるときには常にこの強い相互作用の存在を念頭に置かなければならない．核子の電磁気的性質にもこのことが反映されている．例えば，核子の磁気能率は核子がスピン1/2の Fermi 粒子であることから電子と同様に考えると，陽子が $e\hbar/2M_{\mathrm{p}}c$，中性子が 0 であるはずであるが，実際は $\mu_{\mathrm{N}}=e\hbar/2M_{\mathrm{p}}c$ (これを**核磁子**(nuclear magneton)という)を単位にして測って

$$\left.\begin{array}{ll}\text{陽　子:} & \mu_{\mathrm{p}} = 2.792763\pm0.000030\\ \text{中性子:} & \mu_{\mathrm{n}} = -1.913148\pm0.000066\end{array}\right\} \qquad (1.2.2)$$

である．これは，核子が仮想的に中間子を放出吸収していて，そのために余分の磁気能率が現われることによると考えられている．

核子が仮想的に中間子を放出吸収しているとすれば，当然そのことからも核子が広がっていると考えられる．事実，高エネルギー電子を核子に当てて散乱させ，その角分布から核子の電荷分布や磁気能率の分布が調べられている(原子核の広がりを定めた Rutherford の実験を想起してほしい)．それによると，陽子の電荷分布の広がりの大きさ(広がりの半径の2乗平均値の平方根)は約 0.77×10^{-13} cm であり，磁気能率の方の広がりもそれと同じ大きさとして矛盾はない．一方，中性子の方は，中心に近い方に負の電荷，外側に正の電荷が広がっているようであるが，まだあまり精密なことはいえない．磁気能率の方は陽子と同じ程度に広がっていると考えられている．

このような静的性質の他に，動的な性質にも核子が中間子場と相互作用していることの影響が当然出てくるはずである．比較的低いエネルギーの原子核現象を扱っている限り，核子のこのような性質はほとんど静的なものにくり込んで取り扱われているし，現在の実験および理論の精度からいってそれで十分である場合が多い．しかし，原子核の磁気能率についていわゆる交換磁気能率を考慮しなけ

ればうまく説明できない例などは，このような動的性質の存在の証拠であろう．

静的性質についても，例えば核子の広がりなどは，関係する波長がこれに比べて十分長いようなエネルギー領域の現象では，考える必要がないことはいうまでもない．

核子はまたレプトンと弱い相互作用をしている．ここでも弱い相互作用はβ崩壊の形で原子核現象として最初にわれわれの前に現われた．中性子は陽子より質量が1 MeV以上大きいので，自由中性子は崩壊して陽子になりうる．その寿命は$(1.01\pm0.03)\times10^3$秒である．

τ スピンによる記述

中性子と陽子は前述のいろいろな性質から見ても，ひじょうに似た粒子である．この両者を荷電状態が異なる1種類の粒子として取り扱ってもよいように思われる．そのような取扱いのためには，荷電状態を示す新しい変数を導入する必要がある．陽子の電荷eを単位にとれば，中性子と陽子の電荷は0および1であるから，これを固有値とする変数を考えてもよいが，両者を対称的に取り扱うため，1, -1を固有値とする変数τ_zを導入し，後の便宜上，$+1$の方を中性子に，-1を陽子にあてはめることにする．このような新しい変数の導入により，スピン変数の場合と同様に(本講座『量子力学I』§5.2参照)，核子は2成分の波動関数で表わされる．したがって，この2つの成分に関係する演算子(例えば，中性子成分だけを取り出す演算子)は2行2列の行列で表わされる．スピンの場合と同じく，一般に2行2列のHermite型の行列はスピン行列と同様な3つの行列

$$\tau_x=\begin{bmatrix}0 & 1\\ 1 & 0\end{bmatrix},\quad \tau_y=\begin{bmatrix}0 & -i\\ i & 0\end{bmatrix},\quad \tau_z=\begin{bmatrix}1 & 0\\ 0 & -1\end{bmatrix} \qquad (1.2.3)$$

の1次結合で与えられる．(たとえば，中性子成分を取り出す演算子は$\begin{bmatrix}1 & 0\\ 0 & 0\end{bmatrix}=\dfrac{1}{2}(1+\tau_z)$で与えられる．)

ここまでの話では，中性子と陽子を形式的にまとめて書くための手段に過ぎず，余分な変数を導入して却って複雑になったように見える．事実，中性子と陽子を互いに似てはいるけれども全然別種の粒子として取り扱う限り，このような形式を導入する必要もない．中性子と陽子を核子という1種類の粒子の異なる2つの状態と考え，このような形式を取る方がすっきりする(別のいい方をすれば現象の法則性をよりよく表現する)という理由があるはずである．それは後に述べる

各種の現象の中で次第に明らかになる．差し当たっては，形式的な表現法として記述を続けることにする．

中性子，陽子はともにFermi粒子であるから，総称して核子とするときも，これをFermi粒子と考える．荷電状態に関する量子数(+1あるいは −1)を導入したので，核子の状態は空間運動とスピンに関する量子数以外に荷電状態の量子数で区別される．したがって，Pauliの排他則を，この量子数まで含めたものに拡張することにする．このように拡張することは自由度を制限したことになるが，一方では荷電状態に関する変数を導入して自由度を広げているので，上記の制限でちょうど自由度としては陽子，中性子を別々に扱う場合と同じになっている．

さて，(*1.2.3*)はPauliのスピン行列と同じであるので，これを**τスピン**または**アイソスピン行列**(**荷電スピン**ともいう)と呼び，この演算子で表わされる物理量をアイソスピンと呼ぶことにする．普通のスピンの場合と同様に，この行列はある種の空間の回転の表現行列と解釈することができる．その空間はもともと核子の荷電状態の自由度を表わすものであるから荷電空間とでも名付けるべきものである．この空間の一般的な回転とは，物理的に何を意味するかよくわからないが，少なくとも現象としてはβ崩壊の場合のように中性子が陽子に変わる，あるいはその逆の現象があるから，この荷電状態の変化は荷電空間の特別な回転に対応している．したがって，この場合には相互作用はτスピンを使うとまとまった形に書ける．(陽子を中性子に，あるいはその逆，の変換は$\tau_{\pm}=(\tau_x \pm i\tau_y)/2$で与えられる.)　このような電荷が変わる現象を除くと，たとえば部分的に中性子であり部分的に陽子であるというような粒子は見出されていないから，荷電空間の一般的回転を考えても意味がないように見える．

しかし，後に述べるように，例えば核子間の力は核子の荷電状態には無関係であるらしい．そこで，もしも核子間の相互作用が核子の荷電状態に無関係であるならば，それは荷電空間の一般的回転に対して不変であるという言い方で表現することができる．いろいろの現象を整理してみると，一般にいわゆる強い相互作用は荷電空間の回転に対して不変である，としてよいようである．このことから出てくる結果については第2章でも述べるが，そのような根拠の上に立って，アイソスピンという概念は単なる形式的な概念でなく物理的な実体を内包しているといえる．

ある種の空間の回転の表現行列という意味で，スピンの場合と同様に，係数1/2をつけて$\boldsymbol{t}=\boldsymbol{\tau}/2$をアイソスピンということが多い．$t_z$の固有値は$\pm 1/2$である．

§1.3 核　力

核子間の相互作用はいろいろな現象を通じて解析することができる．核子を核子に衝突させると，低いエネルギーでは弾性散乱だけが起こる．衝突エネルギーが数百 MeV 以上になれば，中間子の発生その他の非弾性現象が現われる．したがって，高エネルギー現象を取り扱う際にはそのことを考慮に入れなければならないが，原子核の基底状態ないしはあまり高くない励起状態や数十 MeV 程度の反応に関係するエネルギー領域は，核子間でいえば弾性散乱しか起こらないエネルギー領域であると考えてよいであろう．

次に，原子核のような多体系を扱う場合に，多体力が存在するか，存在するとすればそれがどの程度の寄与をいろいろな現象に与えるかは，検討しなければならない問題である．しかし，これに関する知識は現在のところ理論的にも実験的にも不確かな点が多い．したがって，差し当たっては，多体力を一応考えずに，2体力だけで現象の解析をするという立場を取ることにする．その結果，どうしても説明できないことがあれば，それは多体力の存在を示す証拠になろう．(なお，2粒子間の相互作用が他の粒子が傍にいることにより影響を受けるという，いわゆる多体効果と多体力とは区別して取り扱わなければならない．後に述べるように，前者は原子核現象に重要な効果を与えている.)

以上のような立場から，以下核力というときには，主として2核子系の弾性的な現象しか起こらないエネルギー領域での力を指すこととする．

a) 2核子系の状態の分類

2核子系の状態は相対運動の軌道角運動量L，全スピンS，全角運動量Jを使って分類するのがふつうである．(L, S, J)で定められる状態を${}^{2S+1}L_J$という記号で表わす．原子の場合と同様に，$L=0, 1, 2, \cdots$の状態をS, P, D, F, …という記号で表わすのが普通である．例えば，$L=0, S=1, J=1$の状態は${}^3\mathrm{S}_1$と表わされる．また，Lが偶数，奇数の状態をそれぞれE(偶)状態，O(奇)状態と呼ぶ．これにSの値を併せて，状態は${}^1\mathrm{E}, {}^1\mathrm{O}, {}^3\mathrm{E}, {}^3\mathrm{O}$と分類される．さらに，荷電スピンをも変数とすると，2核子系の全荷電スピン$\boldsymbol{T}=\boldsymbol{t}_1+\boldsymbol{t}_2=(\boldsymbol{\tau}_1+\boldsymbol{\tau}_2)/2$を考えることができる．$\boldsymbol{t}_1, \boldsymbol{t}_2$ はそれぞれ核子 1, 2 の荷電スピンである．$\boldsymbol{T}$ は代数的には全スピン $\boldsymbol{S}$ と同じ構造をもっている．例えば $\boldsymbol{T}$ の各成分は互いに可換ではないが $\boldsymbol{T}^2$ とは可換である．したがって $\boldsymbol{T}^2$ と $\boldsymbol{T}$ の成分の1つ，たとえば T_z，との同時固有状態を作ることができる．このときの T_z の固有値 M_T の最大値を T とすると，$\boldsymbol{T}^2$ の固有値は $T(T+1)$ である．(M_T は $T, T-1, \cdots, -T$ の値を取りうる.) この T を $\boldsymbol{T}$ の大きさというのが普通である．そこで，状態を全荷電スピン T の値で分類すると，2核子系では $T=1$ または0である．核子は荷電スピンまで含めて Pauli 原理に従うと仮定したから，2核子系の状態はこの自由度まで含めて反対称である．したがって，例えば L が偶数で $S=1$ (すなわち対称) であれば $T=0$ (反対称)，というように L, S の値により T の値は一意的に定められる．そのため，特に T の値を明示することはしない．上記の反対称性を考慮すると，$T=1$ および0のそれぞれに対して許される状態は次のとおりである．

$$T=1:\quad {}^1\mathrm{S}_0,\ {}^3\mathrm{P}_{2,1,0},\ {}^1\mathrm{D}_2,\quad {}^3\mathrm{F}_{4,3,2},\ \cdots$$

$$T=0:\quad {}^3\mathrm{S}_1,\ {}^1\mathrm{P}_1,\quad {}^3\mathrm{D}_{3,2,1},\ {}^1\mathrm{F}_3,\quad \cdots$$

陽子-陽子系，中性子-中性子系は $T=1$ の状態であり，陽子-中性子系には $T=0$ と $T=1$ の両方の状態がありうる．

b) 対称性と核力の形，交換性

核力の演算子は一般に2核子の相対座標，運動量，スピン，荷電スピンなどを含みうる．これを，対称性，いいかえればある種の変換に対する不変性によって限定して，可能な形を選び出すことにしよう．はじめに，相互作用が核子の相対運動の運動量を含まない，すなわち，通常の意味での静的ポテンシャルで与えられると仮定して考えてみよう．

空間的対称性

2核子系の物理的な性質は空間の座標系のとり方には無関係であるから，核力ポテンシャルは空間回転に対して不変でなければならない．ところで，2核子系で現われる量は，相対座標 $\boldsymbol{r}$，2核子のスピン $\boldsymbol{\sigma}_1, \boldsymbol{\sigma}_2$，2核子の荷電スピン $\boldsymbol{\tau}_1, \boldsymbol{\tau}_2$ である．(正確にはスピン，荷電スピンは $\boldsymbol{s}=\boldsymbol{\sigma}/2$, $\boldsymbol{t}=\boldsymbol{\tau}/2$ であるが，混同するおそれはないと思うので Pauli の行列 $\boldsymbol{\sigma}, \boldsymbol{\tau}$ をスピン，荷電スピンと呼んでおく.) 荷電スピンは空間回転に関係ないから別にして，$\boldsymbol{r}, \boldsymbol{\sigma}_1, \boldsymbol{\sigma}_2$ から回転に対する不変量を作ればよい．まず，$r=|\boldsymbol{r}|$ の任意の関数は当然回転不変である．スピンを含

むものとして，$(\boldsymbol{\sigma}_1\cdot\boldsymbol{\sigma}_2)$, $(\boldsymbol{\sigma}_1\cdot\boldsymbol{r})$, $(\boldsymbol{\sigma}_2\cdot\boldsymbol{r})$, $([\boldsymbol{\sigma}_1\times\boldsymbol{\sigma}_2]\cdot\boldsymbol{r})$ が回転に対するスカラー量である．また，$\boldsymbol{\sigma}_1, \boldsymbol{\sigma}_2$ から2階のテンソル量 $[\boldsymbol{\sigma}_1\times\boldsymbol{\sigma}_2]^{(2)}$ を作り，これと $\boldsymbol{r}$ から作った2階のテンソル量とでスカラー量を作ることができる(付録 A1-4 参照)．すなわち $[[\boldsymbol{\sigma}_1\times\boldsymbol{\sigma}_2]^{(2)}\times[\boldsymbol{r}\times\boldsymbol{r}]^{(2)}]^{(0)}$ である．これ以上の高階のものは，スピン演算子の性質($\boldsymbol{\sigma}$ から作られる高階の量はすべて $\mathbf{1}, \boldsymbol{\sigma}$ の1次結合で表わされる)から考える必要がない．

ここでさらに，相互作用は空間反転に対しても不変であるという要請を置くことにしよう．強い相互作用はパリティ(偶奇性)を保存するということがほとんど確かであるから，この要請は不自然ではない．そうすると，$(\boldsymbol{\sigma}_1\cdot\boldsymbol{r})$, $(\boldsymbol{\sigma}_2\cdot\boldsymbol{r})$, $([\boldsymbol{\sigma}_1\times\boldsymbol{\sigma}_2]\cdot\boldsymbol{r})$ は除外される．そこで残るのは $(\boldsymbol{\sigma}_1\cdot\boldsymbol{\sigma}_2)$ と $[[\boldsymbol{\sigma}_1\times\boldsymbol{\sigma}_2]^{(2)}\times[\boldsymbol{r}\times\boldsymbol{r}]^{(2)}]^{(0)}$ である．後者は計算をすると

$$\frac{r^2}{\sqrt{5}}\left[\frac{(\boldsymbol{\sigma}_1\cdot\boldsymbol{r})(\boldsymbol{\sigma}_2\cdot\boldsymbol{r})}{r^2}-\frac{1}{3}(\boldsymbol{\sigma}_1\cdot\boldsymbol{\sigma}_2)\right]$$

という形になる．このことから

$$S_{12}=3\frac{(\boldsymbol{\sigma}_1\cdot\boldsymbol{r})(\boldsymbol{\sigma}_2\cdot\boldsymbol{r})}{r^2}-(\boldsymbol{\sigma}_1\cdot\boldsymbol{\sigma}_2) \tag{1.3.1}$$

をテンソル演算子と定義することにする．以上の議論からポテンシャルの一般形は

$$V(r), \qquad V_S(r)(\boldsymbol{\sigma}_1\cdot\boldsymbol{\sigma}_2), \qquad V_T(r)S_{12}$$

という形であることがわかる．

荷電空間での対称性

前節でも触れたが，核子間相互作用は荷電空間での回転に対して不変であるとすることが，いろいろの現象を説明するのに有効であり，形式的にも美しく，作用仮定としても有用であると思われる．そう仮定すると，空間回転の場合と同様に考えて，スカラー量は $\mathbf{1}$ と $(\boldsymbol{\tau}_1\cdot\boldsymbol{\tau}_2)$ である．したがって，これと空間回転に対するスカラー量とを組み合わせて，一般的なポテンシャルの形が求められる．

速度依存性

力がポテンシャルで表わされるとすれば，ポテンシャルは速度(運動量)を含まないのが普通である．一方，相互作用は一般には運動量に依存しうる．ただ，その場合は無理にポテンシャル・エネルギーの形にすると，状態に依存したり，非

局所的になったりして，古典物理学以来用いられているポテンシャルという概念にはなじみにくい量になるのが普通である．したがって，まずできるだけ速度依存の項は取り入れないようにし，取り入れる場合でも物理的に明確なイメージの描ける形のものに限ろうという立場を取ることにする．原子核の基底状態や比較的低い励起状態，比較的低いエネルギー(数十 MeV まで)の反応を扱う場合には，2核子系の相互作用として二，三百 MeV 程度までのものが判っていれば十分であろうということ，したがってあまり高次の速度依存性は必要としないであろうということも，上の立場をとる根拠の1つである．

このような観点から，運動量に関係する量としては，角運動量 $\boldsymbol{l}=\boldsymbol{r}\times\boldsymbol{p}$ が考えられる．これと $\boldsymbol{r}$ または $\boldsymbol{\sigma}$ から作られるスカラー量としては，$\boldsymbol{l}^2$, $((\boldsymbol{\sigma}_1+\boldsymbol{\sigma}_2)\cdot\boldsymbol{l})$, $(\boldsymbol{\sigma}_1\cdot\boldsymbol{l})(\boldsymbol{\sigma}_2\cdot\boldsymbol{l})$ などが考えられる．これ以上の高次のものは差し当たって考えないことにしておく．

以上の議論をまとめると，核力ポテンシャルの一般形は

$$V = V_{\mathrm{C}}+V_T+V_{LS}+V_{L^2}+V_{(LS)^2}$$

という形で表わされ，各項はそれぞれ

$$\left.\begin{aligned}
V_{\mathrm{C}} &= V_0{}^{\mathrm{C}}(r)+(\boldsymbol{\tau}_1\cdot\boldsymbol{\tau}_2)V_1{}^{\mathrm{C}}(r)+(\boldsymbol{\sigma}_1\cdot\boldsymbol{\sigma}_2)V_2{}^{\mathrm{C}}(r)\\
&\quad +(\boldsymbol{\tau}_1\cdot\boldsymbol{\tau}_2)(\boldsymbol{\sigma}_1\cdot\boldsymbol{\sigma}_2)V_3{}^{\mathrm{C}}(r)\\
V_T &= S_{12}V_0{}^T(r)+(\boldsymbol{\tau}_1\cdot\boldsymbol{\tau}_2)S_{12}V_1{}^T(r)\\
V_{LS} &= V_0{}^{LS}(r)(\boldsymbol{l}\cdot\boldsymbol{S})+(\boldsymbol{\tau}_1\cdot\boldsymbol{\tau}_2)V_1{}^{LS}(r)(\boldsymbol{l}\cdot\boldsymbol{S})\\
&\qquad \left(\text{ただし}\quad \boldsymbol{S}=\frac{1}{2}(\boldsymbol{\sigma}_1+\boldsymbol{\sigma}_2)\right)\\
V_{L^2} &= V_0{}^{L^2}(r)\boldsymbol{l}^2+(\boldsymbol{\tau}_1\cdot\boldsymbol{\tau}_2)V_1{}^{L^2}(r)\boldsymbol{l}^2\\
V_{(LS)^2} &= V_0{}^{(LS)^2}(\boldsymbol{l}\cdot\boldsymbol{S})^2+(\boldsymbol{\tau}_1\cdot\boldsymbol{\tau}_2)V_1{}^{(LS)^2}(\boldsymbol{l}\cdot\boldsymbol{S})^2
\end{aligned}\right\}\qquad (1.3.2)$$

である．

テンソル力，スピン-軌道力は $S=0$ の状態(1重状態)に演算すると0になる．

交　換　性

上のような $\boldsymbol{\sigma}, \boldsymbol{\tau}$ 依存性は別の形にまとめることができる．よく知られているように

$$P^{\sigma} = \frac{1}{2}(1+(\boldsymbol{\sigma}_1\cdot\boldsymbol{\sigma}_2)) \qquad (1.3.3)$$

という演算子はスピン3重状態に演算すれば $+1$，1重状態に演算すると -1 という値をとる．したがって，これは1,2粒子のスピン波動関数に演算すると，1,2粒子のスピン座標を入れかえるのと同等である．その意味でこの P^{σ} をスピン交換演算子と呼ぶ．同様にして，1,2粒子の荷電状態を入れかえる演算子を

$$P^{\tau}=\frac{1}{2}(1+(\boldsymbol{\tau}_1\cdot\boldsymbol{\tau}_2)) \tag{1.3.4}$$

と定義することができる．さらに，核子は荷電自由度を含めて Pauli 原理を満たすと仮定しているから

$$P^{\mathrm{s}}=-P^{\sigma}\cdot P^{\tau} \tag{1.3.5}$$

は1,2粒子の空間座標だけを交換する演算子である．これらの交換演算子をもった力は交換力と呼ばれていて，歴史的に重要な意味をもっている．核力を交換演算子の型で分けると

$$V=V_{\mathrm{W}}+V_{\mathrm{B}}P^{\sigma}+V_{\mathrm{H}}P^{\tau}+V_{\mathrm{M}}P^{\mathrm{s}} \tag{1.3.6}$$

と書け，何も交換しないのを Wigner 型，スピンを交換するのを Bartlett 型，電荷を交換するのを Heisenberg 型，空間座標を交換するのを Majorana 型と称する．

c）散乱長，有効距離

対称性その他の要請から決められたおのおのの型の力のさらに具体的な形を調べるには2核子系の現象，すなわち核子-核子散乱や重陽子の性質を使っての分析が必要である．散乱のデータは，よく知られているように，各散乱部分波の位相のずれ(位相差ともいう)で与えられる．位相のずれは衝突エネルギーの関数であるが，エネルギーが低い場合にはエネルギーのベキ級数として展開することができる．S波の場合を例にとると次のようになる(本講座『量子力学 I』§5.4参照)．

S波の散乱の波動方程式は，波動関数を $\psi(r)=u(r)/r$ と置くと

$$\frac{d^2u(r)}{dr^2}+k^2u(r)-\frac{M}{\hbar^2}V(r)u(r)=0 \tag{1.3.7}$$

という形に書ける．ここで k^2 は，衝突エネルギーを E とすると $k^2=ME/\hbar^2$ であり，$V(r)$ は中心力のポテンシャルである．核力は短距離力であるから，十分遠方では $V(r)=0$ としてよい．その時，u は $u\propto\sin(kr+\delta)$ である．δ が位相の

ずれである．そこで，遠方でこれと一致し，原点で1になるように規格化した関数を v とする．

$$v(r)=\frac{\sin(kr+\delta)}{\sin\delta} \tag{1.3.8}$$

エネルギーが0のときには v は直線で

$$v_0(r)=1+\lim_{k\to0}kr\cot\delta\equiv1-\frac{1}{a}r$$

となる．この直線が r 軸を切る点が a である．S 波の散乱断面積は $(4\pi/k^2)\sin^2\delta$ であるから，0エネルギーでの値は

$$\sigma_0=\left[\frac{4\pi}{k^2}\sin^2\delta\right]_{k=0}=4\pi a^2 \tag{1.3.9}$$

である．すなわち，この場合，断面積は半径 a の剛体球の散乱断面積と同じになる．その意味で a を**散乱長**(scattering length)と呼んでいる．波動関数の性質から，$a>0$ の場合にはこのポテンシャルで束縛状態が存在し，$a<0$ の場合には存在しないことが推論される．

$-1/a$ は $k\to0$ のときの $k\cot\delta$ の値である($k\to0$ と共に $\tan\delta\to0$ であることは散乱の一般論からわかっている)．エネルギーがあまり大きくないときに $k\cot\delta$ をエネルギー(あるいは k)で展開すると，$-1/a$ の次の項はどうなるであろうか．いま，あまり大きくないエネルギー E_1, E_2 での波動関数を u_1, u_2 とすると

$$\frac{d^2u_1}{dr^2}+k_1{}^2u_1-\frac{M}{\hbar^2}V(r)u_1=0$$

$$\frac{d^2u_2}{dr^2}+k_2{}^2u_2-\frac{M}{\hbar^2}V(r)u_2=0$$

である．上の式に u_2 を，下の式に u_1 をかけて引き算をし，r について0から ∞ まで積分をすると

$$[u_2u_1'-u_1u_2']_0^\infty=(k_2{}^2-k_1{}^2)\int_0^\infty u_1u_2dr \tag{1.3.10}$$

となる．ポテンシャルを0としたときの解を v_1, v_2 とすると，これについても

$$[v_2v_1'-v_1v_2']_0^\infty=(k_2{}^2-k_1{}^2)\int_0^\infty v_1v_2dr \tag{1.3.11}$$

である．ここでも $v_1(0)=v_2(0)=1$ としてある．一方，u の方は $u_1(0)=u_2(0)=0$ である．u の規格化についてはこれまで定めていなかったが，ここで u をポテンシャルが 0 の領域で v と同じになるように規格化することにする．すなわち，u の漸近形を $\sin(kr+\delta)/\sin\delta$ ととる．u をこのように規格化しておくと(*1. 3. 11*)から(*1. 3. 10*)を引いて

$$v_2'(0)-v_1'(0)=(k_2^2-k_1^2)\int_0^\infty(v_1v_2-u_1u_2)dr \qquad (1.3.12)$$

となる．$v'(0)=k\cot\delta$ であるから(*1. 3. 12*)は

$$k_2\cot\delta_2-k_1\cot\delta_1=(k_2^2-k_1^2)\int_0^\infty(v_1v_2-u_1u_2)dr$$

である．ここで $k_1\to0,\ k_2=k$ とすると

$$k\cot\delta=-\frac{1}{a}+k^2\int_0^\infty(v_0v-u_0u)dr \qquad (1.3.13)$$

という関係式が得られる．v_0, u_0 は 0 エネルギーの v および u である．右辺の第 2 項を $k^2\rho(0,E)/2$ と置く：

$$\rho(0,E)=2\int_0^\infty(v_0v-u_0u)dr \qquad (1.3.14)$$

十分低いエネルギーに対しては v, u は v_0, u_0 で近似してよいであろうから

$$k\cot\delta\approx-\frac{1}{a}+\frac{1}{2}k^2\rho(0,0)\equiv-\frac{1}{a}+\frac{1}{2}k^2r_e \qquad (1.3.15)$$

と書ける．

$$r_e=\rho(0,0)=2\int_0^\infty(v_0^2-u_0^2)dr \qquad (1.3.16)$$

を**有効距離**(effective range)と呼んでいる．

このような方法を続けて $k\cot\delta$ を k^2 のベキで展開することができる．低いエネルギーでは(*1. 3. 15*)の近似を取ることにより散乱のデータを a と r_e とで表わすことができる．$k\cot\delta$ の展開をこの第 2 項までで止めることにすると，どういう形のポテンシャルであっても，その深さと広がりを適当に調節することにより，実験から得られる a と r_e の値に合わせることができる．その意味で，これを‘形によらない近似’(shape independent approximation)という．

散乱のデータおよび重陽子のデータから散乱長と有効距離を定めることができる.(非常によい精度で定めようとするといろいろ問題があるが，そこまでは立ち入らない.) それによると，3重状態，1重状態の散乱長および有効距離をそれぞれ $^3a, {}^3r_e$ および $^1a, {}^1r_e$ と表わして

$$\left.\begin{aligned} {}^3a &= (5.377\pm0.023)\times10^{-13}\ (\mathrm{cm}), & {}^3r_e &= (1.704\pm0.030)\times10^{-13}\ (\mathrm{cm}) \\ {}^1a &= -(23.69\pm0.06)\times10^{-13}\ (\mathrm{cm}), & {}^1r_e &= 2.7\times10^{-13}\ (\mathrm{cm}) \end{aligned}\right\} \tag{1.3.17}$$

となっている.

上の数値では荷電スピンが良い量子数であり，それで状態が分類されると暗黙の中に仮定されている．同じ ^{1}S 状態でも陽子-陽子系の場合と中性子-陽子系の場合とがある．そのそれぞれに対して $^1a, {}^1r_e$ が同じ値になるかどうかは予めにはわからない．しかし，実験結果の比較からこの両者の場合の $^1a, {}^1r_e$ は等しいと考えて差し支えない．このことは相互作用が荷電空間での回転に対して不変である(したがって状態を荷電スピンの大きさで分類してよい)ことの1つの証拠である.

d) 核力ポテンシャルの形

低いエネルギーの散乱現象ではP波以上の高い角運動量状態は遠心力ポテンシャルのためあまり効いてこない．したがって，これからは主としてS状態に関する知識しか得られない．しかも，低いエネルギーでは‘形によらない近似’が成り立つから，散乱長と有効距離とを実験値に合うように選んでおけば，ポテンシャルの形はどうでもよいともいえる．事実，数 MeV までのエネルギー成分しか関係しない場合には，このような考え方で，取り扱い易い形のポテンシャルを使うこともある.

しかし，原子核現象を取り扱うにはもっと高いエネルギー領域までの知識が必要であり，そこまでの相互作用をポテンシャルとして取り扱うには‘形によらない近似’は成立せず，ポテンシャルの形を考えなければならない．そのための指導原理として，核子間の力の原因である強い相互作用を考えてみる．核子は中間子場と相互作用していて，この中間子場を媒介として核子間の力が生ずると考えられる．すなわち，中間子の交換による力である．荷電中間子を交換する場合には荷電交換の演算子を含む力が発生する．こうして生ずる力の到達距離は交換さ

れる中間子のCompton波長の程度である．歴史的には，このことから逆にπ中間子の質量が推定された．湯川の中間子理論がこれである．(力の距離と交換される中間子の質量との関係は不確定性関係を使って説明できる．質量mの中間子を交換しているときの核子系の中間状態のエネルギーは少なくともmc^2であるから，この中間状態の継続時間は$\hbar/(mc^2)$の程度である．この時間内に中間子が走りうる距離はたかだか$\hbar/(mc)$すなわち中間子のCompton波長である．したがって，中間子交換による力の到達距離も$\hbar/(mc)$の程度ということになる.)いちばん長い到達距離をもつ力は1個のπ中間子の交換によるものである．1個のπ中間子の交換による力のポテンシャルは(π中間子のスピン，パリティを0，－とし，荷電スピンは$T=1$，核子との相互作用は荷電不変であると仮定して)，次の式で与えられる．

$$V=\frac{f^2}{\hbar c}m_\pi c^2\frac{(\boldsymbol{\tau}_1\cdot\boldsymbol{\tau}_2)}{3}\left\{(\boldsymbol{\sigma}_1\cdot\boldsymbol{\sigma}_2)+\left(1+\frac{3}{\mu r}+\frac{3}{(\mu r)^2}\right)S_{12}\right\}\frac{e^{-\mu r}}{\mu r} \qquad (1.3.18)$$

ここで，$\mu=m_\pi c/\hbar=0.70\times10^{13}\,(\mathrm{cm}^{-1})$であり，$f$は相互作用定数で$f^2/(\hbar c)=0.081\pm0.002$である．(*1.3.18*)で与えられるポテンシャルを1中間子交換ポテンシャル(One-Particle-Exchange-Potential，OPEPと略称することが多い)といっている．

相対距離の大きさによる領域の分類

π中間子の交換だけを考えても，2個以上の中間子の交換が考えられるし，また核子と相互作用する中間子はπ中間子だけとは限らない．これらの効果はすべてもっと短距離のところで現われてくるはずである．また，交換されるエネルギーや運動量が大きくなると，核子の反動の効果も無視することはできず，(*1.3.18*)を導き出すときに使われた近似(断熱近似または静的近似)も良いとはいえなくなる．これらの効果の取扱い方は複雑である上に，理論的にも取扱い方が必ずしも確定していない．そのため，短距離になると理論的に導き出されたポテンシャルは信頼度が薄くなる．そこで，核子間の相対距離の大きさによって相互作用の領域を分け，それぞれの領域における取扱い方を変える方が適当であろう．武谷を中心とした日本の核力研究グループは，このような考え方のもとに，領域を3つに分けて取り扱った．

それによると外側の領域(領域I)は$\mu r\geqq1.5$で，ここではポテンシャルは(*1.

3. 18)の OPEP で完全に表わされるとしてよいことが散乱の位相のずれの解析などから確かめられる．中間の領域(領域 II)は $0.7 \lesssim \mu r \lesssim 1.5$ で，ここでは ρ 中間子，ω 中間子，または 2 個以上の π 中間子の交換による寄与が主なものであると考えられる．1 GeV 程度までの散乱の位相のずれのデータに合わせるようにポテンシャルの形を定める研究が進められている．内側の領域(領域 III)は $\mu r \lesssim 0.7$ の領域で，ここでは非弾性散乱に導く吸収項とか，多数粒子の交換とか，場合によっては核子自身の構造なども考慮しなければならないかも知れないと予想される．したがって，現在のところ，むしろこの領域は現象論的に取り扱う方がポテンシャル全体を考える際には(特にあまり高くないエネルギー領域に適用するには)有効な処方であろう．

芯

上に述べたように内側領域での相互作用はあまり明らかでない点が多いが，その中でかなりはっきりしていることがある．それは，数百 MeV までの散乱現象を見る限り相対距離の非常に小さい領域では全体として強い斥力が働いているように見えることである．特に ^{1}S 状態の散乱の位相は約 200 MeV 以上では負になる．このことは ^{1}S 状態での力が高いエネルギー領域では斥力として働いていることを示している．また，その領域で位相のずれが $\delta \approx kr_c$ という形で表わされるが，これは(もしこれがずっと高いエネルギーまで続くものであれば)中心に r_c の半径の剛体球がある場合と同等である．δ の測定値から r_c の値は $\mu r_c \sim 0.3$

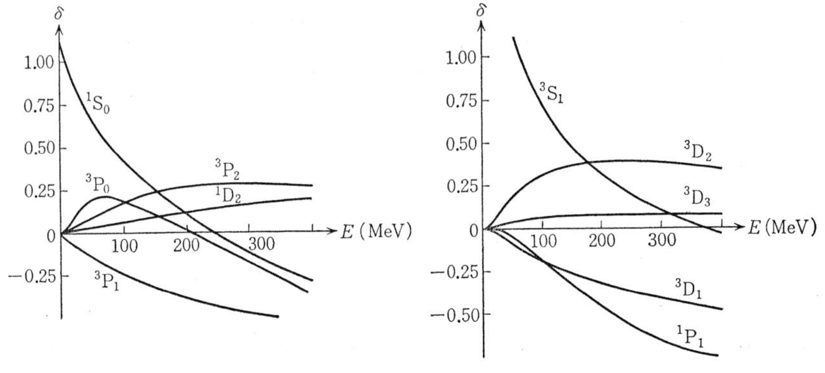

図 1.1　核子散乱の位相のずれ．δ の単位はラジアン(MacGregor, M. H., Arndt, R. A. & Wright, R. M.: *Phys. Rev.*, **182**, 1714(1969)の数値による)

$\sim$0.4 である．そこで，現象論的ポテンシャルを作るときにはこの程度の半径の剛体球の斥力を仮定するのが普通である．これを**固い芯**(hard core)と呼んでいる．

もちろん，本当に固い芯があるかどうかはずっと高いエネルギーまで弾性散乱の位相を調べてみなければわからない．低いエネルギーの現象を扱う限り，固い芯は一種の単純化で，実際上は強い斥力があればよい．**軟い芯**(soft core)，すなわち斥力ではあるが剛体球ではなく有限の大きさの斥力ポテンシャル，を考える理論もある．

次に，かなりよく現象を記述できる現象論的ポテンシャルの例を1, 2挙げておく．

浜田-Johnston のポテンシャル†

$$V = V_C + V_T S_{12} + V_{LS}(\boldsymbol{l}\cdot\boldsymbol{S}) + V_{L^2} L_{12}$$

ただし

$$L_{12} = (\boldsymbol{\sigma}_1\cdot\boldsymbol{\sigma}_2)\boldsymbol{l}^2 - \frac{1}{2}\{(\boldsymbol{\sigma}_1\cdot\boldsymbol{l})(\boldsymbol{\sigma}_2\cdot\boldsymbol{l}) + (\boldsymbol{\sigma}_2\cdot\boldsymbol{l})(\boldsymbol{\sigma}_1\cdot\boldsymbol{l})\}$$
$$= \{\delta_{LJ} + (\boldsymbol{\sigma}_1\cdot\boldsymbol{\sigma}_2)\}\boldsymbol{l}^2 - (\boldsymbol{l}\cdot\boldsymbol{S})^2$$

V_C, V_T, V_{LS}, V_{L^2} は，それぞれ

$$V_C = 0.08mc^2\frac{(\boldsymbol{\tau}_1\cdot\boldsymbol{\tau}_2)}{3}(\boldsymbol{\sigma}_1\cdot\boldsymbol{\sigma}_2)Y(x)[1+a_C Y(x)+b_C Y^2(x)]$$
$$V_T = 0.08mc^2\frac{(\boldsymbol{\tau}_1\cdot\boldsymbol{\tau}_2)}{3}Z(x)[1+a_T Y(x)+b_T Y^2(x)]$$
$$V_{LS} = mc^2 G_{LS} Y^2(x)[1+b_{LS}Y(x)]$$
$$V_{L^2} = mc^2 G_{L^2} x^{-2} Z(x)[1+a_{L^2}Y(x)+b_{L^2}Y^2(x)]$$

で与えられる．ここで

$$Y(x) = \frac{e^{-x}}{x}, \qquad Z(x) = \left(1+\frac{3}{x}+\frac{3}{x^2}\right)Y(x)$$

であり，$x=\mu r$, $\mu = mc/\hbar$ で，m は π 中間子の質量(または $\mu = 0.7\times10^{13}$ (cm^{-1}))である．また，上の式は $x \geqq x_0 = 0.343$ に対するもので，$x \leqq x_0$ に対しては‘固

† Hamada, T. & Johnston, I. D.: *Nuclear Phys.*, 34, 382 (1962).

い芯' であるとする．a_C, b_C 等々はパラメーターで，次のような値をとる：

状態	a_C	b_C	a_T	b_T	G_{LS}	b_{LS}	G_{L^2}	a_{L^2}	b_{L^2}
^{1}E	+8.7	+10.6					−0.000891	+0.2	−0.2
^{3}O	−9.07	+3.48	−1.29	+0.55	+0.1961	−7.12	−0.000891	−7.26	+6.92
^{3}E	+6.0	−1.0	−0.5	+0.2	+0.0743	−0.1	+0.00267	+1.8	−0.4
^{1}O	−8.0	+12.0					−0.00267	+2.0	+6.0

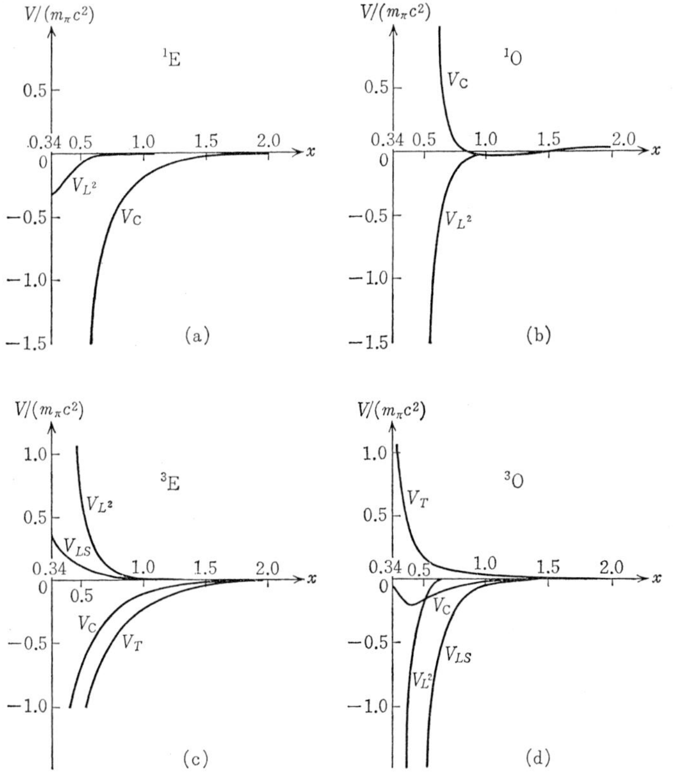

図 1.2　浜田-Johnston のポテンシャル．(a)は ^{1}E 状態，(b)は ^{1}O 状態，(c)は ^{3}E 状態，(d)は ^{3}O 状態のポテンシャルを示す．V は $m_\pi c^2$ 単位，距離は μ^{-1} $(=\hbar/(m_\pi c))$ を単位にして測られている

'軟い芯' のポテンシャル

必ずしも固い芯を仮定しなくとも，中心付近に十分強い斥力があれば，二，三百 MeV 程度までのデータを説明するようなポテンシャルが作れる．(中心付近の

ポテンシャルの形とそれによる散乱の位相のずれの変化については玉垣†により詳しく調べられている.）いろいろな到達距離の湯川型ポテンシャルを重ねた形の OBEP(One-Boson-Exchange-Potential)や，Gauss 型の芯をもつポテンシャルなどが提案されている. 1例として玉垣により作られた Gauss 型ポテンシャルを3つ重ねた現象論的ポテンシャルを挙げておく.

$$V = V_{\mathrm{C}} + V_T S_{12} + V_{LS}(\boldsymbol{l}\cdot\boldsymbol{S}) + V_{\mathrm{W}} W_{12} + V_{L^2}\boldsymbol{l}^2$$

ただし

$$W_{12} = \frac{1}{2}\{(\boldsymbol{\sigma}_1\cdot\boldsymbol{l})(\boldsymbol{\sigma}_2\cdot\boldsymbol{l}) + (\boldsymbol{\sigma}_2\cdot\boldsymbol{l})(\boldsymbol{\sigma}_1\cdot\boldsymbol{l})\} - \frac{1}{3}(\boldsymbol{\sigma}_1\cdot\boldsymbol{\sigma}_2)\boldsymbol{l}^2$$

各 V_i (i=C, T, LS, W, L^2) を

$$V_i(r) = \sum_{n=1}^{3} v_{in} e^{-(r/\eta_{in})^2}$$

という形と置く. v_{in}, η_{in} がパラメーターで，例えば次のような値をとる. η は 10^{-13} cm 単位で，v は MeV 単位での値である.

$$\eta_{\mathrm{C1}} = 2.5, \quad \eta_{\mathrm{C2}} = 0.942, \quad \eta_{\mathrm{C3}} = 0.447$$

$$\eta_{T1} = 2.5, \quad \eta_{T2} = 1.2, \quad \eta_{T3} = 0.447$$

$$\eta_{LS2} = 0.6, \quad \eta_{LS3} = 0.447, \quad \eta_{\mathrm{W2}} = \eta_{L^2 2} = 0.942$$

$$v_{LS1} = v_{\mathrm{W1}} = v_{L^2 1} = v_{\mathrm{W3}} = v_{L^2 3} = 0$$

その他のものは

状態	v_{C1}	v_{C2}	v_{C3}	v_{T1}	v_{T2}	v_{T3}	v_{LS2}	v_{LS3}	v_{W2}	$v_{L^2 2}$
^{1}E	−5	−270	2000							15
^{3}O	1.6667	70	2500	2.5	20	−20	−1050	600	0	0
^{1}O	10	−50	2000							
^{3}E	−5	−230	2000	−7.5	−67.5	67.5	0	0	−30	30

この他，Reid のポテンシャル††も比較的よく用いられる.

† Tamagaki, R.: *Progr. Theoret. Phys.*, **39**, 91(1968).

†† Reid, R. V.: *Ann. Phys.*, **50**, 411(1968).

第2章　核の性質および対称性

この章では後の記述に必要な原子核の全体としての性質を述べる．原子核は多数粒子系であるから，その性質は一般に複雑である．しかし，構成粒子自身の性質あるいは粒子間の相互作用が，ある種の変換に対して不変であったり，一定の変換性を持っているような場合には，このことを利用して系の性質を分析あるいは分類することができる．これによって，原子核という系の複雑な性質を解きほぐす手がかりが得られる．原子や分子の系に対して，系の空間的な対称性や構成粒子の組替えに対する対称性を利用して状態を分類し整理することができたことはよく知られている．原子核系の持つ対称性のいくつかを，この章の前半で述べる．

§2.1　時空の対称性と核の性質

たいていの力学系がそうであるように，原子核という系も，外力がなくて孤立している場合には，時間空間座標の並進，座標系の回転に対して不変である．量子力学の一般論から，このような場合には運動の恒量を見出すことができる(本講座第3巻『量子力学 I』第8章参照)．

a)　空間的並進

一般に，系の座標に対して変換 T を作用させると，それに応じて系の波動関数 ψ は変換される．この変換を P_T と書くことにする．このとき，一般の演算子 A は $P_TAP_T^{-1}$ と変換されることはよく知られている．系の物理的性質が T に対して不変であれば，ハミルトニアン H は P_T と可換である．そのため，P_T と H を同時に対角化することができる．このことから，変換 T に付随した運動の恒量がでてくる．以上は量子力学の一般論である．空間並進についていえば，座標を $\boldsymbol{a}$ だけずらす変換に対し P_T は $P_T=\exp\{-(i/\hbar)\boldsymbol{a}\cdot\boldsymbol{P}\}$ という形に書けることはよく知られている．$\boldsymbol{P}$ は全運動量である．これはハミルトニアン H と交換可能であることはいうまでもない．すなわち，$\boldsymbol{P}$ は運動の恒量であり，系の全体としての並進運動を表わしている．

ところで，非相対論的な近似を取る限り，全運動量が0でない系の性質は，静止系 ($\boldsymbol{P}=0$) から Galilei 変換によって移される．系の内部的な性質は Galilei 変換に対して不変であるから，原子核の準位などの構造を問題にするときは静止系で考えてよい．このことをもっと陽に示すために，全系のハミルトニアンを

$$H=\sum_i \frac{\boldsymbol{p}_i{}^2}{2M_i}+W \tag{2.1.1}$$

と書き，W が粒子間相互作用，$\boldsymbol{p}_i$ が粒子 i (質量 M_i) の運動量であるとする．全質量を $M=\sum M_i$ とし，重心を $\boldsymbol{R}=\dfrac{1}{M}\sum\limits_i M_i\boldsymbol{r}_i$ と定義すると，$\boldsymbol{P}$ は $\boldsymbol{R}$ に共役な量となり，H は

$$H=\frac{\boldsymbol{P}^2}{2M}+H' \tag{2.1.2}$$

という形に書ける．H' は粒子間の相対座標，相対速度など相対運動だけの関数であり，重心座標や全運動量と可換である．こうして重心運動を分離することができる．

b)　空間回転とスピン

空間の座標系をどの方向に取ろうが，(外力がない場合)系の物理的な性質は変わるはずはない．すなわち，系は空間回転に対して不変である．回転に対する不変性から生ずる運動の恒量が角運動量であることはよく知られている．すなわち，系を(重心のまわりに)角 $\boldsymbol{\omega}$ (回転軸の方向を持ち，大きさはその軸のまわりの回転角の大きさを持つベクトル)だけ回転させると(これを演算 R とする)，それによる状態の変換 P_R は

$$P_R=\exp\left\{-\frac{i}{\hbar}\boldsymbol{\omega}\cdot\boldsymbol{I}\right\} \tag{2.1.3}$$

で与えられる(誤解を生じない限り，P_R の代りに R と書くこともある)．$\boldsymbol{I}$ は全角運動量である．系が回転 R に対し不変であればハミルトニアン H は P_R と可換で，$\boldsymbol{I}$ を H と同時に対角形にできる．ただし，角運動量 $\boldsymbol{I}$ の3つの成分は互いに可換でないから，そのどれかの成分を対角化することになる．それと同時

に $\boldsymbol{I}^2$ も H と可換になるので，状態を $\boldsymbol{I}^2, \boldsymbol{I}$ のどれかの成分(習慣により I_z を選ぶ)の同時固有状態で分類できることもよく知られた処方である．この時の I_z の固有値 $M\hbar$ の最大値を $I\hbar$ とし，この I をその状態の**スピン値**といっている．(いうまでもないが，このとき $\boldsymbol{I}^2$ の固有値は $I(I+1)\hbar^2$ である.)

c) 空間反転とパリティ

空間座標の反転，すなわち変換 $\boldsymbol{r}\to-\boldsymbol{r}$ は右手系を左手系に移す変換である．物理系が右手系で書いても左手系で書いても同じ形で表わされるかどうかは先験的にはわからない．しかし，運動エネルギー $\boldsymbol{p}^2/2M$，相対距離だけの関数であるようなポテンシャル・エネルギー $V(r)$ などは，空間反転に対して不変である．それらのことを拡張して，物理法則は空間反転に対して不変であると仮定しても不自然でないように思われる．実際，1956 年に β 崩壊現象で空間反転に対する不変性が成り立っていないことが見出されるまでは，この不変性はほとんど自明のこととして疑いを持たれていなかったといえる．この発見以後，すべての相互作用について空間反転に対する不変性があらためて問い直されることとなった．

空間反転 $\boldsymbol{r}\to-\boldsymbol{r}$ によって引き起こされる状態の変換演算子を P と書き，**パリティ変換**と呼ぶことにしよう．上に述べたように，Coulomb ポテンシャルはこの変換演算子と可換であり，電磁的相互作用も(エネルギーとしてスカラー量を作っているから)可換である．したがって，原子，分子系のハミルトニアンは P と可換である．原子核系についても，ハミルトニアン H が P と可換であるならば，H と P の同時固有状態を作ることができる．空間反転は 2 回続けて行なうと元に戻るから，P の固有値は ±1 である．したがって，状態は P の固有値 $\pi=\pm1$ (これを**パリティ**(偶奇性)といっている)に従って分類できる．$\pi=\pm1$ の状態をそれぞれ偶状態，奇状態と呼んでいる．そして，関係している相互作用がすべて空間反転に対して不変であるならば，系の全体としてのパリティは保存される．

さて，原子核系でパリティは保存されるであろうか．まず，核子自身は(静止状態では)右手系も左手系もないから P の固有状態と考えてよい．これを $\pi=+1$ ととるか -1 ととるかは定義だけの問題である．(核子が $\pi=+1$ と -1 の両方の固有状態を持っていたとしても，それを区別する手段をわれわれは持っていない．したがって，核子はパリティ変換に対して不変であるといわざるを得ない.)

そこでわれわれは核子のパリティを $+1$ と定義することにしよう．A 個の核子から成る原子核系で，相互作用がないと仮定すると，系のハミルトニアンは運動エネルギーだけである．既に述べたように全体としての重心運動は分離できるから，相対運動(重心に対する)だけが問題である．相対運動のハミルトニアンは，原子，分子の場合と同じく P と可換であるから，状態は π によって分類できる．軌道運動だけを考えると，角運動量が偶の状態(S, D, …)は $\pi=+1$ であり，奇の状態(P, D, …)は $\pi=-1$ である．次に，相互作用を入れて考えてみる．核子間相互作用が§1.3で述べたような形をしている限り，これは P と可換である．(むしろ空間反転に対して不変なように取ってある.)　したがって，状態をパリティで分類することができる．前述のスピンと合わせて，原子核の状態は $I\pi$ すなわちスピンとパリティで分類するのが普通である(0+, 2+, 等々)．I^{π} と π を肩につけて書くこともある(0^{+}, 1^{-}, 等々)．

核子間相互作用が本当に P 変換に対して不変であるかどうかはいろいろの核現象を通じて調べられている．その結果，良い近似で不変性が成り立っていると考えられている．(実験的にいえば，完全な精度で不変性が成り立っているとはいい難い．しかし，β 崩壊に関係する弱い相互作用に対しては既述のようにこの不変性は成り立たないし，核子は常に弱い相互作用をする可能性を持っているから，この影響を考慮すると，弱い相互作用を取り去ってしまえば，良い近似で不変性が成り立つといってよいであろう．しかし，この点は現在でもなお精密な実験と計算とによって調べられている課題の1つである.)

d) 時間反転

古典力学では時間の向きを逆にしても運動法則は変わらない．量子力学でもそうであるかどうかは，空間反転の場合と同じく，先験的にはわからないことである．古典力学を延長した考え方と形式の美しさのため，時間反転に対する不変性は暗黙の中にその成立が仮定されてきた．しかし，β 崩壊現象での空間反転に対する不変性の破れ以来，時間反転に関しても詳しく調べられることとなった．現在までのところ，核現象を主として支配する強い相互作用と電磁相互作用については不変性が成り立っているようである．

時間の向きを反転させる変換により，座標 $\boldsymbol{r}$，運動量 $\boldsymbol{p}$，スピン変数 $\boldsymbol{s}$ は，それぞれ $\boldsymbol{r}$, $-\boldsymbol{p}$, $-\boldsymbol{s}$ に変換される．すなわち，時間反転により引き起こされる状

態の変換演算子を T とすると

$$\boldsymbol{r} \longrightarrow \boldsymbol{r}' = T\boldsymbol{r}T^{-1} = \boldsymbol{r}, \qquad \boldsymbol{p} \longrightarrow \boldsymbol{p}' = T\boldsymbol{p}T^{-1} = -\boldsymbol{p}$$
$$\boldsymbol{s} \longrightarrow \boldsymbol{s}' = T\boldsymbol{s}T^{-1} = -\boldsymbol{s}$$

である．この変換は $\boldsymbol{r}$ と $\boldsymbol{p}$ の変換関係を不変にせず（$[x, p_x]=i\hbar$ を変換すると $[x', p_x']=-i\hbar$ となる），したがってユニタリーな変換でない．しかし，この変換は反ユニタリーすなわち複素共役を作る演算とユニタリー変換との積として表わされることがわかる（本講座『量子力学 I』§5.3参照）．式で書けば

$$T = U(T)K$$

$U(T)$ はあるユニタリー変換で，K は複素共役量を作る演算子である．状態 Ψ に T 変換を施すと，$\Psi'=U(T)K\Psi=U(T)\Psi^*$ となるわけである．今，状態 ψ_i, ψ_j を取り，Hermite 実演算子 A の行列要素 $\langle\psi_i|A|\psi_j\rangle$ を作る．これに T 変換を施し，変換された状態 ψ_i', ψ_j' で変換された演算子 $A'\,(=TAT^{-1})$ の行列要素 $\langle\psi_i'|A'|\psi_j'\rangle$ を作ると

$$\begin{aligned}\langle\psi_i'|A'|\psi_j'\rangle &= \langle T\psi_i|TAT^{-1}|T\psi_j\rangle = \langle UK\psi_i|UKAKU^{-1}|UK\psi_j\rangle \\ &= \langle\psi_i{}^*|U^{-1}UKAKU^{-1}U|\psi_j{}^*\rangle = \langle\psi_i|A|\psi_j\rangle^* \qquad (2.1.4)\end{aligned}$$

という関係がある．

原子核理論では T 変換を施した状態は上に横棒をつけて表わすのが普通である．状態 $|\alpha\rangle$ に T 変換を施した状態が $|\bar{\alpha}\rangle$ である．状態 $|\alpha\rangle$ の波動関数を $\psi_\alpha(\boldsymbol{r})$ とすれば，$\psi_{\bar{\alpha}}(\boldsymbol{r})=\psi_\alpha{}^*(\boldsymbol{r})$ であり，時間をふくむ波動関数 $\psi_\alpha(\boldsymbol{r}, t)$ で考えれば $\psi_{\bar{\alpha}}(\boldsymbol{r}, t)=\psi_\alpha{}^*(\boldsymbol{r}, -t)$ である．$|\alpha\rangle$ として角運動量の固有状態を取るならば $\psi_\alpha(\boldsymbol{r})\propto f_\alpha(r)Y_{lm}$ と表わされる．Y_{lm} は普通は

$$\begin{aligned}Y_{lm}(\theta, \phi) &= (-1)^{(m+|m|)/2}\sqrt{\frac{(2l+1)}{4\pi}\frac{(l-|m|)!}{(l+|m|)!}}\frac{1}{2^l l!} \\ &\quad \times e^{im\phi}(\sin\theta)^{|m|}\frac{d^{l+|m|}}{d(\cos\theta)^{l+|m|}}(\cos^2\theta-1)^l \qquad (2.1.5)\end{aligned}$$

で定義され，$Y_{lm}{}^*=(-1)^m Y_{l-m}$ という性質を持っている．ここで，ψ_α として $f_\alpha(r)i^l Y_{lm}$ を取ると $(i^l Y_{lm})^*=(-1)^{l+m}i^l Y_{l-m}$ であるから，$\psi_{\bar{\alpha}}(\boldsymbol{r})=f_\alpha{}^*(r)\cdot(-1)^{l+m}(i^l Y_{l-m})$，すなわち，$|\alpha\rangle\equiv|a, l, m\rangle$ に対し $|\bar{\alpha}\rangle=(-1)^{l+m}|a, l, -m\rangle$ である．ここで a は角運動量以外の固有値である．この固有関数 $(-1)^{l+m}(i^l Y_{lm})$ は，$(i^l Y_{lm})$ を y 軸のまわりに $-180°$ 回転したもの（すなわち，$\vartheta\rightarrow\pi-\vartheta$, $\phi\rightarrow$

$\pi-\phi$ の変換)に他ならない．y 軸のまわりの 180° の回転を R とすると

$$|\overline{a, l, m}\rangle \equiv T|a, l, m\rangle = P_R{}^{-1}|a, l, m\rangle \qquad (2.1.6)$$

である．このことは別のことからも確かめられる．角運動量演算子 $\boldsymbol{L}$ は角運動量 $\boldsymbol{p}$ を1次で含んでいるから，$T\boldsymbol{L}T^{-1}=-\boldsymbol{L}$ すなわち $T\boldsymbol{L}=-\boldsymbol{L}T$ で，T は $\boldsymbol{L}$ と反可換である．$\boldsymbol{L}$ の量子化の軸(これを z 軸とする)に垂直な軸(例えば y 軸)のまわりの 180° の回転を R とすれば，$P_RL_z=-L_zP_R$ であるから，$[P_RT, L_z]=0$ である．$[P_RT, \boldsymbol{L}^2]=0$ であることも簡単に確かめられるから，$\boldsymbol{L}^2$, L_z の固有状態を同時に P_RT の固有状態となるように選ぶことができる．状態の位相を適当に取っておけば P_RT の固有値を1と取ることができ，$P_RT|l, m\rangle=|l, m\rangle$ である．すなわち，$T|l, m\rangle=P_R{}^{-1}|l, m\rangle$．このように，時間反転を考える時には Y_{lm} の代りに i^lY_{lm} を角運動量固有関数に選ぶ方が便利である．(この i^lY_{lm} を単に Y_{lm} と書いている場合もあるので文献を見るときには注意を要する.)

以上は軌道角運動量について示したが，固有スピン $\boldsymbol{s}$ についても，$T\boldsymbol{s}=-\boldsymbol{s}T$ という性質により，事情はまったく同じである．この時には，$\boldsymbol{s}$ の量子化の軸を z 軸とすると，s_y が上の P_R と同じ意味を持っている．ところで，s_y は y 軸のまわりの 180° の回転の2次元表現であるから，結局，T と P_R の関係は角運動量が整数の場合も半整数の場合も成り立っている(ただし，もちろん，系は回転不変であるとする)．すなわち，全角運動量を I，その z 成分の大きさを M として

$$|\overline{a, I, M}\rangle \equiv T|a, I, M\rangle = P_R{}^{-1}|a, I, M\rangle = (-1)^{I+M}|a, I, -M\rangle \qquad (2.1.7)$$

である．

T 変換を2回続けて行なうと，$T^2|a, I, M\rangle=(P_R{}^{-1})^2|a, I, M\rangle$ であるが，スピン I が整数の場合には R^2 すなわち y 軸のまわりの 360° の回転は固有値1を与え，半整数の場合は -1 となるから，T^2 もそうである．すなわち系の核子数が偶数の場合と奇数の場合に応じて $T^2=\pm1$ である．

そこで，系のハミルトニアンが時間反転に対して不変である場合に，この不変性は系にどういう性質を付与するであろうか．このハミルトニアンの固有値 E に属する固有状態 $\psi(E)$ に対し，$T\psi(E)$ もまた固有状態である．核子数が奇数の系では $T\psi(E)$ は $\psi(E)$ と1次独立であるから，固有値 E は2重に縮退していることになる．($T\psi$ が ψ に比例しているとすれば，$T\psi=c\psi$ であるが $T^2\psi=T(c\psi)=c^*T\psi=c^*c\psi$ で，これは $-\psi$ になりえない.) これは原子系では Kramers の定理として知られていることである†.

このように，時間反転に対する不変性は，それに対応する運動の恒量や量子数を定義はしないが，状態に対する条件を与えることになる．このことは，後で見るように，核反応理論で大きな意味を持ってくる.

§2.2 荷電不変性

第1章で触れたように，核子は，その電気的な性質を別にすれば，陽子と中性子を同等と考えてよい．また，核子間の力も，電磁相互作用によるものを別にすれば，核子の荷電状態に無関係であるらしい．そこで，原子核系で電磁相互作用を取り去ると，系はその荷電状態に無関係である，すなわち，荷電空間の回転に対して不変であると仮定することにする．核力は電磁気的な力よりずっと強いから，原子核系は主としてこの荷電不変な相互作用に支配され，この不変性が原子核の性質に現われることになろう．荷電不変の仮定が正しいかどうかは，この仮定から出てくる結果と実験事実との比較によって確かめられる.

a) 荷電対称性

荷電不変の仮定から，荷電スピン

$$\boldsymbol{T} = \sum_i \boldsymbol{t}_i = \frac{1}{2}\sum \boldsymbol{\tau}_i$$

が運動の恒量であり，量子数 T が意味を持つことは第1章で述べた．すなわち，ハミルトニアンが荷電不変ならば，$\boldsymbol{T}^2$ と T_z との同時固有状態で状態を分類することができる．T_z の固有値を M_T と置くと

$$M_T = \frac{1}{2}(N-Z)$$

で，これは核種を定めると一定である.

核 (N, Z) に対し (Z, N) という核を考えると，これは M_T の符号が反対になっている．核子間の相互作用に対して荷電不変より弱い仮定を置いて，陽子-陽子間の相互作用と中性子-中性子間の相互作用が(電磁相互作用は別にして)等しいとすると，(N, Z) 核と (Z, N) 核とは，陽子と中性子の質量の差を無視すれば，

† Kramers, H. A.: *Proc. Koninkl. Ned. Akad. Wetenschap*, **33**, 959 (1930).

全く同じ性質を示すはずである．この仮定を荷電対称性の仮定という．$T_z=M_T$ の状態と $T_z=-M_T$ の状態とは荷電空間の第3軸に垂直な軸のまわりの180°回転によって互いに移り変わる．したがって，荷電対称性は荷電不変性の特殊な場合に対応するともいえる．荷電対称性がどの程度成り立っているかの例として，^{15}N と ^{15}O の準位構造を図2.1に示す．これによれば，両方の核の準位は互いに対応するものが大体同じエネルギーのところに現われていることがわかる．エネルギー値が少しずつ食い違っているのは，状態による核の Coulomb エネルギーの差などの高次の補正項によるものと考えられている．

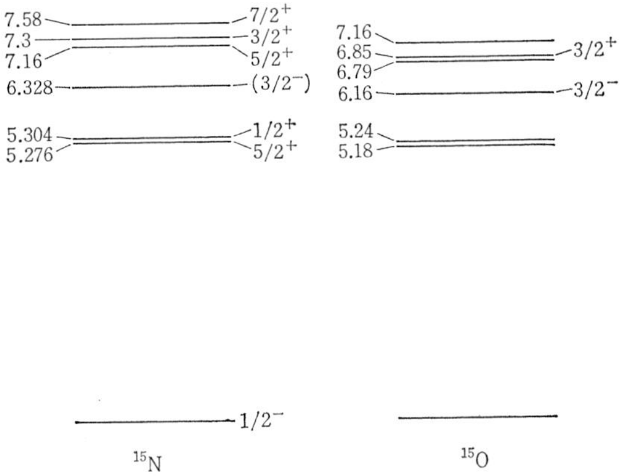

図2.1　^{15}N と ^{15}O の準位．準位の左の数字は励起エネルギー (MeV)，右の数字はスピン，パリティを示す

b）荷電不変性

系のハミルトニアンが荷電不変であれば，系の状態は荷電スピン T で分類できる．量子数 T の状態は $2T+1$ 重に縮退している．それらは T_z として $M_T=T, T-1, \cdots, -T$ という値を取る．M_T は $(N-Z)/2$ であるから，M_T の異なる $2T+1$ 個の状態は $2T+1$ 個の同重核の状態として見出されるはずである．一連の同重核の中に，このような荷電スピン多重項が既に数多く確かめられている．特に，$M_T=-1, 0, +1$ である3つ組の同重核で $T=1$ に属する3重項が見られる．$T=0$ の準位は $M_T=0$ の核にしか現われない．たいていの場合，$M_T=0$ の核の基底状態は $T=0$ の準位であり，その他にも $T=0$ に属する励起状態が現われる．これらに混じって $T=1$, $M_T=0$ の準位が現われる．これに対し，$M_T=\pm1$ の核

では $T=0$ の準位はありえないから $T\geqq1$ である．基底状態は $T=1$ であり，$T=1$ に属する励起状態が現われる．他のことを考えなければ，この3つ組の核で $T=1$ の準位は同じエネルギーのところに現われるはずである．実際は，中性子と陽子の質量差と Coulomb エネルギーの M_T による差異のため少しずれている．中性子と陽子の質量差は 1.29 MeV である．核 (A, Z) の Coulomb エネルギーは，電荷が一様に分布しているとして，$E_C=\frac{3}{5}\frac{Z^2e^2}{R}\approx0.70\frac{Z^2}{A^{1/3}}$ (MeV) であるから，$M_T=1$ の核と $M_T=0$ $(Z=A/2)$ の核との Coulomb エネルギー差 $\varDelta E_C$ $(=E_C(M_T=1)-E_C(M_T=0))$ は，$\varDelta E_C\approx-0.70(A-1)/A^{1/3}$ (MeV) であり，$M_T=0$ の核と $M_T=-1$ の核の Coulomb エネルギー差は $\varDelta E_C=-0.70(A+1)/A^{1/3}$ (MeV) である．

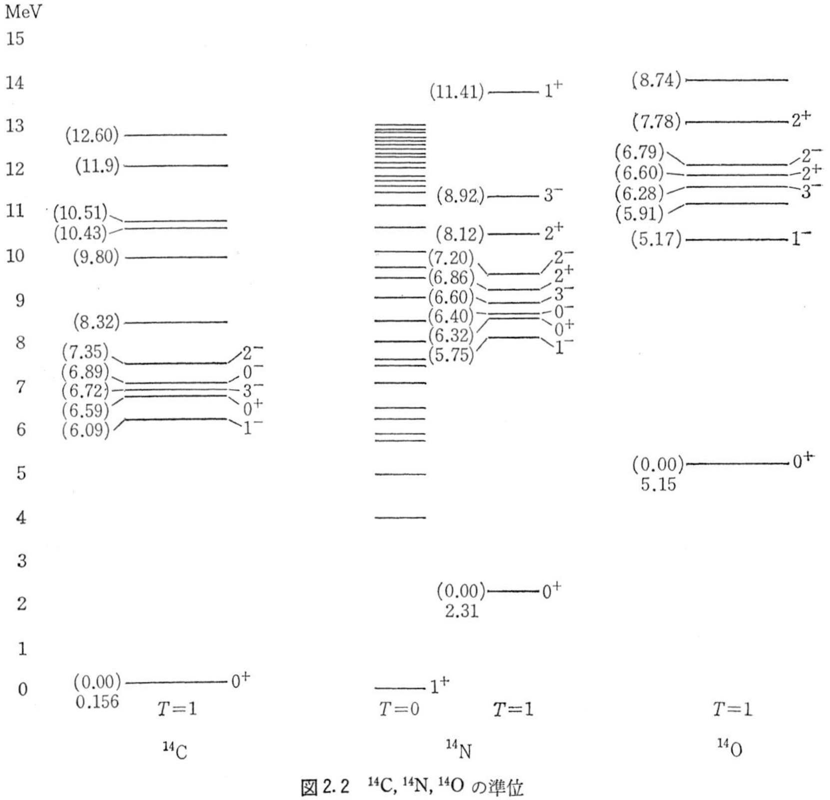

図 2.2 ^{14}C, ^{14}N, ^{14}O の準位

例として，^{14}C ($M_T=1$), ^{14}N ($M_T=0$), ^{14}O ($M_T=-1$) の 3 つ組を考えてみる(図 2. 2)．^{14}N の基底状態は $T=0$ であり，2.31 MeV の 0^+ 準位は，^{14}C, ^{14}O の基底状態と共に $T=1$ の準位であると考えられる．^{14}N の基底状態をエネルギーの原点にとると，^{14}C, ^{14}O の基底状態はそれぞれ 0.156, 5.15 MeV のところにある．これに，中性子-陽子質量差 1.29 MeV を考慮に入れると，これらと ^{14}N の 2.31 MeV 準位との差は，それぞれ $-(0.156-1.29-2.31)$ MeV$=3.44$ MeV および $-(2.31-1.29-5.15)$ MeV$=4.13$ MeV である．一方，Coulomb エネルギーの差は，上の式ではそれぞれ，3.8 MeV および 4.3 MeV となる．定性的な傾向としては大体一致している．定量的には，Coulomb エネルギーの式に核の大きさの実験値を用いるとか，核子間相関を考慮に入れるなどにより，もっと良い一致を得ることができる．図 2. 2 にこの 3 つ組の核のスペクトルを示してある†．図でエネルギー原点は ^{14}N の基底状態にとってある．^{14}C, ^{14}O，および ^{14}N の $T=1$ の状態のエネルギーをそれぞれの系列の最低準位を基準にして測った値を(　)に入れて示してある．

c) アナログ状態

電磁相互作用は核の電荷だけに関係する(すなわち T_z だけに関係する)から荷電空間の一般の回転に対して不変ではない．したがって，荷電不変の性質は電磁相互作用の大きくない軽い核でよく成り立つと思われる．重い核では Coulomb エネルギーだけでも 10 MeV 以上になるから荷電不変性を保つことは難しいと思われていた．ところが，中重核あるいは重い核でも T を良い量子数と考えてよい現象が現われてきた．ある M_T の核の準位を考えると，$T\geqq M_T$ であり，基底状態および低い励起状態は $T=M_T$ に属している．この核のある中性子を陽子に入れかえると M_T-1 の核ができる．このとき，残りの核子はすべてもとの状態にあり，入れかえた核子も荷電状態が変わるだけであるとすれば，これは $T=M_T$ の準位と同じ性質を持つはずである．入れかえに際して核子状態が大幅に組みかえられれば，このことは成り立たない．強い Coulomb エネルギーのため，このような組みかえが起こるのではないかと思われるが，実際は Coulomb 場は核内でゆっくりとしか変化していないため，核の電荷が 1 だけ変わったことによって

† 準位構造は Ajzenberg-Selove, F. & Lauritsen, T.: *Nuclear Phys.*, 11, 1(1959) のデータ集による．

核子の波動関数自身はあまり影響を受けない．Coulomb エネルギーそのものは非常に大きいが，それはいわば準位のエネルギーに揚げ底として付け加わるにすぎないと考えられる．こういうわけで，M_T-1 の核のかなり高い励起エネルギーのところに M_T 核の低い励起状態に対応する $T=M_T$ 状態が現われる．これらは (p, n) 反応や (p, p) 反応で共鳴準位として観測することができる．このような準位を(M_T 核の状態に)**アナログな状態**，あるいは**アナログ準位**と呼んでいる(§3.4をも参照)．

§2.3　粒子交換に対する対称性

a)　対称性量子数

荷電状態すなわちアイソスピンまで核子の座標に入れて考えると，中性子と陽子は同種粒子で状態が異なるだけである(§1.2)．したがって，原子核は同種粒子よりなる力学系であり，そのハミルトニアンは粒子座標の入れかえ(あるいは粒子の番号のつけかえ)に対して不変な形をしている．この番号のつけかえ，すなわち置換，の集りは群を作り，ハミルトニアンがこの変換に対して不変であるから，量子力学の一般論により状態は置換の群の既約表現に従って変換される．これによって状態を分類することができる．置換は2つの粒子の入れかえ，すなわち互換，の積として表わされる．系の任意の2粒子 i, j の入れかえを P_{ij} とすると，ハミルトニアンは P_{ij} に対しても不変であるから，P_{ij} という交換演算子は運動の恒量であり，この恒量に対応する量子数で系の状態を分類することもできる．しかし，核子は Fermi 粒子であるので，P_{ij} の固有値が常に -1 となるようになっている．したがってこれは系の状態が完全反対称であるということを意味するだけで，状態を分類するのにあまり助けにはならないように見える．

ところが，系のハミルトニアンは，たいていの場合，粒子の座標の一部の入れかえに対しても不変であるか近似的に不変であるようになっている．例えば，電磁相互作用を無視すれば，原子核のハミルトニアンは粒子の位置座標およびスピン座標について対称である．スピンに関係する相互作用を無視すれば，ハミルトニアンは粒子の位置座標の入れかえに対して不変である．このような部分的な変数の置換に対しての不変性から，これに対応した量子数が現われることが予想され，系の状態はこの部分的な変数の置換に対する変換性で分類することができるであろう．

　一般に，n 個の量を入れかえる置換の全体は対称群 S_n を作っている．したがって，対称群の表現が問題になる．表現論の詳しい話はその方面の専門書にゆずり，主要な結果だけを以下に述べる．対称群の一般論によると，対称群の元素すなわち置換をいくつかの類に分類することができる．その分類法は，各置換を巡環(巡回置換，cyclic permutation)の積で表わし，同じ長さの巡環を同じ数だけ持つものは同じ類とするのである．ただし同じ文字は2度現われないようにしておく．例えば，S_3 の元素は $1, P_{12}=(1\ 2), P_{23}=(2\ 3), P_{13}=(1\ 3), P_{123}=(1\ 2\ 3), P_{132}=(1\ 3\ 2)$ であるから，$(1\ 2), (2\ 3), (1\ 3)$ は同じ類に属し，$(1\ 2\ 3), (1\ 3\ 2)$ はまた別の類に属する．この類を表わすのに **Young の図表** を用いると便利である．これは置換を巡環の積で表わし，巡環の長さの長い方から順に並べ，長さが l の巡環は l 個の横のます目で表わして上から順に並べるのである．例えば S_3 では，次の図のようになる．

$$1:\ \square\quad (P_{12}, P_{13}, P_{23}):\ \square\square\quad (P_{123}, P_{132}):\ \square\square\square$$

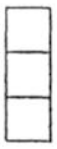

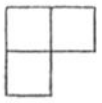

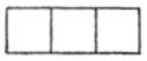

(これを作る時に，例えば P_{12} は $(1\ 2)$ ではなく $(1\ 2)(3)$ として，長さ1の巡環も入れてすべての文字が陽に出るようにする．) 巡環の長さを上から(すなわち長い方から)$l_1, l_2, \cdots$ とすれば，$(l_1, l_2, \cdots)$ を与えると類あるいは Young の図表は定められる．$l_1 \geq l_2 \geq \cdots$ で $\sum_i l_i = n$ であるから，これは n を整数の和に分割する分割法に対応している．群の既約表現の数は類の数に等しいから，この分割法あるいは Young の図表の数が既約表現の数である．$l_1, l_2, \cdots$ を $[l_1\ l_2\ \cdots]$ と書いてこれを '分割'(partition) と呼ぶ．分割をきめるとそれに対応する既約表現がきまるから，分割は既約表現の型に対応した量子数である．

　Young の図表のます目に粒子の番号を入れてみる．その際，各行および各列で番号は左より右が，上より下が大きくなるようにする．例えば $[2\ 1]$ の分割に対しては $\begin{array}{|c|c|}\hline 1 & 2 \\\hline 3 \\\cline{1-1}\end{array}$ と $\begin{array}{|c|c|}\hline 1 & 3 \\\hline 2 \\\cline{1-1}\end{array}$ という2通りの入れ方がある．この入れ方に対応して表現の基底関数が与えられる．この基底関数は同じ行に並んだ文字の入れかえに対して対称，同じ列の2個の文字の入れかえに対して反対称なように取られる．表現の次元数はます目への文字の入れ方の数で与えられ，分割 $[l] \equiv [l_1\ l_2\ \cdots\ l_k]$ に対してこれに対応する既約表現の次元数 $h[l]$ は

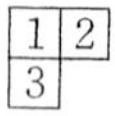

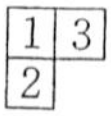

$$h[l]=\frac{n!}{\prod_{i=1}^{k}(l_i+k-i)!}\prod_{i<j<k}(l_i-l_j+j-i)$$

で与えられる．

それぞれの既約表現における各置換の行列要素を求める方法は山内の優れた論文によって与えられている†．また，これを用いて一般の物理量の行列要素を求めることもできる．

b）共役（または対偶）な表現

Young の図表で行と列の役割を入れかえたものも1つの Young の図表である．ある分割 $[l_1\ l_2\ \cdots\ l_k]$ に対して列の長さが左から $l_1, l_2, \cdots, l_k$ であるような図表が作られる．これに対応する分割 $[\tilde{l}_1\ \tilde{l}_2\ \cdots \tilde{l}_k]$ をもとの $[l_1\ l_2\ \cdots\ l_k]$ に対して共役（または対偶）な分割という．これに対応する表現は，もとのものに比べて対称と反対称の役割が入れかわっている．例えば S_3 の対称表現 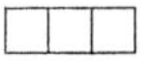 に共役な表現は反対称表現 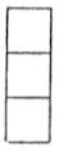 である．

いま，n 個の核子よりなる系があるとする．核子の空間座標，スピン座標，荷電スピン座標はそれぞれ独立な変数である．空間座標の置換に対して状態は分割 $[l_1\ l_2\ \cdots]\equiv[l]$ で定められる対称性を持っているとする．スピンおよび荷電スピン座標をまとめて‘スピン座標’と仮に呼ぶことにし，この‘スピン座標’の置換に対しては系の‘スピン’関数はやはりある分割 $[l']$ で定められる対称性を持つであろう．このとき，空間座標関数とスピン関数の積は全（空間および‘スピン’）座標の置換に対して $[l]$ および $[l']$ で定められる変換性で変換される．このときの対称性を積 $[l]\times[l']$ で表わす．この変換性は粒子の番号の置換（すなわち空間および‘スピン’座標の同時置換）の群に対して既約ではない．これを既約な表現に分解することは，空間回転の場合の角運動量の合成（あるいはもっと適切には軌道角運動量とスピン角運動量の合成）の場合と同様な処方で行なうことができる．ところで，考えている系は核子の系であるから，Pauli 原理により，粒子番号の入れかえに対して完全反対称でなければならない．すなわち，系の2核子の空間座標の交換に対して状態が対称（反対称）であれば，同じ2核子の‘スピン’座標の

† Yamanouchi, T.: *Proc. Phys.-Math. Soc. Japan*, **19**, 436 (1937).

交換に対しては状態は反対称(対称)でなければならない．このことは，上記の $[l]$ と $[l']$ が互いに共役な表現でなければならないことを意味している．‘スピン’変数については，とりうる可能な状態は4通りしかない ($s_z=\pm1/2$, $t_z=\pm1/2$ の組合せ)．したがって，Young の図表では1つの列の長さは4を超えることはない．それは，列の長さが4より大きければ同じ状態が必ずその列に少なくとも1組現われるが，1つの列についてはその中のます目に入れる番号の入れかえに対し状態は完全反対称でなければならないから，同じ状態が現われれば系の波動関数は0になるからである．そこで，分割 $[l']$ について列の長さが4を超えないことになり，これと共役な $[l]$ の方は行の数が4を超えない ($n=l_1+l_2+\cdots+l_k$ としたとき $k\leqq4$) ことになる．このようにして，粒子交換に対する対称性を用いて状態を分類することができる．

c) ユニタリー対称性

系の状態を1粒子状態の積で表わす場合には，上の議論をもう少し進めることができる．以下の議論は後で述べる殻模型などの場合には特に有用である．

核子の空間的状態はたいていの場合には角運動量の量子数を使って分類される．1粒子状態を基底に取るときには，その他に1粒子準位のエネルギーを定める量子数がある．この両者をまとめて量子数 μ で表わしておく．核子状態の量子数はこの他にスピンと荷電スピンに関係するものがある．これを量子数 s で表わす．(既に述べたように s は4通りの値しかとりえない.) μ のとりうる値が有限であると仮定しよう．殻模型で，考慮に入れる粒子準位をいくつかに限る場合がこれに相当する．(あまり高い励起状態まで考えない場合はこれで良い近似である.) 系の状態は，量子数 (μ, s) を持つ核子がそれぞれ何個あるかで定められる．系の空間的状態についての交換対称性を見るには，Young の図表で各ます目の中に粒子番号を入れる代りに，その粒子の空間状態を定める量子数 μ を入れればよい．μ を適当に順序をつけて並べて $\mu=1, \cdots, r$ とする．ます目の中へのこの数字の入れ方は，粒子番号のときと同様に，同じ行では左より右が，同じ列では上より下が，数が大きくなるようにする．(同じ列に同一の μ が2度現われないことはいうまでもない.) このようにして，分割 $[l]$ に対応して系の状態が何通りか定められる．

系の空間的状態を表わす波動関数は量子数 μ で定められる1粒子波動関数 ϕ_μ

の n 個の積(およびその1次結合)で記述される．μ は r 通りの値を取りうるから，これは r 次元空間の n 階のテンソルである．系の力学的性質を定める力学量に対応する演算子は一般に1粒子状態を $\mu\to\mu'$ と変化させる．これに対応して上記の n 階テンソルもその中で変換される．この変換は r 次のユニタリー変換の群 U_r を作っている．ところで，ユニタリー変換群 U_r の既約表現(n 階テンソルによる)は分割 $[l]$ で定められることが知られている．スピン，アイソスピンの方は同様に U_4 であり，全座標を考慮すると $4r$ 次元のユニタリー変換群 U_{4r} となっている．これらの変換群の既約表現が分割 $[l]$, $[l']$, $[l]\times[l']$ 等々で定められる．このことを利用して，系の状態をさらに分類することができ，種々の量の行列要素を求めることができ，殻模型でのいろいろな計算に有力な道具を与えている．例えば Itzykson, C. *et al.*: *Revs. Mod. Phys.*, 38, 121(1966)参照．

§2.4 核現象を支配する相互作用

a) 強い相互作用

核現象を支配している相互作用は，‘強い相互作用’，‘電磁相互作用’および‘弱い相互作用’である．‘強い相互作用’は，文字どおり非常に強い相互作用で，核子間の力すなわち核力という形で現われる．これが核子系を原子核という形にまとめる主要な相互作用である．したがって，原子核の構造は主として‘強い相互作用’で定められる．この相互作用は空間反転および時間反転に対して不変であると考えられている．さらに，これは荷電空間の回転に対しても不変である．強い相互作用に起因する核子間の相互作用は2体核力ポテンシャルの形で表わすのが普通である．2体力以外に3体力あるいは一般に多体力がありうると理論的には考えられる．しかし，前にも述べたように多体力は理論的にもその形がまだはっきりしないし，低いエネルギーでの現象にはその寄与もあまり大きくないと推測されるので，以下では特別のことがない限り，核子間相互作用は2体力だけとし，それもポテンシャルで書けるとする．したがって，原子核系のハミルトニアンは，まず

$$H=\sum_{i=1}^{A}\frac{\boldsymbol{p}_i^{\,2}}{2M_i}+\frac{1}{2}\sum_{i\neq j}V_{ij} \qquad (2.4.1)$$

で表わされる．M_i は核子の質量，$\boldsymbol{p}_i$ はその運動量，V_{ij} は核子 i と j の間の核

力ポテンシャルである．

既に述べたように，原子核系は孤立系として空間回転に対する対称性を持ち，相互作用の空間反転に対する不変性，荷電不変性から，原子核の状態は一定のスピン，パリティ，荷電スピン，$I\pi T$ を持っている．

原子核構造を云々する場合は，関係する素粒子として核子(および光)だけを考えるのが普通であるが，核現象としては中間子の関係するものも見落すわけにはいかない．例えば π 中間子の核による吸収，散乱，あるいは高エネルギー核反応での中間子の生成，などはいずれも強い相互作用によって起こるものであり，強い相互作用自身に対する知識を与えると共に，原子核の静的な構造にも重要なデータを供給するものである．また，核子以外の重粒子例えば Λ 粒子などが核子と置きかわってできたいわゆるハイパー核(hypernucleus)も，今のところまだあまりデータは豊富ではないが，強い相互作用についての手がかりを与えている．

b) 電磁相互作用

電磁相互作用は強い相互作用に比べて桁ちがいに小さいが，原子核の電磁気的な性質を定める点で重要な相互作用である．しかも，この相互作用は性質もよくわかっているので，核の性質を調べる重要な手段をも与えている．

電磁相互作用のハミルトニアンは一般に

$$H' = -\int j_\mu A_\mu d^3\boldsymbol{r} \tag{2.4.2}$$

という形で与えられる．j_μ は電荷電流密度で，電荷密度を $\rho_e(\boldsymbol{r}, t)$，電流密度を $\boldsymbol{j}(\boldsymbol{r}, t)$ として

$$j_\mu \equiv \left(\rho_e, \frac{1}{c}\boldsymbol{j}\right) \tag{2.4.3}$$

である．A_μ は電磁場の4元ポテンシャルで，スカラー・ポテンシャルを $\varphi(\boldsymbol{r}, t)$，ベクトル・ポテンシャルを $\boldsymbol{A}(\boldsymbol{r}, t)$ として

$$A_\mu \equiv (\varphi, \boldsymbol{A}) \tag{2.4.4}$$

である．したがって

$$H' = \int \rho_e(\boldsymbol{r}, t)\varphi(\boldsymbol{r}, t)d^3\boldsymbol{r} - \frac{1}{c}\int \boldsymbol{j}(\boldsymbol{r}, t)\cdot\boldsymbol{A}(\boldsymbol{r}, t)d^3\boldsymbol{r} \tag{2.4.5}$$

である.

電磁相互作用(2.4.2)は Lorentz 変換に対して不変であるから，その部分群である空間回転に対しても不変である．また，空間反転と時間反転に対して不変であると仮定される．$\rho_e, \boldsymbol{j}$ の変換性は

$$P\rho_e(\boldsymbol{r},t)P^{-1} = \rho_e(-\boldsymbol{r},t), \qquad P\boldsymbol{j}(\boldsymbol{r},t)P^{-1} = -\boldsymbol{j}(-\boldsymbol{r},t)$$
$$T\rho_e(\boldsymbol{r},t)T^{-1} = \rho_e(\boldsymbol{r},-t), \qquad T\boldsymbol{j}(\boldsymbol{r},t)T^{-1} = -\boldsymbol{j}(\boldsymbol{r},-t)$$

である．このことから，電磁相互作用を含めて全系のスピン，パリティは保存される.

電荷電流密度は，核子の広がりを無視すると次の式で与えられる

$$\rho_e(\boldsymbol{r}) = \sum_i e\left(\frac{1}{2}-t_z(i)\right)\delta(\boldsymbol{r}-\boldsymbol{r}_i) \tag{2.4.6}$$

$$\boldsymbol{j}(\boldsymbol{r}) = \sum_i e\left(\frac{1}{2}-t_z(i)\right)\boldsymbol{v}_i\delta(\boldsymbol{r}-\boldsymbol{r}_i)+\frac{e}{2M}\sum_i g(i)\nabla\times\boldsymbol{s}_i\delta(\boldsymbol{r}-\boldsymbol{r}_i) \tag{2.4.7}$$

で与えられる．i は核子の番号，$\boldsymbol{r}_i, \boldsymbol{v}_i, t_z(i), \boldsymbol{s}_i, g(i)$，はそれぞれ i 番目の核子の座標，速度，荷電スピンの z 成分，スピンおよび g 因子である．この形からわかるように，電磁相互作用は荷電不変ではない.

Coulomb エネルギーと電気能率

外からの電磁場がないときに(2.4.2)の主要な項は Coulomb エネルギーである．すなわち，このときは

$$\varphi(\boldsymbol{r}) = e\sum_i \frac{(1/2-t_z(i))}{|\boldsymbol{r}-\boldsymbol{r}_i|}$$

となり，$\rho_e(\boldsymbol{r})\varphi(\boldsymbol{r})$ の項は

$$\frac{1}{2}e^2\sum_{i\neq j}\frac{(1/2-t_z(i))(1/2-t_z(j))}{|\boldsymbol{r}_j-\boldsymbol{r}_i|}$$

という Coulomb エネルギー演算子になる．そこで，定常状態での Coulomb エネルギーは

$$E_C = \langle\Psi^*(\boldsymbol{r}_1,\cdots,\boldsymbol{r}_A)|\frac{e^2}{2}\sum_{ij}\frac{(1/2-t_z(i))(1/2-t_z(j))}{|\boldsymbol{r}_i-\boldsymbol{r}_j|}|\Psi(\boldsymbol{r}_1,\cdots,\boldsymbol{r}_A)\rangle \tag{2.4.8}$$

である．核子が半径 R の球に一様に分布しているとすれば，

$$E_{\mathrm{C}}=\frac{3}{5}\frac{e^2Z^2}{R} \qquad (2.4.9)$$

となる．核子間の相関を考えるとこの値は変わってくる．(2.4.9)で $R=1.2\times 10^{-13}A^{1/3}$ (cm) とすると，$E_{\mathrm{C}}\approx 0.7(Z^2/A^{1/3})$ (MeV) であるから，ウラン程度の重い核では 1 GeV に近い値となる．このことからも，原子核のエネルギーに Coulomb エネルギーが重要な部分を受け持っていることがわかる．これに比べると (2.4.5)の第2項の寄与は小さい．

次に，外からの電場(例えば原子内電子によるもの)がある場合を考える．上記の Coulomb エネルギーの部分は別にして考えるので，φ は外場と考えてよい．このとき，相互作用エネルギーを多重極展開すると電気能率が定義できることはよく知られている．核の位置での電場の方向を z 軸として双極子能率は

$$D_z=\int z\rho_{\mathrm{e}}(\boldsymbol{r})d^3\boldsymbol{r} \qquad (2.4.10)$$

であるが，これは空間反転に対して $\pi=-1$ の量である．核のある定まった状態は一定のパリティを持っているから，この状態での D_z の期待値は0になる．($\langle\Psi|D_z|\Psi\rangle=\langle\Psi|D_z\Psi\rangle$ で Ψ と $D_z\Psi$ は異なるパリティを持つから直交する.) これは空間反転に対する不変性から出てくる結果である．同様な不変性の考察を4重極能率について適用することができる．4重極能率 Q は

$$eQ=\int(3z^2-r^2)\rho_{\mathrm{e}}(\boldsymbol{r})d^3\boldsymbol{r} \qquad (2.4.11)$$

で定義される．これは $\pi=+1$ の量であるから，核の定まった状態での期待値を取るとき，双極子能率のような問題は起こらない．しかし，これは空間回転に関しては角運動量 $I=2$ の量と同じ変換性を持っている.(このことは $3z^2-r^2$ が r^2Y_{20} に比例していることからもわかる.) したがって，考えている状態のスピンが0または1/2の場合には角運動量合成の法則から期待値はやはり0となる．これらのことは対称性からでてくる結果の一例である．

(2.4.10)および(2.4.11)で ρ_{e} を演算子と考えなければ(つまり c 数とすれば)これは古典論的な表式と考えられる．上ではこれらを量子力学的な演算子と考えている．このことを陽に示す必要がある時は $\hat{D}_z, \hat{Q}$ のように上に ^ をつけ

て表わすこともある．測定量として出てくるものはこれらの量の期待値である．例えば4重極能率は

$$Q=\langle I, M=I|\hat{Q}|I, M=I\rangle \qquad (2.4.11')$$

と定義する．

磁 気 能 率

磁気的な相互作用は(2.4.5)の第2項に含まれる．話をわかりやすくするために外場だけがあるとして考える．外場 $\boldsymbol{A}$ を原子核の重心のまわりに展開して計算すると(あるいは，原子核のある空間領域では $\boldsymbol{A}$ により作られる磁場 $\boldsymbol{H}=\nabla\times\boldsymbol{A}$ はだいたい一様であるとすると，$\boldsymbol{A}=\boldsymbol{A}(0)+\frac{1}{2}\boldsymbol{H}\times\boldsymbol{r}$ と近似できるから)

$$-\frac{1}{c}\int \boldsymbol{j}\cdot\boldsymbol{A}d^3\boldsymbol{r}=-\frac{1}{c}\boldsymbol{A}(0)\cdot\int \boldsymbol{j}d^3\boldsymbol{r}-\frac{1}{2c}\int([\boldsymbol{r}\times\boldsymbol{j}]\cdot[\nabla\times\boldsymbol{A}]_0)d^3\boldsymbol{r}$$

となる．右辺の第1項は定数項で0とすることができる．第2項は磁場 $\boldsymbol{H}=\nabla\times\boldsymbol{A}$ と磁気能率 $\boldsymbol{\mu}$ との相互作用エネルギー $-\boldsymbol{\mu}\cdot\boldsymbol{H}$ の項と解釈できる．これから磁気能率は

$$\boldsymbol{\mu}=\frac{1}{2c}\int[\boldsymbol{r}\times\boldsymbol{j}]d^3\boldsymbol{r} \qquad (2.4.12)$$

と表わされることがわかる．$\boldsymbol{\mu}$ はベクトル演算子である(演算子であることを陽に表わす必要があれば $\hat{\boldsymbol{\mu}}$ とすることは Q の場合と同様)が，測定にかかる量としては

$$\mu=\langle I, M=I|\hat{\mu}_z|I, M=I\rangle\equiv gI\mu_N \qquad (2.4.12')$$

をとり，これを磁気能率と呼ぶのが普通である．g を g 因子という．

(2.4.12)に(2.4.7)を代入すると($\boldsymbol{v}_i=\boldsymbol{p}_i/M$ であるから)

$$\hat{\boldsymbol{\mu}}=\frac{e}{2Mc}\sum_i\left\{\left(\frac{1}{2}-t_z(i)\right)\boldsymbol{l}_i+g(i)2\boldsymbol{s}_i\right\}$$

$$=\frac{e}{2Mc}\sum_i(g_l\boldsymbol{l}_i+g_s\boldsymbol{s}_i) \qquad (2.4.13)$$

という形に書ける．$\boldsymbol{l}_i=\boldsymbol{r}_i\times\boldsymbol{p}_i$ は i 番目の核子の軌道角運動量である．g_l, g_s はそれぞれ軌道およびスピン g 因子で

$$g_l=\begin{cases}1\\0\end{cases},\quad g_s=\begin{cases}5.58 & (\text{陽　子})\\-3.82 & (\text{中性子})\end{cases} \qquad (2.4.14)$$

という値をとる.

γ 遷移

(2.4.5)で電磁場を静的なものでなく輻射場とすれば γ 線の放出吸収を与えるハミルトニアンとなる. 原子核の状態が $I\pi$ で分類されているから, 電磁場の方もこれに対応する記述をする方が便利である. すなわち, ベクトル場である電磁場をベクトル球調和関数を用いて展開する(多重極展開. 付録A2参照). これによって光子の状態を角運動量 λ およびその z 成分 μ を用いて分類することができる(ただし $\lambda=0$ は許されない). エネルギー E の光は $E=\hbar ck$ で定められる波数 k を持っている. k, λ, μ を定めても光はまだ2つの状態をとりうる.(偏りの自由度があることからもそのことは予想される.) それをパリティ $\pi=\pm1$ で分類することにする. π と λ の関係が, $\pi=(-1)^\lambda$ である時その光を電気 λ 重極輻射 (Eλ) と呼び, $\pi=(-1)^{\lambda+1}$ である時その光を磁気 λ 重極輻射 (Mλ) と呼んでいる. (付録A2参照. 電気双極輻射, 磁気双極輻射――共に $\lambda=1$――の場合を考えてみれば, パリティとの関係は容易に理解されるであろう.)

既に述べたように電磁相互作用は空間回転および空間反転に対して不変であるから, γ 線の放出吸収による核状態の遷移に対して, γ 線を含めた系全体としての角運動量およびパリティが保存される. このことから遷移に関する選択則がでてくる. すなわち, 核状態 $I\pi$ と $I'\pi'$ の間の遷移で放出吸収される光の多重極性 λ について

$$\left.\begin{aligned} &I+I' \geqq \lambda \geqq |I-I'| \\ &\pi\pi' = \begin{cases} (-1)^\lambda & (\mathrm{E}\lambda) \\ (-1)^{\lambda+1} & (\mathrm{M}\lambda) \end{cases} \end{aligned}\right\} \qquad (2.4.15)$$

という関係が成り立っている.

(2.4.5)の電磁場を多重極展開して, 電気多重極遷移および磁気多重極遷移の演算子を具体的に作ることができる. それらはそれぞれ

$$\left.\begin{aligned} M(\mathrm{E}\lambda, \mu) &= \frac{-i(2\lambda+1)!!}{ck^{\lambda+1}(\lambda+1)}\int \boldsymbol{j}\cdot\boldsymbol{\nabla}\times[\boldsymbol{r}\times\boldsymbol{\nabla}](j_\lambda(kr)\,Y_{\lambda\mu}(\hat{\boldsymbol{r}}))\,d^3\boldsymbol{r} \\ M(\mathrm{M}\lambda, \mu) &= \frac{-(2\lambda+1)!!}{ck^{\lambda}(\lambda+1)}\int \boldsymbol{j}\cdot[\boldsymbol{r}\times\boldsymbol{\nabla}](j_\lambda(kr)\,Y_{\lambda\mu}(\hat{\boldsymbol{r}}))\,d^3\boldsymbol{r} \end{aligned}\right\} \qquad (2.4.16)$$

である. ここで j_λ は λ 次の球 Bessel 関数, $\hat{\boldsymbol{r}}$ はベクトル $\boldsymbol{r}$ の角度部分である.

電荷と電流に対する連続の式 $\boldsymbol{\nabla}\boldsymbol{j}+\dfrac{1}{c}\dfrac{\partial\rho_{\mathrm{e}}}{\partial t}=0$ を用いて(*2. 4. 16*)の $M(\mathrm{E}\lambda,\mu)$ は

$$M(\mathrm{E}\lambda,\mu)=\frac{(2\lambda+1)!!}{k^{\lambda}(\lambda+1)}\int\rho_{\mathrm{e}}(\boldsymbol{r})\frac{\partial}{\partial r}(rj_{\lambda}(kr))\,Y_{\lambda\mu}(\hat{\boldsymbol{r}})\,d^3\boldsymbol{r}$$
$$+\frac{i(2\lambda+1)!!}{ck^{\lambda-1}(\lambda+1)}\int(\boldsymbol{r}\cdot\boldsymbol{j})\,j_{\lambda}(kr)\,Y_{\lambda\mu}(\hat{\boldsymbol{r}})\,d^3\boldsymbol{r}$$

と書き直すことができる．たいていの遷移の場合，光の波長は核半径 R よりずっと大きいから，$kR\ll 1$ であり，上記の積分の被積分関数で $j_{\lambda}(kr)$ を kr で展開して第1項だけをとっても良い近似である．このように近似すると

$$\left.\begin{aligned}M(\mathrm{E}\lambda,\mu)&=\int\rho_{\mathrm{e}}(\boldsymbol{r})r^{\lambda}Y_{\lambda\mu}(\hat{\boldsymbol{r}})\,d^3\boldsymbol{r}\\ M(\mathrm{M}\lambda,\mu)&=\frac{-1}{c(\lambda+1)}\int\boldsymbol{j}(\boldsymbol{r})\cdot[\boldsymbol{r}\times\boldsymbol{\nabla}]r^{\lambda}Y_{\lambda\mu}(\hat{\boldsymbol{r}})\,d^3\boldsymbol{r}\end{aligned}\right\}\qquad(2.\,4.\,17)$$

となる．これと例えば(*2. 4. 11*), (*2. 4. 12*)とを比べると

$$eQ=\sqrt{\frac{16\pi}{5}}M(\mathrm{E}2,\mu=0)$$
$$\frac{e}{2Mc}(\boldsymbol{\mu})_{\mu}=\sqrt{\frac{4\pi}{3}}M(\mathrm{M}1,\mu)$$

であることがわかる．前に述べた電気能率，磁気能率は(*2. 4. 17*)の特別の λ,μ に対するものである．

$M(\mathrm{E}\lambda,\mu)$ または $M(\mathrm{M}\lambda,\mu)$ の核状態に関する行列要素を取って，光の放出または吸収の単位時間当りの確率を求めることができる．電気(磁気) λ 重極遷移(輻射)の単位時間当りの確率 T は(付録 A2)

$$T(\mathrm{E(M)}\lambda\,;I\to I')=\frac{8\pi(\lambda+1)}{\lambda[(2\lambda+1)!!]^2}\frac{1}{\hbar}\left(\frac{\omega}{c}\right)^{2\lambda+1}B(\mathrm{E(M)}\lambda\,;I\to I')\qquad(2.\,4.\,18)$$

と表わされる．I,I' は輻射の前後の核状態のスピン，ω は放出される光の振動数 (kc) である．B は換算遷移確率といわれるもので

$$B(\mathrm{E(M)}\lambda\,;I\to I')=\frac{1}{2I+1}\sum_{\mu MM'}|\langle I'M'|M(\mathrm{E(M)}\lambda,\mu)|IM\rangle|^2\qquad(2.\,4.\,19)$$

と定義される．Wigner-Eckart の定理を使えば，これは更に，換算行列要素 $\langle I' \| M(\mathrm{E(M)}\lambda) \| I \rangle$ を用いて $(2I+1)^{-1} |\langle I' \| M(\mathrm{E(M)}\lambda) \| I \rangle|^2$ と表わすこともできる．

(2.4.6)および(2.4.7)の形からわかるように，電磁相互作用のハミルトニアンは，荷電空間においてスカラーとして振舞う部分(アイソスカラー量)とベクトルの第3 (z) 成分として振舞う部分(アイソベクトル量)とから成り立っている．したがって，荷電スピン T が定められている状態間の電磁遷移に対しては T の変化は0または1である．これが T に対する選択則になっている．

強い相互作用の影響

電磁相互作用は強い相互作用とは独立であるが，核子および中間子がこの2つの相互作用を同時にするので，切り離して考えることができない．電磁相互作用を考えるときには強い相互作用の影響を考慮しておかなければならない．強い相互作用の影響はいろいろな形で現われる．例えば，電子線の核子(または核)による散乱によって，核子の電荷分布，磁気能率分布が調べられるが，これらの分布は主として核子の中間子場との相互作用の結果として出てくる．また，核子の磁気能率が単純な Dirac 粒子としての核磁子の大きさを持たず，余分の磁気能率の大きさを持っていることが，やはり中間子場との相互作用の結果であることは§1.2で述べた．

上に述べた例は強い相互作用の効果ではあるが，電磁場の源である個々の核子の性質という形にまとめてしまって特に強い相互作用を表に出さずに取り扱うことができる．しかし，必ずしもそのようにまとめられない場合もある．その一例としていわゆる交換磁気能率をあげることができるであろう．これは核子間で中間子が交換されることから生ずる交換電流によるものであり，核子が単独に存在しているときにはないものである．^{3}He や ^{3}H の磁気能率の値を説明するには，この交換磁気能率を考慮する必要があると思われている．

c) 弱い相互作用

弱い相互作用は原子核の β 崩壊を説明するに際して導入された．そのときの基本となったものは，$\mathrm{n} \to \mathrm{p} + \mathrm{e} + \nu$ という相互作用である．弱い相互作用はその後，素粒子の崩壊現象などに関連して調べられ，素粒子間の基本的な相互作用の一種であることが知られている．この相互作用は非常に弱い(相互作用定数 f を $fM_n{}^2$ と無次元の量に直して考えると $(1/4\pi)(fM_n{}^2)^2 \sim 10^{-11}$ となり，電磁相互作

用の $e^2/\hbar c=1/137$ と比べても，いかに小さいかがわかるであろう）ので，核の構造を直接支配しているとはいい難い．しかし，崩壊現象を通じて核の性質を見るという意味では重要な役割を果たしている．

弱い相互作用が物理学全体に対して持っている意義は，それが空間反転に対して不変でないということである．Lee と Yang は K 中間子崩壊に関連してこの不変性に疑いを持ち(1956)，彼らの提案に基づいて Wu が ^{60}Co の β 崩壊で弱い相互作用がパリティを保存しないことを見事に実証した(1957)．このことによって β 崩壊の理論はその姿を一変したといえる．弱い相互作用の理論は素粒子の相互作用の理論としても重要であり，原子核現象に関しても近年ますます精密化されているが，詳細は他書に譲り，ここでは概略を述べるにとどめる．

β 崩壊の相互作用ハミルトニアンは相対論的な形で書けば

$$H'=\frac{1}{\sqrt{2}}\int(J_\mu{}^\dagger\cdot j_\mu+\text{h. c.})d^3\boldsymbol{r} \tag{2.4.20}$$

という形で書ける．J_μ は核子の 4 元流れ密度，j_μ は軽粒子(電子，ニュートリノ)の流れ密度である．この相互作用の形は電磁相互作用(軽粒子の流れ密度の代りに電磁ポテンシャルが入っている)との類推から Fermi によって提唱された(1934)ものである．流れ密度としてはベクトル型のものと軸性ベクトル型のものとがある．(初期の頃には H' (実際は H' の被積分関数)の相対論的不変性から，可能ないろいろのものが考えられたが，現在では上記の 2 種類を考えるのが普通である.)

非相対論的な近似を取って H' を v/c のベキで展開する．v は核内核子の速度である．核子の広がりは無視する．v/c の 0 次の項をとると，核子の 4 元流れ密度 $(\rho, \boldsymbol{J})$ に対して

$$\left.\begin{aligned}\rho_{\text{V}}&=g_{\text{V}}\sum_i t_-(i)\delta(\boldsymbol{r}-\boldsymbol{r}_i)\\ \boldsymbol{J}_{\text{A}}&=g_{\text{A}}\sum_i t_-(i)\boldsymbol{\sigma}_i\delta(\boldsymbol{r}-\boldsymbol{r}_i)\end{aligned}\right\} \tag{2.4.21}$$

という式が得られる．添字 V および A は，それぞれベクトルおよび軸性ベクトル量であることを示すためにつけてある．ここで t_- は，$t_-=t_x-it_y\,(=\tau_-)$ で，中性子を陽子に変換する演算子である．($t_-{}^\dagger=t_+\equiv t_x+it_y$ の方は陽子を中性子に変換する.) i は i 番目の核子の量であることを示す．$g_{\text{V}}, g_{\text{A}}$ は結合定数で，電磁

場の場合の電荷 e に相当する意味を持っている．g_V と g_A の比は，理論的には -1 である方が好都合であるとされているが，測定値は現在のところ $g_A/g_V \approx -1.23$ 程度の値を示している†．g_V の値は

$$g_V = (1.40 \pm 0.20) \times 10^{-49} \quad (\mathrm{erg \cdot cm^3})$$

とされている．

軽粒子の流れ密度も同様な形(g_V, g_A がつかない)をしている．電磁場の場合と同様に(*2. 4. 20*)を多重極展開することもできる．その最低次のものは(*2. 4. 21*)に対応した形を持っているので，結局最低次では

$$H' = \frac{1}{\sqrt{2}} \sum_i \{t_-(i)\delta(\boldsymbol{r}-\boldsymbol{r}_i)(g_V + g_A \boldsymbol{\sigma} \cdot \boldsymbol{\sigma}_i) + \mathrm{h.\,c.}\} \qquad (2.4.22)$$

という形になる．$\boldsymbol{\sigma}$ は電子，ニュートリノに演算する Pauli のスピン行列で4行4列のものである．核子に演算する $\boldsymbol{\sigma}_i$ は相対論的形式の相互作用の非相対論的近似として出てきたもので，2次元行列である．

電子およびニュートリノは Fermi 粒子であるから，状態関数を作るときにはスピン座標を含めて反対称化しなければならない．H' の行列要素を作るときにはこのことを考慮に入れる必要がある．

この H' の g_V 型のものを **Fermi 型相互作用**，g_A 型のものを **Gamow-Teller 型相互作用**といっている．

許容転移と禁止転移

(*2. 4. 22*)の行列要素を作る際，放出される軽粒子の波長は核半径に比べてずっと大きいのが普通である．したがって，軽粒子の波動関数はその原点付近の値で近似できる．この場合(*2. 4. 22*)の演算子には核子の速度は入っていないから，核子が自分の位置に居たままで崩壊するという形になっている．このような最低次の近似で転移が起こる場合が**許容転移**(allowed transition)である．Fermi 型相互作用によるものが Fermi 型許容転移，Gamow-Teller 型相互作用で起こるのが Gamow-Teller 型許容転移である．

Fermi 型はスピンに関係がないから転移に際して核状態の角運動量の変化はない．$\Delta I = |I' - I| = 0$ である．これに対して，Gamow-Teller 型では(スピン演

---

† Christensen, C. J. *et al.*: *Phys. Letters*, **26B**, 11 (1967).

算子が入っているから)角運動量の変化は1または0(ただし0↔0は禁止される)である.

上の近似で行列要素が0となる場合，すなわち上の選択則が成り立たない場合には更に近似を進める必要がある．それは多重極展開の高次の項をとることに相当する．核子の速度や座標ベクトルが相互作用演算子に入ってくる．こうして作られた演算子によって起こる転移を一般に**禁止転移**(forbidden transition)という．多重極展開の次数に応じて禁止転移の次数が定まり，角運動量変化の大きい転移も許されるようになる.

ft 値

β 崩壊の単位時間当りの転移確率 w は，摂動論の公式を用いて

$$w=\frac{2\pi}{\hbar}|\langle f|H'|i\rangle|^2\rho_{\mathrm{f}}$$

という形で書ける．f, i は系のそれぞれ終および始状態である．終状態の状態密度 ρ_{f} は，崩壊に際しての原子核の反動を無視する近似で

$$\rho_{\mathrm{f}}=V^2\frac{p_{\mathrm{e}}E_{\mathrm{e}}dE_{\mathrm{e}}d\Omega_{\mathrm{e}}p_{\nu}{}^2d\Omega_{\nu}}{c^3(2\pi\hbar)^6}\qquad (E_{\mathrm{e}}{}^2=m_{\mathrm{e}}{}^2c^4+c^2p_{\mathrm{e}}{}^2)$$

である．ただしニュートリノの質量は0としている．V は軽粒子波動関数の規格化体積である．軽粒子の波動関数が原子核の領域であまり変化をせず定数とみなされるという近似をとれば，例えば Fermi 型の場合には

$$w=\frac{1}{(2\pi)^5c^5\hbar^7}p_{\mathrm{e}}E_{\mathrm{e}}(E_{\max}-E_{\mathrm{e}})^2|g_{\mathrm{V}}\langle\Psi_{\mathrm{f}}|\Psi_{\mathrm{i}}\rangle|^2dE_{\mathrm{e}}d\Omega_{\mathrm{e}}d\Omega_{\nu}$$

となる．$E_{\max}$ は電子のとりうるエネルギーの最大値である．$\Psi_{\mathrm{f}}, \Psi_{\mathrm{i}}$ は原子核の終および始状態である．Gamow-Teller 型の場合も同様な形に表わされる．ただ原子核状態の関係する行列要素が異なるだけである．核状態の関係する行列要素を一括して核行列要素 $\mathfrak{M}$ と表わす．w を電子のエネルギーについて積分して，β 崩壊の起こる単位時間当りの確率，すなわち平均寿命 τ の逆数は

$$\frac{1}{\tau}=G^2|\mathfrak{M}|^2\int_1^{E_{\max}}E_{\mathrm{e}}p_{\mathrm{e}}(E_{\max}-E_{\mathrm{e}})^2dE_{\mathrm{e}}$$

という形に書ける．ここではエネルギー E_{e} は $m_{\mathrm{e}}c^2$ を，運動量 p_{e} は $m_{\mathrm{e}}c$ を単位として表わすのが通例である．G^2 は

$$G^2 = \frac{g^2 m^5 c^7}{2\pi^3 \hbar^7}$$

である．g は相互作用の型により g_V, g_A をとる．上の式では原子核の電荷による Coulomb 場が電子の波動関数に与える影響を考慮していない．それをも考慮すると一般に

$$\frac{1}{\tau} = G^2|\mathfrak{M}|^2 f(Z, E_{\max}) \tag{2.4.23}$$

という形に書ける．f は原子核の電荷 Ze, 電子のとる最大エネルギー $E_{\max}$ (これは核の始および終状態のエネルギーから定められる)を知れば計算できる量である．(2.4.23)はまた

$$f\tau = \frac{1}{G^2|\mathfrak{M}|^2}$$

と書ける．右辺は核行列要素にだけ関係する量であり，左辺は測定および計算できる量である．これを **ft 値**といっている．(平均寿命 τ より半減期 t を用いることが多いので $f\tau$ でなく ft というのが普通である.) ft 値は核行列要素に対する重要な情報を与えている．許容転移(正確にはその中でも超許容転移)では ft 値は 10^3 程度の大きさで，禁止の次数が増すと共にだいたい2桁ずつ大きくなる．ft 値は $\log_{10} ft$ の形で示すのが普通である．ft 値および電子のスペクトルは，その転移が許容転移であるか何次の禁止転移であるかを知る上に重要な量である．それが定められると，選択則によって終状態と始状態間のスピン値の差，パリティの変化がわかるから，核の準位の $I\pi$ の決定には重要な役割を果たしている．また，核行列要素の値も原子核状態の波動関数に対する重要な情報を与えている．

§2.5 核の安定性と飽和性

前節に述べた相互作用の下で核子集団が原子核という系を作っている．力学系としての原子核の運動様式については次章以下で述べるが，原子核の全体としての平均的な性質のいくつかをここで述べておく．

核の大きさと質量

Rutherford の実験で核の大体の大きさが定められてから α 粒子の散乱実験や α 崩壊の寿命などのデータによって，原子核の大きさは質量数に比例するらしい

ことがわかってきた．陽子から始めてほとんどすべての核を標的として組織的に行なわれた高エネルギー電子散乱の分析により，核の大きさ(正確には電荷分布)がよい精度で定められた．それによれば，原子核の形を球として，半径を R とすると，R は近似的に

$$R = r_0 A^{1/3} \tag{2.5.1}$$

と表わされる．r_0 は非常に広い範囲にわたってだいたい一定で，$r_0=1.1\times10^{-13}$ (cm) として差支えない．R が $A^{1/3}$ に比例するということは，核の密度がどの核でも一定であることを意味する．このような性質を核物質の飽和性といっている．

飽和性は結合エネルギーにも見られる．すなわち，核の全結合エネルギーはだいたい A に比例していて，1核子当り約8 MeV の程度である．このような飽和性は，核力が短距離力であり，しかも芯を持っている，という特殊な力の性質と，核子が Fermi 粒子であって Pauli 原理が働いている，ということから来ていると考えられている．

結合エネルギーをもう少し精しく表わすために現象論的な式がいくつかある．そのうちもっとも普通に用いられるのは **Bethe-Weizsäcker の質量公式**である．核 (A, Z) または (N, Z) (N は中性子数で $N=A-Z$) の全結合エネルギー $B(A, Z)$ は核 (A, Z) の質量を $M(A, Z)$ として次の式で定義される．

$$M(A, Z) = NM_{\rm n}+ZM_{\rm p}-\frac{1}{c^2}B(A, Z) \tag{2.5.2}$$

この B を A および Z (または N および Z) の関数として表わすのが質量公式である．Bethe らの式は B を

$$B(A, Z) = u_{\rm v}A-u_{\rm s}A^{2/3}-u_\tau\frac{(A-2Z)^2}{A}-u_{\rm C}\frac{Z^2}{A^{1/3}} \tag{2.5.3}$$

と表わす．右辺の第1項は，核の体積に比例している(密度一定だから)項で体積エネルギー，第2項は表面積に比例しているから表面エネルギーと名付けられている．Coulomb 力がなく，かつ $N=Z$ として $A\to\infty$ とすると，核子当りの結合エネルギーは第1項の $u_{\rm v}$ だけになる．表面エネルギーは系が有限である場合には一般的に出てくる項である．第4項は Coulomb エネルギーの項である．

(2.5.3) の第3項は対称エネルギーと呼ばれている項であるが，核の同重体(すなわち $A=$const) の間では $N=Z$ に近いものがより安定であるという経験事

実に対応している．核の全エネルギーを運動エネルギーとポテンシャル・エネルギーとに分けて考えたとき，運動エネルギーについていえば，A=const の系では陽子数と中性子数が等しいものが最もエネルギーが低くなると予想される．それは核がFermi粒子系であるため，個々の核子ができるだけ低いエネルギー状態を占めようとすれば，荷電スピンの同じ状態はできるだけ避けたいからである．ポテンシャル・エネルギーについていえば，どういう状態が最もエネルギーが低いかは核子間の力の性質によるが，大ざっぱな言い方をすれば，対称エネルギーの存在は中性子-陽子間の力の方が中性子同士または陽子同士の力より平均として強い，ということを示すともいえる．

(2.5.3)の各項の係数 u_v, u_s, u_τ, u_C は，これを用いて計算した $M(A, Z)$ が知られているすべての核の質量に最もよく合うように定められるパラメーターである．現在までいくつかのパラメーターの組が与えられているが，その一例を示すと

$$u_v \approx 15.6\,\mathrm{MeV}, \quad u_s \approx 17.2\,\mathrm{MeV}, \quad u_\tau \approx 23.3\,\mathrm{MeV}, \quad u_C \approx 0.7\,\mathrm{MeV} \tag{2.5.4}$$

となる．

対エネルギー

原子核の結合エネルギーはよく調べてみると(2.5.3)のような平均的な形に対していくつかの系統的な変動を示している．第3章に述べる殻構造によるものもその1つであるが，偶核と奇核との差はもっと一般的なものである．それは A が奇数の核に比べて A が偶数の核は組織的に B がずれているということである．A が偶数の核のうち Z=偶数（したがって N も偶数）という偶-偶核は B が大きく，Z=奇数 という奇-奇核は B が小さい．大まかにいえば，A=偶数 の核ばかり，あるいは偶-偶核ばかり，または奇-奇核ばかりについて B を取ってみると A, Z による変化は(2.5.3)のような形に表わされ，それぞれの B の間にはほぼ一定の開きがある．そこで，A=奇数 の核を基準としてこれを(2.5.3)で表わし，偶-偶核については $+\varDelta$，奇-奇核については $-\varDelta$ を付け加えることにする．この $\varDelta$ を**対エネルギー**といっている．観測値は $\varDelta \approx 12/A^{1/2}$ (MeV) で近似される．

この偶奇質量差の補正をすると，(2.5.3)はたかだか数 MeV の誤差で観測の結合エネルギーを近似できるようにパラメーターを選ぶことができる．

核の安定性

力学系の状態の安定性は，その状態が相互作用の働きによってエネルギーのより低い状態に落ちて行くかどうか，ということである．Z 個の陽子と N 個の中性子よりなる系の基底状態の結合エネルギー $B(N, Z)$ が <0 となればその系は束縛状態が存在しないから問題にならない．$B(N, Z)>0$ であっても

$$M(N, Z) > M(N_1, Z_1)+M(N-N_1, Z-Z_1) \tag{2.5.5}$$

であれば，核 (N, Z) は核 (N_1, Z_1) と核 $(N-N_1, Z-Z_1)$ とに分解する可能性を持ち，不安定である．B で表わせば

$$B(N, Z) < B(N_1, Z_1)+B(N-N_1, Z-Z_1) \tag{2.5.6}$$

であれば不安定である．

$$\begin{aligned} &B(N, Z)-B(N_1, Z_1)-B(N-N_1, Z-Z_1) \\ &\quad = M(N-N_1, Z-Z_1)c^2+M(N_1, Z_1)c^2-M(N, Z)c^2 \end{aligned}$$

を核 (N, Z) における核 (N_1, Z_1) の**分離エネルギー**というが，上の不等式はこの分離エネルギーが負であれば核 (N, Z) が不安定であるということである．核 (N_1, Z_1) の種類により，中性子放出に対して不安定 $(N_1=1, Z_1=0)$，陽子放出に対して不安定 $(N_1=0, Z_1=1)$，α 不安定 $(N_1=2, Z_1=2)$，自然分裂に対して不安定 $(N_1\sim N/2, Z_1\sim Z/2)$ などという．

(2.5.5) あるいは (2.5.6) が成り立つかどうかは，個々の核による変動はあるが，主として表面エネルギーと対称エネルギーおよび Coulomb エネルギーの兼合いによってきまる．核を 2 つの部分に分けると，一般に Coulomb エネルギーは減少し，表面エネルギーは増加するからである．一般に重い核では Coulomb エネルギーが(Z^2 に比例するから)大きな値になるため，これの変化が安定性に重要な役割を果たしている．重い核が α 不安定性や分裂に対する不安定性を示すのはこのためである．

以上の不安定性は主として強い相互作用と電磁相互作用とに関係したものであり，全体の核子数はもちろん，陽子数が変わらないものであるが，弱い相互作用に関係した β 不安定性はこれとは異なり，陽子数が変化する．β 崩壊の場合には核 (N, Z) は核 $(N\pm1, Z\mp1)+\mathrm{e}^{\pm}+\nu$ に変わるのであるから

$$M(N, Z) > M(N\pm1, Z\mp1)+m_{\mathrm{e}} \tag{2.5.7}$$

であれば核 (N, Z) は β 不安定である．

A が同じである核(同重体)の中で最も安定な核を定める最大の因子は対称エネルギーであり，Coulomb エネルギーがこれに補正を与える．重い核では Z の変化による Coulomb エネルギーの変化は相当大きくなるから，安定な核の N/Z はしだいに1より大きくなる．(2.5.3)だけで見ると同重体の中で β 安定な核は1つしかない．しかし，対エネルギーのため偶-偶核は奇-奇核よりエネルギーが低いので，A=偶数 の核では β 安定な同重体は複数個存在しうる．

第Ⅱ部　核物質の運動様式Ⅰ— 核構造

第3章　1　体　運　動

§3.1　占有数表示

原子核は核子が強い短距離力で結びついている系である．しかも，原子などと異なり，強い力の中心などは存在しない．個々の構成要素である核子が互いに対等な資格で運動している，いわば民主的な系である．以下の数章ではこのような系の全体としての性質を粒子の運動および粒子相互の関係という観点から捉えようという，いわば微視的な立場をとる．その際，粒子が Fermi 粒子であることが系の性質を考える上に重要な役割を果たしている．粒子が Fermi 粒子であることを自動的に取り入れるため，第2量子化の手法を用いることが多い．

a)　準備とハミルトニアン

核子を状態 α に生成する演算子を c_α^+，状態 α にある核子を消滅させる演算子を c_α とする．c_α^+, c_α は次の交換関係を満足する．

$$\{c_\alpha^+, c_\beta\} \equiv c_\alpha^+ c_\beta + c_\beta c_\alpha^+ = \delta_{\alpha\beta}, \qquad \{c_\alpha^+, c_\beta^+\} = \{c_\alpha, c_\beta\} = 0 \qquad (3.1.1)$$

α は粒子状態を記述するのに必要な量子数の組で与えられ，例えば $\alpha \equiv (a, j, m, s, t)$ と表わされる．j は全角運動量の大きさ，m はその第3成分，s, t はそれぞれスピンおよび荷電スピンの第3成分の量子数，a はエネルギーその他に関する量子数である．1粒子状態はすべて α で完全に表わされるものとする．すなわち，固有値 α に対応して固有関数 φ_α が定められ，$\{\varphi_\alpha\}$ は完全系を作る．$\{\alpha\}$ あるいは $\{\varphi_\alpha\}$ の取り方は差し当たっては上の条件以外は自由であるとしておく．

真空状態 $|0\rangle$ に c_α^+ を演算すると，粒子が状態 α に1個あるような状態ができる．すなわち $c_\alpha^+|0\rangle = |\alpha\rangle = \varphi_\alpha$．$\alpha$ 状態にすでに粒子が存在しているときは，これに c_α^+ を演算すると(3.1.1)の交換関係により0となる．$c_\alpha^+ c_\alpha^+|0\rangle = c_\alpha^+|\alpha\rangle = 0$ (Pauli 原理)．また，状態 α には粒子が存在していないときに c_α を演算すると0になる．$c_\alpha|\beta\rangle = 0$ $(\alpha \neq \beta)$．どの c を演算しても0となるような状態は，粒子

がいかなる状態にも存在しないから真空である．$c_\alpha|0\rangle=0$ (真空の定義)．n 個の粒子が状態 $\alpha_1, \alpha_2, \cdots, \alpha_n$ にそれぞれ1個ずつあるような状態 $|\alpha_1\alpha_2\cdots\alpha_n\rangle$ は真空から

$$|\alpha_1\alpha_2\cdots\alpha_n\rangle = c_{\alpha_1}{}^+ c_{\alpha_2}{}^+ \cdots c_{\alpha_n}{}^+|0\rangle \tag{3.1.2}$$

で作られる．こうして作られた状態が

$$|\alpha_1\alpha_2\cdots\alpha_n\rangle = \frac{1}{\sqrt{n!}}\sum_P (-1)^P P[\varphi_{\alpha_1}(1)\varphi_{\alpha_2}(2)\cdots\varphi_{\alpha_n}(n)] \tag{3.1.3}$$

に他ならないことは c の交換関係から容易に確かめられる．ここで P は $1, 2, \cdots, n$ に対する置換であり，$(-1)^P$ はこの置換が偶であれば $+1$，奇であれば -1 である(Slater 行列式)．

状態 α が粒子によって占められているときには，これに $c_\alpha{}^+c_\alpha$ を演算しても変わらない：$c_\alpha{}^+c_\alpha|\alpha\rangle=|\alpha\rangle$．占められていない場合には $c_\alpha{}^+c_\alpha$ を演算すると0である：$c_\alpha{}^+c_\alpha|\beta\rangle=0$．したがって，

$$n_\alpha = c_\alpha{}^+c_\alpha \tag{3.1.4}$$

という演算子を定義すると，これは固有値1または0の演算子であり，状態 α にある粒子の数を与える．この意味で n_α を数演算子という．

もっと一般に，$\psi(x)=\sum_\alpha c_\alpha\varphi_\alpha(x)$，$\psi^+(x)=\sum_\alpha c_\alpha{}^+\varphi_\alpha{}^*(x)$ という演算子 $\psi(x)$，$\psi^+(x)$ を定義すれば，c, c^+ の交換関係と $\{\varphi_\alpha\}$ の完全系とから

$$\{\psi(x), \psi^+(x')\} \equiv \psi(x)\psi^+(x')+\psi^+(x)\psi(x') = \delta(x, x')$$

という関係がある．このように定義すれば

$$n(x) = \psi^+(x)\psi(x)$$

は粒子密度を与える演算子であるということができる．また，

$$n = \sum_\alpha n_\alpha = \int n(x)\,dx$$

という関係があり，n は系の粒子数を与える演算子になっている．

系に作用する演算子のうちで，個々の粒子に別々に作用する演算子を1粒子演算子といっている．たとえば，運動エネルギー $\sum_i(\boldsymbol{p}_i{}^2/2M)$ などがそうである．粒子 i の座標(空間座標だけでなく，スピン，荷電スピン座標も含まれる)を x_i とすると，1粒子演算子は一般に $A=\sum_i A(x_i)$ の形で表わされる．この演算子は個々の粒子状態を(別々に)変化させるだけであるから，$c_\alpha{}^+c_\beta$ という形の演算

子の集りで表わされる．そこで A は

$$A=\sum_{\alpha\beta}\langle\alpha|A|\beta\rangle c_\alpha{}^+c_\beta\equiv\sum_{\alpha\beta}A_{\alpha\beta}c_\alpha{}^+c_\beta \tag{3.1.5}$$

という形に書ける．ここで $\langle\alpha|A|\beta\rangle$ は

$$\langle\alpha|A|\beta\rangle=\int\varphi_\alpha{}^*(x)A\varphi_\beta(x)dx \tag{3.1.6}$$

である．

同様に，2個の粒子の組に作用する(すなわち，2個の粒子の状態を変える)演算子は2粒子演算子と呼ばれる．2体力などがそれである．それらは一般に $B=\sum_{ij}B(x_i,x_j)$ という形で与えられる．これは2粒子の状態を変える演算子であるから，$c_\alpha{}^+c_\beta{}^+c_\gamma c_\delta$ という形の演算子の集りである．そこで，

$$\left.\begin{aligned}B&=\sum_{\alpha\beta\gamma\delta}\langle\alpha\beta|B|\gamma\delta\rangle c_\alpha{}^+c_\beta{}^+c_\delta c_\gamma\\ \langle\alpha\beta|B|\gamma\delta\rangle&=\int\int dxdx'\varphi_\alpha{}^*(x)\varphi_\beta{}^*(x')B(x,x')\varphi_\gamma(x)\varphi_\delta(x')\end{aligned}\right\} \tag{3.1.7}$$

という形に書ける．ところで，われわれは Fermi 粒子系を扱っているから粒子状態は反対称化されている．したがって，行列要素を反対称化した

$$B_{\alpha\beta,\gamma\delta}=\frac{1}{4}(\langle\alpha\beta|B|\gamma\delta\rangle-\langle\alpha\beta|B|\delta\gamma\rangle-\langle\beta\alpha|B|\gamma\delta\rangle+\langle\beta\alpha|B|\delta\gamma\rangle) \tag{3.1.8}$$

を用いて

$$B=\sum_{\alpha\beta\gamma\delta}B_{\alpha\beta,\gamma\delta}c_\alpha{}^+c_\beta{}^+c_\delta c_\gamma \tag{3.1.9}$$

としておく方が便利である．

原子核系のハミルトニアンは，2体力だけを考えるかぎり

$$H=\sum_i T_i+\frac{1}{2}\sum_{ij}V(x_i,x_j) \tag{3.1.10}$$

で与えられる．上の c^+, c を用いると

$$H=\sum_{\alpha\beta}T_{\alpha\beta}c_\alpha{}^+c_\beta+\frac{1}{2}\sum_{\alpha\beta\gamma\delta}v_{\alpha\beta,\gamma\delta}c_\alpha{}^+c_\beta{}^+c_\delta c_\gamma \tag{3.1.11}$$

と書ける．ただし

$$\left.\begin{aligned} v_{\alpha\beta,\gamma\delta} &= \frac{1}{4}(\langle\alpha\beta|V|\gamma\delta\rangle - \langle\alpha\beta|V|\delta\gamma\rangle - \langle\beta\alpha|V|\gamma\delta\rangle + \langle\beta\alpha|V|\delta\gamma\rangle) \\ \langle\alpha\beta|V|\gamma\delta\rangle &= \iint dxdx'\varphi_\alpha{}^*(x)\varphi_\beta{}^*(x')V(x,x')\varphi_\gamma(x)\varphi_\delta(x') \end{aligned}\right\} \tag{3.1.12}$$

である．$v_{\alpha\beta,\gamma\delta}$ は

$$v_{\alpha\beta,\gamma\delta} = -v_{\beta\alpha,\gamma\delta} = -v_{\alpha\beta,\delta\gamma} = v_{\beta\alpha,\delta\gamma} \tag{3.1.13}$$

という性質がある．

φ_α として1粒子ハミルトニアン

$$H_{\mathrm{p}} = T + U(x) \tag{3.1.14}$$

の固有関数系を選ぶことができる．固有値を ϵ_α として

$$H_{\mathrm{p}}\varphi_\alpha = \epsilon_\alpha\varphi_\alpha \tag{3.1.15}$$

とする．$U(x)$ は適当に定めることにする．こうすると(3. 1. 11)は

$$H = \sum_\alpha \epsilon_\alpha c_\alpha{}^+ c_\alpha + \frac{1}{2}\sum_{\alpha\beta\gamma\delta} v_{\alpha\beta,\gamma\delta} c_\alpha{}^+ c_\beta{}^+ c_\delta c_\gamma - \sum_{\alpha\beta} U_{\alpha\beta} c_\alpha{}^+ c_\beta \tag{3.1.16}$$

と書くことができる．後に述べるように U として 'Hartree' 場を取るならば右辺の第3項は0としてもよい．

b) Fermi の海と空孔

(3. 1. 16)で右辺の第1項だけを考えると粒子が互いに独立に運動している系のハミルトニアンとなる．このとき，A 個の粒子の系の最低エネルギー状態は，ϵ_α の小さい方から順番に粒子状態を A 個埋めていったものになる．すなわち，占められた粒子状態のエネルギーの中で最大のものを ϵ_{F} とすると

$$n_\alpha = \begin{cases} 1 & (\epsilon_\alpha \leqq \epsilon_{\mathrm{F}}) \\ 0 & (\epsilon_\alpha > \epsilon_{\mathrm{F}}) \end{cases} \tag{3.1.17}$$

である．このような分布をしている状態を **Fermi の海**と呼び，ϵ_{F} を **Fermi エネルギー**という．(ただし，このときは ϵ_α の最低の値を0とし，そこから測った ϵ_{F} の値をいうのが普通である．) エネルギー原点を ϵ_{F} に取ると，負エネルギー状態がすべて占められていて，Dirac の真空に似た状態であるので，これを '自由真空' ということもある．Fermi の海の '自由真空' と本当に何もない真空を区

別するため，自由真空を $|\hat{0}\rangle$ と表わしたりすることもあるが，混乱が起こらない場合には $|0\rangle$ を用いるのが普通である．

さて，$\epsilon_\alpha<\epsilon_{\mathrm{F}}$ のときには演算子 c_α は Fermi の海の中の粒子を消滅させるので，海の中に空孔を作ることになる．‘自由真空’に空孔が1個発生した状態は，‘自由真空’を基準に考えると，正エネルギー $(\epsilon_{\mathrm{F}}-\epsilon_\alpha)$ の粒子が1個発生したものと同等である．この状態の量子数が，消滅した粒子状態に時間反転を行なったものになることは容易に確かめられる．そこで，新しく空孔生成演算子を $b_\alpha{}^+$ とすれば

$$b_\alpha{}^+ = c_{\bar{\alpha}} \qquad (\epsilon_\alpha \leqq \epsilon_{\mathrm{F}}) \tag{3.1.18}$$

と定義される．$\epsilon_\alpha>\epsilon_{\mathrm{F}}$ に対して粒子生成演算子を $a_\alpha{}^+$ と定義すれば

$$a_\alpha{}^+ = c_\alpha{}^+ \qquad (\epsilon_\alpha > \epsilon_{\mathrm{F}}) \tag{3.1.18$'$}$$

である．全く同様に空孔および粒子の消滅演算子 b_α, a_α を定義することができる．

$$b_\alpha = c_{\bar{\alpha}}{}^+ \quad (\epsilon_\alpha \leqq \epsilon_{\mathrm{F}}), \qquad a_\alpha = c_\alpha \quad (\epsilon_\alpha > \epsilon_{\mathrm{F}}) \tag{3.1.18$''$}$$

上では荷電スピンをも座標に入れ，核子を1種類の粒子として取り扱ったが，陽子と中性子を別々に取り扱う方が見やすい場合もある．そのときには例えば陽子に対しては a^+, a, b^+, b の代りに p^+, p, π^+, π という記号を，中性子に対しては n^+, n, ν^+, ν という記号を用いることにする．

c) 密度関数

力学系の性質を調べる場合，密度関数を利用することが多い．多体系の場合には，1粒子密度，2粒子密度，3粒子密度，等々が考えられる．それらは，

$$\left.\begin{aligned}
&\rho(\boldsymbol{x}) = \sum_{i=1}^{A} \delta(\boldsymbol{x}-\boldsymbol{x}_i) \\
&\rho(\boldsymbol{x},\boldsymbol{x}') = \sum_{i<j} [\delta(\boldsymbol{x}-\boldsymbol{x}_i)\delta(\boldsymbol{x}'-\boldsymbol{x}_j)+\delta(\boldsymbol{x}-\boldsymbol{x}_j)\delta(\boldsymbol{x}'-\boldsymbol{x}_i)] \\
&\cdots\cdots\cdots\cdots\cdots
\end{aligned}\right\} \tag{3.1.19}$$

と定義される．ただし，$\boldsymbol{x}_i$ は i 番目の粒子の座標である．これらはそれぞれ1粒子，2粒子，… 演算子であるから，この定義式の代りに，ここでは

$$\left.\begin{aligned}
&\rho(\boldsymbol{x}) = \sum_{\alpha\beta} c_\alpha{}^+ c_\beta \varphi_\alpha{}^*(\boldsymbol{x})\varphi_\beta(\boldsymbol{x}) \quad (\equiv n(\boldsymbol{x})) \\
&\rho(\boldsymbol{x},\boldsymbol{x}') = \sum_{\alpha\beta\gamma\delta} c_\alpha{}^+ c_\beta{}^+ c_\delta c_\gamma \varphi_\alpha{}^*(\boldsymbol{x})\varphi_\beta{}^*(\boldsymbol{x}')\varphi_\gamma(\boldsymbol{x})\varphi_\delta(\boldsymbol{x}') \\
&\cdots\cdots\cdots\cdots\cdots
\end{aligned}\right\} \tag{3.1.20}$$

という定義を使うことにする.

原子核の基底状態を 'Fermi の海' であると仮定して, $\rho(\boldsymbol{x})$ のこの状態での平均値を求めると

$$\langle 0|\rho(\boldsymbol{x})|0\rangle = \sum_{\substack{\alpha \\ (\epsilon_\alpha \leqq \epsilon_F)}} |\varphi_\alpha(\boldsymbol{x})|^2 \qquad (3.1.21)$$

となる. $|0\rangle$ は上に定義した自由真空である. 例えば φ_α として体積 Ω の中の平面波 $(1/\sqrt{\Omega})e^{i\boldsymbol{k}_\alpha\cdot\boldsymbol{x}}\chi_{m_s}\xi_{m_t}$ (χ, ξ はスピン, 荷電スピンの波動関数)を取ると, 粒子数(ϵ_F 以下の状態数)を A として

$$\langle 0|\rho(\boldsymbol{x})|0\rangle = \frac{A}{\Omega} = \rho_0 \qquad (3.1.22)$$

という値が得られる. Ω を原子核の体積とすれば, ρ_0 は原子核の平均密度である. これは(3.1.19)を使っても同じである.

数演算子 $n_\alpha = c_\alpha{}^+ c_\alpha$ は $c_\alpha{}^+ c_\beta$ という演算子で $\alpha=\beta$ としたものである. そこで, n_α を一般化して

$$\langle\beta|\boldsymbol{\rho}|\alpha\rangle = c_\alpha{}^+ c_\beta \qquad (3.1.23)$$

となるような行列演算子 $\boldsymbol{\rho}$ を考える. これを1粒子密度行列と称する. これを用いると, 1粒子演算子 A は(3.1.5)から

$$\begin{aligned} A &= \sum_{\alpha\beta} \langle\alpha|A|\beta\rangle c_\alpha{}^+ c_\beta = \sum_{\alpha\beta} \langle\alpha|A|\beta\rangle\langle\beta|\boldsymbol{\rho}|\alpha\rangle \\ &= \mathrm{tr}(A\boldsymbol{\rho}) \end{aligned} \qquad (3.1.24)$$

で与えられる. ここでは α, β による表示を用いたが, 座標 x を用いても同じような式で表わすことができる. このときは本節(a)で述べた演算子 $\psi(x), \psi^+(x)$ を用い

$$\langle x_1|\boldsymbol{\rho}|x_2\rangle \equiv \psi^+(x_2)\psi(x_1) \qquad (3.1.25)$$

と密度行列を定義するのである. 1粒子演算子 A はこのときも

$$A = \mathrm{tr}(A\boldsymbol{\rho}) \qquad (3.1.26)$$

で与えられる.

スピン, 荷電スピンを考えなければ, この $\boldsymbol{\rho}$ の対角成分が(3.1.20)の $\rho(\boldsymbol{x})$ になっていることは明らかであろう. $\boldsymbol{\rho}$ にスピン, 荷電スピンを取り入れて一般化することは容易である.

同様にして2粒子密度行列，一般に多粒子密度行列を定義することもできる．このような密度行列を考えることは，単なる数学的拡張のように見えるかもしれないが，原子核の密度の揺動(それは後で述べるように核の振動運動と関係している)などを取り扱う場合の直観的な見通しを与えてくれる．

§3.2　2粒子相関

系を構成している粒子の運動状態を考えるとき，それが他の粒子の状態と無関係に記述できるならば，その粒子は他粒子と相関がないといえる．粒子間に相互作用が働いている系では粒子間相関が存在するのが普通である．直接に相互作用がなくても，Pauli原理のように互いに他の運動を制約する法則があるときには，やはり相関が現われる．相互作用のある系では，ごく一般的にいえば，すべての粒子は互いに相関を持っているから，系がN個の粒子から成り立っていればN粒子相関まで考えなければならない．しかし，作用している力の性質，系全体のエネルギー値などによって相関の程度は変わってくる．したがって，注目する物理現象あるいは運動様式に応じて，どういう相関が重要であるかが問題となる．

核子間の相互作用は短距離力でしかも強いから2粒子相関が重要であることは容易に推測される．原子核内の核子間の平均距離は2 fm程度で，核力のかなり弱い領域に相当しているから，3粒子以上の相関は2粒子相関に比べてずっと弱いと考えても不当ではないであろう．そこで，2粒子相関を差し当たって取り上げる．以下で取り扱うのは2粒子が散乱状態にある場合に相当する相関であるので，散乱相関ともいわれている．原子核内の核子の相関の中でその重要性が知られているものとして，散乱相関の他に対相関があるが，これは章を改めて説明することとする．

a)　Pauli原理による相関

Pauli原理だけを考慮したときにどの位の相関が現われるかを見るために，'Fermiの海'に対して$\rho(\boldsymbol{x}, \boldsymbol{x}')$の平均値を求めてみる．$\langle 0|\rho(\boldsymbol{x}, \boldsymbol{x}')|0\rangle$を求めるには$\langle 0|c_\alpha{}^+ c_\beta{}^+ c_\delta c_\gamma|0\rangle$を計算する必要がある．それには場の量子論で用いられるWickの定理†を使うのが便利である．この定理によれば，場の量の演算子(いま

† Wick, G. C.: *Phys. Rev.*, **80**, 268 (1950).

の場合には c や c^+，あるいは a, a^+, b, b^+) の任意個の積 $ABC\cdots Z$ は

$$ABC\cdots Z = N(ABC\cdots Z) + \delta_P\langle AB\rangle_0 N(C\cdots Z) + \delta_P\langle AC\rangle_0 N(B\cdots Z)$$
$$+\cdots+\delta_P\langle AB\rangle_0\langle CD\rangle_0 N(E\cdots Z) + \delta_P\langle AC\rangle_0\langle BE\rangle_0 N(D\cdots Z)$$
$$+\cdots+\delta_P\langle AB\rangle_0\langle CD\rangle_0\langle EF\rangle_0 N(G\cdots Z) + \cdots \quad (3.2.1)$$

と書くことができる．ここで $N(ABC\cdots Z)$ はいわゆる順序積(ordered product)で，$ABC\cdots Z$ を，消滅演算子をすべて右に持っていくように並べかえたものである．$N(A\cdots Z)$ の代りに $:A\cdots Z:$ と表わすこともある．$\langle AB\rangle_0$ は $\langle 0|AB|0\rangle$ を意味する．右辺の第2項以下は，$AB\cdots Z$ の中からすべての可能な組合せの演算子対を取り，残りを順序積に書いたことを意味する．δ_P はそのときの演算子の順序が最初の $AB\cdots Z$ から偶置換で得られるときに $+1$，奇置換ならば -1 であることを示す．

この定理と，a, a^+, b, b^+ の交換関係，および $|0\rangle$ の性質，すなわち $a|0\rangle=b|0\rangle=0$，を使うと

$$\langle 0|c_\alpha{}^+c_\beta{}^+c_\delta c_\gamma|0\rangle = \delta_{\alpha\gamma}\delta_{\beta\delta}-\delta_{\alpha\delta}\delta_{\beta\gamma}$$

であることが容易に示される．ただし，ここで $\alpha, \beta, \gamma, \delta$ はすべて Fermi 準位以下の状態，すなわち占められている状態である．

Wick の定理を一般的に証明することはさほど面倒ではないが，ここではむしろ説明のために $\langle 0|c_\alpha{}^+c_\beta{}^+c_\delta c_\gamma|0\rangle$ の具体的計算を示しておこう．c, c^+ を a, a^+, b, b^+ に分けて書くと $c_\alpha{}^+c_\beta{}^+c_\delta c_\gamma$ は例えば $a_\alpha{}^+a_\beta{}^+a_\delta a_\gamma$, $b_\alpha a_\beta{}^+a_\delta a_\gamma$ のような a, a^+, b, b^+ の積の形に書ける．このそれぞれに対して，消滅演算子が右へくるように順序を入れかえていく．例えば $a_\alpha{}^+a_\beta{}^+a_\delta a_\gamma$ はそのままでよいし，$b_\alpha a_\beta{}^+a_\delta a_\gamma$ は $-a_\beta{}^+b_\alpha a_\delta a_\gamma$ となる．また，例えば $b_\alpha b_\beta b_\delta{}^+b_\gamma{}^+$ は

$$b_\alpha b_\beta b_\delta{}^+b_\gamma{}^+ = \delta_{\beta\delta}\delta_{\alpha\gamma}-\delta_{\beta\delta}b_\gamma{}^+b_\alpha-\delta_{\beta\gamma}\delta_{\alpha\delta}+\delta_{\beta\gamma}b_\delta{}^+b_\alpha$$
$$+\delta_{\alpha\delta}b_\gamma{}^+b_\beta-\delta_{\alpha\gamma}b_\delta{}^+b_\beta+b_\delta{}^+b_\gamma{}^+b_\alpha b_\beta$$

である．このように書き直してこれを $|0\rangle$ に演算すると $a|0\rangle=b|0\rangle=0$ であるから，順序積になっているものは消滅演算子が1つでもあれば0になる．消滅演算子が1つもないものは例えば $a_\alpha{}^+a_\beta{}^+b_\delta{}^+b_\gamma{}^+$ のような項であるが，これは左から $\langle 0|$ がかかるのでやはり0となる．したがって，$\langle 0|c_\alpha{}^+c_\beta{}^+c_\delta c_\gamma|0\rangle$ のうちで残るものは上記の $b_\alpha b_\beta b_\delta{}^+b_\gamma{}^+$ からくる $\delta_{\alpha\gamma}\delta_{\beta\delta}-\delta_{\alpha\delta}\delta_{\beta\gamma}$ だけとなるのである．計算の順を追っていくとわかるがこの $\delta_{\alpha\gamma}$ とか $\delta_{\beta\delta}$ とかが Wick の定理に出てくる $\langle\ \rangle_0$ の値の

中で生き残るものである.

φ として§3.1(c)で取ったように $\varphi_\alpha=(1/\sqrt{\Omega})e^{i\boldsymbol{k}_\alpha\cdot\boldsymbol{x}}\chi_{m_s}\xi_{m_t}$ (m_s, m_t はスピン $\boldsymbol{s}$, 荷電スピン $\boldsymbol{t}$ の第3成分の固有値)を取ると

$$\langle 0|\rho(\boldsymbol{x}, \boldsymbol{x}')|0\rangle = \frac{1}{\Omega^2}\sum_{\substack{\boldsymbol{k},\boldsymbol{k}'\\ m_s m_t\\ m_s' m_t'}}(1-e^{i(\boldsymbol{k}-\boldsymbol{k}')\cdot(\boldsymbol{x}-\boldsymbol{x}')}\delta(m_s m_s')\delta(m_t m_t'))$$

である. ここで $\boldsymbol{k}, \boldsymbol{k}'$ は Fermi 運動量以下の占められている状態のものである. いま, 考えている系は $N=Z$ (すなわち $T_3=\sum t_3=0$), 全スピン $S=0$ であるとする. 状態についての和は, $\sum_{\boldsymbol{k}}\to\frac{\Omega}{(2\pi)^3}\int d\boldsymbol{k}$ と置きかえられ, かつ Fermi 運動量 k_{F} に対して, $A=\frac{4\pi}{3}k_{\mathrm{F}}{}^3\times 4\frac{\Omega}{(2\pi)^3}$ であるから

$$\left.\begin{aligned}
&\sum_{\substack{m_s m_t\\ m_s' m_t'}}\ \sum_{\substack{\boldsymbol{k},\boldsymbol{k}'\\ (k,k'<k_{\mathrm{F}})}} e^{i(\boldsymbol{k}-\boldsymbol{k}')\cdot(\boldsymbol{x}-\boldsymbol{x}')}\delta(m_s m_s')\delta(m_t m_t')\\
&\qquad = 4\left(\frac{\Omega}{(2\pi)^3}\int_{k<k_{\mathrm{F}}} d\boldsymbol{k}e^{i\boldsymbol{k}\cdot(\boldsymbol{x}-\boldsymbol{x}')}\right)^2 = \frac{A^2}{4}C^2(k_{\mathrm{F}}|\boldsymbol{x}-\boldsymbol{x}'|)\\
&\text{ただし}\qquad C(x) = \frac{3}{x^2}\left(\frac{\sin x}{x}-\cos x\right)
\end{aligned}\right\} \tag{3.2.2}$$

である. したがって

$$\langle 0|\rho(\boldsymbol{x}, \boldsymbol{x}')|0\rangle = \rho_0{}^2\left(1-\frac{1}{4}C^2(k_{\mathrm{F}}|\boldsymbol{x}-\boldsymbol{x}'|)\right) \tag{3.2.3}$$

という式が得られる.

上式の右辺の第2項は, 核子が Fermi 粒子であるために系の波動関数が反対称化されている(別の言葉でいえば, 演算子 c, c^+ が + 型の交換関係を満たす)ことによって生じたもので, Pauli 原理による相関といえる. (3.1.25)の導出法からわかるように, 全く同種(荷電およびスピン状態が同じ)粒子についての相関は $1-C^2(x)$ の形で与えられる. $1-C^2(x)$ を図3.1に示す. 図からもわかるように $|\boldsymbol{x}-\boldsymbol{x}'|$ の小さいところでは Pauli 原理による相関は相当強く, 現実の核内での核子間距離の近傍でも影響は小さくはあるが全く無視できるというわけではない. ($k_{\mathrm{F}}=((9\pi)^{1/3}/2)r_0{}^{-1}\approx 1.52r_0{}^{-1}$ であるから, 平均の核子間距離を $\approx 2r_0$ とすれば $x\approx 3$ である.)

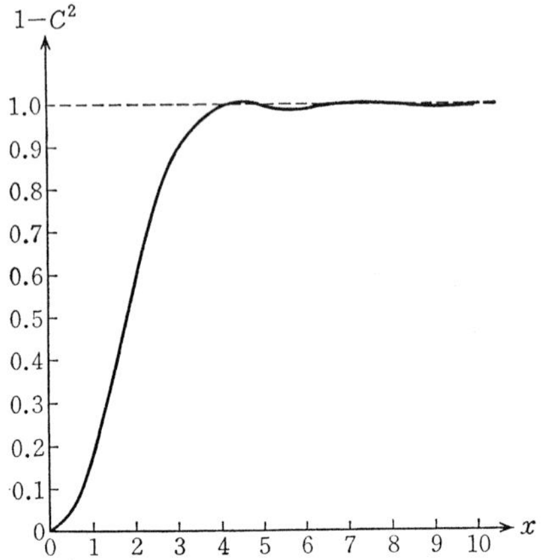

図 3.1　Pauli 原理だけによる 2 粒子相関 $1-C^2(x)$

b) Bethe-Goldstone 方程式

次に粒子間に2体力が作用している場合を考える．はじめに述べたように，これにより生ずる粒子相関のうちで特に2粒子相関に注目する．

2粒子相関の事情を見るために，2粒子系の運動方程式を思い出してみる．粒子1, 2がポテンシャル $v(x_1, x_2)$ を通じて相互作用しているときの運動方程式は

$$\{T_1+T_2+v(x_1, x_2)-E\}\psi(x_1, x_2) = 0$$

で与えられる．x_1, x_2 は粒子1, 2の座標(必要ならばスピン，荷電スピン座標も含める)，T_1, T_2 はそれぞれの運動エネルギーである．相互作用 v がなければ，2粒子系の状態 $\psi(x_1, x_2)$ はそれぞれの粒子の状態を表わす波動関数 $\phi_1(x_1)$, $\phi_2(x_2)$ の積で与えられる．すなわち，このときには粒子間に相関はない．ϕ_1, ϕ_2 は $(T-\epsilon)\phi=0$ の解であり，$E=\epsilon_1+\epsilon_2$ である．$T_1+T_2=H_0$ と置き $\phi(x_1, x_2)\equiv\phi_1(x_1)\phi_2(x_2)$ と置くと，上の方程式は

$$\psi = \phi+\frac{1}{E-H_0}v\psi$$

という形に書ける．$(E-H_0)^{-1}$ は積分演算子で Green 関数になっている．$\psi=\Omega\phi$ と書くと，Ω は相関なしの波動関数 ϕ から v による相関を取り入れる演算子であり

$$\Omega = 1+\frac{1}{E-H_0}v\Omega \tag{3.2.4}$$

という方程式を満たしている．$v\Omega=K$ はいわゆる反応行列(reaction matrix)で

$$K = v+v\frac{1}{E-H_0}K \tag{3.2.5}$$

という方程式を満足している．また，Green 関数 $(E-H_0)^{-1}$ は，波動関数の満たすべき境界条件に応じて作られている(例えば散乱状態なら $(E-H_0+i\epsilon)^{-1}$) こともいうまでもなかろう．

次にこの2粒子系が多体系の中の2粒子である場合を考える．粒子が Fermi 粒子であるとし，簡単のため粒子間には2体相互作用だけが働いているとする．孤立した2粒子系と異なるところは，他粒子からの力が作用していることと，他粒子の存在による Pauli 原理が作用していることである．

考えている粒子対を含めて全粒子系の状態が定まっているとする．他粒子からの力はポテンシャル $\sum_{i\neq 1,2}\{v(x_1, x_i)+v(x_2, x_i)\}$ を他粒子の状態で平均したものとして作用する．それを $U(x_1)+U(x_2)$ と書くことにすれば(系の各粒子が同種であると考えているから $U(x_1)$ と $U(x_2)$ とは同じ形である)，2粒子系の運動方程式は

$$\{T_1+T_2+v(x_1, x_2)+U(x_1)+U(x_2)-E\}\psi = 0 \tag{3.2.6}$$

という形に書ける．ここで注意すべきことは，U は考えている2粒子を含めて全系の状態で定められる，ということである．いわば Hartree 場である．他粒子の存在による Pauli 原理の影響は，ψ を1粒子状態で展開したときに1,2以外の粒子の占める状態の成分が入っていない，という形で表わされる．また，$v\psi$ にもその成分が入ってはならない．それは v によって遷移する行く先が占められていない状態に限られるという意味である．この他粒子の占める状態の成分を消す演算子(これは一種の射影演算子である)を Q と表わすことにする．そこで上の方程式は実は

$$\{T_1+T_2+U(x_1)+U(x_2)-E\}\psi = -Q(v(x_1, x_2)\psi) \tag{3.2.7}$$

である．$H_0=T_1+T_2+U(x_1)+U(x_2)$ と置き，H_0 の固有解(これは形式上は相関のない2粒子の状態である)を ϕ とすると

$$\psi = \phi + \frac{Q}{E-H_0} v\psi \tag{3.2.8}$$

である．$T+U$ の固有解と固有値を

$$(T_1+U(x_1))\phi_\alpha(x_1) = \epsilon_\alpha \phi_\alpha(x_1)$$

で定義すると，例えば上の $\phi(x_1, x_2)$ は $\phi_\alpha(x_1)\phi_\beta(x_2)$ の形であり，Q は $Q=\sum_{\gamma\delta}' |\gamma\delta\rangle\langle\gamma\delta|$ の形である．$\sum'$ は系の粒子が占めている1粒子状態以外のすべての状態と状態 α, β について和を取ることを意味する．この式は普通 **Bethe-Goldstone の方程式**といわれている†．また，(3.2.8)の ψ を $\psi=\Omega\phi$ と書けば，Ω は多体系の中の2粒子相関を取り入れる演算子であり，(3.2.4)の代りに

$$\Omega = 1 + \frac{Q}{E-H_0} v\Omega \tag{3.2.4'}$$

を満たしている．$v\Omega=K$ がこの場合の反応行列で

$$K = v + v\frac{Q}{E-H_0} K \tag{3.2.5'}$$

を満足する．(K の代りに G と書くこともあるが，Green 関数とまぎらわしいので，ここでは K とする．また，散乱行列という意味で t と書かれることもある．)

Q の影響を見るために，簡単な場合に上の方程式を解いてみる．系の粒子数が多いとして，系を無限に広がった媒質とする．ポテンシャル U はこの場合粒子座標に無関係な定数となるから，エネルギー原点をそれだけずらせておき，$U=0$ とする．1粒子状態は，スピンを考慮しなければ $\phi_\alpha(x)=e^{i\boldsymbol{k}_\alpha\cdot\boldsymbol{x}}$ という形である($\boldsymbol{x}$ は位置座標である)．また，系は1粒子状態の低い方から順次に占められたいわゆる縮退 Fermi 気体になっていると仮定する．

(3.2.7)でもし右辺の Q がなければ，これは v による散乱の問題であり，v が短距離力であれば散乱波の解 ψ の $|\boldsymbol{x}_1-\boldsymbol{x}_2|\to\infty$ での漸近形は自由運動の解と位相のずれだけで異なっていることはよく知られている．ところで，位相のずれがあるということは，同じ大きさで方向の異なる運動量 $\boldsymbol{k}$ を持つ波が混じっていることを意味する．系が縮退 Fermi 気体であれば，そのような粒子状態は既に占められているはずであるから，Q のためにその成分は存在せず，位相のずれ

† Bethe, H. A. & Goldstone, J.: *Proc. Roy. Soc.*, **A238**, 551 (1957).

は存在しない．すなわち，$|\boldsymbol{x}_1-\boldsymbol{x}_2|\to\infty$ では(3.2.7)の解は $v=0$ の解と一致する．これが Pauli 原理の重要な結果である．そこで，ψ は $|\boldsymbol{x}_1-\boldsymbol{x}_2|$ が小さい間は v のために自由解からずれる(占められていない状態の成分はいくらあってもよいから，波を曲げることはできる)が，$|\boldsymbol{x}_1-\boldsymbol{x}_2|$ が次第に大きくなると，どこかで自由解に一致する．この一致する距離を**回復距離**(healing distance)という．

Pauli 原理の影響をもう少し定量的に見るため，2粒子系の全運動量が0であるという簡単な場合を考えよう．さらに(3.2.7)で v が相対座標 $\boldsymbol{x}=\boldsymbol{x}_1-\boldsymbol{x}_2$ だけの関数であるとする．右辺の Q 演算子は今の場合

$$Q=\sum_{|\boldsymbol{k}|>k_{\mathrm{F}}}|\boldsymbol{k}\rangle\langle\boldsymbol{k}|$$

で与えられる(k_{F} は Fermi 運動量)から，(3.2.7)は

$$\left.\begin{aligned}\frac{\hbar^2}{m}\nabla^2\psi(\boldsymbol{x})+E\psi(\boldsymbol{x})&=\int d\boldsymbol{y}v(\boldsymbol{y})\psi(\boldsymbol{y})\varDelta(\boldsymbol{x}-\boldsymbol{y})\\ \varDelta(\boldsymbol{x}-\boldsymbol{y})&=\frac{1}{(2\pi)^3}\int_{|\boldsymbol{k}|>k_{\mathrm{F}}}e^{i\boldsymbol{k}\cdot(\boldsymbol{x}-\boldsymbol{y})}d\boldsymbol{k}\end{aligned}\right\}\qquad(3.2.9)$$

と書ける．$\varDelta$ は

$$\begin{aligned}\varDelta(\boldsymbol{x}-\boldsymbol{y})&=\delta(\boldsymbol{x}-\boldsymbol{y})-g(\boldsymbol{x}-\boldsymbol{y})\\ g(\boldsymbol{x}-\boldsymbol{y})&=\frac{1}{(2\pi)^3}\int_{|\boldsymbol{k}|<k_{\mathrm{F}}}e^{i\boldsymbol{k}\cdot(\boldsymbol{x}-\boldsymbol{y})}d\boldsymbol{k}\\ &=\frac{1}{2\pi^2}\frac{\sin k_{\mathrm{F}}|\boldsymbol{x}-\boldsymbol{y}|-k_{\mathrm{F}}|\boldsymbol{x}-\boldsymbol{y}|\cos k_{\mathrm{F}}|\boldsymbol{x}-\boldsymbol{y}|}{|\boldsymbol{x}-\boldsymbol{y}|^3}\end{aligned}$$

とも書ける．

S状態に話を限れば，$\psi=u(r)/r$ として(3.2.9)は

$$\left.\begin{aligned}&\frac{d^2u}{dr^2}+\kappa^2u=\frac{m}{\hbar^2}\left\{v(r)u(r)-\int_0^\infty\chi(r,r')v(r')u(r')dr'\right\}\\ &\kappa^2=\frac{mE}{\hbar^2}\\ &\chi(r,r')=\frac{1}{\pi}\left[\frac{\sin k_{\mathrm{F}}|r-r'|}{|r-r'|}-\frac{\sin k_{\mathrm{F}}(r+r')}{r+r'}\right]\end{aligned}\right\}\qquad(3.2.10)$$

である．1例として，v が半径 r_c の固い芯(hard core)である場合の解($k=k_{\mathrm{F}}/2$

の場合)を図3.2に示しておく†. 図からも判るように回復距離はそれほど大きな値ではない. もちろん, 回復距離は力の形や問題にしているエネルギーによって異なるけれども, 固い芯というようなひじょうに特異性の強い力による波動関数の歪みがこの程度で回復することは, 回復距離が単なる数学的な概念ではなく現実の系において重要な意味を持っていることを示している. すなわち, 1つの粒子対を取る場合, 相対距離の小さいところでは強い相互作用のために相対運動は強い相関を持っているが, 少し離れたところ(核内の平均核子間距離と同じ大きさの程度のところ)では相互作用が存在しなかった(平均的なポテンシャルの影響は1粒子運動として受けているが)ような振舞になる. これは, 強い相互作用の存在にもかかわらず1粒子運動近似がある範囲で妥当であるという考え方を支える1つの柱であり, 多体系における Pauli 原理の重要な作用である.

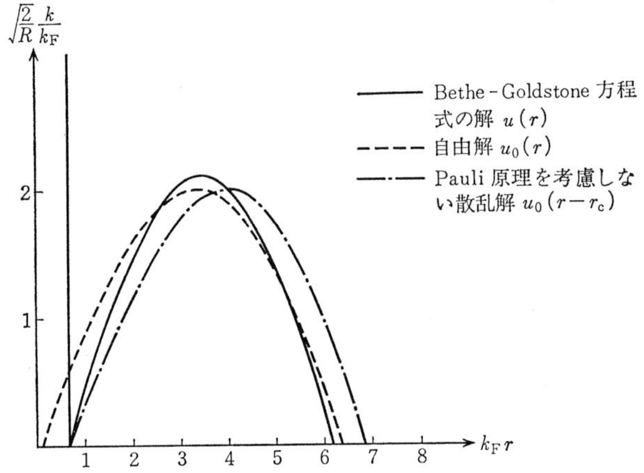

図 3.2 固い芯の場合の Bethe-Goldstone 方程式の解と自由解 ($v=0$) および Pauli 原理のない場合の解との比較. R は規格化体積の半径, $k_F=1.48\ \mathrm{fm}^{-1}$, $k=0.5k_F$ の場合の図である

Moszkowski-Scott の分離法

反応行列または Bethe-Goldstone 方程式を実際的な v に対して解く方法はいろいろあるが, その1例として Moszkowski と Scott の分離法を示しておく.

† Gomes, L. C., Walecka, J. D. & Weisskopf, V. F.: *Ann. Phys.*, 3, 241(1958)による.

この方法は核力の特徴をうまく利用できる方法であり，核力の効果の物理的内容を理解するのに便利である．反応行列 K は

$$K = v+v\frac{Q}{e}K$$

という形に書ける．e はエネルギー分母 $E-H_0$ を簡単に書いたものである．ここで v を2つの部分に分け

$$v = v_s+v_l \tag{3.2.11}$$

とする．さし当たってこの分け方は任意としておく．v_s, v_l のそれぞれに対して K 行列を作ることができる：

$$K_s = v_s+v_s\frac{Q}{e}K_s, \qquad K_l = v_l+v_l\frac{Q}{e}K_l \tag{3.2.12}$$

また，K_s, K_l に対して

$$K_s = v_s\Omega_s, \qquad K_l = v_l\Omega_l \tag{3.2.13}$$

で Ω_s, Ω_l を定義することができる．Ω, Ω_s の満たす式を用いて恒等式

$$K = K-K_s{}^\dagger\left(\Omega-\frac{Q}{e}v\Omega-1\right)+\left(\Omega_s{}^\dagger-\Omega_s{}^\dagger v_s\frac{Q}{e}-1\right)K$$

が得られる．これから

$$\begin{aligned} K &= K_s{}^\dagger+\Omega_s{}^\dagger(K-v_s\Omega) \\ &= K_s+\Omega_s{}^\dagger v_l\Omega \end{aligned} \tag{3.2.14}$$

である†．Ω および Ω_s は1に近いとして展開（v についての展開と考えてもよい）すると

$$K \approx K_s+v_l+K_s\frac{Q}{e}v_l+v_l\frac{Q}{e}K_s+v_l\frac{Q}{e}v_l \tag{3.2.15}$$

と近似できる．$v_l\frac{Q}{e}K_s$ は Hermite 型であるから，さらに

$$K \approx K_s+v_l+2K_s\frac{Q}{e}v_l+v_l\frac{Q}{e}v_l \tag{3.2.15$'$}$$

である．

ここで v の分け方を考えてみよう．核力は，特にS状態では，中心部分に強

---

† いまの場合 $Q^\dagger=Q$, $K_s{}^\dagger=K_s$ であることを用いている．v が Hermite 型であればこのことは証明できる．

い斥力とその外側に強い引力とがあり，その外は比較的ゆっくりと変化するポテンシャルになっている．そこで，v を v_s と v_l とに分けるとき，この短距離部分を v_s，外側のゆっくり変化する部分を v_l と取ってみる．そのため $v(r)$ を $r=d$ のところで分割し，$r \leqq d$ の部分を v_s，$r>d$ の部分を v_l とする．(d を分割距離(separation distance)といっている．) Moszkowski と Scott は核力の斥力部分と引力部分が相殺するように d を選んだ．より具体的にいえば，v_s による2粒子散乱(他粒子の存在は考えない)の位相のずれが0になるように d を選ぶ．すなわち，v のない場合の自由2粒子の運動の波動関数を ϕ とし，v_s による散乱の波動関数を $\psi^{(0)}$ とするとき，$r=d$ で ϕ と $\psi^{(0)}$ がなめらかにつながるという条件で d を定める．$\psi^{(0)}$ は

$$(T_1+T_2+v_s-E)\psi^{(0)}=0$$

の散乱解である．

$$K_s{}^{(0)}=v_s+v_s\frac{1}{e}K_s{}^{(0)} \tag{3.2.16}$$

と散乱行列を定義すれば

$$v_s\psi^{(0)}=K_s{}^{(0)}\phi \tag{3.2.17}$$

となっている．

ところで，この $K_s{}^{(0)}$ は K_s とは異なり，他粒子の存在による Pauli 原理の影響を与える Q 演算子が入っていない．しかし，v_s は核力の短距離部分でありこれは強い力であるから，これによって遷移する行く先の状態は大部分は Fermi 運動量より大きな運動量状態，つまり占められていない状態，であると考えられる．そこで，K_s は $K_s{}^{(0)}$ とあまり異ならないとし，$K_s-K_s{}^{(0)}$ を補正と考えることにする．そうすると，(3.2.15′)は

$$K\approx K_s{}^{(0)}+v_l+v_s\left(\frac{Q}{e}-\frac{1}{e}\right)K_s{}^{(0)}+2K_s{}^{(0)}\frac{Q}{e}v_l+v_l\frac{Q}{e}v_l \tag{3.2.15″}$$

となる．

d は相対運動のエネルギーによって異なる．しかし，相対運動のエネルギーが v_s に比べてずっと小さい場合には d はあまり変化しない．したがって，核中の粒子の運動を考えるときは d を一定とする近似を取るのが普通である．

この方法では，K の対角行列要素のうち，K_s の部分が0となるから，第1近

似は v_l で定められる．すなわち，核力の近距離での斥力と引力とをうまく相殺して，残りだけを考えればよいことになり，事情も見やすいし，後に述べるように核物質のエネルギーの評価をするにも便利である．

§3.3 Green 関数による記述

これまでの記述では定常的な取扱いをし，時間的変化を考えなかった．密度のゆらぎなどを考えるときには時間因子が入っている記述法の方が理解しやすい場合もある．波動関数の時間的変化あるいは状態の遷移を見るためによく使われる方法の1例として，Green 関数による記述法をここで述べておく．以下に見るように，占有数表示を使っても同等の記述ができる．次節を別として，以下ではほとんど Green 関数による記述法を用いないが，理論形式としてはかなり用いられているので，理解を助けるために紹介する．関心のある読者は他章の記述もこの方法を用いて書き直してみるのも興味があるであろう．

系の状態を表わす波動関数を $\Psi(\xi, t)$ と書いておく．ξ は系を記述する座標を一般的に書いたものである．ある時刻 t_1 での状態 $\Psi(\xi_1, t_1)$ から他の時刻 t_2 $(t_2>t_1)$ での状態 $\Psi(\xi_2, t_2)$ への変化を考えると，これは波の伝播であるから Huygens の原理のように

$$\Psi(\xi_2, t_2) = C\int G(\xi_2, t_2\,; \xi_1, t_1)\,\Psi(\xi_1, t_1)\,d\xi_1 \qquad (t_2 > t_1) \tag{3.3.1}$$

と書けるであろう．C は規格化定数で，系を構成する粒子数が N である場合には $C=(i\hbar)^N$ ととるのが普通である．(3.3.1) は $t_2>t_1$ に対して定義されているから

$$\theta(\tau) = \begin{cases} 1 & (\tau > 0) \\ 0 & (\tau < 0) \end{cases} \tag{3.3.2}$$

という関数を定義して

$$\theta(t_2-t_1)\,\Psi(\xi_2, t_2) = C\int G(\xi_2, t_2\,; \xi_1, t_1)\,\Psi(\xi_1, t_1)\,d\xi_1 \tag{3.3.1'}$$

と書いておく．

ところで，$\Psi(\xi, t)$ は $i\hbar\partial\Psi/\partial t=H\Psi$ を満たしているから

$$
\begin{aligned}
&\left[i\hbar\frac{\partial}{\partial t_2}-H(\xi_2, t_2)\right]\{\theta(t_2-t_1)\Psi(\xi_2, t_2)\} \\
&\quad = i\hbar\delta(t_2-t_1)\Psi(\xi_2, t_2)+\theta(t_2-t_1)\left[i\hbar\frac{\partial}{\partial t_2}-H(\xi_2, t_2)\right]\Psi(\xi_2, t_2) \\
&\quad = i\hbar\delta(t_2-t_1)\Psi(\xi_2, t_2) \\
&\quad = C\int\left[i\hbar\frac{\partial}{\partial t_2}-H(\xi_2, t_2)\right]G(\xi_2, t_2\,;\xi_1, t_1)\Psi(\xi_1, t_1)\,d\xi_1
\end{aligned}
$$

である．この式はどの $\Psi(\xi_1, t_1)$ に対しても成り立つから

$$
C\left[i\hbar\frac{\partial}{\partial t_2}-H(\xi_2, t_2)\right]G(\xi_2, t_2\,;\xi_1, t_1) = i\hbar\delta(t_2-t_1)\,\delta(\xi_2, \xi_1) \tag{3.3.3}
$$

でなければならない．これが G の満たす方程式である．ただし G は $t_2<t_1$ に対しては 0 と定義されているものとする．G は状態の遷移振幅あるいは Green 関数といわれているものである．H が t を陽に含んでいない場合に，H の固有関数の完全系を $\{\Phi_s\}$ とする：

$$
H\Phi_s = E_s\Phi_s
$$

この時 G は

$$
CG(\xi_2, t_2\,;\xi_1, t_1) = \sum_s \Phi_s(\xi_2)\Phi_s{}^*(\xi_1)\,e^{-iE_s(t_2-t_1)/\hbar}\theta(t_2-t_1) \tag{3.3.4}
$$

で与えられることはよく知られている．これを

$$
G(\xi_2, t_2\,;\xi_1, t_1) = \sum_{ss'} G_{ss'}(t_2-t_1)\,\Phi_s(\xi_2)\,\Phi_{s'}{}^*(\xi_1) \tag{3.3.5}
$$

と G の行列表示で表わせば，この場合には

$$
G_{ss'}(t_2-t_1) = G_s(t_2-t_1)\,\delta_{ss'} = \frac{1}{C}e^{-iE_s(t_2-t_1)/\hbar}\delta_{ss'}\theta(t_2-t_1) \tag{3.3.6}
$$

である．系がポテンシャル $U(\boldsymbol{x})$ 内を運動している 1 粒子系である場合に，系の固有関数系を $\{\phi_\alpha\}$，固有値の系を $\{\epsilon_\alpha\}$ とすれば，($C=i\hbar$ であるから) $G_\alpha(t_2-t_1)$ を t_2-t_1 について Fourier 変換すると

$$
G_\alpha(\epsilon) = \int_{-\infty}^{\infty} G_\alpha(t_2-t_1)\,e^{i\epsilon(t_2-t_1)/\hbar}d(t_2-t_1) = \frac{1}{\epsilon-\epsilon_\alpha+i\delta} \qquad (\delta = +0) \tag{3.3.7}
$$

という形で，固有値 ϵ_α が極になる．($\delta>0$ であることが $t_2<t_1$ で G が 0 になることを保証している．)

粒子が α 状態に1個存在するような状態は§3.1(a)で述べたように $c_\alpha{}^+|0\rangle$ で与えられ，そのときの波動関数は φ_α である．したがって，1粒子系の Green 関数は α 表示で書けば

$$G_{\alpha\alpha'}(t_2-t_1) = -\frac{i}{\hbar}\theta(t_2-t_1)\langle 0|c_\alpha(t_2)c_{\alpha'}{}^+(t_1)|0\rangle \qquad (3.3.8)$$

で与えられる．ただし，$c_\alpha(t)$ は c_α を Heisenberg 表示に移したもので

$$c_\alpha(t) = e^{iHt/\hbar}c_\alpha e^{-iHt/\hbar}, \qquad c_\alpha{}^+(t) = e^{iHt/\hbar}c_\alpha{}^+e^{-iHt/\hbar} \qquad (3.3.9)$$

である．

これは時刻 t_1 での状態 α' から時刻 t_2 での状態 α への遷移を与えることは，$\varphi_\alpha(\boldsymbol{x}_2, t_2) = \varphi_\alpha(\boldsymbol{x}_2)e^{-iE_\alpha t_2/\hbar}$ が

$$\varphi_\alpha(\boldsymbol{x}_2)e^{-iE_\alpha t_2/\hbar} = i\hbar\int G(\boldsymbol{x}_2, t_2; \boldsymbol{x}_1, t_1)\varphi_\alpha(\boldsymbol{x}_1)e^{-iE_\alpha t_1/\hbar}d\boldsymbol{x}_1$$

となることからもわかる．

次に1粒子運動に更に外力が加わる場合を考える．ハミルトニアンを

$$H = H_0 + V(t)$$

と表わし，V が外力であるとする．この H の場合の Green 関数 G は

$$i\hbar\frac{\partial}{\partial t_2}G(\boldsymbol{x}_2, t_2; \boldsymbol{x}_1, t_1) - (H_0+V)G(\boldsymbol{x}_2, t_2; \boldsymbol{x}_1, t_1) = \delta(t_2-t_1)\delta(\boldsymbol{x}_2, \boldsymbol{x}_1)$$

を満たしている．H_0 に対する Green 関数を G_0 とすれば

$$\begin{aligned} G(\boldsymbol{x}_2, t_2; \boldsymbol{x}_1, t_1) &= G_0(\boldsymbol{x}_2, t_2; \boldsymbol{x}_1, t_1) \\ &\quad + \int G_0(\boldsymbol{x}_2, t_2; \boldsymbol{x}_3, t_3)V(\boldsymbol{x}_3, t_3; \boldsymbol{x}_4, t_4)G(\boldsymbol{x}_4, t_4; \boldsymbol{x}_1, t_1)\,d\boldsymbol{x}_3 d\boldsymbol{x}_4 dt_3 dt_4 \end{aligned} \qquad (3.3.10)$$

と書ける．ただし $V(\boldsymbol{x}_3, t_3; \boldsymbol{x}_4, t_4)$ は最初の V から

$$V(\boldsymbol{x}_3, t_3; \boldsymbol{x}_4, t_4) = \delta(\boldsymbol{x}_3, \boldsymbol{x}_4)\delta(t_3-t_4)V(\boldsymbol{x}_3, t_3) \qquad (3.3.11)$$

と形式的に拡張したものである．上の式は

$$G = G_0 + G_0VG \qquad (3.3.12)$$

と形式的に書くのが普通である．これは更に展開して

$$G = G_0 + G_0 V G_0 + G_0 V G_0 V G_0 + \cdots \qquad (3.3.13)$$

とも書ける.

Green 関数を含めて状態の遷移はダイヤグラムで表わすのが便利である. 1粒子の状態の変化を矢印つきの線で表わす. 図3.3のように, 時間の順序に従って時刻 $t_1 \to t_2$ の変化を表わす. $G_0(\boldsymbol{x}_2, t_2; \boldsymbol{x}_1, t_1)$ を図3.3(a)のように細い線で表わすことにする. 相互作用 V の作用は点線で表わすことにする. 2粒子間相互作用は2粒子の時空点の関数であるから, 相互作用 $v(\boldsymbol{x}_1, t_1; \boldsymbol{x}_2, t_2)$ は $(\boldsymbol{x}_1, t_1)$ に対応する点と $(\boldsymbol{x}_2, t_2)$ に対応する点をつなぐ点線で表わす(図3.3(b)). 外力はこれの特殊な場合として図3.3(c)のように表わすことにする. 一般の場合の Green 関数(1粒子) G を太い線で表わすとすれば, (3.3.12)は図3.4で表わされる.

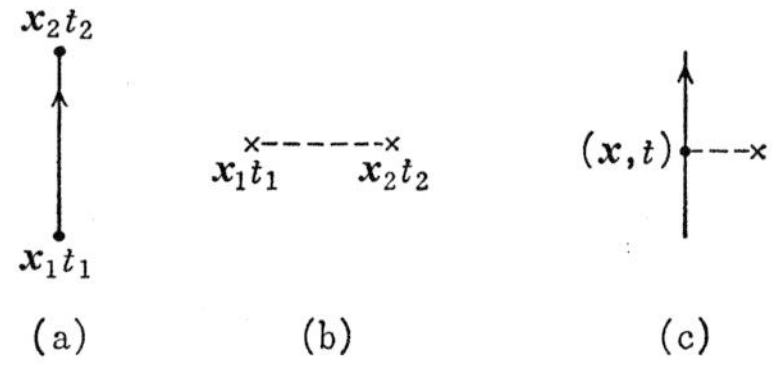

図 3.3

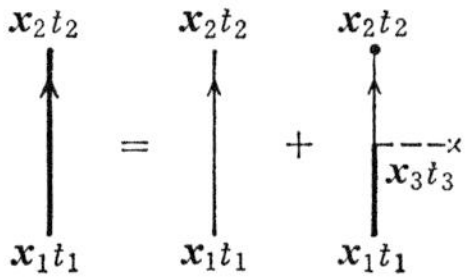

図 3.4

これまで $|0\rangle$ は本当の真空と考えているが, 粒子が互いに独立に運動している系では'Fermi の海'を真空と考えても差支えない. そうすると, この真空に対して'粒子'の運動と同様に'空孔'の運動も Green 関数を使って表わすことができるはずである. 空孔の方は, 粒子に対して時間反転を行なえばよいから, α, α' に時間反転を行なった状態を $\bar{\alpha}, \bar{\alpha}'$ として

$$G_{\bar{\alpha}\bar{\alpha}'} = -\frac{i}{\hbar}\theta(t_2 - t_1)\langle 0|c_{\bar{\alpha}}(t_2)\, c_{\bar{\alpha}'}{}^{+}(t_1)|0\rangle$$

$$= -\frac{i}{\hbar}\theta(t_2 - t_1)\langle 0|b_{\alpha}{}^{+}(t_2)\, b_{\alpha'}(t_1)|0\rangle$$

量子電磁力学の陽電子の記述にならって, 粒子の運動の時間を逆転させたものを空孔の運動と結びつけると, $t_2 < t_1$ の場合にも G を拡張することができる. すなわち, 一般に時間の順序づけの演算子 T を導入し

$$T(c_{\alpha}(t_2)\, c_{\alpha'}{}^{+}(t_1)) = \begin{cases} c_{\alpha}(t_2)\, c_{\alpha'}{}^{+}(t_1) & (t_2 > t_1) \\ -c_{\alpha'}{}^{+}(t_1)\, c_{\alpha}(t_2) & (t_2 < t_1) \end{cases} \qquad (3.3.14)$$

と定義することにする．T は一般に演算子を時間の順序に，t の大きい方を左に移す演算子で，順序を入れ換える際に，演算子の交換性(可換，反可換)を考慮して符号をつける．拡張された G を

$$G_{\alpha\alpha'}(t_2-t_1) = -\frac{i}{\hbar}\langle 0|T(c_\alpha(t_2)c_{\alpha'}{}^{+}(t_1))|0\rangle \tag{3.3.15}$$

で定義すると，G は $t_2>t_1$ に対しては粒子運動に対する G，$t_2<t_1$ に対しては空孔運動に対する G の符号を変えたものになる．

あるいは，§3.1(a)で定義した $\psi(\boldsymbol{x})$ を用いて

$$G(\boldsymbol{x}_2, t_2; \boldsymbol{x}_1, t_1) = -\frac{i}{\hbar}\langle 0|T(\psi(\boldsymbol{x}_2, t_2)\psi^\dagger(\boldsymbol{x}_1, t_1))|0\rangle \tag{3.3.16}$$

と書いてもよい．$\psi(\boldsymbol{x}, t)$ は

$$\psi(\boldsymbol{x}, t) = e^{iHt/\hbar}\psi(\boldsymbol{x})e^{-iHt/\hbar}$$

である．

空孔の状態の変化をダイヤグラムで表わす場合には矢印の向きが逆になる．$t_2>t_1$ の場合に矢印を $t_2\rightarrow t_1$ とつけるとこれは空孔の運動に対応する．粒子の運動と空孔の運動とを同時に表わす拡張された G を図で表わすときには矢印をつけないことにする．

多粒子系の Green 関数も(3.3.16)と同様に定義できる．例えば2粒子系のそれは

$$\begin{aligned}&G_2(\boldsymbol{x}_1t_1, \boldsymbol{x}_2t_2; \boldsymbol{x}_1't_1', \boldsymbol{x}_2't_2')\\ &\quad = (i\hbar)^{-2}\langle 0|T(\psi(\boldsymbol{x}_1, t_1)\psi(\boldsymbol{x}_2, t_2)\psi^\dagger(\boldsymbol{x}_2', t_2')\psi^\dagger(\boldsymbol{x}_1', t_1'))|0\rangle\end{aligned} \tag{3.3.17}$$

である．われわれは多体系の中での粒子の運動を問題にするのであるから，$|0\rangle$ は多体系(N 粒子系)の基底状態を意味するものとする．粒子間の相互作用がないときの各粒子のハミルトニアンを H_0，粒子間相互作用を $v(\boldsymbol{x}, \boldsymbol{x}')$ とすると G_2 の満たす式は

$$\begin{aligned}&\left(i\hbar\frac{\partial}{\partial t_1}-H_0\right)G_2(\boldsymbol{x}_1t_1, \boldsymbol{x}_2t_2; \boldsymbol{x}_1't_1', \boldsymbol{x}_2't_2')\\ &\quad = (i\hbar)^{-2}\langle 0|T\biggl(\int d\boldsymbol{y}v(\boldsymbol{x}_1, \boldsymbol{y})\psi^\dagger(\boldsymbol{y}, t_1)\psi(\boldsymbol{y}, t_1)\psi(\boldsymbol{x}_1, t_1)\psi(\boldsymbol{x}_2, t_2)\end{aligned}$$

$$\times \psi^\dagger(\boldsymbol{x}_2', t_2')\,\psi^\dagger(\boldsymbol{x}_1', t_1')\Big)|0\rangle$$

$$+\delta(\boldsymbol{x}_1, \boldsymbol{x}_1')\,\delta(t_1, t_1')\,G_1(\boldsymbol{x}_2 t_2\,;\boldsymbol{x}_2' t_2') - \delta(\boldsymbol{x}_1, \boldsymbol{x}_2')\,\delta(t_1, t_2')\,G_1(\boldsymbol{x}_2 t_2\,;\boldsymbol{x}_1' t_1')$$

であることを示すことができる．ここで G_1 は1粒子 Green 関数で，(3.3.16) で定義されるものである．上の式から

$$\begin{aligned} &G_2(\boldsymbol{x}_1 t_1, \boldsymbol{x}_2 t_2\,;\boldsymbol{x}_1' t_1', \boldsymbol{x}_2' t_2') \\ &\quad = G_0(\boldsymbol{x}_1 t_1\,;\boldsymbol{x}_1' t_1')\,G_1(\boldsymbol{x}_2 t_2\,;\boldsymbol{x}_2' t_2') - G_0(\boldsymbol{x}_1 t_1\,;\boldsymbol{x}_2' t_2')\,G_1(\boldsymbol{x}_2 t_2\,;\boldsymbol{x}_1' t_1') \\ &\qquad + i\hbar \int v(\boldsymbol{y}, \boldsymbol{y}')\,G_0(\boldsymbol{x}_1 t_1\,;\boldsymbol{y} t)\,G_3(\boldsymbol{y} t, \boldsymbol{x}_2 t_2, \boldsymbol{y}' t\,;\boldsymbol{x}_1' t_1', \boldsymbol{x}_2' t_2', \boldsymbol{y}' t)\,d\boldsymbol{y}\,d\boldsymbol{y}'\,dt \end{aligned} \tag{3.3.18}$$

と書ける．G_3 は3粒子 Green 関数で，G_1, G_2 にならって定義される．G_0 は相互作用のない場合の1粒子 Green 関数である．(3.3.18) を形式的に

$$G_2 = \sum G_0 G_1 + i\hbar G_0 V G_3 \tag{3.3.18$'$}$$

と書くことにする．このように2粒子 Green 関数は1粒子 Green 関数と3粒子 Green 関数を用いて表わすことができる．一般に n 粒子 Green 関数は $n-1$ 粒子 Green 関数と n 粒子 Green 関数を用いて表わすことができる．

(3.3.18) あるいは (3.3.18′) の $G_0 G_1$ の項は単純に1粒子運動の重ね合せであるから，2体相関については何の知識も与えない．この部分を取り除くため，統計力学などでよく用いられる相関関数 C を次のように定義する．

$$\begin{aligned} &G_0(\boldsymbol{x}_1 t_1\,;\boldsymbol{x}_1' t_1') \equiv C_0(\boldsymbol{x}_1 t_1\,;\boldsymbol{x}_1' t_1') \\ &G_1(\boldsymbol{x}_1 t_1\,;\boldsymbol{x}_1' t_1') \equiv C_1(\boldsymbol{x}_1 t_1\,;\boldsymbol{x}_1' t_1') \\ &G_2(\boldsymbol{x}_1 t_1, \boldsymbol{x}_2 t_2\,;\boldsymbol{x}_1' t_1', \boldsymbol{x}_2' t_2') = C_1(\boldsymbol{x}_1 t_1\,;\boldsymbol{x}_1' t_1')\,C_1(\boldsymbol{x}_2 t_2\,;\boldsymbol{x}_2' t_2') \\ &\qquad\qquad - C_1(\boldsymbol{x}_1 t_1\,;\boldsymbol{x}_2' t_2')\,C_1(\boldsymbol{x}_2 t_2\,;\boldsymbol{x}_1' t_1') \\ &\qquad\qquad + C_2(\boldsymbol{x}_1 t_1, \boldsymbol{x}_2 t_2\,;\boldsymbol{x}_1' t_1', \boldsymbol{x}_2' t_2') \\ &\cdots\cdots\cdots\cdots \end{aligned}$$

このように定義すると，C はより低次の C の積として表わせない本質的な相関の項である．(3.3.18) を C で表わし，3粒子相関 C_3 の項を無視すれば C_2 までの閉じた式が得られる．(C_1 に対する式は Hartree 方程式になるので，これは一応解けていると仮定する.)　すなわち

$$C_2(\boldsymbol{x}_1t_1, \boldsymbol{x}_2t_2; \boldsymbol{x}_1't_1', \boldsymbol{x}_2't_2')$$
$$= -i\hbar\int C_0(\boldsymbol{x}_1t_1; \boldsymbol{y}t)v(\boldsymbol{y}, \boldsymbol{y}')[C_1(\boldsymbol{y}t; \boldsymbol{x}_2't_2')C_1(\boldsymbol{x}_2t_2; \boldsymbol{y}'t)C_1(\boldsymbol{y}'t; \boldsymbol{x}_1't_1')$$
$$-C_1(\boldsymbol{y}t; \boldsymbol{x}_1't_1')C_1(\boldsymbol{x}_2t_2; \boldsymbol{y}'t)C_1(\boldsymbol{y}'t; \boldsymbol{x}_2't_2')$$
$$+C_1(\boldsymbol{y}t; \boldsymbol{x}_1't_1')C_2(\boldsymbol{x}_2t_2, \boldsymbol{y}'t; \boldsymbol{x}_2't_2', \boldsymbol{y}'t)$$
$$-C_1(\boldsymbol{y}t; \boldsymbol{x}_2't_2')C_2(\boldsymbol{x}_2t_2, \boldsymbol{y}'t; \boldsymbol{x}_1't_1', \boldsymbol{y}'t)$$
$$+C_1(\boldsymbol{y}t; \boldsymbol{y}'t)C_2(\boldsymbol{x}_2t_2, \boldsymbol{y}'t; \boldsymbol{x}_1't_1', \boldsymbol{x}_2't_2')$$
$$-C_1(\boldsymbol{x}_2t_2; \boldsymbol{y}'t)C_2(\boldsymbol{y}t, \boldsymbol{y}'t; \boldsymbol{x}_1't_1', \boldsymbol{x}_2't_2')$$
$$+C_1(\boldsymbol{y}'t; \boldsymbol{x}_1't_1')C_2(\boldsymbol{y}t, \boldsymbol{x}_2t_2; \boldsymbol{x}_2't_2', \boldsymbol{y}'t)$$
$$-C_1(\boldsymbol{y}'t; \boldsymbol{x}_2't_2')C_2(\boldsymbol{y}t, \boldsymbol{x}_2t_2; \boldsymbol{x}_1't_1', \boldsymbol{y}'t)$$
$$+C_1(\boldsymbol{y}'t; \boldsymbol{y}'t)C_2(\boldsymbol{y}t, \boldsymbol{x}_2t_2; \boldsymbol{x}_1't_1', \boldsymbol{x}_2't_2')]d\boldsymbol{y}d\boldsymbol{y}'dt$$

この式はあまり見やすくないが，ダイヤグラムで書くと意味がはっきりする．2粒子以上の Green 関数をダイヤグラムで表わすときには，粒子間の相互作用などはすべて G に入っているので，それらをまとめて図 3.5 のように両方に足の出たブロックで表わす方が便利である．

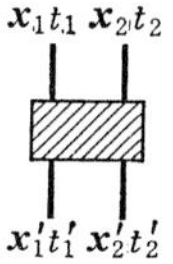

図 3.5

このように表わすと上式は図 3.6 のように示すことができる．この図の等式の右辺の第 3 項と第 6 項は 1 粒子の運動に対する相互作用の効果で，C_0 (または G_0) の代りに C_1 (または G_1) を取ればその中にくり込まれているはずのものであるから，考えないことにする．また，第 2 項 (およびその交換項) は実は 1 粒子に対するスピン-軌道力を与えるような項であり，第 5 項 (およびその交換項) とともに 3 粒子 1 空孔という状態を含んでいる．粒子状態どうしの相互作用だけを取り上げるという近似をするならば，結局，第 1 項と第 4 項だけを取ることになる．このような近似のもとでは C_2 は

$$C_2(\boldsymbol{x}_1t_1, \boldsymbol{x}_2t_2; \boldsymbol{x}_1't_1', \boldsymbol{x}_2't_2')$$
$$= i\hbar\int C_1(\boldsymbol{x}_1t_1; \boldsymbol{y}t)C_1(\boldsymbol{x}_2t_2; \boldsymbol{y}'t)v(\boldsymbol{y}, \boldsymbol{y}')[C_2(\boldsymbol{y}t, \boldsymbol{y}'t; \boldsymbol{x}_1't_1', \boldsymbol{x}_2't_2')$$
$$+C_1(\boldsymbol{y}t; \boldsymbol{x}_1't_1')C_1(\boldsymbol{y}'t; \boldsymbol{x}_2't_2')$$
$$-C_1(\boldsymbol{y}t; \boldsymbol{x}_2't_2')C_1(\boldsymbol{y}'t; \boldsymbol{x}_1't_1')]d\boldsymbol{y}d\boldsymbol{y}'dt$$

という式を満たすことになる．このように近似した C_2 は図のように 2 粒子間に

v がくり返し作用しているものになっているので

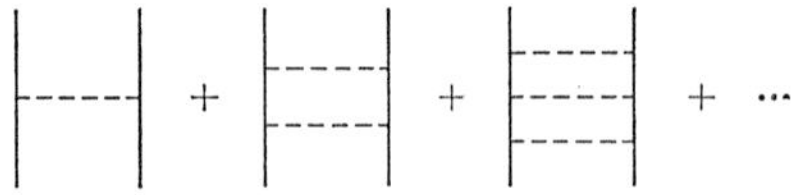

$$C_2(\boldsymbol{x}_1t_1, \boldsymbol{x}_2t_2; \boldsymbol{x}_1't_1', \boldsymbol{x}_2't_2')$$
$$\equiv i\hbar\int C_1(\boldsymbol{x}_1t_1; \boldsymbol{y}t)\,C_1(\boldsymbol{x}_2t_2; \boldsymbol{y}'t')\,K(\boldsymbol{y}t, \boldsymbol{y}'t'; \boldsymbol{z}t'', \boldsymbol{z}'t''')$$
$$\times[C_1(\boldsymbol{z}t''; \boldsymbol{x}_1't_1')\,C_1(\boldsymbol{z}'t'''; \boldsymbol{x}_2't_2')$$
$$-C_1(\boldsymbol{z}t''; \boldsymbol{x}_2't_2')\,C_1(\boldsymbol{z}'t'''; \boldsymbol{x}_1't_1')]d\boldsymbol{y}d\boldsymbol{y}'d\boldsymbol{z}d\boldsymbol{z}'dtdt'dt''dt'''$$

と置けば K は§3.2(b)で定義した K と同じ意味を持っていると想像される．実際，K の満たす方程式は

$$K(\boldsymbol{x}_1t_1, \boldsymbol{x}_2t_2; \boldsymbol{x}_1't_1', \boldsymbol{x}_2't_2')$$
$$= v(\boldsymbol{x}_1, \boldsymbol{x}_2)\,\delta(t_1, t_2)\,\delta(t_1, t_1')\,\delta(t_2, t_2')\,\delta(\boldsymbol{x}_1, \boldsymbol{x}_1')\,\delta(\boldsymbol{x}_2, \boldsymbol{x}_2')$$
$$+\int v(\boldsymbol{x}_1, \boldsymbol{x}_2)\,\delta(t_1, t_2)(i\hbar)\,C_1(\boldsymbol{x}_1t_1; \boldsymbol{y}t)\,C_1(\boldsymbol{x}_2t_2; \boldsymbol{y}'t')$$
$$\times K(\boldsymbol{y}t, \boldsymbol{y}'t'; \boldsymbol{x}_1't_1', \boldsymbol{x}_2't_2')\,d\boldsymbol{y}d\boldsymbol{y}'dtdt'$$

で，(3.2.5)と同等である†，(C_1 が1粒子 Green 関数であることに注意.)

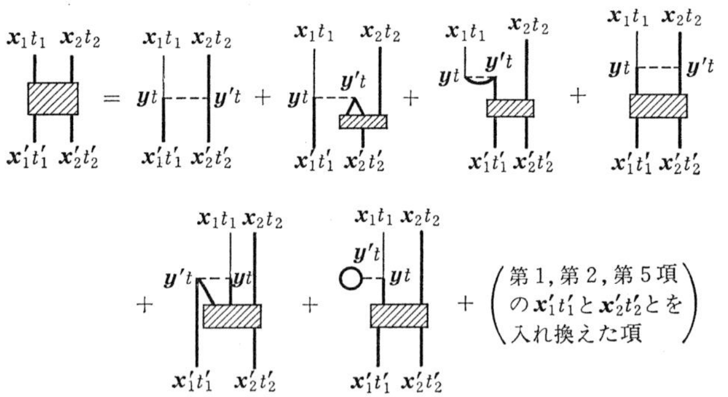

図 3.6

† Yasuno, M.: *Progr. Theoret. Phys.*, **25**, 411 (1961).

§3.4 1粒子運動

多粒子系では一般に各粒子間に相関があるので，粒子が他と独立に運動するという描像はとり難い．しかし，相互作用が弱いとか，1粒子に働く他からの力が平均化されて平均的な力の場に置き換えられる場合などでは，互いに独立な1粒子運動を近似的に取り出すことができる．原子のような力学系での電子の運動などはそうである．

もともと，たいていの力学系はある種の基本的構成粒子の集合として捉えられているので，その中での粒子の運動が追跡できれば物理的にも直観的に理解しやすいだけでなく，理論的にも取り扱いやすい．しかしながら，原子核のように相互作用がひじょうに強い粒子で構成されている系では，近似的にせよ独立な粒子運動という描像はとうてい成り立たないと思われてきた．そのため，むしろ核全体を連続体として考える方が実情に近いと考えられた．液滴模型の成功はこの考えを支持するように見える．

殻模型の成功は1粒子運動の概念を再検討させるきっかけとなった．その理由が何であるにせよ，またその機構がどうであるにせよ，特に閉殻付近の核のあまり高くない励起状態のいろいろな性質は1粒子運動(独立粒子運動)を基礎にして記述できることは，まぎれのない事実である．これは模型であって，模型の成功が必ずしも模型の基礎概念を正当化しているとはいえないかも知れない．しかし，これ以外にも1粒子運動が良い近似であることを示す事実はいくつかある．例えば，核子の核による弾性散乱における巨大共鳴は1粒子準位の存在を示している．もっと直接的な現象として(p, 2p)反応の例をあげることができる．

かなり高エネルギーの陽子を原子核に衝突させて(p, 2p)反応を起こさせる．もしも，核内の1個の陽子だけが入射陽子と衝突し，他の核子が関与しなければ，これは自由核子との衝突と同じと考えられる．このような場合に準弾性散乱が起こっているという．この場合の2核子のなす角は自由核子との衝突の場合から予想されるものになる．例えば入射方向に対して両方とも45°(相対角は90°)の方向をなす場合は，重心系で90°方向への散乱である．このような方向で出てくる2個の陽子のエネルギーをE_1, E_2とし，入射エネルギーE_0との差をとれば，これは陽子を核から取り出すのに必要なエネルギーを与える．このエネルギー・スペクトルを調べると，いくつかのピークを持っている．これは陽子の核内での準位に相当すると解釈できる．図3.7にその1例を示した．さらに，そのピークに相当する陽子の角分布を調べると，陽子が核内で一定の角運動量で軌道運動をしているとして計算したものと矛盾せず，その角運動量は殻模型で期待されるものと一致する．もちろん，核内の低い(すなわち深い)準位に相当するところほどスペクトルのピークはぼやけてくる．しかし，少なくともFermiエネルギーに近い領域では1粒子準位が物理的実体として存在していることを，この実験は示しているといえよう．

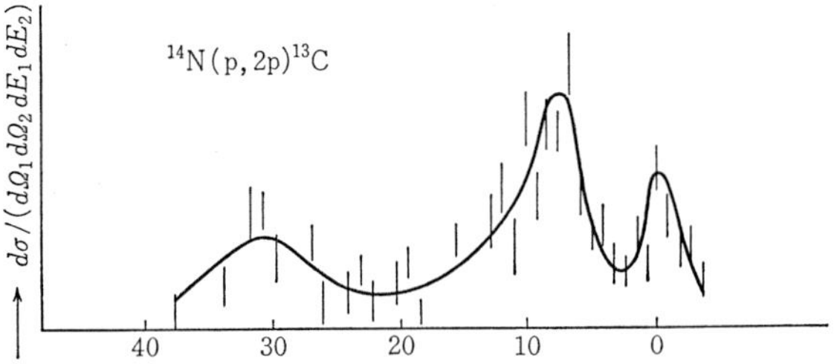

図3.7 185 MeV 陽子弾性散乱の断面積(Tyrén, H., Hillman, P. & Maris, Th. A. J.: *Nuclear Phys.*, 7, 10(1958)による)

原子核のような強相互作用系で1粒子運動がよい運動形態となりうるのは何故であろうか．その根拠として，Pauli原理の効果と，考えている状態が低励起状態であることとが挙げられる．§3.1(b)で見たように，Pauli原理のために核内核子は少し離れたところでは互いに力を及ぼさないように振舞う．これは相互作用を運動量分解してみると，大きな運動量移行(Fermiの海から外へ出るような)しか許されず，結果的には力が見かけ上遠くへ及ばないようになるからである．一方，ある核の基底状態に1個の核子を付け加えた場合にも，付加された核子と以前からある核の核子との相互作用においても，エネルギーが低い場合には同様な理由で，関与する核子はFermi面付近の少数個のものに限られ，残りの大部分は状態を乱されないでいる．このため，見かけ上，1粒子運動が成り立つと考えられる．この粒子が相互作用のない自由核子でないことは勿論であるが，それは核子と同じ量子数を持っているはずである．金属結晶の伝導帯内の電子(または空孔)のように，おそらく核子と異なる有効質量を持つFermi粒子という描像が適用できるであろう．系全体としての励起エネルギーが高くなれば，こういう状況は成り立たなくなる．

以上の考察を式で表わすために，1粒子 Green 関数を調べることにする．

1粒子 Green 関数 $G(\boldsymbol{x}t\,;\boldsymbol{x}'t')$ の満たす式は

$$\left(i\hbar\frac{\partial}{\partial t}-H_0\right)G(\boldsymbol{x}t\,;\boldsymbol{x}'t') = i\hbar\int v(\boldsymbol{x},\boldsymbol{y})\,G_2(\boldsymbol{y}t,\boldsymbol{x}t\,;\boldsymbol{y}t,\boldsymbol{x}'t')\,d\boldsymbol{y} + \delta(\boldsymbol{x},\boldsymbol{x}')\,\delta(t,t') \tag{3.4.1}$$

である．ここでさらに

$$i\hbar\int v(\boldsymbol{x},\boldsymbol{y})\,G_2(\boldsymbol{y}t,\boldsymbol{x}t\,;\boldsymbol{y}t,\boldsymbol{x}'t')\,d\boldsymbol{y} = \int \Gamma(\boldsymbol{x}t\,;\boldsymbol{x}''t'')\,G(\boldsymbol{x}''t''\,;\boldsymbol{x}'t')\,d\boldsymbol{x}''dt'' \tag{3.4.2}$$

という式で演算子 Γ を定義すると (3.4.1) は

$$G(\boldsymbol{x}t\,;\boldsymbol{x}'t') = G_0(\boldsymbol{x}t\,;\boldsymbol{x}'t') + \int G_0(\boldsymbol{x}t\,;\boldsymbol{x}_1t_1)\,\Gamma(\boldsymbol{x}_1t_1\,;\boldsymbol{x}_2t_2)\,G(\boldsymbol{x}_2t_2\,;\boldsymbol{x}'t')\,d\boldsymbol{x}_1d\boldsymbol{x}_2dt_1dt_2 \tag{3.4.3}$$

であり，

$$G = G_0 + G_0\Gamma G \tag{3.4.3$'$}$$

と形式的に書ける．ダイヤグラムでは図 3.8(a) のように表わすことにする．これは元来は図 3.8(b) として表わされたものである．(3.4.3) から，Γ の性質がわかれば G の性質が明らかになることがわかる．

ΓG あるいは vG_2 の寄与を見るためには $G_2=\sum G_1G_1+C_2$ の関係を用いるのが便利である．G_1G_1 からの寄与は図 3.9 のようになっている．図 3.9(b) はいわ

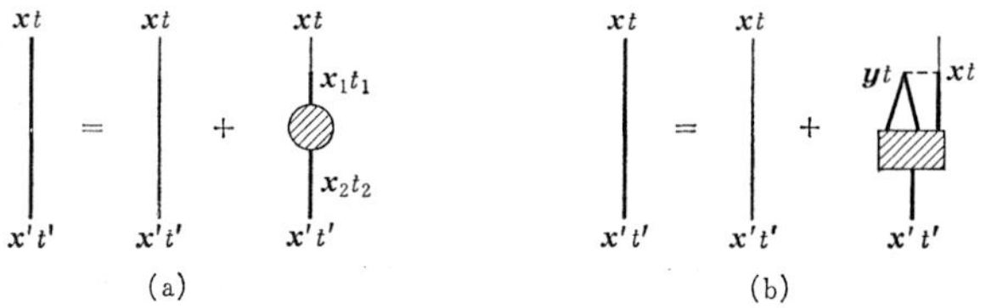

図 3.8

ば自己エネルギーの項であるので，G_1 の中にすでにくり込まれていると考える．(量子電磁力学の場合のように質量のくり込みに相当するかどうかは吟味を必要とするが.)　図 3.9(a) は系の他粒子との相互作用からの寄与で，普通に Hartree 場といわれているものである．相互作用が弱い場合には粒子が運動する平均場をこの項で近似して十分である．原子核では相互作用が強く，粒子相関が強いので G_2 の中の C_2 の項を無視することができない．それだけでなく，相互作用に特異性があれば，普通の意味の Hartree 方程式は(行列要素に特異性が現われ)解くことが難しい．これらの理由で，この項は C_2 からの寄与と併せて考えることにする．

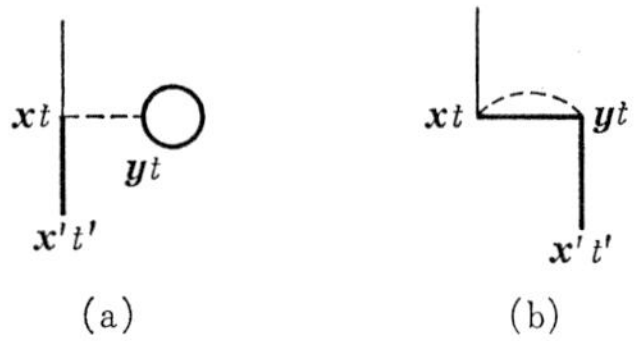

図 3.9

C_2 の中にはいろいろな項が含まれているが，まず§3.3で取った近似によりまとめられるものを取る．それによるものはダイヤグラムで書けば図 3.10 のようになる．§3.3で述べたように，粒子状態間に v がくり返し作用するものだけを取るわけである．これと図 3.9(a) とをまとめると，Γ は

$$\Gamma(\boldsymbol{x}_1t_1\,;\,\boldsymbol{x}_2t_2)=\frac{1}{i\hbar}\int G(\boldsymbol{x}_1t_1\,;\,\boldsymbol{\xi}\tau)\,G(\boldsymbol{y}\tau\,;\,\boldsymbol{\zeta}\tau')\,K(\boldsymbol{\xi}\tau,\boldsymbol{y}\tau\,;\,\boldsymbol{\xi}'\tau',\boldsymbol{\zeta}\tau')$$
$$\times G(\boldsymbol{\xi}'\tau'\,;\,\boldsymbol{x}_2t_2)\,G(\boldsymbol{\zeta}\tau'\,;\,\boldsymbol{y}\tau)\,d\boldsymbol{\xi}d\boldsymbol{\xi}'d\boldsymbol{\zeta}d\boldsymbol{y}d\tau d\tau' \qquad (3.4.4)$$

となる．

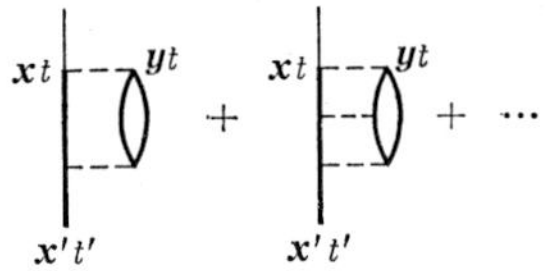

図 3.10

Γ の定量的な評価はここでは行なわず，定性的ないし半定量的な考察を行なう．系が全体として座標系のずらしに対して不変であれば，$\Gamma(\boldsymbol{x}_1t_1\,;\,\boldsymbol{x}_2t_2)$ は $\boldsymbol{x}_1-\boldsymbol{x}_2$, t_1-t_2 の関数であると考えることができる．$\boldsymbol{x}_1-\boldsymbol{x}_2$ の関数として Γ はどれくらいの広がりを持つであろうか．K は v をくり返し作用させたものであるから，

たかだか v の広がり程度の広がりしか持っていない．v 自身が短距離力であるから Γ は $\boldsymbol{x}_1-\boldsymbol{x}_2$ の小さいところでだけかなりの値を持つ関数であるといえる．運動量表示で書けば大きな運動量成分しか持っていないということである．これは既に述べたように，Pauli 原理のせいでもある．Bethe-Goldstone 方程式の解 ψ に v を作用させたものが K であるが，v が特異性を持つ場合(例えば固い芯)にも ψ がその特異性を相殺して小さくなり $v\psi$ 自身はそれほど特異的にはならない．

(3.4.3)の式を $t-t'$ で Fourier 展開すると

$$G(\boldsymbol{x}\,;\boldsymbol{x}'|\epsilon)=G_0(\boldsymbol{x}\,;\boldsymbol{x}'|\epsilon)+\int G_0(\boldsymbol{x}\,;\boldsymbol{x}_1|\epsilon)\Gamma(\boldsymbol{x}_1\,;\boldsymbol{x}_2|\epsilon)G(\boldsymbol{x}_2\,;\boldsymbol{x}'|\epsilon)\,d\boldsymbol{x}_1 d\boldsymbol{x}_2 \tag{3.4.5}$$

となる．ただし $G(\boldsymbol{x}\,;\boldsymbol{x}'|\epsilon)$ は $G(\boldsymbol{x}t\,;\boldsymbol{x}'t')$ を $t-t'$ で Fourier 変換したものである．あるいは，(3.4.1)の式で書けば

$$(\epsilon-H_0)G(\boldsymbol{x}\,;\boldsymbol{x}'|\epsilon)=\delta(\boldsymbol{x},\boldsymbol{x}')+\int\Gamma(\boldsymbol{x}\,;\boldsymbol{x}_1|\epsilon)G(\boldsymbol{x}_1\,;\boldsymbol{x}'|\epsilon)\,d\boldsymbol{x}_1 \tag{3.4.6}$$

である．Γ がかなりの値を持つのは $\boldsymbol{x}-\boldsymbol{x}_1$ の小さいところだけであることを利用して

$$\int\Gamma(\boldsymbol{x}\,;\boldsymbol{x}_1|\epsilon)G(\boldsymbol{x}_1\,;\boldsymbol{x}'|\epsilon)\,d\boldsymbol{x}_1 =U(\boldsymbol{x},\epsilon)G(\boldsymbol{x}\,;\boldsymbol{x}'|\epsilon)+\sum_{i,j=1}^{3}k_{ij}\frac{\partial^2}{\partial x_i\partial x_j}G(\boldsymbol{x}\,;\boldsymbol{x}'|\epsilon)$$

と近似する．(3.4.6)はこの時

$$\left(\epsilon-H_0-U(\boldsymbol{x},\epsilon)-\sum_{i,j=1}^{3}k_{ij}\frac{\partial^2}{\partial x_i\partial x_j}\right)G(\boldsymbol{x}\,;\boldsymbol{x}'|\epsilon)=\delta(\boldsymbol{x},\boldsymbol{x}') \tag{3.4.7}$$

と書ける．

この式で $U(\boldsymbol{x},\epsilon)$ は他粒子の作る平均ポテンシャルといえる．これは2粒子間の相関を取り入れることにより Hartree 場をもっと近似を高めたものになっている．$\sum k_{ij}\dfrac{\partial^2}{\partial x_i\partial x_j}$ は運動エネルギー演算子と同じ形をしている．(全系の等方

性からこれは ∇^2 に比例する.) したがって，これを H_0 の中の運動エネルギーの項にくり込んで，運動エネルギーを $-(\hbar^2/2m^*)\nabla^2$ という形に書く. m^* は有効質量である.(なお，$U(\boldsymbol{x},\epsilon)$ は ϵ の関数であり，状態により異なるが，系が大きい場合には ϵ の状態依存性は運動エネルギーのそれとあまり変わらない. したがって U を ϵ で展開すると，やはり運動エネルギーに比例する項が現われる. これらもくり込まれて有効質量を形作る.)

C_2 にはまだ取り上げていない項が残っている. それらからの寄与は3粒子2空孔およびそれ以上の高次の状態を含むものである. それを考慮に入れても上に述べた結果は定性的には変わらない. こうして原子核での1粒子運動を Hartree 場より高い近似の形式で書き表わすことができた. 定量的にはさらに詳しい吟味を必要とするが，低励起状態ではかなり良い近似であることを示すことができる†. もちろん，その粒子は裸の核子とは異なっているし，その運動するポテンシャルの場も状態によって異なってはいるが，核子との差は系が大きい場合には主として有効質量という形で表わすことができ，その他の量子数は同じである. したがって，系の全エネルギーを問題にしない限り，エネルギーのスケールを適当に調節することによって，核の基底状態付近の性質を記述するにはこの粒子を'核子'として取り扱っても近似的には差し支えない.

§3.5 殻模型

a) 1粒子ポテンシャルと配位

原子核の性質を1粒子運動(あるいは独立粒子運動)から出発して記述し説明しようというのが殻模型である. 魔法数の存在，閉殻付近の原子核の諸性質の説明に驚くばかりの成功を収めたこの模型は，それが提唱された当時は'常識'に反するものとして半信半疑でいた人々にとっても受け入れざるをえない'事実'となった. その基礎づけには未だ十分に解明されていない点はあるが，模型としての有効性を疑う人は現在ではいないといってよい. 殻模型は核構造解析の有力かつ標準的な武器の1つとして広く使われている.

殻模型の実験的証拠はいろいろな教科書に述べられているからあまり詳しくは

† Migdal, A. B.: *Theory of Finite Fermi Systems and the Properties of the Atomic Nucleus*, Nauka (1965).

繰り返さない.(この模型の提唱者 Mayer と Jensen の著書は古典的文献であるが現在でも十分に通用する名著である. 巻末文献(25).) むしろ,模型の方を仮定して,それから出てくる結果という形で引用する.

殻模型では,核内を粒子が互いに独立に運動する描像が出発点の近似である.したがって,全系のハミルトニアンは第1近似で

$$H = \sum_{i=1}^{A} H_0(i) \tag{3.5.1}$$

で与えられる. $H_0(i)$ は i 番目の粒子の運動を与える. 殻模型の特徴は,スピン-軌道力が重要な役割を果たすことである. そこで $H_0(i)$ としては

$$H_0(i) = T_i + V(\boldsymbol{x}_i) + (\boldsymbol{s}_i \cdot \boldsymbol{l}_i)\, V_{LS}(\boldsymbol{x}_i) \tag{3.5.2}$$

という形を取る. $V(\boldsymbol{x}_i)$ は中心力ポテンシャルである. また, $\boldsymbol{s}_i, \boldsymbol{l}_i$ は i 番目の粒子のスピン角運動量と軌道角運動量である. スピン-軌道力のために,粒子運動では全角運動量

$$\boldsymbol{j}_i = \boldsymbol{l}_i + \boldsymbol{s}_i$$

が運動の恒量となる. V_{LS} を引力にとるので $j=l+1/2$ の準位の方が $j=l-1/2$ の準位より低くなる. 原子内の電子の配位と同じように核子(裸の核子であるかどうかはわからないが,殻模型では1粒子運動をする粒子を核子ということにしている)の配位を定めることができる. ある j の値に対して,エネルギー準位は $2j+1$ 重に縮退するので,この状態が全部占められると閉殻ということになる. ところが,原子の場合と異なり準位間隔はそれほど大きくないので,閉殻の特徴は各 j ごとにはそれほど明瞭には現われない. スピン-軌道力による $j=l\pm 1/2$ の準位の分離をこれに重ね合わせて魔法数 2, 8, 20, 50, 82, 126 の粒子数のところで閉殻の性質が目立ってくる. そこで,粒子数が魔法数のものを閉殻(あるいは魔法核)というのが普通である.

核子がその中を運動するポテンシャルとしては核の密度分布に比例した形を考えるのが常識的である. これは Hartree 場の考えが背景にあると考えてもよい. 球形の核に対しては Woods-Saxon 型といわれるものが1つの代表的なポテンシャルの形である. その形は

$$V(r) = V_0 \frac{1}{1+e^{(r-R)/a}} \tag{3.5.3}$$

R が核半径，a はぼやけのパラメーターといわれるもので，表面部分がどれくらい広がっているかを規定する量である．平均的には $R\approx1.2\times A^{1/3}$ fm, $a\approx0.6$ fm と取られるが，場合によっては電子散乱による数値を使って個々の核について定めることもある．

もっと簡単には，振動子型ポテンシャルを使う．これは軽い核に対してはかなり良い近似であることが判っている．もちろん，振動子型ポテンシャルは $r\to\infty$ で $V\to\infty$ になるという点で現実的ではない．しかし，核の表面付近あるいは核半径より外側の波動関数が関係するのでなければ振動子型ポテンシャルは十分実用になる上，解析的に取り扱い易いので，よく使われる．特に，ポテンシャルに Hartree 場の意味を持たせることをせず，状態空間を張る完全系を定めるためのものと考える場合には，振動子型はその取扱いの容易さのために有用である．振動子型ポテンシャルの場合にはハミルトニアンは

$$H_0(i)=\frac{p_i^2}{2m}+\frac{1}{2}m\omega^2r_i^2+(\boldsymbol{s}_i\cdot\boldsymbol{l}_i)\,V_{LS} \tag{3.5.4}$$

の形に書ける．このとき，振動数 ω は $\hbar\omega=41/A^{1/3}$ MeV と取ることが多い．エネルギーの原点は適当にずらしてあることはいうまでもない．例えば，1番上の占められた状態のエネルギーが核子の分離エネルギーを与えるようにエネルギー原点を定める．また，1粒子準位の相対的間隔を実験事実と合わせるために，$\boldsymbol{l}_i^2$ に比例する項を付け加えることもある．

このような1粒子ポテンシャルで準位を定め，どの準位が占められているかを定めると状態を指定することができる．これを配位(configuration)という．準位をエネルギーの低い方から並べた1例を図3.11に示した．図の左端には振動子型ポテンシャルでスピン-軌道力のない場合の準位の値とパリティを記してある．各準位の右にそれぞれの状態の数を，その右にはエネルギーの低い方から順に状態を埋めた場合の粒子数を記した．この図から魔法数の存在を見ることができる．ポテンシャルの形が変わると準位の順は多少入れ換わることがあるので，この図は図式的なものである．しかし，魔法数は変わらない．準位はエネルギーと全角運動量，パリティで区別される．1粒子準位のエネルギーは動径量子数 n と軌道角運動量 l，粒子全角運動量 j を定めると決まるから，1粒子準位は (nlj) で区別される．配位はこの準位に粒子が何個入っているかで定められる．(nlj)

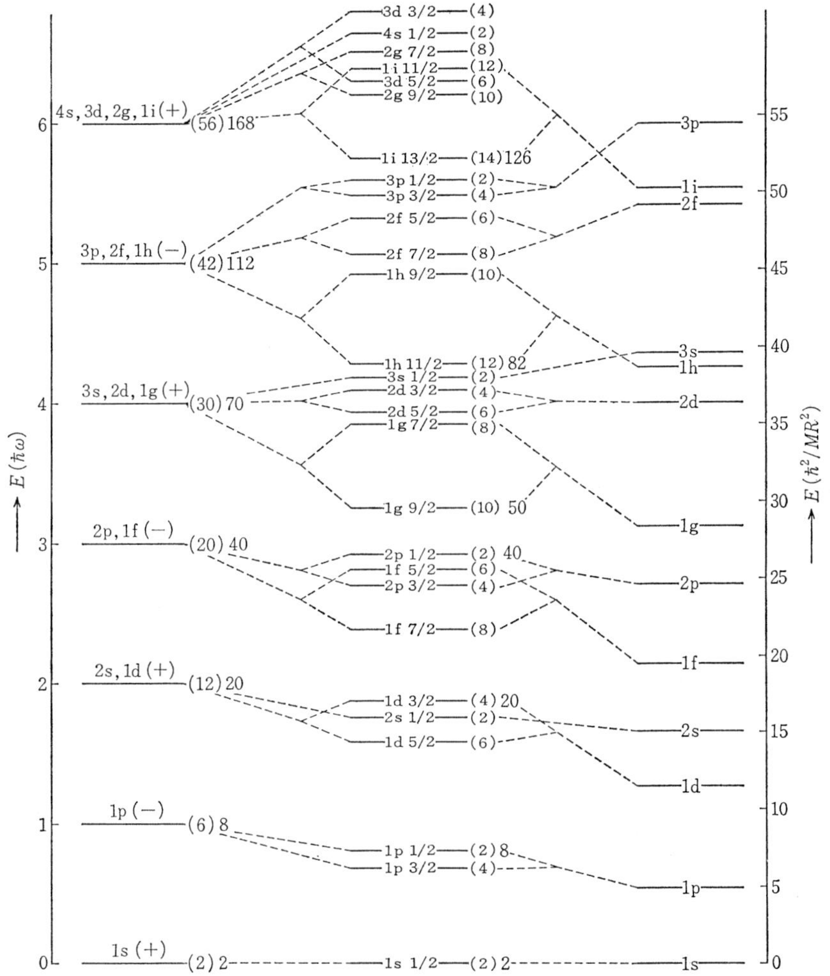

図 3.11　1粒子準位の例．左側の準位は等方振動子型ポテンシャルによる準位とそのパリティ．中央のは比較的実際に近いと考えられる準位系列で，スピン-軌道力も入っている．準位の位置は相対的なものである．右端には井戸型ポテンシャルによる準位系列を示した．準位の右の(　)内の数字はその準位に入りうる粒子数，その右に記した数字は下からそこまで粒子をつめた場合の粒子数を表わす(Mayer, M. & Jensen, J.: *Elementary Theory of Nuclear Shell Structure*, John Wiley & Sons(1955)による)

に i 個粒子があるような配位を $(nlj)^i$ で表わす．たとえば，$Z=8$ の閉殻は $(1\mathrm{s}_{1/2})^2(1\mathrm{p}_{3/2})^4(1\mathrm{p}_{1/2})^2$ である．一般に，ある準位が全部は占められていず，それより下の準位はすべて閉じているときは，下の閉じた準位は省略して書くことが多い．また，ある準位で空いている状態の数が多くないときは閉じている配位を基準にして空孔と考える方が便利である．このときは $(1\mathrm{p}_{3/2})^{-1}$ のように空孔の数を負数で表わす．

j の第3成分の量子数すなわち磁気量子数を m とし，$(nljm)\equiv\alpha$ とまとめて書くと，例えば $(n_1l_1j_1m_1)$, $(n_2l_2j_2m_2)$, $\cdots$, $(n_\nu l_\nu j_\nu m_\nu)$ が占められている状態は§3.1で定義した生成，消滅演算子 $c_\alpha{}^+, c_\alpha$ を用いて $c_{\alpha_1}{}^+c_{\alpha_2}{}^+\cdots c_{\alpha_\nu}{}^+|0\rangle$ と書くことができる．粒子が陽子的状態である場合と中性子的状態である場合とを区別しているときには，§3.1で述べたように陽子状態の場合には p^+, p を，中性子状態の場合には n^+, n を用いる．p^+, p と n^+, n は反可換であることは断わるまでもない．

配位を定めると，その配位でいくつかの状態が作られる．それらの状態は全角運動量 J とパリティ π で区別される．このとき，1粒子状態を結合させて一定の J, π の状態を作る方法として原子・分子の場合と同じく2通りのものが考えられる．すなわち，jj 結合と LS 結合である．原子核ではスピン-軌道力が強いので，原子の場合と異なり，軽い核以外は jj 結合がよいとされている．軽い核では LS 結合で計算が行なわれることもある．LS 結合と jj 結合の中間の結合(中間結合，intermediate coupling)を考えることもある．

角運動量とその第3成分が (j_1, m_1) および (j_2, m_2) である2つの状態を結合させて全角運動量が J，その第3成分が M であるような状態を作る方法は，量子力学の角運動量の合成の一般論に従って

$$|JM\rangle=\sum_{m_1m_2}(j_1m_1j_2m_2|JM)|j_1m_1\rangle|j_2m_2\rangle$$

で与えられる．$(j_1m_1j_2m_2|JM)$ は Clebsch-Gordan 係数である．もしも，同種粒子が2個同一準位にある配位 $(j)^2$ であれば，粒子の入れかえに対して状態の波動関数は反対称でなければならない．このことから，同種粒子の $(j)^2$ 配位では全角運動量 J は偶数でなければならない．粒子1および2が (ljm) 状態および (ljm') 状態にそれぞれあるという波動関数を $\varphi_1(ljm)$, $\varphi_2(ljm')$ とし，この2粒子から作られた反対称化された (JM) 状態の波動関数を $\psi[(lj)^2JM]$ とすると

$$\psi[(lj)^2JM] = N\sum(jmjm'|JM)[\varphi_1(ljm)\varphi_2(ljm')-\varphi_2(ljm)\varphi_1(ljm')]$$
$$= N\sum[(jmjm'|JM)-(jm'jm|JM)]\varphi_1(ljm)\varphi_2(ljm')$$

である．N は規格化定数である．Clebsch-Gordan 係数の性質から

$$\psi[(lj)^2JM] = N[1-(-1)^{2j-J}]\sum(jmjm'|JM)\varphi_1(ljm)\varphi_2(ljm')$$

となるが，j は必ず半整数であるから J が奇数であれば $\psi=0$ で，上記の性質が出てくる．例えば $(1d_{5/2})^2$ という配位では $J=0, 2, 4$ となるわけである．

2個以上の1粒子状態を合成する場合も，労を厭わなければ，上の処法をくり返して行けばよい．

これまで核子の荷電状態のことに触れなかったが，第2章に述べたように，全荷電スピン T もよい量子数であると考えられる．したがって，状態を識別する量子数として J の他に T を取ることができる．(以下ではまぎらわしくない場合には状態の量子数として T を省略する場合もある．)

セニョリティ (seniority)

ところで，J と T を与えても状態の作り方は一意的ではない．例えば中性子が $(1d_{5/2})^2$，陽子が $(1d_{5/2})^1$ という配位を考える．中性子2個から $J_1=0, 2, 4$ という状態が得られる．これと陽子とを組み合わせて $J=5/2$ という状態を作ろうとすると，J_1 のどれと組み合わせても $J=5/2$ 状態を作ることができる．つまり3通りの作り方があることになる．T まで考慮すれば $(J=5/2, T=1/2)$ の固有状態が2つ，$(J=5/2, T=3/2)$ が1つである．もし同種の粒子が3個 $(1d_{5/2})^3$ であれば $(J=5/2, T=3/2)$ という完全反対称状態が1通りだけ作られる．状態を完全に区別するには更に量子数が必要である．その1つとして用いられるのがセニョリティの概念である．

ある状態を考えたとき，それを作り上げている粒子状態の中で $J_1=0$, $T_1=1$ という状態になっているような2粒子の対が含まれていれば，全体はこの2粒子を取り去った残りのものとこの2粒子対の反対称化された状態として分解した形に書き直すことができる．2粒子を取り去った状態でその中にさらに $J_2=0$, $T_2=1$ となる2粒子対が含まれていれば，上と同様の分解を行なう．この手続きをくり返してこれ以上そういう対が取り去れないようになったときに残った粒子の数 v を最初の状態のセニョリティと定義する．第5章で述べるように，粒子間相互作用が極短距離引力であれば，同種粒子対は $J=0$ に組む傾向を持っている

から，セニョリティはそのような対相関の破れている程度を示すといってもよい．セニョリティはまた状態の変換性に関連して意味を与えることもできるが，それにはここでは立ち入らない．

b) 残留相互作用と対角化

1粒子運動状態 α の固有関数 φ_α は1粒子空間で完全系を張っているから，N 粒子系の空間は φ の積(あるいはこれを適当に反対称化したもの)で張られる．1粒子ポテンシャルを本節(a)項で述べたようにとって，N 粒子系の殻模型状態 Φ_a を作ることができる．$\{\Phi_a\}$ は N 粒子空間の完全系であるから，N 粒子系の状態 Ψ_i はこれで展開できる．

$$\Psi_i = \sum_a c_a{}^i \Phi_a \tag{3.5.5}$$

ここで $\sum_a$ は離散的状態については和，連続状態については積分を意味している．$\{\Phi_a\}$ は規格直交化されているとする．

系の本当のハミルトニアンを H とすれば，系の固有状態は

$$H\Psi_i = E_i\Psi_i \tag{3.5.6}$$

を解けばよいことになるが，関数空間の基底関数が定められているので(3.5.6)を解くことは

$$\sum_a \langle\Phi_b|H|\Phi_a\rangle c_a{}^i = E_i c_b{}^i \tag{3.5.7}$$

を解くことになる．ところで，(3.5.7)は無限個の連立(積分)方程式であるから実際上はとてもこのままでは解けない．方程式の数を減らすため，関数空間を縮小しなければならない．まず連続状態からの寄与を無視するという近似を行なうことが多い．それは低い励起状態にはあまり影響がないと考えられるからである．この近似をしても一般にはまだ式の数は十分多くて実用的でない．そこで一般に行なわれている処方は状態空間を縮小することである．このように空間を縮小することによって，(3.5.7)は実用的に解きうる程度の数の連立方程式にはなるが，空間を縮小(あるいは全空間をこれに射影)したことにより，H が変わってくる．この変更された有効ハミルトニアンを正確に求めることは(3.5.7)を正確に解くことと同等である．したがって，有効ハミルトニアンは近似的に求めることになり，常に何らかのあいまいさが伴ってくる．そこで取られる処方は，大まかには

次の2つに分類される.

(i) 思いきって状態を制限し，重要と思われるものだけを取る．そのときに必要な行列要素を例えば実験値を利用してできるだけ正確に定める.

(ii) 有効ハミルトニアンの形を仮定し，できるだけ多くの状態を取り入れて解く.

このどちらの処方を取るかは対象としている問題の性質による．別の言葉でいえば，このような処方に相当する近似がどれくらいよいか，どれくらい真実に近いと考えるか，による．その処方の例を後に示す．なお，もともと殻模型では1粒子運動が近似的に良い運動状態であるという観点から出発しているので，有効ハミルトニアン H が(3.5.1)とあまり変わらないと考え，$H=\sum H_0(i)+H'$ という形に表わして H' を**残留相互作用**(residual interaction)ということが多い.

残留相互作用は2体演算子の形で書かれることが多い．これは，1体演算子と2体相互作用の演算子で作られていた最初のハミルトニアンから1粒子運動の H_0 を抜き出した残りと考えるからである．実際は，核内相関を処理したり関数空間を制限したりしているので，2体演算子の形だけでは書けないものもあるであろう．残留相互作用を2体演算子で表わすのはこの意味からは近似であるが，有効ハミルトニアンという意味では悪い近似ではないと考えられる.

cfp (coefficient of fractional parentage)

(3.5.7)には1体および2体演算子の多粒子状態間の行列要素が現われてくる．本節(a)項で2粒子状態の合成を論じたが，粒子数が増すとそれぞれの角運動量状態を合成して一定の状態を作り上げる手続きは簡単ではない．さらに，同種粒子であれば反対称化の手続きをも行なっておかねばならない．多粒子系の一定の状態を知って，それに1個あるいは2個粒子をつけ加えて一定の(反対称化された)状態を作る手段を整えておく必要がある．また逆に，1体あるいは2体演算子の行列要素を求めるために，多粒子系の状態を考えている1個あるいは2個粒子の状態と残りのものとの結合という形で表わす処方を整えておく必要がある．そのために用いられるのが cfp (または cfp 係数)である.

反対称性が特に問題になるのは同一準位に多数粒子が入っている場合である．角運動量 j の準位に n 個粒子が入り，全角運動量が J，その第3成分が M である状態の反対称規格化波動関数を $\psi(j^n\alpha JM)$ と書くことにする．α は JM 以外の量子数で，必要な場合には状態を更に区別するために用いられる．ここで ψ は $n-1$ 個の粒子系 $(j)^{n-1}$ に j 状態の粒子を付け加えることで作られる．$(j)^{n-1}$ の状態が量子数 α_1, J_1 であり $\psi(j^{n-1}\alpha_1 J_1 M_1)$ で表わされるとすれば，これと1粒子状態 $\varphi(jm)$ とを合成して全体として (J, M) 状態を作ることができる．それを $\psi(j^{n-1}(\alpha_1 J_1)jJM)$ と書く．

$$\psi(j^{n-1}(\alpha_1 J_1)jJM) = \sum_{M_1 m}(J_1 M_1 jm|JM)\psi(j^{n-1}\alpha_1 J_1 M_1)\varphi(jm) \tag{3.5.8}$$

ここでは最初の $n-1$ 粒子と後から付け加えた粒子との反対称化は行なわれていない．また，同一の J の値を得るための J_1 は1通りではない．そこで $\psi(j^n\alpha JM)$ は $\psi(j^{n-1}(\alpha_1 J_1)jJM)$ のいろいろな J_1, α_1 についての1次結合で与えられるはずである．それを

$$\psi(j^n\alpha JM) = \sum_{\alpha_1 J_1}[j^{n-1}(\alpha_1 J_1)jJ|\}j^n\alpha J]\psi(j^{n-1}(\alpha_1 J_1)jJM) \tag{3.5.9}$$

と書いて，係数 $[j^{n-1}(\alpha_1 J_1)jJ|\}j^n\alpha J]$ を cfp という．$\psi(j^n\alpha JM)$ の規格化の条件から cfp に対する条件

$$\sum_{\alpha_1 J_1}[j^n\alpha J\{|j^{n-1}(\alpha_1 J_1)jJ][j^{n-1}(\alpha_1 J_1)jJ|\}j^n\alpha' J] = \delta_{\alpha\alpha'} \tag{3.5.10}$$

が出てくる．なお，cfp が M に無関係であることは容易に証明できる．

(3.5.9)は $n-1$ 個の粒子の系と n 番目の粒子との合成を示したものであるが，別の見方をすれば，n 個粒子系の中から特定の粒子の波動関数をしぼり出したものともいえる．したがって，この粒子に演算する演算子の行列要素を計算するのに用いると便利である．

1例として1体演算子 $A=\sum_{i=1}^{n}A_i$ の行列要素を計算してみる．A_i は i 番目の粒子に作用する演算子であり，すべての A_i は形として i について対称である．$(j^n\alpha JM)$ 状態と $(j^n\alpha' J'M')$ 状態間の A の行列要素を求める．A は i について対称であるから

$$\langle j^n\alpha JM|A|j^n\alpha' J'M'\rangle = n\langle j^n\alpha JM|A_n|j^n\alpha' J'M'\rangle$$

であるが，$|j^n\alpha JM\rangle$ に(3.5.9)を使って

$$\langle j^n\alpha JM|A|j^n\alpha' J'M'\rangle$$

$$= n \sum_{\substack{\alpha_1\alpha_1' \\ J_1 J_1'}} [j^n\alpha J\{|j^{n-1}(\alpha_1 J_1)jJ][j^{n-1}(\alpha_1' J_1')jJ'|\}j^n\alpha' J']$$
$$\times \langle j^{n-1}(\alpha_1 J_1)jJM|A_n|j^{n-1}(\alpha_1' J_1')jJ'M'\rangle \quad (3.5.11)$$

$n-1$ 粒子系の状態は $\alpha_1 J_1$ と $\alpha_1' J_1'$ とが異なれば直交するから上式の $\sum$ で $\alpha_1=\alpha_1'$, $J_1=J_1'$ である．A_n は n 番目の粒子にだけ作用しているから(3.5.11)の右辺の行列要素は容易に計算できる．

つぎに，2体演算子の行列要素を求めてみよう．2体演算子を $V=\sum_{i<k}^{n} v_{ik}$ とする．1体演算子の場合とは逆に，$\sum^{n} v_{ik}$ の中で n 番目の粒子に作用しない項だけを取り出すと，$n-1$ 粒子系の状態での行列要素が作れる．そういう ik の組は $(n-1)(n-2)/2$ 個あり，$\sum^{n} v_{ik}$ の ik の組は全体として $n(n-1)/2$ 個あるから，上記の $n-1$ 粒子系での行列要素に $n/(n-2)$ をかけると，($\sum v_{ik}$ の粒子番号についての対称性から) n 粒子系での $\sum v_{ik}$ の行列要素が得られる．すなわち

$$\langle j^n\alpha JM|\sum_{i<k}^{n} v_{ik}|j^n\alpha' J'M'\rangle = \frac{n}{n-2}\langle j^n\alpha JM|\sum_{i<k}^{n-1} v_{ik}|j^n\alpha' J'M'\rangle$$
$$= \frac{n}{n-2}\sum_{\substack{\alpha_1\alpha_1' \\ J_1 J_1'}} [j^n\alpha J\{|j^{n-1}(\alpha_1 J_1)jJ][j^{n-1}(\alpha_1' J_1')jJ'|\}j^n\alpha' J']$$
$$\times \langle j^{n-1}(\alpha_1 J_1)jJM|\sum_{i<k}^{n-1} v_{ik}|j^{n-1}(\alpha_1' J_1')jJ'M'\rangle \quad (3.5.12)$$

v_{ik} が空間回転に対してスカラー量であるならば上式はさらに

$$\langle j^n\alpha JM|\sum_{i<k}^{n} v_{ik}|j^n\alpha' J'M'\rangle$$
$$= \frac{n}{n-2}\sum_{\alpha_1\alpha_1' J_1} [j^n\alpha J\{|j^{n-1}(\alpha_1 J_1)jJ][j^{n-1}(\alpha_1' J_1)jJ|\}j^n\alpha' J]$$
$$\times \langle j^{n-1}\alpha_1 J_1 M_1|\sum_{i<k}^{n-1} v_{ik}|j^{n-1}\alpha_1' J_1 M_1\rangle \delta_{JJ'}\delta_{MM'} \quad (3.5.13)$$

と書ける．こうして $n-1$ 粒子系での行列要素から n 粒子系での行列要素を求めることができる．

$n\to n-1$ という漸化法をさらに進めて，n 個粒子系から最後の2粒子の状態をしぼり出すこともできる．まず，(3.5.9)で $n-1$ 粒子系の中から $n-1$ 番目の粒子をしぼり出して書き直すと

$$\psi(j^n\alpha JM) = \sum [j^{n-2}(\alpha_2 J_2)jJ_1|\}j^{n-1}\alpha_1 J_1][j^{n-1}(\alpha_1 J_1)jJ|\}j^n\alpha J] \times\psi[j^{n-2}(\alpha_2 J_2)j(J_1)jJM]$$

である．右辺の波動関数で $n-1$ 番目の粒子と n 番目の粒子状態を合成して角運動量 J' の状態を作り，それを J_2 と合成するように書き直す．それは

$$\psi[j^{n-2}(\alpha_2 J_2)j(J_1)jJM] = \sum_{J'} \langle J_2 j(J_1)jJ|J_2, jj(J')J\rangle\psi[j^{n-2}(\alpha_2 J_2), jj(J')JM]$$

と書ける．$\langle J_2 j(J_1)jJ|J_2, jj(J')J\rangle$ は，J_2 と j を合成して J_1 を作りそれに更に j を合成して J を作る場合と，J_2 と J' を合成して J を作る場合との変換係数である．この変換係数は普通 Racah 係数あるいは Wigner の $6j$ 係数といわれるもので表わされる(付録 A1 参照)．すなわち

$$\langle J_2 j(J_1)jJ|J_2, jj(J')J\rangle = \sqrt{(2J_1+1)(2J'+1)}\, W(J_2 jJj\,;J_1 J') = (-1)^{2j+J_2+J}\sqrt{(2J_1+1)(2J'+1)} \begin{Bmatrix} J_2 & j & J_1 \\ j & J & J' \end{Bmatrix}$$

と書ける．W が Racah 係数，$\{\ \ \}$ が Wigner の $6j$ 係数である．そこで

$$\psi(j^n\alpha JM) = \sum_{\alpha_2 J_2\alpha_1 J_1 J'} [j^{n-2}(\alpha_2 J_2)jJ_1|\}j^{n-1}\alpha_1 J_1][j^{n-1}(\alpha_1 J_1)jJ|\}j^n\alpha J] \times\langle J_2 j(J_1)jJ|J_2, jj(J')J\rangle\psi[j^{n-2}(\alpha_2 J_2), jj(J')JM]$$

これを

$$\psi(j^n\alpha JM) = \sum_{\alpha_2 J_2 J'} [j^{n-2}(\alpha_2 J_2)j^2(J')J|\}j^n\alpha J]\psi[j^{n-2}(\alpha_2 J_2)j^2(J')JM] \tag{3.5.14}$$

と書いて，$[j^{n-2}(\alpha_2 J_2)j^2(J')J|\}j^n\alpha J]$ も cfp と呼んでいる．この $n\to n-2$ の cfp は $n\to n-1$ の cfp と Wigner 係数(一般には Racah 係数)とで書ける．この $n\to n-2$ の cfp を使うと(3.5.13)は

$$\langle j^n\alpha JM|\sum_{i<k}^{n} v_{ik}|j^n\alpha' JM\rangle = \frac{n(n-2)}{2}\sum_{\alpha_2 J_2 J'} [j^n\alpha J\{|j^{n-2}(\alpha_2 J_2)j^2(J')J] \times[j^{n-2}(\alpha_2 J_2)j^2(J')J|\}j^n\alpha' J]\langle j^2 J'M'|v_{n-1,n}|j^2 J'M'\rangle \tag{3.5.15}$$

と表わすことができる．cfp は n の小さい値のものから逐次に作りあげていく

ことができ，表も作られている．

また，この $n\to n-2$ の cfp を使うと本節(a)項で述べたセニョリティの概念は次のようにいえる．すなわち，

(イ) もしも状態 $\psi(j^v\alpha J)$ に対し $[j^{v-2}(\alpha_1 J)j^2(0)J|\}j^v\alpha J]$ がすべての α_1 に対して0なら $\psi(j^v\alpha J)$ のセニョリティは v である．

(ロ) もし状態 $\psi(j^n\alpha J)$ がセニョリティ v の状態 $\psi(j^v\alpha' J)$ から $j^2(0)$ という粒子対 $(T=1)$ を次々と付け加えて作られたものであれば，$\psi(j^n\alpha J)$ のセニョリティも v である．

行列要素を求める処方が与えられたので，有効2体相互作用そのもの，あるいはその行列要素，を与えることによって(3.5.7)を具体的に解くことができる．その際，この小節の始めの方に述べた処方が使われる．次にそれらの処方を用いた解析の例を述べる．

(i) 状態を特殊なものに限る近似法

1粒子準位の間隔がかなり大きくて準位間の分離がはっきりしているような領域では，狭いエネルギー範囲内で考える限り，多くの1粒子準位が混じることは少ないと考えられる．例えば閉殻±1核子の核の基底状態付近の準位などを扱う場合がそうである．例として ${}^{38}_{17}\mathrm{Cl}_{21}$ と ${}^{40}_{19}\mathrm{K}_{21}$ の準位を考える†．Z (または N) $=8$ の魔法数の上の1粒子準位が $1\mathrm{d}_{5/2}$, $2\mathrm{s}_{1/2}$ (ここまでで Z または $N=16$), $1\mathrm{d}_{3/2}$ (これで魔法数20), $1\mathrm{f}_{7/2}$ であるとする．$Z=16$, $N=20$ までが閉じているとして，それ以上の陽子および中性子が次の配位にあると仮定する．${}^{38}\mathrm{Cl}$: 陽子配位 $1\mathrm{d}_{3/2}$, 中性子配位 $1\mathrm{f}_{7/2}$. ${}^{40}\mathrm{K}$: 陽子配位 $(1\mathrm{d}_{3/2})^3$, 中性子配位 $1\mathrm{f}_{7/2}$. この配位から作られる状態を考えると，まず ${}^{38}\mathrm{Cl}$ の陽子状態は $J_1=3/2$ の状態だけであり，中性子状態は $J_2=7/2$ であるから，全体としては(角運動量の合成則から) $I=2^-, 3^-, 4^-, 5^-$ である．一方，${}^{40}\mathrm{K}$ の陽子状態はやはり $J_1=3/2$ だけである．何故なら $\mathrm{d}_{3/2}$ 状態は4個で閉じるから，それに1個空孔のある $(\mathrm{d}_{3/2})^3$ は $J_1=3/2$ となるからである．したがって，${}^{40}\mathrm{K}$ の方も $I=2^-, 3^-, 4^-, 5^-$ という状態が作られる．実験的にはこういう $I\pi$ を持つ低い励起状態が知られているので，これらをいま考えている状態に対応させて説明できれば，この処方は成功である．${}^{40}\mathrm{K}$ の陽子配位は

† Goldstein, S. & Talmi, I.: *Phys. Rev.*, **102**, 589 (1956).

$(1d_{3/2})^{-1}$ とも書けるから，状態を上のように制限すれば(3.5.7)に入ってくる行列要素は，粒子状態と空孔状態の差はあるが，Cl も K も同じ 1 粒子状態間のものである．そこで，^{38}Cl の準位に関する実験的知識を使って行列要素を定め，それを用いて ^{40}K の準位を計算すること，あるいはその逆，ができる．^{40}K の実験値を用いて ^{38}Cl の準位を計算した結果を図 3.12 に示す．(a)が ^{40}K の実験値，(b)が ^{38}Cl の実験値，(c)は ^{40}K のデータを用いて計算した ^{38}Cl の準位の値で，実験値と相当よく一致している．

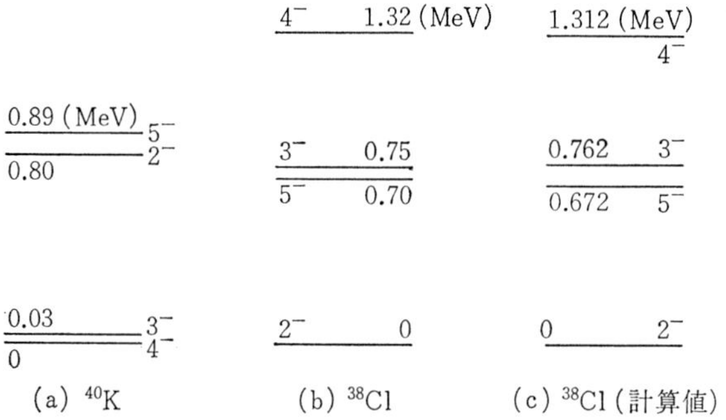

図 3.12　^{40}K, ^{38}Cl の準位と ^{38}Cl の準位の計算値
(Goldstein, S. & Talmi, I. (1956) による)

この種の方法の 1 つの徹底した例として 1p 殻核についての Cohen と Kurath の計算†を挙げておく．彼らは 1p 殻の核すなわち ^{6}Li から ^{16}O までの核に対して配位を 1p 状態に限り，残留相互作用の行列要素をすべてパラメーターとして，実験の準位構造に最もよく結果が一致するようにパラメーターの数値を定めた．行列要素を荷電スピンまで入れて $\langle j_1 j_2 JT | V | j_3 j_4 JT \rangle$ の形に書くと，独立な要素は 15 個ある．$1p_{3/2}$ および $1p_{1/2}$ 準位のエネルギー値をもパラメーターとすると，全体で 17 個のパラメーターである．観測されている準位はパラメーターの数よりずっと多いので，この中から数十個(実際は 35 個)を選んでそれに最もよく結果が一致するようにパラメーターを調節した．こうして定めたパラメーターを用いて，各準位のエネルギーが求められる．パラメーターを定めるのに用いなかった観測準位との一致の程度はこの模型の良否の 1 つの目安になる．彼らは磁

---

† Cohen, S. & Kurath, D.: *Nuclear Phys.*, **73**, 1 (1965).

気能率，β 崩壊の ft 値などをも求めて観測値と比較している．また，相互作用の形を2体ポテンシャル形式で表わしておけば，先に求めた行列要素を各ポテンシャルに対する行列要素に焼き直すこともできる．彼らの得たエネルギー準位の1例と行列要素を参考までに図3.13および表3.1に記す．

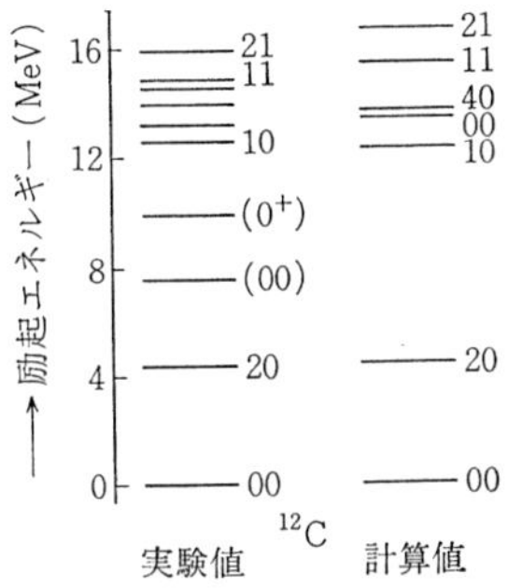

図3.13　^{12}C の準位と Cohen-Kurath の計算の1例．準位の右端の数字は (JT) を示す

表3.1　1p殻における残留相互作用の行列要素(Cohen-Kurath による計算の1例)

$(j_1 j_2)$	$(j_3 j_4)$	J	T	行列要素 $\langle j_1 j_2 JT \vert V \vert j_3 j_4 JT \rangle$
3/2 3/2	3/2 3/2	0	1	−3.19 (MeV)
3/2 3/2	3/2 3/2	2	1	−0.71
3/2 3/2	3/2 3/2	1	0	−3.58
3/2 3/2	3/2 3/2	3	0	−7.23
3/2 3/2	3/2 1/2	2	1	−1.92
3/2 3/2	3/2 1/2	1	0	+3.55
3/2 3/2	1/2 1/2	0	1	−4.86
3/2 3/2	1/2 1/2	1	0	+1.56
3/2 1/2	3/2 1/2	1	1	+0.92
3/2 1/2	3/2 1/2	2	1	−0.96
3/2 1/2	3/2 1/2	1	0	−6.22
3/2 1/2	3/2 1/2	2	0	−4.00
3/2 1/2	1/2 1/2	1	0	+1.69
1/2 1/2	1/2 1/2	0	1	−0.26
1/2 1/2	1/2 1/2	1	0	−4.15

(ii)　相互作用を仮定する近似法

前記の近似法が都合のよい場合はかなり限られている．一般的には多くの配位を動員しなければならない．特に第6章以下に説明する集団運動形態などが入ってくる場合には多くの準位に多くの粒子があるような配位を考えに入れなければならない．(3.5.7)で取り入れる状態の数は必然的に増してくる．できるだけ多くの状態を取る方が近似が進むはずであるが，問題はどこまで状態を取るかということとその状態間の行列要素をどうして定めるか，ということである．後者については(i)で行なったような実験値から直接定める方法が取れない場合が多い．そこで，相互作用演算子の形(2粒子間相互作用の形で表わして，その力の距離，強さ，関数形など)を仮定する．その際，これをいくつかのパラメーターを使って表わすのが普通である．状態の数は一般に計算ができる限り，あるいは必要な

近似と思われる範囲まで取る．こうして(*3.5.7*)を解いて(具体的には電子計算機に頼らざるを得ない)，得られる結果を実験値と比較することによりパラメーターの値を定める．

状態の数をできる限り取るといっても限度がある．調和振動子型の1粒子ポテンシャルでの運動で1粒子状態を分類した場合に全量子数が同一であるような準位(これを1つの主殻(major shell)という)だけを考えても状態の数は厖大な数に上る．したがって，たいていの場合はさらに仮定を設けて状態数を制限するのが普通である．有馬ら†による sd 殻核の分析に用いられた方法はこの処方の1つの例といえる．

2重魔法核 ^{16}O (Z も N も魔法数8)から始まり次の2重魔法核 ^{40}Ca ($Z=N=20$) までの核は，$1d_{5/2}$, $2s_{1/2}$, $1d_{3/2}$ 殻に粒子が順次入っていくと考えられ，かつ $1d_{5/2}$ 準位と $2s_{1/2}$ 準位とはエネルギーが接近している．これらの核をまとめて sd 殻核といっている．この領域の核には後章で述べるような集団的運動状態を示すものがいくつかある．また，4重極能率や E2 遷移から見て，核が球形でなく変形していると考える方が都合がよいものもある．これらの核を殻模型で組織的に説明するには集団運動に関与する準位が取り込まれているような状態の取り方をしなければならない．有馬らはまず残留相互作用を $V=\sum_{i<k} v_{ik}$ の形とし，

$$v_{ik}=\sum_{TS} V_{TS}P^{TS}\frac{e^{-r_{ik}/a}}{r_{ik}/a}$$

と置いた．P^{TS} は2体系のスピンが S，荷電スピンが T である状態への射影演算子，V_{TS} は残留相互作用の強さ，r_{ik} は粒子 i と k との相対距離，a は長さの単位のパラメーターである．V_{TS} と a とがパラメーターである．^{18}O, ^{18}F の準位構造を使って V_{TS} (および a)を定める．(実際の計算では a は適当な値に固定してある．)　これから更に ^{19}O, ^{20}Ne 等々と進めていくわけであるが，粒子数が増してくるので状態数が急速に増加する．そこで彼らは，適当な対称性(粒子交換に対する対称性)を持つような状態を主として取る，という近似を行なっている．具体的には SU_3 対称性といわれるもので，回転準位(後述)を導き出すのに適している．こうして得られた結果を彼らは純粋な SU_3 対称性を仮定した場合と比

---

† Inoue, T., Sebe, T., Hagiwara, H. & Arima, A.: *Nuclear Phys.*, **59**, 1(1964).

較している.

c) 励起状態の構造

低い励起状態では1粒子運動が良い出発点であると予想した. この予想がどれくらい正しいかを実験事実と計算とから眺めてみよう.

(i) 1粒子状態

閉殻特に2重魔法核(Z も N も魔法数)に1粒子を付け加えあるいは抜いた核の低励起状態は1粒子準位に近いと予想される. 例として $A=17$ 核の低励起状態を考える. ^{17}O の準位構造は図3.14のとおりである. 基底状態は $1d_{5/2}$ と考えるのが自然であろう. 第1励起状態は $2s_{1/2}$ ということになる. 基底状態の4重極能率および磁気能率はそれぞれ $Q=-0.026\times10^{-24}\,\mathrm{cm}^2$, $\mu=-1.89\mu_{\mathrm{n}}$ である. $1d_{5/2}$ 配位による計算値は $-0.066\times10^{-24}\,\mathrm{cm}^2$, $-1.91\mu_{\mathrm{n}}$ である. Q の計算値の実験値との差は, 閉殻に1粒子が付け加わったため閉殻が粒子軌道により断熱的に偏極したとして理解される. この偏極の効果は粒子の有効電荷という形で表わすことができる. この場合有効電荷 e_{eff} は $0.42e$ ととればよい. 第1励起状態 $1/2^+$ については, 基底状態への E2 遷移確率が知られている. $2s_{1/2}\rightarrow1d_{5/2}$ の1粒子遷移と仮定して計算した E2 遷移確率は $B(\mathrm{E2})=35(e^2\,\mathrm{fm}^4)$ であるが有効電荷を考慮に入れると実験値 $B(\mathrm{E2})=6.3(e^2\,\mathrm{fm}^4)$ を再現している(本節(d)項参照).

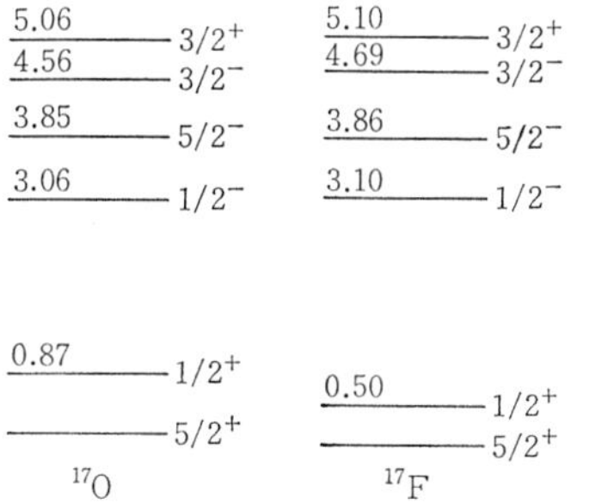

図3.14 ^{17}O と ^{17}F の準位構造(*Nuclear Data Sheets*による)

図3.14には ^{17}O の鏡映核 ^{17}F の準位をも示した. 鏡映核の準位構造が Coulomb エネルギーの補正を除いて一致することはよく知られていて, これは相互作用の荷電対称性の1つの証拠になっている.

3 MeV 付近より上に現われるいくつかの準位はそれほど簡単でない. 例えば $1/2^-$ 準位は閉殻+1粒子準位であるとすれば $2p_{1/2}$ であり, ずっと上にあるはずである．したがってこの準位を1粒子状態で説明することは難しく，多粒子多空孔状態であろう．

以上は準位の位置だけからの考察である．準位の構造を調べるにはエネルギー・スペクトル以外にもいろいろの量が用いられる．その1つは核反応による情報である．例えば $^{16}O(p,p)^{16}O$ という散乱現象では，$^{16}O+p$ という系は ^{17}F と同じ粒子系であるから，これから ^{17}F の準位についての知識が得られる．この散乱ではいくつかの共鳴があり，それらは ^{17}F の準位に対応している．3.10 MeV $(1/2^-)$, 3.86 MeV $(5/2^-)$, 4.69 MeV $(3/2^-)$, 5.10 MeV $(3/2^+)$ 等々の共鳴である．もしも，これらの共鳴準位が1粒子状態に近ければ，この共鳴の換算幅(reduced width) γ はいわゆる Wigner 値(Wigner の総和則極限) γ_W に近いはずである(§10.2参照)．つまり γ/γ_W がその準位の1粒子構造を知る目安になる．上記の準位の γ/γ_W はそれぞれ 1.3×10^{-2}, $\leqq2.8\times10^{-2}$, 6.3×10^{-2}, 0.76 となり，5.10 MeV $(3/2^+)$ 準位だけが1粒子状態に近いことを示している†．したがって，^{17}F および ^{17}O の 3 MeV 付近から始まる準位は，5 MeV 付近に現われる $3/2^+$ 準位を除いて，1粒子状態とはいえない．この $3/2^+$ 準位は $1d_{3/2}$ 粒子状態としてよいであろう．$1d_{3/2}$ 準位と基底状態 $1d_{5/2}$ との間隔がスピン-軌道力による分離で，相当大きい値を示していることは注目に値する．

(ii) 2粒子状態

閉殻±2核子という核の低い励起状態は2粒子または2空孔状態が主な成分であると期待される．先に述べた ^{38}Cl の場合はその1例である．また，有馬らの sd 殻の分析で取り扱われている ^{18}O ももう1つの例である．この例では $(2s)^2$, $(1d)^2$, $(2s)(1d)$ という配位を動員して観測値の説明を試みている．その結果，例えば基底状態は主として $(1d)^2$ の配位であるが，これに $(2s)^2$ の成分が混じり，最初に現われる 0^+ 励起状態は逆に $(2s)^2$ が主な成分でこれに $(1d)^2$ が混じっていることが結論されている．このように配位は純粋ではないが，閉殻を励起する(例えば3粒子1空孔状態など)ことは数 MeV 程度の励起では考えなくてもよいようである．図に ^{18}O の観測された準位構造と，有馬ら††による理論値の1例を示しておく(図3.15)．

---

† Salisbury, S. R. & Richards, H. T.: *Phys. Rev.*, **126**, 2147 (1962).

†† p. 98 の脚注参照．

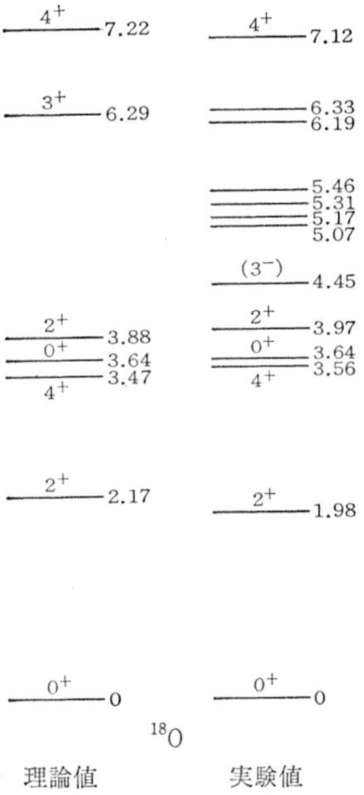

図 3.15 ^{18}O の準位構造 (Arima, A. *et al.*(1964) による)

(iii) 多粒子状態と核変形

閉殻外の核子数が増してくると，どうしても多数粒子が関与する状態を考えねばならない．配位を単一の $(nlj)^\nu$ に限っても計算はたいへんである上に，それだけでは説明できない準位が現われてくる．例えば $^{45}_{21}\mathrm{Sc}_{24}$ は ^{40}Ca の外に1個の陽子，4個の中性子が加わったものであるが，これをすべて $1f_{7/2}$ 準位の粒子として計算してみると図 3.16 のようになる．計算による第1励起状態は 1.4 MeV であるが，実際はこれより低いところに多くの準位が観測されている．このことからも，^{45}Sc の低励起状態は単純な配位では説明できないことがわかる．

後に述べるように，閉殻外の核子数が増してくると核は一般に球対称ではなくなり変形することが多い．殻模型の言葉でいえば，いろいろな配位が一定の割合で混ぜ合わされることになる．1粒子ポテンシャルを球対称でなく変形した形のものにまで拡張すれば，拡張された1粒子準位が得られる．実際に ^{45}Sc について $f_{7/2}$ 殻の粒子間に残留相互作用を入れて解いた状態の波動関数は，適当な変形を考えたポテンシャルを用いた1粒子準位の波動関数とよく似ている†．もし

† Lawson, R. D.: *Phys. Rev.*, **124**, 1500(1961).

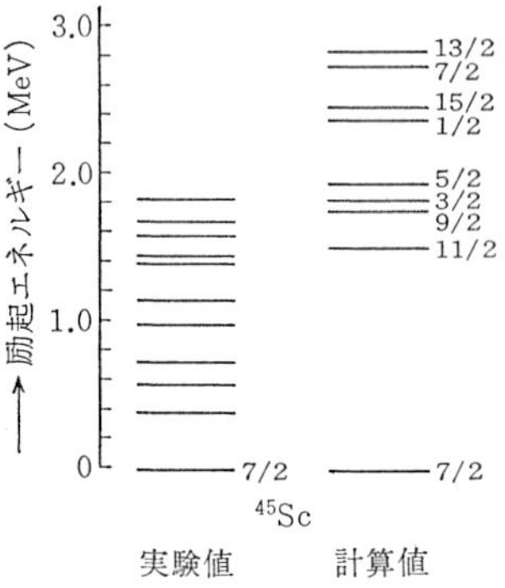

図 3.16　^{45}Sc の準位構造．計算値は $(1f_{7/2})(1f_{7/2})^4$ として計算したもの (McCullen, J. D., Bayman, B. F. & Zamick, L.: *Phys. Rev.*, **134**, B515 (1964) による)

もこのように核変形を考慮に入れることが実際の現象をよりよく表わしているのであれば，それは $1f_{7/2}$ 殻以外に $2p_{3/2}$, $1f_{5/2}$ などの配位が混ざることを意味している．

このように多粒子状態では，殻模型で粒子数を増していくという正攻法的な考察では現象の物理的意味を明らかにするのに不便であることが多い．そこで他のいろいろな模型が登場するわけであるが，それについてはそれぞれの文献を参照されたい．

(iv)　芯 の 励 起

これまでは閉殻は励起せず，いわば不活性であるかのように扱ってきた．閉殻外の1つの1粒子準位内の粒子どうしの相互作用の方が，異なる準位の粒子間の相互作用より強いと考えるのが自然である上に，閉殻から粒子を抜き出して励起させるにはそうとう大きなエネルギーが必要であると予想されるので，低励起状態では閉殻が励起したような成分は少ないと考えられてきた．しかし，原子核における閉殻は原子の場合ほど顕著でなく，1粒子準位間の間隔も粒子間相互作用エネルギーに比べて十分大きくはない．したがって，閉殻が励起した状態が低励起状態にも混じってくることは十分考えられる．

例えば $^{43}_{21}$Sc, ^{45}Sc, ^{47}Sc という Sc の同位体にはかなり低いところ(それぞれ 151 KeV, 13 KeV, 774 KeV) に $3/2^+$ 準位が現われる．この準位は $f_{7/2}$ だけの配位では説明できない．この準位を解釈するため例えば $1d_{3/2}$ 殻の陽子を $1f_{7/2}$ に励起し，陽子 : $(1d_{3/2})^{-1}(1f_{7/2})$，中性子 : $(1f_{7/2})^{2,4,6}$ という配位を考えることができる．別の解釈として，^{40}Ca が 3^- に励起され，それと $(1f_{7/2})$ 配位の核子(陽子 1,

中性子2, 4, 6)が結合したという考え方もある．いずれにしても，閉殻が励起している．

この後者の考えは，閉殻(あるいは芯)の励起がどういう配位であるかを差し当たって問題とせず，この励起状態に閉殻外の配位の核子を付け加えることによって準位構造を理解しようとするわけで，質量数 A が1あるいは2異なる核どうしの準位を比較する場合によく用いられる手法である．特に，偶-偶核はその励起状態の性質がよくわかっているのが多いので，これに核子を結合させて奇核の状態を理解することができる．

閉殻の核の励起は粒子-空孔配位にならざるを得ないが，1粒子-1空孔が必ずしも多粒子-多空孔よりエネルギーが低いとは限らない．1粒子-1空孔状態は第0近似では殻模型での1粒子準位のエネルギー間隔だけの励起エネルギーを必要とする．多粒子-多空孔では，第0近似での励起エネルギーはそれに比べてずっと高いが，粒子間相互作用(および空孔間相互作用)によって励起エネルギーを下げる可能性がある．

その1つの有名な例として ^{16}O の6.06 MeVにある 0^+ 状態を挙げることができる．^{16}O は2重魔法核で，1p殻までがつまっていると考えられる．0^+ 状態を1粒子-1空孔で作るには $1s_{1/2}\to 2s_{1/2}$, $1p_{1/2}\to 2p_{1/2}$ などのような配位を考えなければならない．これらは，等方振動子型ポテンシャルで粒子運動を記述したときの全量子数の変化2を伴う励起で，第0近似では30 MeV前後のエネルギーを必要とする．同じ全量子数2の変化で，2粒子-2空孔で 0^+ 状態を作ることができる．これは，粒子間相互作用のためにエネルギーを引き下げることができる．いろいろ試みられたが，2粒子-2空孔では十分満足な結果は得られなかった．ところで，^{16}O を ^{12}C の外に4個の核子が付いたと考え，この4個の核子を $1p_{1/2}$ 準位にではなく $2s_{1/2}$, $1d_{5/2}$, $1d_{3/2}$ のいわゆるsd殻に入れたとすると，^{16}O の基底状態に対して4粒子-4空孔の状態が作られる．この状態は，粒子間の相互作用が強いことと，粒子-空孔間の相互作用が弱いことのために，そうとう低いエネルギーの状態となりうることが示されている．したがって，現在では ^{16}O のこの 0^+ 励起状態は4粒子-4空孔状態であろうと考えられている．この状態はまた，^{12}C を芯としてそれに α 粒子を付け加えた状態と似ている．後に述べるクラスター模型の有力な根拠の1つである．

粒子-空孔状態の別の現れ方として振動準位があるが，これは第6章で詳しく説明する．このように，閉殻外の核子数が少なくない場合や，閉殻でも特別の準位やエネルギーの高い準位に対しては，殻模型より他の模型の方が有利な場合が現われてくる．こういう場合は必ずしも殻模型が成立しないというわけではないが，殻模型では計算に数多くの粒子(および空孔)を取り入れなければならず，実際的でない上に，その状態の構造や物理的意味に対して見通しが良いとはいえない．したがって，その場合には殻模型は，現象の理解を助けるために特徴的な運動形態を抜き出すという‘模型’の意味は薄れ，むしろ系の Hilbert 空間のある基底関数の系を作るための数学的模型という意味が強くなってくる．

(v)　アナログ状態

軽い核を除いて，核の全荷電スピンの第3成分は $M_T=(N-Z)/2>0$ であり，核が重くなるに従って1よりずっと大きくなる．つまり，中性子数が陽子数よりかなり大きい．したがって，殻模型の立場でいえば，中性子の占める殻は陽子のそれより高いエネルギーにある．ここで，中性子を1個陽子に変えると，M_T が1少ない核ができるが，その状態では陽子が高い準位に励起されていることになる(図3.17)．核内粒子間の力の荷電不変性を仮定すれば，この状態は量子力学的に定常な良い状態であるといえる．もちろん，Coulomb エネルギー差と中性子と陽子の質量差によるエネルギー補正をしておく必要がある．核の基底状態および低励起状態は $T_0=M_T$ が普通であるから，このアナログ状態は $T=T_0+1$ の状態である．

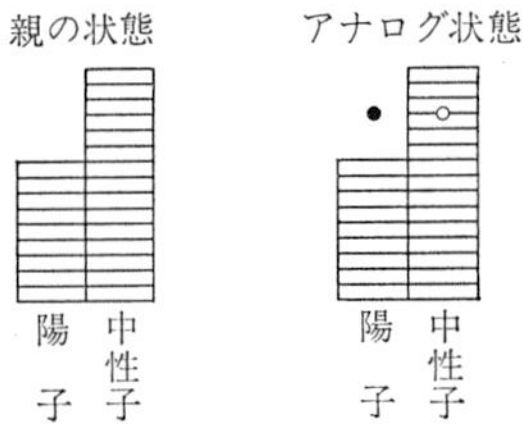

図3.17

例として ^{37}Cl の (p, γ) 反応を見てみる†．この反応では $E_p=0.43$ MeV, 1.09 MeV, 1.14 MeV, 1.73 MeV に共鳴が見られる．^{37}Cl と p で作られる系は ^{38}Ar であるから，これらの共鳴は $^{38}_{18}$Ar の準位と考えられる．^{38}Ar での p の分離エネルギーは 10.24 MeV であるから，これらの準位の励起エネルギーは 10.66 MeV, 11.30 MeV, 11.35 MeV, 11.93 MeV である．^{38}Ar の低励起状態は $T=1$ であるが，

† Engelbertink, G. A. P. & Endt, P. M.: *Nuclear Phys.*, 88, 12(1966) などによる．

高い励起状態には $T=2$ のものがあるであろう．そのため，$T=2$ が基底および低励起状態となっていると思われる同重体 ^{38}Cl の準位を考える．殼模型では ^{38}Cl の基底および低励起状態の配位は，陽子：$(1d_{3/2})^{-3}$，中性子：$1f_{7/2}$ と考えられる．この配位からは $2^-, 3^-, 4^-, 5^-$ という状態が作られる．^{38}Cl では基底状態 (2^-), 0.67 MeV (5^-)，0.76 MeV，1.31 MeV の準位がこれに相当しているようである．ここで $f_{7/2}$ の中性子を $f_{7/2}$ の陽子に変えると，^{38}Ar の（$(1d_{3/2})^{-3}(1f_{7/2})^1$ という）アナログ状態が得られるはずである．Coulomb エネルギーと陽子-中性子質量差の補正をすると，前記の ^{36}Cl+p の共鳴はこれに相当していることがわかる（図 3.18）．

荷電スピンの第 3 成分 M_T を変化させる演算子は（角運動量の場合と似ていて）$T_\pm=\sum_i \tau_\pm^{(i)}$ で与えられる．$\tau_\pm^{(i)}$ は i 番目の核子の荷電状態を変える演算子である（§1.2 参照）．したがって，アナログ状態を作るには，もとの状態にこれをかければよい．すなわち，例えば中性子状態を陽子に変えた状態は

$$\Psi^{A}(N-1, Z+1) = T_-\Psi(N, Z) \qquad (3.5.16)$$

である．したがって，この状態のエネルギーは系のハミルトニアンを H として

$$E^{A} = \frac{\langle \Psi^{A}|H|\Psi^{A}\rangle}{\langle \Psi^{A}|\Psi^{A}\rangle} = \frac{\langle \Psi(N, Z)|T_-^{\dagger}HT_-|\Psi(N, Z)\rangle}{\langle \Psi(N, Z)|T_-^{\dagger}T_-|\Psi(N, Z)\rangle}$$

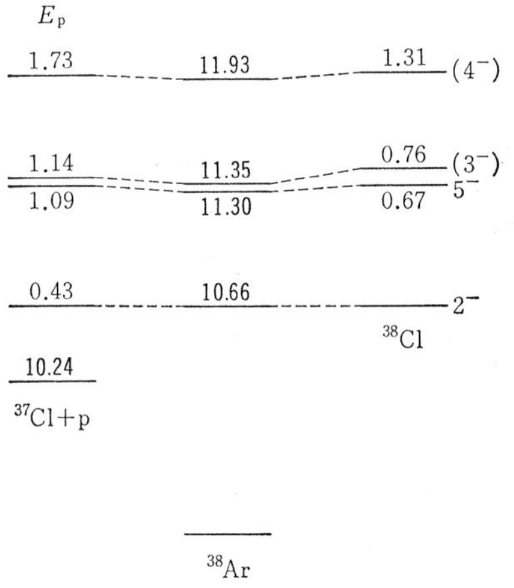

図 3.18　^{38}Cl の準位とそのアナログ状態（単位 MeV）（Endt, P. M.: Analogue states in the s-d shell, *Nuclear Structure* (ed. by Hossain, A. *et al.*), North-Holland (1967), p. 71 による）

で与えられる．H のうち，核力に関係する部分は T_- と交換するから，問題となるのは Coulomb エネルギーの部分

$$H_{\mathrm{C}} = \sum \frac{e^2}{r_{ij}} \frac{1-\tau_z^{(i)}}{2} \frac{1-\tau_z^{(j)}}{2}$$

だけである．したがって，

$$E^{\mathrm{A}} = E_0 + \Delta E_{\mathrm{C}}$$

$$\Delta E_{\mathrm{C}} = \frac{\langle \Psi(N, Z) | T_+ H_{\mathrm{C}} T_- - H_{\mathrm{C}} | \Psi(N, Z) \rangle}{\langle \Psi(N, Z) | T_+ T_- | \Psi(N, Z) \rangle}$$

と書ける．E_0 はもとの状態のエネルギーである．

(vi) 準位密度

励起エネルギーが高くなってくると，単位エネルギー当りの準位数も多くなり，準位密度のような統計的あるいは平均的な量が問題となってくる．実験の精度や測定技術の点からも，そのような量しかわからない場合も多い．準位の位置や密度は核の構造によって異なるはずであるので，準位密度は核構造あるいは励起の機構について重要な情報を与える．

準位密度を問題にするとき，いろいろな意味で基準になるのは1粒子運動の準位の密度である．低い励起状態では粒子間の相関(具体的には後章で述べる対相関や集団運動など)が重要な役割を果たしているが，励起エネルギーが高くなるとそれらはあまり効かなくなると考えられる上に，運動の自由度からいっても，集団運動の自由度などは粒子の運動の全自由度の数に比べて少ないといえる．さらに，もしも粒子間相関がそうとう高い励起エネルギーまで重要であるとすれば，準位密度は独立な粒子運動によるものに比べて差異を生ずるであろう．それを見るためにも1粒子運動励起による準位密度は基準としての意味を持っている．

1粒子運動励起による準位の密度も1粒子ポテンシャルによって異なる．1粒子ポテンシャルの型とそのエネルギー依存性がそれほど明確に確立されていない現在，むしろ，それに対する基準として系を Fermi 気体と考えた場合のものを述べて置くのが適当であろう．Fermi 気体の励起エネルギー準位密度は統計力学でよく知られている．すなわち，基底状態を縮退した Fermi 粒子気体とし，励起状態の温度が T であるときのエネルギー $E(T)$ は

$$E(T) = \frac{\pi^2}{4} N \frac{(kT)^2}{E_{\mathrm{F}}}$$

である．N は粒子数，k は Boltzmann 定数，E_{F} は Fermi エネルギーである．原子核が中性子と陽子の混合気体であるとして，上式の N は中性子の場合は $N = A-Z$，陽子の場合は Z とする．E_{F} は中性子と陽子のそれぞれに対し((4.3.4)および(4.3.5)参照)

$$E_{\mathrm{F}}{}^{\mathrm{n}} = \left(\frac{3\pi^2}{8}\right)^{1/3} \frac{\hbar^2}{M} \left(\frac{A-Z}{\Omega}\right)^{2/3}, \qquad E_{\mathrm{F}}{}^{\mathrm{p}} = \left(\frac{3\pi^2}{8}\right)^{1/3} \frac{\hbar^2}{M} \left(\frac{Z}{\Omega}\right)^{2/3}$$

であるから(Ω は原子核の体積)

$$E^{\mathrm{n}}(T) = \left(\frac{\pi^2}{72}\right)^{1/3} \frac{\Omega M}{\hbar^2} \left(\frac{A-Z}{\Omega}\right)^{1/3} (kT)^2$$

$$E^{\mathrm{p}}(T) = \left(\frac{\pi^2}{72}\right)^{1/3} \frac{\Omega M}{\hbar^2} \left(\frac{Z}{\Omega}\right)^{1/3} (kT)^2$$

全体として

$$E(T) = \left(\frac{\pi^2}{72}\right)^{1/3} \frac{\Omega^{2/3} M}{\hbar^2} [(A-Z)^{1/3} + Z^{1/3}](kT)^2 = a(kT)^2 \qquad (3.5.17)$$

の形に書ける．

エネルギー E での準位の密度を $\rho(E)$ とすると

$$S = k \ln \frac{\rho(E)}{\rho(0)}$$

とエントロピー S が定義できる．$S = \int \frac{dE}{T}$ であるから

$$S = 2ak^2 T = 2k\sqrt{aE} \qquad (3.5.18)$$

すなわち

$$\rho(E) = \rho(0) e^{2\sqrt{aE}} \qquad (3.5.19)$$

である．

実際の原子核は相互作用なしの Fermi 気体ではないから，準位密度は正確に上式の形ではない．しかし，励起エネルギーが高くて準位がほとんど連続的である場合には，形はこれに近いであろうと考えられる．それで，a をパラメーターと考えて観測される準位密度を(3.5.19)で表わすのが普通である．図 3.19 は観測値からこうして求めた a の値を示す．Fermi 気体とすると ($A-Z \approx Z$ として),

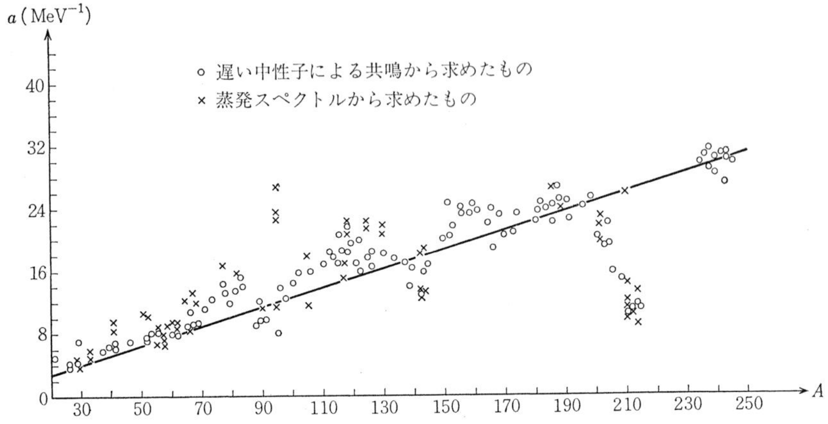

図 3.19 準位密度パラメーター a (Erba, E., Facchini, U. & Saetta-Menichella, E.: *Nuovo cimento*, **22**, 1237 (1961) による)

a は A に比例するはずである．図の直線はこれに相当する．実際の値が直線からはずれているのは核の構造の影響であり，殻模型とくに魔法数の効果が見られる．

d) 殻模型と核の電磁気的性質

殻模型は核の基底状態および低励起状態のスピンの説明と予言に大きな成功を収めた．スピンのような運動学的性質ではなく，力学的な量たとえばエネルギー値は模型の成否を験す1つの目安ではあるが，これには有効(または残留)相互作用に関する知識の不確かさがつきまとっている．原子核の構造，特に波動関数の適否を見る手段としては電磁気的な量が有効である場合が多い．電磁相互作用はそれ自身としてよくわかっているからである．

(i) 電気4重極能率とE2遷移

電気4重極能率 Q は(*2. 4. 11*)または(*2. 4. 11′*)で定義した．すなわち

$$Q = \langle I, M{=}I|\hat{Q}|I, M{=}I\rangle \qquad (2.4.11')$$

$$e\hat{Q} = \int \rho_e(\mathbf{r})(3z^2 - r^2)\, d^3\mathbf{r} \qquad (2.4.11)$$

である．1個の陽子が(nlj)状態にあるとし，その波動関数を $\psi_{nljm} = R_{nlj}(r)\mathcal{Y}_{ljm}$ で表わす．($\mathcal{Y}_{ljm}$ は軌道角運動量固有関数 Y_{lm_l} とスピン固有関数 χ とを合成した

(ljm) 状態の全角運動量固有関数である.) この陽子による Q を(1個粒子によるものであるから) Q_{sp} と書くことにすると

$$Q_{\mathrm{sp}} = \langle j, m=j|\hat{Q}|j, m=j\rangle = \langle j, m=j|r^2(3\cos^2\theta-1)|j, m=j\rangle \tag{3.5.20}$$

である. $\hat{Q}$ は空間回転に関しては2次のテンソル量であるので, 上式の右辺は Wigner-Eckart の定理を用いて容易に計算でき

$$\begin{aligned} Q_{\mathrm{sp}} &= 2(jj20|jj)\left(j\frac{1}{2}20|j\frac{1}{2}\right)\langle j|r^2|j\rangle \\ &= -\frac{2j-1}{2j+2}\langle j|r^2|j\rangle \end{aligned} \tag{3.5.20'}$$

である. ただし, $(j_1m_1j_2m_2|JM)$ は Clebsch-Gordan 係数であり,

$$\langle j|r^2|j\rangle = \int r^4 R_{nlj}{}^2 dr$$

である.

閉殻は荷電分布が球対称であるから, これによる Q は0である. したがって, 閉殻+1陽子 の核の Q は, もし陽子を付け加えることによって閉殻が歪まず, 陽子が1粒子準位にあるものとすれば, Q_{sp} となる. この時の Q の符号が − であるのは, $m=j$ であって粒子軌道が角運動量ベクトルに垂直な平面内にあることによる. 実際, 閉殻+1陽子 の核の Q は, $j\geqq 1$ であればこの符号を持っている. これに対し, 閉殻−1陽子 では符号は反対となり, $Q=-Q_{\mathrm{sp}}$ となる.

閉殻外に複数個の陽子があるときは, 考えている配位から前に述べたようにして状態波動関数を求め, それにより Q を計算しなければならない. 例えば, 閉殻外の陽子の配位を $(j)^n$ とし, 基底状態のスピンが j で, これがセニョリティ1の状態(すなわち, 陽子は2個ずつ全角運動量0になるように結合し, 最後の陽子が状態の全角運動量を荷なっている)であれば

$$Q = \frac{2j+1-2n}{2j-1}Q_{\mathrm{sp}} \tag{3.5.21}$$

となる. したがって, Q は j 殻がちょうど半分つまるまでは − 符号(Q_{sp} と同じ)を持ち, $n=(2j+1)/2$ のところで0となり, それからは + 符号を持つことになる. 図3.20の Q の観測値はこの傾向を示している.

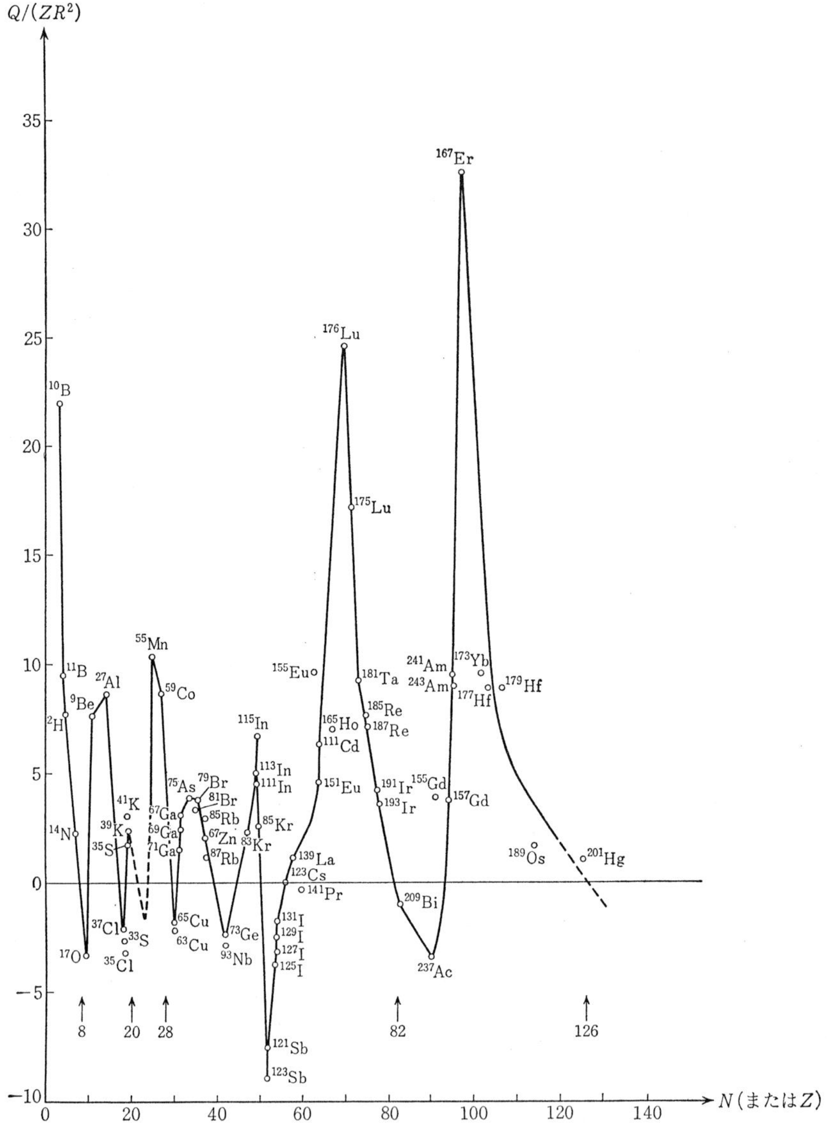

図 3.20 奇核の 4 重極能率．横軸には N または Z のいずれかが奇数の場合，その数を示す(Segré, E.: *Nuclei and Particles*, Benjamin (1965) による)

もし荷電が核内に一様分布しているとすれば，$\langle j|r^2|j\rangle$ は，核半径を R として，$(3/5)R^2$ となる．図 3.20 で Q を R^2 で割っているのは Q_{sp} との比の目安を示すためである．

図 3.20 からすぐわかるように，魔法数と次の魔法数の中間位の核子数を持つ核(特にある種の希土類元素の同位体)では上の計算から予想される値に比べてはるかに大きい Q の値が現われることが多い．このことは，単に閉殻外の核子を殻模型的に考慮するだけでは不十分で，閉殻自身からも Q への寄与があることを示すと考えざるを得ない．閉殻外の核子との相互作用により，閉殻が歪むと考えればこれは理解できる．これを偏極効果といっている．Q の値(および次に述べる E2 の遷移確率)が異常に大きいことが変形核模型の契機の 1 つになっている．

Q は電気 4 重極能率演算子の対角要素であるが，非対角要素は電磁 E2 遷移の行列要素として現われる．このことは§2.4 で述べた．一般に電気 λ 重極遷移の単位時間当りの確率は *(2.4.18)* で与えられ，特に E2 遷移の場合の換算遷移確率 $B(\mathrm{E2}\,;I\to I')$ は *(2.4.19)* から

$$B(\mathrm{E2}\,;I\to I')=\frac{1}{2I+1}\sum_{\mu MM'}|\langle I'M'|M(\mathrm{E2},\mu)|IM\rangle|^2$$

であり，$M(\mathrm{E2},\mu)$ は *(2.4.17)* で与えられた．この遷移が 1 個の陽子が状態 $j\to j'$ と遷移することによるとすれば

$$\left.\begin{aligned}B(\mathrm{E2}\,;j\to j')&=\frac{5}{4\pi}e^2\left(j\frac{1}{2}20|j'\frac{1}{2}\right)^2\langle j'|r^2|j\rangle^2\\ \langle j'|r^2|j\rangle&=\int R_{n'l'j'}{}^*r^4R_{nlj}dr\end{aligned}\right\}\qquad(3.5.22)$$

で与えられる．Q の場合と同様にこれを B_{sp} と名づけることにする．陽子空孔の遷移の場合も(Q とは異なり)同じ B の値を与える．

1 陽子(または 1 陽子空孔)配位の場合の E2 遷移について $B(\mathrm{E2})$ の観測値を $B(\mathrm{E2})_{\mathrm{sp}}$ と比べると，大きさの桁はだいたい一致しているが，値は食い違っている．表 3.2 にその例のいくつかを示す．$B(\mathrm{E2})$ と $B(\mathrm{E2})_{\mathrm{sp}}$ とが異なっていることは，Q の場合と同様に偏極効果が大きいことを示している．偏極効果を現象論的なパラメーターで表わすために，本節(c)項でも触れたように，有効電荷(effective charge)という量を使うことがある．これは，遷移を 1 粒子遷移で代

表3.2　E2 遷移確率

核	配位	$B(\mathrm{E2})\ (e^2\,\mathrm{fm}^4)$	$B(\mathrm{E2})_{\mathrm{sp}}\ (e^2\,\mathrm{fm}^4)$	e_{eff}/e
^{15}N	$\mathrm{p}_{3/2}{}^{-1}\to\mathrm{p}_{1/2}{}^{-1}$	7.4	4.6	1.3
^{17}O	$\mathrm{s}_{1/2}\to\mathrm{d}_{5/2}$	6.3	35	0.42
^{41}Ca	$\mathrm{p}_{3/2}\to\mathrm{f}_{7/2}$	66	40	1.3
^{41}Sc	$\mathrm{p}_{3/2}\to\mathrm{f}_{7/2}$	110	40	1.7
^{207}Pb	$\mathrm{f}_{5/2}{}^{-1}\to\mathrm{p}_{1/2}{}^{-1}$	70	81	0.9
^{207}Pb	$\mathrm{p}_{3/2}{}^{-1}\to\mathrm{p}_{1/2}{}^{-1}$	80	110	0.85

表させ，その代りに粒子に(なまの電荷の代りに)有効電荷 e_{eff} を与えるのである．すなわち，E2 遷移の場合には

$$\frac{e_{\mathrm{eff}}}{e}=\left[\frac{B(\mathrm{E2}\,;I=j\to I'=j')}{B(\mathrm{E2}\,;j\to j')_{\mathrm{sp}}}\right]^{1/2}$$

で e_{eff} を定義する．表3.2にこの量をも併せて記した．(c)項でも述べたように，この e_{eff} は Q に対しても用いられる．^{17}O について Q/Q_{sp} から求めた e_{eff} と $B(\mathrm{E2})$ から求めた e_{eff} とは一致している．

$$e_{\mathrm{eff}}=e\left(\frac{1}{2}-t_z\right)+(e_{\mathrm{pol}})_{\mathrm{E2}}$$

と置くと，e_{pol} が偏極によって生ずる電荷である．閉殻±1中性子の核の Q および $B(\mathrm{E2})$ は，中性子が電荷を持たないから，1粒子遷移で単純に考えれば0になるはずであるが，実際は偏極効果のために(閉殻±1陽子と同じように) Q や e_{pol} を持っていることになる．(^{17}O はその1例である．)

(ii)　磁気双極子能率

磁気能率 μ は(2.4.12′)および(2.4.13)で定義された．1個の核子が (nlj) 状態にあるとすれば，これによる μ は

$$\begin{aligned}\mu=\langle\hat{\mu}_z\rangle&=\frac{\langle j,m=j|(\hat{\boldsymbol{\mu}}\cdot\boldsymbol{j})\,j_z|j,m=j\rangle}{j(j+1)}\\&=\frac{\langle j,m=j|(\hat{\boldsymbol{\mu}}\cdot\boldsymbol{j})|j,m=j\rangle}{j+1}\\&=\frac{e\hbar}{2Mc}\,\frac{\langle j,m=j|g_l(\boldsymbol{l}\cdot\boldsymbol{j})+g_s(\boldsymbol{s}\cdot\boldsymbol{j})|j,m=j\rangle}{j+1}\end{aligned}\qquad(3.5.23)$$

である．$\boldsymbol{j}=\boldsymbol{l}+\boldsymbol{s}$ から

$$(\boldsymbol{l}\cdot\boldsymbol{j})=\frac{1}{2}(\boldsymbol{j}^2+\boldsymbol{l}^2-\boldsymbol{s}^2),\qquad (\boldsymbol{s}\cdot\boldsymbol{j})=\frac{1}{2}(\boldsymbol{j}^2-\boldsymbol{l}^2+\boldsymbol{s}^2)$$

であることを用いて

$$\mu=j\left\{g_l\pm(g_s-g_l)\frac{1}{2l+1}\right\}\mu_{\rm N}\qquad\begin{pmatrix}\pm \text{ は } j=l\pm1/2 \text{ に対応}\\ \mu_{\rm N} \text{ は核磁子}\end{pmatrix}\qquad(3.5.23')$$

となる．この μ を(1核子によるものであるから) $\mu_{\rm sp}$ と書くことにする．

偶-偶核の基底状態のスピンは0であるから磁気能率も0である．奇核はこれに1個の核子を付け加えたものであるから，この核子(すなわちいちばん外側の殻にある奇数番目の最後の核子)のスピンがこの核のスピンを定めるとし，核の磁気能率もこの核子だけによって生ずるものとすれば，核のスピンと磁気能率 μ との関係は上の(*3. 5. 20′*)で与えられる．これがいわゆる **Schmidt 値**である．閉殻±1核子の核ではこれが良い近似になりうると予想される．観測値と比べてみると比較的よく一致している場合が多いといえよう．

閉殻から離れた核では核スピンに対する上記のような仮定も良い近似とはいえなくなる上に，g 因子に対してもいろいろな影響が入ってくるから，(*3. 5. 23′*)のような単純な関係は成り立たない．実際，図3.21に見るように，大部分の核の磁気能率は Schmidt 値から大きくずれている．

殻模型の立場からすれば，核の状態が上記のような単純な近似で説明できる場合は少なく，当然いろいろな配位とその混じり合いを考慮しなければならない．磁気能率演算子は各核子の $\boldsymbol{l}$ を含んでいる．また粒子が陽子状態であるか中性子状態であるかで g 因子も大きく異なり，軌道角運動量とスピン角運動量とでも g 因子が異なっている．そのため，磁気能率の値は状態波動関数の成分の変化に対して敏感である．この意味では磁気能率は波動関数(特に配位の混じり方)を調べるのに都合のよい量になっている．

前記の簡単な配位(これを基準状態ということにする)に混じってくる状態はどういうものが考えられるか．磁気能率演算子が1体演算子であるため，基準状態と異なる粒子状態が2つ以上含まれているものは(摂動的には効かないから)考える必要がない．配位としていろいろなものが考えられるが，いちばん簡単な場合を取ってその影響を見てみよう．基準配位は

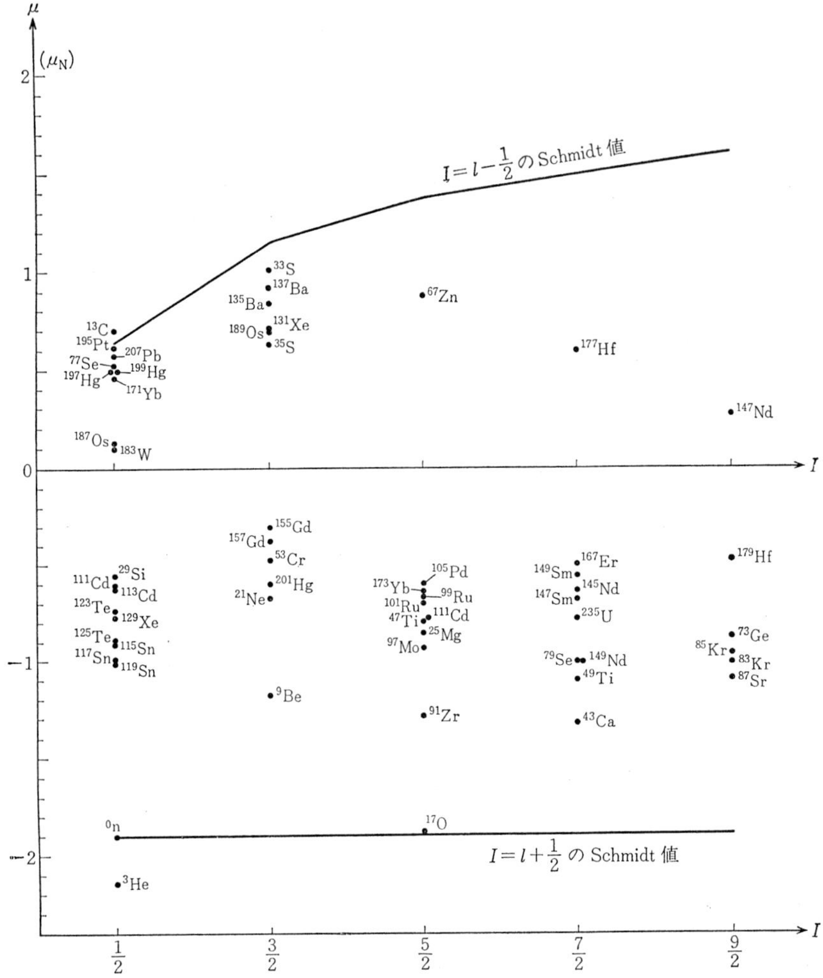

(a) N=奇の核の磁気能率

図 3.21 磁気能率とスピン(Noya, H., Arima, A. & Horie, H.: *Progr. Theoret. Phys. Suppl.*, No. 8, 33(1958)による)

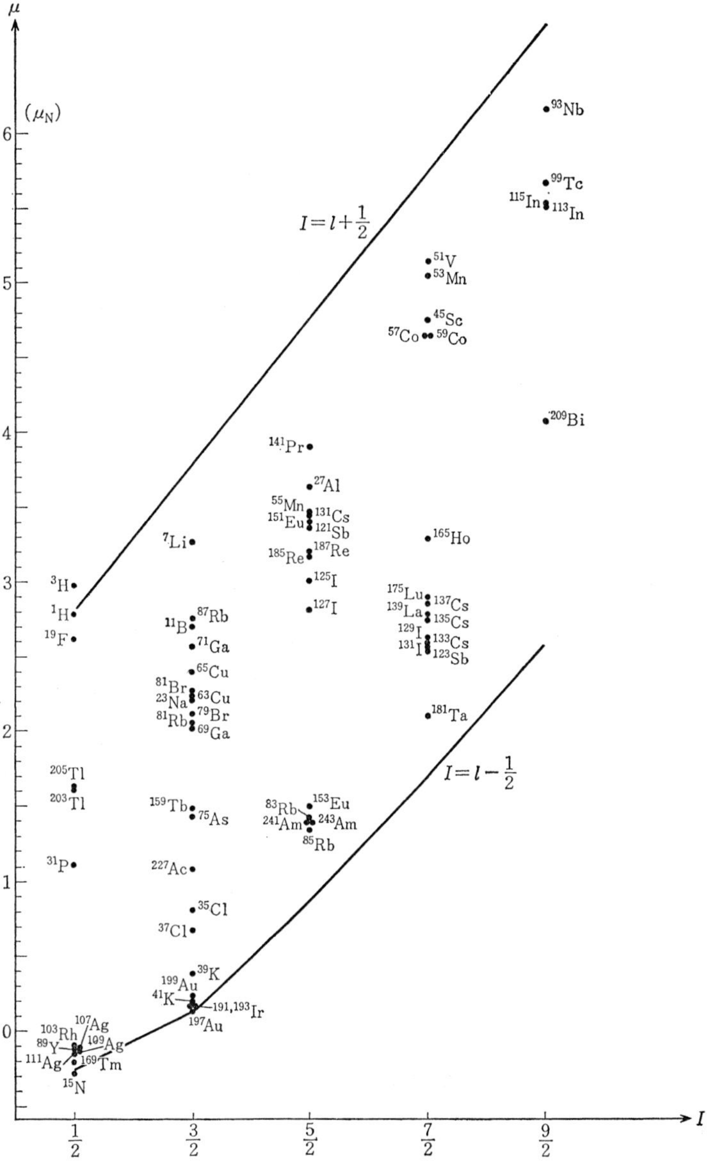

μ
(μ_N)
6
5
4
3
2
1
0
$I=l+\frac{1}{2}$
$I=l-\frac{1}{2}$
^{93}Nb
^{99}Tc
^{115}In
^{113}In
^{51}V
^{53}Mn
^{45}Sc
^{57}Co
^{59}Co
^{209}Bi
^{141}Pr
^{27}Al
^{55}Mn
^{151}Eu
^{131}Cs
^{121}Sb
^{7}Li
^{185}Re
^{187}Re
^{165}Ho
^{3}H
^{125}I
^{1}H
^{127}I
^{175}Lu
^{137}Cs
^{139}La
^{135}Cs
^{11}B
^{87}Rb
^{19}F
^{129}I
^{133}Cs
^{131}I
^{123}Sb
^{71}Ga
^{65}Cu
^{81}Br
^{23}Na
^{63}Cu
^{81}Rb
^{79}Br
^{69}Ga
^{181}Ta
^{205}Tl
^{203}Tl
^{159}Tb
^{75}As
^{83}Rb
^{153}Eu
^{241}Am
^{243}Am
^{85}Rb
^{31}P
^{227}Ac
^{35}Cl
^{37}Cl
^{39}K
^{199}Au
^{41}K
^{191,193}Ir
^{197}Au
^{103}Rh
^{107}Ag
^{89}Y
^{109}Ag
^{111}Ag
^{169}Tm
^{15}N
I
$\frac{1}{2}$
$\frac{3}{2}$
$\frac{5}{2}$
$\frac{7}{2}$
$\frac{9}{2}$

(b) $Z=$奇の核の磁気能率

$$|JM\rangle = |jm, I_c=0\rangle$$

という形で表わされる．右辺の I_c はいちばん外側の殻の最後の粒子を除いた他粒子系(これを芯と名づけることにする)の全スピンである．(もちろん，$j=J$, $m=M$ である.)　芯が $I_c\neq 0$ であるような状態が一般には混じるから

$$|JM\rangle = |jm, I_c=0\rangle + \sum_I \alpha_I |(j_1^{-1}j_2)I(=I_c), j(J)M\rangle$$

と書ける．右辺の第2項は，芯の中で粒子状態が $j_1\rightarrow j_2$ と変化し($j_1=j_2$ でもよい)，$I_c=I$ の状態をつくり，それと j とが結合して全スピン J を作るという波動関数である．α_I は配位の混合の係数である．もし，この状態の変化が2体力(残留相互作用)で起こるものとすれば，

$$\alpha_I = \frac{\langle jm, I_c=0|\sum_{i<j} v_{ij}|(j_1^{-1}j_2)I(=I_c), j(J)M\rangle}{\varDelta E}$$

で与えられる．$\varDelta E$ は $I_c=0$ の状態と $I_c=I$ の状態のエネルギー差(正確にはさらに対エネルギーを引いたもの)である．これによる μ の変化 $\delta\mu$ は

$$\delta\mu = \sum_{\alpha_I} 2\alpha_I \langle jm=j, I_c=0|\hat{\mu}_z|(j_1^{-1}j_2)I, j(J)j\rangle$$

である．磁気能率演算子はパリティが偶の演算子であるから上の行列要素が0でないのは $I=1^+$ の場合に限られる．すなわち，j_1 と j_2 とは l が同じでスピンが異なるものに限られる．したがって，芯が閉殻であれば上式の $\delta\mu$ は0である(^{17}O などの場合)．そうでない場合には $\delta\mu$ の効果が現われる．一般に，芯の外側の粒子が陽子であるとき，これと芯の陽子とが相互作用をすれば，この陽子対はスピンが反対称になる方が安定である．その結果，系の陽子系の全スピンは小さくなる方向をとり，g_s が結果的には小さくなる．中性子と作用する場合は逆であるが，このときは，中性子の g_s が陽子と逆符号であるから，やはり g_s は小さくなる．このように，配位混合の影響は μ の値を一般に Schmidt 値の両極限より中に向かわせる傾向を持つ．配位混合による μ の値の変化は堀江，有馬らにより詳しく調べられた†．その結果のいくつかの例を表3.3に示す．

† Noya, H., Arima, A. & Horie, H.: *Progr. Theoret. Phys. Suppl.*, No. 8, 33 (1958).

表 3.3 配位混合による磁気能率の計算値

核	スピン	配位	μ 計算値	$\mu_{Schmidt}$	μ 実験値
^{19}F	$1/2^+$	$p: 2s_{1/2}$, $n: (1d_{5/2})^3$	2.73	2.79	2.63
^{31}P	$1/2^+$	$p: (1d_{5/2})^6 2s_{1/2}$, $n: (1d_{5/2})^6$	1.69	2.79	1.13
^{29}Si	$1/2^+$	$p: (1d_{5/2})^6$, $n: (1d_{5/2})^6 2s_{1/2}$	−0.93	−1.91	−0.56
^{63}Cu	$3/2^-$	$p: (1f_{7/2})^8 2p_{3/2}$, $n: (2p_{3/2})^4 (1f_{5/2})^2$	2.66	3.79	2.23
^{79}Br	$3/2^-$	$p: (1f_{5/2})^4 (2p_{3/2})^3$, $n: (1g_{9/2})^4$	2.17	3.79	2.11
^{35}Cl	$3/2^+$	$p: 1d_{3/2}$, $n: (1d_{3/2})^2$	0.63	0.12	0.82
^{41}K	$3/2^+$	$p: (1d_{3/2})^3$, $n: (1f_{7/2})^2$	0.14	0.12	0.21
^{27}Al	$5/2^+$	$p: (1d_{5/2})^5$, $n: (1d_{5/2})^6$	3.21	4.79	3.64
^{121}Sb	$5/2^+$	$p: (1g_{9/2})^{10} 2d_{5/2}$, $n: (2d_{5/2})^6 (1h_{11/2})^6$	3.78	4.79	3.34
^{83}Rb	$5/2^-$	$p: (2p_{3/2})^4 (1f_{5/2})^5$, $n: (1g_{9/2})^6$	1.17	0.86	1.42
^{51}V	$7/2^-$	$p: (1f_{7/2})^3$, $n: (1f_{7/2})^8$	5.13	5.79	5.15
^{123}Sb	$7/2^+$	$p: 1g_{7/2}$, $n: (2d_{5/2})^6 (1h_{11/2})^8$	2.61	1.72	2.55

Noya, H., Arima, A. & Horie, H.: *Progr. Theoret. Phys. Suppl.*, No. 8, 33(1958)による

配位の混合により Schmidt 値と観測値とのずれはある程度改良されるが，それだけでは不十分である．また，^{3}H や ^{3}He では $|\mu|$ は Schmidt 値より大きくなり，配位混合では説明できない．これらの不一致は，1つには Q の場合と同様な偏極効果，さらに，多粒子系内の粒子としての磁気能率演算子自身の変化(交換相互作用によるいわゆる交換能率，あるいは g 因子の変化)によるものと考えられる†.

† 例えば Miyazawa, H.: *Progr. Theoret. Phys.*, **6**, 801(1951).

第4章　1体運動と核の全体的性質

§4.1 Hartree 場

a) Hartree 方程式

殻模型の基礎になっている1粒子運動の考え方の奥には Hartree 場の概念がひそんでいる．そこで，原子核系で Hartree 場を考えるとどうなるかを見てみる．

はじめに適当な直交関数系 $\{\varphi_\alpha(\boldsymbol{x})\}$ を設定し，これを基底として粒子の生成，消滅演算子 $c_\alpha{}^+, c_\alpha$ を作る．原子核系のハミルトニアンは(*3. 1. 11*)のように

$$H=\sum T_{\alpha\beta}c_\alpha{}^+c_\beta+\frac{1}{2}\sum v_{\alpha\beta,\gamma\delta}c_\alpha{}^+c_\beta{}^+c_\delta c_\gamma \tag{4.1.1}$$

と書ける．c^+, c は Fermi 粒子の交換関係を満たしている．

粒子数を A とし，$c_{\alpha_1}{}^+c_{\alpha_2}{}^+\cdots c_{\alpha_A}{}^+|0\rangle$ という状態を作る．これで $\alpha_1, \alpha_2, \cdots, \alpha_A$ をいろいろ取ることによって状態空間を張る完全系が作られる．H をこの空間で対角化することは問題を完全に解くことであるが，それは実際上不可能である．その代りに系の基底状態を考え，できるだけそれが単一の $\prod c_\alpha{}^+|0\rangle$ で表わされるように関数系 $\{\varphi_\alpha\}$ を選ぶという考えから出発する．A 個の粒子をエネルギーの低い状態からつめて作った状態を

$$|\Phi_0\rangle=\prod_{i=1}^{A}c_{\alpha_i}{}^+|0\rangle \tag{4.1.2}$$

とし，これができるだけ系の基底状態に近いという条件を変分法で表わすことにする．すなわち

$$\langle\Phi_0|H|\Phi_0\rangle=E_0 \tag{4.1.3}$$

が $|\Phi_0\rangle$ の変分に対して最小値を与えるという条件をつける．($|\Phi_0\rangle$ は規格化されているとする.)　$|\Phi_0\rangle$ の作り方に(*4. 1. 2*)のような制限がなく，変分も任意のも

のであれば，変分の式は Schrödinger 方程式と同等である．しかし，ここではそういう一般の変分ではなく次のようなものを考える．

$$\delta|\Phi_0\rangle = \eta c_\beta{}^+ c_\alpha|\Phi_0\rangle \tag{4.1.4}$$

ただし，α は $(\alpha_1, \cdots, \alpha_A)$（略して (α_i) と書く）のどれかであり，β はそのどれでもない状態であるとする．変分(4.1.4)に対して E_0 が停留値を取るという条件を置く．すなわち，1次の変分に対して安定であるという条件あるいは1粒子励起に対して安定であるという条件である．η は変分パラメーターである．

$\delta|\Phi_0\rangle$ に対し

$$\langle\delta\Phi_0|H|\Phi_0\rangle = 0 \tag{4.1.5}$$

であり，η が任意であることから

$$\langle\Phi_0|c_\alpha{}^+ c_\beta H|\Phi_0\rangle = 0$$

α, β は上の条件の範囲で任意であるから，上式から

$$T_{\beta\alpha} + 2\sum_{\gamma\in(\alpha i)} v_{\gamma\beta,\gamma\alpha} = 0 \qquad (\alpha\in(\alpha_i),\ \beta\notin(\alpha_i)) \tag{4.1.6}$$

が得られる．そこで

$$H_{\rm HF} \equiv \sum_{\alpha\beta}\left\{T_{\beta\alpha}c_\beta{}^+ c_\alpha + 2\sum_{\gamma\in(\alpha i)} v_{\gamma\beta,\gamma\alpha}c_\beta{}^+ c_\alpha\right\} \tag{4.1.7}$$

が対角形になるように基底関数を選ぶ．すなわち

$$T_{\beta\alpha} + 2\sum_{\gamma\in(\alpha i)} v_{\gamma\beta,\gamma\alpha} = \epsilon_\alpha\delta_{\alpha\beta} \tag{4.1.8}$$

となるように基底関数 $\{\varphi_\alpha\}$ を選ぶのである．φ_α としては

$$\begin{aligned}\hat{T}\varphi_\alpha(\boldsymbol{x}) + \sum_{\gamma\in(\alpha i)}\int\varphi_\gamma{}^*(\boldsymbol{x}')v(\boldsymbol{x}',\boldsymbol{x})[\varphi_\gamma(\boldsymbol{x}')\varphi_\alpha(\boldsymbol{x}) - \varphi_\alpha(\boldsymbol{x}')\varphi_\gamma(\boldsymbol{x})]d\boldsymbol{x}'\\ = \epsilon_\alpha\varphi_\alpha(\boldsymbol{x})\end{aligned} \tag{4.1.9}$$

を満足するものを取ればよい．これが普通にいわれる Hartree 方程式である．$\hat{T}$ は運動エネルギー演算子である．

このように関数系 $\{\varphi_\alpha\}$ を選び，(4.1.2)で $|\Phi_0\rangle$ を定義すると，この状態は1粒子励起に対して定常な状態になっている．またこのとき，系の全エネルギー E_0 は

$$E_0 = \langle \Phi_0 | H | \Phi_0 \rangle = \sum_{\alpha \in (\alpha i)} \left(T_{\alpha\alpha} + \sum_{\gamma} v_{\alpha\gamma,\alpha\gamma} \right)$$

$$= \frac{1}{2} \sum_{\alpha \in (\alpha i)} (T_{\alpha\alpha} + \epsilon_\alpha) \qquad (4.1.10)$$

である．E_0 が 1 粒子エネルギー ϵ_α の和にならないのは粒子間相互作用が 2 重に勘定されるからで，Hartree 場の場合にはいつでもそうである．

このようにして関数系 $\{\varphi_\alpha\}$ を定め，それによって Hartree の意味での基底状態 $|\Phi_0\rangle$ を定めると，これを Fermi の海として粒子状態および空孔状態を作ることができる．すなわち

$$c_\alpha{}^+ = \begin{cases} a_\alpha{}^+ & (\alpha \notin (\alpha_i)) \\ b_\alpha & (\alpha \in (\alpha_i)) \end{cases} \quad \text{およびその Hermite 共役} \qquad (4.1.11)$$

この a, b を用いて H は

$$H = E_0 + \sum_\beta \epsilon_\beta a_\beta{}^+ a_\beta - \sum_\alpha \epsilon_\alpha b_\alpha{}^+ b_\alpha + \frac{1}{2} \sum_{\alpha\beta\gamma\delta} v_{\alpha\beta,\gamma\delta} : c_\alpha{}^+ c_\beta{}^+ c_\delta c_\gamma : \qquad (4.1.12)$$

と書ける．：：はいわゆる順序積または正規積(normal product)である(§3.2 参照)．正規積はその性質上 Fermi の海に演算すると 0 になる．

b）時間依存型の Hartree 方程式

(a)項では関数系 $\{\varphi_\alpha\}$ を作るのに時間に関係しない Schrödinger 方程式の固有解を用いたが，全体の定式化を時間依存型で行なうこともできる．それには時間に関係する状態関数を $\Psi(t)$ とし，

$$\langle \delta\Psi(t) | H - i\frac{\partial}{\partial t} | \Psi(t) \rangle = 0 \qquad (4.1.13)$$

という変分方程式から出発すればよい．$\varphi_\alpha(x)$ の代りに $\psi_\alpha(x, t) = \varphi_\alpha(x) e^{-i\epsilon_\alpha t}$ とし，$|\Phi_0\rangle$ の代りに

$$\Psi(t) = \frac{1}{\sqrt{A!}} \sum_P (-1)^P P \psi_{\alpha_1}(x_1, t) \cdots \psi_{\alpha_A}(x_A, t)$$

を用いる．P は $(\alpha_1, \cdots, \alpha_A)$ に対する置換で，$(-1)^P$ は P が奇置換のときに -1，偶置換のときに $+1$ である．(4.1.13) の変分を行なうと (4.1.9) の代りに

$$i\frac{\partial\psi_\alpha}{\partial t} = \hat{T}\psi_\alpha(x,t) + \sum_{\gamma\in(\alpha t)}\int\psi_\gamma{}^*(x',t)v(x',x)[\psi_\gamma(x',t)\psi_\alpha(x,t) - \psi_\alpha(x',t)\psi_\gamma(x,t)]dx \tag{4.1.14}$$

という式が得られる．この式の特解が $\psi_\alpha(x,t)=\varphi_\alpha(x)e^{-i\epsilon_\alpha t}$ であり，$\varphi_\alpha, \epsilon_\alpha$ は(*4.1.9*)の解と固有値であることは容易にわかる．

(*4.1.14*)の右辺に現われている $\sum\psi_\gamma{}^*\psi_\gamma$ という量は時間に依存した密度関数である．したがって，密度が時間的に揺動するような場合，例えば原子核の振動運動形態を取り扱う場合などでは，この式から出発すると便利である．

c) Hartree 場の安定性

Hartree 場は，その作り方から見て，1次の変分に対して停留状態になっていた．η を変分パラメーターとして変分関数 $\Psi(\eta)$ から

$$E(\eta) = \langle\Psi(\eta)|H|\Psi(\eta)\rangle$$

を作る．$\Psi(\eta)$ は $\eta\to0$ で Hartree の状態 Φ_0 になるようにしてある．このとき

$$\left[\frac{\partial E(\eta)}{\partial\eta}\right]_{\eta=0} = 0$$

であるというのが Hartree 場の変分的意味である．いま，$\Psi(\eta)$ が Φ_0 と無限小だけ異なるとし，η を無限小パラメーターとすると

$$|\Psi(\eta)\rangle = \exp[i\eta(S+S^\dagger)]|\Phi_0\rangle$$

と書けるであろう．$|\Phi_0\rangle$ の作り方からみて，S は演算子 a, b (および a^+, b^+) の正規積である．一般に $S^\dagger$ は

$$[S^\dagger, H] = -\omega S^\dagger + C \qquad (\omega \text{ はある定数})$$

という形の運動方程式を満たしている．C は S あるいは $S^\dagger$ より高い次数の正規積である．もし $C=0$ なら $S^\dagger$ および S は固有運動モードといわれるものになり，H の基底状態 $|\Phi_0\rangle$ に対して $S^\dagger|\Phi_0\rangle$ を作ると

$$HS^\dagger|\Phi_0\rangle = S^\dagger H|\Phi_0\rangle - [S^\dagger, H]|\Phi_0\rangle = (E_0+\omega)S^\dagger|\Phi_0\rangle$$

だから，$S^\dagger|\Phi_0\rangle$ は H の固有状態で固有値は $E_0+\omega$ となる．したがって，$|\Psi(\eta)\rangle$ にはこのような異なる固有状態が混じることになる．また，$C\neq0$ の場合は $|\Psi(\eta)\rangle$ には S で与えられるより高次の励起状態が混じることになる．ところで

$$\left[\frac{\partial E(\eta)}{\partial\eta}\right]_{\eta=0} = \left[\frac{\partial}{\partial\eta}\langle\Phi_0|\exp[-i\eta(S+S^\dagger)]H\exp[i\eta(S+S^\dagger)]|\Phi_0\rangle\right]_{\eta=0}$$

$$= (-i)\langle\Phi_0|[S+S^\dagger, H]|\Phi_0\rangle$$
$$= (-i)\langle\Phi_0|\omega^*S-\omega S^\dagger+C-C^\dagger|\Phi_0\rangle$$

であるが，S, C が正規積であることから上式の右辺は 0 すなわち $[\partial E(\eta)/\partial\eta]_{\eta=0}=0$ である．

1次の変分が0であることは必ずしもその状態が安定であることを意味しない．$[\partial^2E(\eta)/\partial\eta^2]_{\eta=0}>0$ であれば状態は安定であるが，$[\partial^2E(\eta)/\partial\eta^2]_{\eta=0}=0$ のときには $|\Phi_0\rangle$ は安定ではなく，もっと低いエネルギーの状態が存在する可能性がある．上の式で

$$\left[\frac{\partial^2E(\eta)}{\partial\eta^2}\right]_{\eta=0} = -(-i)^2(\omega+\omega^*)\langle\Phi_0|[S, S^\dagger]|\Phi_0\rangle$$

となるから，ω が $i\Gamma$ のように純虚数であるときには $[\partial^2E(\eta)/\partial\eta^2]_{\eta=0}=0$ となる．次章で述べるように，対相関が強い場合に Hartree 場が不安定になるのはこの場合に相当している．

d) Hartree 方程式の解

(*4.1.8*)あるいは(*4.1.9*)を実際に解くためにはいくつかの問題点を解決しておかねばならない．その1つは v の選び方であり，もう1つは(*4.1.8*)あるいは(*4.1.9*)を解く具体的な方法である．

(*4.1.8*)あるいは(*4.1.9*)を解くには反復法が用いられることが多い．まず適当な関数系 $\{\varphi_\alpha{}^{(0)}\}$ から出発する．(*4.1.9*)を解くために左辺の第2項の φ_γ を $\varphi_\gamma{}^{(0)}$ で近似すると，(*4.1.9*)は φ_α の微積分方程式になる．これを解いて得られる解を $\varphi_\alpha{}^{(1)}$ とする．次に，(*4.1.9*)の φ_γ を $\varphi_\gamma{}^{(1)}$ で近似して得られる式を解いて $\varphi_\alpha{}^{(2)}$ を得る．こうして反復して $\varphi_\alpha{}^{(n)}$ を求め，収束すればそれが求める φ_α である．これは関数系の収束であるから，実際的には適当な近似的判定条件で判定するわけで，その条件を与える必要がある．最初に与える $\{\varphi_\alpha{}^{(0)}\}$ が適当でなければこの反復法が収束するという保証は必ずしもない．

一方，v についていえば，第1章で述べたように v にはまだ不明確な点が残っている．特に内部領域についてそうである．したがって，仮に 100 MeV くらいまでの核子散乱のデータを再現できるという制限をつけても，その範囲内でいろいろな形のポテンシャルが可能である．特に問題になるのは固い芯の存在である．^{1}S 状態の内部領域が強い斥力であることを簡単に表わしたのが固い芯であるが，

散乱データを合わせるためには必ずしも‘固い’芯である必要はなく，柔らかい芯であってもよいという分析もある．(柔らかいとは原点付近で無限大にならないか，なったとしてもある相対距離で急に壁が立つのではなく，例えば湯川型の斥力のような無限大のなり方のことをいう.)　φ_α として普通のように原子核全体に広がっている関数を取ると，固い芯の場合には(あるいは柔らかくても特異性が強い場合には) $v_{\alpha\beta,\gamma\delta}$ は一般には無限大になってしまう．これは粒子間相関が考慮されていないからで，このような場合には予め相関を取り入れて行列要素が無限大になるようなことのないように処理をしておかねばならない．そういう処理を行なうことによって粒子間相互作用は生の核子間相互作用でなく有効相互作用(effective interaction)で置き換えられる．この場合には有効相互作用の作り方が問題となる．これについては後で述べる．

固い芯のないポテンシャルあるいは有効相互作用を用いての計算は近年になってかなり試みられている．計算機の発達によって一昔前なら絶望的と思われていた相当面倒な計算が実行できるようになったのもその理由の1つである．計算法としては(*4.1.9*)を直接に反復法により解くものもあるが，(*4.1.8*)の形の方がこれまで多く用いられている．これは，適当な $\{\varphi_\alpha{}^{(0)}\}$ から出発して(*4.1.8*)を対角化するものである．

この方法では v そのものではなく v の行列要素を用いるので，有効相互作用の考えが適用しやすい．(*4.1.8*)を対角化するのは原理的には無限個の連立方程式を解くことに相当するので，実際上はこれを有限個に縮小しなければならない．殻模型の計算の場合と同様に，縮小の仕方には定まった原則はない．実際上は，それ以上拡大しても結果があまり変わらない，ということで判定することが多い．この意味の収束の条件の他に，Hartree の意味での収束条件はどうであろうか．(*4.1.8*)を対角化するのだから，$\{\varphi_\alpha{}^{(0)}\}$ を与えると，1粒子状態 $\{\varphi_\alpha{}^{(1)}\}$ とそのエネルギー ϵ_α とが求められる．その $\{\varphi_\alpha{}^{(1)}\}$ を用いて $v_{\alpha\beta,\gamma\delta}$ を作り直し(*4.1.8*)を再び解く，という操作を繰り返すことになる．関数系 $\{\varphi_\alpha{}^{(n)}\}$ が収束すればよいわけである．しかし上にも述べたように，実用上はそれに対する判定条件が必要である．いま，基底状態を考えるとすれば，占められた状態についてだけ判定すればよい．そこで，密度行列 $\rho_{\alpha\beta}=\langle\Phi_0|c_\beta{}^+c_\alpha|\Phi_0\rangle$ を作る．もし $|\Phi_0\rangle$ が1粒子状態 α を用いて $\prod c_{\alpha_i}{}^+|0\rangle$ の形で表わされるなら，$\rho_{\alpha\beta}$ は $\alpha,\beta\in(\alpha_i)$ の部分行列

が対角形(対角要素 1)で他は 0 になっているはずである．そこで，$\{\varphi_\alpha^{(n)}\}$ から出発して(*4.1.8*)を解き，$\{\varphi_\alpha^{(n+1)}\}$ から作られた $|\Phi_0\rangle$ で $\rho_{\alpha\beta}$ (このときの $c_\beta^+ c_\alpha$ は $\{\varphi_\alpha^{(n)}\}$ で定義されている)を作ったとき，上記の意味で対角形になっていれば自己無矛盾であるといえる．これが判定条件の 1 例である．

Hartree 法による結合エネルギーや粒子準位の計算の数値的な概念を得るために，計算結果の例をいくつか示しておく．上述のように，用いるポテンシャルの性格もいろいろである上に，取扱い方も細かい点では同一でないので，結果の数値にあまり意味を持たせるつもりはない．

(i) 核子散乱のデータに合わせたポテンシャルを用いた例

核子-核子散乱のデータを再現するポテンシャルで固い芯のないものとしていろいろな形のものが提唱されている．その中の 1 つである Tabakin の '分離可能型' ポテンシャル† (separable potential) を用いたものの結果を例として挙げておく．このポテンシャルは Hartree 場の計算に使えるように作られたもので，空間的には非局所型であるが，行列要素の形で与えることができる点がこの種の計算に便利である．ポテンシャルのパラメーターは 320 MeV までの S, P, D 波の散乱の位相のずれを説明するように選んである．このポテンシャルを用いた計算の結果を表 4.1 および 4.2 に示す††．この計算は Hartree 法による結合エネルギーや 1 粒子準位の計算としては比較的初期のものであり，観測値との一致はあまり良いとはいえない．その後，現在までいくつかのこの種の計算があり，観測値に近い結果を得ているものもあるが†††，用いたポテンシャルの性格もさまざまである上に，取扱い方も細かい点では同じでないので直ちに優劣を比較するのは適

表 4.1 Hartree 計算の結果の 1 例

核	核子当り結合エネルギー (MeV) 計算値	観測値	平均電荷分布半径 (fm) 計算値	観測値
^{16}O	2.41	7.98	2.42	2.64
^{40}Ca	3.74	8.55	2.99	3.52

表 4.2 ^{16}O の 1 粒子準位のエネルギー (MeV)(中性子状態)

状態	計算値	観測値
$1s_{1/2}$	− 50.55	
$1p_{3/2}$	− 23.07	− 21.81
$1p_{1/2}$	− 11.56	− 15.65

† Tabakin, F. : *Ann. Phys.*, **30**, 51 (1964).

†† Kerman, A. K., Svenne, J. P. & Villars, F. M. H. : *Phys. Rev.*, **147**, 710 (1966).

††† 例えば Miller, L. D. & Green, A. E. S. : *Phys. Rev.*, **C5**, 241 (1972).

当でない.

(ii)　有効相互作用を用いる例

この種の計算の1例としてDavies, Krieger および Baranger の結果†を引用しておく. これは, 有効相互作用として

$$V_i(r, p) = \frac{\hbar^2}{M}[U_i(r) + p^2 W_i(r) + W_i(r) p^2]$$

という速度依存型のポテンシャルを用いて計算を行なった. 添字 i は ^{1}E 状態および ^{3}E 状態を区別している. U, W は

$$U_i(r) = -A_i e^{-\alpha_i^2 r^2}, \qquad W_i(r) = B_i e^{-\beta_i^2 r^2}$$

と Gauss 型に取ってある. $A_i, B_i, \alpha_i, \beta_i$ は定数であるが, 実際の計算には $\alpha_i = \beta_i$ としている. A_i, B_i, α_i の選び方にはいろいろの観点があるが, ここでは核物質に対して Hartree 計算を行なったときに, 核物質の結合エネルギー($k_F \approx 1.4$ fm^{-1} で飽和して核子当り -15.5 MeV の結合エネルギーを与える: §4. 3 参照)を大体与えるように取ってある. ただし, 簡単のため力は S 状態でのみ作用すると近似している. 具体的には ^{1}S 状態に対し $A = 0.835$ fm^{-2}, $B = 0.60$ fm^{-2}, $\alpha = 0.50$ fm^{-1}, ^{3}S 状態に対し $A = 2.56$ fm^{-2}, $B = 0.50$ fm^{-2}, $\alpha = 0.70$ fm^{-1} と取っている. ^{16}O に対する結果を表 4. 3 に示す.

表 4. 3　^{16}O に対する Hartree 計算の結果の1例(単位 MeV)

全エネルギー	E_{1s}	E_{1p}	E_{2s}	E_{1d}
-78.303	-40.609	-16.170	-1.941	-0.037

これに対して 1s, 1p, 2s, 1d 状態のエネルギーの観測値はそれぞれおよそ -44, -17, -3, $\gtrsim -2$ MeV である. この計算では, 対角化を行なう空間の次元数をかなり変えても, 結果はあまり変わらないことが示されている.

† Davies, K. T. R., Krieger, S. J. & Baranger, M.: *Nuclear Phys.*, 84, 545 (1966).

§4.2 核 変 形

a) 核 の 変 形

閉殻から遠くはなれた核は大きな4重極能率を持つことが多いが，これを直観的に解釈するには核が変形していると考えるのが自然である．スピンが0である原子核では4重極能率は0であるが，それでもE2遷移の確率が大きくて核が変形していると考える方が都合がよい場合がある．このような場合には，その原子核は元来変形しているのであるが，それがいろいろな方向を向いた状態が重畳されていて，(空間的に特定の方向が現われず)スピンが0になるようになっていると考えるのである．

このことは基底状態がHartree状態であると仮定すると理解しやすい．いま，閉殻に1個粒子を付け加えるとする．この粒子の1粒子状態は軌道角運動量l，その第3成分が$m=l$であるとしよう．その次に粒子を付け加えるとすれば，エネルギーをいちばん低くするには$m=-l$となるはずである．何故なら，$m=l$と$m=-l$とは(回転の向きが違うだけで)空間的に同じ粒子密度分布を与えるから，相互作用エネルギーがいちばん大きくなるからである．さらに粒子を付け加えようとすると，$m=\pm l$の状態は既に占められているから，これにできるだけ近い軌道の状態つまり$m=\pm(l-1)$の状態を粒子は占めることになるであろう．このように，粒子密度は赤道面付近が高くなるので原子核は変形している．(最初の粒子状態を$m=l$とした．粒子準位のエネルギー値はmに関係しないからmは何でもよいはずである．$m=l$とするのは，むしろ，そうなるように空間の第3軸を選ぶというべきであろう.) こうして，系のエネルギーが最低になるように1粒子状態をつめていく，すなわち，Hartreeの基底状態を求める立場では核は閉殻から離れると変形してくる．

一般に偶-偶核の基底状態はスピン$I=0$である．$I=0$の状態は(空間的に特定の方向を持たないから)球対称である．このことと上記の変形とをどう調和させるか．

この変形した原子核は空間的にどのように向いていても物理的な事情は同じである．したがって，変形した基底状態に対応する波動関数をその向いている各方向について重畳してもエネルギーは同じであり，重ね合わされた波動関数は今度は球対称である．これを式で表わすと次のようになる．Hartreeの意味で基底状態が変形しているとして，その原子核に固定した座標系を考える．変形といっても例えば回転楕円体のような場合が多いから，対称軸を座標軸にとるのが普通である．この座標系は空間に固定した座標系に対して Euler 角 α, β, γ で指定できる．上に述べた例でいえば，$m=l$ となるような軸が原子核に固定した軸の1例である．(α, β, γ) をまとめて Ω と書くと，基底状態は $\Psi(\boldsymbol{x}, \Omega)$ と書ける．これから

$$\Psi(\boldsymbol{x}) = \int \Psi(\boldsymbol{x}, \Omega)\, d\Omega \tag{4.2.1}$$

を作ると，これは対称軸がどちらを向いてもよいという物理的状況を表わす空間固定軸に関する波動関数であり，全角運動量 $I=0$ に対応している．

この議論はもっと一般化することができる．もともと $\Psi(\boldsymbol{x}, \Omega)$ は全角運動量の固有状態でなく，いろいろな全角運動量の状態を含んでいる．例えば変形が回転楕円体になっているとすれば，状態は軸対称ではあるが空間回転に対して対称でない．角運動量でいえば $\boldsymbol{I}$ の第3成分だけが運動の恒量になっている．$I_3=K$ とすれば $I \geqq K$ の角運動量成分が含まれている．このような状態の中から一定の角運動量の固有状態を取り出す1種の射影演算子を考える．角運動量が I であるような状態を取り出す射影演算子を P_I とすれば，Hartree の方法で得られた状態 Ψ から $P_I \Psi$ を作ることによって，角運動量が I である状態を作り出すことができる．P_I の具体的な形を考えてみよう．

一般に，系に固定した座標系を考え，その軸を副字 $\mu=1, 2, 3$ で表わし，空間固定の座標軸を x, y, z で表わすことにする．系の全角運動量を $\boldsymbol{I}$ とし，その z 成分を I_z とする．$\boldsymbol{I}^2$ と I_z は同時に対角化できるから，固有値を $I(I+1)\hbar^2$, $M\hbar$ と表わす．系固定座標系での $\boldsymbol{I}$ の第3成分 I_3 も $\boldsymbol{I}^2$ と同時に対角化でき，その固有値を $K\hbar$ であらわす．I, M で表わされる固有状態と I, K で表わされる固有状態との間には

$$|IM\rangle = \sum_K D^I{}_{MK}(\Omega)|IK\rangle \tag{4.2.2}$$

という関係がある．D は3次元回転群の $2I+1$ 次元の既約表現の表現行列で，いわゆる D 関数である．D 関数の直交性から，上の式は逆に

$$|IK\rangle = \sum_M D^I{}_{MK}{}^* |IM\rangle \tag{4.2.3}$$

とも書ける．一般に，系に固定した座標系で書かれた関数 $\Psi(\boldsymbol{x}, \Omega)$ は，その系での角運動量の固有関数 $|IK\rangle$ で展開できる．上の関係式と，D の完全性 $\int d\Omega D^{I'}{}_{M'K'}{}^*(\Omega) D^I{}_{MK}(\Omega) = N\delta_{II'}\delta_{MM'}\delta_{KK'}$ (N は定数) とから

$$\int \Psi(\boldsymbol{x}, \Omega) D^I{}_{MK}(\Omega) d\Omega \tag{4.2.4}$$

という操作を行なうことによって，任意の I, M (空間固定座標系での) 状態を取り出すことができる．偶-偶核では既に述べたように Hartree の意味では $K=0$ と取られているからこの場合は $D^I{}_{M0}$ である．$I=0$ なら D 関数は定数であるから (4.2.1) が $I=0$ の固有状態となっていることがわかる．

$\Psi(\boldsymbol{x}, \Omega)$ は空間固定座標軸から角 Ω だけ回転した系固定座標軸で書かれているから，この回転による波動関数の変換演算子を $R(\Omega)$ と書けば，$\Psi(\boldsymbol{x}, \Omega) = R(\Omega)\Psi(\boldsymbol{x}, 0)$ である．したがって (4.2.4) は $\Psi(\boldsymbol{x}, 0)$ から

$$\Phi_I = N\int D^I{}_{MK}(\Omega) R(\Omega) \Psi(\boldsymbol{x}, 0) d\Omega \tag{4.2.4$'$}$$

を作ることになる．すなわち，射影演算子 P_I は

$$P_I = N\int D^I{}_{MK}(\Omega) R(\Omega) d\Omega \tag{4.2.5}$$

と書ける．N は規格化定数である．

こうして得られる角運動量の大きさ I の状態のエネルギー E_I は

$$E_I = \frac{\langle \Phi_I|H|\Phi_I\rangle}{\langle \Phi_I|\Phi_I\rangle} = \frac{\langle \Psi|HP_I|\Psi\rangle}{\langle \Psi|P_I|\Psi\rangle} \equiv \frac{H_I}{N_I} \tag{4.2.6}$$

である．

いま，変形が軸対称であるとする．前述のように $K=0$ の Ψ を考えている．Euler 角 $\Omega = (\alpha, \beta, \gamma)$ の回転に対応する状態の変換の演算子 $R(\Omega)$ は

$$R(\Omega) = e^{-i\alpha J_z/\hbar} e^{-i\beta J_y/\hbar} e^{-i\gamma J_z/\hbar}$$

であるから (付録 A1 および本講座第3巻『量子力学 I』参照)，これを用いて (4.2.6) が計算できる．系のエネルギーは M に関係しないから，$K=0$ に対応して $M=0$ だけを考えればよい．したがって

$$E_I = \frac{\displaystyle\int \langle \Psi | H e^{-i\beta J_y/\hbar} | \Psi \rangle d^I{}_{00}(\beta)\, d(\cos\beta)}{\displaystyle\int \langle \Psi | e^{-i\beta J_y/\hbar} | \Psi \rangle d^I{}_{00}(\beta)\, d(\cos\beta)} \qquad (4.2.7)$$

である．$d^I{}_{00}(\beta)$ は $e^{-i\beta J_y/\hbar}$ の表現行列で $d^I{}_{00}(\beta) \equiv \langle I0 | e^{-i\beta J_y/\hbar} | I0 \rangle$ である(付録A1)．

ここで，変形が相当に大きいとすると，Ψ と $R(\Omega)\Psi$ との重なりは一般の Ω に対しては小さく，ちょうど形が重なるような Ω の値に対してだけ大きい(いまの場合は $\beta \sim 0$ か $\beta \sim \pi$)，ということに注目する．こういう場合には(4.2.7)の被積分関数を β のその値の近くで展開して近似値を求めることができる．$\beta \sim 0$ の近くで展開すると

$$d^I{}_{00}(\beta) \approx 1 - \frac{1}{4}\beta^2 I(I+1) + O(\beta^4)$$

であるから(4.2.7)は近似的に

$$E_I = E_0 + CI(I+1) + \cdots$$

という形になることがわかる．定数 C を $\hbar^2/2\mathcal{J}$ と置くとこれはいわゆる回転スペクトルの形

$$E_I = E_0 + \frac{\hbar^2}{2\mathcal{J}} I(I+1) \qquad (4.2.8)$$

である(§6.2参照)．E_0 および $\mathcal{J}$ は上の導出法でも計算できるが，E_I が(4.2.8)の形になることを仮定すれば次のようにして求められる．

Ψ はいろいろの角運動量固有状態の重ね合せであるから

$$\Psi = \sum_I a_I \Phi_I$$

と置くことにしよう．簡単のため Φ_I が規格化してあると仮定すれば

$$\langle \Psi | H | \Psi \rangle = \sum_I |a_I|^2 \langle \Phi_I | H | \Phi_I \rangle = \sum_I |a_I|^2 E_I$$

である．E_I に(4.2.8)を入れて

$$\langle \Psi | H | \Psi \rangle = \sum_I |a_I|^2 \left(E_0 + \frac{\hbar^2}{2\mathcal{J}} I(I+1) \right) = E_0 + \sum_I \frac{1}{2\mathcal{J}} |a_I|^2 \langle \Phi_I | I^2 | \Phi_I \rangle$$

$$= E_0 + \frac{1}{2\mathscr{J}}\langle\Psi|I^2|\Psi\rangle$$

同様にして

$$\langle\Psi|HI^2|\Psi\rangle = E_0\langle\Psi|I^2|\Psi\rangle + \frac{1}{2\mathscr{J}}\langle\Psi|I^4|\Psi\rangle$$

この 2 つの式から

$$\left.\begin{aligned} E_0 &= \langle\Psi|H|\Psi\rangle - \frac{1}{2\mathscr{J}}\langle\Psi|I^2|\Psi\rangle \\ \frac{1}{2\mathscr{J}} &\approx \frac{\langle\Psi|HI^2|\Psi\rangle - \langle\Psi|H|\Psi\rangle\langle\Psi|I^2|\Psi\rangle}{\langle\Psi|I^4|\Psi\rangle - \langle\Psi|I^2|\Psi\rangle^2} \end{aligned}\right\} \tag{4.2.9}$$

となる．こうして，変形が大きい場合には Hartree 基底状態から作られる各 I の状態は回転スペクトルを作ること，そのときの慣性能率は(*4.2.9*)で与えられることがわかる．

b) Nilsson 模型

原子核の変形を考えれば，当然 1 粒子運動として球対称でない力の場の中の運動を考えることになる．球対称でないポテンシャルでの運動へ殻模型を拡張したのが Nilsson 模型†である．

球対称という制限を外すと一般的すぎるので，Nilsson が最初に取ったポテンシャルすなわち軸対称の調和振動子型ポテンシャルで粒子軌道を見てみよう．このポテンシャルは通常の殻模型のときの振動子型ポテンシャルに対応し，大きな 4 重極変形を持つ核の 1 粒子状態をかなりよく表わしていると考えられている．

調和振動子のハミルトニアンは一般に

$$H_0 = \frac{p^2}{2m} + \frac{m}{2}({\omega_1}^2{x_1}^2 + {\omega_2}^2{x_2}^2 + {\omega_3}^2{x_3}^2) \tag{4.2.10}$$

である．軸対称であるとし，対称軸が 3 軸であるとすれば，$\omega_1 = \omega_2$ である．原子核は変形しても全体の体積は球形の場合と変わらない(密度が一定)と考えるので，その条件を

$$\omega_1\omega_2\omega_3 = \text{const} \tag{4.2.11}$$

† Nilsson, S. G.: *Mat. Fys. Medd. Dan. Vid. Selsk.*, **29**, no. 16(1955).

という形で表わす．球形からの変化があまり大きくないとして，変形のパラメーター δ を導入し

$$\omega_1{}^2=\omega_2{}^2=\omega_0{}^2\left(1+\frac{2}{3}\delta\right) \tag{4.2.12 a}$$

とおく．(4.2.11)から δ が小さいときは

$$\omega_3{}^2=\omega_0{}^2\left(1-\frac{4}{3}\delta\right) \tag{4.2.12 b}$$

である．逆に，$\omega_1, \omega_2, \omega_3$ を(4.2.12 a)，(4.2.12 b)と置くと，(4.2.11)の条件は

$$\omega_0(\delta)=\omega_0{}^0\left(1-\frac{4}{3}\delta^2-\frac{16}{27}\delta^3\right)^{-1/6}, \qquad \text{ただし}\quad \omega_0{}^0=\omega_0(\delta=0)$$

である．

このとき(4.2.10)のエネルギー固有値は

$$E(N, n_3)=\left(n_3+\frac{1}{2}\right)\hbar\omega_3+(N-n_3+1)\hbar\omega_1$$

である．N は全量子数 $(=n_1+n_2+n_3)$，n_3 は3軸方向の調和振動の量子数である．ここで(4.2.12 a)，(4.2.12 b)を用い，δ が小さいとすると

$$E(N, n_3)=\hbar\omega_0(\delta)\left[N\left(1+\frac{1}{3}\delta\right)-n_3\delta+\frac{3}{2}\right] \tag{4.2.13}$$

となる．この式からわかるように，$\delta=0$ で縮退していた準位は $\delta\neq0$ で分離する．この様子を示したのが図4.1である．この図で注意すべきことは，$\delta=0.6$ と $\delta=-0.75$ のところで $\delta=0$ の場合に似た殻構造が現われていることである．もちろん，(4.2.10)は模型的なポテンシャルであるが，変形核でも殻のような構造が現われるということを定性的に示している点で注目される．これについてはまた後で触れる．

(4.2.10)は簡単すぎるので，もう少し実際に近くする．殻模型と同様にスピン-軌道力は必要である．1粒子準位の順序や準位間隔が実際に近くなるように調節するため，Nilsson は $\boldsymbol{l}^2$ に比例する項をさらに付け加えている．結局，1粒子ポテンシャルは

$$H=H_0+C\boldsymbol{l}\cdot\boldsymbol{s}+D\boldsymbol{l}^2 \tag{4.2.13$'$}$$

である．

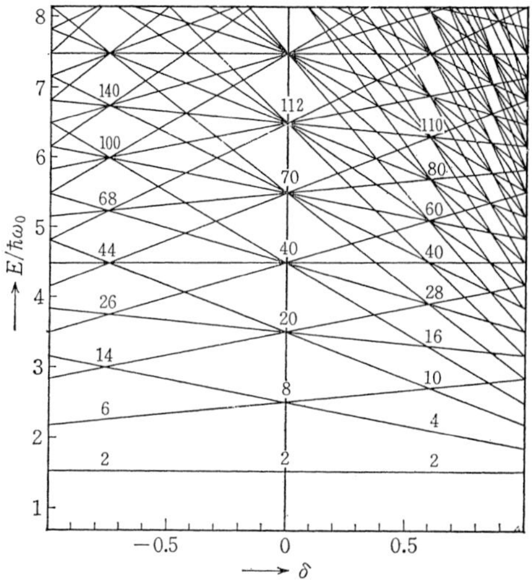

図 4.1 軸対称振動子型ポテンシャルによるエネルギー準位．準位の上につけた数字は，そこまで粒子をつめたときの粒子数を示す(Sheline, R. K. *et al.*: *Phys. Letters.*, **41B**, 115(1972)による)

このハミルトニアンの固有解を解く方法はいくつかあるが，Nilsson の方法を述べておこう．まず，H_0 の固有解を考えるが，球対称殻模型と関係をつけるため H_0 を球対称部分とそれ以外に分ける．球対称以外の部分は 4 重極変形の形である：

$$\left.\begin{aligned} H_0 &= H_0{}^0 + H_\delta \\ H_0{}^0 &= \frac{1}{2}\hbar\omega_0(-\nabla_r{}^2 + r^2), \qquad r^2 = \frac{m\omega_0}{\hbar}(x_1{}^2 + x_2{}^2 + x_3{}^2) \\ H_\delta &= -\delta\hbar\omega_0\frac{4}{3}\sqrt{\frac{\pi}{5}}r^2 Y_{20} \end{aligned}\right\} \tag{4.2.14}$$

$\boldsymbol{l}^2, l_3, s_3$ を対角化する表示を取る．この他，調和振動子型であるので振動子の全量子数 N もよい量子数である．したがって，状態は $|Nl\Lambda\Sigma\rangle$ で表わされる．Λ, Σ は l_3, s_3 の量子数である．粒子の全角運動量 $\boldsymbol{j}$ の第 3 成分 j_3 も運動の恒量である．その量子数を $\Omega = \Lambda + \Sigma$ とする．(4.2.14)から(4.2.13′)は

$$H = H_0{}^0 + k\hbar\omega_0{}^0 R, \qquad R = \eta U - 2\boldsymbol{l}\cdot\boldsymbol{s} - \mu\boldsymbol{l}^2 \tag{4.2.15}$$

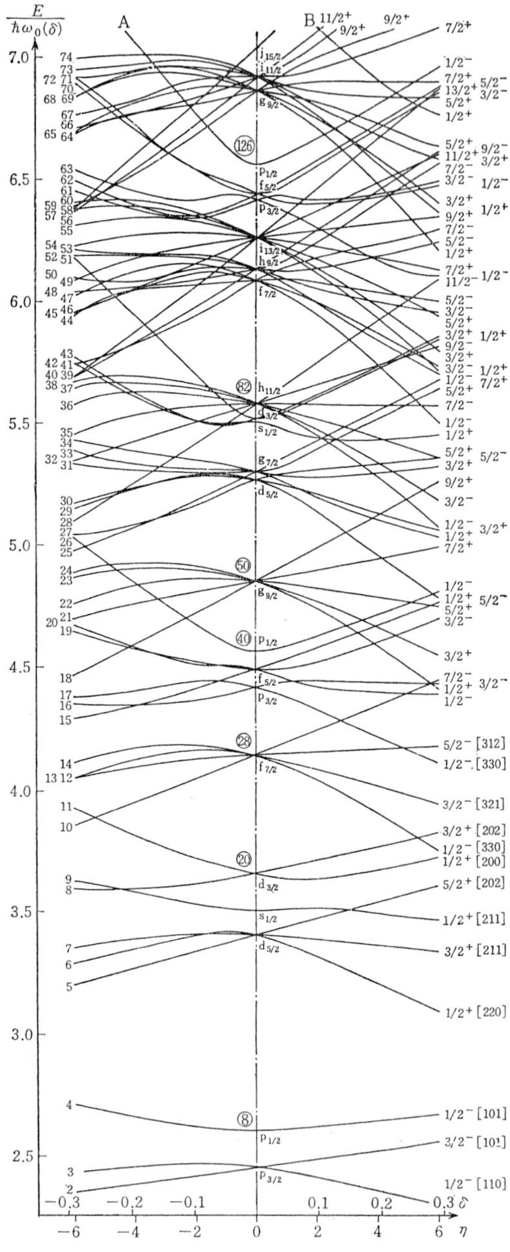

図 4.2 Nilsson 模型での1粒子準位(Nilsson, S. G.(1955)による).
準位の右にその準位の Ω とパリティを示した. なお, 準位を $[Nn_3\Lambda]$ で示すことがある. これはポテンシャルが非常に球形からずれた, 軸対称振動子型になった場合に相当する‘漸近的’量子数である. N は振動の全量子数, n_3 は対称軸方向の振動量子数である. 参考のために, 下の方の準位について $[Nn_3\Lambda]$ をあわせて記した.

と書ける．ただし

$$\left.\begin{aligned}&k=-\frac{1}{2}\frac{C}{\hbar\omega_0{}^0},\qquad \eta=\frac{\delta}{k}\frac{\omega_0(\delta)}{\omega_0{}^0},\qquad \mu=2\frac{D}{C}\\&U=-\frac{4}{3}\sqrt{\frac{\pi}{5}}r^2Y_{20}\end{aligned}\right\}\tag{4.2.16}$$

である．$|Nl\Lambda\Sigma\rangle$ を基底にして R を対角化することになる．U により異なる N（偶数値の差のあるもの）が混じりうるが，この混合は小さいとして無視することにする．したがって，状態は (N,Ω) で定められる．近似をさらに進める場合には異なる N の混合を考慮しなければならない．R は変形パラメーター δ を（η という形で）含んでいる．各 δ（あるいは η）に対して(4.2.15)の対角化を行なって粒子軌道のエネルギーを定めると図4.2のようになる．直観的にいえば，$\delta<0$ つまりパンケーキ型のポテンシャル内を粒子が運動するときは j_z の大きい方がポテンシャルを受ける部分が多いのでエネルギーが下がり，$\delta>0$ のときには j_z の小さい方がエネルギーが下がるわけである(図4.3)．球形ポテンシャル $\delta=0$ では1つの l 値に対してスピン-軌道結合で j 値が2つ現われ，それぞれの j に対して状態は $2j+1$ 重に縮退していたが，$\delta\neq0$ ではこの縮退は解ける．しかし，$j_3=\pm\Omega$ の状態は縮退しているので，1つの準位を同種粒子は2個まで占めることができる．

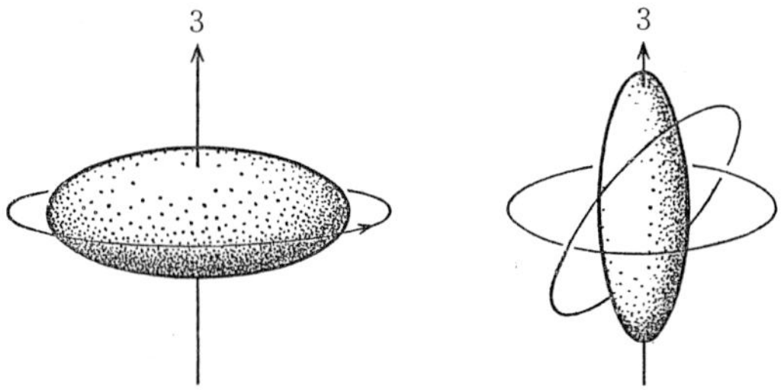

図4.3

こうして得られた準位について，δ を一定にして低い方から粒子をつめて行くと，各 δ 値に対する系のエネルギー値が得られる．1粒子ポテンシャルは元来 Hartree の意味でのものであるから，全系のエネルギーを計算する際にはそのことを考慮に入れておかねばならない．すなわち，i 番目の粒子のハミルトニアンを $H_i=T_i+V_i$（T_i は運動エネルギー，V_i はポテンシャル・エネルギー）と書けば，系の全エネルギーは $E=\left\langle\left(\sum_i T_i+\frac{1}{2}\sum_i V_i\right)\right\rangle$ である．こうして変形パラメーター δ に対して E を求め，これが最低になるような δ の値が系の平衡変形を与える．こうして得られた平衡変形の値は，観測から得られる変形の値と相当よく一致している．ポテンシャルとして単純な形のものを取っていることを考えると，この模型が非常に有効であり，ポテンシャルの形を実際に近いと考えられるものに取れば一致はさらによくなると推測される．参考までに，中重核および超重核の領域でこうして求めた平衡変形の値と実験から求められた平衡変形の大きさを図4.4に示す．実験値は主として4重極能率(あるいはE2遷移)から求めたものである．

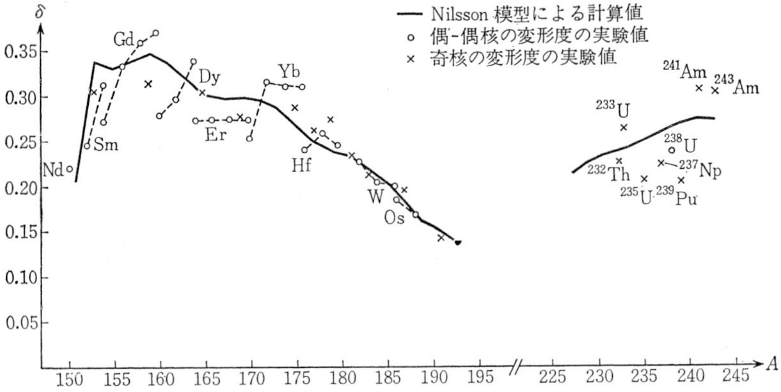

図4.4　中重核および超重核の変形度(Mottelson, B. R. & Nilsson, S. G.: *Mat. Fys. Skr. Dan. Vid. Selsk.*, **1**, no. 8(1959)による)

どの Ω 値の準位まで粒子がつまっているかによって，基底状態のスピンが知られる．偶-偶核では粒子は2個ずつ粒子準位につまるから $I_3=K=0$ である．また，奇核では最後の粒子が一定の Ω の準位を占め，$K=\Omega$ である．例えばsd殻で ^{19}F, ^{21}Ne, ^{23}Ne, ^{25}Mg のスピンがそれぞれ1/2, 3/2, 3/2, 5/2であるのは $d_{5/2}$ から分かれた Ω=1/2, 3/2, 5/2 準位に最後の粒子があることに相当すると考えられる．

c) 変形核に対する Hartree 場

変形を考慮に入れた場合の Hartree 方程式は原理的には(*4. 1. 8*)と同じである．基底 $\{\varphi_\alpha\}$ が球対称ポテンシャルでの解でない点だけ異なっている．これを具体

的に解くには，§4.1(d)で説明した行列の対角化の方法がわかり易い．出発の関数系として例えば普通の殻模型の状態 $|nljm\rangle$ を取る．これを簡単に $|j\rangle$ と表わすと，Hartree の1粒子状態は

$$|\alpha\rangle=\sum_j c_j{}^\alpha|j\rangle \tag{4.2.17}$$

と展開できる．係数 c の直交性および完全性

$$\sum_j c_j{}^{\alpha *}c_j{}^\beta=\delta_{\alpha\beta},\qquad \sum_\alpha c_j{}^{\alpha *}c_{j'}{}^\alpha=\delta_{jj'}$$

を用いると(4.1.8)は

$$\sum_{j'}\left[T_{jj'}+2\sum_{\alpha=1}^{A}\sum_{j_1j_2}c_{j_1}{}^{\alpha *}c_{j_2}{}^\alpha v_{jj_1,j'j_2'}\right]c_{j'}{}^\alpha=\epsilon_\alpha c_j{}^\alpha \tag{4.2.18}$$

と書ける．したがってこれは

$$\sum_{j'}\langle j|H_{\mathrm{HF}}|j'\rangle c_{j'}{}^\alpha=\epsilon_\alpha c_j{}^\alpha \tag{4.2.19}$$

という固有値問題であり

$$\langle j|H_{\mathrm{HF}}|j'\rangle=\langle j|T|j'\rangle+2\sum_\alpha\sum_{j_1j_2}c_{j_1}{}^{\alpha *}c_{j_2}{}^\alpha v_{jj_1,j'j_2} \tag{4.2.20}$$

が Hartree ハミルトニアンである．(4.2.19)が Hartree 方程式であるが，これは反復法で解くことができる．すなわち，まず適当な係数 $\{c_j{}^\alpha\}$ を与え，これから(4.2.20)の行列要素を求め，(4.2.19)を対角化する．こうして新しい係数 $\{c_j{}^\alpha\}$ が得られる．これを繰り返し収束するまで行なえばよい．$|\alpha\rangle$ として適当な対称性を仮定すると係数 $c_j{}^\alpha$ に制限が加えられる．例えば，軸対称ならば j_3 の固有値 m はよい量子数であるから $c_j{}^\alpha$ は同じ m のものに限られる．

普通の Hartree 方程式の場合と同様に，対角化を行なうに際して状態空間を制限しなければ実際上は解けない．なるべく状態空間を広げる方が低いエネルギーを得る可能性がある．また，(4.2.18)の v が§4.1で述べたと同様な意味で有効相互作用であることもいうまでもない．

球対称という制限(いいかえれば角運動量の固有状態という制限)を外して Hartree 式を解くと，期待したとおり閉殻から遠ざかると Hartree 場は変形してくる．理解を助けるために変形核に対する Hartree 計算の結果の1例を挙げて

おく†．この例では有効相互作用として

$$v = v(r)(0.29+0.2P_\sigma-0.05P_\tau+0.071P_x)$$

$$v(r) = -78e^{-(r/1.5)^2}+82.5e^{-(r/0.8)^2}\quad(\text{MeV})$$

というわゆる Volkov ポテンシャルを使う．軸対称を仮定し，状態空間としては $1g_{7/2}$ までの殻模型準位をすべて取る．こうして求めた ^{20}Ne の密度分布を図4.5に示す．この例では状態空間として 1s, 1p 殻は完全に満たされているとし，sd 殻だけを対角化の対象としたのでは十分な変形が得られず，観測される4重極能率を説明できないという結果も得られている．

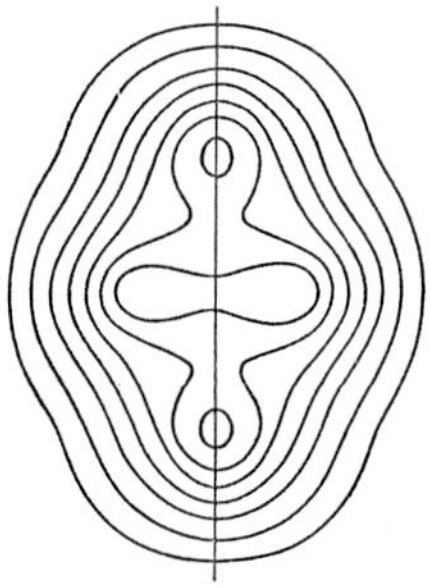

図4.5　変形核 Hartree 法による ^{20}Ne の密度分布(Ripka, G.: *Advances in Nuclear Physics* (Baranger, M. & Vogt, E. (ed.)), vol. 1, p. 183, Plenum Press (1968) による)

d)　生成座標の方法

変形核 Hartree 法では，系に固定した座標軸の空間固定軸に対する傾きを Ω としたとき，系に固定した座標系での波動関数 $\Psi(x, \Omega)$ は Ω の各値に対して縮退していた．そこで，これの適当な1次結合を取って良い状態を作り出すことができた．この考え方はもっと一般化することができる．一般に，波動関数があるパラメーターを含んでいる場合を考える．このパラメーターは例えば Nilsson 模型の変形パラメーターであってよい．あるいは前述の核変形の軸の方向でもよい．系が平行移動に対して不変であるときの重心の座標もこの種のパラメーターと考えることができる．このパラメーターを代表的に α と書くことにする．波動関数 $\Psi(x, \alpha)$ は α の値を変化させると変化するが，異なる α に対する $\Psi(x, \alpha)$ は必ずしも直交はしない．

一方，エネルギーの方は α を変化させてもほとんど変わらない，という場合

† Ripka, G.: *Advances in Nuclear Physics* (Baranger, M. & Vogt, E. (ed.)), vol. 1, p. 183, Plenum Press (1968). Volkov ポテンシャルで r は 10^{-13} cm 単位で測る．

がよくある．変形核のときの Ω の場合には完全な縮退であり，Nilsson 模型の変形パラメーター δ については平衡変形の近くでは近似的に縮退している．そこで，これらの波動関数の1次結合を作り，これを試関数として変分法を適用すればもっと良い近似の波動関数が得られるであろう．これがいわゆる生成座標の方法(generator coordinate method)の考え方である．

試関数を

$$\Phi(\boldsymbol{x}) = \int f(\alpha)\Psi(\boldsymbol{x}, \alpha)\,d\alpha \tag{4.2.21}$$

とし，

$$E[\Phi] = \frac{\langle\Phi|H|\Phi\rangle}{\langle\Phi|\Phi\rangle}$$

が極小になるように $f(\alpha)$ を変分すると f に対する次の積分方程式が得られる．

$$\int [H(\alpha, \alpha') - EN(\alpha, \alpha')] f(\alpha')\,d\alpha' = 0 \tag{4.2.22}$$

ここで

$$\left.\begin{aligned} H(\alpha, \alpha') &= \langle\Psi(\boldsymbol{x}, \alpha)|H|\Psi(\boldsymbol{x}, \alpha')\rangle \\ N(\alpha, \alpha') &= \langle\Psi(\boldsymbol{x}, \alpha)|\Psi(\boldsymbol{x}, \alpha')\rangle \end{aligned}\right\} \tag{4.2.23}$$

である．

例えば系が平行移動に対して不変であるとき，重心の座標 $\boldsymbol{R}$ をパラメーター α に選び，$\Psi(\boldsymbol{x}, \alpha) = \Psi(\boldsymbol{x} - \boldsymbol{R})$ の形に取ると

$$f(\alpha) = Ce^{i\boldsymbol{K}\cdot\boldsymbol{R}} \qquad (C\text{ は定数})$$

が(4.2.22)の解となることは容易に示すことができる．いま考えているような変形核では α として例えばポテンシャルの主軸の方位角をとれば，回転子型のエネルギー・スペクトルを出すことができる．これは(4.2.4)以下の手順と同様である．生成座標の方法では，変形パラメーター δ をさらに α に取り入れることができる．大西と吉田†は後章で述べる対相関をも取り入れた式を作り，中重核についての計算を行なった．この際，試関数としては，一定の変形度に対してのHartree 式の解を使うとよりよい近似が得られる．彼らはこの方法を用いて

† Onishi, N. & Yoshida, S.: *Nuclear Phys.*, 80, 367 (1966).

中重核のエネルギーを計算した.

e) 多中心模型

普通の変形核を取り扱っている限り，変形としてはそれほど大きなものを考える必要はない．その限りでは球形からのずれとして2次の変形がまず考えられ，それに高次の変形を追加して考慮に入れて行くのが普通である．しかし，例えば核分裂の場合の分裂直前の核の形などは亜鈴形に近いと考えられるし，$^{12}C+^{12}C$の反応などではC-Cがちょうど2原子分子形のような共鳴状態にあると考えられる状態も現われている．このような場合をも全体の系の変形した状態として同一に取り扱うには，上記のように2次の変形が主であるとする近似法は役に立たない．また，例えば^{8}Beのような核は2個のα粒子が相互作用して1つの系を作っているという考え方も模型として有効であるように見える．このような場合には分子に対して用いられる原子軌道の方法や分子軌道の方法が有効であろう．一般にこれらの方法はいくつかの力の中心を仮定するので多中心模型と名付けてよいであろう．

簡単な例として2中心の場合を考える．定性的な理解のため，2つの等方振動子型のポテンシャルがある距離離れてあるとしよう．さらに簡単化のためこの2つの振動子型ポテンシャルは同じ形をしているとする．これは例えば対称核分裂の場合に相当する．2つのポテンシャルの中心間の距離がパラメーターで，Nilsson模型の変形度に相当する．この距離が大きく，2つのポテンシャルが十分離れているときは，粒子軌道はそれぞれのポテンシャルによるものであり，縮退している．2つのポテンシャルが重なり合うところではそのまま重ねるとそこでの核物質の密度は高くなる．これに対して，核の密度がいつでも一定であるようにしようとする断熱的な考え方もある．前者は2つの核の速い衝突の場合に適用できると考えられ(突然近似)，後者は原子核分裂あるいはゆっくりした衝突の過程などに適用できると予想される．後者はNilsson模型の場合の延長といってもよい．いずれの場合であっても，2つのポテンシャル(あるいはそれで表わされる核)が近づき重なるに従って，粒子軌道の縮退は解け，完全に重なったところで1中心の殻模型の軌道になる．断熱近似の場合の粒子準位を2中心間の距離の関数として表わしたものの1例を図4.6に示しておく．

この粒子準位を積み上げることにより，全体の系のエネルギーが得られる．こ

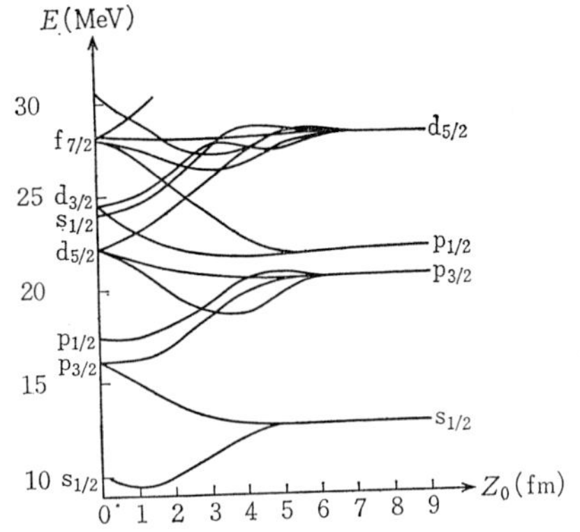

図 4.6　2中心模型による粒子準位．z_0 は2つの力の中心間の距離．準位の右には力の中心が遠くに離れた場合の準位名を，左端には完全にくっついた場合の準位名を記す．エネルギーの値は相対的なものである (Greiner, W. & Scheid, W.: *ANL*, **7837**, 36(1971) による)

の際，2つのポテンシャルの方にさらに変形のパラメーターを導入することにより，系全体としていろいろな形に対応したエネルギー面を作ることができるはずであるが，計算が面倒なのでまだそれほど組織的には行なわれていない．

クラスター的な構造を持つと考えられる核はいくつか存在する．^{8}Be, ^{12}C, ^{16}O, などのいわゆる α 核(^{4}He の整数倍の Z, A を持つ核)を α 粒子の集団として取り扱う α 粒子模型は古くから考えられ，近年新しい形で再登場してきたが，この模型では各核子は主としてどれかの α 粒子に属するという意味で多中心模型の変形といえよう．最近このような核に対し，純粋の α 粒子模型でなく，多中心模型で例えば分子軌道法を利用して Hartree 法を適用し，核の状態を求める試みがある．これは変形核の Hartree 法と同じくいくつかのパラメーター(変形核での変形度に相当する．具体的には力の中心の相対的位置，それぞれの力の中心のまわりのポテンシャルの強さなど)を含み，例えばそれを変分することで最低

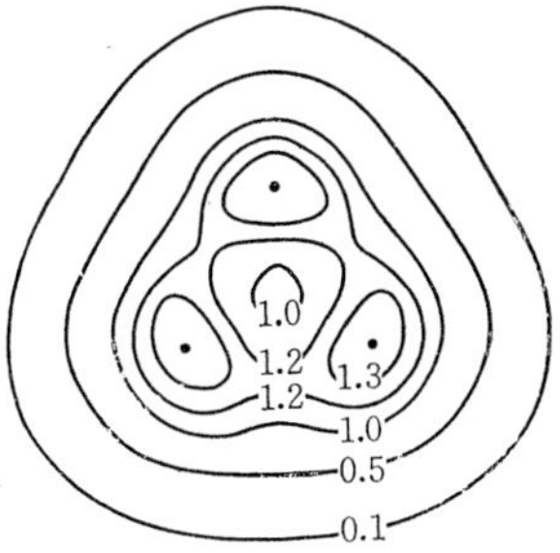

図 4.7　分子軌道法による ^{12}C の基底状態の密度分布．等高線の数字は相対的なものである (Abe, Y., Hiura, J. & Tanaka, H.: *Progr. Theoret. Phys.*, **49**, 800(1973) による)

エネルギー状態が求められる．図4.7に ^{12}C を力の中心が正3角形配置をしているとして計算した結果の1例を示す．パラメーターは，力の中心間の距離 d，およびその中心のまわりの力を振動子型として $\sqrt{\hbar/M\omega}=b$ の2つである．α 粒子模型に合わせるため，$b=1.31$ fm に固定し，d を変化させると $d\approx2.0$ fm がエネルギーの最低値を与える(d が少し変化してもエネルギーはあまり変わらない)ので，そこでの結果が示してある．図4.7はその場合の密度分布(対称軸に垂直な面上での)を等高線で表わしたものである．

§4.3　結合エネルギー

a)　予備的考察

原子核のもろもろの性質を記述する量の中で結合エネルギーは1つの量に過ぎない．しかしこの量は避けて通るわけにいかない量である．極端ないい方をすれば，力学系としての原子核の基本となる量である．原子核の研究の初期の頃から結合エネルギーは当然のことながら重要な研究対象であった．しかし，結合エネルギーを再現しようとする試みは，現象論的なものを別にすれば，長い間その極め手を欠いていた．それは，核子間の相互作用に対する知識が不足していたのが大きな理由であるといえる．一方原子核自体に関する知識は増大し，これを説明するための模型や理論は長足の進歩を遂げた．この間，結合エネルギーの問題は不問に付されたというのはいい過ぎにしても，あまり触れられなかった．むしろ，結合エネルギーの絶対値そのものを問題にしなくてもよい，あるいはそれは観測値ないしは現象論的質量公式を援用すればよい，という取扱いをしてきたともいえる．殻模型はその1つの代表的な例である．しかし，その殻模型にしてもその基礎づけを問題とする段階に入ったとき，この問題を避けて通ることはできない．結合エネルギーの問題は，原子核を互いに相互作用する多粒子系として統一的に理解しようとするときの1つの重要な到達目標であるといえよう．

現象面では結合の飽和性という重要な性質がある．飽和性は原子核の密度(あるいは大きさ)と結合エネルギーの2つの面に現われている．原子核の基底状態の質量は Bethe-Weizsäcker の質量公式で示されるように，質量数に比例した結合エネルギーの項，すなわち体積エネルギー，を持っている．この項の存在，すなわち粒子数に比例した結合エネルギーがあること，しかもそれが全結合エネルギーの主要部分を与えることが，飽和性の1つの形である．また，基底状態での原子核の密度は質量数の如何にかかわらずほぼ一定である．これが飽和性のもう1つの形である．

飽和性を論ずる場合に，事情を簡単化するため，**核物質**(あるいは核媒質)(nuclear matter)を考えることがよくある．これは実際の原子核の中心付近の性質を一様に持った無限に広がった仮想的な媒質である．したがって，表面の性質などを考える必要がない．この核物質のエネルギーが実際の原子核の密度に相当する密度で最低となり，その値が体積エネルギーに相当する値を取れば，飽和性は説明されたといえる．

飽和性は初期の理論では理解することが困難であった．事情を明らかにするために，次のような計算をしてみる．まず，体積 Ω の容れものに核子が A 個入っているとする．Fermi 気体模型をとれば系の波動関数は

$$\Psi(1, \cdots, A)=\frac{1}{\sqrt{A!}}\sum_{P}(-1)^{P}\varphi_1(\boldsymbol{x}_1)\cdots\varphi_A(\boldsymbol{x}_A) \tag{4.3.1}$$

で与えられる．ここで φ は

$$\varphi_i(\boldsymbol{x}_1)=\frac{1}{\sqrt{\Omega}}e^{i\boldsymbol{k}_i\cdot\boldsymbol{r}_1}\chi_i(1)\lambda_i(1) \tag{4.3.1a}$$

である．χ_i, λ_i は状態 i のスピンおよび荷電スピン関数であり，$\boldsymbol{x}$ は座標 $\boldsymbol{r}$ とスピン，荷電スピン変数すべてを含めた粒子座標である．

この Fermi 気体の波動関数を変分の試関数として系のエネルギーを計算してみる．変分パラメーターは粒子密度である．系のハミルトニアンを

$$H=\sum_i\frac{p_i^2}{2m}+\frac{1}{2}\sum_{ij}v_{ij} \tag{4.3.2}$$

とすると，全エネルギー W は

$$W=\int\Psi^*(1, \cdots, A)H\Psi(1, \cdots, A)d\boldsymbol{r}_1\cdots d\boldsymbol{r}_A \tag{4.3.3}$$

である．このうち，運動エネルギーの部分は

$$K=\left\langle\sum_i\frac{p_i^2}{2m}\right\rangle=\frac{3}{5}\left(\frac{p_{\mathrm{F}}^{\mathrm{p}2}}{2m}Z+\frac{p_{\mathrm{F}}^{\mathrm{n}2}}{2m}N\right) \tag{4.3.4}$$

である．$p_{\mathrm{F}}^{\mathrm{p}}, p_{\mathrm{F}}^{\mathrm{n}}$ はそれぞれ陽子，中性子の Fermi 運動量で

$$p_F{}^{p} = \hbar(3\pi^2)^{1/3}\left(\frac{Z}{\Omega}\right)^{1/3}, \qquad p_F{}^{n} = \hbar(3\pi^2)^{1/3}\left(\frac{N}{\Omega}\right)^{1/3} \tag{4.3.5}$$

であることは容易に計算できる．Z, N はそれぞれ陽子および中性子数である．したがって

$$K = \frac{3}{10}\frac{\hbar^2}{m}(3\pi^2)^{2/3}\frac{1}{\Omega^{2/3}}(Z^{5/3}+N^{5/3}) \tag{4.3.4$'$}$$

となる．一方，ポテンシャル・エネルギーの方は

$$\bar{V} = \int \Psi^*(1, \cdots, A)\left(\frac{1}{2}\sum v_{ij}\right)\Psi(1, \cdots, A)\,d\boldsymbol{r}_1\cdots d\boldsymbol{r}_A \tag{4.3.6}$$

であるが，交換力の効果を見るために

$$v_{ij}(\boldsymbol{x}_i, \boldsymbol{x}_j) = v^{W}(\boldsymbol{r}_{ij}) + v^{M}(\boldsymbol{r}_{ij})P_{ij}{}^{s} \tag{4.3.7}$$

と仮定し，$\bar{V}$ の核子数依存性を見ることにする．v^W は Wigner 型，v^M は Majorana 型であることを示す．$P_{ij}{}^s$ は空間座標 $\boldsymbol{r}_i, \boldsymbol{r}_j$ を交換する演算子である．また，$\boldsymbol{r}_{ij}=\boldsymbol{r}_i-\boldsymbol{r}_j$ である．

核子の対が核力の到達距離 b より中に見出される確率を p とすると

$$\frac{1}{2}\sum_{ij}\int \Psi^*(1, \cdots, A)v^{W}(\boldsymbol{r}_{ij})\Psi(1, \cdots, A)\,d\boldsymbol{r}_1\cdots d\boldsymbol{r}_A = \frac{1}{2}A(A-1)V^{W}p \tag{4.3.8}$$

と表わすことができる．V^W は v^W を平均したものである．次に，$P_{ij}{}^s$ については

$$\int \Psi^* P_{ij}{}^{s}\Psi d\boldsymbol{r}_1\cdots d\boldsymbol{r}_N$$

を作ると，これは i と j とが同じエネルギー準位（同じ空間状態）であれば $+1$，i と j とが同種粒子でスピン状態も同じであるがエネルギー準位（空間状態）が異なるときは -1，それ以外は 0 である．いま $N \geqq Z$ とすると，低い方から $Z/2$ 個の準位については空間対称な対の数はそれぞれ 6 通りあり，残りの $(N-Z)/2$ 個の準位については（Pauli 原理のため）それぞれ 1 通りしかない．すなわち，空間対称な粒子対の数 n_+ は

$$n_+ = 6\times\frac{Z}{2}+\frac{1}{2}(N-Z)$$

である．反対称な対の数 n_- も同様に計算できて

$$n_- = 2\left[\frac{1}{2}\frac{Z}{2}\left(\frac{Z}{2}-1\right)+\frac{1}{2}\frac{N}{2}\left(\frac{N}{2}-1\right)\right]$$

となる．したがって

$$\frac{1}{2}\sum_{ij}\int \Psi^* v_{ij}{}^{\mathrm{M}}(\boldsymbol{r}_{ij})\Psi d\boldsymbol{r}_1\cdots d\boldsymbol{r}_N$$
$$= V^{\mathrm{M}}p\left\{\left[6\left(\frac{Z}{2}\right)+\frac{1}{2}(N-Z)\right]-\left[\frac{Z}{2}\left(\frac{Z}{2}-1\right)+\frac{N}{2}\left(\frac{N}{2}-1\right)\right]\right\} \tag{4.3.9}$$

となる．V^{M} は v^{M} の平均値である．結局

$$\bar{V} = \frac{1}{2}A(A-1)V^{\mathrm{W}}p+\left\{\left[6\left(\frac{Z}{2}\right)+\frac{1}{2}(N-Z)\right]-\left[\frac{Z}{2}\left(\frac{Z}{2}-1\right)+\frac{N}{2}\left(\frac{N}{2}-1\right)\right]\right\}V^{\mathrm{M}}p$$
$$= \frac{1}{2}A\left[(A-1)V^{\mathrm{W}}-\left(\frac{A}{4}-4\right)V^{\mathrm{M}}\right]p-\left(\frac{T_3{}^2}{2}+2T_3\right)V^{\mathrm{M}}p \tag{4.3.10}$$

となる．ここで $T_3=(N-Z)/2$ である．

A が十分大きく，T_3 が $T_3 \ll T_3{}^2$ であれば

$$V \approx \left[\frac{A^2}{2}\left(V^{\mathrm{W}}-\frac{1}{4}V^{\mathrm{M}}\right)-\frac{T_3{}^2}{2}V^{\mathrm{M}}\right]p \tag{4.3.11}$$

となる．運動エネルギーの方も T_3 を使って表わすと

$$K = \frac{\hbar^2}{10m}\left(\frac{3}{2}\right)^{7/3}\left(\frac{\pi}{2}\right)^{2/3}\frac{1}{r_0{}^2}A\left[\left(1-\frac{2T_3}{A}\right)^{5/3}+\left(1+\frac{2T_3}{A}\right)^{5/3}\right]$$

となる．ただし，$\Omega=(4\pi/3)r_0{}^3A$ とした．$T_3 \ll A$ であるから

$$K \approx \frac{\hbar^2}{5m}\left(\frac{3}{2}\right)^{7/3}\left(\frac{\pi}{2}\right)^{2/3}\frac{1}{r_0{}^2}A\left(1+\frac{20}{9}\frac{T_3{}^2}{A^2}\right) \tag{4.3.12}$$

全エネルギーを密度や T_3 の関数として求めるためには p の大きさを評価しなければならない．

$$e(x) = \begin{cases} 1 & (x>0) \\ 0 & (x<0) \end{cases}$$

という関数を用いて，p は

$$p=\frac{1}{\Omega^2}\int\int e(b-r_{12})\,d\boldsymbol{r}_1 d\boldsymbol{r}_2$$

$$=\begin{cases}\left(\dfrac{b}{R}\right)^3\left[1-\dfrac{9}{16}\left(\dfrac{b}{R}\right)+\dfrac{1}{32}\left(\dfrac{b}{R}\right)^3\right] & \left(R>\dfrac{b}{2}\right)\\ 1 & \left(R<\dfrac{b}{2}\right)\end{cases} \tag{4.3.13}$$

である．ただし R は $r_0A^{1/3}$ で，$\Omega=(4\pi/3)R^3$ である．

p のこの値を用いて

$$\bar{V}\approx\left[\frac{A}{2}\left(V^{\mathrm{W}}-\frac{V^{\mathrm{M}}}{4}\right)-\frac{T_3{}^2}{2A}V^{\mathrm{M}}\right]\left(\frac{b}{r_0}\right)^3\left(1-\frac{9}{16}\frac{b}{r_0A^{1/3}}+\frac{1}{32}\frac{b^3}{r_0{}^3A}\right) \tag{4.3.14}$$

となる．$\bar{V}$ と K とを加えると全エネルギーは

$$W\approx a_1A+a_2A^{2/3}+a_3\frac{T_3{}^2}{A} \tag{4.3.15}$$

という形にまとめられる．a_1 の中で，ポテンシャル・エネルギーからくる部分が負にならなければならない．核力 v は平均して引力であると考えるので V^{W} も V^{M} も負である．したがって $|V^{\mathrm{M}}|\leqq 4|V^{\mathrm{W}}|$ でなければ，ポテンシャル・エネルギーからくる部分は負にならない．すなわち，この限りでは Majorana 型の力が核の結合には重要な役割を果たしていることになる．

v_{ij} が

$$v=v_0(r)\left(\frac{1+\alpha}{2}+\frac{1-\alpha}{2}P^{\mathrm{s}}\right) \tag{4.3.16}$$

という形であるとすれば，上の条件は

$$\alpha\leqq-\frac{3}{5} \tag{4.3.17}$$

と表わしてもよい．Wigner 型と Majorana 型のこの強さの比を Rosenfeld の条件といっている．これが，この2種の力だけを考慮したときの飽和性の条件である．

ところで，実験の示すところでは，核力はこの条件に合っていない．(どちらかといえば $\alpha\sim 0$ に近い.) これが第1の問題点である．第2に，v として例えば湯

川型ポテンシャルを取ると $\bar{V}$ を解析的に計算でき，W を求めることができるが，それは($\alpha \leqq -3/5$ ならば)ほとんど 0 という値しか与えない．相当な結合エネルギーを与えるには α をもっと大きく取らねばならず，それでは W は r_0 を小さくするとどんどん小さくなり(r_0^{-3} という因数が効いてくる)原子核はつぶれてしまうことになる．

(*4.3.3*)の W は摂動計算でいえば第1次の項である．第2次の項を計算しても事情は良くならない．それに，摂動級数自身が収束するかどうかも疑問である．そこで，高次の項を取り入れるにしても，単純な摂動法よりももっと上手なまとめ方が必要になる．

単純な摂動法が良くないもう1つの理由は力の特異性にある．特に固い芯のような場合には上のような計算法は使えない($\langle \Phi_0 | \sum v_{ij} | \Phi_0 \rangle$ 自身が無限大になってしまう)．どうしても2核子間の相関を取り入れた計算法を行なわざるを得なくなる．

b) 核物質のエネルギー

系の粒子相関をできるだけ取り入れるためにはどうすればよいかを見るため，摂動の各項の持つ意味を少し詳しく調べてみる．まず，Hartree 的な1粒子状態が考えられるとして，それから出発する．Hartree 的という意味は，それが必ずしも厳密な意味での Hartree 方程式の解とは限らない，とするからである．実際，固い芯のあるようなポテンシャルなら，真正直に Hartree 方程式を作ると無限大の行列要素が現われ，意味がなくなる．そこで，差し当たっては1粒子状態を適当に予め定め，後でそれに対する条件を考えることにする．1粒子状態を定義するハミルトニアンを

$$h = T + U \tag{4.3.18}$$

とする．T は運動エネルギー，U は1粒子ポテンシャルである．h の固有状態(すなわち1粒子状態) ϕ_i は完全系を作るように取る．ここで

$$h\phi_i = \epsilon_i \phi_i \tag{4.3.19}$$

である．核物質の場合は無限に広がった媒質であるから，平行移動に対する不変性をも考慮すると，ϕ として平面波を取っても良さそうである．この場合，U は(i には依存するが)単なる数である．この $\{\phi_i\}$ から作られた全系の Hartree 的基底状態を Φ_0 とする．すなわち $\Phi_0 = \mathscr{A}(\prod \phi_i)$ ($\mathscr{A}$ は反対称化演算子)である．

Φ_0 は

$$H_0 = \sum_{i=1}^{A} h(\boldsymbol{x}_i) = \sum (T_i + U(\boldsymbol{x}_i)) \tag{4.3.20}$$

の固有状態になっている．

$$H_0\Phi_0 = E_0\Phi_0, \qquad E_0 = \sum_i \epsilon_i$$

状態 ϕ_i を作り出す Fermi 粒子生成演算子を c_i^+，これに対応する消滅演算子を c_i とすれば

$$|\Phi_0\rangle = \prod_{i=1}^{A} c_i^+|0\rangle \tag{4.3.21}$$

である．$|0\rangle$ は真空状態を表わす．また，1粒子状態の番号 i はエネルギーの低い方から順につけてあるとする．この c^+, c を用いると，H_0 は

$$H_0 = \sum_{ij} (T_{ij}c_i^+c_j + U_{ij}c_i^+c_j) \tag{4.3.22}$$

という形に書ける．ただし

$$T_{ij} = \int \phi_i^*(\boldsymbol{x})\, T\phi_j(\boldsymbol{x})\, d\boldsymbol{x}, \qquad U_{ij} = \int \phi_i^*(\boldsymbol{x})\, U(\boldsymbol{x})\, \phi_j(\boldsymbol{x})\, d\boldsymbol{x} \tag{4.3.23}$$

である．

これに対して系のハミルトニアン H は

$$H = \sum_{i=1}^{A} T_i + \frac{1}{2}\sum_{ij} v_{ij} \tag{4.3.24}$$

または(4.1.1)すなわち

$$H = \sum_{ij} T_{ij}c_i^+c_j + \frac{1}{2}\sum_{ijkl} v_{ij,kl}c_i^+c_j^+c_lc_k \tag{4.3.25}$$

である．

系の基底状態のエネルギーを E とし，摂動展開の形で書くと

$$H = H_0 + H_1 \tag{4.3.26}$$

として

$$E = E_0 + \langle\Phi_0|H_1|\Phi_0\rangle + \langle\Phi_0|H_1\frac{P}{E_0 - H_0}H_1|\Phi_0\rangle$$

$$+\langle\Phi_0|H_1\frac{P}{E_0-H_0}H_1\frac{P}{E_0-H_0}H_1|\Phi_0\rangle+\cdots \qquad (4.3.27)$$

となる．P は

$$P=1-|\Phi_0\rangle\langle\Phi_0| \qquad (4.3.28)$$

という射影演算子である．

(4.3.27)の各項の意味を調べる前に粒子数が大きい場合の各項の大きさの程度を見ておくことは有益であろう．

$$H_1=\frac{1}{2}\sum_{ijkl}v_{ij,kl}c_i{}^+c_j{}^+c_lc_k-U_{ij}c_i{}^+c_j$$

であるから，第2項 $\langle\Phi_0|H_1|\Phi_0\rangle$ は

$$\frac{1}{2}\sum_{mn}(v_{mn,mn}-v_{mn,nm})-\sum_n U_{nn} \qquad (4.3.29)$$

である．あるいは v の反対称性を考慮に入れれば $\sum v_{mn,mn}-\sum U_{nn}$ となる．ただし，m, n は Fermi 面以下の状態を表わしている．以下，Fermi 面以下の状態に対しては $l, m, n, \cdots$ という文字を使い，Fermi 面以上の状態に対しては $a, b, c, \cdots$ のようにアルファベットの始めの方の文字を使うことにする．

簡単のためにスピン，荷電スピン関数を無視し，ϕ_i として平面波

$$\phi_i(\boldsymbol{x})=\frac{1}{\sqrt{\Omega}}e^{i\boldsymbol{k}_i\cdot\boldsymbol{x}}$$

を取る．Ω は規格化体積で，$A/\Omega=\rho$ が密度となる．この場合

$$\begin{aligned}v_{mn,m'n'}&=\int d\boldsymbol{x}_1d\boldsymbol{x}_2\phi^*{}_{\boldsymbol{k}_m}(\boldsymbol{x}_1)\phi^*{}_{\boldsymbol{k}_n}(\boldsymbol{x}_2)v(\boldsymbol{x}_1,\boldsymbol{x}_2)\phi_{\boldsymbol{k}_{m'}}(\boldsymbol{x}_1)\phi_{\boldsymbol{k}_{n'}}(\boldsymbol{x}_2)\\&=\frac{1}{\Omega}\int d\boldsymbol{r}e^{-i(\boldsymbol{k}_m-\boldsymbol{k}_n)\cdot\boldsymbol{r}}v(r)\delta(\boldsymbol{k}_m+\boldsymbol{k}_n,\boldsymbol{k}_{m'}+\boldsymbol{k}_{n'})\end{aligned}$$

である．右辺の δ 関数(というより今の場合は Kronecker の δ)は2粒子系の全運動量の保存則を示している．ポテンシャル v の深さの程度を V_0, 広がりを a の程度の大きさとすれば

$$v_{mn,m'n'}\sim\frac{1}{\Omega}(V_0a^3)\delta(\boldsymbol{k}_m+\boldsymbol{k}_n,\boldsymbol{k}_{m'}+\boldsymbol{k}_{n'})$$

である．したがって(Uは定数として)

$$\varDelta E_1 = \langle \varPhi_0 | H_1 | \varPhi_0 \rangle \sim \frac{A^2}{\varOmega}(V_0 a^3) - \frac{A}{\varOmega} U$$
$$= A\rho(V_0 a^3) - \rho U$$

となり，ρ を一定に保てば $A\to\infty$ でも $\varDelta E_1/A$ は A に無関係で，1粒子当りのエネルギー変化という意味を持っている．

次に，2次の項は

$$\varDelta E_2 = \langle \varPhi_0 | H_1 \frac{P}{E_0 - H_0} H_1 | \varPhi \rangle$$
$$\approx \sum_{\substack{mn\\ab}} v_{mn,ab} \left(\frac{1}{E_0 - H_0} \right)_{ab,mn} v_{ab,mn}$$

である．(簡単のため，反対称性の効果および U の項は落した.)　$v_{ab,mn}$ では全運動量保存則 $\delta_{\boldsymbol{k}_a+\boldsymbol{k}_b,\boldsymbol{k}_m+\boldsymbol{k}_n}$ があるから，(mn) を定めると状態 (ab) で a および b はそれぞれ独立には取れず，a を定めると b が決まるという関係がある．したがって，(ab) についての和は実は a についての和である．a についての和は $\sum_{\boldsymbol{k}_a} \to \frac{\varOmega}{(2\pi^3)} \int d\boldsymbol{k}$ とおきかえられる．エネルギー分母 $1/(E_0 - H_0)_{ab,mn}$ は

$$\frac{1}{(E_0 - H_0)_{ab,mn}} = \frac{1}{\hbar^2} \left[\frac{\boldsymbol{k}_m{}^2}{2M} + \frac{\boldsymbol{k}_n{}^2}{2M} - \frac{\boldsymbol{k}_a{}^2}{2M} - \frac{\boldsymbol{k}_b{}^2}{2M} \right]^{-1}$$

で，これは粒子対の運動エネルギーの差であるから，a について和を取る場合には m, n に関係する量は平均的な値で近似でき，a についての和は粒子数 A には無関係となる．結局 $\varDelta E_2$ は

$$\varDelta E_2 \sim \frac{A^2}{\varOmega}(V_0 a^3)^2 = A\rho (V_0 a^3)^2$$

の程度の量である．3次以上の項についても，後に述べるような(つながったダイヤグラムだけを取る)取扱いをすれば各項はすべて A に比例する(ただし ρ は一定としておく)ことを示すことができる．

(4.3.27) の展開は Rayleigh-Schrödinger の展開である．これに対し Brillouin-Wigner の展開を取ると事情は異なってくる．Brillouin-Wigner の展開法では，エネルギー分母が $1/(E_0 - H_0)$ でなく $1/(E - H_0)$ になっている．$E = E_0 + \varDelta E_1 + \varDelta E_2 + \cdots$ である．$\varDelta E_1$ は $\langle \varPhi_0 | H_1 | \varPhi_0 \rangle$ で Rayleigh-Schrödinger の場

合と同じであるから，1次の近似で $E=E_0+\Delta E_1$ とおけば，$E\propto A$ で ΔE_2 は A に無関係となる．1粒子当りのエネルギーに直せば ΔE_2 は $A\to\infty$ で0となってしまう．この事情は高次の項についても成り立つ．このことは一見都合がよいことで補正として1次の項だけ取ればよいように見える．しかし，A が実際は有限であるから2次以上の項は小さくはあるが存在している．この場合には同じ程度の大きさの項が次々と現われることになり，1次以上の意味のある補正をするには少なくとも A 次の項まで取らねばならないこととなり，摂動展開としての意味を持たない．(収束性が問題となるのは Rayleigh-Schrödinger の場合も同じであるが)これが粒子数の大きい場合の摂動展開の問題点である．また，波動関数についても，Brillouin-Wigner 式の展開では，$A\to\infty$ では出発の波動関数 Φ_0 に対して補正が加えられないことを変分法を用いて示すことができるから†，多粒子系ではこの方法はあまり意味を持たない．

いずれにしても，粒子数が大きい場合には通常の摂動と異なる展開法を考える必要がある．そのため，もとに戻って(*4.3.27*)の各項の持つ物理的意味を調べる．

§3.3で述べたようなダイヤグラムで表わすと，(*4.3.29*)の項は次の図のようなものを集めたものになっている．U を Hartree 場とすれば，これは図4.8の(a)および(b)が(c)に等しくなるように取られていることを意味している．U が Hartree 的であると否とにかかわらず，(*4.3.27*)の右辺の第2項までを取れば

$$E=\sum_n T_{nn}+\frac{1}{2}\sum_{mn}(v_{mn,mn}-v_{mn,nm}) \qquad (4.3.30)$$

である．

ところで，既に述べたように，v に特異性があれば，v の行列要素に特異性が

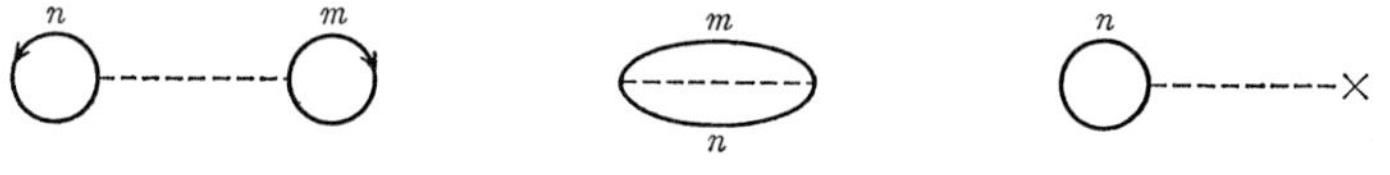

(a) (b) (c)

図4.8

† Brueckner, K. A.: *The Many Body Problem* (Dewitt, C.(ed.)), John Wiley & Sons (1958), p. 47.

現われ，上式は意味を持たない．そうでない場合でも，粒子相関が強ければよい近似ではない．そこで，もっと高次の項を取り入れる必要がある．(4.3.27)の右辺の第3項以下，すなわち2次以上の項を見てみる．2次の項はダイヤグラムで書けば図4.9のようなものである．

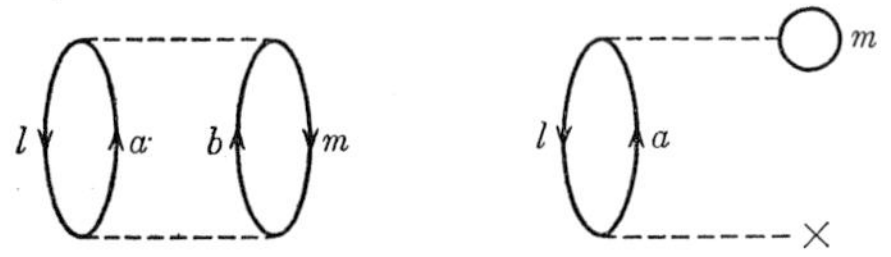

図4.9

3次の項はいろいろな種類のものがある．そのいくつかを図示すると図4.10のようになる．

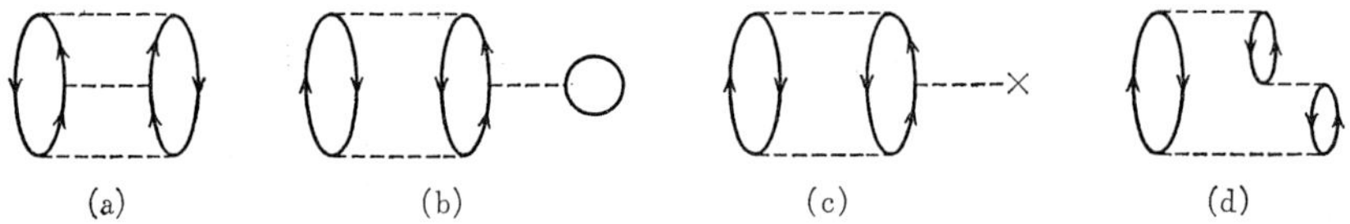

図4.10

ここで1つ問題が生ずる．3次の項には例えば次の図

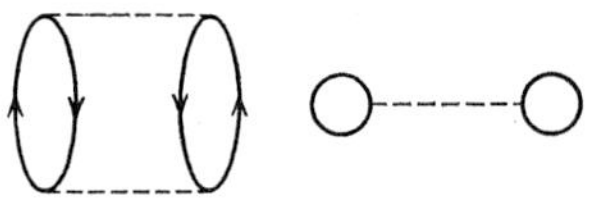

で与えられるような項，すなわちつながらない2つのダイヤグラムで与えられるような項が現われてくる．このような項は3次以上の項には必ず出てくる．この種の項は(状態の数を計算するとわかるが)粒子数の2乗またはそれ以上のベキに比例するエネルギーを与えるので，結合エネルギーの計算には望ましくない．しかし，この項は実は取らなくてもよい．それは，$|\Psi_0\rangle$ の規格化を考慮して摂動展開をすると，例えば3次の項に

$$-\langle\Phi_0|H_1|\Phi_0\rangle\langle\Phi_0|H_1\frac{P}{(E_0-H_0)^2}H_1|\Phi_0\rangle$$

という項が現われ，上記の望ましくない項と消し合ってくれるからである．このことは一般的に証明できるので，エネルギーを計算するときはつながったダイヤ

グラムで与えられるものだけを計算すればよい．

次に，高次の項の取入れ方を考える．核力に特異性があっても，2核子状態としてこれを正確に取り入れて解けば行列要素に特異性は現われないことを§3.2の散乱行列の議論でわれわれは知っている．そこで，まずは2粒子間で相互作用が無限に繰り返されるような項を取ることが考えられる．これは，図で表わせば次のようなものになる．

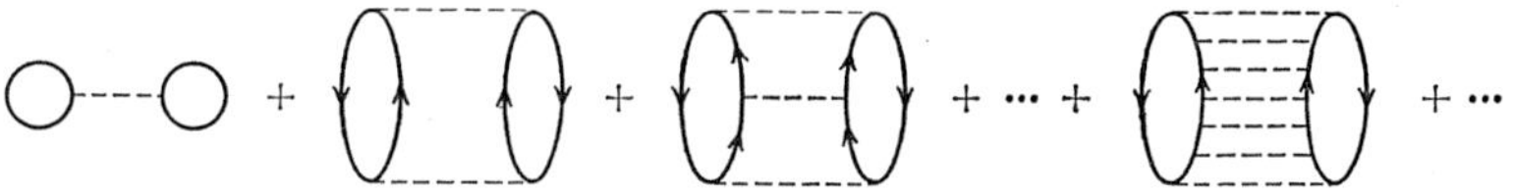

また，図4.10の(b)のような項も図4.11のように一般化できる．

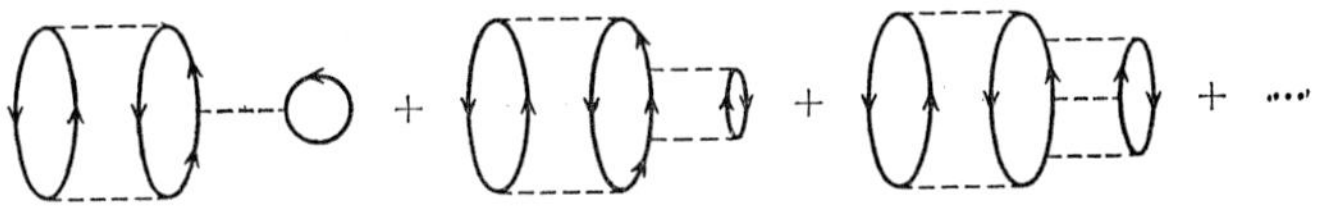

(a)

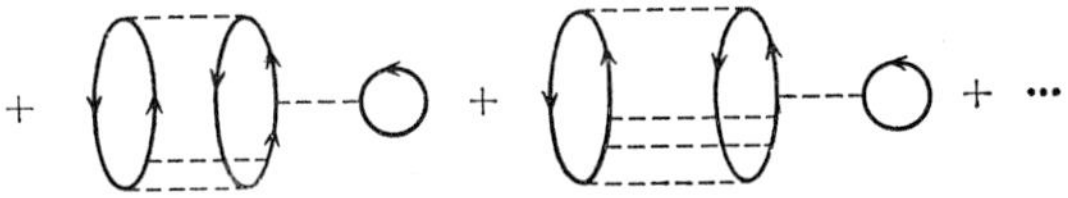

(b)

図4.11

これらは，粒子状態間の相互作用 v をその繰返しで置き換えたことに相当する．そこで§3.2にならって散乱行列 K を

$$K(W)=v+v\frac{Q}{e}v+v\frac{Q}{e}v\frac{Q}{e}+\cdots$$

$$=v+v\frac{Q}{e}K \qquad (4.3.31)$$

と定義する．ここで $1/e$ は

$$\frac{1}{e}=\frac{1}{W-H_0} \qquad (4.3.32)$$

という積分演算子である．具体的には

$$\frac{1}{e}|ij\rangle = \frac{1}{W-\epsilon_i-\epsilon_j}$$

である．また，Q は

$$Q|ij\rangle = \begin{cases} |ij\rangle & (i, j \text{ 共に Fermi 準位より上の場合}) \\ 0 & (\text{それ以外}) \end{cases} \tag{4.3.33}$$

という射影演算子である．W は v の繰返しを考えるときの系の初期エネルギー(基底状態を基準にした)である．たとえば次の図の場合には $W=\epsilon_m+\epsilon_n$ である(これは摂動論で出てくるエネルギー分母を考えるとわかり易い)．

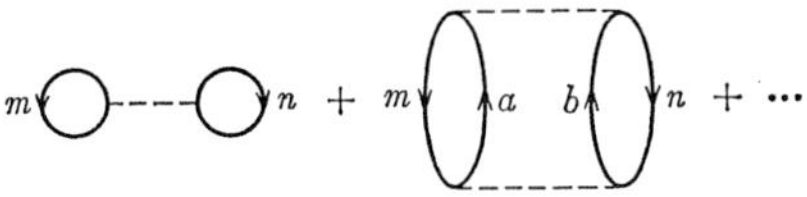

図の第2項は $v\frac{Q}{e}v$ に相当し，$e=\epsilon_m+\epsilon_n-\epsilon_a-\epsilon_b$ である．

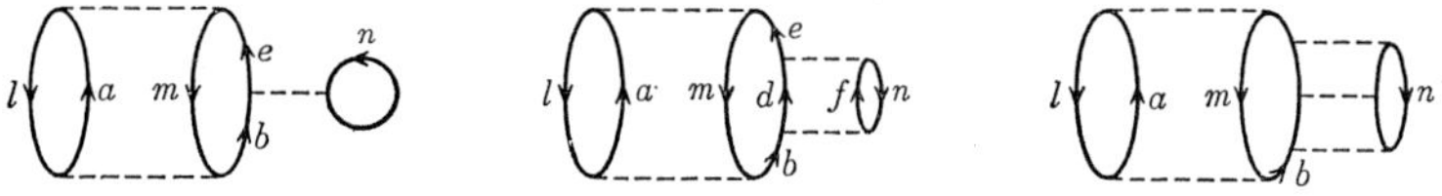

図 4.12

また例えば図 4.12 のような b と n との間の v の繰返しの部分に対する K については $W=\epsilon_l+\epsilon_m+\epsilon_n-\epsilon_a$ である．v の代りに K を用い，これを波線で表わすと図 4.12 はまとめて

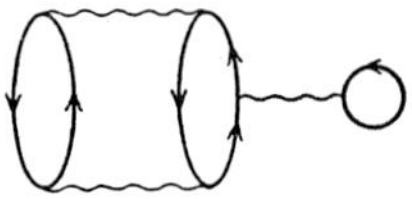

と書けるし，図 4.11 は

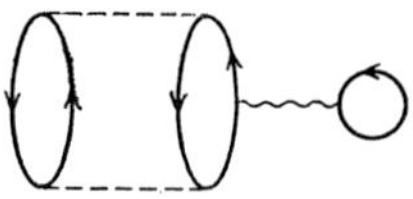

と書ける．このようにしてダイヤグラムに出てくる v のうちで粒子状態間に働く v はすべて K で置き換えることができる．

このように v を変形するとすれば，Hartree 的1粒子ポテンシャル U もこれに則して考える必要がある．Hartree 理論では図 4.8 の(a)，(b)が(c)に等しくな

るように U が選ばれた．これを今の場合に拡張するならば，第1近似では前の(a), (b)で v を K に置き換えたものが(c)に等しくなるように U を定めることになる．図式的に書けば

である．これが新しい意味の Hartree 式になる．すなわち，1粒子状態 m (Fermi 準位以下)に作用している1粒子ポテンシャル $U(m)$ を

$$U(m)=\sum_{n\leqq A}(\langle mn|K|mn\rangle-\langle mn|K|nm\rangle) \qquad (4.3.34)$$

で定義する．この場合，系の全エネルギーは，この近似では

$$E=\sum_{n\leqq A}\left(T_{nn}+\frac{1}{2}U(n)\right) \qquad (4.3.35)$$

である．

$U(n)$ はその導出法からも分かるように一般に状態 n によって異なる．その意味では速度依存型ポテンシャルといってもよい．核物質の場合には状態 n を表わす量として運動量 $\boldsymbol{p}_n$ を取ることができる(系の平行移動に対する不変性)．$U(n)$ を $\boldsymbol{p}_n$ で展開して2次の項まで取ると

$$T_n+U(n)=\frac{\boldsymbol{p}_n{}^2}{2m}+U_0+U_1\boldsymbol{p}_n{}^2=\frac{\boldsymbol{p}_n{}^2}{2m^*}+U_0$$

という形に書くことができる．すなわち，1粒子ポテンシャルの状態依存性を粒子の質量の変化と見なおすことができる．この m^* を**有効質量**(effective mass)といっている．m^* は m より小さく，Fermi 面の近くで m に近づく．

ここで少しやっかいな問題がある．K を定める式(4.3.31)にはエネルギー分母 e が入っている．これは K を使って定めるわけであるが，このときに使う K に対しては出発点となる系の初期エネルギーが，いま定めようとする K に対するものと異なる場合がある，ということである．例えば図4.13(a)のようなダイヤグラムを考える．この図で状態 n につながる波線のところを v で展開したものが図の(b)である．これで例えば状態 c, d が現われているときのエネルギー分母 e は

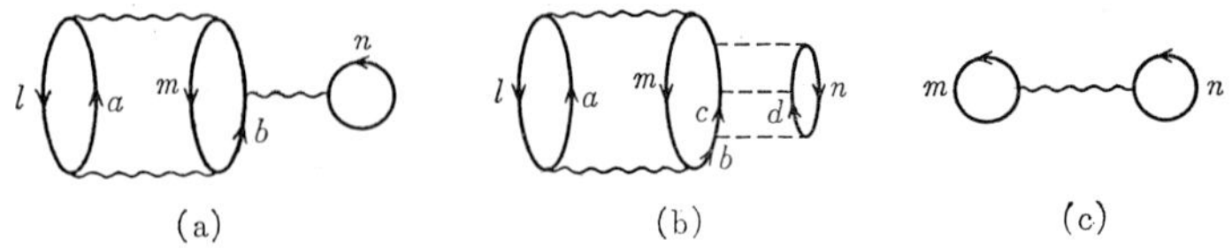

図 4.13

$$e=\epsilon_l+\epsilon_m+\epsilon_n-\epsilon_a-\epsilon_c-\epsilon_d$$

で，これは出発点のエネルギー W が $W=\epsilon_l+\epsilon_m+\epsilon_n-\epsilon_a$ であることを意味した．こうして作られる K を状態 n について加えて状態 b に対する $U(b)$ が得られる．ところが，同じ1粒子ポテンシャルでも，図 4.13(c)のような場合には出発点のエネルギーは $\epsilon_m+\epsilon_n$ で，これから得られる K を n について加えて得られる U は $U(b)$ とは異なってくる．前者のような場合を‘エネルギー殻上にない’場合といい，後者の場合を‘エネルギー殻上にある’場合といっている．この両者のエネルギー分母の値はそうとう違っている．このような‘エネルギー殻上にない’という場合はもっと他のダイヤグラムでも現われる．

K 行列を計算する方法については§3.2でも述べたが，後述の参照スペクトルの方法も有用な手法である．これらの手法で K を求めることができれば，それを用いて系のエネルギー E を単なる摂動展開よりも良い近似で求めることができる．こうして求められる1粒子当りの体積エネルギーの値は2核子相互作用 v の形と，E を(*4.3.35*)よりどれくらい高次の項まで取るか，K を求める際にどれだけの効果をとり入れているか，などによってかなりいろいろの値を与える．(*4.3.35*)の近似で止めるならば，例えば v として浜田-Johnston のポテンシャルを取り‘エネルギー殻上’の近似をとると約4 MeV 程度の値しか与えない．一般に固い芯を持つポテンシャルを v として採用すると，(*4.3.35*)の近似を取る限りでは実験値約15 MeV に程遠い値しか与えない．数値は‘エネルギー殻上にない’場合の処理の仕方によってかなり変動するが，それよりも重大な影響を与えるのは3粒子相関の効果で，これはまた‘エネルギー殻上にない’場合の U に大きな影響を与える．このことを考慮すれば，(*4.3.35*)の形の近似でも，もっと大きな値を与えることが知られている．この場合でも浜田-Johnston ポテンシャルではせいぜい8 MeV 程度であるが，軟い芯のポテンシャルでは12 MeV 程度の値を得ることは困難ではない．

参照スペクトルの方法(reference spectrum method)

K 行列を計算する方法として§3.2で述べた Moszkowski-Scott の分離法は有用な理論ではあるが，短距離部分に対する K_s を作るのはそれほど簡単ではない．K_s は短距離力に対するものであるから，中間状態は主として高い運動量を持つものになり，Pauli 原理の影響はあまりない．しかし，エネルギー分母(中間状態の)のとり方はそうとう重要になってくる．これを比較的取扱いやすい形で処理しようとするのが参照スペクトルの方法†であり，短距離の強い力に有効である．

Pauli 原理は中間状態が高い運動量の場合はあまり効かないから，後から補正として取り入れるとして，K の代りに

$$K^{\mathrm{R}} = v+v\frac{1}{e_{\mathrm{R}}}K^{\mathrm{R}} \tag{4.3.36}$$

を定義する．元来の K に現われるエネルギー分母は $e= W-H_0$ である．考えている2核子の相対運動量を，初期状態で $\boldsymbol{k}_0$，中間状態で $\boldsymbol{k}'$，終状態で $\boldsymbol{k}$ とし，2核子の全運動量を $2\boldsymbol{P}$ とする．すなわち，$\langle \boldsymbol{k}|K|\boldsymbol{k}_0, \boldsymbol{P}\rangle$ という行列要素を考えている．運動量 $\boldsymbol{k}$ の状態のエネルギーを $\epsilon(\boldsymbol{k})$ で表わす．例えば初期状態がともに Fermi 面以下(‘エネルギー殻上’)の場合には

$$\begin{aligned} e &= W-\epsilon(\boldsymbol{P}+\boldsymbol{k}')-\epsilon(\boldsymbol{P}-\boldsymbol{k}') \\ &= \epsilon(\boldsymbol{P}+\boldsymbol{k}_0)+\epsilon(\boldsymbol{P}-\boldsymbol{k}_0)-\epsilon(\boldsymbol{P}+\boldsymbol{k}')-\epsilon(\boldsymbol{P}-\boldsymbol{k}') \end{aligned}$$

であった．e は‘エネルギー殻上’の場合とそうでない場合とで異なる形をとり面倒であった．これをもっと簡便に計算するため，

$$\epsilon_{\mathrm{R}}(\boldsymbol{k}) = A+\frac{\boldsymbol{k}^2}{2m^*} \tag{4.3.37}$$

と定義し

$$\begin{aligned} e_{\mathrm{R}} &= W-\epsilon_{\mathrm{R}}(\boldsymbol{k}'+\boldsymbol{P})-\epsilon_{\mathrm{R}}(\boldsymbol{k}'-\boldsymbol{P}) \\ &= W-2A-\frac{\boldsymbol{k}'^2}{m^*}-\frac{\boldsymbol{P}^2}{m^*} \end{aligned} \tag{4.3.38}$$

とする．m^* は有効質量に相当し，A はある定数であり，後で定める．

---

† Bethe, H. A., Brandow, B. H. & Petschek, A. G.: *Phys. Rev.*, **129**, 225 (1963).

Bethe-Goldstone 式の場合のように，力 v が働かない場合の状態を ϕ とすると，実際の(2核子の)状態 ψ は

$$\psi=\Omega\phi,\qquad \Omega=1+\frac{Q}{e}K,\qquad K=v\Omega$$

であった．これと同様に(*4.3.36*)から Ω^{R} を

$$K^{\mathrm{R}}=v\Omega^{\mathrm{R}},\qquad \Omega^{\mathrm{R}}=1+\frac{1}{e_{\mathrm{R}}}K^{\mathrm{R}} \tag{4.3.39}$$

で定義でき，これから

$$e_{\mathrm{R}}(\Omega^{\mathrm{R}}-1)=v\Omega^{\mathrm{R}}$$

である．これを ϕ に演算して

$$e_{\mathrm{R}}(\psi^{\mathrm{R}}-\phi)=v\psi^{\mathrm{R}} \tag{4.3.40}$$

と書ける．$\psi^{\mathrm{R}}=\Omega^{\mathrm{R}}\phi$ である．ϕ と ψ あるいは ψ^{R} の差を ζ あるいは ζ^{R} と定義する．

$$\zeta\equiv\phi-\psi=(1-\Omega)\phi,\qquad \zeta^{\mathrm{R}}\equiv\phi-\psi^{\mathrm{R}}=(1-\Omega^{\mathrm{R}})\phi \tag{4.3.41}$$

e_{R} は運動量 $\boldsymbol{k}'$ について2次の形をしているから，空間座標に直せば ∇^2 である．

$$\gamma^2=P^2+m^*(2A-W) \tag{4.3.42}$$

と置けば(*4.3.40*)は

$$(\gamma^2-\nabla^2)\zeta^{\mathrm{R}}=m^*v\psi^{\mathrm{R}} \tag{4.3.43}$$

となる．これが基本方程式である．ζ あるいは ζ^{R} は角運動量部分波展開をして解ける．角運動量 l に対する ζ (あるいは ζ^{R})を $\zeta=\chi_l/(kr)$ の形として χ_l を求めることになる．ζ の性質を見るため，まず v が短距離力である場合を考える．あるいは $v=v_s+v_l$ と分割して v_s だけを考え，$r>d$ で v (あるいは v_s)$=0$ であるとする．(*4.3.43*)の S 状態の解は $r>d$ で

$$\chi_0{}^{\mathrm{R}}=e^{-\gamma r}$$

となり，χ^{R} あるいは ζ^{R} は r が大きくなるとともに急速に0に近づく．すなわち ψ^{R} は急速に ϕ に近づくことになる．これは前に述べた‘回復(healing)’に相当する．この性質(急速な‘回復’)のため，この解は Bethe-Goldstone 式の解より取り扱いやすい．

ζ^{R} が求められると K^{R} の行列要素は，$K^{\mathrm{R}}=v\Omega^{\mathrm{R}}$ から

$$\langle\boldsymbol{k}|K^{\mathrm{R}}|\boldsymbol{k}_0\boldsymbol{P}\rangle=\langle\phi(\boldsymbol{k})|v\psi^{\mathrm{R}}(\boldsymbol{k}_0)\rangle$$

$$= \frac{1}{m^*}\langle\phi(\boldsymbol{k})|(\gamma^2-\nabla^2)|\zeta^{\mathrm{R}}(\boldsymbol{k}_0)\rangle$$

$$= \langle\boldsymbol{k}|\zeta^{\mathrm{R}}\rangle(\boldsymbol{k}^2+\gamma^2)\frac{1}{m^*} \tag{4.3.44}$$

で与えられる．こうして K^{R} が求められれば K は

$$K = K^{\mathrm{R}}+K^{\mathrm{R}\dagger}\left(\frac{1}{e_{\mathrm{R}}}-\frac{Q}{e}\right)K \tag{4.3.45}$$

という形で求められる．力の短距離部分に関して重要となるような中間状態 $(\boldsymbol{k}')$ の領域で e_{R} が e の良い近似になるように選ぶことができれば，その部分に対しては上式の右辺の第 2 項は小さい．力の遠距離部分に対しては元来 $K\sim v_l$ であるが，e_{R} が中間状態に対して大きな値を取れば $1/e_{\mathrm{R}}$ は小さく，Q/e は Pauli 原理のためあまり効かないから，上式の右辺の第 2 項はやはり小さい．したがって，e_{R} をうまく取れば K^{R} は K のよい近似になる．

m^* はどれくらいの大きさであろうか．図 4.13(a) の状態 b について考える．b が高いエネルギー状態である場合には $\psi(b,n)$ と ϕ との差は主として固い芯の領域による．そこで $\langle bn|K|bn\rangle$ を計算するときの積分領域をこの領域に限っても悪い近似ではない．そうすると

$$\langle bn|K|bn\rangle \approx \int_{r<r_c}\phi^* v\psi d^3\boldsymbol{r} \qquad (r_c \text{ は固い芯の半径})$$

である．ところで

$$\psi = \phi+\frac{Q}{e}v\psi$$

であるが，この場合(固い芯の領域だから) Q は無視して差支えない．また $r<r_c$ では $\psi=0$ だから

$$v\psi = -e\phi$$

である．いまの場合 e は

$$e \approx \epsilon_l+\epsilon_m+\epsilon_n-\epsilon_a-\frac{k_b{}^2}{2m}-\frac{k_m{}^2}{2m}$$

であるが $k_b \gg k_{\mathrm{F}}$ では $\epsilon_a \approx k_b{}^2/2m$ であり，$\epsilon_l, \epsilon_n, \epsilon_m$ という空孔エネルギーはこれらに比べて無視できるから

$$v\psi \approx \frac{k_b{}^2}{m}$$

である．したがって

$$\langle bn|K|bn\rangle \approx \frac{4\pi}{3}r_c{}^3\frac{k_b{}^2}{m}$$

これを状態 n について加え合わせると $U(b)$ が得られる．n についての和は状態密度

$$\rho = 4\frac{4\pi}{3}\left(\frac{k_F}{2\pi}\right)^3 = \left(\frac{4\pi}{3}r_0{}^3\right)^{-1}$$

をかけることに相当するから（r_0 は1核子当りの体積の半径）

$$U(b) = \frac{r_c{}^3}{r_0{}^3}\frac{k_b{}^2}{m}$$

である．m^* は

$$\frac{k_b{}^2}{2m^*} = \frac{k_b{}^2}{2m} + U(b)$$

で定義されるから

$$\frac{m^*}{m} = \left(1+\frac{2r_c{}^3}{r_0{}^3}\right)^{-1}$$

である．e に現われる ϵ は実は m^* を使って定義されているから，$v\psi \approx k_b{}^2/m^*$，$\langle bn|K|bn\rangle \approx (4\pi/3)r_c{}^3k_b{}^2/m^*$ である．これから

$$\frac{m^*}{m} = \left(1+\frac{2m}{m^*}\frac{r_c{}^3}{r_0{}^3}\right)^{-1} = 1-\frac{2r_c{}^3}{r_0{}^3} \tag{4.3.46}$$

が得られる．$r_c=0.4\,\mathrm{fm}$, $k_F=1.5\,\mathrm{fm}^{-1}$ とすれば

$$\frac{m^*}{m} \approx 0.88 \tag{4.3.47}$$

となる．

e_R は粒子状態のエネルギー・スペクトル $\epsilon_R(\boldsymbol{k})$ を定めれば定められる．$\epsilon(\boldsymbol{k}) = k^2/2m + U(\boldsymbol{k})$ であるから，ϵ_R を定めることは U_R を定めることに他ならない．上に述べたように $k \gg k_F$ に対しては $U(\boldsymbol{k})$ は k^2 に比例している．そこで

$$U_R(k) = A_2 + Bk^2$$

の形におき，$k^2/2m+Bk^2=k^2/2m^*$ として $\epsilon_R(k)$ を定めたのが(4.3.37)である．$k\gg k_F$ に対しては $\epsilon_R(k)$ は $\epsilon(k)$ の良い近似になっている．そこで K^R を作るときの e_R としてはこの $\epsilon_R(k)$ を使う．参照スペクトルという言葉はこれから来ている．本当の粒子エネルギー・スペクトル $\epsilon(\boldsymbol{k})$ と参照スペクトル $\epsilon_R(\boldsymbol{k})$ とは $k\gg k_F$ 以外ではずれてくる．特に $k<k_F$ では上の U_R は1粒子ポテンシャルとして良い近似ではない．これに対しては

$$U_0(k) = A_1+Bk^2 \tag{4.3.48}$$

とおき，e_R に出てくる空孔状態に対してこれを用いる．当然 $k=k_F$ のところでエネルギーのギャップが出てくる．そのギャップは A_2-A_1 であり，これを

$$A_2-A_1 = \frac{{k_F}^2}{m^*}\varDelta \tag{4.3.49}$$

と置くことにする．したがって，e_R は m^* と $\varDelta$ とがパラメーターである．e_R を用いて K^R を定め，それからまた U_R, U_0 を求めることにより $\varDelta$ と m^* とを自己無矛盾に定めることもできる．

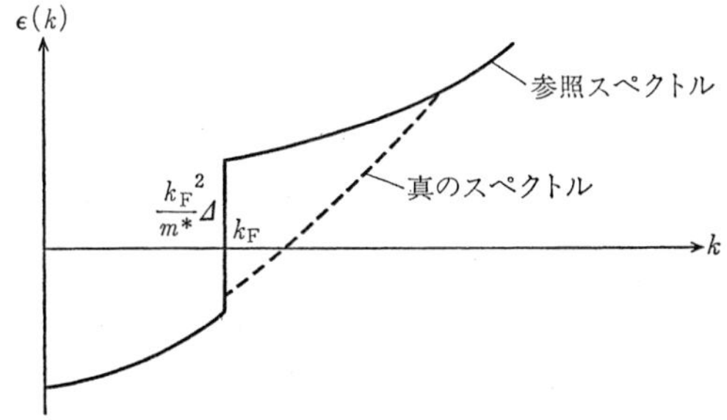

図4.14　1粒子エネルギー・スペクトルの概念図

原子核のように構成粒子が強く相互作用している系で粒子相関の取り入れ方として，上述してきたように2粒子相関を主なものとしてそれに更に高次の相関を取り入れていくという，どちらかといえば摂動的な方法を用いることが妥当であるかどうかは先験的にはわからない．2粒子相関を取り入れるだけで結合エネルギーのかなりの部分を導き出せることから見て，この近似法はそう悪い方法ではない．その主な原因は核子間の力の性質と相関の性質によるといえる．第1章で述べたように，2核子間の力は，特にS状態では中心に強い斥力があり，その外

にかなり強い引力があって斥力を打ち消している．したがって，実際の核の密度と基底状態付近のエネルギー領域では，2核子相関を取り入れると，比較的弱い力しか働いていないことになる．§3.2で述べたMoszkowski-Scottの分離法の言葉でいえば，近似的にはv_lだけが作用していると考えてよい．実際，彼らの計算によると，v_lの対角要素からの寄与で結合エネルギーのかなりの部分は説明でき，それ以外の項はこれに比べて小さいから補正として逐次近似を進めていけると考えられる．別のいい方をすると，原子核は一見考えられるよりもある意味では低密度である．前に，摂動展開で各次数の項は粒子数Aに比例していることを述べた．この展開を少し変形して，粒子状態間に相互作用vのくり返しを入れるいわゆる梯子型近似を取り入れる．ダイヤグラムでいえば，上向きの矢印で表わされる状態間の点線を波線でおきかえる．こういうダイヤグラムからの寄与はやはりAに比例している．相互作用vを簡単に半径r_cの固い芯とすれば，比例係数は$(\rho r_c{}^3)^{h-1}$という因数を含んでいることが示される†．ここでhはダイヤグラムに現われる空孔状態(ダイヤグラムでは下向きの矢印の線)の数である．固い芯の半径r_cは核子間平均距離に比べてずっと小さい．この意味で原子核は例えば液体ヘリウムの場合とは異なり低密度であるといえる．この事情のため，2粒子相関が主な寄与をすることになっている．

K行列を用いる計算では1粒子ポテンシャル，特に‘エネルギー殻上にない’場合のそれ，の選び方が問題となる．‘エネルギー殻上にない’1粒子ポテンシャルを通じて多粒子励起状態が次々と結合するから，原理的には多粒子相関状態(その中にも1粒子ポテンシャルが入っている)を同時に解かねばならない．多粒子相関を取り入れるならば，その中から1粒子ポテンシャルに寄与するものだけをことさら抜き出すのは不自然であるともいえる．そこで，上述の事情をも考慮し，‘エネルギー殻上にない’1粒子ポテンシャルは考えず(すなわち0とし)，空孔状態の数で次数を定めて展開するという方法が考えられている††．

c) 有限核の結合エネルギー

核物質の議論は原子核内部の性質がそのまま無限に広がっているとしている．実際の原子核は有限の広がりを持ち，それに伴って表面の性質が陽に出てくる．

---

† Brandow, B. H.: *Revs. Modern Phys.*, **39**, 771(1967).

†† Akaishi, A., Bando, H., Kuriyama, A. & Nagata, S.: *Progr. Theoret. Phys.*, **40**, 288(1968).

しかし，本節(b)項で述べた方法は形式的にはそのまま適用できる．すなわち，計算の出発点に取った1粒子状態が有限核の場合に対応するように取られていればよいわけである．ただ，この場合には状態 $\{\phi_i\}$ は Hartree 的に取る必要がある．すなわち，(*4.3.34*)で定義される1粒子ポテンシャルを用いて $\{\phi_i\}$ を求め，それが出発点の $\{\phi_i\}$ に等しいという自己無矛盾の式をつけ加える必要がある．無限に広がる核物質の場合には ϕ は平面波でよいから，(断熱的に考える限り)各状態に対するエネルギーは変わっても ϕ そのものを変える必要はなかった．更に，(*4.3.34*)は Fermi 準位以下の状態に対する1粒子ポテンシャルであるから，他の状態に対しては適当な定義を1粒子ポテンシャルに対して与えなければならない．もう1つやっかいなことは，(b)項のようにして求めた1粒子ポテンシャルは一般には座標空間で非局所的になることである．これらの困難のため，実際には更にいくつかの近似を行なって計算がなされている．また，元来(b)項の方法は完全縮退の Fermi 粒子系に対するものであるので，この方法では有限核の場合も計算は閉殻に限られている．この種の計算がどの程度実験値を再現しているかの1例を次表に示す．

表 4.4*

核	E/A	$(E/A)_{実}$	R	R_p	R_c	$(R_c)_{実}$
^{16}O	−7.67	−7.98	2.59	2.60	2.72	2.62
^{40}Ca	−8.23	−8.55	3.33	3.35	3.44	3.46
^{48}Ca	−7.70	−8.67	3.55	3.43	3.52	3.49
^{138}Ba	−7.43	−8.39	5.00	4.90	4.96	
^{208}Pb	−7.90	−7.87		5.23	5.29	5.52

* Köhler, H. S.: *Nuclear Phys.*, **A139**, 353(1969) による．この計算では飽和密度と表面エネルギーが実験値と合うように力のパラメーターを調節してある．

表で E/A, $(E/A)_{実}$ が1核子当りの結合エネルギーの計算値と実験値(MeV 単位)，R は核密度の平均2乗半径の平方根(rms)，R_p は陽子の密度に対する rms，R_c は $\sqrt{R^2+R_{陽}{}^2}$ で $R_{陽}$ は陽子の荷電半径で 0.8 fm にとってある．

d) 質量公式と殻効果補正

核物質での計算は体積エネルギーや対称エネルギーなど主として核の全体的な量を対象にしている．表面エネルギーもある種の方法で計算をすることはできる．

これらの理論の値と比べる実験値は Bethe-Weizsäcker の質量公式に出てくるパラメーターである．§2.5で述べたように，この質量公式は平均的なものであって，個々の核の質量はこれからずれていることが多い．現象的にはこのずれは殻模型と結びついている．すなわち，Z あるいは N が閉殻を作るような場所に対応して質量公式からの系統的なずれが起こっている．これは質量に関する殻効果である．個々の核の質量を2核子間の力から出発して統一的に説明することができていない現在，この殻効果は半現象論的に取り扱わざるを得ない．その代表的なものとして Strutinsky の理論†を紹介しておく．

質量公式は液滴模型に基づいている．これは原子核の飽和性に着目して核物質を液体的なものと考えるわけであるが，核の性質を平均的なものに塗りつぶしたことに相当している．したがって，粒子的な描像である殻模型の示すような核の性質を説明できないのは当然でもある．しかし，液滴模型は，歴史的にもまた現在でも，核分裂や大きな核変形の場合のエネルギーを求めるには有力な道具であり有用である．一方，殻模型は(Hartree 計算が近年発展したとはいえ)核の全エネルギーを導出することはできていないといってよい．それは元来，殻模型が基底状態付近の核の性質を説明することから出発し，準位の相対的な値を問題にしたということからくる弱点である．(というより，それを目的にはしていない.) そこで，この両者をつなぎ合わせ，液滴模型で平均的な全エネルギーを与え，殻模型によって個々の核種による変化を与えようというのが Strutinsky の模型である．

殻模型では準位密度は1粒子ポテンシャルで定まり，一様な分布をしていない．(だからこそ殻効果が現われる.) これに対して，液滴模型の方では準位密度は一様であると考えられる．殻模型では，1粒子エネルギーを積み上げた和は

$$U = \sum_{\nu} E_{\nu} 2n_{\nu}$$

で与えられる．和は占められた準位のすべてについて取る．E_{ν} は1粒子準位，n_{ν} はこの準位の多重度である．これに対し液滴模型に相当する準位分布では，U に対応する量は

† Strutinsky, V. M.: *Nuclear Phys.*, **A95**, 420(1967); **A122**, 1(1968).

$$\tilde{U}=2\int_{-\infty}^{\tilde{\lambda}} E\tilde{g}(E)\,dE \tag{4.3.50}$$

の形で与えられるであろう．$\tilde{\lambda}$ は化学ポテンシャル，$\tilde{g}$ は準位密度である．U と $\tilde{U}$ の差

$$\delta U=U-\tilde{U} \tag{4.3.51}$$

が液滴模型によるエネルギーに加えられるべき補正である．すなわち，全エネルギーは

$$W=\tilde{W}+\delta U \tag{4.3.52}$$

である．$\tilde{W}$ が液滴模型で計算した全エネルギーである．(実際には後章で述べる対相関のエネルギーを更に加えなければならない.) Strutinsky は $\tilde{g}$ として

$$\tilde{g}(E)=\frac{1}{\sqrt{\pi}\,\gamma}\sum_{\nu}\exp\left[\frac{-(E-E_{\nu})^2}{\gamma^2}\right] \tag{4.3.53}$$

という形を採用している．γ は殻模型の準位間隔 $\hbar\omega$ の程度の量に取る．γ がそうとう大きければ結果はあまり γ に関係しない．

この模型の実用的価値は大きな核変形に対して発揮される．このときは殻模型に相当するものとして例えば Nilsson 模型(あるいはそれを改良したもの)を取る．Nilsson 模型で代表される変形核の記述が1つの核について変形度を変えたときのエネルギー変化を主眼とするに対し，この模型では質量数(あるいは Z や N)の変化に対するエネルギー変化まで考察の対象とすることができる．ここで§4.2(b)の図4.1に示したように，変形核には球形核とは別のところに殻構造が現われる可能性があることを思い出してほしい．§4.2の考察は定性的なものであったが，もう少し現実的な模型(例えば Nilsson 模型)を用いた計算の結果を図4.15および4.16に示しておく．図4.15は準位密度 $\tilde{g}$ とこれに対応する殻(Nilsson)模型での準位密度 g との差 $\delta g=g-\tilde{g}$ を核子数と変形パラメーターの関数として示したものである．δg の等高線($5(\hbar\omega_0)^{-1}$ 単位)が示されている．斜線を引いたところは $\delta g<0$ の領域である．黒点は実際の偶-偶核の平衡変形の値を示している．また，図4.16ではエネルギー補正 δU を示す．斜線の部分は $\delta U<0$ の領域である．これらの図で見ると，変形度がそうとう大きく変化しても δg あるいは δU があまり変わらない ($\delta g\approx 0, \delta U\approx 0$) ような粒子数があることに気付く(図では矢印で示してある)．この粒子数から少しはずれると殻効果が強く

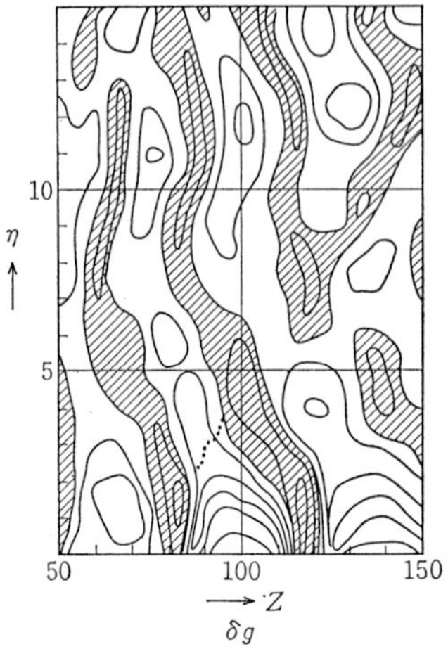

図 4.15　Nilsson 模型による準位密度補正の結果の 1 例(Strutinsky, V. M.: *Nuclear Phys.*, **A122**, 1(1968)による)

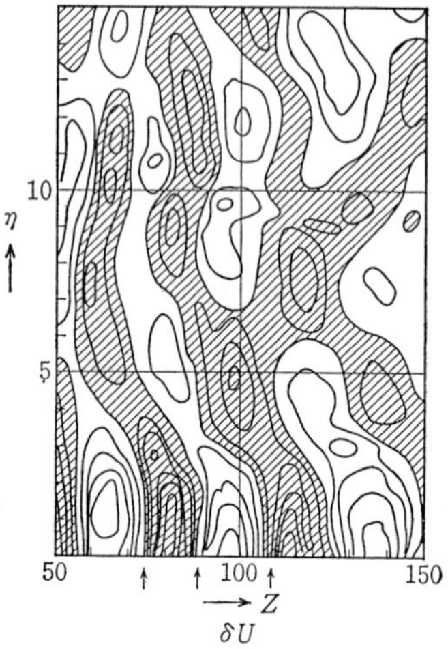

図 4.16　Nilsson 模型によるエネルギー補正の 1 例(図 4.15 と同じく Strutinsky (1968)による)

なり，球形あるいは変形の形の安定性が増している．この特定の粒子数の近くが，核の平衡変形が急に変化する遷移領域であろうと考えられる．Strutinsky の模型は核分裂現象の際のエネルギー面の計算にも用いられる．一般に，重い核で平衡変形の値より更に変形度を大きくして行くとエネルギーが増加するが，殻効果を取り入れると大きな変形度のところでエネルギー面に 2 次的な極小値が現われることがある．これは核分裂の際の分裂異性体の存在とも関係する重要な結論である．

§4.4　有効相互作用

これまでいろいろな場所で‘有効相互作用’という言葉を用いてきた．それは，適当な模型あるいは近似のもとで計算を行なうときに現われる(ハミルトニアンの形で陽に，あるいは行列要素などの形で陰に)核内粒子間の相互作用の総称であった．ここで改めて‘有効’という言葉の意味と有効相互作用の具体的な形について考察を加える．

ある現象を説明するために模型を設定するとき，その模型の機能を最も有効に発揮させるために特殊な形の相互作用を設定することがある．次章以下に現われ

てくる Q-Q 相互作用とか対相互作用などがその例である．これをも有効相互作用ということがあるが，これは相互作用の中である種の性質を極端に模型化したものと考えるべきもので，全体の模型の一部として始めから入っているものである．ここではこの種のものまで有効相互作用とはいわないことにする．もちろん模型の基礎づけを行なうときにはどうしてこういう機能が出てくるかを調べることは重要である．Q-Q 力ほど単純化されたものまでは考えないが，有効相互作用という概念はいずれにせよ模型と結びついている．すなわち，模型が機能する空間(モデル空間ということもある)に全体の空間を射影したときに残りの空間からの効果が繰り込まれているという意味で有効という言葉が使われる．われわれはたいていの場合1体運動の空間から出発するので，まずその場合について考える．

適当な1粒子状態系を考え，それがその粒子座標空間で完全直交系を張っているとする．N 個粒子系についてはこの1粒子状態関数の N 個の直積(あるいは適当に対称化したもの)が N 個粒子空間で完全直交系を張るようにできる．それが考える系を記述する Hilbert 空間の基底である．系の状態は Schrödinger 方程式

$$H\Psi = E\Psi \tag{4.4.1}$$

で定められる．H は系のハミルトニアンである．Ψ を上記の完全系の張る空間で対角化できれば問題は解けるわけであるが，実際上それは不可能である．そこで，この空間のうち1部分だけを取り，そこで問題を解こうとする．例えば殻模型では低励起状態を考える場合にはいくつかの主殻に状態を限るのが普通であるから，それが上記の部分空間である．ここで，すべての関数(ただし，Ψ と同じ境界条件を満たす)に作用してこの部分空間の属する部分だけを取り出す射影演算子 P を導入する．上で考えた完全直交系を $\{\Phi_i\}$ とし，部分空間がこのうちの部分集合 $\{\Phi_\mu\}$ で張られるとすれば，この部分空間での関数は

$$\chi = \sum_\mu a_\mu \Phi_\mu$$

と書ける．任意の関数 Ψ はこれに対し

$$\Psi = \sum_i a_i \Phi_i$$

と書ける．射影演算子 P は

$$P=\sum_{\mu}|\Phi_{\mu}\rangle\langle\Phi_{\mu}| \tag{4.4.2}$$

で定義され，Ψ に作用して

$$P\Psi=\sum_{\mu}a_{\mu}\Phi_{\mu}$$

の形にするものである．P に対し

$$Q=1-P \tag{4.4.3}$$

を定義すれば，Q は考えている部分空間以外に射影する演算子である．P, Q は

$$PP=P, \qquad QQ=Q \tag{4.4.4}$$

という性質を持っている．

(4.4.1)に左から P を演算して，(4.4.3), (4.4.4)を用いると

$$(E-PHP)P\Psi=PHQQ\Psi$$

が得られる．同様に

$$(E-QHQ)Q\Psi=QHPP\Psi$$

である．

$$H_{PP}=PHP, \qquad H_{PQ}=PHQ, \qquad H_{QP}=QHP, \qquad H_{QQ}=QHQ \tag{4.4.5}$$

と定義すれば，上の式は

$$\left.\begin{aligned}(E-H_{PP})P\Psi&=H_{PQ}Q\Psi\\(E-H_{QQ})Q\Psi&=H_{QP}P\Psi\end{aligned}\right\} \tag{4.4.6}$$

という連立方程式になる．第2式を形式的に解くと

$$Q\Psi=\frac{1}{E-H_{QQ}}H_{QP}P\Psi$$

であるから(4.4.6)の第1式は

$$(E-H_{PP})P\Psi=H_{PQ}\frac{1}{E-H_{QQ}}H_{QP}P\Psi \tag{4.4.7}$$

である．これで $P\Psi$ に対する有効ハミルトニアン H_{eff} が得られた．すなわち

$$H_{\mathrm{eff}}=H_{PP}+H_{PQ}\frac{1}{E-H_{QQ}}H_{QP} \tag{4.4.8}$$

と定義して

$$H_{\text{eff}}P\Psi = EP\Psi \tag{4.4.9}$$

が求める部分空間内での Schrödinger 方程式である．

$\{\Phi_i\}$ を固有関数系として持つようなハミルトニアンを H_0 とし

$$H = H_0 + V \tag{4.4.10}$$

と書くと $PH_0Q=QH_0P=0$ であるから

$$H_{\text{eff}} = H_0 + V_{\text{eff}} \tag{4.4.11}$$

の形に書ける．ここで V_{eff} は

$$V_{\text{eff}} = V_{PP} + V_{PQ}\frac{1}{E-H_{QQ}}V_{QP}$$

である．H_{eff} あるいは V_{eff} は考えている部分空間内での行列要素だけを問題にしている．その限りでは V_{PP} は V そのものとしてよいし，$H_{QQ}=Q(H_0+V)Q=H_0+V_{QQ}$ であるから上式の右辺の第2項は，さらに変形すると

$$V_{\text{eff}} = V + V\frac{Q}{E-H_0}V_{\text{eff}} \tag{4.4.12}$$

と K 行列の式と同じ形に書ける．

これを核物質の場合にあてはめるとその意味ははっきりする．無限に広がった核物質では1体運動状態として運動量 $\boldsymbol{k}$ の平面波を取ることができる．考えている部分空間として1粒子状態が Fermi エネルギー $\boldsymbol{k}_{\text{F}}$ 以下であるような状態で張られるものを取る．そうすれば(4.4.12)の V_{eff} はまさに§3.2で考えた K 行列と同じ型の相互作用である．

実際に有限の大きさを持つ核に適用しようとすると少し面倒である．このときは例えば1粒子状態としては殻模型のそれを取るのが適当であろう．適当なエネルギーを持つ準位までの状態で張られる空間を部分空間とし，それに対して V_{eff} を作り，この空間内で H_{eff} を対角化すればよい．これは§3.5(b)で述べた方法に対応している．ここでエネルギー固有値 E が V_{eff} の中に入っているから，これは自己無矛盾的に問題を解くことになる．最初の V は，1粒子状態を定めるポテンシャルを U_i とすれば，$\sum v_{ij}-\sum U_i$ の形になるであろう．i は粒子番号，v_{ij} は2核子間の力である．v_{ij} は強い特異性を持つから V もそうである．V_{eff} を作ることによりこの特異性はなくなる．それは射影演算子 Q が入っているか

らで，その事情は Bethe-Goldstone 方程式の場合と同じである．したがって $H_{\mathrm{eff}}P\Psi=EP\Psi$ を解くことは原理的にはできるはずである．

しかし，この V_{eff} は E（したがって Ψ）に依存しているという意味での状態依存性を持つ上に，考える部分空間の取り方にも依存している．しかも，V_{eff} の式の中にはいろいろな中間状態や散乱過程が入っていて，いわば形式的に書いたに過ぎないという面も持っている．部分空間（およびそれを張る基底）をどう選ぶか，V_{eff} の積分方程式をどういう近似で解くかが問題であり，ここで核に対する模型の問題とも結びついてくる．

殻模型での計算で，閉殻の外に何個か粒子があるような核に対しては閉殻の励起は考えず，閉殻外の粒子の属する主殻の空間内でハミルトニアンの対角化を行

表 4.5 K 行列から求めた核行列要素と殻模型との比較†

状　態	計算値*(MeV)		C–K(MeV)
^{1}E			
$\langle 1s\|{}^1V_0{}^c\|1s\rangle$	−6.11	−7.43	−13.80
$\langle 2s\|{}^1V_0{}^c\|2s\rangle$	−1.32		
$\langle 1s\|{}^1V_0{}^c\|1s\rangle$	−6.11	−7.00	−4.76
$\langle 1d\|{}^1V_0{}^c\|1d\rangle$	−0.89		
^{3}E			
$\langle 1s\|{}^3V_0{}^c\|1s\rangle$	−9.32	−12.72	−16.76
$\langle 2s\|{}^3V_0{}^c\|2s\rangle$	−3.40		
$\langle 1s\|{}^3V_0{}^c\|1s\rangle$	−9.32	−10.27	−11.74
$\langle 1d\|{}^3V_2{}^c\|1d\rangle$	−0.95		
$\langle 1d\|{}^3V_{22}{}^T\|1d\rangle$	−1.04		+1.30
$\langle 3s\|{}^3V_{02}{}^T\|1d\rangle$	−1.68		−0.52
$\langle 1d\|{}^3V_2{}^{LS}\|1d\rangle$	+0.21		−1.03
^{3}O			
$\langle 1p\|{}^3V_1{}^c\|1p\rangle$	−0.67		+1.40
$\langle 1p\|{}^3V^{LS}\|1p\rangle$	−1.05		−0.54
$\langle 1p\|{}^3V_1{}^T\|1p\rangle$	+0.94		+0.94
^{1}O			
$\langle 1p\|{}^1V_1{}^c\|1p\rangle$	+2.54		−0.29

* Akaishi, Y., Takada, K.(Private communication)による．

† 計算値は K 行列を有効相互作用として用いたときの行列要素．V の左肩の数はスピン状態，右肩は中心力(c)，テンソル力(T)，LS 力などを示す．V_l は状態を角運動量で展開したときの l 状態の行列要素．$V_{l'l}$ は $\langle l'|V|l\rangle$ を意味する．C–K は Cohen–Kurath が現象論的に与えた値．

なうことが多い．したがって，われわれの考える部分空間としてはこの主殻と閉殻とを合わせた配位空間をとればよい．こうしても $V_{\rm eff}$ を求めることは実際上簡単ではない．これに対し，K 行列を計算することはそれよりは容易である．それで，$V_{\rm eff}$ の代りに K を第1近似として取り，摂動的に近似を進めていくというやり方が考えられる．K 行列の方は，基底状態で粒子が占めている準位による配位空間が $V_{\rm eff}$ の式の部分空間に相当している．したがって，実際の $V_{\rm eff}$ の部分空間とはずれがある．例えば，殻模型で ^{16}O の状態を考えるとき，基底状態を 1s, 1p の閉殻とし，励起状態として sd 殻での配位だけに空間を限るとすれば，$V_{\rm eff}$ を作るときの部分空間は sd 殻までを取ることになり，K は閉殻だけを考えることになる．したがって，K を作るときの中間状態として sd 殻の状態も含まれる．K をそのまま $V_{\rm eff}$ として殻模型の計算(ハミルトニアンの対角化)を行なうとすれば，sd 殻の状態は2重に数えられていることになる．しかし，K への寄与は高いエネルギーを持つ中間状態からが大部分であるから，$V_{\rm eff}$ を K で近似することはそれほど悪い近似にはなっていないはずである．2核子間核力として浜田-Johnston のポテンシャルを取って K 行列を作り，それを殻模型で用いられている有効相互作用行列要素と比べると，大体の大きさの程度は合っているが

表 4.6 $\langle j_a j_b JT|K|j_c j_d JT\rangle$ の値*
と殻模型での値との比較†

j_a	j_b	j_c	j_d	J	K(MeV)	F-T(MeV)
$1d_{5/2}$	$1d_{5/2}$	$1d_{5/2}$	$1d_{5/2}$	0	−2.53	−3.24
				2	−0.94	−1.59
				4	0.14	0.03
$1s_{1/2}$	$1s_{1/2}$	$1s_{1/2}$	$1s_{1/2}$	0	−2.21	−1.97
$1s_{5/2}$	$1s_{1/2}$	$1d_{5/2}$	$1s_{1/2}$	2	−1.09	−0.76
				3	0.24	0.72
$1d_{5/2}$	$1d_{5/2}$	$1s_{1/2}$	$1s_{1/2}$	0	−1.10	−0.77
$1d_{5/2}$	$1d_{5/2}$	$1d_{5/2}$	$1s_{1/2}$	2	−0.81	−0.48
$1d_{5/2}$	$1d_{5/2}$	$1d_{3/2}$	$1d_{3/2}$	0	−4.11	
				2	−0.94	

* Kuo, T. T. S. & Brown, G. E. : *Nuclear Phys.*, 85, 40(1966)による．

† K は K 行列の行列要素．F-T は Federman, P. と Talmi, I.(*Phys. Letters*, **19**, 490(1965))が ^{18}O, ^{18}F の計算に用いた行列要素．

一致は必ずしも良いとはいえない．表4.5および表4.6にその例を示す．

そこで，Kを出発点としてV_{eff}に近づけることを考える．sd殻まで入れた部分空間で対角化を行なうのであるから，sd殻内でのKの繰返しはそれに取り入れられている(図4.17(a)に相当するもの)．そうするといちばん重要な補正はKを計算するときに取り入れていなかった過程を入れることであろう．Kは図4.17(a)のようないわゆる梯子型のダイヤグラムだけを取っているから，図4.17(b)のようないわゆる泡型のダイヤグラムは入っていない．これは閉殻の励起すなわち閉殻の偏極に相当する．sd殻の有効相互作用としてKの他にこのような閉殻の偏極を取り入れた計算がKuoとBrownによって行なわれている†．彼らの計算では泡が1つのもの，すなわち3粒子1空孔の状態が取り入れられた．こ

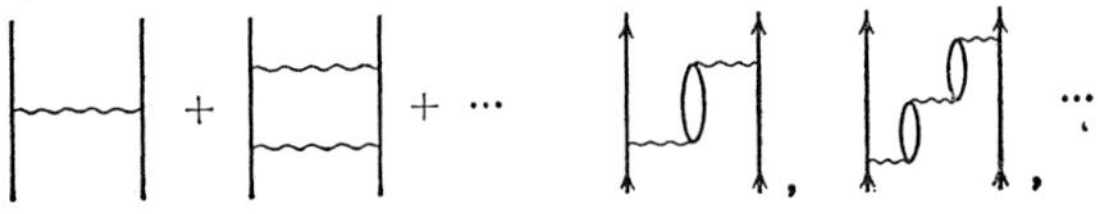

図4.17

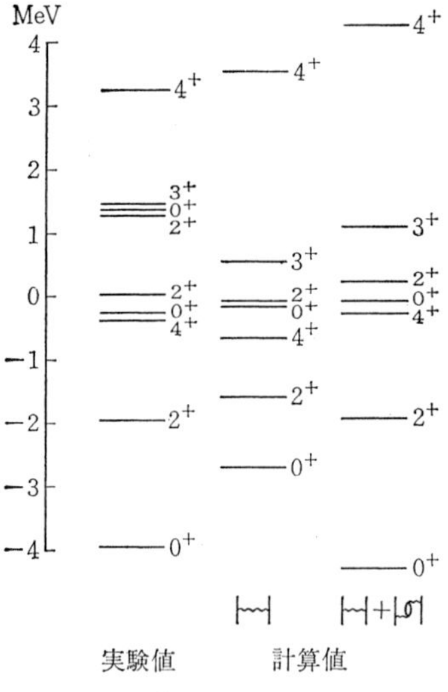

図4.18　^{18}Oの準位構造．左欄は実験値．中央にはK行列を有効相互作用とした場合の計算値を，右欄にはK行列に泡型ダイヤグラムの補正を入れた場合の計算値を示した(Kuo, T. T. S. & Brown, G. E.(1966)による)

† Kuo, T. T. S. & Brown, G. E.: *Nuclear Phys.*, 85, 40(1966).

うして得られた有効相互作用を用いた殻模型計算の1例を図4.18に示す．Kだけを有効相互作用として用いた場合の結果も合わせて示してある．

以上の議論でKあるいはV_{eff}の式に現われるエネルギー分母について何も触れなかった．式の導き方からもわかるように，これは実は考えている状態によって変わる．すなわち状態依存性がある(§4.3参照)．Kuo-Brownの計算は，簡単化のため，これが取り入れられていない．これを取り入れ，さらに3粒子1空孔以外に空孔-空孔相関なども取り入れるともっと良い結果が得られるという報告もある†．いずれにせよ，これらは部分空間の選び方，そこでのV_{eff}の具体的な計算法(特にどういう項が効くか)の問題であり，今後の問題として残されている．

はじめに述べたように，どういう部分空間を考えるかは模型のとり方による．上では1粒子運動状態で張られる空間を考えたのでこれは殻模型に対応しているが，原子核の模型としては殻模型に限らないし，系の全空間を張る完全系の作り方は模型に応じていろいろあるはずである．それぞれの模型に応じて有効相互作用がどうなっているか，それと元来の2核子間相互作用との関係がどうであるかは，まだ十分には解明されていない．

---

† Kuo, T. T. S.: *Nuclear Phys.*, **103**, 71(1967).

第5章　対相関と準粒子

‘原子核の多体問題’(nuclear many body problem)の立場からみれば，核模型の発展は，核内核子間の相互作用によって生ずる核子間の特徴的な相関を，1つ1つあばきだすことによって押し進められてきた，ということができる．殻模型の成功は，核子間の相互作用の主要な部分がある球対称な自己無撞着平均ポテンシャルとして，取り扱いうることを意味するものであった．また次章で述べるBohr-Mottelsonの集団模型(collective model)の成功は，核子間相互作用の残りの部分から，さらに，付加的な，4重極変形をした，しかも時間的に変化するような自己無撞着平均ポテンシャルが引き出しうることを示すものであった．

もちろん，核内核子の相互作用のすべてが，1つの自己無撞着場に置きかえられるとは考えられない．自己無撞着場の形ではどうしても取り上げられないような有効相互作用があるに違いない．このような有効相互作用の1つとして，1対の核子を角運動量 $J=0$ の状態に結びつけようとする対相関力(pairing force)の存在することが，殻模型の成立当時から知られていた．本章では，この対相関の多体問題的取扱いと，この相関によって特徴づけられる運動様式やそれに伴う諸概念を検討しよう．

§5.1　ハミルトニアンと有効相互作用

a)　有効相互作用と時空対称性

球対称平均ポテンシャルを前提とするMayer-Jensenの殻模型を出発点として採用しよう．そして原子核の状態空間を図5.1のように，その軌道が完全に核子によって満たされている不活性な部分と，全く満たされていない部分と，Fermi表面付近のいくつかの軌道からなる活性軌道部分に分割しよう．われわれが今後問題とするのは，この殻模型を基にして切断(truncation)された活性軌道部分空

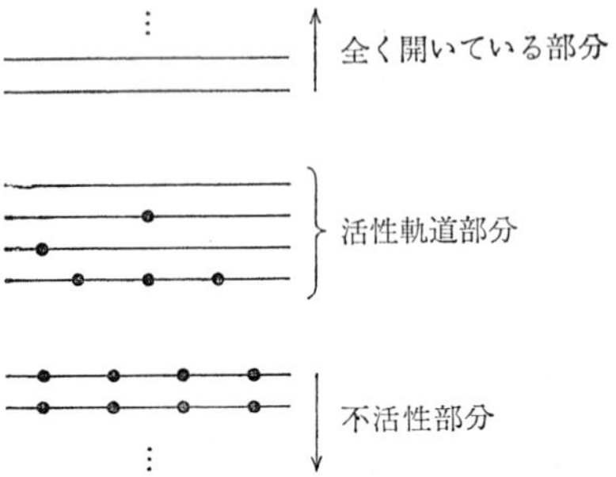

図5.1 殻模型を基礎とする空間の切断

間である．

さて，§4.4で述べたように，この活性軌道部分空間内で作用する核子間の相互作用は，核力から殻模型の球対称平均ポテンシャルが生ずる機構，およびこの部分空間の選び方にも強く関連して実に複雑なものであるはずである．そこで，これを一応2体力であると仮定して，**有効相互作用** (effective interaction) と呼ぼう．そしてこの有効相互作用の性質がどのようなものであるかを，いろいろな実験事実に反映される核子間の特徴的な相関を1つ1つ明らかにしてゆくことによって，逆に規定していくことにしよう．

こうして出発点となるべき活性軌道部分空間内での原子核のハミルトニアンは

$$\left.\begin{aligned} H &= H_0 + H_{\text{int}} \\ H_0 &= \sum_{\alpha} \epsilon_{\alpha}{}^{(0)} c_{\alpha}{}^{+} c_{\alpha} \\ H_{\text{int}} &= \frac{1}{2} \sum_{\alpha\beta\gamma\delta} v_{\alpha\beta,\gamma\delta} c_{\alpha}{}^{+} c_{\beta}{}^{+} c_{\delta} c_{\gamma} \end{aligned}\right\} \tag{5.1.1}$$

で与えられる．α は殻模型での(活性軌道部分空間内の) 1粒子状態の量子数

$$\alpha \equiv \{n, l, j, m\,;\, 荷電\ q\} \tag{5.1.2}$$ †

を表わす．以後記号 α に対応して，$-\alpha$，および a の記号も使用することにしよう．これらは

$$-\alpha \equiv \{n, l, j, -m\,;\, q\}, \qquad a \equiv \{n, l, j\,;\, q\} \tag{5.1.3}$$

† 荷電スピン理論形式(isospin formalism)が便利な場合には，荷電 q は荷電スピンの z 成分 m_t で置きかえられる：

$$\alpha \equiv \{n, l, j, m\,;\, m_t\} \tag{5.1.2$'$}$$

を意味する†. H_0 は，活性軌道部分空間内での殻模型のハミルトニアン，$v_{\alpha\beta,\gamma\delta}$ は2体の有効相互作用ポテンシャルの反対称化された行列要素

$$v_{\alpha\beta,\gamma\delta}=-v_{\beta\alpha,\gamma\delta}=-v_{\alpha\beta,\delta\gamma}=v_{\beta\alpha,\delta\gamma} \tag{5.1.4}$$

である((3.1.13)参照).

未知の有効相互作用 H_{int} の性質を規定していく上で，第2章で述べた核の対称性(nuclear symmetry properties)は特に重要である．この議論に従って，ハミルトニアン(5.1.1)が空間回転と反転および時間反転に対して不変であるという条件を設定しよう．これらの条件によって生ずる行列要素 $v_{\alpha\beta,\gamma\delta}$ への制限を見るために，まず以下の対演算子(pair operator)を導入しよう．

$$\left.\begin{aligned}A_{JM}^{+}(ab)&=\frac{1}{\sqrt{2}}\sum_{m_\alpha m_\beta}(j_a m_\alpha j_b m_\beta|JM)\,c_\alpha^{+}c_\beta^{+}\\ A_{JM}(ab)&=\frac{1}{\sqrt{2}}\sum_{m_\alpha m_\beta}(j_a m_\alpha j_b m_\beta|JM)\,c_\beta c_\alpha\end{aligned}\right\} \tag{5.1.5}$$

$$\left.\begin{aligned}B_{JM}^{+}(ab)&=\sum_{m_\alpha m_\beta}(j_a m_\alpha j_b m_\beta|JM)\,c_\alpha^{+}(-1)^{j_b+m_\beta}c_{-\beta}\\ B_{JM}(ab)&=\sum_{m_\alpha m_\beta}(j_a m_\alpha j_b m_\beta|JM)(-1)^{j_b+m_\beta}c_{-\beta}^{+}c_\alpha\end{aligned}\right\} \tag{5.1.6}$$

交換関係 $\{c_\alpha^{+},c_\beta\}_{+}\equiv\delta_{\alpha\beta}$，$\{c_\alpha^{+},c_\beta^{+}\}_{+}=\{c_\alpha,c_\beta\}_{+}=0$ と Clebsch-Gordan 係数の性質から，

$$\left.\begin{aligned}A_{JM}^{+}(ab)&=-(-1)^{j_a+j_b+J}A_{JM}^{+}(ba)\\ B_{JM}^{+}(ab)&=-(-1)^{j_a+j_b+J}(-1)^{J-M}B_{J-M}(ba)\end{aligned}\right\} \tag{5.1.7}$$

が成立することがわかる．$A_{JM}^{+}(ab)$, $(-1)^{J-M}A_{J-M}(ab)$, $B_{JM}^{+}(ab)$ が，J 階の既約テンソルであることは，これらが以下の(既約テンソルが従うべき)交換関係を満足することから直ちに確かめることができる．

$$[\hat{J}_z,T_{kq}]=qT_{kq}$$
$$[\hat{J}_x\pm i\hat{J}_y,T_{kq}]=\sqrt{(k\mp q)(k\pm q+1)}\,T_{k,q\pm1}$$

$\hat{J}_x$, $\hat{J}_y$, $\hat{J}_z$ は全角運動量演算子 $\hat{J}$ の x,y,z 成分で，T_{kq} はそれぞれ $T_{k=J,q=M}\equiv A_{JM}^{+}(ab)$, $(-1)^{J-M}A_{J-M}(ab)$ および $B_{JM}^{+}(ab)$ である．

---

† 荷電スピン理論形式が便利な場合には，(5.1.3)は，それぞれ

$$-\alpha\equiv\{n,l,j,-m;\ -m_t\},\qquad a\equiv\{n,l,j\} \tag{5.1.3'}$$

で置きかえられる．

有効相互作用 $H_{\rm int}$ が，空間回転および反転に対して不変であるという条件は，これが既約テンソルのスカラー積として表わされねばならないことを意味する．こうして，$H_{\rm int}$ を $A_{JM}^{+}(ab)$ および $(-1)^{J-M}A_{J-M}(ab)$ からなるスカラー積の形に書き表わすことにより，$v_{\alpha\beta,\gamma\delta}$ が

$$v_{\alpha\beta,\gamma\delta} = -\sum_{JM} G(abcd\,;J)(j_a m_\alpha j_b m_\beta|JM)(j_c m_\gamma j_d m_\delta|JM) \qquad (5.1.8)$$

の形をもつことがわかる．ここで左辺の負の符号は，有効相互作用が大体において引力である場合が多いと想定して，便宜的に付け加えたものである．また(5.1.8)では，パリティと荷電の保存から

$$(-1)^{l_a+l_b} = (-1)^{l_c+l_d}, \qquad q_a+q_b = q_c+q_d \qquad (5.1.9)$$

が成立しなければならない．さらに $H_{\rm int}$ が時間反転に対して不変であること，および Hermite 演算子であることから，$G(abcd\,;J)$ は実数であり†また

$$G(abcd\,;J) = G(cdab\,;J) \qquad (5.1.10)$$

を満足することがわかる．反対称化の性質(5.1.4)と Clebsch-Gordan 係数の性質から，$G(abcd\,;J)$ はまた次の関係を満足する．

$$G(abcd\,;J) = -(-1)^{j_a+j_b+J}G(bacd\,;J) = -(-1)^{j_c+j_d+J}G(abdc\,;J)$$
$$= (-1)^{j_a+j_b+j_c+j_d}G(badc\,;J) \qquad (5.1.11)$$

有効相互作用 $H_{\rm int}$ は，テンソル対演算子 $B_{JM}^{+}(ab)$ を使ってもスカラー積の形に書き表わすことができる．この場合には

$$v_{\alpha\beta,\gamma\delta} = -\sum_{J'M'} F(acdb\,;J')(-1)^{j_c-m_\gamma}(j_a m_\alpha j_c -m_\gamma|J'M')$$
$$\times(-1)^{j_b-m_\beta}(j_d m_\delta j_b -m_\beta|J'M')$$

---

† §2.1(d)で述べたように，核構造論では，角運動量を I その z 成分の大きさを M として，状態 $|aIM\rangle$(a: 状態の内部構造を指定するに必要な1組の量子数)の時間反転状態 $|\overline{aIM}\rangle$ が

$$|\overline{aIM}\rangle \equiv T|aIM\rangle = R^{-1}|aIM\rangle = (-1)^{I+M}|aI-M\rangle \qquad (2.1.7)$$

であるように，状態の位相を選ぶのが通常である．(T: 時間反転演算子，R: y 軸のまわりの180°回転の演算子.) この場合には任意の演算子 O の $|aIM\rangle$ についての行列要素と $O'\equiv TOT^{-1}$ の $|\overline{aIM}\rangle$ についての行列要素間の一般的関係 $\langle a_2I_2M_2|O|a_1I_1M_1\rangle = \langle\overline{a_2I_2M_2}|O'|\overline{a_1I_1M_1}\rangle^*$ ((2.1.4)式)は，簡単に

$$\langle a_2I_2M_2|O|a_1I_1M_1\rangle = \langle a_2I_2M_2|KTO(RT)^{-1}|a_1I_1M_1\rangle^*$$

となる．したがってもし O が (RT) と交換すれば，そのすべての行列要素は実数になる．ハミルトニアン H は T および R と交換するから，"H のすべての行列要素はしたがって実数となり，系の定常状態は上記の位相の選択の下では実ベクトルである．" 本章および次章では一貫してこの位相を採用する．

$$= +\sum_{J''M''} F(adcb\,;J'')(-1)^{j_d-m_\delta}(j_a m_\alpha j_d -m_\delta|J''M'')$$
$$\times(-1)^{j_b-m_\beta}(j_c m_\gamma j_b -m_\beta|J''M'')$$
(5. 1. 12)

の形になる．ここで関数 $F(acdb\,;J)$ は実数であり，次の性質を持つ．

$$F(acdb\,;J) = F(dbac\,;J) = (-1)^{j_a+j_b+j_c+j_d}F(cabd\,;J) \qquad (5.1.13)$$

$v_{\alpha\beta,\gamma\delta}$ の表式(5. 1. 8)と(5. 1. 12)は等しいはずであるから，Clebsch-Gordan 係数と Racah 係数間の関係式(A1. 3. 16)を使って，F と G との間の関係

$$F(acdb\,;J') = -\sum_J (2J+1)\,W(j_a j_b j_c j_d\,;JJ')\,G(bacd\,;J) \qquad (5.1.14)$$

が得られる．$W(j_a j_b j_c j_d\,;JJ')$ は Racah 係数である．

b）粒子・空孔による記述と有効相互作用

ハミルトニアン(5. 1. 1)の $H_0=\sum_\alpha \epsilon_\alpha{}^{(0)}c_\alpha{}^+c_\alpha$ の基底状態は，問題としている活性軌道部分空間内で最も低いエネルギーをもつ軌道から核子を順につめていくことによって得られる．こうして得られた状態の中で縮退のない状態 $|\phi_0\rangle$ を**正常状態**(normal state)と名づける．われわれの球対称平均ポテンシャルの殻模型の場合には，閉殻(closed shell)あるいは閉部分殻(closed subshell)からなる状態がこの正常状態に対応する(図 5. 2)†．

殻模型に従えば，正常状態のスピン，パリティは常に $I^\pi=0^+$ である．(またハミルトニアンが荷電不変性(isobaric invariance)を満足し荷電スピン理論形式が

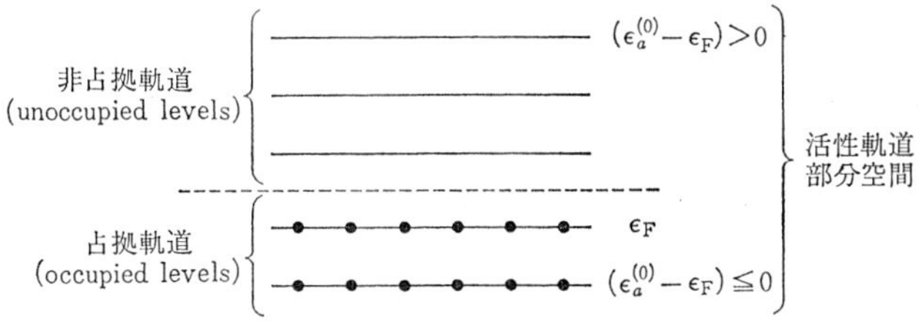

図 5. 2　正常状態 $|\phi_0\rangle$

† §4. 2 で述べたような変形ポテンシャルの場合の正常状態は次のようにして求まる．まずどのような変形の場合でも，その平均ポテンシャルの時間反転不変性を考慮すれば，必ず互いに縮退した 1 対の 1 粒子状態がある．すなわち 1 粒子状態 $|\nu\rangle$ とその時間反転状態 $|\bar{\nu}\rangle\equiv T|\nu\rangle$ である．したがって最低エネルギー ϵ_ν の状態から順に $(\nu,\bar{\nu})$ の対をつめてゆくことによって，縮退のない正常状態がつくられる．

可能であるような軽い核では，正常状態のアイソスピンも $T=0$ である.）したがって，有効相互作用 H_{int} が摂動論で取り扱える程度の弱いものである場合には，この正常状態を‘自由真空’と考えて，§3.1(b)で述べた粒子・空孔による記述を使用すると便利である．すなわち，粒子および空孔の生成演算子 a_α^+, b_α^+ を(3.1.18)に従って，それぞれ

$$\left.\begin{aligned} a_\alpha^+ &= c_\alpha^+ \qquad (\epsilon_a^{(0)} > \epsilon_{\mathrm{F}}) \\ b_\alpha^+ &= c_{\tilde{\alpha}} \equiv (-1)^{j_a+m_\alpha} c_{-\alpha} \qquad (\epsilon_a^{(0)} \leqq \epsilon_{\mathrm{F}}) \end{aligned}\right\} \tag{5.1.15 a}$$

で定義しよう†. ϵ_{F} は Fermi エネルギー(正常状態で最後に満たされた軌道のエネルギー)である．全く同様に粒子・空孔の消滅演算子 a_α, b_α は

$$\left.\begin{aligned} a_\alpha &= c_\alpha \qquad (\epsilon_a^{(0)} > \epsilon_{\mathrm{F}}) \\ b_\alpha &= (-1)^{j_a+m_\alpha} c_{-\alpha}^+ \qquad (\epsilon_a^{(0)} \leqq \epsilon_{\mathrm{F}}) \end{aligned}\right\} \tag{5.1.15 b}$$

と定義される．(5.1.15 a), (5.1.15 b)をまとめて，次のようなカノニカル変換として書くことができる．

$$\left.\begin{aligned} c_\alpha^+ &= (1-\theta_a) a_\alpha^+ + \theta_a s_\alpha b_{-\alpha} \\ c_\alpha &= (1-\theta_a) a_\alpha + \theta_a s_\alpha b_{-\alpha}^+ \end{aligned}\right\} \tag{5.1.16}$$

$$s_\alpha \equiv (-1)^{j_a-m_\alpha}, \qquad \theta_a = \begin{cases} 1 & (\epsilon_a^{(0)} \leqq \epsilon_{\mathrm{F}}) \\ 0 & (\epsilon_a^{(0)} > \epsilon_{\mathrm{F}}) \end{cases} \tag{5.1.17}$$

このように正常状態を基準にして考えると，有効相互作用 H_{int} をいろいろな役割を演ずる部分に分解することができる．ハミルトニアン(5.1.1)を(5.1.16)を使って粒子・空孔の生成・消滅演算子で表わすと，

$$H = U_0 + \hat{H}_0 + \hat{H}_{\mathrm{int}} \tag{5.1.18 a}$$

$$\left.\begin{aligned} U_0 &= \sum_\alpha \theta_a \left(\epsilon_a + \frac{\mu_a}{2}\right), \qquad \epsilon_a \equiv \epsilon_a^{(0)} - \mu_a \\ \mu_a &\equiv 2(2j_a+1)^{-1/2} \sum_b \theta_b (2j_b+1)^{1/2} F(aabb\,;J=0) \end{aligned}\right\} \tag{5.1.18 b}$$

---

† 角運動 j_a, m_α をもった1空孔状態 $b_\alpha^+|\phi_0\rangle$ ($|\phi_0\rangle$: $J^\pi=0$ の正常状態)は，量子数 $j_a, -m_\alpha$ をもった核子を正常状態から取り除くことによって得られる．それゆえ，取り除く核子の量子数と空孔の量子数との間の関係は，時間反転によって関係づけられるものと同一である．なお，(5.1.15 a)は荷電スピン理論形式の下では

$$\left.\begin{aligned} a_\alpha^+ &= c_\alpha^+ \qquad (\epsilon_a^{(0)} > \epsilon_{\mathrm{F}}) \\ b_\alpha^+ &= (-1)^{j_a+m_\alpha} (-1)^{1/2+m_t} c_{-\alpha} \qquad (\epsilon_a^{(0)} \leqq \epsilon_{\mathrm{F}}) \end{aligned}\right\} \tag{5.1.15 a'}$$

に置きかえられる．

$$\hat{H}_0 \equiv \sum_{\alpha} \epsilon_a : c_\alpha{}^+ c_\alpha : \tag{5.1.18 c}$$

$$\hat{H}_{\rm int} \equiv \frac{1}{2} \sum_{\alpha\beta\gamma\delta} v_{\alpha\beta,\gamma\delta} : c_\alpha{}^+ c_\beta{}^+ c_\delta c_\gamma : \tag{5.1.18 d}$$

となる†. U_0 は正常状態 $|\phi_0\rangle$ でのハミルトニアン H の期待値であり, μ_a は $H_{\rm int}$ から生じた1粒子エネルギー $\epsilon_a{}^{(0)}$ への付加項を意味する. 記号 : : は§3.2(a)で述べたように, 粒子・空孔の生成・消滅演算子についての順序積(normal ordered product)である. したがって $\hat{H}_0$, $\hat{H}_{\rm int}$ は具体的には

$$\hat{H}_0 = \sum_{\alpha} (1-\theta_a)\epsilon_a a_\alpha{}^+ a_\alpha - \sum_{\alpha} \theta_a \epsilon_a b_\alpha{}^+ b_\alpha \tag{5.1.19 a}$$

$$\hat{H}_{\rm int} = H_{\rm pp} + H_{\rm hh} + H_{\rm ph} + H_{\rm V} + H_{\rm Y} \tag{5.1.19 b}$$

$$H_{\rm pp} = \frac{1}{2} \sum_{\alpha\beta\gamma\delta} (1-\theta_a)(1-\theta_b)(1-\theta_c)(1-\theta_d) \cdot v_{\alpha\beta,\gamma\delta} \cdot a_\alpha{}^+ a_\beta{}^+ a_\delta a_\gamma \tag{5.1.20 a}$$

$$H_{\rm hh} = \frac{1}{2} \sum_{\alpha\beta\gamma\delta} \theta_a \theta_b \theta_c \theta_d \cdot v_{\alpha\beta,\gamma\delta} \cdot b_\alpha{}^+ b_\beta{}^+ b_\delta b_\gamma \tag{5.1.20 b}$$ ††

$$H_{\rm ph} = 2 \sum_{\alpha\beta\gamma\delta} (1-\theta_a)\theta_b(1-\theta_c)\theta_d \cdot v_{\alpha-\delta,-\beta\gamma} \cdot s_{-\beta} s_{-\delta} a_\alpha{}^+ b_\beta{}^+ b_\delta a_\gamma \tag{5.1.20 c}$$

$$H_{\rm V} = \frac{1}{2} \sum_{\alpha\beta\gamma\delta} (1-\theta_a)(1-\theta_b)\theta_c \theta_d \cdot v_{\alpha\beta,-\gamma-\delta} \cdot s_{-\gamma} s_{-\delta} (a_\alpha{}^+ a_\beta{}^+ b_\delta{}^+ b_\gamma{}^+ + a_\alpha a_\beta b_\delta b_\gamma) \tag{5.1.20 d}$$

$$\begin{aligned} H_{\rm Y} = & \sum_{\alpha\beta\gamma\delta} (1-\theta_a)(1-\theta_b)(1-\theta_c)\theta_d \cdot v_{\alpha\beta,\gamma-\delta} \cdot s_{-\delta} (a_\alpha{}^+ a_\beta{}^+ b_\delta{}^+ a_\gamma + a_\gamma{}^+ b_\delta a_\beta a_\alpha) \\ & + \sum_{\alpha\beta\gamma\delta} (1-\theta_a)\theta_b \theta_c \theta_d \cdot v_{\alpha-\gamma,-\delta-\beta} \cdot s_{-\beta} s_{-\gamma} s_{-\delta} (a_\alpha{}^+ b_\beta{}^+ b_\delta{}^+ b_\gamma + b_\gamma{}^+ b_\delta b_\beta a_\alpha) \end{aligned} \tag{5.1.20 e}$$

となる. このように分解された $\hat{H}_{\rm int}$ の各部分の役割は, 図5.3に示したように,

$H_{\rm pp}$: 粒子-粒子散乱

---

† (5.1.18)を得るに際して, $\delta_{j_a j_b} = \delta_{ab}$ の仮定を使用した. この仮定は, 考察下の(活性軌道)部分空間内には, j が同じで他の量子数が異なるような軌道が存在しないことを意味する. 殻模型での実際の部分空間の設定に際しては, ほとんどこのことが満足されていることが確かめられる.

†† ここで, $H_{\rm int}$ の時間反転不変性から生ずる関係

$$v_{-\alpha-\beta,-\gamma-\delta} s_{-\alpha} s_{-\beta} s_{-\gamma} s_{-\delta} = v_{\alpha\beta,\gamma\delta}{}^* = v_{\alpha\beta,\gamma\delta} \quad (\text{実数})$$

を使用した. なお位相の選び方については, p.178 脚注参照.

H_{hh}:　空孔-空孔散乱

H_{ph}:　粒子-空孔散乱

H_V:　2個の粒子-空孔対の生成および消滅

H_Y:　粒子の散乱に伴う粒子-空孔対の生成と消滅,

およひ空孔の散乱に伴う粒子-空孔対の生成と消滅

となる.

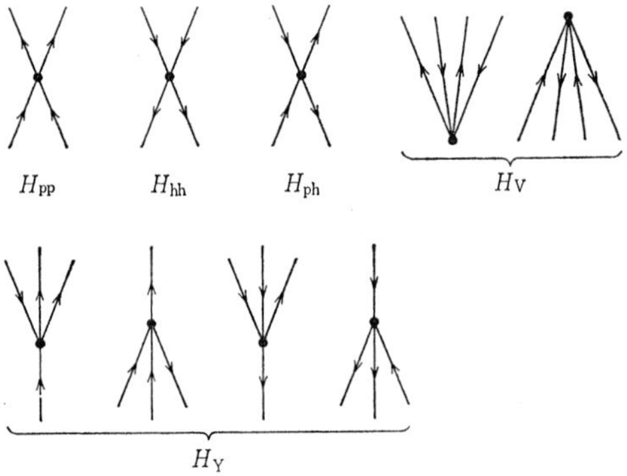

図5.3　有効相互作用 $\hat{H}_{int}$ の行列要素の種類. 上向きの矢印を伴った線は粒子を意味し, 下向きの矢印を伴った線は空孔を意味する. 図は下(始状態, initial state)から上(終状態, final state)へ読まれる

いま, $\hat{N}_p \equiv \sum_\alpha (1-\theta_\alpha) a_\alpha{}^+ a_\alpha$, $\hat{N}_h \equiv \sum_\alpha \theta_\alpha b_\alpha{}^+ b_\alpha$ をそれぞれ粒子, 空孔の数の演算子とすると,

$$[\hat{H}_0, \hat{N}_p] = [\hat{H}_0, \hat{N}_h] = 0 \qquad (5.1.21)$$

が成り立つ. したがって, 殻模型での計算では粒子(空孔)の数を一定に決めて, この粒子(空孔)数の一定な部分空間の中で, 全ハミルトニアン $\hat{H} \equiv \hat{H}_0 + \hat{H}_{int}$ を対角化して固有値および固有状態を求めるのが通常である. このような計算法を **Tamm-Dancoff (近似) 法**と呼んでいる. この Tamm-Dancoff 法は, 未知の有効相互作用 H_{int} の特性を規定していく場合にまず第1に使用される方法である. すなわち, あらかじめ想定した(パラメーターを伴った)有効相互作用 H_{int} を, 粒子(空孔)数一定の Tamm-Dancoff 部分空間内で正確に対角化することによってエネルギー固有値を求め, これと対応する粒子(空孔)数をもった核のエネルギー・スペクトルとを比べることによって, H_{int} 中のパラメーターを定めるのであ

る．

この場合特に留意しなければならないことは，図5.3からも明らかなように，H_{V} および H_{Y} の行列要素は考察下の(粒子(空孔)数一定の)Tamm-Dancoff部分空間内ではつねに0であり†，したがってこの方法で決定されたのは決して H_{int} そのものではないことである．このことは，いろいろな実験事実に反映される核子間の特徴的相関に基づいて未知の有効相互作用 H_{int} を規定していく場合，それを(*5.1.20*)のような役割，構造の異なる部分に分解した上で，それぞれの部分ごとの特徴的性質を規定していくことの重要性を示唆する．実際に，次節から第6章にわたって述べるように，原子核の微視的理論(microscopic theory)と呼ばれる多体問題的理論は，このことを充分に活用することによって，その現実の有効性を保証されてきたのである．

§5.2 対相関と対結合スキーム

a) 対相関力

閉殻の外側にいくつかの粒子があるような核を考えよう．もし有効相互作用がなければ，基底状態ではこれらの粒子は(ϵ_{F} の軌道の次にある)最も低いエネルギーをもった軌道にあるはずである．そして最低エネルギーの状態として，これらの粒子によってつくられるいろいろな全角運動量 I をもった縮退した状態が得られる．それゆえ，閉殻にいくつかの粒子(空孔)があるような核についての実験事実から，この縮退がどのように解かれているかを調べることは，有効相互作用(*5.1.19b*)中の H_{pp} (H_{hh}) 部分の特徴についての重要な情報を直接に与える．

実験事実によれば，このような核に対して，(i) 偶-偶核の基底状態は例外なく $I^{\pi}=0^{+}$ であり，(ii) ほとんどの奇核(奇数質量数核)の基底状態のスピンとパリティは最後の奇数番目の粒子(空孔)が占める軌道 $a\equiv\{n_a, l_a, j_a\,;$ 荷電 $q\}$ のそれと同一で，$I=j_a$, $\pi=(-1)^{l_a}$ である(Mayer-Jensenの現象論的結合則)．このことは，H_{pp} (H_{hh}) が $J^{\pi}=0^{+}$ に組んだ1対の同種粒子に対して，特別に強い結合エネルギーを与えるような特性を持っていることを示唆する．すなわち，偶-偶核の基底状態はつねにいくつかのこのような‘$J^{\pi}=0^{+}$ 対’から構成され，奇核

† H_{V} は，$[H_{\mathrm{V}}, \hat{N}]=[H_{\mathrm{V}}, (\hat{N}_{\mathrm{p}}-\hat{N}_{\mathrm{h}})]=0$ を満足するが，$[H_{\mathrm{V}}, \hat{N}_{\mathrm{p}}]\neq 0$, $[H_{\mathrm{V}}, \hat{N}_{\mathrm{h}}]\neq 0$ であることに注意．H_{Y} も同様である．

の基底状態のスピン，パリティは，対を組みえない最後の余分な**奇粒子**(odd particle)によって特徴づけられることになる．これを通常**対結合スキーム**(pair coupling scheme)と呼んでいる．この描像は奇核の(基底状態近傍の)低エネルギーの励起状態についての実験事実が，開いている次の軌道への奇粒子の励起によって説明できる一方，偶-偶核の励起状態に対しては‘$J^\pi=0^+$ 対’の結合をこわすためのエネルギーに起因するエネルギー・ギャップ(energy gap)が発生するという事実によって，さらに支持されている．この‘$J^\pi=0^+$ 対’の結合エネルギーの大きさは，原子核の質量公式中でふつう対エネルギーと呼ばれている補正項，

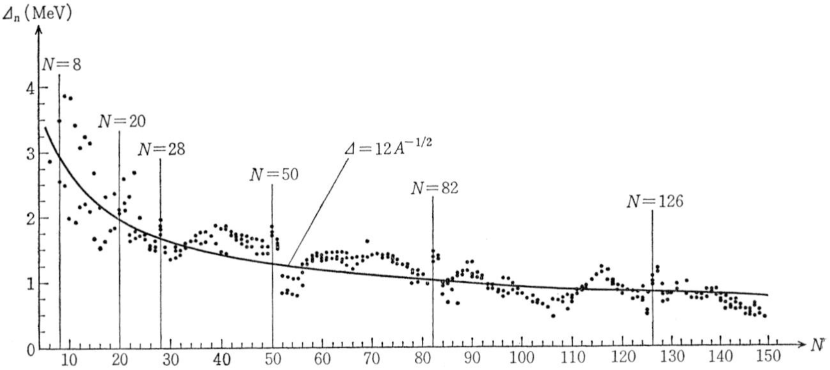

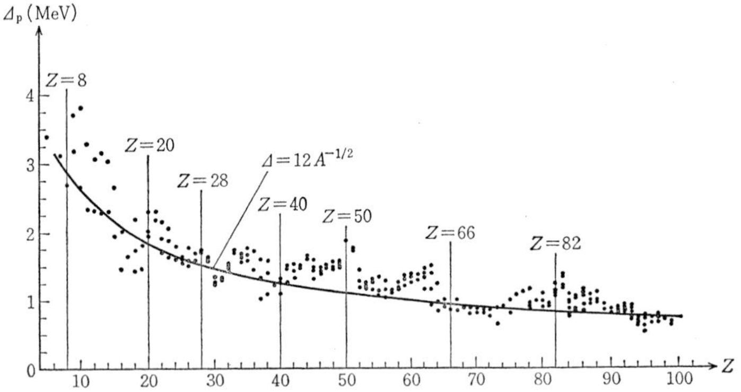

図5.4　中性子，陽子に対する奇偶質量差 Δ_n, Δ_p
(Zeldes, N., Grill, A. & Simievic, A.: *Mat. Fys. Skr. Dan. Vid. Selsk.*, **3**, no. 5(1967)による)

すなわち奇偶質量差(odd-even mass difference) Δ (§2.5参照)から，大体

$$2\Delta \approx 24A^{-1/2}\ \mathrm{MeV} \qquad (5.2.1)$$

であることがわかる†(図5.4).

このように2個の同種粒子が $J^\pi=0^+$ の特別に強い結合対をつくる傾向，すなわち**対相関**(pairing correlation)は，粒子間に引力の短距離相互作用が働く場合につねに生ずるものである．この事情をみるために，H_{int} として δ 関数型相互作用

$$\left.\begin{aligned}
H_{\mathrm{int}}{}^{(\delta\text{-force})} &= \frac{1}{2}\sum_{\alpha\beta\gamma\delta} v_{\alpha\beta,\gamma\delta}{}^{(\delta\text{-force})} c_\alpha{}^+ c_\beta{}^+ c_\delta c_\gamma \\
v_{\alpha\beta,\gamma\delta}{}^{(\delta\text{-force})} &\equiv \frac{1}{4}\{\langle\alpha\beta|V^{(\delta\text{-force})}|\gamma\delta\rangle - \langle\beta\alpha|V^{(\delta\text{-force})}|\gamma\delta\rangle \\
&\qquad -\langle\alpha\beta|V^{(\delta\text{-force})}|\delta\gamma\rangle + \langle\beta\alpha|V^{(\delta\text{-force})}|\delta\gamma\rangle\} \\
\langle\alpha\beta|V^{(\delta\text{-force})}|\gamma\delta\rangle &\equiv \int\!\!\int dx dx' \varphi_\alpha{}^*(x)\varphi_\beta{}^*(x')[-V_0\delta(\boldsymbol{x}-\boldsymbol{x}')] \\
&\qquad \times\varphi_\gamma(x)\varphi_\delta(x') \qquad (V_0\text{: 正の定数})
\end{aligned}\right\}$$

を採用し，最も簡単な配置 $(j_a)^2$ の同種2粒子系の状態

$$\begin{aligned}
|aa\,;JM\rangle &\equiv \frac{1}{\sqrt{2}}\sum_{m_\alpha m_{\alpha'}}(j_a m_\alpha j_a m_{\alpha'}|JM)c_\alpha{}^+ c_{\alpha'}{}^+|0\rangle \\
&= A_{JM}{}^+(aa)|0\rangle \qquad (J=0,2,4,\cdots)
\end{aligned} \qquad (5.2.2)$$

に対するエネルギーを計算しよう．($A_{JM}{}^+(ab)$ は(5.1.5)で定義されたものである.)　結果は図5.5(a)に示す．この図からも明らかなように，$J^\pi=0^+$ の状態 $|aa\,;J=0\rangle\equiv A_{00}{}^+(aa)|0\rangle=(2)^{-1/2}(2j_0+1)^{-1/2}\sum_{m_\alpha}(-1)^{j_a-m_\alpha}c_\alpha{}^+c_{-\alpha}{}^+|0\rangle$ は，m_α 成分の等しい重みをもった特別の重畳からつくられるため，特に強い2粒子間の空間的かさなりをもち，他の $J\neq0$ の状態にくらべて特別に強い結合エネルギーを短距離相互作用から受ける.

対相関力(pairing force)は，このような短距離(引力)相互作用のもつ最も重要な一般的性質を強調し単純化した有効相互作用で，最も簡単な同種2粒子系の配置 $(j_a)^2$ のときの，この力によるエネルギー・スペクトルを図5.5(b)に示す.

---

† この物理的内容については，§5.3(b)で議論される.

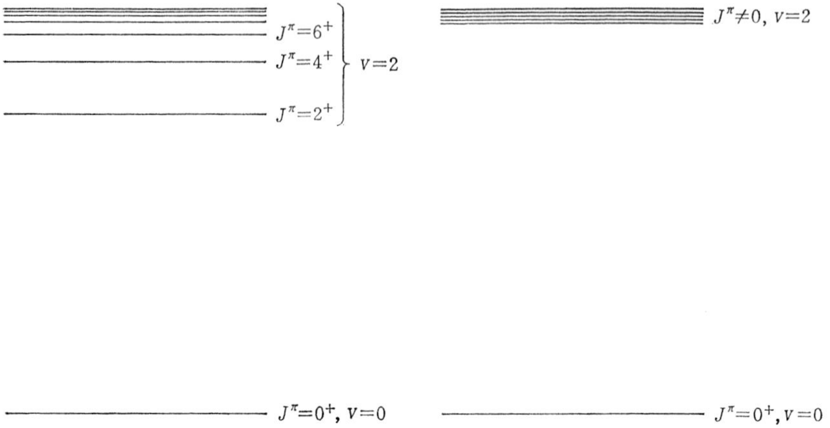

(a) δ 関数型相互作用 $H_{\text{int}}{}^{(\delta\text{-force})}$　　(b) 対相関力 $H_{\text{int}}{}^{(\text{pair})}$

図 5.5　$(j_a)^2$ 配置での同種2粒子系のエネルギー・スペクトル. (a) は δ 関数型相互作用の場合, (b) は対相関力の場合を表わす. セニョリティ(数) v は本節(b)項で議論される

この図から明らかなように, 対相関力は, 角運動量 $J^\pi=0^+$ に組んだ粒子対にのみ作用するような有効相互作用である. (5.1.8) から, 一般に状態 $|ab\,;JM\rangle\equiv A_{JM}{}^+(ab)|0\rangle$ についての H_{int} の行列要素として

$$\langle ab\,;JM|H_{\text{int}}|cd\,;JM\rangle = -G(abcd\,;J)$$

を得るから, 対相関力の $G^{(\text{pair})}(abcd\,;J)$ を $J^\pi=0^+$ にだけ作用するように

$$G^{(\text{pair})}(abcd\,;J) = G_0\cdot\delta_{J0}\delta_{ab}\delta_{cd}\left(j_a+\frac{1}{2}\right)^{1/2}\left(j_c+\frac{1}{2}\right)^{1/2} \qquad (5.2.3)$$

と定義すると便利である. G_0 は対相関力の強さを表わす正の定数である. (5.2.3) を使って, 対相関力を

$$\begin{aligned}
H_{\text{int}}{}^{(\text{pair})} &\equiv \frac{1}{2}\sum_{\alpha\beta\gamma\delta} v_{\alpha\beta,\gamma\delta}{}^{(\text{pair})} c_\alpha{}^+ c_\beta{}^+ c_\delta c_\gamma \\
&\equiv -\frac{1}{2}\sum_{\alpha\beta\gamma\delta}\sum_{JM} G^{(\text{pair})}(abcd\,;J)(j_a m_\alpha j_b m_\beta|JM)\, c_\alpha{}^+ c_\beta{}^+ \\
&\qquad\qquad \times (j_c m_\gamma j_d m_\delta|JM)\, c_\delta c_\gamma \\
&= -G_0\sum_{ac}\left(j_a+\frac{1}{2}\right)^{1/2} A_{00}{}^+(aa)\left(j_c+\frac{1}{2}\right)^{1/2} A_{00}(cc)
\end{aligned}$$

$$= -\frac{1}{4}G_0 \sum_{\alpha} s_\alpha c_\alpha{}^{+} c_{-\alpha}{}^{+} \cdot \sum_{\gamma} s_\gamma c_{-\gamma} c_\gamma \qquad (s_\alpha \equiv (-1)^{j_a - m_\alpha})$$

(5. 2. 4)

と書くことができる.

これで，対相関力の具体的な形が与えられたわけであるが，この節のはじめに強調したように，対相関力はあくまで有効相互作用 $\hat{H}_{\rm int}$ (5. 1. 19 b) 中の $H_{\rm pp}$ および $H_{\rm hh}$ を特徴づけるものとして導入されたことを忘れてはならない(図 5. 6). その意味で対相関力は，有効相互作用 $H_{\rm int}$ の‘一部分’の特性を端的に表現したものにすぎず，現実の核力のように実在的意味をもつものではない．むしろ核内相関の一特性である対結合スキームを特徴づけている相関の模型化された担い手として，その‘機能’にこそ積極的な意味をもつものである.

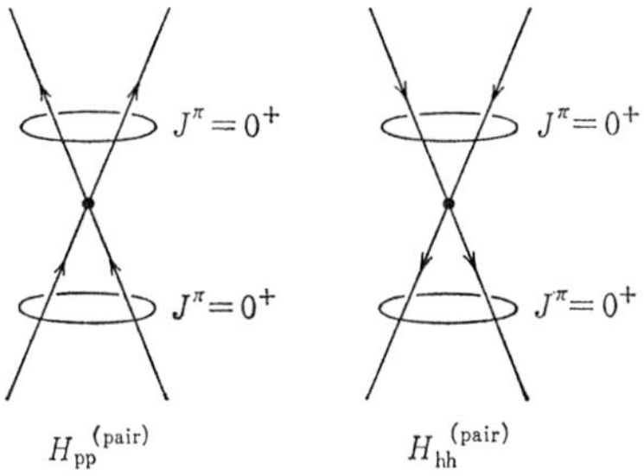

図 5. 6　対相関力 $H_{\rm int}{}^{(\rm pair)}$ の $H_{\rm pp}{}^{(\rm pair)}$ および $H_{\rm hh}{}^{(\rm pair)}$ 部分 ($\delta_{j_a j_b} = \delta_{ab}$ の条件の下では $H_{\rm ph}{}^{(\rm pair)} = 0$ であることに注意)

b)　準スピンとセニョリティ

前項で導入した対相関力 $H_{\rm int}{}^{(\rm pair)}$ (5. 2. 4) が，単一殻配置 (single-shell configuration) $(j_a)^N$ にあるような N 個の同種粒子系に作用するときの，固有状態およびエネルギー・スペクトルの検討に移ろう．この場合のハミルトニアンは，

$$H = \sum_{m_\alpha} \epsilon_a{}^{(0)} c_\alpha{}^{+} c_\alpha - \frac{1}{4}G_0 \sum_{m_\alpha} s_\alpha c_\alpha{}^{+} c_{-\alpha}{}^{+} \cdot \sum_{m_{\alpha'}} s_{\alpha'} c_{-\alpha'} c_{\alpha'}$$

$$= \epsilon_a{}^{(0)} \hat{N}(a) - G_0 \Omega A_{00}{}^{+}(aa) A_{00}(aa) \qquad (5. 2. 5)$$

である．$\hat{N}(a) \equiv \sum_{m_\alpha} c_\alpha{}^{+} c_\alpha$ は考察下の軌道 a における粒子数の演算子，また $\Omega \equiv (1/2) \cdot (2j_a + 1)$ はこの軌道 a 中で許される時間反転対 $(\alpha, \bar{\alpha})$ の数を表わす.

ここで Kerman および Lawson-Macfarlane によって展開された**準スピン理**

論形式(quasi-spin formalism)を採用することにしよう†. この理論の出発点は, 3 個の対演算子

$$\left.\begin{aligned} \Omega^{1/2}A_{00}{}^{+}(aa) &\equiv \hat{S}_{+} = \hat{S}_x + i\hat{S}_y \\ \Omega^{1/2}A_{00}(aa) &\equiv \hat{S}_{-} = \hat{S}_x - i\hat{S}_y \\ \frac{1}{2}\{\hat{N}(a)-\Omega\} &\equiv \hat{S}_0 = \hat{S}_z \end{aligned}\right\} \tag{5.2.6}$$

が次のような角運動量演算子のそれと同一の交換関係を満足することに着目する点にある.

$$[\hat{S}_{+}, \hat{S}_{-}] = 2\hat{S}_0, \qquad [\hat{S}_0, \hat{S}_{\pm}] = \pm\hat{S}_{\pm} \tag{5.2.7}$$

こうして $\hat{\boldsymbol{S}} = (\hat{S}_x, \hat{S}_y, \hat{S}_z)$ は**準スピン演算子**(quasi-spin operator)と名づけられる. 準スピンを使用すると, ハミルトニアン(5.2.5)は

$$H = \epsilon_a{}^{(0)}(2\hat{S}_0 + \Omega) - G_0\hat{S}_{+}\hat{S}_{-} \tag{5.2.8}$$

となる. さて

$$\hat{S}_{+}\hat{S}_{-} = \hat{S}_x{}^2 + \hat{S}_y{}^2 + \hat{S}_0 = \hat{\boldsymbol{S}}^2 - \hat{S}_0(\hat{S}_0 - 1) \tag{5.2.9}$$

であるから, H の固有状態は一般に $|\Gamma; SS_0\rangle$ で指定されることがわかる. S は準スピン量子数, すなわち $\hat{\boldsymbol{S}}^2$ の量子数 $S(S+1)$ の S を意味し, S_0 は準スピンの z 成分 $\hat{S}_0$ の量子数を意味する. Γ は固有状態を完全に指定するに必要な他の 1 組の量子数を意味する.

量子数 S_0 の物理的意味は, (5.2.6)から

$$S_0 = (N - \Omega)/2 \tag{5.2.10}$$

であることがわかる. N は考察下の軌道 a における粒子の数である. 次に準スピン量子数 S の物理的意味を調べよう. まず(5.2.6)で定義された '$J^{\pi}=0^{+}$ 対' の生成, 消滅演算子 $\hat{S}_{+}, \hat{S}_{-}$ が, 角運動量演算子の $\hat{J}_{\pm} = \hat{J}_x \pm i\hat{J}_y$ が関係 $\hat{J}_{\pm}|IM\rangle = \sqrt{(I\mp M)(I\pm M+1)}\,|I, M\pm 1\rangle$ を満足するのと同様に

$$\hat{S}_{\pm}|\Gamma; SS_0\rangle = \sqrt{(S\mp S_0)(S\pm S_0+1)}\,|\Gamma; S, S_0\pm 1\rangle \tag{5.2.11}$$

を満足することに注目しよう. 準スピンの z 成分 S_0 の大きさは $S_0 = -S$ で最小

---

† Kerman, A. K.: *Ann. Phys.*, **12**, 300 (1961), Lawson, R. D. & Macfarlane, M. H.: *Nuclear Phys.*, **66**, 80 (1965), Ichimura, M.: *Progress in Nuclear Physics*, vol. 10, Pergamon (1969), p. 307. なお, この形式の原形は, 超伝導理論と関連して和田, 高野, 福田 (Wada, Y., Takano, F. & Fukuda, N.: *Progr. Theoret. Phys.*, **19**, 597 (1958)) および Anderson, P. W. (*Phys. Rev.*, **112**, 1900 (1958)) によってはじめて提出された.

であるから，(5. 2. 11) より

$$\hat{S}_-|\Gamma; S, S_0=-S\rangle = 0 \qquad (5.2.12)$$

となる．$\hat{S}_-$ は $J^\pi=0^+$ に組んだ1対の粒子の消滅演算子であるから，(5. 2. 12) は，状態 $|\Gamma; S, S_0=-S\rangle$ にはいかなる '$J=0$ 対' も存在しない，ということを意味する．この状態での粒子の数を，Racah に従って**セニョリティ**(**数**) v と呼ぶ (§3.5(a)参照)．(5. 2. 9)，(5. 2. 12) を使って

$$\begin{aligned}\hat{S}^2|\Gamma; S, S_0=-S\rangle &= S(S+1)|\Gamma; S, S_0=-S\rangle \\ &= \{\hat{S}_+\hat{S}_- + \hat{S}_0(\hat{S}_0-1)\}|\Gamma; S, S_0=-S\rangle \\ &= \hat{S}_0(\hat{S}_0-1)|\Gamma; S, S_0=-S\rangle \\ &= \frac{1}{2}(v-\Omega)\left\{\frac{1}{2}(v-\Omega)-1\right\}|\Gamma; S, S_0=-S\rangle \end{aligned} \qquad (5.2.13)$$

をうる．こうして準スピン量子数 S は

$$S = \frac{1}{2}(\Omega - v) \qquad (5.2.14)$$

という形でセニョリティ v と関係づけられていることがわかる．

さて，状態 $|\Gamma; S, S_0=-S\rangle$ に '$J^\pi=0^+$ 対' の生成演算子 $\hat{S}_+$ を p 回 ($p \leqq 2S$) 作用させたとしよう．このとき (5. 2. 11) から

$$|\Gamma; S, S_0=-S+p\rangle = \frac{1}{\sqrt{k_{Sp}}}(\hat{S}_+)^p|\Gamma; S, S_0=-S\rangle \qquad (5.2.15)$$

を得る．ただし k_{Sp} は規格化定数で

$$k_{Sp} = \frac{(2S)!\cdot p!}{(2S-p)!}$$

である．状態 (5. 2. 15) の粒子数は (5. 2. 10) から $N=v+2p$ である．したがって (5. 2. 15) は，$N=v+2p$ 個の同種粒子中，$2p$ 個が '$J^\pi=0^+$ 対' をつくり，v 個が '$J^\pi=0^+$ 対' になっていないような状態を意味する．この意味でセニョリティ v は '$J^\pi=0^+$ 対' になっていないような粒子の数とみなすことができる．また

粒子数 N が偶数のときはセニョリティ v は常に偶数，

粒子数 N が奇数のときはセニョリティ v は常に奇数

となる．

粒子が全く存在しない真空 $|0\rangle$ ($\hat{N}(a)|0\rangle=0$) では $N=0$，したがって当然 $v=0$

である．準スピン理論形式では，(5.2.10)，(5.2.14)から

$$|0\rangle = |S=\frac{1}{2}\Omega, S_0=-\frac{1}{2}\Omega\rangle \qquad (5.2.16)$$

を得る．すなわち，真空 $|0\rangle$ では準スピン S は最大値 $\Omega/2$ を，その z 成分 S_0 は最小値 $-\Omega/2$ をもつ．

準スピン演算子 $\hat{\boldsymbol{S}}$ と角運動量演算子 $\hat{\boldsymbol{J}}$ が交換することは準スピンの定義(5.2.6)から明らかである．したがって状態 $|\Gamma; SS_0\rangle$ を指定する1組の量子数 Γ の中には，角運動量 I およびその z 成分 M が含まれている．そこでこれを明示すると同時に，S, S_0 のかわりにセニョリティ数 v および粒子数 N を使って

$$\begin{aligned} |\Gamma; SS_0\rangle &= |\Gamma; S=\frac{1}{2}(\Omega-v), S_0=\frac{1}{2}(N-\Omega)\rangle \\ &\equiv |j_a{}^N\Gamma' v; IM\rangle \end{aligned} \qquad (5.2.17)$$

と記そう．この記号が通常殻模型の計算で使用されるものである(§3.5参照)．

次に固有状態(5.2.17)に対するハミルトニアン(5.2.8)の固有値を求めよう．(5.2.9)，(5.2.10)，(5.2.13)および(5.2.14)を使って，この固有値は

$$\begin{aligned} E_v(N) &= \epsilon_a{}^{(0)}\{2S_0+\Omega\}-G_0\{S(S+1)-S_0(S_0-1)\} \\ &= \epsilon_a{}^{(0)}N-\frac{1}{4}G_0(N-v)(2\Omega-N-v+2) \end{aligned} \qquad (5.2.18)$$

となる．これから

$$E_v(N)-E_0(N) = \frac{1}{4}G_0 v(2\Omega-v+2) \qquad (5.2.19)$$

となり，系の励起エネルギーは粒子数 N に無関係であるという重要な結果が得

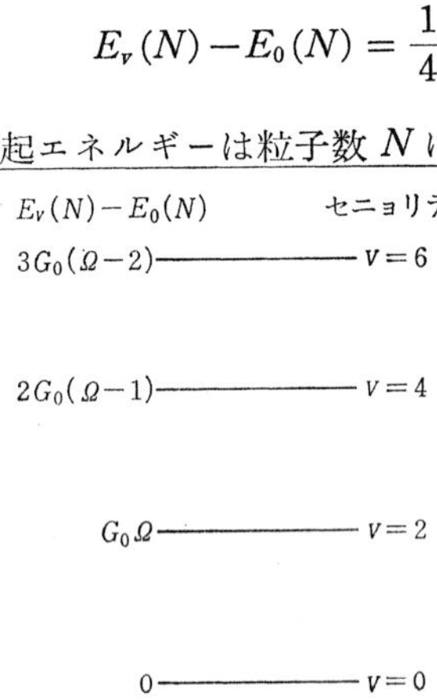

図5.7　$(j_a)^N$ (N: 偶数)配位での対相関力の励起エネルギー・スペクトル

られる．その励起エネルギー・スペクトルを図5.7に示す．図からも明らかなように，$j_a \gg 1$ では1対の '$J^\pi=0^+$ 対' をこわすに要するエネルギー $E_{v+2}(N)-E_v(N)$ はほぼ $G_0\Omega$ である．

励起エネルギー・スペクトルが粒子数 N に独立であるということは，それが粒子数の異なる状態の重量を使用しても計算しうることを意味するが，この事実が，次節に述べる準粒子近似の概念の導入を可能にしたのである．

c) 多殻配置の場合への一般化

前項で考察した単一殻配置 $(j_a)^N$ の場合についての準スピン理論形式，すなわちセニョリティによる状態の分類の，多殻配置 (many-shell configuration) の場合への一般化は困難なしに行なえる．この場合は，各軌道 a の準スピン量子数 $S(a)$ および $S_0(a)$ (すなわち各軌道 a でのセニョリティ v_a および粒子数 N_a) で指定されるような基礎ベクトル

$$|\Gamma; S(a), S_0(a); S(b), S_0(b); \cdots; IM\rangle \tag{5.2.20}$$

からなる表示を考え，この表示で状態の分類を行なえばよい．この表示を使用すると，

$$v = \sum_a v_a \tag{5.2.21}$$

で与えられる**全セニョリティ** (total seniority) v を定義することができる．対相関力 (5.2.4) をもったわれわれのハミルトニアン

$$\begin{aligned} H &= \sum_\alpha \epsilon_a{}^{(0)} c_\alpha{}^+ c_\alpha + H_{\mathrm{int}}{}^{(\mathrm{pair})} \\ &= \sum_a \epsilon_a{}^{(0)} \hat{N}(a) - G_0 \sum_{ab} \hat{S}_+(a)\hat{S}_-(b) \end{aligned} \tag{5.2.22}$$

は $\hat{S}^2(a)$ と交換するので，各軌道 a のセニョリティ v_a はよい量子数となり，全セニョリティ v もまたよい量子数と考えることができるからである．

単一殻配置の場合と異なる点は，各軌道 a での $\hat{S}_0(a)$ (すなわち $\hat{N}(a)$) がハミルトニアン (5.2.22) と交換せず，交換するのは全粒子数演算子 $\hat{N}=\sum_a \hat{N}(a)$ であることである．この意味で状態 (5.2.20) それ自身はハミルトニアン (5.2.22) の固有状態ではなく近似的なものである．各 N_a (すなわち $S_0(a)$) の任意の値に対して，その最低エネルギー状態は各 $S(a)$ $(\equiv(\Omega_a-v_a)/2)$ が最大値 $S(a)=\Omega_a/2$ (すなわち $v_a=0$) であるようなものであることが，単一殻配置の場合から推定さ

れる．これはすべての粒子が '$J^\pi=0^+$ 対' になっている状態，すなわち $v=0$ の状態である．

§5.3 準粒子近似

a) BCS 基底状態

対結合スキーム，すなわち量子数としての全セニョリティ v の使用は，対相関の特徴を使用して低エネルギー状態をできるかぎり少数の，'$J^\pi=0^+$ 対' になっていない粒子(その数が全セニョリティ v である)の状態によって分類する，という点において極めて有力なものである．

しかし現実に計算を遂行するためには，さらに状態空間を切断する必要がある．たとえば最も簡単な Sn の同位元素の計算の場合を考えてみよう．この場合は陽子が50で閉殻をつくっているから，問題とする活性軌道部分空間は中性子の $2d_{5/2}, 1g_{7/2}, 1h_{11/2}, 3s_{1/2}, 2d_{3/2}$ 軌道であると考えてよい．計算によれば，このような単純な配置 $(2d_{5/2}, 1g_{7/2}, 1h_{11/2}, 3s_{1/2}, 2d_{3/2})^N$ の場合でも，$N=16$ のときは116個の $v=0$ の状態が存在し，$v=2, J=2$ の状態ではその数は1000個以上にもなる．

この事実は '$J^\pi=0^+$ 対' に結合していない粒子の数 v はごく少数であるにもかかわらず，'$J^\pi=0^+$ 対' が可能な軌道のどこにでも自由に存在することができる，ということに基づいている．そこで '$J^\pi=0^+$ 対' のあらゆる可能な軌道分布の中から，エネルギー的に最も低いと考えられる分布を選び出すことにしよう．そして核の低エネルギー励起状態は，このようにして定められた '$J^\pi=0^+$ 対' の分布の下でのセニョリティ v の状態として分類されると考えよう．

エネルギー的に最も低い '$J^\pi=0^+$ 対' の各軌道への分布をみるためには，N 個(N: 偶数)の粒子の基底状態を

$$
\begin{aligned}
|N\rangle &= \{\sum_a d_a \hat{S}_+(a)\}^{N/2}|0\rangle = \{\sum_a d_a \Omega_a{}^{1/2} A_{00}{}^+(aa)\}^{N/2}|0\rangle \\
&= \{\sum_{\alpha>0} d_a c_\alpha{}^+ s_\alpha c_{-\alpha}{}^+\}^{N/2}|0\rangle \qquad (5.3.1)
\end{aligned}
$$

のように仮定し，$\langle N|N\rangle=1$ の条件の下で，ハミルトニアン(5.2.22)の期待値 $\langle N|H|N\rangle$ が定常になるように，変分パラメーター d_a を決めれば理想的である†．

† 変分パラメーター d_a は実数とする．

残念なことに，通常の独立粒子模型の波動関数の場合と違って，(5.3.1)を使用して変分計算を行なうことは実際上非常に困難である．そこで，粒子数 N (したがって活性軌道部分空間の1粒子状態の数 $2\Omega\equiv 2\sum_a \Omega_a=\sum_a (2j_a+1)$) が大きいと仮定して，変分関数(5.3.1)の形をゆるめて，

$$|\phi_{\rm BCS}\rangle = K\exp\left\{\sum_a \frac{v_a}{u_a}\hat{S}_+(a)\right\}|0\rangle = K\prod_{\alpha>0}\exp\left\{\frac{v_a}{u_a}c_\alpha{}^+ s_\alpha c_{-\alpha}{}^+\right\}|0\rangle$$
$$= \prod_{\alpha>0} u_a\left(1+\frac{v_a}{u_a}s_\alpha c_\alpha{}^+c_{-\alpha}{}^+\right)|0\rangle = \prod_{\alpha>0}(u_a+s_\alpha v_a c_\alpha{}^+c_{-\alpha}{}^+)|0\rangle \tag{5.3.2}$$

$$K\equiv\prod_{\alpha>0}u_a=\prod_a u_a{}^{\Omega_a},\qquad s_\alpha\equiv(-1)^{j_a-m_\alpha}$$

の形の変分関数を採用しよう†．これは(5.3.1)の異なった粒子数についてのある重畳を採用することに相当する．(5.3.2)から N 個の粒子数を持った部分を取り出せば，(5.3.2)の最初の表式から明らかなように，

$$P_N|\phi_{\rm BCS}\rangle = \frac{1}{(N/2)\,!}K\left(\sum_a\frac{v_a}{u_a}\hat{S}_+(a)\right)^{N/2}|0\rangle \tag{5.3.3}$$

となるから(P_N：粒子数 N の状態への射影演算子)，(5.3.1)の d_a が $d_a\propto(v_a/u_a)$ であることが容易にわかる．(5.3.2)の最後の表式は Bardeen, Cooper および Schrieffer が彼らの金属の超伝導理論において採用したものと本質的に同一のもので，通常これを **BCS 基底状態**と呼んでいる．

(5.3.2)のような異なった粒子数の重畳を変分関数として採用したかわりに，平均としての粒子数が正しく問題としている粒子数 N に等しくなるという条件

$$\langle\phi_{\rm BCS}|\hat{N}|\phi_{\rm BCS}\rangle = N\langle\phi_{\rm BCS}|\phi_{\rm BCS}\rangle \tag{5.3.4}$$

を設定し，この条件の下で $\langle\phi_{\rm BCS}|H|\phi_{\rm BCS}\rangle$ が定常であるように u_a, v_a (実数とする)を定めよう．ただし直接の計算によってわかるように $\langle\phi_{\rm BCS}|\phi_{\rm BCS}\rangle=1$ の規格化の条件から

$$u_a{}^2+v_a{}^2=1 \tag{5.3.5}$$

の関係が得られるので，変分パラメーターとしては u_a, v_a のうちのいずれか1つ，

† (5.3.2)では，$c_\alpha{}^+$ が Fermi 粒子であることから生ずる $(c_\alpha{}^+c_{-\alpha}{}^+)^n|0\rangle=0$ ($n\geqq 2$)，すなわち関係

$$\exp\left\{\frac{v_a}{u_a}c_\alpha{}^+s_\alpha c_{-\alpha}{}^+\right\}|0\rangle = \left(1+\frac{v_a}{u_a}s_\alpha c_\alpha{}^+c_{-\alpha}{}^+\right)|0\rangle$$

を使った．

たとえば v_a を採用すればよい．

束縛条件(5.3.4)の下での変分を行なうために，Lagrange 乗数 λ を使用して，ハミルトニアン(5.2.22)のかわりに

$$H' \equiv H - \lambda \hat{N} \tag{5.3.6}$$

を採用し，$\langle\phi_{\mathrm{BCS}}|H'|\phi_{\mathrm{BCS}}\rangle$ を定常にするように変分パラメーター v_a を定めよう．Lagrange 乗数 λ は，その上で(5.3.4)を満足するように定めればよい．ハミルトニアン(5.2.22)を(5.3.6)の H' で置きかえることは，ちょうど単一粒子エネルギー $\epsilon_a{}^{(0)}$ を $\epsilon_a{}^{(0)}-\lambda$ で置きかえることに対応するから，λ を**有効 Fermi エネルギー**(effective Fermi energy)と考えることができる†．直接の計算から

$$\begin{aligned}\langle\phi_{\mathrm{BCS}}|H'|\phi_{\mathrm{BCS}}\rangle &\equiv U \\ &= \sum_\alpha \left\{(\epsilon_a{}^{(0)}-\lambda)v_a{}^2 - \frac{1}{2}G_0 v_a{}^4\right\} - \frac{1}{4}G_0\Big(\sum_\alpha u_a v_a\Big)^2\end{aligned} \tag{5.3.7}$$

が得られる．この U が v_a の変分について定常である条件

$$\frac{\partial}{\partial v_a}U \equiv \frac{\partial}{\partial v_a}\langle\phi_{\mathrm{BCS}}|H'|\phi_{\mathrm{BCS}}\rangle = 0$$

から

$$2(\epsilon_a{}^{(0)}-\lambda)v_a - 2G_0 v_a{}^3 - \frac{1}{2}G_0\Big(\sum_\gamma u_c v_c\Big)\left(u_a + v_a\frac{\partial u_a}{\partial v_a}\right) = 0$$

が求まる．(5.3.5)から $\partial u_a/\partial v_a$ を求め，u_a を掛ければ，この式は

$$(\epsilon_a - \lambda)u_a v_a = \frac{1}{2}\Delta(u_a{}^2 - v_a{}^2) \tag{5.3.8}$$

$$\epsilon_a \equiv \epsilon_a{}^{(0)} - G_0 v_a{}^2 \tag{5.3.9}$$

$$\Delta \equiv \frac{1}{2}G_0\sum_\alpha u_a v_a = G_0\sum_a \Omega_a u_a v_a \tag{5.3.10}$$

---

† λ の物理的意味をみるために，粒子数 N の変分に対応する v_a の変分を考えよう．$\langle\phi_{\mathrm{BCS}}|H'|\phi_{\mathrm{BCS}}\rangle$ は v_a の任意の変分について定常であるから，このような変分に対しては，

$$\delta\langle\phi_{\mathrm{BCS}}|H'|\phi_{\mathrm{BCS}}\rangle = 0 = \delta\langle\phi_{\mathrm{BCS}}|H|\phi_{\mathrm{BCS}}\rangle - \lambda\delta N$$

となる．したがって

$$\lambda = \frac{\partial}{\partial N}\langle\phi_{\mathrm{BCS}}|H|\phi_{\mathrm{BCS}}\rangle$$

を得る．この式は，λ が1粒子を加えるごとの BCS 基底状態での系のエネルギーの(平均)増加を意味することを示す．すなわち，λ は化学ポテンシャル(chemical potential)に対応する．

の形に書ける．(5.3.8)の両辺を2乗し，さらに(5.3.5)を2乗した式を使って$u_a{}^4$と$v_a{}^4$を消去すると

$$u_a{}^2 v_a{}^2 = \frac{\Delta^2}{4\{(\epsilon_a-\lambda)^2+\Delta^2\}} = \frac{1}{4}\left\{1-\frac{(\epsilon_a-\lambda)^2}{(\epsilon_a-\lambda)^2+\Delta^2}\right\} \tag{5.3.11}$$

を得る．この式から

$$\left.\begin{aligned} u_a{}^2 &= \frac{1}{2}\left\{1+\frac{\epsilon_a-\lambda}{\sqrt{(\epsilon_a-\lambda)^2+\Delta^2}}\right\} \\ v_a{}^2 &= \frac{1}{2}\left\{1-\frac{\epsilon_a-\lambda}{\sqrt{(\epsilon_a-\lambda)^2+\Delta^2}}\right\} \end{aligned}\right\} \tag{5.3.12}$$

を得る((5.3.15), (5.3.16)参照)．このほかにΔとλとに対するものとして，もう2つの方程式がある．その1つは，(5.3.11)を(5.3.10)に代入して得られる**ギャップ方程式**

$$\Delta = \frac{1}{2}G_0 \sum_\alpha \frac{\Delta}{2\sqrt{(\epsilon_a-\lambda)^2+\Delta^2}} \tag{5.3.13}$$

すなわち

$$\frac{1}{4}G_0 \sum_\alpha \frac{1}{\sqrt{(\epsilon_a-\lambda)^2+\Delta^2}} = 1 \tag{5.3.13$'$}$$

である．もう1つは，条件(5.3.4)から求められる方程式

$$\langle\phi_{\mathrm{BCS}}|\hat{N}|\phi_{\mathrm{BCS}}\rangle = \sum_\alpha v_a{}^2 = N$$

すなわち

$$\frac{1}{2}\sum_\alpha \left\{1-\frac{\epsilon_a-\lambda}{\sqrt{(\epsilon_a-\lambda)^2+\Delta^2}}\right\} = N \tag{5.3.14}$$

である．

1組の方程式(5.3.12), (5.3.13), (5.3.14)の解は，BCS基底状態およびそのエネルギーUを求めるに必要な総ての量を与えることになる．

(5.3.14)から明らかなように，$v_a{}^2$はBCS基底状態での粒子の軌道aの(部分)占拠確率(fractional occupation probability)を意味する．$u_a{}^2$はしたがって(5.3.5)から，軌道aの(部分)非占拠確率を表わす．この意味でパラメーターv_aは通常**占拠振幅**(occupation amplitudes)と呼ばれている．(5.3.12)で表わ

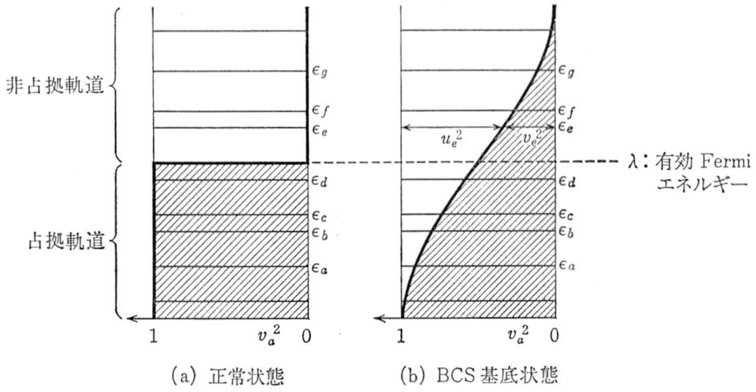

図 5.8　殻模型軌道 $a, b, c, \cdots$ の占拠確率 v_a^2. 斜線は粒子により占拠された部分を意味する

される BCS 基底状態の占拠確率 v_a^2 の様子を図 5.8(b) に示す.

方程式 (5.3.12), (5.3.13), (5.3.14) を解いて, u_a, v_a を求めれば, (5.3.2) の最初の表式に従って '$J^\pi=0^+$ 対' のエネルギー的に最も好ましい各軌道への分布を決めることができる.

最後に方程式 (5.3.13) が, 実際には, トリビアルな解

$$\Delta = 0 \quad すなわち \quad u_a v_a = 0 \tag{5.3.15}$$

を持つことに注意しよう. この場合は, (5.3.12) から

$$\left.\begin{aligned} u_a &= 1, \quad v_a = 0 \quad (\epsilon_a > \lambda) \\ u_a &= 0, \quad v_a = 1 \quad (\epsilon_a < \lambda) \end{aligned}\right\} \tag{5.3.16}$$

となり, これは §5.1(b) で述べたような正常状態 $|\phi_0\rangle$ が基底状態であることを意味する (図 5.8(a) 参照). もし対相関力が充分に弱く, その強さ G_0 が

$$\frac{1}{4}G_0 \sum_a \frac{1}{\sqrt{(\epsilon_a-\lambda)^2}} < 1 \tag{5.3.17}$$

であるならば, (5.3.13′) から明らかなように BCS 基底状態は解として存在しえない. 閉殻原子核の場合には, 対相関力が一般に次の主量子数の異なった非占拠軌道へ '$J^\pi=0^+$ 対' を持ちあげるほど強くないので (5.3.17) が成立し, 正常状態のみが得られる. しかしそれ以外の核では一般に (5.3.17) は成立せず BCS 基底状態が得られることが実験的に知られている.

b) Bogoljubov-Valatin 変換

BCS 基底状態(5.3.2)の最後の表式 $|\phi_{\mathrm{BCS}}\rangle=\prod_{\alpha>0}(u_a+s_\alpha v_a c_\alpha{}^+ c_{-\alpha}{}^+)|0\rangle$ を使っての直接の計算から

$$u_a c_\alpha|\phi_{\mathrm{BCS}}\rangle = s_\alpha v_a c_{-\alpha}{}^+|\phi_{\mathrm{BCS}}\rangle \tag{5.3.18}$$

が得られる．そこで次のような新しい消滅，生成演算子

$$\left.\begin{aligned} a_\alpha &= u_a c_\alpha - s_\alpha v_a c_{-\alpha}{}^+ \\ a_\alpha{}^+ &= u_a c_\alpha{}^+ - s_\alpha v_a c_{-\alpha} \end{aligned}\right\} \tag{5.3.19}$$

を定義すると，BCS 基底状態がこのようにして定義される新しい粒子の‘真空’になることが，(5.3.18)から保証される：

$$a_\alpha|\phi_{\mathrm{BCS}}\rangle = 0 \tag{5.3.20}$$

(5.3.19)で定義された生成・消滅演算子が Fermi 粒子の交換関係を満足することは，(5.3.5) ($u_a{}^2+v_a{}^2=1$) のために

$$\{a_\alpha{}^+, a_\beta\}_+ = \delta_{\alpha\beta}, \qquad \{a_\alpha{}^+, a_\beta{}^+\}_+ = \{a_\alpha, a_\beta\}_+ = 0 \tag{5.3.21}$$

が成り立つことから確かめることができる．この新しい Fermi 粒子を**準粒子** (quasi-particle) と呼び，現実の核子との関係(5.3.19)をその考案者の名前にちなんで **Bogoljubov-Valatin 変換**(以後は簡単のため **Bogoljubov 変換**)と呼んでいる．この変換がカノニカル変換であることは，(5.3.21)が成り立つことから明らかである．

以上で，BCS 基底状態が準粒子の‘真空’に相当するということから，通常の独立粒子模型(殻模型)の波動関数のように 1 つの Slater 行列としては表わしえない BCS 基底状態に対しても，なお‘準粒子’という 1 体運動モードを考えることが可能なことが明らかになった．そこで，このことを利用して励起状態のエネルギー・スペクトルを調べることにしよう．このためには，ハミルトニアン(5.3.6)を準粒子の生成，消滅演算子 a^+, a で書き表わすのが便利である．(5.3.19)の逆変換は

$$\left.\begin{aligned} c_\alpha &= u_a a_\alpha + s_\alpha v_a a_{-\alpha}{}^+ \\ c_\alpha{}^+ &= u_a a_\alpha{}^+ + s_\alpha v_a a_{-\alpha} \end{aligned}\right\} \tag{5.3.22}$$

であるから†，これを(5.3.6)に代入し整理すると，

---

† (5.3.22)を，粒子・空孔記号でのカノニカル変換(5.1.16)とくらべることによって，Bogoljubov 変換が(5.1.16)の一般化に対応していることを知ることができる．

$$H' = \sum_\alpha (\epsilon_a{}^{(0)} - \lambda) c_\alpha{}^+ c_\alpha - \frac{1}{4} G_0 \sum_\alpha c_\alpha{}^+ s_\alpha c_{-\alpha}{}^+ \cdot \sum_\gamma s_\gamma c_{-\gamma} c_\gamma$$

$$= U + H_{11} + H_{20} + \hat{H}_{\text{int}}{}^{(\text{pair})} \qquad (5.3.23)$$

$$H_{11} = \sum_\alpha \{(u_a{}^2 - v_a{}^2)(\epsilon_a - \lambda) + 2u_a v_a \Delta\} a_\alpha{}^+ a_\alpha \qquad (5.3.24)$$

$$H_{20} = \sum_\alpha \left\{ u_a v_a (\epsilon_a - \lambda) - \frac{1}{2} (v_a{}^2 - u_a{}^2) \Delta \right\} s_\alpha (a_\alpha{}^+ a_{-\alpha}{}^+ + a_{-\alpha} a_\alpha) \qquad (5.3.25)$$

を得る．ただし，U は(5.3.7)で与えられた $U \equiv \langle \phi_{\text{BCS}} | H' | \phi_{\text{BCS}} \rangle$ であり，ϵ_a および Δ は，それぞれ(5.3.9)，(5.3.10)で定義されたものである．また，(5.3.23)の $\hat{H}_{\text{int}}{}^{(\text{pair})}$ は準粒子間の相互作用を表わし，生成演算子が左側に，消滅演算子が右側にくるように並べられた4個の準粒子演算子の項からなるものである．($\hat{H}_{\text{int}}{}^{(\text{pair})} \sim a^+a^+a^+a^+ + a^+a^+a^+a + a^+a^+aa + a^+aaa + aaaa.$) (5.3.8)を考慮すれば，(5.3.25)の H_{20} は正確に0となる．すなわち，BCS 基底状態でのエネルギー期待値 U を定常にする条件と，$\hat{H}_{\text{int}}{}^{(\text{pair})}$ を無視する範囲で準粒子を最もよい独立粒子(1体運動)モードにする条件 $H_{20}=0$ とは同一であることがわかる†．(5.3.11)，(5.3.12)を使用すると，H_{11} (5.3.24)の係数は

$$(u_a{}^2 - v_a{}^2)(\epsilon_a - \lambda) + 2u_a v_a \Delta = \sqrt{(\epsilon_a - \lambda)^2 + \Delta^2} \equiv E_a \qquad (5.3.26)$$

となり，E_a は準粒子のエネルギーを意味することになる．以上をまとめると，Bogoljubov 変換を行なった後，H' は簡単に

$$H' = U + \sum_\alpha E_a a_\alpha{}^+ a_\alpha + \hat{H}_{\text{int}}{}^{(\text{pair})} \qquad (5.3.27)$$

となることがわかる．

(5.3.27)から明らかなように，準粒子間相互作用 $H_{\text{int}}{}^{(\text{pair})}$ を無視する近似の下では，系の励起状態は1準粒子状態，2準粒子状態，3準粒子状態，4準粒子状態，…，すなわち

$$a_\alpha{}^+ |\phi_{\text{BCS}}\rangle, \quad a_\alpha{}^+ a_\beta{}^+ |\phi_{\text{BCS}}\rangle, \quad a_\alpha{}^+ a_\beta{}^+ a_\gamma{}^+ |\phi_{\text{BCS}}\rangle, \quad a_\alpha{}^+ a_\beta{}^+ a_\gamma{}^+ a_\delta{}^+ |\phi_{\text{BCS}}\rangle, \quad \cdots$$

で記述される．さて $|\phi_{\text{BCS}}\rangle$ は表式(5.3.2)から明らかなように偶数個の核子数

† Hartree-Fock 近似の場合にも，独立粒子(1体運動)モードに対してこのような関係があったことに注意(§4.1)．BCS 近似は，その意味で Hartree-Fock 法の準粒子を通じての一般化と考えることができる．

をもった成分からなる重畳状態であり，また，$a_\alpha{}^+$ は(5.3.19)の定義から1個の核子の生成および消滅演算子からなる．したがって上記の準粒子状態中，偶数個の準粒子からなる

$$|\phi_{\mathrm{BCS}}\rangle,\quad a_\alpha{}^+a_\beta{}^+|\phi_{\mathrm{BCS}}\rangle,\quad a_\alpha{}^+a_\beta{}^+a_\gamma{}^+a_\delta{}^+|\phi_{\mathrm{BCS}}\rangle,\quad \cdots \tag{5.3.28}$$

は偶数個の核子数をもった成分だけからなる重畳状態で，奇数個の準粒子を伴う

$$a_\alpha{}^+|\phi_{\mathrm{BCS}}\rangle,\quad a_\alpha{}^+a_\beta{}^+a_\gamma{}^+|\phi_{\mathrm{BCS}}\rangle,\quad \cdots \tag{5.3.29}$$

は奇数個の核子数をもった成分だけからなる重畳状態である．それゆえ，(5.3.28)の状態は現実には偶-偶核の状態を，また，(5.3.29)は奇核の状態を記述することになる．

偶-偶核の最低エネルギーの励起状態は，こうして2準粒子状態として記述され，そのエネルギーは

$$2E_a|_{\min} = 2\sqrt{(\epsilon_a-\lambda)^2+\Delta^2}|_{\min} \approx 2\Delta \tag{5.3.30}$$

となる．ここで $E_a|_{\min}$ は準粒子エネルギー(5.3.26)の中での最小値を意味する．この事実に基づいて 2Δ は一般に**エネルギー・ギャップ**と呼ばれ，1対の‘$J^\pi=0^+$ 対’を壊すに要するエネルギーと見なすことができる．偶-偶核の場合と違って，

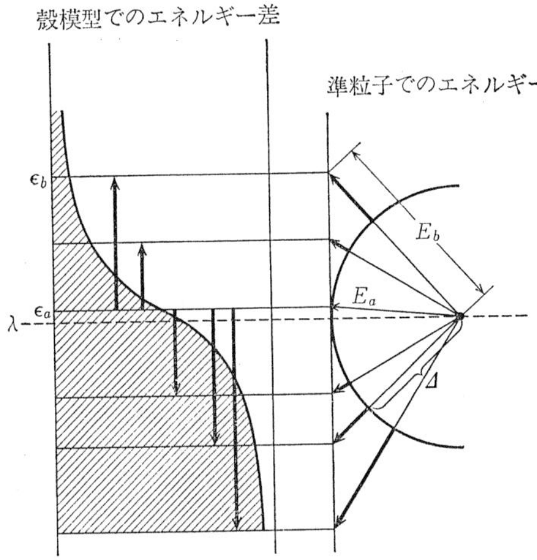

図5.9 殻模型の場合と準粒子記述の場合での単一粒子エネルギー差 $\epsilon_b-\epsilon_a$ と E_b-E_a との比較．このエネルギー差はそれぞれ太い矢印の線で表わしてある(Nathan, O. & Nilsson, S. G.: *Alpha-, Beta- and Gamma-Ray Spectroscopy* (Siegbahn, K. ed.), North-Holland (1965), chap. 10 による)

奇核の場合は，その基底状態はエネルギー $E_a|_{\min}$ をもった 1 準粒子状態であるから，低エネルギー (1 準粒子) 励起状態の励起エネルギーは

$$E_b - E_a|_{\min} \approx \sqrt{(\epsilon_b-\lambda)^2+\Delta^2} - \Delta \qquad (5.3.31)$$

となる．したがってエネルギー・ギャップは見出されず，$|\epsilon_a-\lambda|<\Delta$ であるような低い励起状態に関しては，殻模型で予想されるよりもレベル間隔はずっと圧縮される (図 5.9 参照)．また，奇核の基底状態とすぐとなりの偶-偶核の基底状態のエネルギー差は Δ となるから，(5.2.1) の奇偶質量差から直接にエネルギー・ギャップ 2Δ を実験的に知ることができるわけである．

このように，系のエネルギー・スペクトルを準粒子の状態のそれによって記述する準粒子近似がどの程度信頼できるものであるかをみるために，ハミルトニアンの正確な固有値が得られる § 5.2 (b) の単一殻模型 (すなわち単一殻配置 $(j_a)^N$) の場合について，準粒子近似を行なってみよう．この場合は，$\sum_a v_a{}^2 = N$ および (5.3.5) から，直ちに

$$v_a{}^2 = \frac{N}{2\Omega}, \qquad u_a{}^2 = 1 - \frac{N}{2\Omega} \qquad \left(\Omega \equiv \frac{2j_a+1}{2}\right) \qquad (5.3.32)$$

となる．また，(5.3.8), (5.3.9), (5.3.10) から

$$\left.\begin{aligned} \epsilon_a &= \epsilon_a{}^{(0)} - \frac{G_0 N}{2\Omega} \\ \Delta &= G_0 \Omega \sqrt{\frac{N}{2\Omega}\left(1-\frac{N}{2\Omega}\right)} \\ \lambda &= \epsilon_a{}^{(0)} - \frac{G_0}{2}\left(\Omega - N + \frac{N}{\Omega}\right) \end{aligned}\right\} \qquad (5.3.33)$$

を得る．BCS 基底状態でのハミルトニアン H (5.2.5) の期待値は，(5.3.7) の $U \equiv \langle\phi_{\rm BCS}|H'|\phi_{\rm BCS}\rangle$ に λN を加えて，

$$\begin{aligned} \langle\phi_{\rm BCS}|H|\phi_{\rm BCS}\rangle &= U + \lambda N \\ &= \epsilon_a{}^{(0)} N - \frac{1}{4} G_0 N \left(2\Omega - N + \frac{N}{\Omega}\right) \end{aligned} \qquad (5.3.34)$$

となる．これを正確な解である (5.2.18)

$$E_{v=0}(N) = \epsilon_a{}^{(0)} N - \frac{1}{4} G_0 N (2\Omega - N + 2)$$

と比べると，基底状態の近似式(*5. 3. 34*)は，Ω が大きくて $N/\Omega^2 \ll 1$ であれば，正確な解と極めてよく一致することがわかる．次に励起エネルギーを調べよう．(*5. 3. 33*)を使って，準粒子エネルギー(*5. 3. 26*)を求めると，

$$E_a = \sqrt{(\epsilon_a - \lambda)^2 + \Delta^2} = \frac{1}{2}G_0\Omega \qquad (5.3.35)$$

であるから，一般に ν 個(偶数)の準粒子状態のエネルギーは

$$\nu E_a = \frac{1}{2}G_0\Omega\nu \qquad (5.3.36)$$

となる．この励起エネルギーを正確な解での励起エネルギー(*5. 2. 19*)

$$\begin{aligned} E_\nu(N) - E_0(N) &= \frac{1}{4}G_0\nu(2\Omega - \nu + 2) \\ &= \frac{1}{2}G_0\Omega\nu\left(1 - \frac{\nu - 2}{2\Omega}\right) \end{aligned}$$

と比べれば，準粒子近似での励起エネルギー・スペクトル(*5. 3. 36*)は，$\nu=2$ のとき正確な解と一致し，一般には Ω が大きく $\nu \ll 2\Omega$ である限り，正確な解に極めて近い解を与えることがわかる．

c) 占拠確率 $v_a{}^2$ の測定

占拠確率 $v_a{}^2$ および非占拠確率 $u_a{}^2$ は，実験的には通常(d, p)および(d, t)反応のような1核子移行(ストリッピングおよびピック・アップ)反応によって測定される†．1核子移行反応の理論††によれば，この反応は分光学的因子(spectroscopic factor)と呼ばれる量

$$\left.\begin{aligned} &S(I\,;j_aI_0) \equiv |\langle\Psi_{IM}|\Phi_{IM}(j_aI_0)\rangle|^2 \\ &|\Phi_{IM}(j_aI_0)\rangle = \sum_{M_0m_\alpha}(I_0M_0j_am_\alpha|IM)c_\alpha{}^+|\Psi_{I_0M_0}\rangle \end{aligned}\right\} \qquad (5.3.37)$$

についての情報を与える．ここで $|\Psi_{IM}\rangle$ および $|\Psi_{I_0M_0}\rangle$ はそれぞれ質量数 $A+1$ および A の核の状態を表わす．

いま A が偶数で，

$$|\Psi_{I=j_a,M=m_\alpha}\rangle = a_\alpha{}^+|\phi_{\mathrm{BCS}}\rangle, \qquad |\Psi_{I_0=0,M_0=0}\rangle = |\phi_{\mathrm{BCS}}\rangle$$

とすれば，$S(I\,;j_aI_0)$ は

† Yoshida, S.: *Phys. Rev.*, **123**, 2122(1961).

†† 第9章§9.3参照.

$$S(I=j_a\,;j_aI_0=0)=u_a{}^2 \tag{5.3.38}$$

となる．また A が奇数で

$$|\Psi_{I=0,M=0}\rangle=|\phi_{\mathrm{BCS}}\rangle,\qquad |\Psi_{I_0=j_b,M_0=m_\beta}\rangle=a_\beta{}^+|\phi_{\mathrm{BCS}}\rangle$$

とすれば，

$$S(I=0\,;j_aI_0=j_b)=\delta_{ab}(2j_a+1)v_a{}^2 \tag{5.3.39}$$

を与える．表5.1は奇質量数の(球形)標的核から偶-偶核の基底状態に導く重陽子ストリッピング反応についての実験値 $S_{実}$ と理論値 $S_{理}$ の比較を示す．

表5.1　球形核の 0^+ 基底状態に導く重陽子ストリッピング反応についての実験値と理論値の比較：$S(0\,;j_aI_0=j_a)$

標的核	I_0	l_a	$S_{実}$	$S_{理}$*
^{53}Cr	3/2	1	0.91	0.97
^{57}Fe	1/2	1	0.072±0.01	0.067
^{61}Ni	3/2	1	2.0±0.3	1.7
^{67}Zn	5/2	3	2.2±0.3	2.9
^{77}Se	1/2	1	0.68±0.01	0.83
^{91}Zr	5/2	2	1.44±0.21	1.6
^{95}Mo	5/2	2	2.48±0.37	2.7
^{99,101}Ru	5/2	2	2.74±0.4	3.3
^{105}Pd	5/2	2	1.74±0.25	2.8
^{115}Sn	1/2	0	1.08±0.16	1.03
^{117}Sn	1/2	0	1.4±0.2	1.2
^{119}Sn	1/2	0	1.3±0.2	1.4
^{125}Te	1/2	0	1.2±0.3	0.99
^{135,137}Ba	3/2	2	2.4±0.3	2.6
^{143,145}Nd	7/2	3	2.4±1.2	1.4

Sorensen, R. A., Lin, E. D. & Cohen, B. L.: *Phys, Rev.*, **142**, 729(1966)による

*　ここで $S_{理}$ は $S_{理}=(2j_a+1)v_a{}^2(c_a{}^2)$ で，(5.3.39)に，さらに奇標的核の集団運動による小さな補正 $(c_a{}^2)<1$ を含んでいる．

§5.4　準粒子の物理的意味

a)　準スピン空間での回転としての Bogoljubov 変換

§5.3(a)の最後のところで述べたように，対相関力の強さ G_0 が充分に弱くて

$$\frac{1}{4}G_0\sum_\alpha\frac{1}{\sqrt{(\epsilon_a-\lambda)^2}}<1$$

が成り立っているような場合には，'正常状態' を基底状態とする粒子-空孔によ

る記述が可能であり，対相関力は摂動論によって取り扱うことができる．そしてこのときは核子数の保存則を正しく保った上で独立粒子(1体運動)モードが保証されていた．これは通常の殻模型での記述である．さて，対相関力が強くなり，G_0 が条件

$$\frac{1}{4}G_0\sum_{\alpha}\frac{1}{\sqrt{(\epsilon_a-\lambda)^2}}>1$$

を満足するほど大きくなると，基底状態は(独立粒子模型での正常状態と全く異なった)(*5.3.1*)のような形をもつものとなり，核子数の保存を前提とするかぎりもはや独立粒子(1体運動)モードは存在しえなくなる．このような場合に対しても，なお何らかの方法で独立粒子(1体運動)モードを導入しようとすると，Bogoljubov 変換(*5.3.19*)から明らかなように，必然的に核子数保存則を破ることを要求される†．このような**破られた保存則**の下で，はじめて導入されうる‘準粒子’の‘真空’としての BCS 基底状態が，異なった核子数の状態からなる重畳状態であるのは，当然であるということができよう．では，核子数保存という原子核にとって重要な保存則を破ってまでして，‘準粒子’という独立粒子モードの形で明示しようとした‘物理量’は，一体何であったのであろうか．

この事情を調べるために，まず§5.2(b), (c)で述べた準スピン理論形式の立場から Bogoljubov 変換の意味を検討しよう．

角運動量演算子 $\hat{\boldsymbol{J}}$ が通常の3次元空間での回転と結びつけられているのと同様に，軌道 a での準スピン $\hat{\boldsymbol{S}}(a)$ を，ある3次元空間の回転と結びつけることができる．この空間を軌道 a の**準スピン空間**(quasi-spin space)と呼ぶことにしよう．この空間での s 階の既約テンソル T_{ss_0} ($s_0=s, s-1, \cdots, -s$) (以下**準スピン・テンソル**と呼ぶ)は，通常のように交換関係

$$\left.\begin{aligned}[\hat{S}_0(a),\, T_{ss_0}] &= s_0 T_{ss_0}\\ [\hat{S}_\pm(a),\, T_{ss_0}] &= \sqrt{(s\mp s_0)(s\pm s_0+1)}\,T_{s,s_0\pm1}\end{aligned}\right\}$$

によって定義される．核子の生成，消滅演算子 c_α^+, c_α は，交換関係

† 核子数演算子 $\hat{N}=\sum_\alpha c_\alpha^+c_\alpha$ に Bogoljubov 変換を行なうと

$$\hat{N}=\sum_\alpha v_\alpha^2+\sum_\alpha(u_a^2-v_a^2)a_\alpha^+a_\alpha+\sum_\alpha u_av_as_\alpha\{a_\alpha^+a_{-\alpha}^++a_{-\alpha}a_\alpha\}$$

となり，決して $\sum_\alpha a_\alpha^+a_\alpha$ とはならないことに注意．(したがって，核子数 $\hat{N}$ の固有状態は準粒子数 $\hat{n}\equiv\sum_\alpha a_\alpha^+a_\alpha$ の固有状態にならず，また逆に準粒子数 $\hat{n}$ の固有状態は核子数 $\hat{N}$ の固有状態にならない．)

$$\left.\begin{aligned}
&[\hat{S}_+(a), c_\alpha{}^+] = 0, && [\hat{S}_+(a), s_\alpha c_{-\alpha}] = c_\alpha{}^+\\
&[\hat{S}_-(a), c_\alpha{}^+] = s_\alpha c_{-\alpha}, && [\hat{S}_-(a), s_\alpha c_{-\alpha}] = 0\\
&[\hat{S}_0(a), c_\alpha{}^+] = \frac{1}{2}c_\alpha{}^+, && [\hat{S}_0(a), s_\alpha c_{-\alpha}] = -\frac{1}{2}s_\alpha c_{-\alpha}\\
&\quad (s_\alpha \equiv (-1)^{j_a - m_\alpha})
\end{aligned}\right\}$$

を満足するから，これらは以下のような軌道 a の準スピン空間でのスピノル(1/2 階のテンソル)と見なすことができる：

$$T_{1/2,1/2}(\alpha) \equiv c_\alpha{}^+, \qquad T_{1/2,-1/2}(\alpha) \equiv s_\alpha c_{-\alpha} \tag{5.4.1}$$

さて，各軌道 a の準スピン空間からなる積空間(以後簡単に準スピン積空間と呼ぶ)での次のようなユニタリー回転演算子 $\hat{R}$ を考えよう．

$$\left.\begin{aligned}
&\hat{R} \equiv \prod_a \hat{R}(-\theta_a)\\
&\hat{R}(-\theta_a) \equiv \hat{R}(\phi_a{=}0, -\theta_a, \psi_a{=}0) = \exp\{i\theta_a \hat{S}_y(a)\}\\
&\quad\left(\hat{S}_y(a) = \frac{1}{2i}\{\hat{S}_+(a) - \hat{S}_-(a)\}\right)
\end{aligned}\right\} \tag{5.4.2}$$

ただし $\hat{R}(\omega_a)$ は軌道 a の準スピン空間でのユニタリー回転演算子

$$\begin{aligned}
&\hat{R}(\omega_a) = \exp\{-i\phi_a \hat{S}_z(a)\} \exp\{-i\theta_a \hat{S}_y(a)\} \exp\{-i\psi_a \hat{S}_z(a)\}\\
&\quad (\hat{S}_z(a) \equiv \hat{S}_0(a))
\end{aligned} \tag{5.4.3}$$

で，ω_a はその空間での Euler 角 $\omega_a \equiv (\phi_a, \theta_a, \psi_a)$ である(ユニタリー回転演算子については付録(*A1. 2. 2*)を参照)．すなわち $\hat{R}(-\theta_a)$ は，軌道 a の準スピン空間のはじめの座標系 K から，y 軸のまわりに角度 $-\theta_a$ だけ回転させた新しい座標系 K′ に移ることを意味する．回転 $\hat{R}$ によって，準スピン・スピノル $c_\alpha{}^+ \equiv T_{1/2,1/2}(\alpha)$，$s_\alpha c_{-\alpha}{}^+ \equiv T_{1/2,-1/2}(\alpha)$ は，次のような K′ 系での準スピン・スピノル $T'_{1/2,1/2}(\alpha)$, $T'_{1/2,-1/2}(\alpha)$ に移る：

$$\left.\begin{aligned}
T'_{1/2,1/2}(\alpha) &= \hat{R} T_{1/2,1/2}(\alpha) \hat{R}^{-1}\\
&= D^{1/2}{}_{1/2,1/2}{}^*(-\theta_a)\, T_{1/2,1/2}(\alpha)\\
&\quad + D^{1/2}{}_{-1/2,1/2}{}^*(-\theta_a)\, T_{1/2,-1/2}(\alpha)\\
T'_{1/2,-1/2}(\alpha) &= \hat{R} T_{1/2,-1/2}(\alpha) \hat{R}^{-1}\\
&= D^{1/2}{}_{1/2,-1/2}{}^*(-\theta_a)\, T_{1/2,1/2}(\alpha)\\
&\quad + D^{1/2}{}_{-1/2,-1/2}{}^*(-\theta_a)\, T_{1/2,-1/2}(\alpha)
\end{aligned}\right\} \tag{5.4.4}$$

ここで $D^{s}{}_{s_0's_0}(\omega_a)$ は準スピン空間での D 関数である（付録 A1-2 を参照）．さて，

$$\begin{bmatrix} D^{1/2}{}_{1/2,1/2}{}^{*}(-\theta_a) & D^{1/2}{}_{-1/2,1/2}{}^{*}(-\theta_a) \\ D^{1/2}{}_{1/2,-1/2}{}^{*}(-\theta_a) & D^{1/2}{}_{-1/2,-1/2}{}^{*}(-\theta_a) \end{bmatrix} = \begin{bmatrix} \cos\dfrac{\theta_a}{2} & -\sin\dfrac{\theta_a}{2} \\ \sin\dfrac{\theta_a}{2} & \cos\dfrac{\theta_a}{2} \end{bmatrix}$$

であるから，

$$\left.\begin{array}{l} T'_{1/2,1/2}(\alpha) \equiv a_\alpha{}^{+}, \qquad T'_{1/2,-1/2}(\alpha) \equiv s_\alpha a_{-\alpha} \\ \cos\dfrac{\theta_a}{2} \equiv u_a, \qquad \sin\dfrac{\theta_a}{2} \equiv v_a \end{array}\right\} \tag{5.4.5}$$

と定義すると，(5.4.4) は

$$\left.\begin{array}{l} a_\alpha{}^{+} = u_a c_\alpha{}^{+} - s_\alpha v_a c_{-\alpha} \\ s_\alpha a_{-\alpha} = u_a s_\alpha c_{-\alpha} + v_a c_\alpha{}^{+} \end{array}\right\}$$

と書ける．この式は (5.3.19) とくらべてみればすぐわかるように，Bogoljubov 変換そのものである．こうして Bogoljubov 変換は，準スピン積空間での特別な回転 $\hat{R}$ であることがわかる：

$$a_\alpha{}^{+} = \hat{R} c_\alpha{}^{+} \hat{R}^{-1}, \qquad s_\alpha a_{-\alpha} = \hat{R} s_\alpha c_{-\alpha} \hat{R}^{-1} \tag{5.4.6}$$

そして，'$J^{\pi}=0^{+}$ 核子対' のエネルギー的に最も低い分布 u_a, v_a を決めることは，準スピン積空間での新しい座標系 K' を決定すること，すなわち θ_a を決めることを意味する．

核子が全く存在しない真空 $|0\rangle$ の定義式 $c_\alpha|0\rangle=0$ から $\hat{R}c_\alpha\hat{R}^{-1}\cdot\hat{R}|0\rangle=0$ を得るが，これは (5.4.6) を使って，$a_\alpha\hat{R}|0\rangle=0$ と書くことができる．この点を (5.3.20) とくらべると，

$$|\phi_{\mathrm{BCS}}\rangle = \hat{R}|0\rangle \tag{5.4.7}$$

であることがわかる．この式は直接に以下のようにして証明することもできる．(5.4.2) から

$$\hat{R}|0\rangle = \prod_a \exp\{i\theta_a \hat{S}_y(a)\}|0\rangle = \prod_a \exp\left\{\frac{\theta_a}{2}(\hat{S}_{+}(a) - \hat{S}_{-}(a))\right\}|0\rangle$$

である．ここで

$$\hat{S}_{+}(\alpha) \equiv s_\alpha c_\alpha{}^{+} c_{-\alpha}{}^{+}, \qquad S_{-}(\alpha) \equiv s_\alpha c_{-\alpha} c_\alpha$$

$$O(\alpha)\equiv\exp\left\{\frac{\theta_a}{2}(\hat{S}_+(\alpha)-\hat{S}_-(\alpha))\right\}$$

を定義すると，$\hat{S}_+(a)=\sum_{m_\alpha>0}\hat{S}_+(\alpha)$，$\hat{S}_-(a)=\sum_{m_\alpha>0}\hat{S}_-(\alpha)$ であるから

$$\hat{R}|0\rangle=\prod_{\alpha>0}O(\alpha)|0\rangle$$

と書ける．指数関数 $O(\alpha)$ を展開し，関係式 $(\hat{S}_+(\alpha))^2=0$，$(\hat{S}_-(\alpha))^2=0$，$[\hat{S}_+(\alpha),\hat{S}_-(\alpha)]|0\rangle=-1|0\rangle$ を使えば，

$$\begin{aligned}O(\alpha)|0\rangle&=\left\{1-\frac{1}{2!}\left(\frac{\theta_a}{2}\right)^2+\frac{1}{4!}\left(\frac{\theta_a}{2}\right)^4+\cdots\right\}|0\rangle\\&\quad+\left\{\frac{\theta_a}{2}-\frac{1}{3!}\left(\frac{\theta_a}{2}\right)^3+\cdots\right\}\hat{S}_+(\alpha)|0\rangle\\&=\left\{\cos\frac{\theta_a}{2}+\sin\frac{\theta_a}{2}\hat{S}_+(\alpha)\right\}|0\rangle\end{aligned}$$

となる．(5.4.5)を使って，結局

$$\hat{R}|0\rangle=\prod_{\alpha>0}O(\alpha)|0\rangle=\prod_{\alpha>0}(u_a+v_as_\alpha c_\alpha{}^+c_{-\alpha}{}^+)|0\rangle\equiv|\phi_{\mathrm{BCS}}\rangle$$

を得る．

さて，核子の真空 $|0\rangle$ は，(5.2.16)に示したように，準スピン積空間のはじめの座標系Kでの1つの状態

$$|0\rangle=|S(a)=\frac{1}{2}\Omega_a,S_0(a)=-\frac{1}{2}\Omega_a;S(b)=\frac{1}{2}\Omega_b,S_0(b)=-\frac{1}{2}\Omega_b;\cdots\rangle_{\mathrm{K}}\tag{5.4.8}$$

として記述されるから，(5.4.7)は

$$\begin{aligned}|\phi_{\mathrm{BCS}}\rangle&=\hat{R}|S(a)=\frac{1}{2}\Omega_a,S_0(a)=-\frac{1}{2}\Omega_a;S(b)=\frac{1}{2}\Omega_b,S_0(b)=-\frac{1}{2}\Omega_b;\cdots\rangle_{\mathrm{K}}\\&=|S(a)=\frac{1}{2}\Omega_a,S_0(a)=-\frac{1}{2}\Omega_a;S(b)=\frac{1}{2}\Omega_b,S_0(b)=-\frac{1}{2}\Omega_b;\cdots\rangle_{\mathrm{K'}}\end{aligned}\tag{5.4.9}$$

のように，準スピン積空間での新しい座標系K′の導入に伴う状態の変換として表わすことができる．もちろん新しいK′系での状態では，量子数 $S(a)$ および

$S_0(a)$ は，それぞれ演算子 $\hat{\boldsymbol{S}}'^2(a) \equiv \hat{R}\hat{\boldsymbol{S}}^2(a)\hat{R}^{-1}$ および $\hat{S}_0{}'(a) \equiv \hat{R}\hat{S}_0(a)\hat{R}^{-1}$ の固有値を意味する．(5.4.2) 中の $\hat{S}_y(a)$ は $\hat{S}_0(a)$ と交換しないから $[\hat{R}, \hat{S}_0(a)] \neq 0$ となり†，

$$\hat{S}_0{}'(a) \equiv \hat{R}\hat{S}_0(a)\hat{R}^{-1} \neq \hat{S}_0(a) \tag{5.4.10}$$

である．これは，新しい K′ 系での状態 $|S(a), S_0(a)\,;\cdots\rangle_{\mathrm{K}'}$ での量子数 $S_0(a)$ が，(5.2.10) のような軌道 a での核子数 N_a と結びついた K 系でのそれと全く異なった物理的意味のものであることを意味する．実際に

$$\hat{S}_0{}'(a) = \frac{1}{2}\{\hat{n}(a) - \Omega_a\}, \qquad \hat{n}(a) \equiv \sum_{m_\alpha} a_\alpha{}^+ a_\alpha \tag{5.4.11}$$

となり，K′ 系での量子数 $S_0(a)$ は軌道 a での準粒子数 n_a と

$$S_0(a) = \frac{1}{2}(n_a - \Omega_a) \tag{5.4.12}$$

の関係で結びつけられるものとなる．他方，$\hat{R}$ と $\hat{\boldsymbol{S}}^2(a)$ とは交換するから，

$$\hat{\boldsymbol{S}}'^2(a) \equiv \hat{R}\boldsymbol{S}^2(a)\hat{R}^{-1} = \boldsymbol{S}^2(a) \tag{5.4.13}$$

となる．したがって新しい K′ 系での準スピン量子数は，K 系でのそれと全く同一の物理的意味をもち，

$$S(a) = \frac{1}{2}(\Omega_a - \nu_a) \tag{5.4.14}$$

である．こうして，Bogoljubov 変換 $\hat{R}$ は，核子数の保存則を破るが，他方各軌道のセニョリティ ν_a(したがって全セニョリティ $\nu = \sum_a \nu_a$) が保存され不変であるような変換であることがわかる．

b)　セニョリティの実体概念としての準粒子

次に準粒子の物理的意味を検討しよう．前節(b)項の終りで行なった単一殻模型の励起エネルギーについての，準粒子近似での解(5.3.36)と正確な解(5.2.19)の比較から明らかなように，励起状態を特徴づける準粒子の数 n_a が，実はセニョリティ ν_a にほかならないことがわかる．この事実と Bogoljubov 変換ではセニョリティ ν_a が不変であることを考え合わせると，準粒子による励起状態の分類(すなわち準粒子数 n_a による分類)は，‘$J^\pi = 0^+$ 核子対’ のエネルギー的に

† $[\hat{R}, \hat{S}_0(a)] \neq 0$ から $[\hat{R}, \hat{N}(a)] \neq 0$ が得られる．また $\sum_a [\hat{R}, \hat{N}(a)] \equiv [\hat{R}, \hat{N}] \neq 0$ も直ちに確かめられる．すなわち Bogoljubov 変換 $\hat{R}$ は核子数の保存則を破る．

最も低い分布 u_a, v_a を決めた上で，励起状態をこの分布の下でのセニョリティ $\nu_a\,(=n_a)$ の状態として分類することにほかならないことがわかる．すなわち，準粒子はセニョリティを実体化した概念ということができよう．

別の言葉でいうならば，準粒子近似は以下のような状態

$$\left.\begin{aligned}
&|\phi_{\mathrm{BCS}}\rangle = |S(a)=\frac{1}{2}\Omega_a, S_0(a)=-\frac{1}{2}\Omega_a\,; S(b)=\frac{1}{2}\Omega_b, S_0(b)=-\frac{1}{2}\Omega_b\,;\cdots\rangle_{\mathrm{K}'}\\
&|\phi_{\mathrm{excit}}\rangle \equiv |\Gamma\,; S(a), S_0(a)=-S(a)\,; S(b), S_0(b)=-S(b)\,;\cdots; IM\rangle_{\mathrm{K}'}\\
&S(a)=\frac{1}{2}(\Omega_a-\nu_a), \qquad S_0(a)=\frac{1}{2}(n_a-\Omega_a)
\end{aligned}\right\} \tag{5.4.15}$$

からなる表示を考えて，この表示に基づいて励起状態を準粒子数 n_a によって分類することを意味する．この表示では各軌道でのセニョリティ ν_a(および全セニョリティ $\nu=\sum_a \nu_a$)は常にその軌道の準粒子数 n_a (および全準粒子数 $n\equiv\sum_a n_a$) に等しい．

状態(5.4.15)を基底とする‘固有’(intrinsic)空間の特徴は，この空間のあらゆる状態が

$$\hat{S}_-{}'(a)|\phi_{\mathrm{BCS}}\rangle = 0, \qquad \hat{S}_-{}'(a)|\phi_{\mathrm{excit}}\rangle = 0 \tag{5.4.16}$$

を満足することである．ここで $\hat{S}_\pm{}'(a)$ は K′ 系での準スピン演算子

$$\left.\begin{aligned}
\hat{S}_+{}'(a) &\equiv \hat{R}\hat{S}_+(a)\hat{R}^{-1} = \Omega^{1/2}\cdot\hat{R}A_{00}{}^+(aa)\hat{R}^{-1}\\
&= \frac{1}{\sqrt{2}}\Omega_a{}^{1/2}\cdot\sum_{m_\alpha m_{\alpha'}}(j_a m_\alpha j_a m_{\alpha'}|J=0, M=0)\,a_\alpha{}^+ a_{\alpha'}{}^+\\
\hat{S}_-{}'(a) &\equiv \hat{R}\hat{S}_-(a)\hat{R}^{-1} = \Omega^{1/2}\cdot\hat{R}A_{00}(aa)\hat{R}^{-1}\\
&= \frac{1}{\sqrt{2}}\Omega_a{}^{1/2}\cdot\sum_{m_\alpha m_{\alpha'}}(j_a m_\alpha j_a m_{\alpha'}|J=0, M=0)\,a_{\alpha'} a_\alpha
\end{aligned}\right\} \tag{5.4.17}$$

を表わし，物理的には，‘$J^\pi=0^+$ 準粒子対’の生成・消滅演算子を意味する．したがって(5.4.16)は，‘固有’空間のいかなる状態も‘$J^\pi=0^+$ 準粒子対’を含まないという条件となる．

c)　‘$J^\pi=0^+$ 対’励起状態と‘見せかけの状態’

準粒子近似では，基底状態として，‘$J^\pi=0^+$ 核子対’のあらゆる可能な分布の中から核子数の保存則を犠牲にした上で，最もエネルギー的に低いと考えられる分

布を決定した．これがセニョリティ $v=0$，すなわち準粒子数 $n=0$ の BCS 基底状態であった．そして，この定まった分布の下での準粒子数 $n=v$ によって低い励起状態を分類することを，その第1の目的としてきた．

現実には，§5.3(a)のはじめに述べたようにセニョリティ $v=0$ の状態はたくさん存在する．'$J^\pi=0^+$ 核子対' が考察下の可能な軌道に自由に存在しうることを反映して，BCS 基底状態とは異なった '$J^\pi=0^+$ 核子対' の分布をもった励起状態を考えることができるからである．このような励起状態は，$v=0$ であるから(すなわち $J\neq 0$ の核子対は存在しないから)，核子数非保存の現在の近似の下では，BCS 基底状態に適当な '$J^\pi=0^+$ 核子対' の生成，消滅演算子 $\hat{S}_+(a), \hat{S}_-(a)$ を作用させた状態 $\hat{S}_+(a)\hat{S}_+(b)\cdots\hat{S}_-(a')\hat{S}_-(b')\cdots|\phi_{\mathrm{BCS}}\rangle$ の適当な1次結合で，しかも基底状態 $|\phi_{\mathrm{BCS}}\rangle$ と直交する励起状態として表わしうるはずである．この状態を **'$J^\pi=0^+$ 対' 励起状態**と呼ぼう．

さて，$\hat{S}_+(a), \hat{S}_-(a)$ を準粒子で表わせば

$$\hat{S}_+(a) = u_a{}^2\hat{S}_+'(a) - 2u_av_a\hat{S}_0'(a) - v_a{}^2\hat{S}_-'(a)$$
$$\hat{S}_-(a) = u_a{}^2\hat{S}_-'(a) - 2u_av_a\hat{S}_0'(a) - v_a{}^2\hat{S}_+'(a)$$

が得られる．ここで $\hat{S}_\pm'(a), \hat{S}_0'(a)$ は，それぞれ(*5. 4. 17*)および(*5. 4. 11*)で定義された準粒子表示(K′ 系)での準スピン演算子である．交換関係 $[\hat{S}_+'(a), \hat{S}_-'(b)]=2\hat{S}_0'(a)\delta_{ab}$，$[\hat{S}_0'(a), \hat{S}_\pm'(b)]=\pm\hat{S}_\pm'(a)\delta_{ab}$ と $\hat{S}_-'(a)|\phi_{\mathrm{BCS}}\rangle=0$，$\hat{S}_0'(a)|\phi_{\mathrm{BCS}}\rangle=-2^{-1}\Omega_a|\phi_{\mathrm{BCS}}\rangle$ とを考慮すれば，基底状態 $|\phi_{\mathrm{BCS}}\rangle$ と直交する '$J^\pi=0^+$ 対' 励起状態は，'$J^\pi=0^+$ 準粒子対' の生成演算子 $\hat{S}_+'(a)$ を，$|\phi_{\mathrm{BCS}}\rangle$ に作用させた状態 $\hat{S}_+'(a)\hat{S}_+'(b)\cdots|\phi_{\mathrm{BCS}}\rangle$ の適当な1次結合として表わされる．

このような '$J^\pi=0^+$ 対' 励起状態に対しては，当然条件(*5. 4. 16*)が成立しないから，準粒子の数はセニョリティ数と無関係になる．したがって '$J^\pi=0^+$ 対' 励起状態が，(*5. 4. 15*)を基底とする '固有' 空間の任意の状態と直交することは明らかである．

この特殊な '$J^\pi=0^+$ 対' 励起状態にとって特に重要なことは，この状態の中に核子数非保存の近似を行なっているために発生した，現実には存在しえない '見せかけの状態' が混入してくるという点である．

次のような状態を取り上げてみよう：

$$(\hat{N}-N)|\phi_{\mathrm{BCS}}\rangle$$

$\hat{N}$ は核子数の演算子で，N は問題としている系の核子数である．

$$\hat{N} = \sum_{\alpha} c_{\alpha}{}^{+} c_{\alpha}$$
$$= N + \sum_{\alpha} (u_a{}^2 - v_a{}^2) a_{\alpha}{}^{+} a_{\alpha} + 2 \sum_{a} u_a v_a \{\hat{S}_{+}{}'(a) + \hat{S}_{-}{}'(a)\}$$

であるから，

$$(\hat{N} - N)|\phi_{\mathrm{BCS}}\rangle = 2 \sum_{a} u_a v_a \hat{S}_{+}{}'(a)|\phi_{\mathrm{BCS}}\rangle \qquad (5.4.18)$$

となり，この状態は準粒子数 $n=2$ の '$J^{\pi}=0^{+}$ 対' 励起状態の重畳となる．この状態の物理的意味を考えよう．本来の出発点であるべきハミルトニアン (5.2.22) では，核子数は保存し $[H, \hat{N}]=0$ が成り立つから，その固有状態は正しく $\hat{N}$ の固有状態 (固有値 N) でなければならない．したがって，もし $|\phi_{\mathrm{BCS}}\rangle$ が正確な固有状態であるならば，(5.4.18) は当然 0 でなければならないはずである．このように，保存則が満たされる限り本来は存在しえないはずのものであるにもかかわらず，その保存則を破る近似を行なったために発生した状態を，**'見せかけの状態'** (spurious states)† と呼んでいる．準粒子の数が多くなればなるほど $\hat{N}-N$ を含んださまざまな '見せかけの状態' をつくることができ，その数は急激に増加する．

このような '見せかけの状態' の発生は，決して，準粒子モードの場合に限ったことではなく，一般に近似的取扱いが本来のハミルトニアンの対称性を破るときは，いつも発生するものである．たとえば，§3, §4 で述べた Hartree-Fock 理論や殻模型での独立粒子運動モードの場合にも，ある種の '見せかけの状態' が発生する．この独立粒子運動モードが，本来のハミルトニアンがもつ運動量保存則 $[H, \hat{\boldsymbol{P}}]=0$ ($\hat{\boldsymbol{P}}$: 系の全運動量) を破って，空間に固定された平均ポテンシャルを設定することによって導入されたものであることに着目しよう．したがって，この場合は，この非保存と結びついた，本来は存在しえない '重心運動の励起状態' $\hat{\boldsymbol{P}}|\phi_0\rangle$ ($|\phi_0\rangle$: 殻模型での正常状態) などが発生する．これらは殻模型の計算で除去されねばならないところの，よく知られた重心運動による '見せかけの状態' である．

† '見せかけの状態' については §6.6(b) 参照．

(*5.4.18*)などのような‘見せかけの状態’は，本来の物理的意味のある状態と区別して，除去されねばならない．このことと関連してはじめて，Bogoljubov 変換を行なった後のハミルトニアン(*5.3.27*)での，対相関力による準粒子相互作用 $\hat{H}_{\text{int}}{}^{(\text{pair})}$ の効果が重要になる．ハミルトニアン(*5.3.27*)それ自身は，核子数を保存するから，準粒子近似のハミルトニアン $\hat{H}_0 \equiv \sum_\alpha E_\alpha a_\alpha{}^+ a_\alpha$ を出発点にとっても，この準粒子相互作用の効果を正しく考慮するならば，その結果として正しい核子数 N をもった状態が得られるはずであるからである．この場合，‘見せかけの状態’は励起エネルギーが0である特別なものとして，本来の物理的状態から正しく分離されるはずである(§6.6(b)参照)．対相関力による準粒子相互作用項 $\hat{H}_{\text{int}}{}^{(\text{pair})}$ の本来の役割は，この意味で，‘見せかけの状態’を分離することにある，と考えることができる．

§5.5　準粒子概念の拡張

a）Hartree-Bogoljubov 理論

§5.4(b)で，セニョリティを実体化した概念が準粒子であることが明らかになった．セニョリティの概念は，本来，球対称平均ポテンシャルを前提とした殻模型でのみ意味をもつものであったが，一度準粒子という形で実体化されると，任意の変形した平均ポテンシャルの場合にも容易に拡張することができる．

変形ポテンシャルでの1粒子状態を $|\nu\rangle \equiv c_\nu{}^+|0\rangle$ と記そう．まず，どのように変形した平均ポテンシャルの場合でも，そのポテンシャルの時間反転不変性を考慮すれば，必ず縮退した1粒子状態 $|\bar{\nu}\rangle \equiv c_{\bar{\nu}}{}^+|0\rangle = T|\nu\rangle$ (T：時間反転演算子．§2.1(d)参照)が存在することに着目しよう．つぎに，Bogoljubov 変換(*5.3.19*)が，互いに縮退している1粒子状態 $|\alpha\rangle \equiv c_\alpha{}^+|0\rangle$ とその時間反転状態 $|\bar{\alpha}\rangle \equiv c_{\bar{\alpha}}{}^+|0\rangle$ ($\equiv -s_\alpha c_{-\alpha}{}^+|0\rangle$)とを結びつけるものであることに注意しよう．この事実を一般化し，変形ポテンシャルの場合の準粒子を，互いに縮退した1対の粒子状態 $(\nu, \bar{\nu})$ を結びつける Bogoljubov 変換

$$\left.\begin{aligned} a_\nu{}^+ &= u_\nu c_\nu{}^+ + v_\nu c_{\bar{\nu}} \\ a_\nu &= u_\nu c_\nu + v_\nu c_{\bar{\nu}}{}^+ \\ u_\nu{}^2 + v_\nu{}^2 &= 1 \end{aligned}\right\} \qquad (5.5.1\,a)$$

を通じて導入することができる．$|\bar{\bar{\nu}}\rangle \equiv T|\bar{\nu}\rangle = -|\nu\rangle$ である(§2.1(d)参照)から

$$\left.\begin{aligned} a_{\bar{\nu}}^{+} &= u_\nu c_{\bar{\nu}}^{+} - v_\nu c_\nu \\ a_{\bar{\nu}} &= u_\nu c_{\bar{\nu}} - v_\nu c_\nu^{+} \end{aligned}\right\} \qquad (5.5.1\,b)$$

となる．

こうして準粒子の概念は，容易に変形した平均ポテンシャルの場合に拡張できるが，ここで問題を更に一般化しよう．これまでのすべての議論は，球形であるにせよ変形したにせよ，いずれにしても平均ポテンシャルを定め1粒子状態の表示(α または ν)を決めてから，その上でBogoljubov変換を行なってきた．これをやめて，平均ポテンシャル(すなわち1粒子状態の基底 ν)を決めると同時に，準粒子をも決めるように一般化するのである．この方法は，ある意味で対相関力の効果をも取り入れられるように，§4.1でのHartree-Fockの方法を拡張したものに対応するので，**Hartree-Bogoljubov 理論**と呼ばれている．この方法の筋書は以下のようになる(巻末文献(37)による)．

平均ポテンシャルがどんなものであるかを全く決めていないので，出発点のハミルトニアンは，§4.1の(*4.1.1*)で与えられるものに $-\lambda\hat{N}$ を加えた

$$\begin{aligned} H' &= H - \lambda\hat{N} \\ &= \sum_{\nu\nu'} (T_{\nu\nu'} - \lambda\delta_{\nu\nu'}) c_\nu^{+} c_{\nu'} + \frac{1}{2} \sum_{\mu\nu\mu'\nu'} v_{\mu\nu,\mu'\nu'} c_\mu^{+} c_\nu^{+} c_{\nu'} c_{\mu'} \end{aligned} \qquad (5.5.2)$$

である．λ はLagrange乗数である．ここでBogoljubov変換(*5.5.1*)を行なう．この逆変換は

$$\left.\begin{aligned} c_\nu^{+} &= u_\nu a_\nu^{+} - v_\nu a_{\bar{\nu}} \\ c_\nu &= u_\nu a_\nu - v_\nu a_{\bar{\nu}}^{+} \end{aligned}\right\} \qquad (5.5.3\,a)$$

$$\left.\begin{aligned} c_{\bar{\nu}}^{+} &= u_\nu a_{\bar{\nu}}^{+} + v_\nu a_\nu \\ c_{\bar{\nu}} &= u_\nu a_{\bar{\nu}} + v_\nu a_\nu^{+} \end{aligned}\right\} \qquad (5.5.3\,b)$$

である．大切なことは，この変換ではまだ1粒子状態の基底 ν それ自身も，係数 u_ν, v_ν と同様に定められていない，と考えることである†．(*5.5.3*)をハミルトニ

† (*5.5.1*), (*5.5.3*)で1粒子状態の基底 ν と係数 u_ν, v_ν とを同時に決めることは，すでに指定された1粒子状態の基底(たとえば α)から出発して，**一般化された Bogoljubov 変換**(generalized Bogoljubov transformation)(Bogoljubov, N. N.: *Soviet Phys. Usp.*, 2, 236(1959))

$$a_\nu^{+} = \sum_\alpha \{u_{\nu\alpha} c_\alpha^{+} + v_{\nu\alpha} c_{\bar{\alpha}}\}, \qquad a_\nu = \sum_\alpha \{u_{\nu\alpha} c_\alpha + v_{\nu\alpha} c_{\bar{\alpha}}^{+}\}$$

を行なって，$u_{\nu\alpha}, v_{\nu\alpha}$ を決めることに相当する(Block, C. & Messiah, A.: *Nuclear Phys.*, 39, 95 (1962)).

アン(5.5.2)に代入して，(5.3.23)を求めたときと同様に，準粒子の生成演算子が左側に，消滅演算子が右側にくるように並べた正常順序形(normal ordered form)に整理しよう．結果は，

$$H' = U + H_{11} + H_{20} + \hat{H}_{\rm int} \tag{5.5.4 a}$$

$$U = \sum_{\nu\nu'} [(T_{\nu\nu'} - \lambda\delta_{\nu\nu'}) + \sum_{\mu\mu'} v_{\mu\nu,\mu'\nu'} \langle \Phi_{\rm BCS} | c_\mu{}^+ c_{\mu'} | \Phi_{\rm BCS} \rangle] \langle \Phi_{\rm BCS} | c_\nu{}^+ c_{\nu'} | \Phi_{\rm BCS} \rangle$$
$$+ \frac{1}{2} \sum_{\mu\nu\mu'\nu'} v_{\mu\nu,\mu'\nu'} \langle \Phi_{\rm BCS} | c_\mu{}^+ c_\nu{}^+ | \Phi_{\rm BCS} \rangle \langle \Phi_{\rm BCS} | c_{\nu'} c_{\mu'} | \Phi_{\rm BCS} \rangle \tag{5.5.4 b}$$

$$H_{11} + H_{20} = \sum_{\nu\nu'} [(T_{\nu\nu'} - \lambda\delta_{\nu\nu'}) + 2 \sum_{\mu\mu'} v_{\mu\nu,\mu'\nu'} \langle \Phi_{\rm BCS} | c_\mu{}^+ c_{\mu'} | \Phi_{\rm BCS} \rangle] : c_\nu{}^+ c_{\nu'} :$$
$$+ \frac{1}{2} \sum_{\mu\nu\mu'\nu'} v_{\mu\nu,\mu'\nu'} [\langle \Phi_{\rm BCS} | c_\mu{}^+ c_\nu{}^+ | \Phi_{\rm BCS} \rangle : c_{\nu'} c_{\mu'} :$$
$$+ \langle \Phi_{\rm BCS} | c_{\nu'} c_{\mu'} | \Phi_{\rm BCS} \rangle : c_\mu{}^+ c_\nu{}^+ :] \tag{5.5.4 c}$$

$$\hat{H}_{\rm int} = \frac{1}{2} \sum_{\mu\nu\mu'\nu'} v_{\mu\nu,\mu'\nu'} : c_\mu{}^+ c_\nu{}^+ c_{\nu'} c_{\mu'} : \tag{5.5.4 d}$$

となる．ここで $|\Phi_{\rm BCS}\rangle$ は準粒子の‘真空’(すなわち一般化されたBCS基底状態)で，$a_\mu|\Phi_{\rm BCS}\rangle = 0$ で定義され，また

$$\left.\begin{aligned}
\langle \Phi_{\rm BCS} | c_\mu{}^+ c_\nu | \Phi_{\rm BCS} \rangle &= \langle \Phi_{\rm BCS} | (u_\mu a_\mu{}^+ - v_\mu a_{\bar\mu})(u_\nu a_\nu - v_\nu a_{\bar\nu}{}^+) | \Phi_{\rm BCS} \rangle \\
&= \delta_{\mu\nu} v_\mu{}^2 \\
\langle \Phi_{\rm BCS} | c_\mu{}^+ c_{\bar\nu}{}^+ | \Phi_{\rm BCS} \rangle &= -\delta_{\mu\nu} v_\mu u_\nu \\
\langle \Phi_{\rm BCS} | c_{\bar\mu} c_\nu | \Phi_{\rm BCS} \rangle &= \delta_{\mu\nu} u_\mu v_\nu
\end{aligned}\right\} \tag{5.5.5}$$

である．記号 : : は準粒子演算子 $a_\mu{}^+, a_\nu$ についての順序積で，粒子・空孔についての順序積(§3.2参照)を準粒子の場合に拡張したものである†．すなわち，: : 内の演算子を(5.5.3)を使って準粒子 $a_\mu{}^+, a_\nu$ で表わし，生成演算子を左側へ消滅演算子を右側へくるように並べかえ，そのときの演算子の順序が最初のそれにくらべて偶置換で得られるときは $+1$，奇置換ならば -1 を掛けたものである．たとえば

$$: c_\mu{}^+ c_\nu : = u_\mu v_\nu a_\mu{}^+ a_\nu - v_\mu v_\nu a_{\bar\nu}{}^+ a_{\bar\mu}$$
$$- v_\mu u_\nu a_{\bar\mu} a_\nu - u_\mu v_\nu a_\mu{}^+ a_{\bar\nu}{}^+$$

である．

---

† §3.2で述べたWickの定理は，そのまま準粒子の場合に拡張できる．実際に(5.5.4)の表式はこの定理を使って求めた．

まず(5.5.4c)を次のように書きかえよう.

$$H_{11}+H_{20}=\sum_{\nu\nu'}(\epsilon_{\nu\nu'}-\lambda\delta_{\nu\nu'}):c_\nu{}^+c_{\nu'}:$$
$$+\frac{1}{2}\sum_{\nu\nu'}\varDelta_{\nu\nu'}\{:c_\nu{}^+c_{\bar{\nu}'}{}^+:+:c_\nu c_{\bar{\nu}'}:\} \qquad (5.5.6)$$

ただし

$$\epsilon_{\nu\nu'}\equiv T_{\nu\nu'}+V_{\nu\nu'}\equiv T_{\nu\nu'}+2\sum_{\mu\mu'}v_{\mu\nu,\mu'\nu'}\langle\varPhi_{\rm BCS}|c_\mu{}^+c_{\mu'}|\varPhi_{\rm BCS}\rangle$$
$$=T_{\nu\nu'}+2\sum_{\mu}v_{\mu\nu,\mu\nu'}v_\mu{}^2 \qquad (5.5.7)$$
$$\varDelta_{\nu\nu'}\equiv+\sum_{\mu\mu'}v_{\bar{\mu}\mu',\bar{\nu}\nu'}\langle\varPhi_{\rm BCS}|c_{\mu'}{}^+c_{\bar{\mu}}{}^+|\varPhi_{\rm BCS}\rangle$$
$$=-\sum_{\mu\mu'}v_{\nu\bar{\nu}',\mu\bar{\mu}'}\langle\varPhi_{\rm BCS}|c_\mu c_{\bar{\mu}'}|\varPhi_{\rm BCS}\rangle=-\sum_{\mu}v_{\bar{\mu}\mu,\bar{\nu}\nu'}u_\mu v_\mu \qquad (5.5.8)$$

である. (5.5.7)から明らかなように, (5.5.6)の第1項は, 運動エネルギーとHartree-Fock(自己無撞着)ポテンシャル $V_{\nu\nu'}\equiv2\sum_{\mu\mu'}v_{\mu\nu,\mu'\nu'}\langle\varPhi_{\rm BCS}|c_\mu{}^+c_{\mu'}|\varPhi_{\rm BCS}\rangle$ とからなるもので, $|\varPhi_{\rm BCS}\rangle$ が正常状態 $|\phi_0\rangle$ でなくて一般化されたBCS基底状態であることを除けば, Hartree-Fock 理論の1粒子表示 ν を決める基本式と同じである. 第1項では核子数が保存されるのに反し, $\varDelta_{\nu\nu'}$ を含む第2項は, 核子数を保存しない**対相関場**(pairing field)を意味する.

さて, (5.5.6)中の, 準粒子の生成演算子の2次式 $a_\mu{}^+a_\nu{}^+$ (および消滅演算子の2次式 $a_\nu a_\mu$)からなる部分 H_{20} に対して,

$$H_{20}=0 \qquad (5.5.9)$$

の条件を設定し, 同時に準粒子の生成・消滅演算子の2次式 $a_\mu{}^+a_\nu$ のみからなる部分 H_{11} が対角化されるように, 変換(5.5.3)の1粒子状態表示 ν および u_ν, v_ν を決めよう. このことは, §5.3(b)で述べたように, $U\equiv\langle\varPhi_{\rm BCS}|H'|\varPhi_{\rm BCS}\rangle$ (5.5.4b)を定常にするように1粒子状態表示 ν および u_ν, v_ν を決めることと同一である.

H_{11} を直接対角化することはかなり困難であるので, 実用的には次のような操作を行なう. まず(5.5.7)の $\epsilon_{\nu\nu'}$ が対角化されるような1粒子状態表示 ν を選ぶ†.

† (5.5.10)は, Hartree-Fock の理論で, 1粒子状態表示を決定する基本方程式と本質的には同じである.

$$T_{\nu\nu'}+2\sum_{\mu} v_{\mu\nu,\mu\nu'}v_{\mu}^{2} = \delta_{\nu\nu'}\epsilon_{\nu} \qquad (5.5.10)$$

そして，この表示 ν では(5.5.8)の $\Delta_{\nu\nu'}$ もまた同様に対角化されると仮定する†．このような表示 ν を選べば，(5.5.6)の直接の計算から，

$$H_{11} = \sum_{\nu} [(\epsilon_{\nu}-\lambda)(u_{\nu}^{2}-v_{\nu}^{2})+2\Delta_{\nu}u_{\nu}v_{\nu}]a_{\nu}^{+}a_{\nu} \qquad (5.5.11)$$

$$H_{20} = \sum_{\nu}\left[(\epsilon_{\nu}-\lambda)u_{\nu}v_{\nu}-\frac{1}{2}\Delta_{\nu}(u_{\nu}^{2}-v_{\nu}^{2})\right](a_{\nu}^{+}a_{\bar{\nu}}^{+}+a_{\bar{\nu}}a_{\nu}) \qquad (5.5.12)$$

を得る．また Lagrange 乗数 λ の決定式

$$\langle\Phi_{\mathrm{BCS}}|\hat{N}|\Phi_{\mathrm{BCS}}\rangle = N \qquad (5.5.13)$$

から

$$\sum_{\nu} v_{\nu}^{2} = N \qquad (5.5.13')$$

が得られる．

条件(5.5.9)から

$$2(\epsilon_{\nu}-\lambda)u_{\nu}v_{\nu}-\Delta_{\nu}(u_{\nu}^{2}-v_{\nu}^{2}) = 0 \qquad (5.5.14)$$

が得られる．この式と(5.5.13′)から $u_{\nu}^{2}+v_{\nu}^{2}=1$ の条件の下で，u_{ν}, v_{ν} および λ を決定することができる．こうして(5.3.12), (5.3.13), (5.3.14)を導いたときと同様にして，

$$\left.\begin{aligned} u_{\nu}^{2} &= \frac{1}{2}\left\{1+\frac{\epsilon_{\nu}-\lambda}{\sqrt{(\epsilon_{\nu}-\lambda)^{2}+\Delta_{\nu}^{2}}}\right\} \\ v_{\nu}^{2} &= \frac{1}{2}\left\{1-\frac{\epsilon_{\nu}-\lambda}{\sqrt{(\epsilon_{\nu}-\lambda)^{2}+\Delta_{\nu}^{2}}}\right\} \end{aligned}\right\} \qquad (5.5.15)$$

と，**ギャップ方程式**

$$\Delta_{\nu} = -\frac{1}{2}\sum_{\nu'}\frac{v_{\bar{\nu}\nu,\bar{\nu}'\nu'}}{\sqrt{(\epsilon_{\nu'}-\lambda)^{2}+\Delta_{\nu'}^{2}}}\Delta_{\nu'} \qquad (5.5.16)$$

---

† この仮定は，1つの保存則

$$v_{\bar{\mu}\mu,\bar{\nu}\nu'} = 0 \qquad (\nu \neq \nu')$$

を仮定することと同じである．球対称殻模型の表示 α では，角運動量保存則から通常これが満たされていると考える．また軸対称変形ポテンシャルの場合も，ν は角運動量の対称軸への成分を意味するから，この保存則は一般に成り立つ．

および**核子数方程式**(number equation)

$$\frac{1}{2}\sum_{\nu}\left\{1-\frac{\epsilon_\nu-\lambda}{\sqrt{(\epsilon_\nu-\lambda)^2+\Delta_\nu{}^2}}\right\}=N \tag{5.5.17}$$

が求まる．

これらの結果を使うと

$$U\equiv\langle\Phi_{\rm BCS}|H'|\Phi_{\rm BCS}\rangle=\sum_{\nu}[(\epsilon_\nu-\lambda)-\sum_{\mu}v_{\mu\nu,\mu\nu}v_\mu{}^2]v_\nu{}^2-\frac{1}{2}\sum_{\nu}\Delta_\nu u_\nu v_\nu \tag{5.5.18}$$

$$\left.\begin{aligned}H_{11}&=\sum_{\nu}E_\nu a_\nu{}^+a_\nu\\ E_\nu&\equiv(\epsilon_\nu-\lambda)(u_\nu{}^2-v_\nu{}^2)+2\Delta_\nu u_\nu v_\nu=\sqrt{(\epsilon_\nu-\lambda)^2+\Delta_\nu{}^2}\end{aligned}\right\} \tag{5.5.19}$$

が得られ，結局ハミルトニアン(5.5.4)は

$$H'=U+\hat{H}_0+\hat{H}_{\rm int} \tag{5.5.20 a}$$

$$\left.\begin{aligned}\hat{H}_0&\equiv H_{11}=\sum_{\nu}E_\nu a_\nu{}^+a_\nu\\ \hat{H}_{\rm int}&=\frac{1}{2}\sum_{\mu\nu\mu'\nu'}v_{\mu\nu,\mu'\nu'}:c_\mu{}^+c_\nu{}^+c_{\nu'}c_{\mu'}:\end{aligned}\right\} \tag{5.5.20 b}$$

となる．

一般的な有効相互作用を使用した上記の諸方程式は，模型的な対相関力を使用したときの§5.3の諸方程式と本質的には同一である．こうしてHartree-Bogoljubov 理論は，Hartree-Fock 理論を拡張し，有効相互作用の効果をHartree-Fock 場 $V_\nu\,(\equiv 2\sum_{\mu\mu'}v_{\mu\nu,\mu'\nu}\langle\Phi_{\rm BCS}|c_\mu{}^+c_{\mu'}|\Phi_{\rm BCS}\rangle)$ と対相関場 Δ_ν という形で特徴づけることによって，独立粒子1体運動モードを決める1つの変分理論と考えることができる．

b) 中性子-陽子間の対相関効果

これまでのすべての議論では，対相関力は同種粒子間にだけ作用すると考え，その上でBCS 基底状態

$$|\phi_{\rm BCS}\rangle=\prod_{\alpha>0}[u_a({\rm n})+s_\alpha c_\alpha{}^+({\rm n})c_{-\alpha}{}^+({\rm n})]\cdot\prod_{\beta>0}[u_b({\rm p})+s_\beta c_\beta{}^+({\rm p})c_{-\beta}{}^+({\rm p})]|0\rangle$$

$$(s_\alpha\equiv(-1)^{j_a-m_\alpha}) \tag{5.5.21}$$

が得られた．($c_\alpha{}^+(\mathrm{n})$, $c_\alpha{}^+(\mathrm{p})$ はそれぞれ中性子，陽子の生成演算子を意味する.) したがって，出発点として使用された対相関力は明らかに荷電独立ではない．そこで**荷電不変な対相関力** (charge-independent pairing force)

$$H_{\mathrm{int}}{}^{(\mathrm{pair})}(\text{荷電不変}) = H_{\mathrm{int}}{}^{(\mathrm{pair})}(\mathrm{pp}) + H_{\mathrm{int}}{}^{(\mathrm{pair})}(\mathrm{nn}) + H_{\mathrm{int}}{}^{(\mathrm{pair})}(\mathrm{np}) \tag{5.5.22 a}$$

$$\left.\begin{aligned} H_{\mathrm{int}}{}^{(\mathrm{pair})}(\mathrm{pp}) &= -\frac{1}{4}G_0 \sum_\alpha s_\alpha c_\alpha{}^+(\mathrm{p}) c_{-\alpha}{}^+(\mathrm{p}) \cdot \sum_\beta s_\beta c_{-\beta}(\mathrm{p}) c_\beta(\mathrm{p}) \\ H_{\mathrm{int}}{}^{(\mathrm{pair})}(\mathrm{nn}) &= -\frac{1}{4}G_0 \sum_\alpha s_\alpha c_\alpha{}^+(\mathrm{n}) c_{-\alpha}{}^+(\mathrm{n}) \cdot \sum_\beta s_\beta c_{-\beta}(\mathrm{n}) c_\beta(\mathrm{n}) \end{aligned}\right\} \tag{5.5.22 b}$$

$$H_{\mathrm{int}}{}^{(\mathrm{pair})}(\mathrm{np}) = -\frac{1}{2}G_0 \sum_\alpha s_\alpha c_\alpha{}^+(\mathrm{n}) c_{-\alpha}{}^+(\mathrm{p}) \cdot \sum_\beta s_\beta c_{-\beta}(\mathrm{p}) c_\beta(\mathrm{n}) \tag{5.5.22 c}$$

を考え，中性子-陽子間の対相関力 $H_{\mathrm{int}}{}^{(\mathrm{pair})}(\mathrm{np})$ による効果を検討しよう．

この場合は，中性子・陽子の区別を放棄して一般化された Bogoljubov 変換

$$a_\alpha{}^+(\sigma) = \sum_t \left[u_{\alpha,t}{}^\sigma c_\alpha{}^+(t) - s_\alpha v_{\alpha,t}{}^\sigma c_{-\alpha}(t)\right] \tag{5.5.23}$$

を行なう必要がある．ここで t は中性子・陽子を意味し，σ は中性子と陽子を混ぜることによって生ずる2種類の準粒子を区別する．ハミルトニアン $H=H_0+H_{\mathrm{int}}{}^{(\mathrm{pair})}(\text{荷電不変})$ $(H_0 \equiv \sum_\alpha \epsilon_\alpha[c_\alpha{}^+(\mathrm{n})c_\alpha(\mathrm{n}) + c_\alpha{}^+(\mathrm{p})c_\alpha(\mathrm{p})])$ に，変換(5.5.23)を行ない，(5.5.4)を得たときと同じように Wick の定理をつかって正常順序形に整理すると，(5.5.6)に相当する2次の項として

$$\begin{aligned} H_{11}+H_{20} = &\sum_\alpha \epsilon_\alpha[:c_\alpha{}^+(\mathrm{n})c_\alpha(\mathrm{n}): + :c_\alpha{}^+(\mathrm{p})c_\alpha(\mathrm{p}):] \\ &-\frac{1}{2}\sum_\alpha \Delta_{\mathrm{n}}[:s_\alpha c_\alpha{}^+(\mathrm{n})c_{-\alpha}{}^+(\mathrm{n}): + :s_\alpha c_{-\alpha}(\mathrm{n})c_\alpha(\mathrm{n}):] \\ &-\frac{1}{2}\sum_\alpha \Delta_{\mathrm{p}}[:s_\alpha c_\alpha{}^+(\mathrm{p})c_{-\alpha}{}^+(\mathrm{p}): + :s_\alpha c_{-\alpha}(\mathrm{p})c_\alpha(\mathrm{p}):] \\ &-\sum_\alpha \Delta_{\mathrm{np}}[:s_\alpha c_\alpha{}^+(\mathrm{n})c_{-\alpha}{}^+(\mathrm{p}): + :s_\alpha c_{-\alpha}(\mathrm{p})c_\alpha(\mathrm{n}):] \\ &+ H_{\epsilon_\alpha'} \end{aligned} \tag{5.5.24}$$

を得る．ただし

$$\left.\begin{aligned}
\varDelta_{\rm n} &= \frac{1}{2}G_0\sum_\alpha \langle\phi_{\rm BCS}'|s_\alpha c_\alpha^+({\rm n})c_{-\alpha}^+({\rm n})|\phi_{\rm BCS}'\rangle \\
&\quad\left(=\frac{1}{2}G_0\sum_\alpha \langle\phi_{\rm BCS}'|s_\alpha c_{-\alpha}({\rm n})c_\alpha({\rm n})|\phi_{\rm BCS}'\rangle\right) \\
\varDelta_{\rm p} &= \frac{1}{2}G_0\sum_\alpha \langle\phi_{\rm BCS}'|s_\alpha c_\alpha^+({\rm p})c_{-\alpha}^+({\rm p})|\phi_{\rm BCS}'\rangle \\
&\quad\left(=\frac{1}{2}G_0\sum_\alpha \langle\phi_{\rm BCS}'|s_\alpha c_{-\alpha}({\rm p})c_\alpha({\rm p})|\phi_{\rm BCS}'\rangle\right) \\
\varDelta_{\rm np} &= \frac{1}{2}G_0\sum_\alpha \langle\phi_{\rm BCS}'|s_\alpha c_\alpha^+({\rm n})c_{-\alpha}^+({\rm p})|\phi_{\rm BCS}'\rangle \\
&\quad\left(=\frac{1}{2}G_0\sum_\alpha \langle\phi_{\rm BCS}'|s_\alpha c_{-\alpha}({\rm p})c_\alpha({\rm n})|\phi_{\rm BCS}'\rangle\right)
\end{aligned}\right\} \tag{5.5.25}$$

である．もちろん $|\phi_{\rm BCS}'\rangle$ は準粒子 $a_\alpha^+(\sigma)$ に対する‘真空’$(a_\alpha(\sigma)|\phi_{\rm BCS}'\rangle=0)$ である．また $H_{\epsilon_\alpha'}$ は，対相関力による1粒子エネルギー ϵ_α への Hartree-Fock 型のくりこみ補正項を意味する．この補正は，目下の近似の下では一般に $\varDelta$ にくらべて無視しうる程度の大きさのオーダーであるので，以下議論を簡単化するために $H_{\epsilon_\alpha'}$ を無視することにしよう．

さて，これまで議論されてきたように，変換 *(5.5.23)* の変換係数 $u_{a,t}^\sigma$, $v_{a,t}^\sigma$ の決定方程式は $H_{20}=0$ とおくことによって得られるわけであるが，実際には変換 *(5.5.23)* を分解して次のようにすると便利である†.

まず荷電空間(isospace)で回転された次のような2種類の Fermi 粒子 $c_\alpha^+(\sigma)$ $(\sigma=\bar{\rm n}, \bar{\rm p})$ を導入しよう．

$$\left.\begin{aligned}
c_\alpha^+(\bar{\rm n}) &= \cos\phi\cdot c_\alpha^+({\rm n})-\sin\phi\cdot c_\alpha^+({\rm p}) \\
c_\alpha^+(\bar{\rm p}) &= \sin\phi\cdot c_\alpha^+({\rm n})+\cos\phi\cdot c_\alpha^+({\rm p})
\end{aligned}\right\} \tag{5.5.26}$$

そして，適当に回転角 ϕ を選ぶことによって，2種類の Fermi 粒子間の相互作用がなくなるようにしよう．変換 *(5.5.26)* によって *(5.5.24)* は

$$\begin{aligned}
H_{11}+H_{20} &= \sum_\alpha \epsilon_a[\,:c_\alpha^+(\bar{\rm n})c_\alpha(\bar{\rm n}):+:c_\alpha^+(\bar{\rm p})c_\alpha(\bar{\rm p}):\,] \\
&\quad -\frac{1}{2}\sum_\alpha \varDelta_{\bar{\rm n}}[\,:s_\alpha c_\alpha^+(\bar{\rm n})c_{-\alpha}^+(\bar{\rm n}):+:s_\alpha c_{-\alpha}(\bar{\rm n})c_\alpha(\bar{\rm n}):\,]
\end{aligned}$$

† Ginocchio, J. N. & Weneser, J.: *Phys. Rev.*, **170**, 859(1968)による．

$$-\frac{1}{2}\sum_{\alpha}\Delta_{\bar{\mathrm{p}}}[:s_\alpha c_\alpha{}^+(\bar{\mathrm{p}})c_{-\alpha}{}^+(\bar{\mathrm{p}}):+:s_\alpha c_{-\alpha}(\bar{\mathrm{p}})c_\alpha(\bar{\mathrm{p}}):]$$

$$-\sum_{\alpha}\Delta_{\overline{\mathrm{np}}}[:s_\alpha c_\alpha{}^+(\bar{\mathrm{n}})c_{-\alpha}{}^+(\bar{\mathrm{p}}):+:s_\alpha c_{-\alpha}(\bar{\mathrm{p}})c_\alpha(\bar{\mathrm{n}}):] \qquad (5.5.27)$$

$$\left.\begin{aligned}\Delta_{\bar{\mathrm{n}}} &\equiv \cos^2\phi\cdot\Delta_{\mathrm{n}}+\sin^2\phi\cdot\Delta_{\mathrm{p}}-\sin 2\phi\cdot\Delta_{\mathrm{np}}\\ \Delta_{\bar{\mathrm{p}}} &\equiv \sin^2\phi\cdot\Delta_{\mathrm{n}}+\cos^2\phi\cdot\Delta_{\mathrm{p}}+\sin 2\phi\cdot\Delta_{\mathrm{np}}\\ \Delta_{\overline{\mathrm{np}}} &\equiv \frac{1}{2}\sin 2\phi\cdot\Delta_{\mathrm{n}}-\frac{1}{2}\sin 2\phi\cdot\Delta_{\mathrm{p}}+\cos 2\phi\cdot\Delta_{\mathrm{np}}\end{aligned}\right\} \qquad (5.5.28)$$

となるから，(5.5.27)の最後の相互作用項が0となるように，すなわち$\Delta_{\overline{\mathrm{np}}}$が0となるように$\phi$を選べばよい．(5.5.28)から，この$\phi$は

$$\frac{\cos 2\phi}{\sin 2\phi}=\frac{1}{2}\frac{\Delta_{\mathrm{p}}-\Delta_{\mathrm{n}}}{\Delta_{\mathrm{np}}} \qquad (5.5.29)$$

によって定まる．

(5.5.27)は，もちろん核子数の保存則もまた荷電スピンの保存則も満足しないから，これまでの議論のときと同様に，Lagrange 乗数法を使用して，(5.5.27)を

$$\begin{aligned}\hat{H}_0 &\equiv H_{11}+H_{20}-\lambda_N\hat{N}-\lambda_\tau\hat{\tau}\\ &=\sum_{\alpha}\left(\epsilon_a-\lambda_N-\frac{1}{2}\lambda_\tau\right)c_\alpha{}^+(\bar{\mathrm{n}})c_\alpha(\bar{\mathrm{n}})+\sum\left(\epsilon_a-\lambda_N+\frac{1}{2}\lambda_\tau\right)c_\alpha{}^+(\bar{\mathrm{p}})c_\alpha(\bar{\mathrm{p}})\\ &\quad-\frac{1}{2}\sum_{\alpha}\Delta_{\bar{\mathrm{n}}}[:s_\alpha c_\alpha{}^+(\bar{\mathrm{n}})c_{-\alpha}{}^+(\bar{\mathrm{n}}):+:s_\alpha c_{-\alpha}(\bar{\mathrm{n}})c_\alpha(\bar{\mathrm{n}}):]\\ &\quad-\frac{1}{2}\sum_{\alpha}\Delta_{\bar{\mathrm{p}}}[:s_\alpha c_\alpha{}^+(\bar{\mathrm{p}})c_{-\alpha}{}^+(\bar{\mathrm{p}}):+:s_\alpha c_{-\alpha}(\bar{\mathrm{p}})c_\alpha(\bar{\mathrm{p}}):]\\ &\equiv \hat{H}_0(\bar{\mathrm{n}})+\hat{H}_0(\bar{\mathrm{p}})\end{aligned} \qquad (5.5.30)$$

とおこう．ここで$\hat{N}$は核子数の演算子で，n̄, p̄ 表示でも

$$\hat{N}=\sum_{\alpha}[c_\alpha{}^+(\bar{\mathrm{n}})c_\alpha(\bar{\mathrm{n}})+c_\alpha{}^+(\bar{\mathrm{p}})c_\alpha(\bar{\mathrm{p}})]\equiv\sum_{\alpha}[\hat{N}_a(\bar{\mathrm{n}})+\hat{N}_a(\bar{\mathrm{p}})]$$

となる．また演算子$\hat{\tau}$は

$$\hat{\tau}=\frac{1}{2}\sum_{a}[\hat{N}_a(\bar{\mathrm{n}})-\hat{N}_a(\bar{\mathrm{p}})]=\frac{1}{2}\sum_{\alpha}[c_\alpha{}^+(\bar{\mathrm{n}})c_\alpha(\bar{\mathrm{n}})-c_\alpha{}^+(\bar{\mathrm{p}})c_\alpha(\bar{\mathrm{p}})] \qquad (5.5.31)$$

で，この物理的意味は後に述べるように基底状態 $|\phi_{\rm BCS}'\rangle$ が求まったときに明瞭になるはずである．

さて，(5.5.30)から明らかなように，2種の Fermi 粒子 $\bar{\rm n}, \bar{\rm p}$ 間には相互作用がないから，基底状態 $|\phi_{\rm BCS}'\rangle$ は $\hat{H}_0(\bar{\rm n})$ と $\hat{H}_0(\bar{\rm p})$ のそれぞれの基底状態の積で表わすことができるはずである．このような解に対しては，当然

$$\langle\phi_{\rm BCS}'|c_\alpha{}^+(\bar{\rm p})c_{-\alpha}{}^+(\bar{\rm n})|\phi_{\rm BCS}'\rangle = \langle\phi_{\rm BCS}'|c_{-\alpha}(\bar{\rm n})c_\alpha(\bar{\rm p})|\phi_{\rm BCS}'\rangle = 0$$

が成り立つから，(5.5.28)の $\Delta_{\bar{\rm n}}, \Delta_{\bar{\rm p}}$ を $\bar{\rm n}, \bar{\rm p}$ 表示で書きあらわすと，簡単に

$$\left.\begin{aligned}\Delta_{\bar{\rm n}} &= \frac{1}{2}G_0\sum_\alpha\langle\phi_{\rm BCS}'|s_\alpha c_\alpha{}^+(\bar{\rm n})c_{-\alpha}{}^+(\bar{\rm n})|\phi_{\rm BCS}'\rangle\\ \Delta_{\bar{\rm p}} &= \frac{1}{2}G_0\sum_\alpha\langle\phi_{\rm BCS}'|s_\alpha c_\alpha{}^+(\bar{\rm p})c_{-\alpha}{}^+(\bar{\rm p})|\phi_{\rm BCS}'\rangle\end{aligned}\right\} \qquad (5.5.32)$$

が求まる．こうして，基底状態はよく知られた BCS 型の解

$$\begin{aligned}|\phi_{\rm BCS}'\rangle = &\prod_{\alpha>0}[u_a(\bar{\rm n})+s_\alpha v_a(\bar{\rm n})c_\alpha{}^+(\bar{\rm n})c_{-\alpha}{}^+(\bar{\rm n})]\\ &\times\prod_{\beta>0}[u_b(\bar{\rm p})+s_\beta v_b(\bar{\rm p})c_\alpha{}^+(\bar{\rm p})c_{-\alpha}{}^+(\bar{\rm p})]|0\rangle\end{aligned} \qquad (5.5.33)$$

となり，また，(5.5.23)が簡単に

$$\left.\begin{aligned}a_\alpha{}^+(\bar{\rm n}) &= u_a(\bar{\rm n})c_\alpha{}^+(\bar{\rm n})-s_\alpha v_a(\bar{\rm n})c_{-\alpha}(\bar{\rm n})\\ a_\alpha{}^+(\bar{\rm p}) &= u_a(\bar{\rm p})c_\alpha{}^+(\bar{\rm p})-s_\alpha v_a(\bar{\rm p})c_{-\alpha}(\bar{\rm p})\end{aligned}\right\} \qquad (5.5.34)$$

となることがわかる．もちろん $u_a(\bar{\rm n}), v_a(\bar{\rm n})$ および $u_a(\bar{\rm p}), v_a(\bar{\rm p})$ は，それぞれ (5.3.8), (5.3.10) に対応する方程式

$$\left.\begin{aligned}&2\left(\epsilon_a-\lambda_N-\frac{1}{2}\lambda_\tau\right)u_a(\bar{\rm n})v_a(\bar{\rm n}) = \Delta_{\bar{\rm n}}[u_a{}^2(\bar{\rm n})-v_a{}^2(\bar{\rm n})]\\ &\Delta_{\bar{\rm n}} = \frac{1}{2}G_0\sum_a(2j_a+1)u_a(\bar{\rm n})v_a(\bar{\rm n})\\ &u_a{}^2(\bar{\rm n})+v_a{}^2(\bar{\rm n}) = 1\end{aligned}\right\} \qquad (5.5.35\,a)$$

$$\left.\begin{aligned}&2\left(\epsilon_a-\lambda_N+\frac{1}{2}\lambda_\tau\right)u_a(\bar{\rm p})v_a(\bar{\rm p}) = \Delta_{\bar{\rm p}}[u_a{}^2(\bar{\rm p})-v_a{}^2(\bar{\rm p})]\\ &\Delta_{\bar{\rm p}} = \frac{1}{2}G_0\sum_a(2j_a+1)u_a(\bar{\rm p})v_a(\bar{\rm p})\\ &u_a{}^2(\bar{\rm p})+v_a{}^2(\bar{\rm p}) = 1\end{aligned}\right\} \qquad (5.5.35\,b)$$

によって決定される.

ここで演算子 $\hat{\tau}$ とともに導入された束縛条件の物理的意味を考えよう. まず, 荷電スピン演算子の z 成分

$$\hat{T}_z = \frac{1}{2}\sum_{\alpha}[c_\alpha{}^+(\mathrm{n})c_\alpha(\mathrm{n}) - c_\alpha{}^+(\mathrm{p})c_\alpha(\mathrm{p})]$$
$$= \frac{1}{2}\cos 2\phi\sum_{\alpha}[c_\alpha{}^+(\bar{\mathrm{n}})c_\alpha(\bar{\mathrm{n}}) - c_\alpha{}^+(\bar{\mathrm{p}})c_\alpha(\bar{\mathrm{p}})]$$
$$+\frac{1}{2}\sin 2\phi\sum_{\alpha}[c_\alpha{}^+(\bar{\mathrm{n}})c_\alpha(\bar{\mathrm{p}}) + c_\alpha{}^+(\bar{\mathrm{p}})c_\alpha(\bar{\mathrm{n}})]$$

と $\hat{\tau}$ 演算子との, 基底状態 (5.5.33) についての期待値が, 簡単な関係

$$T_z = \langle\phi_{\mathrm{BCS}}'|\hat{T}_z|\phi_{\mathrm{BCS}}'\rangle = \cos 2\phi\langle\phi_{\mathrm{BCS}}'|\hat{\tau}|\phi_{\mathrm{BCS}}'\rangle$$
$$= \cos 2\phi\cdot\tau \tag{5.5.36}$$

によって与えられることに注意しよう. さらに

$$\langle\phi_{\mathrm{BCS}}'|\hat{\boldsymbol{T}}^2|\phi_{\mathrm{BCS}}'\rangle = \tau^2 + [N - \sum_a(2j_a+1)\{v_a{}^2(\bar{\mathrm{n}}) + v_a{}^2(\bar{\mathrm{p}})\}^2] \tag{5.5.37}$$

が得られる. ここで τ の大きさが核子数 N のオーダーで, 両者とも1粒子状態数 $2\Omega \equiv \sum_a(2j_a+1)$ のオーダーであると仮定しよう. すると, (5.5.37) の [ ] 内の項は, 第1項にくらべて1オーダー小さくなる†. そこで第1項だけを取り上げると,

$$T^2 \approx \tau^2 \tag{5.5.38}$$

となる. (5.5.36) と (5.5.38) から, τ の物理的意味が荷電スピン量子数 T である, ことがわかる.

次にエネルギー期待値を調べよう.

$$\langle\phi_{\mathrm{BCS}}'|H_0 + H_{\mathrm{int}}{}^{(\mathrm{pair})}(\text{荷電不変})|\phi_{\mathrm{BCS}}'\rangle$$
$$= \sum_a(2j_a+1)\epsilon_a[v_a{}^2(\bar{\mathrm{n}}) + v_a{}^2(\bar{\mathrm{p}})]$$
$$-\frac{1}{2}G_0\sum_a(2j_a+1)[v_a{}^4(\bar{\mathrm{n}}) + v_a{}^4(\bar{\mathrm{p}}) + v_a{}^2(\bar{\mathrm{n}})v_a{}^2(\bar{\mathrm{p}})]$$

---

† この相対オーダーは (5.5.24) で無視された項 $H_{\epsilon_a'}$ による Hartree-Fock 型補正と同じである.

$$-\frac{1}{4}G_0\sum_{ab}(2j_a+1)(2j_b+1)[u_a(\bar{\mathrm{n}})v_a(\bar{\mathrm{n}})u_b(\bar{\mathrm{n}})v_b(\bar{\mathrm{n}})$$
$$+u_a(\bar{\mathrm{p}})v_a(\bar{\mathrm{p}})u_b(\bar{\mathrm{p}})v_b(\bar{\mathrm{p}})]$$
$$\left(H_0=\sum_a\epsilon_a[c_\alpha{}^+(\mathrm{n})c_\alpha(\mathrm{n})+c_\alpha{}^+(\mathrm{p})c_\alpha(\mathrm{p})]\right) \qquad (5.5.39)$$

が得られる．ここで表式(5.5.39)が，$u_a(\bar{\mathrm{n}}), v_a(\bar{\mathrm{n}}), u_a(\bar{\mathrm{p}})v_a(\bar{\mathrm{p}})$ の決定方程式(5.5.35)と同様に，ϕ について(したがって T_z (5.5.36)について)独立であることに注意しよう．これは BCS 近似内での荷電不変性の表現に他ならない．こうして，荷電不変な対相関力に対しては，同じエネルギーを与える BCS 型波動関数の組が存在し，それらは $\hat{T}_z$ の期待値 $-T\leqq T_z\leqq T$ においてだけ異なっていることがわかる．

$T_z=T$ の場合には，(5.5.36)から $\phi=0$ であるから

$$\varDelta_{\bar{\mathrm{n}}}=\varDelta_{\mathrm{n}}, \quad \varDelta_{\bar{\mathrm{p}}}=\varDelta_{\mathrm{p}}, \quad \varDelta_{\mathrm{np}}=0$$

となり，$|\phi_{\mathrm{BCS}}'\rangle$ は(5.5.21)そのものに戻る．そして中性子-陽子対相関力からはなんらの効果も生じない．しかしながら $|T_z|<T$ の場合には，中性子-陽子対相関力は重要である．事実，この対相関力が存在してはじめてエネルギー(5.5.39)が T_z に独立になったのである．

以上の議論では，荷電スピンに対する束縛条件として Lagrange 乗数項 $\lambda_\tau\hat{\tau}$ を使用してきたが，この $\hat{\tau}$ 演算子のかわりに $\hat{T}_z$ 演算子を使用しても，また $\hat{\boldsymbol{T}}^2$ を使ってもよい．いずれの場合も，$\hat{\tau}$ 演算子を使った結果と同じ結果を与えることを確かめることができる．

$T=1$, $J^\pi=0^+$ の核子対にのみ作用する荷電不変対相関力(5.5.22)は，$T=1$ の核子対間の短距離有効相互作用を模型化したものである．2体の核力の性質を考慮すれば，$T=0$ の核子対に対する相互作用は，$T=1$ のそれにくらべて決して無視しうるものでなく，むしろ大きいくらいである．したがって，中性子と陽子が同一殻を満たしつつあるような軽い核の場合には，荷電不変対相関力だけを考慮して，この取扱いのように，準粒子近似という形で $T=1$ 核子対相関のみを取り上げる記述は，明らかに片手落ちである．このことは，§11.2で議論される4体相関と関連して，軽い核に対しては α 粒子的4体相関が本質的になると考える理由の1つでもある．

第6章　集　団　運　動

第5章までは，主として殻模型によって代表されるような独立粒子運動を中心に議論してきた．実際の原子核には，このような1体運動モードのほかに典型的な運動様式として，液滴模型によって代表されるような種々の集団運動(collective motion)が存在する．この運動様式を特徴づける諸概念や，その背後にある核内核子間相関について検討するのが，本章の目的である．原子核に生ずる最も典型的な4重極表面変形運動を中心にして，まずはじめに，集団運動の現象論的特性とその記述法について述べ，その上で多体問題的取扱いとそれに伴う諸概念を論ずる．

§6.1　液滴模型に基づく表面振動

a)　集団運動としての振動運動

原子核のような複雑な多体系の集団運動の中でもっとも単純なものは，この多体系の‘平衡状態’のまわりの揺動の，近似的に独立な基準振動(normal mode oscillation)を見出すことによって，求めることができる．そして，うまくこの近似的な基準振動を取り出すと，これら基準振動間の相互作用は，‘弱い’ものになるはずである．この‘平衡状態’からの揺動は，系の‘形’や密度のそれであってもよいし，またもっと複雑なスピンやアイソスピンなどに関係した物理量の揺動であってもよい．

この基準振動を量子論的に取り扱えば，当然これらの振動についての生成・消滅演算子が得られる．こうして，多体系の励起状態を特徴づける‘量子’が誕生するわけである．もちろん，これらの量子の性質は，その背後にある‘平衡状態’を特徴づける多体系の複雑な内部構造に依存する．また精度をあげるときは，基準振動量子と他の自由度との相互作用や，基準振動量子間の相互作用を取り上げることが必要となる.

この節では，これらの基準振動中で，エネルギー的に最も生じやすく，したがって核構造の研究にとって欠くことのできない表面振動の取扱いを，液滴模型に基づいて検討する.

b) 表面振動

液滴の振動運動中でエネルギー的に最も低いモードは，近似的に一定な密度の下での表面振動である．そこで，明確な表面をもち体積一定の非圧縮性の核物質(流体)を想定しよう．この場合，核表面の形は，角度 θ, φ の関数としての核半径 $R(\theta, \varphi)$ によって定められる．核の変形が小さいと仮定すれば，**集団座標**(collective coordinates) $\alpha_{\lambda\mu}$ は $R(\theta, \varphi)$ を球面調和関数 $Y_{\lambda\mu}(\theta, \varphi)$ で展開することによって得られる:

$$R(\theta, \varphi) = R_0\left[1+\sum_{\lambda}\sum_{\mu=-\lambda}^{+\lambda}\alpha_{\lambda\mu}Y_{\lambda\mu}{}^*(\theta, \varphi)\right] \qquad (6.1.1a)$$

$$\alpha_{\lambda\mu} = \int\int R(\theta, \varphi)\, Y_{\lambda\mu}(\theta, \varphi) \sin\theta\, d\theta d\varphi \qquad (6.1.1b)$$

ここで R_0 は‘平衡形’(球形)での核半径である．核表面 $R(\theta, \varphi)$ は実数で，かつ座標系の回転に対して不変(スカラー量)であるはずであるから，(6.1.1b)の定義から $\alpha_{\lambda\mu}$ は $Y_{\lambda\mu}$ と同一性質をもつことがわかる．すなわち，集団座標 $\alpha_{\lambda\mu}$ は λ 階の既約テンソルの性質をもち，またそのパリティは $Y_{\lambda\mu}$ のそれと同じ $(-1)^\lambda$ である.

図 6.1 に示されるように，$\lambda=0$ は本質的に核の体積の変化を伴う動径方向の伸縮を意味するので，密度一定という現在の条件の下では取り除かれうる†．また $\lambda=1$ は球の単なる変位となるので，液滴の重心が静止しているという現在の条件の下では，取り除かれなければならない．結局，問題となる表面振動は $\lambda=$

† 実際に，体積一定の条件(非圧縮性の条件)

$$\frac{4\pi}{3}R_0{}^3 = \int \sin\theta\, d\theta d\varphi \int_0^{R(\theta,\varphi)} r^2 dr$$

から $\alpha_{\lambda\mu}$ ($|\alpha_{\lambda\mu}|\ll 1$) の 2 次のオーダーで関係

$$\sqrt{4\pi}\,\alpha_0 = -\sum_{\lambda\mu} |\alpha_{\lambda\mu}|^2$$

が得られ，α_0 は独立な集団座標でなくなる．非圧縮性の条件をはずせば，$\lambda=0$ の運動モードを考えることができる．**呼吸モード**(breathing modes)と呼ばれるこの振動は，一般に非常に高いエネルギー(40～50 MeV)に生ずると期待されている(核物質は圧縮しにくいことに注意).

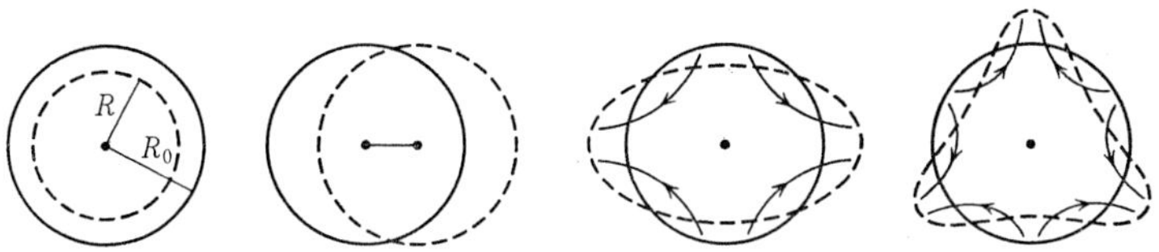

図6.1　核の液滴模型における表面振動．$\lambda \geqq 2$ が実際に生ずる．矢印は'渦なし'流れとしての核物質の移動を表わす

2の4重極振動からである．

表面振動のエネルギーは，運動エネルギー T とポテンシャル・エネルギー V からなる．$\alpha_{\lambda\mu}$ とその時間微分 $\dot{\alpha}_{\lambda\mu}$ が微小量であるから，これらは2次形式で近似して

$$T = \frac{1}{2}\sum_{\lambda\mu} B_\lambda |\dot{\alpha}_{\lambda\mu}|^2, \qquad V = \frac{1}{2}\sum_{\lambda\mu} C_\lambda |\alpha_{\lambda\mu}|^2 \tag{6.1.2}$$

で与えられる．この表式は，その回転不変性と時間反転不変性から定まる†．'質量パラメーター' B_λ は，核表面の変化に伴う核物質の移動の仕方に依存し，また'復元力パラメーター' C_λ は，変形に対する復元力の大きさを表わすパラメーターである．

これらは，本来，核内の複雑な内部構造によってはじめて正しく規定されるものであるが，変形に伴う核物質の流れが'渦なし'(irrotational)であると仮定して，現象論的に見積もってみよう．この場合の速度場 $\boldsymbol{v}(x)$ は，渦なしの条件 $\boldsymbol{v}(x) = -\mathrm{grad}\,\chi(x)$，および非圧縮性の条件 $\mathrm{div}\,\boldsymbol{v}(x)=0$ を満たさなければならないから，速度ポテンシャル $\chi(x)$ は，$\Delta\chi(x)=0$ の解，すなわち

$$\chi(x) = -R_0{}^2 \sum_{\lambda\mu} \frac{\dot{\alpha}_{\lambda\mu}{}^*}{\lambda}\left(\frac{r}{R_0}\right)^\lambda Y_{\lambda\mu}(\theta, \varphi) \tag{6.1.3}$$

で与えられる††．この場合の運動エネルギーは，

---

† $\alpha_{\lambda\mu}$ が既約テンソルの性質をもつことに注意．また，$\dot{\alpha}_{\lambda\mu}$ と $\alpha_{\lambda\mu}$ のおのおのについて1次であるような2次形式の項は，時間反転不変性から排除される．

†† 原点で正則な $\chi(x)$ は一般に $\chi(x) = \sum_{\lambda\mu} \beta_{\lambda\mu}{}^* r^\lambda Y_{\lambda\mu}(\theta, \varphi)$ で与えられるが，$\beta_{\lambda\mu}$ と $\alpha_{\lambda\mu}$ との間の関係は，条件

$$\frac{\partial R(\theta, \varphi)}{\partial t} = -\left[\frac{\partial \chi}{\partial r}\right]_{r=R_0} \quad (\equiv [v_r]_{r=R_0})$$

によって求まる．

$$T=\frac{1}{2}\rho_0\int \boldsymbol{v}^2(x)\,dx$$
$$=\frac{1}{2}\rho_0\int |\mathrm{grad}\,\chi|^2 r^2 dr\sin\theta\,d\theta d\varphi=\frac{1}{2}\sum_{\lambda\mu}B_\lambda(\text{流体})\cdot|\dot{\alpha}_{\lambda\mu}|^2$$

となる．ただし B_λ(流体) は

$$B_\lambda(\text{流体})=\frac{1}{\lambda}\rho_0 R_0{}^5=\frac{1}{\lambda}\frac{3}{4\pi}AMR_0{}^2 \qquad (6.1.4)$$

である．また C_λ は，核表面の変化に伴う表面エネルギーの変化†と Coulomb エネルギーの変化に基づく2つの部分からなる．その計算結果は

$$C_\lambda(\text{流体})=(\lambda-1)(\lambda+2)R_0{}^2\cdot S-\frac{3}{2\pi}\frac{\lambda-1}{2\lambda+1}\frac{Z^2e^2}{R_0} \qquad (6.1.5)$$

である．ただし全荷電 Ze は体積中に一様に分布していると仮定した．また，表面張力 S は，結合エネルギーについての半実験公式(2.5.3)の第2項の表面エネルギー $u_{\mathrm{s}}A^{2/3}$ ($u_{\mathrm{s}}\approx 17.2$ MeV) と

$$4\pi R_0{}^2\cdot S=u_{\mathrm{s}}A^{2/3} \qquad (6.1.6)$$

で結びつけられる．

集団座標 $\alpha_{\lambda\mu}$ に共役な運動量は

$$\pi_{\lambda\mu}=\frac{\partial}{\partial\dot{\alpha}_{\lambda\mu}}(T-V)=B_\lambda\dot{\alpha}_{\lambda\mu}{}^*=B_\lambda\cdot(-1)^\mu\alpha_{\lambda-\mu} \qquad (6.1.7)$$

で与えられるから，表面振動のハミルトニアンは，(6.1.2)から

$$H=\sum_{\lambda\mu}\left\{\frac{1}{2B_\lambda}|\pi_{\lambda\mu}|^2+\frac{1}{2}C_\lambda|\alpha_{\lambda\mu}|^2\right\} \qquad (6.1.8)$$

と書くことができ，振動数 $\omega_\lambda=\sqrt{C_\lambda/B_\lambda}$ をもった調和振動子の集りとなる．

この液滴の角運動量は

---

† 表面張力を S とおけば，'平衡'球形のときの表面エネルギー $E_{\mathrm{s}}{}^{(0)}\equiv 4\pi R_0{}^2\cdot S$ と変形したときの表面エネルギー E_{s} の差は

$$E_{\mathrm{s}}-E_{\mathrm{s}}{}^{(0)}=S\cdot\int\sin\theta\,d\theta d\varphi\left\{-(R-R_0)^2+\frac{1}{2}\left(\frac{\partial R}{\partial\theta}\right)^2+\frac{1}{2\sin^2\theta}\left(\frac{\partial R}{\partial\varphi}\right)^2\right\}$$
$$=\frac{1}{2}S\cdot R_0{}^2\sum_{\lambda\mu}(\lambda-1)(\lambda+2)|\alpha_{\lambda\mu}|^2$$

となる．

$$\left.\begin{aligned} \boldsymbol{L} &= \rho_0 \int \{\boldsymbol{r}\times\boldsymbol{v}(x)\}dx = -i\rho_0 \int \boldsymbol{l}\cdot\chi(x)dx \\ \boldsymbol{l} &\equiv \frac{1}{i}(\boldsymbol{r}\times\nabla) \end{aligned}\right\} \tag{6.1.9}$$

で与えられるが，(*6.1.3*)と球面調和関数の性質

$$l_\nu Y_{\lambda\mu}(\theta,\varphi) = (\lambda\mu 1\nu|\lambda,\mu+\nu)\sqrt{\lambda(\lambda+1)}\,Y_{\lambda,\mu+\nu}(\theta,\varphi)$$

を使うと

$$L_\nu = -i\sum_\lambda \sum_{\mu'\mu''}(\lambda\mu' 1\nu|\lambda\mu'')\sqrt{\lambda(\lambda+1)}\,\pi_{\lambda\mu'}\alpha_{\lambda\mu''} \qquad (\nu=1,0,-1) \tag{6.1.10}$$

となる．ただし l_ν, L_ν ($\nu=1,0,-1$) は，それぞれ(*6.1.9*)の演算子 $\boldsymbol{l}$ および角運動量 $\boldsymbol{L}$ からつくった1階の既約テンソル

$$l_1 = -\frac{l_x+il_y}{\sqrt{2}}, \qquad l_0 = l_z, \qquad l_{-1} = \frac{l_x-il_y}{\sqrt{2}}$$

$$L_1 = -\frac{L_x+iL_y}{\sqrt{2}}, \qquad L_0 = L_z, \qquad L_{-1} = \frac{L_x-iL_y}{\sqrt{2}}$$

である．

c) フォノン

ハミルトニアン(*6.1.8*)をもつ表面振動の量子化は，通常のように集団座標 $\alpha_{\lambda\mu}$ とその正準共役運動量 $\pi_{\lambda\mu}$ との間に交換関係

$$[\alpha_{\lambda\mu}, \pi_{\lambda'\mu'}] = i\hbar\delta_{\lambda\lambda'}\delta_{\mu\mu'} \tag{6.1.11}$$

を設定することによって行なわれる．ここでよく知られているように，次のような生成，消滅演算子 $b_{\lambda\mu}{}^+$, $b_{\lambda\mu}$ を導入するのが便利である．

$$\left.\begin{aligned} \alpha_{\lambda\mu} &= \sqrt{\frac{\hbar}{2B_\lambda\omega_\lambda}}\,(b_{\lambda\mu}{}^+ + (-1)^\mu b_{\lambda-\mu}) \\ \pi_{\lambda\mu} &= i\sqrt{\frac{\hbar B_\lambda\omega_\lambda}{2}}((-1)^\mu b_{\lambda-\mu}{}^+ - b_{\lambda\mu}) \end{aligned}\right\} \tag{6.1.12}$$

(*6.1.11*)から，$b_{\lambda\mu}{}^+$, $b_{\lambda'\mu'}$ はボソンの交換関係

$$[b_{\lambda\mu}, b_{\lambda'\mu'}{}^+] = \delta_{\lambda\lambda'}\delta_{\mu\mu'}, \qquad [b_{\lambda\mu}{}^+, b_{\lambda'\mu'}{}^+] = 0 \tag{6.1.13}$$

を満たす．すなわち，表面振動の‘量子’は Bose 粒子で，これを通常**フォノン** (phonon)または表面子(surfon)と呼んでいる．量子数 λ をもつフォノンの数全

体を表わす演算子は

$$\hat{N}_\lambda = \sum_{\mu=-\lambda}^{\lambda} \hat{n}_{\lambda\mu}, \qquad \hat{n}_{\lambda\mu} \equiv b_{\lambda\mu}{}^{+} b_{\lambda\mu} \qquad (N_\lambda = 0, 1, 2, \cdots) \tag{6.1.14}$$

である．(*6. 1. 12*)を(*6. 1. 8*)に代入すれば，ハミルトニアンは

$$H = \sum_{\lambda\mu} \hbar\omega_\lambda \left(b_{\lambda\mu}{}^{+} b_{\lambda\mu} + \frac{1}{2} \right) = \sum_{\lambda} \hbar\omega_\lambda \left\{ \hat{N}_\lambda + \frac{2\lambda+1}{2} \right\} \tag{6.1.15}$$

となる．こうして基底状態 $|\Phi_0\rangle$ はフォノンが1個も存在しない状態

$$b_{\lambda\mu}|\Phi_0\rangle = 0 \qquad (\text{すべての } \lambda, \mu) \tag{6.1.16}$$

として与えられる．角運動量演算子(*6. 1. 10*)に(*6. 1. 12*)を代入して整理すると

$$\left.\begin{aligned} \hat{L}_\nu &= \hbar \sum_{\lambda} \sum_{\mu'\mu''} \langle \lambda\mu' | l_\nu | \lambda\mu'' \rangle b_{\lambda\mu'}{}^{+} b_{\lambda\mu''} \qquad (\nu = -1, 0, 1) \\ \langle \lambda\mu' | l_\nu | \lambda\mu'' \rangle &= \sqrt{\frac{\lambda(\lambda+1)(2\lambda+1)}{3}} (\lambda\mu'\lambda\mu''|1\nu) \end{aligned}\right\} \tag{6.1.17}$$

となる．これから $\hat{L}_z = \hat{L}_0 = \hbar \sum_{\lambda\mu} \mu \cdot \hat{n}_{\lambda\mu}$, $\hat{L}^2 \cdot b_{\lambda\mu}{}^{+}|\Phi_0\rangle = \hbar^2 \cdot \lambda(\lambda+1) b_{\lambda\mu}{}^{+}|\Phi_0\rangle$, $\hat{L}_z \cdot b_{\lambda\mu}{}^{+}|\Phi_0\rangle = \mu\hbar \cdot b_{\lambda\mu}{}^{+}|\Phi_0\rangle$ が確かめられ，フォノンがスピン λ をもつことがわかる．

表面振動による励起状態は，基底状態 $|\Phi_0\rangle$ にくりかえしフォノンの生成演算子 $b_{\lambda\mu}{}^{+}$ を作用させることによって得られる．すなわち

$$|\lambda; N=1, L=\lambda, L_z=\mu\rangle = b_{\lambda\mu}{}^{+}|\Phi_0\rangle$$

$$|\lambda; N=2, L, L_z\rangle = \frac{1}{\sqrt{2}} \sum_{\mu\mu'} (\lambda\mu\lambda\mu'|LL_z) b_{\lambda\mu}{}^{+} b_{\lambda\mu'}{}^{+}|\Phi_0\rangle$$

などである．多フォノン状態($N \geqq 2$)では，フォノンがボソン交換関係(*6. 1. 13*)を満足するということから，その状態の角運動量は一般に制限されたものになる．たとえば，$|\lambda; N=2, L, L_z\rangle$ では $L=0, 2, 4, \cdots, 2\lambda$ である†．図6.2は $\lambda=2$ と $\lambda=3$ の場合についてのエネルギー・スペクトルを示す．

次に表面振動に伴う電気多重極遷移確率を求めよう．電気多重極遷移の演算子(*2. 4. 17*)の $M(\mathrm{E}\lambda, \mu)$ は，われわれの模型では

† Clebsch-Gordan 係数の性質 $(\lambda\mu\lambda\mu'|LL_z) = (-1)^{2\lambda-L}(\lambda\mu'\lambda\mu|LL_z)$ と $b_{\lambda\mu}{}^{+} b_{\lambda\mu'}{}^{+} = b_{\lambda\mu'}{}^{+} b_{\lambda\mu}{}^{+}$ に注意．$N>2$ のフォノン状態については，問題はかなり複雑になる．このような状態の分類について興味ある読者は，Hecht, K. T. : Collective Models, *Selected Topics in Nuclear Spectroscopy*, North-Holland (1964) を参考にされたい．

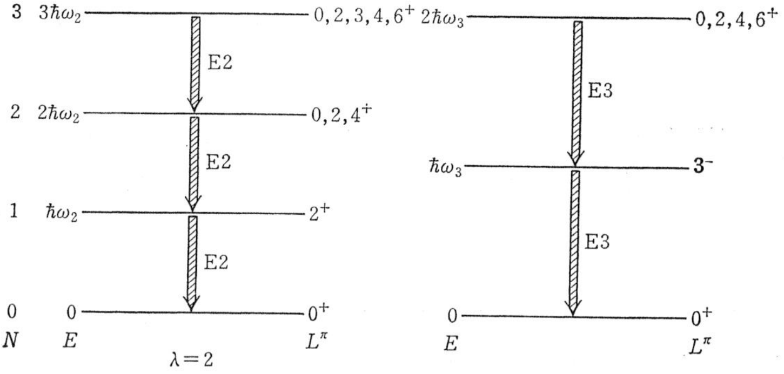

図 6.2 4 重極 (λ=2) 振動と 8 重極 (λ=3) 振動のエネルギー・スペクトル

$$
\begin{aligned}
M(\mathrm{E}\lambda, \mu) &= \int r^\lambda Y_{\lambda\mu}(\theta, \varphi)\rho_e(x)dx \\
&= \frac{Ze}{A}\cdot\frac{\rho_0}{M}\cdot\int R_0{}^{\lambda+2} Y_{\lambda\mu}(\theta, \varphi)\{R(\theta, \varphi)-R_0\}\sin\theta\, d\theta d\varphi \\
&= \frac{3}{4\pi}ZeR_0{}^\lambda\cdot\alpha_{\lambda\mu} = \frac{3}{4\pi}ZeR_0{}^\lambda\cdot\left(\frac{\hbar}{2B_\lambda\omega_\lambda}\right)^{1/2}(b_{\lambda\mu}{}^+ + (-1)^\mu b_{\lambda-\mu})
\end{aligned}
\tag{6.1.18}
$$

となる．(6.1.18)から Eλ 遷移に対する選択則

$$\Delta N_\lambda = \pm 1 \tag{6.1.19}$$

が得られる．また，(6.1.18)から，フォノン状態間の換算遷移確率 $B(\mathrm{E}\lambda\,; I\to I')$ (2.4.19)が計算できる．たとえば

$$B(\mathrm{E}\lambda\,; N_\lambda=1, I=\lambda \to N_\lambda=0, I'=0) = \left(\frac{3}{4\pi}ZeR_0{}^\lambda\right)^2\left(\frac{\hbar}{2\omega_\lambda B_\lambda}\right) \tag{6.1.20}$$

である．また，3 重に縮退した $I^\pi=0^+, 2^+, 4^+$ をもつ $\lambda=2$ の 2 フォノン状態(図 6.2)のおのおのからの，1 フォノン状態への遷移は

$$B(\mathrm{E2}\,; I=0_2, 2_2, 4_1 \to 2_1) = 2B(\mathrm{E2}\,; 2_1 \to 0) \tag{6.1.21}$$

となり，その基底状態への遷移は，選択則(6.1.19)によって禁止される．(6.1.20)の $B(\mathrm{E2}\,; 2_1\to 0)$ を Weisskopf の 1 粒子見積り (3.5.22)

$$B_{\mathrm{sp}}(\mathrm{E2}\,; 2\to 0) = \frac{e^2}{4\pi}\langle r^2\rangle_0{}^2 \approx \frac{e^2}{4\pi}\left(\frac{3}{5}R_0{}^2\right)^2$$

とくらべると

$$B(\mathrm{E2}\,;2_1\to 0)=\frac{25Z^2\hbar}{8\pi\omega_2 B_2}B_{\mathrm{sp}}(\mathrm{E2}\,;2\to 0) \tag{6.1.22}$$

となり，殻模型での遷移にくらべると1桁強い遷移が生ずることがわかる．

われわれの液滴模型では，磁気能率は角運動量(*6.1.17*)に比例して

$$\boldsymbol{\mu}=g(\lambda)\hat{\boldsymbol{L}}\cdot\frac{e}{2Mc} \tag{6.1.23}$$

で与えられると考えてよい．定数 $g(\lambda)$ は表面振動に伴う核物質の流れの様子に依存する．一様な荷電分布の仮定の下では，すべてのモード λ について $g(\lambda)=Z/A$ である．(*6.1.17*)から明らかなように，これはフォノン数を変えないから，フォノン状態間の M1 遷移は生じない．

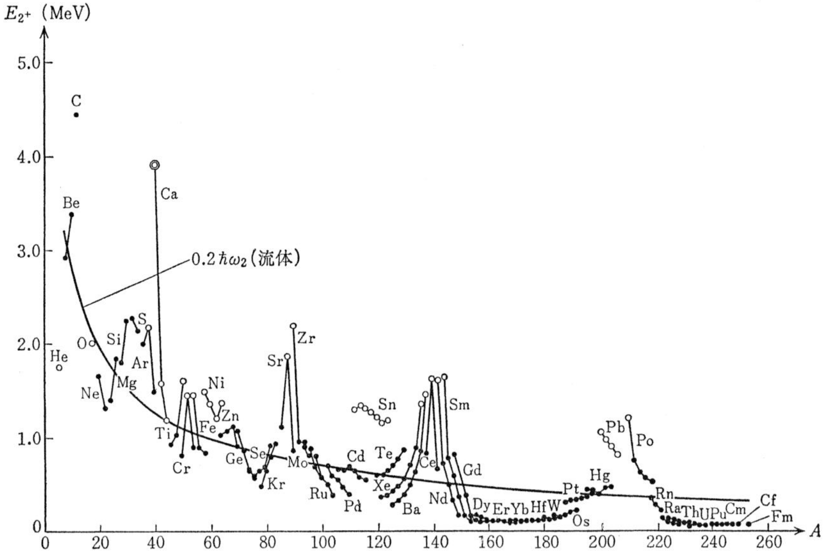

図 6.3　偶-偶核の第1励起 2^+ 状態の励起エネルギー．閉殻核付近および $190\gtrsim A\gtrsim 150$, $A\gtrsim 225$ の変形領域を除けば，これらは4重極表面振動によるとみなされる．$\hbar\omega_2$(流体) は(*6.1.4*), (*6.1.5*)から求めたものである(Nathan, O. & Nilsson, S. G.: *Alpha-, Beta- and Gamma-Ray Spectroscopy*(Siegbahn, K. ed.), North-Holland(1965), chap. 10, による)

d)　実験との比較

閉殻核から離れた球形偶-偶核の特徴的性質として，低い励起エネルギーを持ちかつ強い E2 遷移確率をもつ，$I^{\pi}=2^{+}$ の第1励起状態が系統的に現われる(図6.3)．この状態を $\lambda=2$ の4重極振動の1フォノン状態であるとみなして，液滴模型をテストすることができる．液滴模型での $B_{\lambda=2}$(流体)(*6.1.4*)と $C_{\lambda=2}$(流体)(*6.1.5*)と，これらのパラメーターの実験値とをくらべると図6.4のようになる．

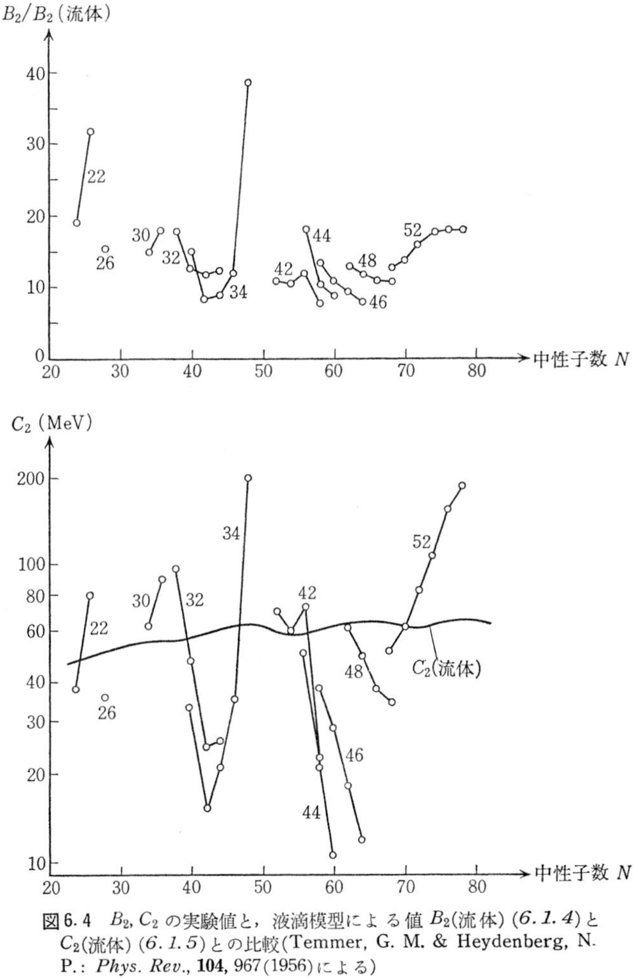

図6.4　B_2, C_2 の実験値と，液滴模型による値 B_2(流体)(*6.1.4*)と C_2(流体)(*6.1.5*)との比較(Temmer, G. M. & Heydenberg, N. P.: *Phys. Rev.*, **104**, 967(1956)による)

これからわかるように，質量パラメーター B_2 は液滴模型で予想されるよりもずっと大きな値を持ち，また復元力パラメーター C_2 は殻構造を反映して，核によって大きく変動している．

4重極励起状態の観測される性質中最も著しい特徴は，第2番目の $I^\pi=2_2^+$ 状態から基底状態への E2 遷移が常に強く禁止されていることである．この事実は選択則(*6.1.19*)と一致している．また $2_2^+\to 2_1^+$ への M1 遷移が予想されるように非常に弱い．$B(\mathrm{E2})$ の比の典型的な実験値は，

$$\frac{B(\mathrm{E2}\,;2_2\to 2_1)}{B(\mathrm{E2}\,;2_1\to 0)}\approx 0.5\sim 1.6$$

$$\frac{B(\mathrm{E2}\,;4_1\to 2_1)}{B(\mathrm{E2}\,;2_1\to 0)}\approx 1.5\sim 2.0$$

で，(*6.1.21*)と比べると同じ大きさのオーダーである．一般に2フォノン状態の3つの組 $I^\pi=0^+, 2^+, 4^+$ 中2つが観測されている場合が非常に多く，3つがすべて観測されている例はそれほど多くない．これらの3準位の縮退がとれてかなり大きく分岐していること，さらにこれらの準位のごく近くにフォノン状態と性質の異なる他の準位が見出されていることは，実際には単純な調和振動子として

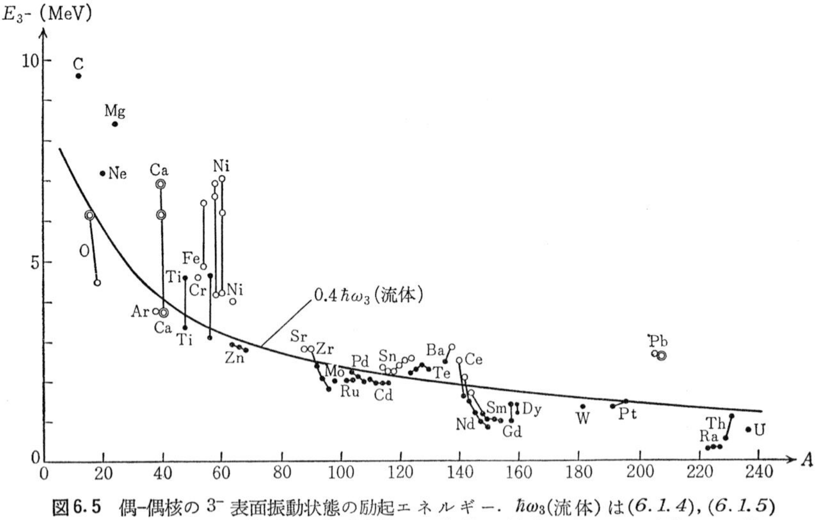

図6.5　偶-偶核の 3^- 表面振動状態の励起エネルギー．$\hbar\omega_3$(流体) は(*6.1.4*), (*6.1.5*)を使って求めたもの(Nathan, O. & Nilsson, S. G.: *Alpha-, Beta- and Gamma-Ray Spectroscopy* (Siegbahn, K. ed.), North-Holland (1965), chap. 10, による)

の表面振動の記述がかなり悪く，すでに2フォノン状態において，**非調和効果**(anharmonic effects)が著しくなっていることを示唆している．このことは，調和振動子近似での2フォノン状態の励起エネルギーが，非集団運動的な2準粒子励起状態の励起エネルギーに非常に近いという事実からも理解できる．この非調和効果については§6.10を見られたい．

球形偶-偶核の $\lambda=3$ の振動モードは，実験的には主として核子の非弾性散乱によって見出されてきた．したがって1フォノン状態しか観測されていないが，この励起エネルギーの系統的な様子(図6.5)とその強いE3遷移から，$\lambda=3$ の表面振動であると考えられている．

e)　表面振動と粒子運動の相互作用

原子核理論の初期には，液滴模型と独立粒子模型は，現実の原子核の2つの特徴的な運動形態——集団運動と独立粒子1体運動——のそれぞれ一面のみを強調した，互いに対立する模型と考えられていた．1952年，A. Bohr と B. R. Mottelson によって提出された**集団模型**(collective model)† の核構造研究上の大きな貢献は，この2つの運動形態の共存を全く自然な形で理解することを可能にした点である．その意味で，この集団模型はまた，**統一模型**(unified model)とも呼ばれている．

殻模型では，その平均ポテンシャルを固い変形不可能なものとして，はじめから無条件に仮定していた．そこで，この平均ポテンシャルが変形可能な柔らかなものであると考えよう．すると，この中の核子の運動によって平均ポテンシャルの壁は反作用を受け，時間的に変化するであろう．この運動こそ，殻模型では考慮することができなかった集団運動(表面振動)にほかならない．Bohr-Mottelson の統一模型の本質は，このように粒子密度の運動を平均ポテンシャル——これ自身も，本来はすべての粒子によってつくられる場という意味で，集団的な概念である——の運動として把える点にあった．

さて，核内核子の運動によって平均ポテンシャルの壁が変化するが，また平均ポテンシャルが変化すると当然核内核子の運動は変化をうける．こうして集団運動と独立粒子運動との間には相互作用が存在することになる．そこで系のハミル

† Bohr, A.: *Mat. Fys. Medd. Dan. Vid. Selsk.*, **26**, no. 14 (1952), Bohr, A. & Mottelson, B. R.: *ibid.*, **27**, no. 16 (1953).

トニアンを Bohr-Mottelson に従って以下のように拡張しよう：

$$H = H_{\rm coll} + H_{\rm p} + H_{\rm int} \tag{6.1.24}$$

ここで $H_{\rm coll}$ は表面振動のハミルトニアン(*6. 1. 8*)で，$H_{\rm p}$ は球対称平均ポテンシャル $V_0(r\,;\boldsymbol{l},\boldsymbol{s}) \equiv V_0(r)$ での殻模型のハミルトニアン

$$H_0 = \sum_i \left\{\frac{1}{2M}\boldsymbol{P}_i^{\,2} + V_0(r_i)\right\}$$

と対相関力 $H_{\rm int}{}^{(\rm pair)}$ (*5. 2. 4*) とからなる：

$$H_{\rm p} = H_0 + H_{\rm int}{}^{(\rm pair)} \tag{6.1.25}$$

また粒子運動と集団運動の相互作用 $H_{\rm int}$ は

$$H_{\rm int} \equiv \sum_i \{V(\boldsymbol{x}_i\,;\alpha_{\lambda\mu}) - V_0(r_i)\} \tag{6.1.26}$$

で与えられる．ここで，変形した平均ポテンシャル $V(\boldsymbol{x}\,;\alpha_{\lambda\mu})$ は $\alpha_{\lambda\mu}$ の関数であると考える．$H_{\rm int}$ をこのような形に設定する際には，表面振動の励起エネルギーが粒子運動のそれにくらべてずっと小さいという断熱近似を，暗黙裡に前提としている．この仮定の下でのみ，核子がある定まった形をもった平均ポテンシャル $V(\boldsymbol{x}\,;\alpha_{\lambda\mu})$ の中を運動するという描像が許されるからである．そこで $V(\boldsymbol{x}\,;\alpha_{\lambda\mu})$ の核内での等ポテンシャル表面(equipotential surface)が，核表面 $R(\theta,\varphi) = R_0[1+\sum_{\lambda\mu}\alpha_{\lambda\mu}Y_{\lambda\mu}{}^*(\theta,\varphi)]$ と同様に

$$r_{\theta,\varphi} = r[1+\sum_{\lambda\mu}\alpha_{\lambda\mu}Y_{\lambda\mu}{}^*(\theta,\varphi)]$$

で与えられると仮定しよう．すると $V(r_{\theta,\varphi},\theta,\varphi\,;\alpha_{\lambda\mu}) = V_0(r)$ であるから

$$\begin{aligned} V(\boldsymbol{x}\,;\alpha_{\lambda\mu}) \equiv V(r,\theta,\varphi\,;\alpha_{\lambda\mu}) &= V_0\left(\frac{r}{1+\sum_{\lambda\mu}\alpha_{\lambda\mu}Y_{\lambda\mu}{}^*}\right) \\ &= V_0(r) - r\frac{dV_0(r)}{dr}\sum_{\lambda\mu}\alpha_{\lambda\mu}Y_{\lambda\mu}{}^*(\theta,\varphi) + O(\alpha^2) \end{aligned} \tag{6.1.27}$$

が得られる．したがって(*6. 1. 26*)は

$$\left.\begin{aligned} H_{\rm int} &= -\sum_i K(r_i)\sum_{\lambda\mu}\alpha_{\lambda\mu}Y_{\lambda\mu}{}^*(\theta_i,\varphi_i) \\ K(r) &= r\frac{dV_0(r)}{dr} \end{aligned}\right\} \tag{6.1.28}$$

となる．$K(r)$は，核子の密度が急激に変化する平均ポテンシャルの端のところでのみ大きいから，相互作用 H_{int} は核表面で生ずる．極端な井戸型平均ポテンシャルの場合には，

$$K(r) = R_0 \cdot V_0 \cdot \delta(r-R_0) \qquad (6.1.29)$$

となる(V_0 はポテンシャルの深さを表わす)．(6.1.28)を核子についての第2量子化の表示で表わすと

$$\left.\begin{aligned} H_{\text{int}} &= -\sum_{\alpha\beta}\sum_{\lambda\mu}\chi_{\lambda\mu}(\alpha\beta)\{b_{\lambda\mu}{}^{+}+(-1)^{\mu}b_{\lambda-\mu}\}c_\alpha{}^{+}c_\beta \\ \chi_{\lambda\mu}(\alpha\beta) &= \sqrt{\frac{\hbar}{2B_\lambda\omega_\lambda}}\langle\alpha|K(r)\,Y_{\lambda\mu}{}^{*}(\theta,\varphi)|\beta\rangle \end{aligned}\right\} \qquad (6.1.30)$$

となる．$\langle\alpha|K(r)\,Y_{\lambda\mu}{}^{*}(\theta,\varphi)|\beta\rangle$ は1粒子波動関数についての $K(r)\,Y_{\lambda\mu}{}^{*}(\theta,\varphi)$ の行列要素である．

§6.2　4重極変形核の集団運動

a)　集団運動のハミルトニアン

これまでは球形核の集団運動を議論してきた．すでに§4.2で述べたように $150<A<190$, $A\geq 225$ の核では，平均ポテンシャルの安定な‘平衡形’は球形から4重極変形(楕円体)にかわる．そして，核表面

$$R(\theta,\varphi) = R_0\left[1+\sum_{\mu=-2}^{2}\alpha_{2\mu}Y_{2\mu}{}^{*}(\theta,\varphi)\right] \qquad (\lambda=2) \qquad (6.2.1)$$

の変形を表わす5個の集団座標 $\alpha_{2\mu}$ ($\mu=-2,-1,0,1,2$) によって記述される運動は，単純な振動型から振動と回転運動とに分離されていく．この一般的な様子をみるためには，これまでの空間固定座標系 K から，その座標軸が変形の主軸と一致するような座標系 K′ に移ると便利である．

この K′ 系での核表面は

$$R'(\theta',\varphi') = R_0[1+\sum_{\nu}a_{2\nu}Y_{2\nu}{}^{*}(\theta',\varphi')] \qquad (6.2.2)$$

で与えられるが，座標系の回転に対する核表面の不変性 $R(\theta,\varphi)=R'(\theta',\varphi')$ および関係 $Y_{\lambda\mu}(\theta,\varphi)=\sum_{\nu}D^{\lambda}{}_{\mu\nu}(\theta_i)\,Y_{\lambda\nu}(\theta',\varphi')$ (付録 A1 参照)を使うと

$$a_{2\nu} = \sum_{\mu}D^{(2)}{}_{\mu\nu}{}^{*}(\theta_i)\alpha_{2\mu} \qquad (6.2.3)$$

が得られる．$\theta_i \equiv (\theta_1, \theta_2, \theta_3)$ は，物体固定座標系 K′ の K 系に対する方向を指定する Euler 角である†．K′ 系での核表面(6.2.2)が，$z'=0$ 平面についての反転 $(\theta', \varphi') \to (-\theta'+\pi, \varphi')$ に関して不変であることから

$$a_{21} = a_{2,-1} = 0 \tag{6.2.4}$$

また，$x'=0$ 平面(または $y'=0$ 平面)についての反転 $(\theta', \varphi') \to (\theta', \pi-\varphi')$ に関して不変であることから

$$a_{22} = a_{2,-2} \equiv a_2 \tag{6.2.5}$$

が得られる．(6.2.3), (6.2.4), (6.2.5)は，5個の集団座標 $\alpha_{2\mu}$ から新しい集団座標 $(a_{20} \equiv a_0, a_2, \theta_i\ (i=1,2,3))$ への変換を定義する．3個の Euler 角 θ_i の他の2個の量 $a_0 \equiv a_{20}$, a_2 は核の変形の形状を指定する．変形の度合 $\beta^2 = \sum_\mu |\alpha_{2\mu}|^2$ はこの2つの量を使って，

$$\beta^2 = \sum_\mu |\alpha_{2\mu}|^2 = \sum_\nu |a_{2\nu}|^2 = a_0{}^2 + 2a_2{}^2 \tag{6.2.6}$$

で表わされる．a_0 と a_2 のかわりに，Bohr-Mottelson が導入した物理量 β, γ

$$a_0 = \beta\cos\gamma, \qquad a_2 = \frac{1}{\sqrt{2}}\beta\sin\gamma \tag{6.2.7}$$

が通常使われている．これらの物理的意味は，変形の主軸の長さをみるとより明らかになる．(6.2.2)から，それらは

$$\left.\begin{aligned} R_1 &\equiv R'\left(\theta'=\frac{\pi}{2}, \varphi'=0\right) = R_0(1+\delta R_1) \\ R_2 &\equiv R'\left(\theta'=\frac{\pi}{2}, \varphi'=\frac{\pi}{2}\right) = R_0(1+\delta R_2) \\ R_3 &\equiv R'(\theta'=0) = R_0(1+\delta R_3) \end{aligned}\right\} \tag{6.2.8}$$

$$\delta R_\kappa = \sqrt{\frac{5}{4\pi}}\beta R_0 \cos\left(\gamma - \frac{2\pi}{3}\kappa\right) \tag{6.2.9}$$

で与えられる．ここで $\kappa=1,2,3$ は，それぞれ x', y', z' 軸に対するものを意味する．(6.2.8), (6.2.9)から明らかなように，$\gamma=0, \beta>0$ ならば $R_1=R_2, R_3>R_0$ (葉巻形)，$\gamma=0, \beta<0$ (または $\gamma=\pi, \beta>0$) ならば $R_1=R_2, R_3<R_0$ (パンケーキ形)

---

† (θ_2, θ_1) は K 系からみた z' 軸の極角を意味し，一方 $(\theta_2, \pi-\theta_3)$ は K′ 系からみた z 軸の極角を意味する．

である．一般に $\gamma=0+n\pi/3$ (n：整数) のとき2つの軸が等しくなり，変形が軸対称となり†，$\gamma\neq0, n\pi/3$ のとき $R_1\neq R_2\neq R_3$ (非軸対称) となる．こうして座標 γ は，楕円体の主軸のまわりの回転対称性からのずれを表わす，と見なすことができる．

さて，新しい集団座標 $(\theta_i, \beta, \gamma)$ は，物体固定座標系（'固有' 座標系）K′ を指定することによって得られたものであるが，この座標ともとの座標 $\alpha_{2\mu}$ ($\mu=-2, -1, 0, 1, 2$) との対応は1対1対応ではない．与えられた変形 $\alpha_{2\mu}$ は，楕円体の3個の対称面を指定するだけで，固有座標軸の名前のつけ方は任意であるからである．事実，右手系の制限の下で，楕円体の主軸と一致する軸をもつ K′ 系の選び方は24通りある††．したがって，集団運動を記述するハミルトニアンは，このような固有座標軸の選び方に対して不変でなければならない．この24通りの K′ 系の選び方は，原理的には図6.6(a)に示す2つの要素 $\mathcal{R}_0, \mathcal{R}_2$ から構成することができる．$\mathcal{R}_0, \mathcal{R}_2$ はそれぞれ y' 軸，z' 軸のまわりの $\pi/2$ の回転を表わす．この2つの基本要素のかわりに A. Bohr の原論文 (p. 233 脚注の文献) に従って $\mathcal{R}_1\equiv\mathcal{R}_2{}^{-1}\mathcal{R}_0{}^2\mathcal{R}_2$, $\mathcal{R}_2$, $\mathcal{R}_3\equiv\mathcal{R}_0\mathcal{R}_2$ の3要素をもとにして集団運動のハミルトニアンや波動関数の不変性を議論するのが普通である．

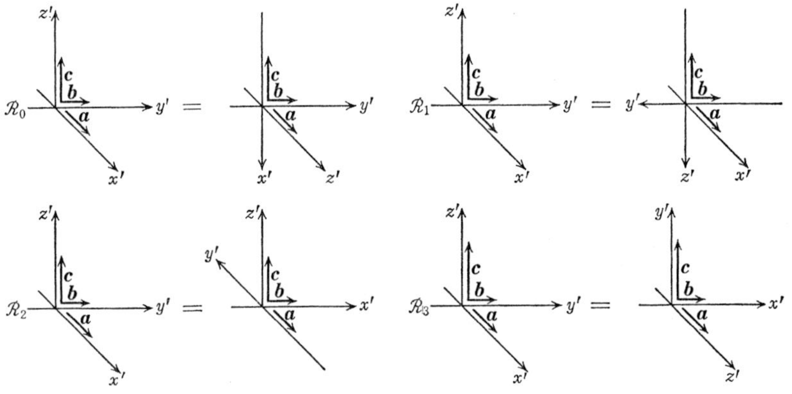

(a) 基本変換要素 $\mathcal{R}_0$, $\mathcal{R}_2$　　(b) 変換要素 $\mathcal{R}_1$, $\mathcal{R}_3$

図6.6　固有座標軸の選び方についての変換要素．$\boldsymbol{a}, \boldsymbol{b}, \boldsymbol{c}$ は原子核の主軸を意味する (Eisenberg, J. M. & Greiner, W.: *Nuclear Models* (*Nuclear Theory*, vol. 1), North-Holland (1970) による)

† $\gamma=\pi/3$ のときは $R_3=R_1$，$\gamma=2\pi/3$ のときは $R_3=R_2$ に注意．

†† これらは8面体群(octahedral group)を形成する．

図6.6(b)から明らかなように，$\mathcal{R}_1$ は y' 軸と z' 軸の同時反転を，また $\mathcal{R}_3$ は x', y', z' 軸の循環置換を表わす．(6.2.9)を考慮すれば，図から $\mathcal{R}_1\cdot(\delta R_1, \delta R_2, \delta R_3)=(\delta R_1, -\delta R_2, -\delta R_3)$，$\mathcal{R}_2\cdot(\delta R_1, \delta R_2, \delta R_3)=(\delta R_2, -\delta R_1, \delta R_3)$，$\mathcal{R}_3\cdot(\delta R_1, \delta R_2, \delta R_3)=(\delta R_2, \delta R_3, \delta R_1)$ を得るから，これから

$$\left.\begin{array}{lll} \mathcal{R}_1\cdot\beta=\beta, & \mathcal{R}_2\cdot\beta=\beta, & \mathcal{R}_3\cdot\beta=\beta \\ \mathcal{R}_1\cdot\gamma=\gamma, & \mathcal{R}_2\cdot\gamma=-\gamma, & \mathcal{R}_3\cdot\gamma=\gamma-\dfrac{2}{3}\pi \end{array}\right\}$$

であることがわかる†．次に K′ 系での座標 $(x_k')=(x_1', x_2', x_3')\equiv(x', y', z')$ が，空間固定座標系 K での座標 (x_k) と

$$x_k'=\sum_{l=1}^{3} R_{kl}(\theta_i)x_l \qquad (k=1,2,3)$$

$$R_{kl}(\theta_i)=$$
$$\begin{bmatrix} \cos\theta_1\cos\theta_2\cos\theta_3-\sin\theta_1\sin\theta_3 & \sin\theta_1\cos\theta_2\cos\theta_3+\cos\theta_1\sin\theta_3 & -\sin\theta_2\cos\theta_3 \\ -\cos\theta_1\cos\theta_2\sin\theta_3-\sin\theta_1\cos\theta_3 & -\sin\theta_1\cos\theta_2\sin\theta_3+\cos\theta_1\cos\theta_3 & \sin\theta_2\sin\theta_3 \\ \cos\theta_1\sin\theta_2 & \sin\theta_1\sin\theta_2 & \cos\theta_2 \end{bmatrix}$$

で関係づけられていることに注意しよう．$\theta_i=(\theta_1, \theta_2, \theta_3)$ は Euler 角である††．この式と関係 $\mathcal{R}_1\cdot(x', y', z')=(x', -y', -z')$，$\mathcal{R}_2\cdot(x', y', z')=(y', -x', z')$，$\mathcal{R}_3\cdot(x', y', z')=(y', z', x')$ から，直ちに

$$\mathcal{R}_1\cdot(\theta_1, \theta_2, \theta_3)=(\theta_1+\pi, \pi-\theta_2, -\theta_3)$$

$$\mathcal{R}_2\cdot(\theta_1, \theta_2, \theta_3)=\left(\theta_1, \theta_2, \theta_3+\frac{\pi}{2}\right)$$

を確かめることができる．$\mathcal{R}_3$ の Euler 角 θ_i への直接の作用は複雑であるが，その $D^{\lambda}{}_{\mu\nu}(\theta_i)$ 関数への作用は極めて容易に見出される．x', y', z' 軸の循環置換は，Euler 角 $\theta_i{}^{\circ}\equiv(0, \pi/2, \pi/2)$ の回転で表わされるから，

---

† 変形度 β は定義(6.2.6)から明らかなように $\alpha_{2\mu}$ を与えれば一義的に定まることに注意．

†† (x_k) からつくった1階の既約テンソル $r_\mu=(r_1=-(x+iy)/\sqrt{2}$，$r_0=z$，$r_{-1}=(x-iy)/\sqrt{2})$ が，$r_\nu'=\sum_\mu D^{(1)}{}_{\mu\nu}{}^*(\theta_i)r_\mu\ (\nu=1, 0, -1)$ で変換されることに注意．これから上記の $R_{kl}(\theta_i)$ の具体的表式がチェックできる．

$$\mathscr{R}_3 \cdot D^{\lambda}{}_{\mu\nu}(\theta_i) = \sum_{\nu'} D^{\lambda}{}_{\mu\nu'}(\theta_i) D^{\lambda}{}_{\nu'\nu}(\theta_i{}^\circ)$$

を得るからである．集団運動のハミルトニアンは，その回転不変性から Euler 角 θ_i には依存しないはずだし，またその波動関数は $D(\theta_i)$ 関数によって展開されうるので((6.2.35)参照)，この表式だけで $\mathscr{R}_3$ による不変性を充分に議論することができる．

以上をまとめると，$\mathscr{R}_1, \mathscr{R}_2, \mathscr{R}_3$ による集団座標 $(\beta, \gamma, \theta_i)$ の変化は

$$\left.\begin{aligned} \mathscr{R}_1 \cdot (\beta, \gamma, \theta_1, \theta_2, \theta_3) &= (\beta, \gamma, \theta_1 + \pi, \pi - \theta_2, -\theta_3) \\ \mathscr{R}_2 \cdot (\beta, \gamma, \theta_1, \theta_2, \theta_3) &= \left(\beta, -\gamma, \theta_1, \theta_2, \theta_3 + \frac{\pi}{2}\right) \end{aligned}\right\} \qquad (6.2.10)$$

$$\left.\begin{aligned} \mathscr{R}_3 \cdot (\beta, \gamma) &= \left(\beta, \gamma - \frac{2\pi}{3}\right) \\ \mathscr{R}_3 \cdot D^{\lambda}{}_{\mu\nu}(\theta_i) &= \sum_{\nu'} D^{\lambda}{}_{\mu\nu'}(\theta_i) D^{\lambda}{}_{\nu'\nu}(\theta_i{}^\circ) \\ \theta_i{}^\circ &\equiv \left(0, \frac{\pi}{2}, \frac{\pi}{2}\right) \end{aligned}\right\} \qquad (6.2.11)$$

で表わされる．

以上で準備の段階を終えて，本論である集団運動のハミルトニアンを集団座標 $(\beta, \gamma, \theta_i)$ で表わすことを考えよう．まず，その回転不変性からハミルトニアンは Euler 角 θ_i には依存しないはずである．したがって核変形のポテンシャル・エネルギー V は β, γ にのみ依存し，

$$V = V(\beta, \gamma) \qquad (6.2.12)$$

と書ける．これはまた，(6.2.10), (6.2.11)の $\mathscr{R}_1, \mathscr{R}_2, \mathscr{R}_3$ に対して不変でなければならないから

$$V(\beta, \gamma) = V(\beta, -\gamma) = V\left(\beta, \gamma - \frac{2\pi}{3}\right) \qquad (6.2.13)$$

を満足しなければならない．これは V が β と $\cos 3\gamma$ の関数 $V(\beta, \gamma) \equiv V'(\beta, \cos 3\gamma)$ であることと同等である．それゆえ，変域 $0 \leqq \gamma < \pi/3$ でポテンシャル・エネルギーを充分に指定することができる．集団運動の運動エネルギー T は，第1近似では時間微分 $\dot{\theta}_i, \dot{\beta}, \dot{\gamma}$ $(\dot{\theta}_i, \dot{a}_0, \dot{a}_2)$ の2次の項からなると考えることができる．($\dot{\beta}, \dot{\gamma}, \dot{\theta}_i$ の1次の項は，時間反転不変性のために生じない．) $\dot{\theta}_i$ は θ_i と結

びついた運動量すなわち角運動量の成分 $L_\kappa \equiv \hbar I_\kappa$ で表わすことができる．($\kappa=1,2,3$ はそれぞれ固有座標系 K′ の x', y', z' 軸に対するものを意味する.)　また，

$$\left.\begin{aligned} \mathcal{R}_1\cdot(\beta,\gamma;I_1,I_2,I_3) &= (\beta,\gamma;I_1,-I_2,-I_3) \\ \mathcal{R}_2{}^2\cdot(\beta,\gamma;I_1,I_2,I_3) &= (\beta,\gamma;-I_1,-I_2,I_3) \end{aligned}\right\} \tag{6.2.14}$$

に対する不変性から，運動エネルギー T が $I_\kappa{}^2$ の形でのみ角運動量 I_κ を含んでいることがわかる．したがって，一般に以下の形に書くことができる．

$$T = T_{\mathrm{vib}} + T_{\mathrm{rot}} \tag{6.2.15 a}$$

$$\begin{aligned} T_{\mathrm{vib}} &= \frac{1}{2}B_{00}(a_0,a_2)\dot{a}_0{}^2 + \sqrt{2}\,B_{02}(a_0,a_2)\dot{a}_0\dot{a}_2 + B_{22}(a_0,a_2)\dot{a}_2{}^2 \\ &= \frac{1}{2}B_{\beta\beta}(\beta,\gamma)\dot{\beta}^2 + B_{\beta\gamma}(\beta,\gamma)\dot{\beta}\dot{\gamma} + \frac{1}{2}B_{\gamma\gamma}(\beta,\gamma)\dot{\gamma}^2 \end{aligned} \tag{6.2.15 b}$$

$$T_{\mathrm{rot}} = \frac{1}{2}\sum_{\kappa=1}^{3}\mathcal{J}_\kappa(\beta,\gamma)\omega_\kappa{}^2 = \sum_{\kappa=1}^{3}\frac{\hbar^2 I_\kappa{}^2}{2\mathcal{J}_\kappa(\beta,\gamma)} \tag{6.2.15 c}$$

T_{vib} は‘形の振動’の運動エネルギーで，慣性質量パラメーター $B_{\beta\beta}(\beta,\gamma)$，$B_{\gamma\gamma}(\beta,\gamma)$ は(6.2.13)に対応する対称性をもち，$\cos 3\gamma$ の形でのみ γ に依存するはずである．一方，$\mathcal{R}_2$ に対する T_{vib} の不変性から $B_{\beta\gamma}(\beta,\gamma)$ は γ について奇関数でなければならないから，β と $\cos 3\gamma$ のある関数に $\sin 3\gamma$ を掛けたような形をしているはずである．

T_{rot} は回転運動のエネルギーを表わし，ω_κ ($\kappa=1,2,3$) は固有座標系の x', y', z' 軸についての角速度の成分であり，

$$\omega_\kappa = \sum_{i=1}^{3} V_{\kappa i}\dot{\theta}_i \qquad (\kappa = 1,2,3) \tag{6.2.16}$$

$$V_{\kappa i} = \begin{bmatrix} -\sin\theta_2\cos\theta_3 & \sin\theta_3 & 0 \\ \sin\theta_2\sin\theta_3 & \cos\theta_3 & 0 \\ \cos\theta_2 & 0 & 1 \end{bmatrix}$$

で与えられる(付録(A1.5.5)参照)．(6.2.15 c)の最後の表式では，x', y', z' 軸への角運動量の成分が

$$L_\kappa \equiv \hbar I_\kappa = \mathcal{J}_\kappa\omega_\kappa \tag{6.2.17}$$

で与えられることを使用した．有効慣性能率 $\mathcal{J}_\kappa(\beta,\gamma)$ は T_{rot} の $\mathcal{R}_1, \mathcal{R}_2, \mathcal{R}_3$ に対する不変性から

$$\left.\begin{aligned} &\mathcal{J}_3(\beta,\gamma)=\mathcal{J}_3(\beta,-\gamma), \qquad \mathcal{J}_1(\beta,-\gamma)=\mathcal{J}_2(\beta,\gamma) \\ &\mathcal{J}_3\left(\beta,\gamma-\frac{2\pi}{3}\right)=\mathcal{J}_1(\beta,\gamma)=\mathcal{J}_2\left(\beta,\gamma+\frac{2\pi}{3}\right) \\ &\mathcal{J}_3\left(\beta,\gamma+\frac{2\pi}{3}\right)=\mathcal{J}_2(\beta,\gamma)=\mathcal{J}_1\left(\beta,\gamma-\frac{2\pi}{3}\right) \end{aligned}\right\} \tag{6.2.18}$$

を満足しなければならない．

球形核の単純な調和振動のハミルトニアン(*6.1.2*)の $\lambda=2$ 部分が，(*6.2.13*)，(*6.2.15*)からなる一般的なハミルトニアン $H=T+V$ の特別な場合に相当するものであることを見るために，これを集団座標(β,γ,θ_i)で表わしてみよう．この場合

$$H_{\mathrm{HO}}=T_0+V_0$$

$$V_0\equiv\frac{1}{2}C_{\lambda=2}\sum_\mu|\alpha_{2\mu}|^2=\frac{1}{2}C_2\beta^2 \tag{6.2.19}$$

$$\begin{aligned} T_0\equiv\frac{1}{2}B_{\lambda=2}\sum_\mu|\dot{\alpha}_{2\mu}|^2=\frac{1}{2}B_2\sum_{\mu\nu\sigma}(-1)^\mu\{a_{2\nu}\dot{D}^{(2)}{}_{\mu\nu}(\theta_i)+\dot{a}_{2\nu}D^{(2)}{}_{\mu\nu}(\theta_i)\} \\ \times\{a_{2\sigma}\dot{D}^{(2)}{}_{-\mu\sigma}{}^*(\theta_i)+\dot{a}_{2\rho}D^{(2)}{}_{-\mu\sigma}{}^*(\theta_i)\} \end{aligned} \tag{6.2.20}$$

を得る．(*6.2.20*)の計算をさらに進めるためには

$$\dot{D}^{(2)}{}_{\mu\nu}{}^*(\theta_i)=\sum_{j=1}^{3}\dot{\theta}_j\frac{\partial D^{(2)}{}_{\mu\nu}{}^*(\theta_i)}{\partial\theta_j}$$

の具体的表式が必要である．まずこれを求めよう．定義から微小量 ε に対して

$$\varepsilon\frac{\partial D^{(2)}{}_{\mu\nu}{}^*(\theta_i)}{\partial\theta_j}=D^{(2)}{}_{\mu\nu}{}^*(\theta_i+\varepsilon\delta_{ij})-D^{(2)}{}_{\mu\nu}{}^*(\theta_i)$$

であるから，$Y_{2\mu}(\theta,\varphi)$ をこの両辺にかけて，右辺から

$$\begin{aligned} &\sum_\mu\{D^{(2)}{}_{\mu\nu}{}^*(\theta_i+\varepsilon\delta_{ij})-D^{(2)}{}_{\mu\nu}{}^*(\theta_i)\}Y_{2\mu}(\theta,\varphi) \\ &\quad=Y_{2\nu}(\theta'+\Delta\theta',\varphi'+\Delta\varphi')-Y_{2\nu}(\theta',\varphi') \end{aligned}$$

を得る．右辺は j 番目の Euler 角 θ_j の無限小回転 ε による $Y_{2\mu}$ の変化を表わすから，関係(*6.2.16*)を使って

$$\varepsilon\sum_\mu\frac{\partial D^{(2)}{}_{\mu\nu}{}^*(\theta_i)}{\partial\theta_j}Y_{2\mu}(\theta,\varphi)=Y_{2\nu}(\theta'+\Delta\theta',\varphi'+\Delta\varphi')-Y_{2\nu}(\theta',\varphi')$$

$$= -i\varepsilon \sum_{\kappa=1}^{3} V_{\kappa j} \hat{l}_{\kappa}' Y_{2\nu}(\theta', \varphi')$$

と書ける．ただし $\hat{\boldsymbol{l}}' = -i(\boldsymbol{r}' \times \nabla')$ である．この両辺に

$$Y_{2\nu'}{}^{*}(\theta', \varphi') = \sum_{\mu'} D^{(2)}{}_{\mu'\nu'}(\theta_i)\, Y_{2\mu'}{}^{*}(\theta, \varphi)$$

をかけて，(θ, φ) または (θ', φ') について積分すれば

$$\sum_{\mu} D^{(2)}{}_{\mu\nu'}(\theta_i) \frac{\partial D^{(2)}{}_{\mu\nu}{}^{*}(\theta_i)}{\partial \theta_j} = -i \sum_{\kappa=1}^{3} V_{\kappa j} \langle 2\nu' | \hat{l}_{\kappa} | 2\nu \rangle$$

を得る．この式と D 関数の性質 $\sum_{\nu} D^{(2)}{}_{\mu\nu}{}^{*}(\theta_i) D^{(2)}{}_{\mu'\nu}(\theta_i) = \delta_{\mu\mu'}$ を使って，結局

$$\dot{D}^{(2)}{}_{\mu\nu}{}^{*}(\theta_i) = -i \sum_{\kappa=1}^{3} \sum_{\nu'} D^{(2)}{}_{\mu\nu'}{}^{*}(\theta_i)\, \langle 2\nu' | \hat{l}_{\kappa} | 2\nu \rangle\, \omega_{\kappa} \qquad (6.2.21)$$

が得られる．(6.2.21) を (6.2.20) に代入し，行列要素 $\langle 2\nu' | \hat{l}_{\kappa} | 2\nu \rangle$ の具体的表式の性質を考慮すると，(6.2.20) は結局以下のように書けることがわかる．

$$\left.\begin{aligned} T_0 &= T_{\text{vib}} + T_{\text{rot}} \\ T_{\text{vib}} &= \frac{1}{2} B_2 \sum_{\nu} \dot{a}_{2\nu}{}^2 = \frac{1}{2} B_2 (\dot{a}_0{}^2 + 2\dot{a}_2{}^2) = \frac{1}{2} B_2 (\dot{\beta}^2 + \beta^2 \dot{\gamma}^2) \\ T_{\text{rot}} &= \frac{1}{2} \sum_{\kappa=1}^{3} \mathscr{I}_{\kappa}{}^{(0)}(\beta, \gamma)\, \omega_{\kappa}{}^2 = \sum_{\kappa=1}^{3} \frac{\hbar^2 I_{\kappa}{}^2}{2\mathscr{I}_{\kappa}{}^{(0)}(\beta, \gamma)} \end{aligned}\right\} \qquad (6.2.22)$$

ただし，慣性能率 $\mathscr{I}_{\kappa}{}^{(0)}(\beta, \gamma)$ は

$$\begin{aligned} \mathscr{I}_{\kappa}{}^{(0)}(\beta, \gamma) &= B_2 \sum_{\nu\sigma} (-1)^{\sigma} \langle 2\nu | \hat{l}_{\kappa}{}^2 | 2, -\sigma \rangle a_{2\nu} a_{2\sigma} \\ &= 4 B_2 \beta^2 \sin^2\!\left(\gamma - \kappa \cdot \frac{2}{3}\pi\right) \qquad (\kappa = 1, 2, 3) \end{aligned} \qquad (6.2.23)$$

で与えられる．(6.2.22) は，(6.2.15) で与えられた運動エネルギーの一般形の，特別な場合にほかならない．

(6.2.13), (6.2.15) からなる一般的な 4 重極変形の集団運動のハミルトニアン $H = T + V$ は，こうしてポテンシャル・エネルギー (6.2.13) の β, γ についての関数形および運動エネルギー中の慣性パラメーターの関数形に依存して，振動および回転が結びついたいろいろなタイプの集団運動を生じうる．ポテンシャル・エネルギー $V(\beta, \gamma)$ が $\beta\gamma$ 平面上の原点から離れた点 (β_0, γ_0) で極小をもつ場

合には，$\beta\gamma$ 平面での運動は，この (β_0, γ_0) の付近に局所化されるであろう．このようなときは，集団運動は‘形の振動’と回転運動とに近似的に分離されうる．すなわち回転運動は慣性能率 $\mathscr{J}_\kappa(\beta=\beta_0, \gamma=\gamma_0)$ をもった $T_{\rm rot}$ (6.2.15 c) で与えられ，‘形の振動’は $B_{\beta\beta}(\beta_0, \gamma_0)$, $B_{\beta\gamma}(\beta_0, \gamma_0)$, $B_{\gamma\gamma}(\beta_0, \gamma_0)$ をもった $T_{\rm vib}$ (6.2.15 b) を運動エネルギーとする $\beta\gamma$ 平面での2種類の基準振動で記述される．変形が軸対称の場合 $(\gamma_0=0)$ のときは $B_{\beta\gamma}(\beta_0, \gamma_0)=0$ ($B_{\beta\gamma}$ は γ について奇関数) となり，2種の基準振動は，それぞれ軸対称を保存する振動 (β 振動) と軸対称から離れるような振動 (γ 振動) からなる．

b) 集団運動の量子化

(6.2.13), (6.2.15) からなる古典ハミルトニアンの量子化の問題に移ろう．A. Bohr (1952) (p. 233 脚注文献参照) はこの量子化を Pauli の処法[†]に従って行なった．この処法は独立変数がカーテシアン座標に変換されうる場合にのみ正しいことが保証されているものであるから，その保証のない集団座標 $(\beta, \gamma, \theta_i)$ の場合に，果して Pauli の処法が使用できるかどうかは明らかでない[††]．この意味で，古典的なハミルトニアンを通過せずに集団運動の Schrödinger 方程式を導くさまざまな試みがなされているが，まだいずれも確定的なものとはなっていない．それゆえ，ここでは Bohr に従って Pauli の処法を採用することにする．

古典運動エネルギーが，座標 q_n およびその時間微分 $\dot{q}_n$ によって

$$T=\frac{1}{2}\sum_{mn} G_{mn}(q)\dot{q}_m\dot{q}_n, \qquad G_{mn}(q)=G_{nm}(q) \tag{6.2.24}$$

で与えられたとしよう．Pauli の処法によれば，量子論での Schrödinger 方程式は，この T を演算子

$$\hat{T}=-\frac{1}{2}\hbar^2\sum_{mn}|G|^{-1/2}\frac{\partial}{\partial q_m}|G|^{1/2}(G^{-1})_{mn}\frac{\partial}{\partial q_n} \tag{6.2.25}$$

と置くことによって得られる．ここで $|G|$ は行列 G_{mn} の行列式であり $(G^{-1})_{mn}$ は，G_{mn} の逆行列を意味する．また体積要素としては

$$d\tau=|G|^{1/2}\prod_n dq_n \tag{6.2.26}$$

† Pauli, W.: *Handbuch der Physik*, Bd. 24/1, S. 120, Springer (1933).

†† 一般座標での古典ハミルトニアンの量子化が一義的に決まらないことはよく知られている．

が使用される．問題としている(古典)運動エネルギー(6.2.15)に適用しよう．

$$\left.\begin{aligned} &q_1=\theta\,(\equiv\theta_2), \quad q_2=\varphi\,(\equiv\theta_1), \quad q_3=\psi\,(\equiv\theta_3) \\ &q_4=a_0\,(\equiv a_{20}), \quad q_5=\sqrt{2}\,a_2\,(\equiv\sqrt{2}\,a_{22}=\sqrt{2}\,a_{2,-2}) \end{aligned}\right\} \qquad (6.2.27)$$

と置けば，この場合の $G_{mn}(q)$ は表6.1のようになり，その行列は

$$G=\sin^2\theta\cdot(B_{00}B_{22}-B_{02}{}^2)\mathcal{J}_1\mathcal{J}_2\mathcal{J}_3$$

となる．したがって体積要素(6.2.26)は

$$\left.\begin{aligned} d\tau &= \sin\theta\, d\theta d\varphi d\psi d\tau' \\ d\tau' &= |(B_{00}B_{22}-B_{02}{}^2)\mathcal{J}_1\mathcal{J}_2\mathcal{J}_3|^{1/2}\cdot\sqrt{2}\,da_0da_2 \end{aligned}\right\} \qquad (6.2.28)$$

である．

表6.1　行列 G_{mn}

G_{mn}	$\dot\theta$	$\dot\varphi$	$\dot\psi$	$\dot a_0$	$\sqrt{2}\,\dot a_2$
$\dot\theta$	$\mathcal{J}_1\sin^2\psi+\mathcal{J}_2\cos^2\psi$	$(\mathcal{J}_2-\mathcal{J}_1)\sin\theta\sin\psi\cos\psi$	0	0	0
$\dot\varphi$	$(\mathcal{J}_2-\mathcal{J}_1)\sin\theta\sin\psi\cos\psi$	$(\mathcal{J}_1\cos^2\psi+\mathcal{J}_2\sin^2\psi)\sin^2\theta+\mathcal{J}_3\cos^2\theta$	$\mathcal{J}_3\cos\theta$	0	0
$\dot\psi$	0	$\mathcal{J}_3\cos\theta$	$\mathcal{J}_3$	0	0
$\dot a_0$	0	0	0	B_{00}	B_{02}
$\sqrt{2}\,\dot a_2$	0	0	0	B_{02}	B_{22}

ここで

$$\left.\begin{aligned} &B_{00}(a_0,a_2)=B_{22}(a_0,a_2)=B(\text{定数}) \\ &B_{02}(a_0,a_2)=0 \end{aligned}\right\} \qquad (6.2.29)$$

と仮定し，運動エネルギーに対して(6.2.22)の T_0 と同一の形式のものを採用すると，

$$\hat{T}_0=\hat{T}_{\rm vib}+\hat{T}_{\rm rot} \qquad (6.2.30\,a)$$

$$\begin{aligned} \hat{T}_{\rm vib} &= -\frac{\hbar^2}{2B}\left\{\frac{\partial^2}{\partial a_0{}^2}+\frac{1}{2}\frac{\partial^2}{\partial a_2{}^2}+\frac{6a_0}{3a_0{}^2-2a_2{}^2}\frac{\partial}{\partial a_0}+\left(\frac{3(a_0{}^4-4a_2{}^4)}{2a_2(a_0{}^2+2a_2{}^2)(3a_0{}^2-2a_2{}^2)}\right)\frac{\partial}{\partial a_2}\right\} \\ &= -\frac{\hbar^2}{2B}\left\{\frac{1}{\beta^4}\frac{\partial}{\partial\beta}\beta^4\frac{\partial}{\partial\beta}+\frac{1}{\beta^2}\frac{1}{\sin 3\gamma}\frac{\partial}{\partial\gamma}\sin 3\gamma\frac{\partial}{\partial\gamma}\right\} \end{aligned} \qquad (6.2.30\,b)$$

$$\begin{aligned} \hat{T}_{\rm rot} = -\hbar^2\Bigg\{&\frac{1}{2\mathcal{J}_1{}^{(0)}(\beta,\gamma)}\left(-\frac{\cos\psi}{\sin\theta}\frac{\partial}{\partial\varphi}+\sin\psi\frac{\partial}{\partial\theta}+\cot\theta\cos\psi\frac{\partial}{\partial\psi}\right)^2 \\ &+\frac{1}{2\mathcal{J}_2{}^{(0)}(\beta,\gamma)}\left(\frac{\sin\psi}{\sin\theta}\frac{\partial}{\partial\varphi}+\cos\psi\frac{\partial}{\partial\theta}-\cot\theta\sin\psi\frac{\partial}{\partial\psi}\right)^2 \end{aligned}$$

$$+\frac{1}{2\mathscr{J}_3{}^{(0)}(\beta,\gamma)}\left(\frac{\partial}{\partial\psi}\right)^2\Bigg\}$$

$$\equiv\sum_{\kappa=1}^{3}\frac{\hbar^2\hat{I}_\kappa{}^2}{2\mathscr{J}_\kappa{}^{(0)}(\beta,\gamma)} \tag{6.2.30 c}$$

が得られる．$\mathscr{J}_\kappa{}^{(0)}(\beta,\gamma)$ は(*6.2.23*)で与えられるものである．演算子

$$\left.\begin{aligned}\hbar\hat{I}_1 &= -i\hbar\left\{-\frac{\cos\psi}{\sin\theta}\frac{\partial}{\partial\varphi}+\sin\psi\frac{\partial}{\partial\theta}+\cot\theta\cos\psi\frac{\partial}{\partial\psi}\right\}\\ \hbar\hat{I}_2 &= -i\hbar\left\{\frac{\sin\psi}{\sin\theta}\frac{\partial}{\partial\varphi}+\cos\psi\frac{\partial}{\partial\theta}-\cot\theta\sin\psi\frac{\partial}{\partial\psi}\right\}\\ \hbar\hat{I}_3 &= -i\hbar\frac{\partial}{\partial\psi}\end{aligned}\right\} \tag{6.2.31}$$

は集団運動の角運動量演算子 $\hbar\hat{\boldsymbol{I}}$ の固有座標 x', y', z' 軸についての成分を表わし，交換関係

$$[\hat{I}_1,\hat{I}_2]=-i\hat{I}_3,\qquad [\hat{I}_2,\hat{I}_3]=-i\hat{I}_1,\qquad [\hat{I}_3,\hat{I}_1]=-i\hat{I}_2 \tag{6.2.32}$$

を満足する† (付録(*A1.5.8*)参照)．また(*6.2.28*)に相当する体積要素は

$$\begin{aligned}d\tau &= \sqrt{2}\,|a_2||3a_0{}^2-2a_2{}^2|da_0da_2\cdot\sin\theta\,d\theta d\varphi d\psi\\ &= \beta^4|\sin3\gamma|d\beta d\gamma\cdot\sin\theta\,d\theta d\varphi d\psi\end{aligned} \tag{6.2.33}$$

となり††，波動関数の規格化は

$$\int\Psi^*(a_0,a_2,\theta_i)\Psi(a_0,a_2,\theta_i)\cdot\sqrt{2}\,|a_2||3a_0{}^2-2a_2{}^2|da_0da_2\cdot\sin\theta\,d\theta d\varphi d\psi$$

$$=\int\Psi^*(\beta,\gamma,\theta_i)\Psi^*(\beta,\gamma,\theta_i)\beta^4|\sin3\gamma|d\beta d\gamma\cdot\sin\theta\,d\theta d\varphi d\psi=1$$

で与えられる．

仮定(*6.2.29*)の下での運動エネルギー演算子 $\hat{T}_0$(*6.2.30*)をもつハミルトニアン

$$\hat{H}_{\rm BM}=\hat{T}_0+V(\beta,\gamma) \tag{6.2.34}$$

は，A. Bohr が有名な論文(p. 233 脚注文献参照)で最初に導入したもので，低エ

---

† 空間固定座標 x, y, z 軸についての成分 I_x, I_y, I_z 間の通常の交換関係と右辺の符号が異なることに注意．

†† $d\tau$ 中の定数因子は波動関数の直交性には無関係であるので，(*6.2.33*)ではこのような定数因子を落した．

ネルギーの集団運動模型の発展の出発点となったものである．このSchrödinger方程式の解は，その後Davydov一派†やFaessler-Greinerら††によって詳細に調べられた．仮定(6.2.29)の当否についての詳しい検討は目下のところないが，Kumar-Baranger†††の数値計算によると，変形核の集団運動の様子は主としてポテンシャル・エネルギー $V(\beta,\gamma)$ の形によって大きく影響され，運動エネルギー部分に対する(6.2.29)の仮定は，変形があまり大きくない限り多くの場合あまり悪くないとのことである．

c) 波動関数の対称性

本節(a)項で述べたように，集団運動のハミルトニアンは，(主軸と一致するような)固有座標軸の選び方に対して不変である．同様にその波動関数 $\Psi(\beta,\gamma,\theta_i)$ も不変でなければならない．この条件から生ずる波動関数の対称性を検討しよう．

集団運動のハミルトニアン $\hat{H}=\hat{T}+V$ の固有関数は，一般に

$$\Psi_{\tau,IM}(\beta,\gamma,\theta_i)=\sum_{K=-I}^{I}g_{\tau,IK}(\beta,\gamma)D^{I}{}_{MK}(\theta_i) \qquad (6.2.35)$$

で与えられると考えられる．ここで D 関数が，全角運動量 $\hbar^2\hat{\boldsymbol{I}}^2$ と，その固有 z' 軸への成分 $\hbar\hat{I}_3$，および空間固定座標の z 軸への成分 $\hbar\hat{I}_z$ の固有関数

$$\hat{\boldsymbol{I}}^2D^{I}{}_{MK}(\theta_i)=I(I+1)D^{I}{}_{MK}(\theta_i)$$
$$\hat{I}_3D^{I}{}_{MK}(\theta_i)=KD^{I}{}_{MK}(\theta_i)$$
$$\hat{I}_zD^{I}{}_{MK}(\theta_i)=MD^{I}{}_{MK}(\theta_i)$$

である，という性質を使用した．τ は I, M のほかに状態を指定するに必要な1組の量子数を意味するものとする．

まず(6.2.10)の y' 軸と z' 軸の同時反転 $\mathcal{R}_1$ に対する不変性

$$\mathcal{R}_1\cdot\Psi_{\tau,IM}(\beta,\gamma,\theta_i)=\sum_{K=-I}^{I}g_{\tau,IK}(\beta,\gamma)D^{I}{}_{MK}(\varphi+\pi,\pi-\theta,-\psi)$$
$$=\sum_{K}g_{\tau,IK}(\beta,\gamma)e^{i\pi(I-2K)}D^{I}{}_{M,-K}(\varphi,\theta,\psi)$$

---

† Davydov, A. S. & Fillipov, B. F. : *Nuclear Phys.*, 8, 237(1958), Davydov, A. S. & Rostovsky, V. S. : *ibid.*, **12**, 58(1959), Davydov, A. S. & Charban, A. A. : *ibid.*, **20**, 499(1960).

†† Faessler, A. & Greiner, W.: *Z. Physik*, **168**, 425(1962) ; **170**, 105(1962) ; **177**, 190(1964), Faessler, A., Greiner, W. & Sheline, R. K. : *Nuclear Phys.*, **80**, 417 (1965) ; **62**, 241(1965) ; **70**, 33 (1965).

††† Kumar, K. & Baranger, M.: *Nuclear Phys.*, **A92**, 608(1967).

$$= \Psi_{\tau,IM}(\beta, \gamma, \theta_i)$$

から

$$g_{\tau,I,-K}(\beta, \gamma) = e^{i\pi(I-2K)} g_{\tau,IK}(\beta, \gamma) \qquad (6.2.36)$$

が得られる．(6.2.10)の $\mathcal{R}_2$ に対する不変性

$$\mathcal{R}_2 \cdot \Psi_{\tau,IM}(\beta, \gamma, \theta_i) = \sum_{K=-I}^{I} g_{\tau,IK}(\beta, -\gamma) D^I{}_{MK}\left(\varphi, \theta, \psi + \frac{\pi}{2}\right)$$
$$= \sum_K g_{\tau,IK}(\beta, -\gamma) e^{i(\pi/2)K} D^I{}_{MK}(\varphi, \theta, \psi) = \Psi_{\tau,IM}(\beta, \gamma, \theta_i)$$

から

$$g_{\tau,IK}(\beta, \gamma) = e^{i(\pi/2)K} g_{\tau,IK}(\beta, -\gamma) \qquad (6.2.37)$$

が求まる．したがって $\mathcal{R}_2$ を2回行なうと，

$$g_{\tau,IK}(\beta, \gamma) = (-1)^K g_{\tau,IK}(\beta, \gamma) \qquad (6.2.38)$$

を得る．これから，K が偶数でなければならないことがわかる．(6.2.11)の $\mathcal{R}_3$ に対する不変性

$$\mathcal{R}_3 \cdot \Psi_{\tau,IM}(\beta, \gamma, \theta_i) = \sum_K g_{\tau,IK}\left(\beta, \gamma - \frac{2}{3}\pi\right) \sum_{K'} D^I{}_{MK'}(\varphi, \theta, \psi) D^I{}_{K'K}\left(0, \frac{\pi}{2}, \frac{\pi}{2}\right)$$
$$= \Psi_{\tau,IM}(\beta, \gamma, \theta_i)$$

からは，

$$g_{\tau,IK}(\beta, \gamma) = \sum_{K'} D^I{}_{KK'}\left(0, \frac{\pi}{2}, \frac{\pi}{2}\right) g_{\tau,IK'}\left(\beta, \gamma - \frac{2}{3}\pi\right) \qquad (6.2.39)$$

を得る．

24通りの固有座標軸の置換えは，もちろん $\mathcal{R}_1, \mathcal{R}_2, \mathcal{R}_3$ からつくれるから，(6.2.36)，(6.2.37)，(6.2.39)が，波動関数 $\Psi_{\tau,IM}(\beta, \gamma, \theta_i)$ が満足しなければならない対称性となる．(6.2.36)から I が奇数のときは $K=0$ が許されないことがわかる．この事実と K が偶数でなければならないことから，$I=1$ の状態は存在しえないことになる．K の許される値は表6.2に示してある．(6.2.37)と(6.2.39)から，$0 \leqq \gamma < \pi/3$ での振動波

表6.2　K の許される値

I	Kの許される値
0	0
1	存在しない
2	0, ±2
3	±2
4	0, ±2, ±4
5	±2, ±4
6	0, ±2, ±4, ±6

動関数 $g_{\tau,IK}(\beta,\gamma)$ がわかると，γ のすべての値についての $g_{\tau,IK}(\beta,\gamma)$ が求まることになる．

d) 変形核の回転-振動スペクトル

変形核では，集団運動のポテンシャル・エネルギー $V(\beta,\gamma)$ (*6.2.13*) が $\beta\gamma$ 平面上の原点から離れた点 (β_0,γ_0) で極小値をもつことになるが，この場合は，§6.2(a)の最後に述べたように，集団運動のハミルトニアン $\hat{H}=\hat{T}+V\ (\equiv\hat{T}_{\mathrm{vib}}+\hat{T}_{\mathrm{rot}}+V)$ を以下のように書き換えることができる．

$$\left.\begin{aligned}\hat{H} &= \hat{H}_{\mathrm{vib}}+\hat{H}_{\mathrm{rot}}+\hat{H}_{\mathrm{rot-vib}}{}' \\ \hat{H}_{\mathrm{vib}} &= \hat{T}_{\mathrm{vib}}+V(\beta,\gamma) \\ \hat{H}_{\mathrm{rot}} &= \sum_{\kappa=1}^{3}\frac{\hbar^2\hat{I}_\kappa{}^2}{2\mathcal{J}_\kappa(\beta_0,\gamma_0)}\ (\equiv\ \hat{T}_{\mathrm{rot}}(\beta_0,\gamma_0)) \\ \hat{H}_{\mathrm{rot-vib}}{}' &= \hat{T}_{\mathrm{rot}}(\beta,\gamma)-\hat{T}_{\mathrm{rot}}(\beta_0,\gamma_0)\end{aligned}\right\} \tag{6.2.40}$$

平衡点 (β_0,γ_0) 付近での β,γ 振動の零点揺動が小さいときには，第0近似として $\hat{H}_{\mathrm{rot-vib}}{}'$ を無視して考えることができ，集団運動は，回転運動と (β_0,γ_0) 付近での β,γ 振動に分離される．

ここで大抵の変形核がそうであるように，平衡変形が軸対称，すなわち $\gamma_0=0$ の場合を考えよう．この場合は角運動量の対称軸への成分 $\hat{I}_{\kappa=3}$ が運動の恒量となり量子数 K で表わされる．また変形が軸対称であるから

$$\mathcal{J}_{\kappa=1}(\beta_0,\gamma_0=0)=\mathcal{J}_{\kappa=2}(\beta_0,\gamma_0=0)\equiv\mathcal{J}(\beta_0) \tag{6.2.41}$$

となり，その上一般に

$$\mathcal{J}_{\kappa=3}(\beta_0,\gamma_0=0)=0 \tag{6.2.42}$$

が得られる†．それゆえ

$$\hat{H}_{\mathrm{rot}}=\frac{\hbar^2}{2\mathcal{J}(\beta_0)}(\hat{\boldsymbol{I}}^2-\hat{I}_3{}^2)=\frac{\hbar^2}{2\mathcal{J}(\beta_0)}(\hat{\boldsymbol{I}}^2-K^2) \tag{6.2.43}$$

となる．また $\hat{H}_{\mathrm{rot-vib}}{}'$ の中に含まれている，γ 振動から生ずる z' 軸のまわりの回転エネルギー $\hbar^2\hat{I}_3{}^2/2\mathcal{J}_3(\beta_0,\gamma)=\hbar^2K^2/2\mathcal{J}_3(\beta_0,\gamma)$ を $\hat{H}_{\mathrm{vib}}$ の中に繰り込んで考

---

† (*6.2.23*)参照．これは，(*6.2.29*)の仮定が許される特別な場合であるが，一般の場合にも，(*6.2.18*)が

$$\mathcal{J}_\kappa=4B_\kappa(\beta,\gamma)\cdot\beta^2\sin^2\left(\gamma-\kappa\frac{2\pi}{3}\right)$$

の形に書くことができることが，(*6.7.40*)の具体的計算から示される．

察すると便利である．特に(6.2.29)の近似が許されるときは，(6.2.23)からこのエネルギーは $\hbar^2K^2/2\mathcal{J}_3{}^{(0)}(\beta_0,\gamma)\approx\hbar^2K^2/(8B\beta_0{}^2\cdot\gamma^2)$ と単純な形となる．そして $(\beta_0,\gamma_0=0)$ のまわりの微小振動は

$$V(\beta,\gamma)=\frac{1}{2}C_\beta(\beta-\beta_0)^2+\frac{1}{2}C_\gamma\gamma^2 \qquad (6.2.44)$$

を仮定して，(6.2.30 b)から

$$\left.\begin{aligned}
&\hat{H}_{\mathrm{vib}}+\frac{\hbar^2K^2}{8B\beta_0{}^2\cdot\gamma^2}\approx\hat{H}_{\beta\text{-vib}}+\hat{H}_{\gamma\text{-vib}}\\
&\hat{H}_{\beta\text{-vib}}=-\frac{\hbar^2}{2B}\frac{\partial^2}{\partial\beta^2}+\frac{1}{2}C_\beta(\beta-\beta_0)^2\\
&\hat{H}_{\gamma\text{-vib}}=-\frac{\hbar^2}{2B\beta_0{}^2}\left[\frac{1}{\gamma}\frac{d}{d\gamma}\left(\gamma\frac{d}{d\gamma}\right)-\left(\frac{K}{2\gamma}\right)^2\right]+\frac{1}{2}C_\gamma\gamma^2
\end{aligned}\right\} \qquad (6.2.45)$$

$\hat{H}_{\beta\text{-vib}}$ は1次元調和振動子のハミルトニアンと同じであり，その固有値は

$$\left.\begin{aligned}
&E_\beta=\hbar\omega_\beta\left(n_\beta+\frac{1}{2}\right) \qquad (n_\beta=0,1,2,\cdots)\\
&\omega_\beta=\sqrt{\frac{C_\beta}{B}}
\end{aligned}\right\} \qquad (6.2.46)$$

である．また $\hat{H}_{\gamma\text{-vib}}$ は2次元調和振動子の動径部分のハミルトニアンと同じで，$m\equiv K/2$ はこの2次元調和振動子の角運動量の役割を演ずる．($m=0,1,2,\cdots$ であるから $K=0,2,4,\cdots$ である．)　したがって γ 振動の固有値は

$$\left.\begin{aligned}
&E_\gamma=\hbar\omega_\gamma(n_\gamma+1), \qquad \omega_\gamma=\sqrt{\frac{C_\gamma}{B\beta_0{}^2}}\\
&n_\gamma=2n_2+\frac{1}{2}|K| \qquad (n_2=0,1,2,\cdots)
\end{aligned}\right\} \qquad (6.2.47)$$

で与えられる．β 振動，γ 振動の物理的意味は図6.7に示す．

こうして軸対称平衡変形核の集団運動のスペクトルは，(6.2.43)，(6.2.46)，(6.2.47)から，第0近似で

$$E^{(0)}(n_\beta,n_\gamma,I,K)=\frac{\hbar^2}{2\mathcal{J}(\beta_0)}\{I(I+1)-K^2\}+\hbar\omega_\beta\left(n_\beta+\frac{1}{2}\right)+\hbar\omega_\gamma(n_\gamma+1)$$
$$(n_\beta,n_\gamma=0,1,2,\cdots) \qquad (6.2.48)$$

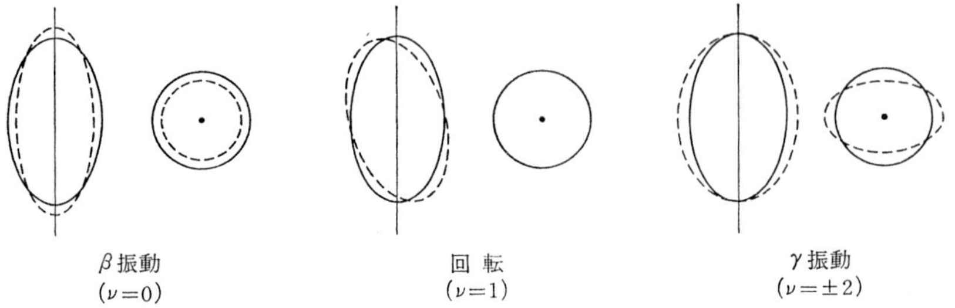

図6.7　β, γ振動．対称軸に平行な平面と垂直な平面への射影を示す．(6.2.9), (6.2.7)参照

で与えられる．表6.2を念頭に入れると，(6.2.48)で与えられる集団運動のスペクトルは，図6.8のようになる．量子数 K, n_β, n_γ の任意の許される組を**バンド**(band)と呼んでいる．与えられた組 K, n_β, n_γ に対して，角運動量量子数 I は，$I=|K|, |K|+1, \cdots$ (ただし表6.2より $I=1$ は存在しない)と取りうるので，この各組はいわゆる**回転バンド**(rotational band)を構成する．

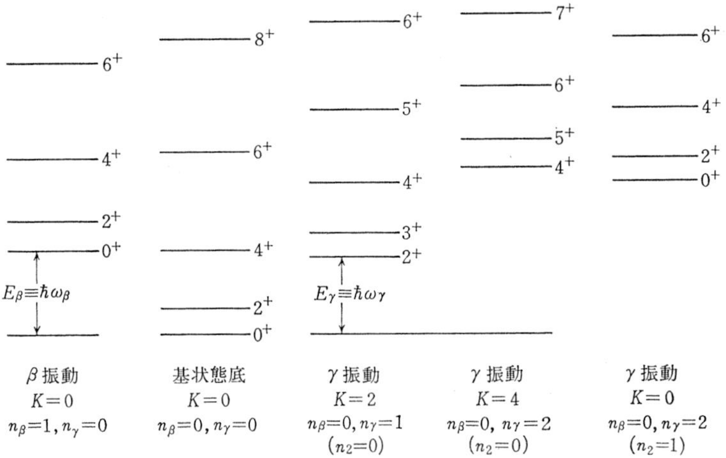

図6.8　変形偶-偶核の典型的な回転バンド構造

このように軸対称平衡変形を前提として，β, γ振動を第0近似として設定する描像を**回転-振動模型**(rotation-vibration model)と呼んでいる．これと異なり，非軸対称な平衡変形の回転運動を第0近似として，その上でβ振動の自由度を考えるという描像が Davydov らによって採用されたが，これを**非対称回転子模**

型(asymmetric rotator model)と呼んでいる．実験的には，変形領域の核では，$\mathscr{J}_{\kappa=1}{}^{実}\approx\mathscr{J}_{\kappa=2}{}^{実}\gg\mathscr{J}_{\kappa=3}{}^{実}$ であるが，この場合には，非対称回転子模型での $\mathscr{J}_3$ 部分による効果は，回転-振動子模型で，(6.2.45)の $\hat{H}_{\gamma\text{-vib}}$ を考慮したものと本質的な違いはない．($\hat{H}_{\gamma\text{-vib}}$ には γ 振動から生ずる z' 軸のまわりの回転エネルギー $\hbar^2\hat{I}_3{}^2/2\mathscr{J}_3(\beta_0\gamma)\approx\hbar^2\hat{I}_3{}^2/(8B\beta_0{}^2\cdot\gamma^2)$ が取り入れられていることに注意.)

e)　回転-振動相互作用

(6.2.40)の $\hat{H}_{\text{rot-vib}}{}'$ の効果を軸対称平衡変形 $\beta_0, \gamma_0=0$ の場合について簡単に考察しよう．$\hat{H}_{\text{rot-vib}}{}'$ の非常に重要な部分，すなわち γ 振動から生ずる z' 軸のまわりの回転エネルギー $\hbar^2\hat{I}_3{}^2/2\mathscr{J}_3(\beta_0,\gamma)$ をすでに $\hat{H}_{\gamma\text{-vib}}$(6.2.45)に繰り込んで考察したので，ここで取り扱うべき**回転-振動相互作用**は

$$\hat{H}_{\text{rot-vib}}=\hat{H}_{\text{rot-vib}}{}'-\frac{\hbar^2\hat{I}_3{}^2}{2\mathscr{J}_3(\beta_0,\gamma)} \qquad (6.2.49)$$

である．これを $\beta-\beta_0, \gamma$ で展開すると，

$$\hat{H}_{\text{rot-vib}}=\frac{\hbar^2}{2\mathscr{J}(\beta_0)}(\hat{\boldsymbol{I}}^2-\hat{I}_3{}^2)[C_1(\beta-\beta_0)+C_2(\beta-\beta_0)^2+C_3\gamma^2]$$
$$+\frac{\hbar^2}{2\mathscr{J}(\beta_0)}(\hat{I}_1{}^2-\hat{I}_2{}^2)[C_4\gamma+C_5(\beta-\beta_0)\gamma] \qquad (6.2.50)$$

となる．ただし $\mathscr{J}(\beta_0)$ は(6.2.41)で定義したものであり，

$$C_1=\mathscr{J}(\beta_0)\left[\frac{\partial}{\partial\beta}\frac{1}{\mathscr{J}(\beta)}\right]_{\beta=\beta_0},\qquad C_2=\frac{1}{2}\mathscr{J}(\beta_0)\left[\frac{\partial^2}{\partial\beta^2}\frac{1}{\mathscr{J}(\beta)}\right]_{\beta=\beta_0}$$
$$C_3=\frac{1}{2}\mathscr{J}(\beta_0)\left[\frac{\partial^2}{\partial\gamma^2}\frac{1}{\mathscr{J}_1(\beta_0,\gamma)}\right]_{\gamma=0},\qquad C_4=\mathscr{J}(\beta_0)\left[\frac{\partial}{\partial\gamma}\frac{1}{\mathscr{J}_1(\beta_0,\gamma)}\right]_{\gamma=0}$$
$$C_5=\mathscr{J}(\beta_0)\left[\frac{\partial^2}{\partial\gamma\partial\beta}\frac{1}{\mathscr{J}_1(\beta,\gamma)}\right]_{\gamma=0,\beta=\beta_0}$$

である．ここで関係 $\mathscr{J}_1(\beta,\gamma)=\mathscr{J}_2(\beta,-\gamma)$ (6.2.18)を使用した．

(6.2.50)の第1項は，I と K について対角化されており同一の K の値をもつバンド($\varDelta K=0$)のみを混ぜる．$\hat{I}_1{}^2-\hat{I}_2{}^2$ を含む第2項は，反対に異なった K のバンド($\varDelta K=2$)を混ぜる．このことは

$$\hat{I}_1{}^2-\hat{I}_2{}^2=\frac{1}{2}(\hat{I}_{+'}{}^2+\hat{I}_{-'}{}^2),\qquad \hat{I}_{+'}=\hat{I}_1+i\hat{I}_2,\qquad \hat{I}_{-'}=\hat{I}_1-i\hat{I}_2$$

$$\hat{I}_{+'}D^I{}_{MK}(\theta_i)=\sqrt{I(I+1)-K(K-1)}\cdot D^I{}_{M,K-1}(\theta_i)$$
$$\hat{I}_{-'}D^I{}_{MK}(\theta_i)=\sqrt{I(I+1)-K(K+1)}\cdot D^I{}_{M,K+1}(\theta_i)$$

に注意すれば容易にわかる.

慣性能率が(6.2.23)の $\mathscr{J}^{(0)}(\beta,\gamma)$ の表式のときは，C_1, C_2, C_3, C_4, C_5 は簡単に求まり，また(6.2.45)を使用すれば，固有値(6.2.48)をもつ第0近似の波動関数も簡単であるから，$\hat{H}_{\text{rot-vib}}$ は(角運動量 I が小さいことを前提として)摂動として直ちに計算できる．計算によれば第2近似での基底状態バンドへの $\hat{H}_{\text{rot-vib}}$ の効果は

$$E_{\text{基底状態バンド}}=E^{(0)}(n_\beta=0,\, n_\gamma=0,\, I,\, K=0)$$
$$+\frac{\hbar^2}{2\mathscr{J}^{(0)}(\beta_0)}I(I+1)A_1-I^2(I+1)^2A_2$$
$$A_1=1+3\frac{\varepsilon}{\hbar\omega_\gamma}+\frac{3}{2}\frac{\varepsilon}{\hbar\omega_\beta}+2\frac{\varepsilon}{\hbar\omega_\gamma}\frac{\varepsilon}{\hbar\omega_\gamma-2\varepsilon}$$
$$A_2=\varepsilon\left\{\frac{1}{2}\frac{\varepsilon}{\hbar\omega_\gamma}\frac{\varepsilon}{\hbar\omega_\gamma-2\varepsilon}+\frac{3}{2}\left(\frac{\varepsilon}{\hbar\omega_\beta}\right)^2\right\}$$
$$\varepsilon\equiv\frac{\hbar^2}{\mathscr{J}^{(0)}(\beta_0)}=\frac{\hbar^2}{4B{\beta_0}^2}$$

となる．この第1項第2項は，有効慣性能率が，平衡変形での慣性能率 $\mathscr{J}^{(0)}(\beta_0)$ と β, γ 振動による補正からなることを意味する．第3項は，回転すると遠心力によって核が引きのばされて，有効慣性能率が角運動量 I に依存するようになることを示す.

角運動量 I が大きくなると，$\hat{H}_{\text{rot-vib}}$ を対角化することが重要になる．このような I の大きい回転状態は重イオン反応を利用して森永-Gugelot (1963)† によってはじめて測定されて以来，盛んに観測されるようになり，新しい研究の中心が生まれつつある(§6.3(d) および §6.9 参照).

† Morinaga, H. & Gugelot, P. C.: *Nuclear Phys.*, **46**, 210 (1963).

§6.3 変形核の集団運動と粒子運動の結合

a) Bohr-Mottelson の強結合ハミルトニアン†

4重極変形核の集団運動のハミルトニアン(*6.2.40*)に，独立粒子運動と結びついた自由度を加えよう．このときは核全体のハミルトニアンは

$$H = H_{\rm coll} + H_{\rm p} + H_{\rm int} \tag{6.3.1a}$$

である．ただし $H_{\rm coll}$ は変形核の集団運動のハミルトニアン(*6.2.40*)を意味するものとする．$H_{\rm p}$ および $H_{\rm int}$ は(*6.1.25*)および(*6.1.28*)で与えられる

$$\left.\begin{aligned} H_{\rm p} &= \sum_i \left\{\frac{1}{2M}\boldsymbol{P}_i^{\,2} + V_0(r_i)\right\} + H_{\rm int}{}^{(\rm pair)} \\ H_{\rm int} &= -\sum_i K(r_i)\sum_\mu \alpha_{2\mu}{}^* Y_{2\mu}(\theta_i, \varphi_i) \end{aligned}\right\} \tag{6.3.1b}$$

である．$H_{\rm int}$ を物体固定座標系 K′((*6.2.3*), (*6.2.4*), (*6.2.5*)の定義参照)で表わせば

$$H_{\rm int} = -\sum_i K(r_i')[a_0 Y_{20}(\theta_i', \varphi_i') + a_2\{Y_{22}(\theta_i', \varphi_i') + Y_{2,-2}(\theta_i', \varphi_i')\}] \tag{6.3.2}$$

となる．ただし(*6.2.7*)から $a_0\,(\equiv a_{20}) = \beta\cos\gamma$，$a_2 = (1/\sqrt{2}\,)\beta\sin\gamma$ で，$x_i' = (r_i', \theta_i', \varphi_i')$ は固有座標系 K′ での粒子座標である．a_0, a_2 を β, γ 平面での平衡点 (β_0, γ_0) を使って

$$\left.\begin{aligned} a_0 &= a_0{}^{(0)} + a_0', \qquad a_2 = a_2{}^{(0)} + a_2' \\ a_0{}^{(0)} &\equiv \beta_0\cos\gamma_0, \qquad a_2{}^{(0)} \equiv \frac{1}{\sqrt{2}}\beta_0\sin\gamma_0 \end{aligned}\right\} \tag{6.3.3}$$

とし，(*6.3.2*)を

$$\left.\begin{aligned} H_{\rm int} &= H_{\rm def}{}^{(0)} + H_{\rm p\text{-}vib} \\ H_{\rm def}{}^{(0)} &= -\sum_i K(r_i')[a_0{}^{(0)} Y_{20}(\theta_i', \varphi_i') + a_2{}^{(0)}\{Y_{22}(\theta_i', \varphi_i') + Y_{2,-2}(\theta_i', \varphi_i')\}] \\ H_{\rm p\text{-}vib} &= -\sum_i K(r_i')[a_0' Y_{20}(\theta_i', \varphi_i') + a_2'\{Y_{22}(\theta_i', \varphi_i') + Y_{2,-2}(\theta_i', \varphi_i')\}] \end{aligned}\right\} \tag{6.3.4}$$

† p. 233 脚注文献参照．

と分離すれば，核全体のハミルトニアン(6.3.1)は

$$H = H_{\text{coll}} + H_{\text{p}}^{(\text{def})} + H_{\text{p-vib}}, \qquad H_{\text{p}}^{(\text{def})} \equiv H_{\text{p}} + H_{\text{def}}^{(0)} \tag{6.3.5}$$

となり，粒子は第4章で考察したような4重極変形の平均ポテンシャル中を運動し，$H_{\text{p-vib}}$ を通して β, γ 振動と相互作用を行なうことになる．

(6.3.5)では集団運動に粒子運動の自由度が加わったことになるから，その波動関数は，(6.2.35)を一般化して

$$\Psi_{\tau, IM} = \sum_{\Omega K} g_{\tau, IK}{}^{\Omega}(\beta, \gamma) D^{I}{}_{MK}(\theta_i) \chi_{\Omega}(x_i') \tag{6.3.6}$$

と書くことができる．ここで $\chi_{\Omega}(x_i')$ は固有座標系 K′ での粒子運動を記述する波動関数であり，Ω は粒子の角運動量 $\hat{\boldsymbol{j}} = \sum_i \hat{\boldsymbol{j}}_i$ の固有 z' 軸への成分 $\hat{j}_3$ の固有値を意味する．ここで大切なことは，(6.3.5)で記述される核全体のもつ角運動量 $\hat{\boldsymbol{J}}$ が集団運動の角運動量 $\hat{\boldsymbol{I}}$ と粒子運動の $\hat{\boldsymbol{j}}$ からなることである：

$$\hat{\boldsymbol{J}} = \hat{\boldsymbol{I}} + \hat{\boldsymbol{j}}, \qquad \hat{\boldsymbol{j}} = \sum_i \hat{\boldsymbol{j}}_i \tag{6.3.7}$$

それゆえ(6.3.6)の量子数 I, M, K は，それぞれ全角運動量の $\hat{\boldsymbol{J}}^2, \hat{J}_3$(固有 z' 軸への成分)，$\hat{J}_z$(空間固定 z 軸への成分)の量子数を意味する．

(6.3.5)の H_{coll} 中の回転運動のハミルトニアン((6.2.40)参照)は，したがって，$\hat{I}_\kappa = \hat{J}_\kappa - \hat{j}_\kappa$ を代入して

$$\hat{H}_{\text{rot}} = \sum_{\kappa=1}^{3} \frac{\hbar^2 \hat{I}_\kappa{}^2}{2\mathscr{J}_\kappa(\beta_0, \gamma_0)} = \sum_\kappa \frac{\hbar^2 (\hat{J}_\kappa - \hat{j}_\kappa)^2}{2\mathscr{J}_\kappa(\beta_0, \gamma_0)}$$

$$= \sum_\kappa \frac{\hbar^2 \hat{J}_\kappa{}^2}{2\mathscr{J}_\kappa(\beta_0, \gamma_0)} - \sum_\kappa \frac{\hbar^2}{\mathscr{J}_\kappa(\beta_0, \gamma_0)} \hat{J}_\kappa \cdot \hat{j}_\kappa + \sum_\kappa \frac{\hbar^2 \hat{j}_\kappa{}^2}{2\mathscr{J}_\kappa(\beta_0, \gamma_0)} \tag{6.3.8}$$

と分解できる．全角運動量 $\hat{\boldsymbol{J}}$ および粒子の角運動量 $\hat{\boldsymbol{j}}$ の固有座標 x', y', z' 軸への成分は，交換関係

$$[\hat{J}_\kappa, \hat{J}_\lambda] = -i\hat{J}_{\kappa\times\lambda}, \qquad [\hat{j}_\kappa, \hat{j}_\lambda] = +i\hat{j}_{\kappa\times\lambda}, \qquad [\hat{J}_\kappa, \hat{j}_\lambda] = 0 \tag{6.3.9}$$

を満足する．(記号 $\kappa\times\lambda$ は κ 軸と λ 軸のベクトル積によってつくられる軸を意味する．) 集団運動の角運動量 $\hat{\boldsymbol{I}}$ は，空間固定座標軸についての固有座標軸 K′ の回転の生成演算子を意味し，一方 $\hat{\boldsymbol{j}}$ は座標軸をそのままにして粒子系を回転させる生成演算子であるから，固有座標系 K′ についての粒子の波動関数(固有波動関数)$\chi(x_i')$ に関して

$$(\hat{\boldsymbol{I}}+\hat{\boldsymbol{j}})\chi(x_i')=0 \qquad \therefore \quad \hat{\boldsymbol{J}}\cdot\chi(x_i')=0$$

を得る．すなわち，粒子系と座標軸の同時の回転は，系を記述する上で何らの影響も与えない．このことは，$\boldsymbol{j}$ が(6.3.6)の固有(粒子)波動関数 $\chi(x_i')$ にのみ作用する一方，$\hat{\boldsymbol{J}}$ が $D^I{}_{MK}(\theta_i)$ にのみ作用することを意味する．したがって，$[\hat{J}_\kappa, \hat{j}_\lambda]=0$ が得られ，関係 $[I_\kappa, I_\lambda]=-iI_{\kappa\times\lambda}$ (6.2.32)から交換関係(6.3.9)を確かめることができる．(6.3.8)の最後の $\hat{j}_\kappa{}^2$ の項は，集団運動の反跳効果で純粋に固有粒子座標にのみ関係し，粒子運動のハミルトニアン $H_{\mathrm{p}}{}^{(\mathrm{def})}$ (6.3.5)に繰り込まれるべきものである．第2項

$$H_{\mathrm{p-rot}}=-\sum_{\kappa=1}^{3}\frac{\hbar^2}{\mathcal{J}_\kappa(\beta_0,\gamma_0)}\hat{J}_\kappa\cdot\hat{j}_\kappa \tag{6.3.10}$$

は，回転運動と粒子運動の相互作用(rotation-particle coupling)と呼ばれ，古典的には Coriolis 力を生みだすものである $(\omega_\kappa=\hbar I_\kappa/\mathcal{J}_\kappa(\beta_0,\gamma_0)$ (6.2.17)に注意$)$．

b）波動関数の対称性

(6.3.6)の固有波動関数 $\chi_\Omega(x_i')\equiv\chi_\Omega(x')$ は固有座標系 K′ によるものであるから，当然§6.2(a)で議論した固有座標軸の置換演算 $\mathcal{R}_1, \mathcal{R}_2, \mathcal{R}_3$ ((6.2.10), (6.2.11)参照)はこの波動関数に作用する．この様子は，$\chi_\Omega(x')$ を球形殻模型の解で $\hat{\boldsymbol{J}}^2$ の固有状態である $\varphi_{j\Omega}(x')$ で

$$\chi_\Omega(x')=\sum_j c_{j\Omega}\varphi_{j\Omega}(x') \tag{6.3.11}$$

と展開し，さらに $\varphi_{j\Omega}(x')$ を空間固定座標系で波動関数 $\phi_{jm}(x)$ で

$$\varphi_{j\Omega}(x')=\sum_m D^j{}_{m\Omega}{}^*(\theta_i)\phi_{jm}(x)$$

と表わせば容易にわかる．(m は空間固定 z 軸への $\hat{\boldsymbol{j}}$ の成分 $\hat{j}_z$ の固有値.)　$\mathcal{R}_1, \mathcal{R}_2, \mathcal{R}_3$ は $\phi_{jm}(x)$ には作用しないから，結局 $D^j{}_{m\Omega}{}^*(\theta_i)$ に対する $\mathcal{R}_1, \mathcal{R}_2, \mathcal{R}_3$ の作用から

$$\left.\begin{aligned}
\mathcal{R}_1\cdot\varphi_{j\Omega}(x')&=e^{i\pi j}\varphi_{j-\Omega}(x')\\
\mathcal{R}_2\cdot\chi_\Omega(x')&=e^{-i(\pi/2)\Omega}\chi_\Omega(x')\\
\mathcal{R}_3\cdot\varphi_{j\Omega}(x')&=\sum_{\Omega'}\varphi_{j\Omega'}(x')D^j{}_{\Omega'\Omega}{}^*\left(0,\frac{\pi}{2},\frac{\pi}{2}\right)
\end{aligned}\right\} \tag{6.3.12}$$

が得られる．$\mathcal{R}_2{}^2$ に対する全波動関数 $\Psi_{\tau,IM}$(6.3.6)の不変性から $g_{\tau,IK}{}^\Omega(\beta,\gamma)=$

$e^{i\pi(K-\Omega)}g_{\tau,IK}{}^{\Omega}(\beta,\gamma)$ ((6. 2. 38)参照)が得られ，条件

$$K-\Omega=2n \qquad (n=0,\pm1,\pm2,\cdots) \tag{6. 3. 13}$$

が生ずる．不変性 $\mathcal{R}_1\cdot\Psi_{\tau,IM}=\Psi_{\tau,IM}$ からは

$$g_{\tau,IK}{}^{\Omega}(\beta,\gamma)=(-1)^{I-j}g_{\tau,I-K}{}^{-\Omega}(\beta,\gamma) \tag{6. 3. 14 a}$$

が得られ((6. 2. 36)参照)，$\Psi_{\tau,IM}$ が

$$\Psi_{\tau,IM}=\sum_{\Omega,K\geqq0}g_{\tau,IK}{}^{\Omega}(\beta,\gamma)\{\chi_{\Omega}(x_i')D^I{}_{MK}(\theta_i)$$
$$+\sum_j c_{j-\Omega}\varphi_{j-\Omega}(x_i')(-1)^{I-j}D^I{}_{M-K}(\theta_i)\} \tag{6. 3. 14 b}$$

の形をもつことがわかる．$\mathcal{R}_2$ および $\mathcal{R}_3$ に対する $\Psi_{\tau,IM}$ の不変性からは，それぞれ

$$g_{\tau,IK}{}^{\Omega}(\beta,\gamma)=e^{i(\pi/2)(K-\Omega)}g_{\tau,IK}{}^{\Omega}(\beta,-\gamma)$$
$$=(-1)^n g_{\tau,IK}{}^{\Omega}(\beta,-\gamma) \qquad (n=0,\pm1,\pm2,\cdots) \tag{6. 3. 15}$$

$$g_{\tau,IK}{}^{\Omega}(\beta,\gamma)=\sum_{\Omega'K'}D^j{}_{\Omega\Omega'}{}^*\left(0,\frac{\pi}{2},\frac{\pi}{2}\right)D^I{}_{KK'}\left(0,\frac{\pi}{2},\frac{\pi}{2}\right)g_{\tau,IK'}{}^{\Omega'}\left(\beta,\gamma-\frac{2\pi}{3}\right) \tag{6. 3. 16}$$

が得られる．((6. 2. 37)および(6. 2. 39)参照.)　(6. 3. 15)と(6. 3. 16)から，γ の変域が，実際には $0\leqq\gamma<\pi/3$ に制限されうることがわかる．

c)　奇質量数変形核のエネルギー・スペクトル

ハミルトニアン(6. 3. 5)の取扱いは，軸対称平衡変形を前提として，集団運動に対して回転-振動模型を採用すれば，極めて簡単になる．

この場合は，(6. 3. 8)は，(6. 2. 41)，(6. 2. 42)から

$$\hat{H}_{\rm rot}=\frac{\hbar^2}{2\mathcal{J}(\beta_0)}[\hat{\boldsymbol{I}}^2-\hat{I}_3{}^2]$$
$$=\frac{\hbar^2}{2\mathcal{J}(\beta_0)}[\hat{\boldsymbol{J}}^2-(\hat{J}_3-\hat{j}_3)^2]-\frac{\hbar^2}{2\mathcal{J}(\beta_0)}(\hat{J}_{+'}\hat{j}_{-'}+\hat{J}_{-'}\hat{j}_{+'}+2\hat{J}_3\hat{j}_3)$$
$$+\frac{\hbar^2}{2\mathcal{J}(\beta_0)}\hat{\boldsymbol{j}}^2 \qquad (\hat{J}_{\pm'}=\hat{J}_1\pm i\hat{J}_2,\ \hat{j}_{\pm'}=\hat{j}_1\pm i\hat{j}_2) \tag{6. 3. 17}$$

と書け，第2項が(6. 3. 10)の $H_{\rm p\text{-}rot}$ になる．(第3項は粒子運動のハミルトニアン $H_{\rm p}{}^{\rm (def)}$ に繰り込まれる.)　したがって(6. 2. 43)に対応する回転運動のエネルギーは

$$\hat{H}_{\rm rot}{}^{(0)} \equiv \frac{\hbar^2}{2\mathscr{J}(\beta_0)}[\hat{\boldsymbol{J}}^2-(\hat{J}_3-\hat{j}_3)^2] \qquad (6.3.18)$$

と書ける．この表式と(6.2.43)のそれとの唯一の違いは $\hat{I}_3 \to K$ のかわりに $\hat{I}_3=\hat{J}_3-\hat{j}_3 \to K-\Omega$ と置き換えることである．

したがって，

$$H_{\rm p}{}^{(\rm def)}\chi_\Omega(x_i')=\epsilon_\Omega\chi_\Omega(x_i') \qquad (6.3.19)$$

とすれば，ハミルトニアン(6.3.5)の第0近似でのエネルギー・スペクトルは，(6.2.48)で $K\to K-\Omega$ の置き換えを行なって

$$\left.\begin{aligned} E^{(0)}(n_\beta, n_\gamma, I, K, \Omega) &= \epsilon_\Omega+\frac{\hbar^2}{2\mathscr{J}(\beta_0)}\{I(I+1)-(K-\Omega)^2\} \\ &\quad +\hbar\omega_\beta\left(n_\beta+\frac{1}{2}\right)+\hbar\omega_\gamma(n_\gamma+1) \\ n_\gamma &= 2n_2+\frac{1}{2}|K-\Omega| \qquad (n_2=0,1,2,\cdots) \end{aligned}\right\} \qquad (6.3.20)$$

となる．(ここで $|K-\Omega|$ の値に対しては条件(6.3.13)が存在していることに注意.)　(6.3.20)では，もちろん $H_{\rm p\text{-}vib}$(6.3.4)，$H_{\rm p\text{-}rot}$ の効果は無視してある．

(6.3.20)に基づいて奇質量数変形核の励起エネルギー・スペクトルを調べよう．(6.3.19)の $H_{\rm p}{}^{(\rm def)}$ 中には，第5章で議論した対相関力が含まれているから((6.3.1b)参照)，奇核の基底状態 χ_{Ω_0} は，変形ポテンシャル中での最低エネルギー ϵ_{Ω_0} の1準粒子状態として与えられる．また低い励起状態は1準粒子励起状態として，それぞれエネルギー $\epsilon_{\Omega_1}, \epsilon_{\Omega_2}, \cdots$ で与えられる．これらの各準粒子状態に，それぞれ回転バンドが得られることになる．基底状態バンドは明らかに

$$n_\beta=0, \qquad n_\gamma=0, \qquad K=\Omega_0 \qquad (6.3.21)$$

である．そしてこのバンドの回転状態の角運動量は

$$I=|\Omega_0|,\ |\Omega_0|+1,\ |\Omega_0|+2,\ \cdots \qquad (6.3.22)$$

である．同様にして1準粒子励起状態の回転バンドは

$$\left.\begin{aligned} &K-\Omega_n=0 \qquad (n=1,2,3,\cdots) \\ &I=|\Omega_n|,\ |\Omega_n|+1,\ |\Omega_n|+2,\ \cdots \end{aligned}\right\} \qquad (6.3.23)$$

で与えられる．

固有励起(intrinsic excitation)としては準粒子励起のほかに β および γ 振動

励起もある．最も低いβ振動($n_\beta=1$)およびその回転バンドは

$$\left.\begin{aligned} &K=\Omega_0, \quad n_\beta=1,\ n_\gamma=0 \\ &I=|K|,\ |K|+1,\ |K|+2,\ \cdots \end{aligned}\right\} \tag{6.3.24}$$

で特徴づけられ，また最も低いγ振動($n_\gamma=1$)およびその回転バンドは

$$\left.\begin{aligned} &n_\gamma=1, \quad K-\Omega_0=\pm 2 \quad (n_2=0) \\ &n_\beta=0 \\ &I=|K|,\ |K|+1,\ |K|+2,\ \cdots \end{aligned}\right\} \tag{6.3.25}$$

となる．こうして奇核ではγ振動によって常に2個の状態が発生する．そしてその励起エネルギーは

$$\begin{aligned} &E^{(0)}(n_\beta=0, n_\gamma=1, I=|K|=|\Omega_0+2|, \Omega_0) \\ &\quad -E_{\mathrm{gr}}{}^{(0)}(n_\beta=0, n_\gamma=0, I=|K|=|\Omega_0|) \\ &\quad =\frac{\hbar^2}{2\mathscr{J}(\beta_0)}(4\Omega_0+2)+\hbar\omega_\gamma \\ &E^{(0)}(n_\beta=0, n_\gamma=1, I=|K|=|\Omega_0-2|, \Omega_0) \\ &\quad -E_{\mathrm{gr}}{}^{(0)}(n_\beta=0, n_\gamma=0, I=|K|=|\Omega_0|) \\ &\quad =\frac{\hbar^2}{2\mathscr{J}(\beta_0)}(-4\Omega_0-2)+\hbar\omega_\gamma \end{aligned}$$

となる．変形奇核の典型的なスペクトルを図6.9に示す．

d) Coriolis 相互作用

最後に簡単に(*6.3.17*)に現われる回転運動と粒子運動の相互作用

$$H_{\mathrm{p\text{-}rot}}=-\frac{\hbar^2}{2\mathscr{J}(\beta_0)}(\hat{J}_{+'}\hat{j}_{-'}+\hat{J}_{-'}\hat{j}_{+'}+2\hat{J}_3\hat{j}_3)=-\frac{\hbar^2}{\mathscr{J}(\beta_0)}(\hat{\boldsymbol{J}}\cdot\hat{\boldsymbol{j}}) \tag{6.3.26}$$

の効果を考察しよう．本節(a)項の最後で述べたように，これは Coriolis 力の原因となるものである．

固有値(*6.3.20*)に対応する第0近似の波動関数を

$$\begin{aligned} \Psi_{\tau,IM}{}^{(0)} &\equiv |n_\beta n_\gamma\Omega; IMK\rangle \\ &= g_{n_\beta n_\gamma IK}{}^{\Omega(0)}(\beta,\gamma)\{\chi_\Omega D^I{}_{MK}(\theta_i)+\sum_j(-1)^{I-j}c_{j-\Omega}\varphi_{j-\Omega}D^I{}_{M,-K}(\theta_i)\} \\ &\qquad (\chi_\Omega=\sum_j c_{j\Omega}\varphi_{j\Omega}) \end{aligned} \tag{6.3.27}$$

とすれば((*6.3.14 b*)参照)，関係

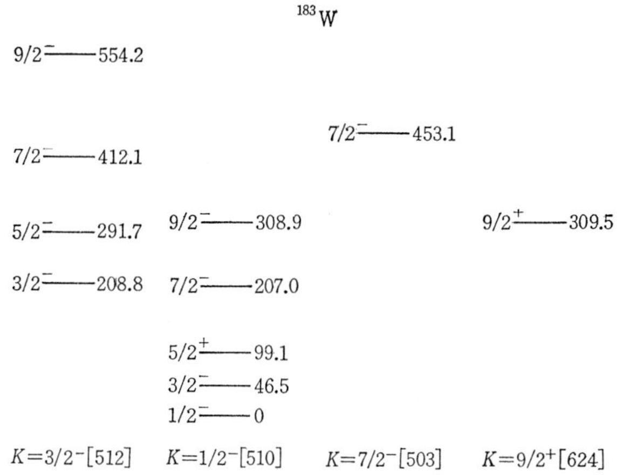

(a)

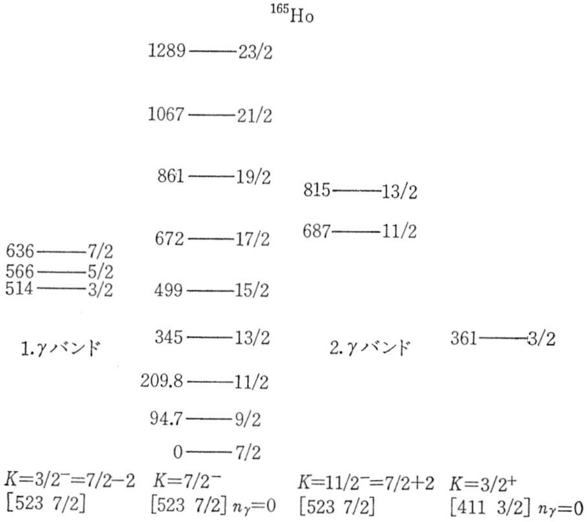

(b)

図 6.9 (a) ^{183}W の基底状態および準粒子励起状態の回転バンド．エネルギーの単位は keV である．1準粒子の状態の記号については第4章参照(*Nuclear Data Sheets*(1966)による) (b) ^{165}Ho の回転バンド．2つの γ 振動バンドが存在していることがわかる(Diamond, R. M., Elbeck, B. & Stephens, F. S.: *Nuclear Phys.*, **43**, 560(1963)による)

$$\left.\begin{aligned}\hat{J}_{\pm'}D^{I}{}_{MK}(\theta_i) &= \sqrt{I(I+1)-K(K\mp1)}\,D^{I}{}_{M,K\mp1}(\theta_i)\\ \dot{j}_{\mp'}\varphi_{j\Omega} &= \sqrt{j(j+1)-\Omega(\Omega\mp1)}\,\varphi_{j,\Omega\mp1}\end{aligned}\right\}\qquad(6.3.28)$$

から

$$H_{\text{p-rot}}+\frac{\hbar^2}{2\mathcal{J}(\beta_0)}(2\hat{J}_3\dot{j}_3) = -\frac{\hbar^2}{2\mathcal{J}(\beta_0)}(\hat{J}_{+'}\dot{j}_{-'}+\hat{J}_{-'}\dot{j}_{+'})$$

の対角行列要素は，$K=\Omega=1/2$ のときだけ存在し，

$$\left.\begin{aligned}&-\frac{\hbar^2}{2\mathcal{J}(\beta_0)}\langle n_\beta, n_\gamma, \Omega=\frac{1}{2}\,;I, K=\frac{1}{2}|(\hat{J}_{+'}\dot{j}_{-'}+\hat{J}_{-'}\dot{j}_{+'})|n_\beta, n_\gamma,\\ &\Omega=\frac{1}{2}\,;I, K=\frac{1}{2}\rangle\\ &\quad=-\frac{\hbar^2}{2\mathcal{J}(\beta_0)}(-1)^{I+1/2}\left(I+\frac{1}{2}\right)a\\ &a=\sum_j(-1)^{j-1/2}\left(j+\frac{1}{2}\right)|c_{j,\frac{1}{2}}|^2\end{aligned}\right\}\qquad(6.3.29)$$

であることがわかる．この a は通常**デカップリング・パラメーター**(decoupling parameter)と呼ばれている．$H_{\text{p-rot}}$ の項まで考慮すれば，第1近似で(*6.3.20*)は

$$\begin{aligned}E^{(1)}(n_\beta, n_\gamma, I, K, \Omega) = \epsilon_\Omega&+\frac{\hbar^2}{2\mathcal{J}(\beta_0)}\{I(I+1)-(K-\Omega)^2\}\\ &+\hbar\omega_\beta\left(n_\beta+\frac{1}{2}\right)+\hbar\omega_\gamma\left(2n_2+\frac{1}{2}|K-\Omega|+1\right)\\ &-a\left\{(-1)^{I+1/2}\left(I+\frac{1}{2}\right)\right\}\frac{\hbar^2}{2\mathcal{J}(\beta_0)}\delta_{K,1/2}\delta_{\Omega,1/2}\\ &-2K\Omega\frac{\hbar^2}{2\mathcal{J}(\beta_0)}\end{aligned}\qquad(6.3.30)$$

となる．

$H_{\text{p-rot}}$ の非対角行列要素は，(*6.3.28*)から $\varDelta K=\pm1\,(\varDelta\Omega=\pm1)$ であるような2つの回転バンド間にのみ生ずることがわかる．したがって $H_{\text{p-rot}}$ の効果は，このような2つのバンドに対する2行2列の行列を対角化する固有値方程式

$$\begin{vmatrix}E^{(1)}(n_\beta n_\gamma, I, K, \Omega)-E & \langle n_\beta n_\gamma\Omega\,;IK|H_{\text{p-rot}}|n_\beta n_\gamma, \Omega+1\,;I, K+1\rangle\\ \langle n_\beta n_\gamma, \Omega+1\,;I, K+1|H_{\text{p-rot}}|n_\beta n_\gamma\Omega\,;IK\rangle & E^{(1)}(n_\beta n_\gamma, I+1, K+1, \Omega+1)-E\end{vmatrix}=0$$

によって得られ，

$$\left.\begin{aligned}&E_\pm(n_\beta, n_\gamma, I, K, \Omega)=\frac{1}{2}\Bigl\{E^{(1)}(n_\beta, n_\gamma, I, K, \Omega)+E^{(1)}(n_\beta, n_\gamma, I, K+1, \Omega+1)\\&\qquad\pm\Delta E\left[1+4\left|\frac{\langle n_\beta n_\gamma, \Omega+1\,;I, K+1|H_{\text{p-rot}}|n_\beta n_\gamma\Omega\,;IK\rangle}{\Delta E}\right|^2\right]^{1/2}\Bigr\}\\&\Delta E\equiv E^{(1)}(n_\beta, n_\gamma, I, K, \Omega)-E^{(1)}(n_\beta, n_\gamma, I, K+1, \Omega+1)\end{aligned}\right\}\tag{6.3.31}$$

の解を得る．図6.10は ^{183}W について(*6.3.30*), (*6.3.31*)によって計算した値と実験値との比較を示す．(*6.3.31*)から明らかなように，平衡変形が軸対称であるにもかかわらず，K はよい量子数ではなくなる．

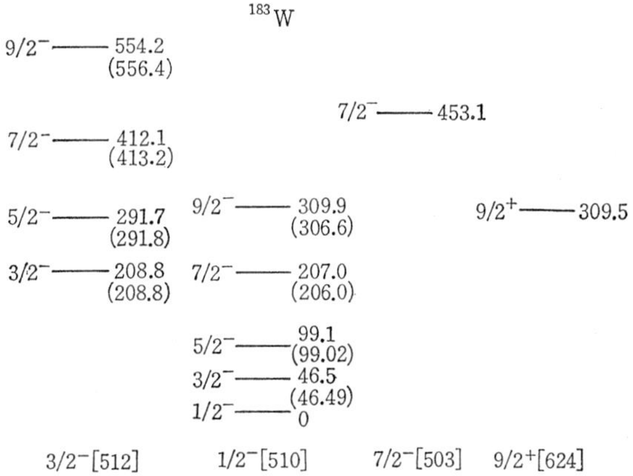

図6.10　^{183}W のスペクトルの実験値と(*6.3.30*), (*6.3.31*)による理論値(括弧内)(Eisenberg, J. M. & Greiner, W.: *Nuclear Models* (*Nuclear Theory*, vol. 1), North-Holland (1970)による)

このようなCoriolis相互作用は，回転の角運動量が大きくなると，固有内部構造に極めて重要な役割を演ずるはずである．こうした極限条件下で核物質の構造がどのように変わるかという問題は，重イオン反応を利用して高い角運動量の回転状態の性質が明らかにされつつある昨今，1つの興味の中心となりつつある(§6.9参照)．

e）磁気能率，電気4重極能率，E2遷移

(*6.3.5*)のハミルトニアンで記述されるBohr-Mottelsonの模型では，磁気能率演算子，電気4重極能率演算子は2つの部分からなる．

$$\left.\begin{aligned}\hat{\boldsymbol{\mu}} &= \hat{\boldsymbol{\mu}}^{(\mathrm{p})}+\hat{\boldsymbol{\mu}}^{(\mathrm{coll})}\\ \hat{\boldsymbol{\mu}}^{(\mathrm{p})} &= \frac{e\hbar}{2Mc}\sum_i\{g_s(i)\hat{\boldsymbol{s}}_i+g_l(i)\boldsymbol{l}_i\}\\ \hat{\boldsymbol{\mu}}^{(\mathrm{coll})} &= \frac{e\hbar}{2Mc}g_R\hat{\boldsymbol{I}}=\frac{e\hbar}{2Mc}g_R(\hat{\boldsymbol{J}}-\hat{\boldsymbol{j}})\end{aligned}\right\} \tag{6.3.32}$$

$$\left.\begin{aligned}\hat{Q}_{2\mu} &= \hat{Q}_{2\mu}{}^{(\mathrm{p})}+\hat{Q}_{2\mu}{}^{(\mathrm{coll})}\\ \hat{Q}_{2\mu}{}^{(\mathrm{p})} &= \sum_i e\left(\frac{1}{2}-\frac{1}{2}\tau_z(i)\right)r_i{}^2Y_{2\mu}(\theta_i,\varphi_i)\\ \hat{Q}_{2\mu}{}^{(\mathrm{coll})} &= \frac{3}{4\pi}ZeR_0{}^2\cdot\alpha_{2\mu}\end{aligned}\right\} \tag{6.3.33}^{\dagger}$$

$\hat{\boldsymbol{\mu}}^{(\mathrm{p})}, \hat{Q}_{2\mu}{}^{(\mathrm{p})}$ はそれぞれ粒子運動の自由度によるものであり((*2.4.13*), (*2.4.11*)参照)，$\hat{\boldsymbol{\mu}}^{(\mathrm{coll})}, \hat{Q}_{2\mu}{}^{(\mathrm{coll})}$ は集団運動の自由度によるものである．$\hat{\boldsymbol{\mu}}^{(\mathrm{coll})}$ の g 因子は，核内での荷電の一様分布を仮定すると，

$$g_R = \frac{Z}{A} \tag{6.3.34}$$

となる．

これらの演算子の波動関数(*6.3.14 b*)についての行列要素を計算すれば，系の磁気能率，4重極能率，M1, E2遷移確率が求まる．この場合，波動関数(*6.3.14 b*)は固有座標系K′での変数で記述されているから，行列要素の計算に際しては空間固定座標系Kでの演算子 $\hat{\mu}_{1\mu}, \hat{Q}_{2\mu}$ ((*6.3.32*), (*6.3.33*))を

$$\begin{aligned}\hat{\mu}_{1\mu} &= \sum_\nu D^{(1)}{}_{\mu\nu}(\theta_i)\hat{\mu}_{1\nu}{}'\\ \hat{Q}_{2\mu} &= \sum_\nu D^{(2)}{}_{\mu\nu}(\theta_i)\hat{Q}_{2\nu}{}'\end{aligned} \tag{6.3.35}$$

とK′系の演算子 $\hat{\mu}_{1\nu}{}', \hat{Q}_{2\nu}{}'$ によって表わすことが必要である．

軸対称平衡変形を前提とする回転振動模型の波動関数(*6.3.27*)を使用すると，容易に行列要素が求まり，磁気能率，4重極能率，遷移確率についてのいろいろな表式を得ることができる．たとえば，$\hat{Q}_{2\mu}{}^{(\mathrm{coll})}$ による4重極能率およびE2遷

---

† (*6.3.33*)の演算子 $\hat{Q}_{2\mu}$ を使えば，電気4重極能率 Q は(*2.4.11*), (*2.4.11′*)の定義から

$$eQ = \sqrt{\frac{16\pi}{5}}\langle I, M=I|\hat{Q}_{2\mu}|I, M=I\rangle$$

で与えられる．

移は，

$$Q^{(\mathrm{coll})} \equiv \sqrt{\frac{16}{5}\pi}\cdot\frac{1}{e}\langle n_\beta=n_\gamma=0,\ \Omega=K\,;I,\ M=I|\hat{Q}_{20}{}^{(\mathrm{coll})}|$$

$$n_\beta=n_\gamma=0,\ \Omega=K\,;I,\ M=I\rangle$$

$$=\frac{3K^2-I(I+1)}{(I+1)(2I+3)}Q_0 \tag{6.3.36}$$

$$B(\mathrm{E2}\,;I+2\to I)=\frac{15}{32\pi}e^2Q_0{}^2\frac{(I+1)(I+2)}{(2I+3)(2I+5)} \tag{6.3.37 a}$$

(偶-偶核の回転バンド内遷移； $I=0, 2, 4, \cdots$ のとき)

$$B(\mathrm{E2}\,;I+1\to I)=\frac{15}{16\pi}e^2Q_0{}^2\frac{K^2(I+1-K)(I+1+K)}{I(I+1)(2I+3)(I+2)} \tag{6.3.37 b}$$

(奇核の回転バンド内遷移； $I=K, K+1, K+2, \cdots,$
$\Omega=K\neq1/2$ のとき)

等で与えられる．ただし Q_0 は

$$Q_0\equiv\frac{3}{\sqrt{5\pi}}ZR_0{}^2\cdot\beta_0 \tag{6.3.38}$$

で，**固有4重極能率**(intrinsic quadrupole moment)と呼ばれる．また偶-偶核でのバンド間の E2 遷移に関しては，$2^+\gamma$ 振動状態から基底状態バンドの 0^+ および 2^+ 状態への遷移について，

$$\frac{B(\mathrm{E2}\,;2_\gamma{}^{+\prime}\to2^+)}{B(\mathrm{E2}\,;2_\gamma{}^{+\prime}\to0^+)}=\frac{(2022|22)^2}{(0022|22)^2}=\frac{10}{7} \tag{6.3.39}$$

が成立することがわかる．これを **Alaga の規則**と呼んでいる．関係(*6.3.36*)や(*6.3.37*)で示されるバンド内の強い E2 遷移や，Alaga の規則などを実験的に検討することによって，変形領域核では，回転-振動模型がかなりよく成り立っていることが確かめられている．

磁気能率および M1 遷移については，表式

$$\mu\left(\frac{e\hbar}{2Mc}\right)^{-1}=g_RI+(g_K-g_R)\frac{K^2}{I+1}\qquad\left(K=\Omega\neq\frac{1}{2}\right) \tag{6.3.40}$$

$$B(\mathrm{M1}\,;I_\mathrm{i}\to I_\mathrm{f})=\frac{3}{4\pi}\left(\frac{e\hbar}{2Mc}\right)^2(I_\mathrm{i}K10|I_\mathrm{f}K)^2\cdot K^2\cdot(g_K-g_R)^2 \tag{6.3.41}$$

$$\left(\text{奇核の回転バンド内遷移};\ \Omega = K \neq \frac{1}{2}\right)$$

が得られる．ただし g_K は

$$g_K = K^{-1}\langle\chi_K|\hat{\mu}_3{}^{(\mathrm{p})\prime}|\chi_K\rangle \qquad (6.3.42)$$

で定義されるものである．$K=\Omega=\dfrac{1}{2}$ のときだけ，(6.3.27)の第1項と第2項から生ずる $\langle\chi_K|\hat{\mu}_{1,\nu=1}{}^{(\mathrm{p})\prime}|\chi_{-K}\rangle$ が0でないから，$K=\dfrac{1}{2}$ のときは，(6.3.40), (6.3.41)に付加項が加わる．この事情は，(6.3.29)でデカップリング・パラメーター a を含む項が生じたのと同じである．

§6.4　多体問題としての振動運動 I

a)　断熱的取扱い

前節まで，原子核での集団運動の特性とその現象論的記述について述べた．この節からは，核子の多体集合系としての原子核という立場から，この集団運動を検討することを試みる．まず振動運動の考察からはじめよう．

§6.1(a)で述べたように，原子核の集団振動運動は，‘平衡状態’のまわりの揺動の近似的に独立な基準振動を見出すことによって記述することができる．したがって，このような振動を生ずる母体である安定な‘平衡状態’についての知識を得ることがまず第1の課題となる．原理的には，多体系の Schrödinger 方程式の基底状態がわかればよいわけであるが，実際には不可能であるので，たとえば，Hartree-Fock 近似(§4.1)あるいは Hartree-Bogoljubov 近似(§5.5(a))で求められた，近似的な基底状態で代用することにしよう．

以下話を簡単にするため，‘平衡状態’が§5.1(b)で述べた正常状態

$$|\phi_0\rangle = \prod_{i\leq N} c_i{}^+|0\rangle \qquad (N\text{: 核子の数}) \qquad (6.4.1)$$

で記述される場合について考察しよう．§5.1(b)で議論したように，正常状態 $|\phi_0\rangle$ は

$$\left.\begin{aligned} c_\mu|\phi_0\rangle &\equiv a_\mu|\phi_0\rangle = 0 \\ c_i{}^+|\phi_0\rangle &\equiv (-1)^{j_i-m_i}b_{-i}|\phi_0\rangle = 0 \end{aligned}\right\} \qquad (6.4.2)$$

を満たす((5.1.15), (5.1.16)参照)．ここで記号 $i, j, \cdots$ は正常状態 $|\phi_0\rangle$ で‘占拠されている軌道’の粒子状態を，また $\mu, \nu, \cdots$ は‘占拠されていない軌道’の粒子

状態を指定するものとする.(特に指定しないときは，記号 $\alpha, \beta, \cdots$ を使用する. (*5.1.2*)参照.) $|\phi_0\rangle$ を基準に考えると，核子多体系としての原子核のハミルトニアン(*5.1.1*)は，(*5.1.18*)すなわち

$$
\begin{aligned}
H &= U_0+\hat{H}_0+\hat{H}_{\text{int}} \\
&\equiv U_0+\sum_{\mu} \epsilon_\mu a_\mu{}^+ a_\mu - \sum_i \epsilon_i b_i{}^+ b_i + \frac{1}{2}\sum_{\alpha\beta\gamma\delta} v_{\alpha\beta,\gamma\delta} : c_\alpha{}^+ c_\beta{}^+ c_\delta c_\gamma : \quad (6.4.3)
\end{aligned}
$$

と書ける. ここで U_0 は $|\phi_0\rangle$ での H の期待値 $U_0 \equiv \langle\phi_0|H|\phi_0\rangle$ であり，ϵ_μ, ϵ_i はそれぞれ粒子，空孔の1粒子エネルギーである. また $H_{\text{int}} \equiv (1/2)\sum_{\alpha\beta\gamma\delta} v_{\alpha\beta,\gamma\delta} : c_\alpha{}^+ \cdot c_\beta{}^+ c_\delta c_\gamma :$ は，具体的には(*5.1.19*)で与えられる有効相互作用である. '球対称' 平衡状態 $|\phi_0\rangle$ ではもちろん

$$
\left.
\begin{aligned}
&\langle\phi_0|\hat{Q}_{2M}|\phi_0\rangle = 0 \\
&\hat{Q}_{2M} = \sum_{\alpha\beta} \langle\alpha|r^2 Y_{2M}(\theta,\varphi)|\beta\rangle c_\alpha{}^+ c_\beta
\end{aligned}
\right\} \quad (6.4.4)
$$

が成り立ち，系に '4重極変形' はない.

さて，この系に生ずる4重極(表面)振動を断熱近似を前提にして定式化してみよう. 断熱近似の下では，この集団振動は2つの段階に分けて求められる. その第1段階では '静的な' 微小4重極変形を考えて，この変形に対する復元力のポテンシャル・エネルギーを求める. そして第2段階で，この変形が時間的にゆっくり変化していることを考慮することによって，集団運動の運動エネルギーを求める.

ポテンシャル・エネルギー

系に，わずかだけ '4重極変形' $\alpha_{2,\mu=0}\,(\equiv\alpha)$ を与えたとしよう†. この場合の系のエネルギーと基底状態は以下のような束縛条件付き変分法で求めることができる.

Lagrange 乗数 μ_0 を使用して，ハミルトニアン(*6.4.3*)のかわりに

$$
H' = H-\mu_0\hat{Q}_{20} \quad (6.4.5)
$$

を採用し，その基底状態 $|\phi_0'\rangle$ とエネルギーを Hartree-Fock の近似法で求める.

---

† (*6.2.1*)から明らかなように，4重極変形を表わす集団座標は5個の $\alpha_{2\mu}$ ($\mu=-2,-1,0,1,2$) で与えられるが，ここでは話を簡単にするため，その中の1個 $\alpha_{2,\mu=0}$ ($\equiv\alpha$) だけを考えることにする. もちろん5個全部を採用しても，以下の議論はなんらの本質的な変更も受けない.

ただし Lagrange 乗数 μ_0 は $|\phi_0'\rangle$ が束縛条件

$$\alpha=\frac{4\pi}{3NR_0{}^2}\langle\phi_0'|\hat{Q}_{20}|\phi_0'\rangle \tag{6.4.6}$$

を満足するように定める．α は与えられた微小4重極変形で，(*6.1.18*)と比べることによって，それが Bohr-Mottelson 模型での $\lambda=2$ の表面変形を表わす集団座標に対応するものであることがわかる．$|\phi_0'\rangle$ はもちろん μ_0 の関数であるから，束縛条件(*6.4.6*)を通じて4重極変形 α の関数と考えることができる．そこで今後 $|\phi_0'\rangle\equiv|\phi_0';\alpha\rangle$ と書くことにしよう．

変分の具体的な計算を行なうに際しては，次の定理を使用すると便利である．

［定理］ $|\phi_0\rangle$ を一般の Hartree-Fock 型の積波動関数

$$|\phi_0\rangle=\prod_{i\leqq N}c_i{}^+|0\rangle$$

としよう．このとき $|\phi_0\rangle$ と直交しない Hartree-Fock 型の積波動関数 $|\phi_0'\rangle$ は，一般に

$$|\phi_0'\rangle=\exp\{\sum_{\mu i}(f_{\mu i}c_\mu{}^+c_i-f_{\mu i}{}^*c_i{}^+c_\mu)\}|\phi_0\rangle\equiv\exp iF|\phi_0\rangle$$

$$\left(F=\frac{1}{i}\sum_{\mu i}(f_{\mu i}c_\mu{}^+c_i-f_{\mu i}{}^*c_i{}^+c_\mu)=F^+\right) \tag{6.4.7}$$

という形で表わすことができる．

この定理の物理的内容は以下のようになる．いま1粒子波動関数 $\varphi_\alpha(x)$ を

$$\varphi_\alpha(x)\longrightarrow\psi_\alpha(x)=\sum_{\alpha\beta}u_{\alpha\beta}\varphi_\beta(x)\qquad(u_{\alpha\beta}：\text{ユニタリー行列})$$

と変えたとしよう．このことは，関係

$$\hat{\psi}^+(x)=\sum_\alpha c_\alpha{}^+\varphi_\alpha{}^*(x)=\sum_\alpha d_\alpha{}^+\psi_\alpha{}^*(x)\qquad(\hat{\psi}^+(x)：\text{核子場の演算子})$$

から分かるように，新しい Fermi 演算子 $d_\alpha{}^+$ を

$$d_\alpha{}^+=\sum_\beta u_{\alpha\beta}c_\beta{}^+ \tag{6.4.8}$$

によって導入することと同じである．さて，(*6.4.7*)の $U\equiv\exp iF$ を使ってユニタリー変換

$$d_\alpha{}^+ = e^{iF}c_\alpha{}^+e^{-iF} \equiv Uc_\alpha{}^+U^+ \tag{6.4.9}$$

を行なえば，公式

$$e^{-T}Oe^{+T} = O+[O,\ T]+\frac{1}{2!}[[O,\ T],\ T]+\frac{1}{3!}[[[O,\ T],\ T],\ T]+\cdots \tag{6.4.10}$$

および

$$[c_\alpha{}^+,\ -iF] = \sum_{\mu i}(f_{\mu i}\delta_{\alpha i}c_\mu{}^+-f_{\mu i}{}^*\delta_{\alpha\mu}c_i{}^+)$$

から，(*6.4.9*)が(*6.4.8*)の形の変換であることが容易に確かめられる．また，(*6.4.7*)で定義された $|\phi_0'\rangle$ が

$$\begin{aligned}|\phi_0'\rangle &= e^{iF}|\phi_0\rangle = e^{iF}\prod_{i\leqq N}c_i{}^+|0\rangle = \prod_{i\leqq N}e^{iF}c_i{}^+e^{-iF}\cdot e^{iF}|0\rangle \\ &= \prod_{i\leqq N}d_i{}^+\cdot e^{iF}|0\rangle = \prod_{i\leqq N}d_i{}^+|0\rangle\end{aligned} \tag{6.4.11 a}$$

と書けることがわかる．(F の定義から $e^{iF}|0\rangle=1\cdot|0\rangle$ に注意.)　さらに $c_i{}^+|\phi_0\rangle=0$, $c_\mu|\phi_0\rangle=0$ から直ちに

$$\left.\begin{aligned}&d_i{}^+|\phi_0'\rangle = Uc_i{}^+U^+U|\phi_0\rangle = 0 \\ &d_\mu|\phi_0'\rangle = 0\end{aligned}\right\} \tag{6.4.11 b}$$

が確かめられる．波動関数(*5.4.7*)を通常の BCS の波動関数 $|\phi_{\rm BCS}\rangle$ に書き換えたときの処方と本質的に同じ処方で，波動関数(*6.4.7*)を次のような形に変形することが可能である．

$$|\phi_0'\rangle = K\exp\{\sum_{\mu i}g_{\mu i}c_\mu{}^+c_i\}|\phi_0\rangle \tag{6.4.7'}$$

ただし K は規格化定数である†．(*6.4.7*), (*6.4.7′*)のいずれの表現を使用しても結果は同じであるから，問題によって便利な表現を使用すればよい．

さて，以上の定理を使用すると，われわれの問題としている $|\phi_0';\alpha\rangle$ は

$$\begin{aligned}|\phi_0';\alpha\rangle &= \exp iF(\alpha)|\phi_0\rangle \\ &= \exp\{\sum_{\mu i}(f_{\mu i}(\alpha)c_\mu{}^+c_i-f_{\mu i}{}^*(\alpha)c_i{}^+c_\mu)\}|\phi_0\rangle\end{aligned} \tag{6.4.12}$$

---

† (*6.4.7*)のかわりに，この(*6.4.7′*)の表現を用いた上記の定理のことを Thouless の定理とも呼んでいる．

で与えられる．係数 $f_{\mu i}(\alpha)$ は，H への付加項 $-\mu_0\hat{Q}_{20}$ によって生ずる効果を意味し，変分原理

$$\delta\langle\phi_0'\,;\alpha|H-\mu_0\hat{Q}_{20}|\phi_0'\,;\alpha\rangle=\langle\delta\cdot\phi_0'\,;\alpha|H-\mu_0\hat{Q}_{20}|\phi_0'\,;\alpha\rangle=0 \tag{6.4.13}$$

によって決定される．$f_{\mu i}(\alpha)$ は微小変形 α によって生ずるのであるから，この $f_{\mu i}$ も微小 ($f_{\mu i}\approx\mu_0\approx\alpha$) であると仮定し，$\langle\phi_0'\,;\alpha|H-\mu_0\hat{Q}_{20}|\phi_0'\,;\alpha\rangle$ を $f_{\mu i}$ の 2 次まで求めよう．

$$\langle\phi_0'\,;\alpha|H|\phi_0'\,;\alpha\rangle\equiv\langle\phi_0|e^{-iF(\alpha)}He^{iF(\alpha)}|\phi_0\rangle$$
$$=\langle\phi_0|H|\phi_0\rangle+i\langle\phi_0|[H,F(\alpha)]|\phi_0\rangle+\frac{i^2}{2!}\langle\phi_0|[[H,F(\alpha)],F(\alpha)]|\phi_0\rangle+\cdots$$

を使えば，$f_{\mu i}$ の 2 次までで

$$\langle\phi_0'\,;\alpha|H|\phi_0'\,;\alpha\rangle=U_0+\sum_{\mu i}(\epsilon_\mu-\epsilon_i)f_{\mu i}f_{\mu i}^*+2\sum_{\mu\nu ij}v_{\mu j,i\nu}f_{\mu i}^*f_{\nu j}$$
$$+\sum_{\mu\nu ij}v_{\mu\nu,ij}f_{\mu i}^*f_{\nu j}^*+\sum_{\mu\nu ij}v_{ij,\mu\nu}f_{\mu i}f_{\nu j} \tag{6.4.14 a}$$

が求まる．同様にして，$f_{\mu i}(\approx\mu_0)$ の 2 次までで

$$\left.\begin{aligned}&\langle\phi_0'\,;\alpha|\mu_0\hat{Q}_{20}|\phi_0'\,;\alpha\rangle=\mu_0\sum_{\mu i}q_{\mu i}\{f_{\mu i}^*+f_{\mu i}\}\\&q_{\alpha\beta}\equiv\langle\alpha|r^2Y_{20}(\theta,\varphi)|\beta\rangle\end{aligned}\right\} \tag{6.4.14 b}$$

が得られる†．(6.4.14 a), (6.4.14 b) を (6.4.13) に代入して $f_{\mu i}^*$ についての変分を行なうと，$f_{\mu i}$ を決定する方程式

$$(\epsilon_\mu-\epsilon_i)f_{\mu i}+2\sum_{j\nu}(v_{\mu j,i\nu}f_{\nu j}+v_{\mu\nu,ij}f_{\nu j}^*)=\mu_0q_{\mu i} \tag{6.4.15 a}$$

が求まる．この共役な方程式は

$$(\epsilon_\mu-\epsilon_i)f_{\mu i}^*+2\sum_{j\nu}(v_{\mu j,i\nu}f_{\nu j}^*+v_{\mu\nu,ij}f_{\nu j})=\mu_0q_{\mu i} \tag{6.4.15 b}$$

である．ここで $v_{\alpha\beta,\gamma\delta}$ が実数(§5.1(a), p.178 脚注参照)であることを使用した．この式から $f_{\mu i}$ は実数で，その μ_0 依存性が

$$f_{\mu i}=f_{\mu i}^{(0)}\cdot\mu_0\qquad(f_{\mu i}^{(0)}:\mu_0\text{ に依存しない量}) \tag{6.4.16}$$

---

† われわれの状態の位相の選び方(§5.1(a), p.178 の脚注参照)では，$q_{\alpha\beta}$ は実数である：$q_{\alpha\beta}=q_{\beta\alpha}$.

であることが確かめられる．(*6.4.14 b*), (*6.4.16*)を使って，Lagrange 乗数 μ_0 の決定条件式(*6.4.6*)は

$$\alpha = \frac{4\pi}{3NR_0{}^2}\langle\phi_0'\,;\alpha|\hat{Q}_{20}|\phi_0'\,;\alpha\rangle = \frac{4\pi}{3NR_0{}^2}\sum_{\mu i} q_{\mu i}\cdot 2f_{\mu i}{}^{(0)}\cdot\mu_0 \qquad (6.4.17)$$

となり，

$$\mu_0 = \frac{3NR_0{}^2}{4\pi}\cdot\frac{1}{2}\left[\sum_{\mu i} q_{\mu i} f_{\mu i}{}^{(0)}\right]^{-1}\cdot\alpha \equiv \frac{4\pi}{3NR_0{}^2}C\cdot\alpha \qquad (6.4.18)$$

を得る．

微小変形 α による基底状態エネルギーの増加 $E^{(0)}(\alpha)\equiv\langle\phi_0'\,;\alpha|H|\phi_0'\,;\alpha\rangle-\langle\phi_0|H|\phi_0\rangle$ は，(*6.4.14 a*)で求まる．この表式に(*6.4.15*)を用い，さらに(*6.4.17*), (*6.4.18*)を使用すると，

$$\begin{aligned}E^{(0)}(\alpha) &= \langle\phi_0'\,;\alpha|H|\phi_0'\,;\alpha\rangle - U_0\\ &= \frac{1}{2}\mu_0\sum_{\mu i} q_{\mu i}(f_{\mu i}{}^{*}+f_{\mu i})\\ &= \frac{1}{2}\mu_0\left(\frac{3NR_0{}^2}{4\pi}\right)\cdot\alpha = \frac{1}{2}C\alpha^2 \qquad (6.4.19)\end{aligned}$$

となる．この(*6.4.19*)は，4 重極(表面)振動のポテンシャル・エネルギーで，液滴模型でのハミルトニアン(*6.1.2*)の V に対応するものである．また(*6.4.18*)中で定義される復元力パラメーター C は，液滴模型での(*6.1.5*)に対応する．

運動エネルギー

これまでは 4 重極変形 α は時間に依存しないと考えてきた．集団運動の運動エネルギーを求めるために，今度は α が時間に依存する場合を考えよう．

この場合の変分原理は(*6.4.13*)を拡張した

$$\langle\delta\psi(t)|i\hbar\frac{\partial}{\partial t}-\{H-\mu_0(t)\hat{Q}_{20}\}|\psi(t)\rangle = 0 \qquad (6.4.20)$$

になる†．ただし $|\psi(t)\rangle$ は(*6.4.7*)で与えられるような Hartree-Fock 型の積波動関数で Lagrange 乗数 $\mu_0(t)$ は，今度は各時刻で

† 時間依存 Hartree-Fock の方法(time-dependent Hartree-Fock method)に関しては，§4.1(b)を参照されたい．

$$\alpha(t)=\frac{4\pi}{3NR_0{}^2}\langle\psi(t)|\hat{Q}_{20}|\psi(t)\rangle \tag{6.4.21}$$

が成り立つように定められる．変分原理(6.4.20)は，各時刻で(単一の Slater 行列であるような)簡単な形(6.4.7)を保ちながら，しかも Schrödinger 方程式

$$i\hbar\frac{\partial|\Psi(t)\rangle}{\partial t}=\{H-\mu_0(t)\hat{Q}_{20}\}|\Psi(t)\rangle$$

をできるだけ精密に満足するような近似的波動関数 $|\psi(t)\rangle$ を求めることを意味する．

(6.4.7)に従って $|\psi(t)\rangle$ を

$$\begin{aligned}|\psi(t)\rangle&=\exp i\hat{D}(t)|\phi_0\rangle\\&\equiv e^{-(i/\hbar)U_0t}\exp\{\sum_{\mu i}(D_{\mu i}(t)c_\mu{}^+c_i-D_{\mu i}{}^*(t)c_i{}^+c_\mu)\}|\phi_0\rangle\end{aligned} \tag{6.4.22}$$

とおけば，(6.4.14)と同様に微小量 $D_{\mu i}(t)$ についての2次までで

$$\begin{aligned}\langle\psi(t)|H|\psi(t)\rangle=U_0&+\sum_{\mu i}(\epsilon_\mu-\epsilon_i)D_{\mu i}{}^*D_{\mu i}+2\sum_{\mu\nu ij}v_{\mu j,i\nu}D_{\mu i}{}^*D_{\nu j}\\&+\sum_{\mu\nu ij}v_{\mu\nu,ij}D_{\mu i}{}^*D_{\nu j}{}^*+\sum_{\mu\nu ij}v_{\mu\nu,ij}D_{\mu i}D_{\nu j}\end{aligned} \tag{6.4.23 a}$$

$$\langle\psi(t)|\mu_0(t)\hat{Q}_{20}|\psi(t)\rangle=\mu_0(t)\sum_{\mu i}q_{\mu i}\{D_{\mu i}{}^*+D_{\mu i}\} \tag{6.4.23 b}$$

$$\langle\psi(t)|i\hbar\frac{\partial}{\partial t}|\psi(t)\rangle=U_0+\sum_{\mu i}D_{\mu i}{}^*i\hbar\frac{\partial}{\partial t}D_{\mu i} \tag{6.4.23 c}$$

が得られる．これを $D_{\mu i}{}^*$ で微分して $D_{\mu i}(t)$ の決定方程式

$$\begin{aligned}i\hbar\dot{D}_{\mu i}(t)&=(\epsilon_\mu-\epsilon_i)D_{\mu i}(t)\\&\quad+2\sum_{j\nu}\{v_{\mu j,i\nu}D_{\nu j}(t)+v_{\mu\nu,ij}D_{\nu j}{}^*(t)\}-\mu_0(t)q_{\mu i}\end{aligned} \tag{6.4.24}$$

が求まる．したがって

$$C_{\mu i}(t)\equiv D_{\mu i}(t)\exp\left(\frac{i}{\hbar}(\epsilon_\mu-\epsilon_i)t\right) \tag{6.4.25}$$

と置けば

$$i\hbar\dot{C}_{\mu i}(t)=[2\sum_{j\nu}\{v_{\mu j,i\nu}C_{\nu j}(t)+v_{\mu\nu,ij}C_{\nu j}{}^*(t)\}-\mu_0(t)q_{\mu i}]\exp\left(\frac{i}{\hbar}(\epsilon_\mu-\epsilon_i)t\right) \tag{6.4.26}$$

となる．

この(6.4.26)を $\alpha(t)$（したがって $\mu_0(t)$）の時間的変化を特徴づける集団運動の振動数が‘粒子-空孔’励起の振動数 $((\epsilon_\mu-\epsilon_i)/\hbar)$ に比べて小さいという条件（すなわち断熱近似の条件）の下で解こう．まず，(6.4.26)の右辺の $C_{\nu j}(t)$ を，各時刻での α の値の‘静的変形’をもつ状態 $|\phi_0';\alpha(t)\rangle$ (6.4.12)の $f_{\nu j}(\alpha(t))$ で近似すれば，

$$i\hbar\dot{C}_{\mu i}(t) = \Big[2\sum_{\nu j}\{v_{\mu j,i\nu}f_{\nu j}(\alpha(t))+v_{\mu\nu,ij}f_{\nu j}{}^*(\alpha(t))\}-\mu_0(t)q_{\mu i}\Big]\exp\left(\frac{i}{\hbar}(\epsilon_\mu-\epsilon_i)t\right)$$

$$= -(\epsilon_\mu-\epsilon_i)f_{\mu i}(\alpha(t))\exp\left(\frac{i}{\hbar}(\epsilon_\mu-\epsilon_i)t\right) \qquad (6.4.26')$$

が得られる．この最後の表式は，$f_{\mu i}$ が(6.4.15)を満足する事実を使用した．次に(6.4.26′)の部分積分を行なうことによって，集団運動の振動数のベキでの $C_{\mu i}$ の展開（断熱展開）を得ることができる．

$$C_{\mu i}(t) = \left[(\epsilon_\mu-\epsilon_i)f_{\mu i}(\alpha(t))\frac{1}{(\epsilon_\mu-\epsilon_i)} - i\hbar\dot{\alpha}\frac{\partial f_{\mu i}}{\partial\alpha}\frac{1}{(\epsilon_\mu-\epsilon_i)}\right.$$

$$\left. +(\ddot{\alpha}\text{ の項})+\cdots\right]\exp\left(\frac{i}{\hbar}(\epsilon_\mu-\epsilon_i)t\right) \qquad (6.4.27)$$

ここで $\alpha(t=0)=\dot{\alpha}(t=0)=0$ を仮定した．この展開の第1項は各時刻での α の値の‘静的変形’をもつ状態 $|\phi_0';\alpha(t)\rangle$ (6.4.12)そのものを与える．第2項以上が $\alpha(t)$ の時間依存と関係した新たな励起を記述することになる．

(6.4.27)で α および $\dot{\alpha}$ の1次までとって(6.4.22)に代入すれば，断熱近似下での $|\psi(t)\rangle$ が求まる．この $|\psi(t)\rangle$ を使用して Lagrange 乗数 $\mu_0(t)$ の決定条件(6.4.21)を計算すると†，

$$\alpha(t) = \frac{4\pi}{3NR_0{}^2}\langle\psi(t)|\hat{Q}_{20}|\psi(t)\rangle = \frac{4\pi}{3NR_0{}^2}\langle\phi_0';\alpha|\hat{Q}_{20}|\phi_0';\alpha\rangle \qquad (6.4.28)$$

であることが確かめられる．すなわち，この近似の下では Lagrange 乗数 $\mu_0(t)$ と $\alpha(t)$ との関係は，α が時間に依存しないときの関係(6.4.18)と同一となる．また断熱近似下での $|\psi(t)\rangle$ を使って(6.4.23 a)から直接に基底状態のエネルギ

† $f_{\mu i}$ が実数であることに注意．

ーの増加 $E(\alpha, \dot{\alpha})$ を計算すると，

$$E(\alpha, \dot{\alpha}) \equiv \langle\psi(t)|H|\psi(t)\rangle - U_0$$
$$= \frac{1}{2}B\dot{\alpha}^2 + \langle\phi_0'\,;\alpha|H|\phi_0'\,;\alpha\rangle - U_0$$
$$= \frac{1}{2}B\dot{\alpha}^2 + \frac{1}{2}C\alpha^2 \qquad (6.4.29)$$

を得る．ただし慣性質量パラメーター B は

$$B \equiv 2\hbar^2 \sum_{\mu i} \frac{1}{(\epsilon_\mu - \epsilon_i)}\left(\frac{\partial f_{\mu i}}{\partial\alpha}\right)^2 \qquad (6.4.30)$$

である．また C は(6.4.19)で使用された復元力パラメーターである．

慣性質量パラメーター(6.4.30)は，液滴模型での(6.1.4)に対応するものであるが，これは

$$B = 2\hbar^2\left[\sum_{n\neq 0} \frac{\left|\langle\phi_n'\,;\alpha|\frac{\partial}{\partial\alpha}|\phi_0'\,;\alpha\rangle\right|^2}{E_n - E_0}\right]_{\alpha=0} \qquad (6.3.30')$$

の形に書くことができる．ただし $|\phi_n'\,;\alpha\rangle \equiv d_\mu^+ d_i|\phi_0'\,;\alpha\rangle$ ((6.4.9), (6.4.11 b)参照)で，E_0, E_n はそれぞれ $|\phi_0'\,;\alpha\rangle$ および $|\phi_n'\,;\alpha\rangle$ のエネルギーである($[E_n - E_0]_{\alpha=0} = \epsilon_\mu - \epsilon_i$ に注意)．(6.4.30)が(6.4.30′)の形に書けるという事実は，(6.4.29)の $E(\alpha, \dot{\alpha})$ が，$\alpha(t)$ の時間変化をその1次まで考慮した通常の断熱摂動の波動関数

$$|\psi(t)\rangle_0 \equiv e^{-(i/\hbar)E_0 t}\left\{|\phi_0'\,;\alpha\rangle + i\hbar\dot{\alpha}\sum_{n\neq 0}|\phi_n'\,;\alpha\rangle \frac{\langle\phi_n'\,;\alpha|\frac{\partial}{\partial\alpha}|\phi_0'\,;\alpha\rangle}{E_n - E_0}\right\} \qquad (6.4.31)$$

でのエネルギー期待値

$$\langle\psi(t)|H|\psi(t)\rangle_0 - U_0 = \langle\phi_0'\,;\alpha|H|\phi_0'\,;\alpha\rangle - U_0 + \hbar^2\dot{\alpha}\sum_{n\neq 0}\frac{\left|\langle\phi_n'\,;\alpha|\frac{\partial}{\partial\alpha}|\phi_0'\,;\alpha\rangle\right|^2}{E_n - E_0} \qquad (6.4.32)$$

と等価であることを保証する．表式(6.4.30′)は通常**クランキング**(cranking)**公**

式†と呼ばれ，§6.7(d) で述べるように変形核の集団運動の記述によく採用されるものである．

b）時間依存 Hartree-Fock の方法による取扱い

集団運動の振動数が，粒子-空孔励起のそれ $(\epsilon_\mu-\epsilon_i)/\hbar$ に比べて小さいという断熱近似が成り立たない場合には，展開(6.4.27)が許されなくなる．そこで微小量 $\alpha(t)$ の時間依存(したがって $\mu_0(t)$ の時間依存)が

$$\alpha(t)=\alpha^{(0)}\cos\omega t \tag{6.4.33 a}$$

$$\mu_0(t)=\mu_0{}^{(0)}\cos\omega t \tag{6.4.33 b}$$

であると仮定して，直接に(6.4.24)を積分することを考えよう．

$\alpha(t), \mu_0(t)$ が振動数 ω をもつから微小量 $D_{\mu i}(t)$ $(D_{\mu i}(t)\approx\mu_0(t)\approx\alpha(t))$ も同じ振動数 ω をもつとして

$$D_{\mu i}(t)\propto\psi_{\mu i}e^{-i\omega t}+\varphi_{\mu i}{}^{*}e^{i\omega t} \tag{6.4.34}$$

と置こう．これを(6.4.24)に代入して，正と負の振動数成分をそれぞれ等しいと置くと，

$$\left.\begin{aligned}(\epsilon_\mu-\epsilon_i)\psi_{\mu i}+2\sum_{\nu j}\{v_{\mu j,i\nu}\psi_{\nu j}+v_{\mu\nu,ij}\varphi_{\nu j}\}-\frac{1}{2}\mu_0{}^{(0)}q_{\mu i}&=\hbar\omega\psi_{\mu i}\\(\epsilon_\mu-\epsilon_i)\varphi_{\mu i}+2\sum_{\nu j}\{v_{i\nu,\mu j}\varphi_{\nu j}+v_{ij,\mu\nu}\psi_{\nu j}\}-\frac{1}{2}\mu_0{}^{(0)}q_{\mu i}&=-\hbar\omega\varphi_{\mu i}\end{aligned}\right\} \tag{6.4.35}$$

を得る．われわれの場合 $v_{\alpha\beta,\gamma\delta}$ および $q_{\alpha\beta}$ が実数になるような位相を採用しているから，$\psi_{\mu i}, \varphi_{\mu i}$ も実数となる．(6.4.34)を使うと，束縛条件(6.4.21)は

$$\alpha^{(0)}\cos\omega t\propto\frac{4\pi}{3NR_0{}^2}\sum_{\mu i}q_{\mu i}\cdot2(\psi_{\mu i}+\varphi_{\mu i})\cos\omega t \tag{6.4.36}$$

となる．

さて，これまでは一貫して，集団運動が Lagrange 乗数 $\mu_0(t)$ によって外部から強制的に引き起こされたものと考えてきた．そこでこの集団運動が外から強制されたものでなく，系自らの中から自己無撞着に生じたものであると考え，(6.4.35)で $\mu_0{}^{(0)}\to0$ と設定してみよう．このとき(6.4.35)は，簡単に

---

† ここでは，集団運動が Lagrange 乗数 $\mu_0(t)$ を通じて外部から強制的に引き起こされたものと考えているので，このような呼び名がつけられた．

$$\left.\begin{aligned}(\epsilon_\mu-\epsilon_i)\psi_{\mu i}+2\sum_{\nu j}\{v_{\mu j,i\nu}\psi_{\nu j}+v_{\mu\nu,ij}\varphi_{\nu j}\} &= \hbar\omega\psi_{\mu i}\\ (\epsilon_\mu-\epsilon_i)\varphi_{\mu i}+2\sum_{\nu j}\{v_{i\nu,\mu j}\varphi_{\nu j}+v_{ij,\mu\nu}\psi_{\nu j}\} &= -\hbar\omega\varphi_{\mu i}\end{aligned}\right\}\quad (6.4.37)$$

となる．この方程式は，変分原理(6.4.20)から方程式(6.4.35)が導かれたのと同様に，変分原理

$$\langle\delta\psi(t)|\left(i\hbar\frac{\partial}{\partial t}-H\right)|\psi(t)\rangle=0 \qquad (6.4.38)$$

から求まる．ただし $\psi(t)$ は(6.4.7)で与えられるような Hartree-Fock 型の積波動関数である．この変分原理は，前項で述べたように，各時刻で単一の Slater 行列であるような形を保ちながら，しかも Schrödinger 方程式

$$i\hbar\frac{\partial|\Psi(t)\rangle}{\partial t}=H|\Psi(t)\rangle$$

をできるだけ精密に満足するような近似的波動関数 $|\psi(t)\rangle$ を探す，時間依存 Hartree-Fock 法に他ならない．こうして，これまで考察してきた集団運動は，外部からの何らの強制なしに系自らの中から生ずるものとして，時間依存 Hartree-Fock 法の変分原理(6.4.38)から導かれる固有値方程式(6.4.37)によってその振動数 ω を与えられる，ことが明らかとなった．

さて，(6.4.37)を解けば，($\mu_0{}^{(0)}\to 0$ のときの)時間依存波動関数(6.4.22)が分かるから，これを使って集団運動のエネルギー $E(\alpha,\dot{\alpha})=\langle\psi(t)|H|\psi(t)\rangle-U_0$ を考察してみよう．(6.4.21)は今度は集団運動の座標の定義式を意味する：

$$\frac{4\pi}{3NR_0{}^2}\langle\psi(t)|\hat{Q}_{20}|\psi(t)\rangle\equiv\alpha(t)$$

これは $D_{\mu i}$ の1次までとって，

$$\begin{aligned}\alpha(t)&\equiv\frac{4\pi}{3NR_0{}^2}\sum_{\mu i}q_{\mu i}\{D_{\mu i}+D_{\mu i}{}^*\}\\ &=\eta\cdot\frac{4\pi}{3NR_0{}^2}\sum_{\mu i}q_{\mu i}(\psi_{\mu i}+\varphi_{\mu i})\{e^{i\omega t}+e^{-i\omega t}\}\end{aligned}\qquad(6.4.39)$$

という量になる．ただし η は，微小な定数で，(6.4.34)の比例定数 $D_{\mu i}(t)=\eta\cdot(\psi_{\mu i}e^{-i\omega t}+\varphi_{\mu i}e^{i\omega t})$ である．$\alpha(t)$ の定義(6.4.39)から

$$i\dot{\alpha}(t)\equiv\eta\cdot\omega\cdot\frac{4\pi}{3NR_0{}^2}\sum_{\mu i}q_{\mu i}(\psi_{\mu i}+\varphi_{\mu i})\{e^{-i\omega t}-e^{i\omega t}\} \qquad (6.4.40)$$

が得られる．さて，集団振動のエネルギー $E(\alpha,\dot{\alpha})$ は一般に $E(\alpha,\dot{\alpha})=B\dot{\alpha}^2/2+C\alpha^2/2=B(\dot{\alpha}^2+\omega^2\alpha^2)/2$ の形を持つはずであるから，(6.4.39), (6.4.40)を使って

$$E(\alpha,\dot{\alpha})=\frac{1}{2}B(\dot{\alpha}^2+\omega^2\alpha^2)=2B\cdot\omega^2\cdot\eta^2\left[\frac{4\pi}{3NR_0{}^2}\sum_{\mu i}q_{\mu i}(\psi_{\mu i}+\varphi_{\mu i})\right]^2 \qquad (6.4.41)$$

の形をしていなければならないことが分かる．この式中の慣性質量パラメーター B を求めるために，$E(\alpha,\dot{\alpha})$ を直接計算し，関係(6.4.37)を使用すると，

$$\begin{aligned}E(\alpha,\dot{\alpha})&=\langle\psi(t)|H|\psi(t)\rangle-U_0\\&=\sum_{\mu i}(\epsilon_\mu-\epsilon_i)D_{\mu i}{}^*D_{\mu i}+2\sum_{\mu\nu ij}v_{\mu j,i\nu}D_{\mu i}{}^*D_{\nu j}\\&\quad+\sum_{\mu\nu ij}v_{\mu\nu,ij}D_{\mu i}{}^*D_{\nu j}{}^*+\sum_{\mu\nu ij}v_{\mu\nu,ij}D_{\mu i}D_{\nu j}\\&=\hbar\omega\cdot\eta^2\sum_{\mu i}(\psi_{\mu i}{}^2-\varphi_{\mu i}{}^2)\end{aligned} \qquad (6.4.42)$$

が求まる．(6.4.41)と(6.4.42)を比べて質量パラメーターの表式

$$B=\frac{1}{2}\hbar^2\frac{\sum_{\mu i}(\psi_{\mu i}{}^2-\varphi_{\mu i}{}^2)}{\hbar\omega\left[\frac{4\pi}{3NR_0{}^2}\sum_{\mu i}q_{\mu i}(\psi_{\mu i}+\varphi_{\mu i})\right]^2} \qquad (6.4.43)$$

が得られる．この表式が断熱近似 $\hbar\omega\ll(\epsilon_\mu-\epsilon_i)$ の下で(6.4.30)に移り変わることは，固有値方程式(6.4.37)が簡単に解きうる具体的な模型(§6.5(b))でもって容易に確かめることができる．

§6.5 多体問題としての振動運動 II —— RPA 近似

a) RPA 近似

前節で，時間依存 Hartree-Fock の方法から，集団運動の振動数 ω を求める固有値方程式(6.4.37)が導かれることが分かった．ここでは，この固有値方程式の意味する物理的内容を，もう少し立ち入って検討してみよう．

$|\Psi_0\rangle, |\Psi_\lambda\rangle$ をそれぞれ固有値 E_0, E_λ をもったハミルトニアン(6.4.3)の正確な基底状態および考察中の集団励起状態としよう．そして以下の関係を満たす集団励起状態の生成，消滅演算子 $\boldsymbol{O}_\lambda{}^+, \boldsymbol{O}_\lambda$ を導入しよう．

$$\left.\begin{aligned}&|\Psi_\lambda\rangle = \boldsymbol{O}_\lambda^+|\Psi_0\rangle, \qquad |\Psi_0\rangle = \boldsymbol{O}_\lambda|\Psi_\lambda\rangle\\ &\boldsymbol{O}_\lambda|\Psi_0\rangle = 0\end{aligned}\right\} \tag{6.5.1}$$

このような生成，消滅演算子を定義することは常に可能で，たとえば

$$\boldsymbol{O}_\lambda^+ = |\Psi_\lambda\rangle\langle\Psi_0|, \qquad \boldsymbol{O}_\lambda = |\Psi_0\rangle\langle\Psi_\lambda| \tag{6.5.2}$$

によって表わされる．この演算子はみかけ上，調和振動子のような運動方程式

$$\left.\begin{aligned}&[H, \boldsymbol{O}_\lambda^+] = \hbar\omega\boldsymbol{O}_\lambda^+\\ &[H, \boldsymbol{O}_\lambda] = -\hbar\omega\boldsymbol{O}_\lambda\\ &[\boldsymbol{O}_\lambda, \boldsymbol{O}_\lambda^+]|\Psi_0\rangle = 1\cdot|\Psi_0\rangle, \qquad \hbar\omega \equiv E_\lambda - E_0\end{aligned}\right\} \tag{6.5.3}$$

のように表わすことができる．

さて，ここで以下のような時間依存波動関数を考えよう．

$$\left.\begin{aligned}&|\Psi(t)\rangle = \exp i\hat{G}(t)|\Psi_0(t)\rangle, \qquad |\Psi_0(t)\rangle \equiv |\Psi_0\rangle e^{-(i/\hbar)E_0 t}\\ &\hat{G}(t) = (-i)\eta\{\boldsymbol{O}_\lambda^+ e^{-i\omega t} - \boldsymbol{O}_\lambda e^{i\omega t}\} = \hat{G}^\dagger(t) \qquad (\text{Hermite 演算子})\end{aligned}\right\} \tag{6.5.4}$$

η は微小な定数である．$|\Psi_0(t)\rangle$ は当然

$$H|\Psi_0(t)\rangle = i\hbar\frac{\partial}{\partial t}|\Psi_0(t)\rangle\,(= E_0|\Psi_0(t)\rangle) \tag{6.5.5}$$

を満足するが，(6.5.4) で定義される $|\Psi(t)\rangle$ も同様に Schrödinger 方程式

$$H|\Psi(t)\rangle = i\hbar\frac{\partial}{\partial t}|\Psi(t)\rangle \tag{6.5.6}$$

を正確に満足することが，以下のようにして証明できる．すなわち，$|\Psi_0(t)\rangle = \exp\{-i\hat{G}(t)\}|\Psi(t)\rangle$ に注意すれば，(6.5.5) から

$$e^{i\hat{G}(t)}He^{-i\hat{G}(t)}|\Psi(t)\rangle = e^{i\hat{G}(t)}i\hbar\frac{\partial}{\partial t}\{e^{-i\hat{G}(t)}|\Psi(t)\rangle\}$$

が得られる．これは公式 (6.4.10) を使って

$$\begin{aligned}&\{H - i[H, \hat{G}(t)] + \frac{1}{2!}(-i)^2[[H, \hat{G}(t)], \hat{G}(t)] + \cdots\}|\Psi(t)\rangle\\ &\quad = \left\{i\hbar\frac{\partial}{\partial t} + \hbar\frac{\partial}{\partial t}\hat{G}(t) + \frac{(-i)}{2!}\left[\hbar\frac{\partial}{\partial t}\hat{G}(t), \hat{G}(t)\right] + \cdots\right\}|\Psi(t)\rangle\end{aligned} \tag{6.5.7}$$

と書けるが，もし $\hat{G}(t)$ が

$$[H, \hat{G}(t)] = i\hbar\frac{\partial}{\partial t}\hat{G}(t) \tag{6.5.8}$$

を満足する場合には，(6.5.7) は (6.5.6) そのものになることがわかる．(6.5.3) から，われわれの $\hat{G}(t)$ (6.5.4) は明らかに (6.5.8) を満足している．

さて，ここで考察下の集団運動が主として‘1粒子-1空孔’からなると考えて，$\boldsymbol{O}_\lambda^+$ を一般的な‘1粒子-1空孔’演算子

$$O_\lambda^+ = \sum_{\mu i}(\psi_{\mu i}c_\mu^+c_i - \varphi_{\mu i}c_i^+c_\mu) \tag{6.5.9}$$

で近似しよう．このとき (6.5.4) の $|\Psi(t)\rangle$ は

$$\begin{aligned}|\Psi(t)\rangle = \exp[\eta\sum_{\mu i}(\psi_{\mu i}e^{-i\omega t}+\varphi_{\mu i}{}^*e^{i\omega t})c_\mu^+c_i \\ -\eta\sum_{\mu i}(\varphi_{\mu i}e^{-i\omega t}+\psi_{\mu i}{}^*e^{i\omega t})c_i^+c_\mu]|\Psi_0(t)\rangle\end{aligned}$$

となる．この表式から明らかなように，いま

$$|\Psi_0(t)\rangle \longrightarrow |\phi_0\rangle e^{-(i/\hbar)U_0t} \tag{6.5.10}$$

と近似すれば

$$\begin{aligned}|\Psi(t)\rangle \longrightarrow |\psi(t)\rangle &= \exp[\sum_{\mu i}(D_{\mu i}(t)c_\mu^+c_i - D_{\mu i}{}^*(t)c_i^+c_\mu)]|\phi_0\rangle e^{-(i/\hbar)U_0t} \\ &\equiv \exp i\hat{D}(t)|\phi_0\rangle \end{aligned} \tag{6.5.11}$$

となり†，時間依存 Hartree-Fock の波動関数 (6.4.22) の形になる．ただし $D_{\mu i}(t)$ は (6.4.34) で与えられる

$$D_{\mu i}(t) = \eta(\psi_{\mu i}e^{-i\omega t}+\varphi_{\mu i}{}^*e^{i\omega t})$$

である．

以上の議論から次のことが明らかになる．“時間依存 Hartree-Fock の方法によって，(6.5.11) の形をもちながら，しかも Schrödinger 方程式 (6.5.6) をできるだけ精密に満足するような近似的波動関数 $|\psi(t)\rangle$ を求めることは，(6.5.9) で与えられる‘1粒子-1空孔’演算子 O_λ^+ を $\boldsymbol{O}_\lambda^+$ のかわりに代入して得られた $\hat{G}(t)$ が，できるだけ精密に運動方程式 (6.5.8) を満足するように $\psi_{\mu i}, \varphi_{\mu i}, \hbar\omega$ を決定することと同じである．” そしてこのことは，とりもなおさず (6.5.9) で定義された O_λ^+ ができるだけ精密に運動方程式 (6.5.3) を満足するように $\psi_{\mu i}$, $\varphi_{\mu i}, \hbar\omega$ を決定することを意味する．

---

† $|\psi(t)\rangle$ は H の近似的固有状態ではなく，波束であることに注意．$|\Psi(t)\rangle$ (6.5.4) もまた H の固有状態ではなく (6.5.1) の $|\Psi_\lambda\rangle$ と混同してはいけない．

そこで具体的にハミルトニアン(*6.4.3*)と O_λ^+ との交換関係 $[H, O_\lambda^+]$ を計算すると

$$[H, O_\lambda^+]=\sum_{\mu i}(\epsilon_\mu-\epsilon_i)\psi_{\mu i}c_\mu^+c_i+2\sum_{\mu\nu ij}(v_{\mu j,i\nu}\psi_{\nu j}+v_{\mu\nu,ij}\varphi_{\nu j})c_\mu^+c_i$$
$$+\sum_{\mu i}(\epsilon_\mu-\epsilon_i)\varphi_{\mu i}c_i^+c_\mu+2\sum_{\mu\nu ij}(v_{i\nu,\mu j}\varphi_{\nu j}+v_{ij,\mu\nu}\psi_{\nu j})c_i^+c_\mu$$
$$+:Z: \qquad (6.5.12)$$

となる†. ただし $:Z:$ は粒子・空孔の演算子 (a^+, b^+) についての順序積(§3.1参照)で表わされた

$$:Z:\equiv[(c_\mu^+c_\nu(=a^+a)\text{の項})+(c_jc_i^+(=b^+b)\text{の項})$$
$$+(c^+, c\text{ の 4 次の項の順序積})] \qquad (6.5.13)$$

の形をもつ部分である. そこで, 交換関係(*6.5.12*)でこの $:Z:$ を無視することにして, その上で(*6.5.3*)に従って

$$[H, O_\lambda^+]\approx\hbar\omega O_\lambda^+ \qquad (:Z:\text{ を無視}) \qquad (6.5.14)$$

とおけば, この式から $\psi_{\mu i}, \varphi_{\mu i}, \hbar\omega$ を定める固有値方程式

$$\left.\begin{aligned}(\epsilon_\mu-\epsilon_i)\psi_{\mu i}+2\sum_{\nu j}\{v_{\mu j,i\nu}\psi_{\nu j}+v_{\mu\nu,ij}\varphi_{\nu j}\}&=\hbar\omega\psi_{\mu i}\\(\epsilon_\mu-\epsilon_i)\varphi_{\mu i}+2\sum_{\nu j}\{v_{i\nu,\mu j}\varphi_{\nu j}+v_{ij,\mu\nu}\psi_{\nu j}\}&=-\hbar\omega\varphi_{\mu i}\end{aligned}\right\} \qquad (6.5.15)$$

を得る. この方程式は, 時間依存 Hartree-Fock の方法によって求められた方程式(*6.4.37*)にほかならない. すなわち, 時間依存 Hartree-Fock 近似は $:Z:$ を無視することと等価であることが分かる.

方程式(*6.5.14*)のように(複雑な粒子-空孔励起と関係し, したがって考察下の位相の揃った集団的な'1粒子-1空孔励起'に寄与しないと考えられる) $:Z:$ を無視する近似を, 通常 **RPA** (乱雑位相近似, random phase approximation)と呼んでいる††. この近似はまた, いろいろの観点から, 沢田近似, 1次化された運動方程式の方法(linealized equation-of-motion method), New Tamm-Dancoff

---

† ここで $\psi_{\mu i}, \varphi_{\mu i}$ は実数であることを使用した.

†† RPA 方程式(*6.5.15*)は, 電子ガスの問題と関連して沢田によって最初に導出された. Sawada, K.: *Phys. Rev.*, **106**, 372(1957). 閉殻核の集団運動への RPA 近似の使用は, Takagi, S.: *Progr. Theoret. Phys.*, **21**, 174(1959), Ikeda, K., Kobayashi, M., Marumori, T., Shiozaki, T. & Takagi, S.: *ibid.*, **22**, 663(1959), Hatano, S.: *ibid.*, **24**, 418(1960), Brown, G. E., Evans, J. A. & Thouless, D. J.: *Nuclear Phys.*, **24**, 1(1961)らによってはじめられた.

近似ともいわれている．この近似はあくまでも O_λ^+ を近似的な基準振動(normal mode)とするために，その運動方程式を閉じさせる手段として使われたものであって，その適用限界についての明解な議論は困難である(§6.5(d)参照)．

b)　簡単な模型での RPA 方程式の解

RPA 方程式(*6.5.15*)の解の様子を調べるために，この方程式中の有効相互作用が

$$\left.\begin{aligned} v_{\mu j,i\nu} &= -\frac{1}{2}\chi Q_{\mu i}Q_{\nu j} \\ v_{\mu\nu,ij} &= -\frac{1}{2}\chi Q_{\mu i}Q_{\nu j} \end{aligned}\right\} \tag{6.5.16}$$

(χ：力の強さの定数，$Q_{\mu i}$：実数)

のように分解できるような簡単な模型を取り上げよう．この場合，

$$\psi_{\mu i} \equiv \psi(\mu i), \qquad \varphi_{\mu i} \equiv \varphi(\mu i) \tag{6.5.17}$$

とおけば，RPA 方程式(*6.5.15*)は

$$\left.\begin{aligned} \{(\epsilon_\mu-\epsilon_i)-\hbar\omega\}\psi(\mu i)-\chi Q_{\mu i}\cdot\sum_{\nu j}\{Q_{\nu j}\psi(\nu j)+Q_{\nu j}\varphi(\nu j)\} &= 0 \\ \{(\epsilon_\mu-\epsilon_i)+\hbar\omega\}\varphi(\mu i)-\chi Q_{\mu i}\cdot\sum_{\nu j}\{Q_{\nu j}\psi(\nu j)+Q_{\nu j}\varphi(\nu j)\} &= 0 \end{aligned}\right\} \tag{6.5.18}$$

となる．この 2 つの式を組み合わせて，$\sum_{\mu i}\{Q_{\mu i}\psi(\mu i)+Q_{\mu i}\varphi(\mu i)\}$ についての式をつくると，$\hbar\omega$ を決定する方程式

$$S(\omega) \equiv 2\sum_{\mu i}\frac{|Q_{\mu i}|^2(\epsilon_\mu-\epsilon_i)}{(\epsilon_\mu-\epsilon_i)^2-(\hbar\omega)^2} = \frac{1}{\chi} \tag{6.5.19}$$

が得られる．この式の図解を図 6.11 に示す．

RPA 方程式(*6.5.18*)が集団運動の解 $\hbar\omega_\lambda$ だけではなく，有効相互作用(*6.5.*

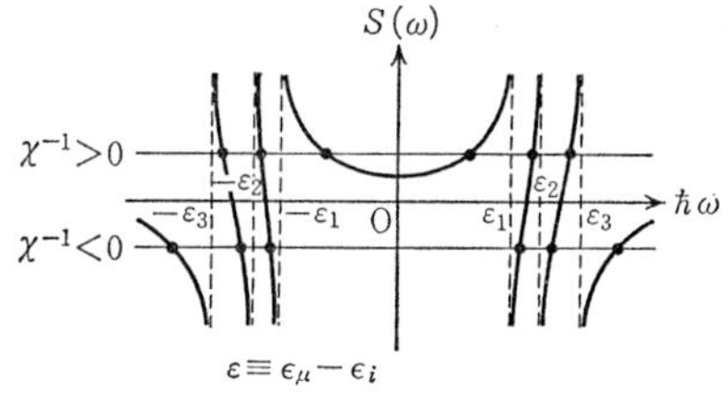

図 6.11　方程式(*6.5.19*)の図解

16)によって補正を受けた残りのすべての‘1粒子-1空孔励起’($\hbar\omega_\kappa \approx \epsilon_\mu - \epsilon_i$; $\kappa \neq \lambda$)の解をも，同時に与えることがわかる．図から明らかなように，$\chi>0$(引力)のときは，1つの解，すなわち集団運動の解 $\hbar\omega_\lambda$ が他の残りの解($\hbar\omega_\kappa \neq \hbar\omega_\lambda$)にくらべて特別に低い励起エネルギーを持ち，また $\chi<0$(斥力)のときは，逆に集団運動解 $\hbar\omega_\lambda$ が特別に高い励起エネルギーをもつ．また，有効相互作用の強さ $|\chi|$ が小さくなると，$\hbar\omega$ は H_0 での1粒子-1空孔励起エネルギー $\epsilon_\mu - \epsilon_i$ に非常に近くなる．すなわち，$|\chi|$ が増加するにつれて集団運動の集団性(collectiveness)が急速に増加していくことがわかる．

(*6. 5. 19*)の1つの解 $\hbar\omega_\rho$ に対応して，$\psi(\mu i), \varphi(\mu i)$ は(*6. 5. 18*)からそれぞれ

$$\psi_\rho(\mu i) = \frac{N_\rho Q_{\mu i}}{(\epsilon_\mu - \epsilon_i) - \hbar\omega_\rho}, \qquad \varphi_\rho(\mu i) = \frac{N_\rho Q_{\mu i}}{(\epsilon_\mu - \epsilon_i) + \hbar\omega_\rho} \qquad (6.5.20)$$

で与えられることがわかる．N_ρ は後で規格化(*6. 5. 36*)によって定められる規格化定数である．

さて，(*6. 5. 16*)の特別な模型について，RPA 方程式の解が求められたので，ついでにこの模型で，(*6. 4. 43*)で与えられる質量パラメーター B と，断熱近似の下での同じパラメーター(*6. 4. 30*)を求めて，くらべてみよう．簡単のため(*6. 5. 16*)で

$$Q_{\mu i} = q_{\mu i}, \qquad \chi > 0 \qquad (6.5.21)$$

であるような場合を考えよう．ここで $q_{\mu i}$ は(*6. 4. 14 b*)で定義される量である．(*6. 5. 20*)で与えられる $\psi_\lambda(\mu i), \varphi_\lambda(\mu i)$ を(*6. 4. 43*)に代入すれば，

$$\begin{aligned} B &= \frac{1}{2}\hbar\cdot\omega_\lambda^{-1}\sum_{\mu i}\{\psi_\lambda{}^2(\mu i) - \varphi_\lambda{}^2(\mu i)\}\cdot\left(\frac{4\pi}{3NR_0{}^2}\right)^{-2}[\sum_{\mu i} q_{\mu i}\{\psi_\lambda(\mu i)+\varphi_\lambda(\mu i)\}]^{-2} \\ &= \frac{1}{2}\hbar^2\sum_{\mu i}\frac{|q_{\mu i}|^2(\epsilon_\mu-\epsilon_i)}{\{(\epsilon_\mu-\epsilon_i)^2-(\hbar\omega_\lambda)^2\}^2}\cdot\left(\frac{4\pi}{3NR_0{}^2}\right)^{-2}\left[\sum_{\mu i}\frac{|q_{\mu i}|^2(\epsilon_\mu-\epsilon_i)}{(\epsilon_\mu-\epsilon_i)^2-(\hbar\omega_\lambda)^2}\right]^{-2} \\ &= 2\hbar^2\chi^2\cdot\left(\frac{4\pi}{3NR_0{}^2}\right)^{-2}\cdot\sum_{\mu i}\frac{|q_{\mu i}|^2(\epsilon_\mu-\epsilon_i)}{\{(\epsilon_\mu-\epsilon_i)^2-(\hbar\omega_\lambda)^2\}^2} \end{aligned} \qquad (6.5.22)$$

となる．最後の表式では(*6. 5. 19*)を使用した．一方この模型では，断熱近似下での(*6. 4. 15*)は特に簡単になり

$$(\epsilon_\mu-\epsilon_i)f_{\mu i} - \chi q_{\mu i}\cdot\left(\frac{4\pi}{3NR_0{}^2}\right)^{-1}\alpha - \mu_0 q_{\mu i} = 0 \qquad (6.5.23)$$

となる．ただしここで束縛条件(6.4.17)

$$\alpha=\frac{4\pi}{3NR_0{}^2}\langle\phi_0';\alpha|\hat{Q}_{20}|\phi_0';\alpha\rangle=\frac{4\pi}{3NR_0{}^2}\sum_{\mu i}q_{\mu i}\cdot 2f_{\mu i} \qquad (6.5.24)$$

を使った．(6.5.23)から得られる $f_{\mu i}$ を(6.5.24)の右辺に代入して，(6.4.18)で定義される復元力パラメーター C が

$$C\equiv\left(\frac{4\pi}{3NR_0{}^2}\right)^{-1}\cdot\frac{\mu_0}{\alpha}=\left(\frac{4\pi}{3NR_0{}^2}\right)^{-2}\left[\frac{1}{2}\left\{\sum_{\mu i}\frac{|q_{\mu i}|^2}{\epsilon_\mu-\epsilon_i}\right\}^{-1}-\chi\right] \qquad (6.5.25)$$

で与えられることがわかる．また，(6.5.23)から

$$\begin{aligned}\frac{\partial f_{\mu i}}{\partial\alpha}&=\frac{1}{\epsilon_\mu-\epsilon_i}\left\{\chi\left(\frac{4\pi}{3NR_0{}^2}\right)^{-1}+C\left(\frac{4\pi}{3NR_0{}^2}\right)\right\}q_{\mu i}\\&=\frac{q_{\mu i}}{\epsilon_\mu-\epsilon_i}\cdot\left(\frac{4\pi}{3NR_0{}^2}\right)^{-1}\cdot\frac{1}{2}\left\{\sum_{\mu i}\frac{|q_{\mu i}|^2}{\epsilon_\mu-\epsilon_i}\right\}^{-1}\end{aligned}$$

が得られるから，断熱近似下での質量パラメーター(6.4.30)は

$$B=2\hbar^2\sum_{\mu i}\frac{1}{\epsilon_\mu-\epsilon_i}\cdot\left(\frac{\partial f_{\mu i}}{\partial\alpha}\right)^2=\frac{1}{2}\hbar^2\sum_{\mu i}\frac{|q_{\mu i}|^2}{(\epsilon_\mu-\epsilon_i)^3}\cdot\left(\frac{4\pi}{3NR_0{}^2}\right)^{-2}\left\{\sum_{\nu j}\frac{|q_{\nu j}|^2}{\epsilon_\nu-\epsilon_j}\right\}^{-2} \qquad (6.5.26)$$

となる．

(6.5.22)の2番目の表式と(6.5.26)を比べれば，断熱近似の条件 $\hbar\omega_\lambda\ll(\epsilon_\mu-\epsilon_i)$ の下では(6.5.22)が(6.5.26)に正しく移りかわることが直ちにわかる．

c) RPA 方程式の性質

前項で RPA 方程式の解の様子を調べたが，今度は一般的な RPA 方程式(6.5.15)の性質を検討しよう．(6.5.15)は次のような行列の形式

$$\sum_{\nu j}\begin{bmatrix}M_{\mu i,\nu j} & N_{\mu i,\nu j}\\ N_{\mu i,\nu j}{}^* & M_{\mu i,\nu j}{}^*\end{bmatrix}\begin{bmatrix}\psi_\rho(\nu j)\\ \varphi_\rho(\nu j)\end{bmatrix}=\hbar\omega_\rho\begin{bmatrix}\psi_\rho(\mu i)\\ -\varphi_\rho(\mu i)\end{bmatrix} \qquad (6.5.27)$$

$$\left.\begin{aligned}M_{\mu i,\nu j}&\equiv\delta_{\mu\nu}\delta_{ij}(\epsilon_\mu-\epsilon_i)+2v_{\mu j,i\nu}\\ N_{\mu i,\nu j}&\equiv 2v_{\mu\nu,ij}\end{aligned}\right\} \qquad (6.5.28)$$

で書くことができる†．これをさらに‘1粒子-1空孔空間’(μi)での部分行列 M, N (この行列要素は $M_{\mu i,\nu j}, N_{\mu i,\nu j}$)を使って

† §5.1(a)p.178の脚注で述べたように，われわれの状態の位相の採用の下では $v_{\alpha\beta,\gamma\delta}$ は実数になるが，この項では，一般性を保つために，この実数条件を使用しないことにする．

$$\begin{bmatrix} M & N \\ N^* & M^* \end{bmatrix}\begin{bmatrix} \boldsymbol{\psi}_\rho \\ \boldsymbol{\varphi}_\rho \end{bmatrix} = \hbar\omega_\rho \begin{bmatrix} \boldsymbol{\psi}_\rho \\ -\boldsymbol{\varphi}_\rho \end{bmatrix} = \hbar\omega_\rho \begin{bmatrix} I & 0 \\ 0 & -I \end{bmatrix}\begin{bmatrix} \boldsymbol{\psi}_\rho \\ \boldsymbol{\varphi}_\rho \end{bmatrix} \tag{6.5.29}$$

と書こう．$\boldsymbol{\psi}_\rho, \boldsymbol{\varphi}_\rho$ はそれぞれ成分 $\psi_\rho(\mu i), \varphi_\rho(\mu i)$ を持つベクトルを意味する．

(6.5.29) は，これを変形して†

$$\boldsymbol{M}\boldsymbol{\Psi}_\rho = \hbar\omega_\rho \boldsymbol{\Psi}_\rho$$

$$\boldsymbol{M} \equiv \begin{bmatrix} M & N \\ -N^* & -M^* \end{bmatrix}, \quad \boldsymbol{\Psi}_\rho \equiv \begin{bmatrix} \boldsymbol{\psi}_\rho \\ \boldsymbol{\varphi}_\rho \end{bmatrix} \tag{6.5.30}$$

とすればすぐわかるように，非 Hermite 行列 $\boldsymbol{M}$ に対する固有値方程式である．そこでベクトル $\boldsymbol{\Psi}_\rho$ と $\boldsymbol{\Psi}_{\rho'}$ とのスカラー積を通常の場合と違って

$$\begin{aligned} \langle \boldsymbol{\Psi}_\rho \circ \boldsymbol{\Psi}_{\rho'} \rangle &\equiv \langle \boldsymbol{\Psi}_\rho \cdot \boldsymbol{\tau}\boldsymbol{\Psi}_{\rho'} \rangle = [\boldsymbol{\psi}_\rho{}^*, \boldsymbol{\varphi}_\rho{}^*]\boldsymbol{\tau}\begin{bmatrix} \boldsymbol{\psi}_{\rho'} \\ \boldsymbol{\varphi}_{\rho'} \end{bmatrix} \\ &= \sum_{\mu i} [\psi_\rho{}^*(\mu i), \varphi_\rho{}^*(\mu i)]\boldsymbol{\tau}\begin{bmatrix} \psi_{\rho'}(\mu i) \\ \varphi_{\rho'}(\mu i) \end{bmatrix} \\ &= \sum_{\mu i} \{\psi_\rho{}^*(\mu i)\psi_{\rho'}(\mu i) - \varphi_\rho{}^*(\mu i)\varphi_{\rho'}(\mu i)\} \end{aligned} \tag{6.5.31}$$

$$\boldsymbol{\tau} \equiv \begin{bmatrix} I & 0 \\ 0 & -I \end{bmatrix} \tag{6.5.32}$$

のように定義しよう．すると，$\boldsymbol{M}^\dagger\boldsymbol{\tau} = \boldsymbol{\tau}\boldsymbol{M}$, $\boldsymbol{\tau}^\dagger = \boldsymbol{\tau}$ から

$$\begin{aligned} \langle \boldsymbol{\Psi}_\rho \circ \boldsymbol{M}\boldsymbol{\Psi}_{\rho'} \rangle^* &\equiv \langle \boldsymbol{\Psi}_\rho \cdot \boldsymbol{\tau}\boldsymbol{M}\boldsymbol{\Psi}_{\rho'} \rangle^* = \langle \boldsymbol{\Psi}_{\rho'} \cdot \boldsymbol{M}^\dagger\boldsymbol{\tau}^\dagger\boldsymbol{\Psi}_\rho \rangle \\ &= \langle \boldsymbol{\Psi}_{\rho'} \cdot \boldsymbol{\tau}\boldsymbol{M}\boldsymbol{\Psi}_\rho \rangle \equiv \langle \boldsymbol{\Psi}_{\rho'} \circ \boldsymbol{M}\boldsymbol{\Psi}_\rho \rangle \end{aligned} \tag{6.5.33}$$

が成立し，$\boldsymbol{M}$ が自己共役演算子 (self-adjoint operator) となり，通常の場合††の Hermite 行列と同じ性質をもつことがわかる．(6.5.30) から

$$\langle \boldsymbol{\Psi}_\rho \circ \boldsymbol{M}\boldsymbol{\Psi}_\rho \rangle = \hbar\omega_\rho \langle \boldsymbol{\Psi}_\rho \circ \boldsymbol{\Psi}_\rho \rangle$$

が得られるが，$\langle \boldsymbol{\Psi}_\rho \circ \boldsymbol{M}\boldsymbol{\Psi}_\rho \rangle, \langle \boldsymbol{\Psi}_\rho \circ \boldsymbol{\Psi}_\rho \rangle$ が実数であるから，固有値 $\hbar\omega_\rho$ が実数であることが保証される．

以下 RPA 方程式 (6.5.30) の諸性質を列記しよう．

(i) いま，正の固有値 $\hbar\omega_\rho(>0)$ をもつ固有ベクトルを

$$\boldsymbol{\Psi}_\rho \equiv \begin{bmatrix} \boldsymbol{\psi}_\rho \\ \boldsymbol{\varphi}_\rho \end{bmatrix}$$

---

† (6.5.29) の両辺に左から $\boldsymbol{\tau} = \begin{bmatrix} I & 0 \\ 0 & -I \end{bmatrix}$ を掛ける．

†† 通常の場合は，メトリック行列 $\boldsymbol{\tau}$ は $\boldsymbol{\tau} = \boldsymbol{I}$ である．

としよう．このとき方程式 $(6.5.30)$ の性質から，

$$\begin{bmatrix} -\boldsymbol{\varphi}_\rho{}^* \\ -\boldsymbol{\psi}_\rho{}^* \end{bmatrix} \equiv \boldsymbol{\Psi}_{\rho-}$$

も 1 つの解となり，その固有値が $\hbar\omega_{\rho-}=-\hbar\omega_\rho<0$ であることがわかる．$(6.5.9)$, $(6.5.14)$ から明らかなように，正の解は $\hbar\omega_\rho>0$ の励起状態の生成演算子

$$\left.\begin{aligned} &[H, O_\rho{}^+] = \hbar\omega_\rho O_\rho{}^+ \qquad (\text{RPA 近似}) \\ &O_\rho{}^+ = \sum_{\mu i} \{\psi_\rho(\mu i) c_\mu{}^+ c_i - \varphi_\rho(\mu i) c_i{}^+ c_\mu\} \end{aligned}\right\} \tag{6.5.34}$$

に対応し，第 2 の解が，$\hbar\omega_\rho$ の状態の消滅演算子

$$\left.\begin{aligned} &[H, O_\rho] = -\hbar\omega_\rho O_\rho \qquad (\text{RPA 近似}) \\ &O_\rho = \sum_{\mu i} \{-\varphi_\rho{}^*(\mu i) c_\mu{}^+ c_i + \psi_\rho{}^*(\mu i) c_i{}^+ c_\mu\} \end{aligned}\right\} \tag{6.5.35}$$

に対応する．

(ii)　'直交性と規格化'．$(6.5.30)$ から

$$\langle \boldsymbol{\Psi}_\rho \circ \boldsymbol{M} \boldsymbol{\Psi}_{\rho'} \rangle = \hbar\omega_{\rho'} \langle \boldsymbol{\Psi}_\rho \circ \boldsymbol{\Psi}_{\rho'} \rangle$$
$$\langle \boldsymbol{\Psi}_{\rho'} \circ \boldsymbol{M} \boldsymbol{\Psi}_\rho \rangle^* = \hbar\omega_\rho \langle \boldsymbol{\Psi}_{\rho'} \circ \boldsymbol{\Psi}_\rho \rangle^*$$

が得られる．したがって

$$(\hbar\omega_\rho - \hbar\omega_{\rho'}) \langle \boldsymbol{\Psi}_\rho \circ \boldsymbol{\Psi}_{\rho'} \rangle = 0$$

$$\therefore \quad \langle \boldsymbol{\Psi}_\rho \circ \boldsymbol{\Psi}_{\rho'} \rangle \equiv \sum_{\mu i} \{\psi_\rho{}^*(\mu i) \psi_{\rho'}(\mu i) - \varphi_\rho{}^*(\mu i) \varphi_{\rho'}(\mu i)\} = 0 \qquad (\hbar\omega_{\rho'} \neq \hbar\omega_\rho)$$

となる．そこで $\langle \boldsymbol{\Psi}_\rho \circ \boldsymbol{\Psi}_{\rho'} \rangle$ の規格化直交関係を

$$\begin{aligned} \langle \boldsymbol{\Psi}_\rho \circ \boldsymbol{\Psi}_{\rho'} \rangle &\equiv \sum_{\mu i} \{\psi_\rho{}^*(\mu i) \psi_{\rho'}(\mu i) - \varphi_\rho{}^*(\mu i) \varphi_{\rho'}(\mu i)\} \\ &= \begin{cases} \delta_{\rho\rho'} & (\hbar\omega_\rho > 0) \\ -\delta_{\rho\rho'} & (\hbar\omega_\rho < 0) \end{cases} \end{aligned} \tag{6.5.36}$$

のように決めよう．$\hbar\omega_\rho$ の正負の値による規格化の符号の違いは，(i) の性質を考慮したものである

(iii)　'完備性' (closure property)．いま簡単のために，$\hbar\omega=0$ であるような解はないものと仮定しよう†．このとき RPA 方程式 $(6.5.30)$ の互いに直交する

---

† $\hbar\omega=0$ の解があるときについては，§6.6 参照．

独立な解の数は，($\epsilon_\mu-\epsilon_i$ の符号をも考慮した)'1粒子-1空孔空間'(μi)の次元数と同じである．したがってRPA方程式の解は1つの完全系を形成し，この空間での任意のベクトル $\boldsymbol{\Psi}$ は以下のように展開できる．

$$\boldsymbol{\Psi}\equiv\begin{bmatrix}\boldsymbol{\psi}\\ \boldsymbol{\varphi}\end{bmatrix}=\sum_\rho a_\rho\boldsymbol{\Psi}_\rho\equiv\sum_\rho a_\rho\begin{bmatrix}\boldsymbol{\psi}_\rho\\ \boldsymbol{\varphi}_\rho\end{bmatrix}$$

$$a_\rho=\varepsilon_\rho\langle\boldsymbol{\Psi}_\rho\circ\boldsymbol{\Psi}\rangle,\qquad \varepsilon_\rho=\begin{cases}+1 & (\hbar\omega_\rho>0)\\ -1 & (\hbar\omega_\rho<0)\end{cases}\tag{6.5.37}$$

符号関数 ε_ρ は，(6.5.36)の右辺の符号の違いから必要となる．それゆえ，$\boldsymbol{\Psi}=\sum_\rho\boldsymbol{\Psi}_\rho\cdot\varepsilon_\rho\langle\boldsymbol{\Psi}_\rho\circ\boldsymbol{\Psi}\rangle$ すなわち

$$\begin{bmatrix}\boldsymbol{\psi}\\ \boldsymbol{\varphi}\end{bmatrix}=\left\{\sum_\rho\begin{bmatrix}\boldsymbol{\psi}_\rho\\ \boldsymbol{\varphi}_\rho\end{bmatrix}\cdot\varepsilon_\rho[\boldsymbol{\psi}_\rho{}^*,\boldsymbol{\varphi}_\rho{}^*]\begin{bmatrix}I & 0\\ 0 & -I\end{bmatrix}\right\}\begin{bmatrix}\boldsymbol{\psi}\\ \boldsymbol{\varphi}\end{bmatrix}$$

から，完備性の関係式

$$\sum_\rho\begin{bmatrix}\varepsilon_\rho\psi_\rho(\mu i)\psi_\rho{}^*(\nu j) & -\varepsilon_\rho\psi_\rho(\mu i)\varphi_\rho{}^*(\nu j)\\ \varepsilon_\rho\varphi_\rho(\mu i)\psi_\rho{}^*(\nu j) & -\varepsilon_\rho\varphi_\rho(\mu i)\varphi_\rho{}^*(\nu j)\end{bmatrix}=\begin{bmatrix}\delta_{\mu\nu}\delta_{ij} & 0\\ 0 & \delta_{\mu\nu}\delta_{ij}\end{bmatrix}\tag{6.5.38}$$

が得られる．$\hbar\omega$ が正の解と負の解との間の(i)の性質を使えば，(6.5.38)は

$$\left.\begin{aligned}&\sum_{\rho(\hbar\omega_\rho>0)}{}'\psi_\rho(\mu i)\psi_\rho{}^*(\nu j)-\sum_{\rho(\hbar\omega_\rho>0)}{}'\varphi_\rho{}^*(\mu i)\varphi_\rho(\nu j)=\delta_{\mu\nu}\delta_{ij}\\ &\sum_{\rho(\hbar\omega_\rho>0)}{}'\psi_\rho(\mu i)\varphi_\rho{}^*(\nu j)-\sum_{\rho(\hbar\omega_\rho>0)}{}'\varphi_\rho{}^*(\mu i)\psi_\rho(\nu i)=0\end{aligned}\right\}\tag{6.5.39}$$

と表わすことができる．$\sum_\rho{}'$ は $\hbar\omega_\rho>0$ の解だけについての和を表わす．

d) RPA近似の基本仮定とボソン近似

前項の(i)から，$\hbar\omega_\rho<0$ であるようなRPA方程式の解は，消滅演算子 O_ρ (6.5.35)を与えるものであることがわかった．したがって，以後特別に指定しないかぎり，生成，消滅演算子 $O_\rho{}^+, O_\rho$ を使用するときは，$\hbar\omega_\rho$ がすべて正であると考えることにしよう．

消滅演算子 O_ρ を使って，RPA近似の下での近似的基底状態 $|\Phi_0\rangle$ を

$$O_\rho|\Phi_0\rangle=0\qquad(\hbar\omega_\rho>0)\tag{6.5.40}$$

によって定義しよう．定義からして $|\Phi_0\rangle$ はHartree-Fock近似での殻模型の基底状態(正常状態) $|\phi_0\rangle$ (6.4.1)とは異なり，有効相互作用の効果をも考慮している点で，真の基底状態 $|\Psi_0\rangle$ (6.5.1)に近いものになる．

つぎに，励起状態 $O_\rho^+|\Phi_0\rangle$, $O_\sigma^+|\Phi_0\rangle$ の間の規格化直交条件

$$\langle\Phi_0|O_\rho O_\sigma^+|\Phi_0\rangle=\delta_{\rho\sigma} \tag{6.5.41}$$

を検討しよう．(6.5.40)を考慮して

$$\begin{aligned}\langle\Phi_0|O_\rho O_\sigma^+|\Phi_0\rangle&=\langle\Phi_0|[O_\rho, O_\sigma^+]|\Phi_0\rangle\\&=\sum_{\mu i}\sum_{\nu j}\{\psi_\rho(\mu i)\psi_\sigma(\nu j)\langle\Phi_0|[c_i^+c_\mu, c_\nu^+c_j]|\Phi_0\rangle\\&\quad-\varphi_\rho(\mu i)\varphi_\nu(\nu j)\langle\Phi_0|[c_j^+c_\nu, c_\mu^+c_i]|\Phi_0\rangle\}\end{aligned} \tag{6.5.42}$$

が得られる†．ここで

$$\langle\Phi_0|[c_i^+c_\mu, c_\nu^+c_j]|\Phi_0\rangle=\delta_{\mu\nu}\delta_{ij}-\delta_{ij}\langle\Phi_0|c_\nu^+c_\mu|\Phi_0\rangle-\delta_{\mu\nu}\langle\Phi_0|c_jc_i^+|\Phi_0\rangle$$

に注意し，$\langle\Phi_0|c_\nu^+c_\mu|\Phi_0\rangle$ $(\equiv\langle\Phi_0|a^+a|\Phi_0\rangle)$，$\langle\Phi_0|c_jc_i^+|\Phi_0\rangle$ $(\equiv\langle\Phi_0|b^+b|\Phi_0\rangle)$ の項を無視すると，(6.5.42)は

$$\begin{aligned}\langle\Phi_0|O_\rho O_\sigma^+|\Phi_0\rangle&=\sum_{\mu i}\sum_{\nu j}\{\psi_\rho(\mu i)\psi_\sigma(\nu j)-\varphi_\rho(\mu i)\varphi_\sigma(\nu j)\}\delta_{\mu\nu}\delta_{ij}\\&=\delta_{\rho\sigma}\qquad(\hbar\omega_\sigma>0,\ \hbar\omega_\rho>0)\end{aligned} \tag{6.5.43}$$

となり，状態 $O_\rho^+|\Phi_0\rangle$ と $O_\sigma^+|\Phi_0\rangle$ との規格化直交条件(6.5.41)が満足されることがわかる．(6.5.43)での最後の関係には，RPA 方程式の解の性質(6.5.36)を使用した．

以上のことから RPA 近似では

$$\left.\begin{aligned}\langle\Phi_0|c_\nu^+c_\mu|\Phi_0\rangle&\equiv\delta_{\mu\nu}n_\mu\approx\langle\phi_0|c_\nu^+c_\mu|\phi_0\rangle=0\\\langle\Phi_0|c_jc_i^+|\Phi_0\rangle&=\delta_{ij}n_j\approx\langle\phi_0|c_jc_i^+|\phi_0\rangle=0\end{aligned}\right\} \tag{6.5.44}$$

を仮定することが基本的であることがわかる．n_μ, n_j は $n_\mu\equiv\langle\Phi_0|c_\mu^+c_\mu|\Phi_0\rangle$, $n_i\equiv\langle\Phi_0|c_ic_i^+|\Phi_0\rangle$ で，その大きさは

$$n_\mu\approx\frac{N_\mathrm{p}}{\Omega_\mathrm{p}},\qquad n_i\approx\frac{N_\mathrm{h}}{\Omega_\mathrm{h}} \tag{6.5.45}$$

で与えられる．N_p, N_h は，全(励起)粒子数 $\hat{N}_\mathrm{p}\equiv\sum_\mu c_\mu^+c_\mu$ および全空孔数 $\hat{N}_\mathrm{h}\equiv\sum_i c_ic_i^+$ の $|\Phi_0\rangle$ についての平均値を，また Ω_p, Ω_h は，それぞれ考察下の部分空間中での単一粒子状態の数，および単一空孔状態の数を意味する．したがって(6.5.44)は RPA 近似の基底状態 $|\Phi_0\rangle$ と殻模型の基底状態 $|\phi_0\rangle$ とが，摂動論

† 以後再び RPA 方程式(6.5.27)中の $v_{\alpha\beta,\gamma\delta}$ が実数であるという事実を使用する．したがって，$\psi_\rho(\mu i)$, $\varphi_\rho(\mu i)$ は実数となる．

的な意味で $|\Phi_0\rangle \approx |\phi_0\rangle$ ということを意味するものではなく，むしろ(6.5.45)の意味で，$N_\mathrm{p}, N_\mathrm{h}$ が $\Omega_\mathrm{p}, \Omega_\mathrm{h}$ にくらべて無視しうるほど小さいことを意味する，と理解すべきである．

いま，$|\Phi_\rho\rangle$ を

$$|\Phi_\rho\rangle = O_\rho^+|\Phi_0\rangle \tag{6.5.46}$$

で与えられる励起エネルギー $\hbar\omega_\rho(>0)$ の励起状態としよう．このとき，

$$\begin{aligned}\langle\Phi_\rho|c_\mu^+c_i|\Phi_0\rangle &= \langle\Phi_0|[O_\rho, c_\mu^+c_i]|\Phi_0\rangle\\ &= \sum_{\nu j}\psi_\rho(\nu j)\langle\Phi_0|[c_j^+c_\nu, c_\mu^+c_i]|\Phi_0\rangle = \psi_\rho(\mu i)\end{aligned}$$

同様にして

$$\begin{aligned}\langle\Phi_\rho|c_i^+c_\mu|\Phi_0\rangle &= \langle\Phi_0|[O_\rho, c_i^+c_\mu]|\Phi_0\rangle\\ &= -\sum_{\nu j}\varphi_\rho(\nu j)\langle\Phi_0|[c_\nu^+c_j, c_i^+c_\mu]|\Phi_0\rangle = \varphi_\rho(\mu i)\end{aligned}$$

が得られる．ここで(6.5.44)を使用した．こうして近似(6.5.44)から RPA 理論の重要な関係式

$$\left.\begin{aligned}\psi_\rho(\mu i) &= \langle\Phi_\rho|c_\mu^+c_i|\Phi_0\rangle\\ \varphi_\rho(\mu i) &= \langle\Phi_\rho|c_i^+c_\mu|\Phi_0\rangle\end{aligned}\right\} \tag{6.5.47}$$

が求まる．なお RPA 理論でのもう 1 つの重要な関係式として，完備性の関係式(6.5.39)と O_ρ^+, O_ρ の定義式(6.5.34), (6.5.35)から展開

$$\left.\begin{aligned}c_\mu^+c_i &= \sum_{\rho(\hbar\omega_\rho>0)}{}' O_\rho^+\psi_\rho(\mu i) + \sum_{\rho(\hbar\omega_\rho>0)}{}' O_\rho\varphi_\rho(\mu i)\\ c_i^+c_\mu &= \sum_{\rho(\hbar\omega_\rho>0)}{}' O_\rho^+\varphi_\rho(\mu i) + \sum_{\rho(\hbar\omega_\rho>0)}{}' O_\rho\psi_\rho(\mu i)\end{aligned}\right\} \tag{6.5.48}$$

が得られることを注意しておこう．

さて，近似をもう 1 歩進めて，(6.5.44)が基底状態 $|\Phi_0\rangle$ だけでなく，考察下のすべての低い励起状態 $|\Phi\rangle$ に対しても成立すると仮定してみよう．この場合は，すべての $|\Phi\rangle$ に対して $\langle\Phi|[c_i^+c_\mu, c_\nu^+c_j]|\Phi\rangle \approx \delta_{\mu\nu}\delta_{ij}$ が成立することになるから，結局 $(c_\mu^+c_i)$, $(c_i^+c_\mu)$ をそれぞれ 1 つの Bose 粒子の演算子 $\boldsymbol{A}_{\mu i}^+, \boldsymbol{A}_{\mu i}$ と見なすことと等価になる：

$$\left.\begin{aligned}&c_\mu^+c_i \longrightarrow \boldsymbol{A}_{\mu i}^+, \qquad c_i^+c_\mu \longrightarrow \boldsymbol{A}_{\mu i}\\ &[\boldsymbol{A}_{\mu i}, \boldsymbol{A}_{\nu j}^+] = \delta_{\mu\nu}\delta_{ij}\end{aligned}\right\} \tag{6.5.49 a}$$

もちろん

$$[\boldsymbol{A}_{\mu i}^+, \boldsymbol{A}_{\nu j}^+] = [\boldsymbol{A}_{\mu i}, \boldsymbol{A}_{\nu j}] = 0 \tag{6.5.49 b}$$

は，$[c_\mu{}^+c_i, c_\nu{}^+c_j]=[c_i{}^+c_\mu, c_j{}^+c_\nu]=0$ から正確に成立する．この場合は，(6.5.34)，(6.5.35) の $c_\mu{}^+c_i, c_i{}^+c_\mu$ をそれぞれ $\boldsymbol{A}_{\mu i}{}^+, \boldsymbol{A}_{\mu i}$ で置き換えて得られる $\mathring{O}_\rho{}^+, \mathring{O}_\rho$,

$$\left.\begin{aligned}\mathring{O}_\rho{}^+ &= \sum_{\mu i}\{\psi_\rho(\mu i)\boldsymbol{A}_{\mu i}{}^+ - \varphi_\rho(\mu i)\boldsymbol{A}_{\mu i}\}\\ \mathring{O}_\rho &= \sum_{\mu i}\{-\varphi_\rho(\mu i)\boldsymbol{A}_{\mu i}{}^+ + \psi_\rho(\mu i)\boldsymbol{A}_{\mu i}\}\end{aligned}\right\} \qquad (6.5.50)$$

は，(6.5.49) から

$$[\mathring{O}_\rho, \mathring{O}_\sigma{}^+] = \delta_{\rho\sigma}, \qquad [\mathring{O}_\rho{}^+, \mathring{O}_\sigma{}^+] = [\mathring{O}_\rho, \mathring{O}_\sigma] = 0 \qquad (6.5.51)$$

とボソンの交換関係を満足する．このボソン演算子中集団運動モードの解 $\psi_\lambda(\mu i)$，$\varphi_\lambda(\mu i)$ によってつくられる $\mathring{O}_\lambda{}^+, \mathring{O}_\lambda$ を取り出せば，これはちょうど§6.1(c) で考察したフォノンの生成・消滅演算子に対応する．

このように，(6.5.34)，(6.5.35) の演算子 $O_\rho{}^+, O_\rho$ に対して Bose 粒子の交換関係 (6.5.51) を設定する近似を通常**ボソン近似**と呼んでいる†．すでにみてきたように，これは1対のフェルミオンをボソンと見なす近似 (6.5.49) と等価である．近似 (6.5.49) を仮定すると，$O_\rho{}^+$ の運動方程式 (6.5.12) の $:Z:$ の項は完全に消え，RPA 方程式が直接に導かれる点に注意する必要がある．ボソン近似の下での有効ハミルトニアンが

$$\begin{aligned}\mathring{H} &= \sum_{\rho(\hbar\omega_\rho>0)} \hbar\omega_\rho \mathring{O}_\rho{}^+\mathring{O}_\rho + (\text{定数})\\ &= \sum_{\mu i}(\epsilon_\mu - \epsilon_i)\boldsymbol{A}_{\mu i}{}^+\boldsymbol{A}_{\mu i} + 2\sum_{\mu\nu ij} v_{\mu j, i\nu}\boldsymbol{A}_{\mu i}{}^+\boldsymbol{A}_{\nu j}\\ &\quad + \sum_{\mu\nu ij} v_{\mu\nu, ij}\{\boldsymbol{A}_{\mu i}{}^+\boldsymbol{A}_{\nu j}{}^+ + \boldsymbol{A}_{\mu i}\boldsymbol{A}_{\nu j}\} + (\text{定数}) \end{aligned} \qquad (6.5.52)$$

であることは，(6.5.50) の $\mathring{O}_\rho{}^+, \mathring{O}_\rho$ の定義と RPA 方程式 (6.5.27) から直接に導くことができる．またボソン近似の下での1体演算子，たとえば (6.4.4) の質量4重極モーメント演算子 $\hat{Q}_{2M}$ は

$$\begin{aligned}\hat{Q}_{2M} &= \sum_{\alpha\beta} q_{\alpha\beta}{}^{(2M)} c_\alpha{}^+ c_\beta = \sum_{\mu i} q_{\mu i}{}^{(2M)}\{c_\mu{}^+c_i + c_i{}^+c_\mu\} + \sum_{\mu\nu} q_{\mu\nu}{}^{(2M)} c_\mu{}^+c_\nu\\ &\quad + \sum_{ij} q_{ij}{}^{(2M)} c_i{}^+c_j \longrightarrow \sum_{\mu i} q_{\mu i}{}^{(2M)}\{\boldsymbol{A}_{\mu i}{}^+ + \boldsymbol{A}_{\mu i}\}\end{aligned}$$

---

† RPA 近似がボソン近似そのものではない点に注意する必要がある．ボソン近似では，1フォノン状態の他に，2フォノン状態，3フォノン状態，… などをつくりうるが，RPA 近似では，このような励起モードの‘繰返しの可能性’(repetability) を必ずしも必要としない．

$$= \sum_{\rho(\hbar\omega_\rho>0)}{}' \left[\sum_{\mu i} q_{\mu i}{}^{(2M)} \{\psi_\rho(\mu i)+\varphi_\rho(\mu i)\}\right] (\mathring{O}_\rho{}^{+}+\mathring{O}_\rho) \equiv \mathring{Q}_{2M}$$

$$q_{\alpha\beta}{}^{(2M)} \equiv \langle\alpha|r^2 Y_{2M}(\theta,\varphi)|\beta\rangle \qquad (6.5.53)$$

のような有効演算子 $\mathring{Q}_{2M}$ になる．ここで最後の表式には関係 (*6.5.39*) を使用した．この表式中，集団運動モード $\mathring{O}_\lambda{}^{+}, \mathring{O}_\lambda$ の項だけを取り出せば，フォノン模型での表式 (*6.1.18*) と対応するものとなる．

e) New Tamm-Dancoff 近似としての RPA

これまでは集団運動のメカニズムという立場から，RPA 方程式を導き議論してきた．この項では集団運動に寄与する有効相互作用の役割に重点を置いて，RPA 方程式を調べてみよう．

まずわれわれが問題としているハミルトニアン (*5.1.18*)，

$$\left.\begin{aligned} H &= U_0+\hat{H}_0+\hat{H}_{\rm int} \\ \hat{H}_0 &= \sum_\mu \epsilon_\mu a_\mu{}^{+}a_\mu-\sum_i \epsilon_i b_i{}^{+}b_i \\ \hat{H}_{\rm int} &= \frac{1}{2}\sum_{\alpha\beta\gamma\delta} v_{\alpha\beta,\gamma\delta} :c_\alpha{}^{+}c_\beta{}^{+}c_\delta c_\gamma: \equiv H_{\rm pp}+H_{\rm hh}+H_{\rm ph}+H_{\rm V}+H_{\rm Y} \end{aligned}\right\} \qquad (6.5.54)$$

が，§5.1(a) で述べたように，Fermi エネルギーを中心とする切断された活性軌道(殻模型)部分空間(図 5.1)内で定義されたものであったことを思い出そう．実際には，このような部分空間では，H_0 のエネルギー・スペクトルが，図 6.12 のように分類されうることが多い．すなわち，1 粒子-1 空孔 (1p-1h) 励起状態が 1

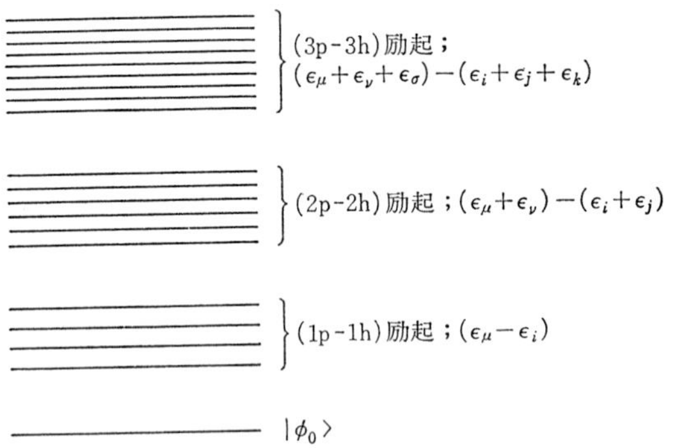

図 6.12 活性軌道部分空間内での H_0 のエネルギー・スペクトル

つのエネルギー最低の励起状態のグループを形成し，同様にして，2p-2h, 3p-3h, … 励起状態というグループが形成されている場合である．この場合には，それぞれのグループ内，すなわち粒子と空孔の数が一定であるような部分空間内で，$H_{\rm int}$ を対角化してその固有値および固有状態を求めるのが通常である．§5.1(b)で述べたように，これは Tamm-Dancoff 近似と呼ばれ，通常の殻模型での計算に使用される方法である．

まず，この Tamm-Dancoff 近似で‘対角化された1粒子-1空孔(1p-1h)状態’を求めよう．1p-1h 状態を

$$|\mu(i)^{-1}\rangle \equiv c_\mu{}^+c_i|\phi_0\rangle = a_\mu{}^+(-1)^{j_i-m_i}b_{-i}{}^*|\phi_0\rangle \equiv A_{\mu i}{}^+|\phi_0\rangle \qquad (6.5.55)$$

と記せば，

$$\begin{aligned}\langle\mu(i)^{-1}|\hat{H}_0|\nu(j)^{-1}\rangle &\equiv \langle\phi_0|A_{\mu i}\hat{H}_0A_{\nu j}{}^+|\phi_0\rangle\\ &= \langle\phi_0|A_{\mu i}[\hat{H}_0, A_{\nu j}{}^+]|\phi_0\rangle = \delta_{\mu\nu}\delta_{ij}(\epsilon_\mu-\epsilon_i) \qquad (6.5.56)\end{aligned}$$

$$\begin{aligned}\langle\mu(i)^{-1}|\hat{H}_{\rm int}|\nu(j)^{-1}\rangle &\equiv \langle\phi_0|A_{\mu i}\hat{H}_{\rm int}A_{\nu j}{}^+|\phi_0\rangle\\ &= \langle\phi_0|A_{\mu i}[\hat{H}_{\rm int}, A_{\nu j}{}^+]|\phi_0\rangle = \langle\phi_0|A_{\mu i}[H_{\rm ph}, A_{\nu j}{}^+]|\phi_0\rangle\\ &= 2v_{\mu j,i\nu} \qquad (6.5.57)\end{aligned}$$

を得る．(6.5.57)は 1p-1h 部分空間内で $\hat{H}_{\rm int}$ の行列要素中唯一の 0 でないものは $H_{\rm ph}$ のみから生じ，他の $H_{\rm pp}$, $H_{\rm hh}$, $H_{\rm V}$, $H_{\rm Y}$((5.1.20)および図5.3参照)のいずれも行列要素が 0 であることを示す．したがって‘対角化された 1p-1h 状態’を

$$|\phi_\rho\rangle \equiv \sum_{\mu i}\psi_\rho{}^{(0)}(\mu i)c_\mu{}^+c_i|\phi_0\rangle = \sum_{\mu i}\psi_\rho{}^{(0)}(\mu i)A_{\mu i}{}^+|\phi_0\rangle \qquad (6.5.58)$$

とおくと，H の行列要素を 1p-1h 部分空間内で対角化する永年方程式

$$\sum_{\nu j}\langle\mu(i)^{-1}|H|\nu(j)^{-1}\rangle\psi_\rho{}^{(0)}(\nu j) = E_\rho\psi_\rho{}^{(0)}(\mu i) \qquad (6.5.59)$$

は，簡単に

$$\begin{aligned}&\sum_{\nu j}\langle\phi_0|A_{\mu i}[(\hat{H}_0+H_{\rm ph}), A_{\nu j}{}^+]|\phi_0\rangle\psi_\rho{}^{(0)}(\nu j)\\ &\quad = (\epsilon_\mu-\epsilon_i)\psi_\rho{}^{(0)}(\mu i)+2\sum_{\nu j}v_{\mu j,i\nu}\psi_\rho{}^{(0)}(\nu j) = \hbar\omega_\rho{}^{(0)}\psi_\rho{}^{(0)}(\mu i) \qquad (6.5.60)\end{aligned}$$

$$\hbar\omega_\rho{}^{(0)} \equiv E_\rho - U_0$$

となる．摂動論の言葉でいうと，この場合の摂動 $H_{\rm int}$ としては $\langle\mu(i)^{-1}|H_{\rm ph}|\nu(j)^{-1}\rangle$ の行列要素だけが 0 と異なるから，(6.5.60)で考慮されるダイヤグラ

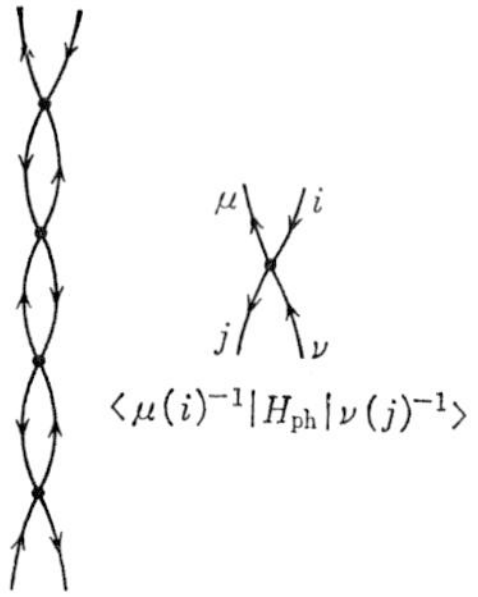

図6.13 (1p-1h) Tamm-Dancoff 近似で考慮されるダイヤグラムのタイプ

ムは，この行列要素の繰返しのタイプだけである(図6.13).

(*6.5.58*)から明らかなように，Tamm-Dancoff (TD) 近似は，(*6.5.1*)で真の基底状態 $|\Psi_0\rangle$ を殻模型のそれ $|\phi_0\rangle$ で近似し，生成演算子 $\boldsymbol{O}_\rho{}^+$ を 1p-1h 励起演算子

$$O_\rho{}^{(0)+} = \sum_{\mu i} \psi_\rho{}^{(0)}(\mu i) c_\mu{}^+ c_i \equiv \sum_{\mu i} \psi_\rho{}^{(0)}(\mu i) A_{\mu i}{}^+ \qquad (6.5.61)$$

で近似したものに相当する．すなわち(*6.5.60*)は，$A_{\mu i}{}^+$ の運動方程式

$$\left.\begin{aligned} [H, A_{\mu i}{}^+] &= \sum_{\nu j} M_{\mu i, \nu j} A_{\nu j}{}^+ + (A^+\ \text{以外の項}) \\ M_{\mu i, \nu j} &= \delta_{\mu\nu}\delta_{ij}(\epsilon_\mu - \epsilon_j) + 2v_{\mu j, i\nu} \end{aligned}\right\} \qquad (6.5.62)$$

で(A^+ 以外の項)を無視した近似の下で

$$[H, O_\rho{}^{(0)+}] = \hbar\omega_\rho{}^{(0)} O_\rho{}^{(0)+} \qquad (6.5.63)$$

を設定して，ハミルトニアンを対角化したことを意味する．

このTD近似では，1p-1h励起状態には有効相互作用 $H_{\rm ph}$ の効果が図6.13のように取り入れられているから，この相関のために方程式(*6.5.60*)の解の1つとして集団運動的な1p-1h励起状態が得られることが期待される．しかしながら，この近似の決定的な欠陥は，励起状態には $H_{\rm ph}$ による相関が正しく取り入れられているのに反して，基底状態は依然として $|\phi_0\rangle$ そのもので，対応する何らの相関も含まないことである．このような励起状態と基底状態とでの相関の取り入れ方の非対称性は，集団運動を記述する限り，是非とも取除かれねばならない．ハミルトニアンの固有状態としての正しい基底状態は，本来集団励起状態を生みだす‘素質’(predisposition)を，それ自身の中にもっているはずだからで

ある．すなわち，集団励起状態を特徴づける相関は，また**基底状態相関**(ground-state correlation)として基底状態の中に存在していなければならないのである．現象論的な Bohr-Mottelson の集団模型の場合にも，基底状態の集団運動を生みだす‘素質’は，集団運動の零点振動という形で明らかに存在していた．

さて，$|\phi_0\rangle$ に基底状態相関を取り入れるためには，なによりもまず $|\phi_0\rangle$ を $\hat{H}_{\rm int}$ によって励起させねばならないが，$H_{\rm int}$ 中 $|\phi_0\rangle$ に作用させて 0 にならない部分は $H_{\rm V}$ 以外にない(図 5.3 参照)．したがってこの部分の行列要素をも取り入れられるように，運動方程式 (6.5.62) を拡張して，

$$\left.\begin{aligned}[][H, A_{\mu i}{}^+] &= \sum_{\nu j} M_{\mu i,\nu j}A_{\nu j}{}^+ + \sum_{\nu j} N_{\mu i,\nu j}A_{\nu j} + (A^+, A\ \text{以外の項})\\ [H, A_{\mu i}] &= -\sum_{\nu j} M_{\nu j,\mu i}A_{\nu j} - \sum_{\nu j} N_{\nu j,\mu i}A_{\nu j}{}^+ - (A^+, A\ \text{以外の項})^+\end{aligned}\right\} \tag{6.5.64}$$

とし，$(A^+, A$ 以外の項$)$ を無視することにしよう．ここで $M_{\mu i,\nu j}=M_{\nu j,\mu i}$ は (6.5.62) で与えられる．また $N_{\mu i,\nu j}=N_{\nu j,\mu i}$ は，(6.5.64) の両辺の $A_{\nu j}{}^+|\phi_0\rangle$ と $|\phi_0\rangle$ についての行列要素を計算して，

$$\begin{aligned}N_{\mu i,\nu j} &\equiv \langle\phi_0|[H, A_{\mu i}{}^+], A_{\nu j}{}^+|\phi_0\rangle = \langle\phi_0|[H_{\rm V}, A_{\mu i}{}^+], A_{\nu j}{}^+|\phi_0\rangle\\ &= 2v_{\mu\nu,ij}\end{aligned} \tag{6.5.65}$$

であることが確かめられる．これは，まさに $H_{\rm V}$ の行列要素 $\langle\phi_0|H_{\rm V}|\mu(i)^{-1};\nu(j)^{-1}\rangle$ $(=\langle\phi_0|H_{\rm V}A_{\mu i}{}^+A_{\nu j}{}^+|\phi_0\rangle)$ にほかならない．

さて，(6.5.61) を拡張した‘1p-1h’演算子 (6.5.34) を使用して，運動方程式 (6.5.64) の右辺で $(A^+, A$ 以外の項$)$ を無視する近似の下で

$$[H, O_\rho{}^+] = \hbar\omega_\rho O_\rho{}^+$$

を設定して，ハミルトニアンを対角化すれば，RPA 方程式 (6.5.27) が得られる．こうして RPA 近似は，Tamm-Dancoff 近似を基底状態相関が入りうるように拡張したものと考えることができる．この意味で RPA 近似を，また **New Tamm-Dancoff** (NTD) **近似**とも呼んでいる．Tamm-Dancoff 近似と違って NTD 近似では $H_{\rm V}$ の行列要素 (6.5.65) も考慮されている．それゆえ NTD 近似下でのハミルトニアンの対角化は，摂動論の言葉でいうならば，2 種の行列要素 $\langle\mu(i)^{-1}|H_{\rm ph}|\nu(j)^{-1}\rangle=2v_{\mu j,i\nu}$ と $\langle\phi_0|H_{\rm V}|\mu(i)^{-1};\nu(j)^{-1}\rangle=\langle\nu(j)^{-1};\mu(i)^{-1}|H_{\rm V}|\phi_0\rangle=2v_{\mu\nu,ij}$ のみからなるタイプのダイヤグラム (図 6.14(a)) のみを，総て考慮す

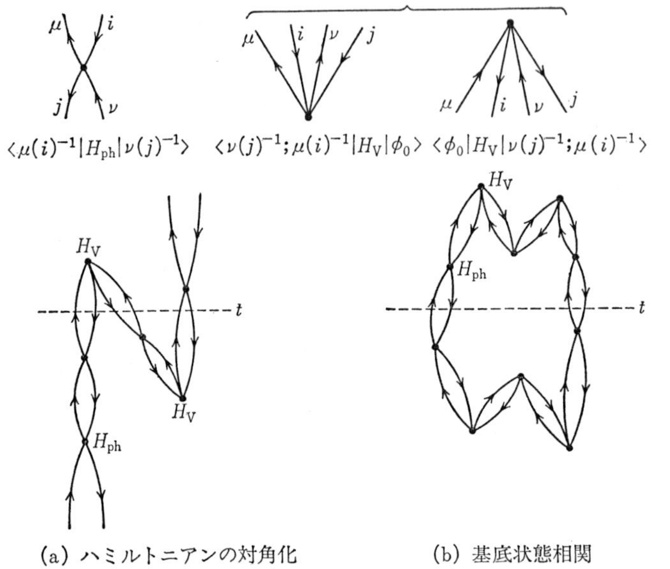

図 6.14 RPA 近似で考慮されるダイヤグラムのタイプ

ることに対応する．また，取り入れられた基底状態相関は，図 6.14(b) のようなタイプのダイヤグラムを考慮することに対応する．

図 6.14(b) から明らかなように，この基底状態相関によって RPA 近似下での基底状態 $|\Phi_0\rangle$ (*6.5.40*) は，一般に $|\phi_0\rangle$ と 2p-2h, 4p-4h, 6p-6h, … 励起状態の重畳として

$$
\begin{aligned}
|\Phi_0\rangle &= C_0|\phi_0\rangle+\sum_{\mu\nu ij} C_1(\mu\nu ij)c_\mu{}^+c_\nu{}^+c_ic_j|\phi_0\rangle \\
&\quad +\sum_{\mu\nu\varepsilon\pi}\sum_{ijkl} C_2(\mu\nu\varepsilon\pi\,;ijkl)c_\mu{}^+c_\nu{}^+c_\varepsilon{}^+c_\pi{}^+c_ic_jc_kc_l|\phi_0\rangle+\cdots \qquad (6.5.66)
\end{aligned}
$$

と書け，また RPA 近似下での '1p-1h' 励起状態 $O_\rho{}^+|\Phi_0\rangle$ は，この基底状態相関のため，純粋な 1p-1h 状態ではなく，'多くの粒子・空孔の励起からなる着物' を着た '1p-1h' 状態になる†．この着物は基底状態相関のために生ずるものであるから，基底状態相関を無視すると，この着物はなくなり，$|\Phi_0\rangle\to|\phi_0\rangle$, $O_\rho{}^+|\Phi_0\rangle$

† '着物' を着た励起状態を特別に指定したいときは，' ' の記号を使うことにする．なお '1p-1h' 状態 $O_\rho{}^+|\Phi_0\rangle$ は (*6.5.66*), (*6.5.34*) の定義から 1p-1h, 3p-3h, 5p-5h, … 励起状態の重畳となることがわかる．

$\to A_{\mu i}{}^{+}|\phi_0\rangle$ (すなわち'裸'の 1p-1h 状態)になる．また，有効相互作用中の $H_{\rm ph}$, $H_{\rm V}$ が強くなればなるほど基底状態相関が強くなり，着物は厚くなって，集団運動的特徴が強くなる．

(6.5.66) で与えられる RPA 近似での基底状態 $|\Phi_0\rangle$ の係数 $C_0, C_1, C_2, \cdots$ は，原理的には方程式 (6.5.40) によって定められる．事実この条件から，C_n と C_{n-1} を結びつける1組の関係式が得られ，これから C_n を定めることができるはずであるが，この際，本来は有限項からなるベキ展開 (6.5.66)† の係数 C_n が，その最終項に到る以前に充分に小さくなっていることが必要となる．このことは，とりもなおさず，基底状態 $|\Phi_0\rangle$ での粒子，空孔の平均値 $N_{\rm p}, N_{\rm h}$ が，$\Omega_{\rm p}, \Omega_{\rm h}$ にくらべて充分に小さいという RPA 近似の基本仮定 (6.5.44), (6.5.45) にほかならない．この仮定を積極的に使用して，ボソン近似まで拡張すると，方程式 (6.5.40) を具体的に解くことができる．その筋書は以下のとおりである．

まず $|\Phi_0\rangle$ が，以上の考察から

$$\left.\begin{aligned} |\Phi_0\rangle &= N_0 e^{\hat{S}}|\phi_0\rangle \\ \hat{S} &= \frac{1}{2}\sum_{\mu\nu ij} C_{\mu i,\,\nu j}\boldsymbol{A}_{\mu i}{}^{+}\boldsymbol{A}_{\nu j}{}^{+} \end{aligned}\right\} \qquad (6.5.67)$$

のような形をしていると仮定しよう．すると公式

$$e^{-\hat{S}}\mathring{O}_\rho e^{\hat{S}} = \left\{\mathring{O}_\rho + [\mathring{O}_\rho, \hat{S}] + \frac{1}{2!}[[\mathring{O}_\rho, \hat{S}], \hat{S}] + \cdots\right\}$$

と，交換関係 (6.5.49 a, b) から，方程式 (6.5.40), $\mathring{O}_\rho|\Phi_0\rangle = 0$ が，簡単な方程式

$$\{\mathring{O}_\rho + [\mathring{O}_\rho, \hat{S}]\}|\phi_0\rangle = 0 \qquad (6.5.68)$$

に還元されることがわかる．この式から $C_{\mu i,\,\nu j}$ を決定する方程式

$$\sum_{\mu i}\psi_\rho(\mu i)C_{\mu i,\,\nu j} = \varphi_\rho(\nu j) \qquad (6.5.69)$$

が得られる．この方程式の解法は，福田-後藤-後藤††, Sanderson, Da Providencia††† らによって議論されているので，ここでは省略することにする．

---

† 状態 (6.5.66) が，単一粒子状態数 $\Omega_{\rm p}$，単一空孔状態数 $\Omega_{\rm h}$ からなる考察下の部分空間内で定義されていることに注意．

†† 福田信之，後藤鉄男，後藤茂男：素粒子論研究，**21**, 363 (1960).

††† Sanderson, E. A.: *Phys. Letters*, **19**, 141 (1965), Da Providencia, J.: *ibid.*, **21**, 668 (1966).

f) 準粒子 RPA 近似

これまでの議論はすべて，簡単のために対相関の存在を無視し，Hartree-Fock の正常状態 $|\phi_0\rangle$ とそれを基準にした粒子-空孔励起状態をその出発点として採用してきた．しかしながら，第5章で述べたように，現実には強い対相関の存在のために，閉殻核を除くと，ほとんどすべての中重核の基底状態は，正常状態 $|\phi_0\rangle$ ではなく BCS 状態 $|\phi_{\mathrm{BCS}}\rangle$ ((*5. 3. 2*)) となる．したがって，その励起状態は，準粒子 (*5. 3. 19*) すなわち

$$\left.\begin{aligned} a_\alpha{}^+ &= u_a c_\alpha{}^+ - s_\alpha v_a c_{-\alpha} \\ a_\alpha &= u_a c_\alpha - s_\alpha v_a c_{-\alpha}{}^+ \end{aligned}\right\} \qquad (6.5.70)$$

$$u_a = \cos\frac{\theta_a}{2}, \qquad v_a = \sin\frac{\theta_a}{2}, \qquad s_\alpha \equiv (-1)^{j_a - m_\alpha}$$

によって特徴づけられる．このような原子核に生ずる集団運動を記述しうるように，これまでの RPA 理論を拡張し一般化することを考えよう†．

この場合の出発点となるハミルトニアンは，Bogoljubov 変換を行なった後の表現 (*5. 5. 20*)，すなわち

$$\left.\begin{aligned} &H = U + \hat{H}_0 + \hat{H}_{\mathrm{int}}, \qquad U \equiv \langle\phi_{\mathrm{BCS}}|H|\phi_{\mathrm{BCS}}\rangle \\ &\hat{H}_0 = \sum_\alpha E_a a_\alpha{}^+ a_\alpha, \qquad E_a = \sqrt{(\epsilon_a - \lambda)^2 + \Delta_a{}^2} \\ &\hat{H}_{\mathrm{int}} = \frac{1}{2}\sum_{\alpha\beta\gamma\delta} v_{\alpha\beta,\gamma\delta} : c_\alpha{}^+ c_\beta{}^+ c_\delta c_\gamma : \end{aligned}\right\} \qquad (6.5.71)$$

である．記号 : : は §5. 5(a) で説明した準粒子 a^+, a についての順序積を意味する．準粒子間相互作用 $\hat{H}_{\mathrm{int}}$ を具体的に計算してみると，次のような部分からなることがわかる．

$$\hat{H}_{\mathrm{int}} = H_{\mathrm{X}} + H_{\mathrm{V}} + H_{\mathrm{Y}} + H_{\mathrm{Y}} \qquad (6.5.72\,a)$$

$$\left.\begin{aligned} H_{\mathrm{X}} &= \sum_{\alpha\beta\gamma\delta} V_{\mathrm{X}}(\alpha\beta, \gamma\delta) a_\alpha{}^+ a_\beta{}^+ a_\delta a_\gamma \\ H_{\mathrm{V}} &= \sum_{\alpha\beta\gamma\delta} V_{\mathrm{V}}(\alpha\beta, \gamma\delta) \{a_\alpha{}^+ a_\beta{}^+ s_\delta a_{-\delta}{}^+ s_\gamma a_{-\gamma}{}^+ + \text{Hermite 共役項}\} \\ H_{\mathrm{Y}} &= \sum_{\alpha\beta\gamma\delta} V_{\mathrm{Y}}(\alpha\beta, \gamma\delta) \{a_\alpha{}^+ a_\beta{}^+ s_\delta a_{-\delta}{}^+ a_\gamma + \text{Hermite 共役項}\} \end{aligned}\right\} \qquad (6.5.72\,b)$$

---

† Kobayashi, M. & Marumori, T.: *Progr. Theoret. Phys.*, **23**, 387 (1960), Arvieu, R. & Vénéroni, M.: *Compt. rend.*, **250**, 992 (1960), Marumori, T.: *Progr. Theoret. Phys.*, **24**, 331 (1960), Baranger, M.: *Phys. Rev.*, **120**, 957 (1960).

$$\left.\begin{aligned} V_{\mathrm{X}}(\alpha\beta,\gamma\delta) &\equiv 2v_{\alpha-\delta,-\beta\gamma}s_\beta s_\delta(u_a v_b u_c v_d) \\ &\quad +\frac{1}{2}v_{\alpha\beta,\gamma\delta}(u_a u_b u_c u_d+v_a v_b v_c v_d) \\ V_{\mathrm{V}}(\alpha\beta,\gamma\delta) &\equiv \frac{1}{2}v_{\alpha\beta,\gamma\delta}(u_a u_b v_c v_d) \\ V_{\mathrm{Y}}(\alpha\beta,\gamma\delta) &\equiv v_{\alpha\beta,\gamma\delta}(u_a u_b u_c v_d)+v_{\alpha-\gamma,\delta-\beta}(u_a v_b v_c v_d)s_\gamma s_\delta \end{aligned}\right\} \quad (6.5.72\,c)$$

各部分 $H_{\mathrm{X}}, H_{\mathrm{V}}, H_{\mathrm{Y}}$ の行列要素を図 6.15 に示す.

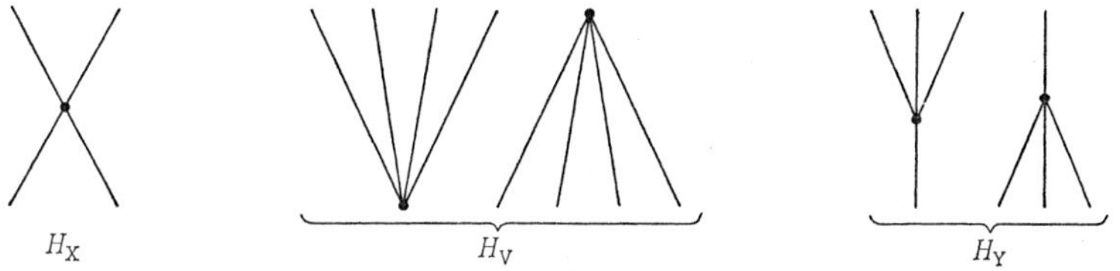

図 6.15　準粒子間相互作用 $\hat{H}_{\mathrm{int}}(H_{\mathrm{X}}, H_{\mathrm{V}}, H_{\mathrm{Y}})$ の行列要素. 直線は準粒子を意味し, 図は下(初期状態)から上(終状態)へ読む. 準粒子には粒子, 空孔の区別がないので準粒子の線に矢印をつけない

さて, 図 6.12 の時と違って, 現在の場合は, 考察下の活性軌道部分空間内の $\hat{H}_0$ のエネルギー・スペクトルは, 図 6.16 のように分類されることになる. ここでは, セニョリティ数 $v\equiv\sum_a v_a=2$, すなわち準粒子の数が 2 である状態がエネルギー最低の励起状態の 1 つのグループを形成し, 以下同様にして, 4 準粒子, 6 準粒子励起状態というグループが次々に形成されている. したがって v=一定, すなわち準粒子数が一定であるような部分空間内で, 準粒子間相互作用 $\hat{H}_{\mathrm{int}}$ を

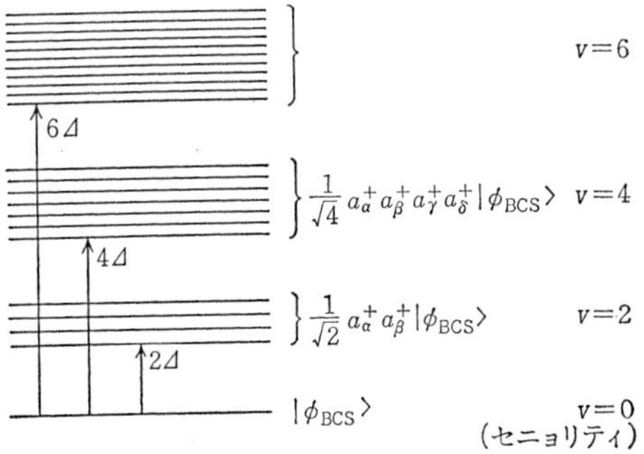

図 6.16　活性軌道部分空間内での $\hat{H}_0$ のエネルギー・スペクトル

対角化して，固有値および固有状態を求めるのが，よい近似であろう．殻模型での通常の Tamm-Dancoff 近似に対応して，これを**準粒子 Tamm-Dancoff 近似** (quasi-particle Tamm-Dancoff approximation) と呼んでいる．

以上の考察を基にすれば，前項(e)の議論は直ちに準粒子の場合に拡張できる．まず準粒子 Tamm-Dancoff 近似の下で‘対角化された2準粒子状態’を求めよう．(*6.5.55*)に対応して，2準粒子状態を

$$\frac{1}{\sqrt{2}}a_\alpha{}^+a_\beta{}^+|\phi_{\rm BCS}\rangle \equiv A_{\alpha\beta}{}^+|\phi_{\rm BCS}\rangle \qquad (6.5.73)$$

と記そう．図6.15からも明らかなように，この2準粒子 Tamm-Dancoff 部分空間内での $\hat{H}_{\rm int}$ の行列要素中，0でないものはすべて $H_{\rm X}$ から生じ，$H_{\rm V}, H_{\rm Y}$ のいずれも行列要素は0である．したがって，準粒子 Tamm-Dancoff 近似の下での‘対角化された2準粒子状態’(その固有値を $E_\rho = \hbar\omega_\rho{}^{(0)}+U$ とする)を，(*6.5.58*)と同様に

$$\left.\begin{aligned} |\phi_\rho\rangle &= \sum_{\alpha\beta}\psi_\rho{}^{(0)}(\alpha\beta)A_{\alpha\beta}{}^+|\phi_{\rm BCS}\rangle \equiv O_\rho{}^{(0)+}|\phi_{\rm BCS}\rangle \\ O_\rho{}^{(0)+} &\equiv \sum_{\alpha\beta}\psi_\rho{}^{(0)}(\alpha\beta)A_{\alpha\beta}{}^+ \end{aligned}\right\} \qquad (6.5.74)$$

とおけば，H を2準粒子 Tamm-Dancoff 部分空間内で対角化する固有値方程式

$$(E_a+E_b)\psi_\rho{}^{(0)}(\alpha\beta)+2\sum_{\gamma\delta}V_{\rm X}(\alpha\beta,\gamma\delta)\psi_\rho{}^{(0)}(\gamma\delta) = \hbar\omega_\rho{}^{(0)} \qquad (6.5.75)$$

は，(*6.5.62*), (*6.5.63*)と同様に，$A_{\alpha\beta}{}^+$ の運動方程式

$$\left.\begin{aligned} [H, A_{\alpha\beta}{}^+] &= \sum_{\gamma\delta}M_{\alpha\beta,\gamma\delta}{}'A_{\gamma\delta}{}^+ + (A^+\ \text{以外の項}) \\ M_{\alpha\beta,\gamma\delta}{}' &\equiv \frac{1}{2}(\delta_{\alpha\gamma}\delta_{\beta\delta}-\delta_{\alpha\delta}\delta_{\beta\gamma})(E_a+E_b)+2V_{\rm X}(\alpha\beta,\gamma\delta) \end{aligned}\right\} \qquad (6.5.76)$$

で(A^+ 以外の項)を無視した近似の下で，

$$[H, O_\rho{}^{(0)+}] = \hbar\omega_\rho{}^{(0)}O_\rho{}^{(0)+} \qquad (6.5.77)$$

を設定することによって求められる．2準粒子 Tamm-Dancoff 近似の固有値方程式(*6.5.75*)では，$\hat{H}_{\rm int}$ 中の $H_{\rm X}$ のみが考慮されているのであるから，摂動論の言葉でいうなら $H_{\rm X}$ の行列要素(図6.15)のみからなるダイヤグラム(図6.17)の総てを考慮したことに対応する．

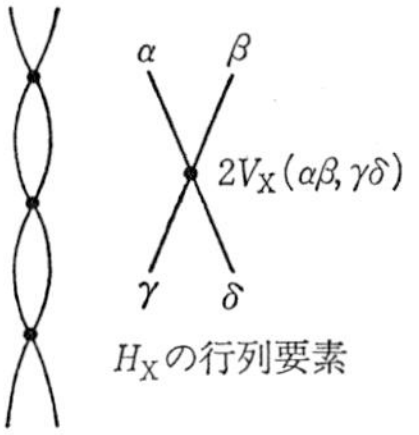

図 6.17　2 準粒子 Tamm-Dancoff 近似で考慮されるダイヤグラムのタイプ

さて，前項で述べたように，この Tamm-Dancoff 近似では，励起状態(2 準粒子状態)には H_X による相関が正しく取り入れられている一方，基底状態は依然として $|\phi_{BCS}\rangle$ そのもので，対応する何らの相関も含まれていない．$|\phi_{BCS}\rangle$ に対応する基底状態相関を取り入れるために，前項(e)の場合と同様，H_V の行列要素をも考慮するように，運動方程式(6.5.76)を拡張して

$$\left.\begin{aligned}[H, A_{\alpha\beta}{}^{+}] &= \sum_{\gamma\delta} M_{\alpha\beta,\gamma\delta}{}'\cdot A_{\gamma\delta}{}^{+} + \sum_{\gamma\delta} N_{\alpha\beta,\gamma\delta}{}'\cdot A_{-\gamma-\delta}s_\gamma s_\delta \\ &\qquad + (A^+, A \text{ 以外の項}) \\ [H, A_{-\alpha-\beta}s_\alpha s_\beta] &= -\sum_{\gamma\delta} M_{-\alpha-\beta,\gamma\delta}{}' s_\alpha s_\beta \cdot A_{\gamma\delta} \\ &\qquad -\sum_{\gamma\delta} N_{-\alpha-\beta,\gamma\delta}{}' s_\alpha s_\beta \cdot A_{-\gamma-\delta}{}^{+} s_\gamma s_\delta \\ &\qquad + (A^+, A \text{ 以外の項})\end{aligned}\right\} \quad (6.5.78)$$

とし，その上で $(A^+, A$ 以外の項$)$ を無視することにしよう．ここで，$A_{-\gamma-\delta}s_\gamma s_\delta \equiv \frac{1}{\sqrt{2}} s_\delta a_{-\delta}\cdot s_\gamma a_{-\gamma}$ $(s_\gamma \equiv (-1)^{j_c - m_\gamma})$ で，また $N_{\alpha\beta,\gamma\delta}{}'$ は

$$N_{\alpha\beta,\gamma\delta}{}' \equiv 8V_V(\gamma-\beta, -\delta\alpha)s_\beta s_\delta - 4V_V(\alpha\beta,\gamma\delta) \quad (6.5.79)$$

である．ここで，(6.5.74) の $O_\rho{}^{(0)+}$ を拡張した‘2 準粒子’演算子

$$\begin{aligned}O_\rho{}^{+} &= \sqrt{2}\sum_{\alpha\beta} \psi_\rho(\alpha\beta) A_{\alpha\beta}{}^{+} - \sqrt{2}\sum_{\alpha\beta} \varphi_\rho(\alpha\beta) s_\alpha s_\beta A_{-\alpha-\beta} \\ &= \sum_{\alpha\beta} \psi_\rho(\alpha\beta) a_\alpha{}^{+} a_\beta{}^{+} + \sum_{\alpha\beta} \varphi_\rho(\alpha\beta) s_\alpha a_{-\alpha}\cdot s_\beta a_{-\beta}\end{aligned} \quad (6.5.80)$$

を導入し，方程式

$$[H, O_\rho{}^{+}] = \hbar\omega_\rho O_\rho{}^{+} \quad (6.5.81)$$

に対して，(6.5.78) で $(A^+, A$ 以外の項$)$ を無視した近似を使用すれば，固有値方程式

$$\sum_{\gamma\delta}\begin{bmatrix} M_{\alpha\beta,\gamma\delta}{}' & N_{\alpha\beta,\gamma\delta}{}' \\ N_{\alpha\beta,\gamma\delta}{}' & M_{\alpha\beta,\gamma\delta}{}' \end{bmatrix}\begin{bmatrix}\psi_\rho(\alpha\beta) \\ \varphi_\rho(\alpha\beta)\end{bmatrix} = \hbar\omega_\rho\begin{bmatrix}\psi_\rho(\alpha\beta) \\ -\varphi_\rho(\alpha\beta)\end{bmatrix} \quad (6.5.82)$$

が得られる．この方程式は，RPA 方程式 (*6.5.27*) に対応するもので，**準粒子 RPA 近似**の基本方程式と呼ばれるものである．この式は，準粒子 Tamm-Dancoff 近似での方程式 (*6.5.75*) を基底状態相関が入りうるように拡張したものと考えることができるので，**準粒子 New Tamm-Dancoff** (quasi-particle NTD) **近似**とも呼ばれる．今度は，H_X のほかに H_V の行列要素（図 6.15 参照）も考慮されているので，この準粒子 NTD 近似下でのハミルトニアンの対角化は，摂動論の言葉でいえば，この2種の行列要素のみからなるタイプのダイヤグラム（図 6.18 (a)）の総てを考慮することに対応する．また基底状態相関は，図 6.18(b) のようなタイプのダイヤグラムを集めたものになる．

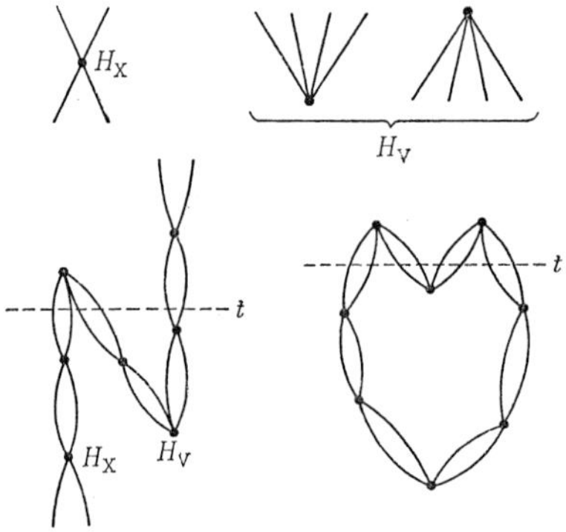

(a) ハミルトニアンの対角化　(b) 基底状態相関

図 6.18　準粒子 RPA 近似で考慮される
ダイヤグラムのタイプ

方程式 (*6.5.82*) の数学的構造は，RPA 方程式 (*6.5.27*) と全く同一である．したがって，§6.5(c) で議論された諸性質は，この場合も同様に成り立つ．たとえば，(*6.5.36*), (*6.5.39*) にそれぞれ対応する規格直交性

$$\left.\begin{aligned} &2!\sum_{\alpha\beta}\{\psi_\rho(\alpha\beta)\psi_{\rho'}(\alpha\beta)-\varphi_\rho(\alpha\beta)\varphi_{\rho'}(\alpha\beta)\}=\delta_{\rho\rho'} \\ &2!\sum_{\alpha\beta}\{\psi_\rho(\alpha\beta)\varphi_{\rho'}(-\alpha,-\beta)s_\alpha s_\beta-\varphi_\rho(\alpha\beta)\psi_{\rho'}(-\alpha,-\beta)s_\alpha s_\beta\}=0 \\ &\hspace{20em}(\hbar\omega_\rho>0) \end{aligned}\right\} \tag{6.5.83}$$

および，完備性の関係式

$$\left.\begin{array}{l}(2!)^2 \displaystyle\sum_{\rho(\hbar\omega_\rho>0)}' \{\psi_\rho(\alpha\beta)\psi_\rho(\gamma\delta)-\varphi_\rho(-\alpha-\beta)s_\alpha s_\beta\varphi_\rho(-\gamma-\delta)s_\gamma s_\delta\} \\ \quad =\delta_{\alpha\gamma}\delta_{\beta\delta}-\delta_{\alpha\delta}\delta_{\beta\gamma} \\ (2!)^2 \displaystyle\sum_{\rho(\hbar\omega_\rho>0)}' \{\psi_\rho(\alpha\beta)\varphi_\rho(-\gamma-\delta)s_\gamma s_\delta-\varphi_\rho(-\alpha-\beta)s_\alpha s_\beta\psi_\rho(\gamma\delta)\} \\ \quad =0\end{array}\right\} \qquad (6.5.84)$$

が得られる.

§6.6 RPA 方程式の特別な解とその物理的意味

a) Hartree-Fock 基底状態の安定性

§6.4(a)で述べたように，集団振動運動の記述についての第1の課題は，このような振動を生ずる母体である安定な‘平衡状態’についての知識を得ることであった．原理的には，多体系の Schrödinger 方程式の基底状態がわかればよいわけであるが，実際には不可能であるので，これまでの議論では，Hartree-Fock 近似で求めた殻模型の正常状態 $|\phi_0\rangle$（あるいは BCS 基底状態 $|\phi_{\mathrm{BCS}}\rangle$）をその出発点として採用してきた．

このような近似的基底状態をその出発点にしたために，この母体の上に与えられたわずかな‘変形’が，集団運動としての微小振動にならなくて，場合によっては成長してしまうようなものが発生する可能性がある．この場合には，母体を表わす出発点の近似的基底状態 $|\phi_0\rangle$ 自身が不安定となり，新しい近似的基底状態を改めて出発点として採用しなおすことが必要となる．

このように考えると，$|\phi_0\rangle$ を出発点として集団運動を記述する RPA 方程式の解と，この近似的基底状態 $|\phi_0\rangle$ の安定性の問題について，何らかの関係が存在するはずである．ここではこの事情を検討しよう†.

$|\phi_0\rangle$ を Hartree-Fock の変分原理によって求まった停留状態であるとし，いま次のような変分エネルギー

$$‘E’ \equiv \langle\phi_0|e^{-iF}He^{iF}|\phi_0\rangle \qquad (6.6.1)$$

$$F=\frac{1}{i}\sum_{\mu i}(f_{\mu i}c_\mu{}^+c_i-f_{\mu i}{}^*c_i{}^+c_\mu)=F^+ \qquad \text{(Hermite 演算子)}$$

† Sawada, K. & Fukuda, N.: *Progr. Theoret. Phys.*, **25**, 653(1961), Thouless, D. J.: *Nuclear Phys.*, **21**, 225(1960); **22**, 78(1961).

を考えよう．これは変分関数として，Hartree-Fock 型の波動関数(*6.4.7*)，すなわち

$$|\phi_0'\rangle = \exp iF|\phi_0\rangle = \exp\{\sum_{\mu i}(f_{\mu i}c_\mu{}^+c_i - f_{\mu i}{}^*c_i{}^+c_\mu)\}|\phi_0\rangle \qquad (6.6.2)$$

を採用したことを意味する．(*6.6.1*)は公式(*6.4.10*)を使って

$$\text{`}E\text{'} = \langle\phi_0|H|\phi_0\rangle + i\langle\phi_0|[H,F]|\phi_0\rangle + \frac{(i)^2}{2!}\langle\phi_0|[[H,F],F]|\phi_0\rangle + \cdots \qquad (6.6.3)$$

と書けるが，この第2項は

$$i\langle\phi_0|[H,F]|\phi_0\rangle = 0 \qquad (6.6.4)$$

である．($\langle\phi_0|[H, c_\mu{}^+c_i]|\phi_0\rangle = \langle\phi_0|[H, c_i{}^+c_\mu]|\phi_0\rangle = 0$ に注意.)　したがって，$|\phi_0\rangle$ は(*6.6.2*)の形の変分に対して，エネルギー期待値の停留値を与える．

さて，条件(*6.6.4*)は，確かに $|\phi_0\rangle$ がエネルギー期待値(*6.6.3*)の停留値を与えることを意味するが，このことは(*6.6.3*)が極小になるという保証ではない．$|\phi_0\rangle$ が，(*6.6.2*)の形の‘変形’に対して‘安定’であり，エネルギー期待値(*6.6.3*)を極小にするためには，任意の F について

$$\frac{(i)^2}{2}\langle\phi_0|[[H,F],F]|\phi_0\rangle \geqq 0 \qquad (6.6.5)$$

が成立することが必要である．この条件を Hartree-Fock 基底状態 $|\phi_0\rangle$ の**安定性の条件** (stability condition) と呼ぶ．

(*6.4.3*)のハミルトニアン H を用いて(*6.6.5*)を実際に計算すると，これは，任意の $f_{\mu i}$ について

$$\sum_{\mu\nu ij}[f_{\mu i}{}^*, f_{\mu i}]\begin{bmatrix} M_{\mu i,\nu j} & N_{\mu i,\nu j} \\ N_{\mu i,\nu j}{}^* & M_{\mu i,\nu j}{}^* \end{bmatrix}\begin{bmatrix} f_{\nu j} \\ f_{\nu j}{}^* \end{bmatrix} \geqq 0 \qquad (6.6.6)$$

が成立することを意味する．ここで行列 $\begin{bmatrix} M & N \\ N^* & M^* \end{bmatrix}$ は，RPA 方程式(*6.5.27*)のそれと同一のものである†．

まず，安定性の条件(*6.6.6*)が，Hermite 行列

† この項では，§6.5(c)の時と同様，一般性を保つため，ハミルトニアンの行列要素の実数条件(われわれの位相のとり方による)は使用しないことにする．

$$\begin{bmatrix} M & N \\ N^* & M^* \end{bmatrix} = \begin{bmatrix} I & 0 \\ 0 & -I \end{bmatrix} \begin{bmatrix} M & N \\ -N^* & -M^* \end{bmatrix} \equiv \boldsymbol{\tau M} \tag{6.6.7}$$

((6.5.30), (6.5.32) 参照) が正の定符号 (positive definite) であること，すなわち $\boldsymbol{\tau M}$ の固有値がすべて負でないということと，等価であることを示そう.

いま Hermite 行列 $\boldsymbol{\tau M}$ が正の定符号 (positive definite) でないとし，負の固有値 λ をもつ固有ベクトル

$$\begin{bmatrix} M & N \\ N^* & M^* \end{bmatrix} \begin{bmatrix} g \\ h \end{bmatrix} = \lambda \begin{bmatrix} g \\ h \end{bmatrix} \tag{6.6.8}$$

が存在すると仮定しよう. すると行列 $\boldsymbol{\tau M}$ の対称性から当然縮退したもう1つのベクトル

$$\begin{bmatrix} M & N \\ N^* & M^* \end{bmatrix} \begin{bmatrix} h^* \\ g^* \end{bmatrix} = \lambda \begin{bmatrix} h^* \\ g^* \end{bmatrix} \tag{6.6.9}$$

が得られるから，つねに固有ベクトル

$$\begin{bmatrix} g+h^* \\ h+g^* \end{bmatrix}, \quad i\begin{bmatrix} g-h^* \\ h-g^* \end{bmatrix} \tag{6.6.10}$$

をつくることができ，この2つのベクトルのいずれもが0であることはない. そこで，(6.6.2) の $f_{\mu i}, f_{\mu i}{}^*$ をたとえば $f_{\mu i}=g_{\mu i}+h_{\mu i}{}^*$, $f_{\mu i}{}^*=g_{\mu i}{}^*+h_{\mu i}$ のように選べば，こうしてつくられた $f_{\mu i}$ は安定性の条件 (6.6.6) を満足しない. こうして，$\boldsymbol{\tau M}$ が負の固有値をもつときは，安定性の条件 (6.6.5) を破るような演算子 F が存在しうることになる.

次に，$|\phi_0\rangle$ が安定であるときは，RPA 方程式 (6.5.29) の物理的に意味のあるすべての解が，実数の固有値 $\hbar\omega$ をもつことを示そう.

いま (6.5.29) で複素数の $\hbar\omega_{\rho_0}$ をもった解 $\boldsymbol{\Psi}_{\rho_0} \equiv \begin{bmatrix} \boldsymbol{\psi}_{\rho_0} \\ \boldsymbol{\varphi}_{\rho_0} \end{bmatrix}$ があったとしよう. このとき，

$$\begin{aligned} [\boldsymbol{\psi}_{\rho_0}{}^*, \boldsymbol{\varphi}_{\rho_0}{}^*] \begin{bmatrix} M & N \\ N^* & M^* \end{bmatrix} \begin{bmatrix} \boldsymbol{\psi}_{\rho_0} \\ \boldsymbol{\varphi}_{\rho_0} \end{bmatrix} &= \hbar\omega_{\rho_0} [\boldsymbol{\psi}_{\rho_0}{}^*, \boldsymbol{\varphi}_{\rho_0}{}^*] \begin{bmatrix} I & 0 \\ 0 & -I \end{bmatrix} \begin{bmatrix} \boldsymbol{\psi}_{\rho_0} \\ \boldsymbol{\varphi}_{\rho_0} \end{bmatrix} \\ &= \hbar\omega_{\rho_0} \sum_{\mu i} \{\psi_{\rho_0}{}^*(\mu i)\psi_{\rho_0}(\mu i) - \varphi_{\rho_0}{}^*(\mu i)\varphi_{\rho_0}(\mu i)\} \end{aligned} \tag{6.6.11}$$

が得られる. さて，$|\phi_0\rangle$ が安定であるから，Hermite 行列 $\boldsymbol{\tau M}$ は正の定符号 (positive definite) であり，(6.6.11) の左辺はこの行列の期待値であるから負で

ない実数となる．一方(*6.6.11*)の右辺の $\hbar\omega_{\rho0}$ の係数は明らかに実数である．したがって $\hbar\omega_{\rho0}$ が複素数であれば，この係数は0でなければならない．また，$\boldsymbol{\tau M}$ にその固有値が0であるような固有状態があれば，それについての期待値が，(*6.6.11*)の左辺を最小にすることになるが，この場合には，$\hbar\omega_{\rho0}$ もまた0にならざるをえない．このことから，次のことが結論される．$|\phi_0\rangle$ の安定性の条件(*6.6.5*)(すなわち(*6.6.6*))が満足されている限り，RPA 方程式の解 $\hbar\omega_\rho$ は，決して複素数にはならない．

簡単な模型(*6.5.16*)の $\chi>0$(引力)の場合で，この事情を具体的にみてみよう．(*6.5.19*)から，有効相互作用の強さ χ が

$$\chi>\frac{1}{2}\left[\sum_{\mu i}\frac{|Q_{\mu i}|^2}{(\epsilon_\mu-\epsilon_i)}\right]^{-1} \tag{6.6.12}$$

になると，$\hbar\omega$ は虚数となる．このことは(*6.5.25*)からもわかるように，集団振動の復元力パラメーター C が負の値を持ち，この種の‘変形’による集団運動が振動型にならず成長してしまうことを意味する．すなわち，$|\phi_0\rangle$ はもはや安定でなく，新しい近似的基底状態を見出すことが必要となる．たとえば，有効相互作用が(*6.5.21*)の場合は，この強い有効相互作用の効果をはじめから取り入れて，§4.2で議論したような4重極変形をした平均ポテンシャルでの正常状態 $|\phi_0(\beta_0\gamma_0)\rangle$ を新たな近似的基底状態として採用することが必要となる．このとき注意しなければならないことは，Hartree-Fock の方法でこの有効相互作用を平均ポテンシャルとして取り込むときは，全角運動量のよい固有状態であるという系の本来の対称性を破った変分関数 $|\phi_0(\beta_0\gamma_0)\rangle$ を用いてはじめてそれが可能になる，ということである．

したがって，一般に，系の基底状態を Hartree-Fock の方法で求めるときに，どのような対称性を破ったものを変分関数として採用したらよいかという問題は，原理的には，はじめに対称性が保存されている(Hartree-Fock 型の)近似的基底状態を用いて，RPA 方程式を解くという問題に還元されることになる．その固有値が複素数になるような集団運動のモードを探しだし，その上で，そのモードを特徴づける相関の原因となる有効相互作用の部分を，はじめから取り込めるように変分関数の対称性を破ればよいわけである．

b) ‘見せかけの状態’と 0 励起エネルギー解

Hermite 演算子である *(6.6.2)* の変分生成演算子 F が運動の恒量であるような特別な場合を考えてみよう．この場合は，$[H, F]=0$ が成り立つから，明らかに *(6.6.3)* の第 3 項も 0 となる．このとき，変分関数について，次の 2 つの可能性が考えられる．

(i) 近似的基底状態 $|\phi_0\rangle$ が変分生成演算子 F の固有状態 $F|\phi_0\rangle=\chi|\phi_0\rangle$ (χ: 固有値)で，$\exp iF|\phi_0\rangle=\exp i\chi|\phi_0\rangle$ の場合．この場合はすべての $f_{\mu i}$ が 0 となり，F を変分の生成演算子と見なすことができない．

(ii) $|\phi_0\rangle$ が F の固有状態でなく，(前項で述べたような理由から) F についての対称性を破っているような場合．この時は，もちろん $|\phi_0'\rangle\equiv\exp iF|\phi_0\rangle\neq|\phi_0\rangle$，すなわち $f_{\mu i}\neq 0$ であるから，近似的基底状態 $|\phi_0\rangle$ と同一エネルギーをもつ $|\phi_0'\rangle$ が存在し，‘見せかけの縮退’(spurious degeneracy) が発生することになる．

(ii) の場合の最も簡単な例として，F が全運動量 $\hat{\boldsymbol{P}}$

$$\hat{\boldsymbol{P}}=\sum_{\alpha\beta}\langle\alpha|\frac{\hbar}{i}\frac{\partial}{\partial\boldsymbol{x}}|\beta\rangle c_\alpha{}^+c_\beta \qquad (6.6.13)$$

である場合を考えよう．このときは，Hartree-Fock 近似で求めた殻模型の波動関数 $|\phi_0\rangle$ が空間的に局在化しているために，$[H, \hat{\boldsymbol{P}}]=0$ であるにもかかわらず，$|\phi_0\rangle$ は $\hat{\boldsymbol{P}}$ の固有状態ではありえない．したがって必ず(重心の移動と結びついた) $\exp i\boldsymbol{a}\cdot\hat{\boldsymbol{P}}|\phi_0\rangle\equiv|\phi_0'\rangle$ ($\boldsymbol{a}$: 任意の定数ベクトル) であるような‘見せかけの縮退’が発生する．

このような，対称性の破れに起因する‘見せかけの状態’の発生は，一般に Hartree-Fock の方法ではさけられないことであって，複雑な核の基底状態を簡単な 1 粒子波動関数の Slater 行列で近似することに対する代償と見なすことができよう．

さて，近似的基底状態 $|\phi_0\rangle$ での‘みせかけの縮退’の存在が，RPA 方程式に固有値 0 の特別な解を与えることが，以下のようにしてわかる．簡単のため *(6.6.2)* の F として全角運動量演算子 *(6.6.13)* の z 成分 $\hat{P}_z$ を採用しよう．このときは，

$$\exp iF|\phi_0\rangle=\exp i\hat{P}_z|\phi_0\rangle$$

$$\equiv \exp i\left[\sum_{\mu i}\left\{\langle\mu|\frac{\hbar}{i}\frac{\partial}{\partial z}|i\rangle c_\mu{}^+c_i+\langle i|\frac{\hbar}{i}\frac{\partial}{\partial z}|\mu\rangle c_i{}^+c_\mu\right\}\right]|\phi_0\rangle \quad (6.6.14)$$

であるから，(6.6.2) の $f_{\mu i}$ は

$$f_{\mu i}=(i)\langle\mu|\frac{\hbar}{i}\frac{\partial}{\partial z}|i\rangle \quad (6.6.15)$$

となる．この場合は，F が運動の恒量 $\hat{P}_z$ であることから，(6.6.5) の左辺は当然0で，したがって (6.6.15) の $f_{\mu i}$ に対しては，(6.6.6) から，

$$\sum_{\nu j}\begin{bmatrix} M_{\mu i,\nu j} & N_{\mu i,\nu j} \\ N_{\mu i,\nu j}{}^* & M_{\mu i,\nu j}{}^* \end{bmatrix}\begin{bmatrix} f_{\nu j} \\ f_{\nu j}{}^* \end{bmatrix}=0 \quad (6.6.16)$$

が得られる．RPA 方程式 (6.5.29) と比べれば明らかなように，(6.6.16) は，$\hat{P}_z$ が RPA 方程式の固有値 $\hbar\omega$ が0であるような特別な解であることを意味する．こうして，近似的基底状態 $|\phi_0\rangle$ での‘みせかけの縮退’の存在は，0励起エネルギーをもった‘みせかけの励起状態’

$$\hat{\boldsymbol{P}}|\Phi_0\rangle \qquad (|\Phi_0\rangle : \text{RPA 近似の基底状態})$$

を与えることになる．RPA 近似下でのこの結論は，通常の Tamm-Dancoff 近似とくらべた場合の RPA 近似の1つの利点と考えることができる．Tamm-Dancoff (殻模型)近似での計算では，重心運動と結びついた‘みせかけの 1p-1h 励起状態’

$$\hat{\boldsymbol{P}}|\phi_0\rangle=\sum_{\mu i}\langle\mu|\frac{\hbar}{i}\frac{\partial}{\partial \boldsymbol{x}}|i\rangle c_\mu{}^+c_i|\phi_0\rangle$$

は0励起エネルギーとはならず，物理的に意味のある励起状態と絡まりあうため，これを取り除くために特別な努力が要求されるからである．

‘みせかけの状態’ではあるにせよ，RPA 方程式に $\hbar\omega=0$ の0励起エネルギー解が存在することになると，§6.5(c) での議論は，形式的には2つの点で改良されねばならなくなる．その1つは，(RPA 近似での) 方程式 (6.5.34) の解の完備性関係 (6.5.39) は，$\hbar\omega_\rho=0$ の解が存在しないことを前提として成立したものであったことである．第2の点は，(6.5.36) の規格化条件を保証する関係式 $\langle\Phi_0|[O_\rho, O_\rho{}^+]|\Phi_0\rangle=1$ ((6.5.42), (6.5.43) 参照) は，0励起エネルギー解に対しては成立しないことである．事実，0励起エネルギーのモードを $O_{\rho=0}{}^+$ とすれば，(0励起エネルギー解の1つである $\hat{P}_z$ がそうであるように，) このモードに対し

ては，常に $O_0{}^+=O_0$ (Hermite 演算子) とすることが可能であるからである†.

簡単のためにボソン近似 (*6.5.49*) を使用して，この改良の問題を検討しよう．そのために，これまでのような，生成，消滅演算子 $\mathring{O}_\rho{}^+, \mathring{O}_\rho$ (*6.5.50*) を方程式 (*6.5.34*) に基づいて求めるという問題のたて方をやめて，問題を，ハミルトニアン $\mathring{H}$ (*6.5.52*) を直接振動子型

$$\mathring{H}=\frac{1}{2}\sum_\rho(\mathring{p}_\rho{}^2+\omega_\rho{}^2\mathring{q}_\rho{}^2)+(\text{定数}) \tag{6.6.17}$$

にするような1対の正準共役量 $\mathring{q}_\rho, \mathring{p}_\rho$ の完全な組を求める，という形で考え直すと便利である．この1対の正準共役量は，$\mathring{O}_\rho{}^+, \mathring{O}_\rho$ と同様粒子・空孔演算子 $\boldsymbol{A}_{\mu i}{}^+$ $(\leftrightarrow c_\mu{}^+c_i)$, $\boldsymbol{A}_{\mu i}$ $(\leftrightarrow c_i{}^+c_\mu)$ (*6.5.49*) の1次結合で表わされるものとしよう．もちろんこれらは Hermite 演算子であり，交換関係

$$[\mathring{q}_\rho, \mathring{p}_\sigma]=i\hbar\delta_{\rho\sigma}, \qquad [\mathring{q}_\rho, \mathring{q}_\sigma]=[\mathring{p}_\rho, \mathring{p}_\sigma]=0 \tag{6.6.18}$$

を満足する．この場合，解くべき基本の方程式は (*6.5.34*), (*6.5.35*) のかわりに，

$$[\mathring{H}, \mathring{p}_\rho]=i\hbar\omega_\rho{}^2\mathring{q}_\rho, \qquad [\mathring{H}, \mathring{q}_\rho]=-i\hbar\mathring{p}_\rho \tag{6.6.19}$$

となる．$\hbar\omega_\rho\neq0$ のとき，この方程式は (*6.5.34*), (*6.5.35*) と完全に等価で，通常のように

$$\mathring{q}_\rho=\sqrt{\frac{\hbar}{2\omega_\rho}}(\mathring{O}_\rho{}^++\mathring{O}_\rho), \qquad \mathring{p}_\rho=i\sqrt{\frac{\hbar\omega_\rho}{2}}(\mathring{O}_\rho{}^+-\mathring{O}_\rho) \tag{6.6.20}$$

の関係が得られることはよく知られている．形式 (*6.6.19*) の利点は，0励起エネルギーの解に対しても，これが同時に成立するという点である．このとき，(*6.6.19*) は

$$[\mathring{H}, \mathring{p}_{\rho=0}]=0, \qquad [\mathring{H}, \mathring{q}_{\rho=0}]=-i\hbar\mathring{p}_{\rho=0} \tag{6.6.21}$$

となり，0励起エネルギー解 $\mathring{p}_0$ に対して，その正準共役量 $\mathring{q}_0$ が存在することを明示する．また，この0励起エネルギー・モードの解の規格化条件を与える関係式としては，($[\mathring{O}_\rho, \mathring{O}_\rho{}^+]=1$ のかわりに)

$$[\mathring{q}_0, \mathring{p}_0]=i\hbar \tag{6.6.22}$$

が存在することになる．以上をまとめると，$\hbar\omega_\rho\neq0$ の解に対してはこれまでど

---

† (*6.5.34*), (*6.5.35*) から，$O_\rho{}^+=O_\rho$ ならば，$\hbar\omega_\rho=0$ であることが明らかである．逆に $O_0{}^+$ を0励起エネルギー解 ($\hbar\omega_{\rho=0}=0$) とすれば，O_0 も同様に0励起エネルギーの解となる．$O_0{}^+$ が Hermite 演算子でないときは，$(O_0{}^++O_0)$, $i(O_0-O_0{}^+)$ を解とすることによって，常に Hermite 化することが可能である．

おり，モードの生成，消滅演算子 $\mathring{O}_\rho^+, \mathring{O}_\rho$ を方程式(6.5.34), (6.5.35)を使用して求め，0励起エネルギー・モードに対しては，方程式(6.6.21), (6.6.22)を使って1対の正準共役量 $\mathring{p}_0, \mathring{q}_0$ を求めればよいことがわかる．

(6.6.17)の $\mathring{H}$ から明らかなように，$\hbar\omega_\rho=0$ の0励起エネルギー解のハミルトニアンへの寄与は，$\mathring{p}_0^2/2$ となり，その正準共役量 $\mathring{q}_0$ には依存しない．$\mathring{p}_0$ の1つとして先に調べた全運動量演算子の z 成分 $\hat{P}_z$ を採用してみよう．このときは，

$$\mathring{p}_0 = \frac{1}{\sqrt{NM}}\mathring{\hat{P}}_z \equiv \frac{1}{\sqrt{NM}}\sum_{\mu i}\left\{\langle\mu|\frac{\hbar}{i}\frac{\partial}{\partial z}|i\rangle \boldsymbol{A}_{\mu i}{}^+ + \langle i|\frac{\hbar}{i}\frac{\partial}{\partial z}|\mu\rangle \boldsymbol{A}_{\mu i}\right\} \qquad (6.6.23)$$

(M: 核子の質量，N: 核子数)

であるが，この $\mathring{p}_0$ と(6.6.21), (6.6.22)を満足する $\mathring{q}_0$ は，重心の座標 $\mathring{Z}$,

$$\mathring{q}_0 = \sqrt{NM}\cdot\mathring{Z} \equiv \sqrt{NM}\cdot\frac{1}{N}\sum_{\mu i}\{\langle\mu|z|i\rangle \boldsymbol{A}_{\mu i}{}^+ + \langle i|z|\mu\rangle \boldsymbol{A}_{\mu i}\} \qquad (6.6.24)$$

となる．そして，このモードの $\mathring{H}$ への寄与は，

$$\frac{1}{2}\mathring{p}_0{}^2 \equiv \frac{1}{2NM}\hat{P}_z{}^2$$

となり，通常の重心運動のエネルギーを表わすことになる．

以上で，RPA 方程式に0励起エネルギー解が存在するときは，これまでの演算子対 O_ρ^+, O_ρ (すなわち p_ρ, q_ρ), $\hbar\omega_\rho>0$ のほかに，これと独立な1対の演算子 (p_0, q_0) が完全な組をつくるのに必要であることがわかった．したがって，$\boldsymbol{A}_{\mu i}{}^+$ $(\leftrightarrow c_\mu{}^+c_i)$, $\boldsymbol{A}_{\mu i}$ $(\leftrightarrow c_i{}^+c_\mu)$ の1次結合で表わされるボソン近似下での任意の1体演算子 $\mathring{F}(\leftrightarrow F)$ は，この完全な組によって，次のように展開することができる．

$$\begin{aligned}\mathring{F} &= \sum_{\mu i} F_{\mu i}\boldsymbol{A}_{\mu i}{}^+ + \sum_{\mu i} F_{i\mu}\boldsymbol{A}_{\mu i}\\ &= \sum_{\rho(\hbar\omega_\rho>0)}{}' \{[\mathring{O}_\rho, \mathring{F}]\mathring{O}_\rho{}^+ + [\mathring{F}, \mathring{O}_\rho{}^+]\mathring{O}_\rho\} + \frac{i}{\hbar}[\mathring{F}, \mathring{q}_0]\mathring{p}_0 + \frac{i}{\hbar}[\mathring{p}_0, \mathring{F}]\mathring{q}_0\end{aligned} \qquad (6.6.25)$$

特に $\mathring{F}$ が $\boldsymbol{A}_{\mu i}{}^+$ である場合には(6.6.25)は

$$\begin{aligned}\boldsymbol{A}_{\mu i}{}^+ = &\sum_{\rho(\hbar\omega_\rho>0)}{}' \{\psi_\rho{}^*(\mu i)\mathring{O}_\rho{}^+ + \varphi_\rho(\mu i)\mathring{O}_\rho\} - \frac{i}{\hbar}\langle\mu|q_0|i\rangle^*\cdot\mathring{p}_0\\ &+ \frac{i}{\hbar}\langle\mu|p_0|i\rangle^*\cdot\mathring{q}_0\end{aligned} \qquad (6.6.26)$$

となる．ただし $\langle\mu|q_0|i\rangle, \langle\mu|p_0|i\rangle$ は

$$\left.\begin{aligned}\mathring{q}_0 &\equiv \sum_{\mu i}\{\langle\mu|q_0|i\rangle \boldsymbol{A}_{\mu i}{}^{+}+\langle i|q_0|\mu\rangle \boldsymbol{A}_{\mu i}\}, \qquad \langle\mu|q_0|i\rangle=\langle i|q_0|\mu\rangle^{*}\\ \mathring{p}_0 &\equiv \sum_{\mu i}\{\langle\mu|p_0|i\rangle \boldsymbol{A}_{\mu i}{}^{+}+\langle i|p_0|\mu\rangle \boldsymbol{A}_{\mu i}\}, \qquad \langle\mu|p_0|i\rangle=\langle i|p_0|\mu\rangle^{*}\end{aligned}\right\} \tag{6.6.27}$$

で定義されるものとする．

(*6.6.26*) は，0 励起エネルギー解の存在によって，§6.5(c) で与えられた完備性関係 (*6.5.39*) が，以下のように改良されねばならないことを意味する．

$$\left.\begin{aligned}&\sum_{\rho(\hbar\omega_\rho>0)}{}'\{\psi_\rho{}^*(\mu i)\psi_\rho(\nu j)-\varphi_\rho(\mu i)\varphi_\rho{}^*(\nu j)\}-\frac{i}{\hbar}\langle\mu|q_0|i\rangle^*\langle\nu|p_0|j\rangle\\ &\qquad\qquad+\frac{i}{\hbar}\langle\mu|p_0|i\rangle^*\langle\nu|q_0|j\rangle=\delta_{\mu\nu}\delta_{ij}\\ &\sum_{\rho(\hbar\omega_\rho>0)}{}'\{\psi_\rho(\mu i)\varphi_\rho{}^*(\nu j)-\varphi_\rho{}^*(\mu i)\psi_\rho(\nu j)\}+\frac{i}{\hbar}\langle\mu|q_0|i\rangle\langle\nu|p_0|j\rangle\\ &\qquad\qquad+\frac{i}{\hbar}\langle\mu|p_0|i\rangle\langle\nu|q_0|j\rangle=0\end{aligned}\right\} \tag{6.6.28}$$

§6.7　対相関力＋4 重極相関力模型

a)　対相関力＋4 重極相関力模型

§6.5(e) で，集団振動に寄与する有効相互作用の役割に重点を置いて RPA 方程式を検討し，フォノン型集団運動にとっては，有効相互作用 (*5.1.19 b*) 中，特に $H_{\rm ph}$ (*5.1.20 c*) が本質的な役割を演ずることを示した．すでに §6.1 で述べたように，実験的には，この種の集団運動中で，特に強い集団性を示すものは $J^\pi=2^+$ の 4 重極振動モードであった．このことは $H_{\rm ph}$ 中でも特に図 6.19(a) のような行列要素が大きいことを意味する．すなわち，(*5.1.20 c*) の $H_{\rm ph}$ を，(*5.1.12*) を使って

$$\begin{aligned}H_{\rm ph}&=2\sum_{\alpha\beta\gamma\delta}v_{\alpha\beta,\gamma\delta}a_\alpha{}^+s_\gamma b_{-\gamma}{}^+s_\beta b_{-\beta}a_\delta\equiv 2\sum_{\mu\nu ij}v_{\mu j,i\nu}c_\mu{}^+c_ic_j{}^+c_\nu\\ &=-2\sum_{J(M)}F(acdb\,;J)\{\sum_{m_\alpha m_\gamma}(j_a m_\alpha j_c m_\gamma|JM)a_\alpha{}^+b_\gamma{}^+\}\\ &\quad\times\{\sum_{m_\beta m_\delta}(j_d m_\delta j_b m_\beta|JM)b_\beta a_\delta\}\end{aligned} \tag{6.7.1}$$

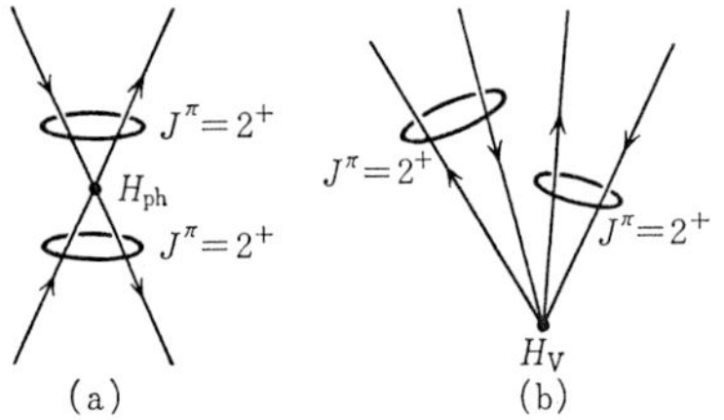

図6.19 4重極相関力の $H_{\rm ph}$ および $H_{\rm V}$ の行列要素

と書いたとき，$F(acdb\,;J)$ 中の $J=2$ の部分が特別に大きいことを意味する．

そこで，$F(acdb\,;J)$ のこの性質を模型化して

$$F(acdb\,;J)=\chi\cdot q(ac)q(db)\delta_{J,2} \tag{6.7.2}$$

のように簡単化しよう．$\chi>0$ は相互作用の強さを表わす定数で，また $q(ac)$ は簡単のために，質量4重極能率(6.4.4)の行列要素 $q_{\alpha\gamma}{}^{(2M)}\equiv\langle\alpha|r^2Y_{2M}(\theta,\varphi)|\gamma\rangle$ の動径部分

$$q_{\alpha\gamma}{}^{(2M)}=q(ac)\sum_{m_\alpha m_\gamma}s_\gamma(j_a m_\alpha j_c -m_\gamma|2M) \tag{6.7.3}$$

であるようなものを採用しよう．このとき，(6.7.1)の $v_{\mu j,i\nu}$ は，

$$v_{\mu j,i\nu}=-\chi\sum_{M=-2}^{+2}q_{\mu i}{}^{(2M)}q_{\nu j}{}^{(2M)} \tag{6.7.4}$$

となり，§6.5(b)で議論した‘簡単な模型’の場合に相当する．もちろん，この場合には，$J^\pi=2^+$ に結合した1p-1h対

$$B_{2M}{}^+(ac)=\sum_{m_\alpha m_\gamma}(j_a m_\alpha j_c m_\gamma|2M)a_\alpha{}^+b_\gamma{}^+$$

だけが相互作用を受け，他の $J\neq2$ の1p-1h対は相互作用を受けないことになる．以上の考察から，4重極変形集団運動に本質的な役割を演ずる有効相互作用として，模型化された

$$H^{(QQ)}=-\frac{1}{2}\chi\sum_{M=-2}^{+2}\hat{Q}_{2M}{}^+\hat{Q}_{2M} \tag{6.7.5}$$

がよく使用される．$\hat{Q}_{2M}$ は(6.4.4)の質量4重極能率演算子

$$\hat{Q}_{2M}=\sum_{\alpha\beta}\langle\alpha|r^2Y_{2M}(\theta,\varphi)|\beta\rangle c_\alpha{}^+c_\beta$$

$$= \sum_{ab} q(ab) \sum_{m_\alpha m_\beta} (j_a m_\alpha j_b - m_\beta | 2M) c_\alpha{}^+ s_\beta c_\beta$$

である．この有効相互作用(*6. 7. 5*)を通常**4 重極相関力**(quadrupole force)と呼んでいる．

4 重極相関力は，§5. 2 (a) で議論した対相関力と同様な意味で，本来，有効相互作用(*5. 1. 19 b*)中の H_{ph} 部分を特徴づけるものとして導入されたものであることを忘れてはならない．したがって，有効相互作用(*5. 1. 19 b*)の'一部分'の特性を端的に表現したものにすぎず，それ自身が現実の核力のように実在的意味をもつものではない．むしろ，集団運動を特徴づける核子間の相関の模型化された担い手として，その'機能'にこそ積極的な意味をもつと考えるべきであろう．

1959 年 Bohr および Mottelson を中心とするコペンハーゲン・グループは，対相関と 4 重極相関とを低エネルギー核現象を特徴づける 2 種類の本質的に相異なる基本的な核子間相関と考え，核現象におけるこの相関の複雑な絡み合いを明らかにすることを目的として，対相関力 $H_{\text{int}}{}^{(\text{pair})}$ (*5. 2. 4*) と 4 重極相関力 $H^{(QQ)}$ を有効相互作用とする殻模型のハミルトニアン

$$H_{P+QQ} = H_0 + H_{\text{int}}{}^{(\text{pair})} + H^{(QQ)} \tag{6.7.6}$$

を使用することを提唱した．これを**対相関力＋4 重極相関力模型**(pairing-plus-quadrupole-force model ; $P+QQ$ 模型) と呼んでいる．この模型では，原子核を球形に保とうとする基本的な相関が $H_{\text{int}}{}^{(\text{pair})}$ によって代表され，一方原子核に 4 重極変形を与えようとする基本的な相関が $H^{(QQ)}$ によって与えられる．

(*5. 2. 3*) および (*6. 7. 2*) から明らかなように，対相関力も 4 重極相関力も，それぞれ本来は反対称化された行列要素 (*5. 1. 4*) をもつ有効相互作用の模型として導入されたものであるから，本来の有効相互作用の交換行列要素(exchange matrix elements)の効果は，すでにそれぞれ対相関力および 4 重極相関力の直接行列要素 (direct matrix elements) の中に自動的に含まれていると考える．したがって $P+QQ$ 模型では，通常，以下の仮定が大前提となる．

(i) 対相関力および 4 重極相関力の分解可能な直接行列要素のみが物理的に意味のあるものと考え，その交換行列要素は無視する．

(ii) 対相関力の Hartree-Fock ポテンシャルへの寄与は，それが，対相関力の行列要素の粒子状態対の角運動量の再結合によって生ずるものであるから，

(i)と同じ理由で，これを無視する.

(iii) 同様な理由で，4重極相関力の行列要素の粒子状態対の再結合によって生ずる対相関ポテンシャル Δ への寄与は，これを無視する.

以上の仮定により，非本質的な複雑さが実際の計算から自動的に取り除かれ，簡単な見通しのよい結果が得られるのが，この模型の大きな利点である.

こうして，§6.1〜§6.3で述べたような，Bohr-Mottelsonの集団模型の背後にあって低エネルギー核現象を特徴づけていたいろいろな物理量が，この $P+QQ$ 模型を使用することによって，2つのパラメーター(対相関力の強さ G_0 と4重極相関力の強さ χ)と，(考察下の活性軌道部分空間内での)核子の数の関数として求まることになり，集団励起状態の諸性質や，本質的に相異なる2種類の相関の複雑なからみあいなどを明らかにすることが可能になった. 以下そのいくつかについて簡単に述べよう.

b) 対相関振動

まず，対相関力および4重極相関力の強さが，充分に強くなく，それぞれ

$$G_0 < G_{\text{crit}}, \qquad \chi < \chi_{\text{crit}} \tag{6.7.7}$$

を満足するような場合を考えよう. ただし $G_{\text{crit}}, \chi_{\text{crit}}$ はそれぞれ

$$\frac{1}{4}G_{\text{crit}}\sum_{\alpha}\frac{1}{|\epsilon_a-\lambda|}=1, \qquad 2\chi_{\text{crit}}\sum_{\mu i}\frac{|q_{\mu i}{}^{(2M)}|^2}{(\epsilon_\mu-\epsilon_i)}=1 \tag{6.7.8}$$

を満足する G_0 および χ の値とする((5.3.17)および(6.6.12)参照). (6.7.7)の場合は，Hartree-Fock近似で求めた球対称平均ポテンシャルでの殻模型の正常状態 $|\phi_0\rangle$ は安定で，閉殻核の近似的基底状態と考えることができる. そして，前項での $P+QQ$ 模型の仮定に基づいて，対相関力の存在に影響されることなく，§6.5(b)で議論したような $J^\pi=2^+$ の4重極(変形)振動が $H^{(QQ)}$ によって引き起こされる. 同時にまた，この4重極振動とは独立に，$H_{\text{int}}{}^{(\text{pair})}$ によって以下のような特別な集団運動が発生する.

§6.5(e)では'1p-1h'型の振動モードについて，NTDの方法を説明したが，この時の議論と全く同じ論理に従って，'着物を着た(すなわち基底状態相関を伴った)2粒子'('2p')および'着物を着た2空孔'('2h')の $J^\pi=0^+$ の状態の生成演算子

$$O_{(2p)\tau}{}^+ = \sum_{\mu\nu} \psi_\tau(\mu\nu) c_\mu{}^+ c_\nu{}^+ + \sum_{ij} \varphi_\tau(ij) c_j{}^+ c_i{}^+ \qquad (6.7.9\,a)$$

$$O_{(2h)K}{}^+ = \sum_{ij} \psi_K(ij) c_i c_j + \sum_{\mu\nu} \varphi_K(\mu\nu) c_\nu c_\mu \qquad (6.7.9\,b)$$

を導入しよう†. τ, K はそれぞれ '2p' および '2h' 状態を指定するに必要な1組の量子数とする. そしてこの演算子に対して, 方程式

$$[H, O_{(2p)\tau}{}^+]\ (=[H_0+H_{\rm int}{}^{(\rm pair)}, O_{(2p)\tau}{}^+]) = \hbar\omega_\tau O_{(2p)\tau}{}^+ \qquad (\hbar\omega_\tau>0) \qquad (6.7.10\,a)$$

$$[H, O_{(2h)K}{}^+]\ (=[H_0+H_{\rm int}{}^{(\rm pair)}, O_{(2h)K}{}^+]) = \hbar\omega_K O_{(2h)K}{}^+ \qquad (\hbar\omega_K>0) \qquad (6.7.10\,b)$$

$$\left(H_0 = \sum_\mu (\epsilon_\mu-\lambda) a_\mu{}^+ a_\mu + \sum_i (\lambda-\epsilon_i) b_i{}^+ b_i \qquad (\lambda:\ \text{Fermi エネルギー})\right)$$

を設定し, 左辺の計算を行なった後, $c_\mu{}^+c_\nu{}^+, c_\nu c_\mu, c_i{}^+c_j{}^+, c_j c_i$ のような2次の項だけを取り上げ, それ以外のすべての4次の順序積の項を無視することにしよう. こうしてNTD近似下での '2p' および '2h' モードに対する固有値方程式が得られる. この方程式を変形すると, ちょうど '1p-1h' モードのときの(*6.5.19*)に相当する以下の方程式が求まる.

$$\frac{1}{G_0} = \frac{1}{2}\sum_\mu \frac{1}{\{2|\epsilon_\mu-\lambda|-\hbar\omega_\tau\}} + \frac{1}{2}\sum_i \frac{1}{\{2|\epsilon_i-\lambda|+\hbar\omega_\tau\}} \qquad (6.7.11\,a)$$

$$\frac{1}{G_0} = \frac{1}{2}\sum_\mu \frac{1}{\{2|\epsilon_\mu-\lambda|+\hbar\omega_K\}} + \frac{1}{2}\sum_i \frac{1}{\{2|\epsilon_i-\lambda|-\hbar\omega_K\}} \qquad (6.7.11\,b)$$

方程式(*6.7.11*)の解の一般的性質は形式的には, '1p-1h' モードの場合の図6.11に似ている. 今度の場合は, 図6.11の水平な直線は $G_0{}^{-1}$ に対応し, 図の右側に(*6.7.11 a*)の解 $\hbar\omega_\tau$ (>0) が来て, ちょうど粒子数 $N+2$ 個の系のエネルギーを表わすことになる. 左側には, (*6.7.11 b*)の解 $\hbar\omega_K$ (>0) が来て, これは $N-2$ 個の核子系のエネルギーを表わす. 4重極振動のフォノンのときと同様, 今度は最低エネルギーの解 $\hbar\omega_{\tau0}, \hbar\omega_{K_0}$ が $H_{\rm int}{}^{(\rm pair)}$ による基底状態相関のため特別に低くなることがわかる. このような(*6.7.9 a*), (*6.7.9 b*)によって記述され

† $O_{(2p)\tau}{}^+, O_{(2h)K}{}^+$ は $J^\pi=0^+$ モードの生成演算子であるから, 実際には, (*6.7.9*)の $\psi(\alpha\beta), \varphi(\alpha\beta)$ は,

$$\psi(\alpha\beta) = \psi(aa)\delta_{ab}(j_a m_\alpha j_b m_\beta|00), \qquad \varphi(\alpha\beta) = \varphi(aa)\delta_{ab}(j_a m_\alpha j_b m_\beta|00)$$

の形をしている.

る集団運動を**対相関振動**(pairing vibration)† と呼んでいる.

例として, 閉殻 ^{208}Pb での対相関振動を考えよう. ^{208}Pb の NTD 近似での基底状態を $|\Phi_0\rangle$ $(O_{(2p)\tau}|\Phi_0\rangle = O_{(2h)K}|\Phi_0\rangle = 0)$ とすると, $O_{(2p)\tau}{}^{+}|\Phi_0\rangle$, $O_{(2h)K}{}^{+}|\Phi_0\rangle$ はそれぞれ ^{210}Pb および ^{206}Pb の状態を表わす. そして最低エネルギー $\hbar\omega_{\tau_0}$, $\hbar\omega_{K_0}$ は ^{210}Pb, ^{206}Pb の結合エネルギーから実験的に知ることができる††. このような ^{206}Pb, ^{210}Pb の 0^+ 状態の情報をもとにして, 今度は励起エネルギーが $\hbar\omega_\tau + \hbar\omega_K$ であるような ^{208}Pb の 0^+ 励起状態 $O_{(2p)\tau}{}^{+}\cdot O_{(2h)K}{}^{+}|\Phi_0\rangle$ についての情報が得られる. こうして得られた最低エネルギーの 0^+ 励起状態 $O_{(2p)\tau_0}{}^{+}\cdot O_{(2h)K_0}{}^{+}|\Phi_0\rangle$ は励起エネルギーが 4.98 MeV となるが, 実験的には, ^{208}Pb の最低エネルギーの 0^+ 励起状態が 4.87 MeV に見出されている. 最近, (p, t) 反応, (t, p) 反応のような2核子移行反応の実験から, このような対相関振動モードの構造や性質についての研究が盛んに行なわれるようになった.

次に G_0 が

$$G_0 > G_{\rm crit} \tag{6.7.12}$$

の場合を考えよう. この場合は, (*6.7.8*) の $G_{\rm crit}$ の定義から方程式 (*6.7.11*) の解が複素数になる. その物理的意味は, §6.6(a) の議論をそのままに拡張して以下のように検討することができる†††.

(*6.6.2*) を拡張して次のような変分関数を考えよう.

$$|\phi_0'(\mu)\rangle = \exp\{i\mu G\}|\phi_0\rangle, \qquad G = \frac{1}{i}\{O_{(2p)\tau_0}{}^{+} - O_{(2p)\tau_0}\} = G^+ \tag{6.7.13}$$

μ は変分パラメーターである $(|\phi'(\mu=0)\rangle = |\phi_0\rangle)$. このとき (*6.6.1*) に対応する変分エネルギーは,

$$\begin{aligned}\text{‘}E\text{’} &\equiv \langle\phi_0'(\mu)|H|\phi_0'(\mu)\rangle \\ &= \langle\phi_0|H|\phi_0\rangle + i\mu\langle\phi_0|[H, G]|\phi_0\rangle + \frac{(i)^2}{2!}\mu^2\langle\phi_0|[[H, G], G]|\phi_0\rangle + \cdots\end{aligned} \tag{6.7.14}$$

† Bes, D. R. & Broglia, R. A.: *Nuclear Phys.*, **80**, 289 (1966), Bohr, A.: *Proceedings of International Symposium on Nuclear Structure, Dubna, 1968*, IAEA (1969).

†† $O_{(2p)\tau_0}{}^{+}|\Phi_0\rangle$, $O_{(2p)K_0}{}^{+}|\Phi_0\rangle$ が ^{210}Pb, ^{206}Pb の基底状態となることに注意.

††† Sawada, K. & Fukuda, N.: *Progr. Theoret. Phys.*, **25**, 653 (1961), 沢田克郎: 多体問題, 第5章, 岩波書店 (1971).

となる．$O_{(2\mathrm{p})\tau 0}{}^{+}$ が正確には

$$[H, O_{(2\mathrm{p})\tau 0}{}^{+}] = \hbar\omega_{\tau 0} O_{(2\mathrm{p})\tau 0}{}^{+} + :Z: \qquad (6.7.15)$$

（$:Z:$ は a^{+}, b^{+}, a, b についての4次の順序積）

を満足すること，および $\langle\phi_0|:Z:|\phi_0\rangle=0$, $\langle\phi_0|O_{(2\mathrm{p})\tau 0}{}^{+}|\phi_0\rangle=0$ であることを考慮すれば，(6.6.4) と同じく

$$\left[\frac{\partial \text{`}E\text{'}}{\partial\mu}\right]_{\mu=0} \equiv i\langle\phi_0|[H, G]|\phi_0\rangle = 0 \qquad (6.7.16)$$

となり，$|\phi_0\rangle$ が (6.7.13) の型の‘変形’に対しても停留値を与えることがわかる．$|\phi_0\rangle$ が実際に安定であるためには

$$\left[\frac{\partial^2 \text{`}E\text{'}}{\partial\mu^2}\right]_{\mu=0} \equiv (i)^2\langle\phi_0|[[H, G], G]|\phi_0\rangle > 0 \qquad (6.7.17)$$

でなければならないが，(6.7.15) から，形式的には (6.6.11) と全く同一の関係式

$$\frac{(i)^2}{2}\langle\phi_0|[[H, G], G]|\phi_0\rangle = \hbar\omega_{\tau 0}[\sum_{\mu\nu}|\psi_{\tau 0}(\mu\nu)|^2 - \sum_{ij}|\varphi_{\tau 0}(ij)|^2] \qquad (6.7.18)$$

が得られる．したがって，§6.6(a) と全く同じ論理で，$\hbar\omega_{\tau 0}$ が複素数の場合には，正常状態 $|\phi_0\rangle$ が (6.7.13) の型の‘変形’に対して不安定になることを意味することがわかる．

このように系がある型の‘変形’に対して不安定であることが判明した場合には，その時の変分関数の形 (6.7.13) を以下のように保った上で，微小変形でない変形を探すことが考えられる．

$$|\phi(\theta)\rangle = \exp\{iG(\theta)\}|0\rangle$$

$$G(\theta) \equiv \frac{1}{2i}\sum_{\alpha\beta}\theta_a\delta_{ab}(j_a m_\alpha j_b m_\beta|00)\{c_\alpha{}^{+}c_\beta{}^{+} - c_\beta c_\alpha\} = G(\theta)^{\dagger}$$

$$= \frac{1}{i}\sum_{a}\theta_a\{\hat{S}_{+}(a) - \hat{S}_{-}(a)\} \qquad (6.7.19)^{\dagger}$$

ここで θ_a は変分パラメーターである．この $\exp\{iG(\theta)\}$ を (5.4.2) と比べればすぐわかるように，(6.7.19) は BCS の基底状態 $|\phi_{\mathrm{BCS}}\rangle$ (5.4.7) にほかならな

---

† $\hat{S}_{\pm}(a)$ は (5.2.6) で定義されたものでもある．

い.

このような $|\phi_{\rm BCS}\rangle$ を近似的基底状態とするような場合に対相関力によって生ずるモードとしては，(*6.7.9*) にかわって (*6.5.80*) で定義されるような $J^\pi=0^+$ の'2準粒子演算子'を考えることができる.

$$O_{(0^+)\rho}{}^+=\sum_{\alpha\beta}\psi_{\rho,I=0,M=0}(\alpha\beta)a_\alpha{}^+a_\beta{}^++\sum_{\alpha\beta}\varphi_{\rho,I=0,M=0}(\alpha\beta)s_\alpha a_{-\alpha}s_\beta a_{-\beta}$$
$$=\sum_a\psi_\rho(aa)\hat{S}_+{}'(a)+\sum_a\varphi_\rho(aa)\hat{S}_-{}'(a) \qquad (6.7.20)^\dagger$$

このモードは，§5.4(c) で述べた'$J^\pi=0^+$ 対'励起状態にほかならない. 大切なことは，このモードの準粒子 RPA 方程式 (*6.5.82*) が，必ず0励起エネルギー ($\hbar\omega_{\rho0}=0$) の'みせかけの状態'すなわち

$$\mathring{\hat{N}}|\Phi_0\rangle\equiv 2\sum_a u_a v_a\{\hat{S}_+{}'(a)+\hat{S}_-{}'(a)\}|\Phi_0\rangle \qquad (6.7.21)$$

($|\Phi_0\rangle$: 準粒子 RPA での基底状態)

をその解としてもつことである. この事情は，§6.6(b) での議論と本質的に同じで，出発点の近似的基底状態 $|\phi_{\rm BCS}\rangle$ が粒子数保存則を破り，その結果'みせかけの縮退' $\hat{N}|\phi_{\rm BCS}\rangle\neq|\phi_{\rm BCS}\rangle$ が発生することに基づいている. 準粒子 RPA のこの性質は，粒子数非保存のために生ずる'みせかけの状態'を，本来の物理的に意味のある状態から分離する上で特に大切である.

c) 4重極振動

近似的基底状態として $|\phi_{\rm BCS}\rangle$ が使用されるような場合には，4重極振動は，対相関と複雑にからみあって発生することになる. この事情を§6.5(f)の準粒子 RPA を使って調べよう.

この場合は，(*6.7.6*) の H_{P+QQ} 中の対相関力 $H_{\rm int}{}^{\rm (pair)}$ は Bogoljubov 変換によってすでに処理されたと考えうるので，(*6.5.71*) に対応する出発点のハミルトニアンは，

$$H_{P+QQ}=U+\sum_\alpha E_a a_\alpha{}^+a_\alpha-\frac{1}{2}\chi\sum_{M=-2}^{+2}:\hat{Q}_{2M}{}^+\hat{Q}_{2M}: \qquad (6.7.22)$$
$$(U\equiv\langle\phi_{\rm BCS}|H_{P+QQ}|\phi_{\rm BCS}\rangle,\qquad E_a=\sqrt{(\epsilon_a-\lambda)^2+\Delta^2})$$

---

† $\hat{S}_\pm{}'(a)$, $\hat{S}_0{}'(a)$ は準粒子表示での準スピン演算子を意味する.

となる．もちろん記号：：は準粒子 a^+, a についての順序積を意味する．(6.5.80)に従って4重極振動の生成演算子

$$O_{\rho,2M}{}^{+}=\sum_{\alpha\beta}\psi_{\rho,2M}(\alpha\beta)a_{\alpha}{}^{+}a_{\beta}{}^{+}+\sum_{\alpha\beta}\varphi_{\rho,2M}(\alpha\beta)s_{\alpha}a_{-\alpha}s_{\beta}a_{-\beta} \qquad (6.7.23)$$

を導入し，運動方程式

$$[H_{P+QQ}, O_{\rho,2M}{}^{+}]=\hbar\omega_{\rho}O_{\rho,2M}{}^{+} \qquad (\hbar\omega_{\rho}>0)$$

をつくり，準粒子 RPA 近似を行なうと，(6.5.82)に対応する固有値方程式が得られる．その構造は，使用されている準粒子間相互作用が：$H^{(QQ)}$：で分離可能であることから，(6.5.18)と同一構造のものとなり，結局，(6.5.19)に対応する $\hbar\omega_{\rho}$ の決定方程式

$$2\sum_{ab}\frac{q^2(ab)\xi^2(ab)(E_a+E_b)}{(E_a+E_b)^2-(\hbar\omega_{\rho})^2}=\frac{1}{\chi} \qquad (6.7.24)$$

$$\xi(ab)\equiv\frac{1}{\sqrt{2}}(u_a v_b+v_a u_b) \qquad (6.7.25)$$

が得られる．$q(ab)$ は(6.7.3)で定義されている．方程式(6.7.24)は，$|\phi_{\rm BCS}\rangle$ を近似的基底状態として出発するときは，(6.7.8)で与えられる $\chi_{\rm crit}$ が変更を受け，新たに

$$\chi_{\rm crit}{}'=\frac{1}{2}\left[\sum_{ab}\frac{q^2(ab)\xi^2(ab)}{(E_a+E_b)}\right]^{-1} \qquad (6.7.26)$$

となることを示す．すなわち，4重極相関力の強さ χ が $\chi>\chi_{\rm crit}{}'$ になると，(6.7.24)の $\hbar\omega_{\rho}$ が虚根を持ち，球対称な $|\phi_{\rm BCS}\rangle$ が不安定になる．この場合には新たに，'4重極変形'をした BCS 状態を§5.5(a)で述べた Hartree-Bogoljubov 理論によって求めることが必要となる．単一殻配置 $(j_a)^N$ $(j_a\gg1)$ の模型の場合には，(5.3.32), (5.3.33)を使って(6.7.26)が具体的に求まり，

$$\chi_{\rm crit}{}'=\left[\frac{q^2(aa)}{(G_0\Omega)^2}\left(1-\frac{N}{2\Omega}\right)\left(\frac{N}{2\Omega}\right)\right]^{-1}, \qquad \Omega\equiv\frac{1}{2}(2j_a+1) \qquad (6.7.27)$$

となる．これから $|\phi_{\rm BCS}\rangle$ の安定性の条件 $\chi<\chi_{\rm crit}{}'$ に対する，G_0 と N の依存関係を具体的にみることができる．

これまでの議論は，4重極相関力の強さが，中性子間，陽子間，中性子-陽子間

で，いずれも同一であるとしてきた．しかし中重核では陽子，中性子は異なった殻を満たしているので，おのおのに対しては異なった強さをもつことも予想される．そこで，これらを $\chi_n, \chi_p, \chi_{np}$ としよう．この場合には，$\hbar\omega_\rho$ の決定方程式は

$$(\chi_p S_p - 1)(\chi_n S_n - 1) - \chi_{np}{}^2 S_p S_n = 0 \qquad (6.7.28)$$

$$S_p \equiv 2\sum_{ab}{}^{(p)} \frac{q^2(ab)\xi^2(ab)(E_a+E_b)}{(E_a+E_b)^2-(\hbar\omega_\rho)^2}, \qquad S_n \equiv 2\sum_{ab}{}^{(n)} \frac{q^2(ab)\xi^2(ab)(E_a+E_b)}{(E_a+E_b)^2-(\hbar\omega_\rho)^2}$$

となる．$\sum^{(p)}, \sum^{(n)}$ はそれぞれ陽子，中性子についての和を意味する．

対相関力＋4 重極相関力模型での 4 重極振動の数値計算とその結果の実験事実との詳細な比較は Kisslinger-Sorensen† によって行なわれた．図 6.20 は彼らによって，(6.7.28)を使って計算された最低励起エネルギー $\hbar\omega_{\rho=0}$ と，偶-偶球

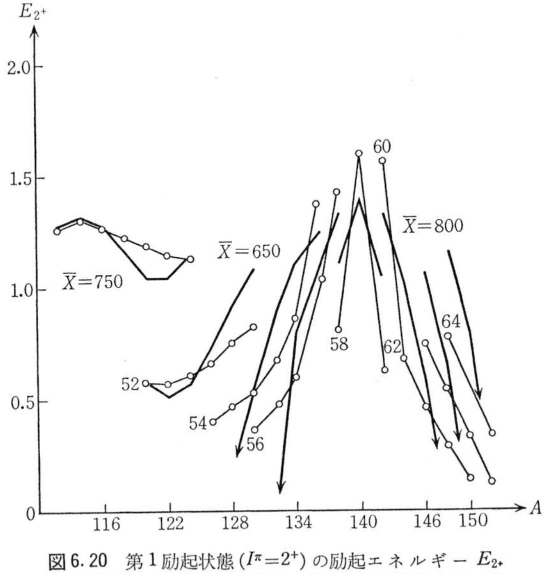

図 6.20　第 1 励起状態 ($I^\pi=2^+$) の励起エネルギー E_{2^+} と計算された $\hbar\omega_{\rho=0}$ の比較．Z の同じ同位核は線で結んである．パラメーター $\bar{X}$ は，4 重極相関力の強さ $\chi=\chi_n=\chi_p=\chi_{np}$ と $\bar{X}=(5/8\pi)A^{2/3}\langle r^2\rangle_\mu{}^2\chi$ で関係づけられる量である．$\langle r^2\rangle_\mu$ は考察下の部分空間中，最も普通の軌道での r^2 の期待値(Kisslinger, L. S. & Sorensen, R. A.(1963)による)

† Kisslinger, L. S. & Sorensen, R. A.: *Revs. Modern Phys.*, **35**, 853(1963).

形核の第1励起状態 ($I^{\pi}=2^{+}$) の励起エネルギー (E_{2^+})(実験値)との比較である.

d) 変形核の集団運動パラメーター

$\chi>\chi_{\rm crit}'$ のときは, 球対称な $|\phi_{\rm BCS}\rangle$ が不安定となり, §5.5(a) の Hartree-Bogoljubov 理論によって求めた新しい '4重極変形' をした BCS 状態を, その近似的基底状態として出発点としなければならない. 現実の変形核の殆んどすべてが, この場合に相当する. このような4重極変形核の集団運動は§6.2で述べたように, β,γ 振動と回転運動によって特徴づけられる. この運動を規定する集団運動パラメーター(すなわち β,γ 振動の質量パラメーターや復元力パラメーター, 回転運動の慣性能率)は, 断熱近似を前提とすれば, §6.4(a)の議論を拡張し適用することによって, χ, G_0, N (粒子数)の関数として求めることができる†. 以下, §6.4(a)の議論に従って, その筋書を簡単に説明する.

(*6.4.3*)に対応する出発点となるべきハミルトニアンは, §5.5(a)の Hartree-Bogoljubov 理論によって得られた

$$H_{P+QQ}=U+\sum_{\nu}E_{\nu}a_{\nu}^{+}a_{\nu}-\frac{1}{2}\chi\sum_{K=-2}^{+2}:\hat{Q}_{2K}\hat{Q}_{2K}^{+}: \qquad (6.7.29)$$

$$(E_{\nu}\equiv\sqrt{(\epsilon_{\nu}-\lambda)^{2}+\Delta^{2}}, \qquad U\equiv\langle\phi_{\rm BCS}(\beta_0\gamma_0)|H|\phi_{\rm BCS}(\beta_0\gamma_0)\rangle$$

である. 記号 : : は一般化された準粒子 a_{ν}^{+}, a_{ν} についての順序積を意味する. 今度の場合は, (*6.4.4*)と違って, 近似的基底状態 $|\phi_{\rm BCS}(\beta_0\gamma_0)\rangle$ は以下のように4重極変形をしている.

$$\left.\begin{aligned}
&\frac{4\pi}{3NR_0^{2}}\langle\phi_{\rm BCS}(\beta_0\gamma_0)|\hat{Q}_{2,K=0}|\phi_{\rm BCS}(\beta_0\gamma_0)\rangle\equiv\frac{4\pi}{3NR_0^{2}}\langle Q_{20}\rangle_0\\
&\qquad=\beta_0\cos\gamma_0\\
&\frac{4\pi}{3NR_0^{2}}\langle\phi_{\rm BCS}(\beta_0\gamma_0)|\hat{Q}_{2,K=\pm2}|\phi_{\rm BCS}(\beta_0\gamma_0)\rangle\equiv\frac{4\pi}{3NR_0^{2}}\langle Q_{22}\rangle_0\\
&\qquad=\frac{1}{\sqrt{2}}\beta_0\sin\gamma_0\\
&\langle\phi_{\rm BCS}(\beta_0\gamma_0)|\hat{Q}_{2,K=\pm1}|\phi_{\rm BCS}(\beta_0\gamma_0)\rangle=0
\end{aligned}\right\} \qquad (6.7.30)$$

† Kerman, A. K.: *Ann. Phys.*, **12**, 300(1961), Marumori, T., Yamamura, M. & Bando, H.: *Progr. Theoret, Phys.*, **28**, 87(1962), Belyaev, S. T.: *Nuclear Phys.*, **64**, 17(1965), Baranger, M. & Kumar, K.: *ibid.*, **A122**, 241(1968).

もちろん $\hat{Q}_{2K}$ は質量4重極能率

$$\hat{Q}_{2K} = \sum_{\nu\nu'} \langle\nu|r^2 Y_{2K}(\theta, \varphi)|\nu'\rangle c_\nu{}^+ c_{\nu'}$$
$$= \sum_{\nu\nu'} \langle\nu|r^2 Y_{2K}(\theta, \varphi)|\nu'\rangle (u_\nu a_\nu{}^+ - v_\nu a_{\bar{\nu}})(u_{\nu'} a_{\nu'} - v_{\nu'} a_{\bar{\nu}'}{}^+) \qquad (6.7.31)$$

であるから，(6.7.30)は，変形の主軸と一致するような物体固定座標系をすでに採用していることを意味する((6.2.4)，(6.2.7)参照)．

β, γ 振動の復元力のポテンシャル・エネルギーを得るために，今度の場合は，この平衡変形$(\beta_0\gamma_0)$に，さらにわずかだけ変形 $a_0 \equiv \beta\cos\gamma$，$a_2 = \frac{1}{\sqrt{2}}\beta\sin\gamma$ を与えて，この場合の系のエネルギーと基底状態を束縛条件付き変分法で求めることになる．すなわち，(6.4.5)に対応して，Lagrange 乗数 μ_K $(K=0, 2)$ を使って，

$$H_{P+QQ}' = H_{P+QQ} - \sum_{K=0,2} \mu_K \{\hat{Q}_{2K} - \langle Q_{2K}\rangle_0\} \qquad (6.7.32)$$

を採用し，この近似的基底状態 $|\phi_{\mathrm{BCS}}(\beta\gamma)\rangle$ とエネルギーを Hartree-Bogoljubov の近似法で求め，Lagrange 乗数 μ_K $(K=0, 2)$ は $|\phi_{\mathrm{BCS}}(\beta\gamma)\rangle$ が束縛条件

$$\left.\begin{aligned} a_0 &\equiv \beta\cos\gamma = \frac{4\pi}{3NR_0{}^2}\langle\phi_{\mathrm{BCS}}(\beta\gamma)|\hat{Q}_{20} - \langle Q_{20}\rangle_0|\phi_{\mathrm{BCS}}(\beta\gamma)\rangle \\ a_2 &\equiv \frac{1}{\sqrt{2}}\beta\sin\gamma = \frac{4\pi}{3NR_0{}^2}\langle\phi_{\mathrm{BCS}}(\beta\gamma)|\hat{Q}_{22} - \langle Q_{22}\rangle_0|\phi_{\mathrm{BCS}}(\beta\gamma)\rangle \end{aligned}\right\} \qquad (6.7.33)$$

を満足するように定めることになる．

この変分計算を具体的に行なう際には，§6.4(a)で述べた定理を拡張した以下の定理を使用すればよい．

［定理］ $|\phi_{\mathrm{BCS}}(\beta_0\gamma_0)\rangle$ を一般の Hartree-Bogoljubov 近似での基底状態とすれば，これと直交しない任意の Hartree-Bogoljubov 基底状態(すなわち準粒子の真空)$|\phi_{\mathrm{BCS}}(\beta\gamma)\rangle$ は，一般に

$$\left.\begin{aligned} |\phi_{\mathrm{BCS}}(\beta\gamma)\rangle &= \exp iF|\phi_{\mathrm{BCS}}(\beta_0\gamma_0)\rangle \\ F &= \frac{1}{i}\sum_{\nu\nu'}(f_{\nu\nu'} a_\nu{}^+ a_{\nu'}{}^+ - f_{\nu\nu'}{}^* a_{\nu'} a_\nu) = F^\dagger \end{aligned}\right\} \qquad (6.7.34)$$

という形で表わされる．

この定理の証明は，本質的には，§6.4(a)のときと全く同じであるので省略する．また以後の $f_{\nu\nu'}$ を決定する方程式を求め，それを使って，β, γ 振動の復元力

パラメーター C_β, C_γ を求める処法も，§6.4(a) と全く同一であるので省略することにする．

次に運動エネルギーの計算に移ろう．$f_{\nu\nu'}$ の決定方程式を解いて物体固定座標系での‘固有’近似的基底状態 $|\phi_{\rm BCS}(\beta\gamma)\rangle$ が求まれば，空間固定座標系での近似的基底状態は

$$|\phi_{\rm BCS}(\theta_i\beta\gamma)\rangle \equiv \hat{R}(\theta_i)|\phi_{\rm BCS}(\beta\gamma)\rangle \tag{6.7.35}$$

で与えられる．$\hat{R}(\theta_i)$ は通常のユニタリー回転演算子である．したがって，(6.4.32)から集団運動の運動エネルギー T が

$$\left.\begin{aligned} T &= T_{\rm vib}+T_{\rm rot} \\ T_{\rm vib} &= \hbar^2\sum_{n\neq 0}\frac{1}{\mathcal{E}_n-\mathcal{E}_0}\left|\langle\phi_n(\theta_i\beta\gamma)|\dot{\beta}\frac{\partial}{\partial\beta}+\dot{\gamma}\frac{\partial}{\partial\gamma}|\phi_{\rm BCS}(\theta_i\beta\gamma)\rangle\right|^2 \\ T_{\rm rot} &= \hbar^2\sum_{n\neq 0}\frac{1}{\mathcal{E}_n-\mathcal{E}_0}\left|\langle\phi_n(\theta_i\beta\gamma)|\sum_{i=1}^{3}\dot{\theta}_i\frac{\partial}{\partial\theta_i}|\phi_{\rm BCS}(\dot{\theta}_i\beta\gamma)\rangle\right|^2 \end{aligned}\right\} \tag{6 7.36}$$

で与えられることがわかる．ただし $\mathcal{E}_0, \mathcal{E}_n$ はそれぞれ $|\phi_{\rm BCS}(\theta_i\beta\gamma)\rangle$ および励起状態 $|\phi_n(\theta_i\beta\gamma)\rangle\equiv\hat{R}(\theta_i)|\phi_n(\beta\gamma)\rangle\approx\hat{R}(\theta_i)\cdot a_\nu{}^+a_\mu{}^+|\phi_{\rm BCS}(\beta\gamma)\rangle$ のエネルギーを意味する $(\mathcal{E}_n-\mathcal{E}_0\approx E_\nu+E_\mu)$．ここで関係(6.7.35)および

$$\sum_i \dot{\theta}_i\frac{\partial}{\partial\theta_i}\hat{R}(\theta_i) = i\sum_{\kappa=1}^{3}\hat{R}(\theta_i)\hat{J}_\kappa\omega_\kappa \tag{6.7.37}$$

((6.2.21)参照)を使えば，(6.7.36)は，形式的に(6.2.15)と全く同一の形に書きかえられる：

$$\left.\begin{aligned} T &= T_{\rm vib}+T_{\rm rot} \\ T_{\rm vib} &= \frac{1}{2}B_{\beta\beta}\dot{\beta}^2+B_{\beta\gamma}\dot{\beta}\dot{\gamma}+\frac{1}{2}B_{\gamma\gamma}\dot{\gamma}^2 \\ T_{\rm rot} &= \frac{1}{2}\sum_{\kappa=1}^{3}\mathcal{J}_\kappa(\beta,\gamma)\omega_\kappa{}^2 \end{aligned}\right\} \tag{6.7.38}$$

ただし，慣性質量パラメーターはそれぞれ

$$\begin{aligned} B_{\beta\beta} &= 2\hbar^2\sum_{n\neq 0}\frac{1}{\mathcal{E}_n-\mathcal{E}_0}\left|\langle\phi_n(\beta\gamma)|\frac{\partial}{\partial\beta}|\phi_{\rm BCS}(\beta\gamma)\rangle\right|^2 \\ B_{\gamma\gamma} &= 2\hbar^2\sum_{n\neq 0}\frac{1}{\mathcal{E}_n-\mathcal{E}_0}\left|\langle\phi_n(\beta\gamma)|\frac{\partial}{\partial\gamma}|\phi_{\rm BCS}(\beta\gamma)\rangle\right|^2 \end{aligned}$$

$$B_{\beta\gamma}=\hbar^2\sum_{n\neq 0}\frac{1}{\mathcal{E}_n-\mathcal{E}_0}\left\{\langle\phi_n(\beta\gamma)|\frac{\partial}{\partial\gamma}|\phi_{\mathrm{BCS}}(\beta\gamma)\rangle\langle\phi_n(\beta\gamma)|\frac{\partial}{\partial\beta}|\phi_{\mathrm{BCS}}(\beta\gamma)\rangle^* + (\text{複素共役量})\right\} \tag{6.7.39}$$

$$\mathcal{J}_\kappa(\beta,\gamma)=2\hbar^2\sum_{n=0}\frac{|\langle\phi_n(\beta\gamma)|\hat{J}_\kappa|\phi_{\mathrm{BCS}}(\beta\gamma)\rangle|^2}{\mathcal{E}_n-\mathcal{E}_0} \tag{6.7.40}$$

で与えられることになる．表式(6.7.38), (6.7.39), (6.7.40)では，すべての量が固有座標系で与えられたものとなる．

§6.8　回転運動

これまでみてきたように，核の平均場の‘安定な形’が球形から4重極変形に移ると，振動運動がくずれてこの中から新たな集団運動としての回転運動が発生する．このような回転運動は，分子の場合のような，その構成原子核の半剛体的配置構造のために生ずる回転運動とは異なり，平均ポテンシャルが球対称性を破ることによって生ずる回転運動である．こうして歴史的には，剛体構造を持っていないような量子力学系に適用できるような回転運動の多体問題的取扱いが，原子核の回転運動の本質を理解する上で，はじめて必要となった．このような回転運動の多体問題的理論は，現在発展途上にありまだ定まった形式になっていないが，様々な取扱いの試みが提出され，次第に集団運動としての回転運動の種々の側面を明らかにしつつある．この節では，これらの試みの中で，最もよく知られている典型的なものを紹介する．

その前に，これらの試みの背後にある回転運動についての共通な考えを述べておこう．まず平均ポテンシャルが変形†している時には，すなわち系の密度分布が空間的にある定まった方位を持つときは，Hartree-Fock(-Bogoljubov)††近似解 $|\phi_0(\beta_0)\rangle$ が角運動量の固有状態ではなくなり，本来の系のハミルトニアンが満足しているはずの回転不変性を破っていることに注目しよう．すなわち変形

† 簡単のため，‘変形’は軸対称 ($\beta_0\neq 0$, $\gamma_0=0$) とし，その対称軸を第3軸 (z' 軸) にとる．また1粒子状態に対しては，§6.4(a)と同一記号を使用するが，今度の場合は，これら1粒子状態は，この変形ポテンシャルで求められたものであることに注意する必要がある．

†† 以後話を簡単にするため，対相関力を考えない (Hartree-Fock 近似の) 場合について考える．対相関力を考慮しなければならない現実の場合への一般化は容易に行なうことができる．

Hartree-Fock 表示を採用すれば，(6.4.3)に対応する回転不変なハミルトニアン H は

$$H=\hat{H}_{\rm HF}+\hat{H}_{\rm int}$$

$$\hat{H}_{\rm HF}=U_0+\sum_{\mu}\epsilon_\mu c_\mu{}^+c_\mu-\sum_i\epsilon_i c_i c_i{}^+\quad\left(\equiv U_0+\sum_\mu\epsilon_\mu a_\mu{}^+a_\mu-\sum_i\epsilon_i b_i{}^+b_i\right)$$

$$\hat{H}_{\rm int}=\frac{1}{2}\sum_{\alpha\beta\gamma\delta}v_{\alpha\beta,\gamma\delta}:c_\alpha{}^+c_\beta{}^+c_\delta c_\gamma: \tag{6.8.1}$$

$$(U_0\equiv\langle\phi_0(\beta_0)|H|\phi_0(\beta_0)\rangle)$$

と書けるが，ここで Hartree-Fock 近似での変形殻模型のハミルトニアン $\hat{H}_{\rm HF}$ は明らかに回転不変性を破ることになる．一方(6.8.1)の本来のハミルトニアン H は回転不変である．このことは $\hat{H}_{\rm HF}$ によって破られた角運動量の保存則は，残りの相互作用 $\hat{H}_{\rm int}$ を考慮してやることによって，回復することができることを意味する．すなわち，Hartree-Fock 近似で完全に無視されてきた残りの相互作用 $\hat{H}_{\rm int}$ が，$|\phi_0(\beta_0)\rangle$ の空間的にある定まった方位を持つ変形密度分布を回転させ等方にする回転エネルギーを供給することになる．回転運動の記述は，こうして残りの相互作用 $\hat{H}_{\rm int}$ を如何にうまく取り入れて，破られた対称性を回復させるかという問題に還元される．

以下，この取扱いについての代表的な試みを紹介しよう．

a) 半古典的取扱い

$|\phi_0(\beta_0)\rangle$ によって破られた角運動量の保存則を少しでも取りもどすために，$|\phi_0(\beta_0)\rangle$ と同様に変形 Hartree-Fock 型の積波動関数ではあるが，この波動関数での角運動量の期待値が一定であるという条件を新たにつけて変分を行ない，近似的波動関数およびそのエネルギーを求めることを考えよう．

これは，§6.4(a)で行なったのと形式的には全く同じ方法で行なうことができる．すなわち，ハミルトニアン(6.4.5)のかわりに

$$H'=H-\omega\cdot\hbar\hat{J}_{x'} \tag{6.8.2}$$

を採用して，その基底状態 $|\phi_0'(\beta_0);\omega\rangle$ を Hartree-Fock 近似で求めればよい．ただし Lagrange 乗数 ω は $|\phi_0'(\beta_0);\omega\rangle$ が束縛条件

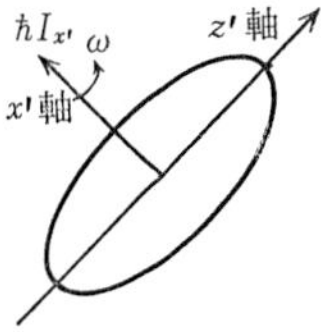

図 6.21

$$\langle\phi_0'(\beta_0)\,;\,\omega|\hbar\hat{J}_{x'}|\phi_0'(\beta_0)\,;\,\omega\rangle=\hbar I_{x'} \tag{6.8.3}$$

を満足するように定められる．$\hat{J}_{x'}$ は($\hbar$ を単位にした)角運動量演算子の対称軸に垂直な軸への成分[†](図6.21)，$I_{x'}$ は与えられたその成分の値である．(6.4.12)と同様

$$|\phi_0'(\beta_0)\,;\,\omega\rangle=\exp\{iF(\omega)\}|\phi_0(\beta_0)\rangle$$
$$\equiv\exp\left[\sum_{\mu i}\{f_{\mu i}(\omega)c_\mu{}^+c_i-f_{\mu i}{}^*(\omega)c_i{}^+c_\mu\}\right]|\phi_0(\beta_0)\rangle \tag{6.8.4}$$

とおき $f_{\mu i}(\omega)\approx\omega$ が小さいと仮定すれば，変分

$$\delta\langle\phi_0'(\beta_0)\,;\,\omega|H-\omega\hbar\hat{J}_{x'}|\phi_0'(\beta_0)\,;\,\omega\rangle=0$$

から(6.4.15)と同様に $f_{\mu i}(\omega)$ の決定方程式

$$(\epsilon_\mu-\epsilon_i)f_{\mu i}-2\sum_{j\nu}(v_{\mu j,i\nu}f_{\nu j}+v_{\mu\nu,ij}f_{\nu j}{}^*)=\hbar\omega(J_{x'})_{\mu i} \tag{6.8.5}$$

が求まる．$(J_{x'})_{\mu i}$ は角運動量の x' 成分の1粒子状態 μ, i についての行列要素を意味する．この(6.8.5)の式と，(6.8.3)から求まる関係

$$I_{x'}=\sum_{\mu i}\{(J_{x'})_{\mu i}f_{\mu i}{}^*+(J_{x'})_{i\mu}f_{\mu i}\} \tag{6.8.6}$$

を使うと，表式

$$\langle\phi_0(\beta_0)\,;\,\omega|H|\phi_0(\beta_0)\,;\,\omega\rangle=U_0+\frac{\hbar^2}{2\mathcal{J}}I_{x'}{}^2 \tag{6.8.7}$$

が得られ，慣性能率 $\mathcal{J}$ が

$$\mathcal{J}=\hbar\sum_{\mu i}\left\{(J_{x'})_{\mu i}\left(\frac{f_{\mu i}{}^*}{\omega}\right)+(J_{x'})_{i\mu}\left(\frac{f_{\mu i}}{\omega}\right)\right\} \tag{6.8.8}$$

で与えられることがわかる．(6.8.5)で，残留相互作用の行列要素 $v_{\mu j,i\nu}, v_{\mu\nu,ij}$ を完全に無視すると，(6.8.8)は

$$\mathcal{J}=2\hbar^2\sum_{\mu i}\frac{|(J_{x'})_{\mu i}|^2}{\epsilon_\mu-\epsilon_i} \tag{6.8.9}$$

となり，前節(d)項で求めたクランキング公式(6.7.40)と同一なものになる．クランキング公式では，回転運動が外部から与えられた，強制されたものであった

---

† ここで採用されている軸対称変形の場合には，この $\hat{J}_{x'}$ の保存則が破られていることに注意．

が(§6.4(a)参照), (6.8.7), (6.8.8)での回転運動は, はじめに述べたように残留相互作用 $\hat{H}_{\text{int}}$ によって供給されるものである. その意味でこの取扱いは, **自己無撞着クランキング模型**(self-consistent cranking model)とも呼ばれている.

b) 射影 Hartree-Fock 法

ハミルトニアン(6.8.1)は回転不変で, $\hat{R}(\theta_i)H\hat{R}^{-1}(\theta_i)=H$ ($\hat{R}(\theta_i)$: ユニタリー回転演算子, θ_i : Euler 角)が成立するから, 回転された Hartree-Fock 基底状態

$$|\phi_0(\beta_0)\,;\theta_i\rangle \equiv \hat{R}(\theta_i)|\phi_0(\beta_0)\rangle \qquad (6.8.10)$$

は, $|\phi_0(\beta_0)\rangle$ と正確に同一エネルギー期待値 $U_0(\equiv\langle\phi_0(\beta_0)|H|\phi_0(\beta_0)\rangle)$ を与える. そこで, これらの1次結合をつくって, $|\phi_0(\beta_0)\rangle$ よりもよい変分関数

$$|\psi\rangle = \int f(\theta_i)\,|\phi_0(\beta_0)\,;\theta_i\rangle \sin\theta\, d\theta d\phi d\psi \qquad (6.8.11)$$

を考え, 変分 $\langle\delta\psi|H|\psi\rangle=0$ から関数 $f(\theta_i)$ を求めるという形式で, 残りの相互作用 $\hat{H}_{\text{int}}$ を取り入れることを考えよう†. この方法は, とりもなおさず, §4.2(d)で説明した生成座標の方法で, 生成座標として Euler 角 θ_i を考えたものに他ならない. この場合は, $f(\theta_i)$ の定める積分方程式(4.2.22)の解が

$$f(\theta_i) = D^I{}_{MK}(\theta_i) \qquad (6.8.12)$$

であることが容易に確かめられる. (6.8.11)は結局

$$|\phi_{IM}\rangle = \int D^I{}_{MK}(\theta_i)\hat{R}(\theta_i)|\phi_0(\beta_0)\rangle \qquad (6.8.13)$$

となるが, これは§4.2(a)の射影された Hartree-Fock 状態(4.2.4′)に他ならない. この状態でのエネルギー $E_I=\langle\phi_{IM}|H|\phi_{IM}\rangle/\langle\phi_{IM}|\phi_{IM}\rangle$ が回転スペクトルを示すこと, およびそのときの慣性能率の表式は§4.2(a)に詳しいので, ここでは省略することにする.

この方法で求めた慣性能率が, どの程度信頼できるものであるかどうかを理論的に検討することは, なかなか困難であるが, この方法をあらかじめ答が知られている重心の運動に適用して, その信頼度を調べ, その上でいろいろな改良がなされている††. これらの改良された方法での計算結果によると, あまり大きな変

† Peierls, R. E. & Yoccoz, J.: *Proc. Phys. Soc.*, **70**, 381(1957).

†† Peierls, R. E. & Thouless, D. J.: *Nuclear Phys.*, 38, 154(1962), Rouhaninejad, H. & Yoccoz, J.: *ibid*,. **78**, 353(1966), Parikh, J. C. & Rowe, D. J.: *Phys. Rev.*, **175**, 1293(1968).

形をしていない核では，かなり大幅な改良を必要とするが，一方大きく変形した核では，Peierls-Yoccoz のこの射影 Hartree-Fock の方法によって得られた結果は，信頼しうるものであることがわかる．

c) RPA 近似と回転運動

RPA 近似の1つの重要な性質として，本来のハミルトニアンが満足する保存則は，またRPA近似においても満足されるという，Tamm-Dancoff(殻模型)近似には存在しえない性質がある．これをボソン近似(*6.5.49*)を使って示そう．まず，ボソン近似の下では，われわれのハミルトニアン(*6.8.1*)は，(*6.5.52*)と形式的には同じ形で，

$$\mathring{H} = \mathring{H}_{\rm HF} + \mathring{H}_{\rm int} \tag{6.8.14 a}$$

$$\begin{aligned}\mathring{H}_{\rm HF} &= \sum_{\mu\nu ij} \langle\phi_0(\beta_0)|[[c_i c_\mu, \hat{H}_{\rm HF}], c_\nu{}^+ c_j]|\phi_0(\beta_0)\rangle \boldsymbol{A}_{\mu i}{}^+ \boldsymbol{A}_{\nu j} + U_0 \\ &= \sum_{\mu i} (\epsilon_\mu - \epsilon_i) \boldsymbol{A}_{\mu i}{}^+ \boldsymbol{A}_{\mu i} + U_0 \end{aligned}\tag{6.8.14 b}$$

$$\begin{aligned}\mathring{H}_{\rm int} &= \sum_{\mu\nu ij} \langle\phi_0(\beta)|[[c_i c_\mu, \hat{H}_{\rm int}], c_\nu{}^+ c_j]|\phi_0(\beta_0)\rangle \boldsymbol{A}_{\mu i}{}^+ \boldsymbol{A}_{\nu j} \\ &\quad + \frac{1}{2}\sum_{\mu\nu ij} \{\langle\phi_0(\beta_0)|[c_j c_\nu, [c_i c_\mu, \hat{H}_{\rm int}]]|\phi_0(\beta_0)\rangle \boldsymbol{A}_{\mu i}{}^+ \boldsymbol{A}_{\nu j}{}^+ \\ &\quad + \text{Hermite 共役項}\} \\ &= 2\sum_{\mu\nu ij} v_{\mu j, i\nu} \boldsymbol{A}_{\mu i}{}^+ \boldsymbol{A}_{\nu j} + \sum_{\mu\nu ij} v_{\mu\nu, ij} \{\boldsymbol{A}_{\mu i}{}^+ \boldsymbol{A}_{\nu j}{}^+ + \boldsymbol{A}_{\mu i} \boldsymbol{A}_{\nu j}\} \end{aligned}\tag{6.8.14 c}$$

と与えられ，また任意の1体演算子

$$\begin{aligned}F = \sum_{\alpha\beta} F_{\alpha\beta} c_\alpha{}^+ c_\beta &= \sum_{\mu i} \{F_{\mu i} c_\mu{}^+ c_i + F_{i\mu} c_i{}^+ c_\mu\} \\ &\quad + \sum_{\mu\nu} F_{\mu\nu} c_\mu{}^+ c_\nu + \sum_{ij} F_{ij} (\delta_{ij} - c_j c_i{}^+)\end{aligned}$$

が

$$\mathring{F} = \sum_i F_{ii} + \sum_{\mu i} (F_{\mu i} \boldsymbol{A}_{\mu i}{}^+ + F_{i\mu} \boldsymbol{A}_{\mu i}) \tag{6.8.15}$$

で与えられることに注意しよう．このとき直接の計算から

$$\begin{aligned}[\mathring{H}, \mathring{F}] = [H, F]_{\rm B} \equiv \sum_{\mu i} &\{\langle\phi_0(\beta)|[c_i c_\mu, [H, F]]|\phi_0(\beta_0)\rangle \boldsymbol{A}_{\mu i}{}^+ \\ &+ \langle\phi_0(\beta)|[[H, F], c_\mu{}^+ c_i]|\phi_0(\beta_0)\rangle \boldsymbol{A}_{\mu i}\}\end{aligned}\tag{6.8.16}$$

が証明される．このことは，もし，$[H, F]=0$ ならば $[\mathring{H}, \mathring{F}]=0$ であること，すなわち保存則が RPA 近似の枠内でも正確に成り立っていることを示す．この結論は，RPA 近似が $\hat{H}_{\mathrm{HF}}$ で破られた保存則を回復させるのに充分な $\hat{H}_{\mathrm{int}}$ の効果をすでに包含していることを意味する．

さて，われわれの問題とする角運動量保存則に関しては，$[\hat{H}_{\mathrm{HF}}, \hat{J}_{x'}]\neq 0$ ではあるが，$[H, \hat{J}_{x'}]=0$ である．したがって，ボソン近似の下でも

$$[\mathring{H}, \mathring{J}_{x'}] = 0 \tag{6.8.17}$$

が成立するはずである．ここで $\mathring{J}_{x'}$ はボソン近似下の($\hbar$ を単位とした)角運動量演算子の x' 成分

$$\mathring{J}_{x'} = \sum_{\mu i} \{(J_{x'})_{\mu i}\boldsymbol{A}_{\mu i}{}^{+} + (J_{x'})_{i\mu}\boldsymbol{A}_{\mu i}\} \tag{6.8.18}$$

である．方程式(6.8.17)は，$\mathring{J}_{x'}$ が§6.6(b)で議論した RPA 方程式の 0 励起エネルギー解の 1 つであることを保証する．このような 0 励起エネルギー解に対しては(6.6.21)，(6.6.22)から，

$$\left.\begin{aligned} &[\mathring{H}, \mathring{J}_{x'}] = 0, \qquad [\mathring{H}, \mathring{\theta}] = \frac{-i\hbar^2 \mathring{J}_{x'}}{\mathscr{J}} \\ &[\mathring{\theta}, \mathring{J}_{x'}] = i \end{aligned}\right\} \tag{6.8.19}$$

となる．$\mathring{\theta}$ は $\mathring{J}_{x'}$ に共役な角度演算子，$\mathscr{J}$ は慣性能率を意味する．1 組の方程式(6.8.19)は定数 $\mathscr{J}$ と，演算子 $\mathring{\theta}$ を決めるのに充分である†．ここで反 Hermite 演算子

$$\mathring{G} = i\left(\frac{\mathscr{J}}{\hbar}\right)\cdot\mathring{\theta} = -\mathring{G}^{\dagger} \tag{6.8.20}$$

を導入すると，(6.8.19)は，

$$[\mathring{H}, \mathring{G}] = \hbar \mathring{J}_{x'}, \qquad [\mathring{J}_{x'}, \mathring{G}] = \frac{\mathscr{J}}{\hbar} \tag{6.8.21}$$

となる．$\mathring{G}$ として

$$\mathring{G} = \sum_{\mu i} (g_{\mu i}\boldsymbol{A}_{\mu i}{}^{+} - g_{\mu i}{}^{*}\boldsymbol{A}_{\mu i}) = -\mathring{G}^{\dagger} \tag{6.8.22}$$

---

† Thouless, D. J. & Valatin, J. G.: *Nuclear Phys.*, **31**, 211(1962), Thouless, D. J.: *ibid.*, **21**, 225(1960).

を採用し，$\mathring{J}_{x'}$ として(6.8.18)を使って，(6.8.21)に代入すれば，

$$(\epsilon_\mu-\epsilon_i)g_{\mu i}+2\sum_{j\nu}\{v_{\mu j,i\nu}g_{\nu j}+v_{\mu\nu,ij}g_{\nu j}^*\}=\hbar(J_{x'})_{\mu i} \tag{6.8.23}$$

$$\mathcal{J}=\hbar\sum_{\mu i}\{(J_{x'})_{\mu i}g_{\mu i}^*+(J_{x'})_{i\mu}g_{\mu i}\} \tag{6.8.24}$$

が得られる．この結果は，本節(a)項で求めた方程式(6.8.5)および慣性能率の表式(6.8.8)と完全に一致する．なお，このような0励起エネルギー・モードの $\mathring{H}$ への寄与は(6.6.17)に従って $\hbar^2\mathring{J}_{x'}{}^2/2\mathcal{J}$ となる．

こうして，慣性能率 $\mathcal{J}$，回転エネルギー $\hbar^2\mathring{J}_{x'}{}^2/2\mathcal{J}$ および $\mathring{J}_{x'}$ に正準共役な集団座標としての角度演算子 $\mathring{\theta}$ が求まったわけであるが，これは，すべてRPA近似の枠内でのことであり，あくまでも平衡状態 $|\phi_0(\beta_0)\rangle$ 付近の微小変化の範囲内でのみ正しいものであることを忘れてはならない．このような 0^+ 励起エネルギー解が，現実に回転運動として成長してゆく過程についての議論を行なうことそれ自体は，すでにRPA近似の枠を越えた課題である．

以上本節(a)，(b)，(c)項の取扱いとも，話を簡単化するために，Hartree-Fockの正常状態 $|\phi_0(\beta_0)\rangle$ をその出発点として行なってきたが，現実の原子核の場合にはHartree-Bogoljubov状態 $|\phi_{\rm BCS}(\beta_0)\rangle$ を使用する必要がある．しかし，この場合には，粒子，空孔演算子($c_\mu{}^+$, c_i 等)を§5.5(a)で述べた一般化された(u_ν, v_ν を伴った)準粒子演算子($a_\nu{}^+$, a_ν)で置きかえる以外は，(a)，(b)，(c)項とも議論の内容に本質的な変更を受けない．したがって紙数の関係上省略することにする．

§6.9 高い角運動量をもった回転状態

a) イラスト分光学(yrast spectroscopy)

前節で，集団運動としての回転運動は，核の平均場が変形しその固有内部構造が回転対称性を破るようになると，この破られた対称性を回復する運動モードとして発生するものであることを説明した．それゆえ回転運動の様式や自由度は，固有内部構造の‘変形’のもつ対称性に完全に依存する．すでに述べたように，実験事実によれば，変形核の基底状態における4重極平衡変形のほとんどすべては，軸対称性をもった葉巻型で，対称軸を物体固定座標系の z' 軸(すなわち $\kappa=3$ 軸)にとれば $R_{\kappa=3}>R_{\kappa=1}=R_{\kappa=2}$((6.2.8)参照)が成り立っている．したがってこの場合には，非軸対称変形の場合の回転運動と異なり，対称軸である $\kappa=3$ 軸のまわ

りの集団回転運動は消滅し，その自由度は固有(粒子)運動の自由度に還元される．

以上の事実を前提として，回転の角運動量 $I(\hbar)$ をしだいに大きくしてゆく場合を想定しよう．この場合には，Coriolis 力や遠心力によって核の内部構造に様々な質的変化が生じ，またこの内部構造の変化に依存して回転運動それ自体にも質的な変化が生ずることが予想される．

現在までのところ，高い角運動量をもった状態を調べる最も有効な方法は，重イオン反応によって高い角運動量をもった複合核をつくりそのカスケード γ 線を調べる方法である[†]．現在では，重イオン加速器の建設と相俟って，それ以上高くなれば核分裂を生じてしまうような臨界角運動量にいたるまでの高い角運動量をもった複合核の生成も可能となった．こうして現実に，“高い角運動量をもった原子核の研究”という広大な研究分野が急速に開けつつある．この節では，この分野の理論的解明に中心的な役割を演じている A. Bohr-B. R. Mottelson を中心とするコペンハーゲン・グループの研究報告[††]に基づいて，その解説を試みる．

図 6.22 は回転液滴模型に基づいて計算された臨界角運動量 $I_{\rm crit}(\hbar)$ を示す．横軸は(β 安定な)原子核の質量数 A を，縦軸は $\hbar$ を単位とした角運動量 I を意味する．回転運動のために核分裂(を妨げる)障壁 $B_{\rm f}$ がしだいに小さくなり，$B_{\rm f}=0$ の曲線上の I の値 $I_{\rm crit}$ で複合核は安定でなくなり，核分裂が生ずる．$B_{\rm f}=8$ MeV の曲線は，核分裂障壁が核子の分離エネルギーに等しくなるところで，この曲線の下のところの複合核は，核分裂によるよりはむしろ主として中性子放出によって崩壊すると考えられる．

図 6.23 は，励起エネルギー E(MeV) と角運動量 $I(\hbar)$ との ‘E-I ダイヤグラム’ を示す．斜線の部分が新研究分野に対応する．この研究分野の中で目下最も

---

† この方法は，森永-Gugelot によって提唱された．Morinaga, H. & Gugelot, P. C.: *Nuclear Phys.*, **46**, 210 (1963).

†† Bohr, A. & Mottelson, B. R.: *Proceedings of the International Conference on Nuclear Structure, Tokyo 1977* (Marumori, T. ed.), *Suppl. J. Phys. Soc. Japan*, **44**, 157 (1978), Bohr, A.: *Lecture in the International School of Physics «Enrico Fermi»* (1976) (to be published), Bohr, A.: Nobel Lecture, *Revs. Modern Phys.*, **48**, 365 (1976), Bohr, A. & Mottelson, B. R.: *Nuclear Structure*, Vol. II, Benjamin (1975), Bohr, A. & Mottelson, B. R.: *Physica Scripta*, **10A**, 13 (1974).

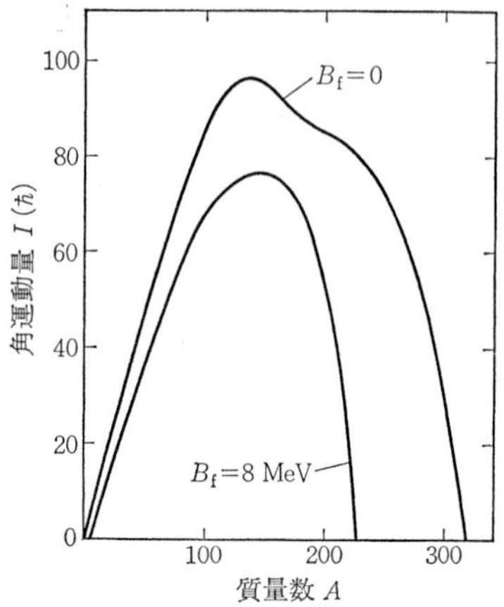

図 6.22　回転液滴模型による原子核の安定限界線(Cohen, S., Plasil, F. & Swiatecki, W. J.: *Ann. Phys.*, 82, 557 (1974) による)

活発に研究が行なわれているのは，**イラスト線**(yrast line)†(それぞれの与えられた角運動量 I の中で最低の励起エネルギーをもつ状態のエネルギー準位を結ぶ線)付近の領域である．

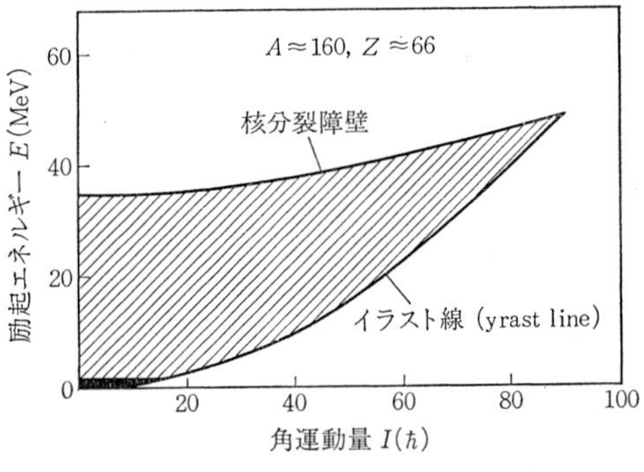

図 6.23　*E–I* ダイヤグラム．黒ぬりの領域が従来の低エネルギー励起状態を表わす．斜線部分が新研究分野に対応する．(Bohr, A. & Mottelson, B. R.: *Proceedings of the International Conference on Nuclear Structure, Tokyo 1977* (Marumori, T. ed.), *Suppl. J. Phys. Soc. Japan*, **44**, 157 (1978) に基づく)

† イラスト(yrast)という言葉は，高速度回転運動などの‘めまぐるしい’とか‘目がくらむような’ということを意味する北欧語の ørr (その語源はゲルマン語の wór で現在のスウェーデン語では yr)に由来する．yrast は yr の‘最上級’を意味する(Bohr, A. & Mottelson, B. R.: *Nuclear Structure*, Vol. II, Benjamin (1975))．

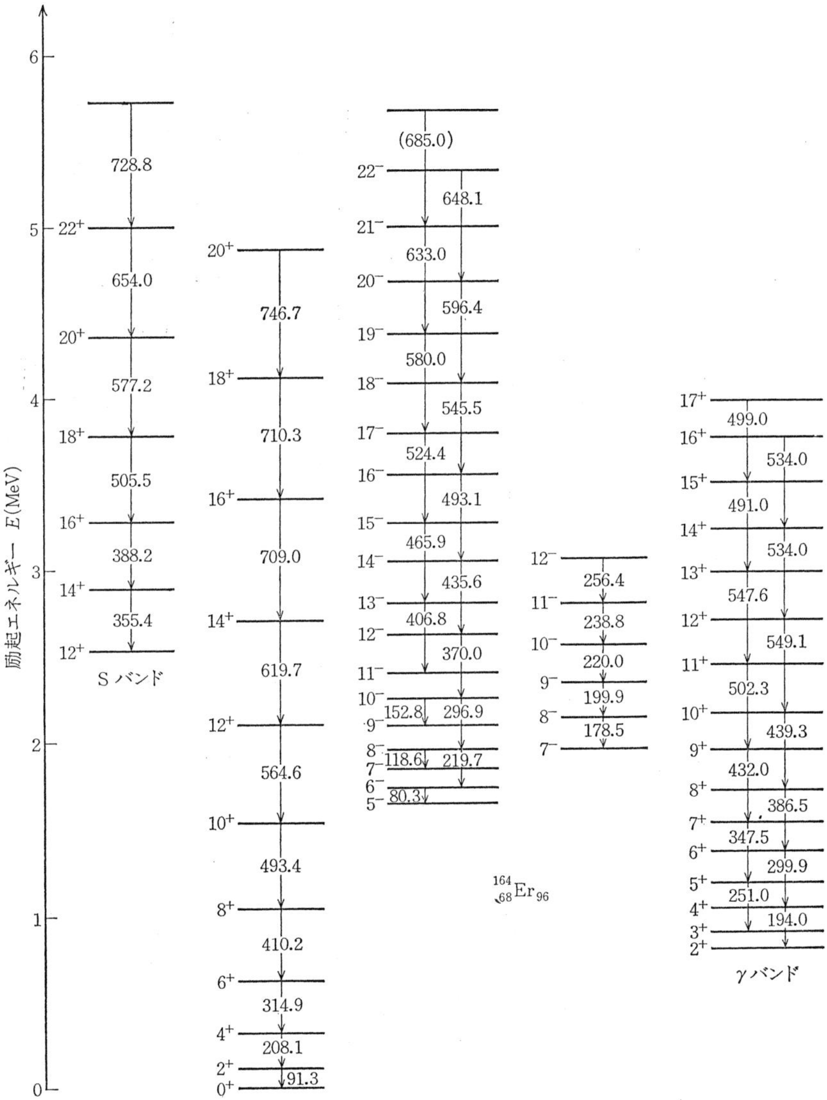

図 6.24 $^{164}_{68}Er_{96}$ の回転バンド構造. Kistner, O. C., der Mateosian, E. & Sunyer, A. W. による実験(Bohr, A. & Mottelson, B. R.: *Proceedings of the International Conference on Nuclear Structure, Tokyo 1977* (Marumori, T. ed.), *Suppl. J. Phys. Soc. Japan*, **44**, 157 (1978) による)

このイラスト線付近の領域では，高い励起エネルギーにもかかわらず，そのエネルギーはほとんどすべて回転エネルギーを生みだすことに使われるので，原子核の内部構造それ自体は，基底状態付近のそれと同様に‘冷えた’ものと考えられる．それゆえ，このイラスト領域でのスペクトルの研究は，回転運動による核の内部構造の変化を検討する上で極めて重要な情報を提供するはずである．このようなイラスト領域での分光学は**イラスト分光学**(yrast spectroscopy)と呼ばれている．

図6.24は，1977年東京で開催された原子核構造国際会議で，Mottelsonによってはじめて紹介されたブルックヘブン実験グループによる$^{164}_{68}Er_{96}$のスペクトルの1例である．このイラスト領域のスペクトルは，図6.25のようなE-Iダイヤグラムで表わすことができる．

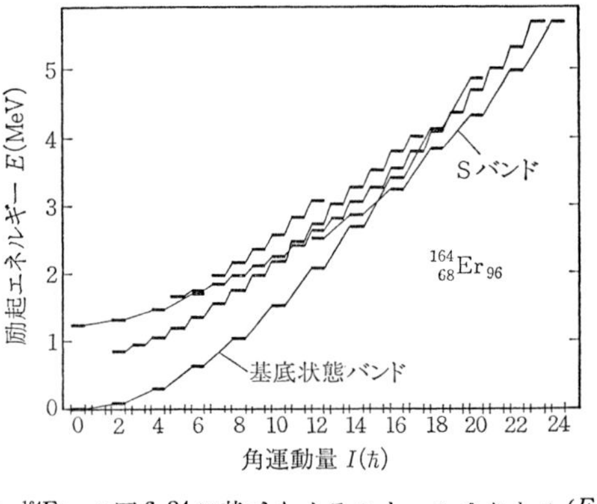

図6.25　$^{164}_{68}Er_{96}$の図6.24に基づくイラスト・スペクトル(E-Iダイヤグラム)(Bohr, A. & Mottelson, B. R.: *Proceedings of the International Conference on Nuclear Structure, Tokyo 1977* (Marumori, T. ed.), *Suppl. J. Phys. Soc. Japan*, **44**, 157 (1978)による)

b)　回転バンド構造の角速度依存性

角運動量が大きくなり回転が速くなると，核の慣性能率$\mathcal{J}$は，(6.8.9)のような角速度ωに依存しない定数ではなくなり，ω依存性をもつようになる．軸対称変形の回転軸は，対称軸($\kappa=3$軸)に垂直であるから以後回転軸を$\kappa=1$軸に採用しよう．すると，この1軸のまわりの回転の角速度$\omega(=\omega_{\kappa=1})$は，$I(=I_{\kappa=1})$に共役な回転角の正準運動方程式

$$\omega = \hbar^{-1} \cdot \frac{\partial \mathscr{E}(I)}{\partial I} \tag{6.9.1}$$

で定義されるが，実験的に測定されるエネルギー $\mathscr{E}(I)$ が I とともに滑らかに変わるときは，

$$\hbar\omega(I) \approx \frac{1}{2}\{\mathscr{E}(I+1) - \mathscr{E}(I-1)\} \tag{6.9.2}$$

によって精度よく定めることができる．(6.9.2)から，逆に I を ω の関数として求めることができるが，この場合，慣性能率 $\mathscr{J}(=\mathscr{J}_{\kappa=1}=\mathscr{J}_{\kappa=2})$ は，

$$\mathscr{J}(\omega) = \frac{\hbar I(\omega)}{\omega} \tag{6.9.3}$$

で定義される†．図6.26は，^{164}Er のイラスト線上の状態の慣性能率を図6.24からこのようにして計算して，ω の関数として表わしたものである．

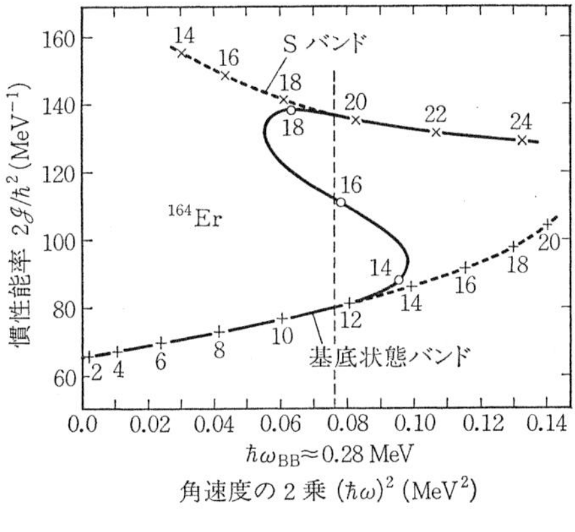

図6.26 図6.24から計算された ω の関数としての ^{164}Er のイラスト線上の状態の慣性能率 (Bohr, A. & Mottelson, B. R.: *Proceedings of the International Conference on Nuclear Structure, Tokyo 1977* (Marumori, T. ed.), *Suppl. J. Phys. Soc. Japan*, **44**, 157 (1978)に基づく)

この図から明らかなように，^{164}Er の場合にも A. Johnson 等のストックホルム・グループによってはじめて発見された慣性能率の**後方歪曲**(back bending)という現象††(図6.27)がみられる．図6.26を図6.25とくらべるとわかるように，この現象は，それまでイラスト線上にのっていた基底状態の回転バンドが $I=16$

† 実際には，量子状態 I と結びついた $\mathscr{J}$ は，関係 $\mathscr{J}^2\omega^2=\hbar^2 I^2$ のかわりに $\mathscr{J}^2\omega^2=\hbar^2 I(I+1)$ で与えられるから，$\mathscr{J}=(1/\omega)\hbar\{I(I+1)\}^{1/2}\approx(1/\omega)\hbar(I+1/2)$ となり，(6.9.3)では I を $I+(1/2)$ で置き換える補正が必要である．

†† Johnson, A., Ryde, H. & Hjorth, S. A.: *Nuclear Phys.*, **A179**, 753 (1972).

のところでSバンド中の $I=16$ のエネルギー準位より高くなり，$I\geqq 16$ 以後はこのSバンドのメンバーがイラスト線上にのることによって生ずることがわかる．このように**バンド交差**(band crossing)は，回転による固有(内部)基底状態のある種の質的変化を意味するものと考えられる．

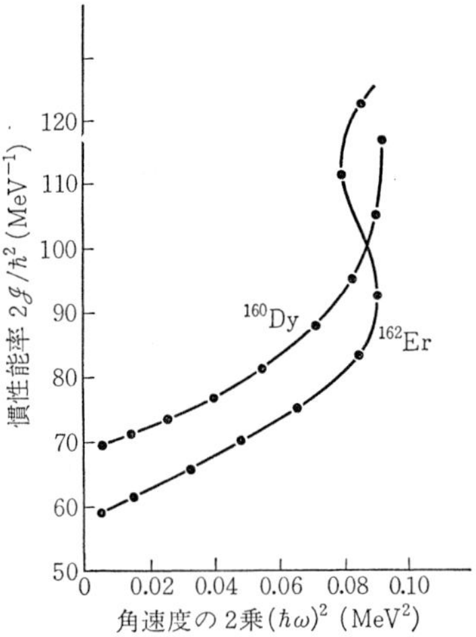

図6.27 典型的なイラスト状態における後方歪曲現象(Johnson, A., Ryde, H. & Hjorth, S. A.: *Nuclear Phys.*, **A179**, 753 (1972)による)

c) 回転座標系での粒子運動

(i) クランキング模型

角運動量の増大に伴う固有内部構造の変化は，回転軸($\kappa=1$ 軸)のまわりに一定の角速度 $\boldsymbol{\omega}$ で回転している物体固定座標系での粒子の運動を調べることによって，物理的に理解することができる．この場合は，この回転座標系でのハミルトニアンは，(6.8.2)と同様で，

$$H' = H-\omega\cdot\hbar\hat{J}_{\kappa=1} \equiv H-\hbar\boldsymbol{\omega}\cdot\hat{\boldsymbol{J}} \qquad (6.9.4)$$

で与えられる†．第2項は **Coriolis 項**と呼ばれ，Coriolis 力や遠心力の原因となるものである．問題を簡単にするため，H を変形した平均ポテンシャルでの粒子

† ハミルトニアン(6.9.4)の形は，回転座標での任意の演算子 $\hat{A}$ の時間微分と空間固定座標系での時間微分が，よく知られた一般的な関係

$$\frac{d}{dt}\hat{A} = \frac{i}{\hbar}[H',\hat{A}] = \frac{i}{\hbar}[H,\hat{A}]-i\boldsymbol{\omega}\cdot[\hat{\boldsymbol{J}},\hat{A}] \equiv \left(\frac{d}{dt}\hat{A}\right)_0 -i\boldsymbol{\omega}\cdot[\hat{\boldsymbol{J}},\hat{A}]$$

で表わされるということと同じである($(d\hat{A}/dt)_0$ は空間固定座標系での時間微分)．

運動を記述する H_0 であらかじめ置き換えて†,

$$\left.\begin{aligned} H_0' &= H_0 - \omega \cdot \hbar \hat{J}_1 \\ H_0 &= \sum_{i=1}^{A} H_{\rm sp}(i), \qquad \hat{J}_1 = \sum_{i=1}^{A} (\hat{j}_1)_i \end{aligned}\right\} \tag{6.9.5}$$

を採用しよう．この場合には，個々の核子の回転座標系でのハミルトニアンは，

$$H_{\rm sp}' = H_{\rm sp} - \omega \cdot \hbar \hat{j}_1 \equiv H_{\rm sp} - \hbar \boldsymbol{\omega} \cdot \hat{\boldsymbol{j}} \tag{6.9.6}$$

で与えられ，核子のスピンを無視すれば，古典力学でおなじみのハミルトニアン

$$\left.\begin{aligned} H_{\rm sp}' &= \frac{1}{2} M \boldsymbol{v}^2 + V_{(\rm def)}(\boldsymbol{r}) - \frac{1}{2} M (\boldsymbol{\omega} \times \boldsymbol{r})^2 \\ \boldsymbol{v} &= \frac{1}{M} \boldsymbol{p} - (\boldsymbol{\omega} \times \boldsymbol{r}) \end{aligned}\right\} \tag{6.9.7}$$

と書くことができる．$\boldsymbol{v}$ は回転座標系での核子の速度である．すでに明らかなように，ハミルトニアン(*6.9.4*)は，角速度 ω で回転している平均ポテンシャル内での粒子運動を記述する Inglis†† の**クランキング模型**(cranking model)のハミルトニアンにほかならない．

(ii) 遅い回転の場合

ハミルトニアン(*6.9.5*)で，回転が遅く ω が小さい場合を考えよう．この場合は，回転の影響すなわち Coriolis 項の効果は核子の運動に対する小さな摂動として考えることができ，ω について 2 次までとれば，H_0 の期待値は

$$\langle H_0 \rangle \equiv \mathcal{E} = \mathcal{E}_0 + \mathcal{E}_{\rm rot}, \qquad \mathcal{E}_{\rm rot} = \frac{1}{2} \mathcal{J}_0 \omega^2 \tag{6.9.8 a}$$

$$\mathcal{J}_0 = 2\hbar^2 \cdot \sum_{k \neq 0} \frac{|\langle k | \hat{J}_1 | 0 \rangle|^2}{\mathcal{E}_k - \mathcal{E}_0} = 2\hbar^2 \cdot \sum_{\mu i} \frac{|\langle \mu | \hat{j}_1 | i \rangle|^2}{\epsilon_\mu - \epsilon_i} \tag{6.9.8 b}$$

となる．ここで $|0\rangle, |k\rangle$ は H_0 の基底状態および励起状態($\mathcal{E}_0, \mathcal{E}_k$ はそれぞれの固有値)を表わし，また $|\mu\rangle$ ($|i\rangle$) は $H_{\rm sp}$ の 1 粒子(1 空孔)固有状態(ϵ_μ (ϵ_i) はそれぞれの固有値)を表わす．(*6.9.8 b*)式は，前節の(*6.8.9*)で与えられた慣性能率についてのクランキング公式にほかならない．回転の角運動量 I と角速度 ω との

† このことは，H に対して Hartree-Fock 近似を行なったことに対応する．($H_0 \equiv \hat{H}_{\rm HF}$, (*6.8.1*) 参照.)

†† Inglis, D. R.: *Phys. Rev.*, **96**, 1059 (1954).

関係は，(6. 9. 3)を使って

$$I=\langle \hat{J}_1\rangle=\frac{\mathscr{J}_0\cdot\omega}{\hbar} \tag{6.9.9}$$

で与えられる†．独立粒子運動から生ずる慣性能率(6. 9. 8 b)を実際に計算すると，その値は同じ密度分布をもった剛体の回転に対する慣性能率の値と非常に近いものになる．このような剛体値が生ずる理由は，回転座標系でのハミルトニアン(6. 9. 7)から推察できる．このハミルトニアンは速度 $\boldsymbol{v}$ を2乗の形で含むから，回転座標系での速度分布は，ポテンシャル内の各点で等方的となり，正味の流れが生じない．回転座標系で正味の流れがないのであるから，空間固定座標系からみれば剛体回転と同様に速度$(\boldsymbol{\omega}\times\boldsymbol{r})$を持つことになる．

図6. 28は低い回転励起状態のエネルギー準位から求めた基底状態バンドの慣性能率の実験値を示す．図からわかるように，実験値は剛体値よりも小さく，ほぼその1/2～1/3の値をもつ．この効果は主として第5章で述べた対相関によるもので，対相関を考慮すればクランキング公式(6. 9. 8 b)は

$$\left.\begin{aligned}\mathscr{J}_0&=2\hbar^2\cdot\sum_{\nu_1\nu_2}\frac{|\langle\nu_2|\hat{j}_1|\nu_1\rangle|^2}{E_{\nu_1}+E_{\nu_2}}(u_{\nu_1}v_{\nu_2}-v_{\nu_1}u_{\nu_2})^2\\E_\nu&=\sqrt{(\epsilon_\nu-\lambda)^2+\Delta_\nu{}^2}\end{aligned}\right\} \tag{6.9.10}$$

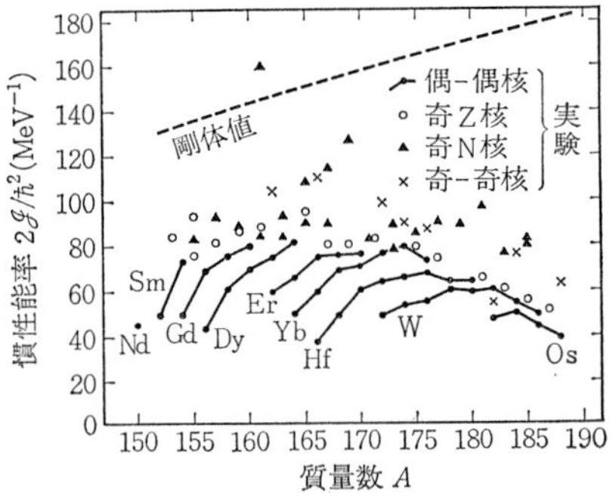

図6. 28　質量数150≦A≦188の原子核の基底状態バンドにおける慣性能率の実験値．点線は剛体値を表わす(Bohr, A. & Mottelson, B. R.: *Nuclear Structure*, Vol. II, Benjamin (1975)による)

† この関係は，前節の(6. 8. 3)式に対応する．

となる.対相関のある場合は,基底状態(偶-偶核)は準粒子の真空に相当する BCS 基底状態になるから,(6.9.10)の和はすべての2準粒子状態についてとられる.(6.9.8b)とくらべれば,対相関の効果は,エネルギー分母を大きくし,また uv 項によって分子を小さくすることによって,慣性能率を小さくする役割を演じていることがわかる.実際に公式(6.9.10)は実験値をよく再現することが知られている[†].

(iii) 速い回転の場合

これまでは ω が充分に小さく Coriolis 項が摂動として取扱われるような基底状態の近くの回転運動を考えたが,今度は回転が速くなり ω が増大する場合について考察しよう.このため,まず回転座標系での1粒子運動のハミルトニアン H_{sp}' (6.9.6)の検討からはじめよう.Coriolis 項 $-\omega \cdot \hbar j_1$ の効果は,ω が極端に

(a) 強結合スキーム
$j_3 = \pm \Omega_3, \langle j_1 \rangle = 0$

(b) 回転整列スキーム
$\langle j_3 \rangle = 0, \langle j_1 \rangle = \Omega_1 = j$

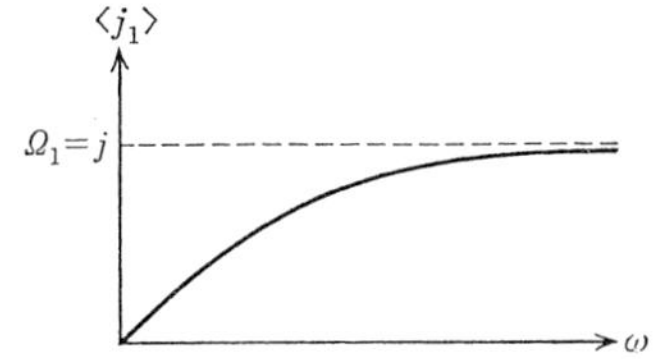

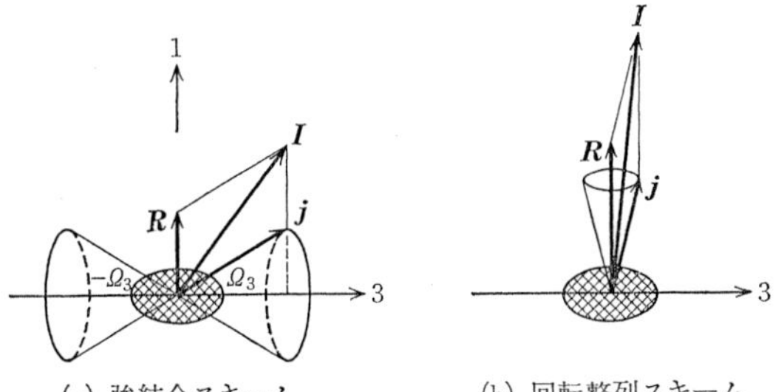

図 6.29 奇核子の回転整列スキームと強結合スキーム.(a)は回転が遅い通常の場合で,粒子の角運動量は強く'変形'と結びついている.(b)は速い回転の場合で,強い Coriolis 項によって生ずる結合スキーム (Bohr, A. & Mottelson, B. R.: *Proceedings of the International Conference on Nuclear Structure, Tokyo 1977* (Marumori, T. ed.), *Suppl. J. Phys. Soc. Japan*, **44**, 157 (1978)による)

[†] Griffin, J. J. & Rich, M.: *Phys. Rev.*, **118**, 850 (1960), Nilsson, S. G. & Prior, O.: *Mat. Fys. Medd. Dan. Vid. Selsk.*, **32**, no. 16 (1961).

大きい場合†から推測されるように，回転軸($\kappa=1$ 軸)の方向に粒子の角運動量を揃えて，$\hat{j}_1$ がその固有値 $\Omega_1=j$ をもつような軌道に移そうとする役割を演ずる．図 6.29 はこの事情を示す．1粒子ハミルトニアン $H_{\rm sp}'$ では，考察下の粒子以外の他の粒子は，'変形芯' として物体固定座標系を定め，集団回転の角運動量 $\boldsymbol{R}$ をもってポテンシャルの回転に主要な役割を演ずることが，前提として仮定されている．(系の全角運動量は $\boldsymbol{I}=\boldsymbol{R}+\boldsymbol{j}$ である.) (a)は回転の遅い極限の場合で，粒子の角運動量は強く '変形' と結びついている($\langle\hat{j}_1\rangle\approx0$)ので**強結合**(strong coupling)**スキーム**といわれている．(b)はその逆で，回転が速く Coriolis 項が非常に強い極限の場合で，粒子の角運動量は全角運動量 $\boldsymbol{I}$ と充分に揃っている($\langle\hat{j}_1\rangle\approx j$)ので**回転整列**(rotational alignment)**スキーム**と呼ばれている．

図 6.30 は，回転座標系での1粒子ハミルトニアン $H_{\rm sp}'$ (*6.9.6*) の固有値 $\epsilon_\nu'(\omega)$ を実際に計算した1例である．$\hat{j}_1$ を含む Coriolis 項のために，$H_{\rm sp}$ が満たしていた $\kappa=3$ 軸に対する回転対称性と時間反転不変性が破られることになる．しかし $H_{\rm sp}'$ は空間反転 $\hat{P}$ と回転軸($\kappa=1$ 軸)のまわりの 180° の回転 $\hat{R}_1(\pi)=\exp\{-i\pi\hat{j}_1\}$ に対して不変であるので，1粒子の固有状態にはパリティと $\hat{R}_1(\pi)$ の固有値

$$r=\exp\{-i\pi j_1\}=\begin{cases}-i & \left(j_1=\dfrac{1}{2},\dfrac{5}{2},\dfrac{9}{2},\cdots\text{のとき}\right)\\[2ex] +i & \left(j_1=\dfrac{3}{2},\dfrac{7}{2},\dfrac{11}{2},\cdots\text{のとき}\right)\end{cases}\qquad(6.9.11)$$

を指定することができる††．図 6.30 では，$r=-i$ の状態を実線で $r=+i$ の状態を破線で表わしてある．そしてそれぞれの状態に，$\omega=0$ のとき Nilsson 模型でのどの1粒子準位 $[Nn_3\Lambda,\Omega]$††† に対応するかを記してある．以後この $H_{\rm sp}'$ の固有状態を簡単のために記号 $\nu\equiv[Nn_3\Lambda,\Omega],r$ で記すことにする††††．

一般に

---

† この場合は，回転の遅い場合とは逆に，$H_{\rm sp}'$ の第1項 $H_{\rm sp}$ は第2項の Coriolis 項にくらべて小さな摂動とみなされる．

†† $[\hat{R}_1(\pi),H_{\rm sp}']=0$ ではあるが，$[\hat{j}_1,H_{\rm sp}']\neq0$ であることに注意．

††† この量子数の記号に関しては§4.2(b)Nilsson 模型を参照．

†††† この記号法では，$[Nn_3\Lambda,\Omega]$ は，$\omega=0$ のとき Nilsson 模型のどの軌道に対応するかを示すもので，量子数を意味するものではない．

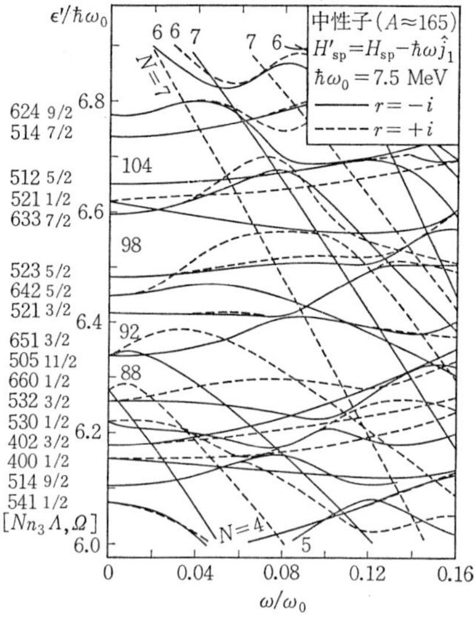

図 6.30　質量数 $A\approx165$ 付近の原子核の中性子に対する1粒子ハミルトニアン $H_{\rm sp}'$(6.9.6)の固有値 $\epsilon_\nu'(\omega)$. $\epsilon_\nu'(\omega)$ と ω はそれぞれ単位 $\hbar\omega_0=7.5$ MeV で表わしてある．慣性能率に剛体値を仮定すると，$\omega=0.1\omega_0$ が角運動量 $I\approx50$ に対応する．R. Bengtsson と S. E. Larsson によって計算された(Bohr, A. & Mottelson, B. R.: *Proceedings of the International Conference on Nuclear Structure, Tokyo 1977* (Marumori, T. ed.), *Suppl. J. Phys. Soc. Japan*, **44**, 157 (1978) による)

$$\frac{\partial}{\partial\omega}\epsilon_\nu'(\omega) \equiv \frac{\partial}{\partial\omega}\langle\nu(\omega)|H_{\rm sp}'|\nu(\omega)\rangle = -\hbar\langle\nu(\omega)|\hat{j}_1|\nu(\omega)\rangle \equiv -\hbar\langle\hat{j}_1\rangle_\nu \tag{6.9.12}$$

が成立するから†，各固有値 $\epsilon_\nu'(\omega)$ の ω に関する勾配から $\langle\hat{j}_1\rangle$ の大きさ，すなわち回転整列の度合を知ることができる．図6.30から，($i_{13/2}$ から主として生ずる) $N=6$ や ($j_{15/2}$ から主として生ずる) $N=7$ をもつ準位のように大きな角運動量 j と小さなその $\kappa=3$ 軸成分量子数 Ω をもった軌道は，$\omega=0$ のときのハミルトニ

† 一般に $H(\lambda)|\psi(\lambda)\rangle=U(\lambda)|\psi(\lambda)\rangle$ ($U(\lambda)$: 固有値，λ: パラメーター)で $\langle\psi(\lambda)|\psi(\lambda)\rangle=1$ のとき，

$$\frac{\partial}{\partial\lambda}U(\lambda)=\left\langle\psi(\lambda)\left|\frac{\partial}{\partial\lambda}H(\lambda)\right|\psi(\lambda)\right\rangle$$

が成立する．(Feynman の定理(*Phys. Rev.*, **56**, 340 (1939).)

［証明］
$$\frac{\partial}{\partial\lambda}U(\lambda)=\frac{\partial}{\partial\lambda}\langle\psi(\lambda)|H(\lambda)|\psi(\lambda)\rangle=\left\langle\psi(\lambda)\left|\frac{\partial}{\partial\lambda}H(\lambda)\right|\psi(\lambda)\right\rangle$$
$$+\left\langle\frac{\partial}{\partial\lambda}\psi(\lambda)\right|H(\lambda)\left|\psi(\lambda)\right\rangle+\left\langle\psi(\lambda)\right|H(\lambda)\left|\frac{\partial}{\partial\lambda}\psi(\lambda)\right\rangle$$
$$=\left\langle\psi(\lambda)\left|\frac{\partial}{\partial\lambda}H(\lambda)\right|\psi(\lambda)\right\rangle+U(\lambda)\left\{\left\langle\frac{\partial}{\partial\lambda}\psi(\lambda)\middle|\psi(\lambda)\right\rangle+\left\langle\psi(\lambda)\middle|\frac{\partial}{\partial\lambda}\psi(\lambda)\right\rangle\right\}$$
$$=\left\langle\psi(\lambda)\left|\frac{\partial}{\partial\lambda}H(\lambda)\right|\psi(\lambda)\right\rangle.\qquad\left(\frac{\partial}{\partial\lambda}\langle\psi(\lambda)|\psi(\lambda)\rangle=0\ \text{を使用.}\right)$$

アン $H_{\rm sp}$ の(時間反転不変性に基づく)1対の縮退が直ちに $r=+i$ と $r=-i$ とに分かれ，かつ勾配が極めて大きいことがわかる．このことから，奇数 A の原子核の中で，奇数番目の最後の核子が大きな j と小さな Ω をもつ軌道にあるような場合には，角速度 ω が比較的小さくても大きな Coriolis 項を生じ，回転整列スキームが発生することが予想される．実際にこのような原子核では回転整列スキームによる回転バンドが発見され，**デカップルド・バンド** (decoupled band) と呼ばれている†.

図6.30のレベル・スキームは，与えられた ω で回転している原子核内での粒子軌道の満たされる順序を与える．こうして下から順に軌道を埋めて求めた偶-偶核の波動関数 $|\phi_0(\omega)\rangle$ を使用すれば，関係(6.9.3)を使って

$$I_0(\omega)=\langle\phi_0(\omega)|\hat{J}_1|\phi_0(\omega)\rangle=\mathcal{J}_0(\omega)\cdot\omega/\hbar \qquad (6.9.13)$$

から，ω の関数としての基底状態バンドの角運動量 I_0 が与えられ††，また慣性能率 $\mathcal{J}_0(\omega)$ が求まる．奇数 A の核(奇核)の場合には，状態は $|\phi_\nu(\omega)\rangle\equiv c_\nu^+(\omega)|\phi_0(\omega)\rangle$ ($c_\nu^+(\omega)$：1粒子状態 $\epsilon_\nu'(\omega)$ の生成演算子)で与えられるから，角運動量は

$$I_\nu(\omega)=\langle\phi_\nu(\omega)|\hat{J}_1|\phi_\nu(\omega)\rangle=\langle\hat{j}_1\rangle_\nu+I_0(\omega) \qquad (6.9.14)$$

で与えられる†††. $\langle\hat{j}_1\rangle_\nu$ は(6.9.12)で与えられたものである.

回転座標系での偶-偶核のエネルギーは，ハミルトニアン(6.9.5)から

$$\left.\begin{array}{l}\mathcal{E}_0'(\omega)=\mathcal{E}_0(\omega)-\hbar\omega\cdot I_0(\omega)\\ \mathcal{E}_0'(\omega)\equiv\langle\phi_0(\omega)|H_0'|\phi_0(\omega)\rangle, \qquad \mathcal{E}_0(\omega)\equiv\langle\phi_0(\omega)|H_0|\phi_0(\omega)\rangle\end{array}\right\} \qquad (6.9.15)$$

---

† Stephens, F. S.: *Revs. Modern Phys.*, **47**, 43 (1975).

†† 波動関数 $|\phi_0(\omega)\rangle$ に対する $\hat{R}_1=\exp\left\{-i\pi\sum_{i=1}^{A}(\hat{j}_1)_i\right\}\equiv\exp\{-i\pi\hat{J}_1\}$ の固有値 r は，核子によって満たされているすべての1粒子軌道の r 量子数の積に等しい．一方クランキング模型では(6.9.13)によって $J_1=I_0$ とみなされるから，$|\phi_0(\omega)\rangle$ の r は

$$r=\exp\{-i\pi I_0\}=\begin{cases}+1 & (I_0=0,2,4,\cdots)\\ -1 & (I_0=1,3,5,\cdots)\end{cases}$$

となる．この関係から，$|\phi_0(\omega)\rangle$ 中の核子によって満たされているすべての1粒子軌道の r 量子数の積の値によって，$|\phi_0(\omega)\rangle$ と結びついた回転バンドの角運動量 I_0 に制限がつく．

††† 奇核の波動関数 $|\phi_\nu(\omega)\rangle$ に対する $\hat{R}_1=\exp\{-i\pi\hat{J}_1\}$ の固有値 r は，上の脚注で述べたと同様に，$|\phi_\nu(\omega)\rangle$ 中の核子によって満たされているすべての1粒子軌道の r 量子数の積の値に等しい．一方今度は $|\phi_\nu(\omega)\rangle$ の r は(6.9.14)によって

$$r=\exp\{-i\pi I_\nu\}=\begin{cases}-i & (I_\nu=1/2,5/2,9/2,\cdots)\\ +i & (I_\nu=3/2,7/2,11/2,\cdots)\end{cases}$$

となるので，$|\phi_\nu(\omega)\rangle$ と結びついた角運動量 I_ν に制限がつく．実際に，奇核の回転バンド中の $\Delta I=2$ だけ異なる状態同士が1つの種族をつくっていることは，実験的によく知られている．

となる．奇核の場合も

$$\left.\begin{aligned}\mathcal{E}_\nu{}'(\omega) &\equiv \langle\phi_\nu(\omega)|H_0{}'|\phi_\nu(\omega)\rangle = \mathcal{E}_0{}'(\omega) + \{\epsilon_\nu{}'(\omega) - \epsilon_F{}'(\omega)\} \\ &= \mathcal{E}_\nu(\omega) - \hbar\omega\cdot I_\nu(\omega) \\ \mathcal{E}_\nu(\omega) &\equiv \langle\phi_\nu(\omega)|H_0|\phi_\nu(\omega)\rangle\end{aligned}\right\} \qquad (6.9.16)$$

が回転座標系でのエネルギーとなる．ここで $\epsilon_F{}'(\omega)$ は回転座標系での Fermi エネルギー(すなわち $|\phi_0(\omega)\rangle$ で最後に満たされた1粒子軌道のエネルギー)である．(6.9.15), (6.9.16) の定義から直ちに関係

$$\frac{\partial}{\partial\omega}\mathcal{E}'(\omega) = -\hbar I(\omega) \qquad (6.9.17)$$

が得られるが†，この関係それ自身は採用されているクランキング模型によらない一般的なもので，角速度の定義(6.9.1)から直接に求めることができるものである．

(6.9.14), (6.9.15), (6.9.16) から重要な関係式

$$\left.\begin{aligned}\{\epsilon_\nu{}'(\omega) - \epsilon_F{}'(\omega)\} &= \mathcal{E}_\nu{}'(\omega) - \mathcal{E}_0{}'(\omega) \\ &= \{\mathcal{E}_\nu(\omega) - \mathcal{E}_0(\omega)\} - \hbar\omega\cdot\langle\hat{j}_1\rangle_\nu \\ \langle\hat{j}_1\rangle_\nu &= I_\nu(\omega) - I_0(\omega)\end{aligned}\right\} \qquad (6.9.18)$$

が得られる．この式の右辺のすべての量は，実験的に求められたエネルギー関数 $\mathcal{E}(I)$ から直接に算出されるもので，これによって回転座標系でのレベル・スキーム(図6.30)と実験結果とを直接に比較することができる．以上の考察に基づいて，Bohr と Mottelson は，イラスト分光学において決定的な役割を演ずる物理量は，

$$i_\alpha(\omega) = I_\alpha(\omega) - I_0(\omega) \qquad (6.9.19)$$

であると主張している．$I_\alpha(\omega)$ は量子数 α を持つ固有(内部)励起状態に同伴する回転バンドの角運動量である．実験値からこの量 $i_\alpha(\omega)$ を求めれば，回転座標系での励起エネルギー $E_\alpha{}'(\omega)$ は(6.9.18)から

$$E_\alpha{}'(\omega) = \{\mathcal{E}_\alpha(\omega) - \mathcal{E}_0(\omega)\} - \hbar\omega\cdot i_\alpha(\omega) \qquad (6.9.20)$$

として求めることができる．

実際にはしかしながら，この実験結果をそのまま図6.30のレベル・スキーム

† Feynman の定理(p. 337 の脚注)による．

と比較するのは早計である．すでに遅い回転の場合の慣性能率(*6. 9. 10*)のところで述べたように，ハミルトニアン H_0' (*6. 9. 5*)では完全に無視されている対相関効果が，回転運動にとって極めて重要な役割を演じているからである．

d)　回転運動と対相関

(*6. 9. 10*)式のところで述べたように対相関は慣性能率を小さくし，与えられた角運動量 I のもとで，回転のエネルギーを増大させる重要な効果を持っている．一方(c)で述べたように，回転座標系でのハミルトニアンは Coriolis 項の存在によって時間反転不変性を破るので，1対の時間反転軌道の間に生ずる対相関力は，この軌道を分離させようとする Coriolis 項の回転整列効果によって弱められることになる†.

このような対相関の効果を調べるために，今度は回転座標系でのハミルトニアン H' (*6. 9. 4*)の中の H を，対相関力効果をも取り入れた1体運動を記述する $\mathscr{H}_0$ であらかじめ置き換えて，

$$\left.\begin{aligned}\mathscr{H}_0' &\equiv \mathscr{H}_0-\omega\cdot\hbar\hat{J}_1\\ &=\sum_{\alpha}(\epsilon_\alpha-\lambda)c_\alpha{}^+c_\alpha+\frac{1}{2}\Delta\sum_{\alpha\beta}\delta_{\bar{\alpha}\beta}(c_\alpha{}^+c_\beta{}^++c_\beta c_\alpha)-\omega\cdot\hbar\hat{J}_1\\ \hat{J}_1 &= \sum_{\alpha\beta}\langle\alpha|j_1|\beta\rangle c_\alpha{}^+c_\beta\end{aligned}\right\}\qquad(6.9.21)$$

を採用しよう．ここで α は軸対称(4重極)変形平均ポテンシャル(対称軸は $\kappa=3$ 軸)での1粒子軌道を表わし，$\bar{\alpha}$ はその時間反転軌道を意味する．(*6. 9. 21*)の第2項が対相関力効果を表わし((*5. 5. 6*)参照)，この対相関場の強さ Δ がエネルギー・ギャップ 2Δ を与える．

$\mathscr{H}_0'$ は $c_\alpha{}^+, c_\beta$ についての2次の項のみからなっているので，**一般化された Bogoljubov 変換**††(generalized Bogoljubov transformation)

$$\left.\begin{aligned}a_\nu{}^+ &= \sum_{\alpha}\{u_{\nu\alpha}c_\alpha{}^++v_{\nu\alpha}c_{\bar{\alpha}}\}\\ a_\nu &= \sum_{\alpha}\{u_{\nu\alpha}c_\alpha+v_{\nu\alpha}c_{\bar{\alpha}}{}^+\}\end{aligned}\right\}\qquad(6.9.22)$$

---

† Mottelson, B. R. & Valatin, J. G.: *Phys. Rev. Letters*, **5**, 511 (1960), Sano, M., Takemasa, T. & Wakai, M.: *Nuclear Phys.*, **A190**, 471 (1972).

†† Bogoljubov, N. N.: *Soviet Phys. Usp.*, **2**, 236 (1959).

によって対角化できて,

$$\mathcal{H}_0' = \mathcal{E}_0(\omega) + \sum_\nu E_\nu'(\omega) a_\nu^+ a_\nu \qquad (6.9.23)$$

となる．今度は $a_\nu|\phi_{BCS}(\omega)\rangle=0$ で定義される準粒子の‘真空’$|\phi_{BCS}(\omega)\rangle$ が，偶-偶核の基底状態バンドのメンバーに対応し†，$\mathcal{E}_0(\omega)$ はそのエネルギーを表わす．また準粒子のエネルギー $E_\nu'(\omega)$ が固有内部励起の励起エネルギーを意味することになる．

こうして対相関が存在する現実の場合には，この(回転座標系での)準粒子エネルギーが，(6.9.20)を通じて実験値と直接結びつくものとなる．すなわち，奇核の時は1準粒子エネルギーが

$$E_\nu'(\omega) = \{\mathcal{E}_\nu(\omega) - \mathcal{E}_0(\omega)\} - \hbar\omega\cdot i_\nu(\alpha) \qquad (6.9.24\,a)$$

で，また偶-偶核の内部励起状態としてはたとえば2準粒子エネルギーが，

$$E_{\nu_1}'(\omega) + E_{\nu_2}'(\omega) = \{\mathcal{E}_{\nu_1\nu_2}(\omega) - \mathcal{E}_0(\omega)\} - \hbar\omega\cdot i_{\nu_1\nu_2}(\omega) \qquad (6.9.24\,b)$$

として実験値から直接に算出することができる．

図6.31は ^{164}Er の基底状態バンドのエネルギーを $\mathcal{E}_0(\omega)$ として基準にとった場合の中性子の回転座標系での励起エネルギー $E_\alpha'(\omega)$ を(6.9.24 a)と(6.9.24 b)を使って実験結果から求めたものである．図から，奇核である ^{163}Er と ^{165}Er の基底状態バンドすなわち[523, 5/2]の1準粒子状態のエネルギー $E'_{[523,5/2]}(\omega)$ は角速度 ω にほとんど依存せず，(主として $i_{13/2}$ から生じた)[642, 5/2]$r=\pm i$ の軌道のように大きな j をもった1準粒子状態のエネルギー $E'_{[642,5/2]r=\pm i}(\omega)$ が，ω の増大とともに急激に減少することが確かめられる．また ^{164}Er のSバンド(図6.24, 6.25参照)は，この強い回転整列が行なわれている2つの軌道([642, 5/2]$r=+i$ と[642, 5/2]$r=-i$)への2準粒子励起状態に同伴する回転バンドであることがわかる．

変換(6.9.22)によって求められる回転座標系での準粒子エネルギーの特別な性質は，$\omega=0$ のときは $E_\nu'(\omega=0)=\sqrt{(\epsilon_\nu-\lambda)^2+\Delta^2}$ であるが，ω が増大すると $E_\nu'(\omega)<\Delta$ となり，さらには $E_\nu'(\omega)<0$ であるような値をもとりうるということである．こうして，それまでイラスト状態であった準粒子の真空 $|\phi_{BCS}(\omega)\rangle$ のエ

† このメンバーの角運動量 I_0 は(6.9.13)で $|\phi_0(\omega)\rangle$ を $|\phi_{BCS}(\omega)\rangle$ で置き換えた式によって与えられる．

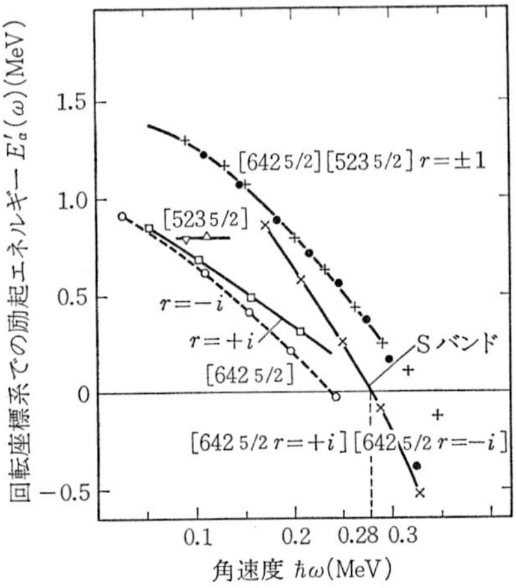

図 6.31 ^{164}Er の基底状態バンドのエネルギーを基準にとった場合の回転座標系での中性子の励起エネルギー $E_\alpha'(\omega)$ の実験値(Bohr, A. & Mottelson, B. R.: *Proceedings of the International Conference on Nuclear Structure, Tokyo 1977* (Marumori, T. ed.), *Suppl. J. Phys. Soc. Japan*, **44**, 157 (1978) による)

ネルギーが，ある値 $\omega=\omega_c$ で2準粒子(励起)状態 $a_{\nu_1}{}^+a_{\nu_2}{}^+|\phi_{BCS}(\omega)\rangle$ のエネルギーと等しくなり，$\omega>\omega_c$ ではこの2準粒子状態であったものが新たに BCS 基底状態として最低エネルギーのイラスト状態となる現象が生ずる†．この機構が，(b) で述べたバンド交差の背後にある内部構造の質的変化にほかならない．図 6.31 からみられるように，Sバンドの準粒子エネルギー($E'_{[642,5/2]r=+i}+E'_{[642,5/2]r=-i}$) は $\hbar\omega_c\approx0.28$ MeV のところで0となり，基底状態バンドとのバンド交差が生じていることがわかる．このように対相関効果を取り入れた1体運動のハミルトニアン $\mathscr{H}_0$ (*6.9.21*) は，定性的には極めてみごとにバンド交差の背後にある内部構造の質的変化を説明する．

実際の定量的な計算においては，しかしながら，平均ポテンシャルの変形を表わすパラメーターや対相関場の強さ Δ が ω の関数であり，“与えられた ω のもとでの平均場や対相関場の平衡変形”を意味するものであることを考慮する必要がある．このためには，回転座標系でのハミルトニアン H' (*6.9.4*) に戻って，ここで一般化された Hartree-Bogoljubov 近似を行なって平均場の変形や対相関場を自己無撞着に決定し，そのうえで基底状態バンドや準粒子のエネルギー

† $\Delta\neq0$ であるにもかかわらず ω_c で励起エネルギー $\{E_{\nu_1}'(\omega_c)+E_{\nu_2}'(\omega_c)\}$ が0になる現象は，物性論との類比から，原子核における**ギャップレス超伝導** (gapless super-conductivity) と呼ばれている (Goswami, A., Lin, L. & Struble, G. L.: *Phys. Letters*, **25B**, 451 (1967))．

を求めればよい[†]. これは**自己無撞着 Hartree-Bogoljubov クランキング模型** (selfconsistent Hartree(-Fock)-Bogoljubov cranking model)と呼ばれている.

このような自己無撞着なクランキング模型を使用しても，なおクランキング模型に固有な補正が必要である．これは，本来角速度は運動の恒量ではなく，したがって角運動量Iを固有値とする本来の回転状態では角速度にはある広がりが生じているはずであるのに，クランキング模型では逆に一定の角速度ωを指定していることに基づいている．それゆえ，本来のバンド交差は内部構造の質的に異なった2つの回転バンド中のある特定の角運動量I_cで生ずるものであるのに，クランキング模型では，それがある特定の角速度ω_cで生ずるものとして，2つのバンドの‘混合’が考えられていることになる．言葉をかえれば，クランキング模型では，角運動量になおせばかなり値の異なる各バンドの上の点$I_1(\omega_c)$と$I_2(\omega_c)$ $(I_2(\omega_c)-I_1(\omega_c)=i(\omega_c))$との間のある種の‘相互作用’が取り込まれていることを意味する(図6.32)．そしてこの‘相互作用’の正しい取扱いが必要となる[††].

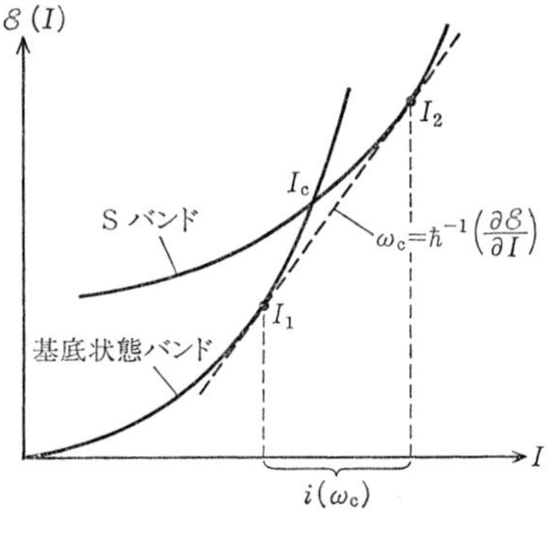

図6.32 クランキング模型でのバンド交差を示す$\mathcal{E}(I)$-Iダイヤグラム．クランキング模型では点線に沿っての$I_1(\omega_c)$から$I_2(\omega_c)$への転移をひきおこす‘相互作用’が取り込まれている．$I_1(\omega_c)$, $I_2(\omega_c)$とω_cとの関係は(*6.9.1*)式による(Bohr, A. & Mottelson, B. R.: *Proceedings of the International Conference on Nuclear Structure, Tokyo 1977* (Marumori, T. ed.), *Suppl. J. Phys. Soc. Japan*, **44**, 157 (1978)に基づく)

† Banerjee, B., Mang, H. J. & Ring, P.: *Nuclear Phys.*, **A215**, 366 (1973), Bhargava, P. C. & Thouless, D. J.: *ibid.*, **A215**, 515 (1973), Faessler, A., Sandhya Devi, K. R., Grümmer, F., Schmid, K. W. & Hilton, R. R.: *ibid.*, **A256**, 106 (1976).

†† Hamamoto, I.: *Nuclear Phys.*, **A271**, 15 (1976).

この正しい取扱いの系統的方法の開発は今後の問題である†.

図 6.25 に再び戻ろう. I が小さい時には, 対相関によるエネルギー・ギャップのために内部励起の準位間隔が非常に大きいのに反し, I が大きくなるとイラスト線のすぐ上の平均準位間隔が二, 三百 keV 程度に減少する. このことから, 回転がさらに速くなり Coriolis 項が増大すると対相関が次第に打ち消されて BCS 状態から正常状態への相転移が生じ, それにつれて慣性能率も剛体値に近づくことが予想される.

e) 回転による形状変化とイラスト・トラップ

(d)で議論した領域よりさらに回転の角速度を大きくしてゆく場合を考えよう. この場合は, Coriolis 項に含まれる遠心力などの効果により'変形'の様子が著しく変化することが予想される. この形状変化についてもう少し考察を行なってみよう.

Coriolis 項による効果は, 回転軸($\kappa=1$ 軸)の方向に粒子の角運動量を揃えて, $\hat{j}_1$ がその固有値を持つような軌道に移そうとする回転整列の役割を演ずるものであることはすでに述べた. $\hat{j}_1$ の固有値をもつような軌道は, 回転軸のまわりに軸対称な密度分布をもつはずであるから, 角速度 ω が増大し多くの粒子が回転整列を行なうにつれて, 粒子の密度分布と自己無撞着に決定される平均ポテンシャルの形状は, はじめの $\kappa=3$ 軸を対称軸とする葉巻型から次第に3軸非対称なも

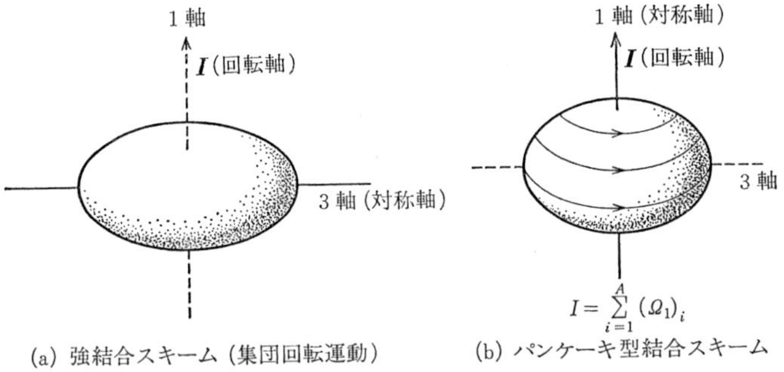

図 6.33　(a) 粒子の角運動量が強く葉巻型変形と結合し, 集団回転運動が生ずる通常の場合. (b) 回転軸を対称軸とするパンケーキ型結合スキーム (oblate coupling scheme) (Bohr, A.: Nobel Lecture, *Revs. Modern Phys.*, **48**, 365 (1976) に基づく)

---

† Kerman, A. K. & Onishi, N.: *Nuclear Phys.*, **A281**, 893 (1977).

のに移り，最後には回転軸($\kappa=1$ 軸)を対称軸とするパンケーキ型のものになることが予想される(図6.33)．この形状は，回転液滴模型を使用する場合に，この模型の出発点として考えられるものと同じである．

このような回転軸を対称軸とする**パンケーキ型結合スキーム**(oblate coupling scheme)の回転運動は，これまで考察してきた集団回転運動とは全く質的に異なったものとなる．このことをみるために，まず指定された I をもつ回転運動中で生ずる粒子の回転整列効果の物理的意味を考えよう．粒子が回転整列によって $\langle j_1\rangle\approx 0$ から $\langle j_1\rangle\neq 0$ の軌道に移ることは，I が指定されている場合には，その粒子の回転整列を行なった角運動量だけ‘集団運動’による回転運動の角運動量が減少し，したがって集団運動の回転エネルギーが減少することを意味する．それゆえ，粒子の回転整列が進行するにつれて，集団回転運動のエネルギーは次第に減少し，すべての粒子が回転整列を行なったパンケーキ型結合スキームのときは集団回転運動は消滅し，全角運動量 I は個々の粒子の軌道の量子化された($\hat{j}_1$ の固有値) Ω_1 の和として

$$I=J_1=\sum_{i=1}^{A}(\Omega_1)_i \tag{6.9.25}$$

で与えられることになる．このことは，本節のはじめに述べた“内部構造によって破られた回転対称性を回復する運動モードとしての集団回転運動は，対称性の破れていない対称軸のまわりに対しては発生しない”という事実を反映している．

このパンケーキ型結合スキームでは，イラスト線に沿っての1つの状態から他の状態への移行は，それぞれの状態での1粒子軌道の埋められ方に基づくのでエネルギーに著しい不規則性を生じ，また γ 遷移の強さはせいぜい1粒子遷移の強さをこえることはないはずである．この事情は，これまでの集団回転によるイラスト線に沿っての規則的な状態の移行の場合とは本質的に異なっている．この場合は，γ 遷移は集団回転運動に特徴的な非常に強いE2遷移を伴うものであった．それゆえこのパンケーキ型結合状態を，(集団回転運動に特徴的な)強いE2遷移の場合にくらべて桁数が異なる長い寿命をもった異性体として，イラスト線上で直接に観測することができる可能性がある．理論的な推測ではこのような**イラスト・トラップ**(yrast traps)はある特定な領域の質量数の原子核では $I\approx 30\sim 50$ 位で生ずるといわれている．

ごく最近，ダームシュタット(西ドイツ)に建設された強力な重イオン加速器を使って，このイラスト・トラップを系統的に探す実験がコペンハーゲン・グループとダームシュタット・グループとの協同実験として行なわれ，それらしいものが観測されたとの報告もある†．そして理論的にも推測の段階から一歩進んで本格的研究がまさにはじまろうとしている．

§6.10　集団運動の非調和効果をめぐる諸問題

本章では，原子核に生ずる最も典型的な4重極表面振動を中心にして，理論的側面に重点を置きながら集団運動について説明してきた．実際には第IV部第11章でも述べるように原子核に発生する集団運動は実に多様であり，その意味で‘素励起’としての新しい集団運動モードの発見は，現在の核構造研究を特徴づける中心課題の1つとなっている．

そして，これらの運動モードの発生や新しい運動モードへの移り変りの様子から，系の1つの‘相’の安定性や新たな‘相’への転移の問題が検討され，原子核の示すさまざまな‘相’の研究が急速に進展しつつある．

ただここで，原子核が有限多体系であるという重要な事実を忘れてはならない．このために物性論が取り扱う無限多体系での相転移のような理想的な転移が存在しないだけでなく，集団運動それ自体極めて非線形効果の著しく大きいものにな

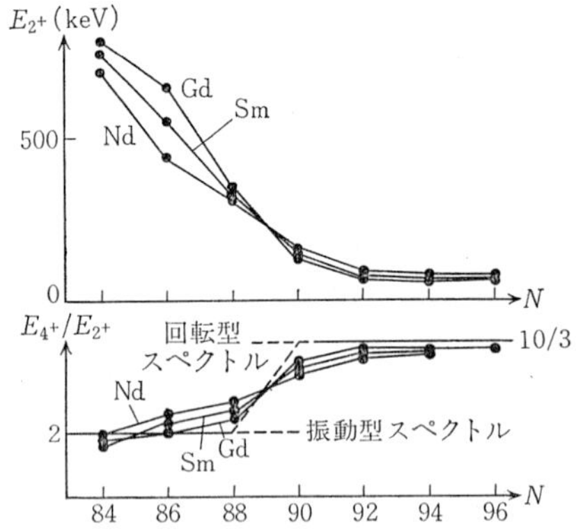

図6.34　Nd, Sm, Gd 同位元素の中性子数 N による励起エネルギーの変化(大西直毅：日本物理学会誌，28, 606 (1973) による)

---

† Bohr, A. & Mottelson, B. R.: *Proceedings of the International Conference on Nuclear Structure, Tokyo 1977* (Marumori, T. ed.), *Suppl. J. Phys. Soc. Japan*, **44**, 157 (1978).

る．事実，最近の実験結果は球形核での振動運動ですら，RPA 近似に基づく調和振動子型フォノン模型とはほど遠いものであり，特に2フォノン状態以上の高次励起状態では非調和効果(anharmonic effect)が著しいことを示している．それぱかりではなく，この複雑な非調和効果の中にある種の重要な‘かくされた規則性’が存在し，球形‘相’から変形‘相’への転移が連続的に行なわれていることを暗示しているようにみえる†(図6.34)．

このような複雑な非調和効果を分析し，その中にかくされた規則性を見出すための努力が，さまざまな立場から行なわれているのが現状である．それらの主なものは，以下のようなものである．

(i)　断熱近似に基づく半現象論

これは，Bohr-Mottelson 模型に基づいて，その模型を特徴づける各種の集団運動のパラメーターを，断熱近似あるいはその改良といった方法で微視的立場から求める半現象論的なアプローチで，§6.7(d)にこの方法の大筋が説明してある．

(ii)　ボソン展開法††

この考えは，§6.5(d)で使用したボソン近似の精度をあげて，非調和効果をボソン間相互作用という形で取り上げることを目的としたものである．具体的には，(*6.5.49*)で定義されるボソン演算子を使って，本来のフェルミオン空間と1対1対応をもつボソン部分空間を構成し，その上で，フェルミオン空間内で与えられている系のハミルトニアンを正確にボソン部分空間に変換する方法である．この方法では，変換されたハミルトニアンの第0次が RPA のそれになり，非調和効果はボソン間相互作用という形で与えられるので取扱いが簡単になり，現在最も多く具体的計算が行なわれているものである．

最近では，(*5.1.5*)の対演算子 $A_{JM}^{+}(ab)$ 中の特定の J をもつ対に対応する(同一の J をもった)ボソン演算子を考え，フェルミオン空間のハミルトニアンを直接にこの限られたボソンからなる部分空間に射影する‘改良丸森変換’の方法が提出され†††，フェルミオン空間を限られた J を持ったボソンを使って切断(truncation)することが容易になった．

---

† Sakai, M.: *Nuclear Phys.*, **A104**, 301(1967).

†† Belyaev, S. T. & Zelevinsky, V. G.: *Nuclear Phys.*, **39**, 582(1962), Marumori, T., Yamamura, M. & Tokunaga, A.: *Progr. Theoret. Phys.*, **31**, 1009(1964).

††† Holzwarth, G., Jansen, D. & Jolos, R. V.: *Nuclear Phys.*, **A261**, 1(1976).

最近，$J=2$ ボソン($J=2$ のフェルミオン対に相当する)と $J=0$ ボソン($J=0$ のフェルミオン対に相当する)からなるボソン空間を考え，この部分空間内で集団運動の諸性質を再現しようという現象論的な‘相互作用を伴ったボソン模型’が提出されている†．この模型は，2体のボソン間相互作用のタイプや強さを適当に仮定して集団運動の諸性質の再整理を試みるものであるが，それが実験結果の説明にかなりの成果をあげていることは，微視的理論の立場からボソンの定義さえ確実に押さえれば，このようなボソン空間への射影が集団運動の記述にとって物理的に有効なものであることを示唆するものと考えられる．

(iii) 生成座標の方法

ボソン展開法は非常に有力ではあるが，微視的理論の立場から出発点のボソンを定義するときには，近似的基底状態についての情報があらかじめ与えられていることが，暗々裡に前提となっている．したがって，非調和効果が，この近似的基底状態を不安定にしないようなときは便利であるが，近似的基底状態が不安定になるような‘相転移’の問題を取り扱うには不便である．この意味からいえば，§4. 2(d)で述べた生成座標の方法は便利であるが††，一方，はじめに採用する変分関数の良否の問題と密接に関連したさまざまの問題点が残されており今後の改良が期待されている．最近ではこの方法とボソン展開法との間の関連についての研究も進み†††，新しい展望が開かれつつある．

(iv) 非線形運動方程式の方法と代数的方法

対演算子(*5. 1. 5*)，(*5. 1. 6*)の運動方程式を線形化したものが RPA 方程式であったが，これを改良し非線形項を一定の規則の下で自己無撞着に取り入れていこうという試みが，非線形運動方程式の方法である．この方法の利点は，振動運動と回転運動とを同時に統一的に取り扱うことの可能性を含んでいる点である．2次の対演算子からなる非線形項の間に，適当に制限された(互いに相関の強い状態からなる)部分空間を採用するスペクトル分解法††††や，対演算子間の交換関係

---

† Arima, A. & Iackello, F.: *Ann. Phys.(N. Y.)*, **99**, 253 (1976), Arima, A. & Iackello, F.: *ibid.*, **111**, 201 (1978).

†† Onishi, N. & Yoshida, S.: *Nuclear Phys.*, **80**, 367 (1966).

††† Jansen, D., Dönau, F., Frauendorf, S. & Jolos, R. V.: *Nuclear Phys.*, **A172**, 145 (1971).

†††† Kerman, A. K. & Klein, A.: *Phys. Rev.*, **132**, 1326 (1963); *ibid.*, **B138**, 1323 (1965), Belyaev, S. T. & Zelevinsky, V. G.: *Soviet J. Nuclear Phys.*, **11**, 416 (1970).

が閉じて1つの群をつくる性質を利用する方法†などが提出されている．特に後者は，‘(対演算子の)代数的方法’と呼ばれているが，最近著しい進展があり，時間依存 Hartree-Bogoljubov 理論の量子化などについて新しい観点からの展望が開かれつつある††.

(v) New Tamm-Dancoff (NTD) モデル空間の方法

この方法は§6.5(e), (f)で述べた NTD 近似としての RPA 近似の観点を徹底的に拡張したものである．Tamm-Dancoff (TD) 近似での2準粒子状態の生成演算子 $O_\rho^{(0)+}\equiv\sum_{\alpha\beta}\psi_\rho^{(0)}(\alpha\beta)a_\alpha^+a_\beta^+$ *(6.5.74)* の拡張として，(NTD 近似で)‘着物を着た2準粒子’モードの生成演算子 O_ρ^+ *(6.5.80)* を作るのが準粒子 RPA 近似であったが，まずこれを一般化して，TD 近似での n 準粒子状態の生成演算子 $O_\rho^{(0)+}(n)\equiv\sum\psi_{\rho,n}^{(0)}(\alpha_1\alpha_2\cdots\alpha_n)a_{\alpha_1}^+a_{\alpha_2}^+\cdots a_{\alpha_n}^+$ の拡張として‘着物を着た n 準粒子’モードの生成演算子 $O_\rho^+(n)$ を構成する．次にこれらの演算子をもとに，図6.16の TD 空間と完全な1対1対応をなす NTD モデル空間をつくり，準粒子フェルミオン空間をこの NTD 空間とこれに直交する‘$J=0$ 準粒子対空間’に分離し，その上でハミルトニアンや任意の演算子をこの空間に転写して，非調和効果を分析しようという試みである†††．この方法の利点は，非調和効果を単純かつ系統的に分類できる点であり，また核子数非保存のために生ずる‘みせかけの状態’を物理的状態から分離する上での NTD 近似の利点が，高次励起状態にも拡張できることである．また，RPA 近似を高次励起状態まで取り扱えるように形式的に拡張しようとした従来の高次 RPA 近似††††の諸困難は，この NTD モデル空間の使用によって完全に解決されるだけでなく，これまで求めることが困難であった‘$J=0$ 準粒子対振動モード’と‘着物を着た n 準粒子モード’との相互作用を一義的に定めることができる†††††.

---

† Marumori, T., Yamamura, M., Miyanishi, Y. & Nishiyama, S.: *Progr. Theoret. Phys. Suppl.*, extra number, 179 (1968), Dreizler, R. M. & Klein, A.: *Phys. Letters*, **30B**, 236 (1969).

†† Yamamura, M. & Nishiyama, S.: *Progr. Theoret. Phys.*, **56**, 124 (1976), Yamamura, M., Mizobuchi, Y. & Nishiyama, S.: *Proceedings of the International Conference on Nuclear Structure, Tokyo 1977* (Marumori, T. ed.), *Suppl. J. Phys. Soc. Japan*, **44**, 629 (1978).

††† Kuriyama, A., Marumori, T. & Matsuyanagi, K.: *Progr. Theoret. Phys.*, **45**, 784 (1971), Kanesaki, N., Marumori, T., Sakata, F. & Takada, K.: *ibid.*, **49**, 181 (1973).

†††† Sawicki, J.: *Phys. Rev.*, **126**, 2231 (1962), Tamura, T. & Udagawa, T.: *Nuclear Phys.*, **53**, 33 (1964).

††††† Sakata, F., Iwasaki, S., Marumori, T. & Takada, K.: *Z. Physik*, **A286**, 195 (1978).

最近，奇質量数核の実験データの急激な蓄積と相まって，理論的にも奇質量数核の集団運動の微視的理論が検討されはじめた．そして，偶-偶核には存在しえなかった，奇質量数核独特の‘着物を着た3準粒子’からなるフェルミオン型の集団運動モードの存在が明らかにされた†．

またボソン型の‘着物を着た n(偶数)準粒子’モード中の最低エネルギーをもつ n 準粒子集団励起モード††だけからなる(NTD モデル空間中の)部分空間を取り出し，この部分空間と従来のフォノン空間との対応関係の検討が行なわれ，この部分空間に射影されたハミルトニアンが，ある有効相互作用を伴ったフォノンのハミルトニアンと極めてよく対応することが明らかにされつつある†††．

以上の試みのほかに，ごく最近，時間依存 Hartree-Fock(-Bogoljubov)の方法が，§6.4(b)で述べたように集団運動の RPA 方程式を含む極めて広い枠組であることを積極的に使用して，この方法を非調和効果が極めて大きい場合に相当する大振幅集団運動を記述するのに使用しようという考えが提出されているが，この理論の展開はまさに今後の問題であろう．

---

† Kuriyama, A., Marumori, T. & Matsuyanagi, K.: *Progr. Theoret. Phys.*, **47**, 498(1972). Kuriyama, A. *et al.*: *Progr. Theoret. Phys. Suppl.*, 58(1975).

†† 従来のフォノン模型での $(n/2)$ 個のフォノンからなる状態に対応するが，この場合は $(n/2)$ 個のフォノンを構成するフェルミオン対間の Pauli 原理の効果が完全に取り入れられてある．

††† Iwasaki, S., Marumori, T., Sakata, F. & Takada, K.: *Progr. Theoret. Phys.*, **56**, 846 (1976).

第 III 部　核物質の運動様式 II — 核反応

第7章　核　反　応

§7.1　序　論

前章までに見てきたのは主として孤立系としての原子核の性質であった．では原子核が何かと衝突したらどのような現象が起こるであろうか．それを探るのが第 III 部の課題である．

核反応の実験の歴史は原子核発見の時点にまでさかのぼる．Rutherford らの α 粒子の散乱の実験とその解釈がそれである†．彼らは Po の自然放射能で生じる α 粒子を金，白金その他の金属箔に当てると大きな角度で散乱される確率が異常に大きいこと，それが‘原子核’の Coulomb 斥力による散乱であることを見出した．このことは第1章で述べたとおりである．自然放射能を用いた核反応の研究はその後 Chadwick らの中性子の発見，Joliot-Curie 夫妻の人工放射能の発見を導き，核物理学の基礎を築くことになる．

しかし核反応そのものの系統的研究は Fermi らによって始められたといってよいであろう．彼らは Rn の崩壊で得られる α 粒子を Be に当てて中性子を発生させ，それを H から U にいたる 38 種の原子核に当てて起こる反応を系統的に研究した．その結果の解釈を通じて複合核模型が誕生し，これがその後の核反応論を支配することになるのである．

一方，入射粒子を人工的に加速することは 1930 年代に初めて成功した．Cockroft-Walton の装置，van de Graaff の加速器，サイクロトロンの発明がそれである．その後諸技術の発達とともにこれらの加速器の性能は徐々に向上した．また，シンクロ・サイクロトロン，シンクロトロン，(陽子および電子)線形加速器，ベータトロンなどの加速器もつぎつぎと発明された．現在では，ほとんど全ての

† Geiger, H., Harling, J. & Marsden, E.: *Proc. Roy. Soc.*, **A82**, 495(1909), Rutherford, E.: *Phil. Mag.*, ser. 6, **21**, 669(1911).

核反応の研究は加速器を用いてなされているといってよいであろう.

現時点での核反応の研究はおよそ3つの方向に向かって進みつつあるように思われる. 第1は, 低エネルギー核反応の精密な研究である. その狙いは核反応機構の精確な理解と, 関与する原子核の状態の解明である. これには実験装置としてタンデム(多段) van de Graaff 加速器, AVF サイクロトロンなどの安定, 大強度でかなりの高エネルギーまでの粒子束(ビーム)を発生しうる加速器, 高分解能のエネルギー分析装置, 固体検出器を初めとする検出装置の発達に負う所が大きい.

第2の方向は ^{6}Li 以上の原子核, いわゆる重イオンを用いる反応の研究である. その狙いの1つは自然界に存在しない原子核や, 普通には見られない特殊な反応によってできる原子核の特殊な状態の研究である. 前者としては, いわゆる超重原子核($Z=114$ の原子核が安定だといわれている), 中性子と陽子の数の比が安定核と非常に異なった原子核などが考えられる. 後者としては, たとえば多数の核子の塊をやりとりする反応, 非常に大きな角運動量をもった核の状態の生成, 分子状態の形成などがある.

第3の方向はいわゆる中間エネルギー核物理学と呼ばれているもので, いわば素粒子物理学と原子核物理学の中間をゆくものである. これには高エネルギー核子, 種々の中間子, ハイペロンなどの核との衝突, 核による補獲, 生成などの研究が含まれる. その狙いは素粒子間の素過程の研究と核の静的構造, 動的性質の, 低エネルギー領域とは違った面からの研究である. このためには大強度の中間子ビームが必要である. この目的のために特に設計された装置は‘中間子工場’と呼ばれており世界で数カ所建設されつつある.

本書で取り扱うのはこれら3つの方向のうち主に第1の方向に沿った事柄である. 重イオン反応については簡単に概観するに留め, 中間エネルギー物理については全く割愛する. 重イオン反応は現在活発な研究が進められており, ‘中間エネルギー’における核反応の研究も本格的に始められつつある. 今後の研究の成果が期待される.

以下に論じるのは主として 200 MeV 程度以下のエネルギーの陽子(p), 中性子(n), 重陽子(d), 3重陽子(t), ^{3}He, ^{4}He(α)などによって引き起こされ, これらの粒子が放出される反応である. このように対象をしぼってもなお核反応には非常に多くの種類があり，その様相はさまざまである．現在でも未知のことが多く，新しい現象が次々と見出されつつある．

核反応論はこれら個々の反応過程の本性を明らかにするとともに，それらを総合して統一的に核反応全体を理解することを目標に盛んに研究が行なわれている．本章次節では核反応論で用いられる基礎的な概念を説明するとともに，上に述べたような努力の結果今日一般に認められるに至っている核反応機構の一般的描像を概説する．次章以下はこの描像に基づいて核反応の各段階を論じたものである．§7.3にはそれに必要な散乱理論の要点がまとめてある．

§7.2　核反応の概観

ある**標的核**(target nucleus)A に**入射粒子**(incident particle) a が**入射エネルギー** E で入射して起こる反応を考えよう．入射エネルギーは普通 a と A の重心間の**相対運動**(relative motion)の運動エネルギーを**重心系**(centre of mass system)または**実験室系**(laboratory system)で測ったもので表わす．重心系は体系全体の運動量——これは運動の恒量である——が0であるような座標系であり，実験室系は実験室に固定した座標系である．以下の議論では特に断わらない限り重心系を用いるものとする．そうすれば系全体の運動は考慮する必要がない．

反応の結果，**放出粒子**(emitted particle または outgoing particle) $b_1, b_2, \cdots, b_n$ が放出され**残留核**(residual nucleus) B が残る場合，これを

$$A+a \longrightarrow B+b_1+b_2+\cdots+b_n \tag{7.2.1}$$

または $A(a, b_1b_2\cdots b_n)B$ で表わす．$b_1, \cdots, b_n$ の配列の順番は普通問題にしない．たとえば $A(a, b_2b_1)B$ は $A(a, b_1b_2)B$ と同じである．もし $b_1=b_2=b$ ならこれを $A(a, 2b)B$ と書いてもよい．しかし特に粒子の放出の順序を問題にするときは左に書かれた粒子ほど早く放出されるものとする．

反応生成物は一般に $(B, b_1b_2\cdots b_n)$ 1組だけではなく，異なった核種の異なった状態から成るものが幾組か，それぞれ一定の確率で生成される．これらの組をそれぞれ**チャネル**(channel)と呼ぶ．放出粒子の名を冠して p(proton-，陽子-)チャネル，d(deuteron-，重陽子-)チャネル，np チャネルなどと呼ぶことが多い．これらは一括して**放出チャネル**(outgoing channel)と呼ばれる．これに対して(A, a)の組を**入射チャネル**(incident channel)と呼ぶ．

1つの反応が起こる確率は**断面積**(cross section)で表わされる．これは単位流束(flux)すなわち単位面積，単位時間あたり1個の入射粒子によって単位時間に起こる事象の数で定義され，面積の次元をもっている．核反応論ではその単位として**バーン**(barn，記号 b)が用いられる．1 b は

$$1\,\mathrm{b} = 10^{-24}\,\mathrm{cm}^2 \tag{7.2.2}$$

で，これは中重核の幾何学的断面積程度の大きさである．補助単位としてミリバーン(mb)(1 mb$=10^{-3}$ b)，マイクロバーン(μb)(1 μb$=10^{-6}$ b)が用いられる．

核反応を詳しく研究するにはただ各チャネルの生成の断面積だけでなく，各チャネルで放出粒子が如何なる方向にどのようなエネルギーで放出されるかの分布を知ることも極めて重要である．方向についての分布は**角分布**(angular distribution)と呼ばれ**微分断面積**(differential cross section)によって表わされる．これは観測方向の微小立体角中に放出される断面積を単位立体角あたりに換算した値である．単位としては b·sr^{-1} が用いられる．sr は steradian(立体角)の略である．放出粒子のエネルギーの分布は**エネルギー・スペクトル**(energy spectrum)と呼ばれる．これには**離散的**(discrete)な場合と**連続的**(continuous)な場合とがある．前者は放出粒子の数が1つで残留核が離散的な状態(基底状態，低励起束縛状態)に残される場合に対応する．それ以外はすべて連続スペクトルである．連続スペクトルは，各放出エネルギーを含む微小エネルギー区間に放出される断面積を単位エネルギー幅あたりに換算したもので表わされ b·MeV^{-1} を単位として測られる．このような断面積はすべて入射エネルギーによって変化する．それらを入射エネルギーの関数として見たものを**励起関数**(excitation function)という．

放出チャネルの種類は入射チャネルの種類，入射エネルギーによって著しく異なる．その最大の理由はエネルギーによる制約である．(7.2.1)の反応が起こるためには入射チャネルと放出チャネルの**内部エネルギー**(internal energy または intrinsic energy)，$\epsilon_A+\epsilon_a$, $\epsilon_B+\epsilon_{b_1}+\epsilon_{b_2}+\cdots+\epsilon_{b_n}$ の差

$$Q \equiv \epsilon_A+\epsilon_a-(\epsilon_B+\epsilon_{b_1}+\epsilon_{b_2}+\cdots+\epsilon_{b_n}) \tag{7.2.3}$$

が正すなわち $Q>0$ であるかまたは入射エネルギー E が $E \geqq -Q$ でなくてはならない．さもなければ(7.2.1)はエネルギー的に不可能になる．ただし(7.2.3)で一般に ϵ_P は粒子 P の静止エネルギーで，P の質量を再び P で表わせば

$$\epsilon_P = Pc^2 \tag{7.2.4}$$

で与えられる．Q をこの反応の **Q 値**(Q-value)と呼び，$Q>0$ の反応を**発熱反応**(exothermic reaction)，$Q<0$ の反応を**吸熱反応**(endothermic reaction)という．

一般に1つの反応を起こすために必要な最小の入射エネルギーをその反応の**しきい値**(threshold)という．発熱反応のしきい値は0，吸熱反応のそれは $-Q$ である．後者を実験室系で測ったものは $\dfrac{A+a}{A}(-Q)$ である．入射エネルギーが，あるチャネルのしきい値以上であるときそのチャネルは**開いている**(open)といい，しきい値以下であるときはそのチャネルは**閉じている**(closed)という．開いたチャネルの数は入射エネルギーが上がるに従って徐々に増す．

さて，核反応は一般的に**弾性散乱**(elastic scattering)と狭義の**反応**(reaction)とに分けられる．弾性散乱は，入射粒子 a と標的核 A が内部状態を変えることなく散乱する過程 A(a, a)A である．放出される a のエネルギーは入射エネルギーに等しい．弾性散乱はすべての入射エネルギーに対して常に存在し，多くの場合すべてのチャネルの中で最も大きな断面積をもつ．

反応は弾性散乱以外のすべての過程である．これには大きくわけて**非弾性散乱**(inelastic scattering)と**組み替え過程**(rearrangement process)がある．非弾性散乱 A(a, a′)A* は a が A を励起状態 A* に残し，入射エネルギーからその励起エネルギーの分だけ運動エネルギーを失って放出される過程である．組み替え過程 A(a, b)B は，a と A の間で核子の移行が起こる過程である．これによって粒子の構成の組み替えが起こる．この中には b と a が同種粒子である場合があるがそれは現象的には弾性または非弾性散乱と区別がつかないのでそれらの中に含ませておく．この種の過程は弾性・非弾性散乱の**交換**(exchange)**過程**と呼ばれる．組み替え反応と普通呼ばれているのはこれらを除いた，b≠a の過程である．したがって残留核 B は標的核 A とは異なった核種であり，しばしば不安定である．

反応の中には放出粒子が2つ以上あるものがある．このような反応は放出粒子が1つのものと比べて実験が困難で理論的取扱いも難しい．本書ではこの種の反応は割愛する．場合によってはその存在を無視することもある．

さて，多様な核反応を統一的に理解するのは必ずしも容易ではない．歴史的に見ると研究の初期には核反応はすべて複合核模型によって統一的に理解できると考えられていた．しかし研究がすすむにつれて核反応の機構にはさまざまなものがあることが明らかになり，この考えは修正を余儀なくされた．これに代わるべき統一的な理論は未だ確立されていない．しかし現在では核反応の一般的な筋道はおよそ次のようなものと考えられている．以下，簡単のために陽子pが入射する場合についてそれを説明する．図7.1はそれを模式的に示したものでこの図はWeisskopf† によって初めて描かれたものをもとにしている．この図で重要なのは反応が(I)，(II)，… のような段階に分かれていることである．以下それらについて順を追って説明しよう．

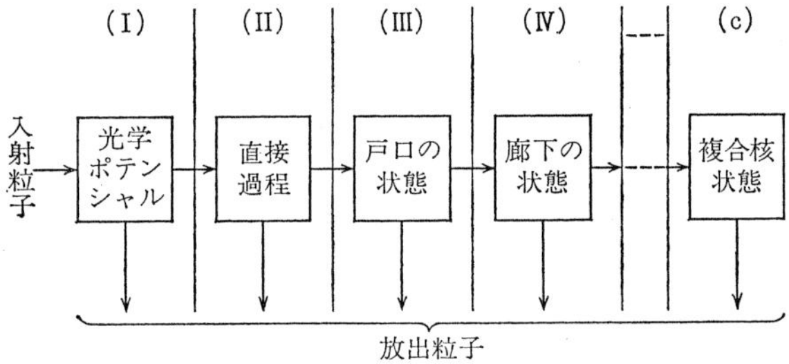

図7.1 核反応の一般的な筋道

反応の第1段階(I)では標的核Aはまだ全く励起されない．pはこの不活性なAによって作られる平均ポテンシャルの中を運動する．このポテンシャルは殻模型における1粒子ポテンシャルと本質的に同じものである．このポテンシャル内を運動したpはそのまま核外に飛び出して反応を終わるかまたは何らかの形でAを励起して反応の次の段階に入ってゆく．この段階で核外に飛び出したpは結果的には平均ポテンシャルだけによる弾性散乱を受けたことになる．ただここで注意すべきことはそのようなpの流束は入射流束より反応の次の段階に‘吸収’された分だけ減っていることである．したがってこの散乱を1体ポテンシャルによる散乱という形で記述しようとすると，そのポテンシャルは上述の平均ポテンシャルのほかにこの‘吸収’を表わすための虚数部を付け加えておく必要がある．このようにして第1段階は複素1体ポテンシャル

$$U(\boldsymbol{r}, \boldsymbol{s}) = V(\boldsymbol{r}, \boldsymbol{s}) + iW(\boldsymbol{r}, \boldsymbol{s}) + V_{\mathrm{p}}^{\mathrm{C}}(r) \qquad (7.2.5)$$

† Weisskopf, V. F.: *Physics Today*, **14**, 18(1961).

による散乱によって記述されることになる．(7.2.5)で $\boldsymbol{s}$ は p のスピン座標であり $V_{\mathrm{p}}^{\mathrm{C}}(r)$ は核の電荷による **Coulomb ポテンシャル** (Coulomb potential) で，核を半径 R_{C} の一様荷電球とした場合には

$$V_{\mathrm{p}}^{\mathrm{C}}(r)=\begin{cases}\dfrac{Z_{\mathrm{A}}Z_{\mathrm{p}}e^2}{2R_{\mathrm{C}}}\left(3-\dfrac{r^2}{R_{\mathrm{C}}{}^2}\right) & (r\leqq R_{\mathrm{C}})\\[2ex] \dfrac{Z_{\mathrm{A}}Z_{\mathrm{p}}e^2}{r} & (r>R_{\mathrm{C}})\end{cases} \tag{7.2.6}$$

で与えられる．Z_{A} は核の原子番号，Z_{p} は p のそれ，すなわち $Z_{\mathrm{p}}=1$ である．ここに導入された $U(\boldsymbol{r},\boldsymbol{s})$ を**光学ポテンシャル** (optical potential) といい，ここに述べられた模型を**光学模型** (optical model) という．光学ポテンシャルの核力による部分 $V(\boldsymbol{r},\boldsymbol{s})+iW(\boldsymbol{r},\boldsymbol{s})$ は一般に中心力部分とスピン-軌道力をもつ．その詳しい型などについては第8章で論ずることにするが，図7.2に Re $U(\boldsymbol{r})$ の中心力部分のおよその形を示す．ほぼ平らな底，かなり急なふち，その外の斥力の壁が特徴的である．その深さはおよそ 40 MeV，半径(深さが中心部のほぼ半分になるところ．詳しい定義は第8章をみよ)はおよそ $1.25A^{1/3}$ fm である．半径の外側の壁はもっぱら Coulomb ポテンシャル(斥力)によるものでこれを **Coulomb 障壁** (Coulomb barrier) という．

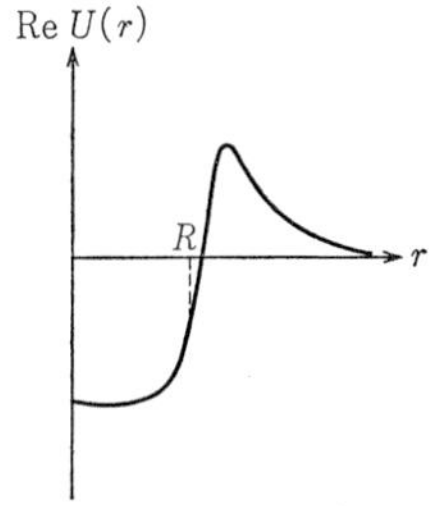

図7.2　光学ポテンシャルの実数部の中心力部分の概観

光学ポテンシャルによる弾性散乱は一般にポテンシャルによる散乱がそうであるようにほとんど瞬間的に終わり，放出波は入射波と干渉を起こし角分布は特徴的な回折像のような模様を示す(第8章)．

反応の第2段階(II)は p と A の簡単な相互作用によって A の極めて少数個の自由度が励起されただけで直ちに反応を終る過程である．これを**直接過程** (direct process) と呼んでいる．この中には非弾性散乱も組み替え反応も含まれている．

機構的に最も簡単なのはA中の唯1つの自由度(たとえば唯1つの核子，唯1つのフォノンなど)がpと相互作用して一とびに終状態に至る過程で，1段階(one-step)直接過程と呼ばれている．それより複雑なのは極めて短時間に少数個の自由度の複数回の励起を経過して終状態に至る過程で，多段階(multi-step)直接過程と呼ばれている．何れの場合にも放出粒子はその粒子に対する(*7.2.5*)と同様な光学ポテンシャル中を伝播した後核外に放出される．この際虚数ポテンシャルに‘吸収’された流束は次のさらに複雑な反応段階へと入ってゆく．

反応の第3段階(Ⅲ)はいわゆる**戸口の状態**(doorway state)の形成である．この段階には第2段階から入る場合と第1段階から直接に入る場合の2つの可能性がある．いずれの場合もpがAの少数個の自由度と強く相互作用して入射エネルギーの多くの部分を失って核外に出られなくなってしまい，一方励起された自由度を形成する核子もまた核外に飛び出すのに十分なエネルギーを持たないという状況がそれである．いちばん簡単なのはpと核内の1個の核子が入射エネルギーを分け合って両方とも核外に出られなくなったような場合である．この種の状態は系全体のエネルギーが正であるにもかかわらず一種の束縛状態になっているので一般に**連続状態に埋まった束縛状態**と呼ばれる．戸口の状態はこのような状態のうち反応の最も初期の段階で現われるものである．

戸口の状態には少数個の自由度しか関与していないので比較的短い寿命の後，粒子を核外に放出するかまたはさらに多くの他の自由度を励起して反応の次の段階に入ってゆく．

次の段階(Ⅳ)では(Ⅲ)よりさらに多くの自由度が励起されいっそう複雑な過程となる．もし励起される自由度の数がまだそれほど多くはなく再び連続状態に埋まった束縛状態が形成されればそれを**廊下の状態**(hallway state)という．このような状態が実際に形成されるか否かは個々の反応によることが予想されるが，今までのところまだ確認されたものはない．

以下同様にして次々と多くの自由度が励起されてゆくとやがて励起されうるすべての自由度が励起された非常に複雑な状態に達する．この状態では入射粒子は標的核中の核子と完全に入り混じり，混然一体とした状態をつくる．入射エネルギーは多くの自由度に分配されてしまうから1つ1つの核子がもつエネルギーは小さく典型的な連続状態に埋まった束縛状態が現出する．この状態を**複合核状態**

(compound nucleus state) と呼ぶ．この状態から粒子が放出されるためには，いったん多くの自由度に散ってしまったエネルギーが少数個の放出粒子に集中するまで待たなければならない．それには非常に長い時間がかかる．それゆえ，複合核状態の寿命は著しく長い．この長い寿命を経て終わる反応過程を**複合核過程** (compound nucleus process) と呼ぶ．図 7.1 中の (c) がそれでこれが核反応の最終過程である．

以上が p による反応の概観である．他の粒子が入射した場合も同様である．ただし複合粒子が入射した場合には入射粒子の内部自由度も励起されうることを考慮に入れる必要がある．また光学ポテンシャルは入射粒子と標的核の重心の相対座標(およびスピン)のみの関数として定義されることに注意しておく．この段階では標的核だけでなく入射粒子も全く励起しないと考えるのである．

さて，上の記述からも明らかなように，反応の各段階の区別は多分に定性的であり，不明確である．またたとえばもし (II) から (c) までがほとんど瞬間的に進んでしまうなら途中の段階を区別するのは実際上あまり意味がなく，むしろ (II) の次は (c) と考える方が合理的である．一般に途中の段階が存在する場合にも，幾つのどのような段階が区別できるかを決定することは必ずしも容易ではない。これらのことは個々の反応を詳しく研究することによって始めて明確になる事柄である．上に述べたのはいわば反応の全体的枠組である．

しかし各段階についておよその時間的な目安を考えておくのは有益である．p が 10 MeV で中重核に入射する場合，p が核半径の距離を過ぎる時間は

$$\tau \approx 10^{-22} \quad (\mathrm{s}) \tag{7.2.7}$$

で，2τ を**衝突時間** (collision time) という．光学ポテンシャルによる散乱(段階(I))，直接過程(段階(II))はおよそ τ の程度の時間で‘瞬間的’に終わる．ただし光学ポテンシャルによる共鳴(第 8 章)に入った場合には，その寿命は

$$\tau_{\mathrm{G}} \approx 10^{-21} \quad (\mathrm{s}) \tag{7.2.8}$$

ほどの時間がかかる．戸口の状態として確認されているのはアナログ状態(第 2 章)である．この状態の寿命は

$$\tau_{\mathrm{d}} \approx 10^{-20} \sim 10^{-19} \quad (\mathrm{s}) \tag{7.2.9}$$

の程度である．複合核状態の寿命は場合によって著しく異なるが長いものでは

$$\tau_{\mathrm{c}} \approx 10^{-15} \quad (\mathrm{s}) \tag{7.2.10}$$

に達するものも稀ではない．ただし軽い核に現われる極端に寿命の短いものでは$\tau_c \approx 10^{-20}$ s程度のものもある．

さて，各段階の寿命にはこのようなずれがあるが，これを実験的に測定することは可能であろうか．このような実験は最近結晶による荷電粒子のブロッキング(blocking)の現象を用いることによって一部分成功した．いま，結晶の1つの格子点にある核で反応が起こり，荷電粒子が放出される場合を考えよう．このとき放出粒子をその格子点を含む1つの結晶面に平行な方向から観測しているとする．もし荷電粒子が衝突後直ちに放出されたとすると，それは格子点上にある核から放出されるから，観測方向の結晶面上に並んだ他の格子点に妨害されてこの方向へは出てこれない．しかしもし放出が衝突後ある程度時間が経ってから行なわれると，核は反跳によって格子点から離脱した点で荷電粒子を放出することになる．その点が結晶面と結晶面の間であれば，この粒子は先の場合のような妨害を受けず観測されることになる．このようにして反跳核子が結晶面の'厚さ'を離脱するに要する時間10^{-19} s程度の短い時間が測れるのである．この方法を利用した核反応時間の測定は丸山らによって初めて行なわれ，複合核過程に要する時間の直接測定に成功した†．

しかし反応の各段階を実験的に別々に観測することはまだできていない．したがって実験結果から各段階の寄与を分離するには理論的な解析による以外にない．それには各段階の寄与の入射エネルギー依存性，角分布などの特徴を知り，それを手掛りにして反応を解析するのである．しかしその前に基本的に重要なことは，これらの各段階が原理的に互いに分離できるものであるかどうかという問題である．実際，単一エネルギーの入射波によって起こった反応ではこれらの各過程で生じた放出波は互いに干渉し合い分離することはできない．これは単一エネルギーの波は不確定性原理によって時間的には無限に連なっているからで，先に述べた時間的な区別は無意味だからである．この問題を解決するにはどうしても**エネルギー平均**の操作が必要である．これらの点については第8章以下特に第10章で詳しく論じる．

---

† Maruyama, M., Tsukada, K., Ozawa, K., Fujimoto, F., Komaki, K., Mannami, M. & Sakurai, T.: *Nuclear Phys.*, **A145**, 581(1970).

§7.3 理論的準備

この節では以下の章に必要な理論的準備として量子力学的散乱理論をまとめておく．その基礎的な事柄は本講座第4巻で論じられているので，ここでは重複をさけるためにできるだけその結果を援用する．核反応では特に組替え反応が重要なのでその点に留意して議論を展開することにする．

a) 波動関数，散乱振幅と観測量

チャネル $c=(\mathrm{a}, \mathrm{A})$ から2粒子からなるチャネル $c'=(\mathrm{b}, \mathrm{B}), c''=(\mathrm{b}', \mathrm{B}'), \cdots$ への，反応による遷移を量子力学的に取り扱うには**全系のハミルトニアン** H を用いた**全系のエネルギー** E に対する Schrödinger 方程式

$$H\Psi = E\Psi \tag{7.3.1}$$

を**全系の波動関数** Ψ について"無限遠での漸近形が

$$\Psi_{c\boldsymbol{k}_c}{}^{(+)} \sim \frac{1}{(2\pi)^{3/2}}\left[e^{i\boldsymbol{k}_c\cdot\boldsymbol{r}_c}\chi_c(\boldsymbol{i}_c)+\sum_{c'}\frac{e^{ik_{c'}r_{c'}}}{r_{c'}}f_{c'c}(\Omega_{c'})\chi_{c'}(\boldsymbol{i}_{c'})\right] \tag{7.3.2}$$

となる"†,††という境界条件のもとに解き，**散乱振幅** $f_{c'c}(\Omega_{c'})$ を求めればよい．(7.3.2)の右辺第1項は入射平面波を，また第2項は各放出チャネルの**外向き**散乱波の和を表わす．$\Psi_{c\boldsymbol{k}_c}{}^{(+)}$ の(＋)は外向き散乱波をもつことを意味する．(7.3.2)で $\boldsymbol{r}_c, \boldsymbol{r}_{c'}, \cdots$ および $\boldsymbol{i}_c, \boldsymbol{i}_{c'}, \cdots$ は各チャネルでの2粒子の重心間の**相対座標** (relative coordinate) および**内部座標** (internal coordinate) である．後者は各粒子の内部座標 $(\boldsymbol{i}_\mathrm{a}, \boldsymbol{i}_\mathrm{A}), (\boldsymbol{i}_\mathrm{b}, \boldsymbol{i}_\mathrm{B}), (\boldsymbol{i}_{\mathrm{b}'}, \boldsymbol{i}_{\mathrm{B}'}), \cdots$ よりなる：

$$\boldsymbol{i}_c = (\boldsymbol{i}_\mathrm{a}, \boldsymbol{i}_\mathrm{A}),\quad \boldsymbol{i}_{c'} = (\boldsymbol{i}_\mathrm{b}, \boldsymbol{i}_\mathrm{B}),\quad \cdots \tag{7.3.3}$$

$\boldsymbol{k}_c, \boldsymbol{k}_{c'}, \cdots$ は各チャネルでの**波数ベクトル** (wave number vector) で**相対運動のエネルギー** $E_c, E_{c'}, \cdots$ とは

$$E_c = \frac{\hbar^2 k_c{}^2}{2\mu_c},\quad E_{c'} = \frac{\hbar^2 k_{c'}{}^2}{2\mu_{c'}},\quad \cdots \tag{7.3.4}$$

で結ばれている．ここに $\mu_c, \mu_{c'}, \cdots$ は各チャネルの相対運動の**換算質量**で

$$\mu_c = \frac{Aa}{A+a},\quad \mu_{c'} = \frac{Bb}{B+b},\quad \cdots \tag{7.3.5}$$

---

† 厳密には(7.3.2)は各チャネルでの Coulomb 相互作用を無視した場合の漸近形である．Coulomb 相互作用を取り入れた場合については本節(b)項をみよ．

†† 因子 $(2\pi)^{-3/2}$ は規格化のためのもので，後の便利のために挿入したものである．

で与えられる．ただし各粒子記号はその粒子の質量を表わすものとする．$v_c, v_{c'}, \cdots$ は**相対速度の大きさ**

$$v_c = \frac{\hbar k_c}{\mu_c},\ \ v_{c'} = \frac{\hbar k_{c'}}{\mu_{c'}},\ \ \cdots \tag{7.3.6}$$

を表わす．

$\chi_c(\boldsymbol{i}_c), \chi_{c'}(\boldsymbol{i}_{c'}), \cdots$ は各チャネルの**内部波動関数**(internal wave function)である．

チャネルの内部波動関数 $\chi_c, \chi_{c'}, \cdots$ を正確に定義するにはチャネルを単に粒子の組 (a, A), (b, B), … だけでなくそれぞれの粒子の内部状態まで指定して定義しなければならない．粒子の内部状態はその内部エネルギー ϵ, スピンの大きさ I, その z 成分 ν, パリティ π, その他の量子数 γ などによって特徴づけられる．これらの量によってチャネルを指定すると，たとえばチャネル c は

$$c = (\mathrm{a, A} : \epsilon_\mathrm{a} I_\mathrm{a} \nu_\mathrm{a} \pi_\mathrm{a} \gamma_\mathrm{a},\ \epsilon_\mathrm{A} I_\mathrm{A} \nu_\mathrm{A} \pi_\mathrm{A} \gamma_\mathrm{A}) \tag{7.3.7}$$

のように指定されることになる．ただし添字 a, A はその量が粒子 a, A に関するものであることを表わす．

2粒子から成るチャネルでは時としてチャネルをその粒子間の**相対運動の軌道角運動量**の大きさ l, z 成分 m によっても区別するのが便利なことがある．この場合のチャネルの指定は

$$c = (\mathrm{a, A} : \epsilon_\mathrm{a} I_\mathrm{a} \nu_\mathrm{a} \pi_\mathrm{a} \gamma_\mathrm{a},\ \epsilon_\mathrm{A} I_\mathrm{A} \nu_\mathrm{A} \pi_\mathrm{A} \gamma_\mathrm{A},\ lm) \tag{7.3.8}$$

でなされる．さらに別の指定の仕方として $I_\mathrm{a}, \nu_\mathrm{a}, I_\mathrm{b}, \nu_\mathrm{b}$ の代りに

$$\boldsymbol{I} = \boldsymbol{I}_\mathrm{a} + \boldsymbol{I}_\mathrm{A} \tag{7.3.9}$$

で定義される**チャネル・スピン**(channel spin)の大きさ I, z 成分 ν を使い

$$(\mathrm{a, A} ; \epsilon_\mathrm{a} \pi_\mathrm{a} \gamma_\mathrm{a},\ \epsilon_\mathrm{A} \pi_\mathrm{A} \gamma_\mathrm{A},\ I_\mathrm{a}, I_\mathrm{A}, I\nu lm) \tag{7.3.10}$$

を用いる方法もある．更に1歩進んで**全角運動量**(total angular momentum)

$$\boldsymbol{J} = \boldsymbol{I} + \boldsymbol{l} \tag{7.3.11}$$

の大きさ J, z 成分 M を用いて

$$(\mathrm{a, A} ; \epsilon_\mathrm{a} \pi_\mathrm{a} \gamma_\mathrm{a},\ \epsilon_\mathrm{A} \pi_\mathrm{A} \gamma_\mathrm{A},\ I_\mathrm{a} I_\mathrm{A},\ IlJM) \tag{7.3.12}$$

でチャネルを指定することもできる．(7.3.8), (7.3.10), (7.3.12) は要するに**表示**の違いであって互いに等価である．それぞれ違う角運動量(の大きさと z 成分)が‘対角化’されているに過ぎない．後に明らかになるようにこれらに対応す

る波動関数は互いに直交変換で結ばれている.

以上のようないろいろなチャネルの指定のうちどれを用いるかは個々の問題に応じて最も便利なようにきめればよい. 最も単純で, 実験と直接結びついているのは(*7.3.7*)で, この場合の χ_c は核 a, A 間の同種核子についての反対称化を無視すれば

$$\chi_c(\boldsymbol{i}_c) = \chi_{\gamma_a\pi_a I_a\nu_a}(\boldsymbol{i}_a)\chi_{\gamma_A\pi_A I_A\nu_A}(\boldsymbol{i}_A) \qquad (7.3.13)$$

で与えられる. ここに $\chi_{\gamma_a\pi_a I_a\nu_a}, \chi_{\gamma_A\pi_A I_A\nu_A}$ はそれぞれの**内部ハミルトニアン**(internal hamiltonian) H_a, H_A の固有関数である:

$$H_a\chi_{\gamma_a\pi_a I_a\nu_a} = \epsilon_a\chi_{\gamma_a\pi_a I_a\nu_a}, \qquad H_A\chi_{\gamma_A\pi_A I_A\nu_A} = \epsilon_A\chi_{\gamma_A\pi_A I_A\nu_A} \qquad (7.3.14)$$

ただし ϵ_a, ϵ_A はそれぞれの内部エネルギーで

$$\epsilon_c = \epsilon_a + \epsilon_A$$

がチャネル c の内部エネルギーとして前節で定義したものに他ならない. $\chi_{\gamma_a\pi_a I_a\nu_a}$, $\chi_{\gamma_A\pi_A I_A\nu_A}$ は時間反転(§2.1 参照)に対しては

$$T\chi_{\gamma_a\pi_a I_a\nu_a} = (-1)^{I_a+\nu_a}\chi_{\gamma_a\pi_a I_a-\nu_a}, \qquad T\chi_{\gamma_A\pi_A I_A\nu_A} = (-1)^{I_A+\nu_A}\chi_{\gamma_A\pi_A I_A-\nu_A} \qquad (7.3.15)$$

のように変換されるように定義されているものとする. 以後 $\chi_{\gamma_a\pi_a I_a\nu_a}, \chi_{\gamma_A\pi_A I_A\nu_A}$ を略して $\chi_{I_a\nu_a}, \chi_{I_A\nu_A}$ または χ_a, χ_A と書く. 以上のことはチャネル c' についてもそのまま成り立つ.

さて, 波動関数 $\Psi_c^{(+)}$ の漸近形が(*7.3.2*)で与えられているとき, 反応 $c \to c'$ の微分断面積は

$$\frac{d\sigma_{c'c}}{d\Omega_{c'}} = \frac{v_{c'}}{v_c}|f_{c'c}(\Omega_{c'})|^2 \qquad (7.3.16)$$

で与えられる. これは(*7.3.13*)のチャネル指定を用いた場合には, 入射, 放出チャネルの各粒子のスピンの z 成分 (ν_a, ν_A), (ν_b, ν_B) が指定された値をもつ場合に対応する断面積である. 以下それを陽に示すためにこれを $d\sigma_{c'\nu_b\nu_B, c\nu_a\nu_A}/d\Omega_{c'}$ と書くことにする. これを実験的に測定するためには入射粒子, 標的核のスピンの z 成分が指定された値になるように制御しつつ反応を起こさせ, 発生した放出粒子と残留核のスピンの z 成分の値を測定してそれらの各値に対応する確率を観測する必要がある.

このようなスピンの制御ないし測定をいっさい行なわない場合には, 観測され

るものは(7. 3. 16)を入射チャネルのスピンの z 成分につき平均し，放出チャネルのそれにつき和をとったもの，

$$\frac{d\sigma_{c'c}}{d\Omega_{c'}}=\frac{1}{(2I_{\mathrm{a}}+1)(2I_{\mathrm{A}}+1)}\sum_{\substack{\nu_{\mathrm{a}}\nu_{\mathrm{A}}\\ \nu_{\mathrm{b}}\nu_{\mathrm{B}}}}\frac{d\sigma_{c'\nu_{\mathrm{b}}\nu_{\mathrm{B}},c\nu_{\mathrm{a}}\nu_{\mathrm{A}}}}{d\Omega_{c'}} \qquad (7.3.17)$$

である．ただし左辺は(7. 3. 16)の左辺，すなわち(7. 3. 17)の和の各項，とは意味が異なり，もはやスピンの z 成分にはよらないものであることに注意されたい．実際には $d\sigma_{c'\nu_{\mathrm{b}}\nu_{\mathrm{B}},c\nu_{\mathrm{a}}\nu_{\mathrm{A}}}/d\Omega_{c'}$ 自身を測定することは一般には非常に難しい．それゆえ従来多くの測定は $d\sigma_{c'c}/d\Omega_{c'}$ に関するものであった．

最近になって粒子のスピンの方向を揃えた入射粒子を用いた実験や，放出粒子のスピンの方向の測定が可能となった．一般に粒子の集団(たとえば入射ビーム，標的など)があってその集団に属する粒子のスピンの z 成分の値の分布に偏りがあるときその集団のスピンには**偏極**(polarization)があるという．偏極をもった入射ビームを作るには，加速器に注入するイオン流に偏極をもたせる．それには偏極イオン源という特殊な装置を用いてイオンを発生させる．この方法でp, dなどの偏極入射ビームが作られ実験が行なわれている．

偏極した標的を作るには標的の物性的な特性を利用する．現在までのところ(水素は別として) ^{165}Ho, ^{59}Co などのスピンの大きな強磁性物質について成功している†.

入射ビームが，入射方向 $\boldsymbol{k}_c$ と垂直な方向 $\boldsymbol{n}$ に偏極している場合，すなわちスピンの $\boldsymbol{n}$ 方向の成分の分布に偏りがある場合，放出粒子の角分布は $\boldsymbol{k}_c$ 方向に関して軸対称でなくなる．特に $\boldsymbol{n}$ に垂直な散乱平面についてみると $\boldsymbol{k}_c$ に関して左右非対称になる．いま $\boldsymbol{k}_c$ に関して $\boldsymbol{n}\times\boldsymbol{k}_c$ の方向を左，その反対側を右と呼ぶことにし，$\boldsymbol{k}_c$ の左右に同一の角 θ で散乱される微分断面積をそれぞれ $\sigma_{\mathrm{L}}(\theta), \sigma_{\mathrm{R}}(\theta)$ とするとき，

$$A(\theta)\equiv\frac{\sigma_{\mathrm{L}}(\theta)-\sigma_{\mathrm{R}}(\theta)}{\sigma_{\mathrm{L}}(\theta)+\sigma_{\mathrm{R}}(\theta)} \qquad (7.3.18)$$

を**非対称**(asymmetry)という．スピン1/2の入射粒子のビームが $\boldsymbol{n}$ 方向に完全

† たとえば，Kobayashi, S., Kamitsubo, H., Katori, K., Uchida, A., Imaizumi, M. & Nagamine, K.: *J. Phys. Soc. Japan*, 22, 368(1967)参照.

に偏極して(すなわちすべての粒子のスピンが $\boldsymbol{n}$ 方向を向いて)おり，標的核が偏りをもたない場合の $A(\theta)$ を**分解能**(analyzing power)という．この量は，微分断面積 $d\sigma_{c'c}/d\Omega_{c'}$ とは独立な，この反応を特徴づける量である．この場合 $\sigma_{\rm L}(\theta), \sigma_{\rm R}(\theta)$ は，$\boldsymbol{k}_c, \boldsymbol{n}$ 方向をそれぞれ z, y 軸とする座標系では

$$\sigma_{\rm L}(\theta)=\frac{d\sigma_{c',c1/2}(\theta,0)}{d\Omega_{c'}},\qquad \sigma_{\rm R}(\theta)=\frac{d\sigma_{c',c1/2}(\theta,\pi)}{d\Omega_{c'}} \tag{7.3.19}$$

で与えられる．ただし

$$\frac{d\sigma_{c',c1/2}(\theta,\varphi)}{d\Omega_{c'}}=\frac{1}{2I_{\rm A}+1}\sum_{\substack{\nu_{\rm A}\\ \nu_{\rm b}\nu_{\rm B}}}\frac{d\sigma_{c'\nu_{\rm b}\nu_{\rm B},c\nu_{\rm A}1/2}(\theta,\varphi)}{d\Omega_{c'}} \tag{7.3.20}$$

もしスピンの偏極の向きが上と逆に $-\boldsymbol{n}$ の方向を向いていればその場合の非対称は明らかに上の値の符号を変えたものである．したがってもし入射ビームの偏極が P, すなわちスピンが $\boldsymbol{n}$ 方向をもつものが全体の P を占める場合，の非対称 $A(\theta,P)$ は，分解能を $A(\theta)$ とすると

$$\begin{aligned}A(\theta,P)&=A(\theta)P-(1-P)A(\theta)\\&=(2P-1)A(\theta)\end{aligned} \tag{7.3.21}$$

となる．$A(\theta,P)$ は実測できるから，(7.3.21)は P と $A(\theta)$ の一方が判っているとき他方を与える式になる．入射粒子のスピンが d のように 1/2 より大きいときは，スピンの成分は3つ以上の値をとるので上のように簡単に偏極を定義することはできず，密度行列を用いた複雑な記述法が必要になる．

放出粒子の偏極を測るには(7.3.21)の原理を用いる．すなわち放出粒子をもう一度別の標的で散乱させてその非対称 $A(\theta,P)$ を観測する．これを2重散乱の実験という．第2の散乱にはその分解能 $A(\theta)$ がわかっているものを用いる．そうすれば(7.3.21)から P を求めることができる．第2の散乱としてよく用いられるのは ^{4}He, ^{12}C などによる弾性散乱である．2重散乱の実験で重要なのは第1の反応で生じた放出粒子の偏極の方向である．スピン 1/2 の粒子に対しては散乱平面(入射粒子と放出粒子の進行方向がつくる平面)に対して垂直な方向にのみ偏極が起こることが証明されている．したがって $\boldsymbol{n}$ は第1の散乱平面に垂直なベクトルである．スピンが1以上の場合にはこのことは成り立たず，2つ以上独立な $\boldsymbol{n}$ をとって非対称を測定しなければ偏極の様子は完全には決まらない．

b) 散 乱 理 論

散乱理論の一般論は本講座第4巻に詳しく述べられている．この項では後章で使う式を記号の説明を兼ねてまとめておく．証明などについては第4巻を参照されたい．

全ハミルトニアン H は重心系では各チャネルの**自由ハミルトニアン** $H_c, H_{c'}$, … と**相互作用ポテンシャル** $V_c, V_{c'}$, … を用いて

$$H = H_c + V_c = H_{c'} + V_{c'} = \cdots \qquad (7.3.22)$$

のように書くことができる†. $H_c, H_{c'}$, … は内部ハミルトニアン $H_a, H_A; H_b, H_B$; … と相対運動の運動エネルギー $K_c, K_{c'}$, … の和である：

$$H_c = H_a + H_A + K_c,\quad H_{c'} = H_b + H_B + K_{c'},\quad \cdots \qquad (7.3.23)$$

$H_c, H_{c'}$, … の固有関数 $\phi_c, \phi_{c'}$, …:

$$H_c\phi_c = E\phi_c,\quad H_{c'}\phi_{c'} = E\phi_{c'},\quad \cdots \qquad (7.3.24)$$

の独立なものとして平面波

$$\phi_{ck} = \frac{1}{(2\pi)^{3/2}} e^{i\boldsymbol{k}\cdot\boldsymbol{r}_c}\chi_c(\boldsymbol{i}_c),\quad \phi_{c'k'} = \frac{1}{(2\pi)^{3/2}} e^{i\boldsymbol{k}'\cdot\boldsymbol{r}_{c'}}\chi_{c'}(\boldsymbol{i}_{c'}),\quad \cdots \qquad (7.3.25)$$

をとることができる．これらは

$$\langle\phi_{ck'}|\phi_{ck}\rangle = \delta(\boldsymbol{k}'-\boldsymbol{k}) \qquad (7.3.26)$$

をみたす．

(7.3.2) で定義された散乱振幅 $f_{c'c}(\Omega_{c'})$ は $\boldsymbol{T}$ **行列要素**

$$T_{c'k_{c'},ck_c} = \langle\phi_{c'k_{c'}}|V_{c'}|\Psi_{ck_c}{}^{(+)}\rangle \qquad (7.3.27)$$

によって

$$f_{c'c}(\Omega_{c'}) = -\frac{(2\pi)^2\mu_{c'}}{\hbar^2}T_{c'c} \qquad (7.3.28)$$

で与えられる．ただし $\boldsymbol{k}_{c'}$ は $\Omega_{c'}$ の方向を向き，大きさ $k_{c'}$ のベクトルである．したがって $\Omega_{c'}=\Omega_{k_{c'}}$ とも書ける．以下添字 $\boldsymbol{k}_c, \boldsymbol{k}_{c'}$ などをしばしば省略する．

$\Psi_c{}^{(+)}$ は Lippmann-Schwinger の方程式

† 重心系では全系の重心の運動エネルギー K_G は0であることに注意せよ．一般の座標系では(7.3.22)に K_G を加えたものになる．波動関数も重心に関する部分は定数因数になるだけである．したがって，以下全系の重心についてはいちいち考えないで議論をすすめる．

$$\Psi_c{}^{(+)}=\phi_c+\frac{1}{E-H_c+i\varepsilon}V_c\Psi_c{}^{(+)} \tag{7.3.29}$$

をみたす．この方程式の形式的な解は

$$\Psi_c{}^{(+)}=\phi_c+\frac{1}{E-H+i\varepsilon}V_c\phi_c \tag{7.3.30}$$

である．(7.3.27)，(7.3.28)を得るには次のようにすればよい．まず $c'=c$ の場合には，第4巻で論じられているように，(7.3.29)の右辺で散乱波を表わす第2項の c チャネルへの射影の座標表示，

$$\langle \boldsymbol{r}_c\chi_c|\frac{1}{E-H_c+i\varepsilon}V_c\Psi_c{}^{(+)}\rangle$$

をとれば，その $r_c\to\infty$ での漸近形の振幅が f_{cc} に他ならない．χ_c は H_c の固有関数であるからこの計算は容易で，結果として(7.3.27)，(7.3.28)を得る．

$c'\neq c$ の場合にも原理は上の場合と同様であるが，$\chi_{c'}$ が H_c の固有関数でないために

$$\langle \boldsymbol{r}_{c'}\chi_{c'}|\frac{1}{E-H_c+i\varepsilon}V_c\Psi_c{}^{(+)}\rangle$$

の計算ができない．そこでまず(7.3.29)を

$$\Psi_c{}^{(+)}=\frac{i\varepsilon}{E-H_{c'}+i\varepsilon}\phi_c+\frac{1}{E-H_{c'}+i\varepsilon}V_{c'}\Psi_c{}^{(+)}$$

と変形する．それには(7.3.29)の両辺に左から $E-H+i\varepsilon$ をかけ(7.3.22)，(7.3.24)に注意すればよい．この式の右辺第2項が散乱波である(第1項は $\varepsilon\to 0$ のとき0となる)．したがって

$$\langle \boldsymbol{r}_{c'}\chi_{c'}|\frac{1}{E-H_{c'}+i\varepsilon}V_{c'}\Psi_c{}^{(+)}\rangle$$

の $r_{c'}\to\infty$ での漸近形の振幅から $f_{c'c}$ が求まる．それが(7.3.27)，(7.3.28)に他ならない．

$\Psi_c{}^{(+)}$ に対して内向き散乱波をもつ解 $\Psi_c{}^{(-)}$：

$$\Psi_c{}^{(-)}=\phi_c+\frac{1}{E-H_c-i\varepsilon}V_c\Psi_c{}^{(-)}=\phi_c+\frac{1}{E-H-i\varepsilon}V_c\phi_c \tag{7.3.31}$$

が存在する．$\Psi_c{}^{(-)}$ は(7.3.2)において $e^{ik_{c'}r_{c'}}$ を $e^{-ik_{c'}r_{c'}}$ におきかえた漸近形を

もつ．同様にしてチャネル $c', c'', \cdots$ に入射波がある場合の解 $\Psi_{c'}^{(\pm)}, \Psi_{c''}^{(\pm)}, \cdots$:

$$\Psi_{c'}^{(\pm)} = \phi_{c'} + \frac{1}{E-H_{c'}\pm i\varepsilon} V_{c'}\Psi_{c'}^{(\pm)} = \phi_{c'} + \frac{1}{E-H\pm i\varepsilon} V_{c'}\phi_{c'}, \quad \cdots \tag{7.3.32}$$

が定義される．$T_{c'c}$ は $\Psi_{c'}^{(-)}$ を用いて

$$T_{c'c} = \langle \Psi_{c'}^{(-)} | V_c | \phi_c \rangle \tag{7.3.33}$$

と書くこともできる．

$\Psi_c^{(\pm)}, \Psi_{c'}^{(\pm)}$ は

$$\langle \Psi_{c'}^{(+)} | \Psi_c^{(+)} \rangle = \langle \Psi_{c'}^{(-)} | \Psi_c^{(-)} \rangle = \delta_{c'c}\delta(\boldsymbol{k}_{c'} - \boldsymbol{k}_c) \tag{7.3.34}$$

をみたす．

波動行列 $\Omega_c^{(\pm)}$ を

$$\Psi_c^{(\pm)} = \Omega_c^{(\pm)}\phi_c, \quad \Psi_{c'}^{(\pm)} = \Omega_{c'}^{(\pm)}\phi_{c'}, \quad \cdots \tag{7.3.35}$$

で定義する．$\Omega_c^{(\pm)}, \Omega_{c'}^{(\pm)}, \cdots$ は(7.3.29)～(7.3.32)から次の方程式をみたす:

$$\Omega_\gamma^{(\pm)} = 1 + \frac{1}{E-H_\gamma \pm i\varepsilon} V_\gamma \Omega_\gamma^{(\pm)} = 1 + \frac{1}{E-H\pm i\varepsilon} V_\gamma \qquad (\gamma = c, c', \cdots) \tag{7.3.36}$$

$T_{c'c}$ は波動行列を用いると

$$\begin{aligned} T_{c'c} &= \langle \phi_{c'} | V_{c'} | \Psi_c^{(+)} \rangle = \langle \phi_{c'} | V_{c'}\Omega_c^{(+)} | \phi_c \rangle \\ &= \langle \Psi_{c'}^{(-)} | V_c | \phi_c \rangle = \langle \Omega_{c'}^{(-)}\phi_{c'} | V_c | \phi_c \rangle = \langle \phi_{c'} | \Omega_{c'}^{(-)\dagger} V_c | \phi_c \rangle \end{aligned} \tag{7.3.37}$$

と書けるから T 行列†

$$T(c'c) \equiv V_{c'}\Omega_c^{(+)} = \Omega_{c'}^{(-)\dagger} V_c \tag{7.3.38}$$

の行列要素:

$$T_{c'c} = \langle \phi_{c'} | T(c'c) | \phi_c \rangle \tag{7.3.39}$$

とみなすことができる．(7.3.36)と(7.3.38)から

$$T(c'c) = V_{c'} + V_{c'}\frac{1}{E-H_c+i\varepsilon} T(c'c) = V_{c'} + V_{c'}\frac{1}{E-H+i\varepsilon} V_c \tag{7.3.40}$$

が得られる．

遷移 $c \to c'$ の S 行列要素は

---

† ここでいう T 行列は第4巻で定義された $\hat{\mathcal{T}}$ に対応する．第4巻で定義された T 行列については後で述べる．また $\Omega^{(\pm)}$ は第4巻の $\hat{W}^{\pm}$ である．

$$\hat{S}_{c'c} = \langle\phi_{c'}|\hat{S}|\phi_c\rangle = \langle\Psi_{c'}{}^{(-)}|\Psi_c{}^{(+)}\rangle \tag{7.3.41}$$

で与えられる．$\hat{S}$ と T とは

$$\langle\phi_{c'}|\hat{S}|\phi_c\rangle = \langle\Psi_{c'}{}^{(+)}|\Psi_c{}^{(+)}\rangle - 2\pi i\delta(E'-E)\langle\phi_{c'}|T(c'c)|\phi_c\rangle \tag{7.3.42}$$

で結ばれている(第4巻参照)．E, E' はそれぞれ $\phi_c, \phi_{c'}$ に対応する全系のエネルギーである：$H_c\phi_c = E\phi_c$，$H\phi_{c'} = E'\phi_{c'}$．$\hat{S}$ はユニタリー行列である：

$$\hat{S}^\dagger\hat{S} = \hat{S}\hat{S}^\dagger = 1 \tag{7.3.43}$$

なぜなら，たとえば

$$\begin{aligned}\sum_{c''}\hat{S}_{c'c''}{}^\dagger\hat{S}_{c''c} &= \langle\Psi_{c'}{}^{(+)}|\sum_{c''}|\Psi_{c''}{}^{(-)}\rangle\langle\Psi_{c''}{}^{(-)}|\Psi_c{}^{(+)}\rangle \\ &= \langle\Psi_{c'}{}^{(+)}|\Psi_c{}^{(+)}\rangle = \delta_{c'c}\delta(\boldsymbol{k}_{c'}-\boldsymbol{k}_c)\end{aligned} \tag{7.3.44}$$

ただし(7.3.43), (7.3.44)における c'' についての和は $\Psi_{c''}{}^{(-)}$ の入射チャネル c'' についての和 $\sum_{c''}{}'$ とそのおのおのについて入射波の波数 $\boldsymbol{k}''$ についての積分を意味する：

$$\sum_{c''} = \sum_{c''}{}' \int d\boldsymbol{k}''$$

そうすると，$\{\Psi_c\}$ は H の散乱状態の固有関数に対しては完全規格直交系をなすから(第4巻および(7.3.34)参照)，(7.3.44)で

$$\sum_{c''}|\Psi_{c''}{}^{(-)}\rangle\langle\Psi_{c''}{}^{(-)}| = 1$$

とおくことが許される．行列 $\hat{T}$ を

$$\langle\phi_{c'}|\hat{T}|\phi_c\rangle = -\pi\delta(E'-E)\langle\phi_{c'}|T(c'c)|\phi_c\rangle \tag{7.3.45}$$

で定義すると

$$\hat{S} = 1 + 2i\hat{T} \tag{7.3.46}$$

が成立する．$\hat{T}$ もまた T 行列と呼ばれる．先に定義した $T(c'c)$ は $\hat{T}$ からエネルギー保存則をあらわす $\delta(E'-E)$ を抜き出したものである．

同様にして $\hat{S}$ から $\delta(E'-E)$ をくくり出した S を

$$\hat{S}_{c'c} = \frac{\hbar^2}{\sqrt{\mu_c\mu_{c'}k_ck_{c'}}}\delta(E'-E)S_{c'c} \tag{7.3.47}$$

で定義することができる．(7.3.42)において

$$\langle\Psi_{c'}{}^{(+)}|\Psi_c{}^{(+)}\rangle = \delta_{c'c}\delta(\boldsymbol{k}_{c'}-\boldsymbol{k}_c) \tag{7.3.48}$$

$$\delta_{c'c}\delta(\boldsymbol{k}_{c'}-\boldsymbol{k}_c) = \delta_{c'c}\frac{1}{k_c{}^2}\delta(k_{c'}-k_c)\,\delta(\Omega_{k_{c'}}-\Omega_{k_c})$$
$$= \delta_{c'c}\frac{1}{k_c{}^2}2k_c\frac{\hbar^2}{2\mu_c}\delta(E'-E)\,\delta(\Omega_{k_{c'}}-\Omega_{k_c}) \qquad (7.3.49)$$

と書けるから(7.3.47)で定義された S は次式をみたす:

$$S_{c'c} = \delta_{c'c}\delta(\Omega_{k_{c'}}-\Omega_{k_c})-2\pi i\frac{\sqrt{\mu_c\mu_{c'}k_ck_{c'}}}{\hbar^2}T_{c'c} \qquad (7.3.50)$$

$S_{c'c}$ は $T_{c'c}$ と同じく，エネルギー保存 $E'=E$ が成り立っているチャネル c, c' に対してだけ意味のある行列要素である．S は常にこのような要素だけをとる行列としておく．$\hat{S}$ がユニタリー行列であることから S もまたユニタリーになる:

$$S^{\dagger}S = SS^{\dagger} = 1 \qquad (7.3.51)$$

ただしこの式の意味は

$$\sum_{c''} S_{c''c'}{}^*S_{c''c} = \sum_{c''} S_{c'c''}S_{cc''}{}^* = \delta_{c'c}\delta(\Omega_{k_{c'}}-\Omega_{k_c}) \qquad (7.3.52)$$

である．$\sum_{c''}$ の意味は(7.3.44)の下で述べたのと同様である．この式の右辺は $\Omega_{k_{c'}}=\Omega_{k_c}$ のときにだけ0でなく，$\Omega_{k_{c'}}$ について積分すると1になることを意味する．(7.3.52)の証明には $\sum_{c''}\hat{S}_{c''c'}{}^*\hat{S}_{c''c}=\delta_{c'c}\delta(\boldsymbol{k}_{c'}-\boldsymbol{k}_c)$ に(7.3.47)を代入する．この場合 c'' の相対運動の波数 $\boldsymbol{k}''$ についての積分は $\delta(E''-E')$ のために，全エネルギー E'' が E' に等しくなるような大きさのものだけに限定されてしまう:

$$\delta(E''-E') = \frac{\mu_{c''}}{\hbar^2k_{c''}}\delta(k''-k_{c''})$$

ただし $k_{c''}$ は c'' チャネルの内部エネルギーを $\epsilon_{c''}$ とすると

$$k_{c''} = \sqrt{\frac{2\mu_{c''}}{\hbar^2}(E-\epsilon_{c''})}$$

で与えられる．このような $\boldsymbol{k}''$ を $\boldsymbol{k}_{c''}$ と呼べば，(7.3.52)における $\boldsymbol{k}''$ についての積分は $\boldsymbol{k}_{c''}$ の方向についてだけの積分に帰着される．

次に散乱振幅の方向依存性を明らかにするためにその球面波展開を考える．それには平面波の球面波展開:

$$e^{i\boldsymbol{k}\cdot\boldsymbol{r}} = \sum_{lm} 4\pi i^l j_l(kr)\,Y_{lm}(\Omega)\,Y_{lm}{}^*(\Omega_k) \qquad (7.3.53)$$

が基本になる．いま

$$\left.\begin{aligned} \phi_{clm} &= \frac{4\pi}{(2\pi)^{3/2}} i^l j_l(k_c r_c) Y_{lm}(\Omega_c) \chi_c \\ \phi_{c'l'm'} &= \frac{4\pi}{(2\pi)^{3/2}} i^{l'} j_{l'}(k_{c'} r_{c'}) Y_{l'm'}(\Omega_{c'}) \chi_{c'} \end{aligned}\right\} \tag{7.3.54}$$

とおくと，(7.3.38)から直ちに

$$T_{c'c} = \sum_{\substack{l'm' \\ lm}} Y_{l'm'}(\Omega_{k_{c'}}) T_{c'l'm',clm} Y_{lm}^*(\Omega_{k_c}) \tag{7.3.55}$$

$$T_{c'l'm',clm} = \langle \phi_{c'l'm'} | T(c'c) | \phi_{clm} \rangle \tag{7.3.56}$$

を得る．ゆえに

$$f_{c'c}(\Omega_{k_{c'}}) = \frac{-4\pi^2 \mu_{c'}}{\hbar^2} \sum_{\substack{l'm' \\ lm}} Y_{l'm'}(\Omega_{k_{c'}}) T_{c'l'm',clm} Y_{lm}^*(\Omega_{k_c}) \tag{7.3.57}$$

これが求める表式である．ただし $\Omega_{c'} = \Omega_{k_{c'}}$ であることに注意せよ．同様な式は S 行列を使っても得られる．(7.3.54)を(7.3.50)に代入し

$$\delta(\Omega_{k_{c'}} - \Omega_{k_c}) = \sum_{lm} Y_{lm}(\Omega_{k_{c'}}) Y_{lm}^*(\Omega_{k_c}) \tag{7.3.58}$$

を使えば直ちに

$$S_{c'c} = \sum_{\substack{l'm' \\ lm}} Y_{l'm'}(\Omega_{k_{c'}}) S_{c'l'm',clm} Y_{lm}^*(\Omega_{k_c}) \tag{7.3.59}$$

$$S_{c'l'm',clm} = \delta_{c'c} \delta_{l'l} \delta_{m'm} - U_{c'l'm',clm} \tag{7.3.60}$$

$$U_{c'l'm',clm} = 2\pi i \frac{\sqrt{\mu_c \mu_{c'} k_c k_{c'}}}{\hbar^2} T_{c'l'm',clm} \tag{7.3.61}$$

を得る．(7.3.60)，(7.3.61)を(7.3.57)に代入すれば

$$f_{c'c}(\Omega_{k_{c'}}) = \sqrt{\frac{v_c}{v_{c'}}} \frac{i}{2k_c} 4\pi \sum_{\substack{l'm' \\ lm}} Y_{l'm'}(\Omega_{k_{c'}}) U_{c'l'm',clm} Y_{lm}^*(\Omega_{k_c}) \tag{7.3.62 a}$$

$$= \sqrt{\frac{v_c}{v_{c'}}} \frac{i}{2k_c} 4\pi \sum_{\substack{l'm' \\ lm}} Y_{l'm'}(\Omega_{k_{c'}}) [\delta_{c'c} \delta_{l'l} \delta_{m'm} - S_{c'l'm',clm}] Y_{lm}^*(\Omega_{k_c}) \tag{7.3.62 b}$$

が得られる．

(7.3.52), (7.3.59), (7.3.60) から (7.3.58) を用いれば直ちに

$$\sum_{c''l''m''} S_{c''l''m'',c'l'm'}{}^{*} S_{c''l''m'',clm} = \sum_{c''l''m''} S_{c'l'm',c''l''m''} S_{clm,c''l''m''}{}^{*} = \delta_{c'c}\delta_{l'l}\delta_{m'm} \qquad (7.3.63\,a)$$

$$\sum_{c''l''m''} U_{c''l''m'',c'l'm'}{}^{*} U_{c''l''m'',clm} = \sum_{c''l''m''} U_{c'l'm',c''l''m''} U_{clm,c''l''m''}{}^{*} = U_{c'l'm',clm} + U_{clm,c'l'm'}{}^{*} \qquad (7.3.63\,b)$$

が得られる．

(7.3.62), (7.3.63) を使うと**光学定理** (optical theorem)：

$$\sigma_{\mathrm{t}} \equiv \sum_{c'} \int \frac{d\sigma_{c'c}}{d\Omega_{c'}} d\Omega_{c'} = \frac{4\pi}{k_c} \mathrm{Im}\, f_{cc}(0) \qquad (7.3.64)$$

が証明される．ただし σ_{t} は**全断面積** (total cross section) でチャネル c から始まるすべての散乱および反応の断面積の総和である．また $f_{cc}(0) \equiv f_{cc}(\Omega_{k_c})$ は入射方向への散乱の振幅で**前方散乱** (forward scattering) の振幅と呼ばれる．この証明には (7.3.16) に (7.3.62 a) を代入し (7.3.64) の中辺を (7.3.63 b) を使って計算する．それが (7.3.62 a) から $(4\pi/k_c)\mathrm{Im}\, f_{cc}(\Omega_{k_c})$ を計算したものと等しいことを見るのは容易である．読者自らこれを試みよ．

(7.3.53), (7.3.62 a) を (7.3.2) に代入すれば，波動関数 $\Psi_c{}^{(+)}$ の漸近形の球面波展開が直ちに得られる：

$$\Psi_c{}^{(+)} \sim \frac{4\pi}{(2\pi)^{3/2}} \sum_{lm} Y_{lm}{}^{*}(\Omega_{k_c}) \Big[i^l j_l(k_c r_c)\, Y_{lm}(\Omega_c)\, \chi_c + \frac{i}{2k_c} \sum_{c'} \sqrt{\frac{v_c}{v_{c'}}} \cdot \frac{e^{ik_{c'}r_{c'}}}{r_{c'}} \chi_{c'} \sum_{l'm'} Y_{l'm'}(\Omega_{c'})\, U_{c'l'm',clm} \Big] \qquad (7.3.65)$$

(7.3.65) を見易い形に書くために，自由ハミルトニアン $H_c, H_{c'}, \cdots$ の Schrödinger 方程式の動径部分に相当する

$$\frac{d^2 u_l}{dr^2} - \frac{l(l+1)}{r^2} u_l + k^2 u_l = 0$$

の 2 つの独立解 $u_l{}^{(\pm)}(kr)$ を，漸近形が

$$u_l{}^{(\pm)}(x) \sim \exp\left[\pm i\left(x - \frac{l\pi}{2} \right) \right] \qquad (x \longrightarrow \infty) \qquad (7.3.66)$$

となるという条件で導入する．

$$h_l^{(\pm)}(x) = \frac{u_l^{(\pm)}(x)}{x} \tag{7.3.67}$$

は第1種(+)および第2種(−)の球面 Hankel 関数に他ならない.

$$F_l(x) = \frac{u_l^{(+)}(x) - u_l^{(-)}(x)}{2i}, \qquad G_l(x) = \frac{u_l^{(+)}(x) + u_l^{(-)}(x)}{2} \tag{7.3.68}$$

で $F_l(x), G_l(x)$ を導入すれば, F_l, G_l の漸近形は

$$F_l(x) \sim \sin\left(x - \frac{l\pi}{2}\right), \qquad G_l(x) \sim \cos\left(x - \frac{l\pi}{2}\right) \tag{7.3.69}$$

であり,

$$j_l(x) = \frac{F_l(x)}{x}, \qquad n_l(x) = \frac{G_l(x)}{x} \tag{7.3.70}$$

はそれぞれ球面 Bessel および球面 Neumann 関数である. これらの関数を用いて(7.3.65)を書きなおして整頓すれば

$$\Psi_c^{(+)} \sim \frac{i}{2k_c} \frac{4\pi}{(2\pi)^{3/2}} \sum_{lm} Y_{lm}^*(\Omega_{\boldsymbol{k}_c}) \left[-2i \frac{F_l(k_c r_c)}{r_c} \chi_c i^l Y_{lm}(\Omega_c) \right.$$
$$\left. + \sum_{c'l'm'} \sqrt{\frac{v_c}{v_{c'}}} \frac{u_{l'}^{(+)}(k_{c'} r_{c'})}{r_{c'}} \chi_{c'} i^{l'} Y_{l'm'}(\Omega_{\boldsymbol{k}_{c'}}) U_{c'l'm', clm} \right] \tag{7.3.71}$$
$$= \frac{i}{2k_c} \frac{4\pi}{(2\pi)^{3/2}} \sum_{lm} Y_{lm}^*(\Omega_{\boldsymbol{k}_c}) \left[\frac{u_l^{(-)}(k_c r_c)}{r_c} \chi_c i^l Y_{lm}(\Omega_c) \right.$$
$$\left. - \sum_{c'l'm'} \sqrt{\frac{v_c}{v_{c'}}} S_{c'l'm', clm} \frac{u_{l'}^{(+)}(k_{c'} r_{c'})}{r_{c'}} i^{l'} Y_{l'm'}(\Omega_{c'}) \chi_{c'} \right] \tag{7.3.72}$$

$\hat{S}, S$ 行列はユニタリー性をもつほかに時間反転に対する理論の不変性の結果である相反定理

$$\hat{S}^\dagger = T^{-1} \hat{S} T, \qquad S^\dagger = T^{-1} S T \tag{7.3.73}$$

をみたす. T は§2.1で定義した時間反転を表わす反ユニタリー演算子である. 相反定理はまた $\hat{T}, T$ 行列に対しても成り立つ

$$\hat{T}^\dagger = T^{-1} \hat{T} T, \qquad T^\dagger = T^{-1} T T \tag{7.3.74}$$

(7.3.73), (7.3.74)は, ある反応とその逆過程の行列要素が等しいことを意味している. これは極めて自然である.

さて, 一般に各チャネルの各粒子は電荷をもっているから $V_c, V_{c'}, \cdots$ は Coulomb 相互作用を含んでいる. これは無限に長い到達距離をもっているので取り

扱いに甚だ不便である．そこで $V_c, V_{c'}, \cdots$ から Coulomb ポテンシャル

$$V_c{}^{\mathrm{C}} = \frac{Z_{\mathrm{a}}Z_{\mathrm{A}}e^2}{r_c},\quad V_{c'}{}^{\mathrm{C}} = \frac{Z_{\mathrm{b}}Z_{\mathrm{B}}e^2}{r_{c'}},\quad \cdots \tag{7.3.75}$$

を分離して，これを $H_c, H_{c'}, \cdots$ の方に加え，

$$H = (H_c + V_c{}^{\mathrm{C}}) + (V_c - V_c{}^{\mathrm{C}}) = (H_{c'} + V_{c'}{}^{\mathrm{C}}) + (V_{c'} - V_{c'}{}^{\mathrm{C}}) = \cdots \tag{7.3.76}$$

のようにおけば

$$\tilde{V}_c \equiv V_c - V_c{}^{\mathrm{C}},\quad \tilde{V}_{c'} \equiv V_{c'} - V_{c'}{}^{\mathrm{C}},\quad \cdots \tag{7.3.77}$$

はもはや有限の到達距離しかない相互作用になる．

$$\tilde{H}_c = H_c + V_c{}^{\mathrm{C}},\quad \tilde{H}_{c'} = H_{c'} + V_{c'}{}^{\mathrm{C}},\quad \cdots \tag{7.3.78}$$

が新たな‘自由ハミルトニアン’となる．これらに対する Schrödinger 方程式

$$\tilde{H}_c\tilde{\phi}_c = E\tilde{\phi}_c,\qquad \tilde{H}_{c'}\tilde{\phi}_{c'} = E\tilde{\phi}_{c'} \tag{7.3.79}$$

の独立解は(7.3.25)と同様に

$$\tilde{\phi}_c = \tilde{\varphi}_c(\boldsymbol{r}_c)\chi_c(\boldsymbol{i}_c),\qquad \tilde{\phi}_{c'} = \tilde{\varphi}_{c'}(\boldsymbol{r}_{c'})\chi_{c'}(\boldsymbol{i}_{c'}) \tag{7.3.80}$$

の形をしており，$\tilde{\varphi}_c, \tilde{\varphi}_{c'}$ は

$$(K_c + V_c{}^{\mathrm{C}}(r_c))\tilde{\varphi}_c = E_c\tilde{\varphi}_c,\quad (K_{c'} + V_{c'}{}^{\mathrm{C}}(r_{c'}))\tilde{\varphi}_{c'} = E_{c'}\tilde{\varphi}_{c'},\quad \cdots \tag{7.3.81}$$

をみたす．

(7.3.81)は Coulomb ポテンシャルだけがある場合の1体散乱問題の Schrödinger 方程式でその解は既知である．漸近形が‘入射波と外向き散乱波の和’の形をしている解は，入射方向を z 軸の正の向きとすれば†，

$$\varphi_c{}^{(+)} = \exp\left(-\frac{1}{2}\pi\eta_c\right)\Gamma(1+i\eta_c)\exp(ik_cz_c)\,{}_1F_1(-i\eta_c, 1, ik_c(r_c - z_c)) \tag{7.3.82}$$

である．ここに ${}_1F_1$ は

$${}_1F_1(a, b, z) = 1 + \frac{a}{b\cdot 1!}z + \frac{a(a+1)}{b(b+1)\cdot 2!}z^2 + \cdots \tag{7.3.83}$$

で合流型超幾何関数と呼ばれる．$\varphi_c{}^{(+)}$ の漸近形は

† 以下 Coulomb 波動関数の ~ を省略する．

$$\varphi_c^{(+)} \sim \left[\left(1+\frac{\eta_c^{\,2}}{ik_c(r_c-z_c)}\right)\exp i\{k_c z_c+\eta_c \ln k_c(r_c-z_c)\}\right.$$
$$\left.+\frac{1}{r_c}f_c^{\mathrm{C}}(\Omega_c)\exp i(k_c r_c-\eta_c \ln 2k_c r_c)\right] \tag{7.3.84}$$

で与えられる．

$$f_c^{\mathrm{C}}(\Omega_c)=\frac{-\eta_c}{2k_c}\mathrm{cosec}^2\left(\frac{\theta_c}{2}\right)\exp\left[-2i\eta_c \ln\left(\sin\frac{\theta_c}{2}\right)+2i\sigma_{c0}\right] \tag{7.3.85}$$

は **Coulomb 散乱振幅**または **Rutherford 散乱振幅**と呼ばれる．この式は一般の入射方向に対しても成立する．ただしその場合は，θ_c を入射方向と Ω_c の方向の間の角，すなわち散乱角 θ でおきかえる．以上の式で η_c は

$$\eta_c=\frac{Z_{\mathrm{a}}Z_{\mathrm{A}}e^2}{\hbar v_c} \tag{7.3.86}$$

で定義され Coulomb パラメーターと呼ばれる．また σ_{c0} は

$$\sigma_{c0}=\frac{1}{2i}\ln\frac{\Gamma(1+i\eta_c)}{\Gamma(1-i\eta_c)}=\arg\Gamma(1+i\eta_c) \tag{7.3.87}$$

で与えられる．$\varphi_c^{(+)}$ に対して

$$\varphi_c^{(-)}(\boldsymbol{k}_c,\boldsymbol{r}_c)=\varphi_c^{(+)*}(-\boldsymbol{k}_c,\boldsymbol{r}_c) \tag{7.3.88}$$

で与えられる $\varphi_c^{(-)}$ を定義すれば，これもまた(*7.3.81*)の解で，‘入射波＋内向き散乱波’の漸近形をもつ．

入射方向が一般に $\boldsymbol{k}_c$ の方向である場合(*7.3.84*)を拡張するのは極めて容易である．かくして得られる

$$\varphi_{c\boldsymbol{k}_c}^{(\pm)},\quad \varphi_{c'\boldsymbol{k}_{c'}}^{(\pm)},\quad \cdots$$

から

$$\phi_{c\boldsymbol{k}_c}^{(\pm)}=\frac{1}{(2\pi)^{3/2}}\varphi_{c\boldsymbol{k}_c}^{(\pm)}\chi_c,\qquad \phi_{c'\boldsymbol{k}_{c'}}^{(\pm)}=\frac{1}{(2\pi)^{3/2}}\varphi_{c'\boldsymbol{k}_{c'}}^{(\pm)}\chi_{c'} \tag{7.3.89}$$

が Coulomb ポテンシャルがある場合の，平面波に代わる基本解である．これらは $\eta_c=0$ のとき平面波になる：

$$\lim_{\eta_c\to 0}\varphi_{c\boldsymbol{k}_c}^{(\pm)}=e^{i\boldsymbol{k}_c\cdot\boldsymbol{r}_c} \tag{7.3.90}$$

T 行列要素の計算は歪曲波の方法(§9.2参照)を用いて行なうことができる．

すなわち，$V_c=V_c{}^{\mathrm{C}}+\tilde{V}_c$ において $V_c{}^{\mathrm{C}}$ を歪曲ポテンシャルとみなすと，$\phi_c{}^{(+)}$ はそれによる歪曲波である．したがって(9.2.21)によれば $T_{c'c}$ は，

$$T_{c'c}=T_c{}^{\mathrm{C}}\delta_{c'c}+\tilde{T}_{c'c} \tag{7.3.91}$$

で与えられる．ただし

$$T_c{}^{\mathrm{C}}=\langle\phi_c|V_c{}^{\mathrm{C}}|\phi_c{}^{(+)}\rangle,\qquad \tilde{T}_{c'c}=\langle\phi_{c'}{}^{(-)}|\tilde{V}_{c'}|\Psi_c{}^{(+)}\rangle \tag{7.3.92}$$

である．$T_c{}^{\mathrm{C}}$ は Coulomb 力 $V_c{}^{\mathrm{C}}$ のみによる弾性散乱の T 行列要素である．核力の効果はすべて $\tilde{T}_{c'c}$ の中に入っている．

$T_c{}^{\mathrm{C}}$, $\tilde{T}_{c'c}$ に対応する散乱振幅はそれぞれ

$$f_c{}^{\mathrm{C}}(\Omega_c)=-\frac{(2\pi)^2}{\hbar^2}\mu_c T_c{}^{\mathrm{C}},\qquad \tilde{f}_{c'c}(\Omega_{c'})=-\frac{(2\pi)^2}{\hbar^2}\mu_{c'}\tilde{T}_{c'c} \tag{7.3.93}$$

で与えられる．$f_c{}^{\mathrm{C}}(\Omega_c)$ は(7.3.85)で与えられたものと同一のものである．全散乱振幅 $f_{c'c}(\Omega_{c'})$ は

$$f_{c'c}(\Omega_{c'})=f_c{}^{\mathrm{C}}(\Omega_c)+\tilde{f}_{c'c}(\Omega_{c'}) \tag{7.3.94}$$

で与えられる．

波動関数の漸近形は

$$\Psi_c{}^{(+)}\sim$$
$$\frac{1}{(2\pi)^{3/2}}\left[\varphi_c{}^{(+)}(\boldsymbol{r}_c)\chi_c(\boldsymbol{i}_c)+\sum_{c'}\frac{\exp i(k_{c'}r_{c'}-\eta_{c'}\ln 2k_{c'}r_{c'})}{r_{c'}}\tilde{f}_{c'c}(\Omega_{c'})\chi_{c'}(\boldsymbol{i}_{c'})\right] \tag{7.3.95}$$

で与えられる．ただしこの式の $\varphi_c{}^{(+)}$ は漸近形(7.3.84)を表わすものとする．したがって(7.3.94)が成立していることは明らかであろう．また(7.3.95)右辺の第2項の各項にある $-\eta_{c'}\ln 2k_{c'}r_{c'}$ は(7.3.84)の右辺第2項のそれと同じく Coulomb 力の到達距離が無限に長いことに由来している．

(7.3.92)は

$$\Psi_c{}^{(+)}=\tilde{\Omega}_c{}^{(+)}\phi_c{}^{(+)} \tag{7.3.96}$$

$$\tilde{T}(c'c)=\tilde{V}_{c'}\tilde{\Omega}_c{}^{(+)} \tag{7.3.97}$$

とおくと

$$\tilde{T}_{c'c}=\langle\phi_{c'}{}^{(-)}|\tilde{T}(c'c)|\phi_c{}^{(+)}\rangle \tag{7.3.98}$$

と書ける．

球面波展開による議論には $\varphi_{ck}{}^{(\pm)}$ の球面波展開，

$$\varphi_{ck}{}^{(\pm)} = \sum_{lm} 4\pi i^l e^{\pm i\sigma_{cl}} \frac{F_{cl}(k, r_c)}{kr_c} Y_{lm}(\Omega_c) Y_{lm}{}^*(\Omega_k) \qquad (7.3.99)$$

が基本になる．F_{cl} は

$$\frac{d^2 u_{cl}}{dr^2} + \left(k^2 - \frac{l(l+1)}{r^2} - \frac{2k\eta_c}{r}\right) u_{cl} = 0 \qquad (7.3.100)$$

の独立解のうち原点 $r=0$ で正則で，漸近形が

$$F_{cl}(k, r) \sim \sin\left(kr - \eta_c \ln 2kr - \frac{l\pi}{2} + \sigma_{cl}\right) \qquad (7.3.101)$$

となるものである．ここで

$$\sigma_{cl} = \arg \Gamma(1+l+i\eta_c) \qquad (7.3.102)$$

は Coulomb 位相のずれ (Coulomb phase shift) と呼ばれる．F_{cl} は $\eta_c=0$ のとき F_l と一致する．$\eta_c=0$ の場合の $G_l, u_l{}^{(\pm)}$ に対応して (7.3.100) の解で漸近形が

$$G_{cl}(k, r) \sim \cos\left(kr - \eta_c \ln 2kr - \frac{l\pi}{2} + \sigma_{cl}\right) \qquad (7.3.103)$$

$$u_{cl}{}^{(\pm)}(k, r) \sim \exp\left\{\pm i\left(kr - \eta_c \ln 2kr - \frac{l\pi}{2}\right)\right\} \qquad (7.3.104)$$

なる形をもつ $G_{cl}, u_{cl}{}^{(\pm)}$ を定義すると便利である．これらの間には

$$F_{cl} = \frac{1}{2i}[u_{cl}{}^{(+)} e^{i\sigma_{cl}} - u_{cl}{}^{(-)} e^{-i\sigma_{cl}}] \qquad (7.3.105)$$

$$G_{cl} = \frac{1}{2}[u_{cl}{}^{(+)} e^{i\sigma_{cl}} + u_{cl}{}^{(-)} e^{-i\sigma_{cl}}] \qquad (7.3.106)$$

が成り立つ．また $u_{cl}{}^{(\pm)}$ は **Wronski の関係式** (Wronskian relation)

$$W(u_{cl}{}^{(-)}, u_{cl}{}^{(+)}) \equiv u_{cl}{}^{(-)} \frac{du_{cl}{}^{(+)}}{dr} - u_{cl}{}^{(+)} \frac{du_{cl}{}^{(-)}}{dr} = 2ik_c \qquad (7.3.107)$$

をみたす．$\eta_c=0$ のとき $G_{cl}, u_{cl}{}^{(\pm)}$ は $G_l, u_l{}^{(\pm)}$ に一致する．これらの関数は $r_c=0$ で正則でない．F_{cl} は再び合流型超幾何関数を使って表わすことができ，数値的に求めることは計算機を用いれば容易である．$F_{cl}, G_{cl}, u_{cl}{}^{(\pm)}$ を Coulomb 波動関数と呼ぶ．

散乱振幅などの球面波展開を求めるために

$$\phi_{clm}{}^{(\pm)} = \int d\Omega_{k_c} Y_{lm}(\Omega_{k_c}) \phi_c{}^{(\pm)}$$

$$= \frac{4\pi i^l e^{\pm i\sigma_{cl}}}{(2\pi)^{3/2}} \frac{F_{cl}(k_c, r_c)}{k_c r_c} Y_{lm}(\Omega_c) \chi_c(\boldsymbol{i}_c) \qquad (7.3.108)$$

を導入すると(7.3.93)と(7.3.98), (7.3.99)から

$$\tilde{f}_{c'c}(\Omega_{k_{c'}}) = -\frac{(2\pi)^2 \mu_{c'}}{\hbar^2} \sum_{\substack{l'm' \\ lm}} Y_{l'm'}(\Omega_{k_{c'}}) \tilde{T}_{c'l'm',clm} Y_{lm}{}^*(\Omega_{k_c}) \qquad (7.3.109)$$

$$\tilde{T}_{c'l'm',clm} = \langle \phi_{c'l'm'}{}^{(-)} | \tilde{T}(c'c) | \phi_{clm}{}^{(+)} \rangle \qquad (7.3.110)$$

となる．ただし $\Omega_{k_{c'}} = \Omega_{c'}$ である．

T 行列と S 行列の関係は

$$\langle \phi_{c'} | \hat{S} | \phi_c \rangle = \langle \phi_{c'}{}^{(-)} | \phi_c{}^{(+)} \rangle - 2\pi i \delta(E'-E) \tilde{T}_{c'c} \qquad (7.3.111)$$

で与えられる．この式を得るには(7.3.42)に(7.3.91)を代入し $\delta_{c'c}\delta(\boldsymbol{k}_{c'}-\boldsymbol{k}_c) - 2\pi i \delta(E'-E) T_c{}^{\mathrm{C}}$ が Coulomb 力だけによる S 行列要素すなわち $\langle \phi_{c'}{}^{(-)} | \phi_c{}^{(+)} \rangle$ に等しいことを使えばよい．この両辺を球面波展開すれば $\eta_c = 0$ の場合と全く同様にして

$$S_{c'l'm',clm} = e^{2i\sigma_{cl}} \delta_{c'c} \delta_{l'l} \delta_{m'm} - \tilde{U}_{c'l'm',clm} \qquad (7.3.112)$$

$$\tilde{U}_{c'l'm',clm} = 2\pi i \frac{\sqrt{\mu_c \mu_{c'} k_c k_{c'}}}{\hbar^2} \tilde{T}_{c'l'm',clm} \qquad (7.3.113)$$

が得られる．ゆえに(7.3.62 a), (7.3.62 b)に対応して

$$f_{c'c}(\Omega_{c'}) = f_c{}^{\mathrm{C}}(\Omega_c) \delta_{c'c} + \frac{i}{2k_c} \sqrt{\frac{v_c}{v_{c'}}} \sum_{\substack{l'm' \\ lm}} 4\pi Y_{l'm'}(\Omega_{c'}) \tilde{U}_{c'l'm',clm} Y_{lm}{}^*(\Omega_{k_c}) \qquad (7.3.114)$$

$$= f_c{}^{\mathrm{C}}(\Omega_c) \delta_{c'c} + \frac{i}{2k_c} \sqrt{\frac{v_c}{v_{c'}}} \sum_{\substack{l'm' \\ lm}} 4\pi Y_{l'm'}(\Omega_{c'}) (e^{2i\sigma_{cl}} \delta_{c'c} \delta_{l'l} \delta_{m'm} - \tilde{S}_{c'l'm',clm}) Y_{lm}{}^*(\Omega_{k_c}) \qquad (7.3.115)$$

が得られる．

最後に波動関数の反対称化について述べる†．それには Lippmann-Schwinger

† 以下の議論は Austern, N.: *Direct Nuclear Reaction Theories*（巻末文献参照）に基づく．

の方程式の形式解

$$\Psi_c{}^{(+)} = \phi_c + \frac{1}{e} V_c \phi_c \tag{7.3.116}$$

$$e = E - H + i\varepsilon \tag{7.3.117}$$

から出発するのが便利である．今までは暗にすべての核子は区別できると仮定してきた．さてチャネル c の粒子 a と A がそれぞれ次の番号をもつ核子から成るとしよう．

$$\mathrm{a} = (1, 2, \cdots, n_{\mathrm{a}}), \qquad \mathrm{A} = (n_{\mathrm{a}}+1, \cdots, n_{\mathrm{a}}+n_{\mathrm{A}}) \tag{7.3.118}$$

反対称化をまず a, A それぞれの中の核子同士の間について行ない，さらに a の核子と A の核子の間で行なうとしよう．第1の反対称化の演算子を α_c，第2のそれを $\mathscr{A}_c$ としよう．全反対称化演算子 $\mathscr{A}$ は

$$\mathscr{A} = \mathscr{A}_c \alpha_c \tag{7.3.119}$$

で与えられる．

(7.3.116) に α_c をほどこすと e, V_c は α_c に対して不変であるから，(7.3.116) で $\Psi_c{}^{(+)} \to \alpha_c \Psi_c{}^{(+)}$, $\phi_c \to \alpha_c \phi_c$ とした式が得られる．そこで以後一般に $\alpha_c\phi_c$, $\alpha_c\phi_{c'}, \cdots$ を $\phi_c, \phi_{c'}, \cdots$ と書くことにする．$\phi_c, \phi_{c'}, \cdots$ は定まった核子構成をもち反対称化された内部波動関数をもったチャネルの波動関数となる．ここでは同じ核子から成るチャネルでも核子構成の違うものは異なるチャネルとして区別される．その ϕ_c を用いると

$$\alpha_c \Psi_c{}^{(+)} = \phi_c + \frac{1}{e} V_c \phi_c \tag{7.3.120}$$

が得られる．

$\mathscr{A}_c$ は $\mathrm{a} = (1, 2, \cdots, n_{\mathrm{a}})$ の中の何個かの核子と $\mathrm{A} = (n_{\mathrm{a}}+1, \cdots, n_{\mathrm{a}}+n_{\mathrm{A}})$ の中の同数の核子の置換を P とすれば

$$\mathscr{A}_c = N_c{}^{-1/2} \sum_P (-1)^P P \tag{7.3.121}$$

で与えられる．ただし和はそのようなすべての置換にわたり $(-1)^P$ は P が偶置換のとき $+1$，奇置換のとき -1 である．N_c はその数

$$N_c = \frac{(n_{\mathrm{a}}+n_{\mathrm{A}})!}{n_{\mathrm{a}}!\, n_{\mathrm{A}}!} \tag{7.3.122}$$

で $N_c^{-1/2}$ は $\mathscr{A}_c$ の規格化のために必要である.

$\mathscr{A}\Psi_c^{(+)}$ 中の c' チャネル

$$(\mathrm{b}=(1,2,\cdots,n_{\mathrm{b}}),\quad \mathrm{B}=(n_{\mathrm{b}}+1,\cdots,n_{\mathrm{b}}+n_{\mathrm{B}})) \tag{7.3.123}$$

の散乱振幅は, $\Psi_c^{(+)}$ 中のそれが(7.3.116)から求められるのと全く同様にして, (7.3.120)と(7.3.119)から

$$f_{c'c}=-\frac{(2\pi)^2\mu_{c'}}{\hbar^2}\langle\phi_{c'}|V_{c'}|\mathscr{A}\Psi_c^{(+)}\rangle \tag{7.3.124}$$

であることが容易に判る. 実際, e は $\mathscr{A}_c$ と交換するから

$$\mathscr{A}\Psi_c^{(+)}=\mathscr{A}_c\alpha_c\Psi_c^{(+)}=\mathscr{A}_c\left(\phi_c+\frac{1}{e}V_c\phi_c\right)=\frac{1}{e}\mathscr{A}_ce_c\phi_c$$

ゆえに p. 369 と同様にして

$$\mathscr{A}\Psi_c^{(+)}=\frac{i\varepsilon}{e_{c'}}\mathscr{A}_c\phi_c+\frac{1}{e_{c'}}V_{c'}\mathscr{A}\Psi_c^{(+)}$$

これから(7.3.124)を得る. ただし上式で

$$e_c=E-H_c+i\varepsilon,\qquad e_{c'}=E-H_{c'}+i\varepsilon$$

である. この $f_{c'c}$ は(b, B)から成るチャネルの特定の核子構成(7.3.123)に対応する振幅である. 同じ(b, B)のチャネルでも核子構成の異なるものはここでは別のチャネルとみなされることに注意せよ.

断面積を計算するには入射流束と放出粒子の流束が必要である. 入射流束は a と A が十分離れた場所で観測されるから, そこでは a と A の間の核子の交換は無視できる. したがって同じ(a, A)でも異なる核子構成のものは互いに独立なチャネルと考えてよい. 実験的にはこれらは区別できないから, それらはすべて独立に入射流束への寄与を与える. かくして $\mathscr{A}\Psi_c^{(+)}$ に含まれる‘入射波’

$$\mathscr{A}_c\phi_c=N_c^{-1/2}\sum(-1)^PP\phi_c \tag{7.3.125}$$

の各項が流束 $v_cN_c^{-1}$ の寄与を与えるから全体では流束は

$$v_cN_cN_c^{-1}=v_c \tag{7.3.126}$$

になる.

同様にして放出チャネルについても同じ(b, B)で異なる核子構成をもつ $N_{c'}$ 個のチャネルはおのおの $v_{c'}|f_{c'c}(\Omega_{c'})|^2$ の独立な寄与を断面積に与える. これらは実験的に区別できないから観測される断面積は

$$\frac{d\sigma_{c'c}}{d\Omega_{c'}}=\frac{v_{c'}}{v_c}N_{c'}|f_{c'c}(\Omega_{c'})|^2=\frac{v_{c'}}{v_c}\cdot\frac{N_{c'}}{N_c}\cdot\left|-\frac{(2\pi)^2\mu_{c'}}{\hbar^2}\mathcal{T}_{c'c}\right|^2 \tag{7.3.127}$$

$$\mathcal{T}_{c'c}=\langle\phi_{c'}|V_{c'}|\sum_P(-1)^P P\alpha_c\Psi_c^{(+)}\rangle \tag{7.3.128}$$

となる. $\mathcal{T}_{c'c}$ を**反対称化された T 行列**という.

もし陽子と中性子を区別しおのおのについて反対称化を行なった場合には上と全く同様にして

$$\frac{d\sigma_{c'c}}{d\Omega_{c'}}=\frac{v_{c'}}{v_c}\frac{N_{c'}{}^{\mathrm{p}}}{N_c{}^{\mathrm{p}}}\frac{N_{c'}{}^{\mathrm{n}}}{N_c{}^{\mathrm{n}}}\left|-\frac{(2\pi)^2\mu_{c'}}{\hbar^2}\mathcal{T}_{c'c}\right|^2 \tag{7.3.129}$$

$$\mathcal{T}_{c'c}=\langle\phi_{c'}|V_{c'}|\sum_{P_{\mathrm{p}}P_{\mathrm{n}}}(-1)^{P_{\mathrm{p}}+P_{\mathrm{n}}}P_{\mathrm{p}}P_{\mathrm{n}}\alpha_c\Psi_c^{(+)}\rangle \tag{7.3.130}$$

が得られる. ただし $P_{\mathrm{p}}, P_{\mathrm{n}}$ は入射チャネル $c=(\mathrm{a}, \mathrm{A})$ の a の中の陽子, 中性子と A の中の陽子, 中性子をそれぞれ置換する演算子である.

おわりにこの項ではチャネル c, c' を具体的に指定しなかったことを注意しておく. したがってこの項で与えた公式はどのチャネルの指定の仕方に対しても成立する.

第8章　光　学　模　型

核反応の第1段階は光学ポテンシャル U による散乱である．この章では U を実験の解析によって如何にして知ることができるか，そのようにして知られた U が如何なるものであるかをみてみよう．一方，光学模型の理論的根拠，すなわちなぜ入射粒子の運動がポテンシャル場の中での1体運動とみなすことができるかを多重散乱理論によって論じ，核子-核の光学ポテンシャルを核子-核子の相互作用の知識を用いて導出し，それを実験の解析から得られた光学ポテンシャルと比較してみる．

§8.1　光学模型と散乱振幅

粒子 a が標的核 A に入射したとする．この場合，粒子 a はまず光学ポテンシャル U によって散乱される．この段階での系の運動は a と A の相対運動の波動関数 $\psi=\psi(\boldsymbol{r}, \boldsymbol{I}_{\mathrm{a}}, \boldsymbol{I}_{\mathrm{A}})$ で記述される．ただし $\boldsymbol{r}$ は a と A の重心間の動径ベクトル，$\boldsymbol{I}_{\mathrm{a}}, \boldsymbol{I}_{\mathrm{A}}$ はそれぞれのスピンである．ψ は1体の Schrödinger 方程式

$$\left(-\frac{\hbar^2}{2\mu}\Delta+U\right)\psi=E\psi \tag{8.1.1}$$

を満たす．ただし μ は a と A の換算質量，E は相対運動のエネルギーである．

光学ポテンシャルによる散乱振幅 f_{se} は(*8.1.1*)の解 ψ の漸近形から求まる．f_{se} を**形の弾性散乱**(shape elastic scattering)の振幅という．f_{se} は弾性散乱の振幅 f_{el} の一部である：

$$f_{\mathrm{el}}=f_{\mathrm{se}}+f_{\mathrm{ce}} \tag{8.1.2}$$

f_{ce} は(*8.1.2*)で定義され，**複合弾性散乱**(compound elastic scattering)の振幅と呼ばれる．f_{ce} は戸口の状態を始めとして，複合核を含むもろもろの複雑な経路を経て再び弾性散乱のチャネルに戻ってくる過程に対応している．

さて，直接実験的観測にかかるのは f_{el} である．これから如何にしたら f_{se} についての情報が得られるかが問題である．それには散乱振幅の，エネルギー E の関数としての振舞を考えてみるとよい．f_{se} と f_{ce} には大きな違いがある．f_{se} はポテンシャルによる散乱の振幅だから E が少しくらい変化してもあまり変化しない．ところが f_{ce} は E と共に激しく変化する．たとえば複合核準位による共鳴があればそのたびに大きく変動する．戸口の状態の‘共鳴’による変化はそれに比べればはるかにゆるやかであるが，f_{se} よりは大きな変化をする．

そこでいま散乱振幅のエネルギー平均を考えてみよう．あるエネルギー E のまわりの区間 I にわたる平均値をとったとし，それを ― をつけて表わすことにしよう．すると

$$\bar{f}_{el} = \bar{f}_{se} + \bar{f}_{ce} \tag{8.1.3}$$

もし f_{ce} のエネルギーによる変動が非常に激しくかつ不規則で，その変動の山谷が十分多く I の中に含まれていれば

$$\bar{f}_{ce} \approx 0 \tag{8.1.4}$$

と考えてよいであろう．これはたとえば変動が多くの複合核共鳴準位によるものである場合に成り立つと考えられる．この場合 I が多数の共鳴準位を含むためには

$$I \gg D \tag{8.1.5}$$

であることが必要である．ただし D は平均の準位間隔である．f_{ce} の中で戸口の状態のような比較的単純な過程だけを経て放出されたものが大きな寄与をする時は，f_{ce} の変化はそれだけゆるやかになる．したがって(8.1.4)を成り立たせるような I は(8.1.5)だけでは不十分で戸口の状態による‘共鳴’も平均化されてしまうほど大きくなければならない．この場合には f_{ce} をこのような比較的単純な過程によるものと，もっと複雑な過程によるものに分けるのが便利なことがある．(第10章参照)．

さて，I は上に述べた程度に十分大きいが，一方において f_{se} がその中であまり変化しない程度に小さいとしよう．光学ポテンシャルによる共鳴の間隔 d は数 MeV 程度の大きさがあると考えられるから，この条件

$$I \ll d \tag{8.1.6}$$

と(8.1.5)を両立させることは容易である．一般に(8.1.6)と(8.1.4)を両立さ

せることが，可能か否かは自明ではないが，実際にはほぼ可能と考えてよい．ここではそれを仮定しよう．このような I に対しては

$$\bar{f}_{\mathrm{se}} = f_{\mathrm{se}} \tag{8.1.7}$$

である．ゆえに(8.1.3), (8.1.4)と(8.1.7)から

$$\bar{f}_{\mathrm{el}} = f_{\mathrm{se}} \tag{8.1.8}$$

が得られる．すなわち，(8.1.4)と(8.1.6)を満たす適当な区間 I について弾性散乱の振幅 f_{el} を平均すればその平均値 $\bar{f}_{\mathrm{el}}$ が f_{se} に他ならない．逆にいうと $\bar{f}_{\mathrm{el}}$ は光学模型によって計算することができる．これに反して f_{el} は f_{ce} を含むから光学模型だけでは計算できない．

では $\bar{f}_{\mathrm{el}}$ を実験から求めるには如何にしたらよいであろうか．それには次のようないくつかの方法がある．

(i) 全断面積

中性子 n の散乱では衝突の全断面積 σ_{t} が測定できる．光学定理(§7.3)によると

$$\sigma_{\mathrm{t}} = \frac{4\pi}{k_{\mathrm{n}}} \operatorname{Im} f_{\mathrm{el}}(0, E) \tag{8.1.9}$$

である．ただし $f_{\mathrm{el}}(0, E)$ はエネルギー E における前方散乱の振幅である．したがって

$$\bar{\sigma}_{\mathrm{t}} = \frac{4\pi}{k_{\mathrm{n}}} \operatorname{Im} \overline{f_{\mathrm{el}}(0, E)} = \frac{4\pi}{k_{\mathrm{n}}} \operatorname{Im} f_{\mathrm{se}}(0, E) \tag{8.1.10}$$

したがって，$\bar{\sigma}_{\mathrm{t}}$ から $\operatorname{Im} f_{\mathrm{se}}$ が求まる．逆にいえば $\bar{\sigma}_{\mathrm{t}}$ は光学模型で計算できる量である．

(ii) 微分断面積

弾性散乱の微分断面積は

$$\frac{d\sigma_{\mathrm{el}}}{d\Omega} = |f_{\mathrm{el}}(\theta, E)|^2 = |f_{\mathrm{se}}(\theta, E) + f_{\mathrm{ce}}(\theta, E)|^2 \tag{8.1.11}$$

いまこれのエネルギー平均をとると，(8.1.4), (8.1.7)から容易に

$$\overline{\left(\frac{d\sigma_{\mathrm{el}}}{d\Omega}\right)} = \frac{d\sigma_{\mathrm{se}}}{d\Omega} + \frac{d\sigma_{\mathrm{ce}}}{d\Omega} \tag{8.1.12}$$

が得られる．ただし

$$\frac{d\sigma_{\mathrm{se}}}{d\Omega}=|f_{\mathrm{se}}|^2,\qquad \frac{d\sigma_{\mathrm{ce}}}{d\Omega}=\overline{|f_{\mathrm{ce}}|^2} \tag{8.1.13}$$

そこで次の2つの場合に分かれる.

(A) エネルギーが高く，多くのチャネルが開いている場合

この場合は複合弾性散乱の断面積は非常に小さいと考えられる：

$$\frac{d\sigma_{\mathrm{ce}}}{d\Omega}\approx 0 \tag{8.1.14}$$

なぜなら，複雑な過程を経る間には開いた多くのチャネルのどれにも出てゆく確率があるから，その中でたまたま入射チャネルという特定の1つのチャネルに戻ってゆく確率は非常に小さいからである．このときは，$d\sigma_{\mathrm{el}}/d\Omega$ はエネルギーとともにゆっくり変化する．したがって，

$$\left(\overline{\frac{d\sigma_{\mathrm{el}}}{d\Omega}}\right)=\frac{d\sigma_{\mathrm{el}}}{d\Omega}=\frac{d\sigma_{\mathrm{se}}}{d\Omega} \tag{8.1.15}$$

したがって実測される $d\sigma_{\mathrm{el}}/d\Omega$ が直接，光学ポテンシャルの情報を与えることになる.

(B) 低エネルギーの場合

この場合には $d\sigma_{\mathrm{ce}}/d\Omega$ を無視することはできない．この量は複合核模型の統計理論によって評価することができるので(第10章)，その理論値を $\left(\overline{\frac{d\sigma_{\mathrm{el}}}{d\Omega}}\right)$ から差し引いて $d\sigma_{\mathrm{se}}/d\Omega$ を得ることになる.

(iii) 偏極．分解能

微分断面積の場合と全く同様に弾性散乱でのスピンの偏極 $P(\theta)$，偏極ビームの分解能 $A(\theta)$ からも f_{se} についての情報が得られる．この場合にも

(A) エネルギーが高く，多くのチャネルが開いているときは $P(\theta), A(\theta)$ が直接 $f_{\mathrm{se}}(\theta, E)$ のみの関数になる.

(B) 低エネルギーでは複合弾性散乱の効果も考慮に入れなくてはならない.

(iv) 複合核形成断面積．強度関数

いま簡単のためにS波だけが効くような低エネルギー中性子の散乱を考えよう．この場合(*8.1.12*)から直ちに

$$\bar{\sigma}_{\mathrm{el}}=\sigma_{\mathrm{se}}+\sigma_{\mathrm{ce}} \tag{8.1.16}$$

が導かれる．ただし

$$\sigma_{el} = \int \frac{d\sigma_{el}}{d\Omega} d\Omega, \qquad \sigma_{se} = \int \frac{d\sigma_{se}}{d\Omega} d\Omega, \qquad \sigma_{ce} = \int \frac{d\sigma_{ce}}{d\Omega} d\Omega$$

である．ここで弾性散乱以外の反応の断面積の総和を σ_r としてこれを**反応断面積**(reaction cross section)と呼ぶことにしよう．もし σ_r がすべて複合核過程によるものとすると，$\bar{\sigma}_r$ は複合核ができる断面積 σ_c から，複合核を経て弾性散乱が起こる断面積，すなわち σ_{ce} を引いたものになる：

$$\bar{\sigma}_r = \sigma_c - \sigma_{ce} \qquad (8.1.17)^{\dagger}$$

明らかに $\bar{\sigma}_t = \bar{\sigma}_{el} + \bar{\sigma}_r$ であるから(*8.1.16*)と(*8.1.17*)から

$$\bar{\sigma}_t = \sigma_{se} + \sigma_c \qquad (8.1.18)$$

ゆえに $\sigma_c = \bar{\sigma}_t - \sigma_{se}$ は f_{se} のみの関数になる．複合核理論によると(§10.3)，低エネルギー中性子に対して

$$\sigma_c = (2\pi^2/k^2)(\bar{\Gamma}_n/D) \qquad (8.1.19)$$

である．ここに $D, \bar{\Gamma}_n$ は I に含まれる複合核共鳴準位の平均間隔と平均の中性子幅である．これらは低エネルギー(0～10 keV)では直接測定できる量である．それを使えば(*8.1.19*)から σ_c が求まることになる．$\bar{\Gamma}_n/D$ を**強度関数**(strength function)という．以上のような分析を実際に行なった結果を以下に示そう．

§8.2 核子-核散乱

まず低エネルギー中性子が入射した場合を見てみよう．図8.1，図8.2は低エネルギー中性子の全断面積 σ_t の測定値と光学模型による理論値である．実験はH. H. Barshallによるもので††，彼はエネルギー E_n=0～3 MeV の中性子を周期律表の全領域にわたる多数の原子核に当て，透過中性子強度の減衰から σ_t を E_n と標的核の質量数 A の関数として測定した．この際の中性子エネルギーは I～500 keV のひろがりをもっており，したがって測定されたのは σ_t の I にわたる平均値 $\bar{\sigma}_t$ であった．図8.1にみられるように，$\bar{\sigma}_t$ は E_n と A に対してゆっくり変化する山，谷をもった構造を示す．これを**粗い構造**(gross structure)という．これに対して個々の複合核共鳴による変動を**微細構造**(fine structure)という．この実験結果は図8.2に示す Feshbach, Porter, Weisskopf の光学模型に

† σ_r 自体は E とともに激しく変動する．

†† Barshall, H. H.: *Phys. Rev.*, 85, 704(1952)参照.

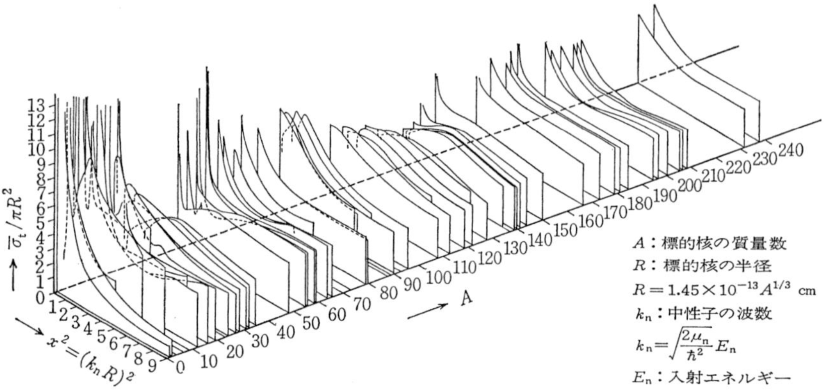

図 8.1　中性子全断面積の観測値をエネルギーと質量数の関数として表わしたもの(エネルギーを x^2 で表わしてある)(Feshbach, H., Porter, C. E. & Weisskopf, V. F.: *Phys. Rev.*, **96**, 448(1954)による)

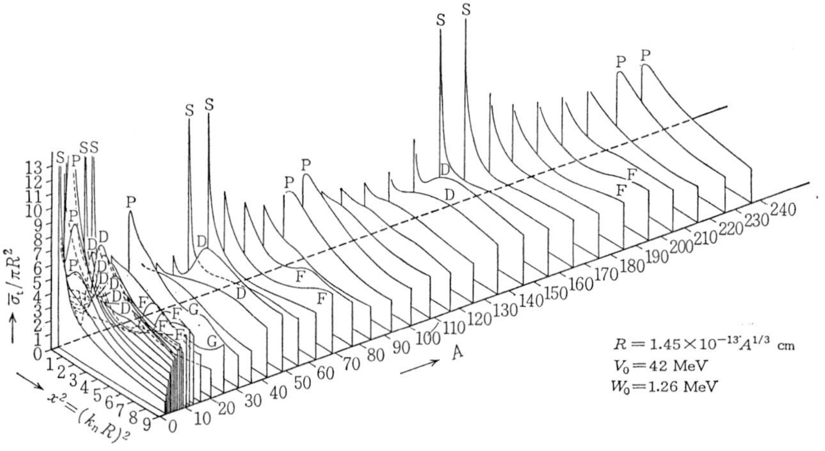

図 8.2　中性子全断面積の光学模型による計算値．A, R, k_n については図 8.1 参照(Feshbach, H., Porter, C. E. & Weisskopf, V. F.: *Phys. Rev.*, **96**, 448(1954)による)

よる理論値によって非常によく再現されていることが判るであろう．これは $U(r)$ として井戸型ポテンシャル

$$U(r)=\begin{cases}-(V_0+iW_0) & (r\leqq R=r_0A^{1/3})\\ 0 & (r>R)\end{cases}\qquad(8.2.1)$$
$$V_0=42\ \text{MeV},\qquad W_0=1.26\ \text{MeV},\qquad r_0=1.45\ \text{fm}$$

を用いて得られた結果である．

歴史的に見るとこの Barshall の実験で粗い構造が発見されたことと，それが光学模型で説明されたことは真に画期的な意義をもっており，これによって初めて低エネルギー領域で光学模型が成立することが明らかになったのである．その際最も驚くべきことだったのは，ポテンシャルの虚数部が実数部の僅か 3% の強さしか持っていないことである．これは入射中性子の大部分が核とエネルギーのやりとりをせず，ポテンシャル中を自由に 1 体運動してそのまま放出されてしまうことを意味する．これはそれまで信じられていた，入射粒子と核が強い相互作用をしてたちまち複合核が形成されるという考えとは正反対の結論であった．用いられた井戸型ポテンシャルは非常に単純なものであるから，実験の再現性にはもちろん限界がある．しかし，光学模型の妥当性，ポテンシャルの本質的な様相を明らかにするにはこれで十分であったといえよう．

図 8.3 は熱中性子†に対する S 波の強度関数を標的核の質量数の関数としてみ

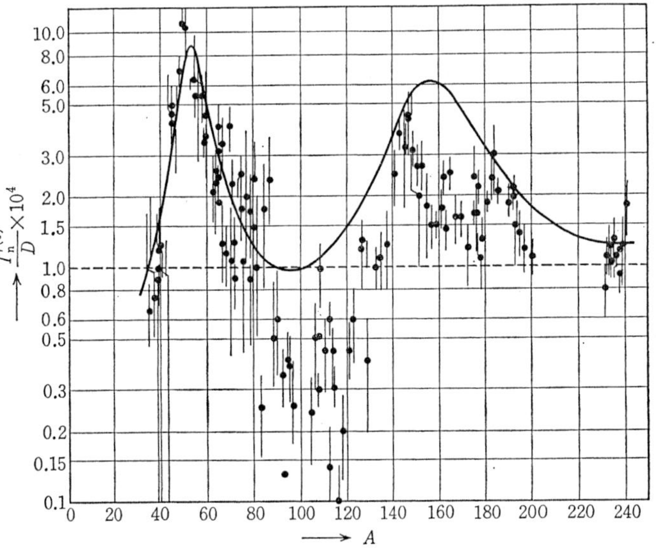

図 8.3　中性子 S 波強度関数の質量数による変化の実験と理論の比較．用いられた光学ポテンシャルは Woods-Saxon 型：$V_0=52$ MeV, $W_V=3$ MeV, $R_R=R_I'=1.15A^{1/3}+0.4$ fm, $a_I'=0.52$ fm (Porter, C. E.: *BNL*, **6396** (1962) (unpublished) による)

† 常温の熱運動のエネルギー ~1/40 eV をもつ中性子．物質中で十分減速された中性子はこのエネルギーをもつ．

たものの実験値(点)および理論値(実線)である．図に示してあるのは，次式で定義される量である．

$$\frac{\bar{\Gamma}_{\rm n}{}^{(0)}}{D} \equiv \left(\frac{1}{E_{\rm n}}\right)^{1/2} \frac{\bar{\Gamma}_{\rm n}}{D}$$

ただし $E_{\rm n}$ は eV を単位として測った中性子のエネルギーである．理論と実験の一致は $A\sim 100$ の近所†と $A\sim 160$ の近傍††を除いて非常に良い．このような一致を得るには光学ポテンシャルとして井戸型のものでは不十分で，以下に述べる Woods-Saxon 型のものをとらなければならない．

さて，図 8.2 にみられる山谷は光学ポテンシャルによる共鳴によるものである．図中 s, p, d, … などとあるのはそれぞれ $l=0, 1, 2, \cdots$ の部分波の共鳴によるものであることを示す．次にその山の位置，形，幅などをみてみよう．簡単のために $l=0$ の場合を考え，光学ポテンシャルは井戸型(*8. 2. 1*)としておく．

(*8. 1. 1*)の ψ の $l=0$ に対する部分波を $\psi=u(r)/r$ とすると

$$\frac{d^2u}{dr^2}+K^2u=0 \qquad (8.2.2)$$

ただし

$$K=\begin{cases} K_1+iK_2=\sqrt{\dfrac{2\mu_{\rm n}}{\hbar^2}(E+V_0+iW_0)} & (r\leqq R) \\ k=\sqrt{\dfrac{2\mu_{\rm n}}{\hbar^2}E} & (r>R) \end{cases} \qquad (8.2.3)$$

(*8. 2. 2*)の $u(0)=0$ をみたす解は

$$u(r)=\begin{cases} C\sin Kr & (r\leqq R) \\ D(e^{-ikr}-Se^{ikr}) & (r>R) \end{cases} \qquad (8.2.4)$$

ただし，C, D は定数，S は S 行列要素である．$r=R$ で $u(r)$ が滑らかであるためには

---

† $A\sim 100$ で実験値が異常に小さくなるのは核の殻構造と密接に関係している．この付近の核ではパリティ保存則の関係で入射中性子が s 波の状態から遷移するべき適当な殻模型軌道がない．そのため複合核形成の断面積が小さくなるものと考えられている．Lane, A. M. *et al.*: *Phys. Rev. Letters*, **2**, 424 (1959), Sugie, A.: *ibid.*, **4**, 286 (1960).

†† $A\sim 160$ で実験値が理論値と違って 2 つの山を示すのは，この辺りの核が変形しているためである．詳しくは Chase, D. M., Willets, L. & Edmonds, A. R.: *Phys. Rev.*, **110**, 1080 (1958) をみよ．

$$X\cot X = -ix\frac{e^{-ix}+Se^{ix}}{e^{-ix}-Se^{ix}} \equiv d_0 \tag{8.2.5}$$

ここに，$X=(K_1+iK_2)R\equiv X_1+iX_2$，$x=kR$．これから

$$S = e^{-2ix}\left(1-\frac{2ix}{iM_0-N_0}\right) \tag{8.2.6}$$

ただし

$$M_0 = x-\mathrm{Im}\,d_0, \qquad N_0 = \mathrm{Re}\,d_0 \tag{8.2.7}$$

散乱振幅 f_0 は

$$f_0 = \frac{i}{2k}(1-S) \tag{8.2.8}$$

ゆえに，平均全断面積は，

$$\bar{\sigma}_\mathrm{t} = \frac{4\pi}{k}\,\mathrm{Im}\,f_0 = \frac{2\pi}{k^2}\,\mathrm{Re}(1-S) = \frac{4\pi}{k^2}\left(\sin^2 x+x\frac{M_0\cos 2x-N_0\sin 2x}{{M_0}^2+{N_0}^2}\right) \tag{8.2.9}$$

低エネルギーで $x\ll 1$ であるとすると

$$\bar{\sigma}_\mathrm{t} \approx 4\pi R^2+\frac{4\pi R}{k}\frac{M_0-2xN_0}{{M_0}^2+{N_0}^2} \tag{8.2.10}$$

上式右辺の第1項は半径 R の剛体球による散乱の全断面積に等しく，E によらない．第2項が共鳴を示す．実際，

$$N_0(E_\mathrm{s}) = 0$$

となるエネルギー E_s の近傍では(8.2.6)は

$$S = e^{-2ix}\left(1-\frac{i\Gamma_0}{E-E_\mathrm{s}+i\Gamma_\mathrm{s}/2}\right) \tag{8.2.11}$$

と書ける．ここに，$V_0\gg W_0$ すなわち $K_1\gg K_2$ の場合，

$$\Gamma_0 = \frac{-2x}{[dN_0/dE]_{E=E_\mathrm{s}}} = \frac{2\hbar^2 k}{\mu_\mathrm{n}R}, \qquad \Gamma_\mathrm{s} = \Gamma_0+\frac{2\,\mathrm{Im}\,d_0}{[dN_0/dE]_{E=E_\mathrm{s}}} = \Gamma_0+2W_0 \tag{8.2.12}$$

これに対応して(8.2.9)，(8.2.10)は

$$\bar{\sigma}_\mathrm{t} = \frac{4\pi}{k}\,\mathrm{Im}\,\frac{i}{2k}\left(1-e^{-2ix}+\frac{ie^{-2ix}\Gamma_0}{E-E_\mathrm{s}+i\Gamma_\mathrm{s}/2}\right)$$

$$\approx 4\pi R^2 + \frac{2\pi}{k^2}\frac{(E-E_s)\sin 2x + (\Gamma_s/2)\cos 2x}{(E-E_s)^2 + \Gamma_s{}^2/4}\Gamma_0 \qquad (8.2.13)$$

この第2項は $E=E_s$ の近傍で山をもち，その幅は Γ_s である．Γ_s はポテンシャル共鳴の幅 Γ_0 と虚数ポテンシャルの2倍の和で与えられる．この共鳴を**1粒子共鳴**(single particle resonance)または**巨大共鳴**(giant resonance)といい，Γ_s を**1粒子幅**(single particle width)という．$V_0 \gg W_0$ であれば

$$N_0 \approx X_1 \cot X_1 \qquad (8.2.14)$$

であるから，$N_0(E_s)=0$ は

$$X_1 = \left(s+\frac{1}{2}\right)\pi \qquad (s=0,1,2,\cdots) \qquad (8.2.15)$$

のとき起こる．ゆえに $\sqrt{2\mu_n(E_s+V_0)/\hbar^2}R=(s+1/2)\pi$，すなわち，

$$E_s = \frac{\hbar^2}{2\mu_n R^2}\left(s+\frac{1}{2}\right)^2\pi^2 - V_0 \qquad (s=0,1,2,\cdots) \qquad (8.2.16)$$

が共鳴エネルギーを与える．

図8.4は $E_p=14.5$ MeV の陽子の弾性散乱の実験データ(点)と光学模型による計算値(実線)の比較例である(図中の $\theta_{c.m.}$ は重心系の散乱角を表わす)．図8.4(a)は微分断面積 $\sigma(\theta)$ と Rutherford 散乱の断面積 $\sigma_R(\theta)$ の比，図8.4(b)は偏極 $P(\theta)$ を表わす．この場合には複合弾性散乱は無視してよい．理論と実験のこのように良い一致は決して例外的ではなく，核子-核散乱ではむしろ普通である．用いられた光学ポテンシャルは

$$\begin{aligned} U(r) = &-[V_0 f(r) + i(W_v q_v(r) + W_s q_s(r))] \\ &+ \left(\frac{\hbar}{m_\pi c}\right)^2 [V_{so} g_{so}(r) + i W_{so} h_{so}(r)]\boldsymbol{\sigma}\cdot\boldsymbol{l} + U_C(r) \end{aligned} \qquad (8.2.17)$$

の形をしている．右辺第1の[　]内が中心力部分，第2の[　]がスピン-軌道結合力，第3項 $U_C(r)$ が Coulomb 力に相当する．V_0, W_v, W_s, V_{so}, W_{so} は各部分の深さを表わすパラメーター，$f(r)$, $q_v(r)$, $q_s(r)$, $g_{so}(r)$, $h_{so}(r)$ は形を表わす関数，$\boldsymbol{\sigma}$ は Pauli のスピン演算子†，$\boldsymbol{l}$ は軌道角運動量である．$\hbar/m_\pi c$ は π 中間子の Compton 波長で $(\hbar/m_\pi c)^2=2.0\,(\mathrm{fm}^2)$ である．この係数は V_{so}, W_{so} にエネルギー

† スピン 1/2 の粒子に対しては $\boldsymbol{\sigma}=2\boldsymbol{s}$ であることに注意せよ．ただし $\boldsymbol{s}$ はスピン角運動量の演算子である．

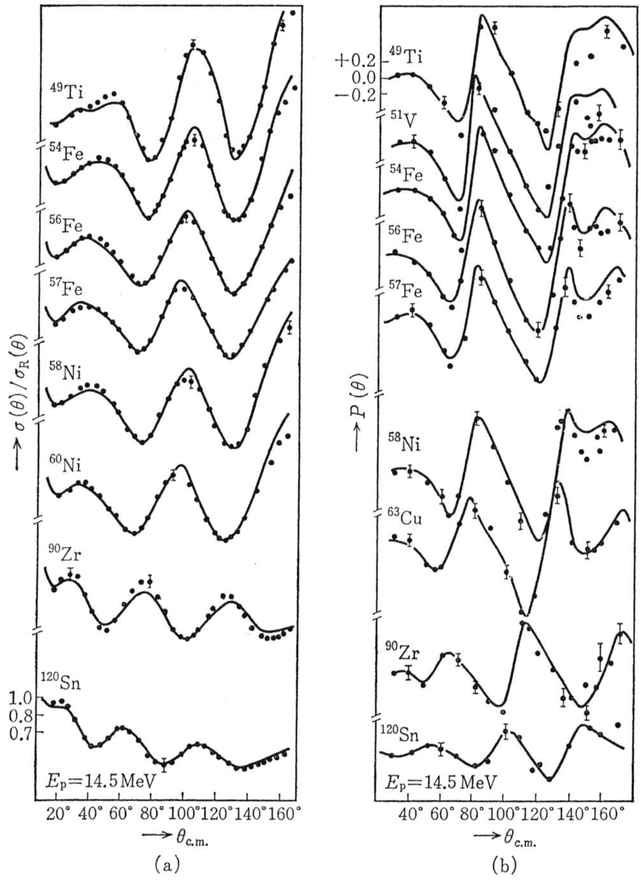

図 8.4　14.5 MeV 陽子弾性散乱の断面積と偏極の実験値と計算値の比較(Bechetti, F. D. & Greenlees, G. W.: *Phys. Rev.*, 182, 1190(1969)による)

の次元を持たせるために入れてある.

$f(r)$ には Woods-Saxon 型:

$$\left.\begin{aligned} f(r) &= f_{\mathrm{WS}}(x_{\mathrm{R}}) = (1+e^{x_{\mathrm{R}}})^{-1} \\ x_{\mathrm{R}} &= \frac{r-R_{\mathrm{R}}}{a_{\mathrm{R}}}, \qquad R_{\mathrm{R}} = r_{\mathrm{R}}A^{1/3} \end{aligned}\right\} \tag{8.2.18}$$

が普通用いられる. 虚数部のうち $W_{\mathrm{v}}q_{\mathrm{v}}(r)$ は体積型で

$$\left.\begin{aligned} q_{\mathrm{v}}(r) &= f_{\mathrm{WS}}(x_{\mathrm{I}}') \\ x_{\mathrm{I}}' &= \frac{r-R_{\mathrm{I}}'}{a_{\mathrm{I}}'}, \qquad R_{\mathrm{I}}' = r_{\mathrm{I}}' A^{1/3} \end{aligned}\right\} \tag{8.2.19}$$

$W_{\mathrm{s}} q_{\mathrm{s}}(r)$ は表面型で

$$\left.\begin{aligned} q_{\mathrm{s}}(r) &= -4\frac{d}{dx_{\mathrm{I}}} f_{\mathrm{WS}}(x_{\mathrm{I}}) \\ x_{\mathrm{I}} &= \frac{r-R_{\mathrm{I}}}{a_{\mathrm{I}}}, \qquad R_{\mathrm{I}} = r_{\mathrm{I}} A^{1/3} \end{aligned}\right\} \tag{8.2.20}$$

または

$$\left.\begin{aligned} q_{\mathrm{s}}(r) &= e^{-x_{\mathrm{G}}^2} \\ x_{\mathrm{G}} &= \frac{r-R_{\mathrm{G}}}{b}, \qquad R_{\mathrm{G}} = r_{\mathrm{G}} A^{1/3} \end{aligned}\right\} \tag{8.2.21}$$

などが用いられる．(8.2.20)は Woods-Saxon 微分型，(8.2.21)は Gauss 型と呼ばれる．$g_{\mathrm{so}}(r), h_{\mathrm{so}}(r)$ としては

$$\left.\begin{aligned} g_{\mathrm{so}}(r) &= h_{\mathrm{so}}(r) = \frac{1}{R_{\mathrm{so}}}\frac{d}{dr} f_{\mathrm{WS}}(x_{\mathrm{so}}) \\ x_{\mathrm{so}} &= \frac{r-R_{\mathrm{so}}}{a_{\mathrm{so}}}, \qquad R_{\mathrm{so}} = r_{\mathrm{so}} A^{1/3} \end{aligned}\right\} \tag{8.2.22}$$

または

$$g_{\mathrm{so}}(r) = h_{\mathrm{so}}(r) = \frac{1}{r}\frac{d}{dr} f_{\mathrm{WS}}(x_{\mathrm{so}}) \tag{8.2.23}$$

がよく用いられる．多くの場合 $r_{\mathrm{so}}=r_{\mathrm{R}}$, $a_{\mathrm{so}}=a_{\mathrm{R}}$ ととられる．$U_{\mathrm{C}}(r)$ は均一帯電球による Coulomb ポテンシャルで，

$$U_{\mathrm{C}}(r) = \begin{cases} \left(\dfrac{Zze^2}{2R_{\mathrm{C}}}\right)\left(3-\dfrac{r^2}{R_{\mathrm{C}}^2}\right) & (r \leqq R_{\mathrm{C}} = r_{\mathrm{C}} A^{1/3}) \\ \dfrac{Zze^2}{r} & (r > R_{\mathrm{C}}) \end{cases}$$

で与えられる．ただし ze は入射粒子の電荷である．

図 8.5 は Woods-Saxon 型の実数部，その微分型の虚数部をもつ中心力ポテンシャルの概念図である．

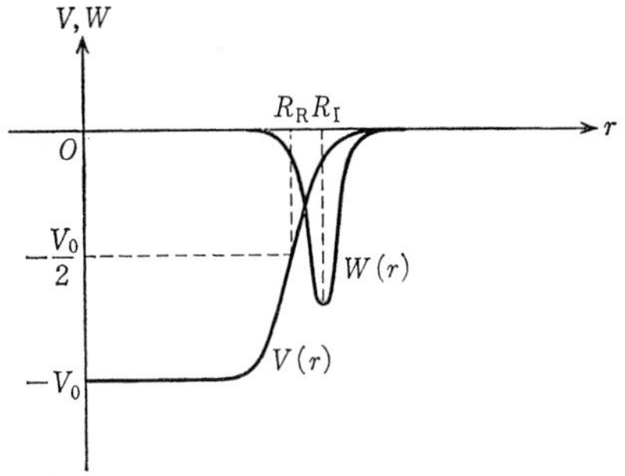

図8.5　光学ポテンシャルの概形．実部は Woods-Saxon 型 $V(r)=-V_0f(r)$，虚部は表面型 $W(r)=-W_Sq_S(r)$

ポテンシャル・パラメーター $V_0, W_V, W_S, V_{SO}, W_{SO}, r_R, r_G, r_I, r_I', r_{SO}, a_R, a_I, a_I'$, a_{SO}, b などは各種の実験データを理論値が最もよく再現するようにきめる．一般に N 個の実験値 $x_i\,(i=1, 2, \cdots, N)$ がそれぞれ誤差 $\varDelta x_i$ をもっているとし，それに対する理論値が $\hat{x}_i$ であったとする．このとき

$$\chi^2=\frac{1}{N}\sum_{i=1}^{N}\left(\frac{x_i-\hat{x}_i}{\varDelta x_i}\right)^2 \qquad (8.2.24)$$

を理論と実験のくい違いの尺度とする．この χ^2 を最小にするという条件でパラメーターの値を探す．これを計算機で自働的に行なうのが自働探索(automatic search)と呼ばれるものである．用いられる実験データは，平均全断面積 $\bar{\sigma}_t$，弾性散乱の平均微分断面積 $\left(\overline{\dfrac{d\sigma}{d\Omega}}\right)$，平均全反応断面積 $\bar{\sigma}_r=\bar{\sigma}_t-\displaystyle\int\frac{d\sigma}{d\Omega}d\Omega$，偏極 $P(\theta)$，偏極ビームの分解能 $A(\theta)$ などである．

このような解析の結果，核子-核散乱の光学ポテンシャルはかなりよく判っている．次にそれを示す．以下で，E は重心系，E_{lab} は実験室系での入射エネルギー，A, N, Z はそれぞれ標的核の質量数，中性子数，陽子数，ze は入射粒子の電荷(陽子 $z=1$，中性子 $z=0$)，また複号は入射陽子に対して $+$，中性子に対して $-$ をとる．単位は，E, E_{lab} および深さのパラメーターは MeV，r_R, a_R などは fm とする．

(1)　1p 殻核(^{6}Li から ^{16}O まで)，入射エネルギー $10\leqq E_{lab}\leqq 50$ (MeV)の場合†

$$V_0=60.0+0.4\frac{Z}{A^{1/3}}\pm 27.0\frac{N-Z}{A}-0.3E$$

† Watson, B. A., Singh, P. P. & Segel, R. E.: *Phys. Rev.*, **182**, 977 (1969).

$$r_R = 1.15 - 0.001E, \qquad a_R = 0.57$$

$$W_v = \begin{cases} 0 & (E \leqq 32.7) \\ 1.15(E - 32.7) & (32.7 < E < 39.3) \\ 7.5 & (E \geqq 39.3) \end{cases}$$

$$W_s = W_s(E) \pm 10.0\frac{N-Z}{A}$$

$$W_s(E) = 0.64E \qquad (E \leqq 13.8)$$

$$= 9.60 - 0.06E \qquad (E > 13.8)$$

$$r_I = r_I' = r_R, \qquad a_I = a_I' = 0.5$$

スピン-軌道結合は(*8. 2. 22*)の型で

$$V_{so} = 5.5, \qquad W_{so} = 0, \qquad r_{so} = r_R, \qquad a_{so} = a_R$$

$$r_C = r_R$$

(2)　$A > 40$, $E_{lab} < 50$ (MeV) の場合†

陽子に対して

$$V_0 = 54.0 - 0.32E_{lab} + 0.4\frac{Z}{A^{1/3}} + 24.0\frac{N-Z}{A}$$

$$r_R = 1.17, \qquad a_R = 0.75$$

$W_v = 0.22E_{lab} - 2.7$ と 0 のうち大きい方

$W_s = 11.8 - 0.25E_{lab} + 12.0\dfrac{N-Z}{A}$ と 0 のうち大きい方

$$r_I = r_I' = 1.32, \qquad a_I = a_I' = 0.51 + 0.7\frac{N-Z}{A}$$

スピン-軌道力は(*8. 2. 23*)の型で

$$V_{so} = 6.2, \qquad W_{so} = 0, \qquad r_{so} = 1.01, \qquad a_{so} = 0.75$$

中性子に対して

$$V_0 = 56.3 - 0.32E_{lab} - 24.0\frac{N-Z}{A}$$

$$r_R = 1.17, \qquad a_R = 0.75$$

---

† Bechetti, F. D. & Greenlees, G. W.: *Phys. Rev.*, **182**, 1190 (1969).

$$W_v = 0.22E_{\rm lab} - 1.56 \text{ と 0 のうち大きい方}$$

$$W_s = 13.0 - 0.25E_{\rm lab} - 12.0\frac{N-Z}{A} \text{ と 0 のうち大きい方}$$

$$r_I = r_I' = 1.26, \qquad a_I = a_I' = 0.58$$

スピン-軌道力は(*8. 2. 23*)の型で

$$V_{\rm so} = 6.2, \qquad r_{\rm so} = 1.01, \qquad a_{\rm so} = 0.75$$

(3) $1<E<25$ (MeV) の中性子に対する非局所ポテンシャル†

非局所ポテンシャルというのは波動関数に作用する積分演算子である:

$$U\psi(\boldsymbol{r}) = \int U(\boldsymbol{r}, \boldsymbol{r}')\psi(\boldsymbol{r}')d\boldsymbol{r}'$$

ただし Perey と Buck が用いたのは

$$U(\boldsymbol{r}, \boldsymbol{r}') = U_{\rm N}\left(\left|\frac{\boldsymbol{r}+\boldsymbol{r}'}{2}\right|\right)\pi^{-3/2}\beta^{-3}\exp\left[-\left(\frac{\boldsymbol{r}-\boldsymbol{r}'}{\beta}\right)^2\right]$$

$$U_{\rm N}(\boldsymbol{r}) = V_0 f_{\rm WS}(x_{\rm R}) + iW_s q_s(x_{\rm I})$$

の形のポテンシャルである. β を非局所性のレンジ (range of non-locality) という.

$$V_0 = 71, \qquad r_{\rm R} = 1.22, \qquad a_{\rm R} = 0.65$$

$$W_s = 15, \qquad r_{\rm I} = r_{\rm R}, \qquad a_s = 0.47$$

$$V_{\rm so} = 11, \qquad W_{\rm so} = 0, \qquad r_{\rm so} = r_{\rm R}, \qquad a_{\rm so} = a_{\rm R}$$

$$\beta = 0.85$$

を使うとすべての質量数の領域にわたり, このエネルギーの範囲内でよく実験を再現する. パラメーターがすべて E によらないことに注意せよ.

このポテンシャルは次の関係で結ばれる局所的ポテンシャル $U_{\rm L}(r)$ とほぼ同じ結果を与えることが知られている.

$$U_{\rm L}(r)\exp\left[\frac{\mu_{\rm n}\beta^2}{2\hbar^2}(E - U_{\rm L}(r))\right] = U_{\rm N}(r)$$

(4) 高エネルギー, $E \geqq 90$ (MeV) の場合

この場合には低エネルギーにおけるほど系統的な研究が行なわれていない. 以

---

† Perey, F. G. & Buck, B.: *Nuclear Phys.*, **32**, 353 (1962).

表 8.1 中性子光学ポテンシャル* ($E_{\rm lab} \geqq 90$ MeV)

$E_{\rm lab}$	核	V_0	$r_{\rm R}$	$a_{\rm R}$	$W_{\rm v}$	$a_{\rm I}$	$V_{\rm so}$	$W_{\rm so}$
90	U	28.3	1.25	0.6	11.0	0.6	6.8	0
96	C	22.8	1.25	0.65	7.1	(0.98)	6.5	0
96	Al	22.6	1.25	0.65	9.0	(0.98)	6.5	0
96	Cu	20.9	1.25	0.65	10.7	(0.98)	6.5	0
96	Cd	19.3	1.25	0.65	11.7	(0.98)	6.5	0
96	Pb	15.6	1.25	0.65	14.0	(0.98)	6.5	0
96	U	14.8	1.25	0.65	14.2	(0.98)	6.5	0
155	C	16.8	1.25	0.65	11.0	0.65	5	4
155	Al	16.6	1.25	0.65	12.4	0.65	5	4
155	Cu	16.7	1.25	0.65	11.8	0.65	5	3
155	Cd	17.8	1.25	0.65	10.5	0.65	5	1
155	Pb	16.1	1.25	0.65	11.0	0.65	5	1

* この表の数値は Hodgson, P. E.: *The optical model of elastic scattering*, Oxford (1963), p. 87 の表による.

表 8.2 陽子光学ポテンシャル* ($E_{\rm lab} \geqq 90$ MeV)

$E_{\rm lab}$	核	V_0	$r_{\rm R}$	$a_{\rm R}$	$W_{\rm v}$	$a_{\rm I}$	$V_{\rm so}$	$W_{\rm so}$
95.0	Cu, Pb	20.0	1.25	0.65	17.0	1.0†	2	−4.4
135.0	Fe, Pb	12.5	1.25	0.65	20.0	1.0†	4.6	−2.4
160.0	種々の核	18.0	1.25	0.65	15.0	0.65	5	−2
183.0	C	16.0	1.00	0.5	10.0	0.5	5	−2
183.0	Al	20.0	1.15	0.55	8.0	0.55	5	−2
181.5	Ca	16.0	1.18	0.55	8.0	0.55	5	−2
182.4	Fe	16.0	1.15	0.55	10.0	0.55	5	−2
181.8	In	16.0	1.20	0.63	10.0	0.63	5	−2
181.5	Au	16.0	1.15	0.55	10.0	0.55	5	−2
287.0	Al	20.0	1.05	0.65	25.0	0.65	4.1	1.2
300	種々の核	0	—	—	16.0	0.65	2.16	−2.6
315.0	Fe	20.0	1.09	0.65	24.0	0.65†	3.2	0.28
340	Pb	20.0	1.20	0.65	25.0	0.65	3.7	0

* この表の数値も表 8.1 と同様 Hodgson による.

上の表に個々の場合についてのパラメーターの値を掲げる. ここに挙げたのは何れも (*8. 2. 18*), (*8. 2. 19*) または (*8. 2. 21*) (この場合を†で示す), (*8. 2. 23*) の型である. $r_{\rm I}' = r_{\rm so} = r_{\rm R}$ ととってある.

§8.3 複合粒子-核散乱

複合粒子の光学ポテンシャルは多くの場合比較的高いエネルギーでの弾性散乱

の断面積，偏極などの解析から得られる．以下順を追っていくつかの場合を簡単にみてみよう．

a) 重陽子 d

光学ポテンシャルには普通(*8. 2. 17*)の形を仮定しそのパラメーターを弾性散乱の解析から決める．このようにして得られた断面積の理論と実験とは図 8.6 に例示するようによく一致する．これは ^{40}Ca(d, d)^{40}Ca, $E=7\sim12$ MeV の例で，得られた U は

$$
\begin{aligned}
E=7 \quad \text{に対して} \qquad & V_0=145.1,\ r_R=0.803,\ a_R=0.987,\ W_s=9.6 \\
& r_I=1.718,\ a_I=0.578 \\
E=12 \quad \text{に対して} \qquad & V_0=112.8,\ r_R=1.021,\ a_R=0.846,\ W_s=19.8 \\
& r_I=1.471,\ a_I=0.444
\end{aligned}
$$

であった(エネルギーは MeV，長さは fm 単位)．

U のスピンに依存する項は，(*8. 2. 17*)の $\boldsymbol{\sigma}\cdot\boldsymbol{l}$ の項の他に，d のスピンが 1 であるために次のようなテンソル型のものも理論的に可能である．

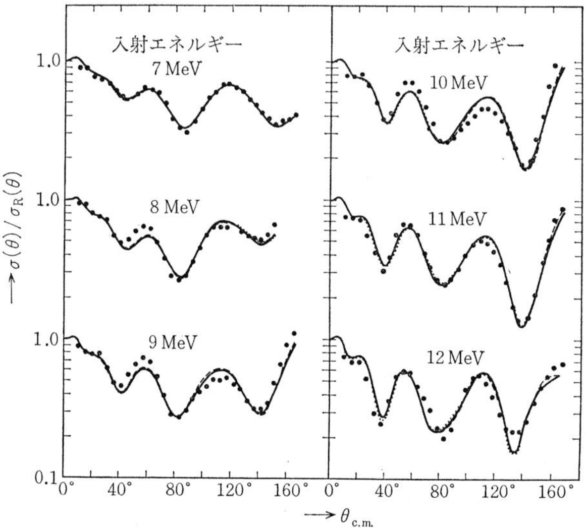

図 8.6　重陽子の ^{40}Ca による弾性散乱の実験値(点)と理論値(実線)の比較．縦軸は微分断面積 $\sigma(\theta)$ と Rutherford 散乱の断面積 $\sigma_R(\theta)$ の比である(Bassel, R. H. *et al.*: *Phys. Rev.*, **136**, B960 (1964)による)

$$\left.\begin{aligned} V_{T1}(r) &= U_{T1}\left\{\frac{(\boldsymbol{\sigma}\cdot\boldsymbol{r})^2}{r^2}-\frac{2}{3}\right\}f_{T1}(r) \\ V_{T2}(r) &= U_{T2}\left\{(\boldsymbol{\sigma}\cdot\boldsymbol{p})^2-\frac{2}{3}\boldsymbol{p}^2\right\}f_{T2}(r) \\ V_{T3}(r) &= U_{T3}\left\{(\boldsymbol{\sigma}\cdot\boldsymbol{l})^2+\frac{1}{2}(\boldsymbol{\sigma}\cdot\boldsymbol{l})-\frac{2}{3}\boldsymbol{l}^2\right\}f_{T3}(r) \end{aligned}\right\} \qquad (8.3.1)$$

ただし $\boldsymbol{r}, \boldsymbol{p}$ はそれぞれ相対運動の動径ベクトルおよび運動量ベクトルである．$\boldsymbol{\sigma}\cdot\boldsymbol{l}$ の項をベクトル型スピン-軌道結合という．

スピン依存項についての情報を得るには断面積の解析だけでは不十分で，偏極も調べる必要がある．このような研究はまだ広い範囲の標的核，入射エネルギーに対して行なわれてはいない．今までに行なわれた実験の解析によるとベクトル型の他にテンソル型のうち V_{T1} の型が存在することが知られている†．V_{T2}, V_{T3} の型の存在についてはまだ実験的証拠は知られていない．

パラメーター値を E と A, Z の関数として表わすことは d の場合にも一応行なわれていて，次のものが知られている††．

$11 \leqq E \leqq 27$，$24 \leqq A \leqq 208$ に対し

$$V_0 = 81-0.22E+2.0\frac{Z}{A^{1/3}}$$

$$r_{\mathrm{R}} = 1.15, \quad a_{\mathrm{R}} = 0.81$$

$$W_{\mathrm{s}} = 14.4+0.24E$$ （$15 \leqq E \leqq 27$，$48 \leqq A \leqq 63$ に対して それ以外は場合毎に異なる）

$$r_{\mathrm{I}} = 1.34, \quad a_{\mathrm{I}} = 0.68, \quad r_{\mathrm{C}} = 1.15$$

d の光学ポテンシャルを決定する際にはパラメーターの不定性がかなりある．たとえば上に掲げた場合でも r_{R} は 1.1 から 1.3 までのどの値でも V_0 を適当に調節すれば同程度に実験と合うポテンシャルが得られる．また，同じ $r_{\mathrm{R}}=1.15$ でも $V_0 \approx 40$ MeV の付近にもう 1 組の同様なポテンシャルが得られる．後者は V_0 の'離散的な不定性'と一般的に呼ばれているものの一例である．この場合，ど

† たとえば，Knutsen, L. D. & Haeberli, W.: *Phys. Rev.*, **C12**, 1469 (1975)，Karban, O., Basak, A. K., Griffith, J. A. R., Roman, S. & Tungate, G.: *Nuclear Phys.*, **A266**, 413 (1976) をみよ．

†† Perey, C. M. & Perey, F. G.: *Phys. Rev.*, **132**, 755 (1963).

ちらの組のポテンシャルをとっても，主要な部分波の位相差がほとんど等しいことが知られている．したがってこれらを弾性散乱で区別することは困難である．この不定性を除くには次章で述べる直接反応を見るのが役に立つ．たとえば，(d, p) 反応の断面積は d が反応直前まで核内でいかなるポテンシャルの場の中を運動しているかによって大きく作用される．したがってこの反応の解析から2組の U のうちどちらが良いかを知ることができる．この結果は $V_0 \approx 100$ MeV のものに軍配を上げる．

もう1つの方法は，U を，d を構成する n, p の光学ポテンシャルから推定することである．U は大雑把にいってエネルギー $E/2$ に対応する n, p の光学ポテンシャルの和であると考えられる．n, p のポテンシャルはほぼ 40〜50 MeV の深さをもつ．したがって $V_0 \approx 100$ MeV のものが正しい値であると考えてよいであろう．

b) α 粒 子

α 粒子に対するポテンシャルに対しては核子や重陽子の場合のようにポテンシャル・パラメーターの系統化が行なわれていない．図 8.7 に 166 MeV α の散乱

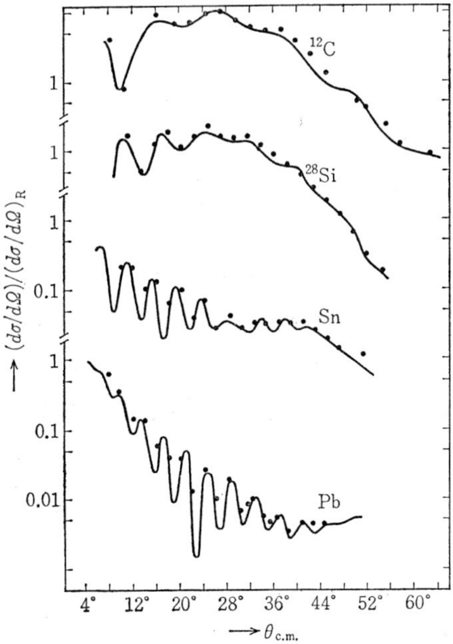

図 8.7 166 MeV α 粒子弾性散乱断面積の実験値と理論値の比較．理論値は Woods-Saxon 型光学ポテンシャルによる (Tatischeff, B. & Brissaud, I.: *Nuclear Phys.*, **A155**, 89 (1970) による)

表 8.3 $E=166$ MeV の α 粒子に対する光学ポテンシャル*

核	V_0	r_R	a_R	W_v	r_I'	a_I'	r_C
^{12}C	100.9	1.21	0.76	14.7	1.86	0.48	1.3
^{28}Si	109.7	1.25	0.81	24.6	1.63	0.51	1.4
Sn	127.6	1.19	0.88	22.0	1.50	0.60	1.5
Pb	118.0	1.25	0.71	23.1	1.39	0.81	1.5

* Tatischeff, B. & Brissaud, I.: *Nuclear Phys.*, **A155**, 89 (1970).

について実験(点)と光学模型の理論値(実線)との比較の例を示す．用いられた光学ポテンシャルの形は(*8.2.17*)で与えられ，虚数部は体積型である．そのパラメーターの値を表 8.3 に示す．

α の特徴は核によって強く吸収されるという点である．一般にポテンシャル $U=-(V+iW)$ 内で運動する粒子の波数を K_1+iK_2 とすると

$$\frac{\hbar^2}{2\mu}(K_1+iK_2)^2=E+V+iW$$

であるから，吸収係数 K_2 は

$$K_2=\sqrt{\frac{\mu}{\hbar^2}}\frac{W}{(E+V+\sqrt{(E+V)^2+W^2})^{1/2}} \qquad (8.3.2)$$

で与えられる．α の場合は核子の場合に比べて同じ E に対して W が大きく，しかも μ が4倍である．V も2倍ほどあるが，上の2つの効果はそれを超えて K を大きくする．たとえば，$E=18$ MeV の $^{40}\mathrm{Ar}(\alpha,\alpha)^{40}\mathrm{Ar}$ の場合，$V_0=100$ MeV, $W_v=15$ MeV で(*8.3.2*)から K_2 を計算すると $K_2=0.3\,\mathrm{fm}^{-1}$ となる．これは $\lambda=1/2K_2=1.65$ fm 進むと流束が $1/e$ になるという強い吸収である．

このような強い吸収の結果，入射 α は核の表面から中に進むに従って急速に吸収されてしまい，そのため散乱はポテンシャル U の表面付近の様子のみを敏感に反映することになる．したがって散乱の解析から U の内部までを一意的に決めるのは困難である．

このような不定性の他に，d の場合と同様に V_0 の離散的な不定性がある．V_0 の ~50 MeV, ~120 MeV, ~180 MeV, … などの付近に対して同じ程度の χ^2 の極小値を与えるポテンシャルの組が存在する．これらが弾性散乱に対して同等である理由は d のときと同じである．

このような不定性を取り除くには高いエネルギーで，断面積を後方の散乱角まで測定してそれを解析すれば良いことが判っている．たとえば $^{58}\mathrm{Ni}(\alpha,\alpha)^{58}\mathrm{Ni}$ の場合，$V_0\approx 110$ MeV の組と 180 MeV の組は $E=139$ MeV で散乱角 80° までの実験値を解析することによって区別でき，$V_0\approx 110$ MeV のものの方が良いことが判った．低エネルギーのポテンシャルについては，E を上げて行ったときこの V_0 と滑らかにつながるという条件をつければ離散的不定性を除くことができる．

c) その他の複合粒子

(i) ^{3}He, t

これらの粒子の弾性散乱に対しても光学模型がよく成り立つ．これらに対する光学ポテンシャルに関しては，^{3}He と (A, Z) 核の散乱に対するものと，t と $(A, Z+1)$ 核に対するものを一まとめにして

$$U=U_0(r)+\frac{4U_1(r)}{A}\boldsymbol{t}\cdot\boldsymbol{T}$$

の形に書くことがよく行なわれる．ここに $\boldsymbol{t}$ は ^{3}He-t 系のアイソスピン，$\boldsymbol{T}$ は (A, Z)-$(A, Z+1)$ 系のそれである．

$$\boldsymbol{t}\cdot\boldsymbol{T}=t_zT_z+\frac{1}{2}(t_+T_-+t_-T_+)$$

であるが，右辺の t_zT_z の項は弾性散乱を，t_+T_- の項は (^{3}He, t) によるアナログ状態の励起を記述する†．表 8.4 に 30.2 MeV ^{3}He に対するパラメーターの例を

表 8.4 30.2 MeV ^{3}He に対する光学ポテンシャル．弾性散乱および (^{3}He, t) 準弾性散乱より決定したもの*

核	V_0	V_1	r_R	a_R	W_0	W_1	r_I	a_I
^{48}Ca	171.9	34	1.14	0.72	15.65	8	1.6	0.85
^{50}To	146.5	34	1.22	0.7	23.5	8	1.5	0.8
^{52}Cr	173.8	34	1.14	0.72	18.3	8	1.6	0.8
^{54}Fe	168.7	34	1.14	0.7	19.4	8	1.6	0.8

* Bruge, G. *et al.*: *Nuclear Phys.*, **A129**, 417 (1969).

† この過程を準弾性散乱という．

示す．この例では

$$U(r) = -(V_0 \pm \varepsilon V_1)(1+e^{x_R})^{-1} - i\left(W_0 \mp 4\varepsilon W_1 \frac{d}{dx_I}\right)(1+e^{x_I})^{-1} + U_C(r)$$

の形をとっている．x_R, x_I の定義は(*8.2.18*), (*8.2.20*)と同じである．また，$\varepsilon = \dfrac{N-Z}{A}$ である．

(ii) 重イオン

^{6}Li 以上の重い入射粒子，いわゆる重イオン，に対しても光学模型が適用され実験的断面積の再現に一応成功している．

図8.8に ^{16}O-^{18}O 散乱，図8.9に ^{142}Nd-^{12}C 散乱の例を示す．これらに対する光学ポテンシャルを他の例と共に表8.5に示す．時として $W(L) = W_0\left(1+\exp\dfrac{L-L_0}{\Delta L}\right)^{-1}$ のように各運動量 L に依存する W を用いる場合がある．ただし W_0,

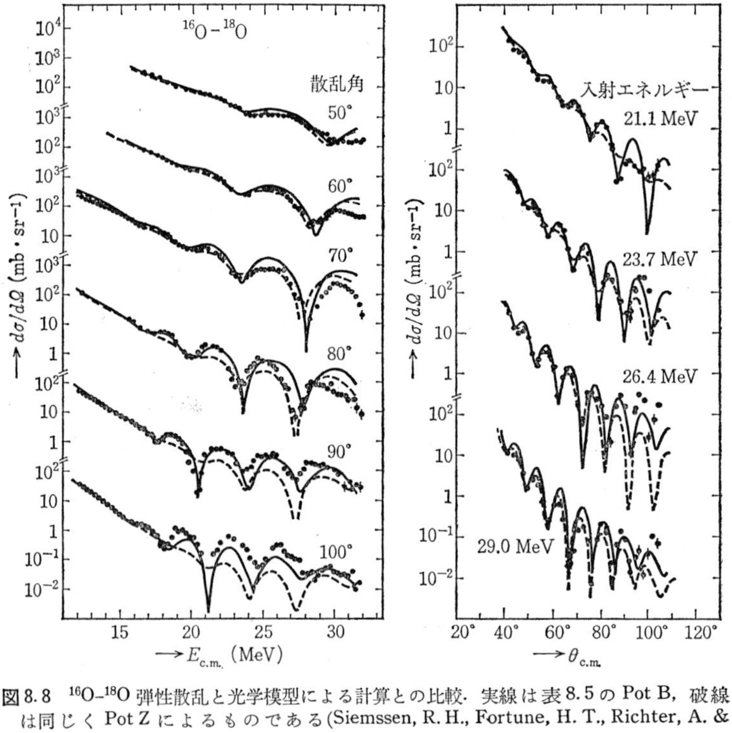

図8.8　^{16}O-^{18}O 弾性散乱と光学模型による計算との比較．実線は表8.5の Pot B，破線は同じく Pot Z によるものである(Siemssen, R. H., Fortune, H. T., Richter, A. & Tippie, J. W.: *Phys. Rev.*, **C5**, 1839(1972)による)

表 8.5 重イオン散乱の光学ポテンシャル

散乱核	E	V_0	r_R*	a_R	W_V	r_I'*	a_I'	備考	参考文献
^{16}O-^{18}O	13~32	12.0+0.25E	1.35	0.49	0.9+0.0063E^2	$=r_R$	$=a_R$	Pot B	a
		100	1.20	0.49	40	$=r_R$	$=a_R$	Pot Z	a
^{12}C-^{12}C	2~9	23.0	1.31	0.5	0.2E	$=r_R$	$=a_R$		b
^{16}O-^{26}Mg	40	17.0	1.306	0.42	8.92	1.237	0.25		c
^{12}C-^{142}Nd	70.4	15.07	1.354	0.481	10.78	1.335	0.446		d

* 半径は $r_R(a^{1/3}+A^{1/3})$，ただし a, A は入射核，標的核の質量数.

a. Siemssen, R. H., Fortune, H. T., Richter, A. & Tippie, J. W.: *Phys. Rev.*, **C5**, 1839 (1972).

b. Michaud, G. J. & Vogt, E. W.: *Phys. Rev.*, **C5**, 350 (1972).

c. Siemssen, R. H., Fortune, H. T., Richter, A. & Yntema, J. L.: *Nuclear Reactions Induced by Heavy Ions* (Bock, R. & Hering, W. R. (ed.)), North-Holland (1970).

d. Hillis, D. L., Gross, E. E., Hensley, D. C., Bingham, C. R., Baker, F. T. & Scott, A.: *Phys. Rev.*, **C16**, 1467 (1977).

$L_0, \Delta L$ は定数である.

重イオン光学ポテンシャルの内部の様子を弾性散乱の解析から決めることは，一般に先に述べた α 粒子の場合より更に一層困難である．断面積の計算値はポテンシャルの表面付近の様子だけで決まってしまう．G. R. Satchler は更にすすんで，核表面の 1 点 $d_{1/2}$ における深さが共通であるような色々な実数ポテンシャルをもつ光学ポテンシャルがほとんど全く同じ断面積を与える例を示した[†]．このように内部のポテンシャルの様子は実験から決められないばかりでなく，そ

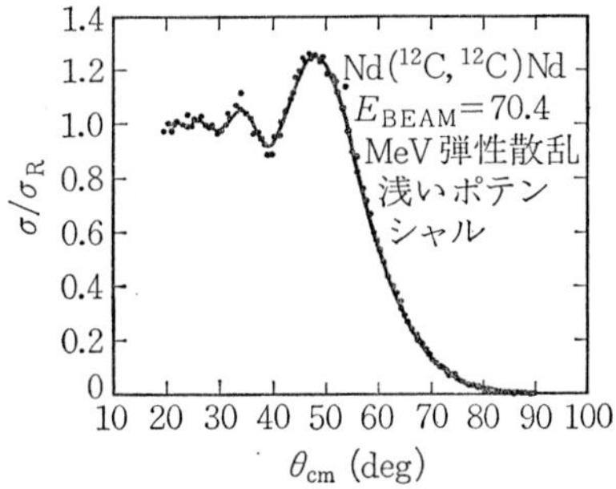

図 8.9 ^{142}Nd-^{12}C 弾性散乱の断面積 σ と Rutherford 断面積 σ_R の比の実験値と光学模型による計算値(実線)との比較 (Hillis, D. L., Gross, E. E., Hensley, D. C., Bingham, C. R., Baker, F. T. & Scott, A.: *Phys. Rev.*, **C16**, 1467 (1977) による)

こは複雑な構造をもった2つの核が重なりあって激しく相互作用する領域であるからそもそも光学ポテンシャルという概念そのものがどの程度意味をもつかには疑問がある.

§8.4 光学模型の多重散乱による解釈

前節までに述べた実験の解析から判ったことを要約してみると次のようになる.

(1) 反応の第1段階で入射粒子は確かに光学ポテンシャル U による散乱を受ける．これは断面積のエネルギー平均の中に現われ，全断面積の粗い構造，弾性散乱中の形の弾性散乱として現われる．後者は高いエネルギーでは弾性散乱の全体を占める.

(2) 実験の解析から得られた U は，ほぼ核の物質密度に対応した広がりをもち直観的に理解し易い形をしている.

(3) U は，核子に対しては低エネルギーでほとんど実数，高エネルギーでも吸収はあまり強くない．複合粒子に対してはかなり強い吸収をもつが，これは複合粒子が核内で壊れる可能性があることを考えれば理解できる．それでもなお1体ポテンシャルの概念が有効である.

この節では，このような光学ポテンシャルの存在，その中での1体運動を理論的にどのように理解できるかを考察してみよう．以下に紹介するのは Serber の模型††から出発して Watson ら†††が展開した多重散乱理論による光学模型の解釈である．これとは別に，複合核模型に基礎をおく解釈もある．それについては第10章で述べる.

まず話の順序として R. Serber による高エネルギー核子-核散乱の模型について述べる．そもそも核反応はすべて入射粒子と核内の1つ1つの核子との相互作用によって始まる．核内核子相互作用には束縛ポテンシャル V が働いていて，核子間の強い相関をもたらしている．しかし入射エネルギーが高いと入射粒子の

† Satchler, G. R.: *Proc. International Conf. on Reactions between Complex Nuclei* (Robinson, R. L., McGowan, F. K., Ball, J. B. & Hamilton, J. H. ed.), Nashville, Tennessee, 1974, p. 171.

†† Serber, R.: *Phys. Rev.*, **72**, 1114 (1947).

††† Watson, K. M.: *Phys. Rev.*, **89**, 575 (1953), Francis, N. & Watson, K. M.: *ibid.*, **92**, 291 (1953), Riesenfeld, W. B. & Watson, K. M.: *ibid.*, **102**, 1157 (1956), Kerman, A. K., McManus, H. & Thaler, R. M.: *Ann. Phys.*, 8, 551 (1959).

速さ v は大きく，衝突時間 $\tau=d/v$ は小さい．ただし d は核の直径の程度の長さである．もし $\tau|V|/\hbar\ll 1$ ならばこの τ の間の V の効果は無視できるであろう．そうすると衝突された粒子はこの間あたかも束縛のない自由な粒子のようにみなしてよいであろう．したがって反応は最初の近似としては入射粒子と A 個の自由粒子の衝突のように考えてよいであろう．これが Serber の基本的な考えである．

この考えに立脚して展開されたのが Watson らの多重散乱理論である．この理論は入射核子の核による散乱を個々の核内核子による散乱の重ね合せとして記述する．それによって弾性散乱が1つの1体ポテンシャルによる散乱として記述できることを明らかにする．それと同時にそのポテンシャルすなわち光学ポテンシャルを2核子間相互作用の知識から評価する方法を与える．次にそれを紹介しよう．

入射粒子を0，核内粒子を α ($\alpha=1,2,\cdots,A$) で表わし，簡単のために‘0’と‘α’の反対称化は無視することにする．各粒子の運動エネルギーを K_0, K_α ($\alpha=1,2,\cdots,A$)，‘0’と‘α’の相互作用を V_α とする．‘0’と核との全相互作用ポテンシャルは

$$V=\sum_{\alpha=1}^{A} V_\alpha \tag{8.4.1}$$

である．全系のハミルトニアン H は

$$H=H_0+V \tag{8.4.2}$$

ただし

$$H_0=H_A+K_0 \tag{8.4.2'}$$

ここに H_A は核の内部ハミルトニアンである†．

§7.3によれば，散乱の波動行列 $\Omega^{(+)}$ は

$$\Omega^{(+)}=1+\frac{1}{e_0}V\Omega^{(+)} \tag{8.4.3}$$

を，また T 行列は

$$T=V\Omega^{(+)}=V+V\frac{1}{e_0}T \tag{8.4.4}$$

---

† 便宜上 H_A は反跳の運動エネルギーを含むものとする．

をみたす．ただし

$$e_0 = E - H_0 + i\varepsilon \tag{8.4.5}$$

さて，Serber によれば，'0' の核全体による散乱は，各粒子 'α' との散乱の重ね合せと考えられる．自由空間中での '0' と 'α' の衝突の T 行列は

$$t_\alpha{}^{(0)} = V_\alpha + V_\alpha \frac{1}{e_\alpha} t_\alpha{}^{(0)} \tag{8.4.6}$$

で与えられる．ただし

$$e_\alpha = E - K_0 - K_\alpha + i\varepsilon \tag{8.4.7}$$

これに対して核内での2体散乱の T 行列を

$$t_\alpha = V_\alpha + V_\alpha \frac{1}{e_0} t_\alpha \tag{8.4.8}$$

で定義する．他の核子の影響は e_0 中の H_0 を通じて t_α に入ってくる．

さていま，$\Omega_\alpha{}^{(+)}$ $(\alpha=1, 2, \cdots, A)$ を連立方程式

$$\Omega_\alpha{}^{(+)} = 1 + \frac{1}{e_0} \sum_{\beta \neq \alpha} t_\beta \Omega_\beta{}^{(+)} \tag{8.4.9}$$

で定義する．そうすると次式が成立する：

$$\Omega^{(+)} = 1 + \frac{1}{e_0} \sum_\alpha t_\alpha \Omega_\alpha{}^{(+)} \tag{8.4.10}$$

[証明]　(8.4.8) を V_α について解くと，$V_\alpha = t_\alpha (1 + t_\alpha/e_0)^{-1}$，これを (8.4.3) に代入すると，$t_\alpha/e_0 = \theta_\alpha$ として

$$\Omega^{(+)} = 1 + \sum_\alpha \theta_\alpha (1 + \theta_\alpha)^{-1} \Omega^{(+)} \tag{8.4.11}$$

今，$\sum_\alpha \theta_\alpha \Omega_\alpha{}^{(+)} = \sigma$ とおくと，(8.4.9) から $\Omega_\alpha{}^{(+)} = 1 + \sigma - \theta_\alpha \Omega_\alpha{}^{(+)}$．ゆえに，$(1+\theta_\alpha)^{-1} = \Omega_\alpha{}^{(+)} (1+\sigma)^{-1}$．これを (8.4.11) に代入し，右辺第2項を左辺に移項すれば直ちに $(1+\sigma)^{-1} \Omega^{(+)} = 1$，あるいは

$$\Omega^{(+)} = 1 + \sigma = 1 + \sum_\alpha \theta_\alpha \Omega_\alpha{}^{(+)}$$

すなわち (8.4.10) が得られる．[証明終]

方程式 (8.4.9), (8.4.10) が多重散乱理論の基礎になる式である．(8.4.10) は，全系の散乱解 $\Omega^{(+)}$ が各粒子 α による散乱の重ね合せで与えられることを示す．

粒子 α に対する‘入射波’は $\Omega_\alpha{}^{(+)}$ で与えられ，それは(8. 4. 9)によれば他のすべての粒子 β による散乱の重ね合せで与えられる．β に対する‘入射波’は再び(8. 4. 9)によって与えられる．したがって $\Omega_\alpha{}^{(+)}, \Omega^{(+)}$ は波の，すべての粒子による無限回の多重散乱の重ね合せで与えられる．

さて，もし $A \gg 1$ ならば

$$\frac{1}{e_0}\sum_{\beta\neq\alpha} t_\beta \Omega_\beta{}^{(+)} \approx \frac{1}{e_0}\sum_{\beta} t_\beta \Omega_\beta{}^{(+)}$$

としてもよいであろう．そうすると(8. 4. 9), (8. 4. 10)から明らかに

$$\Omega_\alpha{}^{(+)} \approx \Omega^{(+)} \tag{8. 4. 12}$$

したがって，(8. 4. 10)から

$$\Omega^{(+)} = 1+\frac{1}{e_0}\Big(\sum_\alpha t_\alpha\Big)\Omega^{(+)} \tag{8. 4. 13}$$

我々は弾性散乱に注目しているので，弾性散乱チャネルへの射影演算子 P を，核の基底状態の波動関数 Ψ_0 を使って

$$P = |\Psi_0\rangle\langle\Psi_0| \tag{8. 4. 14}$$

で定義しよう．それ以外のすべてのチャネルへの射影演算子は $Q=1-P$ である．明らかに

$$P^2 = P, \qquad Q^2 = Q, \qquad PQ = QP = 0 \tag{8. 4. 15}$$

弾性散乱を記述する波動行列は

$$\Omega_{\mathrm{C}}{}^{(+)} = P\Omega^{(+)}P \tag{8. 4. 16}$$

である．$\Omega_{\mathrm{C}}{}^{(+)}$ のみたすべき方程式は(8. 4. 13)の両側から P を掛けることによって得られる．Ψ_0 は H_0 の固有関数だから P と $1/e_0$ は交換する．また，高い入射エネルギーに対しては次の近似が成り立つ．

$$P\Big(\sum_\alpha t_\alpha\Big)\Omega^{(+)}P \approx P\Big(\sum_\alpha t_\alpha\Big)P\Omega^{(+)}P = P\Big(\sum_\alpha t_\alpha\Big)P\Omega_{\mathrm{C}}{}^{(+)} \tag{8. 4. 17}$$

実際，

$$P\Big(\sum_\alpha t_\alpha\Big)\Omega^{(+)}P = P\Big(\sum_\alpha t_\alpha\Big)(P+Q)\Omega^{(+)}P = P\Big(\sum_\alpha t_\alpha\Big)P\Omega^{(+)}P + P\Big(\sum_\alpha t_\alpha\Big)Q\Omega^{(+)}P$$

であるが，右辺第2項は入射エネルギーが十分高ければ第1項に比べて小さい．何故なら，エネルギーが高ければ $Q\Omega^{(+)}P$ で到達しうる中間状態の数は非常に大

きい．然るに t_α は近似的に核内核子の中で α だけに作用するとみなしてよい(後述)．したがって，すべての中間状態の中でたまたま $P(\sum_\alpha t_\alpha)Q$ によって核の基底状態に戻れるようなものの数の割合は非常に小さい．これに反して第1項では中間状態でも核は基底状態にあるから このような問題はない．以上の近似を用いれば結局

$$\Omega_{\mathrm{C}}{}^{(+)} = P\left(1+\frac{1}{e_0}P(\sum_\alpha t_\alpha)P\Omega_{\mathrm{C}}{}^{(+)}\right)P \tag{8.4.18}$$

入射波を $\phi_0\Psi_0$ とすると弾性散乱波

$$\psi_0\Psi_0 = \Omega_{\mathrm{C}}{}^{(+)}\phi_0\Psi_0 \tag{8.4.19}$$

の満たすべき方程式は(8.4.18)から

$$\psi_0 = \phi_0+\frac{1}{E_0-K_0+i\varepsilon}U\psi_0 \tag{8.4.20}$$

ただし，E_0 は入射エネルギー，

$$U = \langle\Psi_0|\sum_\alpha t_\alpha|\Psi_0\rangle \tag{8.4.21}$$

である．U は粒子‘0’にのみ依存する**1体ポテンシャル**である．

(8.4.20)，(8.4.21)は，弾性散乱が1体ポテンシャル U による散乱として記述できることを示す．すなわち光学模型が成り立つ．U が光学ポテンシャルである．

次に U を計算する問題に進もう．t_α は分母に核のハミルトニアンを含むから正確に計算するのは困難である．そこでよく使われるのが**インパルス近似**(impulse approximation，以下 IA と略記)である．この近似では t_α を自由空間中での‘0’と‘α’の散乱の T 行列 $t_\alpha{}^{(0)}$ で近似する．すなわち‘0’と‘α’の散乱前後の運動量をそれぞれ$(\boldsymbol{k}_0, \boldsymbol{k}_\alpha)$，$(\boldsymbol{k}_0', \boldsymbol{k}_\alpha')$とするとき，

$$\langle\boldsymbol{k}_0', \boldsymbol{k}_\alpha'|t_\alpha|\boldsymbol{k}_0, \boldsymbol{k}_\alpha\rangle \approx \langle\boldsymbol{k}_0', \boldsymbol{k}_\alpha'|t_\alpha{}^{(0)}|\boldsymbol{k}_0, \boldsymbol{k}_\alpha\rangle \tag{8.4.22}$$

$t_\alpha{}^{(0)}$ は

$$t_\alpha{}^{(0)} = V_\alpha+V_\alpha\frac{1}{E_{k_0k_\alpha}-K_0-K_\alpha+i\varepsilon}t_\alpha{}^{(0)} \tag{8.4.23}$$

で与えられる．ただし $E_{k_0k_\alpha}=\hbar^2(k_0{}^2+k_\alpha{}^2)/2m$ である．

IA は入射エネルギーが高く，衝突に要する時間 τ が非常に短くて，α と核の残りの部分との相互作用 v がその間無視できるとき，すなわち $v\tau/\hbar\ll1$ のとき良

い近似である．その場合には散乱の間中 α をあたかも自由粒子であるかのように取り扱って良いからである．

さて，2体散乱でよく知られているように $t_\alpha{}^{(0)}$ の行列要素は

$$\langle \boldsymbol{k}_0'\boldsymbol{k}_\alpha'|t_\alpha{}^{(0)}|\boldsymbol{k}_0\boldsymbol{k}_\alpha\rangle = \langle\frac{1}{2}(\boldsymbol{k}_0'-\boldsymbol{k}_\alpha')|\boldsymbol{t}_\alpha{}^{(0)}|\frac{1}{2}(\boldsymbol{k}_0-\boldsymbol{k}_\alpha)\rangle\delta(\boldsymbol{k}_0'+\boldsymbol{k}_\alpha'-\boldsymbol{k}_0-\boldsymbol{k}_\alpha) \tag{8.4.24}$$

の形をしている．ここに $\boldsymbol{k}=(\boldsymbol{k}_0-\boldsymbol{k}_\alpha)/2$, $\boldsymbol{k}'=(\boldsymbol{k}_0'-\boldsymbol{k}_\alpha')/2$ はそれぞれ始状態，終状態の相対運動量，また δ 関数は全運動量の保存を表わす．これから

$$\boldsymbol{k}_0'-\boldsymbol{k}_0 = \boldsymbol{k}_\alpha-\boldsymbol{k}_\alpha' \equiv \boldsymbol{q} \tag{8.4.25}$$

が得られる．$\boldsymbol{q}$ は移行運動量である．

入射エネルギーが十分高ければ入射粒子の運動量は核内核子のそれに比べて非常に大きい．ゆえに $k_0, k_0' \gg k_\alpha$，したがって $t_\alpha{}^{(0)}$ の行列要素の計算で，

$$\frac{1}{2}(\boldsymbol{k}_0-\boldsymbol{k}_\alpha) \approx \frac{1}{2}\boldsymbol{k}_0, \qquad \frac{1}{2}(\boldsymbol{k}_0'-\boldsymbol{k}_\alpha') = \frac{1}{2}(\boldsymbol{k}_0'-\boldsymbol{k}_\alpha+\boldsymbol{q}) \approx \frac{1}{2}(\boldsymbol{k}_0'+\boldsymbol{q}) \tag{8.4.26}$$

と近似してよい．この近似では

$$\langle \boldsymbol{k}_0'\boldsymbol{k}_\alpha'|t_\alpha{}^{(0)}|\boldsymbol{k}_0\boldsymbol{k}_\alpha\rangle \approx \langle\frac{1}{2}(\boldsymbol{k}_0'+\boldsymbol{q})|t_\alpha{}^{(0)}|\frac{1}{2}\boldsymbol{k}_0\rangle\delta(\boldsymbol{k}_\alpha'-\boldsymbol{k}_\alpha+\boldsymbol{q}) \tag{8.4.27}$$

右辺の行列要素は‘α’の運動量には依らないが，そのスピン，アイソスピンには依存している．

さて，以上の近似のもとに(8.4.21)から U を運動量表示 $\langle\boldsymbol{k}_0'|U|\boldsymbol{k}_0\rangle$ で計算しよう．それには $\sum_\alpha t_\alpha$ の各項で，まず Ψ_0 の‘α’についての運動量表示をとり，現われる t_α の行列要素を(8.4.27)で近似し，それの‘α’のスピン，アイソスピンについての期待値をとる．その結果を‘α’の座標表示に変換し，得られたものの α についての和をとれば次の式が得られる．

$$\langle\boldsymbol{k}_0'|U|\boldsymbol{k}_0\rangle = \langle\frac{1}{2}(\boldsymbol{k}_0'+\boldsymbol{q})|\bar{\boldsymbol{t}}^{(0)}|\frac{1}{2}\boldsymbol{k}_0\rangle\langle\Psi_0|\sum_\alpha e^{-i\boldsymbol{q}\cdot\boldsymbol{r}_\alpha}|\Psi_0\rangle \tag{8.4.28}$$

ここに $\bar{\boldsymbol{t}}^{(0)}$ は $\boldsymbol{t}_\alpha{}^{(0)}$ の‘α’のスピン，アイソスピンについて Ψ_0 に対する期待値をとったものである．Ψ_0 は反対称化されているからそれはもはや α には依らない．

同じ理由により

$$\langle \Psi_0|\sum_\alpha e^{-i\boldsymbol{q}\cdot\boldsymbol{r}_\alpha}|\Psi_0\rangle = A\int d\boldsymbol{r}\rho(\boldsymbol{r})e^{-i\boldsymbol{q}\cdot\boldsymbol{r}} \tag{8.4.29}$$

ただし

$$\rho(\boldsymbol{r}) = \int|\Psi_0(\boldsymbol{r}, \boldsymbol{r}_2, \cdots, \boldsymbol{r}_A)|^2 d\boldsymbol{r}_2\cdots d\boldsymbol{r}_A \tag{8.4.30}$$

は核内1核子の**密度分布**を表わす.

$$F(\boldsymbol{q}) = \int d\boldsymbol{r}\rho(\boldsymbol{r})e^{-i\boldsymbol{q}\cdot\boldsymbol{r}} \tag{8.4.31}$$

で密度の**形状因子**を定義すれば

$$\langle \boldsymbol{k}_0'|U|\boldsymbol{k}_0\rangle = \langle\frac{1}{2}(\boldsymbol{k}_0'+\boldsymbol{q})|\bar{\boldsymbol{t}}^{(0)}|\frac{1}{2}\boldsymbol{k}_0\rangle AF(\boldsymbol{q}) \tag{8.4.32}$$

を得る. 球対称密度分布では $\rho(\boldsymbol{r})=\rho(r)$, $F(\boldsymbol{q})=F(q)$ である.

(8.4.32)の右辺を数値的に計算するには, 密度分布はいろいろな実験の解析から大体において既知であるから, $\bar{\boldsymbol{t}}^{(0)}$ の行列要素が判れば良い. もしそれが自由空間中での2体散乱の実験から知られるものなら, U は実験的に知られる量だけで計算することができることになる. しかしこれは厳密にいうと不可能である. 何故なら(8.4.32)の行列要素では散乱の前後で $\boldsymbol{k}\equiv\frac{1}{2}\boldsymbol{k}_0$ と $\boldsymbol{k}'\equiv\frac{1}{2}(\boldsymbol{k}_0'+\boldsymbol{q})$ の大きさが異なるから2体の重心系でのエネルギーが保存しないからである†. したがってこの行列要素は理論的に計算しなければならない.

しかし実際にはこの行列要素をエネルギー殻上の行列要素で近似することは可能である. というのは, $\langle\boldsymbol{k}'|\bar{\boldsymbol{t}}^{(0)}|\boldsymbol{k}\rangle$ は k^2, k'^2 および $q=|\boldsymbol{k}'-\boldsymbol{k}|$ の関数であるが, 実際にはほとんど q だけに強く依存するからである. したがって, $\langle\boldsymbol{k}'|\bar{\boldsymbol{t}}^{(0)}|\boldsymbol{k}\rangle$ は $q=|\tilde{\boldsymbol{k}}'-\boldsymbol{k}|$, $\tilde{k}'=k$ をみたすエネルギー殻上の行列要素 $\langle\tilde{\boldsymbol{k}}'|\bar{\boldsymbol{t}}^{(0)}|\boldsymbol{k}\rangle$ で近似することができる. もっと具体的にいうと, 入射エネルギー $E_0=\hbar^2k_0^2/2m$, 散乱角 θ_0 の核子-核散乱に対する $\langle\boldsymbol{k}_0'|U|\boldsymbol{k}_0\rangle$ を計算するには, 2体の重心系でエネルギー $\varepsilon=\frac{\hbar^2}{m}\left(\frac{k_0}{2}\right)^2=\frac{1}{2}E_0$, 散乱角 θ の T 行列要素をとればよい. ただし θ は次式で与

† このような2つの状態は**エネルギー殻外**(off energy shell)にあるという. エネルギーが等しい場合は**エネルギー殻上**(on energy shell)にあるという. 2体散乱の実験ではエネルギー殻上の行列要素だけが観測される.

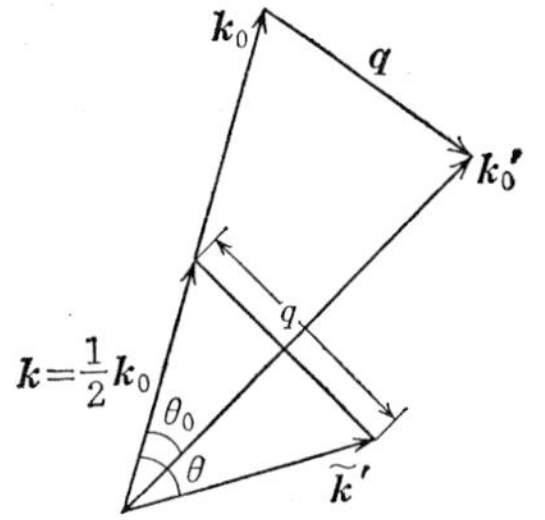

図8.10 核子-核散乱角 θ_0 と対応する2体散乱角 θ の関係

えられる(図8.10参照).

$$q = 2k_0 \sin\frac{\theta_0}{2} = k_0 \sin\frac{\theta}{2} \tag{8.4.33}$$

さて, $\boldsymbol{t}_\alpha{}^{(0)}$ のエネルギー殻上の行列要素については理論的に時間, 空間反転に対する不変性の要請から, それが次のような一般形をもつことが知られている:

$$\left.\begin{aligned} \langle\tilde{\boldsymbol{k}}'|\boldsymbol{t}_\alpha{}^{(0)}|\boldsymbol{k}\rangle &= -\frac{\hbar^2}{(2\pi)^2}\frac{2}{m}M \\ M &= A+B\sigma_{\alpha\hat{n}}\sigma_{0\hat{n}}+C(\sigma_{\alpha\hat{n}}+\sigma_{0\hat{n}})+E\sigma_{\alpha\hat{q}}\sigma_{0\hat{q}}+F\sigma_{\alpha\hat{p}}\sigma_{0\hat{p}} \end{aligned}\right\} \tag{8.4.34}$$

ここに $\boldsymbol{\sigma}_\alpha, \boldsymbol{\sigma}_0$ は粒子 'α', '0' のスピン演算子で, $\sigma_{\alpha\hat{n}}=\boldsymbol{\sigma}_\alpha\cdot\hat{\boldsymbol{n}}$ などである. ただし

$$\left.\begin{aligned} &\boldsymbol{q} = \tilde{\boldsymbol{k}}'-\boldsymbol{k}, \qquad \boldsymbol{n} = \boldsymbol{k}\times\tilde{\boldsymbol{k}}' \\ &\hat{\boldsymbol{q}} = \frac{\boldsymbol{q}}{|\boldsymbol{q}|}, \qquad \hat{\boldsymbol{n}} = \frac{\boldsymbol{n}}{|\boldsymbol{n}|}, \qquad \hat{\boldsymbol{p}} = \hat{\boldsymbol{q}}\times\hat{\boldsymbol{n}} \end{aligned}\right\} \tag{8.4.35}$$

である. A から F までは核力の荷電独立性が成り立つ限り,

$$A = \frac{1}{4}(3A_1+A_0)+\frac{1}{4}(A_1-A_0)\boldsymbol{\tau}_\alpha\cdot\boldsymbol{\tau}_0$$

という形でアイソスピン $\boldsymbol{\tau}_\alpha, \boldsymbol{\tau}_0$ に依存している. A_0, A_1 ないし F_0, F_1 は k^2 と q の関数であるが, 既に述べたように実際には k^2 よりはるかに強く q に依存する.

$\boldsymbol{t}_\alpha{}^{(0)}$ から $\bar{\boldsymbol{t}}^{(0)}$ を得るには Ψ_0 について $\boldsymbol{\sigma}_\alpha, \boldsymbol{\tau}_\alpha$ の各成分の期待値をとる. 簡単のために Ψ_0 のスピンもアイソスピンも0 ($J=0$, $T=0$) の場合を考えると, $\boldsymbol{\sigma}_\alpha, \boldsymbol{\tau}_\alpha$ の成分について1次の項の期待値は明らかに0である. したがって,

$$\langle\tilde{\boldsymbol{k}}'|\bar{\boldsymbol{t}}^{(0)}|\boldsymbol{k}\rangle = -\frac{\hbar^2}{(2\pi)^2}\frac{2}{m}\bar{M} \tag{8.4.36}$$

$$\bar{M} = \bar{A}+\bar{C}(\boldsymbol{\sigma}_0\cdot\hat{\boldsymbol{n}}) \tag{8.4.37}$$

ただし

$$\bar{A}=\frac{1}{4}(3A_1+A_0), \qquad \bar{C}=\frac{1}{4}(3C_1+C_0) \tag{8.4.38}$$

(8. 4. 36), (8. 4. 37) を (8. 4. 32) に代入すれば,

$$\langle \boldsymbol{k}_0'|U|\boldsymbol{k}_0\rangle = -\frac{\hbar^2}{(2\pi)^2}\frac{2}{m}A(\bar{A}+\tilde{C}(\boldsymbol{\sigma}_0\cdot\boldsymbol{k}_0\times\boldsymbol{k}_0'))F(\boldsymbol{q}) \tag{8.4.39}$$

ただし $\tilde{C}=\bar{C}/k_0^2\sin\theta_0$, また $\theta_0=\angle(\boldsymbol{k}_0, \boldsymbol{k}_0')$ は散乱角である. $\bar{A}, \tilde{C}$ は核子-核子散乱の解析から知られる量である.

U の座標表示 $\langle \boldsymbol{r}_0'|U|\boldsymbol{r}_0\rangle$ は (8. 4. 39) を, $\boldsymbol{k}_0\to\boldsymbol{r}_0$, $\boldsymbol{k}_0'\to\boldsymbol{r}_0'$ と 2 度 Fourier 変換すれば得られる. 一般にはそれは $\boldsymbol{r}_0$ と $\boldsymbol{r}_0'$ の両方に依存する. すなわち U は**非局所的** (non-local) なポテンシャルになる. しかし $\bar{A}, \tilde{C}$ はほとんど q だけの関数であるから, $\langle \boldsymbol{k}_0'|U|\boldsymbol{k}_0\rangle$ も近似的に $\boldsymbol{q}$ だけの関数とみなしてよい. この近似のもとでは

$$\langle \boldsymbol{r}_0'|U|\boldsymbol{r}_0\rangle \approx U(\boldsymbol{r}_0)\delta(\boldsymbol{r}_0'-\boldsymbol{r}_0) \tag{8.4.40}$$

となる. これは Fourier 変換をする際の積分変数 $\boldsymbol{k}_0, \boldsymbol{k}_0'$ を $\boldsymbol{k}_0, \boldsymbol{q}$ に変換してみれば直ちにわかる. すなわち U は**局所的** (local) なポテンシャルになる. 球対称密度分布 $F(\boldsymbol{q})=F(q)$ の仮定のもとに (8. 4. 39) の変換を実行すると,

$$U(\boldsymbol{r}_0) = U_{\mathrm{c}}(r_0)+\frac{1}{r_0}\frac{dU_{\mathrm{so}}(r_0)}{dr_0}(\boldsymbol{\sigma}_0\cdot\boldsymbol{l}_0) \tag{8.4.41}$$

が導かれる. ここに

$$U_{\mathrm{c}}(r) = -\frac{2\hbar^2}{m}\frac{A}{(2\pi)^2}\int e^{i\boldsymbol{q}\cdot\boldsymbol{r}}F(q)\bar{A}(q)\,d\boldsymbol{q} \tag{8.4.42}$$

$$U_{\mathrm{so}}(r) = \frac{i\hbar^2}{m}\frac{A}{(2\pi)^2}\int e^{i\boldsymbol{q}\cdot\boldsymbol{r}}F(q)\tilde{C}(q)\,d\boldsymbol{q} \tag{8.4.43}$$

また $\hbar\boldsymbol{l}_0=-i\hbar(\boldsymbol{r}_0\times\nabla_0)$ は軌道角運動量で, (8. 4. 41) の右辺第 2 項がスピン-軌道相互作用のポテンシャルを与える.

(8. 4. 41) ~ (8. 4. 43) で与えられる $U(\boldsymbol{r}_0)$ は, 実験の解析から得られた光学ポテンシャルと直接比較できるものである. まずポテンシャルの体積積分

$$\left.\begin{aligned} U_{\mathrm{R}} &\equiv -\frac{1}{A}\int U_{\mathrm{c}}(r)\,d\boldsymbol{r} = 4\pi\frac{\hbar^2}{m}\bar{A}(0) \\ U_{\mathrm{S}} &\equiv -\frac{1}{A}\int U_{\mathrm{so}}(r)\,d\boldsymbol{r} = -2\pi\frac{\hbar^2}{m}i\tilde{C}(0) \end{aligned}\right\} \tag{8.4.44}$$

は2体の**前方散乱の振幅** $\bar{A}(0), \tilde{C}(0)$ だけから計算できる．表8.6に Kerman, McManus, Thaler が計算した $U_{\mathrm{R}}, U_{\mathrm{S}}$ の値と実験の解析から得られた値とを示す．

表8.6 陽子光学ポテンシャルに対する $U_{\mathrm{R}}, U_{\mathrm{S}}$ の理論* と実験の比較

入射エネルギー (MeV)	90	156	310
U_{R}(理論) (MeV·fm^3)	$289+217i$	$221+187i$	$59+203i$
U_{R}(実験) (MeV·fm^3)	$246+96i^{(a)}$	$174+145i^{(b)}$	$135+161i^{(c)}$
U_{S}(理論) (MeV·fm^5)	$29-10i$	$25-7i$	$13-3.1i$
U_{S}(実験) (MeV·fm^5)	$65+0i^{(a)}$	$48-19i^{(b)}$	$22+1.9i^{(c)}$

(a) Pb+n (80 MeV), (b) Fe+p (160 MeV), (c) Fe+p (315 MeV). 何れも表8.1, 表8.2による.

* Kerman, A. K., McManus, H. & Thaler, R. M.: *Ann. Phys.*, 8, 551 (1959) による.

さらに詳しい比較には $U(r)$ を (8.2.17) と同様な形:

$$U(r) = -[V_0 f_1(r) + iW_0 f_2(r)] + \left(\frac{\hbar}{m_\pi c}\right)^2 \left[V_{\mathrm{so}}\frac{1}{r}\frac{df_3(r)}{dr} + iW_{\mathrm{so}}\frac{1}{r}\frac{df_4(r)}{dr}\right](\boldsymbol{\sigma}\cdot\boldsymbol{l}) \tag{8.4.45}$$

の形に書く．$f_i(r)$ は $f_i(0)=1$ で規格化された，形を表わす関数である．実験解析から得られたポテンシャルと比べるには深さ $V_0, W_0, V_{\mathrm{so}}, W_{\mathrm{so}}$ と各部分の平均2乗半径

$$R_i^2 = \int_0^\infty f_i(r) r^4 dr \bigg/ \int_0^\infty f_i(r) r^2 dr \tag{8.4.46}$$

をとるのが便利である．(8.4.42), (8.4.43) から直ちに

$$R_i^2 = r_i^2 + R_{\mathrm{c}}^2 \tag{8.4.47}$$

$$r_i^2 = \left[-3\left(\frac{1}{M_i}\frac{d^2 M_i}{dq^2}\right)\right]_{q=0}, \qquad R_{\mathrm{c}}^2 = \left[-3\left(\frac{1}{F}\frac{d^2 F}{dq^2}\right)\right]_{q=0} \tag{8.4.48}$$

が得られる．ただし $\bar{A}=M_1+iM_2$, $\bar{C}=M_3+iM_4$ である．r_i^2 が2体散乱振幅のみによる部分，R_{c}^2 は密度分布のみによる部分である．

表8.7に Kerman, McManus, Thaler による計算値を，表8.8に実験から得られた値を V_0, W_0, V_{so}, W_{so}, r_1^2, r_2^2, r_3^2, r_4^2 に対して示す．

表8.7　光学ポテンシャル理論値

E	90	156	310
V_0+iW_0	$37+27.5i$	$28+23.7i$	$7+25.7i$
r_1^2	3.6	3.5	7.5
r_2^2	3.5	3.6	1.7
$V_{so}+iW_{so}$	$3.67-1.24i$	$3.15-0.82i$	$1.59-0.39i$
r_3^2	2.0	1.4	—
r_4^2	7.4	5.7	2.5

表8.8　光学ポテンシャル実験解析結果

E	90*	156**	310***
V_0+iW_0	$28.2+11.0i$	$18.0+15.0i$	$20.0+24.0i$
r_1^2	5.3	5.5	2.2
$V_{so}+iW_{so}$	$7.5+0i$	$5-2i$	$3.2+0.28i$
R_c^2	28.6	14.1	14.1

* Pb+n (80 MeV)，** Fe+p (160 MeV)，*** Fe+p (315 MeV)．何れも表8.1，表8.2による．また，$r_2^2=r_3^2=r_4^2=r_1^2$ である．

表8.6～表8.8を見る際には，実験解析値にかなりの曖昧さがあることに留意して頂きたい．というのはここに掲げた値が必ずしも唯一の実験を説明する値ではないからである．このことは表8.2の300 MeVと315 MeVのポテンシャルを比べてみれば明らかであろう．

このような実験解析値の幅と，理論計算に含まれるいろいろな近似，2体の核力として用いられた Gammel-Thaler のポテンシャルが必ずしも良くないことなどを考慮に入れるとここで見た程度の一致が得られたことはひとまず満足すべきことであろう．より定量的な議論をするためには実験解析，理論計算ともさらに精度を上げて行なわなければならない．

さて，以上はインパルス近似による結果である．これに対する補正を正確に行なうことは簡単ではない．まず考えられることは Pauli 原理の効果を取り入れることである．核内での2体散乱では終状態で散乱核子が占めるべき状態を既に他の核子が占めているということが起こりうる．このような散乱は禁止される．したがって核内での散乱の全断面積 $\langle\sigma_t\rangle$ は自由空間中でのそれ σ_t より小さくなる．

例えば，核に Fermi 気体模型を仮定し，自由な 2 体散乱の角分布を等方的とすると次の式が成り立つ†.

$$\langle\sigma_t(E)\rangle = \sigma_t(E)\cdot P_A\left(\frac{E_F}{E}\right)$$

$$P_A(\zeta) = \begin{cases} 1-\dfrac{7}{5}\zeta & \left(\zeta < \dfrac{1}{2}\right) \\ 1-\dfrac{7}{5}\zeta+\dfrac{2}{5}\zeta\left(2-\dfrac{1}{\zeta}\right)^{5/2} & \left(\zeta \geqq \dfrac{1}{2}\right) \end{cases}$$

ただし，E_F は Fermi エネルギー，また $\sigma_t(E)$ は E にゆるやかに依存するものと仮定してある．

光学定理によると $\mathrm{Im}\,\bar{A}(0)$ は σ_t に比例するから，このことは $\mathrm{Im}\,\bar{A}(0)$ が核内ではその分だけ小さくなっているべきことを意味する．この補正は W_0 を小さくし，その効果は明らかに E が小さいほど大きい．これは表 8.7, 表 8.8 の W_0 についての食い違いを減らす方向に働く．

核内核子相互間にある Pauli 原理以外の相関を取り入れることはさらに困難である．2 体の相関だけを Fermi 気体模型を使って近似的に評価することは前掲の Kerman, McManus, Thaler の研究の中で行なわれた．その結果は Pauli 原理の効果と同じく虚数ポテンシャルを減少させる方向の補正を与え，$E=56$ (MeV) では W_0 を 3～10 MeV, 90 MeV では 4～20 MeV 減少させる．これもまた，表 8.7, 表 8.8 間の一致を改善する方向に働く．

以上のようにして高エネルギーの光学模型は多重散乱理論と IA でほぼ理解できることが判った．ではこのような理論は，入射エネルギーがもっと低いところでも果して有効であろうか．

入射エネルギーが低くなるに従って IA は悪くなる．ある程度以下のエネルギーでは核内での 2 体の相互作用は自由空間中でのそれよりもむしろ核物質の理論で知られている核物質中での 2 粒子間の有効相互作用 (第 3 章) に近いのではあるまいか．このような検討は 40 MeV 陽子散乱に対して Slanina, McManus によ

† Hayakawa, S., Kawai, M. & Kikuchi, K.: *Progr. Theoret. Phys.*, **13**, 415 (1955).

って行なわれた．その結果の一部を表8.9に示す．この表は $U_{\rm R}$ ((8.4.44)) と r_1^2 ((8.4.46), (8.4.47)) の理論値と実験解析値との比較を示す．理論値はいずれも多重散乱理論に基づくもので，t_α の行列要素にいろいろな仮定をしたものである．IA はインパルス近似によるもの，それ以外はすべて核物質の有効相互作用理論によるもので，反応行列(reaction matrix)を用いたものである．このうち KB は Kuo-Brown の有効相互作用†，Green(強)，Green(弱)は Green による密度依存ポテンシャル††でその密度依存性がそれぞれ強いものおよび弱いものを表わす．

表8.9　陽子光学ポテンシャル理論値と実験値 (E=40 MeV)

	^{40}Ca (R_c^2=11.37)		^{58}Ni (R_c^2=14.79)		^{120}Sn (R_c^2=20.88)		^{208}Pb (R_c^2=29.55)	
	r_1^2	$U_{\rm R}$	r_1^2	$U_{\rm R}$	r_1^2	$U_{\rm R}$	r_1^2	$U_{\rm R}$
IA	3.27	300.7	3.28	301.4	3.30	303.1	3.29	303.8
KB	6.76	364.3	6.75	369.1	6.71	388.5	6.70	395.1
Green (強)	4.07	392.8	4.36	400.7	4.59	395.2	4.90	395.7
Green (弱)	3.72	323.0	3.88	327.9	4.01	329.7	4.19	331.3
実　験	5.41	429.0	4.93	408.4	6.91	417.7	7.55	423.5
	5.06	383.3	4.72	375.3	6.72	376.2	7.64	380.9

Slanina, D. & McManus, H.: *Nuclear Phys.*, **A116**, 271 (1968) による．

† ここで Kuo-Brown の有効相互作用(Kuo, T. T. S. & Brown, G. E.: *Nuclear Phys.*, **85**, 40 (1966)) と呼んでいるものは，2体の浜田-Johnston のポテンシャル(第1章参照)から次のように与えられるものである：

$$^1\text{E 状態に対して}\qquad V_{\rm se}(r)=\begin{cases} v_{\rm ce}(r) & (r>d_{\rm s}=1.05\ {\rm fm}) \\ 0 & (r\leqq d_{\rm s}) \end{cases}$$

$$^3\text{E 状態に対して}\qquad V_{\rm te}(r)=\begin{cases} v_{\rm ce}(r)-8v_{\rm te}{}^2(r)/240 & (r>d_{\rm t}=1.07\ {\rm fm}) \\ 0 & (r\leqq d_{\rm t}) \end{cases}$$

奇状態に対して　0

$v_{\rm ce}(r)$, $v_{\rm te}(r)$ はそれぞれ浜田-Johnston 力の偶状態に対する中心力およびテンソル力部分である．この場合の t 行列は p-p, p-n 対に対してそれぞれ

$$t_{\rm pp}=\frac{1}{4}V_{\rm se},\qquad t_{\rm pn}=\frac{1}{8}(V_{\rm se}+3V_{\rm te})$$

で与えられる．

†† Green の密度依存相互作用(Green, A. M.: *Phys. Letters*, **24B**, 384 (1967)) は次のようなものである．

$$^1\text{E 状態に対して}\qquad V_{\rm se}(r)=\begin{cases} c_{\rm s}(1-a_{\rm s}\rho^{2/3})\,V_{\rm se}{}^{\rm KK}(r) & (r>d_{\rm s}=1.046\ {\rm fm}) \\ 0 & (r\leqq d_{\rm s}) \end{cases}$$

$$^3\text{E 状態に対して}\qquad V_{\rm te}(r)=\begin{cases} c_{\rm t}(1-a_{\rm t}\rho^{2/3})\,V_{\rm te}{}^{\rm KK}(r) & (r>d_{\rm t}=0.924\ {\rm fm}) \\ 0 & (r\leqq d_{\rm t}) \end{cases}$$

Green (強) では $c_{\rm s}$=1.157, $a_{\rm s}$=0.323；$c_{\rm t}$=1.623, $a_{\rm t}$=1.845

Green (弱) では $c_{\rm s}$=0.992, $a_{\rm s}$=0.035；$c_{\rm t}$=1.071, a_t=1.454

エネルギーがこれ以上低くなった場合の上に述べたような解析はまだなされていない．多重散乱理論は，高エネルギー散乱の Serber 模型を出発点としたにもかかわらず，入射エネルギーが高いことを仮定していない．しかしエネルギーが下がるに従って t_α にはいろいろな多体的効果が重要になってくる．それを正確に計算に入れることが重要かつ困難な課題となる．

一方，低エネルギーでは複合核共鳴が顕著になり，開いたチャネルが少なくなるに従って複合弾性散乱の重要性が増す．光学模型はこれに対しては適用されない．したがって上に述べたような解析を行なうためにはまずその前に複合核過程を分離し，光学模型で記述できる過程を抽出しなければならない．この点に関しては第10章において議論する．

第9章　直　接　過　程

核反応の第2段階は直接過程である．入射粒子は光学ポテンシャル中を伝播した後，まず直接過程を引き起こす．直接過程の機構は比較的簡単でしかも反応に関与する原子核の状態と密接に関連している．このようなことから直接過程は非常に多くのくわしい研究がなされて来ており，現在核反応の研究の中心課題の1つとなっている．この章では直接過程の大体の様相とその理論的解析について見てみることにする．

§9.1　直接過程の概観

直接過程の定義は必ずしも明確に定まっているわけではない．ここでは第7章に従って“体系の運動の自由度のうち比較的少数個だけが反応に関与し極めて短時間で反応を終る過程”と定義しておこう．体系の運動の全自由度は本来それを構成するすべての核子の自由度の総和である．直接過程ではこれらの中のごく少数個のものだけが反応に関与する．

たとえば核子の非弾性散乱で核の表面振動が励起される場合を例にとろう．直接過程では入射粒子は表面振動と直接相互作用してフォノンを励起する．反応に関与するのは入射粒子と表面振動の自由度だけである．他のすべての自由度は‘凍って’いて反応に関与しない．これに反して，より複雑な過程，たとえば複合核過程で同じ状態を励起する場合には，中間状態で表面振動ばかりでなく閉殻芯内の非常に多くの粒子が励起される．すなわち反応に関与する体系の自由度は非常に大きい．

さて反応は直接過程だけによって起こるわけではないから，実験的に観測されるのは一般にいろいろな過程による反応の和である．直接過程を研究するにはそれらの中からこれを理論的に分離して抽き出さねばならない．それには光学模型のときと全く同様な方法を用いる．すなわち断面積のエネルギー平均から，より複雑な過程の断面積の平均を差し引くのである．これについては第10章でくわしく論じるのでここではこれ以上立ち入らない．ここでは複合核過程だけについて，それがどういう放出チャネルに対して重要であるかを大ざっぱに見てみよう．

それを大きく左右する要因は放出粒子の出易さと競争チャネルの重要性である．放出粒子の出易さはそのエネルギーとそれが複合核から外に出るに際して感ずるポテンシャルによって大きな影響を受ける．放出粒子は核内外のポテンシャルの段差，Coulomb 障壁，遠心力障壁などの障がいを突破しなければ核外に出られない．それにはエネルギーが高く，電荷(正確には放出粒子と残留核の電荷の積)が小さいほど有利である．

競争チャネルというのは，注目している反応と同じ複合核を通って到達しうる他のすべてのチャネルのことである．複合核過程には一般に選択性が少ないので，放出粒子の出易さの違いを別とすれば，反応はこれらすべてのチャネルにほぼ平等に進む．このような競争チャネルへの遷移があればその分だけ注目しているチャネルへの遷移は弱くなる．(この点は直接過程と対照的である．直接過程の強さは競争チャネルの有無とは無関係である．) 開いたチャネルの数，その各チャネルからの放出粒子の出易さはエネルギーと共に増す．したがって競争チャネルの効果は一般に複合核のエネルギーが高いほど大きい．

以上のことから，1つの反応への複合核過程の寄与は，一般に (a) 放出粒子，残留核の電荷が小さく，(b) 放出エネルギーが高く，(c) 出易い競争チャネルが少ないほど大きいことがわかる．ただしこれらの条件は互いに両立するとは限らない．たとえば入射エネルギーが高くなると放出粒子のエネルギーは高くなるが，一方競争チャネルの数も一般に増え，各競争チャネルからの放出粒子も出易くなる．すなわち (a) と (c) は両立しない．このため実際には多くの場合入射エネルギーの増大とともに1つの反応への複合核過程の寄与は減る．直接過程の寄与と比べてどちらが重要かということは直接過程自身の強さにも依ることであるから，個々の場合について検討してみなければ確かなことは判らない．しかし直接過程の中でも強い遷移に比較した場合には相対的に無視して良い場合が多い．

実際に観測されている直接過程には非常に多くの種類がある．それらは反応の種類，機構などによってさまざまな様相を呈する．実際に観測されている主な反応の種類には次のようなものがある．

(1) **非弾性散乱** 入射粒子としては，核子, d, t, ^{3}He, α などがある．

(2) **荷電交換反応** (p, n), (n, p), (^{3}He, t), (t, ^{3}He) などのように入射粒子と放出粒子で1個の中性子と陽子が入れかわったもの．

(3) **1核子移行反応** (d, p), (d, n), (t, d), (^{3}He, d), (α, ^{3}He), (α, t) およびその逆過程などのように入射粒子と核が1個の核子をやりとりする反応．

(4) **2核子移行反応** (t, p), (^{3}He, p), (^{3}He, n), (α, d) およびその逆過程など2個の核子が移行する反応．

(5) **3核子移行反応** (α, p), (p, α) など．

(6) **4核子移行反応**または**α粒子移行反応** 主として重イオン間の衝突によって起こり，2個の p と2個の n の計4個の核子が移行する．この場合これらの粒子が α 粒子と似た塊りになって移行すると考えられる場合が多い．(^{6}Li, d), (^{16}O, ^{12}C) などはその例である．

(1)ないし(5)が重イオン間の衝突によっても起こりうることはいうまでもない．

反応機構にもいろいろな種類がある．まず励起される核の状態，反応を引き起こす相互作用の種類によって

(1) 非弾性散乱における**殻模型状態の励起**，**集団状態の励起**など

(2) 荷電交換反応における**準弾性散乱**，**準非弾性散乱**，**荷電交換過程**など

(3) 移行反応における**ストリッピング**(stripping)，**ピック・アップ**(pick-up)，**ノック・オン**(knock on)，**重粒子ストリッピング**(heavy particle stripping)など

の種類がある．一方反応が1段階で終るか2段階以上よりなるかによって，**1段階過程**と**2段階, 3段階, … 過程**の区別がある．これらの反応機構については§9.3で説明する．

このように多様な直接過程にも幾つかの共通した特徴がある．その第1は放出粒子が比較的高いエネルギーで前方に強く放出されることである．これは放出粒子のエネルギー，運動量が入射粒子のそれに比較的近いものであること，すなわち反応に際して反応粒子と核の間で授受されるエネルギー，運動量(これを**移行エネルギー**(energy transfer)，**移行運動量**(momentum transfer)という)が比較的小さいことを示す．これは反応機構が簡単なものであることの結果である．

大きなエネルギー，運動量が移行するためには一般に体系の多くの自由度が関与する複雑な過程が必要である．

第2の特徴は反応過程と関与する核の状態が密接に関連しているということである．反応の断面積の大きさ，すなわち反応の起り易さは反応前後の核の状態の構造に強く依存する．たとえばストリッピングによる1核子移行反応では殻模型の1核子状態への遷移が選択的に強く起こる．これも反応の機構が簡単であることの直接的な結果である．

残留核が単一状態に残される場合には断面積の角分布に光の干渉縞に似た独特の模様が見られる(図9.1)．この干渉縞様の角分布は核内の各点で発生した放出

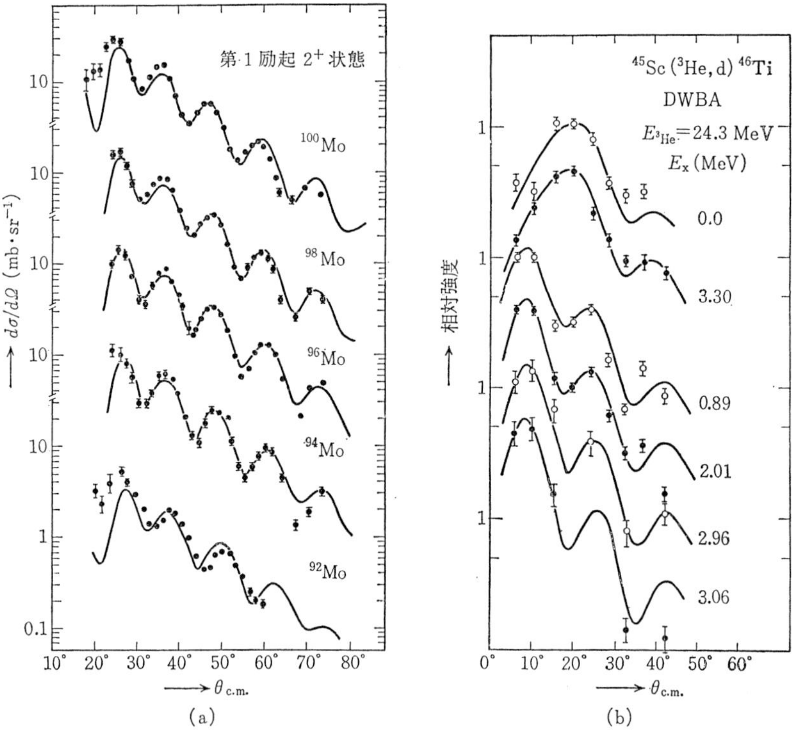

図9.1　直接過程の特徴的な角分布．(a) A=92, 94, 96, 98, 100 の Mo 同位核による Mo(α, α')Mo(2_1^+), E_α=30.87 MeV 反応．(b) ^{45}Sc(^{3}He, d)^{46}Ti, $E_{^3\mathrm{He}}$=24.3 MeV．両図とも丸印は実験値，曲線は DWBA による計算値で，(b)の E_x は ^{46}Ti の励起エネルギーを表わす((a)は Matsuda, K. *et al.*: *J. Phys. Soc. Japan*, **33**, 298 (1972)，(b) は Ohrmura, H. *et al.*: *J. Phys. Soc. Japan*, **25**, 953(1968)による)

波が互いに干渉し合うことによって生じるものと解釈される．後節で述べる理論的解析によると，この角分布は反応に際して反応粒子と核の間で授受される角運動量(これを**移行角運動量**(angular momentum transfer)という)，したがって反応前後の核のスピン，パリティに強く依存する．このような，核の状態への依存性は断面積にばかりではなく，偏極，分解能の角分布にも現われる．これらのことから，逆に反応の解析から関与する核の状態の構造に関する知識を得る可能性が示唆される．実際それは核の状態の構造を知る上で有力な手段となっており，この種の研究は一般に**直接反応による核分光学**と呼ばれている．

直接過程の第3の特徴は，それが主として核表面付近で起こるということである．その理由の第1は直接過程に関与し易いいろいろな構造が核表面付近にあることである．たとえば核の表面振動や，芯にゆるく結合した核子などはいずれも核の表面付近に集中して存在している．これらは直接過程に容易に関与し集団励起やストリッピング，ピック・アップなどの反応を起こす．第2の理由は光学ポテンシャルによる吸収である．このため入射粒子が核の内部に到達しないうちに吸収されてしまう確率が大きい．また仮に核の内部まで到達しそこで反応が起こっても，放出粒子が核外に出ないうちに吸収されてしまう確率が大きい．したがって表面付近で起こった反応だけが主として観測されることになる．ただし核子に対しては吸収はさほど強くないから，たとえば核子の非弾性散乱などでは核の内部からの寄与も無視することはできない．

直接過程には残留核の単一状態への遷移の他に，残留核の連続状態にある，多くの性質の異なった状態への遷移の和が観測される場合がある．たとえば高エネルギーの入射核子によって少数個の核内核子が核外にはじき出される過程などでは残留核は一般に高い連続状態に残され，観測されるのは実験条件で決まる一定エネルギー範囲内の多数の状態への遷移の和である．この種の反応では断面積に干渉縞様の角分布はみられず，前方に強いなだらかな角分布が見られるだけである．これは異なった終状態に対応する異なった干渉縞模様が互いにならし合った結果と考えることができる．これを放出粒子の波動関数の面からみると干渉縞模様のもとになる，異なった点で発生した放出波間の干渉があたかも存在しないかのようである．この見かけ上の‘不干渉’の原因は放出波の位相が核の終状態とともにでたらめに変化することである．それにつれて断面積中の干渉項の位相もでたらめに変化する．このため干渉項を多くの終状態について加えると相互の打ち消し合いによって0になってしまうのである．

干渉がなければ反応の断面積は核内各点で反応が起こる断面積の和になる．したがって‘ある点で反応が起こる確率’という古典的概念が意味をもつことになる．これが実は前章で述べたSerberの半古典論の根拠の1つである．もう1つの根拠はいうまでもなく入射，放出粒子の運動がWKB法すなわち半古典論で記述できるということである．これによって各粒子に対して軌道，その上の各点での運動量といったものを考えることが許される．反応の断面積はこの軌道上の各点で反応が起こる確率の和から計算されることになる．

さて以上述べてきたように直接反応は多種多様である．個々の反応が果してどのような機構で起こっているのか，それが反応粒子や核の構造，性質とどのように結びついているのかを知ることは興味深くまた重要なことである．それにはできるだけ多くの実験的観測を行ない，その結果を理論的にたんねんに解析してみる必要がある．このような研究が多くの人達によって精力的に行なわれてきた．その結果直接反応についての非常に興味ある知識が集積されつつある．本章ではその中から主として残留核の単一状態への遷移の典型的なものを選んで詳しく見てみることにする．ここで単一状態と呼んでいるのは一定のエネルギー，スピン，パリティ，アイソスピンなどの‘量子数’をもった状態を意味し，この中には核の低励起束縛状態のほかに，アナログ状態，E1巨大共鳴状態，その他の孤立した共鳴状態も含まれる．これらの共鳴状態は有限の寿命で崩壊する．もし崩壊の寿命が十分長ければ直接過程によるその状態の形成と，できた状態の崩壊とは別々の過程として切り離して考えることが許される．この場合の直接過程は核の束縛状態への遷移と同様に取り扱うことができる．寿命が極端に短い場合には不確定性関係によってそのエネルギーには広い幅が生じ，普通の連続状態への遷移と変わらなくなる．

次節ではまず直接過程の解析の基礎となる理論を一般論の形で展開する．§9.3ではそれによっておのおのの反応過程の機構が如何に理解されるか，またそれを通じて核の状態の構造，入射粒子と核との相互作用などについてどのような知識がどのようにして得られるかを述べる．

§9.2　直接過程の理論

a）概　観

直接過程を理解する上でまず重要なのは，その反応に体系のどの自由度が，どのような相互作用によって，どのような形で関与するかということである．これをその反応の**機構**という．直接過程の理論の第1歩は反応の機構に対して適切な模型を設定することである．次にその模型に従って反応の遷移行列を計算する近似法を定式化する．最後にそれによって実験で観測できる断面積その他の諸量を計算し実測値と比較してその理論の良否を決定するのである．この手順の繰り返しによって模型が改良され反応機構が解明される．それと同時に理論の中に含まれる核の状態の構造を反映するパラメーターの値が決まり，それによって核構造に関する情報が得られることになる．このような操作を理論的な**解析**と呼ぶ．

1つの反応は必ずしもただ1つの機構によって起こっているとは限らない．観測された反応に2つ以上の機構が共存する場合には，それぞれが相対的にどのくらいの重要性をもつか，反応のどういう様相に最も特徴的に現われるかなどを明らかにすることが重要である．

反応機構には大別して一段階過程と多段階過程がある．1段階過程では反応は始チャネル c から直接終チャネル c' に進行する．直接過程の中ではこの種の反応が最も広く観測され詳しい研究がなされている．この過程の遷移行列は相互作用の1次の摂動論によって計算される．その代表的なものが**歪曲波 Born 近似**(Distorted Wave Born Approximation, 略して DWBA)である．この近似はその簡単さにもかかわらず非常に多くの実験結果の定量的説明に大きな成功を収めている．DWBA はさらに多段階過程の理解にとっても理論の基礎として欠くことができない．実際，すべての直接過程の理論がなんらかの意味で DWBA に密接に関連しているといって過言でない．1段階過程の理論には DWBA のほかに比較的限られた範囲で有効とされている**断熱近似**(adiabatic approximation), **突然近似**(sudden approximation)などがあり，それぞれの有効領域で DWBA に代るものあるいはそれの簡単化として用いられている．

多段階過程で重要なのは**2段階過程**と**強く結合した中間状態を含む直接過程**である．2段階過程は図9.2に示すような型の反応である．$m_1, m_2, \cdots, m_n$ は c, c' とは異なる中間状態である．各段階の遷移は普通の1段階過程の程度の強さで起

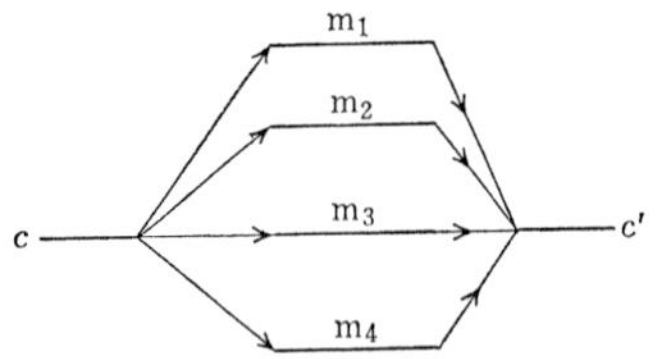

図9.2　2段階過程の模式図．c は入射チャネル，$m_1, m_2, \cdots, m_4$ は中間状態

こる．それの2段階を経た反応全体の断面積は各段階のそれに比べて小さい．この過程は1段階の $c \to c'$ 過程がそれと同程度またはそれより弱い場合にだけ表面に現われ，観測できる．この過程を最も簡単に扱うのにいわゆる2次のDWBAを用いる．この近似では各段階での遷移をDWBAと同様な仮定のもとで1次の摂動論で処理し，中間状態もそれに見合った近似で取り扱う．この近似は計算が比較的簡単で，いくつかの反応について成功を収めている．しかしその理論的基礎などについてはなお検討を要する．

多段階過程の中にはその中間状態間に摂動論的取扱いが許されないほど強い遷移を含む場合がある．互いの間でこのように強い遷移を起こす中間状態は‘互いに強く結合している’と呼び，そうでないものを‘弱く結合している’と呼ぶことにする．互いに強く結合した中間状態間の遷移は摂動論によらず正確に取り扱わねばならない．幸いにして直接過程では動員される自由度が少数個であるためこのような中間状態も一般に比較的少数である．このような場合に対して有力なのが**チャネル結合法**(Method of Coupled Channels，以下略してCCと書く)である．CCはDWBAとならんで直接過程の理論の支柱的役割を果たしている．時としてCCとDWBAを組み合わせたチャネル結合Born近似(CCBA)が有効な場合もある．始，終状態のおのおのにいくつかずつの状態が強く結合して2群をなしており，一方その2群間の遷移は摂動論で取り扱える場合がそれである．

本節では(b)項でDWBAを一般的な形でくわしく論じ，(c)項では非弾性散乱による集団励起を例にとってCCを概説する．記号は第7章と同じものを用いる．すなわち全系のハミルトニアンを H，チャネル c の自由ハミルトニアンを H_c，同じく相互作用を V_c と書く．したがって

$$H = H_c + V_c = H_{c'} + V_{c'} = \cdots \tag{9.2.1}$$

c チャネルの光学ポテンシャル(または歪曲ポテンシャル(本節(b)項参照))を U_c とし

$$\hat{H}_c \equiv H_c + U_c, \qquad \hat{V}_c \equiv V_c - U_c \tag{9.2.2}$$

とおく．(*9.2.1*)より，

$$H = \hat{H}_c + \hat{V}_c = \hat{H}_{c'} + \hat{V}_{c'} = \cdots \tag{9.2.3}$$

c チャネルでの自由波すなわち H_c の固有関数を ϕ_c とし，ϕ_c を入射波とし，U_c で‘歪められた’波すなわち $\hat{H}_c$ の固有関数で外向き散乱波をもつものを $\hat{\phi}_c^{(+)}$ で表わす：

$$H_c\phi_c = E\phi_c \tag{9.2.4}$$

$$\hat{H}_c\hat{\phi}_c^{(+)} = E\hat{\phi}_c^{(+)} \tag{9.2.5}$$

ただし E は全系のエネルギーである．$\hat{\phi}_c^{(+)}$ に対して

$$\hat{\phi}_c^{(-)}(\boldsymbol{k}_c, \boldsymbol{r}_c) \equiv \hat{\phi}_c^{(+)*}(-\boldsymbol{k}_c, \boldsymbol{r}_c) \tag{9.2.6}$$

で $\hat{\phi}_c^{(-)}$ を定義する．$\hat{\phi}_c^{(-)}$ は

$$\hat{H}_c^\dagger\hat{\phi}_c^{(-)} = E\hat{\phi}_c^{(-)} \tag{9.2.7}$$

を満たし，入射波＋内向き散乱波の漸近形をもつ．$\hat{H}_c^\dagger$ は $\hat{H}_c$ の Hermite 共役で，$\hat{H}_c$ の U_c を $U_c^\dagger$ でおきかえたものである．$U_c^\dagger$ は U_c とは反対符号の虚数部をもつ．ϕ_c の規格化は第7章と同じで(*9.2.47*)で与えられる．

c チャネルの内部波動関数は χ_c で表わす．それは構成粒子 a, A の内部波動関数，χ_a, χ_A の積で与えられる．$c', c'', \cdots$ チャネルについても同様である：

$$\chi_c = \chi_a\chi_A, \quad \chi_{c'} = \chi_b\chi_B, \quad \cdots \tag{9.2.8}$$

演算子計算の便利のため次の‘エネルギー分母’を定義する．

$$e = E - H + i\varepsilon \tag{9.2.9}$$

$$e_c = E - H_c + i\varepsilon, \quad e_{c'} = E - H_{c'} + i\varepsilon, \quad \cdots \tag{9.2.10}$$

$$\hat{e}_c = E - \hat{H}_c + i\varepsilon, \quad \hat{e}_{c'} = E - \hat{H}_{c'} + i\varepsilon, \quad \cdots \tag{9.2.11}$$

これらは次の関係で互いに結ばれている：

$$e = e_c - V_c = \hat{e}_c - \hat{V}_c = e_{c'} - V_{c'} = \hat{e}_{c'} - \hat{V}_{c'} = \cdots \tag{9.2.12}$$

全系の波動関数で“c チャネルから入射波がありすべての開いたチャネルから外向き球面波が散乱波として出てゆく”という境界条件を満たすものを $\Psi_c^{(+)}$，同じく散乱波が‘内向き球面波’であるものを $\Psi_c^{(-)}$ で表わす：

$$H\Psi_c^{(\pm)} = E\Psi_c^{(\pm)} \tag{9.2.13}$$

第7章によれば $\Psi_c^{(+)}, \Psi_c^{(-)}$ は次式によって与えられる：

$$\Psi_c^{(+)} = \phi_c + \frac{1}{e_c} V_c \Psi_c^{(+)} = \left(1 + \frac{1}{e} V_c\right)\phi_c \qquad (9.2.14)$$

$$\Psi_c^{(-)} = \phi_c + \frac{1}{e_c^\dagger} V_c \Psi_c^{(-)} = \left(1 + \frac{1}{e^\dagger} V_c\right)\phi_c \qquad (9.2.15)$$

ただし $e_c^\dagger = E - H_c - i\varepsilon$, $e^\dagger = E - H - i\varepsilon$ である．この式は一般の H と $\Psi_c^{(+)}$ に対して成立する．それを特に $\hat{H}_c$ と $\hat{\phi}_c^{(\pm)}$ に対して適用すれば

$$\hat{\phi}_c^{(+)} = \phi_c + \frac{1}{e_c} U_c \hat{\phi}_c^{(+)} = \left(1 + \frac{1}{\hat{e}_c} U_c\right)\phi_c \qquad (9.2.16)$$

$$\hat{\phi}_c^{(-)} = \phi_c + \frac{1}{e_c^\dagger} U_c^\dagger \hat{\phi}_c^{(-)} = \left(1 + \frac{1}{\hat{e}_c^\dagger} U_c^\dagger\right)\phi_c \qquad (9.2.17)$$

ただし $\hat{e}_c^\dagger = E - \hat{H}_c^\dagger - i\varepsilon$ である．

b)　歪曲波 Born 近似(DWBA)

DWBA は1段階過程について次のような簡単な仮定をする：

入射，放出粒子はそれぞれ反応の前後では光学ポテンシャル U_c, $U_{c'}$ 内を自由に運動する．その様子はそれぞれが弾性散乱を起こす場合と全く同様である．反応は残留相互作用，$\hat{V}_c$ または $\hat{V}_{c'}$，の1回の作用によって起こる．

光学ポテンシャルは各チャネルでの相対運動の自由度に対してだけ働き内部状態を変えることはない．したがって，各粒子の内部状態は衝突のとき以外は全く変化しないと仮定することになる．時として U_c, $U_{c'}$ を厳密に光学ポテンシャルとせず，理論の計算結果と実験との一致が最もよくなるように適当に調節する方が良い場合がある．このような一般化も考慮してこれらを普通**歪曲ポテンシャル**(distorting potential)と呼んでいる．歪曲ポテンシャルはその物理的意味から考えて特別なことがない限り光学ポテンシャルと著しく異なってはいないはずである．

以上の仮定を忠実に表現する遷移行列要素の表式は

$$T_{c'c}^{\mathrm{DWBA}} = \langle \hat{\phi}_{c'}^{(-)} | \hat{V}_c | \hat{\phi}_c^{(+)} \rangle \qquad (9.2.18\,a)$$

$$= \langle \hat{\phi}_{c'}^{(-)} | \hat{V}_{c'} | \hat{\phi}_c^{(+)} \rangle \qquad (9.2.18\,b)$$

である．$\hat{\phi}_c^{(+)}, \hat{\phi}_{c'}^{(-)}$ は**歪曲波**(distorted wave)と呼ばれ(*9.2.5*), (*9.2.7*)をみたし，(*9.2.16*), (*9.2.17*)で与えられる．(*9.2.18 a*)を prior form, (*9.2.18 b*)を post form という．これらが等しいことは次のようにして証明される：

$$\langle\hat{\phi}_{c'}{}^{(-)}|\hat{V}_c|\hat{\phi}_c{}^{(+)}\rangle=\langle\hat{\phi}_{c'}{}^{(-)}|H-E|\hat{\phi}_c{}^{(+)}\rangle=\langle(H-E)^\dagger\hat{\phi}_{c'}{}^{(-)}|\hat{\phi}_c{}^{(+)}\rangle$$
$$=\langle\hat{V}_{c'}{}^\dagger\hat{\phi}_{c'}{}^{(-)}|\hat{\phi}_c{}^{(+)}\rangle=\langle\hat{\phi}_{c'}{}^{(-)}|\hat{V}_{c'}|\hat{\phi}_c{}^{(+)}\rangle \qquad (9.2.19)$$

(9.2.18)の右辺は $\hat{V}_c$ または $\hat{V}_{c'}$ に関して1次の Born 近似の形をしている．普通の Born 近似と異なるのは始，終状態の波動関数が平面波 $\phi_c, \phi_{c'}$ ではなく $U_c, U_{c'}{}^\dagger$ によって‘歪められた波’$\hat{\phi}_c{}^{(+)}, \hat{\phi}_{c'}{}^{(-)}$ になっていることである．それゆえこれを歪曲波 Born 近似と呼ぶのである．

さて(9.2.18)を導出しよう．便利のために(9.2.18 b)をまず考える．出発点は一般式

$$T_{c'c}=\langle\phi_{c'}|V_{c'}|\Psi_c{}^{(+)}\rangle \qquad (9.2.20)$$

である．この式は次のように変形できる：

$$T_{c'c}=\langle\phi_{c'}|U_{c'}|\hat{\phi}_c{}^{(+)}\rangle\delta_{c'c}{}'+\langle\hat{\phi}_{c'}{}^{(-)}|\hat{V}_{c'}|\Psi_c{}^{(+)}\rangle \qquad (9.2.21)$$

ただし $\delta_{c'c}{}'$ は $\hat{H}_c=\hat{H}_{c'}$ のとき1，それ以外では0である．

［証明］ (9.2.14)，

$$\Psi_c{}^{(+)}=\left(1+\frac{1}{e}V_c\right)\phi_c$$

に(9.2.2)を用いると

$$\Psi_c{}^{(+)}=\left(1+\frac{1}{e}\hat{V}_c+\frac{1}{e}U_c\right)\phi_c$$

右辺2番目の e に対して(9.2.12)を代入し Gell-Mann-Goldberger の恒等式を用いると

$$\Psi_c{}^{(+)}=\left[\left(1+\frac{1}{e}\hat{V}_c\right)+\frac{1}{\hat{e}_c-\hat{V}_c}U_c\right]\phi_c=\left[\left(1+\frac{1}{e}\hat{V}_c\right)+\left(1+\frac{1}{e}\hat{V}_c\right)\frac{1}{\hat{e}_c}U_c\right]\phi_c$$
$$=\left(1+\frac{1}{e}\hat{V}_c\right)\left(1+\frac{1}{\hat{e}_c}U_c\right)\phi_c$$

ゆえに(9.2.16)により

$$\Psi_c{}^{(+)}=\left(1+\frac{1}{e}\hat{V}_c\right)\hat{\phi}_c{}^{(+)} \qquad (9.2.22)$$

この両辺に左から e を掛け $\hat{e}_{c'}$ で左から割れば，再び(9.2.12)により

$$\frac{1}{\hat{e}_{c'}}e\Psi_c{}^{(+)}=\frac{1}{\hat{e}_{c'}}(\hat{e}_{c'}-\hat{V}_{c'})\Psi_c{}^{(+)}=\frac{1}{\hat{e}_{c'}}(e+\hat{V}_c)\hat{\phi}_c{}^{(+)}=\frac{1}{\hat{e}_{c'}}\hat{e}_c\hat{\phi}_c{}^{(+)}$$

ゆえに

$$\Psi_c^{(+)} = \frac{1}{\hat{e}_{c'}}\hat{e}_c\hat{\phi}_c^{(+)} + \frac{1}{\hat{e}_{c'}}\hat{V}_{c'}\Psi_c^{(+)}$$

しかるに $\hat{e}_c\hat{\phi}_c^{(+)}=i\varepsilon\hat{\phi}_c^{(+)}$ であるから $\hat{e}_{c'}\neq\hat{e}_c$ すなわち $\hat{H}_{c'}\neq\hat{H}_c$ ならば $\varepsilon\to 0$ のとき $(1/\hat{e}_{c'})\hat{e}_c\hat{\phi}_c^{(+)}=0$, $\hat{H}_c=\hat{H}_{c'}$ なら $(1/\hat{e}_{c'})\hat{e}_c\hat{\phi}_c^{(+)}=\hat{\phi}_c^{(+)}$. ゆえに

$$\Psi_c^{(+)} = \hat{\phi}_c^{(+)}\delta_{c'c}{}' + \frac{1}{\hat{e}_{c'}}\hat{V}_{c'}\Psi_c^{(+)} \tag{9.2.23}$$

T 行列の計算に必要な $V_{c'}\Psi_c^{(+)}$ は(9.2.23)を用いると次のように変形される.

$$\begin{aligned} V_{c'}\Psi_c^{(+)} &= (U_{c'}+\hat{V}_{c'})\Psi_c^{(+)} \\ &= U_{c'}\left(\hat{\phi}_c^{(+)}\delta_{c'c}{}' + \frac{1}{\hat{e}_{c'}}\hat{V}_{c'}\Psi_c^{(+)}\right) + \hat{V}_{c'}\Psi_c^{(+)} \\ &= U_{c'}\hat{\phi}_c^{(+)}\delta_{c'c}{}' + \left(1+U_{c'}\frac{1}{\hat{e}_{c'}}\right)\hat{V}_{c'}\Psi_c^{(+)} \end{aligned} \tag{9.2.24}$$

ゆえに

$$T_{c'c} = \langle\phi_{c'}|U_{c'}|\hat{\phi}_c^{(+)}\rangle\delta_{c'c}{}' + \langle\phi_{c'}|\left(1+U_{c'}\frac{1}{\hat{e}_{c'}}\right)\hat{V}_{c'}|\Psi_c^{(+)}\rangle \tag{9.2.25}$$

しかるに

$$\begin{aligned} \langle\phi_{c'}|\left(1+U_{c'}\frac{1}{\hat{e}_{c'}}\right)\hat{V}_{c'}|\Psi_c^{(+)}\rangle &= \langle\left(1+\frac{1}{\hat{e}_{c'}{}^{\dagger}}U_{c'}{}^{\dagger}\right)\phi_{c'}|\hat{V}_{c'}|\Psi_c^{(+)}\rangle \\ &= \langle\hat{\phi}_{c'}{}^{(-)}|\hat{V}_{c'}|\Psi_c^{(+)}\rangle \end{aligned} \tag{9.2.26}$$

ただし(9.2.17)を使った. (9.2.26)を(9.2.25)に代入すれば(9.2.21)が得られる. [証明終]

さて, (9.2.21)の右辺第1項は, $\delta_{c'c}{}'$ が c と c' が同じ粒子からなっているときにのみ $\neq 0$ であり, $U_{c'}$ が内部状態を変えないことを考慮すると弾性散乱すなわち $c'=c$ のときにのみ0でない. そのとき $\langle\phi_c|U_c|\hat{\phi}_c^{(+)}\rangle$ はちょうど U_c による散乱の遷移行列要素になっている. これを $T_{c'c}{}^U$ と書くと

$$T_{c'c} = T_{c'c}{}^U\delta_{c'c}{}' + \langle\hat{\phi}_{c'}{}^{(-)}|\hat{V}_{c'}|\Psi_c^{(+)}\rangle \tag{9.2.27}$$

いま考えている反応の場合には $c'\neq c$ であるから

$$T_{c'c} = \langle\hat{\phi}_{c'}{}^{(-)}|\hat{V}_{c'}|\Psi_c^{(+)}\rangle \tag{9.2.28}$$

(9. 2. 28) を (9. 2. 20) と比べると (9. 2. 28) では (9. 2. 20) の $V_{c'}$ の中の $U_{c'}$ が波動関数 $\hat{\phi}_{c'}^{(-)}$ の中に繰り込まれてしまっていることが判る.

DWBA は (9. 2. 28) の右辺の $\Psi_c^{(+)}$ を

$$\Psi_c^{(+)} \approx \hat{\phi}_c^{(+)} \tag{9. 2. 29}$$

で近似したものである. これは (9. 2. 22) の右辺をその第1項で近似し, $\hat{V}_c$ の1次以上を省略したものである. (9. 2. 29) を (9. 2. 28) に用いれば (9. 2. 18 b) が得られる. (9. 2. 18 a) は (9. 2. 18 b) から (9. 2. 19) を使って証明するか, または直接 $T_{c'c}=\langle \Psi_{c'}^{(-)}|V_c|\phi_c\rangle$ から上と同様にして証明すればよい.

以上で DWBA の T 行列の導出を終わり, 次にその計算法に進もう. それにはまず, 各チャネルでの内部座標と重心間の相対座標を定義するのが便利である. 図 9. 3 は

$$\mathrm{A+a(b+x) \longrightarrow b+B(A+x)} \tag{9. 2. 30}$$

なる反応についてのその定義を表わす. ここで a(b+x), B(A+x) は a が b と x から成り, B が A と x から成ることを表わす. すなわち (9. 2. 30) は x が a から B に移行する反応である.

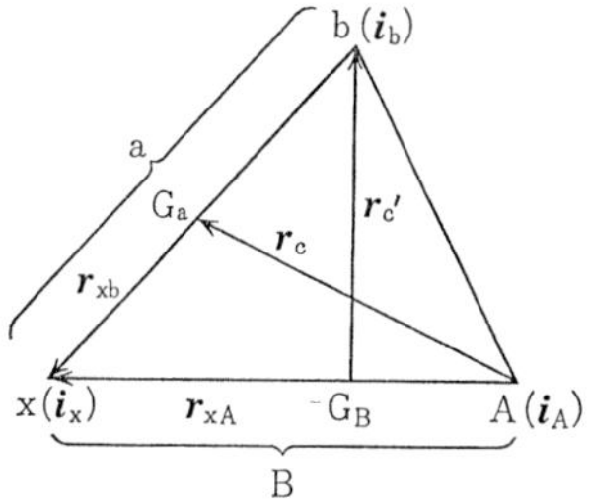

図 9. 3 反応 A+a(b+x)⇄b+B(x+A) の座標系. G$_a$, G$_B$ は a, B の重心をあらわす

図で, A, b, x はそれぞれの粒子の重心の位置, G$_a$, G$_B$ は粒子 a(x+b), B(x+A) の重心の位置を示す. $\boldsymbol{r}_c, \boldsymbol{r}_{c'}$ がチャネル c, c' での相対座標である. 内部座標は, それぞれ,

$$\boldsymbol{i}_c \equiv (\boldsymbol{i}_a, \boldsymbol{i}_A) = (\boldsymbol{i}_b, \boldsymbol{i}_x, \boldsymbol{r}_{xb}, \boldsymbol{i}_A), \qquad \boldsymbol{i}_{c'} \equiv (\boldsymbol{i}_b, \boldsymbol{i}_B) = (\boldsymbol{i}_b, \boldsymbol{i}_x, \boldsymbol{i}_A, \boldsymbol{r}_{xA}) \tag{9. 2. 31}$$

である. ただし, 一般に $\boldsymbol{i}_\alpha$ は粒子 α の内部座標を表わす. 図から明らかに,

$$\boldsymbol{i}_a = (\boldsymbol{i}_b, \boldsymbol{i}_x, \boldsymbol{r}_{xb}), \qquad \boldsymbol{i}_B = (\boldsymbol{i}_x, \boldsymbol{i}_A, \boldsymbol{r}_{xA}) \tag{9. 2. 32}$$

である.

さて，$T_{c'c}{}^{\mathrm{DWBA}}$ を計算するには，全体系の重心座標を除くすべての座標についての積分をせねばならない†．c' チャネルの座標を用いればそれは $(\boldsymbol{r}_{c'}, \boldsymbol{i}_{c'})$ である．しかし，実際の計算ではそれを $(\boldsymbol{r}_{c'}, \boldsymbol{r}_c, \boldsymbol{i})$ の積分に変換するのが便利である．ただし，$\boldsymbol{i}$ はすべての粒子の内部変数

$$\boldsymbol{i} \equiv (\boldsymbol{i}_{\mathrm{b}}, \boldsymbol{i}_{\mathrm{x}}, \boldsymbol{i}_{\mathrm{A}})$$

である．この変換のヤコビアンは

$$J = \frac{\partial(\boldsymbol{r}_{c'}, \boldsymbol{i}_{c'})}{\partial(\boldsymbol{r}_{c'}, \boldsymbol{r}_c, \boldsymbol{i})} = \frac{\partial(\boldsymbol{r}_{c'}, \boldsymbol{r}_{\mathrm{xA}})}{\partial(\boldsymbol{r}_{c'}, \boldsymbol{r}_c)} = \left(\frac{aB}{(B+b)x}\right)^3 \tag{9.2.33}$$

ただし，a, b, B, x はそれぞれの粒子の質量を表わす．この式の計算には，

$$\boldsymbol{r}_{\mathrm{xA}} = -\frac{bB}{(B+b)x}\left(\boldsymbol{r}_{c'} - \frac{a}{b}\boldsymbol{r}_c\right)$$

を用いた．同様な式

$$\boldsymbol{r}_{\mathrm{xb}} = -\frac{aB}{(B+b)x}\left(\boldsymbol{r}_{c'} - \frac{A}{B}\boldsymbol{r}_c\right) \tag{9.2.34}$$

も後に用いる．

さてまず簡単のために，歪曲ポテンシャル $U_c, U_{c'}$ にスピン-軌道結合がない場合を考えよう．この場合には，

$$\hat{\phi}_c{}^{(+)} = \hat{\varphi}_c{}^{(+)}(\boldsymbol{r}_c)\chi_c(\boldsymbol{i}_c), \qquad \hat{\phi}_{c'}{}^{(-)} = \hat{\varphi}_{c'}{}^{(-)}(\boldsymbol{r}_{c'})\chi_c(\boldsymbol{i}_{c'}) \tag{9.2.35}$$

の形に書ける．ここに，$\hat{\varphi}_c{}^{(+)}, \hat{\varphi}_{c'}{}^{(-)}$ は1体の Schrödinger 方程式

$$\left.\begin{aligned} \left(-\frac{\hbar^2}{2\mu_c}\Delta_c + U_c\right)\hat{\varphi}_c{}^{(+)} &= E_c\hat{\varphi}_c{}^{(+)} \\ \left(-\frac{\hbar^2}{2\mu_{c'}}\Delta_{c'} + U_{c'}{}^*\right)\hat{\varphi}_{c'}{}^{(-)} &= E_{c'}\hat{\varphi}_{c'}{}^{(-)} \end{aligned}\right\} \tag{9.2.36}$$

を満たす．ここに，$\Delta_c, \Delta_{c'}$ はそれぞれ $\boldsymbol{r}_c, \boldsymbol{r}_{c'}$ についてのラプラシアン，$E_c, E_{c'}$ は c, c' チャネルでの相対運動のエネルギーである．したがって，$T_{c'c}{}^{\mathrm{DWBA}}$ は積分変数 $\boldsymbol{r}_c, \boldsymbol{r}_{c'}, \boldsymbol{i}$ を用いて

$$T_{c'c}{}^{\mathrm{DWBA}} = J\langle\hat{\varphi}_{c'}{}^{(-)}(\boldsymbol{r}_{c'})|F_{c'c}(\boldsymbol{r}_{c'}, \boldsymbol{r}_c)|\hat{\varphi}_c{}^{(+)}(\boldsymbol{r}_c)\rangle_{\boldsymbol{r}_{c'}\boldsymbol{r}_c} \tag{9.2.37}$$

で与えられる．ここに，

† 全系の重心座標についての積分は運動量保存を表わす δ 関数を与える．ここに与えられた T 行列はこの δ 関数を取り去った残りと考えるべきである．

$$F_{c'c}(\boldsymbol{r}_{c'}, \boldsymbol{r}_c) = \langle \chi_{c'}(\boldsymbol{i}_{c'}) | \hat{V}_{c'} | \chi_c(\boldsymbol{i}_c) \rangle_{\boldsymbol{i}_\mathrm{b}\boldsymbol{i}_x\boldsymbol{i}_\mathrm{A}} \qquad (9.2.38)$$

ただし〈　〉につけた添字は積分変数を表わす.

$F_{c'c}$ は**形状因子**(form factor)と呼ばれる. この量は系の内部状態の遷移を記述する最も重要な量である. 反応の物理的内容はすべてこの因子に含まれているといって差し支えない.

さて, $\chi_c, \chi_{c'}$ はそれぞれ角運動量の固有関数の積である. a, A, b, B の角運動量の大きさとその z 成分をそれぞれ $(I_\mathrm{a}, \nu_\mathrm{a})$, $(I_\mathrm{A}, \nu_\mathrm{A})$, $(I_\mathrm{b}, \nu_\mathrm{b})$ $(I_\mathrm{B}, \nu_\mathrm{B})$, とすると

$$\chi_c = \chi_{\mathrm{a}I_\mathrm{a}\nu_\mathrm{a}}(\boldsymbol{i}_\mathrm{a})\chi_{\mathrm{A}I_\mathrm{A}\nu_\mathrm{A}}(\boldsymbol{i}_\mathrm{A})$$

$$\chi_{c'} = \chi_{\mathrm{b}I_\mathrm{b}\nu_\mathrm{b}}(\boldsymbol{i}_\mathrm{b})\chi_{\mathrm{B}I_\mathrm{B}\nu_\mathrm{B}}(\boldsymbol{i}_\mathrm{B})$$

の形をしている. したがって, (9.2.38)は

$$F_{c'c} = \langle I_\mathrm{b}\nu_\mathrm{b}I_\mathrm{B}\nu_\mathrm{B} | \hat{V}_{c'} | I_\mathrm{a}\nu_\mathrm{a}I_\mathrm{A}\nu_\mathrm{A} \rangle$$

の形になっている. これに対応して, $T_{c'c}{}^\mathrm{DWBA}$ も角運動量の表示で書くのが便利である. 考えられるいろいろな角運動量のうち直接反応で最も便利なのは反応の移行角運動量を用いる表示である. すなわち

$$\boldsymbol{j} = \boldsymbol{I}_\mathrm{B} - \boldsymbol{I}_\mathrm{A}, \quad \boldsymbol{s} = \boldsymbol{I}_\mathrm{a} - \boldsymbol{I}_\mathrm{b}, \quad \boldsymbol{l} = \boldsymbol{j} - \boldsymbol{s}$$

で, 移行全角運動量 $\boldsymbol{j}$, 移行スピン角運動量 $\boldsymbol{s}$, 移行軌道角運動量 $\boldsymbol{l}$ を定義し, それらの大きさ j, s, l と, $\boldsymbol{l}$ の z 成分 m, すなわち (l, s, j, m) を対角化する表示を用いるのである.

この表示を用いると, $F_{c'c}$ は一般に次のように展開できる:

$$F_{c'c} = \sum_{lsjm\nu\mu} i^{-l}(I_\mathrm{A}\nu_\mathrm{A}j\mu | I_\mathrm{B}\nu_\mathrm{B})(I_\mathrm{b}\nu_\mathrm{b}s\nu | I_\mathrm{a}\nu_\mathrm{a})(lms\nu | j\mu) B_{lsj,m} \qquad (9.2.39)$$

ただし $B_{lsj,m}$ はこの式で定義され, 逆に

$$B_{lsj,m} = \left(\frac{\hat{s}\hat{l}}{\hat{I}_\mathrm{B}\hat{I}_\mathrm{a}}\right)^2 i^l \sum_{\nu_\mathrm{A}\nu_\mathrm{B}\nu_\mathrm{a}\nu_\mathrm{b}\nu\mu} (I_\mathrm{A}\nu_\mathrm{A}j\mu | I_\mathrm{B}\nu_\mathrm{B})(I_\mathrm{b}\nu_\mathrm{b}s\nu | I_\mathrm{a}\nu_\mathrm{a})(lms\nu | j\mu) F_{c'c}$$

で $F_{c'c}$ から計算される. ここに $\hat{\alpha} = (2\alpha+1)^{1/2}$ である.

$F_{c'c}$ が(9.2.39)のように展開できることは, 次のようにしてわかる. すなわち, まず $\hat{V}_{c'}$ が回転に対してスカラーであるから, それは

$$\hat{V}_{c'} = \sum_{lsj} [[\mathscr{J}^j \times \mathscr{S}^s]^l \times \mathscr{L}^l]^0_0 \qquad (9.2.40)$$

の形に書ける. ただし, $\mathscr{J}^j, \mathscr{S}^s, \mathscr{L}^l$ はそれぞれ $(\boldsymbol{I}_\mathrm{A}, \boldsymbol{I}_\mathrm{B})$, $(\boldsymbol{I}_\mathrm{a}, \boldsymbol{I}_\mathrm{b})$ および相対運動

の軌道角運動量に対してのみ働く j 階，s 階および l 階の球面テンソル演算子である†．この $\hat{V}_{c'}$ を(9.2.38)に代入し，$\langle I_B\nu_B|\mathcal{J}_\mu{}^j|I_A\nu_A\rangle$, $\langle I_b\nu_b|\mathcal{S}_{-\nu}{}^s|I_a\nu_a\rangle$ に対して Wigner-Eckart の定理を使い，$[\mathcal{J}^j\times\mathcal{S}^s]^l_m$ を Clebsch-Gordan 係数を用いて書けば(9.2.39)の形が得られる．

$B_{lsj,m}$ は(9.2.40)の $\mathcal{L}^l$ に由来するもので，$(-1)^m\mathcal{L}_{-m}{}^l$ に比例する．なぜなら，$[\mathcal{J}^j\times\mathcal{S}^s]^l=\alpha^l$ と置くと

$$[\alpha^l\times\mathcal{L}^l]^0_0=\sum_m\frac{(-1)^l}{\sqrt{2l+1}}\alpha_m{}^l(-1)^m\mathcal{L}_{-m}{}^l$$

だからである．ゆえに，$B_{lsj,m}$ の空間回転に対する変換性は $(-1)^mY_{l-m}=Y_{lm}{}^*$ と同じである．

実際の計算には，

$$B_{lsj,m}=A_{lsj}f_{lsj,m}(\boldsymbol{r}_{c'},\boldsymbol{r}_c) \tag{9.2.41}$$

のように，係数 A_{lsj} と形状因子 $f_{lsj,m}$ の積の形に書くのが便利である．この分離の仕方はもちろん任意であって，場合に応じて便利なようにすればよい．

(9.2.39), (9.2.41)を使い，(9.2.38)を(9.2.37)に入れると，

$$T_{c'c}{}^{\mathrm{DWBA}}=\frac{1}{(2\pi)^3}\sum_{lsjm\nu\mu}(I_A\nu_Aj\mu|I_B\nu_B)(I_b\nu_bs\nu|I_a\nu_a)(lms\nu|j\mu)\hat{l}A_{lsj}J_{c'c}{}^{lsj,m} \tag{9.2.42}$$

ここに，

$$J_{c'c}{}^{lsj,m}=J(2\pi)^3\hat{l}^{-1}\langle\hat{\varphi}_{c'}{}^{(-)}(\boldsymbol{r}_{c'})|f_{lsj,m}(\boldsymbol{r}_{c'},\boldsymbol{r}_c)|\hat{\varphi}_c{}^{(+)}(\boldsymbol{r}_c)\rangle_{\boldsymbol{r}_c\boldsymbol{r}_{c'}} \tag{9.2.43}$$

反応の微分断面積は(第7章)，

$$\frac{d\sigma_{c'c}}{d\Omega_{c'}}=\frac{1}{(2I_a+1)(2I_A+1)}\frac{v_{c'}}{v_c}\sum_{\nu_a\nu_A\nu_b\nu_B}\left|-\frac{(2\pi)^2\mu_{c'}}{\hbar^2}T_{c'c}{}^{\mathrm{DWBA}}\right|^2$$

から求まる．Clebsch-Gordan 係数の直交性を使うとこれは

$$\frac{d\sigma_{c'c}}{d\Omega_{c'}}=\frac{2I_B+1}{2I_A+1}\sum_{lsj}\frac{|A_{lsj}|^2}{2s+1}\sigma_{lsj} \tag{9.2.44}$$

となる．ここに，

† 球面テンソルのテンソル積については付録をみよ．

$$\sigma_{lsj}=\frac{\mu_c\mu_{c'}}{(2\pi\hbar^2)^2}\frac{k_{c'}}{k_c}\sum_m |J_{c',c}{}^{lsj,m}|^2 \qquad (9.2.45)$$

は，1つの (lsj) の組に対する断面積である．

$J_{c'c}{}^{lsj,m}$ を計算するには，$\hat{\varphi}_c{}^{(+)}(\boldsymbol{r}_c)$, $\hat{\varphi}_{c'}{}^{(-)*}(\boldsymbol{r}_{c'})$ を

$$\left.\begin{aligned}\hat{\varphi}_c{}^{(+)}(\boldsymbol{r}_c)&=\frac{4\pi}{(2\pi)^{3/2}}\sum_{LM}i^L\frac{u_{cL}(r_c)}{k_cr_c}Y_{LM}(\Omega_c)\,Y_{LM}{}^*(\Omega_{k_c})\\ \hat{\varphi}_{c'}{}^{(-)*}(\boldsymbol{r}_{c'})&=\frac{4\pi}{(2\pi)^{3/2}}\sum_{L'M'}i^{-L'}\frac{u_{c'L'}(r_{c'})}{k_{c'}r_{c'}}Y_{L'M'}{}^*(\Omega_{c'})\,Y_{L'M'}(\Omega_{k_{c'}})\end{aligned}\right\} \qquad (9.2.46)$$

の形に部分波展開すると便利である．これらの関数は，漸近形が

$$\left.\begin{aligned}\hat{\varphi}_c{}^{(+)}&\sim\frac{1}{(2\pi)^{3/2}}\exp(i\boldsymbol{k}_c\boldsymbol{r}_c)\chi_c+(\text{外向き散乱波})\\ \hat{\varphi}_{c'}{}^{(-)*}&\sim\frac{1}{(2\pi)^{3/2}}\exp(-i\boldsymbol{k}_{c'}\boldsymbol{r}_{c'})\chi_{c'}+(\text{外向き散乱波})\end{aligned}\right\} \qquad (9.2.47)$$

となるように規格化されているものとする(第7章参照)．同様に，$f_{lsj,m}$ を次のように展開する：

$$f_{lsj,m}(\boldsymbol{r}_{c'},\boldsymbol{r}_c)=\sum_{\substack{L_1M_1\\L_2M_2}}g_{L_2L_1}{}^{lsj}(r_{c'},r_c)(L_1M_1L_2M_2|lm)\,Y_{L_1M_1}{}^*(\Omega_c)\,Y_{L_2M_2}{}^*(\Omega_{c'}) \qquad (9.2.48)$$

(9.2.46), (9.2.48) を (9.2.43) に入れると

$$J_{c'c}{}^{lsj,m}=J\hat{l}^{-1}(4\pi)^{3/2}\sum_{\substack{L_1M_1\\L_2M_2}}i^{L_1-L_2}(L_1M_1L_2M_2|lm)\,I_{L_2L_1}{}^{lsj}\,Y_{L_2M_2}{}^*(\Omega_{k_{c'}})\,Y_{L_1M_1}{}^*(\Omega_{k_c}) \qquad (9.2.49)$$

ただし，

$$I_{L_2L_1}{}^{lsj}=\frac{\sqrt{4\pi}}{k_ck_{c'}}\int\!\!\int r_cr_{c'}dr_cdr_{c'}u_{c'L_2}(r_{c'})\,g_{L_2L_1}{}^{lsj}(r_{c'},r_c)\,u_{cL_1}(r_c) \qquad (9.2.50)$$

は**動径積分**または**重なりの積分**と呼ばれている．これは，形状因子と歪曲波が判れば計算できる量である．

動径積分の計算は，2重積分であるが，これを数値的に計算することは計算機を用いれば十分可能であるがやや面倒である．そこでよく用いられるのが**0レン**

ジの近似(zero-range approximation)である．これは入射粒子が消滅した点から放出粒子が発生するという近似である．すなわち，図9.3でbと$\mathrm{G_a}$が一致するとするのである．したがって

$$F_{c'c}(\boldsymbol{r}_{c'}, \boldsymbol{r}_c) \approx f_{c'c}(\boldsymbol{r}_c)\delta(\boldsymbol{r}_{\mathrm{xb}}) = J^{-1}f_{c'c}(\boldsymbol{r}_c)\delta\left(\boldsymbol{r}_{c'} - \frac{A}{B}\boldsymbol{r}_c\right) \qquad (9.2.51)$$

の形となる．ここで$\delta(\boldsymbol{r}_{\mathrm{bx}})$の変形には(9.2.34)を使った．したがって，$f_{lsj,m}$も

$$f_{lsj,m}(\boldsymbol{r}_{c'}, \boldsymbol{r}_c) \approx J^{-1}f_{lsj,m}(\boldsymbol{r}_c)\delta\left(\boldsymbol{r}_{c'} - \frac{A}{B}\boldsymbol{r}_c\right) \qquad (9.2.52)$$

と近似される．ただし，$f_{lsj,m}(\boldsymbol{r}_c)$と$f_{c'c}$の関係は，$f_{lsj,m}(\boldsymbol{r}_{c'}, \boldsymbol{r}_c)$と$F_{c'c}$，すなわち(9.2.41)と(9.2.39)の関係と同じである．$f_{lsj,m}(\boldsymbol{r}_c)$は，$Y_{lm}{}^*(\Omega_c)$と同じ変換性をもつ．したがって

$$f_{lsj,m}(\boldsymbol{r}_c) = g^{lsj}(r_c)\,Y_{lm}{}^*(\Omega_c) \qquad (9.2.53)$$

の形になる．(9.2.51), (9.2.52)は本来非局所型の形状因子がこの近似では局所型になることを示している．

断面積の式は前と同じく(9.2.44)と(9.2.45)で与えられる．$J_{c'c}{}^{lsj,m}$は

$$J_{c'c}{}^{lsj,m} = 4\pi \sum_{\substack{LL'\\MM'}} i^{L-L'}\frac{\hat{L}'}{\hat{L}}(lmL'M'|LM)(l0L'0|L0)\,I_{L'L}{}^{lsj}\,Y_{LM}{}^*(\Omega_{k_c})\,Y_{L'M'}(\Omega_{k_{c'}}) \qquad (9.2.54)$$

$$I_{L'L}{}^{lsj} = \frac{B}{A}\frac{\sqrt{4\pi}}{k_ck_{c'}}\int dr u_{c'L'}\left(\frac{A}{B}r\right)g^{lsj}(r)\,u_{cL}(r) \qquad (9.2.55)$$

で，(9.2.54)を求める際に

$$\int d\Omega Y_{l_3m_3}Y_{l_2m_2}{}^*Y_{l_1m_1}{}^*(\Omega) = \frac{\hat{l}_1\hat{l}_2}{\sqrt{4\pi}\,\hat{l}_3}(l_1m_1l_2m_2|l_3m_3)(l_10l_20|l_30)$$

を用いている．(9.2.54), (9.2.55)を(9.2.49), (9.2.50)と比べると，2重積分$I_{L_2L_1}{}^{lsj}$が1重積分$I_{L'L}{}^{lsj}$で置き換えられていることが判るであろう．

0レンジ近似の精度は，反応の種類によって異なる．粒子の交換を無視した非弾性散乱ではもともと$\boldsymbol{r}_{c'} = \boldsymbol{r}_c$だからこれは正確である．(d, p)反応の場合にはこれは30%ないし2倍程度の誤差を生じる．一般にこの近似は核の内部からの寄与を過大評価する傾向がある．

$F_{c'c}$ が有限のレンジを持っているときにも，それが小さいときには，0 レンジの近似のものに補正因子 $\Lambda(\boldsymbol{r}_c)$ を掛けることで近似することができる：

$$F_{c'c}(\boldsymbol{r}_{c'}, \boldsymbol{r}_c) \approx \Lambda(\boldsymbol{r}_c) f_{c'c}(\boldsymbol{r}_c) \delta(\boldsymbol{r}_{\mathrm{bx}}) \tag{9.2.56}$$

ここに，

$$\Lambda(\boldsymbol{r}) = 1 - \left[U_c(r) - U_{\mathrm{x}}(r) - U_{c'}\left(\frac{A}{B}r\right) - B_{\mathrm{a}} \right] \Big/ \left\{ \left(\frac{a}{bx}\right) \frac{2\hbar^2}{\beta^2} \right\} \tag{9.2.57}$$

である．ただし，$U_c, U_{c'}$ は歪曲ポテンシャル，U_{x} は x が B 内で A から受ける 1 体ポテンシャル，β は $F_{c'c}$ のレンジ，B_{a} は a の束縛エネルギーである．この近似は**局所エネルギーの近似**(local energy approximation)と呼ばれている†.

以上は，歪曲波にスピン-軌道結合がないとした場合である．スピン-軌道結合がある場合には，$\hat{\varphi}_c^{(+)}, \hat{\varphi}_{c'}^{(-)}$ は(9.2.35)のようにはならず，

$$\hat{\varphi}_c^{(+)} = \hat{\varphi}_c^{(+)}(\boldsymbol{r}_c, \boldsymbol{I}_{\mathrm{a}}) \chi_{\mathrm{A}I_{\mathrm{A}}\nu_{\mathrm{A}}}, \qquad \hat{\varphi}_{c'}^{(-)} = \hat{\varphi}_{c'}^{(-)}(\boldsymbol{r}_{c'}, \boldsymbol{I}_{\mathrm{b}}) \chi_{\mathrm{B}I_{\mathrm{B}}\nu_{\mathrm{B}}}$$

のような形になる．この場合もやはり (l, s, j, m) を対角化する表示をとるのが便利であるが，計算は上の場合よりもはるかに複雑になる．そして異なる l, s は互いに干渉するようになり，断面積は(9.2.44)のようには書けない．しかし，異なる j の振幅はやはり干渉しない．なぜなら $(\boldsymbol{I}_{\mathrm{A}}, \boldsymbol{j}, \boldsymbol{I}_{\mathrm{B}})$ についてはスピン-軌道結合があってもなくても計算は全く同じだからである．したがって，断面積は

$$\frac{d\sigma_{c'c}}{d\Omega_{c'}} = \frac{\mu_c \mu_{c'}}{(2\pi\hbar^2)^2} \frac{k_{c'}}{k_c} \frac{2I_{\mathrm{B}}+1}{(2I_{\mathrm{A}}+1)(2I_{\mathrm{a}}+1)} \sum_{\nu_{\mathrm{a}}\nu_{\mathrm{b}}m} \sum_j \left| \sum_{ls} A_{lsj} \beta_{lsj}{}^{m\nu_{\mathrm{b}}\nu_{\mathrm{a}}} \right|^2 \tag{9.2.58}$$

の形をしている．$\beta_{lsj}{}^{m\nu_{\mathrm{b}}\nu_{\mathrm{a}}}$ が散乱振幅である．この量は再び動径積分を用いて表わすことができる††.

最後に波動関数の反対称化をした場合について述べておこう．第7章によると反対称化された T 行列要素は

$$\mathcal{T}_{c'c} = \sum_P (-1)^P \langle \phi_{c'} | V_{c'} | P \Psi_c^{(+)} \rangle \tag{9.2.59}$$

で与えられる．ここに $\phi_{c'}, \Psi_c^{(+)}$ は反対称化されていない†††波動関数，P は c チャネルでの 2 つの粒子 a, A の**間**での粒子の置換の演算子である．たとえば $\Psi_c^{(+)}$

† この近似の導出については，Buttle, J. A. & Goldfarb, L. J. B.: *Proc. Phys. Soc.*, 83, 701 (1964) を参照されたい．

†† 詳しいことは，Satchler, G. R.: *Nuclear Phys.*, 55, 1 (1964) を参照されたい．

††† ただしこれらに含まれる粒子の内部波動関数はすべて反対称化されている．

の中でaが1番から a 番までの核子，Aが $a+1$ 番から $a+A$ 番までの核子からなっていると P は $1\leqq i\leqq a$, $a+1\leqq j\leqq a+A$ なる同種核子 i, j のみを交換する．

$$\Psi_c^{(+)}=\left(1+\frac{1}{e}V_c\right)\phi_c$$

に置換 P を施すと，e は不変であるから，

$$P\Psi_c^{(+)}=\left(1+\frac{1}{e}V_{Pc}\right)\phi_{Pc} \tag{9.2.60}$$

ただし，Pc はチャネル c に P を施して得られるチャネルである．(9.2.60)は $P\Psi_c^{(+)}$ が ϕ_{Pc} を入射波とする全系の波動関数であることを示す．これを(9.2.59)に代入すると

$$\mathcal{T}_{c'c}=\sum_P(-1)^P T_{c',Pc} \tag{9.2.61}$$

ただし $T_{c',Pc}$ は反対称化しない T 行列の (c', Pc) 要素である．各 $T_{c',Pc}$ に対して先に述べたDWBAの近似を行なえば

$$\begin{aligned}\mathcal{T}_{c'c}{}^{\mathrm{DWBA}}&=\sum_P(-1)^P T_{c',Pc}{}^{\mathrm{DWBA}}\\&=\sum_P(-1)^P\langle\hat{\phi}_{c'}{}^{(-)}|\hat{V}_{c'}|P\hat{\phi}_c{}^{(+)}\rangle\end{aligned} \tag{9.2.62}$$

これが求める T 行列の表式である．断面積は

$$\frac{d\sigma_{c'c}}{d\Omega_{c'}}=\frac{1}{(2I_{\mathrm{a}}+1)(2I_{\mathrm{A}}+1)}\left(\frac{N_{c'}}{N_c}\right)\frac{v_{c'}}{v_c}\sum_{\nu_{\mathrm{a}}\nu_{\mathrm{A}}\nu_{\mathrm{b}}\nu_{\mathrm{B}}}\left|-\frac{(2\pi)^2\mu_{c'}}{\hbar^2}\mathcal{T}_{c'c}{}^{\mathrm{DWBA}}\right|^2 \tag{9.2.63}$$

で与えられる．ただし

$$N_c=\frac{(a+A)\,!}{a!A!},\qquad N_{c'}=\frac{(b+B)\,!}{b!B!} \tag{9.2.64}$$

である．

c) チャネル結合法(CC)

CCは互いに強く結合した中間状態を含む直接過程を記述する近似法である．本項では核子の非弾性散乱による核の集団励起を例にとって，これを説明する．

いま，核には幾種類かの1フォノン状態と2フォノン状態があったとする．一般に N フォノン状態を $|N\rangle$ と書くことにする．反応はこれらの中の1つを励起する直接過程である．

入射核子と表面振動との相互作用 V は1つのフォノンの生成，消滅に対して大きな行列要素をもっているからこれを1次の摂動論で取り扱うことは許されない．すなわちフォノン数が1つ違った状態，$|N\rangle$ と $|N\pm1\rangle$ は互いに強く結合している．V の2つのフォノンの生成，消滅の行列要素は小さいから $|N\rangle$ と $|N\pm2\rangle$ とは直接強く結合されてはいない．しかし $|N\pm1\rangle$ はこれらのいずれとも強く結合している．したがってこの状態を介して $|N\rangle$ と $|N\pm2\rangle$ の間には強い遷移が起こる．これらは間接的に強く結合されているわけである．同様にして1フォノン状態同士，2フォノン状態同士も互いに強く結合している．かくしてすべてのフォノン状態は0フォノン・基底状態も含めて直接，間接に互いに強く結合していることになる．この状態の集合を $\mathfrak{S}$ と書くことにする．

一方，フォノン状態でない状態はフォノン状態と強く結合しない．この状態の集合を $\mathfrak{W}$ と書くことにする．CC は Schrödinger 方程式から近似的に $\mathfrak{W}$ を消去し，$\mathfrak{S}$ のみを含む方程式を導き，それを摂動論を使わずに正確に解くという方法である．

まず $\Psi_c^{(+)}$ を核の固有関数系 $\{\chi_{\mathrm{A}n}\}$ $(n=0, 1, 2, \cdots)$ で展開する．

$$\Psi_c^{(+)} = \sum_n \psi_n \chi_{\mathrm{A}n} \tag{9.2.65}$$

n は核の状態を表わすが，いまの場合その1つ1つが1つのチャネルに対応しているから，チャネルの表示と考えてもよい．ψ_n はそのチャネルの相対座標と核子のスピンの関数である．さて，$\{\chi_n\}$ を上に述べたようにして $\mathfrak{S}$ と $\mathfrak{W}$ に分ける．それに応じて $\mathfrak{S}$, $\mathfrak{W}$ への**射影演算子**(projection operator) P, Q を

$$P = \sum_{s\in\mathfrak{S}} |\chi_{\mathrm{A}s}\rangle\langle\chi_{\mathrm{A}s}|, \qquad Q = \sum_{w\in\mathfrak{W}} |\chi_{\mathrm{A}w}\rangle\langle\chi_{\mathrm{A}w}| \tag{9.2.66}$$

で定義する．すると

$$\Psi_c^{(+)} = (P+Q)\Psi_c^{(+)}, \qquad P\Psi_c^{(+)} = \sum_{s\in\mathfrak{S}} \psi_s\chi_s, \qquad Q\Psi_c^{(+)} = \sum_{w\in\mathfrak{W}} \psi_w\chi_w \tag{9.2.67}$$

である．P, Q は明らかに次式をみたす:

$$P+Q = 1, \qquad P^2 = P, \qquad Q^2 = Q, \qquad PQ = QP = 0 \tag{9.2.68}$$

我々の第1の目的は Schrödinger 方程式 $H\Psi_c^{(+)} = E\Psi_c^{(+)}$，すなわち

$$H(P+Q)\Psi_c^{(+)} = E(P+Q)\Psi_c^{(+)} \tag{9.2.69}$$

から $Q\Psi_c^{(+)}$ を消去して $P\Psi_c^{(+)}$ だけについての方程式を導くことである．そのために(9.2.69)の左から P をかけた式，Q をかけた式を書き下ろす：

$$(H_{PP}-E)P\Psi_c^{(+)} = -H_{PQ}Q\Psi_c^{(+)} \tag{9.2.70}$$

$$(H_{QQ}-E)Q\Psi_c^{(+)} = -H_{QP}P\Psi_c^{(+)} \tag{9.2.71}$$

ただし $H_{PP}=PHP$, $H_{PQ}=PHQ$, $H_{QQ}=QHQ$, $H_{QP}=QHP$ である．(9.2.71)を $Q\Psi_c^{(+)}$ について解けば，$Q\Psi_c^{(+)}$ には入射波がないから，

$$Q\Psi_c^{(+)} = \frac{1}{E-H_{QQ}+i\varepsilon}H_{QP}P\Psi_c^{(+)} \tag{9.2.72}$$

これを(9.2.70)に代入すると

$$\left(H_{PP}+H_{PQ}\frac{1}{E-H_{QQ}+i\varepsilon}H_{QP}-E\right)P\Psi_c^{(+)} = 0 \tag{9.2.73}$$

これが求める $P\Psi_c^{(+)}$ についての方程式である†．

(9.2.73)から ψ_s についての方程式を得るには(9.2.73)に(9.2.67)を代入し左側から χ_{As}^* をかけ内部座標について積分すればよい．

$$\langle\chi_{As}|H_{PP}|\chi_{As'}\rangle_{i_A} = \langle\chi_{As}|H|\chi_{As'}\rangle_{i_A} = \langle\chi_{As}|H_c|\chi_{As'}\rangle_{i_A}+\langle\chi_{As}|V_c|\chi_{As'}\rangle_{i_A} \tag{9.2.74}$$

に注意し，

$$\langle\chi_{As}|H_c|\chi_{As'}\rangle_{i_A} = \langle\chi_{As}|T_c+\frac{Z_aZ_Ae^2}{r_c}+H_A|\chi_{As'}\rangle_{i_A} = \left(T_c+\frac{Z_aZ_Ae^2}{r_c}+\epsilon_{As}\right)\delta_{s's} \tag{9.2.75}$$

を考慮する．ただし T_c は入射核子と核の相対運動エネルギー，ϵ_{As} は χ_{As} のエネルギー固有値：$H_A\chi_{As}=\epsilon_{As}\chi_{As}$ である．また $\langle\chi_{As}|\chi_{As'}\rangle_{i_A}=\delta_{ss'}$ を用いた．(9.2.75)を(9.2.73)に代入すると

$$(T_c+Z_aZ_Ae^2/r_c+v_{ss}-E_s)\psi_s = -\sum_{s'\neq s}v_{ss'}\psi_{s'} \tag{9.2.76}$$

を得る．ただし

$$E_s = E-\epsilon_{As} \tag{9.2.77}$$

$$v_{ss'} = \langle\chi_{As}|v|\chi_{As'}\rangle_{i_A} \tag{9.2.78}$$

---

† この消去法は Feshbach, H.: *Ann. Phys.*(*N. Y.*), **5**, 357(1958)；**19**, 287(1962)による．

$$v = V_c + V_c \frac{Q}{E - H_{QQ} + i\varepsilon} V_c \qquad (9.2.79)$$

である．(*9.2.76*)が求める方程式である．これは強く結合したチャネルの波動関数 $\{\psi_s\}$ についての連立方程式になっている．弱く結合したチャネルはすべて(*9.2.79*)右辺の第2項に繰り込まれてしまった．v はこの項のために一般に複雑な非局所演算子である．これを現象論的に比較的簡単な局所的ポテンシャルで置き換えられるとするのが CC の近似である．そのポテンシャルにはいくつかのパラメーターが入っていて，実験と理論とがもっともよく合うようにその値を決めることによって消去された $\mathfrak{W}$ の効果が取り入れられると考えるのである．v_{ss} は s チャネルでの歪曲ポテンシャル，$v_{ss'}$ $(s \neq s')$ が s と s' の結合ポテンシャルになる．

集団励起の場合 $v_{ss'}$ の具体的計算には§9.3(a)(i)で述べる巨視的理論を用いる．核の波動関数は(*9.3.1*)で与えられるから，(*9.2.78*)により

$$v_{ss'} = \langle f_s(\alpha) | U | f_{s'}(\alpha) \rangle \qquad (9.2.80)$$

$$U = \langle \Phi_0(\xi) | v | \Phi_0(\xi) \rangle \qquad (9.2.81)$$

が得られる．U は相対座標と入射核子のスピン座標 $\boldsymbol{i}_{\mathrm{a}}$ の複雑な関数で，一般には非局所的である．しかし(*9.2.81*)によると，これは有効相互作用 v を粒子運動について平均したものだから，それを現象論的に複素数の局所ポテンシャル

$$U = U(r\,;R) \qquad (9.2.82)$$

で置き換えてよいであろう．ポテンシャルの半径 R は，歪んだ核に対応するものだから，方向によって変化する．その角度依存性は(*9.3.2*)で与えられ，それに含まれる変形パラメーター $\{\alpha_{lm}\}$ が集団座標となる．したがって，

$$v_{ss'} = \langle f_s(\alpha) | U(r\,; R(\theta, \varphi)) | f_{s'}(\alpha) \rangle \qquad (9.2.83)$$

の形になる．ゆえに $v_{ss'}$ は U と $f_s, f_{s'}$ の具体的な形が与えられれば計算できる．それについては§9.3(a)(i)で説明する．かくして $v_{ss'}$ が求まると，$\{\psi_s\}$ についての連立方程式(*9.2.76*)の具体的な形が得られる．CC ではそれを正確に解く．これはチャネル s の数が少なければ数値的計算によって実行可能である．ψ_s に課される境界条件は漸近形が

$$\psi_c \sim \left(e^{i\boldsymbol{k}_c \cdot \boldsymbol{r}_c} + \frac{e^{ik_c r_c}}{r_c} f_{cc}(\Omega_c) \right) \frac{1}{(2\pi)^{3/2}} \qquad (c\text{: 入射チャネル}) \qquad (9.2.84)$$

$$\psi_s \sim \frac{e^{ik_s r_s}}{r_s} f_{sc}(\Omega_s) \frac{1}{(2\pi)^{3/2}} \qquad (s \neq c) \qquad (9.2.85)$$

であるということである．$f_{c'c}$ は散乱振幅で連立方程式を解くことによって求まる．断面積は

$$\frac{d\sigma_{c'c}}{d\Omega_{c'}} = \frac{v_{c'}}{v_c} |f_{c'c}(\Omega_{c'})|^2 \qquad (9.2.86)$$

で与えられる．

もし(9.2.76)の右辺でただ1つの項 s' が利くとし，$v_{ss'}$ について1次の摂動論で計算すれば，反応 $s \to s'$ に対する DWBA の散乱振幅が得られることは明らかであろう．この意味で DWBA は CC の近似と考えることができる．

以上は非弾性散乱に対する CC の概略である．CC はまた組替え反応に対しても重要な役割を果たすことがある．1つは先に述べた CCBA である．たとえば(p, t)（または(t, p)）反応のある場合には，p, t の入射，放出チャネルにそれぞれ核の1フォノン状態のチャネルが強く結合し歪曲波がその影響を強く受ける．この場合は各チャネルの歪曲波として CC の解を用いなければならない．それによって反応の前後でフォノン状態を経過する過程が取り入れられる．

CC が組替え反応で重要なもう1つの場合は，組替えチャネルそのもの同士が強く結合する場合である．たとえば(d, p)反応で d と p のチャネルが互いに強く結合すればそれに対しては CC を用いなければならない．またある種の(^{3}He, t)反応では ^{3}He→α→t なる過程が重要であることが知られている．もっともこの場合には ^{3}He と α，α と t のチャネル間の結合がそれほど強くはなく，2次の摂動論でも十分なようである．

組替えチャネル間に強い結合がある場合は，CC の連立方程式は(9.2.76)と異なり一般には微積分方程式となる．その理由はいわゆる**チャネルの非直交性**にある．たとえば A(d, p)B において，チャネル A+d で A と d が接近した配位と，B+p で B と p が接近した配位は互いに重なっている．それゆえこの2つのチャネルの波動関数は互いに直交しない．したがってこの場合には(9.2.75)に相当する式が $s \neq s'$ に対しても0でない値をもつことになる．非弾性散乱の場合にはこの意味でのチャネルの非直交性がないことは明らかであろう．

§9.3 軽イオン反応直接過程の各論

前節までに直接過程を概観し，その理論の概略を説明した．本節では軽イオン反応で観測されている幾つかの直接過程を取り上げて見てみよう．非弾性散乱と組替え反応とではいろいろな点で違いがあるので，以下それらを分けて議論する．

a) 非弾性散乱

非弾性散乱による単一状態の励起は核子, d, ^{3}He, α などを入射粒子としていろいろな核に対していろいろなエネルギーで観測されている．複合核過程の影響は低いエネルギー(数ないし十数 MeV)の核子で軽い($A \leq 30$)核を励起する場合にはかなり重要である．それ以外の場合は特別な場合を除いてあまり重要でない．

反応の様相は核の始，終状態に強く依存する．たとえば断面積の角分布や大きさは状態のスピン，パリティや，状態が集団状態か殻模型状態かによって著しく異なる．集団状態の励起の場合は，その遷移は γ 遷移の場合と同様に非常に強い．そのためその理論的取扱いは一般には DWBA では不十分で CC による計算が必要である．

非弾性散乱の直接過程の理論には大別して巨視的理論と微視的理論がある．巨視的理論は専ら集団励起に用いられ，第6章で論じられた集団運動の巨視的記述に対応するものである．反応は入射粒子と集団運動との相互作用，具体的には光学ポテンシャルの歪みによって引き起こされるとする．これに対して微視的理論はすべてを核内の個々の核子の状態の遷移で記述する．相互作用は入射粒子とこれらの核子の2体力の和であるとする．この理論は殻模型状態の励起に対しても，微視的波動関数が分かった集団状態の励起に対しても用いられる．

非弾性散乱の直接過程で最も早く研究がされ始めたのは集団励起状態の **Coulomb 励起**(Coulomb excitation)である．この過程は荷電入射粒子(p, α, 重いイオンなど)と核との Coulomb 相互作用によるもので，入射エネルギーが Coulomb 障壁以下のとき純粋な形で観測される．この過程の研究は原子核の集団模型の発展にとってきわめて重要な役割を果たしてきた．しかしそれについては文献†を参照して頂くことにし，ここではこれ以上議論しない．

核力の相互作用による非弾性散乱のうちまず観測されたのは集団運動状態の励

† Alder, K. & Winther, A. (ed.): *Coulomb Excitation*, Academic Press (1960).

起であり，これに対して巨視的理論による解釈が直ちに与えられた†．初期には平面波 Born 近似が用いられたが，それは DWBA，CC へと精密化された．微視的理論はそれより遅れて(p, p′)による ^{12}C の 2^+, 4.43 MeV 状態の励起の DWBA による解析††で本格的に始まった．その後，高エネルギー(≳100 MeV)(p, p′)による軽い核の励起の解析がいわゆる歪曲波インパルス近似によってなされかなりの成功を収めた．比較的最近になって数十 MeV 以下の(p, p′)による殻模型状態の励起の DWBA による解析，集団状態の励起の微視的理論による解析が行なわれ興味ある事実が明らかになってきている．

以下の各項では巨視的理論と微視的理論に分けて順を追って説明する．

(i) 集団励起の巨視的理論

核子または複合粒子が Coulomb 障壁より高いエネルギーで振動，回転などの集団励起状態をもつ核に入射すると，核力による相互作用によって核の集団状態を励起する．これを**集団励起**(collective excitation)と呼ぶ．

この反応の巨視的理論は第6章で展開された集団運動の巨視的記述をそのまま散乱問題に拡張したものである．偶-偶核の励起についてそれを説明しよう．まず核の波動関数には第6章で与えられた断熱近似による巨視的記述によるものを用いる．この近似では n 番目の状態の波動関数 $\chi_{\mathrm{A}n}$ は，

$$\chi_{\mathrm{A}n}=f_n(\alpha)\Phi_0(\xi) \tag{9.3.1}$$

の形に与えられる．ただし $f_n(\alpha)$ は集団運動の波動関数，α は集団座標である．また $\Phi_0(\xi)$ は粒子運動の波動関数で基底バンドの状態に対しては基底状態のそれと同一である．

入射粒子と集団運動の相互作用は，相対運動の1体ポテンシャル V_c が，核の集団運動によって変化することによって生ずると仮定する．これは奇核における芯外核子と芯の集団運動との相互作用と同様である．いま，V_c が Woods-Saxon 型のようにパラメーターとして半径 R を含むものとする．集団運動によって R が球形のときの値 R_0 から

---

† Hayakawa, S. & Yoshida, S.: *Progr. Theoret. Phys.*, **14**, 1(1955), Brink, D. M.: *Proc. Phys. Soc.*, **A68**, 994(1955).

†† Levinson, C. A. & Banerjee, M. K.: *Ann. Phys.*, **2**, 471(1957); **3**, 67(1958).

$$R=R(\theta,\varphi)=R_0(1+\sum_{lm}\alpha_{lm}Y_{lm}(\theta,\varphi)) \tag{9.3.2}$$

に変化したとしよう．ただし α_{lm} は変形を表わすパラメーター，(θ,φ) は空間に固定した座標系で測った方位角である．この変化に伴う V_c の変化は，

$$\hat{V}_c(\boldsymbol{r})=V_c(r,R(\theta,\varphi))-V_c(r,R_0) \tag{9.3.3}$$

である．これが求める相互作用のポテンシャルである．$\hat{V}_c$ のもう1つの求め方は V_c の変化を，等ポテンシャル面の変化から計算する方法である．変形によって点 $\boldsymbol{r}'$ が $\boldsymbol{r}$ に移り，等ポテンシャル面もそれにつれて移動したとする．すなわち新しいポテンシャルを V_c' とすると，

$$V_c'(\boldsymbol{r})=V_c(\boldsymbol{r}') \tag{9.3.4}$$

ゆえに元との差は

$$\hat{V}_c(\boldsymbol{r})=V_c'(\boldsymbol{r})-V_c(\boldsymbol{r})=V_c(\boldsymbol{r}')-V_c(\boldsymbol{r}) \tag{9.3.5}$$

V_c が球対称，$V_c=V_c(r)$，である場合，等ポテンシャル面の変化が，n を定数として，

$$r=nr'(1+\sum_{lm}\alpha_{lm}Y_{lm}(\theta,\varphi)) \tag{9.3.6}$$

で与えられるとすると

$$\hat{V}_c(\boldsymbol{r})=\hat{V}_c(r,\theta,\varphi)=V_c(\frac{r}{n}(1-\sum_{lm}\alpha_{lm}Y_{lm}(\theta,\varphi)^{-1})-V_c(r) \tag{9.3.7}$$

この場合，核の非圧縮性を考えると等ポテンシャル面で囲まれた体積は変形によって変わらないと考えるのが合理的である．この条件は

$$n^3\int\frac{r'^3}{3}(1+\sum_{lm}\alpha_{lm}Y_{lm}(\theta,\varphi))^3d\Omega=\frac{4\pi}{3}r'^3 \tag{9.3.8}$$

でこれから n が定まる．(9.3.3), (9.3.7) が求める $\hat{V}_c$ である．

励起される集団状態には振動準位と回転準位とがある．振動準位の場合には変形は微小で $|\alpha_{lm}|\ll 1$ だから，(9.3.3) は

$$\hat{V}_c=R_0\left[\frac{dV_c}{dR}\right]_{R=R_0}\sum_{lm}\alpha_{lm}Y_{lm}(\theta,\varphi)+\frac{R_0{}^2}{2!}\left[\frac{d^2V_c}{dR^2}\right]_{R=R_0}(\sum_{lm}\alpha_{lm}Y_{lm}(\theta,\varphi))^2+\cdots \tag{9.3.9}$$

のように展開できる．集団運動の巨視的理論では α_{lm} は角運動量 l，その z 成分 m のフォノンの生成，消滅演算子 b_{lm}^*, b_{lm} によって

$$\alpha_{lm}=\hat{l}^{-1}\beta_l(b_{lm}+(-1)^m b_{l-m}^*) \qquad (9.3.10)$$

で与えられるとする．β_l は**変形のパラメーター**と呼ばれ，表面振動の振幅の大きさを表わす．(9.3.10)を(9.3.9)に入れれば右辺第1項はフォノン1個の生成，消滅の，第2項は同じく2個の生成，消滅の演算子である．このようにして $\hat{V}_c$ によって核にフォノンが励起されることになる．

反応の遷移行列は β_l が小さければ $\hat{V}_c$ を摂動とするDWBAによって計算することができる．$\hat{V}_c$ の行列要素は b_{l-m}^* の核の2つの状態 $\chi_{AI_A\nu_A}, \chi_{AI_B\nu_B}$ 間の行列要素によって与えられる．例として角運動量 l の1フォノン状態が励起される場合をとると，

$$\langle\chi_{AI_B\nu_B}|b_{l-m}^*|\chi_{AI_A\nu_A}\rangle=(I_A\nu_A l-m|I_B\nu_B) \qquad (9.3.11)$$

である．

とくに偶-偶核に対しては $I_A=\nu_A=0$ であるからこの右辺は $\delta_{lI_B}\delta_{-m\nu_B}$ となる．この場合の形状因子はもし V_c がスピンに依存しなければ $s=0$ であるから(9.2.38)，(9.2.39)，(9.2.41)および(9.3.9)，(9.3.11)から

$$F_{c'c}=i^{-l}f_{l0l,m}(r)=R_0\left[\frac{dV_c}{dR}\right]_{R=R_0}\beta_l\hat{l}^{-1}Y_{lm}^*(\Omega)\,\delta_{\nu_a\nu_b}\delta_{m,-\nu_B} \qquad (9.3.12)$$

となる．DWBAの断面積は(9.2.42)～(9.2.44)より

$$\frac{d\sigma_{c'c}}{d\Omega_{c'}}=\left(\frac{\mu_c}{2\pi\hbar^2}\right)^2\frac{k_{c'}}{k_c}\frac{\beta_l^2}{\hat{l}^2}\sum_m|J_{c'c}{}^{l,m}|^2 \qquad (9.3.13)$$

$$J_{c'c}{}^{l,m}=i^l(2\pi)^3\langle\hat{\varphi}_{c'}{}^{(-)}|R_0\left[\frac{dV_c}{dR}\right]_{R=R_0}Y_{lm}^*(\Omega)|\hat{\varphi}_c{}^{(+)}\rangle \qquad (9.3.14)$$

で与えられる．角分布は $J_{c'c}{}^{l,m}$ が決定する．これは l に強く依存する関数である．したがって理論と実験の角分布を比べることによって l すなわちフォノンの角運動量を決めることができる．理論と実験の角分布を合わすことができれば次にはその絶対値から β_l をきめることができる．図9.4はそのような理論と実験の比較の一例である．^{60}Ni(p, p′)^{60}Ni* で1.36 MeVおよび4.05 MeVの準位を励起した場合でそれぞれ $l=2$ および3に対して非常に良い一致を示している．歪曲ポテンシャルには弾性散乱から得られた光学ポテンシャルを，また V_c には

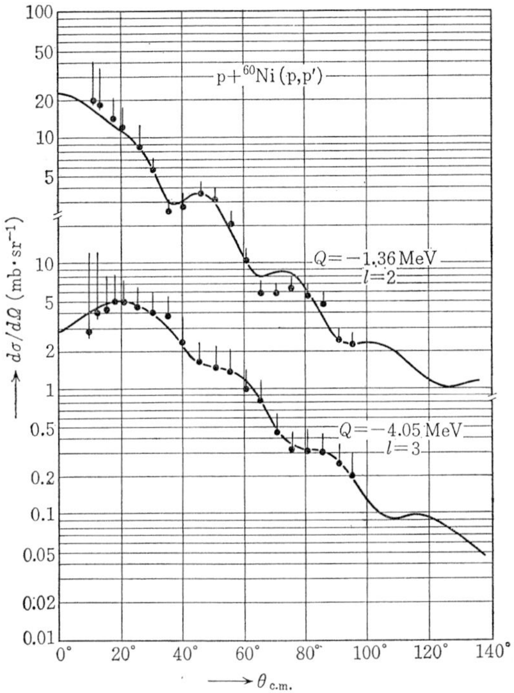

図 9.4 ^{60}Ni(p, p′)^{60}Ni*(2^+, 1.36 MeV ; 3^-, 4.05 MeV), E_p=40 MeV の微分断面積. 黒丸は実験値, 実線は複素形状因子を用いた DWBA 理論による計算値(Fricke, M. P. & Satchler, G. R.: *Phys. Rev.*, **139**, 567 (1965) による)

その実部を用いている．得られた β_l の値 $\beta_2=0.22$, $\beta_3=0.17$ は，他の実験(Coulomb 励起)から得られた値とよく合っている．

次に 2 フォノンの励起について見てみよう．例として(p, p′)で ^{62}Ni の 0^+(2.05 MeV), 2^+(2.30 MeV), 4^+(2.34 MeV) を励起する場合をみる．第 1 励起状態は 2^+(1.17 MeV)でこの準位の励起は 1 フォノン励起としてよく説明される．したがっていま考えている $0^+, 2^+, 4^+$ の組は 2 フォノンの 3 つ組準位と考えて良いであろう．2 つのフォノンを励起することは 1 次の摂動論でも(*9.3.9*)の右辺第 2 項によって許される．しかし第 1 項の 2 次の摂動によっても可能である．そのどちらがより重要かは計算してみなければ判らない．

これを計算するには CC を用いる．この場合強く結合するチャネルには問題にしている $0^+, 2^+, 4^+$ 状態と 2^+ の1フォノン状態が考えられる．図9.5はこのような計算の結果を示す．理論と実験との一致は良好である．この場合2つのフォノ

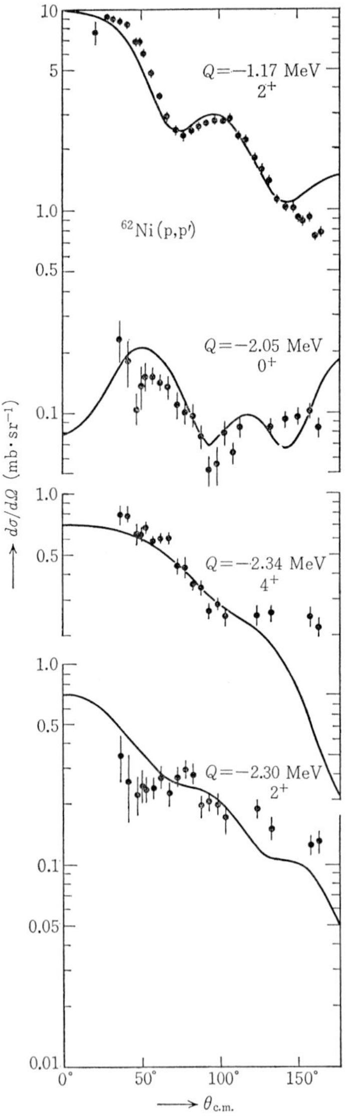

図9.5　^{62}Ni(p,p′)^{62}Ni*(2^+, 1.17 MeV; 0^+, 2.05 MeV; 2^+, 2.30 MeV; 4^+, 2.34 MeV), E_p=11 MeV の微分断面積．黒丸は実験値，実線は CC による計算値(Tamura, T.: *Revs. Modern Phys.*, 37, 679 (1965) による)

ンを次々励起する過程の方が(*9.3.9*)の右辺第2項の1次の摂動による寄与よりはるかに重要であることが判った．このCCの計算では強く結合したチャネルがすべてフォノン状態であるから，$v_{ss'}$ は(*9.3.9*)に(*9.3.10*)，(*9.3.11*)を用いて計算すると β_l についての1次の項までをとる近似で

$$v_{ss'}=V_c(r,R_0)\delta_{ss'}+\beta_l\hat{l}^{-1}R_0\left[\frac{dV_c}{dR}\right]_{R=R_0}\sum_{lm}(I_{s'}\nu_{s'}l-m|I_s\nu_s)(-1)^m Y_{lm}(\Omega) \tag{9.3.15}$$

になる．ただし (I_s,ν_s)，$(I_{s'},\nu_{s'})$ は状態 s, s' の核のスピンとその z 成分である．

CC法による解析のもう1つの例として図9.6を掲げておこう．これは50 MeVの α 粒子によって希土類偶-偶核の回転準位，すなわち基底 $0^+, 2^+, 4^+, 6^+, 8^+$，を励起する過程に対する角分布である．計算はこれらを完全な回転準位とし，α と核との相互作用は(*9.3.3*)で与えられると仮定して行なったものである．

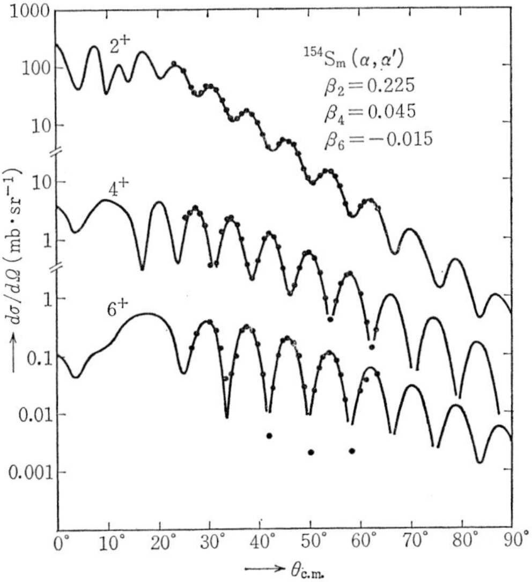

図9.6　直接反応の角分布の'干渉縞模様'．^{154}Sm$(\alpha,\alpha')^{154}$Sm$^*(2^+,4^+,6^+)$，E_α=50 MeV の例 (Hendrie, D. L. *et al.*: *Phys. Letters*, **26B**, 127 (1968))

この場合には変形が小さくないから(*9.3.9*)のような展開はもはや許されない．このときは球面調和関数による展開を用いるのが便利である．まず核の対称軸の方向に z' 軸をもつ，核に固定した座標系で測った方向を Ω' とすると，

$$V_c(r, R(\Omega')) = \sum_l \hat{V}_{cl}(r) Y_{l0}(\Omega') \qquad (9.3.16)$$

の形の展開が成立する．座標系をこの座標系から空間に固定した座標系に移すと

$$V_c(r, R(\Omega')) = \sum_{lm} \hat{V}_{cl}(r) D_{0m}{}^{*l}(\mathfrak{R}) Y_{lm}(\Omega) \qquad (9.3.17)$$

ただし，Ω は空間固定座標で測った角度，$\mathfrak{R}$ は空間固定座標軸を核に固定した座標軸にもたらすために必要な回転を表わす．V_c の核についての行列要素は(9.3.17)を回転状態の波動関数ではさみ $\mathfrak{R}$ で積分することによって得られる．この解析では l として 6 までの値をとっている．したがって，

$$R(\Omega) = R_0(1+\beta_2 Y_{20}(\Omega')+\beta_4 Y_{40}(\Omega')+\beta_6 Y_{60}(\Omega')) \qquad (9.3.18)$$

の形をしている．理論の角分布は歪曲ポテンシャルと $\beta_2, \beta_4, \beta_6$ のパラメーターの値によって定まる．それが 0^+ (弾性散乱)，$2^+, 4^+, 6^+$ の励起の角分布に合うようにパラメーターの値を決めるわけである．そのようにして決められた $\beta_2, \beta_4, \beta_6$ の値が図中に書き込んである．これらの値はこの解析で始めて確定的に得られたものである．

このようにして CC は集団励起の記述に大きな成功を収めている．一方，DWBA も 1 フォノン状態の励起に対して良い結果を与えている．ではこれら 2 つの近似の間の関係はどうなっているのであろうか．既に述べたように DWBA は CC を 1 次の摂動論で解いた形になっている．したがってもしチャネル間の結合が非常に弱ければ CC の答は DWBA と一致する．結合が強くなったときどうなるかが問題である．これを知るには実際に同じ過程の断面積を CC と DWBA で計算して両者を比べてみればよい．そのような‘数値実験’は ^{48}Ti, ^{54}Fe に対する (p, p′) で 1 フォノン状態と仮定した第 1 励起 2^+ 準位が励起される場合について行なわれた．基底状態とこの状態のみが強く結合するとしてこの反応の断面積を CC と DWBA で計算するのである．入射エネルギー 10～22 MeV に対して行なわれた計算の結果によると，歪曲ポテンシャルが同一の場合 $\beta \lesssim 0.2$ では両者は一致するが，β がそれを超すと CC の断面積はほぼ β に比例するのに DWBA は β^2 に比例し，後者の方が大きくなる．すなわち数学的に 1 次の摂動論が良いのは $\beta \lesssim 0.2$ の範囲ということになる．

しかし，このことは必ずしも DWBA が $\beta \gtrsim 0.2$ で良くないということを意味

しない．その理由は，この場合の CC の計算に用いた歪曲ポテンシャルが β が大きくなるに従って不適当なものになるからである．歪曲ポテンシャルには DWBA のそれと等しく弾性散乱の解析から得られた光学ポテンシャルを用いている．しかし β が大きくなると CC で計算された弾性散乱の断面積は光学模型によるもの(すなわちチャネルの結合がないとしたもの)から大きくずれる．すなわち実験に合わないことになる．これを補正するには歪曲ポテンシャルを β と共に変えねばならない．

このことの効果を数値的に簡単にみるために，逆に歪曲ポテンシャルを一定にとった CC の答えを弾性散乱の実験値に見立て，β の各値毎にそれに合う光学ポテンシャルを自働探索し，それを歪曲ポテンシャルとして DWBA の計算がなされた．その結果は CC の答えと非常によく一致した．これは CC の効果が歪曲ポテンシャルの中に繰り込まれてしまったことを意味する．現実の場合は CC の歪曲ポテンシャルを β 毎に調節して弾性散乱に合わせるのであるが，そのときの非弾性散乱の計算値は DWBA と一致しているはずである．かくして結果的には DWBA はこの場合良いということになる．なお，歪曲ポテンシャルの調節は主にその虚数部に変化をもたらし，DWBA の方が CC より大きな虚数部を必要とすることが見出された．これは，その虚数部の増加が結合したチャネルへの波束の流れを表わすものと考えれば極めて自然に理解できる．

(ii) 非弾性散乱の微視的理論

非弾性散乱の巨視的理論が集団運動の巨視的模型によって反応を記述しようとするのに対して，微視的理論では反応を体系の構成核子の運動とそれらの間の相互作用によって説明しようとする．この場合重要なのは核の波動関数と反応を引き起こす有効相互作用についての知識である．

核の波動関数については殻模型，集団運動の微視的記述などによってかなりのことが判っている．しかしこれらは主に核の静的な性質，電磁遷移などから得られた知識なので核反応に対して果して有効か否かは確かめる必要がある．有効相互作用については反応そのものの解析からそれを知るほかない．それが核子-核子間の 2 体相互作用の和であると考えるのは合理的である．しかしその 2 体相互作用が自由空間中でのそれと同じか，あるいは核内ではそれと異なるかというようなことは反応の解析によって始めて明らかになるものである．以後簡単のために核子の非弾性散乱を例にとりDWBAによって議論をすすめる．この場合DWBAの妥当性はまだ確立したとはいい難い．しかし殻模型状態間の遷移のような比較的弱い遷移に対しては良い近似と考えられる．集団励起の場合には疑問が残るが，(i)で述べたCCとDWBAの等価性はDWBAの応用を支持するものと考えられる．しかしなお研究の余地があることはいうまでもない．

反対称化を考慮したDWBAのT行列は

$$\mathcal{T}_{c'c}{}^{\mathrm{DWBA}}=\sum_P(-1)^P\langle\hat{\phi}_{c'}{}^{(-)}|\hat{V}_{c'}|P\hat{\phi}_c{}^{(+)}\rangle \tag{9.3.19}$$

で与えられる(第7章)．ただし

$$\hat{\phi}_c{}^{(+)}=\hat{\varphi}_c{}^{(+)}\chi_{\mathrm{a}}\chi_{\mathrm{A}},\qquad \hat{\phi}_{c'}{}^{(-)}=\hat{\varphi}_{c'}{}^{(-)}\chi_{\mathrm{a}}\chi_{\mathrm{A^*}}. \tag{9.3.20}$$

ただしA^*はAの励起状態を表わす．Pは入射核子と核内核子の置換の演算子である．$\hat{V}_{c'}$は入射核子aと核内核子$i=1\sim A$の2体相互作用によって

$$\hat{V}_{c'}=\sum_{i\in A}v_{i\mathrm{a}}-U_{\mathrm{a}} \tag{9.3.21}$$

の形に与えられると仮定する．U_{a}はaに対する歪曲ポテンシャルである．U_{a}はチャネル，粒子番号に対して対角的であるから$\mathcal{T}_{c'c}{}^{\mathrm{DWBA}}$の中の行列要素は0である．ゆえに

$$\mathcal{T}_{c'c}{}^{\mathrm{DWBA}}=T_{c'c}{}^{\mathrm{dir}}+T_{c'c}{}^{\mathrm{ex}} \tag{9.3.22}$$

ただし

$$T_{c'c}{}^{\mathrm{dir}}=\langle\hat{\varphi}_{c'}{}^{(-)}\chi_{\mathrm{a}}\chi_{\mathrm{A^*}}|\sum_{i\in A}v_{i\mathrm{a}}|\hat{\varphi}_c{}^{(+)}\chi_{\mathrm{a}}\chi_{\mathrm{A}}\rangle \tag{9.3.23}$$

$$T_{c'c}{}^{\mathrm{ex}}=\sum_{P\neq1}(-1)^P\langle\hat{\varphi}_{c'}{}^{(-)}\chi_{\mathrm{a}}\chi_{\mathrm{A^*}}|\sum_{i\in A}v_{ia}|P\hat{\varphi}_c{}^{(+)}\chi_{\mathrm{a}}\chi_{\mathrm{A}}\rangle \tag{9.3.24}$$

$T_{c'c}{}^{\mathrm{dir}}$を**直接項**，$T_{c'c}{}^{\mathrm{ex}}$を**交換項**という．

直観的にいうと直接項は入射核子が核を励起してそのまま飛び出してくる過程，すなわち我々がふつう非弾性散乱と呼んでいるものに対応する．これに対して交換項は入射粒子と異なる粒子が放出される過程に対応するので一種の組替え反応である．この過程を**交換過程**ともまた**ノック・オン**(knock on)**過程**とも呼ぶ．ノック・オンとは入射粒子が核内核子の1つを叩き出すという意味である．直接項も交換項も核内核子について1体の演算子の行列要素になっている．したがって2つ以上の核内核子が状態を変えることはできない．

さて，直接項は交換項にくらべて機構的に簡単であるばかりでなく計算もはるかに容易である．なぜなら直接項は

$$T_{c'c}{}^{\mathrm{dir}} = \langle \hat{\varphi}_{c'}{}^{(-)}(\boldsymbol{r})|F_{c'c}(\boldsymbol{r})|\hat{\varphi}_{c}{}^{(+)}(\boldsymbol{r})\rangle_{\boldsymbol{r}} \tag{9.3.25}$$

$$F_{c'c}(\boldsymbol{r}) = \langle \chi_{\mathrm{a}}\chi_{\mathrm{A}^*}|\sum_i v_{i\mathrm{a}}|\chi_{\mathrm{a}}\chi_{\mathrm{A}}\rangle \tag{9.3.26}$$

のように0レンジDWBAの形に書けるのに反し，交換項は $\hat{\varphi}_{c'}{}^{(-)}$ と $P\hat{\varphi}_{c}{}^{(+)}$ とで相対座標が異なるから有限レンジのDWBAの計算をしなければならないからである．直接項は散乱角が小さい場合には多くの場合(後述参照)交換項にくらべてはるかに大きいことが知られている．そこでまずこの項を検討してみよう．

(*9.3.26*)の右辺を計算するには有効相互作用 $v_{i\mathrm{a}}$ の知識が必要である．しかしこれは既に述べたようによく判らない．これは逆に反応の解析を通じて決定されねばならない．そこでそれは自由空間での2体力と余りひどくは違わないであろうという予想のもとに実験を最もよく説明するように試行錯誤的に探索する．

簡単な $v_{i\mathrm{a}}$ の例として

$$v_{i\mathrm{a}} = -V_0[a_0+a_1\boldsymbol{\sigma}_i\cdot\boldsymbol{\sigma}_{\mathrm{a}}]g(|\boldsymbol{r}_i-\boldsymbol{r}_{\mathrm{a}}|) \tag{9.3.27}$$

の形を仮定しよう．ここに，V_0 はポテンシャルの強さ，$a_s\,(s=0,1)$ はスピン依存力の混りを表わすパラメーター，$g(\rho)$ は距離依存性を表わす $\rho\equiv|\boldsymbol{r}_i-\boldsymbol{r}_{\mathrm{a}}|$ の関数である．a_s は

$$a_0+a_1 = 1$$

を満たすものとしておく．

形状因子を計算するには，(*9.3.27*)を r_i, r_{a} とスピン・角変数 $(\Omega_i, \boldsymbol{\sigma}_i)$, $(\Omega_{\mathrm{a}}, \boldsymbol{\sigma}_{\mathrm{a}})$ の関数に分けてしまうのが便利である．それには，$g(\rho)$ を

$$g(\rho) = 4\pi\sum_{lm} g_l(r_i, r_{\mathrm{a}})\,Y_{lm}(\Omega_i)\,Y_{lm}{}^*(\Omega_{\mathrm{a}}) \tag{9.3.28}$$

のように展開する．この $Y_{lm}(\Omega_{\mathrm{a}})$ と $1, \boldsymbol{\sigma}_{\mathrm{a}}$ を組み合わせて，球面テンソル

$$T_{lsj,\mu}(\Omega_{\mathrm{a}}, \boldsymbol{\sigma}_{\mathrm{a}}) = \sum_{m\nu}(lms\nu|j\mu)i^l\,Y_{lm}(\Omega_{\mathrm{a}})S_{s\nu}(\boldsymbol{\sigma}_{\mathrm{a}}) \tag{9.3.29}$$

を作る．ここに $S_{00}=1, S_{1\nu}=\sigma_\nu$ である．同様に $(\Omega_i, \boldsymbol{\sigma}_i)$ に対しても $T_{lsj,\mu}(\Omega_i, \boldsymbol{\sigma}_i)$ を定義することができる．そうすると $v_{i\mathrm{a}}$ は次の形になることは容易にわかる．

$$v_{ia}=\sum_{lsj\mu}(-1)^{j-\mu}V_{lsj,\mu}(\boldsymbol{r}_i,\,r_a)\,T_{lsj,-\mu}(\Omega_a,\,\boldsymbol{\sigma}_a) \tag{9.3.30}$$

ただし

$$V_{lsj,\mu}(\boldsymbol{r}_i,\,r_a)=-(-1)^s4\pi V_0a_sg_l(r_i,\,r_a)\,T_{lsj,\mu}(\Omega_i,\,\boldsymbol{\sigma}_i) \tag{9.3.31}$$

(9.3.30)を用いて形状因子を計算すれば，

$$\begin{aligned}F_{c'c}&=\langle I_{A'}\nu_{A'},\,I_a\nu_{a'}|\,\hat{V}_{c'}|I_A\nu_A,\,I_a\nu_a\rangle\\&=\sum_{lsj\mu m\nu}i^{-l}(I_A\nu_Aj\mu|I_{A'}\nu_{A'})(lms\nu|j\mu)(I_a\nu_{a'}s\nu|I_a\nu_a)B_{lsj,m}\end{aligned} \tag{9.3.32}$$

ここに

$$B_{lsj,m}=(-1)^s(I_{A'}\|\sum_i V_{lsj}\|I_A)(I_a\|S_s\|I_a)(\hat{I}_{A'}\hat{I}_a)^{-1}Y_{lm}{}^*(\Omega_a) \tag{9.3.33}$$

核子が入射する時は $I_a=1/2$ で，

$$(I_a\|S_s\|I_a)=\begin{cases}\sqrt{2} & (s=0)\\ \sqrt{6} & (s=1)\end{cases}$$

である．

遷移が軌道(nlj)から$(n'l'j')$へ起こる場合には

$$(I_{A'}\|\sum_i V_{lsj}\|I_A)=-(-1)^s4\pi V_0a_s(I_{A'}\|\sum_i T_{lsj}(\Omega_i,\,\boldsymbol{\sigma}_i)\|I_A)I_l(r_a) \tag{9.3.34}$$

の形になる．ただし，

$$I_l(r_a)=\int R_{n'l'j'}(r_i)g_l(r_i,\,r_a)R_{nlj}(r_i)r_i{}^2dr_i \tag{9.3.35}$$

は動径積分と呼ばれるものである．ここに $R_{nlj}(r_i)$, $R_{n'l'j'}(r_i)$ はそれぞれの軌道の動径関数である．これらはたとえば Woods-Saxon 型ポテンシャル内の解として与えられる．$g_l(r_i,\,r_a)$ は $g(\rho)$ が与えられれば

$$g_l(r_i,\,r_a)=\frac{1}{2}\int_{-1}^{1}g(\sqrt{r_i{}^2+r_a{}^2-2r_ir_ax}\,)P_l(x)dx$$

から計算される．$I_l(r_a)$ はこれらを用いて数値的に計算される．

$(I_{A'}\|\sum_i T_{lsj}\|I_A)$ は核の始，終状態の波動関数による．$|I_A\rangle$, $|I_{A'}\rangle$ が共に1粒子状態であるときは

$$(j_1'\|\sum_i T_{lsj}\|j_1)=\hat{j}\hat{j}_1\hat{j}_1'(l_1'\|i^l Y_l\|l_1)\left(\frac{1}{2}\middle\|S_s\middle\|\frac{1}{2}\right)\begin{Bmatrix} l_1' & \frac{1}{2} & j_1' \\ l_1 & \frac{1}{2} & j_1 \\ l & s & j \end{Bmatrix}$$

また，同種2粒子状態$(j_1j_2)_J$, $(j_1'j_2)_{J'}$である場合は

$$(j_1'j_2J'\|\sum_i T_{lsj}\|j_1j_2J)$$
$$=(-1)^{J'-j_1-j_2-j}\sqrt{(1+\delta_{j_1j_2})(1+\delta_{j_1'j_2})}(j_1'\|T_{lsj}\|j_1)\hat{J}\hat{J}'W(j_1Jj_1'J';j_2j)$$

となる．

以上で形状因子の計算ができる．後はこれを用いてDWBAの計算をすればよい．実際にこのような手順で15～25 MeVの(p, p′)による簡単な殻模型状態間の遷移の解析が行なわれた．選ばれたのは^{18}O, ^{50}Ti, ^{90,92,94}Zrの2粒子状態または2空孔状態間の遷移：$(j^{\pm2})_0\to(j^{\pm2})_{2^+,4^+,6^+}$, ^{54}Fe, ^{89}Yb, ^{208}Pbの1粒子1空孔状態，1粒子3空孔状態への遷移，^{52}Crの$(f_{7/2}{}^4)_0\to(f_{7/2}{}^3, p_{3/2})_{2^+}$の遷移などである†．その結果判ったことは，(1) 角分布はv_{ia}をレンジ1 fmの湯川型とすると大体よく説明される．しかし，(2) 断面積の大きさを説明するにはV_0を～200 MeVとしなければならない．(3) $a_1 \lesssim a_0/4$である，などである．

この結果は，v_{ia}が自由な2体の核力と比べると著しく強いことを示す．このような強い核力は，生の核力ではもちろんのこと2体散乱のt行列(第8章)を用いても，また核物質中での有効相互作用をとっても説明がつかない．

そこで，果して上に述べたような簡単なDWBAの解析が正しかったのかという疑問が生ずる．まず検討しなければならないのは反応に閉殻の芯が全く寄与しないという仮定である．実際には閉殻といっても完全に‘固い’ということはありえない．芯外核子との残留相互作用によってわずかにではあるが崩れているはずである．その崩れた成分を通じて芯もv_{ia}の行列要素に寄与しうる．これはちょうどγ遷移において同様な寄与が有効電荷の形で行列要素に寄与したのと同様である．この効果は**芯の偏極**(core polarization)と呼ばれる．

芯の偏極の効果を取り入れるには次のようにするのが便利である．殻模型のハ

† Satchler, G. R.: *Nuclear Phys.*, **A95**, 1(1967).

ミルトニアンを H_0，芯外核子と芯との残留相互作用を V とすると，核のある状態 $|\alpha\rangle$ は V についての1次の摂動論で

$$|\alpha\rangle = |\alpha^{(0)}\rangle + \sum_{\gamma\neq\alpha} |\gamma^{(0)}\rangle\langle\gamma^{(0)}|V|\alpha^{(0)}\rangle(E_\alpha - E_\gamma)^{-1} \qquad (9.3.36)$$

と表わされる．ただし $|\alpha^{(0)}\rangle, |\gamma^{(0)}\rangle$ などは H_0 の固有値 E_α, E_γ などの固有状態である．(9.3.36)を核の始状態 $|i\rangle$ と終状態 $|f\rangle$ について使うと，

$$\langle f|\hat{V}_{c'}|i\rangle = \langle f^{(0)}|\hat{v}_{c'}|i^{(0)}\rangle \qquad (9.3.37)$$

ただし

$$\hat{v}_{c'} = [1 + \sum_{\gamma_f\neq f}(E_f - E_{\gamma f})^{-1}|\gamma_f{}^{(0)}\rangle\langle\gamma_f{}^{(0)}|V]^\dagger \hat{V}_{c'}[1 + \sum_{\gamma_i\neq i}(E_i - E_{\gamma i})^{-1}|\gamma_i{}^{(0)}\rangle\langle\gamma_i{}^{(0)}|V] \qquad (9.3.38)$$

$|i^{(0)}\rangle, |f^{(0)}\rangle$ が先の DWBA で用いた単純な殻模型の波動関数である．(9.3.37)は，このときには有効相互作用は $\hat{V}_{c'}$ ではなくて(9.3.38)で与えられる $\hat{v}_{c'}$ としなければならないことを示す．V による芯の偏極の効果は［　］中の第2項に含まれている．各 $|\gamma_i{}^{(0)}\rangle, |\gamma_f{}^{(0)}\rangle$ は一般に芯が励起した配位をもった状態である．(9.3.38)の右辺はこのような配位をもった多数の γ についての和から成っており，その各項は小さいが γ_i, γ_f についての和は必ずしも小さいとはいえない．いま簡単のために多くの γ の効果が1つの 2^l 極の集団励起状態によって置き換えられるものと仮定しよう．そのエネルギーを $\hbar\omega_l$ とすると

$$E_f - E_\gamma = E_f - E_i - \hbar\omega_l, \qquad E_i - E_\gamma = E_i - E_f - \hbar\omega_l \qquad (9.3.39)$$

ゆえに

$$\hat{v}_{c'} = \hat{V}_{c'} + \frac{2\hbar\omega_l}{Q^2 - (\hbar\omega_l)^2} V_{\mathrm{pc}}{}^\dagger \hat{V}_{\mathrm{ac}} \qquad (9.3.40)$$

ただし $Q = E_f - E_i$，また V_{pc} は芯外核子と芯との相互作用，$\hat{V}_{\mathrm{ac}}$ は入射粒子と芯との相互作用である．(9.3.40)を導くには(9.3.38)の $V, \hat{V}_{c'}$ の中で $V_{\mathrm{pc}}, \hat{V}_{\mathrm{ac}}$ のみが利くとし，$V_{\mathrm{pc}} = V_{\mathrm{pc}}{}^\dagger$ であることを用いた．$V_{\mathrm{pc}}, \hat{V}_{\mathrm{ac}}$ は粒子と集団運動の相互作用だから，集団運動にフォノン模型を用いると

$$\hat{V}_{\mathrm{ac}} = -k_{\mathrm{a}}(r_c)\sum_{lm}\alpha_{lm}Y_{lm}(\Omega_c), \qquad V_{\mathrm{pc}} = -\sum_i k(r_i)\sum_{lm}\alpha_{lm}Y_{lm}(\Omega_i) \qquad (9.3.41)$$

の形をしている．これを(9.3.40)に代入し，$V_{\mathrm{pc}}\hat{V}_{\mathrm{ac}}$ がスカラーになるという条件をつけると，

$$\left.\begin{aligned} \hat{v}_{c'} &= \hat{V}_{c'}+\Delta\hat{V}_{c'} \\ \Delta\hat{V}_{c'} &= k_{\mathrm{a}}(r_c)\sum_i k(r_i)\sum_{lm} y_l(Q)\,Y_{lm}(\Omega_c)\,Y_{lm}{}^*(\Omega_i) \\ y_l(Q) &= \frac{2\hbar\omega_l}{[Q^2-(\hbar\omega_l)^2]}|\alpha_{lm}|^2 = \frac{(\hbar\omega_l)^2}{c_l[Q^2-(\hbar\omega_l)^2]} \end{aligned}\right\} \quad (9.3.42)$$

ただし，c_l は慣性パラメーターである．これで，芯の偏極を考慮に入れた場合の有効相互作用の変化が判った．これを用いて実際に計算した例を図9.7に示す．この図でDと書いたのは $\hat{V}_{c'}$ のみによる断面積，Cと書いたのは $\Delta\hat{V}_{c'}$ のみによるもの，C+Dが $\hat{v}_{c'}$ によるものである．この計算では k_{a}, k などの強さは対応する γ 遷移の $B(\mathrm{E2})$ から求めた有効荷電の実測値を用いてきめてある．この図から $\Delta\hat{V}_{c'}$ の効果は非常に大きく，最初に仮定した芯の寄与がないということ

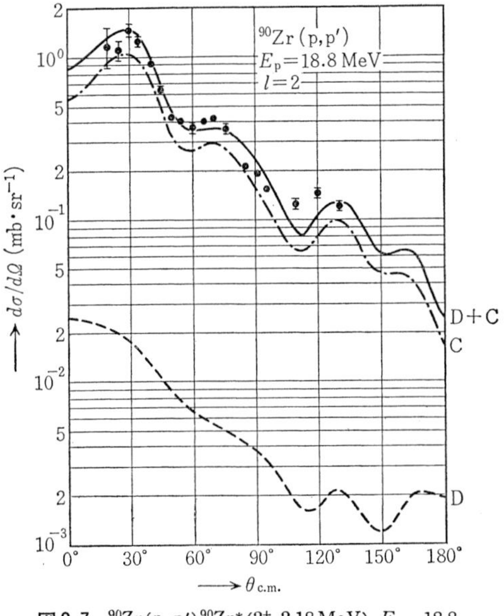

図9.7 ^{90}Zr(p, p′)^{90}Zr*(2$^+$, 2.18 MeV), E_{p}=18.8 MeV の微分断面積．黒丸は実験値，曲線はDWBAによる理論値．C, D, C+D の意味については本文参照(Love, W. G. & Satchler, G. R.: *Nuclear Phys.*, **A159**, 1(1970)による)

が全く誤りであったことが判る．したがって，2体の有効相互作用をこの過程から研究するには芯の偏極の効果を慎重に考慮しなければならない．

以上が直接項についての研究の概略である．では交換項については如何であろうか．図9.8にその例を示す．これは $^{90}Zr(p, p')^{90}Zr^*$ および $^{92}Zr(p, p')^{92}Zr^*$ で $[(1g_{9/2})_p{}^2]_J$ および $[(2d_{5/2})_n{}^2]_J$ 状態が励起される場合について通常の直接過程のみとしたときの断面積 σ_D と，交換過程のみとした時のそれ σ_{ex} の比 σ_{ex}/σ_D を J の関数として描いたものである．図から明らかなようにこの比は J が大きくなると急激に1より大きくなり 18.8 MeV では $J=8$ に対して実に35に達する．$J=4$ に対してさえ 2～6 である．61.4 MeV ではこの比は減少はするがそれでも到底無視することはできない．

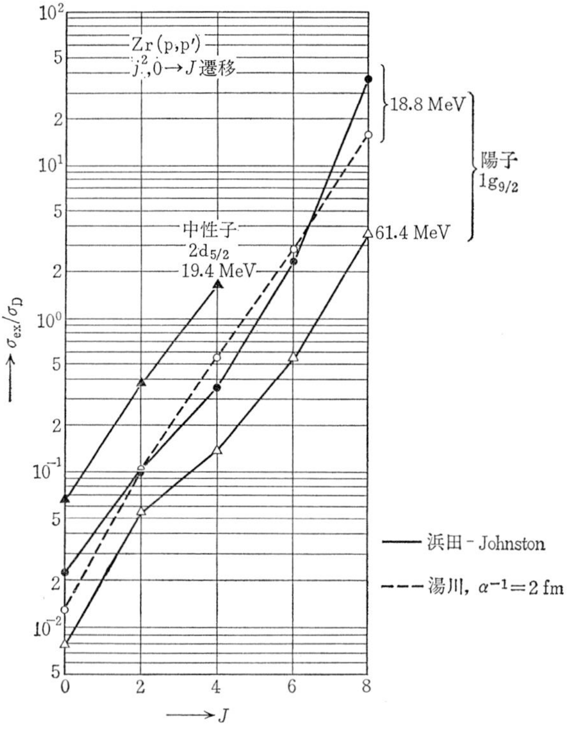

図9.8　Zr(p, p′)Zr* における交換過程の効果 (Love, W. G. *et al.*: *Phys. Letters*, **29B**, 478(1969)による)

以上述べた芯の偏極と交換過程の存在は，殻模型状態間の遷移から有効相互作用を決定することを著しく困難にする．多くの場合芯の偏極による散乱が圧倒的に大きく有効相互作用による違いを隠してしまう．その芯の偏極の効果を微視的に取り扱うことは困難で現在までのところ成功しているとはいい難い．有効相互作用としては Blatt-Jackson のポテンシャル，浜田-Johnston のポテンシャルに Moszkowski-Scott の方法(第3章)を適用して相互作用の長距離部分を取り出したものが比較的良い結果を与えている．

集団励起の微視的理論はこれにくらべてある程度の成功を収めているといって良いであろう．最も良い例が $^{40}Ca(p, p')^{40}Ca^*(3^-, 3.74\,MeV)$ の場合で図9.9にその結果を示す．波動関数には RPA 法によって計算されたものを用い，有効相互作用には Blatt-Jackson のポテンシャルを使っている．交換過程は考慮されて

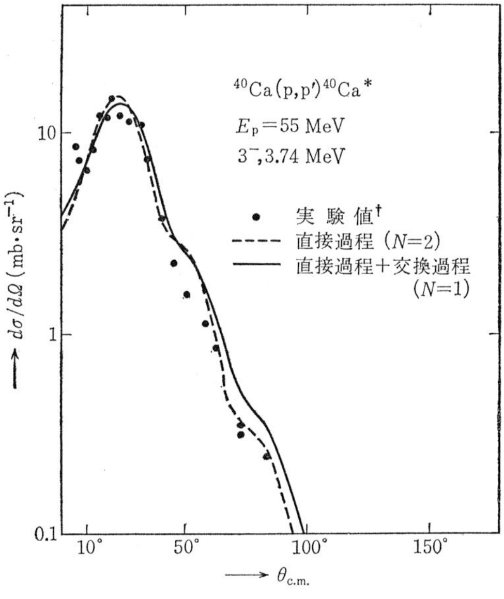

図9.9 $^{40}Ca(p, p')^{40}Ca^*$ による集団励起 3^-, 3.74 MeV 状態の励起．曲線は RPA 波動関数を用いた DWBA の理論値．N は実験値の理論値に対する比 (Schaeffer, R.: *Nuclear Phys.*, **A132**, 186 (1969)；† Yagi, K. *et al.*: *Phys. Letters*, **10**, 186 (1964) による)

いる．断面積の角分布ばかりでなく絶対値もよく合っていることは注目すべきである．もし交換過程を無視すると計算値は実験値の 1/2〜1/3 になってしまう．この効果が極めて重要なことが判るであろう．同様な計算は ^{12}C の $2^+, 3^-$，^{60}Ni の $2^+, 3^-$ などに対しても行なわれている．一般に 3^- に対しては良い結果が得られているが 2^+ に対しては不満足な結果しか得られていない．

b) 移行反応

移行反応(transfer reaction)とは何個かの核子が入射粒子から標的核へ，あるいはその逆の方向へ移行する反応である．移行する粒子が n 個であるものを n 核子移行反応という．この定義の中には非弾性散乱の交換過程も含まれるが，この章ではそれを除外し入射粒子と放出粒子が異なるものだけを取り扱う．

移行反応は核反応の中でごく普通に観測されるもので，実験的，理論的研究が進んでいる．歴史的にも低エネルギーの直接過程としては最も早く発見された．特に S. T. Butler による重陽子のストリッピングの理論は単一状態を励起する直接過程の理論としては最初のものであり，これによって反応機構と核の構造との間の関連が初めて明瞭になった．直接過程の核分光学はここに始まったといってよいであろう．移行反応の研究は 1 核子移行反応から始まり，2 核子，4 核子と研究が進められており，かなりのことが判っているが未知のことも多い．

移行反応の研究は核構造の解明の有力な手段である．それはこれによって標的核に何個かの粒子が付け加わったり，または逆にそれから何個かの粒子が取り去られたりするのを観測することができるからである．その反応の断面積，偏極，分解能などの量の大きさ，角分布などは移行する粒子が核内でどのような状態にあるかに強く依存する．したがって反応の解析からその状態，ひいてはそれを含む核の構造についての情報を得ることができる．

移行反応を理論的観点から見た場合，摂動論(DWBA または CCBA)が良い近似であるならばその機構は，移行する粒子の種類と，その移行を引き起こす相互作用 V とで決まる．それは次の 5 種類に大別される†．以下粒子 α と β の相互作用ポテンシャルを $V_{\alpha\beta}$ と書く．また粒子 z が x と y から成るとき，それを z(x+y) のように表わす．また $U_{c'}$ で c' チャネルの歪曲ポテンシャルを表わす．

† この分類は Austern, N.: *Direct Nuclear Reaction Theories*(巻末文献参照)による．

(A)　ストリッピング(stripping)

$$\mathrm{A+a(b+x)} \longrightarrow \mathrm{b+B(A+x)} \qquad (9.3.43)$$

の型の反応である((9.2.30)参照)．a の一部 x が A によって‘はぎとられる’．相互作用は post form の DWBA (§9.2)では

$$V = V_{\mathrm{bB}} - U_{c'} \qquad (9.3.44)$$

(B)　ピック・アップ(pick up)

ストリッピングの逆過程である．(9.3.43)の矢印を ← で置き換えたもので表わされる．B の一部 x が b によって‘つまみ上げられる’．この過程の計算には普通 prior form の摂動論が用いられる．したがって相互作用は(9.3.44)の右辺と同じである．

(C)　ノック・オン(knock on)

$$\mathrm{A(C+b)+a} \longrightarrow \mathrm{b+B(C+a)} \qquad (9.3.45)$$

a によって A 内の b が叩き出され，代りに a が‘芯’C に束縛されて B を作る．相互作用は

$$V = V_{\mathrm{ba}} \qquad (9.3.46)$$

この過程の逆過程もまたノック・オンである．

(D)　重粒子ストリッピング(heavy particle stripping)

$$\mathrm{A(C+b)+a} \longrightarrow \mathrm{b+B(C+a)} \qquad (9.3.47)$$

(9.3.43)の a の代りに A がストリッピングを起こす過程である．すなわち A 中の C が a によってはぎとられる．相互作用は

$$V = V_{\mathrm{bC}} \qquad (9.3.48)$$

である．

(E)　歪曲ポテンシャル交換(distorting potential exchange)**過程**

$$\mathrm{A(C+b)+a} \longrightarrow \mathrm{b+B(C+a)} \qquad (9.3.49)$$

b が歪曲ポテンシャル $U_{c'}$ によって A の中から飛び出し a は C に捕捉されて B を作る．

$$V = U_{c'}$$

これらの中で(C)～(E)は(A)を反対称化したときに現われる．実際(A)～(E)の反応式はすべて

$$\mathrm{A(C+b)+a(b+x)} \longrightarrow \mathrm{b+B(C+b+x)} \qquad (9.3.50)$$

の形に書くことができる．反対称化したDWBAの T 行列要素 $\mathcal{T}_{c'c}{}^{\mathrm{DWBA}}$ は次式で与えられる．

$$\mathcal{T}_{c'c}{}^{\mathrm{DWBA}} = \sum_{P} (-1)^{P} \langle \hat{\varphi}_{c'}{}^{(-)} \chi_{\mathrm{b}} \chi_{\mathrm{B}} | V_{\mathrm{bB}} - U_{c'} | P \varphi_{c}{}^{(+)} \chi_{\mathrm{a}} \chi_{\mathrm{A}} \rangle \quad (9.3.51)$$

ここに P は A と a の間での核子の交換の演算子である．したがって(*9.3.51*)の右辺の各項で $\chi_{\mathrm{b}}\chi_{\mathrm{B}}$ と $P\chi_{\mathrm{a}}\chi_{\mathrm{A}}$ の粒子の対応関係には次のような場合がある：

（イ）(放出粒子 b)＝(a 内の b)，(B 内の b)＝(A 内の b)

（ロ）(放出粒子 b)＝(A 内の b)，(B 内の b)＝(a 内の b)

（ハ）（イ），（ロ）の何れでもない．

ただし＝はその両辺の粒子を構成する核子が同一であることを表わす．

（イ）が(A)に対応していることは明らかであろう．この場合(*9.3.51*)は(*9.3.44*)そのものである．（ロ）は(C)～(E)に対応する．この場合(*9.3.51*)中の相互作用は

$$\hat{V}_{c'} = V_{\mathrm{ba}} + V_{\mathrm{bC}} - U_{c'} \quad (9.3.52)$$

と書ける．この右辺の各項がそれぞれ(C)，(D)，(E)に対応しているのである．（ハ）に対応するものは(A)～(E)の何れにも入らない．これは入射粒子と標的それぞれの一部が合わさって放出粒子を形成する過程である．これも移行反応の1つの機構であるが，その研究はほとんど行なわれていない．

(D)，(E)の機構ではaに対して何の相互作用も働かないことに注意されたい．このような粒子を**傍観者**(spectator)と呼ぶことがある．これらの機構では傍観者aは，何の相互作用も受けることなしに，入射粒子の状態から，Cに束縛された状態へと大きな状態の変化を受ける．このようなことはCが非常に大きい場合には極めて起こり難い．実際もしCが無限に大きくA＝C+b≈Cと考えてよいとすると，aに働く歪曲ポテンシャルはCによって作られると考えて良いであろう．B＝C+a内でaが受けるポテンシャルも同じである．したがって，aは同一ポテンシャル内の連続状態と束縛状態という互いに直交する2つの状態間を何らの相互作用を受けることなく遷移せねばならない．このようなことは不可能である．実際にはCは有限であるからaの歪曲ポテンシャルとB中でaが受ける束縛ポテンシャルとは異なるから，この過程の遷移行列は0にはならない．特にbが大きい場合にそうである．しかし一般にそれは(A)の行列要素が大きいと

ころでは無視してよいと考えられる．

ノック・オン過程については(D), (E)のような事情は存在しない．しかし V_{ba} を決定するのが一般には容易でないので，あまり研究が進んでいない．ただし非弾性散乱においては，(a)項で見たように，この過程は極めて重要である．以下この項ではストリッピングおよびピック・アップ過程についてくわしく述べることにする．

ストリッピングの DWBA-T 行列要素は(9.3.51)で P が a 内の b を変えない場合に対応する．この場合には交換は B の構成粒子相互間のみで行なわれる．しかるに χ_{B} は反対称化されている(§9.2)からこのような項はすべて等しく，その和は各項の項数倍，すなわち $\binom{N_{\mathrm{B}}}{N_{\mathrm{x}}}$ 倍である．ゆえに

$$\mathcal{T}_{c'c}{}^{\mathrm{DWBA}}=\binom{N_{\mathrm{B}}}{N_{\mathrm{x}}}T_{c'c}{}^{\mathrm{DWBA}} \tag{9.3.53}$$

ただし $T_{c'c}{}^{\mathrm{DWBA}}$ は反対称化を考えないときの T 行列で§9.2で計算されたものである．歪曲ポテンシャルのスピン-軌道結合を無視する近似では次式で与えられる．

$$T_{c'c}{}^{\mathrm{DWBA}}=J\langle\hat{\varphi}_{c'}{}^{(-)}|F_{c'c}|\varphi_c{}^{(+)}\rangle \tag{9.3.54}$$

ここに J は(9.2.33)で与えられる変換のヤコビアン，$F_{c'c}$ は形状因子で

$$F_{c'c}=\langle\chi_{\mathrm{b}}\chi_{\mathrm{B}}|V_{\mathrm{bx}}+V_{\mathrm{bA}}-U_{c'}|\chi_{\mathrm{a}}\chi_{\mathrm{A}}\rangle_{i_{\mathrm{b}}i_{\mathrm{x}}i_{\mathrm{A}}} \tag{9.3.55}$$

で与えられる．

通常 DWBA 理論では(9.3.55)を

$$F_{c'c}=\langle\chi_{\mathrm{b}}\chi_{\mathrm{B}}|V_{\mathrm{bx}}|\chi_{\mathrm{a}}\chi_{\mathrm{A}}\rangle_{i_{\mathrm{b}}i_{\mathrm{x}}i_{\mathrm{A}}} \tag{9.3.56}$$

で近似する．この近似は $A\gg x$ のとき良い近似と考えられている．その理由は次のとおりである．V_{bA} は b と残留核 B の‘芯’A 全体との相互作用である．この相互作用で最も強く引き起こされるのは b の A による弾性散乱である．一方 $U_{c'}$ は b の B による弾性散乱をよく記述するポテンシャルである．もし $A\gg x$ なら $A\approx B$ であるからこれら2つの弾性散乱は似かよっている．したがって V_{bA} と $-U_{c'}$ は効果的に打ち消し合うと考えて良いであろう．ゆえに(9.3.55)で $V_{\mathrm{bA}}-U_{c'}$ を省略して(9.3.56)を得るのである．$U_{c'}$ と V_{bA} の主な違いは $U_{c'}$ の中には A による散乱のほかに x による散乱も含まれていることである．これは V_{bx} による弾性散乱に他ならない．上の近似の補正を考える場合にはまずこ

の項を吟味する必要がある．以下の議論はすべて(*9.3.56*)を基礎として行なう．以下移行反応の種類に分けて議論をする．

(i) 1核子移行ストリッピング，ピック・アップ

話を具体的にするために(d, p)反応を例にとって形状因子(*9.3.56*)を計算する．この場合には，いうまでもなく a=d, b=p, x=n である．$V_{\rm bx}$ については

$$V_{\rm bx} = V_{\rm np}(r_{\rm np}) \tag{9.3.57}$$

を仮定する．実際の n-p 間の力にはスピン依存性があり，またテンソル力，スピン-軌道結合がある．スピン依存性は以下の計算を本質的に全く変更することなく取り入れることができる．スピン-軌道結合の影響は無視してよい．テンソル力は重陽子に d 状態をもたらすが，その効果は移行角運動量 l が大きい($l\geqq 3$)場合かなり重要であることが知られている．これを取り入れると計算はやや複雑である．

(*9.3.57*)の近似のもとでは $V_{\rm np}$ は $\boldsymbol{i}_{\rm A}, \boldsymbol{i}_{\rm n}, \boldsymbol{i}_{\rm p}$ によらないから

$$F_{\rm pd} = V_{\rm np}(r_{\rm np})\langle\phi_{\rm nA}|\phi_{\rm np}\rangle_{\boldsymbol{i}_{\rm n}} \tag{9.3.58}$$

ただし

$$\phi_{\rm nA} = \langle\chi_{\rm A}|\chi_{\rm B}\rangle_{\boldsymbol{i}_{\rm A}} \tag{9.3.59}$$

$$\phi_{\rm np} = \langle\chi_{\rm p}|\chi_{\rm d}\rangle_{\boldsymbol{i}_{\rm p}} \tag{9.3.60}$$

$\phi_{\rm nA}$ は $\chi_{\rm A}$ と $\chi_{\rm B}$ の重なりの積分であるが普通 'n の波動関数' と呼ばれている．これは $\chi_{\rm B}$ の中で '芯' A が $\chi_{\rm A}$ の状態にある確率振幅である．それは n と A の相対座標 $\boldsymbol{r}_{\rm nA}$ と n のスピン座標 $\boldsymbol{i}_{\rm n}$ の関数で，A がこの状態にあるとき，n の A のまわりの運動を記述する．同様に $\phi_{\rm np}$ は 'd の中の n の波動関数' である．(*9.3.58*)は n がこれら 2 つの状態間を移行することを表わしている．

$\phi_{\rm nA}$ の具体的な形を求めるために $\chi_{\rm B}$ を A の状態で cfp 展開(§3.5)する：

$$\chi_{{\rm B}I_{\rm B}\nu_{\rm B}} = \sum_{\alpha\gamma lj} c(\alpha,\gamma lj) \sum_{\nu_{\rm A}{}^{(\alpha)}\mu} (I_{\rm A}{}^{(\alpha)}\nu_{\rm A}{}^{(\alpha)} j\mu|I_{\rm B}\nu_{\rm B})\,\phi_{\gamma lj,\mu}{}^{(\alpha)}(\boldsymbol{r}_{\rm nA},\boldsymbol{i}_{\rm n})\,\chi_{{\rm A}I_{\rm A}{}^{(\alpha)}\nu_{\rm A}{}^{(\alpha)}}{}^{(\alpha)} \tag{9.3.61}$$

ここに $\chi_{{\rm A}I_{\rm A}{}^{(\alpha)}\nu_{\rm A}{}^{(\alpha)}}{}^{(\alpha)}$ は A の α 番目の固有状態の反対称化，規格化された波動関数で角運動量 $\boldsymbol{I}_{\rm A}{}^{(\alpha)}$ の大きさ $I_{\rm A}{}^{(\alpha)}$，z 成分 $\nu_{\rm A}{}^{(\alpha)}$ の固有関数である．$\phi_{\gamma lj,\mu}{}^{(\alpha)}(\boldsymbol{r}_{\rm nA}, \boldsymbol{i}_{\rm n})$ は $\chi_{\rm A}{}^{(\alpha)}$ に対応する 'n の波動関数' で軌道角運動量の大きさ l，全角運動量 $\boldsymbol{j}$ の大きさ j，z 成分 μ の固有関数である．γ は (lj,μ) 以外の量子数を表わす．

$\phi_{\gamma lj,\mu}{}^{(\alpha)}$ は

$$\langle\phi_{\gamma lj,\mu}{}^{(\alpha)}|\phi_{\gamma lj,\mu}{}^{(\alpha)}\rangle=1 \tag{9.3.62}$$

で規格化されているものとする．$c(\alpha,\gamma lj)$ は展開係数で

$$\sum_{\alpha\gamma lj}|c(\alpha,\gamma lj)|^2=1 \tag{9.3.63}$$

を満たす．

A の基底状態を $\alpha=0$ とすれば $\chi_A=\chi_A{}^{(0)}$ であるから，(9.3.59) と (9.3.61) から，

$$\phi_{nA}=\sum_{\gamma lj\mu}c(0,\gamma lj)(I_A\nu_A j\mu|I_B\nu_B)\phi_{\gamma lj,\mu}{}^{(0)} \tag{9.3.64}$$

これが求める ϕ_{nA} の表式である．

一方，ϕ_{np} についても，

$$\chi_{d1\nu_d}=\varphi_d(\boldsymbol{r}_{np})[\chi_{\frac{1}{2}}(\boldsymbol{i}_n)\times\chi_{\frac{1}{2}}(\boldsymbol{i}_p)]_{1\nu_d} \tag{9.3.65}$$

とすると

$$\phi_{np}=\langle\chi_{\frac{1}{2}\nu_p}(\boldsymbol{i}_p)|\chi_d\rangle_{\boldsymbol{i}_n}=\left(\frac{1}{2}\nu_p\frac{1}{2}\nu_n\middle|1\nu_d\right)\varphi_d(\boldsymbol{r}_{np})\chi_{\frac{1}{2}\nu_n}(\boldsymbol{i}_n) \tag{9.3.66}$$

となる．

さて，F_{pd} は (9.3.64) と (9.3.66) を (9.3.58) に代入して求まる．その際 $\langle\phi_{\gamma lj,\mu}{}^{(0)}(\boldsymbol{r}_{nA},\boldsymbol{i}_n)|\chi_{\frac{1}{2}\nu_n}(\boldsymbol{i}_n)\rangle_{\boldsymbol{i}_n}$ が現われるが，これは $\phi_{\gamma lj,\mu}{}^{(0)}$ を

$$\phi_{\gamma lj,\mu}{}^{(0)}(\boldsymbol{r}_{nA},\boldsymbol{i}_n)=\sum_{m\nu_n}\left(lm\frac{1}{2}\nu_n\middle|j\mu\right)R_{\gamma lj}(r_{nA})\,Y_{lm}(\Omega_{nA})\chi_{\frac{1}{2}\nu_n}(\boldsymbol{i}_n) \tag{9.3.67}$$

のように展開しておけば直ちに計算できる．(9.3.67) で $R_{\gamma lj}(r_{nA})$ は $\phi_{\gamma lj,\mu}{}^{(0)}$ の動径部分で

$$\int_0^\infty R_{\gamma lj}{}^2(r)r^2dr=1 \tag{9.3.68}$$

で規格化されている．(9.3.67) を用いると，

$$F_{pd}=\sum_{\substack{\gamma lj\\ m\nu_n\mu}}(I_A\nu_A j\mu|I_B\nu_B)\left(\frac{1}{2}\nu_p\frac{1}{2}\nu_n\middle|1\nu_d\right)\left(lm\frac{1}{2}\nu_n\middle|j\mu\right)V_{np}(\boldsymbol{r}_{np})\varphi_d(\boldsymbol{r}_{np})$$
$$\times c^*(0,\gamma lj)R_{\gamma lj}{}^*(r_{nA})\,Y_{lm}{}^*(\Omega_{nA}) \tag{9.3.69}$$

である．これが(d, p)反応のストリッピング過程の形状因子である．(9. 2. 34)によれば $\boldsymbol{r}_{\mathrm{np}}, \boldsymbol{r}_{\mathrm{nA}}$ は d, p チャネルの相対座標 $\boldsymbol{r}_{\mathrm{d}}, \boldsymbol{r}_{\mathrm{p}}$ によって

$$\boldsymbol{r}_{\mathrm{np}} = -\frac{2B}{B+1}\left(\boldsymbol{r}_{\mathrm{p}}-\frac{A}{B}\boldsymbol{r}_{\mathrm{d}}\right), \qquad \boldsymbol{r}_{\mathrm{nA}} = -\frac{B}{B+1}(\boldsymbol{r}_{\mathrm{p}}-2\boldsymbol{r}_{\mathrm{d}}) \qquad (9.3.70)$$

で与えられるから，(9. 3. 58)の右辺は $\boldsymbol{r}_{\mathrm{d}}, \boldsymbol{r}_{\mathrm{p}}$ の関数となる．(9. 3. 69)と(9. 2. 39)，(9. 2. 41)を比較すると，

$$f_{lsj,m}(\boldsymbol{r}_c, \boldsymbol{r}_{c'}) = i^l V_{\mathrm{np}}(\boldsymbol{r}_{\mathrm{np}})\varphi_{\mathrm{d}}(\boldsymbol{r}_{\mathrm{np}})R_{\gamma lj}{}^*(r_{\mathrm{nA}})Y_{lm}{}^*(\Omega_{\mathrm{nA}}) \qquad (9.3.71)$$

$$A_{lsj} = c^*(0, \gamma lj) \qquad (9.3.72)$$

が得られる．

$V_{\mathrm{np}}\varphi_{\mathrm{d}}$ は φ_{d} の満たす Schrödinger 方程式から

$$V_{\mathrm{np}}\varphi_{\mathrm{d}} = \frac{\hbar^2}{m}(\Delta-\kappa^2)\varphi_{\mathrm{d}} \qquad (9.3.73)$$

のように変形することができる．ただし $\hbar^2\kappa^2/m$ は d の結合エネルギー，m は核子の質量である．(9. 3. 73)を用いれば V_{np} の直接の知識がなくても $V_{\mathrm{np}}\varphi_{\mathrm{d}}$ を計算することができる．φ_{d} は D 状態を無視すると

$$\varphi_{\mathrm{d}}(\boldsymbol{r}) = N\frac{u(r)}{\sqrt{4\pi}r} \qquad (9.3.74)$$

の形をしている．N は規格化定数で $u(r)$ が $r\to\infty$ のとき $e^{-\kappa r}$ になるとした場合に

$$N = \left(\frac{2\kappa}{1-\kappa r_{\mathrm{t}}}\right)^{1/2} = 0.876 \quad (\mathrm{fm}^{-1/2}) \qquad (9.3.75)$$

で与えられる．ただし r_{t} は核力の 3 重 s 状態の有効到達距離である．$u(r)/r$ としてよく使われるのは Hulthén 型

$$\frac{u(r)}{r} = \frac{e^{-\kappa r}-e^{-\beta r}}{r} \qquad (9.3.76)$$

である．κ, β の値はそれぞれ 0.23 fm^{-1}, 1.6 fm^{-1} である．

0 レンジの近似では

$$V_{\mathrm{np}}\varphi_{\mathrm{d}}(\boldsymbol{r}_{\mathrm{np}}) \approx -D\delta(\boldsymbol{r}_{\mathrm{np}}) \qquad (9.3.77)$$

とおく．このとき(9. 3. 73)の解は正確に $Ne^{-\kappa r}/r$ となる．したがって(9. 3. 73)と(9. 3. 77)を比べると

$$D=\frac{\sqrt{4\pi}N\hbar^2}{m}=129\ \mathrm{MeV\cdot fm^{3/2}} \tag{9.3.78}$$

となる．(*9.3.70*)を(*9.3.77*)に用いると

$$V_{\mathrm{np}}\varphi_{\mathrm{d}}(\boldsymbol{r}_{\mathrm{np}})=-J^{-1}D\delta\left(\boldsymbol{r}_{\mathrm{p}}-\frac{A}{B}\boldsymbol{r}_{\mathrm{d}}\right) \tag{9.3.79}$$

ただし

$$J=\left(\frac{2B}{B+1}\right)^3 \tag{9.3.80}$$

これを(*9.3.71*)に代入すると，(*9.2.52*), (*9.2.53*)に対応して

$$f_{lsj,m}(\boldsymbol{r}_{\mathrm{p}},\boldsymbol{r}_{\mathrm{d}})=J^{-1}f_{lsj,m}(\boldsymbol{r}_{\mathrm{d}})\delta\left(\boldsymbol{r}_{\mathrm{p}}-\frac{A}{B}\boldsymbol{r}_{\mathrm{d}}\right) \tag{9.3.81}$$

$$f_{lsj,m}(\boldsymbol{r})=i^l g^{lsj}(r)\,Y_{lm}{}^*(\Omega) \tag{9.3.82}$$

$$g^{lsj}(r)=-DR_{\gamma lj}(r) \tag{9.3.83}$$

が得られる．したがって形状因子は‘n の波動関数’の動径部分 $R_{\gamma lj}(r_{\mathrm{d}})$ に比例することになる．

$R_{\gamma lj}(r)$ の計算には**分離エネルギーの方法**(separation energy method, SE と略す)が非常によく使われる．この方法では $R_{\gamma lj}(r)$ を適当な1体ポテンシャル $U_{\mathrm{n}}(r,lj)$ の中の束縛状態の波動関数で近似できると仮定する．U_{n} は A の n におよぼす作用を現象論的に表わすもので，普通 Woods-Saxon 型の中心力と Thomas 型のスピン-軌道力からなると仮定し，そのパラメーター(普通は中心力の深さ)を調節して与えられた γlj 軌道のエネルギー固有値が実測される n の B からの分離エネルギー ϵ_{n} に等しくなるようにする．

SE は χ_{B} に1粒子模型 $\chi_{\mathrm{B}}\approx\chi_{\mathrm{A}}\phi_{\mathrm{nA}}$ が成り立つときには明らかに良い近似である．この場合 $R_{\gamma lj}(r)$ は ϕ_{nA} の動径部分に相当する．しかしそれ以外の場合に SE が良い近似か否かは自明ではない．この点を確かめるには一般の場合について ϕ_{nA} を計算してみる必要がある．それには $\chi_{\mathrm{A}},\chi_{\mathrm{B}}$ の知識が必要であるがこれは構造論的研究から殻模型，集団模型などのような模型波動関数の形で与えられる．いまそれを $\varphi_{\mathrm{A}},\varphi_{\mathrm{B}}$ と書くことにしよう．さて，ϕ_{nA} を $\varphi_{\mathrm{A}},\varphi_{\mathrm{B}}$ から計算するには(*9.3.59*)を $\langle\chi_{\mathrm{A}}|\chi_{\mathrm{B}}\rangle_{i_{\mathrm{A}}}\approx\langle\varphi_{\mathrm{A}}|\varphi_{\mathrm{B}}\rangle_{i_{\mathrm{A}}}$ で近似すれば良いはずであるが，実際にはそれでは不十分である．その理由は，$\varphi_{\mathrm{A}},\varphi_{\mathrm{B}}$ が普通，核の内部では良い近似で

あっても核表面より外側の領域(単に**外側の領域**と呼ぼう)で非常に不正確だからである．たとえば動径関数が調和振動子型であったりするのはその典型的な例である．したがって上のようにして計算した ϕ_{nA} は外側の領域で極めて不正確なものになる．ところが DWBA の計算で重要なのはまさにこの領域での ϕ_{nA} の値である．

この困難を避けるには直接(9.3.59)を用いずに，たとえば $H_{\mathrm{B}}\chi_{\mathrm{B}}=\epsilon_{\mathrm{B}}\chi_{\mathrm{B}}$, $H_{\mathrm{B}}=H_{\mathrm{A}}+T_{\mathrm{nA}}+V_{\mathrm{nA}}$, $H_{\mathrm{A}}\chi_{\mathrm{A}}=\epsilon_{\mathrm{A}}\chi_{\mathrm{A}}$ と(9.3.59)から直ちに得られる

$$\phi_{\mathrm{nA}}=\langle\chi_{\mathrm{A}}|\chi_{\mathrm{B}}\rangle_{i_{\mathrm{A}}}=\langle\chi_{\mathrm{A}}|\frac{1}{\epsilon_{\mathrm{B}}-H_{\mathrm{A}}-T_{\mathrm{nA}}}V_{\mathrm{nA}}|\chi_{\mathrm{B}}\rangle_{i_{\mathrm{B}}}=\frac{1}{\epsilon_{\mathrm{n}}-T_{\mathrm{nA}}}\langle\chi_{\mathrm{A}}|\chi_{\mathrm{B}}\rangle_{i_{\mathrm{A}}}$$

を用いればよい．ただし T_{nA}, V_{nA} は n と A の相対運動の運動エネルギーおよび相互作用ポテンシャルである．また $\epsilon_{\mathrm{n}}=\epsilon_{\mathrm{B}}-\epsilon_{\mathrm{A}}$ を用いた．上式の右辺で V_{nA} は核の内部でだけ大きな値をもつから，$\varphi_{\mathrm{A}}, \varphi_{\mathrm{B}}$ が核の内部で $\chi_{\mathrm{A}}, \chi_{\mathrm{B}}$ の良い近似であれば，たとえ外側の領域で不正確であっても $\langle\chi_{\mathrm{A}}|V_{\mathrm{nA}}|\chi_{\mathrm{B}}\rangle_{i_{\mathrm{A}}}\approx\langle\varphi_{\mathrm{A}}|V_{\mathrm{nA}}|\varphi_{\mathrm{B}}\rangle_{i_{\mathrm{A}}}$ が成り立つ．したがって

$$\phi_{\mathrm{nA}}\approx\frac{1}{\epsilon_{\mathrm{n}}-T_{\mathrm{nA}}}\langle\varphi_{\mathrm{A}}|V_{\mathrm{nA}}|\varphi_{\mathrm{B}}\rangle_{i_{\mathrm{A}}}$$

である．これが ϕ_{nA} の $\langle\varphi_{\mathrm{A}}|\varphi_{\mathrm{B}}\rangle_{i_{\mathrm{A}}}$ にかわる近似である．$\varphi_{\mathrm{A}}, \varphi_{\mathrm{B}}$ と V_{nA} が与えられれば $\langle\varphi_{\mathrm{A}}|V_{\mathrm{nA}}|\varphi_{\mathrm{B}}\rangle_{i_{\mathrm{A}}}$ の計算は困難ではない．またこの近似で計算された ϕ_{nA} は $\varphi_{\mathrm{A}}, \varphi_{\mathrm{B}}$ の如何によらず常に正しい漸近形をもつ．なぜなら Green 関数 $1/(\epsilon_{\mathrm{n}}-T_{\mathrm{nA}})$ の座標表示は

$$\langle\boldsymbol{r}|\frac{1}{\epsilon_{\mathrm{n}}-T_{\mathrm{nA}}}|\boldsymbol{r}'\rangle=-\frac{1}{4\pi}\frac{2\mu_{\mathrm{nA}}}{\hbar^2}\frac{e^{-\kappa_{\mathrm{n}}|\boldsymbol{r}'-\boldsymbol{r}|}}{|\boldsymbol{r}'-\boldsymbol{r}|}$$

であり，その $r\to\infty$ での漸近形は $e^{-\kappa_{\mathrm{n}}r}/r$ に比例する正しい形をしているからである．ただし $\kappa_{\mathrm{n}}=\sqrt{\dfrac{2\mu_{\mathrm{nA}}\epsilon_{\mathrm{n}}}{\hbar^2}}$ である．

ϕ_{nA} を $\varphi_{\mathrm{A}}, \varphi_{\mathrm{B}}$ から計算する方法はこのほかにもいろいろ提案されている．最も一般的なのは $H_{\mathrm{B}}\chi_{\mathrm{B}}=\epsilon_{\mathrm{B}}\chi_{\mathrm{B}}$ に(9.3.61)を代入して $c(\alpha,\gamma lj)\phi_{\gamma lj,\mu}{}^{(\alpha)}$ $(\alpha=0,1,\cdots)$ に対する連立微分方程式を導き，それを解いて $c(0,\gamma lj)\phi_{\gamma lj,\mu}{}^{(0)}$ を求める方法である．それには $\langle\chi_{\mathrm{A}}{}^{(\alpha)}|H_{\mathrm{B}}|\chi_{\mathrm{B}}\rangle_{i_{\mathrm{A}}}=\epsilon_{\mathrm{B}}\langle\chi_{\mathrm{A}}{}^{(\alpha)}|\chi_{\mathrm{B}}\rangle_{i_{\mathrm{A}}}$ $(\alpha=0,1,\cdots)$ を作ればよい．これは無限個の $\phi_{\gamma lj,\mu}{}^{(\alpha)}$ に対する連立方程式であるが，それを(9.3.61)の右辺で特に重要と思われる有限個の α に限り，有限次元の連立方程式で近似する．も

しこれらの α すべてに対して模型波動関数 $\varphi_{\mathrm{A}}{}^{(\alpha)}$ が与えられれば，方程式の係数として現われる $\langle\chi_{\mathrm{A}}{}^{(\beta)}|V_{\mathrm{nA}}|\chi_{\mathrm{A}}{}^{(\alpha)}\rangle_{i_{\mathrm{A}}}$ を先と同様にして $\langle\varphi_{\mathrm{A}}{}^{(\beta)}|V_{\mathrm{nA}}|\varphi_{\mathrm{A}}{}^{(\alpha)}\rangle_{i_{\mathrm{A}}}$ で近似することができる．かくして得られた有限次元連立微分方程式を数値的に解けば $c(0,\gamma lj)\phi_{\gamma lj,\mu}{}^{(0)}$ が求まり，ϕ_{nA} は(9.3.64)によって計算できることになる．

このような計算の結果は多くの場合 SE の結果とよく合っていて，この場合にも SE が使えることを示している．しかし，開殻中の核子間の相互作用によって状態のエネルギーが無摂動系のエネルギー(すなわち粒子の1粒子エネルギーの和)から大きくずれるときは SE はあまり良い近似とはいえない．

さて反応の T 行列は(9.3.53), (9.3.54)で与えられる．F_{pd} が与えられたとき(9.3.54)の右辺を計算する方法は§9.2で述べた．その結果は(9.2.42), (9.2.43)で与えられる．それらの式の A_{lsj}, $f_{lsj,m}$ に(9.3.72)と(9.3.71)または(9.3.81)を用いれば良い．反対称化された T 行列要素 $\mathcal{T}_{\mathrm{pd}}{}^{\mathrm{DWBA}}$ は，(9.3.53)により，その結果に $\binom{N_{\mathrm{B}}}{1}=N_{\mathrm{B}}$ を乗ずれば得られる．

断面積はそのようにして得られた $\mathcal{T}_{\mathrm{pd}}{}^{\mathrm{DWBA}}$ を(9.2.63)に代入すれば得られる．スピン-軌道力が歪曲ポテンシャルにない場合には

$$\left(\frac{d\sigma_{\mathrm{pd}}}{d\Omega_{\mathrm{p}}}\right)^{\mathrm{strip}}=\frac{2I_{\mathrm{B}}+1}{(2I_{\mathrm{A}}+1)}\sum_{lsj}S(\gamma lj)\sigma_{lsj} \tag{9.3.84}$$

で与えられる．σ_{lsj} は部分的な断面積で，0レンジ近似では

$$\sigma_{lsj}=\frac{\mu_{\mathrm{p}}\mu_{\mathrm{d}}}{(2\pi\hbar^2)^2}\frac{k_{\mathrm{p}}}{k_{\mathrm{d}}}D^2\sum_{m}|J_{\mathrm{pd}}{}^{lsj,m}|^2 \tag{9.3.85}$$

で与えられる．ここに

$$S(\gamma lj)\equiv N_{\mathrm{B}}|c(0,\gamma lj)|^2 \tag{9.3.86}$$

は**分光学的因子**(spectroscopic factor)と呼ばれる．$S^{1/2}(\gamma lj)$ を**分光学的振幅**(spectroscopic amplitude)という．(9.3.85)では1組の lj に対して唯1つの γ が存在するとした．γ は移行核子が核内で占める軌道(γlj)の主量数子の役割をもっているからこれは当然である．$DJ_{\mathrm{pd}}{}^{lsj,m}$ は(9.2.54)で与えられ，その中の動径積分 $I_{L'L}{}^{lsj}$ は(9.2.55), (9.3.83)により

$$I_{L'L}{}^{lsj}=-D\frac{\sqrt{4\pi}}{k_{\mathrm{p}}k_{\mathrm{d}}}\int dru_{\mathrm{p}L'}\left(\frac{A}{B}r\right)R_{\gamma lj}(r)u_{\mathrm{d}L}(r) \tag{9.3.87}$$

で与えられる．特に $I_{\mathrm{A}}=0$, $I_{\mathrm{B}}=j$ のときは

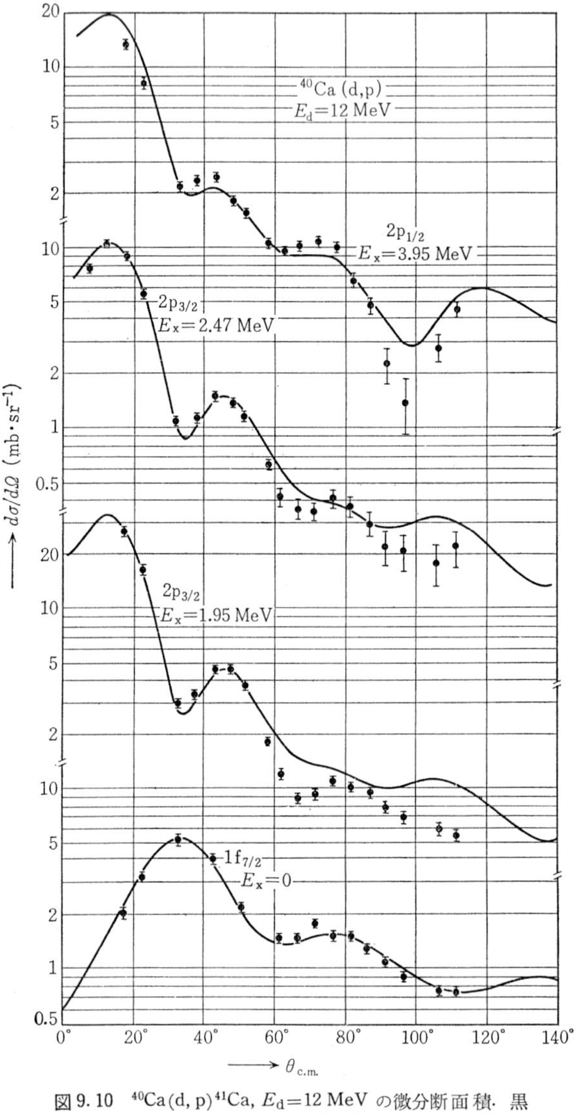

図 9.10　^{40}Ca(d, p)^{41}Ca, E_{d}=12 MeV の微分断面積．黒丸は実験値，実線は 0 レンジ DWBA の理論値．E_{x} は ^{41}Ca の励起エネルギー，$1f_{7/2}$, $2p_{3/2}$, $2p_{1/2}$ は移行中性子が入った軌道を表わす(本文参照)(Seth, K. K., Picard, J. & Satchler, G. R.: *Nuclear Phys.*, **A140**, 577 (1970)による)

$$\frac{d\sigma_{\mathrm{pd}}}{d\Omega_{\mathrm{p}}}=\frac{\mu_{\mathrm{p}}\mu_{\mathrm{d}}}{(2\pi\hbar^2)^2}\frac{k_{\mathrm{p}}}{k_{\mathrm{d}}}D^2(2j+1)S(\gamma lj)\sum_m|J_{\mathrm{pd}}{}^{lsj,m}|^2 \qquad (9.3.88)$$

となる．歪曲ポテンシャルにスピン-軌道結合がある場合の計算は上に述べたよりも複雑であるが，(*9.3.88*)はそのまま成り立ち，$J_{\mathrm{pd}}{}^{lsj,m}$ の値が変わってくる．0 レンジ近似を行なわない場合(これを有限レンジ DWBA という)にも§9.2の処法に従って計算することができる．これは0レンジ DWBA に比べてはるかに複雑な計算であるが実行可能である．0レンジと有限レンジの DWBA の相対差は (d, p) 反応の場合前方の微分断面積で 30〜40% 程度である．

このようにして DWBA で計算された断面積と実験値との比較を図 9.10 に示す．その一致は非常に良いといえるであろう．この場合重要なのは理論値の角分布が l によって鋭敏に変化することである．図 9.10 の例の場合実験の角分布と合うのは $E_{\mathrm{x}}=0$ のものについては $l=3$, その他のものについては $l=1$ の場合に限る．このように実験の解析から l を決定できるのは非常に重要なことである．これは移行した n が入った核内軌道の l を決定できることを意味するからである．1つの l に対して j は $j=l\pm1/2$ の2つの値をとりうる．角分布は j によっても変化する．たとえば図 9.10 にも見られるし図 9.11 にもっと鮮明にみられるように同じ $l=1$ に対して $j=1/2$ では $\theta\approx120°$ の辺りに谷があるが $j=3/2$ に対してはほとんどそれがない．これを**断面積の j 依存性**という．j 依存性は偏極 d による (d, p) 反応のベクトル分解能 $A(\theta)$ (第7章参照)には非常に鮮明に現われる．図 9.12 にその一例を示す．$j=3/2$ と $1/2$ では符号が逆になっていることが判るであろう．これを利用すれば移行中性子の軌道の j も決定することができる．

一方，断面積の絶対値は分光学的因子 $S(\gamma lj)$ に依存する．この量は(*9.3.86*), (*9.3.61*)によれば

$$S(\gamma lj)=N_{\mathrm{B}}|\sum_{\nu_{\mathrm{A}}\mu}(I_{\mathrm{A}}\nu_{\mathrm{A}}j\mu|I_{\mathrm{B}}\nu_{\mathrm{B}})\langle\chi_{\mathrm{B}I_{\mathrm{B}}\nu_{\mathrm{B}}}|\phi_{\gamma lj,\mu}{}^{(0)}\chi_{\mathrm{A}I_{\mathrm{A}}\nu_{\mathrm{A}}}\rangle|^2 \quad (9.3.89)$$

で与えられる．したがってその値は $\chi_{\mathrm{A}}, \chi_{\mathrm{B}}$ の構造に強く依存する．以下，記号を簡単にするために l を γ に含ませることにする．

$S(\gamma j)$ の計算には(*9.3.89*)をそのまま用いても良いが第2量子化法を用いる†

† Yoshida, S.: *Phys. Rev.*, **123**, 2122 (1961).

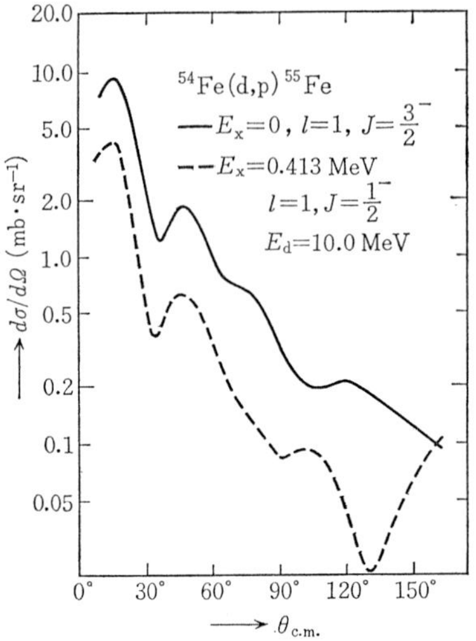

図 9.11 ストリッピング反応の角分布の j 依存性 ^{54}Fe(d, p)^{55}Fe(3/2$^-$, 0.0 MeV; 1/2$^-$, 0.413 MeV), $E_d=10.0$ MeV の例. $l=1$ で $j=3/2$ と $j=1/2$ に対応するもの (Lee, L. L. Jr. & Schiffer, J. P. : *Phys. Rev.*, **136**, B405(1964)による)

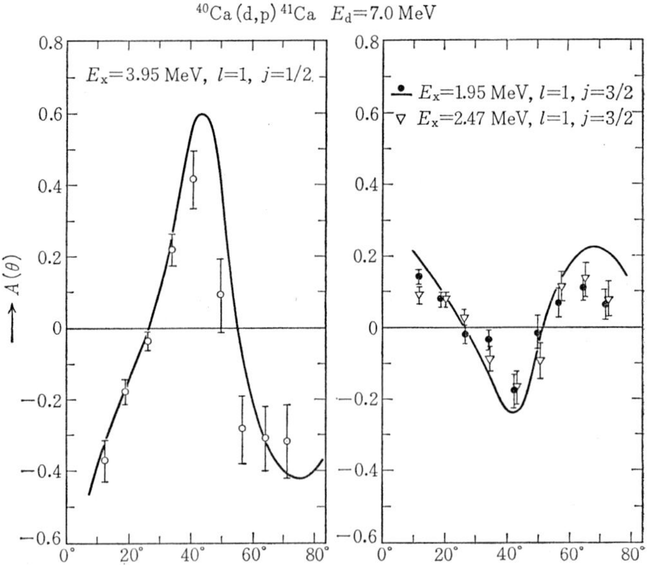

図 9.12 ^{40}Ca(d, p)^{41}Ca(3/2$^-$, 1.95 MeV, 2.47 MeV; 1/2$^-$, 3.95 MeV)のベクトル分解能 $A(\theta)$ の j 依存性. いずれも $l=1$ であるが $j=1/2$ と 3/2 で $A(\theta)$ に著しい違いが出る(Yule, T. J. & Haeberli, W.: *Nuclear Phys.*, **117**, 1 (1968)による)

こともできる．すなわち χ_B は N_B 個の n すべてについて反対称化されているから，P を $\phi_{\gamma j,\mu}{}^{(0)}$ と χ_A の中の n の交換とすると $\langle\chi_{BI_B\nu_B}|(-1)^P P\phi_{\gamma j,\mu}{}^{(0)}\chi_{AI_A\nu_A}\rangle$ は P によらない．ゆえに

$$\langle\chi_{BI_B\nu_B}|\phi_{\gamma j,\mu}{}^{(0)}\chi_{AI_A\nu_A}\rangle = N_B{}^{-1}\langle\chi_{BI_B\nu_B}|\sum_P(-1)^P P\phi_{\gamma j,\mu}{}^{(0)}\chi_{AI_A\nu_A}\rangle$$
$$= N_B{}^{-1/2}\langle\chi_{BI_B\nu_B}|c_{\gamma j,\mu}{}^+|\chi_{AI_A\nu_A}\rangle \qquad (9.3.90)$$

ただし $c_{\gamma j,\mu}{}^+$ は軌道 $(\gamma j,\mu)$ に対する n の生成演算子である．(9.3.90) を (9.3.89) に代入すれば

$$S(\gamma j) = |\langle\chi_{BI_B\nu_B}|K_{\gamma jI_B\nu_B}\rangle|^2 \qquad (9.3.91)$$

ただし

$$K_{\gamma jI_B\nu_B} = \sum_{\nu_A\mu}(I_A\nu_A j\mu|I_B\nu_B)c_{\gamma j,\mu}{}^+\chi_{AI_A\nu_A} \qquad (9.3.92)$$

$K_{\gamma jI_B\nu_B}$ は 1 に規格化されている：

$$\langle K_{\gamma jI_B\nu_B}|K_{\gamma jI_B\nu_B}\rangle = 1 \qquad (9.3.93)$$

(9.3.91), (9.3.92) から明らかなように $S(\gamma j)$ は χ_B の中で軌道 (γj) が n によって占められていなければ 0 である．次に (9.3.91) を用いて幾つかの場合について $S(\gamma j)$ を計算する．

(1)　χ_A が偶-偶核 $(I_A=0)$，χ_B は χ_A の外側の軌道 (γj) に 1 個の n がある純粋な 1 粒子状態の場合．このときは

$$\chi_{BI_B\nu_B} = c_{j\mu}{}^+\chi_{A00} = K_{\gamma jI_B\nu_B} \qquad (9.3.94)$$

ただし $I_B=j$, $\nu_B=\mu$ である．ゆえに

$$S(\gamma j) = \langle K_{\gamma jI_B\nu_B}|K_{\gamma jI_B\nu_B}\rangle = 1 \qquad (9.3.95)$$

すなわち分光学的因子は純粋な 1 粒子状態に対して 1 である．

(2)　上と同じ状況で χ_B に A の励起状態の成分 χ_B' が混ざっている場合．このときは

$$\chi_{BI_B\nu_B} = ac_{\gamma j,\mu}{}^+\chi_{A00}+\chi_{BI_B\nu_B}{}' \qquad (a<1) \qquad (9.3.96)$$

χ_B' は $S(\gamma j)$ に寄与せず，

$$S(\gamma j) = |a|^2 \qquad (a<1) \qquad (9.3.97)$$

となる．この場合には $S(\gamma j)$ は A が励起状態にある確率だけ 1 より小さくなる．

(3)　χ_A, χ_B がいわゆる $1j$ 配位 $(\gamma j)^{n_A}$, $(\gamma j)^{n_B}$ $(n_B=n_A+1)$ にある場合．このとき

$$\chi_{\mathrm{A}} = |(\gamma j)^{n_{\mathrm{A}}} \alpha_{\mathrm{A}} I_{\mathrm{A}} \nu_{\mathrm{A}}\rangle, \qquad \chi_{\mathrm{B}} = |(\gamma j)^{n_{\mathrm{A}}+1} \alpha_{\mathrm{B}} I_{\mathrm{B}} \nu_{\mathrm{B}}\rangle \tag{9.3.98}$$

$$K_{\gamma j I_{\mathrm{B}} \nu_{\mathrm{B}}} = |(\gamma j)^{n_{\mathrm{A}}} (\alpha_{\mathrm{A}} I_{\mathrm{A}}) j\,;\, I_{\mathrm{B}} \nu_{\mathrm{B}}\rangle \tag{9.3.99}$$

の形をしている．ただし $\alpha_{\mathrm{A}}, \alpha_{\mathrm{B}}$ は $(I_{\mathrm{A}}, \nu_{\mathrm{A}}), (I_{\mathrm{B}}, \nu_{\mathrm{B}})$ 以外の量子数である．ゆえに

$$\begin{aligned} S(\gamma j) &= \langle (\gamma j)^{n_{\mathrm{A}}+1} \alpha_{\mathrm{B}} I_{\mathrm{B}} \nu_{\mathrm{B}} | (\gamma j)^{n_{\mathrm{A}}} (\alpha_{\mathrm{A}} I_{\mathrm{A}}) j\,;\, I_{\mathrm{B}} \nu_{\mathrm{B}}\rangle^2 \\ &= (n_{\mathrm{A}}+1)[j^{n_{\mathrm{A}}} (\alpha_{\mathrm{A}} I_{\mathrm{A}}) j I_{\mathrm{B}} |\} j^{n_{\mathrm{A}}+1} \alpha_{\mathrm{B}} I_{\mathrm{B}}]^2 \end{aligned} \tag{9.3.100}$$

ただし $[j^{n_{\mathrm{A}}} (\alpha_{\mathrm{A}} I_{\mathrm{A}}) j I_{\mathrm{B}} |\} j^{n_{\mathrm{A}}+1} \alpha_{\mathrm{B}} I_{\mathrm{B}}]$ は $(\gamma j)^{n_{\mathrm{A}}+1}$ から 1 個を抜き出す cfp である．(第3章参照)．特に χ_{A} が $I_{\mathrm{A}}=0$, セニョリティ $v=0$, χ_{B} が $I_{\mathrm{B}}=j$, セニョリティ $v=1$ の状態である場合には

$$\begin{aligned} S(\gamma j) &= (n_{\mathrm{A}}+1)[j^{n_{\mathrm{A}}} (v=0, 0) jj |\} j^{n_{\mathrm{A}}+1} v=1 j]^2 \\ &= \frac{2j+1-n_{\mathrm{A}}}{2j+1} \end{aligned} \tag{9.3.101}$$

となる．右辺は χ_{A} の中で軌道 (γj) が空いている確率にちょうど等しい．これは移行する n に働く Pauli 原理を考えれば自然な結果である．逆に χ_{B} が閉殻，χ_{A} が 1 空孔状態であるときは (9.3.100) の cfp は 1, $n_{\mathrm{A}}+1=2j+1$ であるから

$$S(\gamma j) = 2j+1 \tag{9.3.102}$$

となる．

(4) χ_{A} が BCS の基底状態，χ_{B} が 1 準粒子状態の場合，χ_{A} が 1 準粒子空孔状態，χ_{B} が BCS の基底状態の場合については §5.3 で計算した．その結果はそれぞれ，

$$S(\gamma j) = v_j^2 \tag{9.3.103 a}$$

$$S(\gamma j) = (2j+1) v_j^2 \tag{9.3.103 b}$$

である．

最後に $S(\gamma j)$ の総和則 (sum rule) を導こう．(9.3.91) は 1 つの χ_{B} に対するものであるからこれを $S(\gamma j, \mathrm{B})$ と書こう．(9.3.91) の両辺を B と ν_{B} について加えると

$$\begin{aligned} \sum_{\mathrm{B}} (2I_{\mathrm{B}}+1) S(\gamma j, \mathrm{B}) &= \sum_{\mathrm{B}\nu_{\mathrm{B}}} \langle K_{\gamma j I_{\mathrm{B}} \nu_{\mathrm{B}}} | \chi_{\mathrm{B} I_{\mathrm{B}} \nu_{\mathrm{B}}} \rangle \langle \chi_{\mathrm{B} I_{\mathrm{B}} \nu_{\mathrm{B}}} | K_{\gamma j I_{\mathrm{B}} \nu_{\mathrm{B}}} \rangle \\ &= \sum_{I_{\mathrm{B}} \nu_{\mathrm{B}}} \langle K_{\gamma j I_{\mathrm{B}} \nu_{\mathrm{B}}} | K_{\gamma j I_{\mathrm{B}} \nu_{\mathrm{B}}} \rangle \end{aligned} \tag{9.3.104}$$

(9.3.92) によれば

$$\langle K_{\gamma j I_{\mathrm{B}}\nu_{\mathrm{B}}}|K_{\gamma j I_{\mathrm{B}}\nu_{\mathrm{B}}}\rangle = \sum_{I_{\mathrm{B}}\nu_{\mathrm{B}}\nu_{\mathrm{A}}\mu}\sum_{\nu_{\mathrm{A}}'\mu'}(I_{\mathrm{A}}\nu_{\mathrm{A}}j\mu|I_{\mathrm{B}}\nu_{\mathrm{B}})(I_{\mathrm{A}}\nu_{\mathrm{A}}'j\mu'|I_{\mathrm{B}}\nu_{\mathrm{B}})\langle\chi_{I_{\mathrm{A}}\nu_{\mathrm{A}}}|c_{\gamma j,\mu}c_{\gamma j,\mu'}{}^{+}|\chi_{I_{\mathrm{A}}\nu_{\mathrm{A}}'}\rangle$$
$$= \sum_{\nu_{\mathrm{A}}}\sum_{I_{\mathrm{B}}\nu_{\mathrm{B}}\mu}(I_{\mathrm{A}}\nu_{\mathrm{A}}j\mu|I_{\mathrm{B}}\nu_{\mathrm{B}})^2\langle\chi_{I_{\mathrm{A}}\nu_{\mathrm{A}}}|c_{\gamma j,\mu}c_{\gamma j,\mu}{}^{+}|\chi_{I_{\mathrm{A}}\nu_{\mathrm{A}}}\rangle$$
$$= \sum_{\nu_{\mathrm{A}}\mu}\langle\chi_{I_{\mathrm{A}}\nu_{\mathrm{A}}}|c_{\gamma j,\mu}c_{\gamma j,\mu}{}^{+}|\chi_{I_{\mathrm{A}}\nu_{\mathrm{A}}}\rangle \qquad (9.3.105)$$

しかるに

$$u_{j,\mu}{}^2(\mathrm{A}) \equiv \langle\chi_{\mathrm{A}I_{\mathrm{A}}\nu_{\mathrm{A}}}|c_{\gamma j,\mu}c_{\gamma j,\mu}{}^{+}|\chi_{\mathrm{A}I_{\mathrm{A}}\nu_{\mathrm{A}}}\rangle \qquad (9.3.106)$$

は χ_{A} の中で軌道$(\gamma j, \mu)$に n が入っていない確率である．ゆえにその μ についての平均値

$$U_j{}^2(\mathrm{A}) \equiv \frac{1}{2j+1}\sum_{\mu}u_{j,\mu}{}^2(\mathrm{A}) \qquad (9.3.107)$$

を定義すれば(9.3.105)の最後の式は

$$(2I_{\mathrm{A}}+1)(2j+1)\,U_j{}^2(\mathrm{A}) \qquad (9.3.108)$$

となる．ゆえに

$$\sum_{\mathrm{B}}(2I_{\mathrm{B}}+1)S(\gamma j, \mathrm{B}) = (2I_{\mathrm{A}}+1)(2j+1)\,U_j{}^2(\mathrm{A}) \qquad (9.3.109)$$

を得る．これが求める総和則である．

このように分光学的因子 $S(\gamma lj)$ は $\chi_{\mathrm{A}}, \chi_{\mathrm{B}}$ の構造と密接に結びついた量である．これを1核子移行反応の解析によって決定できるということは(lj)の決定の可能性と共にこの反応の研究を核構造の研究の極めて有力な道具としている．

ピック・アップ反応による1核子移行過程はストリッピングと同様に広く研究されている．DWBA 理論ではそれは普通ストリッピングの逆過程として取り扱われ，T 行列の prior form を用いて計算が行なわれる．したがって計算はストリッピングの場合と全く同じである．

(ii) 多核子移行反応

多核子移行反応の研究は1核子移行反応に比べてかなり遅れて始まった．それは主として実験上の困難によるものであるが，一方理論的取扱いにも問題点が多い．それにもかかわらず最近特に盛んにその研究が行なわれるようになったのはそれが核構造の研究上極めて重要だからである．その反応の様相は移行する多核子の核内での運動状態を鋭敏に反映する．2核子移行反応の核内での対相関によ

る高揚や，α 粒子移行反応の4核子相関による高揚などはその著しい例である．このような一種の集団運動的高揚は1核子移行反応に見られない大きな特徴である．以下に(t, p)（または(p, t)）反応による 2n ストリッピング（ピック・アップ）過程を例にとってそのあらましを紹介する．

ストリッピングによる(t, p)反応の反対称化しない DWBA T 行列要素は(*9.3.54*), (*9.3.56*)で a=t, b=p, x=($\mathrm{n_1}$, $\mathrm{n_2}$)として

$$T_{\mathrm{pt}}{}^{\mathrm{DWBA}} = J\langle\hat{\varphi}_{\mathrm{p}}{}^{(-)}(\boldsymbol{r}_{\mathrm{p}})|F_{\mathrm{pt}}(\boldsymbol{r}_{\mathrm{p}}, \boldsymbol{r}_{\mathrm{t}})|\hat{\varphi}_{\mathrm{t}}{}^{(+)}(\boldsymbol{r}_{\mathrm{t}})\rangle_{\boldsymbol{r}_{\mathrm{p}}\boldsymbol{r}_{\mathrm{t}}} \qquad (9.3.110)$$

$$J = \left(\frac{3B}{2(B+1)}\right)^3 \qquad (9.3.111)$$

$$F_{\mathrm{pt}}(\boldsymbol{r}_{\mathrm{p}}, \boldsymbol{r}_{\mathrm{t}}) = \langle\chi_{\mathrm{p}}\chi_{\mathrm{B}}|V_{\mathrm{pn_1}} + V_{\mathrm{pn_2}}|\chi_{\mathrm{t}}\chi_{\mathrm{A}}\rangle_{\boldsymbol{i}} \qquad (9.3.112)$$

で与えられる．図9.13のように座標系をとり，簡単のために $V_{\mathrm{pn_1}}$, $V_{\mathrm{pn_2}}$ のスピン依存性を省略すると†,

$$F_{\mathrm{pt}} = \langle\phi_{\mathrm{n_1n_2A}}(\boldsymbol{i}_{\mathrm{n_1}}\boldsymbol{i}_{\mathrm{n_2}}\boldsymbol{R}, \boldsymbol{\rho})|V_{\mathrm{pn_1}}\left(\boldsymbol{r}-\frac{\boldsymbol{\rho}}{2}\right)+V_{\mathrm{pn_2}}\left(\boldsymbol{r}+\frac{\boldsymbol{\rho}}{2}\right)|\phi_{\mathrm{n_1n_2p}}(\boldsymbol{i}_{\mathrm{n_1}}\boldsymbol{i}_{\mathrm{n_2}}\boldsymbol{r}, \boldsymbol{\rho})\rangle_{\boldsymbol{i}_{\mathrm{n_1}}\boldsymbol{i}_{\mathrm{n_2}}\mathrm{p}} \qquad (9.3.113)$$

ただし，

$$\phi_{\mathrm{n_1n_2A}} = \langle\chi_{\mathrm{A}}(\boldsymbol{i}_{\mathrm{A}})|\chi_{\mathrm{B}}(\boldsymbol{i}_{\mathrm{A}}\boldsymbol{i}_{\mathrm{n_1}}\boldsymbol{i}_{\mathrm{n_2}}\boldsymbol{R}, \boldsymbol{\rho})\rangle_{\boldsymbol{i}_{\mathrm{A}}} \qquad (9.3.114)$$

$$\phi_{\mathrm{n_1n_2p}} = \langle\chi_{\mathrm{p}}(\boldsymbol{i}_{\mathrm{p}})|\chi_{\mathrm{t}}(\boldsymbol{i}_{\mathrm{p}}\boldsymbol{i}_{\mathrm{n_1}}\boldsymbol{i}_{\mathrm{n_2}}\boldsymbol{r}, \boldsymbol{\rho})\rangle_{\boldsymbol{i}_{\mathrm{p}}} \qquad (9.3.115)$$

である．また

$$\boldsymbol{i} = (\boldsymbol{i}_{\mathrm{A}}\boldsymbol{i}_{\mathrm{p}}\boldsymbol{i}_{(\mathrm{n_1n_2})}), \qquad \boldsymbol{i}_{(\mathrm{n_1n_2})} = (\boldsymbol{i}_{\mathrm{n_1}}\boldsymbol{i}_{\mathrm{n_2}}, \boldsymbol{\rho}) \qquad (9.3.116)$$

であることを使った．ただし $\boldsymbol{i}_{(\mathrm{n_1n_2})}$ は($\mathrm{n_1}$, $\mathrm{n_2}$)系の内部座標である．

$\phi_{\mathrm{n_1n_2A}}$ は1核子移行反応と同様に χ_{B} の A の固有関数による cfp 展開：

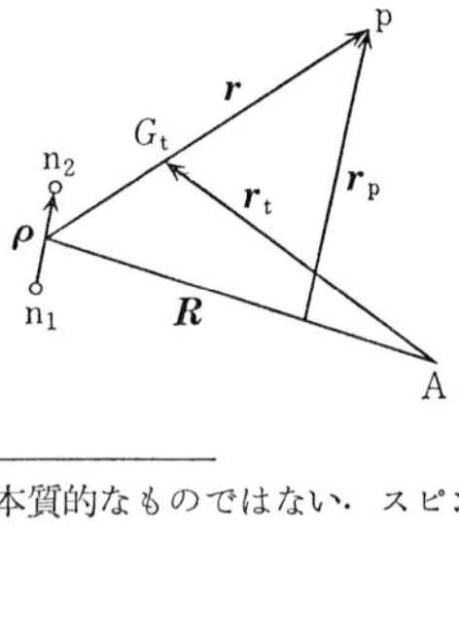

図9.13　(t, p)反応の座標系．G_{t} は t の重心を表わす

† この仮定は本質的なものではない．スピン依存性を考慮しても以下の議論は大きな変更は受けない．

$$\chi_{\mathrm{B}I_{\mathrm{B}}\nu_{\mathrm{B}}} = \sum_{\alpha\gamma lj\nu_{\mathrm{A}}{}^{(\alpha)}\mu} c(\alpha, \gamma lj)(I_{\mathrm{A}}{}^{(\alpha)}\nu_{\mathrm{A}}{}^{(\alpha)}j\mu|I_{\mathrm{B}}\nu_{\mathrm{B}})f_{\gamma lj,\mu}{}^{(\alpha)}(\boldsymbol{i}_{\mathrm{n}_1}\boldsymbol{i}_{\mathrm{n}_2}\boldsymbol{r}_{\mathrm{n}_1\mathrm{A}}, \boldsymbol{r}_{\mathrm{n}_2\mathrm{A}})\chi_{\mathrm{A}I_{\mathrm{A}}{}^{(\alpha)}\nu_{\mathrm{A}}{}^{(\alpha)}}{}^{(\alpha)}(\boldsymbol{i}_{\mathrm{A}}) \tag{9.3.117}$$

から計算される．ここに $f_{\gamma lj,\mu}{}^{(\alpha)}(\boldsymbol{i}_{\mathrm{n}_1}\boldsymbol{i}_{\mathrm{n}_2}\boldsymbol{r}_{\mathrm{n}_1\mathrm{A}}, \boldsymbol{r}_{\mathrm{n}_2\mathrm{A}})$ は $\chi_{\mathrm{A}}{}^{(\alpha)}$ に対応する‘$\mathrm{n}_1, \mathrm{n}_2$ の波動関数’，$c(\alpha, \gamma lj)$ はそれに対応する展開係数でそれぞれ

$$\langle f_{\gamma lj,\mu}{}^{(\alpha)}|f_{\gamma lj,\mu}{}^{(\alpha)}\rangle = 1 \tag{9.3.118}$$

$$\sum_{\alpha\gamma lj}|c(\alpha, \gamma lj)|^2 = 1 \tag{9.3.119}$$

で規格化されている．座標 $\boldsymbol{r}_{\mathrm{n}_1\mathrm{A}}, \boldsymbol{r}_{\mathrm{n}_2\mathrm{A}}$ を

$$\boldsymbol{r}_{\mathrm{n}_1\mathrm{A}} = \boldsymbol{R}-\frac{\boldsymbol{\rho}}{2}, \qquad \boldsymbol{r}_{\mathrm{n}_2\mathrm{A}} = \boldsymbol{R}+\frac{\boldsymbol{\rho}}{2} \tag{9.3.120}$$

を用いて $\boldsymbol{R}, \boldsymbol{\rho}$ に変換すると $f_{\gamma lj,\mu}{}^{(\alpha)}$ は

$$f_{\gamma lj,\mu}{}^{(\alpha)}(\boldsymbol{i}_{\mathrm{n}_1}\boldsymbol{i}_{\mathrm{n}_2}\boldsymbol{r}_{\mathrm{n}_1\mathrm{A}}, \boldsymbol{r}_{\mathrm{n}_2\mathrm{A}}) = \phi_{\gamma lj,\mu}{}^{(\alpha)}(\boldsymbol{i}_{\mathrm{n}_1}\boldsymbol{i}_{\mathrm{n}_2}\boldsymbol{R}, \boldsymbol{\rho}) \tag{9.3.121}$$

のように変換される．これを(9.3.117)に代入すると(9.3.114)から，$\chi_{\mathrm{A}}=\chi_{\mathrm{A}}{}^{(0)}$ として，

$$\phi_{\mathrm{n}_1\mathrm{n}_2\mathrm{A}}(\boldsymbol{i}_{\mathrm{n}_1}\boldsymbol{i}_{\mathrm{n}_2}\boldsymbol{R}, \boldsymbol{\rho}) = \sum_{\gamma lj} c(0, \gamma lj)(I_{\mathrm{A}}\nu_{\mathrm{A}}j\mu|I_{\mathrm{B}}\nu_{\mathrm{B}})\phi_{\gamma lj,\mu}{}^{(0)}(\boldsymbol{i}_{\mathrm{n}_1}\boldsymbol{i}_{\mathrm{n}_2}\boldsymbol{R}, \boldsymbol{\rho}) \tag{9.3.122}$$

が得られる．変換(9.3.121)は2つの粒子のAのまわりの運動を2粒子の重心のAのまわりの運動と2粒子の相対運動とに分離することに対応している．

一方，$\phi_{\mathrm{n}_1\mathrm{n}_2\mathrm{p}}$ は t の内部波動関数 χ_{t} からきまる．χ_{t} については t の3体問題的研究からかなりいろいろなことが判っている．ここでは最も簡単に

$$\chi_{\mathrm{t}\frac{1}{2}\nu_{\mathrm{t}}} = \varphi_{\mathrm{t}}(\boldsymbol{r}, \boldsymbol{\rho})\psi_{\frac{1}{2}\nu_{\mathrm{t}}}(\boldsymbol{i}_{\mathrm{n}_1}\boldsymbol{i}_{\mathrm{n}_2}\boldsymbol{i}_{\mathrm{p}}) \tag{9.3.123}$$

の形をしていると仮定する．φ_{t} は s 状態の空間部分波動関数，$\psi_{\frac{1}{2}\nu_{\mathrm{t}}}$ は

$$\psi_{\frac{1}{2}\nu_{\mathrm{t}}}(\boldsymbol{i}_{\mathrm{n}_1}\boldsymbol{i}_{\mathrm{n}_2}\boldsymbol{i}_{\mathrm{p}}) = \psi_{00}(\boldsymbol{i}_{\mathrm{n}_1}\boldsymbol{i}_{\mathrm{n}_2})\chi_{\frac{1}{2}\nu_{\mathrm{t}}}(\boldsymbol{i}_{\mathrm{p}}) \tag{9.3.124}$$

$$\psi_{00}(\boldsymbol{i}_{\mathrm{n}_1}\boldsymbol{i}_{\mathrm{n}_2}) = \sum_{\nu_1\nu_2}\left(\frac{1}{2}\nu_1\frac{1}{2}\nu_2\middle|00\right)\chi_{\frac{1}{2}\nu_1}(\boldsymbol{i}_{\mathrm{n}_1})\chi_{\frac{1}{2}\nu_2}(\boldsymbol{i}_{\mathrm{n}_2}) \tag{9.3.125}$$

の形をしたスピン波動関数である．n_1 と n_2 の交換に対して φ_{t} は対称，$\psi_{\frac{1}{2}\nu_{\mathrm{t}}}$ は反対称であるから $\chi_{\mathrm{t}\frac{1}{2}\nu_{\mathrm{t}}}$ は反対称である．(9.3.124)を用いると

$$\phi_{\mathrm{n}_1\mathrm{n}_2\mathrm{p}} = \varphi_{\mathrm{t}}(\boldsymbol{r}, \boldsymbol{\rho})\psi_{00}(\boldsymbol{i}_{\mathrm{n}_1}\boldsymbol{i}_{\mathrm{n}_2}) \tag{9.3.126}$$

となる．

V_{pn_1}, V_{pn_2} に中心力を仮定すると，$\boldsymbol{r}_{pn_1}=\boldsymbol{r}-\boldsymbol{\rho}/2$, $\boldsymbol{r}_{pn_2}=\boldsymbol{r}+\boldsymbol{\rho}/2$ だから

$$V_{pn_1}+V_{pn_2}=V\left(\left|\boldsymbol{r}-\frac{\boldsymbol{\rho}}{2}\right|\right)+V\left(\left|\boldsymbol{r}+\frac{\boldsymbol{\rho}}{2}\right|\right) \qquad (9.3.127)$$

の形になる．

$\phi_{n_1n_2p}$, $V_{pn_1}+V_{pn_2}$ を上のように仮定した場合(9.3.113)の積分を実行するには $\phi_{\gamma lj,\mu}{}^{(0)}$ を

$$\phi_{\gamma lj,\mu}{}^{(0)}(\boldsymbol{i}_{n_1}\boldsymbol{i}_{n_2}\boldsymbol{R},\boldsymbol{\rho})=\sum_{\tilde{L}\tilde{n}\tilde{l}s\tilde{M}\tilde{m}m\nu}(\tilde{L}\tilde{M}\tilde{l}\tilde{m}|lm)(lms\nu|j\mu)a(\gamma lj\tilde{L}\tilde{n}\tilde{l};s)$$
$$\times\Psi_{\gamma\tilde{L}\tilde{M}}(\boldsymbol{R})\varphi_{\tilde{n}\tilde{L}\tilde{m}}(\boldsymbol{\rho})\psi_{s\nu}(\boldsymbol{i}_{n_1}\boldsymbol{i}_{n_2}) \qquad (9.3.128)$$

のように展開するのが便利である．ここに $\Psi_{\gamma\tilde{L}\tilde{M}}(\boldsymbol{R})$ は (n_1, n_2) 系の状態が γ であるとき，その重心の，A の重心のまわりの運動を記述する関数で $(\tilde{L}, \tilde{M})$ はその軌道角運動量の大きさと z 成分を表わす．$\varphi_{\tilde{n}\tilde{l}\tilde{m}}(\boldsymbol{\rho})$ は n_1-n_2 対の相対運動の波動関数で $(\tilde{l}, \tilde{m})$ はその軌道角運動量の大きさと z 成分である．$\tilde{n}$ は‘主量子数’である．$\Psi_{\gamma\tilde{L}\tilde{M}}$, $\varphi_{\tilde{n}\tilde{l}\tilde{m}}$ は

$$\langle\Psi_{\gamma\tilde{L}\tilde{M}}|\Psi_{\gamma\tilde{L}\tilde{M}}\rangle=1, \qquad \langle\varphi_{\tilde{n}\tilde{l}\tilde{m}}|\varphi_{\tilde{n}\tilde{l}\tilde{m}}\rangle=1 \qquad (9.3.129)$$

で規格化されているものとする．$\psi_{s\nu}(\boldsymbol{i}_{n_1}\boldsymbol{i}_{n_2})$ は (n_1, n_2) 系のスピン波動関数で $s=1$ と 0 が許される．$a(\gamma j\tilde{L}\tilde{n}\tilde{l};s)$ は展開係数である．$\phi_{\gamma lj,\mu}{}^{(0)}$ は n_1 と n_2 の交換に対して反対称になっていなければならない．ゆえに

$$s+\tilde{l}=(\text{奇数}) \quad \text{なら} \qquad a(\gamma lj\tilde{L}\tilde{n}\tilde{l};s)=0 \qquad (9.3.130)$$

が成り立つ．

(9.3.122), (9.3.123), (9.3.126), (9.3.128) を (9.3.113) に用いれば $\langle\psi_{s\nu}|\psi_{00}\rangle=\delta_{s0}\delta_{\nu0}$ であるから

$$F_{pt}=\sum_{\substack{\gamma ljm\mu\\ \tilde{L}\tilde{M}\tilde{n}\tilde{l}\tilde{m}\\ s\nu}}c(0,\gamma lj)(I_A\nu_Aj\mu|I_B\nu_B)(\tilde{L}\tilde{M}\tilde{l}\tilde{m}|lm)a(\gamma lj\tilde{L}\tilde{n}\tilde{l})\delta_{lj}\delta_{m\mu}\delta_{s0}\delta_{\nu0}\Psi_{\gamma\tilde{L}\tilde{M}}{}^{*}(\boldsymbol{R})I_{\tilde{n}\tilde{l}\tilde{m}}(\boldsymbol{r})$$
$$(9.3.131)$$

が得られる．ただし $a(\gamma lj\tilde{L}\tilde{n}\tilde{l})\equiv a(\gamma lj\tilde{L}\tilde{n}\tilde{l};0)$，また

$$I_{\tilde{n}\tilde{l}\tilde{m}}(\boldsymbol{r})=\langle\varphi_{\tilde{n}\tilde{l}\tilde{m}}(\boldsymbol{\rho})|V\left(\left|\boldsymbol{r}-\frac{\boldsymbol{\rho}}{2}\right|\right)+V\left(\left|\boldsymbol{r}+\frac{\boldsymbol{\rho}}{2}\right|\right)|\varphi_t(\boldsymbol{r},\boldsymbol{\rho})\rangle_{\boldsymbol{\rho}} \qquad (9.3.132)$$

である．

(*9.3.131*)は $s=0,\ j=l$ であることを示している．$s=0$ は t 中の n_1-n_2 対のスピンが Pauli 原理によって 0 に限定されることに依る．(α, d) 反応のように n-p 対が移行するときは $s=0, 1$ の両方が許され，$F_{d\alpha}$ はこれらの寄与の和となる．

$I_{\tilde{n}\tilde{l}\tilde{m}}$ は $\tilde{l}=\tilde{m}=0$ のときが最大である．その理由はこの量が t 中で相対運動の角運動量 0 の n_1-n_2 対が移行後核内で同じ量の大きさ $\tilde{l}$ の状態を占める遷移行列要素に相当しているからである．φ_t と $\varphi_{\tilde{n}\tilde{l}\tilde{m}}$ の重なりは $\tilde{l}=0$ のとき，他の場合に比べてはるかに大きくなる．ゆえに $\tilde{l}\neq 0$ の項は省略して差支えない．

かくして (t, p) 反応では (n_1, n_2) は相対 s 状態，スピン 0 の対として核内に入ることになる．これはまさに§5.2で論じた対相関の状態である．

以上の近似のもとでは

$$F_{pt} = \sum_{\gamma j \tilde{n}\mu} c(\gamma j)(I_A\nu_A j\mu|I_B\nu_B)a(\gamma j\tilde{n})\Psi_{\gamma j,\mu}{}^*(\boldsymbol{R})I_{\tilde{n}}(\boldsymbol{r}) \qquad (9.3.133)$$

となる．ただし $c(\gamma j)\equiv c(0, \gamma jj)$，$a(\gamma j\tilde{n})\equiv a(\gamma jjj\tilde{n}0)$，$I_{\tilde{n}}(\boldsymbol{r})\equiv I_{\tilde{n}00}(\boldsymbol{r})$ とおいた．

0 レンジ近似では

$$I_{\tilde{n}}(\boldsymbol{r}) \approx D_{\tilde{n}}\delta(\boldsymbol{r}) = J^{-1}D_{\tilde{n}}\delta\left(\boldsymbol{r}_p - \frac{A}{B}\boldsymbol{r}_t\right) \qquad (9.3.134)$$

とおく．この近似では

$$F_{pt} \approx J^{-1}\sum_{\gamma j\mu} D_{\gamma j}\cdot c(\gamma j)(I_A\nu_A j\mu|I_B\nu_B)\Psi_{\gamma j,\mu}{}^*(\boldsymbol{r}_t)\delta\left(\boldsymbol{r}_p - \frac{A}{B}\boldsymbol{r}_t\right) \qquad (9.3.135)$$

となる．ただし

$$D_{\gamma j} = \sum_{\tilde{n}} a(\gamma j\tilde{n})D_{\tilde{n}} \qquad (9.3.136)$$

である．(*9.3.133*)の右辺の各項は $j=l,\ \mu=m$ であるから $Y_{lm}{}^*$ に比例する．

T 行列要素，断面積を(*9.3.133*)を用いて計算する仕方は 1 核子移行反応のときと全く同様であるから，ここでは繰り返さない．(*9.3.110*), (*9.3.111*), (*9.2.63*)を用いると，歪曲波にスピン-軌道力がない場合として

$$\frac{d\sigma_{pt}}{d\Omega_p} = \frac{2I_B+1}{2I_A+1}\frac{(2\pi)^2\mu_p}{\hbar^2}\frac{1}{2j+1}$$

$$\times\sum_j\left|\sum_\gamma\theta(\gamma j)D_{\gamma j}\sum_\mu\left\langle\hat{\varphi}_{\mathrm{p}}{}^{(-)}\left(\frac{A}{B}\boldsymbol{r}\right)\middle|\Psi_{\gamma j,\mu}{}^*(\boldsymbol{r})\middle|\hat{\varphi}_{\mathrm{t}}{}^{(+)}(\boldsymbol{r})\right\rangle_{\boldsymbol{r}}\right|^2 \tag{9.3.137}$$

となる．ここに $\theta(\gamma j)$ は分光学的振幅とよばれ，次式で与えられる．

$$\theta(\gamma j)=\binom{N_{\mathrm{B}}}{2}^{1/2}c(\gamma j) \tag{9.3.138}$$

(9.3.137)と1核子移行反応の対応する式(9.3.84), (9.3.85)の最も重要な違いは絶対値記号の中の γ についての和である．1核子移行反応の場合には γ は移行する核子が核内で占める軌道 (γlj) の主量子数であり，一組の lj に対して1つに定まっていた．2核子移行反応の場合にも γ を移行2核子の軌道 $\gamma_1 j_1, \gamma_2 j_2$ を指定するものと定義するのが適当である：

$$\gamma=(\gamma_1 j_1, \gamma_2 j_2) \tag{9.3.139}$$

しかしこの場合には一組の lj に対して γ は必ずしも1通りには定まらない．たとえば最も簡単な，χ_{A} が閉殻，χ_{B} が2粒子状態 $(j_1, j_2, \cdots, j_k)^2$ の場合，一組の lj に対して γ としては可能なすべての (j_α, j_β) $(\alpha, \beta=1\sim k)$ の組が許される．

反応の散乱振幅はこのようなすべての γ の寄与の和で与えられる．これが(9.3.137)の γ についての和の意味である．これらの異なる γ の寄与は時として互いに強め合って断面積を大きくする．これが先に述べた集団的高揚の現象である．これは1核子移行反応にはない大きな特徴である．

$\Psi_{\gamma j,\mu}(\boldsymbol{R})$ の計算は1核子移行の場合に比べてはるかに複雑である．最も簡単には $(\mathrm{n}_1, \mathrm{n}_2)$ をあたかも質量 $2m$，スピン0の粒子の如く考え，その粒子のAの重心のまわりの軌道 $(\gamma j, \mu)$ の波動関数として $\Psi_{\gamma j,\mu}(\boldsymbol{R})$ を計算する．それにはたとえば分離エネルギーの方法を用いる．

$\chi_{\mathrm{A}}, \chi_{\mathrm{B}}$ の微視的構造を考慮し，$(\mathrm{n}_1, \mathrm{n}_2)$ が2核子系であることを考慮して $\Psi_{\gamma j,\mu}(\boldsymbol{R})$ を計算するには(9.3.117), (9.3.121), (9.3.128)に戻り，$\chi_{\mathrm{A}}, \chi_{\mathrm{B}}$ の微視的波動関数に対して構造論的に知られたものを用いて，一般には数値的に，計算をする．もし，$\chi_{\mathrm{A}}, \chi_{\mathrm{B}}$ が調和振動子(H.O.)型殻模型で与えられている場合には(9.3.121), (9.3.128)の変換は本質的に Talmi 変換と呼ばれているものである．この場合には $\Psi_{\gamma\bar{L}\bar{M}}(\boldsymbol{R}), \varphi_{\bar{n}\bar{l}\bar{m}}(\boldsymbol{\rho})$ は共に H.O. 型の波動関数となる．$\gamma=(\gamma_1 j_1, \gamma_2 j_2)$ とし，軌道 $(\gamma_1 j_1), (\gamma_2 j_2)$ の主量子数，軌道角運動量を $\gamma_1\equiv(n_1 l_1)$，$\gamma_2=(n_2 l_2)$

とすると，$\Psi_{\gamma\tilde{L}\tilde{M}}, \varphi_{\tilde{n}\tilde{l}\tilde{m}}$ の主量子数 $\tilde{N}, \tilde{n}$ は

$$2n_1+l_1+2n_2+l_2 = 2\tilde{N}+\tilde{L}+2\tilde{n}+\tilde{l} \qquad (9.3.140)$$

をみたす．$a(\gamma lj\tilde{L}\tilde{n}\tilde{l})$ は Talmi 係数と呼ばれるものに等しい：

$$a(\gamma lj\tilde{L}\tilde{n}\tilde{l}) = \langle n_1l_1n_2l_2j|\tilde{N}\tilde{L}\tilde{n}\tilde{l}j\rangle \qquad (9.3.141)$$

したがってこの場合には $\Psi_{\gamma j,\mu}$ は解析的に計算できる．Talmi 係数は表になっている．しかしながら H.O. 型波動関数は漸近形が正しくないので計算される断面積の誤差が大きい．

一般の χ_A, χ_B (例えば Woods-Saxon 型波動関数による殻模型) に対しては，もしそれらが H.O. 型波動関数を基底として収束の良い級数に展開できればその各項が上記のようにして処理できるから $\Psi_{\gamma j,\mu}(\boldsymbol{R})$ は計算できる．この方法は実際によく用いられている．このような展開を用いないで計算することも無論可能であるが，その場合には展開(9.3.128)を用いるより，直接 $\langle\phi_{\gamma lj,\mu}{}^{(0)}|V_{pn_1}+V_{pn_2}|\varphi_t\psi_{00}\rangle_{i_{n_1}i_{n_2}\rho}$ を計算した方が簡単である．

$\theta(\gamma j)$ は 1 核子移行反応のときと同様にして

$$\theta(\gamma j) = \langle\chi_{BI_B\nu_B}|K_{\gamma jI_B\nu_B}\rangle \qquad (9.3.142)$$

で与えられることが証明できる．ここに

$$K_{\gamma jI_B\nu_B} = \sum_{\nu_A\mu}(I_A\nu_Aj\mu|I_B\nu_B)A_{\gamma j,\mu}{}^+\chi_{AI_A\nu_A} \qquad (9.3.143)$$

$$A_{\gamma j,\mu}{}^+ = \frac{1}{\sqrt{1+\delta_{\gamma_1\gamma_2}\delta_{j_1j_2}}}\sum_{\mu_1\mu_2}(j_1\mu_1j_2\mu_2|j\mu)c_{\gamma_1j_1,\mu_1}{}^+c_{\gamma_2j_2,\mu_2}{}^+ \qquad (9.3.144)$$

一例として BCS の基底状態間の遷移に対する $\theta(\gamma j)$ を計算してみよう†．このときは(9.3.144)の右辺を§5.2で定義された準粒子の生成，消滅演算子，a^+, a で書き表わすのが便利である．添字 γ_1, γ_2 を省略すると

$$\begin{aligned}c_{j_1,\mu_1}{}^+c_{j_2,\mu_2}{}^+ = {}& u_{j_1}u_{j_2}a_{j_1,\mu_1}{}^+a_{j_2,\mu_2}{}^+ + (-1)^{j_1+j_2-\mu}v_{j_1}v_{j_2}a_{j_1,-\mu_1}a_{j_2,-\mu_2} \\ &+u_{j_1}v_{j_2}(-1)^{j_2-\mu_2}a_{j_1,\mu_1}{}^+a_{j_2,-\mu_2}+v_{j_1}u_{j_2}(-1)^{j_1-\mu_1}a_{j_1,-\mu_1}a_{j_2,\mu_2}{}^+\end{aligned} \qquad (9.3.145)$$

いま，$\boldsymbol{u}, \boldsymbol{v}$ 因子が A 系と B=A+2 系に対して近似的に等しいと仮定すると，任意の α に対して

† この種の計算は Yoshida, S.: *Nuclear Phys.*, **109**, 685 (1962) によって初めてなされた．

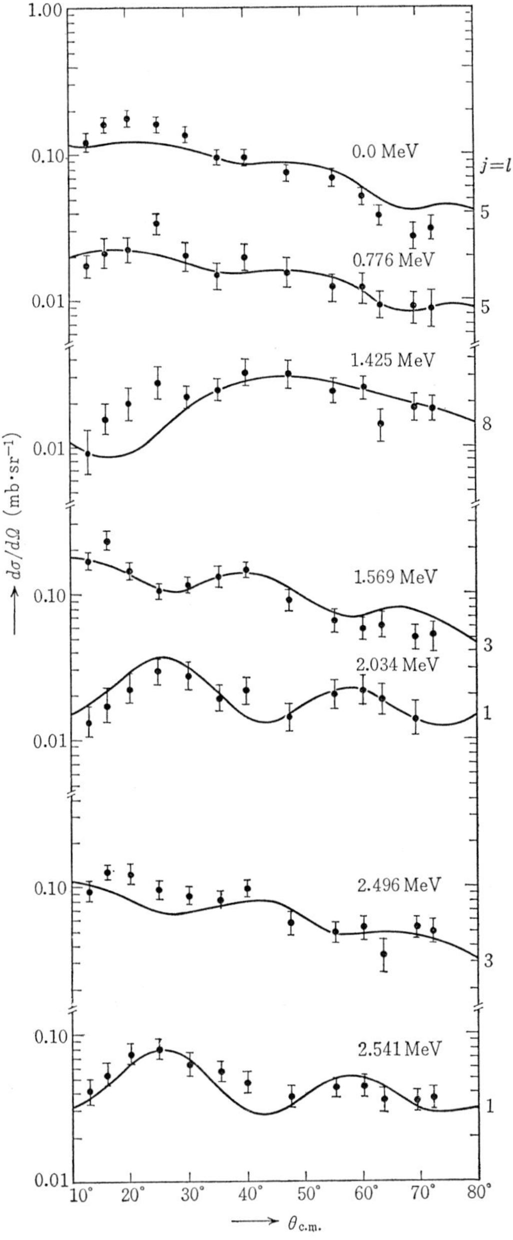

図 9. 14　$^{207}Pb(t, p)^{209}Pb$ ($9/2^+$, 0.0 MeV ; $11/2^+$, 0.776 MeV ; $15/2^-$, 1.425 MeV ; $5/2^+$, 1.569 MeV ; $1/2^+$, 2.034 MeV ; $7/2^+$, 2.496 MeV ; $3/2^+$, 2.541 MeV), E_t= 20 MeV の断面積. 黒丸は実験値，曲線は DWBA による計算値，$j=l$ は移行角運動量である (Flynn, E. R. *et al.*: *Phys. Rev.*, **C3**, 2371 (1971) による)

$$a_{j_\alpha,\mu_\alpha}\chi_{\rm A}=0, \qquad a_{j_\alpha,\mu_\alpha}\chi_{\rm B}=0 \tag{9.3.146}$$

$$\langle\chi_{\rm B}|a_{j_\alpha\mu_\alpha}a_{j_\alpha\mu_\alpha}{}^+|\chi_{\rm A}\rangle=1 \tag{9.3.147}$$

ゆえに(*9.3.145*)を(*9.3.144*)に代入して(*9.3.142*)を計算した場合に0でない寄与を与えるのは(*9.3.145*)の最後の項で $j_1=j_2$, $\mu_1=-\mu_2$ の場合だけである. $I_{\rm A}=I_{\rm B}=j=0$ であるから,

$$\theta(\gamma,0)=\delta_{\gamma_1\gamma_2}\delta_{j_1j_2}\left(j_1+\frac{1}{2}\right)^{1/2}u_{j_1}v_{j_1} \tag{9.3.148}$$

これが求める $\theta(\gamma,0)$ である. $u,v>0$ であるからこの量は常に正となる.

$\chi_{\rm A},\chi_{\rm B}$ が H.O. 型殻模型を基底として与えられているとし, $I_{\tilde n}$ は $\tilde n=0$ のものが他に比べて非常に大きいと仮定すると, (*9.3.136*)は

$$D_{\gamma j}\approx a(\gamma j,0)D_0=\langle n_1l_1n_1l_10|\tilde N_{\rm max}\tilde L000\rangle D_0 \tag{9.3.149}$$

となり, この右辺は正となる. ただし $2\tilde N_{\rm max}=2(2n_1+l_1)-\tilde L$ である. ゆえに(*9.3.137*)の γ の和の各項はすべて正になり, 断面積は大きくなる. これは先に述べた集団的高揚の一例である. このような高揚は BCS の基底状態間だけでなく一般に対振動(第5章)の振動子の数が1だけ異なる状態間の遷移についても起こる. これに対してただ1つの配位 $j_a{}^2$ からなる殻模型状態 $(j_a{}^2)_{J=0}$ に対しては

$$\theta(\gamma_a)=1 \tag{9.3.150}$$

となることは容易にわかる. ただし $\gamma_a=(j_aj_a)$ である.

断面積(*9.3.137*)の角分布は許される j の値の鋭敏な関数で, 1核子移行反応の場合と同様に, 角分布の解析から j を決定することができる場合が多い. 図9.14に DWBA と実験値との比較を示す.

断面積の絶対値は $D_{\gamma j}\theta(\gamma j)$ の値に依存する. $D_{\gamma j}$ は実験と計算値が合うように調節すべきパラメーターである. したがって, $\theta(\gamma j)$ を独立に決定することはできない. しかし, $D_{\gamma j}$ は本来関係する核の種類や状態にあまり激しく依存することはないはずであるから, 問題にしている遷移に近い準位への遷移または近傍の核の同様の遷移に対してはほぼ一定とみなしてよいであろう. したがってこのような遷移についての $\theta(\gamma j)$ の相対値を実験から抽き出すことは意味があることである.

断面積の絶対値を理論的に計算するには φ_t や $V(r)$ の知識が必要であり, 有限レンジの DWBA で計算する必要がある. このような計算は複雑であるがいろ

いろな小さな近似のもとで実際に計算が行なわれている．その結果は何れも実験値より小さくその差は最小3倍程度である．この原因としては形状因子の計算が不正確だということ，または DWBA が成り立たないということなどが可能性として考えられるが，いまのところその何れとも明らかでない．

DWBA が明らかに悪い例として ^{144}Nd(p, t)^{142}Nd で ^{142}Nd の 2^+ フォノン状態への遷移を図 9.15 に示す．この場合，直接の遷移は弱く，^{144}Nd の第1励起 2^+ 状態を経由する2段階過程が強く利いてきて角分布の前方の様子を変えてしまう．^{144}Nd の基底状態と第1励起 2^+ 状態のフォノン励起による強い結合を仮定した CCBA の計算はこの様子をよく再現している．CC の効果は基底，励起 0^+ 状態への遷移に対しても見られるが比較的僅かである．一般にこのような CC の効果は弱い遷移に対しては大きく，強い遷移に対しては比較的小さい．その重要性の度合などは場合によって異なり，今後の研究で明らかにされねばならないことが多い．

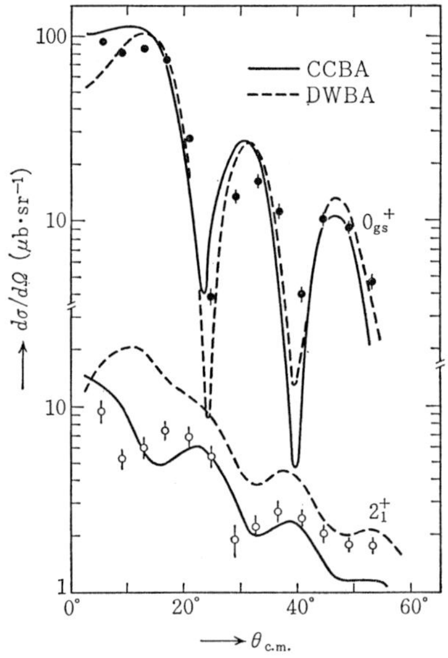

図 9.15　^{144}Nd(p, t)^{142}Nd(0^+, 0.0 MeV；2_1^+, 1.57 MeV)，E_p=52 MeV の断面積．丸印は実験値，実線は CCBA，破線は DWBA による理論値である(Yagi, K. *et al.*: *Phys. Rev. Letters*, **29**, 1334 (1972) による)

§9.4　重イオンによる直接反応

重イオン反応は ^{4}He より重い2つの原子核同士の衝突によって起こる．軽イオン反応との違いは入射粒子の質量，電荷が大きいこととその内部構造が複雑なことにある．このため反応の様相は両者でかなりの違いがある．しかし共通の点も少なくない．ここでは重イオン反応による直接過程を大雑把に概観してみよう．

衝突する2つの核の相対運動を支配するのはそれらの間に働く光学ポテンシャルである．図9.16の太線はその実数部分 $V_0(r)$ の概念図である．図中 $r=R$ は Coulomb 障壁の高さが最高値 B_C をとる点で，

$$\left(\frac{dV_0(r)}{dr}\right)_{r=R}=0$$

をみたす．B_C は **Coulomb 障壁の高さ** (Coulomb barrier height) と呼ばれる．B_C は普通

$$B_C=\frac{Z_1Z_2e^2}{R_{\mathrm{eff}}} \tag{9.4.1}$$

で評価される．ただし

$$R_{\mathrm{eff}}=\bar{r}_0(A_1^{1/3}+A_2^{1/3}) \tag{9.4.2}$$

A_1, Z_1e (A_2, Z_2e) は入射(標的)核の質量数と電荷である．$\bar{r}_0$ は定数で $\bar{r}_0=1.6$ fm がよく使われる．この値は光学ポテンシャルの半径パラメーター $r_0\approx1.2$ fm よりかなり大きいことに注意せよ．重イオン反応では $Z_1, Z_2\gg1$ なので B_C は軽イ

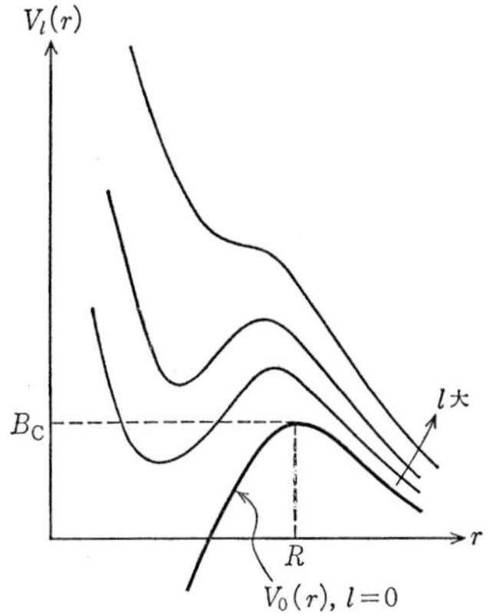

図9.16　2つの重イオンの重心間に働くポテンシャル概念図．$V_0(r)$(太い実線)は光学ポテンシャルの実数部．細い実線は各 l に対する遠心力ポテンシャルを含めた $V_l(r)$ を表わす．

オン反応の Coulomb 障壁にくらべて高い．$r<R$ のところでは核力による引力のためにポテンシャルは減少する．さらに内部でのポテンシャルの様子は，§8.4で述べたようによく判らない．

重イオン反応で Coulomb ポテンシャルとならんで重要な働きをするものに遠心力ポテンシャル $\frac{\hbar^2}{2\mu}l(l+1)/r^2$ がある．ただし μ は2つの核の相対運動の換算質量，$\hbar l$ はその軌道角運動量である．遠心力は常に斥力で核力による引力を打ち消す方向に働く．重イオン反応では入射核の質量が大きいので大きな軌道角運動量，したがって大きな l が反応に関与する．このような l に対しては遠心力ポテンシャルは大きく，動径方向のポテンシャル

$$V_l(r) = V_0(r) + \frac{\hbar^2}{2\mu}l(l+1)\frac{1}{r^2} \tag{9.4.3}$$

に大きな影響を与える．図9.16の細い実線がその様子を示す．

光学ポテンシャルにはこの他に虚数部がある．これによってポテンシャルの内部では入射核は強い吸収を受ける．そのため一般に直接過程は比較的表面付近でしか起こらない．

さて，反応の様子は入射エネルギー E と B_C との相対的な関係によって次のように変化する．

(1)　$E \ll B_C$ の場合

入射核は Coulomb 力に妨げられて標的核に近づけない．反応は Coulomb 相互作用のみを通じて起こり，核の集団運動状態の Coulomb 励起がその主なものである．

(2)　$E \lesssim B_C$ の場合

入射核は標的核に接近できるようになり核力による相互作用が始まる．集団励起においても低い角運動量 l の部分波に対しては Coulomb 力の作用の他に核力の影響も無視し得なくなる．ある種の入射，標的核の組合せ(例えば ^{12}C–^{12}C)では両者がその構造を保ったまま結合した，いわゆる**分子状態**の形成が起こり共鳴として観測される．

(3)　$E > B_C$ の場合

この場合の反応を概観するには2つの核の相対運動に対して半古典近似を用いるのが便利である．この近似では入射核が**衝突径数**(impact parameter) b の大き

さに応じた一定の軌道上を運動するという描像を画くことが許される．放出核についても同様である．

この近似は'各点での波数(local wave number)' $k(r)=\sqrt{\frac{2\mu}{\hbar^2}(E-V_0(r))}$ の変化率 $\frac{1}{k^2}\frac{dk}{dr}\ll 1$ のとき良い近似である†．そのためには k が大きいほど有利であるが，重イオン反応では μ が大きいのでこの条件はみたされやすい．今の場合，$k(r)\geqq k(R)=\sqrt{\frac{2\mu}{\hbar^2}(E-B_{\mathrm{C}})}$ であるから $E-B_{\mathrm{C}}$ が大きいほど，r が R から遠いほど有利である．$E\approx B_{\mathrm{C}}$ で $r\approx R$ の時はこの近似は良いといえないが，以下のような定性的な議論にはこの場合も含めて半古典近似を用いて差し支えないであろう．

図 9.17 にこの場合の入射核の軌道をいろいろな衝突径数 b の値について概念的に示す．反応は入射核がどの軌道を通るかによって異なった様相を呈する††．

(A)　b が十分大きいとき

入射核は標的核から遠く離れた双曲線軌道上を運動する．反応の様子は前述(1)の場合と同様で集団状態の Coulomb 励起が主なものである．

(B)　$b\approx b_{\mathrm{gr}}$ のとき

b が小さくなるにつれて軌道は標的核に接近しやがて入射核と標的核の表面が

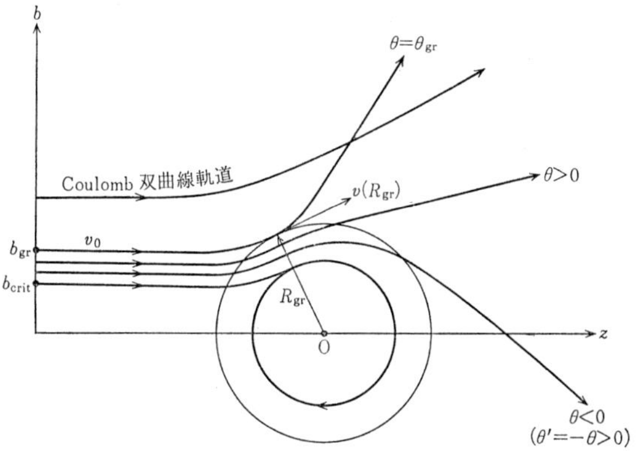

図 9.17　入射核の重心が標的核(重心 O)のまわりに描く軌道．b は衝突径数，θ は散乱角である．θ_{gr} はかすり角(grazing angle)を表わす．v は無限遠での相対速度の大きさ，$v(R_{\mathrm{gr}})$ はかすり衝突の際，至近距離でのそれである．

† 半古典近似はこの場合の他に $\eta=Z_1Z_2e^2/\hbar v\gg 1$ の場合にも良い近似である．前述の(1)の場合がこれにあてはまる．この場合の計算には半古典近似が普通用いられている．

†† 以下の説明は Wilczyński, J.: *Phys. Letters*, **47B**, 484(1973) の考え方をもとにしている．

こすれ合う程度にまでなる．このような衝突を**かすり衝突**(grazing collision)，これに対応する散乱角を**かすり角**(grazing angle)という．b_{gr} はそれに相当する衝突径数である．

入射核がこのような軌道を通ると標的核との間に核力を通じていろいろな反応を起こす．しかし両核の間の接触の仕方が小さいので激しい反応は起こらない．反応の機構は軽イオン反応の直接過程と本質的に同じものと考えられる．このような過程はしばしば**準弾性散乱**(quasi-elastic scattering)と呼ばれる．準弾性散乱の理論的解析には軽イオン反応のときと同様にDWBA，チャネル結合法などが有力な手段となる．それについてはさらに後述する．

R_{gr} の大きさを評価するにはCoulomb励起を除く反応の全断面積 σ_R が $b<b_{gr}$ のすべての軌道の寄与によると仮定し，$\sigma_R=\pi b_{gr}{}^2$ とおく．角運動量の保存則により $\mu v b_{gr}=\mu v(R_{gr})R_{gr}=mv\left(1-\frac{V_0(R_{gr})}{E}\right)^{1/2}R_{gr}$ である(図9.17参照)から

$$\sigma_R = \pi R_{gr}{}^2\left(1-\frac{V_0(R_{gr})}{E}\right)^{1/2} \qquad (9.4.4)$$

となる．この式を用いれば σ_R の実験値と合理的に仮定された $V(R_{gr})$ とから R_{gr} が求まる．Wilczyński† は $V(R_{gr})$ としてCoulombポテンシャルをとってこのような解析を行なった結果，次式を得た．

$$R_{gr} = 0.5+1.36(A_1{}^{1/3}+A_2{}^{1/3}) \quad (\mathrm{fm}) \qquad (9.4.5)$$

(C) $b_{gr}>b\gtrsim b_{crit}$ のとき

b が b_{gr} よりさらに小さくなると2つの核の接近時の重なりはますます大きくなる．それと共に相互作用が激しさの度を加え，相対エネルギーのかなりの部分が内部運動の励起のために消費されることによって失われる．これはよく2核間の‘まさつ’と呼ばれる．

一方入射核の重心の軌道は b が b_{gr} より小さくなるにつれて光学ポテンシャルの引力の影響を受けて前方に曲げられるようになる．このため散乱角は b と共に減少し，ついには $\theta<0$ となる．このような散乱は入射軸の反対側($\theta<0$ の側)への角度 $\theta'=-\theta$ の散乱として観測される．θ' は b の減少と共に増大する．このような軌道においては2核が接近している時間が長いから‘まさつ’によるエネルギ

---

† Wilczyński, J.: *Nuclear Phys.*, **A216**, 386(1973).

ー損失も大きい．

$b<b_{gr}$ の場合の反応機構は準弾性散乱に比べてはるかに複雑で，強い相互作用のもとで体系の多くの自由度が反応に関与するものと考えられる．この種の反応は**深非弾性散乱**(deep inelastic scattering)とよく呼ばれている．この過程に対しては幾つかの理論が提出されているが未だ確定的なものはない．

図 9.18 は上記の(B)から(C)への移り変わりを示す実験結果の例である．これは $E_{lab}=388$ MeV での ^{232}Th(^{40}A, K) 反応の断面積 $(d^2\sigma/dEd\theta)_{cm}$ を重心系の散乱角 θ_{cm}，エネルギー E_{cm} の関数として等高線で示したものである．$\theta_{cm}\approx37°$，$E_{cm}\approx280$ MeV 付近の高い山は準弾性散乱によるものである．$\theta_{cm}=37°$ がかすり角 θ_{gr} に相当する．この山から小 θ_{cm}，低 E_{cm} の方向に尾根が走っている．これは先に述べた引力ポテンシャルによって前方に曲げられた軌道に対応するものと思われる．θ_{cm} 小なほど E_{cm} 小，すなわちエネルギー損失が大なことがわかる．これとは別に $E_{cm}=150\sim120$ MeV のところに小 θ_{cm} から大 θ_{cm} に向かって走る第 2 の尾根がある．これは先に述べた $\theta<0$ の散乱に対応するものと考えられる．図 9.19 はこれを図解したものである．散乱は $\theta=0$ に関して対称なので，$\theta<0$ の側の尾根のつづきが $\theta>0$ の側で第 2 の尾根として観測されていることがわかるであろう．

深非弾性散乱は b が或値 b_{crit} に達するまでの軌道に対して起こるものと考え

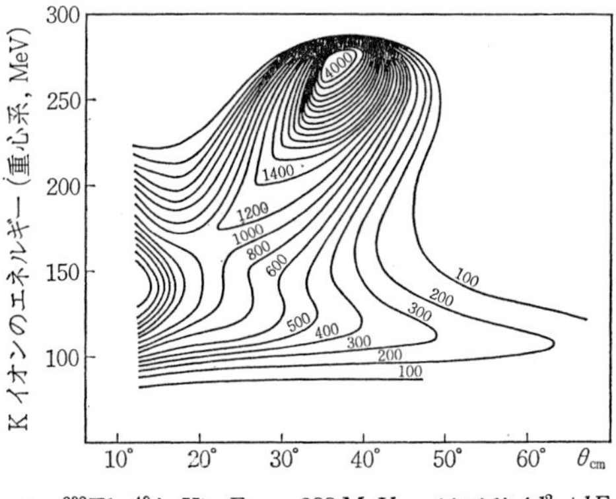

図 9.18 ^{232}Th(^{40}A, K), $E_{lab}=388$ MeV の断面積 $(d^2\sigma/dEd\theta)_{cm}$ を θ_{cm} と放出 K イオンのエネルギー(重心系)の関数として等高線で表わしたもの(Wilczyński, J.: *Phys. Letters*, **47B**, 484 (1973)による)

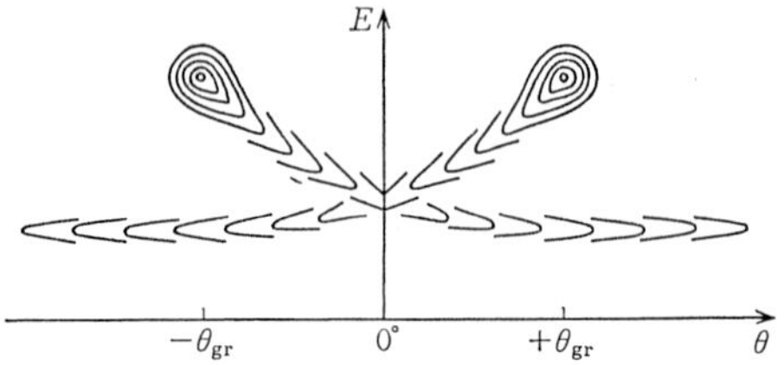

図 9.19　断面積等高線図にあらわれる $\theta<0$ 散乱 (Wilczyński, J.: *Phys. Letters*, **47B**, 484 (1973) による)

られる.

(D)　$b<b_{\rm crit}$ のとき

b が $b_{\rm crit}$ 以下になると 2 つの核は激しい相互作用の結果融合して複合核を形成すると考えられている. これを**融合** (fusion) **反応**という. この過程は複合核模型によって記述される. この場合特徴的なのは, 大きな角運動量をもった複合核が形成され得ることである. これは入射核の質量が大きいため, 大きな角運動量を持ち込むことができることによる. これを利用して核の高いスピンをもった励起状態を観測することができる (§6.9 参照).

以上が重イオン反応の概観である. ここで直接反応は入射核が標的の表面ないし外を通るときに起こる反応で, Coulomb 励起, 準弾性散乱, 深非弾性散乱などの異なった機構のものがあることがみられた.

さて次にこれらのいろいろな過程の中から準弾性散乱における 1 粒子移行反応を例にとってもう少し詳しくみてみよう. 今, 反応

$$\mathrm{a}(\mathrm{c}_1+\mathrm{x})+\mathrm{c}_2 \longrightarrow \mathrm{c}_1+\mathrm{B}(\mathrm{c}_2+\mathrm{x}) \tag{9.4.6}$$

を考えよう. $\mathrm{c}_1, \mathrm{c}_2$ はそれぞれ入射核 a, 残留核 B の芯であると同時に放出粒子, 標的核である. それぞれの質量を M_1, M_2 とする. x は移行する粒子でその質量を m とし, $m \ll M_1, M_2$ と仮定する.

まずこの反応がどういうときに起こりやすいかを考えてみよう. これに対して Brink は次の条件を与えた†. 今, z 軸を散乱面に垂直にとり, x の a の中での c_1 のまわりの軌道角運動量の大きさとその z 成分を l_1, λ_1, B の中での c_2 のまわりのそれを l_2, λ_2 とする. また a の c_2 に対する移行反応が起こる領域での相対

† Brink, D. M.: *Phys. Letters*, **40B**, 37 (1972).

速度の大きさを $v(R)\equiv v$ また $mv/\hbar=k$ とする．このときこの反応が起こりやすいための条件は

$$\Delta k\equiv\frac{\lambda_1}{R_1}+\frac{\lambda_2}{R_2}-k=0 \tag{9.4.7}$$

$$\Delta L\equiv\lambda_2-\lambda_1+\frac{k}{2}(R_1-R_2)+\frac{R}{\hbar v}Q_{\mathrm{eff}}=0 \tag{9.4.8}$$

ただし R_1, R_2 はそれぞれ a, B の半径，$R=R_1+R_2$，また Q_{eff} は反応の Q 値に遷移による Coulomb ポテンシャルの変化の補正を施した

$$Q_{\mathrm{eff}}=Q-(Z_{\mathrm{a}}Z_1-Z_2Z_{\mathrm{B}})e^2/R \tag{9.4.9}$$

である．ただし Z_1e, Z_2e は $\mathrm{c}_1, \mathrm{c}_2$ の電荷である．

これらの条件は次のようにして導かれる．まず遷移は図 9.20 のように x が c_1, c_2 の重心を結ぶ直線上 P に来たとき最も起こりやすいと考えられる．(9.4.7)は遷移の前後で x の運動量に変化がないという条件である．実際，遷移直前の運動量は $mv-\dfrac{\hbar\lambda_1}{R_1}$，直後のそれは $\dfrac{\hbar\lambda_2}{R_2}$ であるからその変化は $\dfrac{\hbar\lambda_2}{R_2}-\left(mv-\dfrac{\hbar\lambda_1}{R_1}\right)$ となる．

(9.4.8)は角運動量の保存則である．実際，遷移前後の角運動量の z 成分の変

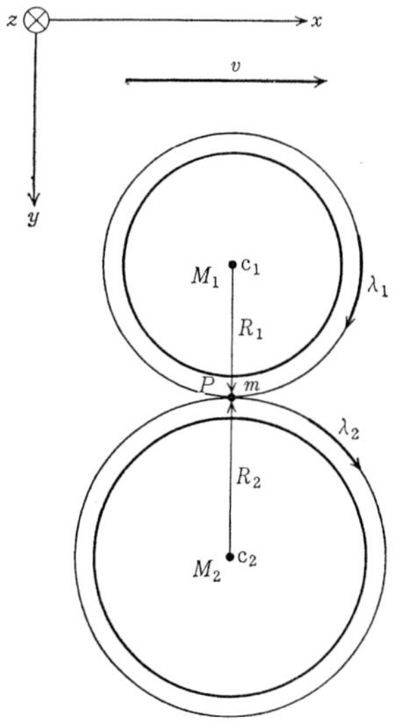

図 9.20　移行反応 $\mathrm{a}(\mathrm{c}_1+\mathrm{x})+\mathrm{c}_2 \to \mathrm{c}_1+\mathrm{B}(\mathrm{c}_2+\mathrm{x})$

化は

$$\hbar \Delta L = \hbar(\lambda_2 - \lambda_1) + \delta(\mu v R) \tag{9.4.10}$$

ただし μ は2つの核の換算質量である．しかるに

$$\delta(\mu v R) = vR\delta\mu + \mu v\delta R + \mu R\delta v$$

$$\delta\mu = \frac{(M_2+m)M_1}{M_1+M_2+m} - \frac{(M_1+m)M_2}{M_1+M_2+m} \approx \frac{M_1-M_2}{M_1+M_2}m$$

$$\delta R = \left(R_1 + \frac{M_2}{M_2+m}R_2\right) - \left(R_2 + \frac{M_1}{M_1+m}R_1\right)$$

$$\approx \frac{m}{M_1}R_1 - \frac{m}{M_2}R_2 \approx \frac{1}{2}\frac{m}{\mu}(R_1-R_2) - \frac{1}{2}\frac{\delta\mu}{\mu}R$$

ゆえに

$$\delta(\mu v R) \approx \frac{mv}{2}(R_1-R_2) + \frac{R}{v}\delta\left(\frac{\mu v^2}{2}\right)$$

これを(9.4.10)に代入し，$\delta\left(\frac{\mu v^2}{2}\right) = Q_{\rm eff}$ を使えば(9.4.8)が得られる．(9.4.8)は古典的には厳密に成り立つべきであるが量子力学的には古典近似の精度の範囲内で成り立てばよい．なお図9.20のような配置が実現するためには x の a 内，B 内の波動関数の角度部の値 $Y_{l_1\lambda_1}\left(\frac{\pi}{2}, \varphi\right)$，$Y_{l_2\lambda_2}\left(\frac{\pi}{2}, \varphi\right)$ が0であってはならない．そのためには

$$l_1 + \lambda_1 = 偶数, \qquad l_2 + \lambda_2 = 偶数$$

が必要である．

以上が Brink が与えた運動学的条件である．(9.4.7)，(9.4.8)はそれらを λ_1，λ_2 について解くことによって

$$\lambda_1 = \left(\frac{mv^2}{2} + Q_{\rm eff}\right)\frac{R_1}{\hbar v} \tag{9.4.11}$$

$$\lambda_2 = \left(\frac{mv^2}{2} - Q_{\rm eff}\right)\frac{R_2}{\hbar v} \tag{9.4.12}$$

と書くことができる．これらの式はまた反応領域での2つの核の相対運動のエネルギー，波数をそれぞれ $E(R) = \frac{\mu v^2}{2}$，$K = \frac{\mu v}{\hbar}$ で定義すると次のように書くこともできる．

$$\lambda_1=\frac{1}{2}\left(\frac{m}{\mu}+\frac{Q_{\rm eff}}{E(R)}\right)(KR_1)\approx\frac{Q_{\rm eff}}{2E(R)}(KR_1) \qquad (9.4.13)$$

$$\lambda_2=\frac{1}{2}\left(\frac{m}{\mu}-\frac{Q_{\rm eff}}{E(R)}\right)(KR_2)\approx-\frac{Q_{\rm eff}}{2E(R)}(KR_2) \qquad (9.4.14)$$

ただし最右辺には $m/\mu\ll 1$ を使った．ゆえに同じ近似で，

$$\lambda_1-\lambda_2\approx\frac{Q_{\rm eff}}{2E(R)}(KR) \qquad (9.4.15)$$

が得られる．KR_1, KR_2 および特に KR は1に比べて大きな値をもつから，$\left|\frac{Q_{\rm eff}}{E(R)}\right|$ が小さな値をもつような場合を除き(*9.4.13*), (*9.4.14*), (*9.4.15*)の右辺の絶対値は1に比べて大きな値になると考えられる．このことから，Brinkの条件がみたされるためには，$\lambda_1, \lambda_2, \lambda$，したがって l_1, l_2, l が大きい方が有利であることがわかる．特に l についてこれを言葉で表わせば重イオン反応の1粒子移行反応では一般に移行軌道角運動量 l の大きな遷移が有利であるということになる．Brinkの条件は一定の入射条件に対して反応の Q 値と終状態の角運動量の間の関係を与える．角運動量を固定すれば起こりやすい反応の Q 値が与えられ，Q 値を与えれば到達しやすい終状態の角運動量がきまる．しばしば前者は **Q の窓**(*Q*-window)，後者は **L の窓**(*L*-window)と呼ばれている．

Brinkの条件が成り立つときに実際反応が起こりやすいことは実験的によく確かめられている．このとき断面積は大きく，DWBAによってよく説明される．図9.21にその例を示す．入射エネルギー E が Coulomb 障壁 $B_{\rm C}$ に比べて余り

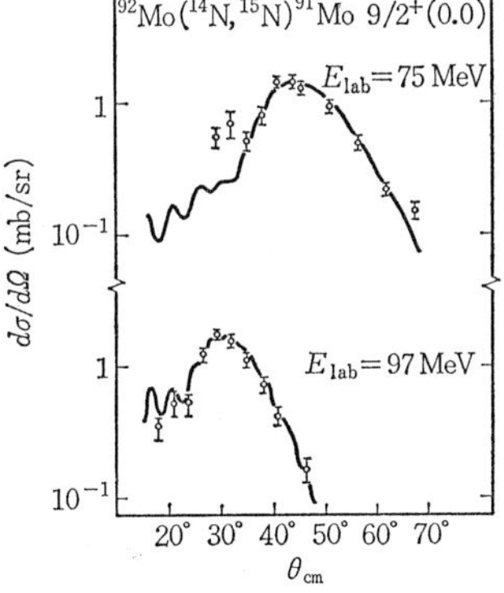

図9.21 ^{92}Mo(^{14}N, ^{15}N)^{91}Mo, $E_{\rm lab}$=75, 97 MeV. 実験値(点)とDWBA計算値(実線)(Yoshie, M. & Kohno, I.: *Scientific Papers of the Inst. of Physical and Chemical Research*, **69**, 63 (1975)による)

高くないときは角分布は最前方の振動型の部分を除きかすり角に最大値をもつ釣鐘形(bell shape)になる．この角分布は移行角運動量 l に余り依らない．これは入射角運動量 $\mu v_0 b_{\mathrm{gr}}$ が $\hbar l$ に比べてはるかに大きいからである．この点は軽イオン反応と著しく異なっている．入射エネルギーが高くなるにつれてかすり角は前方に移り，それと共に角分布は釣鐘形からずれて振動型になる．

Brink の条件がみたされていないときは反応の断面積は一般に小さく，DWBA で説明できないことが多い．このような場合には多段階過程を考慮する必要がある．

さて，上に述べたような準弾性散乱による核の離散的低エネルギー状態への遷移過程を理論的に解析するには先に述べたように DWBA，チャネル結合法などが有力な手段となる．それらは軽イオン反応に対するものと本質的な差はない．しかし実際上は，関係する波数が大きいこと，高い角運動量までの多数の部分波が反応に関与すること，入射粒子が複雑な構造を持つこと，その大きさを無視できないこと等々の理由でかなりの違いがある．次に例として 1 核子移行反応に対する DWBA をとり上げて軽イオン反応との差をみてみよう．

まず軽イオン反応ではゼロ・レンジ近似が DWBA の実際的計算にとって極めて便利であった(§9.2)．これは放出粒子と移行粒子の間の距離を無視する近似である．重イオン反応ではこのような近似が不可能なことは明らかである．実際図 9.20 の例で x と c_1 の重心との距離は R_1 でこれを無視することはできない．しかし，$m \ll M_1, M_2$ の近似のもとでは入射，放出チャネルの相対座標 $\boldsymbol{r}_c, \boldsymbol{r}_{c'}$ は $\boldsymbol{r}_c = \boldsymbol{R} + \dfrac{m}{M_1+m}\boldsymbol{r}_1$，$\boldsymbol{r}_{c'} = \dfrac{c_1}{B}\boldsymbol{R} - \dfrac{m}{M_2+m}\boldsymbol{r}_1$ で与えられるから

$$\boldsymbol{r}_{c'} \approx \frac{c_1}{B}\boldsymbol{R} \approx \frac{c_1}{B}\boldsymbol{r}_c \tag{9.4.16}$$

で近似される．ただし $\boldsymbol{R}, \boldsymbol{r}_1$ はそれぞれ c_2 と c_1，c_1 と x 間の相対座標のベクトルである．この近似を**無反跳**(no-recoil)**近似**という†．省略された $\dfrac{m}{M_1+m}\boldsymbol{r}_1$，$-\dfrac{m}{M_2+m}\boldsymbol{r}_1$ が核子の移行による重心のずれ，すなわち反跳を表わすからである．この近似のもとでは DWBA の形状因子はただ 1 つのベクトル $\boldsymbol{r}_c$(または $\boldsymbol{r}_{c'}$)の

† '無反跳近似' という呼び名は(9.4.16)より一般的に，$\boldsymbol{r}_c /\!/ \boldsymbol{r}_{c'}$ を仮定するすべての近似に対して用いられることがある．

関数すなわち局所型になる．その形はゼロ・レンジ近似によるもの(9.2.51)と全く一致する†．無反跳近似は先に述べた運動学的条件がよくみたされている強い遷移に対してはかなり良い近似であることが知られている．

さて，重イオン反応と軽イオン反応のもう1つの大きな違いは，移行核子が入射核内で一般にs状態でない状態にあることである．このため角運動量などの選択則が複雑になる．再び(9.4.6)：$a(c_1+x)+c_2 \to c_1+B(c_2+x)$ の反応についてそれをみてみると次のようになる．いま，核 c_1, c_2, a, B のスピンをそれぞれ $\boldsymbol{I}_1, \boldsymbol{I}_2, \boldsymbol{I}_a, \boldsymbol{I}_B$，パリティを $\pi_1, \pi_2, \pi_a, \pi_B$ で表わし，遷移 $a \to c_1$，$c_2 \to B$ にともなう移行角運動量を $\boldsymbol{J}_1, \boldsymbol{J}_2$ とすると

$$\boldsymbol{J}_1 = \boldsymbol{I}_a - \boldsymbol{I}_1, \qquad \boldsymbol{J}_2 = \boldsymbol{I}_B - \boldsymbol{I}_2 \tag{9.4.17}$$

また移行軌道角運動量は

$$\boldsymbol{l} = \boldsymbol{J}_2 - \boldsymbol{J}_1 \tag{9.4.18}$$

である．一方これは反応前後の相対運動の軌道角運動量 $\boldsymbol{L}, \boldsymbol{L}'$ の差に等しい．

$$\boldsymbol{l} = \boldsymbol{L} - \boldsymbol{L}' \tag{9.4.19}$$

また，内部状態のパリティの変化は次式で与えられる．

$$\pi = \pi_a \pi_B \pi_1 \pi_2 \tag{9.4.20}$$

さて，いま移行核子xは最初a内の1粒子軌道$(l_1 j_1)$にあり，終状態でB内の1粒子軌道$(l_2 j_2)$に移る場合を例にとって考えよう．この場合には $\boldsymbol{J}_1 = \boldsymbol{j}_1$，$\boldsymbol{J}_2 = \boldsymbol{j}_2$ であるから(9.4.18)から $\boldsymbol{l} = \boldsymbol{j}_2 - \boldsymbol{j}_1$ となり，

$$|j_1 - j_2| \leqq l \leqq j_1 + j_2 \tag{9.4.21}$$

が出る．

さらに，xのスピン軌道角運動量を遷移の前後で $\boldsymbol{s}_x, \boldsymbol{s}_x'$ とすると $\boldsymbol{j}_1 = \boldsymbol{l}_1 + \boldsymbol{s}_x$，$\boldsymbol{j}_2 = \boldsymbol{l}_2 + \boldsymbol{s}_x'$．もし，遷移を起こす相互作用にスピン依存性がなければ $\boldsymbol{s}_x = \boldsymbol{s}_x'$．ゆえに $\boldsymbol{l} = \boldsymbol{l}_2 - \boldsymbol{l}_1$ となりこれから

$$|l_1 - l_2| \leqq l \leqq l_1 + l_2 \tag{9.4.22}$$

が得られる．l は(9.4.21)，(9.4.22)の両方をみたさねばならない．

次にパリティについてみてみよう．この場合のパリティ変化は

$$\pi = (-)^{l_1 + l_2} \tag{9.4.23}$$

---

† ゼロ・レンジ近似を入射粒子の重心と放出粒子の重心が一致したところから反応が起こるという仮定(§9.2)であると定義すれば無反跳の近似はゼロ・レンジ近似の一種とみなすことができる．

である．パリティ保存則によればこれは相対運動のパリティ変化に等しい．

$$\pi = (-)^{L+L'} \tag{9.4.24}$$

しかしこれは必ずしも $(-)^{l}$ に等しくないことは注意を要する．しかし無反跳近似においては π は $(-)^{l}$ に等しい．その理由はこの近似では先に述べたように形状因子がゼロ・レンジ近似と全く同じ形になるので，T 行列要素は(9.2.54)の形になる．この式の因子 $(l0L'0|L0)$ は $l+L'+L=$偶数 でなければ0になる．ゆえに(9.4.24)から

$$\pi = (-)^{l} \qquad (\text{無反跳近似}) \tag{9.4.25}$$

が成り立つ．(9.4.23)と(9.4.25)から

$$l_1+l_2+l = \text{偶数} \qquad (\text{無反跳近似}) \tag{9.4.26}$$

が得られる．

(9.4.26)は無反跳近似による付加的な条件で正確には成立しない．しかしこの条件をみたさない遷移の DWBA T 行列要素は正確な形状因子を用いても小さくなると予想される．

例として $^{42}Ca(^{16}O, ^{15}O)^{43}Sc$ で ^{43}Sc の $2p_{1/2}$ および $2p_{3/2}$ 1 陽子状態へ遷移するという反応を考えよう．$(l\,j_1)=1p_{1/2}$ だからまず(9.4.21)，(9.4.22)で許される l は $2p_{1/2}$ に対して 0, 1，$2p_{3/2}$ に対して 1, 2 である．さらに(9.4.26)を付け加えれば $2p_{1/2}$ に対しては 0，$2p_{3/2}$ に対しては 2 となる．先に述べたように l が大きいほど Brink の条件をみたしやすいと考えてよいから，(9.4.21)，(9.4.22)だけからでも $2p_{3/2}$ への遷移の方が $2p_{1/2}$ へのそれより強いと考えられるが，さらに(9.4.26)を付け加えるとますますその差は大きいと予想される．実際の DWBA 断面積は分光学的因子を別として $2p_{3/2}$ の方が $2p_{1/2}$ の数倍になっている．同様なことは $1f_{5/2}$ と $1f_{7/2}$ への遷移についてもいえる．すなわち断面積の大きさには強い j_2 依存性があることになる．

しかし(9.4.26)はあくまでも近似的な条件であることは注意しなければならない．この条件をみたさない l に対応する T 行列要素が無視できず，無反跳近似では断面積の角分布が全く説明できない場合がしばしばある．このような場合には正確な形状因子を用いた計算をしなければならない．

第10章　複合核過程

§10.1　共鳴現象と複合核模型

核反応の最終段階が複合核過程である．この段階にいたるまでに体系の励起されうる自由度はすべて励起されてしまう．エネルギーはそれら多数の自由度に分配され，入射粒子 a と標的核 A が渾然一体となった‘連続状態に埋まった束縛状態’が現出する．これが複合核状態である．

この状態の寿命は一般に長く，時として 10^{-15} s に及ぶことも珍しくない．この時間が原子核のスケールでいかに長い時間かは，1 eV という非常に低いエネルギーの中性子が中重核の直径を過ぎる時間が 10^{-18} s であることを考えれば直ちに理解されよう．このような状態はほとんど普通の定常状態とみなして差し支えない．したがってその状態にエネルギー，スピン，パリティなどの‘量子数’を付与することができる．別の見方からすると，これは C=a+A という原子核の準安定な励起状態と見ることができる．C を**複合核**(compound nucleus)という．図 10.1 に ^{16}O+n の例を示しておく．^{16}O+n の共鳴が ^{17}O の準位と対応していることがわかるであろう．これを**共鳴準位**(resonance level)または複合核準位(compound nucleus level)と呼ぶ．

複合核状態は有限の寿命 τ をもつから，それに対応してエネルギーに不確定の幅

$$\Gamma_\lambda = \frac{\hbar}{\tau} \tag{10.1.1}$$

が生じ，エネルギー固有値は複素数値

$$W_\lambda = E_\lambda - \frac{i}{2}\Gamma_\lambda \tag{10.1.2}$$

をとる．この状態の存在確率は時間とともに

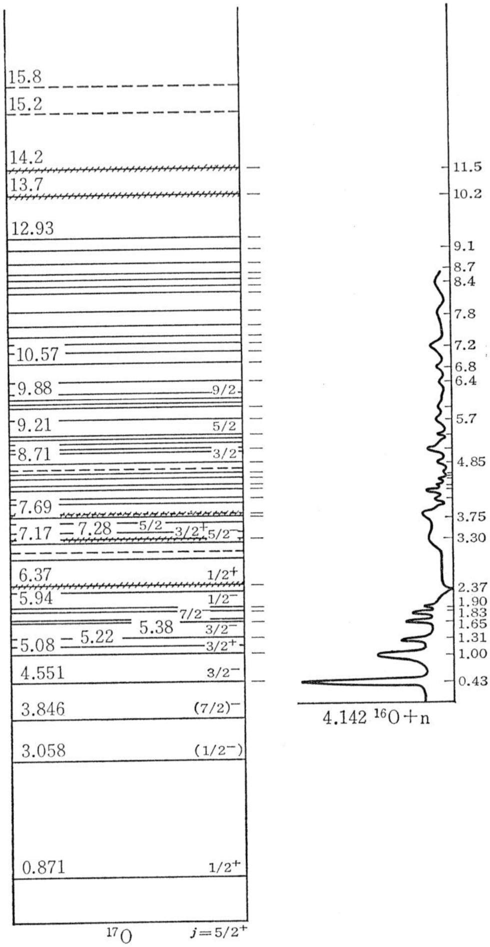

図 10.1　^{16}O+n の複合核 ^{17}O のエネルギー準位．右側の図は対応するエネルギーでの中性子全断面を表わす．準位と共鳴との対応に注意せよ (Ajzenberg-Selove, F. & Lauritsen, T.(ed.) : *Energy levels of Nuclei* : *A=5 to A=257* (*Landoldt-Börnstein*, Group 1, vol. 1), Springer (1961))

$$\left|\exp\left(\frac{-iW_\lambda t}{\hbar}\right)\right|^2 = \exp\left(-\frac{\Gamma_\lambda}{\hbar}t\right) \tag{10.1.3}$$

に比例して減少していく．

複合核状態が形成され崩壊するまでには，体系は長い複雑な過程を経過する．したがってこの間にその状態が最初いかにして作られ始めたかという‘記憶’がすっかり失われてしまうと考えられる．したがって，それは入射チャネルが何であったかによらない．たとえば，a+A, a′+A′, a″+A″, … がいずれも C という複合核を作るとすると，これらを入射チャネルとするすべての反応で全系のエネルギーが同じ値 E_λ になったときに同じ複合核状態 λ が形成され，それは同じ $\tau=\hbar/\Gamma_\lambda$ の時間の後に，入射チャネルが何であったかとは無関係に崩壊するであろう．

複合核は低いエネルギーでは幅のせまい離散的エネルギー固有値をもつ．エネルギーが高くなると準位の密度が増し，準位間の間隔は急速にせばまる．それと同時に種々の粒子を放出する確率が増し，それに応じて幅が大きくなる．そのため隣接する準位が重なり合うようになり，やがて数多くの準位が重なって連続的になる．個々の準位が分離しているエネルギー領域を**共鳴領域**，連続的な領域を**連続領域**という．

複合核過程の概念は1936年に N. Bohr と G. Breit および E. P. Wigner によって初めて導入された†．そのきっかけとなったのが1934年から1936年にかけて報告された Fermi らの中性子による核反応の系統的実験である．彼らは Rn の崩壊で生ずる α 線を ^{9}Be に照射して発生する中性子を ^{1}H から ^{238}U までの60種の核に衝突させて起こる反応を観測した．その結果次のような重要な特徴を見出した．

(1) (n, γ) 反応が非常に起こりやすい．

(2) 中性子をパラフィンで減速すると一般に反応の断面積が大きくなる傾向があるが，この現象は核によって非常に選択的で，ある種の核では断面積は高速中性子の場合の数千倍にも達するが，他の核ではほとんど変化がない．

引き続く他の人々の実験によりこの(2)の特徴はいわゆる‘共鳴’によるものであることが明らかになった．断面積が，各核ごとに1 eV 程度以下の非常にせまい特定のエネルギー範囲で著しく大きくなり，減速中性子がたまたまそのエネルギー範囲に入った核だけが大きな断面積を示したのである．

これに対する理論的解釈はまず‘ポテンシャル模型’によって試みられた．中性

† Bohr, N.: *Nature*, **137**, 344 (1936), Breit, G. & Wigner, E. P.: *Phys. Rev.*, **49**, 519 (1936).

子と核の相互作用が，核の大きさの範囲で働く1つのポテンシャルで表わせるという仮定である．しかしこの模型では非常に大きな幅と間隔をもった‘共鳴’しか導くことができず，(n, γ) 反応の断面積は観測値に比べて著しく小さくなってしまう．Fermi らはその実験を報告した同じ論文の中でこのことに言及し，“数 MeV の中性子が核内を通過する 10^{-21} s の間に γ 線を出すとすれば，その確率はふつう考えられているよりはるかに大きいと考えなければならない．あるいは現在の理論では理解できない理由によって，核が中性子を放出できるような高いエネルギー状態に 10^{-16} s の間留まっていられると考えなければならない”と述べている．

このような状況の下で Bohr と Breit および Wigner はポテンシャル模型を捨て複合核模型を導入したのである．Bohr によれば核反応は本質的に多体的現象である．入射粒子は核内に入ると核内粒子と強く相互作用し，たちまちエネルギーを分配してしまう．その結果複合核状態が形成される．この状態は，いったん多数の粒子に散ったエネルギーがふたたび少数個に集まって，それらが核外に放出されるまで続く．したがってそれは長い寿命をもった準安定状態である．反応はこの状態が形成されるとき，すなわち，入射エネルギーがこの状態のエネルギーにちょうど対応した値になった時だけ強く起こる．これが共鳴である．また，複合核の長い寿命の間に γ 線を放出する確率は非常に大きくなる．これが大きな (n, γ) 反応の断面積が観測された理由である．エネルギーが上がって連続領域に入ればもはや共鳴はみられず，したがって核による選択性もなくなる．また (n, γ) 反応の確率は減り，散乱の確率が相対的に増す．これもまた Fermi らの観察と一致している．かくして中性子反応の著しい特徴はすべて明快に説明されたのである．

しかしながらこのような描像によれば，入射粒子と核内粒子の強い相互作用を仮定する以上，核反応はすべて複合核の形成，崩壊を経て行なわれることになる．われわれはそれが事実でないことを既に知っている．入射粒子と核内粒子の相互作用はそれほど強くはなく，複合核の形成を経ずに終わってしまう過程が重要であることは前章までに詳しくみてきたとおりである．また，複合核状態そのものの構造ははなはだ複雑でほとんど不可知であると長い間考えられてきた．したがって，量子力学的にこの模型を定式化する際には，複合核状態を少数個のパラメーターで集約的に表現し，その構造は分からないもの，いわゆるブラック・ボックスとして取り扱うのが普通であった．しかし，最近では核構造論の発展とも相俟って，ある種の複合核準位は比較的簡単な構造をもっていることが知られるようになり，それらを積極的に記述しようという試みが数多く行なわれ成功を収めている．

ともあれ複合核模型は核反応研究の初期において輝かしい成功を収め，以後十数年間反応論を支配することとなる．この間，模型の厳密な量子力学的定式化が行なわれ，実験との比較の面では共鳴に対する分散公式が証明され，また連続領域に対しては統計理論が発展させられて，数多くの実験の説明に成功したのである．

§10.2 Breit-Wigner の公式．分散公式の理論

複合核模型の定式化はまず Breit と Wigner によって行なわれた．彼らは複合核過程と原子による光の共鳴吸収との類推を考えた．これは原子が光を吸って状態 i から m に移り，m の有限の寿命の後に光を出してふたたび i に戻るか，または別の状態 f に移る現象である．A＋n→C→A＋n の過程を i→m→i に，A＋n→C→B＋γ の過程を i→m→f になぞらえることができよう．彼らは Weisskopf-Wigner の摂動論を使ってそれらの確率を計算し，有名な Breit-Wigner の公式を導いたのである．低エネルギー中性子の偶-偶核による (n, γ) 反応の断面積に対しては，この公式は

$$\sigma(\mathrm{n},\gamma)=\frac{\pi}{k_{\mathrm{n}}^2}\frac{\Gamma_{\lambda\mathrm{n}}\Gamma_{\lambda\gamma}}{(E_{\mathrm{n}}-E_\lambda)^2+\Gamma_\lambda^2/4} \tag{10.2.1}$$

である．ただし，k_{n} は中性子の波数，E_{n} はエネルギー，E_λ は**共鳴エネルギー** (resonance energy) すなわち複合核状態のエネルギー，Γ_λ はその**幅** (width) または**全幅** (total width)，$\Gamma_{\lambda\mathrm{n}}, \Gamma_{\lambda\gamma}$ は**中性子幅**，**γ 幅**とよばれ

$$\Gamma_\lambda=\Gamma_{\lambda\mathrm{n}}+\Gamma_{\lambda\gamma}$$

をみたす．$\Gamma_{\lambda\mathrm{n}}, \Gamma_{\lambda\gamma}$ などを総称して部分幅 (partial width) という．この公式は数多くの実験と比較されて，孤立した共鳴に対して非常によく成り立つことが確かめられた．

量子力学的により厳密な定式化はその後多くの人々によって試みられた．その

結果，摂動論のような疑わしい近似をいっさい用いることなく Breit-Wigner の式が導けること，それをさらに一般化した**S 行列の分散公式**(dispersion formula)と称するものが導かれることが分かったのである．ここでは数多くの理論のうち，最も初期に提出されしかも現在でもよく使われる Kapur-Peierls(以下 K-P と略す)の理論[†]を紹介しよう．まず若干の準備から始めよう．

配位空間(configuration space)を系のすべての核子の座標の集り

$$\mathcal{P} = (\boldsymbol{r}_1, \boldsymbol{r}_2, \cdots, \boldsymbol{r}_n)$$

を座標とする $3n$ 次元空間として定義する．点 $\mathcal{P}$ と系内のすべての核子の位置，すなわち**配位**，とが 1 対 1 対応する．配位空間内に**チャネル**の領域を定義する．これは第 7 章で定義したチャネルの配位に対応する点の集合である．チャネル $c = (\mathrm{a}, \mathrm{A})$ では，(1) a および A に属する核子はそれぞれの重心のまわりの半径 $R_{\mathrm{a}}, R_{\mathrm{A}}$ の球内にあり，(2) a と A の重心間の距離，すなわちチャネルの相対座標 r_c は

$$r_c \geqq a_c \geqq R_{\mathrm{a}} + R_{\mathrm{A}}$$

をみたす．したがって異なる粒子に属する核子は互いに重なることはなく，a_c を十分大きくとれば a と A は互いに相互作用を及ぼさない．このように選んだ a_c を**チャネル半径**(channel radius)という．$r_c = a_c$ で定義される超曲面を**チャネル c の境界**といい S_c で表わす．

内部領域(internal region) I はすべての核子が一塊になった配位に対応する領域である．この領域と各チャネルとの境は**チャネルの境界** S_c であるものとする．内部領域の境界はこれら以外に，系が 3 つ以上の粒子に分かれた配位に対応する領域との間にもある．以下，系がこのような配位をとる確率は無視できるものと仮定する．

全系の波動関数 $\Psi = \Psi(\mathcal{P})$ は配位空間のいたるところで Schrödinger 方程式

$$H\Psi = E\Psi$$

をみたす．E は系のエネルギーである．チャネル c から入射波が入って反応を起こす場合に対応する波動関数を $\Psi_c^{(+)}$ とする．第 7 章によれば $\Psi_c^{(+)}$ の漸近形は

---

† Kapur, P. L. & Peierls, R. E.: *Proc. Roy. Soc.*, **166A**, 277(1938).

$$\Psi_c^{(+)} \sim \frac{1}{(2\pi)^{3/2}}\left[\exp(i\boldsymbol{k}_c\cdot\boldsymbol{r}_c)\chi_c+\sum_{c'} f_{c'c}(\Omega_{c'})\frac{\exp(ik_{c'}r_{c'})}{r_{c'}}\chi_{c'}\right] \qquad (10.2.2)$$

である．これはチャネル領域内での $\Psi_c^{(+)}$,

$$\Psi_c^{(+)} = \frac{1}{(2\pi)^{3/2}}\exp[(i\boldsymbol{k}_c\cdot\boldsymbol{r}_c)\chi_c+\sum_{c'}\psi_{c'}^{(+)}(\boldsymbol{r}_{c'})\chi_{c'}] \qquad (10.2.3)$$

の漸近形である．$\psi_{c'}^{(+)}$ は c' チャネル内の自由な相対運動の波動関数で，次の漸近形をもつ．

$$\psi_{c'}^{(+)}(\boldsymbol{r}_{c'}) \sim f_{c'c}(\Omega_{c'})\frac{\exp(ik_{c'}r_{c'})}{r_{c'}} \qquad (10.2.4)$$

簡単のためにすべての粒子の荷電，スピン，軌道角運動量を無視した場合を考えよう．これはもちろん非現実的な仮定ではあるが，K-P 理論の本質を知る上にはこれで十分である．より一般的な場合についての拡張は後に述べるように容易である．さて，このときは $\Psi_c^{(+)}$ の漸近形は

$$\begin{aligned}\Psi_c^{(+)} &\sim \frac{1}{(2\pi)^{3/2}}\left[j_0(k_cr_c)\chi_c+\sum_{c'} f_{c'c}\frac{u_0^{(+)}(k_{c'}r_{c'})}{r_{c'}}\chi_{c'}\right]\\ &= \frac{i}{2k_c}\frac{1}{(2\pi)^{3/2}}\left(\frac{u_0^{(-)}(k_cr_c)}{r_c}\chi_c-\sum_{c'}\sqrt{\frac{v_c}{v_{c'}}}\frac{S_{c'c}u_0^{(+)}(k_{c'}r_{c'})}{r_{c'}}\chi_{c'}\right)\end{aligned} \qquad (10.2.5)$$

ここに $u_0^{(\pm)}$ は第7章で定義された外向き，内向きの球面波

$$u_0^{(\pm)}(kr) = e^{\pm ikr} \qquad (10.2.6)$$

また $\chi_c, \chi_{c'}, \cdots$ は角運動量 0 の内部波動関数で，すべて実数とすることができる．以下それを仮定する．$S_{c'c}$ は S 行列要素で $f_{c'c}$ とは次式で結ばれている．

$$2ik_c\sqrt{v_{c'}/v_c}f_{c'c} = S_{c'c}-\delta_{c'c} \qquad (10.2.7)$$

$j_0(kr)$ は 0 次の球面 Bessel 関数：$j_0(kr)=(u_0^{(+)}(kr)-u_0^{(-)}(kr))/2ikr$ である．

これだけ準備しておいて複合核模型の定式化に進もう．まず複合核状態の波動関数 Ψ_λ をどう定義したらよいだろうか．この状態では，全体系が一塊になっている．この配位は内部領域 I に対応する．そこでまず Ψ_λ は I の中で Schrödinger 方程式

$$H\Psi_\lambda = W_\lambda\Psi_\lambda \qquad (\text{I の中で}) \qquad (10.2.8)$$

を満たすという条件を課す．Ψ_λ を決定するには更に Ψ_λ が I の表面 S で満たすべき境界条件を与えなければならない．境界条件を如何にとるべきかは先験的に

定まっているわけではない．実は後に述べるように，いろいろなとり方が可能で，そのとり方によっていろいろな理論形式が生ずる．K-P 理論では次のものをとる．

境界条件：内部領域とすべてのチャネルとの境界上でエネルギー E に対応する外向きの波と滑らかにつながる．

したがって Ψ_λ は境界 S 上で

$$\Psi_\lambda = \sum_c \frac{C_{\lambda c}}{(2\pi)^{3/2}} \frac{u_0^{(+)}(k_c r_c)}{\sqrt{4\pi} r_c} \chi_c \qquad (\text{S 上で}) \qquad (10.2.9)$$

の形をしている．ただし k_c はチャネル c での相対運動の波数である．この境界条件をみたす状態を**崩壊状態**(decaying state)という．$C_{\lambda c}$ は Ψ_λ の c チャネルでの振幅に比例する量で(10.2.8)を(10.2.9)のもとで解けば得られるものである．

この状態は寿命の長い複合核状態が形成されてしまってから十分時間が経ったときの系の状態をなぞらえている．このとき入射波はもはや入って来ず，一方崩壊は徐々に行なわれている．したがってすべてのチャネルで外向きの波しかない．このような状態は明らかに定常状態ではなく，W_λ は実数ではありえない．また境界条件(10.2.9)は k_c を通じてエネルギー E によるから，W_λ もまた E の関数になる．ゆえに W_λ は次の形をもつ．

$$W_\lambda(E) = E_\lambda(E) - \frac{i}{2}\Gamma_\lambda(E) \qquad (10.2.10)$$

E_λ が状態 λ のエネルギー，Γ_λ が幅である．後に証明するように $\Gamma_\lambda > 0$ である．Ψ_λ は内部領域で 1 に規格化されているものとする．

$$\int_{\mathrm{I}} |\Psi_\lambda|^2 d\tau = 1 \qquad (10.2.11)$$

以上が K-P 理論での複合核状態の定義である．この状態の寿命が $\hbar/\Gamma_\lambda$ であることは Ψ_λ の時間依存性が $\exp(-iW_\lambda t/\hbar) = \exp(-iE_\lambda t/\hbar)\exp(-\Gamma_\lambda t/2\hbar)$ であることから明らかである．

さて Ψ_λ 全体の集合 $\{\Psi_\lambda\}$ は I の中で完全系をつくる．しかし直交系ではない．それは(10.2.9)が複素数の境界条件であることによる．そこで各 Ψ_λ に対し $\tilde{\Psi}_\lambda$ を

$$\tilde{\Psi}_\lambda = \Psi_\lambda{}^* \tag{10.2.12}$$

で定義する. $\tilde{\Psi}_\lambda$ は明らかに Schrödinger 方程式

$$H\tilde{\Psi}_\lambda = \tilde{W}_\lambda \tilde{\Psi}_\lambda \tag{10.2.8'}$$

と S 上での (*10.2.9*) に共役な境界条件

$$\tilde{\Psi}_\lambda = \sum_c \frac{\tilde{C}_{\lambda c}}{(2\pi)^{3/2}} \frac{u_0{}^{(-)}(k_c r_c)}{\sqrt{4\pi} r_c} \chi_c \tag{10.2.9'}$$

をみたし,

$$\int_{\mathrm{I}} |\tilde{\Psi}_\lambda|^2 d\tau = 1 \tag{10.2.11'}$$

で規格化されている. 明らかに

$$\tilde{W}_\lambda = W_\lambda{}^*, \qquad \tilde{C}_{\lambda c} = C_{\lambda c}{}^* \tag{10.2.13}$$

である. このように定義された $\tilde{\Psi}_\lambda$ の系 $\{\tilde{\Psi}_\lambda\}$ は $\{\Psi_\lambda\}$ と直交関係

$$\int_{\mathrm{I}} \tilde{\Psi}_{\lambda'}{}^* \Psi_\lambda d\tau = N_\lambda \delta_{\lambda'\lambda} \tag{10.2.14}$$

をみたす. N_λ はこの式で定義される複素数で E とチャネル半径に依存する. 次に (*10.2.14*) を証明しよう.

そのため, および以後の議論のために次の定理を証明しておく.

［定理］ I とチャネル領域との境界 S の上で次の形をもつ任意の関数 $\Phi_1(\mathcal{P})$, $\Phi_2(\mathcal{P})$ があるとする.

$$\Phi_1 = \sum_c \frac{\xi_c(r_c)}{\sqrt{4\pi} r_c} \chi_c, \qquad \Phi_2 = \sum_c \frac{\eta_c(r_c)}{\sqrt{4\pi} r_c} \chi_c$$

このとき

$$\Lambda(\Phi_1, \Phi_2) \equiv \int_{\mathrm{I}} (\Phi_1{}^* H \Phi_2 - \Phi_2 H \Phi_1{}^*) d\tau = \sum_c \left[-\frac{\hbar^2}{2\mu_c} W(\xi_c{}^*, \eta_c) \right]_{r_c = a_c}$$

ただし, $\int_{\mathrm{I}} d\tau$ は内部領域全体にわたる積分を意味する. また $W(\xi, \eta) = \xi(d\eta/dr) - \eta(d\xi/dr)$ はロンスキアン (Wronskian) である.

［証明］ ハミルトニアンは次の形をしている.

$$H = \sum_{i=1}^{A} \left(-\frac{\hbar^2}{2m} \Delta_i \right) + \sum_{i>j} V_{ij}$$

これを

$$H = -\frac{\hbar^2}{2m}\Delta + V$$

と書くことにする．ただし Δ は $3n$ 次元空間のラプラシアン，

$$\Delta = \sum_{i=1}^{A}\left(\frac{\partial^2}{\partial x_i{}^2}+\frac{\partial^2}{\partial y_i{}^2}+\frac{\partial^2}{\partial z_i{}^2}\right)$$

である．したがって

$$\Phi_1{}^*H\Phi_2-\Phi_2H\Phi_1{}^* = -\frac{\hbar^2}{2m}(\Phi_1{}^*\Delta\Phi_2-\Phi_2\Delta\Phi_1{}^*)$$

したがって $\Lambda(\Phi_1, \Phi_2)$ の $3n$ 次元体積積分に Green の定理を用いることができて，

$$\Lambda(\Phi_1, \Phi_2) = -\frac{\hbar^2}{2m}\int_{\mathrm{S}}\left(\Phi_1{}^*\frac{\partial}{\partial n}\Phi_2-\Phi_2\frac{\partial}{\partial n}\Phi_1{}^*\right)dS$$

ただし積分 $\int_{\mathrm{S}} dS$ は I の表面 S 全体にわたり，$\partial/\partial n$ は S の外向き法線の方向への微分である．仮定によって積分に有限の寄与があるのはチャネル領域と I の境界のみである．ゆえに

$$\int_{\mathrm{S}} dS = \sum_c \int_{\mathrm{S}_c} dS$$

しかるに S_c 上で次の式が成立する．

$$\frac{1}{m}\int_{\mathrm{S}_c}\frac{\partial}{\partial n}dS = \frac{1}{\mu_c}\int\left[\frac{\partial}{\partial r_c}\right]_{r_c=a_c} a_c{}^2 d\Omega_c d\boldsymbol{i}_c$$

ただし μ_c は c チャネルの換算質量である．ゆえに S 上での Φ_1, Φ_2 の形から

$$\Lambda(\Phi_1, \Phi_2) = \sum_c\left(-\frac{\hbar^2}{2\mu_c}\left[\xi_c{}^*\frac{d}{dr_c}\eta_c-\eta_c\frac{d}{dr_c}\xi_c{}^*\right]_{r_c=a_c}\right)$$

$$= \sum_c\left[-\frac{\hbar^2}{2\mu_c}W(\xi_c{}^*, \eta_c)\right]_{r_c=a_c}$$

［証明終］

ロンスキアンについての次の性質は有用である．

$$W(\xi, \eta) = -W(\eta, \xi), \qquad W(\xi, \xi) = 0, \qquad W(u_0{}^{(-)}, u_0{}^{(+)}) = 2ik \tag{10.2.15}$$

さてこの定理によって(10.2.14)を証明しよう．このために $\Lambda(\tilde{\Psi}_{\lambda'}, \Psi_\lambda)$ を考える．

$$\Lambda(\tilde{\Psi}_{\lambda'},\Psi_\lambda)=\int_{\mathrm{I}}(\tilde{\Psi}_{\lambda'}{}^*H\Psi_\lambda-\Psi_\lambda H\tilde{\Psi}_{\lambda'}{}^*)d\tau=(W_\lambda-\tilde{W}_{\lambda'}{}^*)\int_{\mathrm{I}}\tilde{\Psi}_{\lambda'}{}^*\Psi_\lambda d\tau \tag{10.2.16 a}$$

一方定理により，

$$\Lambda(\tilde{\Psi}_{\lambda'},\Psi_\lambda)=\sum_c\frac{\tilde{C}_{\lambda'c}{}^*C_{\lambda c}}{(2\pi)^3}\left(-\frac{\hbar^2}{2\mu_c}W(u_0{}^{(+)},u_0{}^{(+)})\right)=0 \tag{10.2.16 b}$$

なぜなら $u_0{}^{(-)*}=u_0{}^{(+)}$．ゆえに，$W_\lambda\neq\tilde{W}_{\lambda'}{}^*=W_{\lambda'}$ なら $\int_{\mathrm{I}}\tilde{\Psi}_{\lambda'}{}^*\Psi_\lambda d\tau=0$．もし1次独立な2つの $\Psi_\lambda,\Psi_{\lambda'}$ に対して $W_\lambda=W_{\lambda'}$ である場合にはそれに対応する $\tilde{\Psi}_\lambda$, $\tilde{\Psi}_{\lambda'}$ の適当な1次結合 $\tilde{\Phi}_\lambda,\tilde{\Phi}_{\lambda'}$ を作ってそれらが(10.2.8′)，(10.2.9′)，(10.2.11′)および(10.2.14)を満たすようにすることは常に可能である．この $\tilde{\Phi}_\lambda,\tilde{\Phi}_{\lambda'}$ を改めて $\tilde{\Psi}_\lambda,\tilde{\Psi}_{\lambda'}$ と呼ぶことにすれば，すべての $\Psi_\lambda,\tilde{\Psi}_{\lambda'}$ に対して(10.2.14)が成立することになる．$\{\Psi_\lambda,\tilde{\Psi}_{\lambda'}\}$ は**双直交系**(biorthogonal set)をなすという．

さて，S 行列を求めるには次の手順による．まず波動関数 $\Psi_c{}^{(+)}$ を I の中での完全系 $\{\Psi_\lambda\}$ で展開する．

$$\Psi_c{}^{(+)}=\sum_\lambda a_\lambda\Psi_\lambda \tag{10.2.17}$$

(10.2.17)の両辺の I の境界 S 上での値を比較する．(10.2.5)と(10.2.9)から直ちに

$$S_{c'c}=\frac{u_0{}^{(-)}(k_ca_c)}{u_0{}^{(+)}(k_ca_c)}\delta_{c'c}+2ik_c\sqrt{\frac{v_{c'}}{v_c}}\sum_\lambda\frac{a_\lambda C_{\lambda c'}}{\sqrt{4\pi}} \tag{10.2.18}$$

一方(10.2.17)，(10.2.14)によると

$$\int_{\mathrm{I}}\tilde{\Psi}_\lambda{}^*\Psi_c{}^{(+)}d\tau=a_\lambda N_\lambda \tag{10.2.19}$$

この左辺を計算するために $\Lambda(\tilde{\Psi}_\lambda,\Psi_c{}^{(+)})$ を考える．

$$\Lambda(\tilde{\Psi}_\lambda,\Psi_c{}^{(+)})=\int_{\mathrm{I}}(\tilde{\Psi}_\lambda{}^*H\Psi_c{}^{(+)}-\Psi_c{}^{(+)}H\tilde{\Psi}_\lambda{}^*)d\tau=(E-W_\lambda)\int_{\mathrm{I}}\tilde{\Psi}_\lambda{}^*\Psi_c{}^{(+)}d\tau \tag{10.2.20}$$

ただし(10.2.8′)，(10.2.13)を用いた．一方先の定理により，(10.2.5)，(10.2.9′)を用いると，

$$\Lambda(\tilde{\Psi}_\lambda, \Psi_c{}^{(+)}) = \frac{\sqrt{4\pi}}{(2\pi)^3}\Bigg[\sum_{c'}\left(-\frac{\hbar^2}{2\mu_{c'}}W\left(\tilde{C}_{\lambda c'}{}^* u_0{}^{(+)}, \frac{u_0{}^{(+)}-u_0{}^{(-)}}{2ik_c}\right)\delta_{c'c}\right)$$
$$+\sum_{c'}\left(-\frac{\hbar^2}{2\mu_{c'}}W(\tilde{C}_{\lambda c'}{}^* u_0{}^{(+)}, f_{c'c}u_0{}^{(+)})\right)\Bigg]$$

ゆえに(*10. 2. 15*)により

$$\Lambda(\tilde{\Psi}_\lambda, \Psi_c{}^{(+)}) = \frac{\sqrt{4\pi}}{(2\pi)^3}\left(-\frac{\hbar^2}{2\mu_c}\frac{\tilde{C}_{\lambda c}{}^*}{2ik_c}2ik_c\right) = \frac{\sqrt{4\pi}}{(2\pi)^3}\left(-\frac{\hbar^2}{2\mu_c}\tilde{C}_{\lambda c}{}^*\right) \qquad (10.\,2.\,20')$$

これと(*10. 2. 20*)を比較すれば $\int_{\mathrm{I}} \tilde{\Psi}_\lambda{}^* \Psi_c{}^{(+)} d\tau$ が求まる．それを(*10. 2. 19*)に代入すれば

$$a_\lambda = \frac{\sqrt{4\pi}}{(2\pi)^3}\left(-\frac{\hbar^2}{2\mu_c}\frac{\tilde{C}_{\lambda c}{}^*}{N_\lambda(E-W_\lambda)}\right)$$

これを(*10. 2. 18*)に代入し，(*10. 2. 13*)に注意すれば

$$S_{c'c} = \frac{u_0{}^{(-)}(k_c a_c)}{u_0{}^{(+)}(k_c a_c)}\delta_{c'c} - i\sum_\lambda \frac{g_{\lambda c'}g_{\lambda c}}{N_\lambda(E-W_\lambda)} \qquad (10.\,2.\,21)$$

ただし

$$g_{\lambda\alpha} = \sqrt{\frac{\hbar v_c}{(2\pi)^3}}C_{\lambda\alpha} \qquad (\alpha = c, c') \qquad (10.\,2.\,22)$$

(*10. 2. 21*)が求める $S_{c'c}$ の表式である．これを，**S 行列の分散公式**(dispersion formula)という．

(*10. 2. 21*)右辺第1項

$$S^{\mathrm{hs}} = \exp(-2ik_c a_c)\,\delta_{c'c} \qquad (10.\,2.\,23)$$

は半径 a_c の剛球による散乱の S 行列である．この散乱を**ポテンシャル散乱**(potential scattering)または**剛球散乱**(hard sphere scattering)とよぶ．この項は $c'=c$，すなわち弾性散乱のときにのみ存在する．第2項

$$S^{\mathrm{res}} = -i\sum_\lambda \frac{g_{\lambda c'}g_{\lambda c}}{N_\lambda(E-W_\lambda)} \qquad (10.\,2.\,24)$$

は**共鳴項**(resonance term)とよばれる．この項は E が W_λ のどれか1つに近づくと非常に大きくなる．$g_{\lambda c}, g_{\lambda c'}, N_\lambda, W_\lambda$ を**共鳴パラメーター**(resonance parameter)とよぶ．これらはいずれも E のゆっくり変化する関数であるが，E が E_λ の近傍 Γ_λ くらいの範囲で変化する間は定数とみなしてよい．

1つの E_λ とそれに隣接する共鳴との間の距離 D が Γ_λ より十分大きいとき ($\Gamma_\lambda/D \ll 1$), W_λ は**孤立した準位**とよばれる. E がこのような準位の1つに接近した場合には S^{res} 中の W_λ 以外の項は無視してよいであろう†. もしさらに Γ_λ が小さければ Ψ_λ はほとんど実数にとることができるであろう††. したがって

$$N_\lambda = \int_{\mathrm{I}} \Psi_\lambda{}^2 d\tau \approx \int_{\mathrm{I}} |\Psi_\lambda|^2 d\tau = 1 \qquad (10.2.25)$$

この近似の下で(10.2.21)は

$$S_{c'c} = \exp(-2ik_c a_c)\,\delta_{c'c} - i\frac{g_{\lambda c'} g_{\lambda c}}{E - E_\lambda + i\Gamma_\lambda/2} \qquad (10.2.26)$$

これを使って(10.2.7)から $f_{c'c}$ を求め, それから断面積を計算すると, $c'=c$ に対しては

$$\sigma_{cc} = \frac{4\pi}{k_c{}^2}\left|\exp(-ik_c a_c)\sin k_c a_c + \frac{1}{2}\exp(i\theta_{\lambda c})\frac{\Gamma_{\lambda c}}{E - E_\lambda + i\Gamma_\lambda/2}\right|^2 \qquad (10.2.27\,a)$$

$c' \neq c$ に対しては

$$\sigma_{c'c} = \frac{\pi}{k_c{}^2}\frac{\Gamma_{\lambda c'}\Gamma_{\lambda c}}{(E - E_\lambda)^2 + \Gamma_\lambda{}^2/4} \qquad (10.2.27\,b)$$

ただし $\Gamma_{\lambda c}, \theta_{\lambda c}$ は次式で与えられる実数でそれぞれ部分幅および $g_{\lambda c}{}^2$ の位相を与える:

$$g_{\lambda c}{}^2 = \Gamma_{\lambda c}\exp(i\theta_{\lambda c}) \qquad (10.2.28\,a)$$

$$\Gamma_{\lambda c} = |g_{\lambda c}|^2 \qquad (N_\lambda \approx 1 \text{ のとき}) \qquad (10.2.28\,b)$$

(10.2.27 a, b)を **Breit-Wigner の1準位公式**という. (10.2.27 b)は(10.2.1)の一般化に他ならない. (10.2.27 a)は弾性散乱に対する Breit-Wigner の式で剛球散乱の項があることに注意すべきである. この項は E が共鳴エネルギー E_λ から十分離れていても存在する. この場合入射粒子は複合核を作ることができず, あたかも半径 a_c の剛球によって跳ね返されたような散乱を受ける. $E \approx E_\lambda$ ではこの項は共鳴項に比して小さくなるが, $E = E_\lambda$ の前後で両者は干渉する. $\theta_{\lambda c} \approx 0$

---

† より正確な近似については次節を参照のこと.

†† $\Gamma_\lambda \approx 0$ なら $H\Psi_\lambda \approx E_\lambda \Psi_\lambda$. また次頁によると, このとき $|C_{\lambda c}| \to 0$ がすべての c に対して成り立つ. すなわち S 上で $\Psi_\lambda \approx 0$. ゆえに Ψ_λ は近似的に実数の方程式と境界条件をみたす. このような解 Ψ_λ はほぼ実関数にとることができる.

のときは $E<E_\lambda$ のとき互いに打ち消しあい，$E>E_\lambda$ のとき足しあう．

Breit-Wigner の式では Γ_λ と $\Gamma_{\lambda c}$ の間に

$$\Gamma_\lambda = \sum_c \Gamma_{\lambda c} \tag{10. 2. 29}$$

が成立する．すなわち部分幅の総和は全幅に等しい．(10. 2. 27 a), (10. 2. 27 b) においてもそれは同様である．このことは次のようにして証明される．

$$\Lambda(\Psi_\lambda{}^*, \Psi_\lambda{}^*) = \int_{\mathrm{I}} (\Psi_\lambda H \Psi_\lambda{}^* - \Psi_\lambda{}^* H \Psi_\lambda)\, d\tau = i\Gamma_\lambda \int_{\mathrm{I}} |\Psi_\lambda|^2 d\tau = i\Gamma_\lambda$$

を考える．ただし最右辺を得るには (10. 2. 11) を用いた．先の定理により左辺は

$$\begin{aligned}\Lambda(\Psi_\lambda{}^*, \Psi_\lambda{}^*) &= \frac{1}{(2\pi)^3} \sum_c \left(-\frac{\hbar^2}{2\mu_c} W(C_{\lambda c} u_0{}^{(+)}, C_{\lambda c}{}^* u_0{}^{(-)}) \right) \\ &= \frac{1}{(2\pi)^3} \sum_c \left(-\frac{\hbar^2}{2\mu_c} |C_{\lambda c}|^2 (-2ik_c) \right) = i \sum_c \Gamma_{\lambda c}\end{aligned}$$

ただし (10. 2. 22) と (10. 2. 28 b) を使った．ゆえに (10. 2. 29) が成立する．ここで注意すべきことはこの関係は (10. 2. 25) の近似のもとで初めて有用なことである．もし (10. 2. 25) の近似が成立しなければ，仮に 1 準位公式が成立したとしても，たとえば (10. 2. 27 b) は

$$\sigma_{c'c} = \frac{\pi}{k_c{}^2} \frac{\tilde{\Gamma}_{\lambda c'} \tilde{\Gamma}_{\lambda c}}{(E-E_\lambda)^2 + \Gamma_\lambda{}^2/4}$$

の形となる．ただし

$$\tilde{\Gamma}_{\lambda c} = |N_\lambda|^{-1} |g_{\lambda c}|^2$$

である．この $\tilde{\Gamma}_{\lambda c}$ と Γ_λ の間にはもはや (10. 2. 29) のような関係は成立しない．

以上が s 波だけが反応に関与するとし，核子の荷電もスピンも省略した場合である．より一般的な場合も全く同様にして取り扱うことができる．角運動量や Coulomb 力の存在のために式が複雑になるだけである．この場合に重要なことは複合核準位がエネルギーのみならず角運動量 J，その z 成分 M およびパリティ π の固有状態であることである．そこでその波動関数を $\Psi_\lambda{}^{JM\pi}$ で表わすことにする．これらの量は運動の恒量であるから，$\Psi_\lambda{}^{JM\pi}$ につながるすべてのチャネルで，系の角運動量，その成分およびパリティは同じ値をもたなければならない．

各チャネルでの角運動量は次の順で合成するのが便利である．$c=(\mathrm{a, A})$ のチャ

ネルで a, A のスピン・ベクトル $\boldsymbol{I}_{\mathrm{a}}, \boldsymbol{I}_{\mathrm{A}}$ からチャネル・スピン・ベクトル $\boldsymbol{I}$ を作る。

$$\boldsymbol{I}=\boldsymbol{I}_{\mathrm{a}}+\boldsymbol{I}_{\mathrm{A}}$$

次に相対運動の角運動量 $\boldsymbol{l}$ を $\boldsymbol{I}$ と合成して全角運動量 $\boldsymbol{J}$ を作る.

$$\boldsymbol{J}=\boldsymbol{I}+\boldsymbol{l}$$

これを波動関数で表わせば，それぞれ

$$\left.\begin{aligned}\chi_{cI\nu}(\boldsymbol{i}_c) &= \sum_{\nu_{\mathrm{a}}\nu_{\mathrm{A}}}(I_{\mathrm{a}}\nu_{\mathrm{a}}I_{\mathrm{A}}\nu_{\mathrm{A}}|I\nu)\chi_{\mathrm{a}I_{\mathrm{a}}\nu_{\mathrm{a}}}\chi_{\mathrm{A}I_{\mathrm{A}}\nu_{\mathrm{A}}} \\ y_{cIl}{}^{JM}(\Omega_c,\boldsymbol{i}_c) &= \sum_{\nu m}(I\nu lm|JM)\chi_{cI\nu}(\boldsymbol{i}_c)i^l Y_{lm}(\Omega_c)\end{aligned}\right\} \qquad (10.2.30)$$

この $y_{cIl}{}^{JM}$ は時間反転 T(§2.1参照)に対して $Ty_{cIl}{}^{JM}=(-)^{J+M}y_{cIl}{}^{J-M}$ のように変換する. $\Psi_\lambda{}^{JM\pi}$ は前と同様に内部領域 I 内で方程式

$$H\Psi_\lambda{}^{JM\pi}=W_\lambda\Psi_\lambda{}^{JM\pi} \qquad (\text{I の中で}) \qquad (10.2.31\,a)$$

と I の表面 S 上で境界条件

$$\Psi_\lambda{}^{JM\pi}=\frac{1}{(2\pi)^{3/2}}\sum_{cIl}C_{\lambda cIl}\frac{u_l{}^{(+)}(k_c,r_c)}{r_c}y_{cIl}{}^{JM}(\Omega_c,\boldsymbol{i}_c) \qquad (\text{S 上で}) \qquad (10.2.31\,b)$$

を満足するという条件によって定義される. $u_l{}^{(+)}(k_c,r_c)$ は(*7.3.104*)で定義された外向きの Coulomb 波である. $\Psi_\lambda{}^{JM\pi}$ は

$$\int_{\mathrm{I}}|\Psi_\lambda{}^{JM\pi}|^2d\tau=1 \qquad (10.2.31\,c)$$

によって規格化されているものとする. (*10.2.31 a, b, c*)は(*10.2.8*), (*10.2.9*)を一般化したもので，その物理的意味はそこで述べたのと同様である.

関数系 $\{\Psi_\lambda{}^{JM\pi}\}$ は I の中で完全系をつくる. しかし直交系をなさない. そこで(*10.2.12*)を拡張して

$$\tilde{\Psi}_\lambda{}^{JM\pi}=(-)^{J-M}T\Psi_\lambda{}^{J-M\pi} \qquad (10.2.12')$$

で $\tilde{\Psi}_\lambda{}^{JM\pi}$ を定義する. ハミルトニアン H は時間反転不変($H=T^{-1}HT$)であるから，$\tilde{\Psi}_\lambda{}^{JM\pi}$ は方程式

$$H\tilde{\Psi}_\lambda{}^{JM\pi}=\tilde{W}_\lambda\tilde{\Psi}_\lambda{}^{JM\pi} \qquad (10.2.31\,a')$$

をみたす. また S 上では(*10.2.31 b*)と(*10.2.12′*)から導かれる境界条件

$$\tilde{\Psi}_\lambda{}^{JM\pi}=\frac{1}{(2\pi)^{3/2}}\sum_{clI}\tilde{C}_{\lambda cIl}\frac{u_l{}^{(-)}(k_c,r_c)}{r_c}y_{cIl}{}^{JM}(\Omega_c,\boldsymbol{i}_c) \qquad (10.2.31\,b')$$

をみたし，

$$\int_{\mathrm{I}} |\tilde{\Psi}_{\lambda}{}^{JM\pi}|^2 d\tau = 1 \qquad (10.2.31\,c')$$

で規格化されている．上のことから直ちに(10.2.13)と同様な

$$\tilde{W}_{\lambda} = W_{\lambda}{}^{*}, \qquad \tilde{C}_{\lambda cIl} = C_{\lambda cIl}{}^{*} \qquad (10.2.13')$$

が得られる．

かくして定義された関数系 $\{\tilde{\Psi}_{\lambda}{}^{JM\pi}\}$ は $\{\Psi_{\lambda}{}^{JM\pi}\}$ と双直交系をなす．

$$\int_{\mathrm{I}} \tilde{\Psi}_{\lambda'}{}^{JM\pi *} \Psi_{\lambda}{}^{JM\pi} d\tau = N_{\lambda}\delta_{\lambda'\lambda} \qquad (10.2.14')$$

この証明は(10.2.14)のそれと全く同様である．この関係を用いると任意の関数 Ψ をI中で

$$\Psi = \sum_{\lambda} a_{\lambda} \Psi_{\lambda}{}^{JM\pi}$$

のように展開したとき a_{λ} は(10.2.19)と同様に

$$\int_{\mathrm{I}} \tilde{\Psi}_{\lambda}{}^{JM\pi *} \Psi d\tau = N_{\lambda} a_{\lambda} \qquad (10.2.19')$$

から求めることができる．

さて，反応の前後で各粒子はスピンの z 成分 $(\nu_{\mathrm{a}}, \nu_{\mathrm{A}})$, $(\nu_{\mathrm{b}}, \nu_{\mathrm{B}})$ の固有状態にあるとしよう．散乱振幅はこの表示では $f_{c'\nu_{\mathrm{b}}\nu_{\mathrm{B}},c\nu_{\mathrm{a}}\nu_{\mathrm{A}}}(\Omega_{c'})$ の形をしており，(7.3.114), (7.3.115)によると次式で与えられる．

$$f_{c'\nu_{\mathrm{b}}\nu_{\mathrm{B}},c\nu_{\mathrm{a}}\nu_{\mathrm{A}}}(\Omega_{c'}) = f_c{}^{\mathrm{C}}(\Omega_c)\delta_{c'c}\delta_{\nu_{\mathrm{b}}\nu_{\mathrm{a}}}\delta_{\nu_{\mathrm{B}}\nu_{\mathrm{A}}} + \sqrt{\frac{v_c}{v_{c'}}}\frac{i}{2k_c}\sum_{ll'mm'} 4\pi U_{c'l'm'\nu_{\mathrm{b}}\nu_{\mathrm{B}},clm\nu_{\mathrm{a}}\nu_{\mathrm{A}}} Y_{l'm'}(\Omega_{c'}) Y_{lm}{}^{*}(\Omega_{k_c}) \qquad (10.2.32\,a)$$

ただし

$$U_{c'l'm'\nu_{\mathrm{b}}\nu_{\mathrm{B}},clm\nu_{\mathrm{a}}\nu_{\mathrm{A}}} = e^{2i\sigma_{cl}}\delta_{c'c}\delta_{l'l}\delta_{m'm}\delta_{\nu_{\mathrm{b}}\nu_{\mathrm{a}}}\delta_{\nu_{\mathrm{B}}\nu_{\mathrm{A}}} - S_{c'l'm'\nu_{\mathrm{b}}\nu_{\mathrm{B}},clm\nu_{\mathrm{a}}\nu_{\mathrm{A}}} \qquad (10.2.32\,b)$$

である．ここに $S_{c'l'm'\nu_{\mathrm{b}}\nu_{\mathrm{B}},clm\nu_{\mathrm{a}}\nu_{\mathrm{A}}}$ は Coulomb 散乱を除いた S 行列のこの表示での部分波行列要素である．ただし記号 ~ は省略した．また $f_{c'}{}^{\mathrm{C}}(\Omega_c)$ は Coulomb 散乱の振幅である．

複合核の $(cIlJM)$ 表示に合わせるためには変換

$$S_{c'l'm'\nu_b\nu_B,clm\nu_a\nu_A}=\sum_{JMI\nu I'\nu'}(I_a\nu_a I_A\nu_A|I\nu)(I\nu lm|JM)(I'\nu' l'm'|JM)$$
$$\times(I_b\nu_b I_B\nu_B|I'\nu')S_{c'I'l',cIl}{}^{JM} \qquad (10.2.33)$$

によって $(cIlJM)$ 表示の S 行列要素 $S_{c'I'l',cIl}{}^{JM}$ を導入する必要がある．これに応じて U 行列も同じ変換を受ける．全系の球対称性によってこれらの要素は M に依存しない．以下これらを $U_{c'I'l',cIl}{}^{J}, S_{c'I'l',cIl}{}^{J}$ と書くことにする．

$S_{c'I'l',cIl}{}^{J}$ の計算は(10.2.21)と全く同様で，その結果は

$$S_{c'I'l',cIl}{}^{J}=\frac{u_l{}^{(-)}(k_c,a_c)}{u_l{}^{(+)}(k_c,a_c)}\delta_{c'c}\delta_{I'I}\delta_{l'l}-i\sum_\lambda\frac{g_{\lambda c'I'l'}g_{\lambda cIl}}{N_\lambda(E-W_\lambda)} \qquad (10.2.34)$$

である．ただし

$$g_{\lambda cIl}=\sqrt{\frac{\hbar v_c}{(2\pi)^3}}C_{\lambda cIl} \qquad (10.2.35)$$

(10.2.34)が求める S 行列の分散公式である．これは s 波，スピン無し中性子の場合の式(10.2.21)を一般化したものである．この式右辺の第1項

$$S_{c'I'l',cIl}{}^{J\mathrm{hs}}\equiv\frac{u_l{}^{(-)}(k_c,a_c)}{u_l{}^{(+)}(k_c,a_c)}\delta_{c'c}\delta_{I'I}\delta_{l'l} \qquad (10.2.34\,a)$$

は(10.2.23)の，また第2項

$$S_{c'I'l',cIl}{}^{J\mathrm{res}}\equiv-i\sum_\lambda\frac{g_{\lambda c'I'l'}g_{\lambda cIl}}{N_\lambda(E-W_\lambda)} \qquad (10.2.34\,b)$$

は(10.2.24)の一般化になっており，それぞれ S 行列の剛球散乱の項および共鳴項と呼ばれることは前と同様である．

再び

$$\Gamma_{\lambda cIl}=|g_{\lambda cIl}|^2/|N_\lambda| \qquad (10.2.36)$$

を部分幅という．孤立した幅のせまい共鳴準位の場合は $N_\lambda\approx1$，したがって $\Gamma_{\lambda cIl}\approx|g_{\lambda cIl}|^2$ とみなしてよい†．この場合には，s 波のときと同様に1準位公

---

† この場合も s 波の時と同様に $\Psi_\lambda{}^{JM\pi}$ は実の方程式：$H\Psi_\lambda{}^{JM\pi}=E_\lambda\Psi_\lambda{}^{JM\pi}$，と実の境界条件：S 上で $\Psi_\lambda{}^{JM\pi}\approx0$，を近似的にみたす．ゆえに $\Psi_\lambda{}^{JM\pi}$ を近似的に $T\Psi_\lambda{}^{JM\pi}\approx(-)^{J+M}\Psi_\lambda{}^{J-M\pi}$ の意味で‘実’関数にとることができる．この条件は $\Psi_\lambda{}^{JM\pi}$ 内の $y_\lambda{}^{JM}$ にかかる因子が実数であるべきことを表わす．このとき

$$N_\lambda=\int_{\mathrm{I}}\tilde{\Psi}_\lambda{}^{JM\pi*}\Psi_\lambda{}^{JM\pi}d\tau=\int_{\mathrm{I}}(-)^{J-M}T\Psi_\lambda{}^{J-M\pi*}\Psi_\lambda{}^{JM\pi}d\tau\approx\int_{\mathrm{I}}\Psi_\lambda{}^{JM\pi*}\Psi_\lambda{}^{JM\pi}d\tau=1$$

式

$$S_{c'I'l',cIl}{}^{J}=\frac{u_l{}^{(-)}(k_c,a_c)}{u_l{}^{(+)}(k_c,a_c)}\delta_{c'c}\delta_{I'I}\delta_{l'l}-i\frac{g_{\lambda c'I'l'}g_{\lambda cIl}}{E-E_\lambda+\dfrac{i}{2}\Gamma_\lambda}\qquad(10.2.37\,a)$$

が成り立ち，Γ_λ は $\Gamma_{\lambda cIl}\approx|g_{\lambda cIl}|^2$ の和，

$$\Gamma_\lambda=\sum_{cIl}\Gamma_{\lambda cIl}\qquad(10.2.37\,b)$$

で与えられる．$\Gamma_{\lambda cIl}$ は l にかなり大きく依存する E, a_c の関数である．これを修正するために**換算幅の振幅**(reduced width amplitude) $\gamma_{\lambda cIl}$ を

$$\gamma_{\lambda cIl}\equiv\left(\frac{\hbar^2}{2ma_c}\right)^{1/2}\frac{1}{a_c}\int_{S_c}y_{cIl}{}^{JM*}\Psi_\lambda{}^{JM\pi}dS_c\qquad(10.2.38)$$

で定義する†．(10.2.31 b), (10.2.35) と (10.2.38) を比較すると直ちに

$$g_{\lambda cIl}=\frac{(2k_ca_c)^{1/2}}{u_l{}^{(+)}(k_c,a_c)}\gamma_{\lambda cIl}\qquad(10.2.39)$$

となる．$N_\lambda\approx1$ の場合は (10.2.36) により

$$\Gamma_{\lambda cIl}=2P_l(k_c,a_c)|\gamma_{\lambda cIl}|^2\qquad(10.2.40)$$

ただし

$$P_l(k_c,a_c)=\frac{k_ca_c}{|u_l{}^{(+)}(k_c,a_c)|^2}\qquad(10.2.41)$$

$P_l(k_c,a_c)$ を**貫通因子**(penetration factor)という．$|\gamma_{\lambda cIl}|^2$ は**換算幅**(reduced width)とよばれる．貫通因子は粒子が Coulomb 力，遠心力の障壁に打ち勝って核表面に到達する確率を表わす．換算幅はそのようにして核表面に到達した粒子が複合核を形成する確率を表わす．したがって $P_l(k_c,a_c)$ は l, a_c, E にかなり強く依存するが，$|\gamma_{\lambda cIl}|^2$ は (10.2.38) から明らかなようにほとんどその依存性はなく複合核状態の構造によって決まる量である．

$P_l(k_c,a_c)$ は (7.3.105), (7.3.106) により

$$P_l(k_c,a_c)=\frac{k_ca_c}{G_l{}^2(k_c,a_c)+F_l{}^2(k_c,a_c)}\qquad(10.2.42)$$

---

† $\gamma_{\lambda cIl}$ は，(10.2.38) から明らかなように，J に依存する．しかし J は λ によって一意的に定まっているから，それを陽に書き表わす必要はない．$g_{\lambda cIl}, \Gamma_{\lambda cIl}, \Gamma_\lambda, N_\lambda$ についても同様である．

で与えられる．ここに $F_l(k,r), G_l(k,r)$ は $r=0$ でそれぞれ正則および非正則な Coulomb 波動関数である．特に中性子の場合は $F_l(x)=xj_l(x), G_l(x)=xn_l(x)$ である．$x\ll 1$ のとき $j_l(x)\propto x^l$，$n_l(x)\propto x^{-l-1}$ であるから

$$P_l(x)\propto x^{2l+1}\propto k^{2l+1} \qquad (\text{中性子})$$

ゆえに，チャネルのエネルギー E_c が 0 に近いとき，P_l したがって $\Gamma_{\lambda cIl}$ は $E_c{}^{(2l+1)/2}$ に比例して l とともに小さくなる．荷電粒子の場合は E_c が Coulomb 障壁より大きいか小さいかで P_l の値は非常に異なる．Coulomb 障壁以下では E_c が小さくなるとともに急速に 0 に近づく．

さて分散公式において，共鳴項の各項が極めて少数個の共鳴パラメーターによって与えられるということは著しいことである．このことは複合核準位 $\Psi_\lambda{}^{JM\pi}$ がこれらのパラメーターを通じてのみ S 行列に影響を及ぼしていることを意味している．これは共鳴項を理論的に計算しようとする場合には都合が良い．$\Psi_\lambda{}^{JM\pi}$ を (10.2.31 a, b) を正確に解いて決定するのは一般に非常に困難であるが，$\Psi_\lambda{}^{JM\pi}$ の全容が判らなくても共鳴パラメーターさえ計算できれば十分である．実際，$\Psi_\lambda{}^{JM\pi}$ に適当な模型を仮定することによって特定の 1, 2 のチャネルに対する $g_{\lambda c}$ を W_λ, N_λ と共に近似計算することができる場合がある．この場合にはそれらのチャネル間の S 行列要素の共鳴項が計算できることになる．

しかし逆に，反応の実験の分析から S 行列を通じて $\Psi_\lambda{}^{JM\pi}$ の構造を探ろうとすると手掛りは少数個の共鳴パラメーターだけになってしまう．多くの場合これだけから $\Psi_\lambda{}^{JM\pi}$ を一意的に決めることは不可能である．かといって $\Psi_\lambda{}^{JM\pi}$ を理論的に計算することも困難だということから前述の‘黒い箱’の考え方が生まれてくる．$\Psi_\lambda{}^{JM\pi}$ は共鳴パラメーターにそれぞれの値を与えるようなある状態という以上にその構造を知ることはできないし，また知る必要もないという考えである．それ以上のことを知らなくても準位 λ を経由する反応すべてについて実験が行なわれ，それらを矛盾なく説明できる共鳴パラメーターの組が決定されれば‘現象の記述’は完全にできているのだからそれで十分だと考えるのである．これはたとえていうと，黒い箱から何本かの紐が出ていてそのうちの 1 本を引くと他のきまった 1 本が動く仕掛けになっているものがあったとした場合，もしすべての紐の引き方に対してどの紐が動くかが判っていればそれで十分で，箱の中の仕掛けまで知る必要はないというのと同じである．原子核の場合，複合核の構造，すな

わち箱の中の仕掛けは甚だ複雑でとても正確には判らないというわけである．得られた共鳴パラメーターすなわち紐の動き方から複合核準位の構造すなわち箱の中の仕掛けを探るのは次の，別個の問題と考えるのである．

共鳴パラメーターの中で最も直接的に $\Psi_\lambda{}^{JM\pi}$ の構造を反映するのは換算幅の振幅 $\gamma_{\lambda cIl}$ である．$\gamma_{\lambda cIl}$ は $\Psi_\lambda{}^{JM\pi}$ がチャネル(cIl)の状態にある確率振幅に比例している．この確率が1になったとき，すなわち $\Psi_\lambda{}^{JM\pi}$ が

$$\Psi_\lambda{}^{JM\pi} \approx \frac{u_{cl}{}^J(k_c, r_c)}{r_c} y_{cIl}{}^{JM}$$

の形に書けるとき，$|\gamma_{\lambda cIl}|$ は最大になる．これは $\Psi_\lambda{}^{JM\pi}$ が，チャネル c の2つの粒子が内部状態を一定に保ったまま互いの重心のまわりに u_{cl} で記述されるような相対運動をしている状態であることを意味する．たとえば核子のチャネルでは，1核子が一定状態の標的核の重心のまわりに u_{cl} で記述される1体運動をしている．この時の幅

$$\gamma_{\lambda cIl}{}^2 \equiv \zeta_{cl}{}^2 = \frac{\hbar^2}{2\mu_c a_c} u_{cl}{}^2(k_c, a_c) \tag{10.2.43}$$

を1粒子幅(single particle width)という．核子の場合 $\zeta_{cl}{}^2$ は数 MeV 程度の大きさをもつ．

$\gamma_{\lambda cIl}$ の大きさの上限のもっと大ざっぱな評価をしてみよう．いまチャネル c の内部状態を添字 α であらわに区別することにし，和

$$\gamma \equiv \sum_{\alpha Il} |\gamma_{\lambda c_\alpha Il}|^2$$

を考えよう．$\{y_{c_\alpha Il}{}^{JM}(\Omega_c, \boldsymbol{i}_c)\}$ は $\Omega_c, \boldsymbol{i}_c$ を独立変数とする区間すなわちチャネル c と内部領域との境界 S_c 上で完全系を張っていることに注意する．すると(10.2.38)から

$$\begin{aligned}\gamma &= \frac{\hbar^2}{2\mu_c a_c}\frac{1}{a_c{}^2}\int a_c{}^4 d\boldsymbol{i}_c d\Omega_c d\boldsymbol{i}_c' d\Omega_c' \Psi_\lambda{}^{JM\pi *} \sum_\alpha (y_{c_\alpha Il}{}^{JM}(\Omega_c, \boldsymbol{i}_c) \\ &\quad \times y_{c_\alpha Il}{}^{JM*}(\Omega_c', \boldsymbol{i}_c'))\Psi_\lambda{}^{JM\pi} \\ &= \frac{\hbar^2}{2\mu_c a_c}\int dS_c |\Psi_\lambda{}^{JM\pi}|^2\end{aligned}$$

いま簡単のために $|\Psi_\lambda{}^{JM\pi}|^2$ は内部領域の表面でも中でも一定であるとするとそ

の値は明らかに $V^{-(n-1)}$ である†．ただし $V=(4\pi/3)a_c{}^3$ である．一方 $\int dS_c$ のチャネル c の入口にわたる積分は $4\pi a_c{}^2 V^{n-2}$ であるから†

$$\gamma=\frac{\hbar^2}{2\mu_c a_c}\frac{4\pi a_c{}^2 V^{n-2}}{V^{n-1}}=\frac{3\hbar^2}{2\mu_c a_c{}^2}$$

かくして

$$\sum_{\alpha Il}|\gamma_{\lambda c_\alpha Il}|^2\approx\frac{3\hbar^2}{2\mu_c a_c{}^2} \qquad (10.2.44\,a)$$

を得る．これを Teichman–Wigner の総和則(sum rule)という．ゆえに

$$|\gamma_{\lambda c_\alpha Il}|^2\leqq\frac{3\hbar^2}{2\mu_c a_c{}^2} \qquad (10.2.44\,b)$$

この右辺の量 $3\hbar^2/2\mu_c a_c{}^2$ を Wigner の総和則極限(sum rule limit)という．これを (*10.2.43*) と比較してみると，$|u_{cl}|\lesssim 1$ であるから $|\zeta_{\lambda cIl}|^2$ は総和則極限ないしその数分の1の大きさであることがわかる．

実験からいろいろなチャネルに対する部分幅を測定すると換算幅 $|\gamma_{\lambda cIl}|^2$ を求めることができる．それと $|\zeta_{\lambda cIl}|^2$ ないしは総和則極限との比

$$\theta_{\lambda cIl}{}^2\equiv\frac{|\gamma_{\lambda cIl}|^2}{3\hbar^2/2\mu_c a_c{}^2}$$

を計算する．もしそれが1に近ければその状態は先に述べたチャネル c の1粒子状態に近い構造をもっている．それが1から遠ざかるに従ってその状態は c チャネルとは異質な構造をもつことになる．このようにして実験から $\Psi_\lambda{}^{JM\pi}$ の構造についての手掛りを得ることができるのである．

さて，(*10.2.32*) で与えられるのは定まったスピン z 成分 (ν_a,ν_A), (ν_b,ν_B) に対する散乱振幅である．これらを観測しない場合の断面積は $|f_{c'\nu_b\nu_B,c\nu_a\nu_A}|^2$ を入射スピンの方向につき平均し，放出粒子のそれについて和をとることによって得られる．

$$\frac{d\sigma_{c'c}}{d\Omega_{c'}}=\frac{1}{(2I_a+1)(2I_A+1)}\frac{v_{c'}}{v_c}\sum_{\nu_b\nu_B\nu_a\nu_A}|f_{c'\nu_b\nu_B,c\nu_a\nu_A}|^2 \qquad (10.2.45)$$

次にこの量の角分布を計算しよう．(*10.2.45*) に (*10.2.32 a*), (*10.2.33*) を入

† $\Psi_\lambda{}^{JM\pi}$ に含まれる座標は全系の重心を除いた $3(n-1)$ 個である．

れて計算すると Clebsch-Gordan 係数の直交性から直ちに

$$\frac{d\sigma_{c'c}}{d\Omega_{c'}} = \frac{1}{(2I_a+1)(2I_A+1)}\frac{v_{c'}}{v_c}\sum_{II'\nu\nu'}\Bigg| f_{c'}^{\mathrm{C}}(\Omega_{c'})\delta_{c'c}\delta_{II'}\delta_{\nu\nu'} - \frac{1}{2ik_c}\sqrt{\frac{v_c}{v_{c'}}}\sum_{\substack{ll'mm'\\JM}} 4\pi(I\nu lm|JM)(I'\nu'l'm'|JM)U_{c'I'l',cIl}{}^J \times Y_{l'm'}(\Omega_{c'})Y_{lm}{}^*(\Omega_{k_c})\Bigg|^2 \tag{10.2.46}$$

ここで

$$\sum_I (2I+1) = (2I_a+1)(2I_A+1)$$

を用いた．一般に $\boldsymbol{c}=\boldsymbol{a}+\boldsymbol{b}$ のとき

$$\sum_c (2c+1) = (2a+1)(2b+1) \tag{10.2.47}$$

である．(10.2.46)の右辺の絶対値2乗を実行すると，第1項の絶対値2乗，第1項と第2項の積は簡単に計算できる．第2項の絶対値については，まず $\Omega_{c'}$, Ω_{k_c} についての各2つの球関数の積を

$$Y_{l_1m_1}Y_{l_2m_2}{}^* = (-1)^{m_2}\sum_{LM}\frac{\hat{l}_1\hat{l}_2}{\sqrt{4\pi}\,\hat{L}}(l_20l_10|L0)(l_2-m_2l_1m_1|LM)Y_{LM}$$

を用いて各1つの球関数に変形する．すると6つの Clebsch-Gordan 係数の積の磁気量子数についての和が現われる．それを次の和則を2度用いてまとめる．

$$\sum_\beta (a\alpha b\beta|e\varepsilon)(e\varepsilon d\delta|c\gamma)(b\beta d\delta|f\varphi) = \hat{e}\hat{f}(a\alpha f\varphi|c\gamma)W(abcd;ef)$$

ここに $W(abcd;ef)$ は Racah 係数である．さらに残りの磁気量子数についての和をとり，加法定理：

$$\sum_M (-1)^M Y_{LM}(\Omega_{c'})Y_{L-M}(\Omega_{k_c}) = \frac{2L+1}{4\pi}P_L(\cos\theta)$$

を用いると次式が得られる．

$$\frac{d\sigma_{c'c}}{d\Omega_{c'}} = |f_c^{\mathrm{C}}(\Omega_c)|^2\delta_{cc'} + \frac{1}{(2I_a+1)(2I_A+1)}\sum_{II'}\left[\frac{1}{k_c^2}\sum_L B_L(c'I',cI)P_L(\cos\theta)\right.$$

$$+\frac{1}{k_c}\sum_{Jl}(2J+1)\,\mathrm{Re}\,(iU_{cIl,cIl}{}^{J}f_c{}^{C*}(\Omega_c))\,P_l(\cos\theta)\,\delta_{cc'}\delta_{II'}\Bigg] \qquad (10.2.48)$$

ただし θ は $\Omega_{c'}$ の方向が Ω_c の方向に対してなす角，すなわち散乱角である．$B_L(c'I',cI)$ は次式で定義される．

$$B_L(c'I',cI)=\frac{1}{4}(-1)^{I'-I}\sum_{l_1l_2l_1'l_2'J_1J_2}Z(l_1J_1l_2J_2\,;IL)\,Z(l_1'J_1l_2'J_2\,;I'L)$$
$$\times U_{c'I'l_1',cIl_1}{}^{J_1}U_{c'I'l_2',cIl_2}{}^{J_2*} \qquad (10.2.49)$$

ここに

$$Z(l_1J_1l_2J_2\,;IL)=\hat{l}_1\hat{l}_2\hat{J}_1\hat{J}_2(l_10l_20|L0)\,W(l_1J_1l_2J_2\,;IL) \qquad (10.2.50)$$

は Z 係数とよばれるものである．(10.2.48)が求める角分布を与える式である．特に中性子による反応，または $c'\neq c$ の場合には

$$\frac{d\sigma_{c'c}}{d\Omega_{c'}}=\frac{1}{(2I_{\mathrm{a}}+1)(2I_{\mathrm{A}}+1)}\frac{1}{k_c{}^2}\sum_{LII'}B_L(c'I',cI)\,P_L(\cos\theta) \qquad (10.2.51)$$

$c'\neq c$ の場合，反応が孤立した1準位 $\Psi_\lambda{}^{JM\pi}$ のみによる場合には角度分布は90°に対して対称になる．それはパリティの保存則から

$$L=(\text{偶数}) \qquad (1\text{準位},\ c'\neq c)$$

のみが許されるからである．なぜなら一定のパリティ π の状態を作るためには (cIl), $(c'I'l')$ の l, l' はそれぞれ一定の偶奇性をもたなければならない．さもなければ $\gamma_{\lambda cIl}\cdot\gamma_{\lambda c'I'l'}$ は0になる．$c'\neq c$ の場合は S 行列には共鳴項しかないから，この条件をみたす U 行列要素のみが0でない．ゆえに(10.2.50)により L は偶数でなければならないことになる．

反応の全断面積は中性子による反応または $c'\neq c$ の場合(10.2.51)から

$$\sigma_{c'c}=\int\frac{d\sigma_{c'c}}{d\Omega_{c'}}d\Omega_{c'}=\frac{1}{(2I_{\mathrm{a}}+1)(2I_{\mathrm{A}}+1)}\frac{4\pi}{k_c{}^2}\sum_{II'}B_0(c'I',cI)$$

しかるに

$$Z(l_1J_1l_2J_2\,;I0)=\delta_{l_1l_2}\delta_{J_1J_2}(-1)^{J_1-I}(2J_1+1)^{1/2}$$

であるから，(10.2.49)から直ちに

$$\sigma_{c'c}=\frac{\pi}{k_c{}^2}\sum_{ll'II'J}g_J|U_{c'I'l',cIl}{}^{J}|^2 \qquad (10.2.52)$$

となる．ただし

$$g_J = \frac{2J+1}{(2I_a+1)(2I_A+1)} \qquad (10.2.53)$$

は**統計因子** (statistical factor) と呼ばれている．$c' \neq c$ の場合，1準位近似 (*10.2.37a*) のもとでは，(*10.2.32b*), (*10.2.52*) より

$$\sigma_{c'c} = \frac{\pi}{k_c^2} \sum_{ll'Il'} g_J \frac{\Gamma_{\lambda c'I'l'} \Gamma_{\lambda cIl}}{(E-E_\lambda)^2 + \Gamma_\lambda^2/4} \qquad (10.2.54)$$

が得られる．これが Breit-Wigner の式の角運動量を考慮したときへの拡張である．

以上が Kapur-Peierls による複合核過程の理論である．この理論は何らの疑わしい近似をすることなく S 行列の分散公式を導くのに成功した．Breit-Wigner の公式はそれの近似として極めて自然に導出された．共鳴パラメーター，特に幅の物理的意味，幅が貫通因子と換算幅とに分離できることなども明らかにされた．これによって幅から複合核状態の構造に対する知識を得る道が開けたことになる．

このような大きな成功にもかかわらず，この理論にはいくつかの不満足な点がある．次にそれを列挙する．

(1) すべての共鳴パラメーターが

(a) 複素数である．そのため計算が複雑になる．

(b) エネルギーに依存する．特に $W_\lambda = W_\lambda(E)$ であるため，ある W_λ が共鳴準位として意味をもつのは

$$\mathrm{Re}\, W_\lambda(E_\lambda) = E_\lambda$$

をみたす場合だけである．E がこの E_λ から遠く離れたときの $W_\lambda(E)$ の意味は不明確である．

(c) チャネル半径に依存する．チャネル半径は任意にとれるのだから，これは明らかに不都合である．もちろん S 行列全体はチャネル半径のとり方には依存しないはずである．異なるチャネル半径を用いたときの分散公式は同じ S 行列の異なる表し方に過ぎない．

(2) 分散公式になんらかの近似をする場合，得られた S 行列の

(a) ユニタリー性が保証されない．

(b) チャネル半径のとり方に依存する可能性がある．たとえば有限個の共鳴準位をとって他を省略する場合などがそれである．

これらの欠点はいずれも $\Psi_\lambda{}^{JM\pi}$ の定義に由来している．これをもう少し一般的な立場から見るために，複合核状態を内部領域内での Schrödinger 方程式

$$HX_\lambda{}^{JM\pi} = W_\lambda X_\lambda{}^{JM\pi} \qquad (10.2.55)$$

および各チャネル c と内部領域との境界面 S_c での境界条件

$$\int_{S_c} y_{cIl}{}^{JM*}(\mathrm{grad}\, r_c X_\lambda{}^{JM\pi})\, dS_c \Big/ \int_{S_c} y_{cIl}{}^{JM*}(r_c X_\lambda{}^{JM\pi})\, dS_c = f_c(a_c) \qquad (10.2.56)$$

をみたす $\int_{\mathrm{I}} |X_\lambda{}^{JM\pi}|^2 d\tau = 1$ で規格化された $X_\lambda{}^{JM\pi}$ で定義しよう．$f_c(a_c)$ は動径波動関数の r_c 倍の対数微分 (logarithmic derivative) の意味をもっている．

Kapur-Peierls の理論は

$$f_c(a_c) = \frac{u_l{}^{(+)\prime}(k_c, a_c)}{u_l{}^{(+)}(k_c, a_c)} \qquad (10.2.57)$$

と取ったものに相当していることは (*10.2.31 b*) から明らかであろう．この式の右辺は複素数で，k_c すなわちエネルギーに依存しており，かつ a_c に依存している．これが (1) の (a), (b), (c) の原因である．

この点を改良する数多くの試みがなされた．次にいくつかの例を上げよう．

［例 1］ (*10.2.57*) の代りに

$$f_c(a_c) = \frac{u_l{}^{(+)\prime}(k_{\lambda c}, a_c)}{u_l{}^{(+)}(k_{\lambda c}, a_c)} \qquad (10.2.58)$$

ととる．ただし

$$\frac{\hbar^2 k_{\lambda c}{}^2}{2\mu_c} = W_\lambda - \epsilon_{\mathrm{a}} - \epsilon_{\mathrm{A}} \qquad (10.2.59)$$

ここに $\epsilon_{\mathrm{a}}, \epsilon_{\mathrm{A}}$ は $c = (\mathrm{a}, \mathrm{A})$ の粒子 a, A の内部エネルギーである．

(*10.2.58*) は $X_\lambda{}^{JM\pi}$ が一種の崩壊状態であることを意味するが，各チャネルでの波数が，エネルギー固有値 W_λ に対応する，(*10.2.59*) で与えられるものになっている．したがって f_c はもはやエネルギー E には依らない．$X_\lambda{}^{JM\pi}$ はまたチャネル半径のとり方にも依らない．なぜなら 2 つの任意のチャネル半径 $a_c > a_c'$ を考えると，$a_c \geqq r_c \geqq a_c'$ なるチャネル領域では X_λ の動径部分は $u_l{}^{(+)}(k_{\lambda c}, r_c)$ に比例するから，(*10.2.58*) が a_c に対して成立すれば，同じ X_λ に対して a_c' に対しても成立することは明らかである．したがって K-P 理論の欠点のうち (1) の

(a), (c)は除かれる．しかしf_cは依然として複素数である．(2)の欠点も依然として存在する．また，$\{X_\lambda{}^{JM\pi}\}$は非直交関数系である．境界条件がλ毎に異なるからである．さらに$k_{\lambda c}$はW_λと同じく負の虚数部をもつ．したがって$u_l{}^{(+)}(k_{\lambda c}, r_c)$は$r_c\to\infty$のとき発散する．$X_\lambda{}^{JM\pi}$はこの意味で通常の波動関数の条件をみたしていない．このようないくつかの難点はあるが，$X_\lambda{}^{JM\pi}$は崩壊状態のもう1つの自然な定義であるし，S行列の計算もK-P理論と同様に行なえる．かくして導かれた分散公式の共鳴項はエネルギーに依らないW_λによる$1/(E-W_\lambda)$に比例する項からなる．もとにかえると，W_λはS行列をEの関数とみたときの極(pole)を与えるのである．この式をまたS行列の極展開(pole expansion)ともいう．

［例2］ f_cをEによらない実定数b_cとおく．

$$f_c = b_c = (\text{実定数}) \tag{10.2.60}$$

したがってすべてのパラメーターは実数で，Eに依らない．ただしチャネル半径には依る．このようにb_cを取ったのが**R 行列理論**である．b_cは任意であって問題毎に便利なように選べばよい．最終的なS行列は近似をしないかぎり，b_cのとり方に依らないことはいうまでもない．ふたたび換算幅の振幅を

$$\gamma_{\lambda c} = \left(\frac{\hbar^2}{2ma_c}\right)^{1/2}\frac{1}{a_c}\int_{S_c} y_c{}^{JM*}X_\lambda dS_c$$

で定義する．ただし簡単のために(cIl)をcと書いた．この量は実数でEに依らない．この$\gamma_{\lambda c}$を使って

$$R_{c'c} = \sum_\lambda \frac{\gamma_{\lambda c'}\gamma_{\lambda c}}{E_\lambda - E} \tag{10.2.61}$$

で定義された$R_{c'c}$をR行列という．いまはW_λは実数であるからE_λはW_λそのものである．S行列はこのR行列を使って次のように表わされる．

$$S_{c'c} = (\omega P^{1/2}(1-R(L^{(+)}-B))^{-1}(1-R(L^{(-)}-B))P^{-1/2}\omega)_{c'c} \tag{10.2.62}$$

ここに$\omega, P, B, L^{(\pm)}$は次のような対角型の行列である．

$$\left.\begin{aligned} &\omega_{c'c} = \left(\frac{u_l{}^{(-)}(k_c, a_c)}{u_l{}^{(+)}(k_c, a_c)}\right)^{1/2}\delta_{c'c}, \qquad L_{c'c}{}^{(\pm)} = \frac{1}{u_l{}^{(\pm)}(k_c, a_c)}\left[\frac{d}{dr_c}u_l{}^{(\pm)}(k_c, r_c)\right]_{r_c=a_c}\delta_{c'c} \\ &P_{c'c} = P_l(k_c, a_c)\delta_{c'c}, \qquad B_{c'c} = b_c\delta_{c'c} \end{aligned}\right\} \tag{10.2.63}$$

(10.2.62)の右辺は逆行列の計算を含んでいる．その計算は一般にははなはだ面

倒である．もしそれを正確に実行すると先に述べた K-P 理論と完全に一致する表式が得られることが証明されている．もし λ が孤立した準位なら $E\approx E_\lambda$ の時

$$R_{c'c}=\frac{\gamma_{\lambda c'}\gamma_{\lambda c}}{E_\lambda-E}+R_{c'c}{}^{(0)}$$

とおくとき $R_{c'c}{}^{(0)}$ は E にほとんど依らないとみなしてよい．時として $R_{c'c}{}^{(0)}\approx 0$ とみなしてもよい．よく使われる近似は $R_{c'c}{}^{(0)}$ を定数 $R^{(0)}$ とみなすことである．この場合には(*10.2.62*)の計算は容易に行なえて，Breit-Wigner の 1 準位公式に相当する S 行列の表式が得られる．

R 行列理論で S 行列の計算がこのように複雑になるのは X_λ がチャネル内で外向き，内向き両方の波をもっているためである．このため $\Psi_c{}^{(+)}$ の散乱波と境界条件が一致しない．もし K-P 理論と同様に計算をしたとすると $\Lambda(X_\lambda, \Psi_c{}^{(+)})$ はもはや(*10.2.20′*)のように簡単にはならず S 行列要素が入ってきてしまう．したがって(*10.2.21*)に対応する式は $\{S_{c'c}\}$ についての連立方程式になってしまう．(*10.2.62*)はそれを $S_{c'c}$ について解いたものに相当している．しかし実際にはそのような計算の仕方をするかわりに，次のようにする．$\Psi_c{}^{(+)}$ の代りに X_λ と同じ境界条件をみたす関数 $V_c(k_c, r_c)$ と，それと 1 次独立な $D_c(k_c, r_c)$ を使って

$$\Phi_c=\frac{D_c}{r_c}y_c{}^{JM}+\sum_{c'}R_{c'c}\frac{V_{c'}}{r_{c'}}y_{c'}{}^{JM}$$

を定義する．Φ_c に対して K-P 理論と同様の議論をすると，$R_{c'c}$ が(*10.2.61*)の形になることがわかる．$\{\Psi_c{}^{(+)}\}$ と $\{\Phi_c\}$ は互いに 1 次結合の関係にあるから，$S_{c'c}$ は $R_{c'c}$ で表わすことができる．それが(*10.2.62*)に他ならない．

(*10.2.62*)の 1 つの大きな特徴は，この式の R にどんな近似をしても S がユニタリーになることである．これは K-P 理論の欠点(2)の(a)を補うものである．

R 行列は実験の解析に非常によく用いられている．特に数個の準位が接近しているような場合には非常に有効である．

以上のように f_c の取り方でさまざまな理論形式が得られるが，これらは数学的に互いに同等である．C. Bloch はこれらを次のような統一的な形に書くことができることを指摘した†．すなわち，X_λ の定義式(*10.2.55*)，(*10.2.56*)は一

† Bloch, C.: *Nuclear Phys.*, **4**, 503 (1957).

まとめにして次の方程式で表わすことができる．

$$\mathscr{H}X_\lambda = W_\lambda X_\lambda \tag{10.2.64}$$

ここに

$$\mathscr{H} = H + \mathscr{L} \tag{10.2.65}$$

$$\mathscr{L} = \sum_{cIl} \frac{\hbar^2}{2\mu_c} |y_{cIl}{}^{JM}\rangle \delta(r_c - a_c) \left[\left(\frac{d}{dr_c} - f_c \right) r_c \right] \langle y_{cIl}{}^{JM}| \tag{10.2.66}$$

ただし，$|y_{cIl}{}^{JM}\rangle$, $\langle y_{cIl}{}^{JM}|$ はそれぞれ $y_{cIl}{}^{JM}$, $y_{cIl}{}^{JM*}$ をかけて dS_c につき積分することを意味する．(10.2.64) は内部領域の内部では (10.2.55) と同じであり，表面上では (10.2.66) に δ 関数があるから，(10.2.56) と同等である．

$\Psi_c{}^{(+)}$ を X_λ で展開し

$$\Psi_c{}^{(+)} = \sum_\lambda a_\lambda X_\lambda \tag{10.2.67}$$

a_λ は (10.2.64) と

$$\mathscr{H}\Psi_c{}^{(+)} = (H+\mathscr{L})\Psi_c{}^{(+)} = E\Psi_c{}^{(+)} + \mathscr{L}\Psi_c{}^{(+)}$$

から得られる

$$\int_{\mathrm{I}} (X_\lambda \mathscr{H} \Psi_c{}^{(+)} - \Psi_c{}^{(+)} \mathscr{H} X_\lambda)\, d\tau = (E - W_\lambda) a_\lambda N_\lambda + \int_{\mathrm{I}} X_\lambda \mathscr{L} \Psi_c{}^{(+)} d\tau \tag{10.2.68}$$

から求まる．実際，(10.2.68) の左辺は $\mathscr{L}$ 中の微分項が Green の定理で現われる表面積分の項を打ち消すから 0 になる．ゆえに

$$\Psi_c{}^{(+)} = -\sum_\lambda \frac{X_\lambda}{(E - W_\lambda) N_\lambda} \int_{\mathrm{I}} (X_\lambda \mathscr{L} \Psi_c{}^{(+)})\, d\tau \tag{10.2.69}$$

S 行列要素はこの式の両辺の各チャネル半径のところでの値を比較することによって得られる．そこでは $\Psi_c{}^{(+)}$ はたとえば (10.2.5) のような漸近形をもっている．これを (10.2.69) に代入すれば $S_{c'c}$ についての連立1次方程式が得られる．それを解けば $S_{c'c}$ が得られる．特に Kapur-Peierls の理論では $\mathscr{L}X_\lambda = 0$ であるから (10.2.69) 右辺の $S_{c'c}$ に比例する項は 0 になる．したがって $S_{c'c}$ は連立方程式を解くまでもなく求まることになる．

以上がチャネル半径の概念を用いた理論形式の概要である．この種の理論の不利な点については既に述べた．これを克服するために，チャネル半径の概念を用

いない理論形式がいくつか提唱されている†.

§10.3　直接過程と複合核過程

前節で展開した分散公式の理論は複合核模型の量子力学的定式化に見事に成功した．そこで得られた S 行列の分散公式は複合核模型の描像を忠実に反映しており，しかも何らの近似も含まない正確な表式であった．

しかしながら，核反応の機構は，第7章で既に見たように，複合核模型ですべてが記述できるようなものではない．複合核過程はむしろ反応の最終段階にすぎず，それに先立って光学ポテンシャルによる散乱に始まるもろもろの過程が存在するのである．分散公式は明らかにそれにそぐわない形をしている．この節では，実際の反応機構にふさわしい S 行列の形を分散公式から導くことを試みる．簡単のために，複合核過程に先立つ過程は各チャネル毎にただ1つであると仮定する．光学ポテンシャルによる散乱，DWBA 法で記述される直接過程などがそれである．以下これらの過程をひっくるめて直接過程と呼ぶことにする．したがって，反応は直接過程と複合核過程から成っていると仮定するわけである．

さて，このような仮定のもとで S 行列を直接過程からの寄与 S^{dir} と複合核過程からの寄与 S^{cn} の和：

$$S = S^{\mathrm{dir}} + S^{\mathrm{cn}} \tag{10.3.1}$$

の形に書くことを試みよう．それには第8章で弾性散乱の振幅 f から光学ポテンシャルによる散乱の振幅 f_{se} を導き出したときと同じ考えを用いればよい．すなわち S をエネルギー E の関数として見た場合，S^{dir} は簡単な過程に対応するから E と共にゆっくり変化し，S^{cn} は複雑な過程に対応するから大きさおよび位相が E と共に激しく変化する．したがって S^{cn} を，その変動周期の多数を含むエネルギー区間 I にわたって平均すれば0になるであろう：

$$\bar{S}^{\mathrm{cn}} = 0 \tag{10.3.2}$$

ただし $\bar{\ }$ は I にわたるエネルギー平均を表わす．そうすると(*10.3.1*)から

$$S^{\mathrm{dir}} = \bar{S} \tag{10.3.3}$$

を得る．ゆえに，

---

† その代表的なものに H. Feshbach にはじまる射影演算子の方法がある．Feshbach, H.: *Ann. Phys.* (*N. Y.*), **5**, 357 (1958)；**19**, 287 (1962).

$$S^{\mathrm{cn}} = S - \bar{S} \tag{10.3.4}$$

である．

(*10. 2. 32 b*)に(*10. 3. 1*)を代入すれば，U 行列も

$$U = U^{\mathrm{dir}} + U^{\mathrm{cn}} \tag{10.3.1'}$$

と書ける．ただし

$$\bar{U}^{\mathrm{cn}} = 0 \tag{10.3.2'}$$

$$U^{\mathrm{dir}} = \bar{U} \tag{10.3.3'}$$

である．これから直ちに

$$U^{\mathrm{cn}} = U - \bar{U} = S - \bar{S} = S^{\mathrm{cn}} \tag{10.3.4'}$$

が得られる．

では次に分散公式を使って $S^{\mathrm{dir}}, S^{\mathrm{cn}}$ を計算してみよう．記号を簡単にするために分散公式(*10. 2. 34*)を次のように書く．

$$S = S^{\mathrm{hs}} + S^{\mathrm{res}} \tag{10.3.5}$$

$$S^{\mathrm{res}} = \sum_{\lambda} S_{\lambda}, \qquad S_{\lambda} = -i\frac{a_{\lambda}}{E - W_{\lambda}} \tag{10.3.6}$$

$$(a_{\lambda})_{c'c} = \frac{1}{N_{\lambda}} g_{\lambda c'} g_{\lambda c} \tag{10.3.7}$$

$$W_{\lambda} = E_{\lambda} - \frac{i}{2}\Gamma_{\lambda} \tag{10.3.8}$$

ここに S^{hs} は剛球散乱の S 行列である．

いま E があるエネルギー区間 I の中を動いたとする．このとき(*10. 3. 5*)の右辺のうち激しく変動するのは S^{res} の中の，I に含まれる共鳴準位($\lambda \in I$)の寄与の和：

$$\sum_{\lambda \in I} S_{\lambda} \tag{10.3.9}$$

である．厳密にいうと，I の外にある準位も，I の端から幅 Γ の程度以下しか離れていないものはやはり急激な変化をする．しかし

$$I \gg \Gamma \tag{10.3.10}$$

であればこの補正は無視できる．ここで Γ は幅 Γ_{λ} の λ についての平均値である．そこで S を

$$S = S^{(0)} + \sum_{\lambda \in I} S_\lambda \tag{10.3.11}$$

の形に書こう．ただし

$$S^{(0)} = S^{\mathrm{hs}} + \sum_{\mu \notin I} S_\mu \tag{10.3.12}$$

である．$S^{(0)}$ は明らかに E と共にゆっくり変化するから(*10.3.11*)は一応(*10.3.1*)の形に近い形といえるであろう．しかしまだそのものではないことはすぐ後に述べる．

ここで(*10.3.11*)が前節の Breit-Wigner の 1 準位公式の一般化になっていることに注意しておく．後者は(*10.3.11*)で

$$S^{(0)} \approx S^{\mathrm{hs}}, \qquad \sum_{\lambda \in I} S_\lambda \approx S_{\lambda_0} \tag{10.3.13}$$

と近似したものに他ならない．ただし λ_0 は E に最も近い共鳴準位である．この近似は明らかに λ_0 が孤立した準位でありかつそれ以外の準位の寄与の和が無視できる場合に限って良い近似である†．(*10.3.11*)はこれに対して準位が重なり合っていても，遠くの準位の寄与が大きくても成立する式である．これを**多準位公式**(many level formula)と呼んでいる．$\sum_{\lambda \in I} S_\lambda$ が共鳴項であり，$S^{(0)}$ がその背景(background)を与える項である．$S^{(0)}$ は一般には S^{hs} とは違った E および A (標的核の質量数)依存性をもつ．

さて，(*10.3.11*)から S^{dir} を計算しよう．それには I を，その中に十分多くの λ を含むように取る．すなわち，この辺りでの平均の準位間隔を D とするとき

$$I \gg D \tag{10.3.14}$$

と取る．(*10.3.3*)に(*10.3.11*)を代入すると，

$$S^{\mathrm{dir}} = \bar{S}^{(0)} + \sum_{\lambda \in I} \bar{S}_\lambda \tag{10.3.15}$$

$S^{(0)}$ は E と共にゆっくり変化するから

$$\bar{S}^{(0)} \approx S^{(0)} \tag{10.3.16}$$

---

† 実際には，たとえばチャネル半径を調節することによって実験と合わせるなどして現象論的に補正を行なっている．

と考えて良いであろう．$\sum_{\lambda\in I}\bar{S}_\lambda$ は次のようにして見積もれる．I の中には多くの λ が入っているから $\bar{S}_\lambda$ の λ についての平均値を $\langle\bar{S}_\lambda\rangle$ とすると

$$\sum_{\lambda\in I}\bar{S}_\lambda \approx \frac{I}{D}\langle\bar{S}_\lambda\rangle \tag{10.3.17}$$

ここに I/D は I に含まれる λ の数である．しかるに共鳴パラメーターのエネルギーによる変化は I の範囲内では無視できるから

$$\bar{S}_\lambda = \frac{1}{I}\int_{E-I/2}^{E+I/2}\frac{-ia_\lambda}{E'-E_\lambda+i\Gamma_\lambda/2}dE' \approx \frac{-ia_\lambda}{I}\int_{-\infty}^{\infty}\frac{dE'}{E'-E_\lambda+i\Gamma_\lambda/2} = -\frac{\pi a_\lambda}{I} \tag{10.3.18}$$

(10.3.18) を (10.3.17) に代入すれば

$$\sum_{\lambda\in I}\bar{S}_\lambda \approx -\pi\frac{\langle a_\lambda\rangle}{D} \tag{10.3.19}$$

ただし $\langle a_\lambda\rangle$ は a_λ の I に含まれる λ についての平均である．(10.3.15) に (10.3.16) と (10.3.19) を代入すれば

$$S^{\mathrm{dir}} = S^{(0)} - \pi\frac{\langle a_\lambda\rangle}{D} \tag{10.3.20}$$

S^{cn} は (10.3.4), (10.3.11), (10.3.20) から

$$S^{\mathrm{cn}} = \sum_{\lambda\in I}S_\lambda + \pi\frac{\langle a_\lambda\rangle}{D} \tag{10.3.21}$$

S 行列全体は

$$S = S^{\mathrm{dir}} + S^{\mathrm{cn}} = \left(S^{(0)} - \pi\frac{\langle a_\lambda\rangle}{D}\right) + \left(\sum_{\lambda\in I}S_\lambda + \pi\frac{\langle a_\lambda\rangle}{D}\right) \tag{10.3.22}$$

(10.3.20), (10.3.21), (10.3.22) が求めていた表式である．

さて次に，$S^{\mathrm{dir}}, S^{\mathrm{cn}}$ の内容をもう少しくわしく見てみよう．S^{dir} は $S^{(0)}$ と $-\pi\langle a_\lambda\rangle/D$ から成っている．$S^{(0)}$ は，(10.3.12) によると，剛球散乱 S^{hs} と I の外の無限に多くの準位の寄与との和である．一方 $-\pi\langle a_\lambda\rangle/D$ は I の内の準位の寄与の平均値である．もし $\Gamma/D \ll 1$ であれば

$$\pi\frac{\langle a_\lambda\rangle_{c'c}}{D} \lesssim O\left(\frac{\Gamma}{D}\right)$$

であるから

$$S_{c'c}{}^{(0)} = O(1) \tag{10.3.23}$$

である限り第1近似として

$$S_{c'c}{}^{\mathrm{dir}} \approx S_{c'c}{}^{(0)} \tag{10.3.24}$$

が成り立つ．弾性散乱，$c'=c$，に対しては $S_{cc}{}^{\mathrm{hs}}=O(1)$ であるから(10.3.23)，(10.3.24)は常に成立すると考えてよい．この場合 $S_{cc}{}^{\mathrm{dir}}$ は光学模型の S 行列 $S_{cc}{}^{\mathrm{opt}}$ に等しいから

$$S_{cc}{}^{\mathrm{opt}} = S_{cc}{}^{\mathrm{dir}} \approx S_{cc}{}^{(0)} \qquad \left(\frac{\Gamma}{D} \ll 1\right) \tag{10.3.25}$$

が成り立つことになる．$c' \neq c$ の場合には $S_{c'c}{}^{\mathrm{hs}}=0$ であるから $S_{c'c}{}^{(0)} = (\sum_{\mu \notin I} S_{\mu})_{c'c}$ となり，その大きさの見積りは難しい．しかし経験的にいって，直接反応が存在する場合にはその S 行列 $S_{c'c}{}^{\mathrm{dir}}$ の大きさは $\Gamma/D(\ll 1)$ に比べてはるかに大きいのが普通である．したがってこの場合にも(10.3.24)は成立していると考えてよい．

もし $\Gamma/D \gtrsim 1$ であると，もはや(10.3.24)の近似は成立せず，S^{dir} の中で $\pi\langle a_{\lambda}\rangle/D$ が重要な部分を占めることがありうる．いいかえると，直接反応に対して，I の内の準位からの寄与が重要な役割を果たすことになる．特に弾性散乱の場合には

$$S_{cc}{}^{\mathrm{opt}} \equiv S_{cc}{}^{\mathrm{dir}} = S_{cc}{}^{(0)} - \pi\frac{\langle \Gamma_{\lambda c}\rangle}{D} \tag{10.3.26}$$

となる．ただし $\Gamma_{\lambda c}$ は c チャネルの部分幅である．

$$s_c \equiv \frac{\langle \Gamma_{\lambda c}\rangle}{D} \tag{10.3.27}$$

を強度関数と呼ぶことは既に第8章で述べた．

さて，(10.3.12)で与えられる $S^{(0)}$ のうち

$$\Delta S \equiv \sum_{\mu \notin I} S_{\mu} \tag{10.3.28}$$

を理論的に計算することは難しい．しかし弾性散乱に対しては，$|\Delta S_{cc}|$ が1に比べて十分小さいときは形式的に

$$S_{cc}{}^{(0)} = S_{cc}{}^{\mathrm{hs}} + \Delta S_{cc} \approx S_{cc}{}^{\mathrm{hs}} \exp\left(\frac{\Delta S_{cc}}{S_{cc}{}^{\mathrm{hs}}}\right) \tag{10.3.29}$$

のように書くことができる．たとえば低エネルギー s 波中性子の場合

$$S_{cc}{}^{\mathrm{hs}}=e^{-2ik_c a_c}$$

であるから

$$S_{cc}{}^{(0)}=\tilde{S}_{cc}{}^{\mathrm{hs}}\equiv\exp(-2ik_c\tilde{a}_c) \qquad (10.3.29')$$

ただし

$$\tilde{a}_c=a_c+\frac{i}{2k_c}(e^{2ik_c a_c}\varDelta S_{cc})$$

この式に(10.3.6)，(10.3.7)および(10.2.28)を代入すれば

$$\tilde{a}_c=a_c\left(1-\sum_{\mu\notin I}\frac{g_{\mu c}{}^2}{(E-W_\mu)N_\mu}\right)\approx a_c\left(1-\sum_{\mu\notin I}\frac{g_{\mu c}{}^2}{(E-E_\mu)N_\mu}\right) \qquad (10.3.30)$$

となる．ただし $|E-E_\mu|\gg\Gamma_\mu/2$ を使った．このようにして，$\varDelta S_{cc}$ の効果はチャネル半径の修正という形で取り入れることができる．この場合 $\tilde{a}_c$ を普通，**散乱長**(scattering length)と呼んでいる．(10.3.29′)を(10.3.11)と(10.3.26)に代入すると

$$S_{cc}=\exp(-2ik_c\tilde{a}_c)+\sum_{\lambda\in I}S_\lambda \qquad (10.3.31\,a)$$

$$S_{cc}{}^{\mathrm{opt}}=\exp(-2ik_c\tilde{a}_c)-\pi\frac{\langle\Gamma_{\lambda c}\rangle}{D} \qquad (10.3.31\,b)$$

が得られる．(10.3.31 b)を用いると§8.1で定義した平均断面積 σ_{se}, σ_{c}, σ_{t} が計算できる．すなわち(10.2.32 b)，(10.2.52)，(10.3.3′)から

$$\sigma_{\mathrm{se}}=\frac{\pi}{k_c{}^2}|1-S^{\mathrm{opt}}|^2\approx4\pi\tilde{a}_c{}^2 \qquad (10.3.32\,a)$$

$$\sigma_{\mathrm{c}}=\frac{\pi}{k_c{}^2}(1-|S^{\mathrm{opt}}|^2)\approx\frac{2\pi^2}{k_c{}^2}\frac{\langle\Gamma_{\lambda c}\rangle}{D} \qquad (10.3.32\,b)$$

$$\bar{\sigma}_{\mathrm{t}}=\sigma_{\mathrm{se}}+\sigma_{\mathrm{c}}\approx4\pi\tilde{a}_c{}^2+\frac{2\pi^2}{k_c{}^2}\frac{\langle\Gamma_{\lambda c}\rangle}{D} \qquad (10.3.32\,c)$$

ただし $\tilde{a}_c$ は実数で近似し $k_c\tilde{a}_c\ll1$ を仮定した．また $\left(\dfrac{\pi\langle\Gamma_{\lambda c}\rangle}{2k_c\tilde{a}_cD}\right)^2\ll1$ としてそれを省略した．(10.3.32 b)は§8.2で引用した式である．

低エネルギー s 波中性子に対しては多くの核について散乱長が測定されている†．図10.2にそれを示す．一方，(10.3.32 a)は $\tilde{a}_c{}^2$ が光学模型で計算できる

ことを示す．図の実線がその計算値である．

さて次に S^{cn} を見てみよう．これは一見奇妙な形をしている．すなわち S^{cn} は共鳴過程を表わしているはずであるにもかかわらず，(*10.3.11*)の $\sum_{\lambda\in I} S_\lambda$ のように共鳴項の和の形をしておらず $\pi\langle a_\lambda\rangle/D$ という E にゆるく依存した項を含んでいる．しかしこれはあくまで見掛け上のことに過ぎないのであって，実際は $\sum_{\lambda\in I} S_\lambda$ の中にこそ E にゆるく依存する成分 $-\pi\langle a_\lambda\rangle/D$ が陰に含まれており，S^{cn} ではそれが $+\pi\langle a_\lambda\rangle/D$ によって打ち消されて激しく E に依る部分だけが残されているのである．別の表現をすると，$\sum_{\lambda\in I} S_\lambda$ 中の各項は統計的に互いに相関をもっており，そのエネルギー平均 $\sum_{\lambda\in I} \bar{S}_\lambda$ は0にならず，$-\pi\langle a_\lambda\rangle/D$ として直接反応の S 行列に寄与を与える．S^{cn} はこのような相関のある部分を $\sum_{\lambda\in I} S_\lambda$ から引き去ったものである．したがって $\bar{S}^{\mathrm{cn}}=0$ が成立する．

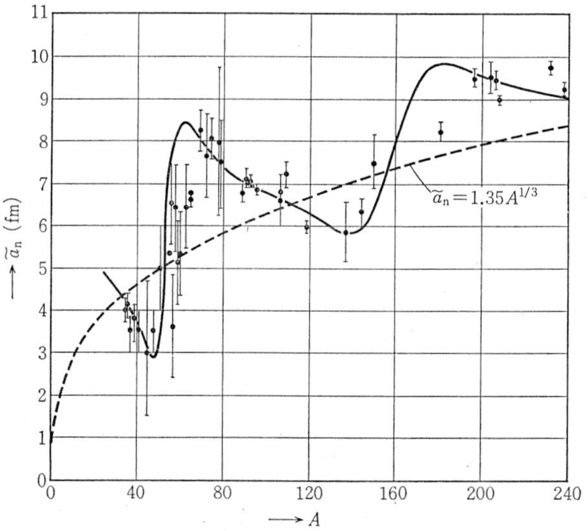

図10.2　低エネルギー$(E_{\mathrm{n}}\approx 0)$中性子の散乱長 $\tilde{a}_{\mathrm{n}}$ を標的核の質量数 A の関数として描いたもの．実線は光学模型による計算値で図8.3と同じ光学ポテンシャルを用いたもの (Porter, C. E.: *BNL*, **6396** (1962) (unpublished) による)

† 実測の方法には (a) 弾性散乱断面積 $\sigma_{\mathrm{el}}=\frac{\pi}{k^2}|1-S|^2$ の実測値から(*10.3.31a*)によって $\lambda\in I$ の共鳴の影響をさし引き $\sigma_{\mathrm{se}}=4\pi\tilde{a}_c^2$ を求める，(b) $\bar{\sigma}_{\mathrm{t}}$ を標的の厚さを変えて測定し，(*10.3.32c*)の $4\pi\tilde{a}_c^2$ と $\frac{2\pi^2}{k_c^2}\frac{\Gamma_c}{D}$ の変化の違いから $4\pi\tilde{a}_c^2$ を求めるなどがある．

しからば S^{cn} を再び共鳴項の和：

$$S^{\mathrm{cn}} = \sum_{\lambda \in I} \hat{S}_\lambda \tag{10.3.33 a}$$

$$\hat{S}_\lambda = -i\frac{\hat{a}_\lambda}{E-\hat{W}_\lambda} \tag{10.3.33 b}$$

$$(\hat{a}_\lambda)_{c'c} = \hat{g}_{\lambda c'}\hat{g}_{\lambda c} \tag{10.3.33 c}$$

の形に書くことはできないであろうか．ただし $\hat{W}_\lambda, \hat{g}_{\lambda c}$ は $W_\lambda, g_{\lambda c}$ とは少し異なったものである．もしこれができれば $\bar{S}^{\mathrm{cn}}=0$ であるから

$$(\overline{\sum_{\lambda \in I}\hat{S}_\lambda}) = \left(\overline{\sum_{\lambda \in I}\frac{\hat{g}_{\lambda c'}\hat{g}_{\lambda c}}{E-\hat{W}_\lambda}}\right) = 0 \tag{10.3.34}$$

が成り立つ．これは，(10.3.34) の和の各項，すなわち $\hat{g}_{\lambda c'}\hat{g}_{\lambda c}(\lambda=1,2,\cdots)$ が統計的に相関を持たないものであることを示している．この場合には S 行列は

$$S_{c'c} = S_{c'c}{}^{\mathrm{dir}} + \sum_{\lambda \in I}\hat{S}_\lambda = S_{c'c}{}^{\mathrm{dir}} - i\sum_{\lambda \in I}\frac{\hat{g}_{\lambda c'}\hat{g}_{\lambda c}}{E-\hat{W}_\lambda} \tag{10.3.35}$$

の形に書ける．(10.3.35) を (10.3.11) と比べると，(10.3.35) は (10.3.11) の $\sum_{\lambda \in I} S_\lambda$ の中から相関のある部分を抜き出して $S^{(0)}$ に加え，S^{dir} としたものになっていることが判るであろう．残された共鳴項は (10.3.34) の統計的ランダムの条件を満たすわけである．

直接過程を分散公式の立場からこのように解釈するという考え方は極めて重要なものである．この立場から一方では光学模型その他の直接過程の模型の基礎づけがなされ†，他方では複合核過程に対する統計理論の基礎が導かれることとなる．これらについては次節以下に述べる．S^{cn}, S が (10.3.33) ないし (10.3.35) の形に書けることは一般的に証明されている††．

最後に重要なこととして，直接過程と複合核過程の断面積について述べよう．S 行列が (10.3.1) のように S^{dir} と S^{cn} の和に書けたからといって，断面積が直接過程と複合核過程の断面積の和に書けるわけではない．いいかえると S^{dir} と S^{cn} は互いに干渉する．このことは s 波中性子の場合を例にとって考えれば直ち

---

† 光学模型については Brown, G. E.: *Revs. Modern Phys.*, **31**, 893 (1959)，より一般な直接反応については Sano, M., Yoshida, S. & Terasawa, T.: *Nuclear Phys.*, **6**, 20 (1958) をみよ．

†† Kawai, M., Kerman, A. K. & McVoy, K. W.: *Ann. Phys.*, **75**, 156 (1973) 参照．

に明らかである．たとえば弾性散乱の断面積は

$$\sigma_{cc}=\frac{\pi}{k_c{}^2}|1-S_{cc}|^2$$
$$=\frac{\pi}{k_c{}^2}|1-S_{cc}{}^{\mathrm{dir}}|^2+\frac{\pi}{k_c{}^2}|S_{cc}{}^{\mathrm{cn}}|^2-\frac{\pi}{k_c{}^2}2\,\mathrm{Re}\,((1-S^{\mathrm{dir}*})\,S_{cc}{}^{\mathrm{cn}}) \qquad (10.3.36)$$

で，この式右辺の最後の項が干渉項である．

しかし，いま σ_{cc} 自体をエネルギーについて区間 I にわたって平均してみると，これを再び $\overline{\quad}$ をつけて表わせば，$\overline{S_{cc}{}^{\mathrm{dir}*}S_{cc}{}^{\mathrm{cn}}}=S_{cc}{}^{\mathrm{dir}*}\bar{S}_{cc}{}^{\mathrm{cn}}=0$ であるから

$$\bar{\sigma}_{cc}=\sigma_{cc}{}^{\mathrm{dir}}+\sigma_{cc}{}^{\mathrm{cn}} \qquad (10.3.37)$$

ここに

$$\sigma_{cc}{}^{\mathrm{dir}}=\frac{\pi}{k_c{}^2}|1-S_{cc}{}^{\mathrm{dir}}|^2 \qquad (10.3.38)$$

$$\sigma_{cc}{}^{\mathrm{cn}}=\frac{\pi}{k_c{}^2}\overline{|S_{cc}{}^{\mathrm{cn}}|^2} \qquad (10.3.39)$$

である．$\sigma_{cc}{}^{\mathrm{dir}}$ が直接過程の断面積を，また $\sigma_{cc}{}^{\mathrm{cn}}$ が複合核過程の断面積を与える．(10.3.37) は $\bar{\sigma}_{cc}$ がこれら2つの断面積の和によって与えられ，干渉項が消えてしまうことを意味している．このことはこの場合だけでなく一般の反応 $c\to c'$ についても成立することは明らかである．$\sigma_{c'c}{}^{\mathrm{dir}}$ は光学模型，DWBA などによって計算される．また $\sigma_{c'c}{}^{\mathrm{cn}}$ は§10.5で述べる**統計理論**によって計算される．

$\bar{\sigma}_{c'c}$ で干渉項が消えることは物理的には次のように解釈することができる．いま，思考実験として入射粒子がエネルギー幅 I をもった波束をなして入射したと想定し，それによる反応を考えてみよう†．この波束の波動関数は，I の中に含まれる各エネルギーをもった成分波動関数の重ね合せで与えられる．この波束による反応の S 行列は各成分波動関数に対する S 行列を，波動関数と同じ重みをつけてエネルギーについて重ね合わせたもの，すなわち S 行列の I にわたるエネルギー平均値 $\bar{S}$ である．いいかえると，我々が問題にしている $\bar{S}_{c'c}$ は，この

† 実際の実験はこのような波束によって行なわれているわけではない．確かに入射粒子がイオン源で発生してから反応を起こすまでの時間は有限だから不確定性原理によって入射波は有限のエネルギー幅をもった波束になっている．しかしその幅は非常に小さくて無視して差支えない．I は (10.3.37) の断面積の平均をとったときの幅であるから，これは本来実験条件とは無関係に任意に選べるものである．

波束を用いて観測したときの S 行列の $c'c$ 要素だということになる．この波束の時間的な長さは $\tau=\hbar/I$ である．しかるに $I \gg D, \Gamma$ であるから，τ は複合核の平均寿命 $\tau_c=\hbar/\Gamma$ や運動の周期† $T=\hbar/D$ に比べてはるかに小さい．このような短い波束が入射すると，直接過程を通るものは直ちに反応が終了するから入射直後に核外に放出されてしまう．一方，複合核過程を経過するものは τ_c 程度の長い時間にわたって徐々に放出される．したがってこれら2つの過程を経過する波の重なりは非常に小さく，それらの間の干渉は無視できるのである．

(*10. 3. 37*) のエネルギー平均は，無論1つの粒子の波束についての平均ではなく，多くの粒子の異なった入射エネルギーについての平均である．すなわち**混合状態**(本講座『量子力学 I』)にわたる平均である．しかし，この‘波束か混合状態か’の違いは今の議論では本質的でない．この違いは，要するに波動関数の各エネルギー成分の位相が波束においては連続的に変化するのに対し，混合状態においてはでたらめに変化するということに帰着される．この違いは直接過程では問題にならない．S^{dir} がほとんどエネルギーに依らないからである．また複合核過程では S^{cn} はエネルギーと共に激しく変化するが，その位相変化は統計的にでたらめだから波束でも混合状態でも結果的には同じことである．したがって，上記の波束による解釈は十分意味をもつと考えることができる．

§10.4　光学模型の解釈．中間結合模型

前節に述べた考えに従って光学模型を分散公式の立場から解釈してみよう．出発点は (*10. 3. 25*) である．まず準備として，$S_{cc}{}^{\mathrm{opt}}$ が (*10. 3. 27*) で定義した強度関数 s_c で書き表わすことができることを示そう．それには，(*10. 3. 26*), (*10. 3. 29*) から判るように，$\Delta S_{cc}=\sum_{\mu \notin I} S_\mu$ が s_c で書き表わせれば良い．μ は E から遠く離れており，

$$|E-E_\mu| \gg \Gamma_\mu$$

であるから

† 波束によって生じた複合核の状態の波動関数 $\Psi(\mathcal{P},t)$ を $\{\Psi_\lambda\}$ で展開して，$\Psi(\mathcal{P},t)=\sum_\lambda a_\lambda \cdot \exp(-iW_\lambda t/\hbar)\Psi_\lambda$ となったとする．仮に E_λ が等間隔になっている ($E_n=E_0+nD$) とすると，t が $T=2\pi\hbar/D$ だけ進むと各項の位相が完全に元に戻り，$\exp\{(-\Gamma_\lambda/2\hbar)t\}$ による振幅の減少を別とすれば，元の状態が実現する．それゆえ T を運動の周期と呼ぶのである．

$$\Delta S_{cc}=-i\sum_{\mu\notin I}\frac{(a_\mu)_{cc}}{E-E_\mu+i\Gamma_\mu/2}\approx -i\sum_{\mu\notin I}\frac{(a_\mu)_{cc}}{E-E_\mu} \qquad (10.4.1)$$

である. (10.4.1)の右辺の和を積分で近似すると

$$\Delta S_{cc}\approx -i\,\mathrm{P}\int\frac{\langle(a_\mu)_{cc}\rangle}{E-E_\mu}\frac{dE_\mu}{D} \qquad (10.4.2)$$

ただし $\langle(a_\mu)_{cc}\rangle$ は, $(a_\mu)_{cc}$ の区間 $E_\mu\sim E_\mu+dE_\mu$ 中にある μ についての平均値, D はそこでの準位間隔である. P は Cauchy の主値で†, これは(10.4.2)の和で $E_\mu\approx E$ である μ が除外されていることによるものである. 再び

$$\frac{\langle(a_\mu)_{cc}\rangle}{D}=s_c(E_\mu) \qquad (10.4.3)$$

で強度関数を導入すれば

$$\Delta S_{cc}\approx -i\,\mathrm{P}\int\frac{s_c(E_\mu)}{E-E_\mu}dE_\mu \qquad (10.4.4)$$

となる. かくして $S_{cc}{}^{\mathrm{opt}}$ は s_c によって,

$$S_{cc}{}^{\mathrm{opt}}(E)=S_{cc}{}^{\mathrm{hs}}(E)-i\,\mathrm{P}\int\frac{s_c(E_\mu)}{E-E_\mu}dE_\mu-\pi s_c(E) \qquad (10.4.5)$$

のように書けることが判った.

さて, 我々の目的は $S_{cc}{}^{\mathrm{opt}}$ が光学模型で記述されるような粗い構造を示すことを説明することである. (10.4.5)によれば, それは明らかに s_c の変化によるものである.

s_c を構成する D と $\langle(a_\lambda)_{cc}\rangle$ のうち, D は, 多体系の準位間隔が常にそうであるように, E や A の単調減少関数であろうと思われる. これに対して $\langle(a_\lambda)_{cc}\rangle$ は複合核の構造に強く依存する. したがって s_c の単調でない変化は $\langle(a_\lambda)_{cc}\rangle$ のそれに由来すると考えられる. $\langle(a_\lambda)_{cc}\rangle$ は定義により

$$\langle(a_\lambda)_{cc}\rangle=\left\langle\frac{g_{\lambda c}{}^2}{N_\lambda}\right\rangle$$

であるが, 以下簡単のために I の領域で $N_\lambda\approx 1$ であると仮定しよう. そうすると

$$\langle(a_\lambda)_{cc}\rangle\approx\langle g_{\lambda c}{}^2\rangle=2P_c\langle\gamma_{\lambda c}{}^2\rangle \qquad (10.4.6)$$

† 一般に $\mathrm{P}\int\frac{f(x)}{x-x_0}dx=\lim_{\varepsilon\to 0}\left[\int_{-\infty}^{x_0-\varepsilon}\frac{f(x)}{x-x_0}dx+\int_{x_0+\varepsilon}^{\infty}\frac{f(x)}{x-x_0}dx\right]$ である.

となる．ただし P_c は貫通因子である．P_c は問題にしている粗い構造を示さないから，$\langle\gamma_{\lambda c}{}^2\rangle$ の変化を追求すれば良いことになる．(10. 4. 5) の右辺第2項は一見無限に遠方の s_c までが利きそうにみえるが，実際には被積分関数の分母の故に $E_\mu\approx E$ のところだけで決まってしまう．したがってこの部分に対しても I の領域全体での s_c，したがって $\langle\gamma_{\lambda c}{}^2\rangle$ の様子が判れば十分である．

そこで次に複合核状態 X_λ の構造を検討してみよう．以下簡単のために s 波の低エネルギー中性子が入射して弾性または非弾性散乱を起こす場合を考え，中性子のスピンは無視する．

さて X_λ は

$$X_\lambda=\sum_{pt}C_{pt}{}^{(\lambda)}\hat{\phi}_p\chi_t \tag{10. 4. 7}$$

のように展開できる．ここに $\chi_0,\chi_1,\cdots$ は標的核の固有関数系で χ_0 は基底状態，χ_1 は第1励起状態，…を表わす．$\{\hat{\phi}_p\}$ は標的核の Hartree ポテンシャル U 中での中性子の固有関数の完全系である．$\{\hat{\phi}_p\}$ は U による束縛状態と1粒子共鳴状態から成っている．$C_{pt}{}^{(\lambda)}$ は展開係数である．今の場合チャネルは標的核の状態 χ_t によって決まり，t がその指標となる．$t=0$ が入射チャネルおよび弾性散乱のチャネル，$t\neq0$ が非弾性散乱のチャネルに当たっている．われわれの目的は $\langle\gamma_{\lambda_0}{}^2\rangle$ が λ と共に如何に変化するかを知ることにある．それは X_λ の構造によって決まる．

(a) まず極端な場合として1粒子模型で X_λ が記述されるとしよう．この場合は

$$X_\lambda=\hat{\phi}_p\chi_t \tag{10. 4. 8}$$

ゆえに $\gamma_{\lambda c}{}^2$ は，$t=0$ をもつ λ に対しては1粒子幅 $\zeta_c{}^2$，それ以外の λ に対しては0になる．$\gamma_{\lambda c}{}^2=\zeta_c{}^2$ となる λ のエネルギー固有値 E_λ は核の基底状態から測って U の中での1粒子共鳴のエネルギーに等しい．その間隔 d は数 MeV の程度である．図 10. 3 (a) は $\gamma_{\lambda c}{}^2$ を E_λ の関数として模式的に示したものである．これは無論実際と合わない．

(b) 次に逆の極端として残留相互作用 V が非常に強く (10. 4. 7) の右辺のいろいろな成分がほぼ平等に混じる場合を考えよう．この場合 X_λ は非常に複雑な構造をもち，$C_{pt}{}^{(\lambda)}$ は λ 毎に激しく，統計的に全く乱雑に変化する．したがって

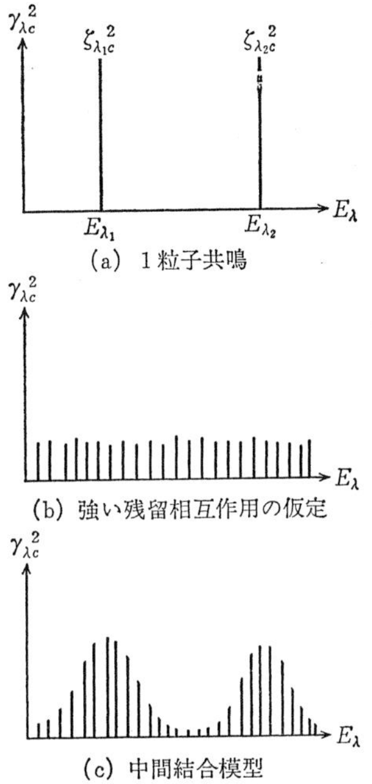

図 10.3　共鳴幅の理論的予想図

$\gamma_{\lambda c}{}^2$ も λ を変化させるとほぼ一定の平均値のまわりに全く乱雑に変化するであろう．この有様を図 10.3(b) に模式的に示す．この場合には $s_c(E)$ は一定になり粗い構造を示さない．

もし残留相互作用 V の強さが (a) (すなわち $V=0$) と (b) の中間で (*10. 4. 7*) の中の t は沢山混じるが p は混じらないとしたらどうであろうか？　標的核の基底状態付近での準位間隔 $\varDelta$ は中重核以上では数十ないし数百 keV であるから $d\gg\varDelta$. ゆえにこのようなことは実際可能である．この場合には (*10. 4. 7*) の右辺にはただ 1 つの p しかなく，その p は E_λ に最も近い 1 粒子共鳴準位である：

$$X_\lambda \approx \hat{\phi}_p \sum_t C_{pt}{}^{(\lambda)}\chi_t \qquad (10.4.9)$$

ゆえに $\gamma_{\lambda c}{}^2 \propto (C_{p0}{}^{(\lambda)})^2$ となる．$(C_{p0}{}^{(\lambda)})^2$ は X_λ 中に $\hat{\phi}_p\chi_0$ なる成分が見出される確率である．これは，1 粒子準位の位置 E_p を中心として有限の範囲で 0 でなく E_λ が隣の 1 粒子準位 $E_{p\pm1}$ に近づくにつれて急速に 0 になる．$E_{p\pm1}$ の近傍ではこれにかわって $(C_{p\pm1,0}{}^{(\lambda)})^2$ が $\gamma_{\lambda c}{}^2$ に比例することになり，これは $E_{p\pm1}$ を中心と

して広がっている．図 10.3(c) はその様子を模式的に示したものである．この場合も個々の $\gamma_{\lambda c}{}^2$ は λ 毎に激しく変動するが $\langle\gamma_{\lambda c}{}^2\rangle$ は滑らかに $\cdots, E_{p-1}, E_p, E_{p+1}, \cdots$ を中心とした山をなしている．これが $\langle\gamma_{\lambda c}{}^2\rangle$ の，したがって $s_c(E)$ の粗い構造に他ならない．このような粗い構造の解釈は Lane, Thomas および Wigner によって与えられたもので†，この模型を**中間結合模型**(intermediate coupling model)と呼んでいる．

以上が光学模型の中間結合模型による解釈である．この模型を用いて分散公式から光学ポテンシャルを導くには更に進んだ形式論が必要である．このような試みは核子-核散乱の場合について行なわれているが††，ここではこれ以上進まない．同様な議論はより一般の直接反応についても行なわれている(p. 536 脚注の論文を参照)．複合粒子に対する光学模型に対して同様な解釈がどの程度成り立つかは判っていない．

§10.5 統計理論

この節では複合核過程の断面積を§10.3 の議論に基づいて計算しよう．基礎になるのは(*10.3.31*)と，(*10.3.34*)で示唆される $\hat{g}_{\lambda c}$ の無相関性である．以下の議論は $\hat{g}_{\lambda c}$ が λ と c が変化するごとに統計的に全くでたらめに変化するという仮定の上に立っている．この種の理論を**統計理論**(statistical theory)という．以下にこの理論を用いて複合核過程の断面積を計算しよう．

a) Hauser-Feshbach の公式

複合核過程の断面積 $\sigma_{c'c}{}^{\mathrm{cn}}$ は(*10.3.39*)と同様にして一般に $S_{c'c}{}^{\mathrm{cn}}$ のみの寄与による断面積のエネルギー平均として定義される．それを計算するには(*10.3.4'*)によると§10.2 で行なった計算の中で U を S^{cn} におきかえ，得られた断面積をエネルギーについて I にわたって平均すればよい((*10.2.32 b*)の右辺第1項は直接過程に繰り込まれ S^{cn} の寄与には入らない)．(*10.2.48*), (*10.2.49*)によれば，それには $\overline{S_{t_1s_1}{}^{J_1\mathrm{cn}}S_{t_2s_2}{}^{J_2\mathrm{cn}*}}$ を計算する必要がある．これは，(*10.3.33*)によると†††

---

† Lane, A. M., Thomas, R. G & Wigner, E. P.: *Phys. Rev.*, **98**, 693 (1955) 参照.

†† たとえば Brown, G. E.: *Revs. Modern. Phys.*, **31**, 893 (1957) をみよ.

††† 以下，記号を簡単にするために共鳴パラメーターの ^ を省く.

$$\overline{S_{t_1s_1}{}^{J_1\mathrm{cn}} S_{t_2s_2}{}^{J_2\mathrm{cn}*}} = \overline{\left(\sum_{\lambda_1\lambda_2\in I} \frac{g_{\lambda_1t_1}g_{\lambda_1s_1}g_{\lambda_2t_2}{}^*g_{\lambda_2s_2}{}^*}{(E-W_{\lambda_1})(E-W_{\lambda_2})^*}\right)} \qquad (10.5.1)$$

である．ただし $s_i\equiv cIl_i$，$t_i\equiv c'I'l_i'\ (i=1, 2)$ である．I は $I\gg D$ のように取ってあるから(10.5.1)の右辺は非常に多くの (λ_1, λ_2) の組についての和である．もし $g_{\lambda c}$ が仮定したような統計的性質をもっているならば，$J_1=J_2$，$\lambda_1=\lambda_2$ で $t_1=t_2$，$s_1\doteq s_2$ かまたは $t_1=s_2$，$s_1=t_2$ の場合を除くすべての項は大きさ，位相ともでたらめに変化するから互いに打ち消し合ってしまうであろう†．したがって次の近似が成り立つ．

$$\overline{S_{t_1s_1}{}^{J_1\mathrm{cn}} S_{t_2s_2}{}^{J_2\mathrm{cn}*}} \approx \delta_{J_1J_2}\delta(t_1s_1t_2s_2)\overline{\left(\sum_{\lambda_1\in I} \frac{|g_{\lambda_1t_1}|^2|g_{\lambda_1s_1}|^2}{|E-W_\lambda|^2}\right)} \qquad (10.5.2)$$

ただし，

$$\delta(t_1s_1t_2s_2) = \delta_{t_1t_2}\delta_{s_1s_2}+(1-\delta_{t_1t_2})\delta_{t_1s_2}\delta_{s_1t_2} \qquad (10.5.3)$$

$t_1=s_2$ であるためには $c'=c$ でなければならないから，$\delta(t_1s_1t_2s_2)$ の第2項は $c=c'$ すなわち弾性散乱($c=c'$)のときに限って0でない．λ についての和を，再び λ についての平均値と λ の個数 I/D との積でおきかえると，

$$\overline{\left(\sum_\lambda \frac{|g_{\lambda t_1}|^2|g_{\lambda s_1}|^2}{|E-W_\lambda|^2}\right)} = \frac{I}{D}\left\langle \frac{1}{I}\int_{E-I/2}^{E+I/2} \frac{\Gamma_{\lambda t_1}\Gamma_{\lambda s_1}}{(E'-E_\lambda)^2+\Gamma_\lambda{}^2/4}dE'\right\rangle \approx \frac{2\pi}{D}\left\langle\frac{\Gamma_{\lambda t_1}\Gamma_{\lambda s_1}}{\Gamma_\lambda}\right\rangle \qquad (10.5.4)$$

ただし D は I 内の平均準位間隔，$\langle\ \ \rangle$ は λ についての平均を表わす．また

$$\Gamma_{\lambda s} = |g_{\lambda s}|^2$$

である．ゆえに

$$\begin{aligned}\overline{S_{t_1s_1}{}^{J_1\mathrm{cn}} S_{t_2s_2}{}^{J_2\mathrm{cn}*}} &\approx \delta_{J_1J_2}\delta(t_1s_1t_2s_2)\overline{|S_{t_1s_1}{}^{J_1\mathrm{cn}}|^2} \\ &\approx \delta_{J_1J_2}\delta(t_1s_1t_2s_2)\frac{2\pi}{D}\left\langle\frac{\Gamma_{\lambda t_1}\Gamma_{\lambda s_1}}{\Gamma_\lambda}\right\rangle \qquad (10.5.5)\end{aligned}$$

(10.5.5)を(10.2.49)の $U_{t_1s_1}{}^{J_1}U_{t_2s_2}{}^{J_2*}$ の代りに代入したものが複合核過程に対する B_L という量である．これを $B_L{}^{\mathrm{cn}}$ と書くことにすると，

$$B_L{}^{\mathrm{cn}}(c'I', cI) = \frac{1}{4}(-1)^{I-I'}\sum_{ll'J}(Z(lJlJ\,;IL)Z(l'Jl'J\,;I'L)+\delta_{c'c}\delta_{I'I}(1-\delta_{l'l})$$

† この仮定に対する検討は本節(c)項で行なう．

$$\times Z^2(lJl'J\,;IL))\overline{|S_{c'I'l',cIl}{}^{J\mathrm{cn}}|^2} \tag{10.5.6}$$

$$\overline{|S_{c'I'l',cIl}{}^{J\mathrm{cn}}|^2} \approx \frac{2\pi}{D}\left\langle\frac{\Gamma_{\lambda c'I'l'}\Gamma_{\lambda cIl}}{\Gamma_\lambda}\right\rangle \tag{10.5.7}$$

(10.5.6)の第2項は弾性散乱の時だけ入ってくる項である．この場合にはパリティの保存則から l と l' のパリティは等しくなくてはならない．

$d\sigma_{c'c}{}^{\mathrm{cn}}/d\Omega_{c'}$ は(10.2.48)から計算される．まずエネルギー的にゆっくりしか変化しないCoulomb散乱の部分は直接反応の方に入るからこれを差し引く．残った第2項以下で B_L を $B_L{}^{\mathrm{cn}}$ で，また U^J を $\overline{S^{J\mathrm{cn}}}=0$ で置きかえればよい．ゆえに

$$\frac{d\sigma_{c'c}{}^{\mathrm{cn}}}{d\Omega_{c'}} = \frac{1}{(2I_{\mathrm{a}}+1)(2I_{\mathrm{A}}+1)}\frac{1}{k_c{}^2}\sum_{II'L} B_L{}^{\mathrm{cn}}(c'I',cI)P_L(\cos\theta) \tag{10.5.8}$$

これが求める表式である．

この断面積の特徴は角度分布が90°対称なことである．実際，(10.2.50)から判るように，(10.5.6)の中の $Z(lJlJ\,;IL)$ は $(ll00|L0)$ に比例するから，それが0でないためには

$$L=(\text{偶数})$$

でなければならず，また $Z(lJl'J\,;IL)$ は $(ll'00|L0)$ に比例し，l と l' が同じパリティをもつから，これも $L=$(偶数)でなければ0になる．ゆえに(10.5.8)では $L=$(偶数)の項だけ残り，θ の関数として90°に関して対称になる．この角分布の90°対称性は統計模型の最も直接的な判定規準で，実験的に容易に確かめることができる．

さて，$d\sigma_{c'c}{}^{\mathrm{cn}}/d\Omega_{c'}$ は結局(10.5.7)の $\dfrac{2\pi}{D}\left\langle\dfrac{\Gamma_{\lambda t}\Gamma_{\lambda s}}{\Gamma_\lambda}\right\rangle$ なる量によってきまる．ただし再び $t=c'I'l'$，$s=cIl$ とおいた．以下にこの量を計算してみよう．$\langle\Gamma_{\lambda t}\Gamma_{\lambda s}/\Gamma_\lambda\rangle$ は，もし $\Gamma_{\lambda t}, \Gamma_{\lambda s}, \Gamma_\lambda$ の間に統計的な相関がなければ，

$$\left\langle\frac{\Gamma_{\lambda t}\Gamma_{\lambda s}}{\Gamma_\lambda}\right\rangle \approx \frac{\langle\Gamma_{\lambda t}\rangle\langle\Gamma_{\lambda s}\rangle}{\langle\Gamma_\lambda\rangle} \tag{10.5.9}$$

のように因子の平均値の積に分解される†．この場合には

† この仮定の当否については本節(c)項参照のこと．

$$\overline{|S_{ts}{}^{J\mathrm{cn}}|^2} = \frac{T_t{}^J T_s{}^J}{\sum_r T_r{}^J} \tag{10.5.10}$$

の形に書ける．ただし，

$$T_s{}^J \equiv \sum_{s'} \overline{|S_{s's}{}^{J\mathrm{cn}}|^2} \tag{10.5.11}$$

は**透過係数**(transmission coefficient)と呼ばれる量である．(*10. 5. 10*)を証明するには，まず(*10. 5. 7*)，(*10. 5. 9*)，(*10. 5. 11*)から次式を得る．

$$T_s{}^J = \sum_{s'} \frac{2\pi}{D} \frac{\langle \Gamma_{\lambda s} \rangle \langle \Gamma_{\lambda s'} \rangle}{\langle \Gamma_\lambda \rangle} = \frac{2\pi}{D} \frac{\langle \Gamma_{\lambda s} \rangle}{\langle \Gamma_\lambda \rangle} G \tag{10.5.12 a}$$

ただし $G = \sum_s \langle \Gamma_{\lambda s} \rangle$ である．特に $\Gamma_\lambda = \sum_s \Gamma_{\lambda s}$ が成り立つ場合には

$$T_s{}^J = 2\pi \frac{\langle \Gamma_{\lambda s} \rangle}{D} = 2\pi s_s \tag{10.5.12 b}$$

すなわち透過係数は強度関数に比例する．(*10. 5. 12 a*)の両辺を s について加えると，

$$\sum_s T_s{}^J = \frac{2\pi}{D} \frac{G^2}{\langle \Gamma_\lambda \rangle} \tag{10.5.13}$$

ゆえに，

$$\frac{T_t{}^J T_s{}^J}{\sum_s T_s{}^J} = \frac{2\pi}{D} \frac{\langle \Gamma_{\lambda t} \rangle \langle \Gamma_{\lambda s} \rangle}{\langle \Gamma_\lambda \rangle} = \overline{|S_{ts}{}^{J\mathrm{cn}}|^2} \tag{10.5.14}$$

を得る．

(*10. 5. 10*)，(*10. 5. 6*)を(*10. 5. 8*)に代入すると，

$$\frac{d\sigma_{c'c}{}^{\mathrm{cn}}}{d\Omega_{c'}} = \frac{1}{(2I_\mathrm{a}+1)(2I_\mathrm{A}+1)} \frac{1}{4k_c{}^2}$$
$$\times \sum_{ll'II'JL} \{(-1)^{I-I'} Z(lJlJ\,;IL)\, Z(l'Jl'J\,;I'L) + \delta_{c'c}\delta_{I'I}(1-\delta_{l'l})\, Z^2(lJl'J\,;IL)\}$$
$$\times \left(\frac{T_{c'}{}^J T_c{}^J}{\sum_{c''} T_{c''}{}^J} \right) P_L(\cos\theta) \tag{10.5.15}$$

を得る．ただし，再び $\boldsymbol{c} = (cIl)$，$\boldsymbol{c}' = (c'I'l')$，… の記号を使った．$c \to c'$ の全断面積は，(*10. 2. 52*)と同様にして

$$\sigma_{c'c}{}^{\mathrm{cn}} \equiv \int d\Omega_{c'} \frac{d\sigma_{c'c}{}^{\mathrm{cn}}}{d\Omega_{c'}} = \frac{\pi}{k_c{}^2} \sum_{u'II'J} g_J \frac{T_{c'}{}^J T_c{}^J}{\sum\limits_{c''} T_{c''}{}^J} \qquad (10.5.16)$$

で与えられる．ただし g_J は次式で与えられる統計因子である．

$$g_J = \frac{2J+1}{(2I_{\mathrm{a}}+1)(2I_{\mathrm{A}}+1)} \qquad (10.2.53)$$

次に以上で導いた式の物理的な意味を考えてみよう．まず $T_c{}^J$ は(10.5.11)から明らかなように $\boldsymbol{c}$ から始まる複合核過程の断面積の総和に比例する．これはとりもなおさず $\boldsymbol{c}$ から複合核が形成される断面積に比例することを意味する．このことをもっと明確にするために，(10.5.16)の $\boldsymbol{c}'$ についての和をとると

$$\sigma_c{}^{\mathrm{cn}} \equiv \sum_{c'} \sigma_{c'c}{}^{\mathrm{cn}} = \frac{\pi}{k_c{}^2} \sum_{lIJ} g_J T_c{}^J \qquad (10.5.17)$$

$\sigma_c{}^{\mathrm{cn}}$ は c チャネルからの**複合核形成の断面積**であるから $(\pi/k_c{}^2) g_J T_c{}^J$ が $\boldsymbol{c}=(cIl)$ チャネルからの部分的な複合核形成断面積に他ならない．よく行なわれるように $T_c{}^J$ が I にも J にも依らず，

$$T_c{}^J = \begin{cases} T_{cl}(E_c) & (|J-I| \leqq l \leqq |J+I|) \\ 0 & (\text{それ以外}) \end{cases} \qquad (10.5.18)$$

と仮定すると(10.2.47)を用いて

$$\sigma_c{}^{\mathrm{cn}} = \frac{\pi}{k_c{}^2} \sum_l (2l+1)\, T_{cl}(E_c) \qquad (10.5.19)$$

が得られる．特に低エネルギー，S 波中性子に対して(10.5.17)と(10.5.12 b)を適用し(8.1.19)と比べると $\sigma_{\mathrm{c}} = \sigma_c{}^{\mathrm{cn}}$ が得られる．したがって§8.1で σ_{c} を複合核形成の断面積と呼んだのは正当であったことがわかる．

時間反転不変性を考慮すると，$T_c{}^J$ はまた複合核が $\boldsymbol{c}$ を通じて崩壊する確率にも比例することは明らかである．そうすると(10.5.15)，(10.5.16)の各項：

$$\frac{T_{c'}{}^J T_c{}^J}{\sum\limits_{c''} T_{c''}{}^J}$$

は，複合核が $\boldsymbol{c}$ から形成される確率と，すべての可能な崩壊過程のうち $\boldsymbol{c}'$ へと崩壊する確率 $T_{c'}{}^J / \sum\limits_{c''} T_{c''}{}^J$ の積の形をしている．すなわち，複合核の形成と崩

壊が確率的に独立事象として記述されている．これも統計理論の重要な帰結である．(*10. 5. 15*), (*10. 5. 16*)を **Hauser-Feshbach の公式**という．

次に $T_c{}^J$ を計算することを考えよう．それには，S 行列のユニタリー性，$SS^\dagger=1$，から

$$P \equiv \overline{S^{\mathrm{cn}}S^{\mathrm{cn}\dagger}} = \overline{(S-S^{\mathrm{dir}})(S-S^{\mathrm{dir}})^\dagger}$$
$$= SS^\dagger - S^{\mathrm{dir}}S^{\mathrm{dir}\dagger} = 1-S^{\mathrm{dir}}S^{\mathrm{dir}\dagger} \qquad (10.5.20)$$

が成り立つことに注意しよう．この行列 P は G. R. Satchler によって導入されたもので**透過行列**(transmission matrix)と呼ばれている．この式から直ちに

$$T_c{}^J = P_{cc}{}^J = \sum_{c'} \overline{|S_{c'c}{}^{J\mathrm{cn}}|^2} = 1-\sum_{c'} |S_{c'c}{}^{J\mathrm{dir}}|^2 \qquad (10.5.21)$$

が得られる．この右辺は S^{dir} の行列要素だけの関数である．したがって，直接反応の理論を使って近似的に計算することができるはずのものである．

よく使われる近似は $S_{c'c}{}^{J\mathrm{dir}}$ のうち最も大きいと思われる $S_{cc}{}^{J\mathrm{dir}}=S_{cc}{}^{J\mathrm{opt}}$ だけをとることである：

$$T_c{}^J \approx 1-|S_{cc}{}^{J\mathrm{opt}}|^2 \qquad (10.5.22)$$

$S_{cc}{}^{J\mathrm{opt}}$ は光学模型で計算できるから $T_c{}^J$ もまた光学模型で計算できることになる．

もう1つ注意すべきことは，$T_c{}^J$ が $|S_{cc}{}^{J\mathrm{opt}}|$ の大小に直接関係していることである．したがって，たとえば，光学ポテンシャルによる1粒子共鳴があると $T_c{}^J$ は大きく変動する．このとき $|S_{cc}{}^{J\mathrm{opt}}|$ は1から小さい方に大きくずれるから，$T_c{}^J$ は大きくなる．すなわち複合核形成の断面積は，入口のチャネルの1粒子共鳴によって大きくなる．これは，直接過程と複合核過程が密接に結びついていて切り離せないことを示す1つの良い例である．その原因は明らかに S 行列のユニタリー性である．別の言葉でいえば流束(flux)の保存といってもよい．1粒子共鳴で $|S_{cc}{}^{J\mathrm{opt}}|$ が1より小さくなることは光学ポテンシャルによる散乱の中で $\boldsymbol{c}$ チャネルから流束が吸収されたことを意味する．その流束は結局は複合核過程を経て放出される．したがって複合核形成の断面積は増さざるを得ないのである．

b) 蒸 発 理 論

終状態が連続状態である場合を取り扱おう．この場合の単位エネルギー幅当りの断面積を求めるには，放出粒子のエネルギー $E_{c'}\sim E_{c'}+dE_{c'}$ 内に含まれるすべての内部状態について(*10. 5. 15*), (*10. 5. 16*)の和をとり，それを $dE_{c'}$ で割れ

ばよい．簡単のために，放出粒子は，核子，d, α のように常に基底状態にあるとしよう．残留核Bのスピン I_B なる状態のエネルギー E_B 付近の準位密度を $w(E_B, I_B)$ としよう．そうすると(10.5.16)に対応する断面積は

$$\frac{\partial \sigma_{c'c}{}^{cn}}{\partial E_{c'}} = \frac{\pi}{k_c{}^2} \sum_{JII'll'I_B} g_J \frac{T_{c'}{}^J T_c{}^J}{\sum_{c''} T_{c''}{}^J} w(E_B, I_B) \qquad (10.5.23)$$

(10.5.15)に対応する断面積は

$$\frac{d^2\sigma_{c'c}{}^{cn}}{d\Omega_{c'} dE_{c'}} = \frac{1}{(2I_a+1)(2I_A+1)} \frac{1}{4k_c{}^2} \sum_{JLII'll'I_B} (-1)^{I'-I} Z(lJlJ; IL)$$
$$\times Z(l'Jl'J; I'L) \frac{T_{c'}{}^J T_c{}^J}{\sum_{c''} T_{c''}{}^J} w(E_B, I_B) P_L(\cos\theta) \qquad (10.5.24)$$

$w(E_B, I_B)$ の I_B 依存性は統計的に

$$w(E_B, I_B) = (2I_B+1) \exp\left\{-\gamma_B\left(I_B + \frac{1}{2}\right)^2\right\} w_0(E_B) \qquad (10.5.25)$$

であることが証明される†．ここに γ_B は核の慣性能率 J_B に反比例する定数である．$J_B \to \infty$ の極限では(10.5.25)は簡単に

$$w_B(E_B, I_B) = (2I_B+1) w_0(E_B) \qquad (10.5.26)$$

となる．以下この極限で(10.5.24)の右辺を計算しよう．

まず(10.5.23)の分母の $\sum_{c''} T_{c''}{}^J$ を

$$\sum_{c''I''l''I_{B'}} \int_0^{\omega_{B'}} T_{c''}{}^J w(E_{B'}, I_{B'}) dE_{B'}$$

でおきかえる．ここに c'' の和はすべての開いたチャネル $c''=(b', B')$ にわたり，$E_{B'}$ は残留核 B′ の励起エネルギー，$\omega_{B'}$ はその与えられた全エネルギーのもとで $E_{B'}$ がとりうる最大値すなわち $E_{B'} = \omega_{B'} - E_{c'}$ である．この式の $w(E_{B'}, I_{B'})$，(10.5.23)の $w(E_B, I_B)$ に(10.5.26)を代入し，再び $T_c{}^J$ は J に依らないと仮定すると次式を得る．

$$\frac{\partial \sigma_{c'c}{}^{cn}}{\partial E_{c'}} = \sigma_c{}^{cn} \frac{(2I_b+1)\sigma_{c'}{}^{cn} k_{c'}{}^2 w_0(E_B)}{\sum_{c''} (2I_{b'}+1) \int_0^{\omega_{B'}} \sigma_{c''}{}^{cn} k_{c''}{}^2 w(E_{B'}) dE_{B'}} \qquad (10.5.27)$$

---

† Bethe, H. A.: *Revs. Modern Phys.*, **9**, 69 (1937).

ただし公式(*10. 2. 47*)を繰り返し使って証明される次式を用いた.

$$\sum_{I}\sum_{J} g_J\left(\frac{\sum\limits_{l'}\sum\limits_{I_B}(2I_B+1)}{\sum\limits_{l''}\sum\limits_{I_{B'}}(2I_{B'}+1)}\right)=\frac{(2I_b+1)(2l+1)(2l'+1)}{(2I_{b'}+1)(2l''+1)} \qquad (10.5.28)$$

$\partial\sigma_{c'c}{}^{\mathrm{cn}}/\partial\Omega_{c'}$ の計算は Z 係数があるのでやや複雑であるが, (*10. 2. 47*)と Racah 係数の直交性

$$\sum_{l'}(-1)^{I'-I}(2I'+1)W(l'Jl'J;I'L)=(-1)^{-I+l'+J}\sqrt{(2l'+1)(2J+1)}\,\delta_{L0} \qquad (10.5.29)$$

を用いると $\sum\limits_{I_B l'}(-1)^{I'-I}Z(l'Jl'J;I'L)(2I_B+1)$ は $L=0$ のときだけ 0 でないことが証明される結果

$$\frac{d^2\sigma_{c'c}{}^{\mathrm{cn}}}{d\Omega_{c'}dE_{c'}}=\frac{1}{4\pi}\frac{\partial\sigma_{c'c}{}^{\mathrm{cn}}}{\partial E_{c'}} \qquad (10.5.30)$$

となる. くわしい計算は読者自ら試みよ.

かくして, 慣性能率が無限大であるという近似のもとに(*10. 5. 27*), (*10. 5. 30*)両式が導かれた. (*10. 5. 27*)は放出粒子のエネルギー・スペクトルを与える. (*10. 5. 30*)は角度分布が等方的であることを示す.

(*10. 5. 27*)を

$$\frac{d\sigma_{c'c}{}^{\mathrm{cn}}}{dE_{c'}}=\sigma_c{}^{\mathrm{cn}}D_{c'}(E_{c'}) \qquad (10.5.31)$$

と書くと $D_{c'}(E_{c'})$ はチャネル c にまったく依らないことは注目すべきである. $D_{c'}(E_{c'})$ が c' チャネルを通っての複合核崩壊の確率を表わすことは明らかである. (*10. 5. 31*)は複合核の形成と崩壊が独立事象であることを示している. これは §10.1 で述べた複合核の‘記憶喪失’の結果に他ならない.

エネルギー・スペクトルの形は主として

$$\sigma_{c'}{}^{\mathrm{cn}}k_{c'}{}^2w_0(E_B)=\sigma_{c'}{}^{\mathrm{cn}}k_{c'}{}^2w_0(\omega_B-E_{c'}) \qquad (10.5.32)$$

できまる.

$w_0(\omega_B-E_{c'})$ は $E_{c'}$ と共に急激に変化する関数である. そこでその対数をとったものを $E_{c'}$ について Taylor 展開して $E_{c'}$ の 1 次の項で留める:

$$\ln w_0(\omega_B - E_{c'}) \approx \ln w_0(\omega_B) - E_{c'}\left[\frac{d \ln w_0(E)}{dE}\right]_{E=\omega_B} \qquad (10.5.33)$$

これを

$$= \ln\left\{w_0(\omega_B)\exp\left(-\frac{E_{c'}}{\tau_{c'}}\right)\right\} \qquad (10.5.34)$$

と書きかえる．ただし

$$\tau_{c'} = \left\{\left[\frac{d \ln w_0(E)}{dE}\right]_{E=\omega_B}\right\}^{-1} \qquad (10.5.35)$$

$\tau_{c'}$ は複合核から粒子 b が放出された後の残留核の**温度**と呼ばれる量である．

$w_0(\omega_B)$ は $E_{c'}$ には依らないから，エネルギー・スペクトルは

$$\left(\frac{\partial \sigma_{c'c}{}^{\mathrm{cn}}}{\partial E_{c'}}\right) \propto E_{c'} \exp\left(-\frac{E_{c'}}{\tau_{c'}}\right)\sigma_{c'}{}^{\mathrm{cn}} \qquad (10.5.36)$$

の形になる．これを Maxwell 型という．これはちょうど温度 $\tau_{c'}$ の液体から分子が蒸発していくときのエネルギー分布と同じである．それでこの模型を**蒸発模型**(evaporation model)という．ただし，巨視的な蒸発では，液体の温度は分子1個の蒸発では変化しないから，核の場合のように蒸発後の温度と特に断わる必要はない．

温度 $\tau_{c'}$ はエネルギー E のゆっくり変わる関数である．その値は核種によって異なる．それを計算するには核の模型を仮定しなければならない．Fermi ガス模型を仮定すると

$$\tau = \sqrt{\frac{E}{a}} \qquad (10.5.37)$$

の形になることが証明される．a は定数で質量数 A に比例するようにとられるのが普通である．中重核から重い核にかけてよく使われるのは

$$a = \frac{A}{20} \quad (\mathrm{MeV}) \qquad (10.5.38)$$

である．

Fermi ガスのかわりに，超伝導模型を用いると

$$\tau = \mathrm{const} \qquad (10.5.39)$$

になる．

実験から逆に準位密度を決めるには放出粒子のエネルギー・スペクトルを測り，それを $E_{c'}\sigma_{c'}{}^{\mathrm{cn}}(E_{c'})$ で割ればよい．このとき $\sigma_{c'}{}^{\mathrm{cn}}(E_{c'})$ が必要であるが，これには，たとえば光学模型による値を用いればよい．

c) 統計的仮定の検討．Hauser-Feshbach 模型に対する修正

前2項で統計理論のあらましを説明した．この項ではその基礎となった共鳴パラメーター $g_{\lambda c}$ の統計的仮定についてもう1度改めて検討してみよう．我々は $g_{\lambda c}$ が λ と c の関数として大きさも位相も統計的に全くでたらめに変化するとした．この仮定から

$$\overline{S_{t_1s_1}{}^{J_1\mathrm{cn}}S_{t_2s_2}{}^{J_2\mathrm{cn}*}}=\left\langle\sum_{\lambda_1\lambda_2}\frac{g_{\lambda_1t_1}g_{\lambda_1s_1}g_{\lambda_2t_2}{}^*g_{\lambda_2s_2}{}^*}{(E-W_{\lambda_1})(E-W_{\lambda_2})^*}\right\rangle \qquad (10.5.40)$$

の右辺で正定値をもつ項，すなわち $\lambda_1=\lambda_2$ で $t_1=t_2$, $s_1=s_2$ または $t_1=s_2$, $s_1=t_2$ である項だけが残って他はすべて打ち消し合ってしまうと考えた．

この仮定は実は次の2つの仮定から成っている．第1は $\lambda_1\neq\lambda_2$ の項はすべて消えるという仮定で，これから

$$\overline{S_{t_1s_1}{}^{J_1\mathrm{cn}}S_{t_2s_2}{}^{J_2\mathrm{cn}*}}\approx\frac{2\pi}{D}\left\langle\frac{g_{\lambda t_1}g_{\lambda s_1}g_{\lambda t_2}{}^*g_{\lambda s_2}{}^*}{\Gamma_\lambda}\right\rangle\delta_{J_1J_2} \qquad (10.5.41)$$

が出る．次は(10.5.41)の右辺が $g_{\lambda t_1}g_{\lambda s_1}g_{\lambda t_2}{}^*g_{\lambda s_2}{}^*$ が正定値 $|g_{\lambda t_1}|^2|g_{\lambda s_1}|^2$ となる場合を除き0になるという仮定である．これから

$$\left\langle\frac{g_{\lambda t_1}g_{\lambda s_1}g_{\lambda t_2}{}^*g_{\lambda s_2}{}^*}{\Gamma_\lambda}\right\rangle\approx\left\langle\frac{|g_{\lambda t_1}|^2|g_{\lambda s_1}|^2}{\Gamma_\lambda}\right\rangle\delta(t_1s_1t_2s_2) \qquad (10.5.42)$$

が出たのである．(10.5.41)は異なる準位 λ_1,λ_2 に対して $g_{\lambda_1t_1}, g_{\lambda_2t_2}$ が相関をもたないという仮定に基づく．これを‘準位についての無相関の仮定’と呼ぼう．(10.5.42)は異なるチャネル c, c' に対して $g_{\lambda c}, g_{\lambda c'}$ に相関がなく λ の変化と共にそれぞれ独立にでたらめに変化するという仮定による．これを‘チャネルについての無相関の仮定’と呼ぶことにしよう．

(10.5.41), (10.5.42)から

$$\begin{aligned}\overline{S_{t_1s_1}{}^{J_1\mathrm{cn}}S_{t_2s_2}{}^{J_2\mathrm{cn}*}}&\approx\frac{2\pi}{D}\left\langle\frac{|g_{\lambda t_1}|^2|g_{\lambda s_1}|^2}{\Gamma_\lambda}\right\rangle\delta(t_1s_1t_2s_2)\,\delta_{J_1J_2}\\&\approx\overline{|S_{t_1s_1}{}^{J_1\mathrm{cn}}|^2}\,\delta(t_1s_1t_2s_2)\,\delta_{J_1J_2} \qquad (10.5.43)\end{aligned}$$

が成り立つことは本節(a)項で述べたとおりである．

以上の2つの仮定は非常にもっともらしく一見全く問題なさそうであるが実は必ずしもそうではないのである．それを示すために(a)項で定義した透過行列

$$P = \overline{S^{\mathrm{cn}}S^{\mathrm{cn}\dagger}} = 1 - S^{\mathrm{dir}}S^{\mathrm{dir}\dagger} \qquad (10.5.44)$$

の行列要素を計算してみよう．まず $P=\overline{S^{\mathrm{cn}}S^{\mathrm{cn}\dagger}}$ からは

$$P_{ts} = \sum_m \overline{S_{tm}{}^{\mathrm{cn}}S_{sm}{}^{\mathrm{cn}*}} \qquad (10.5.45)$$

が得られる．今もし上記の統計的仮定が成立するとすれば(10.5.43)が成り立つから

$$P_{ts} \approx \sum_m \overline{|S_{ts}{}^{\mathrm{cn}}|^2}\delta(tmsm) \qquad (10.5.46)$$

ゆえにもし $t\neq s$ ならこれは0である：

$$P_{ts} \approx 0 \qquad (t \neq s) \qquad (10.5.47)$$

ところが一方 $P=1-S^{\mathrm{dir}}S^{\mathrm{dir}\dagger}$ からは

$$P_{ts} = 1 - \sum_m S_{tm}{}^{\mathrm{dir}}S_{sm}{}^{\mathrm{dir}\dagger} \qquad (10.5.48)$$

でこれは一般に $t\neq s$ でも0ではない．実際もし t と s が少なくとも1つの m に対して同時に

$$S_{sm}{}^{\mathrm{dir}} \neq 0, \qquad S_{tm}{}^{\mathrm{dir}} \neq 0 \qquad (10.5.49)$$

をみたせば $P_{ts}\neq 0$ である．ゆえにこの場合は(10.5.47)と(10.5.48)は矛盾する．これは，このようなチャネルに対して(10.5.43)の近似すなわち統計的仮定が成立しないことを意味する．いま(10.5.49)を満たすような2つのチャネル t と s は‘互いに直接結合している’と呼ぶことにすると“互いに直接結合しているチャネル s, t に対しては $g_{\lambda s}, g_{\lambda t}$ は互いに何らかの相関をもつ”ということになる．

このようにして直接過程の存在が複合核過程の共鳴パラメーター $g_{\lambda c}$ の間にも相関をもたらすというやや意外な事実が明らかになった．この原因は(10.5.44)から明らかなように S 行列のユニタリー性

$$SS^\dagger = S^\dagger S = 1 \qquad (10.5.50)$$

である．これは S 行列要素間に課せられた，かなりきつい制約である．この制約下では行列要素は互いに無関係に全くでたらめな値をとることはできない．それを無視したところに上述の統計的仮定の無理があったと考えられる．

ではそれに代わるべきものとして，直接結合するチャネルが存在する場合，いかなる修正を施したらよいであろうか．これはなかなか困難な問題でまだ研究中の事柄である．たとえば1つの例として，準位についての無相関は依然として成立するが，(10.5.42)の代りにそれを少し一般化した

$$\langle g_{\lambda t_1} g_{\lambda s_1} g_{\lambda t_2}{}^* g_{\lambda s_2}{}^* \rangle \approx \langle g_{\lambda t_1} g_{\lambda t_2}{}^* \rangle \langle g_{\lambda s_1} g_{\lambda s_2}{}^* \rangle + \langle g_{\lambda t_1} g_{\lambda s_2}{}^* \rangle \langle g_{\lambda s_1} g_{\lambda t_2}{}^* \rangle \tag{10.5.51}$$

を仮定した場合を考えよう．(10.5.51)で

$$\langle g_{\lambda c} g_{\lambda c'}{}^* \rangle = \langle |g_{\lambda c}|^2 \rangle \delta_{c'c} \tag{10.5.52}$$

とすれば(10.5.42)が得られる．しかし今はチャネル間の直接結合があるから(10.5.52)は一般には成立しないと考える．

この場合どの程度 Hauser-Feshbach の式に対して修正が起こるであろうか．詳しい説明を省いて結果だけを書くと

$$\langle g_{\lambda t} g_{\lambda s}{}^* \rangle \equiv X_{ts} \tag{10.5.53}$$

としたとき，まず

$$\overline{S_{t_1 s_1}{}^{J_1 \mathrm{cn}} S_{t_2 s_2}{}^{J_2 \mathrm{cn} *}} \approx \frac{2\pi}{D\Gamma} (X_{t_1 t_2} X_{s_1 s_2} + X_{t_1 s_2} X_{s_1 t_2}) \delta_{J_1 J_2} \qquad (\Gamma \gg D \text{ のとき}) \tag{10.5.54}$$

および

$$P_{ts} \approx \frac{2\pi}{D\Gamma} (X \, \mathrm{tr}(X) + X^2)_{ts} \qquad (\Gamma \gg D \text{ のとき}) \tag{10.5.55}$$

が成り立つ．ここに $\Gamma \equiv \langle \Gamma_\lambda \rangle$，$\mathrm{tr}(X) = \sum_m X_{mm}$ である．またここでは Γ_λ は4つの g の積と相関がないとして

$$\left\langle \frac{g_{\lambda t_1} g_{\lambda s_1} g_{\lambda t_2}{}^* g_{\lambda s_2}{}^*}{\Gamma_\lambda} \right\rangle \approx \frac{1}{\Gamma} \langle g_{\lambda t_1} g_{\lambda s_1} g_{\lambda t_2}{}^* g_{\lambda s_2}{}^* \rangle \tag{10.5.56}$$

を仮定した．ここに $\Gamma \equiv \langle \Gamma_\lambda \rangle$ である．

(10.5.55)を X の方程式とみてこれを解き，X を P の関数：

$$X = F(P) \tag{10.5.57}$$

で表わしたとすると，それを(10.5.54)に代入することにより $\overline{S_{t_1 s_1}{}^{J_1 \mathrm{cn}} S_{t_2 s_2}{}^{J_2 \mathrm{cn} *}}$，したがって断面積 $d\sigma_{c'c}{}^{\mathrm{cn}}/d\Omega_{c'}$ を透過行列 P の要素によって表わすことができる．Hauser-Feshbach の公式はまさにその形をしていたわけである($d\sigma_{c'c}{}^{\mathrm{cn}}/d\Omega_{c'}$ は

P の対角要素 $P_{tt}=T_t$ の関数として与えられた)から，両者を比べれば Hauser-Feshbach の式に対する修正がどれくらいであるかを知ることができる．ごく簡単に，すべての角運動量を無視した場合には(*10. 5. 54*)は

$$\overline{S_{c'c}{}^{\mathrm{cn}}S_{c'c}{}^{\mathrm{cn}*}} \approx \frac{2\pi}{D\Gamma}(X_{cc}X_{c'c'}+X_{cc'}X_{c'c}) \qquad (10.5.58)$$

一方 Hauser-Feshbach の式では(*10. 5. 52*)を(*10. 5. 7*)，(*10. 5. 9*)に使うと

$$\overline{S_{c'c}{}^{\mathrm{cn}}S_{c'c}{}^{\mathrm{cn}*}} \approx \frac{2\pi}{D\Gamma}X_{cc}X_{c'c'} \qquad (10.5.59)$$

ゆえに(*10. 5. 58*)の右辺の $X_{cc'}X_{c'c}$ の項が補正である．直接結合しているチャネルの数 N が大きいときは，この項は $c'\neq c$ なら $X_{cc}X_{c'c'}$ に比べて $1/N$ の程度の小さな値になることが証明される．しかし $c'=c$ の場合には両者は等しく

$$\overline{S_{cc}{}^{\mathrm{cn}}S_{cc}{}^{\mathrm{cn}*}} = \frac{2\pi}{D\Gamma}2X_{cc}{}^{2} \qquad (10.5.60)$$

となり Hauser-Feshbach の式の 2 倍になる！

最後に

$$\left\langle\frac{\Gamma_{\lambda t}\Gamma_{\lambda s}}{\Gamma_{\lambda}}\right\rangle \approx \frac{\langle\Gamma_{\lambda t}\rangle\langle\Gamma_{\lambda s}\rangle}{\langle\Gamma_{\lambda}\rangle} \qquad (10.5.61)$$

について検討してみよう．この仮定は $\Gamma_{\lambda t}, \Gamma_{\lambda s}$ がそれぞれ λ と共にでたらめに変化するときにのみ正確である．実際には一般に部分幅 $\Gamma_{\lambda c}$ の大きさは一定の分布則をもっていて決してでたらめではない．もし直接結合する異なるチャネルがない場合にはそれは Porter-Thomas 分布と呼ばれているものに従うことが知られている．すなわち，$\Gamma_{\lambda c}/\langle\Gamma_{\lambda c}\rangle\equiv x$ が x と $x+dx$ の間にある確率 $P(x)dx$ は

$$P(x)\,dx = P_{\mathrm{PT}}(x)\,dx \equiv (2\pi x)^{-1/2}e^{-x/2}dx \qquad (10.5.62)$$

また，もし非常に多くのチャネルが直接結合しているときは，同じ確率は

$$P(x)\,dx = P_{E}(x)\,dx \equiv e^{-x}dx \qquad (10.5.63)$$

で与えられる．これに応じて

$$\left\langle\frac{\Gamma_{\lambda t}\Gamma_{\lambda s}}{\Gamma_{\lambda}}\right\rangle = W_{ts}\frac{\langle\Gamma_{\lambda t}\rangle\langle\Gamma_{\lambda s}\rangle}{\langle\Gamma_{\lambda}\rangle} \qquad (10.5.64)$$

とした時の W_{ts} の値も 1 からずれた異なった値をとり，最小 1/2 にまでなる．Hauser-Feshbach の式にはこの補正も加えなければならない．

d) チャネルにスピン-軌道結合がある場合の分散公式. Hauser-Feshbach の公式

今まではチャネルの表示として $\boldsymbol{c}=(cIl)$ を用いてきたが，この表示が常に便利であるとは限らない．たとえばチャネルの光学ポテンシャルにスピン-軌道結合がある場合にはむしろ

$$\boldsymbol{j}=\boldsymbol{I}_{\rm a}+\boldsymbol{l},\ \ \boldsymbol{j}'=\boldsymbol{I}_{\rm b}+\boldsymbol{l}',\ \ \cdots \qquad (10.5.65)$$

の大きさ $j, j', \cdots$ を対角化する表示 $\tilde{\boldsymbol{c}}=(cjl)$, $\tilde{\boldsymbol{c}}'=(c'j'l')$, … を用いる方がはるかに便利である．このことは，たとえば透過係数の計算などを考えてみれば明らかである．T_{cjl} は，光学模型の部分波 (jl) の散乱振幅から直ちに計算できるが，T_{cIl} の計算は甚だ面倒である．そこで以下に $\tilde{\boldsymbol{c}}=(cjl)$ をチャネルの表示にとった場合について補足しておく．

この表示でのチャネルの波動関数は

$$\frac{u_{clj}(r_c)}{r_c}|I_{\rm a}l(j)I_{\rm A}JM\rangle \qquad (10.5.66)$$

の形をしている．$u_{clj}(r_c)/r_c$ は動径波動関数である．$|I_{\rm a}l(j)I_{\rm A}JM\rangle$ が角スピン部分を表わし，

$$|I_{\rm a}l(j)I_{\rm A}JM\rangle=\sum_{\nu_{\rm a}m\mu\nu_{\rm A}}(I_{\rm a}\nu_{\rm a}lm|j\mu)(j\mu I_{\rm A}\nu_{\rm A}|JM)\chi_{I_{\rm a}\nu_{\rm a}}\chi_{I_{\rm A}\nu_{\rm A}}Y_{lm}(\Omega_c) \qquad (10.5.67)$$

で与えられる．これは $\boldsymbol{c}$ 表示での対応する関数

$$\begin{aligned} y_{cIl}{}^{JM} &\equiv |I_{\rm a}I_{\rm A}(I)lJM\rangle \\ &= \sum_{\nu_{\rm a}\nu_{\rm A}\nu m}(I_{\rm a}\nu_{\rm a}I_{\rm A}\nu_{\rm A}|I\nu)(I\nu lm|JM)\chi_{I_{\rm a}\nu_{\rm a}}\chi_{I_{\rm A}\nu_{\rm A}}Y_{lm}(\Omega_c) \end{aligned} \qquad (10.5.68)$$

と変換行列

$$\langle I_{\rm a}l(j)I_{\rm A}JM|I_{\rm a}I_{\rm A}(I)lJM\rangle=\hat{j}\hat{I}W(I_{\rm A}Ijl\,;I_{\rm a}J) \qquad (10.5.69)$$

で結ばれている．これは直交対称変換である．

S 行列の分散公式は $\tilde{\boldsymbol{c}}$ 表示でも無論そのまま成り立つ．$\Psi_\lambda{}^{JM\pi}$, N_λ, W_λ にはなんらの変化もない．幅はこの表示に対して

$$\gamma_{\lambda\tilde{c}}=\left(\frac{\hbar^2}{2\mu_c a_c}\right)^{1/2}\frac{1}{a_c}\int_{S_c}\langle I_{\rm a}l(j)I_{\rm A}JM|\Psi_\lambda{}^{JM\pi}\rangle dS_c \qquad (10.5.70)$$

で定義され，$g_{\lambda\tilde{c}}$ を(10. 2. 39)と同様に

$$g_{\lambda\tilde{c}}=\frac{(2k_c a_c)^{1/2}}{u_l^{(+)}(k_c, a_c)}\gamma_{\lambda\tilde{c}} \tag{10.5.71}$$

で定義すれば $S_{\tilde{c}'\tilde{c}}$ は

$$S_{\tilde{c}'\tilde{c}}{}^J=\frac{u_l^{(-)}(k_c, a_c)}{u_l^{(+)}(k_c, a_c)}\delta_{c'c}\delta_{j'j}\delta_{l'l}-i\sum_\lambda \frac{g_{\lambda\tilde{c}'}g_{\lambda\tilde{c}}}{N_\lambda(E-W_\lambda)} \tag{10.5.72}$$

で与えられる．

2つの表示での U 行列要素の間の関係は(10. 5. 69)から

$$U_{c'c}{}^J=\hat{I}\hat{I}'\sum_{jj'}\hat{j}\hat{j}'W(I_{\mathrm{A}}Ijl\,;I_{\mathrm{a}}J)\,W(I_{\mathrm{B}}I'j'l'\,;I_{\mathrm{b}}J)\,U_{\tilde{c}'\tilde{c}}{}^J \tag{10.5.73}$$

である．S 行列要素間の関係もこれと全く同じである．これを(10. 2. 48)に代入すると

$$\frac{d\sigma_{c'c}}{d\Omega_{c'}}=|f_c{}^{\mathrm{C}}(\Omega_{c'})|^2\delta_{c'c}+\frac{1}{(2I_{\mathrm{a}}+1)(2I_{\mathrm{A}}+1)}\left[\frac{1}{k_c{}^2}\sum_L D_L(c',c)\,P_L(\cos\theta)\right.$$

$$\left.+\frac{1}{k_c}\sum_{jl}(2J+1)\,\mathrm{Re}\,(i\,(f_c{}^{\mathrm{C}*}(\Omega_{c'})\,U_{cjl,cjl}{}^J))\,\delta_{c'c}P_l(\cos\theta)\right] \tag{10.5.74}$$

ただし

$$D_L(c',c)=\sum_{II'}B_L(c'I',cI) \tag{10.5.75}$$

また(10. 5. 69)が直交行列であることから得られる

$$\sum_I U_{cIl,cIl}{}^J=\sum_j U_{cjl,cjl}{}^J \tag{10.5.76}$$

を用いた．(10. 5. 75)に(10. 2. 49)，(10. 5. 73)を代入して計算すると

$$D_L(c',c)=\frac{Q}{4}(-1)^{I_{\mathrm{a}}+I_{\mathrm{A}}+I_{\mathrm{b}}+I_{\mathrm{B}}}\sum_{\substack{l_1l_2l_1'l_2'\\ j_1j_2j_1'j_2'\\ J_1J_2}}\Xi(c',l_1'j_1'l_2'j_2'J_1J_2L)\,\Xi(c,l_1j_1l_2j_2J_1J_2L)$$

$$\times S_{c'j_1'l_1',cj_1l_1}{}^{J_1}S_{c'j_2'l_2',cj_2l_2}{}^{J_2*} \tag{10.5.77}$$

が得られる．ここに Q は体系の全粒子数 n が偶数なら 1，奇数なら -1 であり，Ξ は

$$\Xi(c, l_1 j_1 l_2 j_2 J_1 J_2 L) = (-1)^{2j_1} \hat{J}_1 \hat{J}_2 Z(c, l_1 j_1 l_2 j_2 ; I_a L)\, W(J_1 j_1 J_2 j_2 ; I_A L) \tag{10.5.78}$$

で与えられる．(10.5.78)の証明には恒等式

$$\sum_\lambda (2\lambda+1)\, W(a'\lambda be ; ae')\, W(c\lambda de' ; c'e)\, W(a'\lambda fc ; ac') = W(abcd ; ef)\, W(a'bc'd ; e'f) \tag{10.5.79}$$

を使って I および I' についての和を計算すればよい．

複合核過程の断面積を計算するには $S_{\tilde{c}'\tilde{c}}{}^{J\mathrm{cn}}$ に(10.3.33a)ないし(10.3.33c)の $\tilde{\boldsymbol{c}}', \tilde{\boldsymbol{c}}$ 要素を用い，$\hat{g}_{\lambda\tilde{c}}$ の無相関性を仮定して本節(a)項と同様に計算をすすめればよい．結果は，

$$\frac{d\sigma_{c'c}{}^{\mathrm{cn}}}{d\Omega_{c'}} = \frac{1}{(2I_a+1)(2I_A+1)} \frac{1}{k_c{}^2} \sum_L D_L{}^{\mathrm{cn}}(c', c)\, P_L(\cos\theta) \tag{10.5.80}$$

$$D_L{}^{\mathrm{cn}}(c', c) = \frac{Q}{4} (-1)^{I_a+I_A+I_b+I_B} \sum_{ll'jj'J} Y(c', l'j'JL)\, Y(c, ljJL)\, \overline{|S_{c'j'l', cjl}{}^{J\mathrm{cn}}|^2} \tag{10.5.81}$$

$$\overline{|S_{c'j'l', cjl}{}^{J\mathrm{cn}}|^2} = \frac{2\pi}{D} \left\langle \frac{\Gamma_{\lambda\tilde{c}'} \Gamma_{\lambda\tilde{c}}}{\Gamma_\lambda} \right\rangle \tag{10.5.82}$$

である．ここに

$$\Gamma_{\lambda\tilde{c}} = \frac{|\hat{g}_{\lambda\tilde{c}}|^2}{|N_\lambda|} \qquad (\tilde{\boldsymbol{c}} = (cjl)) \tag{10.5.83}$$

また

$$Y(c, ljJL) = \Xi(c, ljljJJL) \tag{10.5.84}$$

である．

再び

$$\left\langle \frac{\Gamma_{\lambda\tilde{c}'} \Gamma_{\lambda\tilde{c}}}{\Gamma_\lambda} \right\rangle = \frac{\langle \Gamma_{\lambda\tilde{c}'} \rangle \langle \Gamma_{\lambda\tilde{c}} \rangle}{\langle \Gamma_\lambda \rangle} \tag{10.5.85}$$

を仮定し

$$T_{\tilde{c}}{}^J \equiv \sum_{\tilde{c}'} |S_{\tilde{c}'\tilde{c}}{}^{J\mathrm{cn}}|^2 \tag{10.5.86}$$

を定義すれば

$$\overline{|S_{\tilde{c}'\tilde{c}}{}^{J\mathrm{cn}}|^2} = \frac{T_{\tilde{c}'}{}^{J} T_{\tilde{c}}{}^{J}}{\sum_{\tilde{c}''} T_{\tilde{c}''}{}^{J}} \tag{10.5.87}$$

ゆえに，$\tilde{\boldsymbol{c}}$ を cjl と陽に書けば

$$\frac{d\sigma_{c'c}{}^{\mathrm{cn}}}{d\Omega_{c'}} = \frac{1}{(2I_{\mathrm{a}}+1)(2I_{\mathrm{A}}+1)} \frac{1}{k_c{}^2} \sum_{ll'jj'LJ} Y(c', l'j'JL)\, Y(c, ljJL) \times \frac{T_{c'j'l'}{}^{J} T_{cjl}{}^{J}}{\sum_{c''j''l''} T_{c''j''l''}{}^{J}} P_L(\cos\theta) \tag{10.5.88}$$

ただし $\sum_{c''j''l''}$ はすべての開いたチャネルにわたる和である．(*10.5.88*)を $\Omega_{c'}$ について積分すれば，$L=0$ の項だけ残り

$$\sigma_{c'c}{}^{\mathrm{cn}} = \frac{\pi}{k_c{}^2} \sum_{ll'jj'J} g_J \frac{T_{c'j'l'}{}^{J} T_{cjl}{}^{J}}{\sum_{c''j''l''} T_{c''j''l''}{}^{J}} \tag{10.5.89}$$

ただし $Y(cljJ0)=(-1)^{J-I_{\mathrm{a}}-I_{\mathrm{A}}}\hat{J}$ を用いた．c チャネルでの複合核形成の断面積は

$$\sigma_c{}^{\mathrm{cn}} = \sum_{c'} \sigma_{c'c}{}^{\mathrm{cn}} = \frac{\pi}{k_c{}^2} \sum_{ljJ} g_J T_{cjl}{}^{J} \tag{10.5.90}$$

$T_{cjl}{}^{J}$ が J に依らなければ

$$\sigma_c{}^{\mathrm{cn}} = \frac{\pi}{k_c{}^2} \frac{1}{(2I_{\mathrm{a}}+1)(2I_{\mathrm{A}}+1)} \sum_{lj} (2l+1)(2j+1)\, T_{cjl} \tag{10.5.91}$$

である．$T_{cjl}{}^{J}$ は本節(a)項と同様な近似で

$$T_{\tilde{c}}{}^{J} \approx 1-|S_{\tilde{c}\tilde{c}}{}^{J\mathrm{opt}}|^2 \tag{10.5.92}$$

から光学模型で計算することができる．$S_{cjl,cjl}{}^{J\mathrm{opt}}$ はスピン-軌道結合を含む光学ポテンシャルに対しても部分波(jl)の散乱振幅から容易に計算することができる．

第Ⅳ部　終　　章

第11章　原子核構造のさまざまな側面

原子核という力学系の特徴の1つは，それが多体系であり，しかも粒子数を無限大とする近似ができないという意味で比較的少数の粒子系である，ということである．多体系であるから，多体系特有の運動様式が現われる．ある種の運動形態，例えば1粒子運動とか表面振動運動などが，ある条件のもとである範囲内で良い運動様式になっていることをわれわれは見てきた．それらは純粋化された形では量子力学的な粒子あるいは素粒子に対比させることができる．(素励起という方がより適切かもしれない.)　どのような良い運動様式を見出すか，それらの間の移り行きはどうなっているかは，原子核物理の主要な命題の1つである．

原子核の性質が構成粒子間の力の性質によって支配されることはいうまでもない．多体系としての原子核ではこの力の性質によってさまざまな構造が現われる．ここでいう構造とはある意味での構成上の単位という意味である．それは相関という言葉を使っても表わされるが，その中でもそうとう強い相関を示し，ある種の実在的意味を持ちうるものがある．もちろん，これもそれが意味を持つのはある条件の下であり，ある範囲内である．そのような構造としてどのようなものがあるかということも，原子核物理の命題の1つである．

通常，前記のような運動様式の問題や構造の問題は系の状態，例えば関係するエネルギー領域とか密度とかに関連して調べられることが多い．原子核でもそうである．しかし，原子核の場合にはそれが少数多体系であるために，粒子数の変化も状況に大きな影響を与える．原子核の運動様式や構造の変化はエネルギーという座標の他に粒子数という座標に対しても調べられなければならない．

原子核が多体系として持つ性質のさまざまな面と上述の意味でのその変化や問題点をこの章で述べて将来への展望の資とする．

§11.1 さまざまな励起モードと相関

第6章では集団的な励起運動として主として表面振動を取り扱った．第6章のはじめにも述べたように，原子核あるいはその構成要素のもつさまざまな自由度に応じて，さまざまな励起モードが現われる．表面振動のように核物質密度の(体積を変えない)揺動，したがって平衡状態からの形の変化に対応するものもあり，電荷密度の変化に対応するものもありうる．別のいい方をすれば，第6章で述べた例はスピン，荷電スピンに本質的には関係ないが，この他にもスピンに関係する(物性論でいうスピン波に相当する)ものもある．このようにさまざまな種類の励起モードがあるが第6章で述べたもの以外の代表的なものとして古くから知られている光反応での巨大共鳴(giant resonance)と核反応での中間共鳴(intermediate resonance)状態とを取り上げておく．

光反応における巨大共鳴

光核反応の断面積は光のエネルギー ~20 MeV の近くで大きな幅の広い(3~10 MeV)ピークを持つ．これが巨大共鳴といわれているものである．この共鳴は E1 遷移によるものと考えられるが，巨大で幅の広い共鳴であることから，1種の集団的な励起であろうと推測される．集団的な運動として考えられるのは核全体の電荷分布の揺ぎである．Goldhaber と Teller† は電荷の重心が核の重心に対して振動をすると考え，この現象を説明した．原子核の密度を陽子部分 $\rho_p(\boldsymbol{r})$ と中性子部分 $\rho_n(\boldsymbol{r})$ とに分ける．基底状態では両方の重心は一致している．いま，電荷を荷なう陽子部分を中性子部分に対し相対的に $\boldsymbol{\xi}$ だけずらしたとしよう．全体の重心は動かないから，それぞれの密度は $\rho_p(\boldsymbol{r}+\boldsymbol{\xi}/2)$, $\rho_n(\boldsymbol{r}-\boldsymbol{\xi}/2)$ となる．核子間の力により，これをもとに引き戻す力が働く(平衡状態は $\boldsymbol{\xi}=0$ だから)．ξ が微小であるときはこの力のポテンシャルは ξ^2 に比例し，ξ の運動は振動の形となる．この振動のエネルギーに等しい入射エネルギーのところで共鳴が起こると考えられる．

これをもっと微視的に考えると次のようになる．例えば ^{16}O で考えると，基底状態は $T=0$ である．巨大共鳴は E1 遷移で起こるので，$T=1$ の状態を考える．いちばん簡単な微視的励起は1粒子-1空孔励起状態であろう．1^- の奇パリ

---

† Goldhaber, M. & Teller, E.: *Phys. Rev.*, **74**, 1046(1948).

ティ状態は単純な殻模型計算でも十数 MeV の励起になっている．これが可干渉に重ね合わされて，ちょうど E2 励起の場合のように集団運動として現われることが考えられる．E1 励起の有効相互作用は4重極振動との類推でいえば $rY_1{}^0$ の形であるが，$T=1$ の励起であるから演算子 t_z が更に付け加えられる．この t_z のため，1粒子-1空孔といっても $\mathrm{n\bar{n}}-\mathrm{p\bar{p}}$ という形の励起になる．$\mathrm{\bar{n}}$, $\mathrm{\bar{p}}$ は中性子，陽子の空孔状態である．他は第6章以下で述べた振動運動と同様に取り扱うことができる．これを再び巨視的な言葉にやき直してみると次のようになる．前述の有効相互作用で粒子-空孔励起が起こるとすれば，状態は基底状態 $|\Psi_0\rangle$ から(規格化を別として) $|\Psi\rangle=|\Psi_0\rangle+Ae^{-i\omega t}\sum_i t_z{}^i z_i|\Psi_0\rangle$ へ励起されることになる($t_z{}^i$ は粒子 i の荷電スピンの z 成分，$z_i=r_iY_1{}^0(\Omega_i)$ は粒子 i の座標の z 成分)．したがって，粒子密度は

$$\langle\Psi|\sum_i\delta(\boldsymbol{x}-\boldsymbol{x}_i)|\Psi\rangle\approx\langle\Psi_0|\sum\delta(\boldsymbol{x}-\boldsymbol{x}_i)|\Psi_0\rangle$$
$$+2A\cos\omega t\langle\Psi_0|\sum\delta(\boldsymbol{x}-\boldsymbol{x}_i)t_z{}^i z_i|\Psi_0\rangle$$

となる．右辺の第1項は基底状態での密度 ρ_0，第2項の〈　〉では t_z のため陽子密度と中性子密度が z だけずれることになる．このずれが振動数 ω で振動するという Goldhaber-Teller の考えが再現されている．

巨大共鳴を1粒子-1空孔で説明しようとする試みは殻模型の初期の計算でも行なわれた†．それは共鳴の位置を合わせることはできたが，断面積の大きさを再現することはできない．(計算値の方が大きすぎる．) これは計算に際して用いられた有効相互作用，あるいは配位の取り方などに関する近似が悪かったのであろうと思われるが，もっと他の要因があるのかもしれない．

中間共鳴状態

第7章で述べたように，核反応の直接過程と複合核過程の間には戸口の状態を始めとする中間状態が介在すると考えられる．もしこの状態の寿命が十分長ければ，その状態に対応するエネルギーのところに**中間共鳴**が観測される可能性がある．

その寿命は状態が崩壊する確率で決定されるが，後者は複合核状態の場合と同

† 例えば Elliott, J. P. & Flowers, B. H.: *Proc. Roy. Soc.*, **242**, 57 (1957).

様に，エネルギー固有値の虚数部分，すなわち‘幅’となって表われる．中間共鳴状態の崩壊の仕方には，(1) 開いたチャネルに出てゆく，(2) もっと複雑な，複合核状態に近い状態に移ってゆく，の2通りがある．(1)に対する幅を**逃げ幅**(escape width)，(2)に対応する幅を**広がり幅**(spread width)または複合幅(compound width)という．以後簡単のために(1)の行く先をP，(2)の行く先をQ，中間共鳴自身をRと書くことにしよう．

一般にRはQとエネルギー的には等しい位置にあり，いわばQの中に‘埋まって’いる．これはちょうど光学ポテンシャルによる巨大共鳴が複合核による共鳴の微細構造の中に埋まっているのと同様である．したがって中間共鳴を観測するには，巨大共鳴のときと同様に断面積を適当なエネルギー幅I_{m}にわたって平均しなければならない．I_{m}はQに対応する‘共鳴’の間隔に比べては十分大きく，Rの間隔，幅に比べては十分小さくとる必要がある．このような平均をとると断面積は平均のS行列すなわち$\bar{S}$による断面積と，Sの$\bar{S}$からのずれ$S-\bar{S}$による断面積の平均値との和になる．前者はPおよびRによる粗い構造のみをもち，Qによる微細構造は示さない．後者が複合核過程の断面積である．したがってもしなんらかの方法で前者だけを取り出すことができれば，中間共鳴を観測することができるはずである．

しかし実際にはこれはなかなか困難で，中間共鳴として確認されたものは全体的にみると極めて限られている．実験的観測を困難にしている要因の1つは，複合核過程の断面積の偶然的変動である．複合核準位の幅が間隔にくらべて十分大きく多数の準位が互いに重なりあっている場合，一定のエネルギーに対して多数の準位がS行列に寄与するが，その大きさ，位相は準位毎にでたらめに変化するから，あるエネルギーの付近には偶然強い共鳴が集中していて互いに助け合い，別のエネルギー付近ではそれとは逆に共鳴の数が少なかったり互いに弱め合ったりすることが起こる．このような複合核準位のゆらぎ(fluctuation)による断面積の変動は，中間共鳴とよく似ていて区別がつけ難い．したがって上に述べた平均断面積に共鳴様の山が見られたからといって，直ちにそれが中間共鳴によるものと断定することはできない．そのためにはその‘共鳴’にスピン，パリティなどの量子数を付与できねばならず，できればその構造も明らかであることが望ましい．

このような意味で中間共鳴であることが明確に知られている重要な例として**ア**

ナログ共鳴(isobaric analogue resonance, 略してIAR)がある．これはpの入射によって，(標的核+n)の核，すなわち**親**(parent)**核**，の単純な構造をもった準位のアナログ状態が共鳴状態として励起される現象である．入射pは標的核とのCoulombポテンシャルを始めとする荷電に依存する相互作用(核力の大部分は荷電不変性をもつからこれには入らない)によって図11.1(a)のような状態をつくる．これがちょうど親核の，j_nにnが1つある状態(図11.1(b))のアナログ状態になっていることは容易に判るであろう．

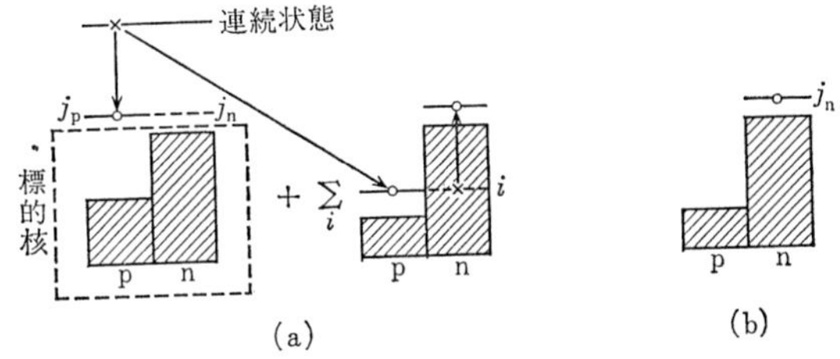

図11.1　(a)入射pによるアナログ共鳴の励起．×,○はそれぞれ遷移(矢印)前後の粒子が占める状態を表わす．iについての和は標的核中で過剰nが占めるすべての軌道(斜線)にわたるものとする．(b)親核の状態．(a)はこの状態のアナログ状態である

IARは親核の状態と同じ荷電スピンTをもっており，その励起エネルギーは一般に高く，荷電スピン$T-1$をもつ稠密な複合核準位(Q)の中に埋まっている．IARからQへの崩壊，すなわち広がり幅$\Gamma_\downarrow$に対応するものは荷電依存相互作用のみによって起こる．これは逃げ幅$\Gamma_\downarrow$に対応する崩壊に対しても同様である．このようにIARは荷電に依存する，比較的弱い相互作用のみによって崩壊するのでその寿命は長く，その幅は数百keVの程度である．図11.1(a)から明らかなように，IARの強さは，親核の波動関数が図11.1(b)のような1粒子(1中性子)状態の成分の確率に比例する．したがって，その解析からIAR，ひいてはその親の状態の構造についての1核子移行反応と同様な情報を得ることができる．特に(p, p), (p, p′), (p, n)などの色々な反応で1つのIARを観測し，それを組み合わせるとその構造についての色々な興味ある情報を得ることができる．このような種類の研究は，IARの中間共鳴としての反応論的研究と共に極めて興味ある多くの結果を与えている．

§11.2　クラスター構造

第3章では核内核子相関としてまず2粒子相関を取り上げた．これは力が短距離力であることから最初にこれを考えるのは自然なことである．しかし一般にもっと多粒子の相関が存在するし，現象によってはそれが重要になる場合もあろう．2粒子以上の相関が重要であり，何個かの粒子をひと塊りとして取り扱う近似が現象をよく記述するという例がいくつかある．核内で何個かの粒子が強い相関を示し，ある意味での核構成の単位のような様相を示すことをクラスター構造があるということにする．クラスターの1つの例で，しかもいろいろな点で実在的意味を持つ重要なものとして α クラスターを挙げることができる．

^{8}Be を始め，^{12}C, ^{16}O, ^{20}Ne, ^{24}Mg などのいわゆる α 核(α 粒子の倍数であるような A, Z を持つ核)を α 粒子の集りとして理解しようという **$\boldsymbol{\alpha}$ 粒子模型**は，原子核理論の初期の段階に現われ，殻模型の発展以来あまり大きな進展を見せないままになっていた．しかし，近年になってさまざまな実験事実を背景に，新しい装いで再登場してきた．α 核の場合でもこれを α 粒子の集合として完全に記述するには不適切な準位がもちろん存在している．したがって，α クラスター構造は核の性質のある側面として捉えるべきものである．

^{8}Be が安定ではなく2個の α 粒子に崩壊すること，その幅が極めて大きいことはよく知られている．したがって，^{8}Be を2個の α 粒子で組み立てるという考えは不自然ではない．この場合に初期の α 粒子模型とは異なり各粒子の反対称性を取り入れる．例えば次のような計算を行なうことができる．^{8}Be を2つの α クラスターに分け，それぞれに属する粒子の波動関数を

$$\varphi_1 = A\exp\left[-\frac{1}{2b^2}(\boldsymbol{r}-\boldsymbol{d})^2\right], \qquad \varphi_2 = A\exp\left[-\frac{1}{2b^2}(\boldsymbol{r}+\boldsymbol{d})^2\right]$$

とおく．$\pm\boldsymbol{d}$ は全系の重心からの α クラスターの重心へのベクトルであり，$\boldsymbol{r}$ は考えている粒子の(全系の重心からの)位置ベクトルである．普通によく使われる α 粒子の波動関数に対応して Gauss 型波動関数を φ_1, φ_2 に対して取ってある．これはそれぞれクラスター1および2に属する軌道の波動関数である．スピン，荷電スピンを考慮に入れて8個の核子に対してこの波動関数で Slater 行列を作れば，平均距離 $2d$ だけ離れた2つの α クラスターの作る系の波動関数が得られる．φ_1, φ_2 の代りに

$$\chi_1 = \varphi_1 + \varphi_2, \qquad \chi_2 = \frac{\varphi_1 - \varphi_2}{d}$$

を考えれば $d \to 0$ の極限では χ_1 は殻模型の 1s 軌道に，χ_2 は 1p 軌道に対応することは容易にわかる．核子間の相互作用を適当に定め，この波動関数で系のエネルギーの期待値を求めることができる．この時，クラスター間の距離 d, Gauss 型(あるいは振動子型)波動関数 φ の広がり b がパラメーターである．これらのパラメーターを変分パラメーターとしてエネルギーの極小値とそれに対応するパラメーターの値が求められる．(α 粒子模型の場合には α 粒子の広がりのパラメーター b は固定して考えることが多い.) Brink† やその他の人々はこのような手法で ^{12}C や ^{16}O について α クラスターの相対的な配置(例えば ^{12}C の基底状態に対応して正 3 角形配置)を仮定してエネルギーを求めている．

このような手法は多中心模型の中の 1 つの処法であり，分子の理論で用いられる原子軌道法に対応しているといえる．これを更に進めていわゆる分子軌道法に対応する近似を取ることもできる．

クラスター構造が現われていると考えられるのは，基底状態もさることながら，変形を伴った励起状態についてである．例えば ^{16}O の第一 0^+ 励起状態は 6.06 MeV にあり，これが回転スペクトル帯の始まりの状態 ($K=0^+$) になっていると考えられているし，9.59 MeV の 0^- から別の回転スペクトルが始まるともいわれている．池田ら†† は ^{16}O が ^{12}C-α という分子的な構造を示しているものとしてこの 2 つの状態を理解しようとしている．その際，この 2 つの状態はいわばパリティ 2 重項になっていると考えるのである．同様に ^{20}Ne の基底状態から始まる回転スペクトルと 5.80 MeV から始まる回転スペクトルは，共に ^{16}O-α という分子的構造による変形に基づくもので，この 2 つの準位がやはりパリティ 2 重項になっていると考えるのである．更にエネルギーの高いところでは ^{12}C の 7.66 MeV の準位は 3 個の α 粒子が鎖状に並んだものとして理解できる．^{16}O の 6.06 MeV の 0^+ 準位については殻模型で 4 粒子が励起したものとして理解することもできることを第 3 章で述べた．この 4 粒子励起と α クラスター構造とは，量子数その他に関しては同じことを表現しているようであるが，クラスター構造と

---

† Brink, D.: *Proc. Int. School of Phys. "Enrico Fermi,"* Academic Press (1966).

†† Ikeda, K. & Horiuchi, H.: *Progr. Theoret. Phys.*, **40**, 277 (1968).

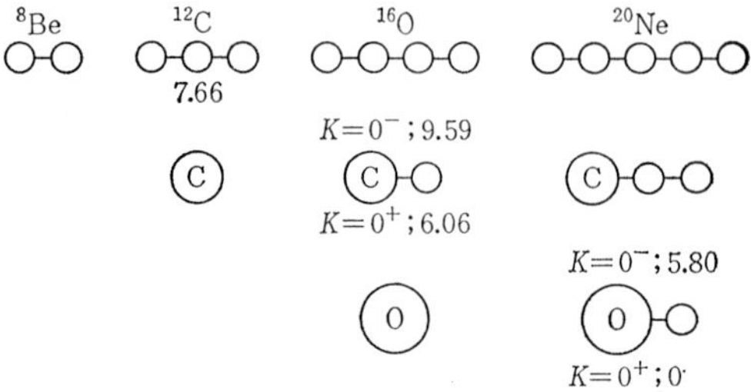

図 11.2 分子的構造の模型図. 図で数字は回転スペクトル帯の始まるエネルギー. ^{16}O の 9.59 MeV と 6.06 MeV の準位は ^{12}C-α 配位の $K=0^{-}, 0^{+}$ のパリティ2重項であると考える. ^{20}Ne についても同様である(Ikeda, K., Horiuchi, H. & Suzuki, Y.: *Progr. Theoret. Phys. Suppl.* No. 52(1972)による)

いうときには，4粒子間の空間的相関が強く，実在の α 粒子ではないにしても，空間的に1つのまとまった単位と考えられるという意味を含んでいるといってよいであろう．したがって，この意味でのクラスター構造が存在するかどうかは，例えば α 崩壊幅を計算したときにどちらが観測値をよりよく再現するか，などで判定される．各種の分析によれば，α 粒子の分離エネルギーに相当する励起エネルギーの近くでは確かに α クラスター構造があるようである．

分子的な構造といえば，重イオン衝突(例えば ^{12}C$+^{12}$C)反応においてもある種の共鳴状態が現われ，これが2つの原子核による分子的な状態ではないかといわれている．このように，系のエネルギーが高くなるとさまざまなクラスター構造が現われることが予想されるが，まだ十分には理解されていない．

さて，このようなクラスター構造が存在する原因は何であろうか．もちろんこの問題が完全に解決されているわけではないが，例えば α クラスターの場合には次のようなことが考えられる．その1つは核子間の力の性質である．周知のように，核内核子の相対的運動を考えると，考えているエネルギー領域では相対運動としてはS状態がいちばん強く力が働いている状態である．スピン，荷電スピンを考慮するとS状態は2個の中性子と2個の陽子とで占められる．すなわち，α 粒子型の核子群は内部相関が強いといえる．この核子群と他核子との間の力は，中心力についてはS状態以外である上に，テンソル力は α 型粒子群について平均すると消えるから，弱いと考えられる．この意味で α 型粒子群どうしの力は弱いといえる.

α クラスター間の相互作用を理解する上で重要な情報を与えるのは α 粒子間の相互作用である†. α 粒子の α 粒子による散乱実験は α 粒子間に適当なポテンシャルを設定することで説明できる. このポテンシャルを 2 核子間相互作用から積み上げて求めることができ, その結果はいくつかの興味ある点を含んでいる.

8 体系のハミルトニアンを

$$H=\sum_{i=1}^{8}\frac{p_i^2}{2M}+\sum_{i<j}v_{ij}$$

として Schrödinger 方程式

$$H\Psi=E\Psi$$

を α-α 散乱のチャネルで解く. α 粒子は励起状態が高いエネルギーのところにしかないから, 散乱中 α 粒子は励起されないと仮定して

$$\Psi=\mathscr{A}(\varphi_\alpha(1,\cdots,4)\varphi_\alpha(5,\cdots,8)\psi(\boldsymbol{R}))$$

と置く. φ_α は α 粒子の波動関数であり, 変数 1, …, 8 はそれぞれの α 粒子の重心からの座標である. $\boldsymbol{R}$ は 2 つの α 粒子の重心間の相対座標である. $\mathscr{A}$ は (1, …, 4) と (5, …, 8) との間の反対称化の演算子である. ψ が α 粒子間の相対運動を与える. ψ は通常のように $\psi=\sum_L(u_L(R)/R)Y_{LM}(\Omega_R)$ と部分波に展開できる. この Ψ を Schrödinger 方程式に入れ, $\varphi_\alpha(1,\cdots,4)\varphi_\alpha(5,\cdots,8)Y_{LM}$ をかけ R 以外の変数について積分を行なうと u に対する方程式が得られる. それは

$$-\frac{\hbar^2}{4M}\frac{d^2u_L}{dR^2}+\left(\frac{\hbar^2L(L+1)}{4MR^2}+V_D(R)\right)u_L+\int dR'K_L(R,R')u_L(R')=E_cu_L$$

という形をしている. $E_c=E-2E_\alpha$ である. V_D は 1 方の α 粒子に属する核子と他方の α 粒子に属する核子との相互作用 $\int\varphi_\alpha{}^*(1,\cdots,4)\varphi_\alpha{}^*(5,\cdots,8)(\sum_{\substack{i\leq4\\5\leq j\leq8}}v_{ij})\times\varphi_\alpha(1,\cdots,4)\varphi_\alpha(5,\cdots,8)d\tau$ (積分は 2 つの α 粒子の内部変数について行なう) であり, K が反対称化の結果でてくる交換積分による項である. v_{ij} として 1 個の π 中間子交換による力 (いわゆる OPEP) を取ると, スピン, 荷電スピンの重みのため, 予想通り 0 となる. したがって V_D は v のそれ以外の部分からの寄与である. 交換積分による積分核 $K_L(R,R')$ は非局所的なポテンシャルに相当するが,

† Shimodaya, I., Tamagaki, R. & Tanaka, H.: *Progr. Theoret. Phys.*, **27**, 793 (1962).

$R \sim R'$ のところに山を持つ関数で，近似的には局所的なポテンシャルにやき直すことができる．すなわち

$$V_L^{\mathrm{e}}(R)u_L(R) \equiv \int K_L(R, R')u_L(R')dR'$$

で V_L^{e} を定義すると，$V_D + V_L^{\mathrm{e}}$ が α 粒子散乱の有効ポテンシャルである．

反対称化のため，2つの α 粒子がそのまま重なることはないから V_L^{e} は斥力となり，$R \lesssim 2.0$ で固い芯のような斥力となる．このため α 粒子間のポテンシャルは定性的には図11.3のようなものと同等になる．v_{ij} として核子-核子散乱から知られている核力を用いて u_L を計算すると α-α 散乱の位相を実験値と合わせることができるが，その際 K_L が重要な役割を果たしている．また，このポテンシャルが L に依存していることも注目しなければならない．

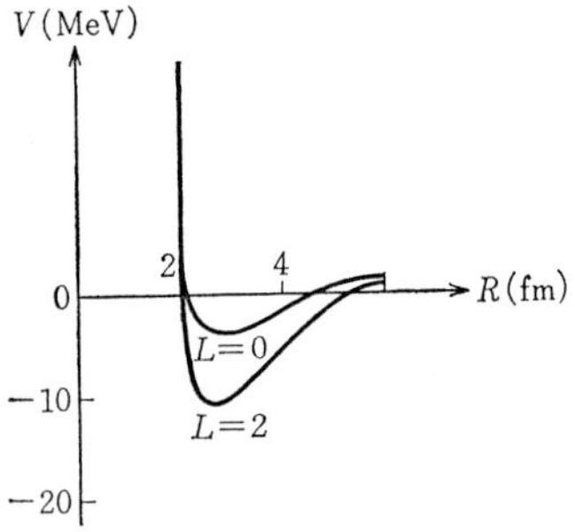

図11.3　α-α 間のポテンシャル(理論値)(Shimodaya, I., Tamagaki, R. & Tanaka, H. (1962)による)

α-α 間のポテンシャルは図で見るように非常に弱い．これは ^{8}Be が(Coulomb力を別にしても)弱い結合状態であることと対応している．この結果は核内 α クラスター間の力に直ちに適用はできないとしても，α クラスターどうしの相関が弱いことを示唆するものといえよう．

§11.3　今後の問題

これまでにわれわれは原子核の性質のいくつかの面を見てきた．現在のところ，原子核現象を統一的に理解できたとはいい難いが，それへの望みが見えてきたといえる．残された問題あるいはこれから問題になるであろうことを考える前に，原子核研究を進めてきた考え方や方法およびわれわれが現在到達している段階についての考察を加えておきたい．

第1章の冒頭にも述べたように，系の構成要素とその要素間の相互作用とが知られただけで系を理解したとはいえない．原子核と総称される個々の力学系(個別の原子核)の集合については特にそうである．この力学系の持つさまざまな構造や運動形態を取り出し，それが構成要素間の相互作用のもとにどういう条件で成り立っているのかが明らかにされなければならない．その条件とは，構成要素間の相互作用の特質，系を構成する要素の種類，性質，個数，系のおかれている状況(例えば高く励起されているか基底状態に近いか，あるいは外から力が加えられているかなど)などによって規定されるであろう．それらが明らかになったときには原子核に対する理解は1つの大きな段階を画したといえる．その意味で，核子間相互作用(簡単に核力といっておく)を基礎において原子核の性質を(予言を含めて)導き出すことはすべての原子核研究者の共通の目標でもある．

いうまでもなく，多粒子系である原子核の複雑な性質は核力の性質や特徴を直線的に反映するものではない．その間にはさまざまな段階がある．各種の模型の設定はその1つである．原子核研究の歴史にはさまざまな模型が登場してきた．殻模型があり，集団運動模型があり，あるいはクラスター構造模型がある．模型にはその模型を支える考え方があり，それはいくつかの概念として規定される．殻模型における1粒子運動の概念，あるいは準粒子の概念等々である．そしてそれらの概念を明確に表現するための有効な物理量が探される．殻模型における1体ポテンシャルとスピン-軌道力，準粒子概念における対相互作用，表面振動集団運動概念における Q-Q 力などがそれである．これらはいずれも核力の性質をその状況に対応して反映させたものとなっているはずである．核力のどのような特質がどのような条件のもとで上に述べたような物理量に発現するか．それが核力を基礎において原子核の性質を解明する道筋の考え方である．例えば，核の飽和性はごく定性的には核力の固い芯(あるいは強い斥力)で保証される．しかし，第3章，第4章で見たようにもう少し詳しく見れば，現実の飽和性はそれ以外に核が Fermi 粒子系であることからくる2粒子相関におけるいわゆる‘healing’の現象によっている．そして実際の核力がS状態では中心部の強い斥力とその外の強い引力とが適当に打ち消し合い，結果として比較的到達距離の長いあまり強くない引力となっていることが程よい核密度を与え，‘healing’現象をも有効に働かせているのである．しかし更に詳しく見れば，まだそれだけでは十分でなく，

3粒子相関や高次の相関，場合によっては多体力をも考慮しなければ，量的な一致は得られない．この飽和性の現象だけでも，上述の各段階において相互作用の性質と系の状況の果たす役割は一様ではない．

また，殻模型においても，有効相互作用として第1近似では K 行列的なものが考えられ，それは相当程度まで模型に必要な有効相互作用の行列要素を与えるが，より詳しく見ればそれだけでは十分でない．例えば閉殻の励起などの系の状況を更に条件として考慮する必要があり，それらを通じて元来の核力の中心力部分だけでなくテンソル力部分が(行列要素としてはあたかも中心力が変化したかのような形で)効いてくる，というようになっている．

これらの例は，核力の性質が模型に現われる諸量に直線的に反映するのではなく，屈曲した形ででてくることを示している．したがって，核力を基礎として核の性質を明らかにしようとする場合に，次のような両面からの考察が必要である．一方の面は，粒子間相互作用の性質が多粒子系のどのような状況の中で模型に必要な物理量として現われるかという，いわば模型の基礎づけである．もう1つの面は，現象を整理し，その中に潜む新しい概念や物理量を見出して従来の模型の精密化あるいはより高次の模型を作るということである．この両者が互いにからみ合って，原子核の性質の理解が深められて行く．

これまで，模型や概念は現象の分析からの方向で進められてきた．すなわち，現象を説明するためにある種の実体を導入するということである．それはその限りにおいて正しい．現在でも現象の分析を通じて例えば新しい素励起を探り，それに適合した模型や機能的な力が求められている．新しい現象によってそれまでの模型が修正を求められたり，適用の限界が現われたりする．そのときの修正の方向は，もちろん現象によって規定されるが，可能性としては単一でないことが多い．そのどれを取るべきか，あるいは更に進んでどのような現象が現われるであろうかについて，前述のような，基本的な力の性質が多体系の状況の中でどのように発現するかの考察が有力な指針を与えるはずである．現在の段階がまだそこまでいっていないとしても，その方向への努力がなされるべきであろう．

このことを念頭においた上で，原子核現象のいっそうの理解への手がかりとなることを期待しつつ，今後問題になるであろうことのいくつかを述べる．

a) 基礎的相互作用に関する問題

多体力，少数核子系

第1章で述べたように核力にはまだ不明確な点が残っている．特にその速度依存性やエネルギー殻上にない部分についてそうである．しかし，あまり高くないエネルギー領域での原子核現象に対して十分な程度の知識が得られるのは時間の問題であろう．

より不明確なのは多体力の存在とその性質とである．核子間の力が各種の中間子の交換によって生ずるとすれば，多体力の存在は予想される．例えば図11.4のようなダイヤグラムから3体力が生ずるであろう．π中間子交換により生ずる3体力についてはかなり以前からいくつかの計算がある†．それらは核の結合エネルギーへの寄与がどれくらいであるかという観点でなされているものが多い．3体力はそれが存在するとすればひじょうに短距離で作用する力であろうと予想される．その強さについては中間子論的計算法の不確かさと核波動関数の不確かさとのため，確定的なことはいえない状態であるが，結合エネルギーに関しては核子当り2 MeV程度であろうといわれている．いずれにしても3体力を含めて多体力の問題は今後の研究課題の1つである．

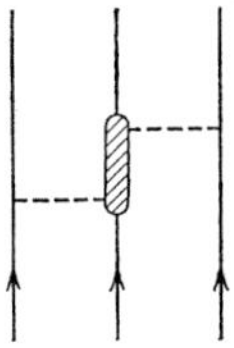

図11.4 3体力を生ずるダイヤグラムの1例．図で斜線を引いた部分はπ中間子と核子の複合状態(例えば3–3共鳴を示す)

基礎的な核力がどうであるかを見る手段の1つとして3体系，4体系の問題がある．^{3}H, ^{3}He, ^{4}Heの結合エネルギーや電磁形状因子を基礎的な核力をもとにして求めようという試みは近年精力的に行われている．3体系，4体系のSchrödinger方程式(あるいはいわゆるFaddeevの方程式)をまともに解くことが計算技術の発達によって可能になってきたこともその原因の1つである．しかし，これくらいの少数粒子系では核子間相関の微妙な相異が結果にかなりの影響を与える．そのため，数値計算技術の問題もあって，同一の核力を用いてもぴたりと同じ結

† 例えば，Miyazawa, H.: *J. Phys. Soc. Japan*, **19**, 1764 (1964).

果を与えていないなど，まだまだ組織的な研究を行う必要がある．例えば3体系の結合状態と散乱状態(p-d 散乱等)を併せて取り扱い，いろいろな2体核力の差異，3体力の必要性の有無などについて，2体系および核物質を対象にしたのとは異なった側面からの追求が行われることが期待される．

有効相互作用

第4章で述べた有効相互作用にはまだ問題が残っている．1つは有効相互作用の方程式の解き方の問題である．V_{eff} の式を解くのに，摂動的に次数を高めて行く方法(例えば第4章での例では更に高次の多粒子-多空孔状態を取り入れる)を単純に進めて行ったのでは結果の収束性が疑わしいといわれている．これに代って何らかの方針でうまく項をまとめて行くことが必要である．それについていくつかの試みもあるが十分成功しているとはいえない．

次に，こうして導き出された有効相互作用は，まだ現在の段階では限られた範囲の殻模型計算においてしか有効性を発揮していない．他の模型例えば集団運動を記述する模型では相互作用は機能的には4重極相互作用の形で与えられている．この相互作用は多少意味は異なるが，やはりその模型の空間での‘有効’相互作用という意味を持っている．第4章の有効相互作用は果してこういう模型の‘有効’相互作用となりうるかどうか．少なくとも，K 行列だけでは実験値に適合した4重極相互作用を定量的には説明できない．各模型で用いられている‘有効’相互作用がどのような機構で現われてくるのかは，特に定量的な意味では依然として残された問題である．

b) 新しい運動形態を求めて

すでにくり返し見たように，原子核物質にはさまざまな運動形態が見出されているし，これからも見出されるであろう．それらの個々の運動形態が支配している領域はそれに特有な構造を持っていると考えるのが普通である．原子核が比較的少数粒子の多体系である特徴は，それらの構造(あるいは運動形態)が入りまじっていることにある．物性論的な言葉でいえば，異なる相が共存している場合が多いということである．それにもかかわらず，無理に単純化すればいくつかの相に分けられるであろう．基底状態付近では例えばいわゆる球形核領域，振動領域，回転領域のような巨視的に見た準位構造の特徴で表わされる領域がある．しかし例えば球形核と考えられる ^{16}O にしても，エネルギーが高くなれば回転スペクトルが現われる．振動領域にある希土類元素核のいくつか(例えば ^{150}Sm など)は変形が大きくない(大きければ回転スペクトルになるはずである)と考えられるが，この近傍の同位体との間の(p, t)反応や(t, p)反応の分析では励起状態は変形が大きいと推測されている．(基底状態でさえ，初期に考えられたように球形とか大きな変形とかはっきり分けられるのではなく両者が共存していると考えるべき理由もある.) このような相の変化が何によって起こるかが，核の構造を明らかにする重要な課題である．

原子核の研究はこれら既存のエネルギー領域での構造の詳しい分析や理解に止まらない．さらに高いエネルギー領域や，通常の状況とは異なった条件のもとでは，思いもかけない新しい運動形態が出現する可能性を誰も否定することはできない．また，実験技術の進歩によって，これまでのエネルギー領域の現象の中にも，これまでの技術では捉え得なかった事実が見出される可能性もある．それらは単に言葉の上での可能性ではなく，研究者達によって日夜追求されているものである．そのような追求の中から 2, 3 の話題を取り上げることにしたい．

安定核領域から離れた核

弱い相互作用による不安定性(すなわち β 崩壊に対する不安定性)を別として，粒子放出(α 崩壊，陽子放出，中性子放出など)に対して安定な核の領域は，現在知られている核の存在領域より理論的にはずっと広い．それらの核すなわち N/Z の値が現在知られている核のそれから大きくずれたようなものはどういう性質を持っているか．それは現在のところ予測の域を出ていない．しかし，その予測にしても，例えば質量についても，これまでの質量公式を延長しているのが普通である．(山田†はこれに対して別種の質量公式を提案している.) それが妥当であるのかどうか，密度が一定であるという‘信仰’は果してどこまで続けられるか，核物質の圧縮率はどうか，など興味ある問題が多い．このような核は，近い将来，重イオン反応等を用いて作り出されるであろうし，原子核の‘常識’に大きな変更をもたらすかもしれない．

核物質の 1 つの存在様式として星がある．星の構造には重力が重要な働きをしているのが普通なので単純に核物質として考えることはできないが，中性子星な

---

† 例えば Yamada, M.: *Progr. Theoret. Phys.*, **32**, 512 (1964).

どではその物質密度はわれわれが知っている原子核の密度より高いと考えられている．このような状態では核物質はどういう運動形態を取るかも，興味ある問題である．

核分裂における中間構造

核分裂についてはこれまでの章ではあまり述べなかった．それは微視的な記述がまだ十分にはできないので，この本の主旨から省いたのである．しかし，核分裂に関係した実験データは厖大なものであり，その中には将来の新しい方向に対する示唆を含んでいるものも少なくない．

その１つとして核分裂における中間構造や核分裂性異性体をあげることができる．中性子による重い核の核分裂現象で励起関数(中性子エネルギーの変化と分裂断面積の関係)をとると，断面積に共鳴状のピークがいくつか現われることがあることが観測されている(図 11.5)．

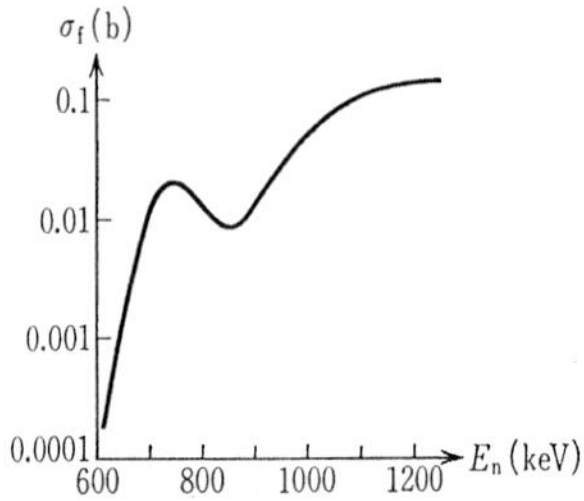

図 11.5　^{230}Th(n, f) の断面積(Vorotnikov, P. E. *et al.*: *Soviet J. Nuclear Phys.*, **5**, 210(1967) の実験による)

また，いくつかの核(^{234}U, ^{236}U, ^{240}Pu, ^{242}Pu など)について σ(d, pf) はやはり励起関数にいくつかのピークを生じ，σ(d, pf)/σ(d, p) を作ってみても，このピークは残っている．また，アクチナイド領域で自然核分裂する確率の大きい異性体(isomer)が見出されている(^{237}Pu, ^{239}Pu, ^{241}Pu, ^{243}Am, ^{237}Am, ^{241}Cm など)．これらの現象は核の変形を大きくしていったときに，通常の液滴模型による計算と異なり，ポテンシャル面(変形に対する)に２つの山(2 つの谷といってもよい)が現われると考えると都合が良さそうである．すなわち，この２番目の谷のところで振動状態が起きたり，あるいはこの谷のため従来考えられていた閾エネルギーより下での分裂が起こりやすくなったりする．これについて，第４章でも述べたように液滴模型に殻効果補正を入れて２つの山の存在を説明しようと試みられている．しかし，これはいわば木に竹を接いだようなもの，あるいは半現象論的な説明あるいは計算法であり，根本的な理解にはまだ程遠いといわざるを得ない．この現象はまた，重イオン反応で現われる現象(例えば準分子的状態)とも密接な関係あるいは類似性を持っている．これらの現象の解明も今後に残された問題である．

重イオン反応

陽子や重陽子より重い原子核を入射粒子として用いた核反応現象の研究は最近になって急速に発展してきた．古くは α 粒子を用いる実験が原子核研究の初期には主流的な実験手段であったが，加速器で陽子ビームが作られるようになってからは陽子による研究が主流となった．しかし，近年になって Li, C, N, O などの軽い核から Ar, Kr あるいは U に至る原子核がいろいろなエネルギー領域で加速できるようになって，これらのいわゆる重イオンによる反応が注目をあびるようになった．そのエネルギーは，核子当り keV の程度のものから MeV あるいは軽い核では GeV にまで及ぶものが得られる．したがって，一口に重イオン反応と言ってもきわめて多様である．

重イオンを入射粒子とする反応は軽イオンによる反応に比べて事情が複雑であることはいうまでもない．わざわざ複雑な状況を作り出すことが原子核構造の研究上どういう利点があるかが研究の初期の段階には疑問視されたこともある．ただ，高いスピン値の励起状態が作られやすいとか，反応の結果として安定領域から離れた核が作られるなどの利点だけが強調された時期もある．しかし，研究が進むにつれて，特に高エネルギー重イオン反応が調べられるとともに，原子核構造や反応機構のこれまでの実験では見られなかった側面が浮び上がってきつつある．その中から 2, 3 の話題を拾ってみる．

(i) 深非弾性散乱

重イオン衝突で興味のある現象はエネルギー領域によって異なる．エネルギー領域に応じた特徴的な反応の概観を §9.4 に述べた．その中で深非弾性散乱は興味ある現象である．これは入射チャネルでの相対運動エネルギーの相当部分が内部エネルギーに転化し，しかもかなり大きな数の核子移行が起こっているような現象である．しかし，いわゆる複合核を経ての過程とは考えられず，終チャネルに入射チャネルの履歴が残っている，すなわち衝突後生じた核は入射核の方からできたものか標的核の方からできたものかの区別がつけられる．また，角分布は極めて非等方的である，という特徴を持っている．詳しいことは省略するが，実験的ないろいろの証拠はこの現象が本質的には2体散乱現象である(相当数の核子移行が起こったり，終チャネルは文字通りの2体ではないが)ことを示している．

2体衝突のようすを直観的(かつ古典的)に考察するために衝突径数 b で反応を分類することがよくある(§9.4参照)．深非弾性散乱は $b<b_{\mathrm{gr}}$ で起こる主要な反応の1つで，もう1つの主要な反応である完全融合反応と対比される．重イオン反応実験が行われはじめた頃の研究者の期待は，$b<b_{\mathrm{gr}}$ ならば2つの核は十分に接触し完全融合が起こり，超重元素などが作られるであろう，ということであった．ところが，予想に反し，事態はもっと複雑であり，完全融合反応断面積が全反応断面積に占める割合は意外に小さいことが判明した．その代りに，はじめには予想されなかった深非弾性散乱という反応機構がクローズアップされることになった．この反応では2つの核は亜鈴型にくっつき，全体の系が熱平衡的に励起される(複合核になるといってもよい)前にまた2つに分かれると考えられている．いわば核分裂の逆反応のような形で進み，複合核に至らないうちに他の分裂チャネルに移るわけである．これが複合核を経由していないと考えられる理由は前に述べた通りである．

深非弾性散乱については§9.4でも述べたが，問題を明らかにするためにやや繰り返しにはなるが説明をしておく．Wilczyński によると†，この反応過程は図式的には次のように考えられる．古典論では衝突径数 b を決めると軌道が決まり散乱角 θ が決まる．b が大きい時は Coulomb 力と遠心力とが主に作用するから，Coulomb 励起を除けば古典論で取り扱ってもよい(Rutherford 散乱)．b がだんだん小さくなって b_{gr} 程度になった時の散乱角を θ_{gr} とすると，まだこのあたりでは2つの核の励起はあまりないので，出射エネルギーはだいたい入射エネルギー E_{inc} に近い．b が b_{gr} より小さくなると核間の力で2つの核はしばらくくっつき合うので，この間にエネルギー損失も起こる．

一方，散乱角は前方にずれてくる．そこで，散乱角 θ と出射エネルギー E を座標にとった (θ, E) 平面で等断面積の地図を描くと，$\theta_{\mathrm{gr}}, E_{\mathrm{inc}}$ のあたりに1つの

---

† Wilczyński, J.: *Nuclear Phys.*, **A216**, 386(1973).

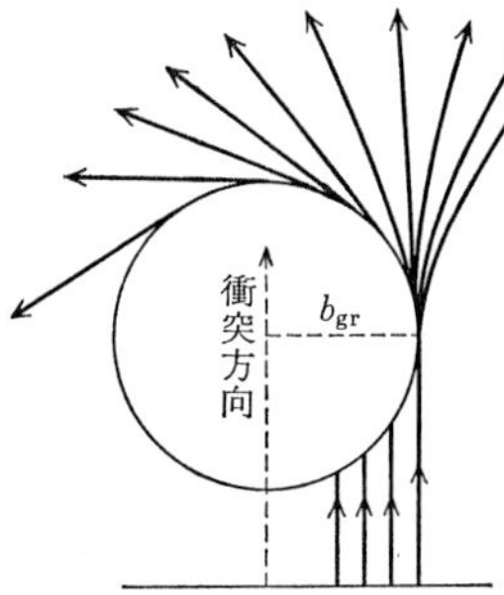

図 11.6 非弾性散乱軌道の図

ピークがあり，それから尾根が(θ の小さい方，E の小さい方)に伸びてくる．θ は 0 に達した後，負の方に尾根が伸びるが，標的核の反対側からも同じようにしてまわり込んで来たものがあるので(図 11.6)，等断面積曲線は図 9.19 のようになると予想される．出射核は Coulomb 障壁を越える必要があるので，出射エネルギーには下限がある．実際，例えば 280 MeV の ^{40}Ar を ^{58}Ni に入射した場合のいろいろな出射核について(θ, E)面での等断面積曲線を作ると図 11.7 のようになり，上の予想が実現されている†．しかし，このようにならない場合もあり，まだまだ研究が必要である．

2 つの核がくっつき合ってその間に運動エネルギーが失われる過程は古典的には摩擦によるエネルギー損失である．深非弾性散乱の解析を，現象論的に摩擦力を導入して古典論的な近似で行う試みはいくつかある．また，微視的な立場で摩擦力を説明しようという試みもある．いずれにしても，このような古典的概念が必要とされる理由は，深非弾性散乱現象では定まった終チャネルを特定して測定することが一般に困難で，多くの終チャネルについて平均された質量分布，エネルギー・スペクトル等が測定量として現われるからである．したがって，そこでは例えばエネルギーや質量の減衰というような現象が問題になる．しかもそれを通常の統計力学で扱われるような大きな系の問題としてでなく，多くはあるが無限大とは近似できない有限個の自由度の系の非平衡的現象として扱わなければならない，という難しくはあるが興味深い問題を提起しているといえる．

---

† Galin, J.: *Jour. de Phys.*, suppl., No. 11, C5-83 (1976).

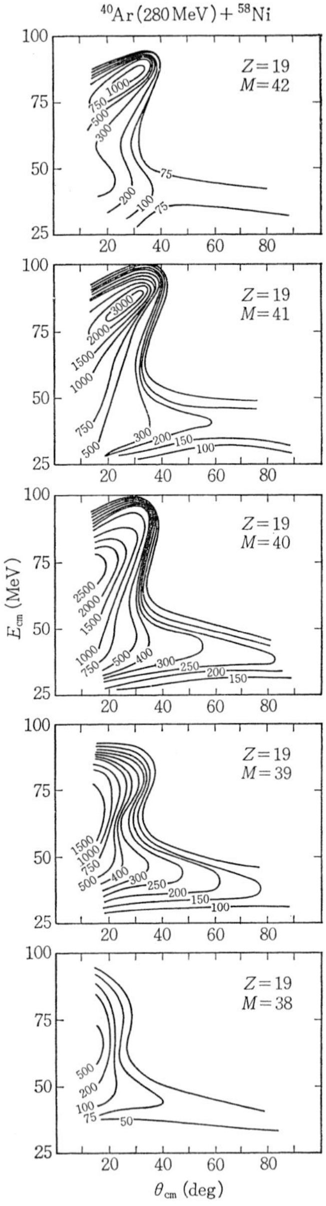

図 11.7　280 MeV の ^{40}Ar を ^{58}Ni に入射した時の生成核ごとの等断面積曲線．曲線に付した数字が μb/MeV 単位で表わした断面積の値．(Galin, J.: *Jour. de Phys.*, suppl., No. 11, C5-83 (1976) による)

(ii) 高エネルギー重イオン反応

核子当りのエネルギーが数 GeV に達するような高いエネルギーの重イオン・ビーム(現在のところはまだ比較的軽い核のイオンに限られているが)が得られるようになり，この方面の研究が実験的にも理論的にも活発となった．原子核研究がいろいろな意味で新しい局面を迎えつつあるといえよう．

比較的早くから調べられている現象の1つに核破砕現象がある．重イオンを標的核に衝突させると，入射エネルギーが非常に高くはない場合でも，反応生成物としていろいろの核がでてくる．上に述べた深非弾性散乱でも，多数核子移行によってそういう現象が起こることを見た．ここでいう核破砕とは，そういうゆっくりした反応ではなく，入射核あるいは標的核が衝撃によっていくつかの部分に割れてでてくる現象である．図11.8は核子当り2.1 GeV のエネルギーを持つ ^{16}O を CH_2 に当てて得られたCの各種同位体の硬さスペクトルを示している．硬さとは運動量 p，荷電 Ze の粒子について pc/Ze (c は光速)で定義される．今

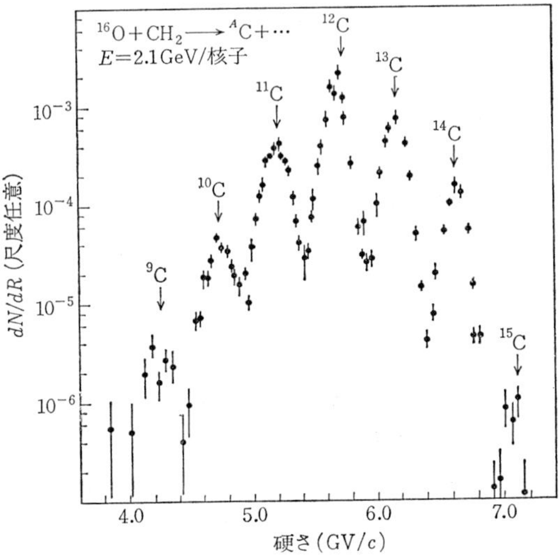

図11.8 核子あたり 2.1 GeV のエネルギーの ^{16}O の核破砕により生じたC同位体の硬さスペクトル (Lindstrom, P. J., Greiner, D. E., Heckman, H. H., Cork, B. & Bieser, F. S.: *LBL Report*, No. 3650 (1975)による)

の場合 Ze は同じだから運動量スペクトルと思ってよい．矢印は，各同位体が入射核と同じ速度を持つとした時の硬さの値を示している．この図から明らかに，これらの同位体は入射核がその一部をもぎ取られて出て来たものである．この図はC同位体だけについて示してあるが，出てくる核にはいろいろな Z のものがあり，それらもCと同様に入射核速度に近い速度を持って前方に出てくる．硬さあるいは運動量が矢印のまわりに分布しているのは途中でエネルギー損失があるからである．この現象の反応機構についていくつかの理論的試みはあるが，どれもまだ決定的とはいえないようである．

高エネルギー重イオン衝突で衝撃波のような現象が発生するかどうかも関心を持たれていることの1つである．核物質のエネルギーは密度が平衡密度からずれると増加する．つまり平衡密度に戻そうとする力が働く．したがって，平衡密度のまわりの密度振動を考えることができる．また，ある場所での密度変動が波となって伝播することも考えられる．平衡密度からのずれが平衡密度に比べて小さい時にはこのような密度波の運動を巨視的な立場でも微視的な立場ででも定式化することができる†．この密度波の速度(核物質中の音速)は核物質の圧縮率から求められるが，大体 $0.2c$ (c は光速)程度であると推定される．そこで，もし密度変動を惹き起こす源がこの音速より速い速度で核物質を通過すれば衝撃波が発生するであろう．高エネルギー重イオンを標的核に衝突させると，このような状況が現われるのではないかという予想がある．現在までの実験の分析では衝撃波の出現を証拠づける決定的な事実はまだない．現実の原子核は無限に広がった核媒質ではなく，有限の大きさを持った少数粒子系であるので，前記の推論はそのままあてはまらず，衝撃波は発生しないという見解もある．いずれにしても新しい種類の集団励起の問題として検討される必要があろう．

c) 原子核では中性子と陽子だけを考えるのでは十分でない

これまでの議論では一貫して原子核は陽子と中性子とから成り立っているとしてきた．中性子や陽子が他の素粒子と強い相互作用をし，したがって仮想的には例えば中間子が生成されたり吸収されたりしていることは明らかである．それにもかかわらず，そのことを考えなかったのは，たいていの場合その効果が核子間

† 例えば Glassgold, A. E., Heckroth, W. & Watson, K. M.: *Ann. Phys.* (*N. Y.*), **6**, 1 (1959).

の力という形で表わされると考えられるからである．あるいは，その効果は核子の広がりとか磁気能率の値のように核子自身の固有の静的な性質におしこめることができると考えられるからである．しかし，詳しく見ると必ずしもそうはいえない．例えば，核内核子の磁気能率を考えてみる．核子の磁気能率がスピン 1/2 の粒子として当然出てくる値と著しく異なっているのは，よく知られているように，核子が仮想的に中間子を放出吸収し，いわば中間子の雲をそのまわりに伴っていて，この中間子の作る電流からの寄与があるからである．核子が中間子を仮想的に放出するときに核子は反跳を受ける(運動量保存則)．自由核子の場合には中間状態として任意の運動量の中間子を放出できるが，核内核子の場合には事情は少し異なる．それは核子が反跳を受ける際，その結果の状態がすでに他核子により占められていれば，Pauli 原理のためその状態を取りえないから，そのような状態に核子を移す中間子放出は禁止される．すなわち，核子のとりうる中間状態は Fermi 面以上の状態に限られる．別のいい方をすれば核子のまわりの中間子雲の運動量分布が制限される．このため，核内核子の磁気能率は自由核子のものより絶対値が小さくなる．このことはかなり前に宮沢により指摘されている†．原子核の磁気能率が Schmidt 値からずれる原因は，配位混合，閉殻部分の励起などいろいろあるが，それらが相当精密に計算できるようになるとともに，上記の中間子効果が定量的に問題とされる時期となり，より精密な計算が行われており，この効果を考慮しなければ観測値を説明することはできない．この効果はまた交換磁気能率という形でも表わされる．

上の例は，原子核の基底状態においてさえ中間子と核子の相互作用を考慮しなければならないことを示している．関係するエネルギーが高くなれば，核子と中間子との共鳴状態と考えられる核子励起状態のことも考慮に入れなければならなくなるであろう．これらの現象に関連した実験が進むにつれて原子核の性質の新しい側面が浮び上がる可能性がある．現在の段階は原子核を核子多体系として統一的に理解しようとする段階ではあるが，核子中間子あるいは更に基本的構成粒子(もしそれがあるとすれば)の多体系としての統一的理解を目指さなければならない時が案外早く訪れるかもしれない．中間子を陽に取り扱わざるを得ない例と

---

† Miyazawa, H.: *Progr. Theoret. Phys.*, **6**, 263, 801 (1951).

して，またそれによる原子核構造論の新しい展開の例として，近年注目をあびている π 凝縮の理論を紹介してこの章を終ることにする．

π 凝縮

中間子と核子の相互作用を陽に考慮すると核物質の新しい相が存在しうる，ということが Migdal† によって指摘された．いわゆる π 凝縮(あるいは π 中間子凝縮)である．π 凝縮は直観的には次のように考えられる．核子があるエネルギー準位までつまっている状態を基準に取る．いわゆる Fermi の海である．核子は π 中間子を放出・吸収するが，中間子が実状態に生成されれば，中間子のエネルギーは一般に正(質量エネルギーと運動エネルギー)であるから，基底状態よりエネルギーが高くなる．この意味で基底状態は安定である．ところが，中間子と核子の間には力が作用している．これが十分強い引力であれば，中間子を生成してもその引力エネルギーのために，状態のエネルギーは基底状態より低くなる．すなわち基底状態は不安定である．実際はもう少していねいな議論が必要である．π 凝縮の理論はいろいろに定式化されているが，ここでは Migdal に従って Green 関数の方法で説明する．

簡単のために，π^0 中間子だけを考え，核物質中の π^0 中間子の伝播を考える．π 中間子と核子の相互作用は $(\boldsymbol{\sigma}\cdot\boldsymbol{\nabla})$ 型をとる．(一般には相互作用ハミルトニアン密度は，p 波相互作用をとれば $H_{\text{int}}=if\psi^{\dagger}(\boldsymbol{\sigma}\cdot\boldsymbol{\nabla})\psi(\boldsymbol{\tau}\cdot\boldsymbol{\phi})$ の形である．f が相互作用定数，$\psi^{\dagger}, \psi$ は核子の生成・消滅演算子，$\boldsymbol{\phi}$ は荷電中間子まで考えた荷電空間ベクトル場としての中間子場である．p 波相互作用をとるのは，非相対論的領域ではこれが効くことと，これから中間子-核子間の引力が導出されるからである．) 核物質中の π^0 中間子の Green 関数 D は(§3.3の議論からの類推で理解してほしい)

$$D = D_0 + D_0 \Pi D$$

という形に書ける．D_0 は真空中の π^0 中間子の Green 関数，Π は中間子と核子の相互作用 kernel である．(上式は(*3.3.12*)に相当する．Π が(*3.3.12*)の V にあたる．) この式を Fourier 変換して形式的に解くと

$$D(q\,;\omega)^{-1} = D_0(q\,;\omega)^{-1} - \Pi(q\,;\omega)$$

---

† Migdal, A. B.: *JETP*, **34**, 1184 (1972).

となる．q は中間子の運動量遷移である．Π としてどういう形をとるか(すなわち，中間子-核子相互作用から出発してどれだけの効果をとり込むか)が実は問題であり，定量的な議論はこれにより左右される．しかし，概念的な考察をとるため相互作用について最低次の形をとると(中間子が吸収あるいは放出されて核子-空孔対ができる，あるいはその逆の，項であるから)

$$\Pi(q\,;\omega) = f^2q^2\cdot F(q\,;\omega)$$

の形に書ける．f は中間子-核子相互作用定数，F は核子-空孔対の Green 関数で

$$F(q\,;\omega) = \sum_p \frac{s_{pq}(\epsilon_{p+q}-\epsilon_p)}{\omega^2-(\epsilon_{p+q}-\epsilon_p)^2}$$

という形にまとめられる．ϵ は核子の1粒子エネルギーである．s_{pq} は核子の状態占有数やスピン・荷電スピン自由度に関係する量である．

Green 関数 $D(q\,;\omega)$ の ω に関する極が核物質中の中間子の1粒子エネルギーに相当する(§3.3参照)から，D^{-1} の零点を探すことにする．これはいわゆる分散式の形をしていて多体問題ではおなじみの式である(§6.5参照)．$q\neq0$ を固定しておいて，核物質密度 ρ のいろいろな値に対して D^{-1} の零点を求めると，各 ρ に対し D^{-1} の零点 $\omega^2(q)$ が得られる．$\omega^2(q)$ には一般に2つの分枝がある．1つは $\rho\to0$ で通常の真空中の中間子エネルギーになるものである．もう1つの分枝は $q=0$ で0になるものであるが，q を固定して ρ を大きくして行くと，ある臨界値 $\rho_c(q)$ で $\omega^2(q)=0$ となり，$\rho>\rho_c$ では $\omega^2<0$ でないと分散式は満たされない．すなわちこの場合には系の最初の基底状態は不安定となり，中間子が実在する方が系は安定である．これは Bose 粒子系の凝縮として知られている状況に対応している．この時の運動の状態は，中間子と核子対とが結合した運動モードであり，考えている q の方向を3軸にとれば $\psi^\dagger\sigma_3\tau_3\psi$ の形であるから，スピン・荷電スピン密度波と呼ばれる．(この時の中間子の形態は真空中の通常の中間子とはつながらず，かなり異なったものなので，中間子と呼ぶには疑問もある.) 各 q に対して $\rho_c(q)$ が定められるが，どれかの q に対し $\omega^2=0$ となるような ρ を臨界密度 ρ_c と名づけるなら，$\rho>\rho_c$ ではある範囲の q に対し $\omega^2(q)<0$ となる．通常の原子核の密度を ρ_0 とした時，ρ_c/ρ_0 がどれ位であるかは興味がある．これは Π の形による．例えば中間子-核子の s 波相互作用の影響，あるいは

π 中間子の媒介だけでは記述できない核子間相関の取り入れ方によって ρ_c/ρ_0 の値は相当に異なる．Migdal 等は $\rho_c \lesssim \rho_0$ と主張したいようであり，ρ_c は ρ_0 よりずっと大きく $\rho_c > 2\rho_0$ であると主張する人々も多い．また，もし π 凝縮が起こっていれば核子密度に定在波が生じているはずであるのでそれを実験的に確かめようとする試みもある．いずれにしても π 凝縮の問題は $\rho_c \sim \rho_0$ であると否とにかかわらず，原子核の状態というものの考え方に1つの変革をもたらす可能性を秘めた問題といえよう．

付　　　　　録

A1　空間回転と角運動量，既約テンソル

A1-1　角運動量演算子

空間回転 R は回転軸 $\boldsymbol{n}$ (単位長さのベクトル)とその周りの回転角 θ とで定められる: $R(\boldsymbol{n}, \theta)$. この回転により空間のベクトル $\boldsymbol{x}$ は $\boldsymbol{x}'=R\boldsymbol{x}$ に変換される. $\boldsymbol{x}$ の関数 $\psi(\boldsymbol{x})$ はこの変換により関数形が変わる. ψ がスカラー関数のとき, ψ の変換を

$$\psi \longrightarrow \psi'(\boldsymbol{x}) = P_R\psi(\boldsymbol{x}) \tag{A1.1.1}$$

とする(あるいは，誤解を生じない限り $\psi'=R\psi$ と書くこともある). 系が空間回転に対して不変であれば，系を回転したときに物理的事情は変わらない. 系の性質に関するスカラー関数は系の座標ベクトルの値で定められるから，同じ座標(同じ位置)に対応する関数値は変わらない. すなわち

$$\psi'(\boldsymbol{x}') = \psi(\boldsymbol{x}) \tag{A1.1.2}$$

で ψ の変換を定義する. この時

$$P_R = e^{-i\theta(\boldsymbol{n}\cdot\boldsymbol{J})/\hbar} \tag{A1.1.3}$$

である(本講座『量子力学 I』§5.2参照). $\boldsymbol{J}$ は角運動量演算子で

$$[J_x, J_y] = i\hbar J_z \quad \text{および} \quad x, y, z \text{ を巡環的に変えたもの} \tag{A1.1.4}$$

という交換関係を満足する. $\boldsymbol{J}^2$ は $\boldsymbol{J}$ の各成分と交換可能で, $\boldsymbol{J}^2$ の固有値は $J(J+1)\hbar^2$ $(J=0, 1/2, \cdots)$, また, J を定めたときの $\boldsymbol{J}$ の成分の固有値は $m\hbar$ $(m=J, J-1, \cdots, -J)$ である. $\boldsymbol{J}^2$ および J_z が対角形になるような表現をとれば, 表現空間の基底ベクトルは J, m で定められ

$$\left.\begin{aligned} \langle J, m|J_z|J, m\rangle &= m\hbar \\ \langle J, m\pm1|J_x\pm iJ_y|J, m\rangle &= \hbar\sqrt{(J\mp m)(J\pm m+1)} \end{aligned}\right\} \tag{A1.1.5}$$

である.

なお，系を回転させるかわりに空間座標系を回転させても事情は同じである．上と同じ結果を得るためには，あきらかに，座標系を R^{-1} で回転させればよい．したがって，座標軸の回転 R に対しては

$$P_R = e^{i\theta(\boldsymbol{n}\cdot\boldsymbol{J})/\hbar} \tag{A1.1.3'}$$

である．

A1-2　回転に対する変換性——D 関数

空間回転に対する波動関数の変換 P_R の具体的表示を知るには，$\boldsymbol{J}^2, J_z$ の同時固有関数 $\psi_m{}^J$ の変換性を知れば十分である．$R(\boldsymbol{n},\theta)$ に対し J は保存されるから

$$P_R\psi_m{}^J = e^{-i\theta(\boldsymbol{n}\cdot\boldsymbol{J})/\hbar}\psi_m{}^J = \sum_{m'}\langle Jm'|e^{-i\theta(\boldsymbol{n}\cdot\boldsymbol{J})/\hbar}|Jm\rangle\psi_{m'}{}^J$$
$$\equiv \sum_{m'} D^J{}_{m'm}{}^*(\theta,\boldsymbol{n})\psi_{m'}{}^J \tag{A1.2.1}$$

と書いて，変換行列 D^J を定義する．この定義はふつうよく使われるものの Hermite 共役になっている．原子核物理ではこの方が，特に回転運動を記述する上で，便利であるためによく使われる．

回転は $(\boldsymbol{n},\theta)$ の代りに Euler 角 (α,β,γ) でも定められる．これを用いると

$$P_{R(\boldsymbol{n},\theta)} = e^{-i\theta(\boldsymbol{n}\cdot\boldsymbol{J})/\hbar} = e^{-i\alpha J_z/\hbar}e^{-i\beta J_y/\hbar}e^{-i\gamma J_z/\hbar} \tag{A1.2.2}$$

で与えられる．そこで

$$D^J{}_{m'm}{}^*(\alpha\beta\gamma) = \langle Jm'|e^{-i\alpha J_z/\hbar}e^{-i\beta J_y/\hbar}e^{-i\gamma J_z/\hbar}|Jm\rangle$$
$$= e^{-im'\alpha}\langle Jm'|e^{-i\beta J_y/\hbar}|Jm\rangle e^{-im\gamma}$$

である．ここで

$$d^J{}_{m'm}(\beta) = \langle Jm'|e^{-i\beta J_y/\hbar}|Jm\rangle \tag{A1.2.3}$$

と定義すると

$$D^J{}_{m'm}{}^*(\alpha\beta\gamma) = e^{-im'\alpha}d^J{}_{m'm}(\beta)e^{-im\alpha} \tag{A1.2.4}$$

である．d の具体的な形は

$$d^J{}_{m'm}(\beta) = [(J+m)!(J-m)!(J+m')!(J-m')!]^{1/2}$$
$$\times\sum_{\kappa}\frac{(-1)^{\kappa}}{\kappa!(J-m'-\kappa)!(J+m-\kappa)!(\kappa+m'-m)!}$$
$$\times\left(\cos\frac{\beta}{2}\right)^{2J+m-m'-2\kappa}\left(-\sin\frac{\beta}{2}\right)^{m'-m+2\kappa} \tag{A1.2.5}$$

である．各階乗の引数が負にならないような整数 κ の値について和をとる．

D のユニタリー性から(d は実であるから)

$$d^J{}_{m'm}(\beta)=d^J{}_{mm'}(-\beta) \qquad (A1.2.6)$$

また，d の式から

$$d^J{}_{m'm}(-\beta)=(-1)^{m'-m}d^J{}_{m'm}(\beta)$$

すなわち，

$$d^J{}_{m'm}(\beta)=(-1)^{m'-m}d^J{}_{mm'}(\beta) \qquad (A1.2.7)$$

同様に

$$d^J{}_{m'm}(\beta)=d^J{}_{-m,-m'}(\beta)=(-1)^{m'-m}d^J{}_{-m',-m}(\beta) \qquad (A1.2.8)$$

また，

$$\left.\begin{aligned}D^J{}_{m'm}(-\gamma,-\beta,-\alpha)&=D^J{}_{mm'}{}^*(\alpha\beta\gamma)\\ D^J{}_{m'm}{}^*(\alpha\beta\gamma)&=(-1)^{m'-m}D^J{}_{-m',-m}(\alpha\beta\gamma)\end{aligned}\right\} \qquad (A1.2.9)$$

その他に，D 関数には次のような関係がある．

$$D^J{}_{m'm}(000)=\delta_{m'm} \qquad (A1.2.10\,a)$$

$$D^J{}_{m'm}(00\gamma)=D^J{}_{m'm}(\gamma 00)=\delta_{m'm}e^{-im\gamma} \qquad (A1.2.10\,b)$$

$$d^J{}_{m'm}(\pi-\beta)=(-1)^{J-m}d^J{}_{-m'm}(\beta) \qquad (A1.2.10\,c)$$

J が整数の場合には D 関数は球面調和関数と関係づけられる．すなわち

$$D^l{}_{m0}(\alpha\beta 0)=\sqrt{\frac{4\pi}{2l+1}}Y_{lm}(\beta\alpha) \qquad (A1.2.11)$$

である．また，D について次の直交関係が成り立つ．

$$\int D^l{}_{m_1m_2}{}^*(R)D^{l'}{}_{m_1'm_2'}(R)dR=\frac{8\pi^2}{2l+1}\delta_{ll'}\delta_{m_1m_1'}\delta_{m_2m_2'} \qquad (A1.2.12)$$

ただし積分 $\int dR$ とは Euler 角 (α,β,γ) を用いて書けば

$$\int\cdots dR\equiv\int_0^{2\pi}\int_0^{\pi}\int_0^{2\pi}\cdots d\alpha\sin\beta\, d\beta d\gamma \qquad (A1.2.13)$$

の意味である．

D は回転群の表現であるから 2 つの回転 R_1, R_2 に対し

$$D^J(R_2R_1)=D^J(R_2)D^J(R_1) \qquad (A1.2.14)$$

であることはいうまでもない．

A1-3　角運動量の合成

角運動量 $\boldsymbol{j}_1$ と $\boldsymbol{j}_2$ とを合成すると，角運動量 $\boldsymbol{J}=\boldsymbol{j}_1+\boldsymbol{j}_2$ が得られる．この時

$J=j_1+j_2, j_1+j_2-1, \cdots, |j_1-j_2|$ である．$\psi_{m_1}{}^{j_1}, \psi_{m_2}{}^{j_2}$ から $\boldsymbol{J}^2, J_z$ の同時固有関数 $\psi_M{}^J$ を作るにはベクトル結合係数(あるいは Clebsch-Gordan 係数)が必要である．この結合を

$$\psi_M{}^J \equiv [\psi^{j_1}\ \psi^{j_2}]_M{}^J \equiv \sum_{m_1m_2}(j_1m_1j_2m_2|JM)\psi_{m_1}{}^{j_1}\psi_{m_2}{}^{j_2} \qquad (A1.3.1)$$

と表わす．右辺の係数が Clebsch-Gordan 係数である．$[\quad]_M{}^J$ はベクトル ψ^{j_1} (成分が $\psi_{m_1}{}^{j_1}$) と ψ^{j_2} (成分が $\psi_{m_2}{}^{j_2}$) とを組合せて $\psi_M{}^J$ を作るという意味である．ベクトル結合係数については次の直交性関係が成り立つ．

$$\left.\begin{aligned}\sum_{m_1m_2}(j_1m_1j_2m_2|JM)(j_1m_1j_2m_2|J'M') &= \delta_{JJ'}\delta_{MM'}\\ \sum_{JM}(j_1m_1j_2m_2|JM)(j_1m_1'j_2m_2'|JM) &= \delta_{m_1m_1'}\delta_{m_2m_2'}\end{aligned}\right\} \qquad (A1.3.2)$$

ただし，ベクトル結合係数は実になるように位相を選んである．すなわち

$$(j_1\ m_1=j_1\ j_2\ m_2=j_2|J=j_1+j_2\ M=m_1+m_2)=1 \qquad (A1.3.3)$$

$$\langle[\psi^{j_1}\ \psi^{j_2}]_M{}^{J'}|J_{1z}|[\psi^{j_1}\ \psi^{j_2}]_M{}^J\rangle \geqq 0 \qquad (A1.3.4)$$

ベクトル結合係数には次のような対称性がある．

$$\begin{aligned}(j_1m_1j_2m_2|JM) &= (-1)^{j_1+j_2-J}(j_2m_2j_1m_1|JM)\\ &= (-1)^{j_1+j_2-J}(j_1-m_1j_2-m_2|J-M)\\ &= (-1)^{j_1-m_1}\sqrt{\frac{2J+1}{2j_2+1}}(j_1m_1J-M|j_2-m_2)\\ &= (-1)^{j_2+m_2}\sqrt{\frac{2J+1}{2j_1+1}}(J-Mj_2m_2|j_1-m_1) \qquad (A1.3.5)\end{aligned}$$

j_1, j_2，あるいは J が特別の値を取るときにはベクトル結合係数は簡単な形をとる．例えば

$$(j_1m_100|JM)=\delta_{j_1J}\delta_{m_1M} \qquad (A1.3.6)$$

であり，

$$\begin{aligned}(j_1m_1j_2m_2|00) &= (-1)^{j_1-m_1}\frac{1}{\sqrt{2j_2+1}}(j_1m_100|j_2-m_2)\\ &= (-1)^{j_1-m_1}\frac{1}{\sqrt{2j_2+1}}\delta_{j_1j_2}\delta_{m_1-m_2} \qquad (A1.3.7)\end{aligned}$$

である．

$\boldsymbol{j}_1+\boldsymbol{j}_2=\boldsymbol{j}_3$ という結合を 3 つの角運動量 $\boldsymbol{j}_1,\boldsymbol{j}_2,\boldsymbol{j}_3$ が合成されて全角運動量 $\boldsymbol{J}=0$ となるという観点で見直してみる．すなわち，$\boldsymbol{j}_1$ と $\boldsymbol{j}_2$ とを合成して $\boldsymbol{j}_3$ を作り，これと $\boldsymbol{j}_3$ を合成して $\boldsymbol{J}=0$ とする．こういう作り方をした状態を $|(\boldsymbol{j}_1\boldsymbol{j}_2)\boldsymbol{j}_3,\boldsymbol{j}_3\,;00\rangle$ と表わすと(一般に $|(\boldsymbol{j}_1\boldsymbol{j}_2)\boldsymbol{J}',\boldsymbol{j}_3\,;\boldsymbol{J}M\rangle$ とは $\boldsymbol{j}_1$ と $\boldsymbol{j}_2$ とを合成して $\boldsymbol{J}'$ を作り，それと $\boldsymbol{j}_3$ とを合成して作った状態 $|JM\rangle$ のことを意味する)

$$|(\boldsymbol{j}_1\boldsymbol{j}_2)\boldsymbol{j}_3,\boldsymbol{j}_3\,;00\rangle = \sum_{m_1m_2m_3}(j_1m_1j_2m_2|j_3-m_3)(-1)^{j_3+m_3}\frac{1}{\sqrt{2j_3+1}}|j_1m_1\rangle|j_2m_2\rangle|j_3m_3\rangle$$

である．これを

$$|(\boldsymbol{j}_1\boldsymbol{j}_2)\boldsymbol{j}_3,\boldsymbol{j}_3\,;00\rangle=(-1)^{j_1-j_2+j_3}\sum_{m_1m_2m_3}\begin{pmatrix} j_1 & j_2 & j_3 \\ m_1 & m_2 & m_3\end{pmatrix}|j_1m_1\rangle|j_2m_2\rangle|j_3m_3\rangle \tag{A1.3.8}$$

と書く．

$$\begin{pmatrix} j_1 & j_2 & j_3 \\ m_1 & m_2 & m_3\end{pmatrix}=\frac{(-1)^{j_1-j_2-m_3}}{\sqrt{2j_3+1}}(j_1m_1j_2m_2|j_3-m_3) \tag{A1.3.9}$$

を Wigner の $3j$ 係数という．$3j$ 係数は

$$\begin{pmatrix} j_1 & j_2 & j_3 \\ m_1 & m_2 & m_3\end{pmatrix}=\begin{pmatrix} j_2 & j_3 & j_1 \\ m_2 & m_3 & m_1\end{pmatrix}=\begin{pmatrix} j_3 & j_1 & j_2 \\ m_3 & m_1 & m_2\end{pmatrix} \tag{A1.3.10}$$

という対称性を持つ．Clebsch-Gordan 係数の性質に対応して

$$\begin{pmatrix} j_1 & j_2 & j_3 \\ m_1 & m_2 & m_3\end{pmatrix}=(-1)^{j_1+j_2+j_3}\begin{pmatrix} j_2 & j_1 & j_3 \\ m_2 & m_1 & m_3\end{pmatrix} \tag{A1.3.11 a}$$

$$\begin{pmatrix} j_1 & j_2 & j_3 \\ -m_1 & -m_2 & -m_3\end{pmatrix}=(-1)^{j_1+j_2+j_3}\begin{pmatrix} j_1 & j_2 & j_3 \\ m_1 & m_2 & m_3\end{pmatrix} \tag{A1.3.11 b}$$

$$\left.\begin{aligned}
&\sum_{m_1m_2}\begin{pmatrix} j_1 & j_2 & j_3 \\ m_1 & m_2 & m_3\end{pmatrix}\begin{pmatrix} j_1 & j_2 & j_3' \\ m_1 & m_2 & m_3'\end{pmatrix}=\delta_{j_3j_3'}\delta_{m_3m_3'}\frac{1}{2j_3+1}\\
&\sum_{m_1m_2m_3}\begin{pmatrix} j_1 & j_2 & j_3 \\ m_1 & m_2 & m_3\end{pmatrix}\begin{pmatrix} j_1 & j_2 & j_3 \\ m_1 & m_2 & m_3\end{pmatrix}=1\\
&\sum_{j_3m_3}(2j_3+1)\begin{pmatrix} j_1 & j_2 & j_3 \\ m_1 & m_2 & m_3\end{pmatrix}\begin{pmatrix} j_1 & j_2 & j_3 \\ m_1' & m_2' & m_3'\end{pmatrix}=\delta_{m_1m_1'}\delta_{m_2m_2'}
\end{aligned}\right\} \tag{A1.3.12}$$

というような性質がある．

次に，3つの全角運動量 $\boldsymbol{j}_1, \boldsymbol{j}_2, \boldsymbol{j}_3$ の結合を考える．この結合法として $\boldsymbol{j}_1+\boldsymbol{j}_2=\boldsymbol{J}_{12}$, $\boldsymbol{J}_{12}+\boldsymbol{j}_3=\boldsymbol{J}$ とする場合と $\boldsymbol{j}_2+\boldsymbol{j}_3=\boldsymbol{J}_{23}$, $\boldsymbol{j}_1+\boldsymbol{J}_{23}=\boldsymbol{J}$ とする場合とがある．前者の結合で作られた状態を $|(j_1j_2)J_{12}, j_3\,; J\rangle$，後者によるものを $|j_1, (j_2j_3)J_{23}\,; J\rangle$ とする．この両者の変換の係数を

$$\langle j_1, (j_2j_3)J_{23}\,; J|(j_1j_2)J_{12}, j_3\,; J\rangle$$
$$= (-1)^{j_1+j_2+j_3+J}\sqrt{(2J_{12}+1)(2J_{23}+1)}\begin{Bmatrix} j_1 & j_2 & J_{12} \\ j_3 & J & J_{23} \end{Bmatrix} \qquad (A1.3.13)$$

と表わす．右辺の｛　｝が $6j$ 係数といわれるものである．あるいは

$$W(j_1j_2Jj_3\,; J_{12}J_{23}) = (-1)^{j_1+j_2+j_3+J}\begin{Bmatrix} j_1 & j_2 & J_{12} \\ j_3 & J & J_{23} \end{Bmatrix} \qquad (A1.3.14)$$

と書いて W を Racah 係数という．すなわち

$$\langle j_1, (j_2j_3)J_{23}\,; J|(j_1j_2)J_{12}, j_3\,; J\rangle = \sqrt{(2J_{12}+1)(2J_{23}+1)}\,W(j_1j_2Jj_3\,; J_{12}J_{23}) \qquad (A1.3.15)$$

である．左辺は

$$\langle j_1, (j_2j_3)J_{23}\,; J|(j_1j_2)J_{12}, j_3\,; J\rangle$$
$$= \sum_{m_1m_2}(j_1m_1J_{23}M_{23}|JM)(j_2m_2j_3m_3|J_{23}M_{23})$$
$$\times(j_1m_1j_2m_2|J_{12}M_{12})(J_{12}M_{12}j_3m_3|JM)$$

この変換は系の全体としての方向に無関係であるから，変換係数は M に無関係である．上の式から Racah 係数は Clebsch-Gordan 係数を使って表わせる．j_i の代りに $a, b, c, \cdots$ の文字を使うと

$$\sqrt{(2e+1)(2f+1)}\,W(abcd\,; ef)$$
$$= \sum_{m_am_b}(am_abm_b|em_e)(em_edm_d|cm_c)(bm_bdm_d|fm_f)(am_afm_f|cm_c) \qquad (A1.3.16)$$

そこで，$W(abcd\,; ef)$ は (abc), (cde), (acf), (bdf) が3角形関係（例えば $|a-b| \leqq c \leqq a+b$）を満たさない場合には0になる．W については次のような対称性がある．

$$W(abcd\,; ef) = W(badc\,; ef)$$
$$= W(cdab\,; ef) = W(acbd\,; fe)$$

$$= (-1)^{e+f-a-d} W(ebcf\,;ad)$$
$$= (-1)^{e+f-b-c} W(aefd\,;bc) \qquad (A1.3.17)$$

また

$$\left.\begin{aligned}
&\sum_e (2e+1)(2f+1)\,W(abcd\,;ef)\,W(abcd\,;ef') = \delta_{ff'}\\
&\sum_c (2c+1)(2b+1)\,W(abcd\,;ef)\,W(ab'cd\,;ef) = \delta_{bb'}\\
&\sum_d (2d+1)(2a+1)\,W(abcd\,;ef)\,W(a'bcd\,;ef) = \delta_{aa'}\\
&\sum_e (2e+1)(-1)^{a+b-e}\,W(abcd\,;ef)\,W(bacd\,;ef') = W(aff'b\,;cd)
\end{aligned}\right\} \qquad (A1.3.18)$$

という関係がある．

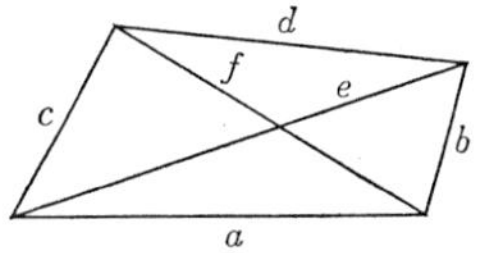

図 A1.1 Racah 係数に現われるベクトルの関係図

Racah 係数は，図 A1.1 から推測できるように，4 つの角運動量の合成の特別の場合である．一般性を与えるため，4 個の角運動量の合成を述べておく．角運動量 $\boldsymbol{j}_1, \boldsymbol{j}_2, \boldsymbol{j}_3, \boldsymbol{j}_4$ の合成法として

$$\boldsymbol{j}_1+\boldsymbol{j}_2 = \boldsymbol{J}_{12}, \qquad \boldsymbol{j}_3+\boldsymbol{j}_4 = \boldsymbol{J}_{34}, \qquad \boldsymbol{J}_{12}+\boldsymbol{J}_{34} = \boldsymbol{J}$$
$$\boldsymbol{j}_1+\boldsymbol{j}_3 = \boldsymbol{J}_{13}, \qquad \boldsymbol{j}_2+\boldsymbol{j}_4 = \boldsymbol{J}_{24}, \qquad \boldsymbol{J}_{13}+\boldsymbol{J}_{24} = \boldsymbol{J}$$

その他何通りかの結合法がある．状態 $|(j_1j_2)J_{12}, (j_3j_4)J_{34}\,;J\rangle$ と $|(j_1j_3)J_{13}, (j_2j_4)J_{24}\,;J\rangle$ との変換の係数を

$$\langle (j_1j_2)J_{12}, (j_3j_4)J_{34}\,;J|(j_1j_3)J_{13}, (j_2j_4)J_{24}\,;J\rangle$$
$$= \sqrt{(2J_{12}+1)(2J_{34}+1)(2J_{13}+1)(2J_{24}+1)} \begin{Bmatrix} j_1 & j_2 & J_{12} \\ j_3 & j_4 & J_{34} \\ J_{13} & J_{24} & J \end{Bmatrix} \qquad (A1.3.19)$$

と表わし，{ } を $9j$ 係数という．これから

$$\begin{Bmatrix} j_1 & j_2 & J_{12} \\ j_3 & j_4 & J_{34} \\ J_{13} & J_{24} & J \end{Bmatrix} = \sum_m \begin{pmatrix} j_1 & j_2 & J_{12} \\ m_1 & m_2 & m_{12} \end{pmatrix} \begin{pmatrix} j_3 & j_4 & J_{34} \\ m_3 & m_4 & m_{34} \end{pmatrix} \begin{pmatrix} J_{13} & J_{24} & J \\ m_{13} & m_{24} & M \end{pmatrix}$$

$$\times\begin{pmatrix} j_1 & j_3 & J_{13} \\ m_1 & m_3 & m_{13} \end{pmatrix}\begin{pmatrix} j_2 & j_4 & J_{24} \\ m_2 & m_4 & m_{24} \end{pmatrix}\begin{pmatrix} J_{12} & J_{34} & J \\ m_{12} & m_{34} & M \end{pmatrix} \tag{A1.3.20}$$

である．9j 係数は次のような対称性を持つ．

$$\begin{Bmatrix} j_1 & j_2 & J_{12} \\ j_3 & j_4 & J_{34} \\ J_{13} & J_{24} & J \end{Bmatrix} = \begin{Bmatrix} j_1 & j_3 & J_{13} \\ j_2 & j_4 & J_{24} \\ J_{12} & J_{34} & J \end{Bmatrix} = \begin{Bmatrix} J_{13} & J_{24} & J \\ j_1 & j_2 & J_{12} \\ j_3 & j_4 & J_{34} \end{Bmatrix} = \begin{Bmatrix} j_3 & j_4 & J_{34} \\ J_{13} & J_{24} & J \\ j_1 & j_2 & J_{12} \end{Bmatrix} \tag{A1.3.21}$$

$$\left.\begin{aligned} &\begin{Bmatrix} j_1 & j_2 & J_{12} \\ j_3 & j_4 & J_{34} \\ J_{13} & J_{24} & J \end{Bmatrix} = (-1)^{\Sigma}\begin{Bmatrix} j_3 & j_4 & J_{34} \\ j_1 & j_2 & J_{12} \\ J_{13} & J_{24} & J \end{Bmatrix} \\ &\Sigma = j_1+j_2+J_{12}+j_3+j_4+J_{34}+J_{13}+J_{24}+J \end{aligned}\right\} \tag{A1.3.22}$$

$J=0$ の場合は 6j 係数に帰着する．(むしろこれが 6j 係数の一般的定義と考えられる.)

$$\begin{aligned} \begin{Bmatrix} j_1 & j_2 & J \\ j_2' & j_1' & k \end{Bmatrix} &= (-1)^{j_2+J+j_1'+k}\sqrt{(2J+1)(2k+1)}\begin{Bmatrix} j_1 & j_2 & J \\ j_1' & j_2' & J \\ k & k & 0 \end{Bmatrix} \\ &= (-1)^{j_1+j_2+j_1'+j_2'}W(j_1 j_2 j_1' j_2' ; Jk) \end{aligned} \tag{A1.3.23}$$

6j 係数も次のような対称性を持つ

$$\begin{aligned} \begin{Bmatrix} j_1 & j_2 & j_3 \\ j_1' & j_2' & j_3' \end{Bmatrix} &= \begin{Bmatrix} j_2 & j_3 & j_1 \\ j_2' & j_3' & j_1' \end{Bmatrix} = \begin{Bmatrix} j_3 & j_1 & j_2 \\ j_3' & j_1' & j_2' \end{Bmatrix} \\ &= \begin{Bmatrix} j_2 & j_1 & j_3 \\ j_2' & j_1' & j_3' \end{Bmatrix} = \begin{Bmatrix} j_1' & j_2' & j_3 \\ j_1 & j_2 & j_3' \end{Bmatrix} \end{aligned} \tag{A1.3.24}$$

A1-4 既約テンソル，Wigner-Eckart の定理

物理量は座標の変換に対しテンソルとして変換されるのが普通である．座標変換として空間回転を考え，角運動量演算子との関係を見る．一般にある階数のテンソル $T_{ijk\cdots}$ があり，これは一定数の独立な成分を持つとする．回転に対してこれらの成分はそれらの間で変換されるが，$T_{ijk\cdots}$ の独立な 1 次結合の組を作り，回転に対してそれらの間でだけ変換されるようにすることができる．その際，その独立な 1 次結合の数がもとの独立な成分の数より少なくできないときには，も

との $T_{ijk\cdots}$ は既約テンソルであるという．例として2階のテンソル T_{ij} を考える．これは空間ベクトル(x_i)の1次変換に対し $x_i x_j'$ のように変換される．((x_j') も (x_i) と同じ変換を受けるベクトルである.)　そこで，回転に対しては T_{ij} は $f(r)f(r')x_i x_j'$ の受ける変換のように変換される．これから

$$T=\sum_i T_{ii},\qquad A_k=\frac{1}{2}(T_{ij}-T_{ji})\qquad (i, j, k \text{ が巡環的})$$

$$S_{ij}=\frac{1}{2}\left(T_{ij}+T_{ji}-\frac{2}{3}T\delta_{ij}\right)$$

を作る．A_k は成分が3個，S_{ij} は成分が5個であるから，T, A_k, S_{ij} で T_{ij} の成分をつくしている．これに角運動量演算子 $\boldsymbol{L}^2=(\boldsymbol{l}+\boldsymbol{l}')^2$ を演算すると

$$\boldsymbol{L}^2 T \propto \boldsymbol{L}^2 f(r)f(r')(x_1x_1'+x_2x_2'+x_3x_3')=0$$

$$\boldsymbol{L}^2 A_k \propto \boldsymbol{L}^2 f(r)f(r')\frac{1}{2}(x_ix_j'-x_jx_i')=2f(r)f(r')\frac{1}{2}(x_ix_j'-x_jx_i')$$

すなわち

$$\boldsymbol{L}^2 A_k=2A_k$$

同様に

$$\boldsymbol{L}^2 S_{ij}=6S_{ij}$$

という結果が得られる．$\boldsymbol{L}^2$ の固有値が $L(L+1)$ であるから T, A_k, S_{ij} はそれぞれ角運動量が $0, 1, 2$ の固有関数に相当している．すなわち，回転に対してこれらはそれぞれの中で変換される．こうして T_{ij} は T, A_k, S_{ij} という3つの既約テンソルの組に分割された．(ここでは $\boldsymbol{L}$ は通常の角運動量演算子を $\hbar$ で割ったもので定義している.)

これを一般化して次のようにいうことができる．回転群の $2k+1$ 次元の既約表現に従って変換される $2j+1$ 個の演算子の組 $T_m^{(j)}$ $(m=j, j-1, \cdots, -j+1, -j)$ を j 階の既約テンソル演算子という．すなわち，空間回転を R とすれば

$$P_R T_m^{(j)} P_R^{-1}=\sum_{m'} D^j{}_{m'm}{}^*(R)\, T_{m'}^{(j)} \qquad (A1.4.1)$$

(A1-1で述べたように，角運動量の固有関数 $\psi_m{}^j$ は $P_R\psi_m{}^j=\sum_{m'} D^j{}_{m'm}{}^*\psi_{m'}{}^j$ と変換される．ここで考えている T_{jm} は演算子であるから，回転に対し座標系ベクトルが P_R で変換されれば，$P_R T P_R^{-1}$ と変換される.)　$2j+1$ 個の成分 $T_m^{(j)}$

を持つ既約テンソルをまとめて $\boldsymbol{T}^{(j)}$ と書くことがある．P_R は角運動量 $\boldsymbol{J}$ を用いて (A1-1) で与えられるが，回転角 θ として無限小角 $\delta\theta$ をとり，回転軸として z 軸をえらぶと

$$P_R T_m{}^{(j)} P_R{}^{-1} = e^{-i\delta\theta J_z/\hbar} T_m{}^{(j)} e^{i\delta\theta J_z/\hbar} = \sum_{m'} D^j{}_{m'm}{}^*(\delta\theta, 0, 0)\, T_{m'}{}^{(j)}$$
$$= e^{-im\delta\theta} T_m{}^{(j)}$$

これから

$$\left(1-\frac{i}{\hbar}\delta\theta J_z\right) T_m{}^{(j)} \left(1+\frac{i}{\hbar}\delta\theta J_z\right) = (1-im\delta\theta)\, T_m{}^{(j)}$$

$\delta\theta$ の 2 次の項を無視して

$$[J_z, T_m{}^{(j)}] = m\hbar T_m{}^{(j)} \qquad (A1.4.2\,a)$$

となる．回転軸を x 軸，y 軸とすると，同様な計算により

$$[J_x \pm iJ_y, T_m{}^{(j)}] = \hbar\sqrt{(j\mp m)(j\pm m+1)}\, T_{m\pm1}{}^{(j)} \qquad (A1.4.2\,b)$$

という関係が得られる．

j_1 階の既約テンソル $T_{m_1}{}^{(j_1)}$ と j_2 階の既約テンソル $T_{m_2}{}^{(j_2)}$ から積 $P_{m_1m_2}{}^{(j_1j_2)} = T_{m_1}{}^{(j_1)} T_{m_2}{}^{(j_2)}$ を作ると，P は $(2j_1+1)(2j_2+1)$ 個の成分を持つテンソルであるが，一般には既約ではなく，既約なテンソルの 1 次結合に分解することができる．その処方は角運動量の合成と同様である．すなわち，

$$T_m{}^{(j)} = \sum_{m_1m_2} (j_1m_1j_2m_2|jm)\, T_{m_1}{}^{(j_1)} T_{m_2}{}^{(j_2)} \qquad (A1.4.3)$$

によって新たに j 階の既約テンソル $T_m{}^{(j)}$ を作ることができる．これを

$$\boldsymbol{T}^{(j)} = [\boldsymbol{T}^{(j_1)} \times \boldsymbol{T}^{(j_2)}]^{(j)} \qquad (A1.4.4)$$

と書くことにする．例えば，角運動量演算子 $\boldsymbol{l}$ は，1 階の既約テンソル $\boldsymbol{r}$ と $\boldsymbol{p}$ とから作られた 1 階の既約テンソルである．また，2 核子系で各核子のスピン $\boldsymbol{s}_1, \boldsymbol{s}_2$ および相対座標 $\boldsymbol{r}$ から作られるスカラー量として

$$[[\boldsymbol{s}_1 \times \boldsymbol{s}_2]^{(1)} \times \boldsymbol{r}]^{(0)}, \qquad [[\boldsymbol{s}_1 \times \boldsymbol{s}_2]^{(2)} \times [\boldsymbol{r} \times \boldsymbol{r}]^{(2)}]^{(0)}$$

などが考えられるが，この後者は Clebsch-Gordan 係数の値を陽に用いると

$$\frac{r^2}{\sqrt{5}}\left[\frac{(\boldsymbol{s}_1\boldsymbol{r})(\boldsymbol{s}_2\boldsymbol{r})}{r^2} - \frac{1}{3}(\boldsymbol{s}_1 \cdot \boldsymbol{s}_2)\right]$$

というテンソル力演算子の形になる．

次に，J 階の既約テンソル $T_M{}^{(J)}$ の行列要素 $\langle j'm'|T_M{}^{(J)}|jm\rangle$ を考える．波動関数 $\psi_m{}^j$ 自身はこれを演算子と考えれば j 階の既約テンソルであり，同様に $(-1)^{j+m}\psi_{-m}{}^{j*}$ もまた j 階の既約テンソルである．したがって

$$\begin{aligned}\langle j'm'|T_M{}^{(J)}|jm\rangle &= \int \psi_{m'}{}^{j'*}T_M{}^{(J)}\psi_m{}^j \\ &= \int (-1)^{j'-m'}[(-1)^{j'+(-m')}\psi_{-(-m')}{}^{j'*}]\sum_{J'M'}(JMjm|J'M')[\boldsymbol{T}^{(J)}\times\psi^j]_{M'}{}^{(J')} \\ &= \int (-1)^{j'-m'}\sum_{J'M'J''M''}(j'-m'J'M'|J''M'')(JMjm|J'M') \\ &\quad\times[\varphi^{j'}\times[\boldsymbol{T}^{(J)}\times\psi^j]^{(J')}]_{M''}{}^{(J'')}\end{aligned}$$

ただし

$$\varphi_{m'}{}^{j'} = (-1)^{j'+m'}\psi_{-m'}{}^{j'*}$$

上の空間積分で 0 にならないのは（対称性から）$J''=M''=0$ の場合だけである．したがって

$$\begin{aligned}\int \psi_{m'}{}^{j'*}T_M{}^{(J)}\psi_m{}^j &= (-1)^{j'-m'}\sum_{J'M'}(j'-m'J'M'|00)(JMjm|J'm') \\ &\quad\times\int[\varphi^{j'}\times[\boldsymbol{T}^{(J)}\times\psi^j]^{(J')}]_0{}^{(0)} \\ &= (-1)^{2j'}(2j'+1)^{-1/2}(JMjm|j'm')\int[\varphi^{j'}\times[\boldsymbol{T}^{(J)}\times\psi^j]^{(j')}]_0{}^{(0)}\end{aligned}$$

この式は

$$\langle j'm'|T_M{}^{(J)}|jm\rangle = (-1)^{j'-m'}\begin{pmatrix} j' & J & j \\ -m' & M & m\end{pmatrix}\langle j'\|\boldsymbol{T}^{(J)}\|j\rangle \qquad (A1.4.5)$$

$$\langle j'\|\boldsymbol{T}^{(J)}\|j\rangle = (-1)^{j'-J+j}\int[\varphi^{j'}\times[\boldsymbol{T}^{(J)}\times\psi^j]^{(j')}]_0{}^{(0)} \qquad (A1.4.5')$$

と書ける．(*A1.4.5*) は逆に

$$\langle j'\|\boldsymbol{T}^{(J)}\|j\rangle = \sum_{m'Mm}(-1)^{j'-m'}\begin{pmatrix} j' & J & j \\ -m' & M & m\end{pmatrix}\langle j'm'|T_M{}^{(J)}|jm\rangle$$

とも書ける．(*A1.4.5'*) で定義された $\langle j'\|\boldsymbol{T}^{(J)}\|j\rangle$ が T の換算行列要素 (reduced matrix element) といわれるものであり，(*A1.4.5*) を Wigner-Eckart の定理と

いう．この式からわかるように，テンソル演算子の行列要素は2つの因子に分かれる．因子 $(-1)^{j'-m'}\begin{pmatrix} j' & J & j \\ -m' & M & m \end{pmatrix}$ は演算子 T の物理的内容に関係なく，T および状態の変換性からくるいわば幾何学的な因数であり，T の物理的な内容はすべて換算行列要素に含まれる．

A1-5　系に固定した座標系での角運動量

原子核のような系で，系が球対称からずれた形を持つようなときには，系に固定した座標系(系固定座標系(body-fixed coordinate system))を使用する方が記述に便利であることが多い．物理量である演算子も系固定座標系で表現する方が物理的意味がよくわかることが多い．また，系が回転運動するような場合には系固定系の空間座標系に対する傾きの角度が力学変数の意味を持つことからも，系固定系で考えることは重要になってくる．以下では，系固定系での角運動量について考える．

系固定座標系への変換は，問題とする量の変換性に応じて定められる．角運動量は1階の既約テンソルであるから(*A1.4.1*)に従って変換される．これを用いて，系固定系での角運動量演算子の交換関係を求めることができる．系固定系での角運動量を $\boldsymbol{J}'$，その成分を J_1', J_2', J_3' とすると

$$[J_1', J_2'] = -i\hbar J_3' \quad \text{および} \quad 1,2,3\ \text{を巡環的に変えたもの} \qquad (A1.5.1)$$

という結果が得られる．この交換関係は，空間座標系での $\boldsymbol{J}$ の交換関係の符号を変えたものになっている点に注意すべきである．(*A1.5.1*)を導くにはいろいろなやりかたが考えられよう．(*A1.4.1*)から直接導くこともできるが，直観的理解を助けるため，軌道角運動量の場合について座標変換から直接に求めてみよう．

系固定座標系の座標軸の空間座標系への傾きはEuler角 (α, β, γ) で表わすのが普通である．空間座標系の座標軸方向の単位ベクトルを $\boldsymbol{n}_1, \boldsymbol{n}_2, \boldsymbol{n}_3$ で表わす．系固定系での座標軸の単位ベクトルを $\boldsymbol{n}_1', \boldsymbol{n}_2', \boldsymbol{n}_3'$ とする．ここでEuler角の意味を思い出してみると，$(\boldsymbol{n}_1, \boldsymbol{n}_2, \boldsymbol{n}_3)$ から $(\boldsymbol{n}_1', \boldsymbol{n}_2', \boldsymbol{n}_3')$ へ移るには次のような操作をすればよい．

(1)　$\boldsymbol{n}_3$ 軸の周りに角 α の回転を行なう．

(2)　これにより生じた新しい第2軸(この単位ベクトルを $\boldsymbol{e}_2$ とする)の周りに角 β の回転を行なう．この際 $\boldsymbol{n}_3$ は $\boldsymbol{n}_3'$ に移る．

(3) $\boldsymbol{n}_3'$ 軸の周りに角 γ の回転を行なう．これにより 1, 2 軸は $\boldsymbol{n}_1', \boldsymbol{n}_2'$ に移る．角運動量はある軸の周りの無限小回転により生成されるから，上の回転に対応して

$$\left.\begin{aligned} \boldsymbol{e}_1 &= \boldsymbol{n}_3 \\ \boldsymbol{e}_2 &= -\boldsymbol{n}_1 \sin\alpha + \boldsymbol{n}_2 \cos\alpha \\ \boldsymbol{e}_3 &= \boldsymbol{n}_1 \cos\alpha \sin\beta + \boldsymbol{n}_2 \sin\alpha \sin\beta + \boldsymbol{n}_3 \cos\beta \end{aligned}\right\} \qquad (A1.5.2)$$

とおけば，Euler 角はこのそれぞれの軸の周りの回転である．$(\boldsymbol{n}_i)\to(\boldsymbol{e}_i)$ の変換は

$$\boldsymbol{e}_i = \sum_j U_{ji} \boldsymbol{n}_j$$

と表わされる．同様にして $\boldsymbol{e}_i$ は

$$\boldsymbol{e}_i = \sum V_{ji} \boldsymbol{n}_j'$$

とも書ける．また，$\boldsymbol{n}'$ と $\boldsymbol{n}$ との関係は

$$\boldsymbol{n}_i' = \sum_j (UV^{-1})_{ji} \boldsymbol{n}_j \equiv \sum_j R_{ij} \boldsymbol{n}_j \qquad (A1.5.3)$$

であり，空間座標系での座標 (x_i) と系固定座標系での座標 (x_i') との関係は

$$x_i' = \sum_j R_{ji} x_j$$

である．R が回転に伴う座標変換行列で Euler 角 (α, β, γ) の関数である．R は具体的には

$$R(\alpha\beta\gamma) = \begin{bmatrix} \cos\alpha\cos\beta\cos\gamma - \sin\alpha\sin\gamma & \sin\alpha\cos\beta\cos\gamma + \cos\alpha\sin\gamma & -\sin\beta\cos\gamma \\ -\cos\alpha\cos\beta\cos\gamma - \sin\alpha\cos\gamma & -\sin\alpha\cos\beta\sin\gamma + \cos\alpha\cos\gamma & \sin\beta\sin\gamma \\ \cos\alpha\sin\beta & \sin\alpha\sin\beta & \cos\beta \end{bmatrix} \qquad (A1.5.4)$$

である．

系の回転は各軸のまわりの回転を合成して得られる．系の無限小回転については，$\boldsymbol{n}_i'$ 軸のまわりの無限小回転角を $d\theta_i$ とすると

$$\sum_i \boldsymbol{e}_i d\alpha_i = \sum_i \boldsymbol{n}_i' d\theta_i$$

である．ここで α_i は Euler 角 (α, β, γ) を表わしている．$\boldsymbol{e}$ と $\boldsymbol{n}'$ との関係から

$$d\theta_i = \sum_j V_{ij} d\alpha_j \qquad (A1.5.5)$$

である．系固定系での軌道角運動量は

$$L_i' = -i\hbar \frac{\partial}{\partial \theta_i} \qquad (A1.5.6)$$

で与えられる．

$$\frac{\partial}{\partial \theta_i} = \sum_j \frac{\partial \alpha_j}{\partial \theta_i} \frac{\partial}{\partial \alpha_j} = \sum_j (V^{-1})_{ji} \frac{\partial}{\partial \alpha_j}$$

であるが，V^{-1} は

$$(V^{-1}) = -\frac{1}{\sin\beta} \begin{bmatrix} \cos\gamma & -\sin\gamma & 0 \\ -\sin\beta\sin\gamma & -\sin\beta\cos\gamma & 0 \\ -\cos\beta\cos\gamma & \cos\beta\sin\gamma & -\sin\beta \end{bmatrix} \qquad (A1.5.7)$$

であるから

$$\left.\begin{aligned} L_1' &= -i\hbar\left(-\frac{\cos\gamma}{\sin\beta}\frac{\partial}{\partial\alpha} + \sin\gamma\frac{\partial}{\partial\beta} + \cot\beta\cos\gamma\frac{\partial}{\partial\gamma}\right) \\ L_2' &= -i\hbar\left(\frac{\sin\gamma}{\sin\beta}\frac{\partial}{\partial\alpha} + \cos\gamma\frac{\partial}{\partial\beta} - \cot\beta\sin\gamma\frac{\partial}{\partial\gamma}\right) \\ L_3' &= -i\hbar\frac{\partial}{\partial\gamma} \end{aligned}\right\} \qquad (A1.5.8)$$

これから

$$[L_1'(\alpha_i), L_2'(\alpha_i)] = -i\hbar L_3'(\alpha_i)$$

が得られる．

D 関数の時間微分

D 関数は回転演算子の表現行列である．回転角が時間とともに変化すれば *D* 関数も変化する．定義から

$$D^J{}_{m'm}{}^*(\alpha\beta\gamma) = \langle Jm'|P_R|Jm\rangle$$

であるから

$$\frac{\partial}{\partial t}D^J{}_{m'm}(\alpha_i)=\sum_i\left[\frac{\partial}{\partial\alpha_i}D^J{}_{m'm}(\alpha_j)\right]\frac{\partial\alpha_i}{\partial t}\qquad(A1.5.9)$$

$\partial/\partial\alpha_i$ は系固定系の角運動量を使って書ける：

$$\frac{\partial}{\partial\alpha_i}=\sum_k\frac{\partial\theta_k}{\partial\alpha_i}\frac{\partial}{\partial\theta_k}=\sum_k(V)_{ki}\frac{\partial}{\partial\theta_k}=\frac{i}{\hbar}\sum_k(V)_{ki}L_k'(\alpha_i)$$

ゆえに

$$\frac{\partial}{\partial\alpha_i}D^J{}_{m'm}{}^*(\alpha_i)=\frac{\partial}{\partial\alpha_i}\langle Jm'|P_R|Jm\rangle=\frac{i}{\hbar}\sum(V)_{ki}\langle Jm'|L_k'(\alpha_i)P_R|Jm\rangle$$

L' は Euler 角に作用している．これを波動関数の方に作用させると(系の回転と座標系の回転との対応に相当して)

$$L_i'(\alpha_i)P_R=-L_i'(x')P_R=-P_RL_i(x)$$

という関係がある．したがって

$$\frac{\partial}{\partial\alpha_i}D^J{}_{m'm}{}^*(\alpha_i)=-\frac{i}{\hbar}\sum_{km''}(V)_{ki}\langle Jm'|L_k'(x')|Jm''\rangle\langle Jm''|P_R|Jm\rangle$$

これから

$$\frac{\partial}{\partial t}D^J{}_{m'm}{}^*(\alpha_i)=-\frac{i}{\hbar}\sum_{ikm''}(V)_{ki}\langle Jm'|L_k'(x')|Jm''\rangle\langle Jm''|P_R|Jm\rangle\frac{\partial\alpha_i}{\partial t}$$

ここで角速度 ω_i' (系固定系)を

$$\omega_i'\equiv\frac{d\theta_i}{dt}=\sum_j(V)_{ij}\frac{\partial\alpha_j}{\partial t}\qquad(A1.5.10)$$

と定義すると

$$\frac{\partial}{\partial t}D^J{}_{m'm}{}^*(\alpha_i)=-\frac{i}{\hbar}\sum_{km''}\langle Jm'|L_k'|Jm''\rangle\langle Jm''|P_R|Jm\rangle\omega_k'$$

$$=-\frac{i}{\hbar}\sum_{km''}D^J{}_{m'm''}{}^*(\alpha_i)\langle Jm''|L_k|Jm\rangle\omega_k'\qquad(A1.5.11)$$

となる．

A2　電磁相互作用

A2-1　電磁場の多重極展開 I——源のない場合

源のない場合の Maxwell 方程式は，真空中では次のとおりである．

$$\left.\begin{aligned}&\nabla\cdot\boldsymbol{E}=0, \qquad \nabla\cdot\boldsymbol{H}=0\\&\nabla\times\boldsymbol{E}=-\frac{1}{c}\frac{\partial\boldsymbol{H}}{\partial t}, \qquad \nabla\times\boldsymbol{H}=\frac{1}{c}\frac{\partial\boldsymbol{E}}{\partial t}\end{aligned}\right\} \qquad (A2.\,1.\,1)$$

$\boldsymbol{E}(\boldsymbol{r},t), \boldsymbol{H}(\boldsymbol{r},t)$ はともに時間の関数であるが，光の放出吸収を考えるためには，一定の振動数 ω で振動する場を考えればよい．そこで

$$\boldsymbol{E}(\mathbf{r},t)=\mathrm{Re}\{\boldsymbol{E}(\mathbf{r})e^{-i\omega t}\}, \qquad \boldsymbol{H}(\mathbf{r},t)=\mathrm{Re}\{\boldsymbol{H}(\mathbf{r})e^{-i\omega t}\} \qquad (A2.\,1.\,2)$$

で振幅 $\boldsymbol{E}(\mathbf{r}), \boldsymbol{H}(\mathbf{r})$ を定義する．(*A2. 1. 1*) は

$$\nabla\cdot\boldsymbol{E}(\boldsymbol{r})=0, \qquad (\nabla^2+k^2)\boldsymbol{E}(\boldsymbol{r})=0, \qquad \boldsymbol{H}=-\frac{i}{k}\nabla\times\boldsymbol{E} \qquad (A2.\,1.\,3\,a)$$

あるいは

$$\nabla\cdot\boldsymbol{H}(\boldsymbol{r})=0, \qquad (\nabla^2+k^2)\boldsymbol{H}(\boldsymbol{r})=0, \qquad \boldsymbol{E}=\frac{i}{k}\nabla\times\boldsymbol{H} \qquad (A2.\,1.\,3\,b)$$

となる．ただし $k=\omega/c$.

(*A2. 1. 3 a*) を満たす式は (*A2. 1. 3 b*) を満たしており，逆もそうである．この限りにおいて2つの式は同等で，その解は $\boldsymbol{E}$ としても $\boldsymbol{H}$ としてもよい．電磁波では電場，磁場は波の進行方向に垂直だから，ここで横条件

$$\boldsymbol{r}\cdot\boldsymbol{E}(\boldsymbol{r})=0, \qquad \boldsymbol{r}\cdot\boldsymbol{H}(\boldsymbol{r})=0 \qquad (A2.\,1.\,4)$$

をそれぞれに導入する．この条件のため (*A2. 1. 3 a*) の解と (*A2. 1. 3 b*) の解とは1次独立に選ぶことができる．(*A2. 1. 3 a*) の解で横条件を満たすものを $\boldsymbol{E}^{\mathrm{M}}(\boldsymbol{r})$, $\boldsymbol{H}^{\mathrm{M}}(\boldsymbol{r})$ と書き，(*A2. 1. 3 b*) の解で (*A2. 1. 4*) を満たすものを $\boldsymbol{E}^{\mathrm{E}}(\boldsymbol{r}), \boldsymbol{H}^{\mathrm{E}}(\boldsymbol{r})$ と書く．Maxwell 方程式の任意の解はこの2種類の場の1次結合で表わされる：

$$\left.\begin{aligned}\boldsymbol{E}(\boldsymbol{r})&=\boldsymbol{E}^{\mathrm{E}}(\boldsymbol{r})+\boldsymbol{E}^{\mathrm{M}}(\boldsymbol{r})\\\boldsymbol{H}(\boldsymbol{r})&=\boldsymbol{H}^{\mathrm{E}}(\boldsymbol{r})+\boldsymbol{H}^{\mathrm{M}}(\boldsymbol{r})\end{aligned}\right\} \qquad (A2.\,1.\,5)$$

添字 E は $\boldsymbol{E}$ の縦成分が0でないことを示し，M は $\boldsymbol{H}$ のそれが0でないことを意味し，それぞれ電気的，磁気的と呼ばれる．

$\boldsymbol{E}, \boldsymbol{H}$ の各成分は $(\nabla^2+k^2)\boldsymbol{E}(\boldsymbol{H})=0$ を満たすから一般解は球面調和関数 Y_{lm} と球 Hankel 関数 $h_l^{(1)}(kr), h_l^{(2)}(kr)$ を用いて，(*A2. 1. 3 a*) から

$$\boldsymbol{E}^{\mathrm{M}}(\boldsymbol{r})=\sum_l\sum_m[\boldsymbol{e}_{lm}{}^{(1)}h_l{}^{(1)}(kr)+\boldsymbol{e}_{lm}{}^{(2)}h_l{}^{(2)}(kr)]\,Y_{lm}(\theta,\phi) \qquad (A2.\,1.\,6\,a)$$

(*A2. 1. 3 b*) から

$$\boldsymbol{H}^{\mathrm{E}}(\boldsymbol{r})=\sum_{l}\sum_{m}[\boldsymbol{h}_{lm}{}^{(1)}h_l{}^{(1)}(kr)+\boldsymbol{h}_{lm}{}^{(2)}h_l{}^{(2)}(kr)]\,Y_{lm}(\theta,\phi) \qquad (A2.1.6\,b)$$

という形に書ける．

$\boldsymbol{\nabla}\cdot\boldsymbol{E}^{\mathrm{M}}(\boldsymbol{r})=\boldsymbol{\nabla}\cdot\boldsymbol{H}^{\mathrm{E}}(\boldsymbol{r})=0$ であるから

$$\sum_{l}\sum_{m}\boldsymbol{\nabla}\cdot\{[\boldsymbol{e}_{lm}{}^{(1)}h_l{}^{(1)}(kr)+\boldsymbol{e}_{lm}{}^{(2)}h_l{}^{(2)}(kr)]\,Y_{lm}(\theta,\phi)\}=0$$

$$\sum_{l}\sum_{m}\boldsymbol{\nabla}\cdot\{[\boldsymbol{h}_{lm}{}^{(1)}h_l{}^{(1)}(kr)+\boldsymbol{h}_{lm}{}^{(2)}h_l{}^{(2)}(kr)]\,Y_{lm}(\theta,\phi)\}=0$$

ところで

$$\frac{\boldsymbol{l}}{\hbar}=-i[\boldsymbol{r}\times\boldsymbol{\nabla}]$$

から

$$\boldsymbol{\nabla}=\boldsymbol{r}\cdot\frac{1}{r}\frac{\partial}{\partial r}-\frac{i}{r^2}\left[\boldsymbol{r}\times\frac{\boldsymbol{l}}{\hbar}\right]$$

であるから

$$\boldsymbol{r}\cdot\left(\sum_{i}\sum_{lm}\frac{\partial h_l{}^{(i)}}{\partial r}\boldsymbol{e}_{lm}{}^{(i)}Y_{lm}\right)-\frac{i}{r}\left(\sum_{i}\sum_{lm}\boldsymbol{r}\cdot\frac{\boldsymbol{l}}{\hbar}\times\boldsymbol{e}_{lm}{}^{(i)}h_l{}^{(i)}Y_{lm}\right)=0$$

および $\boldsymbol{e}^{(i)}$ を $\boldsymbol{h}^{(i)}$ におきかえた式が得られる．横条件から

$$\boldsymbol{r}\cdot\sum_{m}\boldsymbol{e}_{lm}{}^{(i)}Y_{lm}=0, \qquad \boldsymbol{r}\cdot\sum_{m}\boldsymbol{h}_{lm}{}^{(i)}Y_{lm}=0 \qquad (A2.1.7)$$

であるから

$$\boldsymbol{r}\cdot[\boldsymbol{l}\times\sum_{m}\boldsymbol{e}_{lm}{}^{(i)}Y_{lm}]h_l{}^{(i)}(kr)=0, \qquad \boldsymbol{r}\cdot[\boldsymbol{l}\times\sum_{m}\boldsymbol{h}_{lm}{}^{(i)}Y_{lm}]h_l{}^{(i)}(kr)=0 \qquad (A2.1.8)$$

そこで $\boldsymbol{e}_{lm}{}^{(i)},\boldsymbol{h}_{lm}{}^{(i)}$ として

$$\sum_{m}\boldsymbol{e}_{lm}{}^{(i)}Y_{lm}=\sum_{m}c_{lm}{}^{(i)}\boldsymbol{l}Y_{lm}, \qquad \sum\boldsymbol{h}_{lm}{}^{(i)}Y_{lm}=\sum d_{lm}{}^{(i)}\boldsymbol{l}Y_{lm}$$

とおけば(*A2.1.7*)，(*A2.1.8*)は満足されることがわかる．c,d は定数である．これから

$$\boldsymbol{E}^{\mathrm{M}}(\boldsymbol{r})=\sum_{lm}\boldsymbol{E}_{lm}{}^{\mathrm{M}}(\boldsymbol{r})=\sum_{lm}\sum_{i}c_{lm}{}^{(i)}h_l{}^{(i)}\boldsymbol{l}Y_{lm}$$

$$\boldsymbol{H}^{\mathrm{E}}(\boldsymbol{r}) = \sum_{lm} \boldsymbol{H}_{lm}{}^{\mathrm{E}}(\boldsymbol{r}) = \sum_{lm} \sum_{i} d_{lm}{}^{(i)} h_l{}^{(i)} \boldsymbol{l} Y_{lm}$$

と表わされる．$\boldsymbol{l}Y_{lm}$ を規格化して

$$\left.\begin{aligned} &\boldsymbol{X}_{lm} = \frac{1}{\hbar\sqrt{l(l+1)}} \boldsymbol{l} Y_{lm} \\ &\int \boldsymbol{X}_{lm}{}^{*} \cdot \boldsymbol{X}_{l'm'} d\Omega = \delta_{ll'} \delta_{mm'} \end{aligned}\right\} \qquad (A2.1.9)$$

と定義し

$$\boldsymbol{H}_{lm}{}^{\mathrm{E}}(\boldsymbol{r}) = f_{lm}{}^{\mathrm{E}}(kr)\, \boldsymbol{X}_{lm}(\theta, \phi) \qquad (A2.1.10\,a)$$

$$\boldsymbol{E}_{lm}{}^{\mathrm{M}}(\boldsymbol{r}) = f_{lm}{}^{\mathrm{M}}(kr)\, \boldsymbol{X}_{lm}(\theta, \phi) \qquad (A2.1.11\,a)$$

とおく．

$$\boldsymbol{E}_{lm}{}^{\mathrm{E}}(\boldsymbol{r}) = \frac{i}{k}(\boldsymbol{\nabla} \times \boldsymbol{H}_{lm}{}^{\mathrm{E}}) \qquad (A2.1.10\,b)$$

$$\boldsymbol{H}_{lm}{}^{\mathrm{M}}(\boldsymbol{r}) = -\frac{i}{k}(\boldsymbol{\nabla} \times \boldsymbol{E}_{lm}{}^{\mathrm{M}}) \qquad (A2.1.11\,b)$$

である．$\boldsymbol{E}, \boldsymbol{H}$ は一般的に

$$\boldsymbol{E}(\boldsymbol{r}) = \sum_{l} \sum_{m} [c_{lm}{}^{\mathrm{E}} \boldsymbol{E}_{lm}{}^{\mathrm{E}}(\boldsymbol{r}) + c_{lm}{}^{\mathrm{M}} \boldsymbol{E}_{lm}{}^{\mathrm{M}}(\boldsymbol{r})] \qquad (A2.1.12\,a)$$

$$\boldsymbol{H}(\boldsymbol{r}) = \sum_{l} \sum_{m} [c_{lm}{}^{\mathrm{E}} \boldsymbol{H}_{lm}{}^{\mathrm{E}}(\boldsymbol{r}) + c_{lm}{}^{\mathrm{M}} \boldsymbol{H}_{lm}{}^{\mathrm{M}}(\boldsymbol{r})] \qquad (A2.1.12\,b)$$

と表わされる．c は定数である．f は

$$\left[\frac{d^2}{dr^2} - \frac{l(l+1)}{r^2} + k^2\right](rf(kr)) = 0 \qquad (A2.1.13)$$

を満たすから，一般に球 Hankel 関数を用いて

$$f_{lm}(kr) = a_{lm}{}^{(1)} h_l{}^{(1)}(kr) + a_{lm}{}^{(2)} h_l{}^{(2)}(kr) \qquad (A2.1.14)$$

と書ける．a は定数であり，境界条件に応じて規格化しておく．

(*A2. 1. 9*)で定義した $\boldsymbol{X}$ はベクトル球面調和関数といわれるものの１つである．電磁場は(特に源のない場合には)ベクトル・ポテンシャル $\boldsymbol{A}$ から導出される．ベクトル場 $\{A_i(\boldsymbol{r})\}$ の変換は(*A1. 2. 1*)と同様に

$$A_i'(\boldsymbol{r}) = \sum_{j} D^1{}_{ji}{}^{*}(R)\, A_j(R^{-1}\boldsymbol{r})$$

で与えられるが，R として回転軸 $\boldsymbol{n}$ のまわりの無限小角 $\delta\theta$ だけの回転 δR をとれば

$$A_j(R^{-1}\boldsymbol{r}) = \left(1+\frac{i}{\hbar}\delta\theta(\boldsymbol{n}\cdot\boldsymbol{l})\right)A_j(\boldsymbol{r})$$

である．

$$(D^1(\delta R))_{ji}{}^* = \delta_{ji}+\frac{i}{\hbar}\delta\theta[n_x(s_x)_{ji}+n_y(s_y)_{ji}+n_z(s_z)_{ji}]$$

でベクトル演算子 $\boldsymbol{s}\,(=(s_x, s_y, s_z))$ を定義すると

$$A_i'(\boldsymbol{r}) = \sum_j\left\{\delta_{ji}+\left[\frac{i}{\hbar}\delta\theta\boldsymbol{n}\cdot(\boldsymbol{l}+\boldsymbol{s})\right]_{ji}\right\}A_j(\boldsymbol{r}) \qquad (A2.1.15)$$

$\boldsymbol{s}$ を具体的に求めるには，空間的に定数であるようなベクトル場を $\boldsymbol{A}$ として考えればよい．この時は $\boldsymbol{l}$ を $\boldsymbol{A}$ に演算すると 0 であり，$\boldsymbol{A}$ の変化は回転による座標軸の変化だけにより，無限小回転の場合には

$$\delta A_i = A_i - A_i' = (\boldsymbol{n}\times\boldsymbol{A})_i\delta\theta$$

である．したがって，このときは

$$(\boldsymbol{n}\times\boldsymbol{A})_i = -\frac{i}{\hbar}\sum_j(\boldsymbol{n}\cdot\boldsymbol{s})_{ji}A_j$$

であるから

$$s_x = \hbar\begin{bmatrix}0 & 0 & 0\\ 0 & 0 & -i\\ 0 & i & 0\end{bmatrix},\quad s_y = \hbar\begin{bmatrix}0 & 0 & i\\ 0 & 0 & 0\\ -i & 0 & 0\end{bmatrix},\quad s_z = \begin{bmatrix}0 & -i & 0\\ i & 0 & 0\\ 0 & 0 & 0\end{bmatrix} \qquad (A2.1.16)$$

この $\boldsymbol{s}$ を用いると

$$\boldsymbol{I} = \boldsymbol{l}+\boldsymbol{s} \qquad (A2.1.17)$$

が全角運動量の役割を果たしていることになる．そこで，$\boldsymbol{I}^2$ および I_z の同時固有関数を成分として持つような既約テンソルを作ることにする．$\boldsymbol{s}^2$ の固有値は $s(s+1)\hbar^2=2\hbar^2$ であり，s_z の固有値は $m_s\hbar=\pm\hbar, 0$ である．$\boldsymbol{s}^2$ と s_z の同時固有ベクトルを $\chi_1, \chi_0, \chi_{-1}$ とすれば，

$$\boldsymbol{s}^2\chi_m = 2\hbar^2\chi_m,\qquad s_z\chi_m = m\hbar\chi_m,\qquad (s_x\pm is_y)\chi_m = \hbar\sqrt{2-m(m\pm1)}\,\chi_{m\pm1}$$

である．基底ベクトルを $\boldsymbol{e}_1, \boldsymbol{e}_2, \boldsymbol{e}_3$ とすると

$$\chi_1 = -\frac{1}{\sqrt{2}}(\boldsymbol{e}_1 + i\boldsymbol{e}_2), \qquad \chi_2 = \frac{1}{\sqrt{2}}(\boldsymbol{e}_1 - i\boldsymbol{e}_2), \qquad \chi_3 = \boldsymbol{e}_3 \qquad (A2.1.18)$$

ととればよい．この3個のベクトル χ_m は1階の既約テンソルになっていることは容易にわかるであろう．そこで，l 階の既約テンソル Y_{lm}（これをまとめて $\boldsymbol{Y}_l$ と書く）と χ_m（まとめて $\boldsymbol{\chi}^{(1)}$）とから j 階の既約テンソル

$$\boldsymbol{Y}_m{}^{j(l1)}(\theta, \phi) = [\boldsymbol{Y}_l(\theta, \phi) \times \boldsymbol{\chi}^{(1)}]_m{}^{(j)} \qquad (A2.1.19)$$

を作る．これはまた $\mathcal{Y}_{l1j}{}^m$ と書くこともある．特に $l=j$ の場合は，(*A2.1.19*) を Clebsch-Gordan 係数を使って書き，その値を陽に用いて

$$\boldsymbol{Y}_m{}^{l(l1)}(\theta, \phi) = \boldsymbol{X}_{lm}(\theta, \phi) \qquad (A2.1.20)$$

であることがわかる．

$\boldsymbol{X}$ の定義式から $\boldsymbol{r}\cdot\boldsymbol{X}_{lm}=0$ であるから，横条件を満たす成分が $\boldsymbol{X}$ に比例する．すなわち

$$\boldsymbol{A}_{lm}{}^{\mathrm{E}}(\boldsymbol{r}) = \frac{1}{k^2}\nabla \times \{f_{lm}{}^{\mathrm{E}}(kr)\boldsymbol{X}_{lm}(\theta, \phi)\} \qquad (A2.1.21\,a)$$

$$\boldsymbol{A}_{lm}{}^{\mathrm{M}}(\boldsymbol{r}) = -\frac{i}{k}f_{lm}{}^{\mathrm{M}}(kr)\boldsymbol{X}_{lm}(\theta, \phi) \qquad (A2.1.21\,b)$$

ととれば(*A2.1.10 b*), (*A2.1.11 a*)のようになる．

$\boldsymbol{E}_{lm}{}^{\mathrm{E}}, \boldsymbol{H}_{lm}{}^{\mathrm{M}}$ は $\boldsymbol{Y}_m{}^{j(j+1,1)}$ と $\boldsymbol{Y}_m{}^{j(j-1,1)}$ の1次結合で書ける．$\boldsymbol{Y}_m{}^{j(l1)}$ のパリティは $\pi=(-1)^l$ であるから，$\boldsymbol{Y}^{j(j1)}$ に対しては $\pi=(-1)^j$, $\boldsymbol{Y}^{j(j\pm1,1)}$ については $\pi=-(-1)^j$ である．

電磁場の運動量密度に相当するものは，Poynting ベクトルを

$$\boldsymbol{S} = \frac{c}{4\pi}[\boldsymbol{E}(t) \times \boldsymbol{H}(t)]$$

としたとき $\boldsymbol{S}/c^2$ であるから，角運動量演算子も作ることができる．$\boldsymbol{S}$ の時間平均をとると $\mathrm{Re}[\boldsymbol{E}^*(\boldsymbol{r}) \times \boldsymbol{H}(\boldsymbol{r})]/2$ であるから，電磁場の角運動量 $\boldsymbol{J}$ は

$$\boldsymbol{J} = \frac{\hbar}{8\pi c}\int d^3\boldsymbol{r}\,\mathrm{Re}[\boldsymbol{r} \times [\boldsymbol{E}^* \times \boldsymbol{H}]] \qquad (A2.1.22)$$

で与えられる．ところで

$$[\boldsymbol{r} \times [\boldsymbol{E}^* \times \boldsymbol{H}]] = -\frac{i}{k}[\boldsymbol{r} \times [\boldsymbol{E}^* \times [\nabla \times \boldsymbol{E}]]]$$

であり，

$$[\boldsymbol{r}\times[\boldsymbol{E}^*\times[\nabla\times\boldsymbol{E}]]]_x=\frac{i}{\hbar}(\boldsymbol{E}^*\cdot l_x\boldsymbol{E})+[\boldsymbol{E}^*\times\boldsymbol{E}]_x-(\boldsymbol{E}^*\cdot\nabla)[\boldsymbol{r}\times\boldsymbol{E}]_x$$
$$=\frac{i}{\hbar}(\boldsymbol{E}^*\cdot l_x\boldsymbol{E})+\frac{i}{\hbar}(\boldsymbol{E}^*\cdot s_x\boldsymbol{E})-(\boldsymbol{E}^*\cdot\nabla)[\boldsymbol{r}\times\boldsymbol{E}]_x$$
$$=\frac{i}{\hbar}(\boldsymbol{E}^*\cdot I_x\boldsymbol{E})-(\boldsymbol{E}^*\cdot\nabla)[\boldsymbol{r}\times\boldsymbol{E}]_x$$

右辺の第2項は積分を行なうと，Green の定理と $\nabla\cdot\boldsymbol{E}^*=0$ を用いて 0 となるから

$$J_x=\frac{1}{8\pi\omega}\int\mathrm{Re}(\boldsymbol{E}^*\cdot I_x\boldsymbol{E})\,d^3\boldsymbol{r}$$

となる．$\boldsymbol{E}$ として $\boldsymbol{E}_{lm}$ を取れば，1個の光子当りの J_z の値は $m\hbar$ である．

A2-2　電磁場の多重極展開 II——源のある場合

源のあるときの Maxwell 方程式は

$$\left.\begin{aligned}&\nabla\cdot\boldsymbol{E}=4\pi\rho\\&\nabla\cdot(\boldsymbol{H}+4\pi\boldsymbol{M})=0\\&\nabla\times\boldsymbol{E}=ik(\boldsymbol{H}+4\pi\boldsymbol{M})\\&\nabla\times\boldsymbol{H}=\frac{4\pi}{c}\boldsymbol{j}-ik\boldsymbol{E}\\&\nabla\cdot\boldsymbol{j}-i\omega\rho=0\qquad(\omega=ck)\end{aligned}\right\}\tag{A2.2.1}$$

である．$\rho(\boldsymbol{r}),\boldsymbol{j}(\boldsymbol{r}),\boldsymbol{M}(\boldsymbol{r})$ はそれぞれ電荷密度，電流密度および磁化密度であり，これらは振動数 ω で振動しているものの空間部分（(*A2. 1. 2*) と同様の意味）である．これから

$$\boldsymbol{B}=\boldsymbol{H}+4\pi\boldsymbol{M},\qquad \varepsilon=\boldsymbol{E}+\frac{4\pi i}{\omega}\boldsymbol{j}\tag{A2.2.2}$$

とおくと (*A2. 2. 1*) は

$$\left.\begin{aligned}&(\nabla^2+k^2)\varepsilon=-\frac{4\pi}{c}ik\left(\frac{1}{k^2}[\nabla\times[\nabla\times\boldsymbol{j}]]+c[\nabla\times\boldsymbol{M}]\right)\\&\nabla\cdot\varepsilon=0,\qquad \boldsymbol{B}=-\frac{1}{k}\left(i[\nabla\times\varepsilon]+\frac{4\pi}{\omega}[\nabla\times\boldsymbol{j}]\right)\end{aligned}\right\}\tag{A2.2.3 a}$$

および

$$\left.\begin{aligned}(\nabla^2+k^2)\boldsymbol{B} &= -\frac{4\pi}{c}([\nabla\times\boldsymbol{j}]+c[\nabla\times[\nabla\times\boldsymbol{M}]]) \\ \nabla\cdot\boldsymbol{B} = 0, \quad \varepsilon &= \frac{i}{k}([\nabla\times\boldsymbol{B}]-4\pi[\nabla\times\boldsymbol{M}])\end{aligned}\right\} \qquad (A2.\,2.\,3\,b)$$

となる．これは(*A2. 1. 3 a*), (*A2. 1. 3 b*)に相当している．したがって

$$\boldsymbol{B}_{lm}{}^{\mathrm{E}}(\boldsymbol{r}) = \frac{1}{r}f_{lm}{}'^{\mathrm{M}}(r)\boldsymbol{X}_{lm}(\theta,\phi) \qquad (A2.\,2.\,4\,a)$$

$$\varepsilon_{lm}{}^{\mathrm{M}}(\boldsymbol{r}) = \frac{1}{r}f_{lm}{}'^{\mathrm{E}}(r)\boldsymbol{X}_{lm}(\theta,\phi) \qquad (A2.\,2.\,4\,b)$$

と置くことができる．ε^{E} は(*A2. 2. 3 b*)の最後の式より，$\boldsymbol{B}^{\mathrm{M}}$ は(*A2. 2. 3 a*)の最後の式より求められる．源から離れた領域では f'/r は(*A2. 1. 14*)で定義された f となる．f' に対する方程式を求めるには，例えば $\boldsymbol{B}_{lm}{}^{\mathrm{E}}$ を(*A2. 2. 3 b*)の第1式に入れ，$\boldsymbol{X}_{lm}{}^*$ をかけて角度で積分すればよい．すなわち

$$\left.\begin{aligned}\left[\frac{d^2}{dr^2}+k^2-\frac{l(l+1)}{r^2}\right]f_{lm}{}'^{\mathrm{E}}(r) &= -F_{lm}{}^{\mathrm{E}}(r) \\ F_{lm}{}^{\mathrm{E}}(r) &= 4\pi r\int d\Omega\boldsymbol{X}_{lm}{}^*(\theta,\phi)\left(\frac{1}{c}\nabla\cdot\boldsymbol{j}+[\nabla\times[\nabla\times\boldsymbol{M}]]\right)\end{aligned}\right\} \qquad (A2.\,2.\,5)$$

である．Green 関数 $G_l(r,r')=ikrj_l(kr_<)h_l{}^{(1)}(kr_>)$ を用いて解ける：

$$f_{lm}{}'^{\mathrm{E}}(r) = ikr\int_0^\infty r'j_l(kr_<)h_l{}^{(1)}(kr_>)F_{lm}{}^{\mathrm{E}}(r')dr'$$

源から離れた領域では $r_<=r'$，$r_>=r$ であるから，r の大きいところでは

$$f_{lm}{}'^{\mathrm{E}}(r) \approx ikrh_l{}^{(1)}(kr)\int_0^\infty r'j_l(kr')F_{lm}{}^{\mathrm{E}}(r')dr' \qquad (A2.\,2.\,6)$$

という外向きの波の形をとる．結局(*A2. 1. 12*)に相当する展開の係数 $c_{lm}{}^{\mathrm{E,M}}$ は

$$c_{lm}{}^{\mathrm{E}} = 4\pi ik\int j_l(kr)\boldsymbol{X}_{lm}{}^*\cdot\left(\frac{1}{c}[\nabla\times\boldsymbol{j}]+[\nabla\times[\nabla\times\boldsymbol{M}]]\right)d^3\boldsymbol{r}$$

$$c_{lm}{}^{\mathrm{M}} = -4\pi\int j_l(kr)\boldsymbol{X}_{lm}{}^*\cdot\left(\frac{1}{c}[\nabla\times[\nabla\times\boldsymbol{j}]]+k^2[\nabla\times\boldsymbol{M}]\right)d^3\boldsymbol{r}$$

となる．$\boldsymbol{X}$ の定義から上式は $\boldsymbol{l}$ と Y_{lm} を使って変形できる．源 $[\nabla\times\boldsymbol{j}]$, $[\nabla\times$

$\boldsymbol{M}]$ は $r\to\infty$ では十分速やかに 0 になるから $\boldsymbol{l}$ の Hermite 性を使って

$$c_{lm}{}^{\mathrm{E}}=\frac{4\pi ik}{\hbar\sqrt{l(l+1)}}\int j_l(kr)\,Y_{lm}{}^*\boldsymbol{l}\cdot\left(\frac{1}{c}[\boldsymbol{\nabla}\times\boldsymbol{j}]+[\boldsymbol{\nabla}\times[\boldsymbol{\nabla}\times\boldsymbol{M}]]\right)d^3\mathbf{r}$$

$$c_{lm}{}^{\mathrm{M}}=-\frac{4\pi}{\hbar\sqrt{l(l+1)}}\int j_l(kr)\,Y_{lm}{}^*\boldsymbol{l}\cdot\left(\frac{1}{c}[\boldsymbol{\nabla}\times[\boldsymbol{\nabla}\times\boldsymbol{j}]]+k^2[\boldsymbol{\nabla}\times\boldsymbol{M}]\right)d^3\mathbf{r}$$

$\boldsymbol{l}=-i\hbar\mathbf{r}\times\boldsymbol{\nabla}$ であるから上式を変形し，部分積分を行なうことによって

$$\begin{aligned}c_{lm}{}^{\mathrm{E}}&=-\frac{4\pi k}{\sqrt{l(l+1)}}\int j_l(kr)\,Y_{lm}{}^*\left\{-\frac{1}{c}r\partial_r(\boldsymbol{\nabla}\cdot\boldsymbol{j})\right.\\&\qquad\left.+\frac{1}{c}\nabla^2(\mathbf{r}\cdot\boldsymbol{j})+\nabla^2(\mathbf{r}\cdot[\boldsymbol{\nabla}\times\boldsymbol{M}])\right\}d^3\mathbf{r}\\&=-\frac{4\pi ik^2}{\sqrt{l(l+1)}}\int Y_{lm}{}^*\left\{\rho\partial_r[rj_l(kr)]\right.\\&\qquad\left.-\left[-\frac{ik}{c}\mathbf{r}\cdot\boldsymbol{j}+ik\boldsymbol{\nabla}\cdot[\mathbf{r}\times\boldsymbol{M}]\right]j_l(kr)\right\}d^3\mathbf{r}\end{aligned}\qquad(A2.2.7\,a)$$

同様に

$$\begin{aligned}c_{lm}{}^{\mathrm{M}}&=-\frac{4\pi ik^2}{\sqrt{l(l+1)}}\int Y_{lm}{}^*\left\{\left[\frac{1}{c}\boldsymbol{\nabla}\cdot[\mathbf{r}\times\boldsymbol{j}]-k^2(\mathbf{r}\cdot\boldsymbol{M})\right]j_l(kr)\right.\\&\qquad\left.+(\boldsymbol{\nabla}\cdot\boldsymbol{M})\partial_r[rj_l(kr)]\right\}d^3\mathbf{r}\end{aligned}\qquad(A2.2.7\,b)$$

である.

A2-3 多重極能率

源のある領域では $kr\ll 1$ であるから $(A2.2.7)$ で

$$j_l(kr)\approx\frac{(kr)^l}{(2l+1)!!}$$

と近似すると

$$c_{lm}{}^{\mathrm{E}}\approx-\frac{8\pi i}{(2l+1)!!}k^{l+2}\sqrt{\frac{l+1}{l}}(Q_{lm}+Q_{lm}{}')\qquad(A2.3.1)$$

ただし

$$Q_{lm}=\frac{1}{2}\int r^l\,Y_{lm}{}^*(\theta,\phi)\,\rho(\mathbf{r})\,d^3\mathbf{r}\qquad(A2.3.2\,a)$$

$$Q_{lm}' = \frac{-ik}{2(l+1)}\int r^l Y_{lm}^*(\theta,\phi)\left[\nabla\cdot[\boldsymbol{r}\times\boldsymbol{M}]-\frac{1}{c}\boldsymbol{r}\cdot\boldsymbol{j}\right]d^3\boldsymbol{r} \qquad (A2.3.2\,b)$$

である．Q_{lm} は電荷密度による電気 l 重極能率であり，Q' の方は磁化密度や電流によって誘起された電気能率である．

同様に

$$c_{lm}{}^{\mathrm{M}} \approx \frac{8\pi i}{(2l+1)!!}k^{l+2}\sqrt{\frac{l+1}{l}}(M_{lm}+M_{lm}') \qquad (A2.3.3)$$

$$M_{lm} = -\frac{1}{2(l+1)c}\int r^l Y_{lm}^*(\theta,\phi)\nabla\cdot[\boldsymbol{r}\times\boldsymbol{j}]d^3\boldsymbol{r} \qquad (A2.3.4\,a)$$

$$M_{lm}' = -\frac{1}{2}\int r^l Y_{lm}^*(\theta,\phi)\left(\nabla\cdot\boldsymbol{M}-\frac{k^2}{l+1}\boldsymbol{r}\cdot\boldsymbol{M}\right)d^3\boldsymbol{r} \qquad (A2.3.4\,b)$$

である．Q'/Q は $O(kr)$ で 1 に比べて小さいが M と M' は同程度の大きさの量である．

$kr\gg 1$ の領域，いわゆる波動域，では $h_l^{(1)}(kr)\approx(-i)^{l+1}\dfrac{e^{ikr}}{kr}$ であるから

$$\boldsymbol{H}_{lm}{}^{\mathrm{E}}(\boldsymbol{r}) = (\boldsymbol{B}_{lm}{}^{\mathrm{E}}(\boldsymbol{r})) \approx c_{lm}{}^{\mathrm{E}}(-i)^{l+1}\frac{e^{ikr}}{kr}\frac{\boldsymbol{l}}{\hbar\sqrt{l(l+1)}}Y_{lm}$$

$$\begin{aligned}\boldsymbol{E}_{lm}{}^{\mathrm{E}}(\boldsymbol{r}) &\approx c_{lm}{}^{\mathrm{E}}\frac{i(-i)^{l+1}}{k}\nabla\times\left\{\frac{e^{ikr}}{kr}\frac{\boldsymbol{l}}{\hbar\sqrt{l(l+1)}}Y_{lm}\right\}\\ &= c_{lm}{}^{\mathrm{E}}\frac{(-i)^l}{k^2}\left\{\nabla\left(\frac{e^{ikr}}{kr}\right)\times\frac{\boldsymbol{l}}{\hbar\sqrt{l(l+1)}}Y_{lm}+\frac{e^{ikr}}{r}\nabla\times\frac{\boldsymbol{l}Y_{lm}}{\hbar\sqrt{l(l+1)}}\right\}\\ &\approx \boldsymbol{H}_{lm}{}^{\mathrm{E}}\times\hat{\boldsymbol{r}}\end{aligned}$$

である．$\hat{\boldsymbol{r}}$ は $\boldsymbol{r}$ 方向の単位ベクトル．同様に

$$\boldsymbol{E}_{lm}{}^{\mathrm{M}} \approx c_{lm}{}^{\mathrm{M}}(-i)^{l+1}\frac{e^{ikr}}{kr}\boldsymbol{X}_{lm}$$

$$\boldsymbol{H}_{lm}{}^{\mathrm{M}} \approx -\boldsymbol{E}_{lm}{}^{\mathrm{M}}\times\hat{\boldsymbol{r}}$$

である．これから Poynting ベクトル $\boldsymbol{S}$ を作り，時間について平均すると，立体角 $d\Omega$ あたりに放射される単位時間当りのエネルギーは電気的放射に対しては

$$dP = \frac{1}{2}\frac{c}{k^2}\left|\sum_{lm}(-i)^{l+1}\{c_{lm}{}^{\mathrm{E}}\boldsymbol{X}_{lm}-c_{lm}{}^{\mathrm{E}}[\boldsymbol{X}_{lm}\times\hat{\boldsymbol{r}}]\}\right|^2 d\Omega$$

磁気的放射に対しても同様な式が得られる．電気的 l 重極放射の角分布は

$$dP_{lm}{}^{\mathrm{E}} = \frac{1}{2}\frac{c}{k^2}|c_{lm}{}^{\mathrm{E}}|^2|\boldsymbol{X}_{lm}(\theta,\phi)|^2 d\Omega \tag{A2.3.5 a}$$

磁気的 l 重極放射の角分布は

$$dP_{lm}{}^{\mathrm{M}} = \frac{1}{2}\frac{c}{k^2}|c_{lm}{}^{\mathrm{M}}|^2|\boldsymbol{X}_{lm}(\theta,\phi)|^2 d\Omega \tag{A2.3.5 b}$$

である．単位時間に放射される全エネルギーは

$$P = \frac{c}{8\pi k^2}\sum_{lm}\{|c_{lm}{}^{\mathrm{M}}|^2 + |c_{lm}{}^{\mathrm{E}}|^2\} \tag{A2.3.6}$$

であり，源の広がりに比べて波長が長いときには，l 重極放射のエネルギーは

$$P_{lm}{}^{\mathrm{E}} = \frac{8\pi c}{[(2l+1)!!]^2}\left(\frac{l+1}{l}\right)k^{2l+2}|Q_{lm}+Q_{lm}'|^2 \tag{A2.3.6 a}$$

$$P_{lm}{}^{\mathrm{M}} = \frac{8\pi c}{[(2l+1)!!]^2}\left(\frac{l+1}{l}\right)k^{2l+2}|M_{lm}+M_{lm}'|^2 \tag{A2.3.6 b}$$

である．これから l 重極放射に対する単位時間当りの遷移の確率は($P/\hbar\omega$ であるから)

$$w_{lm}{}^{\mathrm{E}} = \frac{8\pi}{\hbar}\frac{l+1}{l[(2l+1)!!]^2}k^{2l+1}|Q_{lm}+Q_{lm}'|^2 \tag{A2.3.7 a}$$

$$w_{lm}{}^{\mathrm{M}} = \frac{8\pi}{\hbar}\frac{l+1}{l[(2l+1)!!]^2}k^{2l+1}|M_{lm}+M_{lm}'|^2 \tag{A2.3.7 b}$$

となる．

A2-4 電磁遷移

以上は古典論であり，これから量子力学的遷移に移るには $\boldsymbol{\rho}(\boldsymbol{r}), \boldsymbol{j}(\boldsymbol{r}), \boldsymbol{M}(\boldsymbol{r})$ に量子力学的表式を入れればよい．もっと直接に遷移を求めることができる．

電磁場と荷電粒子の相互作用の中で，ベクトル・ポテンシャルとの結合の部分は

$$H' = -\frac{1}{c}\int \boldsymbol{j}(\boldsymbol{r},t)\cdot\boldsymbol{A}(\boldsymbol{r},t)\,d^3\boldsymbol{r} \tag{A2.4.1}$$

である．$\boldsymbol{A}$ は単色光すなわち一定の振動数 $\boldsymbol{\omega}$ で振動しているとし，空間部分を $\boldsymbol{A}_{lm}$ で展開する．$\boldsymbol{A}_{lm}$ は(*A2.1.21*)で与えられるが，f_{lm} は($\boldsymbol{A}$ を外場と考えれば) Helmholtz の式の解である．原点で正則な解をとることにすれば

$$\boldsymbol{A}_{lm}{}^{\mathrm{E}} = \frac{1}{k^2}\nabla\times\{a^{\mathrm{E}} j_l(kr)\boldsymbol{X}_{lm}(\theta,\phi)\} \tag{A2.4.2a}$$

$$\boldsymbol{A}_{lm}{}^{\mathrm{M}} = \frac{-i}{k} a^{\mathrm{M}} j_l(kr)\boldsymbol{X}_{lm}(\theta,\phi) \tag{A2.4.2b}$$

である．定数 $a^{\mathrm{E}}, a^{\mathrm{M}}$ は規格化条件により定められる．例えば，半径 R の球内での光子のエネルギーが $\hbar\omega$ であるように規格化すれば

$$a^{\mathrm{E}} = \sqrt{\frac{4\pi\hbar ck^3}{R}}, \qquad a^{\mathrm{M}} = k^2\sqrt{\frac{4\pi\hbar ck^3}{R}}$$

である．$\boldsymbol{A}$ を

$$\boldsymbol{A}(\boldsymbol{r}) = \sum\{\alpha_{lm}\boldsymbol{A}_{lm}(\boldsymbol{r}) + \alpha_{lm}{}^{+}\boldsymbol{A}_{lm}{}^{*}(\boldsymbol{r})\}$$

と展開すれば α, α^{+} は多極度 lm の光子の消滅，生成演算子である．El または Ml 放射(吸収)に伴い状態が $i\rightarrow f$ へ遷移する行列要素は

$$\langle f|H'(\boldsymbol{A}_{lm}{}^{\mathrm{E,M}})|i\rangle = \sqrt{\frac{4\pi c\hbar}{R}}\sqrt{\frac{l+1}{l}}\frac{k^{l+1/2}}{(2l+1)!!}\langle f|M(\mathrm{E}l(\mathrm{M}l)\,;m)|i\rangle \tag{A2.4.3}$$

と書ける．M は

$$M(\mathrm{E}l\,;m) = \frac{(2l+1)!!}{ck^{l+1}}\sqrt{\frac{l}{l+1}}\int \boldsymbol{j}(\boldsymbol{r})\cdot\nabla\times\{j_l(kr)\boldsymbol{X}_{lm}\}\,d^3\boldsymbol{r} \tag{A2.4.4a}$$

$$M(\mathrm{M}l\,;m) = \frac{-i(2l+1)!!}{ck^{l}}\sqrt{\frac{l}{l+1}}\int \boldsymbol{j}(\boldsymbol{r})\cdot\{j_l(kr)\boldsymbol{X}_{lm}(\theta,\phi)\}\,d^3\boldsymbol{r} \tag{A2.4.4b}$$

で定義される．M は $kr \ll 1$ の近似で通常の能率 Q_{lm} などに一致するように係数が選んである．

遷移の確率は

$$w_{fi} = \frac{2\pi}{\hbar}|\langle f|H'|i\rangle|^2\rho_{\mathrm{f}}$$

であるが，いまの場合 $\rho_{\mathrm{f}} = R/(\pi\hbar c)$ であるから

$$w_{fi}{}^{(\mathrm{E,M})}(lm) = \frac{8\pi}{\hbar}\frac{l+1}{l[(2l+1)!!]^2}k^{2l+1}|\langle f|M(\mathrm{E}l(\mathrm{M}l)\,;m)|i\rangle|^2 \tag{A2.4.5}$$

である．右辺で $|\langle f|M|i\rangle|^2$ を光の磁気量子数 m について和をとると，多極度 l の光 (El または Ml) の放出または吸収による遷移 (l 重極遷移) の確率が得られる．それを $T(\mathrm{E}l(\mathrm{M}l))$ とすれば

$$T(\mathrm{E}l(\mathrm{M}l)\,;I\rightarrow I')=\frac{8\pi}{\hbar}\frac{l+1}{l[(2l+1)!!]^2}k^{2l+1}B(\mathrm{E}l(\mathrm{M}l)\,;I\rightarrow I') \qquad (A2.4.6)$$

$$B(\mathrm{E}l(\mathrm{M}l)\,;I\rightarrow I')=\sum_{mM_{I'}}|\langle I'M_{I'}|M(\mathrm{E}l(\mathrm{M}l)\,;m)|IM_I\rangle|^2 \qquad (A2.4.7)$$

である．I, I' は遷移の前後の核のスピン，$M_I, M_{I'}$ はその z 成分である．

$\boldsymbol{A}_{lm}$ は角運動量 l の光に対応しているから，角運動量に対して

$$\left.\begin{aligned}&|I-I'|\leqq l\leqq I+I'\\&M_{I'}-M_I=m\end{aligned}\right\} \qquad (A2.4.8)$$

という選択則が成り立つ．また，$\boldsymbol{j}$ のパリティは－であるから，El 遷移に対しては $\Delta\pi=(-1)^l$，Ml 遷移に対しては $\Delta\pi=-(-1)^l$ というパリティ変化がある．

A3　β 崩壊の相互作用

A3-1　相互作用ハミルトニアン

β 崩壊の相互作用ハミルトニアンは

$$H'=\frac{1}{\sqrt{2}}\int(J_\mu{}^+\cdot j_\mu+\mathrm{h.c.})\,d^3\boldsymbol{r}\equiv\int\mathcal{H}d^3\boldsymbol{r} \qquad (A3.1.1)$$

の形に書かれる．J_μ, j_μ はそれぞれ核子および軽粒子の流れ密度である．$\mathcal{H}$ がハミルトニアン密度である．J_μ, j_μ は Dirac 行列を用いて相対論的には次のように表わすことができる．γ_μ ($\mu=1,2,3,4$) を次の交換関係を満たす Dirac 行列 (4×4) とする ($\mu=0,1,2,3$ ととることもある)．

$$\gamma_\mu\gamma_\nu+\gamma_\nu\gamma_\mu=2\delta_{\mu\nu}$$

この γ から作られる独立な量は

$$\left.\begin{aligned}&\text{スカラー}\quad \Gamma_\mathrm{S}(\equiv\Gamma_1)=1\\&\text{ベクトル}\quad \Gamma_\mathrm{V}(\equiv\Gamma_2)=\gamma_\mu\\&\text{テンソル}\quad \Gamma_\mathrm{T}(\equiv\Gamma_3)=\sigma_{\mu\nu}=-\sigma_{\nu\mu}\\&\qquad\qquad=\frac{1}{2i}(\gamma_\mu\gamma_\nu-\gamma_\nu\gamma_\mu)\qquad(\mu\neq\nu)\end{aligned}\right\} \qquad (A3.1.2)$$

$$\left.\begin{array}{ll}\text{軸性ベクトル} & \Gamma_{\mathrm{A}}(\equiv\Gamma_4)=\gamma_\mu\gamma_\nu\gamma_\rho \\ & \qquad\qquad\; = i\gamma_\lambda\gamma_5 \qquad (\mu\neq\nu\neq\rho) \\ \text{擬スカラー} & \Gamma_{\mathrm{P}}(\equiv\Gamma_5)=\gamma_5=\gamma_1\gamma_2\gamma_3\gamma_4\end{array}\right\}$$

この Γ を用いて Dirac スピノル ψ から作られる双1次形式は

$$\bar{\psi}(\boldsymbol{x})\Gamma_\lambda\psi(\boldsymbol{x}) \qquad (\lambda=1,2,3,4,5) \tag{A3.1.3}$$

である．相互作用ハミルトニアンがスピノル場の微分を含まないと仮定すれば，もっとも一般的な形は

$$\left.\begin{aligned}\mathcal{H}&=\sum_\lambda\mathcal{H}_\lambda \\ \mathcal{H}_\lambda&=\frac{1}{\sqrt{2}}[(\bar{\psi}_{\mathrm{p}}\Gamma_\lambda\psi_{\mathrm{n}})\{g_\lambda(\bar{\psi}_{\mathrm{e}}\Gamma_\lambda\psi_\nu)+g_\lambda'(\bar{\psi}_{\mathrm{e}}\Gamma_\lambda\gamma_5\psi_\nu)\}+\mathrm{h.\,c.}]\end{aligned}\right\} \tag{A3.1.4}$$

である．g_λ, g_λ' は相互作用定数で，電磁相互作用の e に相当する．もし $\mathcal{H}$ が空間反転に対して不変ならば

$$g_\lambda'=0$$

であるので $g_{\lambda'}$ のかかっている項をパリティ非保存相互作用という．また $\mathcal{H}$ が荷電共役に対して不変ならば

$$g_\lambda=g_\lambda^*, \qquad g_\lambda'=-g_\lambda'^* \tag{A3.1.5 a}$$

時間反転に対して不変なら

$$g_\lambda=g_\lambda^*, \qquad g_\lambda'=g_\lambda'^* \tag{A3.1.5 b}$$

§2.4(c)で述べたように弱い相互作用は空間反転に対して不変ではない．荷電共役，時間反転に対しては不変であるかどうかまだはっきりとはわからない．普通は $g_\lambda=g_\lambda^*$ ととり，しかも，上の5つの型の中でベクトル型と軸性ベクトル型とをとることが多い．(これには他にも理由があるがそれには触れない.)

原子核の β 崩壊は，核内のどれかの核子が弱い相互作用をすることで起こるから

$$\mathcal{H}_\lambda=\sum_i\frac{1}{\sqrt{2}}[\bar{\psi}(i)\Gamma_\lambda t_-(i)\psi(i)]\{g_\lambda(\bar{\psi}_{\mathrm{e}}\Gamma_\lambda\psi_\nu)+g_\lambda'(\bar{\psi}_{\mathrm{e}}\Gamma_\lambda\gamma_5\psi_\nu)\}+\mathrm{h.\,c.}] \tag{A3.1.6}$$

である．なお，g_λ, g_λ' の代りに $g_\lambda=gC_\lambda$, $g_\lambda'=gC_\lambda'$ と共通因子をくくりだし，無

次元の量 C_λ, C_λ' を用いることもある．

A3-2　非相対論近似

β崩壊に関係するエネルギーは高々数 MeV の程度であるから，核子に対しては非相対論的な近似をすることができる．電子に対してはむしろ($v/c\approx 1$ であり)相対論的に取り扱う必要がある．よく知られているように，非相対論的な近似ではスピノルの4成分の中で2つの成分は他の成分に比べて v/c の程度に小さいから，大きな2成分だけを考えればよい．その近似をとると(*A3.1.2*)の Γ_λ は

$$\left.\begin{aligned} &\Gamma_{\mathrm{S}}: && I \\ &\Gamma_{\mathrm{V}}: && \beta(\approx I) \\ &\Gamma_{\mathrm{T}}: && \boldsymbol{\sigma} \\ &\Gamma_{\mathrm{A}}: && -\beta\boldsymbol{\sigma}(\approx -\boldsymbol{\sigma}) \\ &\Gamma_{\mathrm{P}}: && 0 \end{aligned}\right\} \tag{A3.2.1}$$

となる．なお，小さな2成分については，$\Gamma_{\mathrm{S}}:0$, $\Gamma_{\mathrm{V}}:\beta\boldsymbol{\alpha}$, $\Gamma_{\mathrm{T}}:\boldsymbol{\alpha}$, $\Gamma_{\mathrm{A}}:-\beta\gamma_5$, $\Gamma_{\mathrm{P}}:\gamma_5$ である．この近似をとれば核子の流れ密度は(相互作用定数を別にして)

$$\left.\begin{aligned} \rho_{\mathrm{V}} &= \sum_i t_-(i)\delta(\boldsymbol{r}-\boldsymbol{r}_i) \\ \boldsymbol{j}_{\mathrm{A}} &= \sum_i t_-(i)\boldsymbol{\sigma}_i\delta(\boldsymbol{r}-\boldsymbol{r}_i) \end{aligned}\right\} \tag{A3.2.2}$$

である．前者が Fermi 型相互作用を与え，後者は Gamow-Teller 型相互作用を与える．この場合の $\boldsymbol{\sigma}_i$ は2次元 Pauli 行列(核子 i に作用する)である．これに対して，軽粒子の方は4行4列の行列演算子にしておく必要がある．

A3-3　行列要素と遷移確率

β崩壊の単位時間当りの遷移確率は摂動論を用いて計算できる．すなわち状態 $i\to f$ の遷移に対して

$$w = \frac{2\pi}{\hbar}|\langle f|H'|i\rangle|^2\rho_{\mathrm{f}} \tag{A3.3.1}$$

が遷移確率である．状態としては軽粒子の状態と核の状態とを考慮しなければならない．第0近似の式を作るために核と電子の間の Coulomb 相互作用を無視し，電子もニュートリノもともに平面波で表わすことにし，さらに簡単化して $g'=0$ とすると

$$\langle f|H'|i\rangle = \frac{1}{V}\sum_{\lambda}\sum_{n} g_{\lambda}\int dx\,(\bar{\Psi}_{\mathrm{f}}(\boldsymbol{x})\Gamma_{\lambda}t_{-}(n)\Psi_{\mathrm{i}}(\boldsymbol{x}))$$
$$\times(\bar{u}_{\mathrm{e}}(\boldsymbol{p}_{\mathrm{e}})\Gamma_{\lambda}u_{\nu}(-\boldsymbol{p}_{\nu}))e^{-i\boldsymbol{x}\cdot(\boldsymbol{p}_{\mathrm{e}}+\boldsymbol{p}_{\nu})/\hbar} \qquad (A3.3.2)$$

である．$\Psi_{\mathrm{i}}, \Psi_{\mathrm{f}}$ は原子核の i, f 状態の波動関数，u_{e}, u_{ν} は電子およびニュートリノのスピノルである．V は軽粒子波動関数の規格化体積である．原子核波動関数 Ψ の広がりは軽粒子の波長に比べてずっと小さいのが普通であるから，$e^{-i\boldsymbol{x}\cdot(\boldsymbol{p}_{\mathrm{e}}+\boldsymbol{p}_{\nu})/\hbar}\approx 1$ という近似を取る．そうすると

$$\langle f|H'|i\rangle \approx \frac{1}{V}\sum_{\lambda n} g_{\lambda}\langle\Psi_{\mathrm{f}}|\Gamma_{\lambda}t_{-}(n)|\Psi_{\mathrm{i}}\rangle(\bar{u}_{\mathrm{e}}(\boldsymbol{p}_{\mathrm{e}})\Gamma_{\lambda}u_{\nu}(-\boldsymbol{p}_{\nu}))$$

となる．右辺の第1の因数 $\langle\Psi_{\mathrm{f}}|\Gamma_{\lambda}t_{-}(n)|\Psi_{\mathrm{i}}\rangle$ が核行列要素である．非相対論的近似であるから，核行列要素としては $\langle\Psi_{\mathrm{f}}|\sum_{n} t_{-}(n)|\Psi_{\mathrm{i}}\rangle$ と $\langle\Psi_{\mathrm{f}}|\sum_{n} t_{-}(n)\boldsymbol{\sigma}_{n}|\Psi_{\mathrm{i}}\rangle$ とが現われる．前者を $\left|\int 1\right|$，後者を $\left|\int\boldsymbol{\sigma}\right|$ と表わすことが多い．

ρ_{f} として本文§2.4の値を取ると

$$w = \frac{1}{(2\pi)^{5}c^{5}\hbar^{7}}p_{\mathrm{e}}E_{\mathrm{e}}(E_{\max}-E_{\mathrm{e}})^{2}\Big|\sum_{\lambda} g_{\lambda}\langle\Psi_{\mathrm{f}}|\sum_{n}\Gamma_{\lambda}t_{-}(n)|\Psi_{\mathrm{i}}\rangle$$
$$\times(\bar{u}_{\mathrm{e}}(\boldsymbol{p}_{\mathrm{e}})\Gamma_{\lambda}u_{\nu}(-\boldsymbol{p}_{\nu}))\Big|^{2}dE_{\mathrm{e}}d\Omega_{\mathrm{e}}d\Omega_{\nu} \qquad (A3.3.3)$$

となる．ただし，E_{e} は電子のエネルギー，$E_{\max}$ はその取りうる最大値であり，また p_{ν} は $p_{\nu}=(E_{\max}-E_{\mathrm{e}})/c$ である．

電子の偏りを測らないとして，電子のスピン座標について和を取ると

$$w = \frac{g^{2}}{8\pi^{3}c^{5}\hbar^{7}}p_{\mathrm{e}}E_{\mathrm{e}}(E_{\max}-E_{\mathrm{e}})^{2}\left(\xi + a\frac{v_{\mathrm{e}}}{c}\cos\theta \pm b\frac{2mc^{2}}{E_{\mathrm{e}}}\right)dE_{\mathrm{e}}\sin\theta\,d\theta \qquad (A3.3.4)$$

となる．θ は電子とニュートリノの間の角度，$v_{\mathrm{e}}=c^{2}p_{\mathrm{e}}/E_{\mathrm{e}}$ である．また

$$\left.\begin{aligned}
\xi &= (C_{\mathrm{S}}{}^{2}+C_{\mathrm{V}}{}^{2})\left|\int 1\right|^{2}+(C_{\mathrm{T}}{}^{2}+C_{\mathrm{A}}{}^{2})\left|\int\boldsymbol{\sigma}\right|^{2}\\
a &= (C_{\mathrm{V}}{}^{2}-C_{\mathrm{S}}{}^{2})\left|\int 1\right|^{2}+\frac{1}{3}(C_{\mathrm{T}}{}^{2}-C_{\mathrm{A}}{}^{2})\left|\int\boldsymbol{\sigma}\right|^{2}\\
b &= C_{\mathrm{S}}C_{\mathrm{V}}\left|\int 1\right|^{2}+C_{\mathrm{T}}C_{\mathrm{A}}\left|\int\boldsymbol{\sigma}\right|^{2}
\end{aligned}\right\} \qquad (A3.3.5)$$

である．$C_{\mathrm{S}}C_{\mathrm{V}}$ および $C_{\mathrm{T}}C_{\mathrm{A}}$ の項は Fierz 項といわれるものであるが，この項は

0であるか，あっても小さいとされている．w を θ について積分すると電子のスペクトルが得られる．

$$N(E_e)\,dE_e=\frac{g^2}{4\pi^3c^5\hbar^7}p_eE_e(E_{\max}-E_e)^2F(Z,E_e)\left(\xi+b\frac{2mc^2}{E_e}\right)dE_e \qquad (A3.3.6)$$

である．F は核の Coulomb 場による影響を取り入れるために入れた関数である．この $N(E_e)$ を電子のエネルギーについて積分して遷移確率が得られる．

パリティ非保存項がある場合も同様にして計算できる．電子の偏りを考慮しない場合は全く同様の式が得られる．ただ，このときは

$$\left.\begin{aligned}\xi&=(|C_S|^2+|C_S'|^2+|C_V|^2+|C_V'|^2)\left|\int 1\right|^2\\&\quad+(|C_T|^2+|C_T'|^2+|C_A|^2+|C_A'|^2)\left|\int\boldsymbol{\sigma}\right|^2\\a&=(|C_V|^2+|C_V'|^2-|C_S|^2-|C_S'|^2)\left|\int 1\right|^2\\&\quad+\frac{1}{3}(|C_T|^2+|C_T'|^2-|C_A|^2-|C_A'|^2)\left|\int\boldsymbol{\sigma}\right|^2\\b&=\mathrm{Re}(C_SC_V{}^*+C_S'C_V'{}^*)\left|\int 1\right|^2+\mathrm{Re}(C_TC_A{}^*+C_T'C_A'{}^*)\left|\int\boldsymbol{\sigma}\right|^2\end{aligned}\right\} \qquad (A3.3.5')$$

となる．

$N(E_e)dE_e$ を電子のエネルギーで積分して，β 崩壊確率 $1/\tau$ が得られる．このとき

$$f=\int_{mc^2}^{E_{\max}}F(Z,E_e)p_eE_e(E_{\max}-E_e)^2dE_e \qquad (A3.3.7)$$

と定義すると

$$\frac{1}{\tau}=G^2|\mathfrak{M}|^2f \qquad (A3.3.8)$$

という形に書ける．$G^2=g^2m^5c^7/2\pi^3\hbar^7$ であり，$|\mathfrak{M}|^2$ は上に現われた ξ, b を用いて書ける．$b=0$ のときには $|\mathfrak{M}|^2=\xi/2$ である．これが核行列要素である．

文献・参考書

原子核物理学の入門書としては

(1) Bethe, H. A. & Morrison, P.: *Elementary Nuclear Theory*, John Wiley & Sons (1956)

が簡潔である．一般的な教科書としては

(2) Fermi, E.: *Nuclear Physics*, Univ. of Chicago Press (1951)(小林稔ほか訳:『原子核物理学(改訂版)』(物理学叢書 1), 吉岡書店(1968))

が著者の優れた物理的考察が生き生きと読者に伝わってくる点で優れたしかもユニークな著書である．その他

(3) Evans, R. D.: *The Atomic Nucleus*, McGraw-Hill (1955)

(4) Halliday, D.: *Introductory Nuclear Physics*, John Wiley & Sons (1953)

(5) Green, A. E. S.: *Nuclear Physics*, McGraw-Hill (1955)

がある．より詳しいものとして

(6) Blatt, J. M. & Weisskopf, V. F.: *Theoretical Nuclear Physics*, John Wiley & Sons (1952)

(7) Segré, E.: *Nuclei and Particles*, Benjamin (1964)(真田順平, 三雲昂訳:『原子核と素粒子(上, 下)』(物理学叢書 33, 34), 吉岡書店(1972, 73))

が挙げられよう．前者は特に原子核反応の記述に優れている．

(8) Roy, R. R. & Nigam, B. P.: *Nuclear Physics*, John Wiley & Sons (1967)

もていねいである．

第Ⅰ部

核力については日本のグループの優れた研究があり，それをも含めた綜合報告として

(9) *Progr. Theoret. Phys. Suppl.*, No. 3 (1956) (ed. by Taketani, M.)

(10) *Progr. Theoret. Phys. Suppl.*, No. 39 (1967)

(11) *Progr. Theoret. Phys. Suppl.*, No. 42 (1968)

が挙げられる.

第2章は一般的な性質の復習であるから，前記の教科書が参考になろう．また，対称性については

(12) Wigner, E. P.: *Gruppentheorie und ihre Anwendungen auf die Quantenmechanik der Atomspektren*, F. Vieweg und Sohn (1931) (英訳: *Group Theory and its Application to the Quantum Mechanics of Atomic Spectra*, Academic Press (1959)) (森田正人ほか訳:『群論と量子力学』(物理学叢書 30), 吉岡書店 (1971))
(13) Rose, M. E.: *Elementary Theory of Angular Momentum*, John Wiley & Sons (1957) (山内恭彦ほか訳:『角運動量の基礎理論』, みすず書房 (1971))
(14) Racah, G.: *Group Theory and Spectroscopy, Lecture Notes at the Institute for Advanced Study*, Princeton Univ. Press (1951)
(15) Fano, U. & Racah, G.: *Irreducible Tensorial Sets*, Academic Press (1959)
(16) Edmonds, A. R.: *Angular Momentum in Quantum Mechanics*, Princeton Univ. Press (1957)

などが参考になる.

序でも断わったように，本書では弱い相互作用はほとんど触れなかった．これについては例えば

(17) Wu, C. S. & Moszkowski, S. A.: *Beta Decay*, Interscience (1966)
(18) Konopinski, E. J.: *The Theory of Beta Radioactivity*, Oxford Univ. Press (1966)

が詳しい.

(19) Siegbahn, K. (ed.): *Alpha-, Beta- and Gamma-Ray Spectroscopy*, North-Holland (1965)

は弱い相互作用だけでなく放射線全般について有用である.

第II部

核構造については一般的な教科書以外にもいくつかの個性的な著書がある.

(20) Bohr, A. & Mottelson, B. R.: *Nuclear Structure* (I, II, III), Benjamin (1969, 1975) (III はまだ刊行されていない)

は豊富な実験データを引用しつつ，核構造の細部にわたって詳しく論じたものであり，現代の核物理研究の中心の1つであるコペンハーゲン・グループの思想が読みとれる．この書は何年か前から執筆中であることが噂されていたものであるが，何回も書き直されたという伝説のあるものである．難点といえば，あまりにもていねいで厖大であるので，読むのに時間がかかることであろうか．

(21) Brown, G. E.: *Unified Theory of Nuclear Models and Forces*, North-Holland (1967)

もなかなか個性のある著書である．

粒子相関については，いろいろな立場があるが，多重散乱の形式から出発して散乱相関を持ち込んだものとして

(22) Brueckner, K. A. & Levinson, C. A.: *Phys. Rev.*, **97**, 1344 (1955)

およびそれ以前の論文が歴史的な文献であり

(23) Gomes, L. C., Walecka, J. D. & Weisskopf, V. F.: *Ann. Phys.*, **3**, 282 (1958)

は飽和性に対して散乱相関と Pauli 原理の役割を明らかにした重要な文献である．

Green 関数の形式を用いたものとして

(24) Migdal, A. B.: *Theory of Finite Fermi Systems and the Properties of the Atomic Nucleus*, Interscience (1967)

はユニークな書である．

殻模型に関しては，その提唱者による

(25) Mayer, M. G. & Jensen, J. H. D.: *Elementary Theory of Nuclear Shell Structure*, John Wiley & Sons (1955) (寺沢徳雄:『原子核の殻模型入門』, 三省堂 (1973))

が今日まで生命を持ち続ける古典的文献であり

(26) Feenberg, E.: *Shell Theory of the Nucleus*, Princeton Univ. Press (1955)

も優れている．テンソル代数を駆使して殻模型の詳しい計算法を解説したものに

(27) de-Shalit, A. & Talmi, I.: *Nuclear Shell Theory*, Academic Press

(1963)

がある．コペンハーゲン・グループに対する一方の旗頭であるイスラエルのグループが Racah 以来の伝統を見せている．

核構造についての最近の進歩や話題については，例えば

(28) Baranger, M. & Vogt, E.(ed.) : *Advances in Nuclear Physics* (I, II, III, IV, V), Plenum Press (1968-1972)

がある．これは VI 以降も続刊されるようである．

第 4 章の変形核の Hartree 場については文献(28)の I にある G. Ripka の綜合報告を参考にした．

結合エネルギーについては，多体問題的に実際の核を取り扱った最初の論文として

(29) Brueckner, K. A., Gammel, J. L. & Weitzner, H. : *Phys. Rev.*, **110**, 431 (1958)

をあげる必要があろう．その他，その後の発展は

(30) Day, B. D. : *Revs. Modern Phys.*, **39**, 718 (1967)

などに述べられている．

第 5 章の '対相関と準粒子' についての歴史的な論文としては，

(31) Bohr, A., Mottelson, B. R. & Pines, D. : *Phys. Rev.*, **110**, 936 (1958)

(32) Belyaev, S. T. : *Mat. Fys. Medd. Dan. Vid. Selsk.*, **31**, no. 11 (1959)

があげられる．(31)は，3ページばかりの非常に短い論文であるが，その題 "Possible Analogy between the Excitation Spectra of Nuclei and those of the Superconducting Metalic States" が示すように，超伝導理論の原子核系への適用の可能性を示唆した最初の論文である．(32)は，この考えを具体的にすぐれた理論形式で展開したもので，1 対にして読むとよい．(いずれもコペンハーゲンの N. Bohr 研究所でなされた.) また，物理的に掘下げが深く，(31), (32)の論文出現の背景を知る上で必読の文献として，サマースクールでの Mottelson の講義

(33) Mottelson, B. R. : *The Many-Body Problem, Lectures at Les Houches Summer School*, Dunod (1959)

がある．

第6章の歴史的論文としては，何をおいても Bohr-Mottelson の集団模型の原典

(34) Bohr, A.: *Mat. Fys. Medd. Dan. Vid. Selsk.*, **26**, no. 14(1952)
Bohr, A. & Mottelson, B. R.: *ibid.*, **27**, no. 16(1953)

をあげねばならない．現在においても，なお必読の論文である．当時の殻模型の成果と反省をもとにして，統一模型と呼ばれるこの模型が提出されるまでの論理と，その考えを具体的に展開する処方の美事さは，是非学ばねばならない．

教科書としては，いろいろあるが，歴史的に詳しい説明があるものとしては，

(35) Lane, A. M.: *Nuclear Theory*(*Pairing Force Correlations and Collective Motion*), Benjamin(1964)

がある．これは，'原子核の多体問題' が急激に発展したため，実験研究者の理解が困難になっていた1962年，特に実験研究者に対して行なった講義をもとにしたもので，当時の原子核多体問題の急激な発展の状況をかなり正確に理解することができる．なお，個性的な解説としては，文献(21)がある．

ごく最近の発展迄を含んだ，やや程度の高いものとしては，Bohr-Mottelson の集団模型を出発点とした現象論的理論(§6.1～§6.3)については，

(36) Eisenberg, J. M. & Greiner, W.: *Nuclear Models*(*Nuclear Theory*, vol. 1), North-Holland(1970)

また多体問題的取扱いについては，

(37) Rowe, D. J.: *Nuclear Collective Motion*(*Models and Theory*), Methuen(1970)

をあげておく．いずれも，現在第一線で活躍している著者によるものだけに，細かい点にいたるまで多くの紙数を使って詳しい解説がなされている．第5章，第6章は，これらに負うところが多い．なおサマースクールの報告

(38) *Proceedings of the International School of Physics* 《*Enrico Fermi*》, Course XXXVI(ed. by Bloch, C.), Academic Press(1966)

は，その題が "Many-Body Description of Nuclear Structure and Reaction" であり，各トピックスについて，第一線の研究者による個性ある解説がなされている．

このほか，各部分についての専門的な解説をあげると，準スピン理論形式につ

いては

(39) Macfarlane, M. H.: *Nuclear Structure Physics* (*Lectures in Theoretical Physics*, vol. VII), Univ. of Colorado Press (1966)

集団運動の多体問題的記述については

(40) Belyaev, S. T.: *Collective Excitations in Nuclei*, Gordon & Breach (1968)

また実験と理論の比較の点では

(41) Nathan, O. & Nilsson, S. G.: Collective Nuclear Motion and the Unified Model ((19) 所収)

'対相関力+4重極相関力模型' については

(42) Bes, D. R. & Sorensen, R. A.: The Pairing-Plus-Quadrupole Model ((28) の vol. II 所収)

などの文献に，それぞれ特色ある優れた解説がなされている．最後に，(20) の

Bohr, A. & Mottelson, B. R.: *Nuclear Structure* (III), Benjamin

の出版が待たれる．

第 III 部

量子力学的散乱理論については

(43) 湯川秀樹，豊田利幸編：『量子力学 II』(新装版 現代物理学の基礎 4)，岩波書店 (2011)

を参照されたい．そこにはまた散乱理論に関する代表的な教科書が参考文献として挙げられている．この中でとくに

(44) Mott, N. F. & Massey, H. S. W.: *The Theory of Atomic Collisions*, Clarendon Press (3rd ed., 1965) (高柳和夫訳：『衝突の理論 (上，下)』(物理学叢書 17, 18)，吉岡書店 (原著第 2 版，1961, 1962))

は古典的教科書で，原子，原子核反応に用いられる種々の近似法が詳しく論じられている．特にこの第 3 版では原子核反応理論にかなりの紙数を当てている．

核反応論についての教科書が最近幾つか出されたが，ここではその中でも比較的広範囲の主題を覆っているものとして，

(45) Hodgson, P. E.: *Nuclear Reactions and Nuclear Structure* (*Interna-*

tional Series of Monographs on Physics), Oxford Univ. Press (1971)
を掲げておく．本書の執筆に当っては

(46) Kikuchi, K. & Kawai, M.: *Nuclear Matter and Nuclear Reactions*, North-Holland (1968)

を参考にしたところが多い．

光学模型全般については次のものがある．

(47) Hodgson, P. E.: *The Optical Model of Elastic Scattering*, Clarendon Press (1963)

光学ポテンシャルのそれ以後の資料については本文中の文献をみられたい．そこに挙げなかったもののうち特に d の光学ポテンシャルに関しては，綜合報告

(48) Hodgson, P. E.: *Advances in Physics* (*Quarterly Supplement of the Philosophical Magazine*), **15**, 329 (1966)

がある．光学模型の分散公式からの基礎付けに関しては

(49) Brown, G. E.: *Revs. Modern Phys*., **31**, 893 (1959)

に綜合報告があり，文献(21)の第3版にも論じられている．また

(50) 小林稔(編):『原子核反応の理論』(新編物理学選集 19)，日本物理学会 (1956)

には Feshbach, Porter, Weisskopf および Lane, Thomas, Wigner の論文(いずれも本文中に引用)が関連した R 行列理論の幾つかと共に収められ，編者の詳しい解説と文献表が載っている．

直接反応については

(51) Austern, N.: *Direct Nuclear Reaction Theories*, John Wiley & Sons (1970)

に全般的な詳しい解説が与えられている．本書の執筆に際してもこの本をしばしば参考にした．個々の過程に関しては

(52) 『原子核反応の直接過程 I』(物理学論文選集 118)，日本物理学会 (1962)

(53) 『原子核反応の直接過程 II』(物理学論文選集 138)，日本物理学会 (1964)

(54) 『原子核反応の直接過程 III』(物理学論文選集 151)，日本物理学会 (1966)

にやや古いが代表的な論文が集められている．(52)は主として非弾性散乱，(53)は核子移行反応，(54)は中間共鳴の理論をそれぞれ収録している．第9章の

DWBA の理論形式は

(55) Satchler, G. R. : *Nuclear Phys.*, **55**, 1 (1964)

にほぼ従っている．この論文は DWBA の散乱振幅の一般的な形を与えており，DWBA の数値計算用プログラムを作る際にもしばしば参考にされる．CC に関しては

(56) Tamura, T. : *Revs. Modern Phys.*, **37**, 679 (1965)

に理論形式の詳しい説明と実験解析のその時点までの綜合報告がある．

高エネルギー核反応については

(57) 野上茂吉郎(編) :『高エネルギー核反応』(新編物理学選集 25)，日本物理学会(1960)

に Serber の理論(第 9 章)を始めとする代表的な論文がまとめられている．Kerman, McManus, Thaler の論文(第 8 章)も載っている．これにはまた半古典近似による直接過程の計算，蒸発模型による複合核過程の計算の代表的な論文もある．これらに対しては (46) にもかなり詳しい記述がある．

複合核模型については (6) に詳しい解説がある．網羅的な綜合報告としては

(58) Breit, G. : *Handbuch der Physik*, Bd. 41/1 (Flügge, S. (ed.)), Springer (1959)

があるが，これはかなり膨大でかつ専門的である．第 10 章で述べたように本書での S 行列の分散公式の導出は

(59) Kapur, P. L. & Peierls, R. E. : *Proc. Roy. Soc.*, **166A**, 277 (1938)

の理論形式に依っている．R 行列理論の基礎的事項については

(60) Lane, A. M. & Thomas, R. G. : *Revs. Modern Phys.*, **30**, 257 (1958)

に完備した綜合報告がある．第 10 章の統計模型の導出はこの論文の線に沿って展開されている．統計模型の補正に関しては

(61) Moldauer, P. A. : *Revs. Modern Phys.*, **36**, 1079 (1964)

にその段階までの綜合報告がある．

反応断面積の角分布については

(62) Blatt, J. M. & Biedenharn, L. C. : *Revs. Modern Phys.*, **24**, 258 (1952)

が標準的な論文としてよく参照される．第 10 章の理論もほぼこれに沿った形で展開されている．

索　　引

D

E

F

G

H

I

J

K

L

M

N

W

Y

Z

■岩波オンデマンドブックス■

現代物理学の基礎 9
原子核論

2012年 3月28日 第1刷発行
2013年 4月5日 第2刷発行
2024年12月10日 オンデマンド版発行

著 者 高木修二（たかぎしゅうじ） 丸森寿夫（まるもりとしお） 河合光路（かわいみつじ）

発行者 坂本政謙

発行所 株式会社 岩波書店
〒101-8002 東京都千代田区一ツ橋 2-5-5
電話案内 03-5210-4000
https://www.iwanami.co.jp/

印刷／製本・法令印刷

ISBN 978-4-00-731516-9 Printed in Japan